《联合国世界水发展报告》第四版

不确定性和风险条件下的水管理

——

第一卷

联合国教科文组织　编著

水利部发展研究中心　编译

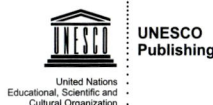

UNESCO Publishing

United Nations
Educational, Scientific and
Cultural Organization

中国水利水电出版社
www.waterpub.com.cn

北京市版权局著作权合同登记号：图字 01 - 2013 - 0721

Original title：The United Nations World Water Development Report 4：Managing Water under Uncertainty and Risk

First published in English by the United Nations Educational, Scientific and Cultural Organization (UNESCO)，7，place de Fontenoy，75732 Paris 07 SP，France under the ISBN：978 - 92 - 3 - 104235 - 5.

© UNESCO 2012

© UNESCO/China Water & Power Press 2012，for the Chinese translation

图书在版编目（CIP）数据

不确定性和风险条件下的水管理 / 联合国教科文组织编著 ；水利部发展研究中心编译. -- 北京 ：中国水利水电出版社，2013.12
书名原文: The united nations world water Development report 4:managing water under uncertainty and risk
ISBN 978-7-5170-1623-6

Ⅰ. ①不… Ⅱ. ①联… ②水… Ⅲ. ①水资源管理—研究 Ⅳ. ①TV213.4

中国版本图书馆CIP数据核字(2013)第318407号

审图号：GS（2013）2733 号

出版发行	中国水利水电出版社 （北京市海淀区玉渊潭南路 1 号 D 座　100038） 网址：www. waterpub. com. cn E - mail：sales@waterpub. com. cn 电话：(010) 68367658（发行部）
经　　售	北京科水图书销售中心（零售） 电话：(010) 88383994、63202643、68545874 全国各地新华书店和相关出版物销售网点
排　　版	中国水利水电出版社微机排版中心
印　　刷	北京鑫丰华彩印有限公司
规　　格	210mm×297mm　16 开本
版　　次	2013 年 12 月第 1 版　2013 年 12 月第 1 次印刷
印　　数	0001—1000 册
总 定 价	**368.00** 元（共三卷）

编委会人员名单

中文版序

2012 年 3 月，在法国马赛举行的第六届世界水论坛上，联合国教科文组织隆重发布了《世界水发展报告》第四版。发布会后，我与联合国教科文组织总干事博科娃女士进行了愉快会谈，博科娃总干事向我赠送了《世界水发展报告》第四版，并表示支持中国水利部组织翻译和出版该书中文版，让丰富的全球水发展信息和知识与更多中国读者见面。

2003 年 3 月以来，《世界水发展报告》每 3 年发布一次。这是当今世界水资源领域知名度最高、影响力最大的报告之一，也是联合国系统关于世界淡水资源开发、利用与管理的权威性文件。《世界水发展报告》第四版围绕"不确定性和风险条件下的水管理"这一主题，以全球视角、翔实数据和大量案例，全面分析了世界水资源领域最新进展、主要挑战、驱动因素和发展趋势，深刻论述了水与人类健康、减少贫困、粮食安全、能源安全、生态环境等可持续发展目标的纽带关系，从政策和管理层面提出了应对涉水挑战的建议方案和具体措施。全书篇幅宏大，资料翔实，图文并茂，堪称当今世界水资源管理的知识宝库。

水资源问题事关人类生存发展和人民福祉，是世界各国共同面临的重大挑战。中国政府历来高度重视水利工作，在水资源合理开发、高效利用、优化配置、全面节约、有效保护等方面取得显著成效，为经济发展、社会稳定和民生改善提供了有力保障，得到了国际社会的广泛赞誉。《世界水发展报告》第四版对中国治水实践给予特别关注，向国际社会介绍了黄河流域综合管理的成功案例。

特殊的自然气候和水资源条件，决定了中国是世界上水情最为复杂、水问题最为突出、治水任务最为繁重、水管理难度最大的国家，随着工业化、城镇化深入发展，全球气候变化影响不断显现，中国水资源形势日趋严峻。解决日益复杂的水问题，切实保障国家水安全，既要始终立足国情水情，坚定不移地走中国特色的水利发展道路，又要博采众长兼容并蓄，广泛借鉴世界先进治水理念、科学技术和管理经验。为此，水利部专门组织力量，翻译出版了《世界水发展报告》第四版中文版。报告中文版的出版发行，对于广大水利工作者把握世界水利发展大势，提升科学治水管水能力，具有重要意义。对于社会公众了解全球水资源情势，增进爱水节水护水意识，积极参与治水兴水实践，必将产生积极的推动作用。

　　真诚感谢联合国教科文组织，特别是总干事博科娃女士对报告中文版翻译出版工作的大力支持。中国水利部将与世界各国水利部门一道，加强交流合作，分享成功经验，共谋治水良策，携手应对挑战，以水资源的可持续利用保障经济社会的可持续发展，让地球上的水更好地惠泽民生、造福人类！

陈雷

中华人民共和国水利部部长

2013 年 10 月

　　水跨越了当地与区域的界限，也将粮食安全、公众健康、城市化和能源等世界性的问题联系在一起。将如何使用和管理好水资源作为中心议题，可以让我们这个世界沿着更可持续和更加平等的方向发展。

　　让世界上所有人获得安全的饮用水和水资源是一条必须履行的原则，它贯穿了国际社会一致认可的所有发展目标，包括千年发展目标。推进人人皆获安全水，不但会改善我们的健康和教育水平，还可以提高农业生产力，提升妇女地位并促进男女平等。

　　然而，淡水所承受的压力正在不断增加，这些压力来自于农业、粮食生产和能源对水需求的不断增长、环境污染以及水管理的一些薄弱之处。气候变化已经成为一个实际并趋于增大的威胁。对水问题如果没有良好的规划和适应性策略，全球数亿人口就要面临饥饿、疾病、能源短缺和贫困等风险。

　　《世界水发展报告》第四版由联合国机构共同合作完成，主要由联合国教科文组织主持的联合国世界水评估计划负责。它着重研究水的使用，分析在不确定条件下如何管理水，并从始至终穿插了对性别问题的研究。报告的结论是呼吁采取行动，即强化全球协作的多种机制，改进国家管理体制，并将全球层面与国家层面的行动凝聚在一起。

　　该报告也旨在为联合国可持续发展大会（里约＋20峰会）作出贡献。联合国可持续发展大会若要取得圆满成功，就必须重申国际社会对世界淡水资源可持续管理采取统一措施的政治承诺。正如水是地球上所有生命之中枢一样，我们在打造新世纪可持续发展蓝图时必须将水放在核心位置。

潘基文
联合国秘书长

原版序二

世界水资源现状如何？未来会怎样？我们现在必须采取哪些行动才能创造一个更美好的未来？

这些问题关系到全世界无论男女能否有尊严地生活。这些问题触及以可持续的方式管理好地球日益有限资源的需要。这些问题也构成国际社会为实现所达成的多种发展目标，包括千年发展目标，所付出努力的核心。淡水是实现可持续发展的核心问题，但未得到应有的重视。

如今，对于淡水资源我们需要新的领导方式。这种新型领导方式必须将涉及到用水和管水的各方面人士会合起来，必须将不同行业及不同活动连接为一个有机的整体，必须将地方和国家相连、地区与全球相通。为了使淡水更好地造福于全人类，我们必须以更加可持续的方式管理好淡水。为此，我们必须对目前身在何处有清晰的认识。

《世界水发展报告》第四版为我们指明了方向。联合国教科文组织主持的世界水评估计划将联合国水计划的成员机构及合作伙伴组织起来，为世界淡水资源的现状、利用和管理绘就了独一无二的图画。报告按地区进行分析，并研究在不确定性和风险条件下全球淡水资源所承受的各种压力。我特别欣慰的是对性别问题的研究贯穿报告始终。

报告的结论非常清晰：淡水资源是跨领域的问题，在为发展所作的各种努力中处于中心位置。世界范围内淡水资源所面临的挑战在不断增加，这些挑战来自于城市化与过度消费，投资不足与能力欠缺，管理低下与浪费，以及农业、能源和粮食生产对水的需求等。从多种需要和多种需求的角度看，淡水没有被可持续地利用。准确信息缺乏关联性，管理职责被人为割裂。在此背景下，未来显得愈加不确定，而各种风险也进一步加剧。今天如果我们不能将水变成和平的工具，那么明天它可能会成为冲突的主要渊源。

与以往任何时候相比，我们都更需要以水资源综合管理来提供连贯一致的领导方式，我们都更需要就淡水资源状况、需求和利用的性质更好地进行信息收集与分享，我们都更需要在地方、国家和全球层面建立更好的水测量和控制系统。我们必须尽快行动，将水问题纳入教育体系。我们还需要推动政府、私营部门和民间团体更加紧密地一起发挥作用，并将水融合为他们决策的内在组成部分。

在里约举行联合国可持续发展大会期间，我们必须开展下一步的行动。联合国可持续发展大会必须为 21 世纪制定一个路线图，为世界淡水资源的可持续利用和管理指明方向。水是生命之源，对于可持续发展和持久和平至为关键。护其明日，我们必须动于今日。这意味着我们要沿着《世界水发展报告》指示的方向坚定地走下去。

伊琳娜·博科娃
联合国教科文组织总干事

应邀为《世界水发展报告》第四版做简要评论，我感到荣幸之至。

通过实施世界水评估计划，联合国水计划成员和合作伙伴通力合作完成了本报告，着重分析了我们在实现可持续发展和联合国千年发展目标道路上面临的挑战、风险和不确定性。

当前，水问题在国际议程上的重要性被提到了前所未有的高度，这得要特别感谢联合国秘书长富于启迪意义的领导，他曾指出"安全饮用水和基本卫生条件内化于人类的生存、福祉和尊严"。

联合国系统通过联合国水计划来运作，它十分强调水的跨领域属性和在这一关键领域开展国际合作的重要性，而这也是联合国水计划使命的内在元素。因而，这对我们采取行动十分必要，无论是向社会、经济部门提供知识、工具和技能的行动，还是支撑全球、区域和地方等不同层面高层决策的行动。

这在危机时代就显得特别重要，例如，当前我们遇到非洲之角发生连续数年干旱、数百万人口在生死线上挣扎的情况，于此就需要提供紧急粮食援助、卫生条件、能源生产以及其他多种形式的支持，以减轻灾害风险。

我期待2012年6月在里约热内卢举行的联合国可持续发展大会上进一步传达本报告的重要信息。由于本人近期刚刚担任联合国水计划的主席，在此我申明，本报告是联合国水计划过去三年集体合作取得的成果，不是我个人的功绩。

米歇尔·雅罗

联合国水计划主席、世界气象组织秘书长

前　言

自 2003 年 3 月以来,《世界水发展报告》(WWDR)每三年发行一版,该报告已成为联合国教科文组织出版的世界水发展方面的旗舰报告,是联合国系统关于世界淡水资源状况、用途和管理的权威性文件。这份报告主要的阅读对象是国家决策者和水资源管理者,同时也为更广阔的读者群包括政府、私人企业和民间团体等提供教育和信息素材。报告以地方、市、地区和国际层面跨行业政策实施为重点,着重论述了水在社会、经济与环境决策方面的重要作用。

通过世界水评估计划(WWAP)的组织协调,《世界水发展报告》第四版作为联合国水计划相关机构三年来的合作成果,汇聚了众多科学家、专业人士、非政府组织和联合国水计划合作伙伴的智慧。报告从所有重要政策指南的角度出发,包括从消除贫困与人类健康到食品与能源安全以及环境责任,阐述了最突出的战略层面和技术层面的相关问题,这些问题关系到为什么以及如何开展水资源利用、管理和分配以满足多用途通常是竞争性的用水需求。在描述水如何支撑各领域发展上,报告为我们提供了水与全球政策框架相互关联的关键性指标,如减少贫困、联合国千年发展目标、可持续发展、里约＋20 进展、气候变化以及《联合国气候变化框架公约》缔约国大会(COP)进程等。

报告除了以事实为依据之外,还包含了我们所能获得的水资源知识状态的最新信息,覆盖了影响到水资源知识的最近的发展状况;同时,报告既从水资源管理的观点出发,又从更广阔的政治和产业的范围着眼,包括开发、融资、能力建设和体制改革等,为决策者们解决与水相关的诸多挑战提供了具体的方法范例和可能的应对措施。

《世界水发展报告》第四版立足于前三版。如最初的两版报告,第四版包括对几个关键挑战领域最新的综合性评价,例如水与粮食、水与能源、水与人类健康、治理方面的挑战如体制改革、知识与能力建设以及融资等,报告的各部分内容分别由联合国相应的机构独立完成。与《世界水发展报告》第三版一样,第四版运用全面和整合的方法,对水与产生各种压力的驱动因素之间的联系进行研究,这些驱动因素对资源、气候变化、生态系统以及人类安全构成压力,这些因素也是联合国千年发展目标及其他全球重要政策框架所涉及的内容。第四版继续关注"水箱"之外制定的决策如何影响水资源及其他用水户,将水与其他一系列跨行业问题联系在一起。通过这种方法,报告说明如何将水与多重外部因素的互动关系融入不同领域和层面的分析与决策过程中。报告发布之时恰好是里约＋20峰会的前几个月，为峰会讨论地球未来创造了良好的条件，这格外彰显了水的中心地位。

本版报告包含几个突出的新亮点。一是从报告系列发布以来首次确定了一个突出的主题——"不确定性和风险条件下的水管理"，这为报告撰稿人和合作机构树立了导向，使不同编写素材和撰写风格得到统一。二是增加了五个区域报告，由联合国经社理事会的五个区域委员会撰写，分区域重点研究与水有关的问题和挑战，包括确定"热点话题"，对水挑战方面的内容进行了补充。三是汇集了世界水评估计划世界水情境项目第一阶段成果，该项目研究对水紧缺和可持续性有明显作用的外部性条件下未来可能的发展状况。最后一点是，为了确保性别和社会平等等重要问题得到适当和系统的阐述，整个报告将性别问题贯穿始终，并在这版报告中增添了新的章节专门开展性别与水的论述。

为帮助各国在现有优势和经验基础上提高自我评估能力，报告又一次采用了世界各地不同国家的案例研究，说明不同自然、气候和社会经济条件下的水资源状况。

集体的努力和通力合作，使得这份报告高度综合而凝练。在三年时间里，协作完成14个挑战领域报告、5个区域报告和3个专题报告，这些报告构成了全书第二卷的章节，同时还要处理补充材料以及大量来自合作伙伴、审稿人和一般公众的意见与建议，这是一项极具挑战性的工作。特别是世界水评估计划技术咨询委员会的成员不厌其烦地为工作组提供建议和专业指导。尽管水作为关键要素，其涉及的利益和行业相当广泛，所关系到的专业领域也十分广阔，但是，为了使报告达到结构平衡，同时能够连贯且协调地提供最新的知识和信息，对报告内容进行集中分析十分必要。

我们希望这一版报告和以前的几版一样，继续成为水领域的主要参考文件，并在人类发展各个方面发挥关键作用，继续成为所有关注全球淡水资源的读者——包括决策者、他们的顾问以及所有对此感兴趣的读者所必备的读物。希望这版报告能够拥有最广泛的读者群，将那些置身于"水箱"之外但对社会经济政策产生广泛影响的人亦包括进来。

我谨代表世界水评估计划的工作人员和《世界水发展报告》第四版的作者、作家、编辑和撰稿人，对联合国水计划成员机构及合作伙伴致以最诚挚的感谢！正是由于他们才使得这份极具权威和极为重要的报告得以出版，并成为世界各国理解和解决与水相关的诸多挑战的知识库。

　　还要特别感谢联合国教科文组织总干事伊琳娜·博科娃，她的全力支持使报告得以完成。最后，我要真挚地感谢世界水评估计划秘书处的所有成员，感谢他们在报告完成过程中展现出的敬业态度、专业水准和持之以恒的精神。

奥尔贾伊·云韦尔

联合国世界水评估计划负责人

感谢词

本报告的顺利编写和出版得益于意大利政府的资金支持和世界各地众多个人和机构所付出的努力。

联合国教科文组织总干事伊琳娜·博科娃本人的支持为报告的编写创造了稳定和良好的环境。

联合国水计划成员机构与合作伙伴之间的良好合作和及时供稿非常关键，报告的准备经过了无数次的交流和探讨，从最初的概念讨论直至最终的清稿，各方的努力贯穿始终。

我们要感谢联合国教科文组织自然科学部的管理和联合国教科文组织国际水文计划（UNESCO-IHP）同行的支持。

阿尔伯特·莱特、荷苏·迪恩、巴伊-马斯·塔尔和斯蒂芬·麦克斯维尔·科瓦莫·董科，以及联合国水计划非洲成员部门提供的稿件和意见建议，是成功完成报告非洲部分以及其他重点讨论非洲地区章节的关键。

我们要格外感谢大卫·寇兹、盖里·加罗威、杰克·莫斯、麦克·穆勒和尤瑞·沙米尔为报告提出的特别建议和特殊贡献。

我们要感谢国际私营水资源企业联盟（Aquafed）、全球水伙伴（GWP）和美国陆军工程师兵团（USACE）的大力支持。

我们要特别感谢所有参与报告案例研究编写的合作伙伴，是他们使报告的第三卷得以顺利完成，尤其是感谢劳拉·杜宾和马特尔·加里高的大力协助。

报告和文字中穿插的 20 张精美照片均由菲利普·鲍尔塞勒无偿提供。同时，我们也要感谢其他提供照片的摄影家（照片旁均已标注摄影师的姓名）。

《世界水发展报告》第四版编写小组

内容协调员

奥尔贾伊·云韦尔

首席作者

理查德·康纳

第二首席作者

丹尼尔·洛克斯

资深顾问

威廉·科斯格罗夫

进程协调员

西蒙·格莱格

案例研究和指标协调、第三卷作者

英吉·康卡古尔

出版协调

爱丽丝·弗兰克

进程和出版助理

瓦伦汀娜·阿伯特

编辑组

卡洛琳·安德热耶夫斯基、艾德里安娜·卡伦、邦妮·戴斯、爱丽丝·弗兰克、玛丽安·凯特、大卫·麦克唐纳、玛丽莲·史密斯、萨曼莎·沃科普和派克（Pica）出版公司

第三卷地图设计和编辑协调

派克（Pica）出版公司的罗伯特·罗斯

特别感谢凤凰设计（Phoenix Design Aid）的莱娜·索杰伯格女士和她的设计编排小组

联合国世界水评估计划

捐赠方

意大利环境、领土与海洋保护部

意大利翁布里亚大区政府

挪威外交部（为第九章内容编写提供资金支持）

技术顾问委员会

尤瑞·沙米尔（主席）、迪帕克·贾瓦里（副主席）、法特曼·阿比德尔·拉曼·阿提亚、安德斯·伯恩特、姆克司瓦拉·柯普莱克里什汗、丹尼尔·洛克斯（至 2010 年 8 月 15 日）、汉克·范沙伊克、拉斯洛·索姆罗迪、卢西亚·乌博蒂尼和阿尔伯特·莱特

性别平等顾问小组

谷瑟尔·卡罗特和库瑟姆·阿图克罗拉（联合主席）、乔安娜·科尔索、伊莲娜·丹科曼、玛娜尔·艾德、阿特夫·哈姆迪、蒂帕·赫斯、芭芭拉·范科普恩、坎撒·罗宾森、白耶瓦·森吉卡和特丽莎·瓦斯科

秘书处

奥尔贾伊·云韦尔（协调员）和米歇尔·米莱托（副协调员）

高级助理：阿德瑞纳·福斯克

行政管理：弗洛莱娜·巴卡罗莉、丽莎·贾斯坦丁、芭芭拉·巴拉卡吉利亚、奥特洛·弗拉斯卡尼和汉克姆·沙克特

计划管理：丹尼尔·帕纳、英吉·康卡古尔、西蒙·格莱格和莱娜·萨拉米

沟通和网络联系：汉娜·爱德华兹、斯蒂芬妮·尼诺、西蒙娜·加勒斯、弗兰西斯卡·格莱克和阿比加尔·帕里希

出版：爱丽丝·弗兰克、瓦伦汀娜·阿伯特和萨曼莎·沃科普

安全：米歇尔·布兰萨奇、法比尔·比安奇和弗兰西斯卡·吉奥弗莱迪

临时雇员：李·莫林·伯纳德、皮特罗·福斯克和嘉布瑞拉·皮索尼娅

实习生：劳拉·杜宾、席宾·古纳尔、帕保罗·帕皮尼·帕皮和茜茜拉·萨德哈玛嘉拉·惠特汉娜赫奇

准备会议和研讨会参会人员

《世界水发展报告》第四版编写临时核心小组第一次会议（2009 年 4 月 23—25 日，法国巴黎）

与会者：阿克夫·阿尔图达斯、爱丽丝·奥莱利、理查德·康纳、威廉·科斯格罗夫、吉尔伯特·贾乐彭、西蒙·格莱格、英吉·康卡古尔、米歇尔·米莱托、阿尼尔·米

莎拉、杰克·莫斯、麦克·穆勒、安德斯·佐罗斯-纳吉、斯蒂芬妮·尼诺、丹尼尔·帕纳、瓦尔特·拉斯特、奥尔贾伊·云韦尔、萨曼莎·沃科普和詹姆斯·温佩尼

《世界水发展报告》第四版编写临时核心小组第二次会议（2009 年 5 月 21—29 日，意大利佩鲁贾）

与会者：理查德·康纳、威廉·科斯格罗夫、让-马克·弗莱斯、杰拉德·加罗威、西蒙·格莱格、英吉·康卡古尔、乔安·盖兰斯蒂娜、米歇尔·米莱托、麦克·穆勒、斯蒂芬妮·尼诺、丹尼尔·帕纳、瓦尔特·拉斯特、乔安娜·泰勒菲里、奥尔贾伊·云韦尔、詹姆斯·温佩尼和阿尔伯特·莱特

《世界水发展报告》编写研讨会（2009 年 8 月 14 日，瑞典斯德哥尔摩）

与会者：联合国水计划成员机构和合作方、世界水评估计划秘书处

《世界水发展报告》编写问题研讨会（2009 年 11 月 16—17 日，意大利佩鲁贾）

与会者：尤格纳斯·艾迪克、盖伊·阿勒兹、柯德沃·安达赫、库瑟姆·阿图克罗拉、莱德·巴沙尔、安德斯·伯恩特、彼得·考富德·毕佳森吉奥格尔·策萨利、伊曼努尔·秦亚马克布夫、托马斯·切拉姆巴、鲁道夫·克莱文英格、理查德·康纳、威廉·科斯格罗夫、安德里·迪兹库斯、卡伦·弗兰肯、吉尔伯特·贾乐彭、乔金·哈林、皮埃尔·胡伯特、安琪罗·伊佐、南希·克格温雅尼、斯皮罗斯·克柯莱特萨斯、彼得·里斯藤森、亨瑞克·拉森、李利峰、乔森芬娜·马苏、阿尼尔·米莎拉、杰克·莫斯、麦克·穆勒、乔纳森·安古托拉、瓦尔特·拉斯特、大卫·迪克尼、哈肯·特洛普、卢西亚·乌博蒂尼、克莱德·维尔豪尔、恩里克·乌莱提亚·洛佩兹·德维纳斯普利和詹姆斯·温佩尼

内容协调会（2010 年 3 月 16—17 日，意大利佩鲁贾）

与会者：莱德·巴沙尔、彼得·考富德·毕佳森、克劳迪奥·卡博尼、伊曼努尔·秦亚马克布夫、鲁道夫·克莱文英格、理查德·康纳、威廉·科斯格罗夫、瑞纳·恩德莱恩、卡伦·弗兰肯、麦特·海尔、梅尔文·凯伊、埃里克·米莫、阿尼尔·米莎拉、迪格·罗德里格斯、库瓦特·辛格、哈肯·特洛普和彼得·范德萨格

《世界水发展报告》世界水评估计划核心小组会议（2011 年 3 月 14—15 日，法国巴黎）

与会者：安德斯·伯恩特、理查德·康纳、威廉·科斯格罗夫、西蒙·格莱格、英吉·康卡古尔、丹尼尔·洛克斯、米歇尔·米莱托、杰克·莫斯、汉克·范沙伊克、尤瑞·沙米尔、奥尔贾伊·云韦尔、詹姆斯·温佩尼和阿尔伯特·莱特

咨询

我们感谢参与以下利益相关者讨论活动和提出建议的有关人员（包括会议、网上咨询和调查），以及安德斯·伯恩特、白克特赫姆巴·冈博、霍华德·帕瑟尔、威利·斯塔克麦尔和克里斯汀·舒曼。

——编写《世界水发展报告》第三版经验和教训的短期调查（2009 年 1—3 月）

——第五届世界水论坛期间举行的咨询会（2009 年 3 月）

——第五届世界水论坛《世界水发展报告》第三版边会（2009 年 3 月）

——《世界水发展报告》第三版编写小组会议（2009 年 3 月）

——世界水评估计划技术咨询委员会会议（2009 年 3 月）

——联合国水计划和利益相关者第一次网络调查（2009 年 6 月）

——联合国水计划德尔菲法咨询（2009 年 7 月）

——斯德哥尔摩世界水周边会（2009 年 8 月）

——目录公众咨询（2010 年 1 月）

——就影响因素开展专家调查（2010 年 4 月）

——斯德哥尔摩世界水周边会（2010 年 8 月）

——第三届非洲水周边会（2010 年 11 月）

——第一、二部分初稿公众咨询（2010 年 12 月）

——决策制定者政策调查（2011 年 1 月）

——斯德哥尔摩世界水周边会（2011 年 8 月）

如有错误和遗漏，谨表歉意。

目 录

第一部分   现状、趋势和挑战

第二部分　不确定性和风险条件下的水管理

主要讯息

编辑：威廉·科斯格罗夫

第一章　认识水的核心地位及其全球维度

水是所有社会经济活动和生态功能均依赖的重要自然资源。管好水资源需要有效的治理措施，将水从政府的边缘化问题提升为社会的核心问题。保护水资源、确保可持续发展和公平分配水衍生的效益，需要在国家和地方层面投资建设基础设施并建立有稳定投入的管理机制。

水资源的跨领域性及其对全球影响的广泛性突显了在当今国际发展进程中解决水问题的重要性。

满足人类对粮食、能源等的需求、维系生态系统所需要的用水量存在很大的不确定性。而气候变化对可用水资源量的影响使这种不确定性变得更加复杂。

我们需要认清一个事实：水不是单一层面的问题，不是仅从国家、地区或本地某个层面出发就能够单独治理的。相反，全球的相互依存性通过水交织在一起，国家、流域、地区或本地层面的用水决策通常不得不考虑全球发展的驱动因素、发展趋势及不确定性。

通常，水需求和使用像筒仓一样分别进行管理，满足其特定的发展目标，而不是将其作为整体战略框架的一部分，平衡各种不同的用水以期在全社会和经济体层面优化和共享水的多种效益。这种分割状态不仅增加了水资源可持续利用的风险，而且增加了不同的发展目标的风险，这些目标均依赖于（并可能是竞争于）有限的水供给。同时，气候变化进一步加剧了问题的严重性。

供水作为满足社会、经济和环境需要的工作，往往被确定为水行业的职责范围，主要是提供必要的基础设施和修渠引水到需要的地方。但在现实中，水与社会、经济和环境等所有活动都息息相关。因此，水管理不局限于某个部门，需要不同利益相关者和部门权利间的合作与协调。此外，可供水量受多种因素、趋势和不确定性的影响，受水循环条件的制约，这些都超出了单一部门狭隘的管辖范围。

气候变化是直接影响水和所有用水户需水的核心外部驱动因素；缓解措施主要集中在减少能源消耗和碳排放上，而适应性措施则包括为日益增大的水文多变性和极端气候灾害如洪水、干旱和风暴等做好计划和准备。

为应对水挑战，我们需要整个经济体跨行业参与、强大执行机构的权威和领导力在水管理中发挥积极而非被动的作用，并在环境可持续框架内引导各部门有效地用水。水利界各单位有责任就水资源可持续利用与管理为决策者和主管部门提供信息和引导，使水效益得以优化和共享。

仅提高用水效率和生产率无法改变全球资源供给、消费或利益获取的不平等格局。为解决跨部门和全球层面的水问题，要求所有国家在全球论坛上采取积极的态度、作出特别承诺，并制定措施应对迫在眉睫的资源挑战。水利界，特别是水管理者，有责任向社会告知该进程。

各国的当务之急是落实全球政策协定取得的成果，同时各国应对制定国际政策负起首位

© Peter Prokosch / UNEP / GRID-Arendal（http：//www. grida. no /photolib）

责任。制定政策框架需要水管理的所有利益相关者拓宽行业和空间视野。然而，许多全球政策协定未经妥善咨询地方和国家的意见就已确立，而且形成的协定多为一般协定，反映不出国家的政治经济水平和制度能力，因而使政策在国家和国家以下层面实施的整体效果大打折扣。

第一部分　现状、趋势和挑战

第二章　水需求：是什么拉动了消费？

农业用水占工业（含能源）、生活和农业总取水量的70%。因此，负责任地进行农业用水管理对未来全球水安全将是一项重大的贡献。

预测未来农业需水量充满了不确定性，因为这取决于粮食的需求量，而粮食需求量取决于供养的人口，同时还取决于他们吃什么和吃多少。这一问题因季节性气候变化的不确定性、农业生产效率、作物类型与产量以及其他一些因素变得很复杂。

农业部门面临的主要挑战与其说是如何在40年内使粮食产量增加70%，不如说是如何保证餐桌上的食物增加70%。降低粮食储存和整个价值链的损失，可在不增加产量的情况下缓解对粮食增长的需求。

农业生产需要一系列创新技术，如提高作物产量和抗旱性能，研究更智能的施肥和用水方法，新型农药和保护作物的非化学方法；减少作物收割后的损失；确保更加可持续的畜牧业和海产品生产。工业化国家正享受着这些技术带来的好处，但他们也必须承担责任，确保最不发达国家有机会以平等、非歧视的条件获得这些技术。

降低干旱脆弱性要求我们既要投资建设工程设施，又要投资建设"绿色"设施，改进水

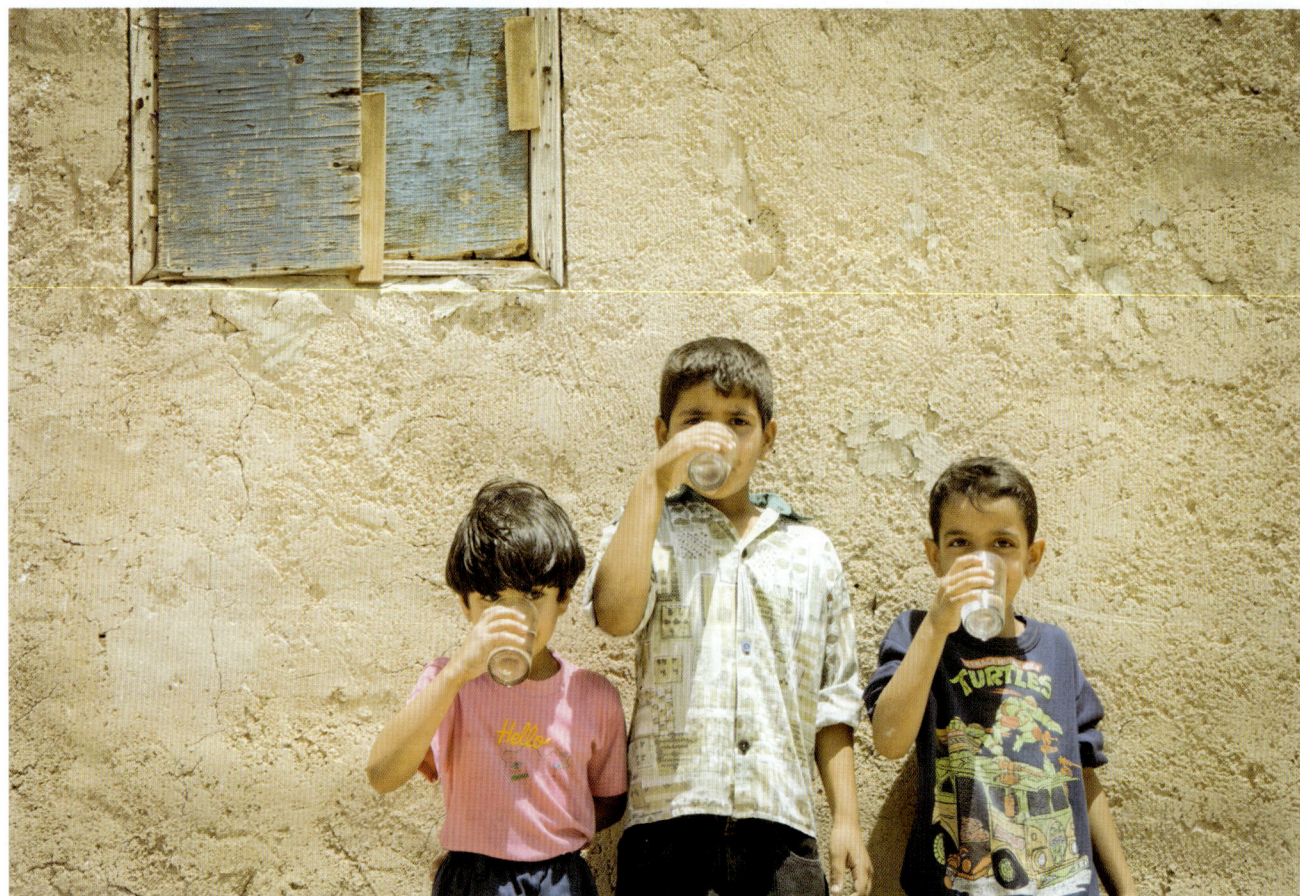

©Taco Anema

计量与调控，并通过已建水库和能够自然储水的湿地与土壤适当地增加地表水和地下水的储存量。

大多数效益的获得源自采用已有水管理技术并使其适用新的情境。

如今，超过十亿人缺乏电力供应和其他清洁能源。除了满足这些需求，外部挑战，包括人口增长与迁移以及经济活动的增加，将导致大量能源消耗的迅增，特别是对于非经合组织国家。

能源和水有着盘根错节的关系。尽管获取能源和电力的来源不同，但无论哪种生产工艺都需要水，包括原材料的提炼、热力过程的冷却、材料的清洗、生物燃料作物的种植以及涡轮机的驱动等。反过来，将水提供给人类使用和消耗也需要能源，包括提水、输水、水处理、脱盐和灌溉等。

缺水地区面临的因缺水引起的能源短缺压力比其他地区严重，他们要寻求更高效的技术开发一次能源和电力。

水和能源政策通常由不同的政府部门或部委制定，这些政策需要进行整合，需要政策制定者们在工作中密切协作。

一个产业的有效运行需要可持续的供水，

©Philippe Bourseiller

这些水还要具备合适的数量、合适的质量、合适的时间、合适的地点以及合适的价格。

产业部门要发挥积极的作用，通过首先确定自身优先领域和价值品位，有效地解决世界淡水资源不可持续开发的问题。

据预测，世界城市人口将由 2009 年的 34 亿增长到 2050 年的 63 亿。该增量将是这一时期世界人口增长和目前农村向城市净转移人口之和。城市贫民窟地区已经存在大量无法获得供水、卫生以及排水服务的人口，而城市人口的增加势必会导致问题更加严重。目前，全球范围内正在积极推进创新计划，旨在满足城市水规划、水技术、水投资及相关运行事宜不断提高和综合化的需要。

制订更加综合化的城市规划，实施城市水综合管理（IUWM），可使城市水管理受益良多。城市水综合管理将淡水、污水和雨水作为资源管理构架中的不同环节，将一个城市地区作为一个管理单元进行管理。

生态系统支撑着极端干旱与洪涝条件下水的可获取性，也支撑着水的质量。

生态系统与社会经济部门之间不断加剧的用水竞争已经得到广泛关注，这也显示出我们在水资源综合管理和可持续发展方面取得了进步。

第三章　水资源易变性、脆弱性和不确定性

淡水供应时空分布不均。枯水和丰水年的年际变化以及旱季和雨季的季节差异巨大。因此，制定水资源管理规划和政策时要考虑淡水供应变化和分布情况。

只为满足社会经济需求的取水会对水资源状况造成影响。同时，取水也受到一些因素的影响，如人口增长、经济发展和饮食变化以及为保护洪泛区和易旱区居民需要进行的水资源调控。

在过去的 50 年，全球地下水抽取率至少增加了两倍。这从根本上改变了地下水在人类社

会中的作用，特别是在灌溉领域，已引发了一场"农业地下水革命"。

地下水是事关非洲和亚洲较贫困地区12亿～15亿农村居民生计和粮食安全的至关重要因素，对世界其他地区很大一部分依赖地下水作为生活用水的人口来说也十分重要。

在许多流域，地下水抽取率超过补给率，这是不可持续的。

在世界许多地区，尽管不可持续的地下水开采和地下水污染的情况的确令人担忧，但是，如果对地下水资源进行妥善管理，将会对满足未来水需求和适应气候变化作出重大贡献。从短期来看，冰川融水带来的径流量超过年降水量，从而增加供水量；但从长远（几十年到几个世纪）来看，随着冰川的消失，冰川融水等新增的水源将减少，冰川对河川径流的缓冲作用将会降低。

量足质优的供水是人类健康与福祉、生态系统以及社会经济发展的一个关键要素。尽管

©UN Photo/Ky Chung

一些地区在改善水质方面已取得进展，但并无数据表明，水质在全球范围内有整体性改善。

在满足人类和环境基本需求上，水质与水量同等重要，但近几十年来，对水质方面的投资、科技支撑和公众关注要远低于水量。

恶劣的水质会造成许多与此相关的经济损失，包括生态系统服务功能的退化，与健康相关的支出增加，对经济活动如对农业、工业生产和旅游造成影响，增加水处理成本和降低房地产的价值。

预计在未来几年，淡水将越来越成为一种稀缺资源，解决水质问题的相关费用将会增加。

第四章　水的社会和环境效益超乎预期

改善水资源管理、提高安全饮用水和基本卫生设施的覆盖率、改善卫生条件可提高数十亿人的生活质量，对实现降低儿童死亡率、改善产妇保健和减少水传播的疾病等目标起着至关重要的作用。

以预防和合作的方式开展水安全规划有诸多的益处，包括节约成本和可持续地改善水质。风险管理的每个解决方案都应根据提出的供水问题量身订做，并要求主要利益相关者参与并致力于一个共同的目标。这些利益相关者包括向流域排放工业、农业或生活污水的土地用户或房主，监督环境法规执行和实施的政策部门，以及供水服务机构和自来水用户。

在经济危机来临时世界各地的贫困妇女首先会受到冲击，而且受教育程度低的妇女往往会更多地参与到工作中。

除了政策支持外，社会与资金投入可改善妇女获取与管理水资源的能力，会减少贫困的产生，确保妇女能够获得食物、维持生计、保持自己和家人的健康。

生态系统带来的多重效益或服务对于可持续发展必不可少。其中许多关键的服务是直接

©Shutterstock / Markus Gebauer

从水资源中获得或以水资源为基础的。因此，生态系统健康的趋势会反映获得整体效益的趋势，是人类活动是否与水资源之间达成平衡的一个关键性指标。

生态平衡已被打破，目前生态系统以及该系统支撑的生命体发展趋势已表明了这一点。政策制定者和管理者必须认识到，生态系统非但不消耗水，还提供水并形成水循环；以不可持续的方式从生态系统取水就会降低生态系统向我们提供诸多效益的能力。

尽管我们在挽救生命方面日趋完善，但挽救生计与财产仍然是一个关键的发展挑战：与水相关的灾害严重制约着人类为减贫付出的努力和千年发展目标等目标的实现。

缺水引起的荒漠化、土地退化及干旱（DLDD）造成的主要影响是粮食不安全和饥饿，特别是在干旱的发展中国家。

如果干旱国家努力减少荒漠化、土地退化及干旱对水资源的影响并实现水安全，那么实现粮食安全的几率将大为增加。

不同的发展部门都依赖有限的水资源，他们之间往往形成竞争。这些部门争水不难理解，但水的所有效益都要服从可持续性的经济发展。在水资源有限的国家和地区，某一部门作出的因水获益的决定往往会给其他部门带来负面影响。未来需求的不确定性将加剧挑战的复杂性。

在水资源有限的地区，需要权衡不同用途之间的水量分配，从而使不同发展部门供水效益最大化。这是一个既困难又复杂但却关键的问题。水量分配决策不仅涉及社会或伦理，同时也涉及经济，因为投资水利基础设施与管理可产生各种效益并使收益不断增加。

第五章　水管理、机构和能力建设

水的特性是，所有生物都从水中获益，但没有人了解其缘由，而且知道如何管好水的人更是少之又少。

水管理要求工程与非工程措施相结合。适应性水资源综合管理（IWRM）可以为水管理提供一种跨领域、跨政策和跨机构的必要整合，这是一个不断调整、持续进行的过程，目的是应对社会、经济、气候和技术等领域出现的快速变化。

用水集团（例如：水厂、农民、工矿业、社区、环保人士）的相互竞争会影响水资源开发和管理战略，这意味着，当发生整合和潜在利益整体出现时，这个过程会变得更加政治化而非纯技术性。

今天，水管理不得不考虑人口增长、人口迁移、全球化、消费方式的转变、技术进步、工农业发展等不可预知问题的性质和时机掌握。对气候变化的恐惧使我们关注到这些问题的重要性，并增添了新的视角。水博弈的规则往往取决于玩家而非水管理者，他们也没有将水作为中心焦点来对待，或者对水的至关重要性予以肯定。为了使制定的决策协调一致，且权衡各方面的利益，需要建立相应的体制机制，将关键部门的决策者与水管理者统一起来。广大的利益相关者群体都应参与"规则制定"的过程。

目前涉水机构大部分仍然以技术和供水为主业。为了提高这些机构的效能，应将其工作重心逐渐从技术解决方案转移到过程和人的管理上来，而这就涉及到包容性决策和自下而上的工作方法。

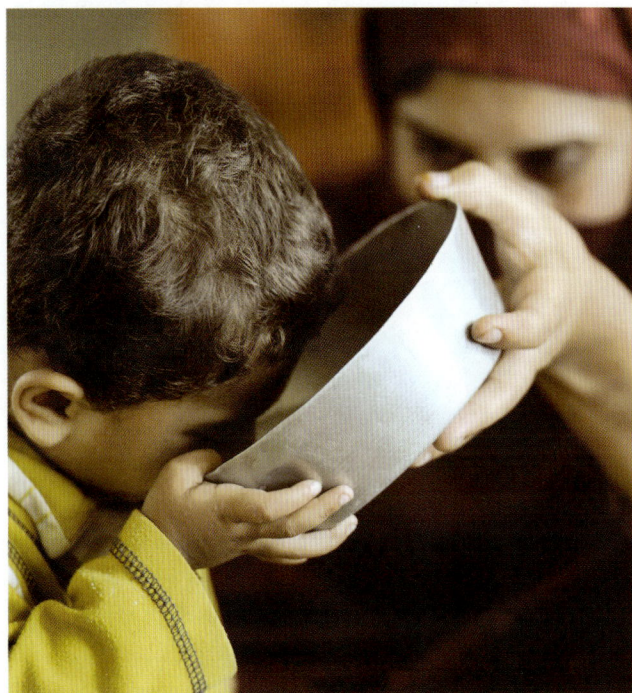

ⓒUN Photo / UNICEF / ZAK

在国家层面，很有必要建立一个可持续机构框架，为所有涉水利益相关者提供数据、信息和知识的采集、储存和传播服务，这将有助于提高水资源管理的决策水平。

在基层社区层面，实现信息与知识共享、促进决策和资源管理水平提高的具体措施应该包括创建由本地利益相关者及其协助服务机构共同参与的对话平台，诸如政府机构、延伸服务机构、非政府组织和其他服务提供者。

第六章　从原始数据到知情决策

供水和用水信息对于各国政府而言显得越来越重要，他们需要掌握可靠、客观的水资源状况和用水管水信息。

此外，相关信息还要告知农民、市政规划人员、供水和污水处理公司、灾害管理部门、工商业和环保人士等。

缺乏系统和可靠的数据来计算指标，这个问题在全球、国家、地区或流域等各层面都存在。无法获得实际的数据，就无法对变化趋势进行监测跟踪，尽管这些趋势实际已很明显。

出于规划和设计的需要，工程师通常假定某一流域的水文过程可以用不随时间而变化的概率分布来描述，即这些水文过程的历史统计特征值随着时间的推移基本保持不变，或者说是静态的。由全球气候变化或不可预测的人类行为而引发的极端事件发生越多，对水资源规划和管理带来的挑战也就越大。问题是如何以最佳方式在水资源规划和管理中将水供给与水需求的不稳定因素综合予以考虑。

气候变化是导致人们对水指标更感兴趣的因素之一，对气候变化的诸多关切清楚地表明，"静态水文"的假设不能再作为评估可用水量的基础。这将人们的注意力集中到全球河川径流量可用数据有限这个问题上，而数据是评价可用水资源量的必备条件。虽然通过遥感测量技术人们已获取有关降水的大量数据，但是，对河川径流量变化或地下水补给量变化的测量却比这要难得多。

由于水资源估值相对较低且分布广泛，通常不对其使用直接计量。由于水资源常为不同行政区域"共享"，上游的用水户往往不愿意与下游的用水户分享水资源可用量和使用量的信息，因为这些信息可能会在出现分水争端时派上用场。

为实现水资源的均衡分配和保护，相关指标应该对精心选择和设计的政策手段提供支持，这包含法规（如技术标准、绩效标准等）、定额、准入规则和分配程序以及经济手段（尤其是价格机制和生态系统服务付费）。

由于水的自然属性，其状态常随季节变化而变化，即使测量径流这样简单的参数通常也造价昂贵。遥感技术为测量提供了相当可观的资源基础，但该技术至今还没有大量用于水资

©UN Photo／Albert Gonzalez Farran

源及其利用的信息采集。然而，在没有获得地面真实数据情况下使用遥感数据可能有些冒险，因此，强化现有水文气象站网络和服务，是妥善进行水资源管理、规划、设计和运行的一个必要条件。

政策制定者与决策者在社会经济领域活动中对信息的需求将成为改善水资源信息采集最有效的驱动力量。

从政府的视角看，经济政策制定者已认识到水资源对国民经济有着重大和无法解释的影响。如今诸多重大机遇已摆在全球水行业团体、用水户和广大的把利益与水捆绑在一起的团体面前，可以使信息提供的数量和质量获得实质性的提升，包括水资源、水资源利用、用水户、用水效益、效益分配方式，以及谁承担相应费用与负面影响等信息。

第七章　区域挑战与全球影响

非洲

撒哈拉以南的非洲面临着地方性贫困、粮食不安全、供水和卫生普及率很低以及普遍的欠发达等问题，几乎所有国家都缺乏人力、财力和体制有效开发和可持续管理水资源。

总体来说，非洲只有1/4的人有电力供应。水电提供了非洲32％的能源，但只有3％的可再生水资源被开发用于水电。该地区具有巨大的水能开发潜力，足以满足非洲大陆所有的电力需求。

撒哈拉以南非洲地区主要受干旱气候威胁。干旱破坏了经济生活和农民的粮食来源，对该地区1/3国家的国内生产总值（GDP）增长构成严重的不利影响。洪水对基础设施与交通以及物流和服务流通等也造成极大破坏，并污染供水水源，导致水传染疾病的蔓延。

欧洲和北美

大部分欧美人生活相对富足，这使他们对当地水资源有大量的需求。北美的人均用水量是世界上最大的，为欧洲人均用水量的2.5倍，其中一个原因是与其他工业化国家相比，这里的水相对较为便宜。

欧洲约有1.2亿人无法获得安全的饮用水，还有更多的人缺乏卫生设施，从而引发与水有关的一些疾病。水质仍是欧洲很多地区一个由来已久的问题。随着氮、磷和农药流入河道，特别是农用化肥对整个区域水资源造成了有害的影响。

2000年出台的欧盟《水框架指令》，以及近期颁布的标准和地下水指令，构成了欧盟最重要的涉水法典，同时也是世界上唯一的跨国家涉水法令。欧盟《水框架指令》加快且深化了跨界水管理的历史进程。

亚太

亚太地区是一个非常活跃的地区，正经历着快速的城市化、经济增长和工业化，农业发展势头强劲。虽然这些趋势在许多方面令人满意，但也构成影响该区域满足其经济社会对水资源开发需求能力的驱动因素。该过程导致资源使用的大量增加，对水生态系统构成巨大压力并使之逐渐恶化。

因为世界上约2/3的饥饿人口生活在亚洲，粮食安全是一个非常重要的问题。

©Shutterstock / Shi Yali

亚太地区是世界上抵御自然灾害能力最薄弱的地区，自然灾害不同程度地妨碍了当地经济的发展。这里的经济增长主要集中在沿海和洪水多发地区，如人口稠密地区和极易受到台风及暴雨袭击的地区。

太平洋小岛屿发展中国家（SIDS）应对环境自然灾害的能力尤为脆弱，热带气旋、台风和地震都可导致灾难的发生。气候变化导致的预期海平面上升、风暴潮危险及岸线侵蚀将加剧小岛屿发展中国家应对各种自然灾害的脆弱性。一个热带气旋就足以摧毁多年发展付出的努力。

该地区的水利基础设施建设正从短期规划向更具战略性、长期性的规划建设过渡，并在强调经济发展的同时重视生态效益。

拉丁美洲和加勒比

拉丁美洲和加勒比地区（LAC）尽管有部分地方非常干旱，但基本上属于湿润地区。该地区的用水模式可描述为空间呈零星分布和高度集中在少数几个地区。

除墨西哥、巴西和中美洲部分小国外，拉美地区的经济依赖出口自然资源。近些年，全球对矿产、粮食及其他农产品、木材、海产品和旅游服务等产品的需求增长迅猛。这意味着该地区在水需求方面存在竞争，并已成为"虚拟"水的出口地区。

尽管该地区大多数国家水与卫生设施普及率高且完善，但服务质量差异较大，城乡以及国与国之间存在巨大差别。该地区目前仍有约4 000万人没有饮用水设施，近1.2亿人缺乏卫生设施。无法获得服务的大多数是穷人和生活在农村的人。

一般来说，管理不善是许多拉美和加勒比国家自上而下普遍存在的问题。管理不善并不仅局限于对水资源的管理，也包括大多数依靠水提供服务的领域。由于水资源管理能力相对薄弱，中美洲、加勒比地区以及安第斯山脉地区的最贫穷国家将是受气候变化影响的高风险地区。

阿拉伯和西亚

在阿拉伯和西亚地区，人口增长与迁移、耗水量增加、地区冲突及管理局限等因素导致水量和水质的风险不断上升，同时也伴随着水资源共享与利用的可持续管理以及促进农村发展和粮食安全政策的成功。

在阿拉伯地区，缺水是粮食不安全的主要原因。截至2000年，中东和北非每年进口粮食5 000万吨，他们因此消耗了大量"虚拟"水。这促使其他地区更乐于投资农业生产，这事实上增加了该地区虚拟水的进口。

冲突不断已成为阿拉伯地区的特征。在科威特与黎巴嫩贝鲁特，不同时期的暴力冲突毁坏了水利基础设施，被毁的输水系统需要修复，无法扩大供水能力。阿拉伯地区约66%的可用地表水均发源于本地区以外。这就时常导致与上游国家之间的冲突。地方一级的水冲突也存在于行政区之间、社区之间以及族群之间。

地区—全球的连接：影响与挑战

与水相关的自然灾害对实现人类安全和社会经济的可持续发展构成重大威胁。干旱对农业生产影响显著，会导致粮价飙升和粮食短缺。这些因素还会造成其他重大社会政治影响，并可导致严重的后果，如粮食短缺引起的骚乱和政治动荡。

缺水可导致不同强度和规模的冲突。虽然冲突可能在局部地区出现，但其构成的挑战可拓展到和平与安全等更广阔的领域。争夺水资源的冲突也可演变成或激化种族冲突。因为种族冲突多数由大众对未来产生恐惧引发，我们所看到的缺水就能演化为这种恐惧。

在考虑水资源问题时，我们有理由将市场的积极因素考虑进来。例如，水资源枯竭的一个原因就是低估了水作为一种资源的价值。因此给水赋予价值非常重要。给水贴上商品的标签是否就是给其定价的最好方式还值得商榷。

无论是通过制定标准还是估值，水资源都必须体现出其应有的价值，否则水资源恶化的趋势就会持续下去。

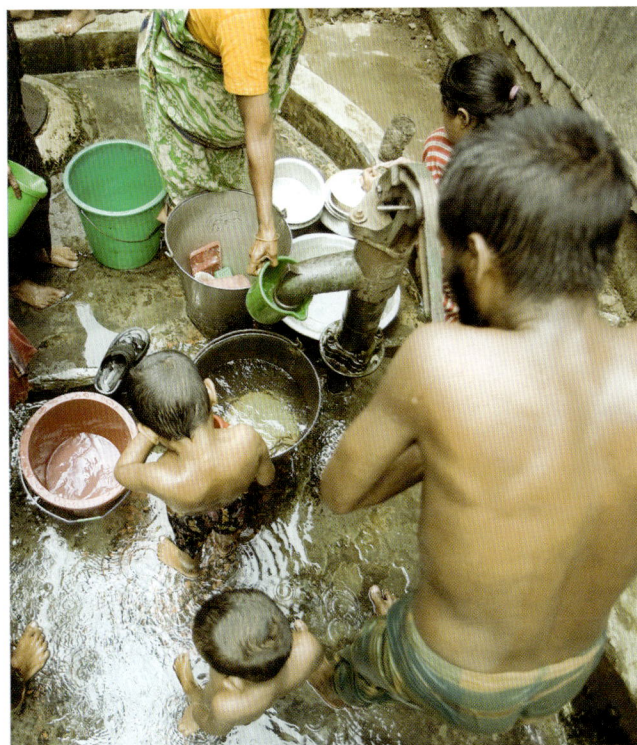

©UN Photo / Kibae Park

第二部分　不确定性和风险条件下的水管理

第二部分简介

政治和社会体系正在发生变革，其方式和影响并非总能被预测。技术在进步，生活水平、消费模式和人类的预期寿命在变化，人口持续增长并不断向日益扩张的城市地区迁移。结果，就像气候变化一样，土地利用和土地覆盖形式也发生了改变。变化发生速度往往呈增长趋势，所造成的长期影响通常也很不确定。变化可能会有中断，也可能存在临界点，一旦超过临界点，变化即不可逆转。

适应变化给我们带来了机遇。过去发生的虽然已无法改变，但现在所作的决策却可以影响未来。

水是一种重要媒介，通过这种媒介的变化，人类活动与气候影响可以作用于地球的表层、地球上的生态系统和地球上的人类。正是通过水与水质，人们才会最强烈地感受到变化的影响。

如果人类面对变化不作正确的应对或规划，那么数亿人将面临因水资源短缺、水污染或洪水而导致的饥饿、疾病、能源短缺和贫困等更大的风险。如何适应水量和水质的变化以及变化中的风险和不确定性，对水资源管理领域仍是一个挑战。

对风险或不确定条件下决策的后果可进行定性有时甚至是定量分析。鲁棒决策就是在极不确定条件下为不同管理行为试图提供支持的工具。

向决策者提供不同的决策工具，展示各种决策（作为、不作为）带来的更加广泛的水资源影响，这对改进资源的整体管理、减少诸多威胁和不利影响具有实质利好。

第八章　在不确定性条件下工作并管理风险

风险和不确定性集中反映了水管理者和社

会经济政策制定者所要处理问题的特征。他们对于这些风险和不确定性因素了解得愈充分，就愈能有效地开展水系统规划、设计和管理，以降低这些风险和不确定性。

目前，水利规划和工程技术人员尤为关注极端事件带来的尚未观察到的不确定性，这些极端事件超出了以往事件所定义的变量范围。如今，这些极端事件正在全球范围内发生。因此，水资源规划和管理人员在分析过程中就必须运用数量非常可观的判断，因为土地利用的变化、城市化的变化以及变化中的气候影响，都会影响到未来的降水量、蒸发量、地下水渗透量、地表径流量和河道流量。

无论选择何种设计方案，总会有失败的风险。任何人在作长远决定时都会受到一些问题的困扰，如可以承受哪些级别的风险；如果未来条件许可，现有设计怎样才能降低未来基础设施扩建带来的成本等。

一旦获得足够的信息用来确定决策结果的可能性并评价其影响，以风险分析为基础进行决策就可以实现。决策过程中可采用各种各样、从简单到复杂的分析工具和技术作为辅助。

我们应鼓励感兴趣的利益相关者团体积极参与决策。这将确保在风险评价和决策评估过程中，充分考量人们对风险和价值的不同观念。为方便利益相关者团体的参与，我们已经研发并成功使用了互动决策支持模型。

有些情况下我们难以对可能发生的事件或未来的结果进行概率排队，这是由于我们对人类和生态过程的认知有限，或是由于复杂动态系统具有的内在不可预测性，但我们仍可以设计一些情境，迫使我们去考虑出现不同结果的可能性以及我们是否要作出可能产生这些结果的决策。水资源的未来取决于人类即将要作出的选择。

拥有用水户和政策制定者的水资源管理机构需要参与替代方法的开发工作，这种替代方法考虑了非静态因素，同时会使水资源工程项目更具适应性、可持续性和稳健性。

如果人类生活受到水资源（于此别无其他选择）的限制，则必然也受到自然系统的限制，因为自然系统提供、处理和分配这些资源。人类需要将自然生态系统、连同现存设施以及决定水分配和使用的人类活动作为整体进行考量，使它们相互作用的同时相互受益，在流域统一体系内共同管理。认识和管理生命系统之间的相互关联性是降低短期和长期风险的一种手段。

第九章　以关键驱动因素剖析不确定性和风险

水资源面临的预期压力不在水管理者的掌控之中。这些压力会对水资源的供需平衡产生重大影响，有时其方式并不确定，因此给水资源管理者和用水户带来新的风险。与日俱增的不确定因素和风险迫使我们以不同的方式制定水资源策略。

对水紧缺和可持续性直接产生冲击作用的动因包括生态系统、农业、基础设施、技术和人口。而根本的动因则是管理、政治、道德和社会（价值观和平等）以及气候变化，这些动因主要通过对代理动因施加影响而产生作用。

若没有技术进步或政策干预，在丰水和贫水国家以及各国内部的行业和地区间经济两极分化将会加剧。这可能意味着人口数量多和需水量大的人群不得不争夺愈加稀少且质量低劣的水资源。因为水资源总是被分配到付费最高的行业或地区，这将导致越来越多人的食物、能源、水和卫生等基本需求无法得到满足。这不仅是一种停滞，而且与现状相比明显是一种倒退。

随着城市人口膨胀以及城市供水和废水处理量不断增加，城市供水和废水处理技术的开发应用将有利于降低绝对取水量和废水排放量。这些技术的快速崛起将伴随着人类对环境影响全球意识的预期发生改变，尤其是对水短缺问题的了解将更加深入。

到 2040 年，一部具有法律效力的应对气候变化国际公约将会产生，同时大量投资将用于提高低收入国家的认识和适应能力。由于通过水可以直接感受到大部分气候变化的影响，这对水资源总体投资水平将产生积极影响，意味着水利基础设施投资将会增加，并进而带来废水排放减少、可持续流动增加和卫生网络覆盖率提高。

在流域机构和其他团体的支持下，中央水资源管理机构将被赋予更多的权力和资源来有效管理国家水资源。这将促使水在用水户之间以动态的、能够应对气候变化的方式进行再分配，并通过完善的水价体系以及富有创造性的水权交易机制加以实现。面对一成不变的水资源管理模式带来的风险和不确定性，水情境设定显得比以往更为必要。

第十章 低估水资源价值使未来充满不确定性

对水资源产生深远影响的政策是由规划部门、经济部门、金融部门和用水部门的政治家以及官员制定的，他们在很大程度上会受到国家经济和金融状况的影响。此外，水资源投资、水资源开发和管理的改革通常也需要符合社会、道德、公平或公共卫生方面的要求。

水正逐渐成为工业、矿业、电力和旅游业等经济活动确定位置需要考虑的关键因素。正在或计划在水资源紧缺的地区投资的公司逐渐意识到其"水足迹"及其对当地的影响，因为这可能会给企业生意带来运行和声誉方面的损害。

评估水的多重社会经济效益对改进政府、国际组织、慈善团体和其他利益相关方的决策十分关键。反过来说，对水的各种用途所产生的全部效益不能作出全面的评估，也正是政治上忽略水及水资源管理不善的根源所在。

水资源管理的关键在于如何将稀缺的水资源分配给相互竞争的用水户。在世界很多地区，水资源面临的压力越来越大，导致水资源愈发短缺，需求得不到满足。水资源压力主要

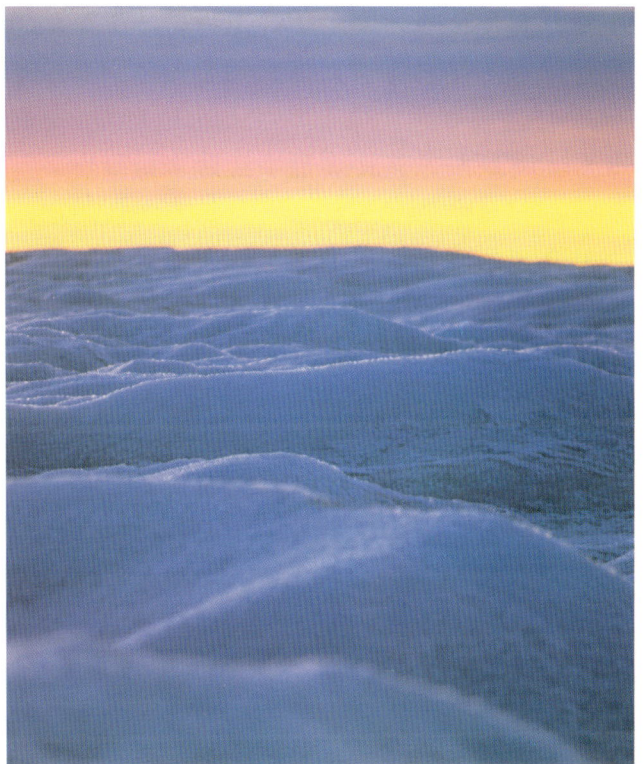

©Philippe Bourseiller

受四个相互关联过程的制约：人口增长，经济发展，对粮食、饲料和能源（生物能源是来源之一）的需求增大以及不断加剧的气候变化。我们必须就如何在行业内部、用户群以及行业间对日渐稀缺的水资源进行共享、分配和再分配作出抉择。

第十一章 改革水管理机构、提高应变能力

我们的思维方式要从单纯考虑生态系统和社会系统向将社会生态系统合二为一的方向转变。水管理机构不能只对未来作一种明确的规划，而是要改进评估方法，应对未来可能出现的一系列不同情境，给出所有不确定性可能的出现概率。

无论新药开发，还是核电站或者水利基础设施建设，社会群体之间应持续开展对话，确定人类活动的社会风险容忍度和服务可靠性，这应成为我们承担社会职责的一部分。水资源综合管理（IWRM）理念就是通过这个过程不断树立起来的，它包含可持续发展的不同方面

©Shutterstock / Diane Uhley

（生态、生物物理、经济、社会和制度），但这往往具有路径依赖特性。因此，有效的水资源综合管理应该属于知识密集型和具有适应性，在无力直接控制外部变化时可继续作出响应。适应性管理是对管理行动及其他事件的结果充分了解基础上，面对不确定因素推进灵活决策的制定。

由于世界本身的复杂性，我们作出的大部分对水构成影响的重要决策都超出了"水箱"管辖的范畴。这些决策由政府、私营部门和民间团体的领导层制定。因此，对于技术人员来说，将新措施和新方法告知政府决策者及受决策影响的人非常重要。这需要将技术专家、政府决策者及全社会作为一个整体构建一种规范化的关系结构。

我们最终要跳出传统意义上的水资源管理，走出"水箱"的管辖范围。从体制上加强水资源管理部门与土地管理以及农业、采矿和能源等行业的联系，这将有利于提高决策的效力。意识到这一点需要极高的领导能力。我们还要克服传统方法的惯性并应对不同参与方的

抵触情绪。决策者需要得到帮助，将这些概念变成现实，同时也需要有勇气接受批评并与其他人分享权力。

为了作好决策、管理好特殊不确定性和风险，我们必须对其有清楚的了解。因此，为决策者提供充分准确的信息，使决策者在不确定条件下有一定的控制能力就显得特别重要。只有这样，管理不确定性的压力才会减轻，并会产生更加积极和实在的效果。

第十二章　为更可持续未来强化水利投融资

水的方方面面都需要资金支持，需要程度远远超出目前的实际水平，不仅是硬件基础设施，还包括同样重要的软件措施，如数据采集、分析和传播，人力资源和技术能力建设，法规制定及其他管理事项。

投资水利基础设施，无论是实物资产还是自然资产，都可成为增长的驱动因素和减少贫困的关键手段。

为水治理提供充足的资金对减少不确定性和管理风险来说必不可少。通过环境控制、地下水监测、取水许可及污染监控等有效措施，可减少水资源过度开采、地表水严重污染和含水层发生不可修复污染等风险。这些管理功能可适当通过征收取水费和排污费来自我筹资加以运行。

忽视国家水观测体系建设并任其衰落下去，会导致重要水文数据严重缺失。国家水信息库升级技术方面的投资会带来非常可观的回报，国际开发集团正在把支持目标转向这个领域。这类信息对于国家来说十分重要，但经常被当作本地、流域、地区或国际公益产品，导致投入和供应严重不足。

由公共部门实施适应和减排项目可吸引大量发展基金，包括专门为适应项目新设立的基金。然而，适应／减排的大部分工作主要落在私人公司、农场主、家庭及其他独立经营的机构身上，出于特殊情况，他们不得不依赖其他

©Shutterstock /sootra

资金来源。

技术的大量应用如海水淡化和中水利用，与单纯依赖地表水和地下水相比，可减少和分散风险。由于海水淡化厂和中水项目（需要在废水处理厂进行大量投资）本身有独立承担商业风险的潜能，因此可通过股权融资或商业融资。

自2007年以来，由于全球金融形势不利，水领域的商业融资变得尤为困难。这一点在拉丁美洲特别突出，作为特定地区的典型问题，它使新的私人投资丧失了对水利基础设施的兴趣，还导致现有公私合作伙伴（PPP）联营体中出现合伙人不稳定状态。在为特许权交易提供金融服务方面，金融环境已影响到风险资本（如股权）和借贷资本的供应，原因是资金流动性变差，而且国际银行的问题对当地银行也形成了冲击。许多创新交易方式通过捐赠机构的技术援助和风险共享形式创建，因此存在一定的风险。

一般情况下，金融违约风险可以通过风险预测定制金融条款及预测相关项目的现金流来管理。对于复杂的大型项目，普遍的做法是将不同的融资方式（商业贷款、特许借贷、赠款及股权）组合成共同可以接受的混合体。

在面临未知因素和风险情况下，有一种可行的融资方式。它融合了各项有效措施，如绩效测评、标准和技术选择的审核、收费率提高、由用水户更好地弥补成本、更多可预期的政府补助和官方发展援助（ODA）以及利用目前已有的风险共担排列手段，精减基本收入的使用以吸引可偿还资金。

第十三章　应对水管理的风险和不确定性

应对风险和不确定性的措施不可能世界通用。但通过研究其他人已经尝试过的各种方法，还是可以学习借鉴他们在不同情形下取得的成功经验或失败教训。这些应对措施通常包括利用各种工具对适用于发达国家和发展中国家不同地区的水资源规划、政策、基础设施设计和运行规程方案进行评估和确定。

减少不确定性最直接的方法是掌握目前和

将来可支配水量和水质的新问题和新情况。在减少不确定性方面，数据采集、分析能力和预测能力都非常必要，这将有助于水分配、水利用、水调度和水处理方面的决策制定。尽管有关水的风险没有减少，但我们对其却有了更好的了解。

适应性管理战略基于新的视角允许转变方向，可帮助人们建立和维持具有灵活性和容错能力的机构设置和技术体系，并为透明决策过程提供方便。投资建设各种蓄水工程，从小型雨水集蓄池和大型水库大坝到人工回补地下含水层系统，再到改良土壤以提高其持水能力，这些都是为了满足不断增长的蓄水需要而作出的选择。在干旱时期，蓄水可提高粮食安全。就像现代消费者为降低风险对其拥有的金融资产进行多样化处理一样，小型自耕农场主可通过"水银行账户"组合，为应对气候变化影响争取缓冲时间。

对于决策者来说，在可用水资源有限、需求不断增长和变化，愈发稀缺的金融资源和实物资源使竞争趋于激烈条件下，必须面对相当大的风险和不确定性进行有效规划，并作出周全的决定实属不易。在处理风险和不确定性时，各国可采取预防措施或维持现状，这完全取决于他们在处理风险和不确定性时作出取舍的意愿程度。只有维持现状的费用超过实施改变的费用时，政策才会发生变化。但是，并不一定所有的折中都是负面的。实际上在处理水领域内外的风险和不确定性时，还是有不少双赢的实例，不仅使多个部门多方面受益，而且对水行业带来长远的好处。

第十四章　打破水界限束缚、应对风险和不确定性

水行业的许多问题由其他部门的决策所导致，解决水问题的方案同样可以在这些部门里找到。无论身处水世界内部还是外部，大部分决策都涉及到某种形式的风险管理。与商业决策一样，预测未来的效益或危害是部门决策不可分割的部分。这些决策并不总是把水问题考虑在内，但往往会对水造成影响，对水管理者不得不从中作出选择的决策和反应类型也构成影响。

除了保障粮食、饮水和卫生这些人类基本需求外，许多开发活动也会给水风险和不确定性带来影响。很多情况下，大量的开发活动意味着用更多的水，同时经济高速增长也会导致更多的水污染。

选择多样化的经济增长方式有助于解决与可用水量相关的风险和不确定性，可很少有国家选择这么做，因为交易损失和政治上的代价太高，而且会立即感觉得到。

某些情况下，绿色增长模式可将发展挑战转化为可持续发展机遇，例如缺少化肥供应。按照这个模式，当前的缺水问题可为技术创新

©Shutterstock / jaymast

创造条件，帮助各国向更加绿色的增长方式迈进，同时避免了其他国家通常会面临的风险。气候变化是当前人类社会面临的最高等级不确定性因素的代表之一。对全球而言，某些类型的影响，如温度上升和海平面上升，发生的可能性相对较高；但这些影响对地方而言很难预测。

大部分商业决策是基于风险和不确定性方法而制定。投资和生产模式领域的决策就是对未来作出的假设。许多单纯根据财力底线作出的决策，同样可以有效地减少与水相关的风险和不确定性。

政府的财政政策，如不同的税率或为某地吸引投资和招商制定的激励措施，连同法制工作框架，通过为投资环境设定一定的边界条件，从而有效降低不确定性。

政府还可通过为单位水量定最高的值来吸引投资，但可惜的是，这类决策的案例还比较少见。

对水资源的定价和评估可引导商业决策的制定，尤其是当水作为生产中一项关键投入时更是如此。这些措施还可帮助企业认清交易中的取舍权衡、成本和效益/共同效益，否则这些企业主无法了解这些情况。

随着全球对大规模传染病和快速传播的动物疾病和人类疾病关切度的提高，水与健康规划相互结合显现出双赢的效益。因为水在某些疾病传播流行中充当了传播媒介或是决定性的因素，因此加强全球大规模传染病预防（或准备）将对涉水风险和不确定性的管理产生多种效益。

许多国际组织都重视水-粮食-能源之间的关系，这也说明当今政策制定者面临着最为艰难的抉择、风险和不确定性。大量的实例表明，倾向于某一方面会对另一方面（如粮食安全对能源安全）造成各种有意或无意的影响。我们面临的重要挑战是如何把各种风险的复杂的、相互交织的关系统筹起来，形成具有整合性的应对策略，并考虑各相关利益方的利益。

保险是化解风险最古老的机制之一，它适用于所有部门，同时也有助于减少涉水风险的影响。基于指标（或参数）的保险还可作为各部门风险管理潜在的有力工具。

关于共享跨界流域水量分配的水协定或协议正在以成倍的速度增长，这些协定或协议通过确立信任建设机制，对利益相关方行为有一定程度的预测性，因此，可以说具有降低其他风险的附加效益。

签署的协议或协定不以水为目的也可减少涉水方面的风险和不确定性，特别是那些在自然资源利用上为对方的行为提供了双向担保的协议。

©UN-HABITAT

引言

作者：理查德·康纳
供稿：丹尼尔·洛克斯、玛丽莲·史密斯

在世界任何地方，没有人能保证用水户可以不间断地获取所需要或所想要的供水服务，也不能保证用水户可以不间断地从农业、能源和卫生等重点发展行业获取水资源所带来的利益。经济社会体系和环境系统对于世界各国的繁荣、各国人民的幸福至关重要。各国的案例提醒着我们，忽视水资源的核心重要性将最终导致经济社会体系和环境系统的崩溃。

固然，社会经济发展的各个方面，即通常所称的粮食-能源-卫生-环境"联合体"，都依赖于水。但仅有这样的认识还不够，因为它们之间是一种互相依赖的关系。推动经济社会发展的各项活动会促进重要政治、经济决策的形成，也会影响水资源的分配和管理方式，并对可用水量、水质以及其他发展行业产生重要作用。正是水将这个"联合体"所涉及的所有行业联系在一起。

人口增长，生活水平不断提高对资源需求的日益增大，以及其他各种外部变化的动力，共同形成了不断增长的需求，给地方和区域内用于灌溉、发电、工业和生活用水的水供应带了巨大压力。这些作用力表现出不断加快、不可预测的变化趋势，给水资源管理者带来新的不确定性，也增加了以水为纽带所有发展行业的风险。同时，气候变化也给淡水供给和农业、能源等主要用水行业带来新的不确定性，这进而加剧了未来用水需求的不确定性。总而言之，决定水资源供需变化的各种因素，本身就正在发生不可预测的变化。

水是生产一切商品和日用品，特别是粮食的关键元素，因此市场上销售的各种商品中都有水的存在。贸易全球化意味着所有的国家和商业机构都自觉或不自觉地参与到了虚拟水的"进口和出口"中，因而他们对国际贸易和国外投资保护体系给当地和区域带来的负面影响（包括日益恶化的缺水和水污染问题）也负有一定的责任。由于用水需求和水资源可利用量变得愈加不确定，各国社会都更容易受到水资源供给不足导致各种风险的威胁，包括饥饿、干渴、高患病率和死亡率、生产率降低、经济危机、生态系统退化等。这些影响将水提升为一个全球关注的危机焦点。

《世界水发展报告》第四版归根结底阐述了一个观点：所有的用水户（不管是好是坏，也不管知情还是不知情）都是变化的动因，他们既影响水循环又受其影响。这说明在当今世界里，用"一切照旧"的方式进行水资源管理无异于像盲人一样无视维系生命和福祉的生态系统。过去的观点大多寄期望于政府把水资源作为一个"行业"进行管理，而粮食、能源、卫生等其他真实的行业决策者却甚少关心自己的行为会对水循环和其他用水者造成何种影响。这就造成了政策和行动的脱节，也导致对后续结果无人管理。不同的用水户、决策者与孤立的水管理者之间缺乏联系，使得水资源严重退化，也给其他依赖于水资源的行业带来了更大的风险。

这项评估最棘手的一点也许是，目前水循环反映出的变化率让专家们感到非常困惑。历史资料并不能为预测未来的用水需求和水资源可利用量提供可靠的依据。本版《世界水发展报告》在承认我们目前对水循环面临种种压力的认知如同沧海一粟的同时，也给所有的用水户和所有行业的领袖和决策者提出了挑战：要想知道自己的行为如何影响水资源的质量、数量、分配和使用，就必须向拥有和分享这方面知识进行投资。只有在集体的努力之下，我们才能找到降低不确定性和管理风险的途径，平衡和优化通过水提供给人类社会的多方面重要效益。

正如《世界水发展报告》第三版所言，全球化进程使几十亿人受益，但也在很大程度上放弃了"底层十亿人"的利益，这其中妇女和儿童占了很大比例。他们被边缘化，极易受到目前现有各种风险的威胁。小到一地，大到全球，学会如何合理地平衡水资源带来的各种益处将是应对改变的一把必要钥匙。如果解决涉水问题的措施没有明确地将平等问题纳入议程，最贫穷、社会地位最低下的人们可能仍将无法分享这些解决措施带来的成果。

已有若干这样的成功事例，即多方面的利益相关者并肩工作，将影响水循环的各种因素的快速变化转变为提高水资源供给、使用和管理水平的新机遇。本书中所涉及的案例，特别是第十三章、第十四章提到的取得进步的案例，都强调了大范围的水利益相关者在知识构建、政策、技术以及更多的投入等方面的交互作用，但同时也强调了每个和每种情境的复杂性，过分强调某一方面都会导致着力点的失衡。

《世界水发展报告》第四版的新意

《世界水发展报告》第一版和第二版根据水资源面临的不同"挑战领域"，综合评估了影响到水和关系到水的各种问题、趋势和发展。在联合国牵头机构的协调下，这些挑战领域作为相应的单独章节，描述了资源和生态系统状况，人类卫生、粮食与农业、工业、能源和人居环境等主要用水行业以及风险管理、水资源共享、水资源价值、知识与能力提高和加强治理等面临的管理挑战。

《世界水发展报告》第三版采用了不同的方法和结构，根据对外部性及其对全球水资源状况、使用和管理的作用的认知，从整体上对水资源领域进行了分析。报告引入了"外部作用力"的概念，对导致变化的主要"驱动"以及这些因素如何最终影响人类对淡水资源的需求，进而对淡水资源产生影响进行了综合介绍。报告传达出的关键信息是，大多数与水有关的决策不是由水管理者制定的，而是由"水箱"之外的决策者，即公民社会、商界和政府部门的领导者制定的。这些决策涉及政策制定、资源配置以及其他政治方面和操作过程的种种问题，而这些问题会通过分配和需求直接地影响到水，通过各种驱动因素间接地影响到水。

《世界水发展报告》第四版在综合了以往三版不同要素的基础上，包含了一些全新的内容。

第一，书中对曾作为第一版和第二版内容基石的12个挑战领域报告重新作了介绍，有关内容依然是在联合国牵头机构的协调组织下完成的。但以往版报告对挑战的介绍是全面而概括性的，本版报告与以往版本有所不同，涉及挑战的篇幅相对较短，且着眼于介绍重点挑战、最新进展、发展趋势，外部驱动因素及其给水系统带来的压力，以及如何引导人们更好地理解不确定性和风险管理，更好地发现机遇。报告通过具体的事例详细阐述了在此背景下进行水资源管理和制定水政策的途径，这些事例涉及的范围包括为基础设施或需求管理提供适应型设计的标准、机构能力建设以及不同发展行业的政策制定。

第二，除了这些挑战领域报告之外，第四版还新增了4篇报告，探讨前几版《世界水发展报告》中未曾专门论述的问题，它们分别是水质，地下水，性别问题，以及荒漠化、土地退化与干旱。

第三，认识到全球水资源面临的挑战在不同的国家和地区有所不同，《世界水发展报告》第四版新增了5个区域报告，这也是《世界水发展报告》第一次提出地区焦点问题。这些"区域报告"，采用与挑战领域报告相同的总体结构，由联合国各区域经济委员会负责协调编写。

第四，《世界水发展报告》第四版更加深刻地剖析了第三版报告所阐述的各种驱动因素，并分析了它们未来演变的可能性。这些分析源自世界水评估计划情境项目第一阶段的成果，该项目的有关情况在《世界水发展报告》第四版中也有所论述。

第五，《世界水发展报告》第四版设立了一个主题，即"不确定性和风险条件下的水管理"，这一主题是本版报告最突出的议题。但这并不意味着本书讨论的就是不确定性和风险，而是透过不确定性和风险审视水资源、水资源利用与水资源管理目前面临的挑战。本版报告将不确定性与各种外部驱动因素联系起来考虑，从"水箱"内外两方面看待风险管理，这将《世界水发展报告》第三版采用的整体方法又向前推进了一步。

总之，在《世界水发展报告》第一版和第二版采用的综合方法及《世界水发展报告》第三版采用的整体观点基础上，《世界水发展报告》第四版阐述了水资源挑战领域和不同地区面临的关键问题，对与水关联的外部作用力，即驱动，进行了更加深入的分析。本书力图以此让读者了解情况，提高对源自自然加速的变化带来新威胁的认识，提高对产生不确定性和风险的多种相互关联作用力的认识，最终强调对这些作用力可进行有效管理，并通过在水资源分配、使用和管理领域采用创新方法，进而获取重要的发展机遇和效益。

结构和内容

《世界水发展报告》第四版包括四个部分。第一部分，"现状、趋势和挑战"，综述了最近的进展、出现的趋势和重要的挑战，包括对此产生驱动的外部作用力及其带来的不确定性和风险。第二部分，"不确定性和风险条件下的水管理"，是本书的中心部分，透过不确定性和风险这面镜子研究了影响水资源管理、制度、分配、融资等方面的各种决策，特别强调了气候变化和其他一些导致变化的驱动力。第三部分是本书的第二卷，"知识库"，由联合国水计划成员机构组织编写的每一个挑战领域报告和由联合国区域经济委员会组织编写的区域报告组成。第一、第二部分以及其他的辅助性资料的许多内容是从第二卷的这些报告中提取的。与前几版一样，《世界水发展报告》第四版也包含案例研究的内容，作为本书的第四部分，即本书的第三卷。15个国家层面的案例研究介绍了有关国家实现与水相关发展目标的进展情况及遇到的困难，这些困难可能会导致拖延，许多情况下会使问题恶化，这表明我们既要借鉴成功的经验，也要汲取失败的教训。

第一章是本书的开篇，从全球视角对水资源进行了介绍，强调不能将水仅仅看作是一个单一的行业。第一章还讨论了在实现各种不同发展目标的过程中，水的中心地位和跨领域的特性，这在国际重要进程中正在演变为事实，如《联合国气候变化框架公约》（UNFCCC）的磋商、联合国可持续发展委员会（UNCSD）组织的里约＋20峰会的筹备等国际进程，或者说在各国体制框架内正在得到充分的实施。

第二章是本书第一部分的开始，重点介绍了粮食和农业、能源、工业、人居环境等主要行业的水需求。在介绍最新趋势和发展情况的同时，本章还描述了主要驱动因素面临的压力，与每个行业相关的不确定性和风险，对未来用水需求（可能的情况下）的预测，以及可能的应对措施。本章的最后一节将生态系统看作是一个水"用户"，认为生态系统的需水量取决于我们想要生态系统维持或恢复人类想要的利益（提供服务）所需的水量。

第三章关注的是水资源平衡中的供给侧的有关问题，概括了前几期发展报告提供的信息，本章探讨了大范围的气候驱动因素对全球水资源时空分布的影响。本章还论述了地下水和冰川这两个关系到水储备的非常重要的事项，指出了其脆弱性以及超采（地下水）和气候变化（冰川）带来的长期风险。第三章的最后部分探讨了最紧迫的水质问题以及由此可能产生的风险。

第四章从人类健康和生态系统两方面，重点介绍了水资源带来的各种益处，以及自然灾害和荒漠化带来的挑战，对这些问题的当前发展趋势和热点话题、与主要外部驱动因素相关的不确定性和风险以及应对措施进行了阐述。本章还有一节重点关注了与性别相关的挑战和机遇，并在最后一节探讨了目前全球水资源平衡情况，论述了水在联结有关行业中的作用，而这些行业关系到发展和消除贫困。

第五章介绍了不同的水资源管理体系和制度如何发挥作用，分析了它们面临的挑战，论证了知识建构和能力建设在解决愈演愈烈的不确定性和风险方面发挥的重要作用。

第六章探讨了完善数据和信息对改进决策

的必要性。本章描述了专注于一小组具体数据项的值可开发出大量的性能指标，还强调了几种具有发展前景的选项，如果这些方法应用得当，可为水资源管理者以及"水箱"内外的机构和决策者提供极有价值的信息。

第七章摘要介绍了本书第三部分（第二卷）中的5篇区域报告。这5篇报告分别涉及非洲、欧洲和北美洲、亚太地区、拉丁美洲和加勒比地区以及阿拉伯和西亚地区。报告从各地区的驱动作用力及对水资源的压力、主要挑战、与之相关的风险和不确定性、相关热点问题、应对挑战的案例以及可能的应对措施等方面分别进行了论述。本章以及整个第一部分，以对不同地区与全球挑战之间的相关联系的论述为结束，描述了各地区人们的行动如何给世界上其他地区带来负面影响的同时也产生机遇。

从第八章开始是本书的第二部分。第八章介绍了风险和不确定性的一些基本概念，包括阈值、临界点、非稳定性，及其对水资源管理、决策和政策制定的意义。本章还介绍了应对不确定性和风险的不同原则和方法，并列举了它们策略性运用的例子加以说明。

第九章建立在对主要外部作用力（即驱动）的分析上，这些作用力在《世界水发展报告》第三版中首次被引入。本章探讨了10个关键驱动可能的发展趋势及其带来的不确定性和风险。此外，本章还介绍了世界水评估计划世界水情境项目第一阶段的成果，揭示了这些推动变化的驱动之间存在的复杂联系。本章最后一节用几个简短的例子说明以水为中心的发展策略可以给人类带来怎样的未来。

第十章重点关注的是水资源的价值、水资源的效益和水资源的配置。本章阐述了水利投资以及水资源发展和管理模式改革所涉及的经济要素。论述从水资源给经济带来的综合效益入手，进而探讨了水资源在水循环不同环节的价值，并揭示了在水资源面临的压力、不确定性和与之相关的风险不断增大的情况下，这些效益和价值如何为水资源配置和政策制定提供

信息帮助。

第十一章为政府、私营部门和公民社团等机构的领导层介绍了一组不同的工具，大部分对水资源造成重要影响的决定由他们制定。支持决策的重要工具包括预测和情境分析，综合考虑未来可能出现的各种情况可以帮助决策者作出更稳健的决策。本章还介绍了一种用于开展急需性适应工作、具有主动适应性的水资源综合管理的重要工具。最后一节重点探讨了开展制度改革、更好地应对不确定性、进行风险管理的方法。

在第十章案例的基础上，第十二章指出水资源开发是可持续发展的关键，是绿色经济不可或缺的组成部分，并论述了对水资源开发的各方面加大投资的必要性，既涉及基础设施建设等"硬件"部分，也涵盖了与"硬件"同等重要的"软件"项目，如能力建设，管理，数据收集、分析和传播，制度规章及其他与治理相关的内容。本章还提出采用提高内部效率等方式减少资金缺口，通过用水户付费、加大政府预算和官方发展援助资金的投入等提高收入，并利用这些资金流来撬动债券、贷款和股本等应偿还融资。

第十三章从水资源管理角度介绍了一系列应对风险和不确定性的方法，给出了运用监测、建模、预测、适应性规划和主动管理等手段降低风险与不确定性的案例，同时还介绍了通过对基础设施和环境保护工程投资来降低威胁和使风险最小化的案例。最后一节介绍了在水资源管理决策过程中进行权衡和取舍的案例。

第十四章是本书第二部分的最后一章，重点关注了"水箱"之外如何应对风险和不确定性。本章还选取了一些案例来说明以减贫、推动绿色经济发展、应对气候变化（从适应和减缓而言）、为商业决策提供信息和管理行业风险等为目的的行动和政策对水资源产生的积极或消极影响。本章最后一节介绍了降低风险和不确定性的途径，解释了保险、条约以及跨行业合作的作用。

第一章

认识水的核心地位及其全球维度

作者：理查德·康纳、汉娜·斯托达德

供稿：大卫·寇兹、威廉·科斯格罗夫、菲利克斯·多兹、乔金·哈林、保罗·海格尔、凯伦·莱克森、杰克·莫斯

意大利托斯卡纳区锡耶纳附近的农村 (北纬 43°19′，东经 11°19′)

水是维持万物生命和百姓生计必不可少的资源。安全的水为人们饮用、卫生和提供食物之所需，能源生产以及支撑诸如工业、交通之类的经济活动也需要充足的水。自然环境中的水可以确保生态系统的各种服务功能满足人类的基本需求，并维持人类的经济和文化活动。长期以来，水问题一直无处不在，无时不有。水是地球的命脉，是人类社会的命脉，人类社会依水而繁荣，但水却经常为人随意取用，各个部门、各个层级的人都可以对用水作出决定，且不充分考虑对水资源及其他用水户的潜在影响。21世纪治理面临的挑战是在作出各种决策时，要把水放在中心位置，横向而言涵盖各行各业，纵向来说涉及地方、国家、地区以及全球层面。要使之变为现实，必须满足两个关键的先决条件。

　　首先，人们要认识到水是自然资源的一种，是人类所有社会经济活动以及生态功能实现的基础。水涉及和影响到人类生活的方方面面，要逐一列出并不容易。水是人类生活的根本，也是生产其他必需品不可或缺的要素。例如：水是生产粮食、纤维、饲料、生物燃料，发电，以及各种产品工业生产和制造过程中必需的资源。水还具有可交易的一些特点，如通过管道、瓶装、油轮、货船等形式可直接进行交易，也可通过商品间接或者"虚拟"地进行交易。水虽然具有明显的公共物品的特性，但在很多情况下，它被认为是一种商品。认识水的多方面特点和水的多方面作用对有效治理水至关重要。

　　其次，人们需要更加清醒地认识到水不仅仅是某个地方、国家或地区的问题，仅从某个层面着手无法解决水资源问题。水将全球联系、交织在一起，地方、国家或地区作出的与水相关的决策都无法摆脱全球范围内各种驱动因素、趋势和不确定性的影响。对水资源造成影响的因素不但来自"水箱"之外，还来自于地方、国家和地区的"决策圈"之外，而且后者的影响更加重要。水是无处不在的，而且随着发展，水问题牵涉到各个层面。认识到这一点，对地方、国家、地区各层面的水治理进程都具有意义，也意味着我们应共享专业知识、向更完善的水资源管理迈进。

　　仅从地方、国家或地区的层面出发，不能应对气候变化、国际贸易模式、外商投资机制等动因和驱动因素带来的全球影响。认识到这些因素的全球性可能会影响各国的制度安排种类，以便对涉水挑战作出全球性应对。2012年联合国可持续发展大会及其后续的行动方案[1] 为各国就这一问题继续开展交流提供了机会。《联合国气候变化框架公约》有关减轻和应对气候变化的协商，以及围绕联合国千年发展目标开展的2015年后发展议程，同样为各国就水问题交换意见提供了平台。与之相关的行动还包括《拉姆萨尔公约》、生物多样性公约和防止沙漠化公约。八国集团、二十国集团以及世界经济论坛、世界水论坛、世界社会论坛等各种官方和半官方的论坛、组织也影响了国际社会的意见。

　　本章围绕水是经济社会发展至关重要的自然资源、水资源管理具有一定的全球性等议题展开探讨。除了在地方、国家和地区层面采取应对措施之外，还需要采取全球性的应对行动。在地方和全球两个层面，人口增长、技术进步、生活方式的转变、不断增加的消耗以及气候变化等问题都给水资源管理带来不确定性。

1.1 超越水是单一行业的概念

水是经济社会各主要行业必需的资源，在各领域以不同方式发挥着作用。农业灌溉需要消耗大量的水，同时各种作物生产过程中对水质也有较高的要求。能源领域也离不开水，水力发电需要用水推动涡轮机，火电和核电需要用水冷却动力装置，生物燃料作物生长也需要水。获得安全用水和基本的卫生服务是维持公众健康的必要条件。健康的生态系统可以给人类提供重要的环境产品和服务，但维持生态系统的健康也离不开水。所有上述行业的效益都是通过水供给人类的。

《世界水发展报告》第三版关注的核心问题是"水箱"之外的决策给水资源带来的影响。公共健康、城市化、工业化、能源生产和农业发展等诸多规划相互制定过程中，经常将水资源主管部门和水资源管理者排除在外。不仅如此，水资源供需管理缺乏统筹考虑，常常用来满足具体发展目标的需要，而不是将其用来平衡对水资源的不同需求，以优化水资源带给人类的利益，并在不同的社会和经济体中分享这种利益。这种割裂导致水资源可持续性发展面临的风险加大，也使得建立在有限供给基础上、相互争夺这些供给的各种不同发展目标面临更大的威胁。气候变化使这一问题进一步恶化。气候变化对水资源的影响，以及对推动需求的各种因素的影响，将水问题由一个偶然发生的问题变成了全球许多地区都需面对的尖锐难题（Steer，2010），也使得加强与"水箱"之外各方的共同协商变得尤为迫切。

满足社会、经济和环境的用水需要，通常被视作是水行业的职责，他们要建设必要的基础设施，将水引到合适的地方。但事实上，水涉及所有的经济、社会、环境活动。正因如此，水资源治理就需要各方利益相关者的合作和协调，涉及跨行业管理。而且，受到多种因素、各种趋势和不确定性的影响，水资源可供给量必须要置于水循环的背景下考虑，远远不是某个范围狭窄的行业所能涵盖的。水资源综合管理（IWRM）就充分体现了这一原则，这种管理方式意图统筹农业、能源、工业等行业对水的需求，并保障人类基本生活和生态系统功能所需要的水（见第五章）。但这样的治理框架发展缓慢，因为水资源综合管理原则的落实，需要相应制度的配套以促使人类协调社会发展的各种目标，统筹考虑不同行业的水资源配置。在缺少制度化的水资源综合管理体制及相似协调机制的情况下，对水-粮食-能源-卫生-环境相互联系的认知逐渐加深，可以帮助依赖水资源的不同行业的管理人员在作规划时能更清楚地认识到自己的种种行为——包括对水资源的使用——会对水资源和其他用水者产生何种影响。

毋庸置疑，是水将专家、管理人员、官员以及其他利益相关者联系在一起，这些人担负着有效管理水资源、应对不断增长的需求的责任。因此，我们不能完全否认水作为一个行业的地位。水治理关键的一点是要认识到水不仅仅是一个单一的行业，各行各业都需要水来提供效益，这就要求依赖于水的各行各业和各个团体要积极主动相互磋商和协调。特别是，与水相关的各机构和个人都有责任为决策人士和主管部门就水资源的可持续使用和管理提供信息和指导，以优化和共享水资源带来的种种好处，将水纠纷降至最少。简而言之，应对水资源面临的危机需要经济体中各行业的参与，需要强有力的执行机构，具有相应的权力、能力和领导力，在水资源管理中发挥积极主动的作用，而不是消极被动地应对，并促使各行业在社会和环境可持续性容许的范围内有效地利用水资源（Steer，2010）。政治领导力对建立、评价和维持需求管理框架的重要作用不可轻视。本节将对这些领域中某些格外重要的部分进行简要介绍。

1.1.1 粮食

灌溉和粮食生产用水是淡水资源面临的最大压力。农业用水大约占到了全球淡水消耗的70%，在一些快速发展的国家，这一数字甚至会接近 90%。全球人口将在今后 40 年内增加 20 亿～30 亿，再加上饮食结构的变化，预计到 2050 年，人类对粮食的需求将会比现在增加 70%（见 2.1 节和第十八章）。但是，出于种种原因，作为最大的用水行业，粮食生产是未来全球水需求最大的不确定因素。

首先，预测未来几十年不同国家和地区的饮食结构变化非常困难，因此需要生产何种粮食（其所需的水量不同）很难确定。未来所需生物燃料的数量是未知的，生产生物燃料与农业生产对水土资源日益激烈的争夺对粮食生产会产生怎样的影响也将不得而知。我们还很难预测农业用水效率方面的技术进步对未来农业用水需求的影响程度。最后，气候变化给未来水资源可利用量及其时空分布带来了诸多不确定性。

短期内，粮食需求的不断增长对全世界的农民和农业生产者，特别是经济高度依赖农业生产和农产品出口的发展中国家而言，是个重大经济良机。应对不断增长的粮食需求有许多可持续性的解决办法，比如发展抗旱作物、鼓励提高灌溉用水效率、取消鼓励低效用水的补贴、完善规章制度以控制因化肥过度使用而产生的污染等（WEF，2011）。水资源管理者和农业生产规划人员之间的对话对保障人们正确认识和正确实施上述措施至关重要，这可降低与粮食安全、水安全相关的风险和不确定性。这种对话必须要有农业和生物燃料行业各层次的利益相关者的加入，以使决策层了解这些群体现在及未来的分配需要。

1.1.2 能源

水和能源之间是一种互惠关系（见 2.2 节和第十九章）。人们需要通过消耗能源来使用水，水的提取、分配和使用过程中各个环节都需要消耗能源来提水，运输、加工和处理水（USAID，2001）。全球生产的能源中，7%～8% 用来提取和通过管道输送地下水以及地表水和用于废水处理（Hoffman，2011），在发达国家这一比例会高达 40% 左右（WEF，2011）。

海水淡化对能源的消耗尤其大。废水处理也需要消耗可观的能源。2006—2030 年，全球范围内废水处理消耗的能源会增加 44%（IEA，2009），特别是非经济合作与发展组织成员国家目前对废水很少进行处理或者根本不进行处理（Corcoran 等，2010）。

"水治理至为重要的一点是……认识到水不仅仅是一个行业。"

与此同时，生产和使用能源需要消耗水。火力发电和核能发电需要用水来冷却发电装置。对于水电、太阳能发电等替代能源或可再生能源而言，水也是必需的，水力发电更是需要水的直接参与。生物燃料是对水的一种额外需求，会和粮食生产争夺有限的水土资源。2009 年，无法获得供电的人口达 14 亿，约占世界总人口的 20%。2007—2035 年间，全球能源消耗预计会增加 50%，其中 84% 的增长来自非经济合作与发展组织成员国家（IEA，2010b）。因此，人们需要加大能源供给，以弥补目前能源供给的缺口，满足不断增长的人口和人们日益提高的生活水平的需要。但这会带来一系列的问题：未来不同地区的能源结构是怎样的？生产这些额外的能源需要多消耗多少水？这些未知的问题是造成未来水资源需求的不确定性的主要因素之一。气候变化使情况进一步复杂化，因为气候变化的缓解和适应措施会对能源产生影响（见 1.2.1 节）。为缓解气候变化，可再生能源投资面临更大的压力，这就可能带来水资源可观的折中交易。

水与能源的关系说明了其他发展行业中水的中心地位。比如：缺少洁净能源（如在室内烧柴做饭）引起的健康问题经常和缺乏洁净饮用水导致的疾病（见 4.1 节和第三十四章）一起出现。政府如何能在扩大能源供给范围的同时更好地满足生产生活用水需求？提高能源生产效率和提取、运输、处理水的效率将至关重要，因地制宜选择合适的能源也极为关键。生物燃料是能源结构中越来越重要的组成部分，欧盟计划到 2020 年将交通运输消耗的燃料中生物燃料所占的比例提高到 10%（EU，2007）。这一目标饱受争议，因为这实际会促使人们将原本用于生产粮食的土地改种生物燃料作物，使粮食价格上涨的压力更大，而且某些情况下还会导致森林被开垦成种植生物燃料作物的土地。各方对此的预期各不相同，但正如国际能源机构指出，最保守估计，2030 年生物燃料在公路交通运输消耗燃料中所占的比例也将达 5%，这可能会占到全球农业耗水量的 20%（《农业水管理的全面评估》，2007）。当然，如果生物燃料的替代技术（如：藻类光合反应器）可以大范围推广，那么我们的预期会产生巨大的改变。这也进一步说明了需求不同而又相互关联的各行业给未来水资源需求带来的不确定性正在日益加剧。

1.1.3 人类

人体内的水大概占人体重的 60%，除了生理上的这种水合作用，水还是满足人类基本生理需要的必需品，同时给人类提供各种各样的其他益处（见第四章）。获取饮用水供应和卫生（WSS）服务是满足人类许许多多需要中的关键。安全的饮用水和卫生服务对人类的健康、幸福和经济社会发展的重要性毋庸置疑，因此这也成为本书反复讨论的关键话题。

与供电一样，供水和卫生服务也属于"服务性行业"，需要设置相关机构和配套的财政机制，才能提供一系列基本的服务。事实上供水和卫生服务部门发挥着重要作用以致于人们经常错误地认为水与供水和卫生服务部门同义。这种认识是不对的。与农业、能源以及其他行业一样，水也是供水和卫生服务行业赖以生存的源泉。这种情况下，水既是供水和卫生服务行业最终提供的产品，又是这一行业提供供水和大部分城市卫生服务的媒介。这种情形往往让人困惑，甚至对于水利界也是如此。我们必须将水与供水和卫生服务区分开来，因为水是基础性的自然资源，需要对其加以管理和保护，而供水和卫生服务是人类需要的服务。

提高供水和卫生服务引发了一系列与不确定性相关的有趣话题。比如：卫生会一直与水紧密相关吗？将来是否会为了生产而收集人类的排泄物？人们是否会进一步收集雨水或者对废水进行回用以浇灌花园和城市绿地？这自然会成为家庭生活用水的一个重要变化。

水对人类的种种好处通过供水和卫生服务行业提供的各种服务得以体现。水给人类生活条件带来的直接好处包括健康和尊严，此外还有增大人们获得更高收入和教育水平的机会、促进性别平等、妇女获得权利等间接的好处。但也有一些好处并不是与供水和卫生服务有必然的联系。比如：对于小农和没有土地的人而言，水是不可或缺的收入之源，比如说畜禽养殖。作为燃料的乔木和灌木以及木材、水果、药物都需要水。为家庭食用而进行的捕鱼是贫困家庭获得蛋白质的主要来源，也是小规模生产的渔民的收入来源。制砖、陶瓷、酿酒等各种小型产业和手工业也都需要水（WWC，2000，p.15）。运输和娱乐是我们通过水获得的其他好处。

水有助于塑造我们的价值观和道德观，无论我们是作为独立的个体，还是作为共同管理资源、分享资源带来效益的广大社会群体的一分子。让水资源的最终用户，特别是妇女，参与到水资源管理中来，有助于优化水利工程的效益（见 4.2 节和第三十五章）。我们还应注意，在非洲，妇女为家庭生产了 60%～80% 的粮食（FAO，日期不详）。生产粮食需要水和能源，妇女势必要通过地下水、地表水和雨水等渠道小规模地获得灌溉用水。这通常牵涉到土地和水的使用权，但也要求当地的水资源管理者还要考虑到女性在除了家庭生活之外的用水需求。水资源管理者可与供水和卫生服务的用户合作，弄清用户需要什么并找到最佳的解决方案。城乡社区可为城市规划和土地利用的新办法提供实际的帮助，并可确定最合适的技术解决方案，包括技术、不同设施的选址，以及根据自己能负担的程度选择最合适的水源。社区可以通过调动资源以及在建设、运行和维护过程中投入人力的方式支持水利设施建设。

1.1.4 生态系统

生态系统给人类提供多种效益（生态服务），比如：生产粮食、木材、药物和纤维，调节气候，促进养分循环和土壤的发育与沉积。生态服务的一项内容是从质量和数量两个方面满足提供可直接使用的水资源的需求。反过来，生态系统的正常运转也依赖于水。但生态系统承受压力时，其提供的效益就会减少甚至完全消失（见 2.5 节、4.3 节、第二十一章）。

水循环是一个生物物理过程。就算地球上没有生命存在，水循环也依然存在，但情况会大为不同。生态系统从质量和数量两方面支撑可用水资源的可持续性。比如：土壤中的生命能通过调节土层中积蓄的水和营养循环，支撑地球上所有生命，包括粮食生产；森林通过植物的蒸腾作用调节本地和区域内的湿度与降水；湿地和土壤则可以减轻洪旱灾害。

对于水资源管理而言，生态系统有着两方面意义，这两个方面相互联系。首先，水资源必须要分配给生态系统，通过维持生态用水使生态系统提供满足人类需要的利益[2]。其次，人类可以通过保护和修复等手段对生态系统进行积极主动的管理，而不是通过将水分配给生态系统，以使生态系统提供我们需要的服务，满足与水相关的目标要求。比如：森林可以很好地提供洁净水；湿地可以有效地调蓄洪水，修复土壤功能，这是抵抗荒漠化的有力武器。

生态系统的稳定性正在受到人类不可持续的消费和发展模式以及全球气候变化带来的威胁，而且这种威胁越来越大。《千年生态系统评估》指出，"内陆及沿海湿地退化和减少的主要间接驱动因素就是人口增长和经济的不断发展"（MA，2005）。生态系统受到破坏的例子经常出现在承受着高度用水压力的地区，比

如西亚地区、南亚的恒河平原地区、华北平原地区以及北美的高地平原地区（Arthurton 等，2007）。过去 50 年里，农业、能源、工业和城市用水增长等带来的对地表水和地下水的过度抽取，导致世界上大部分地区取水速度超过了流域内水资源的再生速度，致使生态系统受到大范围的破坏（Molle 和 Vallée，2009）。某一特定时间段内，维持一个特定生态系统正常运转所需水资源量的准确值经常是不可知的，制定水资源分配方案也取决于生态系统提供服务的类型。由于这属于社会性判断，而且会随着时间的变化而改变，这就加大了预测未来水资源需求的难度。

1.1.5 水灾害

自然灾害给社会经济发展带来的许多影响都与水有关（见 4.4 节和第二十七章）。1990—2000 年间，在一些发展中国家，自然灾害带来的损失占到年度国内生产总值（GDP）的 2%～15%（世界银行，2004；WWAP，2009）。水灾害在自然灾害中所占比例高达 90%，其发生频率和强度普遍还在升高。2010 年，373 场自然灾害导致的死亡人数超过 29.68 万，受灾人口近 2.08 亿，造成的经济损失近 1 100 亿美元（UN，2011）。

近几十年来，自然灾害造成的损失不断增大，很大程度上是因为受自然灾害威胁的资产价值的提高（Bouwer，2011）。目前还没有证据可以证明气候变化与水灾害造成的损失不断增加有直接关系（Bouwer，2011），预计气候变化会提高包括洪水、旱灾在内的一些自然灾害发生的频率（IPCC，2007）。

水资源管理对降低自然灾害风险发挥着核心作用。通过水库和地下含水层回灌等途径进行蓄水是应对旱灾的关键，在缺水时期可以弥补供水不足并发挥重要效益。水库还可以调蓄洪水，与堤、堰、坝等一样起到防止河流决堤的作用，是物理防洪工程体系的重要组成部分。

这些基础设施使水资源综合管理体系的组

成范围更加广泛（见第五章、第十一章、第十二章）。该体系也包括生态系统和城市排水系统，其正常运行和合理维护可降低用水部门和实现发展目标所面临的不确定性和风险。极端事件的出现会不断提高不确定性和风险，这的确令人担忧，但也无须手足无措。未知也意味着发现更多的机会，风险也暗示了选择的存在，这的确是对立的两方面。我们可以努力化解不确定性和风险产生的后果，使风险最小化，减轻其造成的影响（见第八章）。

|||||||||||||||||||||||||||||||||||||||||||||||||

"以可持续的方式治水支撑了绿色经济和绿色发展道路总体目标，并满足了最重要的社会需要。"

1.1.6 水在绿色经济、绿色增长中的地位

在绿色经济发展过程中，认识到水资源对可持续发展的中心地位至关重要。在绿色经济中，人们应该承认、重视水资源对于维持生态系统服务和供水的作用，并对其付出给予一定的回报（UNEP，2011）。对于整个社会而言，直接利益的获得可以通过对供水和卫生领域增加投资而实现，包括加大对废水处理、流域保护以及对水资源至关重要的生态系统的维护等方面的投资。对不确定的未来制定适应性规划、应用绿色技术、提高供水效率、发展替代水源及管理模式等新措施（例如：海水淡化、水资源再生和回用、生态服务补偿、生态环境保护、物权制度完善）将有助于跨行业绿色经济的转型。将供水服务的全部成本统筹考虑也是一个促进因素，但许多现实情况下，这个原则显得不切实际，特别是在发展中国家，很难在实践中应用。

可持续的水资源管理支撑绿色经济和绿色发展道路的总体目标，通过提供水与卫生服务满足了社会在扶贫、保障粮食和能源安全、健康和尊严等方面的迫切需要。全社会作为一个整体，对水资源进行投资，保护水资源，实施可持续的水资源管理，是实现绿色经济的重要步骤，有助于在生态极限的范围内推动人类的长期福祉（见第十二章和第二十四章）。水资源管理和配置的方式会对社会和经济的各方面产生影响，对水资源的治理必须"从工程管理的机房转移到会议室"（Steer，2010）。将水资源管理提升到可持续发展的中心位置需要相应的制度配套，协商决定社会发展的目标和水资源的配置方式，优化并以公平的方式分配水资源的各种效益。因此，水资源管理者的作用就是要及时通报相关进展情况，并采取必要行动落实相关决定。

从环境服务中获益的群体是重要的利益相关者，而其他用水者则会因为对这些利益提供了更加公平的分配而获得补偿，这已成为绿色经济的主要概念。"谁污染、谁付费"是实现这一目标的基本原则，需要在流域实施强有力、具有前瞻性的管理，找出污染者并加大力度修复对环境造成的影响。而且，目前现有的健全的水政策中涉及减贫和两性平等的一些方面支持了绿色经济目标的实现，所有的水资源使用者也借此公平、公正地获得维护健康生态系统带来的好处。比如在秘鲁的利马，"人人享有水资源行动"为极端贫困的家庭提供了供水服务，降低了家庭在水和卫生保健方面的支出，使当地家庭的每月可支配收入提高了14%（Garrido-Lecca，2010；见专栏1.1）。

专栏 1.1

秘鲁的"人人享有水资源行动"

秘鲁的"人人享有水资源行动"不仅是扩大供水和卫生服务范围的有效机制，而且是缓解极端贫困和贫乏的一种"基于成本法"。

那些极端贫苦的家庭以前是按桶来买水，供水系统开通后，他们的用水量比之前的三倍还多。但是，他们每月花在水上的支出却降低了，使得家庭可支配收入增加了10%。这一行动也有助于降低由于缺乏基本服务和卫生条件不健全引起的肠胃疾病的发病率，降低了家庭在卫生保健方面的支出，额外增加了家庭的每月储蓄。仅计算消除急性腹泻病所降低的家庭支出，就相当于每月增加了4%的家庭收入（家庭每月可支配收入一共增加了14%）。

这项行动的目的在于通过降低不可避免的支出、释放现金流、提高可支配收入，最终使受惠家庭能够拥有小笔积蓄并摆脱贫困，使他们有可能融入正常的市场经济活动中去。

这项行动的另一个亮点是投资是一次性的。用户自己只为服务付费，而用户已经享有的小笔交叉补贴可以承担最基本的消费。因此，从可持续性和财政角度来看，这项行动有利于用水的可持续性，并有助于受益者摆脱极端贫困的状况。

资料来源：Garrido-Lecca（2010，2011）。

1.2 超越流域：水资源管理的国际化和全球化维度

影响水资源利用和可用量的因素（许多影响我们尚不可知）不仅仅来自"水箱"之外的其他行业，还经常来自其他国家。尽管水资源在全球的分布不均，但其形成的水文循环或者水循环是全球循环的一部分，会受到本国以外的行动和现象的干扰（如：河流上游改道会产生地区性的影响，气候变化则对全球造成影响）。全球平衡涉及的其他因素包括水资源带来好处的国际性分配（主要通过农产品交易体现）、全球水需求的不断上涨、特定地区和时间内水资源可利用量有限，以及一些发达国家对水资源过度消耗、生产各种产品和商品耗水高。根据上述现象，本节重点介绍涉及全球水资源管理维度的四个相互联系的主要因素，即：气候变化、跨界流域、全球贸易和国际投资保护、平等。

1.2.1 气候变化

气候变化突显了水在全球重大问题中的中心地位。首先，不断变化的水循环会导致不利的气候影响，为避免这些影响的发生，人们需要在全球范围内就气候变化达成一致并开展合作。其次，在发展中国家，气候变化带来的影响不可避免，并通过水体现出来，发达国家有责任帮助发展中国家采取措施，适应气候变化造成的影响。再次，改善水治理措施的种种努力，实际上是适应气候变化的重点需求，在气候变化融资中必须对这一点有明确的认识。最后，气候变化缓解和适应措施相互关联，因为碳循环和水循环相互依赖。

联合国政府间气候变化专门委员会（IPCC）认为，"气候变化背景下，水及其可利用量和质量是人类社会和环境面临的主要压力，是急需解决的主要问题"（Bates 等，2008，p.7）。通过水资源的分布变化及水资源的季节性和年度变化，人们可以最直接地感受到气候变化的影响（Stern，2007）。穷人最易受到气候变化的影响，而且受到的影响也最严重（Stern，2007）。气候变化还会给不同用水行业未来的用水需求情况带来不确定性。比如，全球变暖会使人们更多地使用空调，对能源的需求也相应增多；高蒸发率会使农业用水量上升。

特定区域内气候变化对水的确切影响依然未知而且难以预测，尤其是在地方或流域。由于气候变化可能对不同时间、不同地点的水循环造成不同的影响，因此政府间气候变化专门委员会研究的案例中，气候变化可能使不同地区变得更加"干旱"或者更加"湿润"。我们能够确定的就是气候变化产生的影响使水资源管理面临的挑战上升到了全球范围，因此局部地区高效管理水资源的种种努力会受到气候引发的水文影响或不断增加的需求的阻碍。通过水循环限制气候变化的负面影响，需要全球协同努力降低碳排放量，"在地方、国家或流域层面超越了水管理者的治理领域"（Hoekstra，2011，p.24）。事实上，各国在温室气体（GHG）减排方面的责任和能力的磋商，正在《联合国气候变化框架公约》框架内有序进行。

即使目前实施的是最严格的温室气体减排计划，也无法彻底阻止气候变化的出现。气候变化在某一重要的粮食产区引发水动荡，可能会对世界上其他地区的粮食安全产生重要影响。这个例子证明了全球经济互相关联的性质。但是目前通过水循环适应气候变化的能力非常低下，特别是许多发展中国家，这也许会使水资源短缺日益加剧，而设计上的重大缺陷、低下的执行能力以及人力、财力资源的不足常常会限制机构、制度的适应能力。对温室气体排放量最少的国家而言，气候变化适应措施会给财政带来额外负担，如果没有温室气体排放大国的协助，就很难维持下去。

2020—2050年间，全球气温可能会升高2℃，全球每年需花费700亿～1000亿美元以适应气温的升高（世界银行，2010）。这其中，137亿（变得更加干燥的情况下）至192亿美元（变得更加湿润的情况下）的资金与水行业有关，主要花费在供水和洪水管理方面。但是这些预测都没有将水通过其他行业（粮食、能源、卫生等）提供的种种效益考虑在内，如果对通过水适应气候变化给予更高关注的话，上述预测将不能完全反映由此带来效益的全部价值。目前正在进行的有关绿色气候基金（GCF）[3]和其他融资机制的谈判中，应明确认识到水资源在适应气候变化以及经济社会整体发展中的中心地位。而且，优化水资源给不同的社会经济行业带来的利益对发展基础设施、改革相关制度提出了要求，这些也应该视作气候变化适应措施的重要组成部分。

就气候变化的减缓措施而言，对与土地利用有关——特别是与林业、农业用地有关的全球干预和全球机制的适当性，应以多种方式予以分析，考虑到各种情况下土地利用对水资源的潜在影响。

《联合国气候变化框架公约》认识到森林砍伐对温室气体排放的作用（预计约占总排放量的20%～25%），通过"减少因毁林和森林退化导致的温室气体排放"（REDD）探讨相应对策（UN，2009）。"减少因毁林和森林退化导致的温室气体排放"方案提高了森林碳固存的潜力，号召发达国家向发展中国家提供资金，以保护森林，缓解气候变化。但是，水和森林之间的关系是复杂的。一方面，森林依赖于可利用的水资源量，森林的长期可持续性通过地下水、地表水和雨水来维持。另一方面，森林对提高水质发挥着核心作用，并可以维持和提高土壤的下渗和蓄水能力，影响供水时间（Hamilton，2008）。森林也对区域内的水循环发挥着自我调节的作用，森林拦截通过蒸发进入大气的水蒸气，并将其分配到森林中的不同部分（Hamilton，2008）。关键的一点在于，碳循环（与缓解气候变化相关）和水循环（与适应气候变化相关）是互相关联的：生态系统需要水来储存碳，也由此对水产生影响。

"碳循环（与缓解气候变化相关）和水循环（与适应气候变化相关）相互关联：生态系统需要水来储存碳，由此对水产生影响。"

近年来，农业成为了碳固存的潜在领域，各方就能够减少"常规"碳排放的可持续农业行为是否符合碳信用额度展开了讨论。但是人们仍然没有认识到水在这一等式中的作用。农业生产可以通过恢复土壤功能和土地覆盖率吸收更多的碳，但这都需要土壤中水分的积蓄。因此，碳、水和可持续农业之间的关系通常很重要且相互包容，国际市场倡导的低碳耕作与水的关联性很大。这些例子强调了全球性、跨学科的水治理对有关气候变化目标实现的重要性。

联合国水计划的一份政策简报对水在适应气候变化中的地位作了介绍（见专栏 1.2）。

1.2.2 跨界流域

水不受国别疆域的限制。据统计，拥有国际河流的国家为 148 个（OSU，日期不详，2008 年数据），其中 21 个国家的河流全部都是国际河流（OSU，日期不详，2002 年数据）。此外，全球约有 20 亿人口依赖跨界地下水供水，涉及 273 个跨界含水层（ISARM，2009；Puri 和 Aureli，2009）。

大量的实例证明，跨界水可成为合作的起源，而非冲突的导火索。联合国粮农组织（FAO）确认，全球有 3 600 多个与国际水资源相关的条约（FAO，1984）。普遍认为世界上有记载的最早涉水国际条约是在世界上首场、也是唯一的一场水战争结束时达成的（发生于乌玛和拉噶什两个城邦之间）。1820—2007 年间，全球大约签订了 450 个有关跨界水的国际协定（OSU，2007 年数据）。

现存有大量双边或者地区性涉水协定，比如：《大湖水质协定》（1978 年）、《多瑙河保护和可持续利用合作公约》（1994 年）、《湄公河流域可持续发展合作协定》（1995 年）等。印度和巴基斯坦于 1960 年签订的《印度河水条约》，避免了三次大规模冲突的发生，至今仍有效。与共享水资源相对的是利益共享，这是跨界合作一个重要而积极的方面，这一点在"尼罗河流域社会经济和利益共享倡议项目"（2010 年）中得到了证明。该项目建立了一个"由来自经济规划研究机构的专业人士、公私部门的技术专家、学者、社会学家和流域内社会团体、非政府组织的代表组成的组织网络，研究尼罗河不同的开发计划和利益共享方案"[4]。但是，各种因素推动水资源使用不断增加，由此带来的不确定性极有可能给现有的跨界水协议带来巨大压力。农业、工业、能源和城市化对水资源的需求不断上涨，可能会给邻国之间的关系带来压力。因为巨大的用水压力下，各国可能寻求使河流更多的改道，储存更多的水，对含水层进行进一步开发等措施。未来30年间，对能源的需求将会上升60%，再加上投资清洁能源以缓解气候变化势在必行，水电和生物燃料已成为发展的关键因素（Steer，2010）。非洲的水电开发率仅为5%（IEA，2010a）。但许多水电站坐落在跨界河流上，这也就为邻国之间进一步开展利益共享、进行合作提供了重要机会。

跨界水面临着日益严峻的压力，这需要巨大的政治资本投入（Steer，2010），或者对现有的跨界水协定中不恰当的地方重新进行必要的谈判，或者签订新的协定。尽管有关跨界水的协定不断增多，但仍有大量的流域和含水层缺乏开展合作所需的适当法律框架。最近的一项研究表明，世界上276个国际流域中，60%的流域没有形成任何合作管理的框架（De Stefano 等，2010）。

在这个问题上，全球通行的准则和法律规定十分重要。经过27年的努力，《联合国国际水道非航行使用法公约》于1997年正式通过。此公约规定了涉及国际水道（包括地下水）管理、使用和保护方面有关国家的权利和责任。迄今为止，只有24个国家批准承认该公约，还需11个国家批准承认后公约才能生效。无论批准与否，此公约体现的各项原则，包括某些被广泛认为是习惯法则的内容，为我们提供了有益的指导〔译者注：利益相关方对上下游权利和义务的理解不同，即对"合理开发利用原则"、"不造成重大损害原则"两条核心原则的理解存在较大分歧，有关国家在最终考虑是否接受该公约时顾虑重重。公约历经17年仍未正式生效，美国、俄罗斯、中国、印度等主要跨界河流国家均没有加入该条约，在国际法领域实属罕见。〕。然而，公约的生效是进一步明确、发展、修订应对挑战的原则的重要一步，只有这样，公约才能有效发挥其管理和指导国与国之间关系的作用。联合国欧洲经济委员会1992年制定的《关于保护与利用跨界水道和国际湖泊的公约》是欧洲许多双边和多边协定的基础。此公约于2003年进行了修订，允许联合国欧洲经济委员会成员国以外的国家加入。修正案有望于2012年生效，使得这一成功的框架可以适用于所有的联合国成员国。国际共有含水层资源管理（ISARM）计划是由联合国教科文组织主导的全球性行动，涉及多个联合国机构，目的在于努力引起各国对跨界含水层这一问题的关注。第66届联大于2011年12月9日重申了跨界含水层及相关条款草案的重要性。会议决议鼓励各国妥善安排跨界含水层管理事宜，联合国教科文组织—国际水文计划将继续为各国提供相关的科学和技术支持。同时，联大决定将《跨界含水层法》列入第68届联大的临时议程，以审查条款草案最后可能采取的形式。

水资源超越了政治意义上的疆域是不可回避的事实，这证明水资源具有超出国家范围的特性，我们有充分的理由在水资源管理方面开展国际合作。水资源面临着多重和不断增加的全球性压力，要求各国谨慎对待而不是满足于现状。在全球水资源拮据时代即将到来之时，人们有必要对水资源保护、可持续性以及国与国间的利益共享给予重点关注，为此设立健全和公平的流域、地下水、河口和海岸管理体系和机制，并以强有力的国际水法体系作为支撑。

1.2.3 全球贸易

水确实是一个的全球性问题，因为它以"虚拟水"（也称为"嵌入水"）的形式进行交易。这指的是生产某种商品或者提供某种服务的用水总量。这一过程中，各国通过商品贸易进行水交易，而不是对水本身进行实物运输，后者要更加困难、成本更高。如今，数十亿吨的粮食和其他商品在国际市场上流通，它们的生产都需要水。包括中东一些国家在内的缺水国家已经成为虚拟水的纯进口国，他们依赖从国外进口农产品以解决本国日益增长的人口的粮食问题。随着人均水资源短缺情况的加剧，越来越多的国家愈加不能依靠本国可利用的水资源养活自己的国民，不得不在其经济、农业和贸易政策中进行权衡。其他国家，包括欧洲的一些国家，由于消费者的喜好以及本国居民对某些特定的进口商品的需求，也已经成为了虚拟水纯进口国（Hoekstra，2011）。

某种程度上看，虚拟水交易的过程反映出各国在水资源需求与本国的环境和经济条件之间作出了明智和双赢的重新排序，起码从表面价值来看是这样。分析显示，很多情况下，虚拟水交易会形成某种有效的节约。图 1.1 显示了每年节水量在 50 亿立方米以上的贸易流通。美国向日本和墨西哥的农产品出口（主要是玉米和大豆制品）占全球节水量的比例超过了11％，所占的比例最大（Hoekstra 和 Mekonnen，2011）。

图 1.1

与国际农产品贸易相关的全球节水情况（1996—2005年）

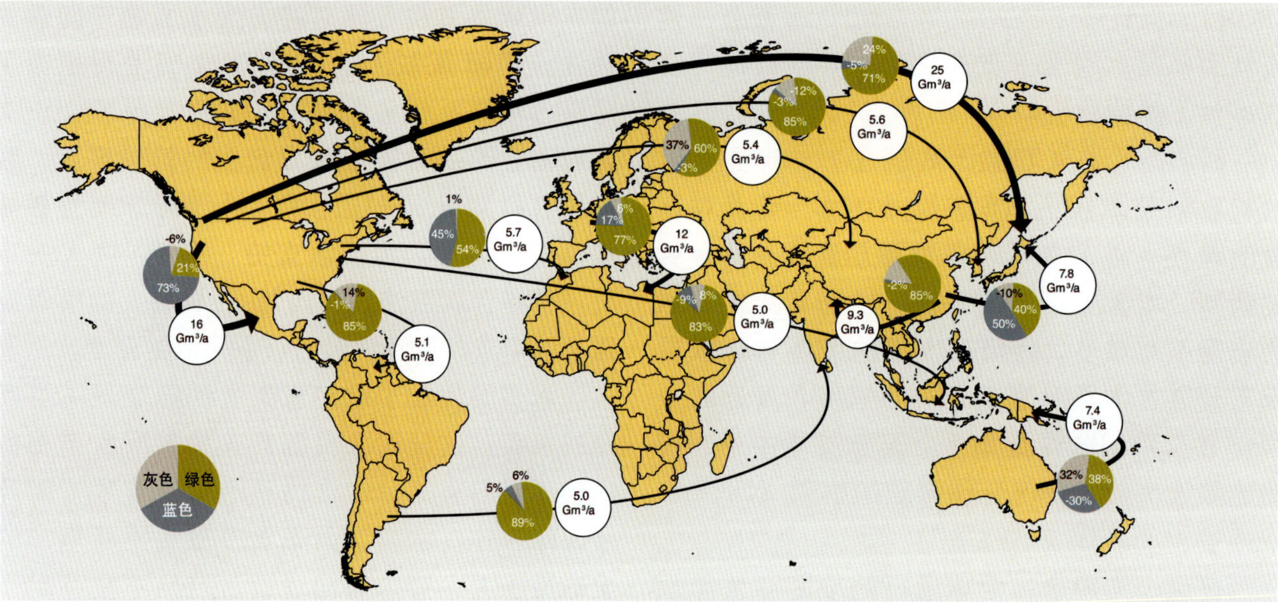

注：仅显示节水量最大的（水贸易）（>5 Gm³/a）。
资料来源：Mekonnen 和 Hoekstra（2011，p.24）。

虽然将水从相对丰沛的地区转移到相对缺乏的地区，这一虚拟的运输过程可以给一个国家节约可观的水资源量，但贸易本身并不能从根本上给可持续的水资源管理提供保障。事实上，虚拟水出口国日益对全球需求作出响应，可持续水资源管理的责任向度也随之提升成一种复杂的、超越国家的消费者和生产者之间的关系。

提高水的使用效率和生产率的难题之一在于人们缺少将之付诸实践的最直接动因。那些可以利用的刺激因素受全球贸易需要的影响，但这显然超出了水资源管理的管辖范围。如果高耗水产品仅在一国内交易，那么建立以市场为导向政策体制、激发水资源可持续管理的应用可能会相对比较容易，可采用"水短缺租赁"或"外部效应内在化"等方式。比如：将产品对淡水生态系统的影响纳入其成本，就会刺激生产者降低或者消除自己对环境造成的影响。但是经济全球化的背景下，在国家或者地区层面制定这样的政策会面临很大的挑战，因为这会人为地增加了当地产品的成本，从而降低了产品的竞争力。

虚拟水交易为可再生淡水供应相对充裕的发展中国家提供了通过持续增加粮食出口发展经济的机会，但前提是这些国家能够承担治水所需的基础设施建设投资，而且国际贸易中没有人为设立的壁垒。不幸的是，许多国家依然需要某种形式的财政援助以发展基础设施建设，保持本国在国际市场的竞争力。发展中国家面临的另一个麻烦是缺水且贫穷的本国居民买不起进口食物。在全球化进程中，大多数情况下，虚拟水交易会导致世界上最贫穷的人口被进一步边缘化。

> ## "在全球化进程中，大多数情况下，虚拟水交易会导致世界上最贫穷的人口被进一步边缘化。"

大宗土地获取呈增长趋势[6]，某些情况下，这会显著推动基础设施开发，但也引发了人们就利益是否在国家和人民之间进行了公平分配的担忧。尽管水资源短缺是投资者大规模获取土地的一个重要动因，但在已公开的土地交易中，却没有明确地提到水。即便是在对水有所提及的为数不多的案例中，也未披露获得批准的水资源开采量。农村地区的贫困人口要与更加强势和技术装备优良的一方争夺愈加稀缺的水资源及其掌控权。另一个令人担忧的原因是，国与国之间可能会出现紧张局面和冲突，特别是涉及跨界河流问题时。

国际投资协定可能对国家在水资源管理和公共服务管理方面的能力产生何种影响是与水资源管理和公共服务相关的一个问题（Solanes 和 Jouravlev，2007；Bohoslavsky，2010；Bohoslavsky 和 Justo，2011）。在全球化的影响下，许多提供公共服务和掌握水权的企业属于外国投资保护体系或者特殊纠纷解决机制的管辖范围，这意味着外部司法权会干涉本地事务。这些凌驾于国家法律之上的协定限制了政府开展最有利于公众和当地社区利益的行动的权力。许多国家尚未评估国际投资协议对本国

经济、社会、环境的可持续性、水资源使用效率以及公共服务提供等产生的影响。

1.2.4 平等

为了提高用水效率并鼓励在生产的源头对水资源进行可持续利用，人们围绕水价体系和其他激励政策展开了讨论。考虑到全球水资源面临的压力不断增大，以及人们对水资源需求的不断增长（主要通过粮食和农产品体现出来），在地方和国家层面提高用水效率和生产率对满足不断增长的全球总需求至关重要。在提高用水效率和生产率的同时，努力降低需求也很重要。如果社会在生态允许的范围内运转，并认识到任何时候全球水资源的可利用量都是有限的，那么人们就不会像目前用水量最多的人（和国家）那样用水。因此，在不对含水层造成严重消耗或者不对淡水生态系统造成不可恢复的破坏的前提下，即便新兴经济体和发展中国家对水资源不断增长的需求仅能得到部分满足，发达国家也需要努力应对过度的需求，以更加公平地在全球范围内分配水资源带来的各种利益。尽管水循环对全球水资源的物理分配具有不均匀的特性（见 3.1 节和第十五章），但是如何配置各种商品、产品和效益的水量受全球水管理体系、国家水管理机制等政策的影响。

除了要解决全球水需求和消费的不公平性，我们还要解决全球水资源交易给地方和国家带来的影响和利益方面的不平等。目前，许多国家或地区的水资源管理和配置机制不能充分支撑资源的可持续性保护，不能公平分配水资源产生的各种利益。某些干旱地区在满足本地对水资源的需求方面已面临很大压力，生产和出口大米、棉花等高耗水作物，更加剧了本地或本国面临的挑战，会给粮食安全带来隐患。而且，通常情况下，生产和出口这些产品带来的利益并没有反馈给当地的社区（例如：以卫生保健或基础设施建设等形式）。虚拟水的概念对于强调商品贸易中水的全球运输很有帮助。但是我们需要设计新的工具，促进可持

续治理机制和政策的发展，重新平衡水资源面临的压力，公平分配降低本地水资源可利用量所带来的各种好处。在这一点上，对妇女和儿童的不公平对待也需要考虑在内，妇女和儿童在世界上底层的十亿人中占的比例最大。

联合国人权理事会（HRC）2010 年 9 月一致通过决议，确认享有饮水和卫生设施是一项人权，这为在国家层面对水及其带来利益进行公平分配提供了支持。2010 年 7 月，联合国大会决议[7]承认享有清洁水和卫生设施是一项人权。在此基础上，联合国人权理事会的决议指出，"有安全饮用水和卫生设施的人权来源于人类享有基本生活水准的权利，与享有可得到的最高水平的生理和心理健康的权利、享有生存和尊严的权利有着不可分割的联系"[8]。这将促使各国加强治理，保障饮用水和卫生服务的供应，并为未来探讨水通过农业、能源、卫生和其他生产性活动给经济和社会带来的好处及其公平分配方式奠定了基础。但是，这些决议并没有为如何准确监测人权状况的进步，以及如何在维持穷困人口可以接受的价格的同时为实施决议所需要的基础设施提供建设、运行和维护资金提供指导性的帮助。

1.3 认知水在全球政策制定中的作用

认识到水在经济社会发展中的中心地位正当其时。目前有三项全球政策正在制定当中，它们可从其中受益：联合国千年发展目标、《联合国气候变化框架公约》和联合国可持续发展大会（通常被称作"里约＋20"峰会）。

鉴于其重要作用和国际影响，以及涵盖了人类健康和发展、环境和气候变化、范围更广的可持续发展目标等涉及全球水资源治理的各个问题，这三项活动得到了广泛关注。它们都是在联合国的支持下开展的——这一点很重要，使得这三项活动与本书的出版尤其相关。但是，我们也应该注意到，八国集团、二十国集团、世界经济论坛、世界水论坛等国际论坛

也会给人们认识水在经济社会发展中的中心地位产生影响，八国集团水行动方案（Evian，2003）就是个例子。

虽然这些活动会对国家政策产生重要影响，但其议程和磋商过程实际上是由成员国来推动的。因此，领导权掌握在各国自己手中，他们应确保将水纳入这些活动的议程。

1.3.1 千年发展目标

在千年之交之际，我们应清醒地认识到世界上许多地区仍持续存在着令人担忧的贫困现象，人们无法平等地获得基本服务。千年发展目标着重强调了发展的权利以及国际社会有责任使全球摆脱苦难。虽然千年发展目标中许多目标的实现过程脱离了既定轨道，但是有明确时间限制的目标框架可以使社会和公众推动政府更好地承担责任，而且一个相对较短的"截止期限"有助于推动各国在众多领域加快行动。

但千年发展目标有其自身的局限性，尤其是在制定发展目标时没有充分体现水与其他领域相互交叉的性质。例如，改善水供应可提高教育的成果（目标 2）和性别平等以及妇女地位的提高（目标 3）。生产粮食（目标 1）、改善经济的各个方面以及消除贫困（目标 1）都需要水。这些仅是部分例子，说明了水和千年发展目标提出的发展纲要之间存在着积极的、跨行业的互动关系。能源是经济社会发展中另一个依赖于水的重要互动元素，在千年发展目标也没得到重视。

千年发展目标第 7 项的总体目标是确保环境的可持续能力，其中一个目标是到 2015 年将无法持续获得安全饮用水和基本卫生设施的人口比例减半（目标 7c）。但是，目前的表述没有考虑到供水和卫生服务的一些关键方面，比如服务质量、提供或获取服务的模式以及可承受性等。在实现"将无法持续获得安全饮用水的人口比例减半"方面，虽然不同地区的进展情况有所差异，而且撒哈拉以南非洲和阿拉伯地区的进展滞后，但国际社会整体上正朝着这个目标前进。比较而言，就目前的情况来看，卫

生领域的目标（除卫生清洁外、与水并无必然联系的领域）似乎不可能实现，因为发展中国家一半的人口仍旧无法享有基本的卫生设施[9]。

考虑到目前的进展情况和持续面临的挑战，我们应继续努力并进一步加大工作力度，努力在2015年实现千年发展目标水与卫生领域目标。这给国际社会带来了真正的挑战，特别是联合国人权理事会已认识到，要满足水与卫生权利所要求的特点和标准，就要废弃制定千年发展目标时采用的旧标准。到目前为止，除了采用世界卫生组织/联合国儿童基金会供水及卫生联合监测计划（JMP）以及世界卫生组织/联合国水计划全球卫生系统和饮用水分析及评估（GLAAS）的相关标准，国际社会没有更好的办法来测量和监控千年发展目标的进展，以上两项标准都建立在获取"'改善的'卫生设施和饮用水"这一概念的基础上。不过，人们正在研究新的监测办法以监测目标的实现情况。

||||||||||||||||||||||||||||||||||||||||||||||||||||||

"在千年之交之际，我们应清醒地认识到世界上许多地区仍持续存在着令人担忧的贫困现象，人们无法平等地获得基本服务。千年发展目标着重强调了发展的权利以及国际社会有责任使全球摆脱苦难。"

千年发展目标的另一局限性是忽略了水对于其他目标的重要作用。提供饮用水和卫生服务应继续作为人类健康和发展的要点，同时需要进一步清楚地认识到水资源和水治理对实现千年发展整体目标的重要性。饮用水和卫生问题不应削弱我们对强化水管理体系和水资源配置机制的努力。合理的水资源配置机制应将满足人类基本需要作为水资源的首要用途，并有助于促进水资源使用及管理效率和生产率的提

高。例如，对灌溉进行补贴有助于千年发展目标1——"消除贫穷和饥饿"的实现，但该政策往往不利于水资源的高效使用，使水资源消耗水平上升，最终可能会危害到水源，影响千年发展目标7以及其他依赖水的千年发展目标的可持续性。

这些发现在众多方面与水相关，本章所表达的信息也的确关系到2015年后我们对待千年发展目标的方式。首先，淡水是一种有限的宝贵的自然资源，对发展的各个方面都很重要。其次，水不仅使各个目标相互关联，而且是诱发其冲突的潜在源头。在向2015年后迈进的过程中，关键的一点在于新目标的提出应该体现出水对于实现目标的作用。

1.3.2　联合国气候变化框架公约

2008年6月，政府间气候变化专门委员会第Ⅱ工作组发布了一份有关水与气候变化的技术文件，提出"气候变化和淡水水源之间的关系是人类社会首要关注的问题，对所有的生物物种都有影响"（Bates等，2008，p. vii）。

公约第四条中提到了水资源；2009年在哥本哈根召开的《联合国气候变化框架公约》缔约国第15次会议（COP15）上，会议成果文件的脚注中提到了水资源管理对于气候变化适应的重要性。根据公约规定，缔约国在其国家信息通报[10]和国家适应性行动计划（NAPA）[11]中提供了与淡水相关的影响和脆弱性的信息，并详尽说明了适应和发展的优先领域。

《坎昆协议》中新设立的制度，特别是坎昆适应框架和适应委员会，为应对与水有关的各种问题提供了新的更多机会。2010年在坎昆召开的《联合国气候变化框架公约》缔约国第16次会议（COP16）上，缔约国同意建立"坎昆适应框架"[12]，目的在于通过国际合作和对涉及《联合国气候变化框架公约》内适应性措施的问题给予连续性考虑等方式来推动适应气候变化方面的行动。在谈到"规划适应行动、安排其轻重缓急并加以执行，包括项目和方案"[13]时，《坎昆协议》明确提及了水资源、淡水、

海洋生态系统和沿海地带。

作为坎昆适应框架的一部分，发展中国家将有机会在其国家适应方案中提出水问题，这将有助于明确行动目的。此外，各国同意将水和洪旱灾害等与水相关的极端事件纳入"损失与破坏工作计划"[14]。对各成员国（即"缔约国"）而言，当务之急是确保在接下来的磋商中将水作为一项关键问题来对待。

在《联合国气候变化框架公约》科学技术咨询附属机构（SBSTA）2011年6月召开的第34次会议的临时议程中，水被当作正式议题加以讨论，要求秘书处在第35次会议上准备有关水与气候变化影响和适应策略的技术文件。会议最终同意，水问题将在有关气候变化影响、脆弱性及适应对策的内罗毕工作计划（NWP）的框架下加以应对。内罗毕工作计划的目标是在考虑到当前和今后的气候变化及脆弱性的情况下，帮助所有国家，特别是最不发达国家（LDCs）和小岛屿发展中国家（SIDS）等发展中国家提高对气候变化影响、脆弱性和适应行动的认识、评估能力，在合理的科学技术和社会经济基础上，就切合实际的适应行动和气候变化应对措施作出有充分依据的决策。内罗毕工作计划虽然未明确针对具体的目标脆弱部门，但其知识成果，如适应实践界面[15]和本地应对措施数据库[16]等可以为实施过程中不同层面的适应规划和实践提供信息。

一些合作伙伴组织承诺开展研究和评估，增强技术能力和制度能力，提高认识，并根据实际情况实施适应行动。这些行动有助于提高人们对与水资源管理相关的脆弱性和适应实践的理解和评估。内罗毕工作计划中与水相关的文件包括一本气候变化和淡水资源的综合出版物（UNFCCC，2011），以及一份水和气候变化影响及适应策略的技术文件[17]。

内罗毕工作计划的各项任务要求将水问题进一步主流化和综合化，成为《联合国气候变化框架公约》决策更有效实施的基石。在《联合国气候变化框架公约》内，将有关水的讨论限制在一项适应项目下就意味着除非各方联合

向前行动，发挥一定的领导作用并认识到全面应对水的多样性和跨领域特性的必要性，否则将很难全面把握水资源的跨领域性和多面性。

另外一点也很重要，即水问题的应对需要有适应委员会和绿色气候基金（GCF）等《联合国气候变化框架公约》下不断涌现的重要机构的参与。适应委员会的职能之一是为各方提供技术支持和指导。这种技术支持和指导可以包括提供与水和适应相关的专业知识。

《联合国气候变化框架公约》至今仍是解决可持续发展的最重要的全球性公约。虽然现在有了众多重要的多边环境协定，但在过去的10年里，与环境或可持续发展领域的其他行动相比，《联合国气候变化框架公约》更能获得国际政策制定者和普通民众的认可和投入。在这种情况下，确保水问题在《联合国气候变化框架公约》内得到重视仍将是水利界的首要问题。

1.3.3 联合国可持续发展大会之后

2012年联合国可持续发展大会，或通常所说的"里约＋20"峰会，在1992年第一届里约地球峰会举办20年之后，又在里约热内卢召开。1992年里约峰会成功地将水资源管理作为一项全球议程写入了《21世纪议程》（会议成果文件）第18章，致力于"保护淡水资源的质量和供应"。这一章的内容对推动水资源综合管理具有里程碑式的意义，水资源综合管理是一种覆盖多种用户的水资源管理模式[18]。2002年可持续发展世界峰会（WSSD）就水资源综合管理（IWRM）的具体目标达成了一致。"水资源综合管理"这一概念在当时已经是全球水对话的一个既定部分。2002年可持续发展世界峰会提出的水资源综合管理目标（第26条）包括呼吁到2005年底前在各个层面"建立水资源综合管理制度和高效用水方案"。水资源综合管理是一种整体的水资源管理框架，考虑到了包括生态环境在内的多种用水者。因此，可持续发展世界峰会所呼吁的为水资源综合管理制定计划是向着正确的前进方向迈出了重要一步。虽然在这一呼吁下出现了多个国家

层面的倡议和监测行动，但对于到 2005 年实现相关目标，以及与这一呼吁试图推进的原则相比，这些还远远不够。对于尚未制定本国计划的国家而言，许多工作还没有开展起来。此外，这些计划注定要具有适应性，换言之，它们是某一正在进行的行动的一部分，因此要对变化的条件和新的不确定性具有适应性。

2006 年，联合国水计划设立了一个水资源管理特别工作小组。在其 2008 年向联合国可持续发展委员会第 13 次会议提交的报告中指出，在被调查的 27 个发达国家中，只有 6 个国家全面实施了水资源综合管理方案；发展中国家中，只有 38% 的被调查国家完成了水资源综合管理方案的制定或者正在实施方案。应联合国可持续发展委员会要求，联合国水计划于 2011 年为"里约＋20"峰会开展了一项类似的调查，以测定利用综合途径开展水资源可持续性管理的进展情况。经过分析 125 个国家的数据，初步发现水资源综合管理途径被广泛采用，在国家层面对发展和水资源管理实践产生了重大影响。调查发现，64% 的国家根据《约翰内斯堡实施计划》(JPoI) 的要求制定了水资源综合管理方案，34% 的国家进入了实质性的实施阶段。但是，自 2008 年的调查以来，人类发展指数（HDI）处于中等和偏低水平国家的进展缓慢。

虽然对这些行动以及对其他一些具体目标的适当性的争论和对话将持续到 2012 年 6 月举行的"里约＋20"峰会之后，但水资源领域出现的一致信息将有助于集中和动员水利界，并将有望影响其他利益相关者，确保将水作为优先议题出现在全球关于可持续发展的对话中。但是，对目标加以明确并进行监测是一项困难的行动，特别是考虑到水的中心地位、跨领域的特性以及水能扮演的角色和提供的利益的范围之宽广。水利界应该和各成员国、非政府组织（NGO）、联合国机构以及其他利益相关者携手行动，为认识水在实现各种不同发展目标过程中的中心地位制定一系列的原则。而且，在应对不断增大的不确定性时，如果没有为公平地优化水带来的各种好处做好相应的制度安排，无法为水利基础设施融资（包括运行和维护），未能提高以综合和适应的方式管理水资源的能力，大多数发展目标的实现和绿色经济本身将继续大打折扣。

在咨询了各成员单位和合作方的意见后，联合国水计划发表了一份声明，表明了其成员单位对于绿色经济的集体观点，并将其作为"里约＋20"峰会的成果。该声明包括联合国水计划对峰会参与者提出的建议以及支持绿色经济的一系列行动。声明的主要内容见专栏 1.3。

专栏 1.3

联合国水计划给联合国可持续发展大会的建议及可能采取的对绿色经济的支持行动

1. 绿色经济的成功依赖于水资源可持续管理以及安全、可持续地提供水和足够的卫生服务。人们必须通过社会和环境可持续性指标及时度量经济表现以对此提供支持。

2.《21 世纪议程》明确指出，水资源综合管理措施仍是面向绿色经济策略不可缺少的组成部分，而且处于中心地位。

3. 在解决水资源获取不公平性的问题上，必须要将"底层的十亿人"置于最优先的地位，这与能源安全和粮食安全紧密相关。

4. 在变化的气候情况下，对水的多变性、生态系统的变化以及由此带来的对人类生活的影响进行高效管理，是能够适应气候变化的强劲绿色经济的中心。

5. 供水和卫生服务的普遍覆盖必须成为 2015 年以后的一个中心发展目标。联合国水计划敦促各国从实际出发制定中期目标。

6. 同时，必须承诺建立水资源高效利用的绿色经济的基础。

7. 考虑到全球面临的挑战和城市化的趋势，有必要提高城市在水资源领域的弹性和可持续性。

8. 水资源面临的挑战是全球关注的问题，需要在各个层面开展国际行动和合作，并将之纳入绿色经济。

9. 只有得到绿色社会的支持，绿色经济才能实现。

资料来源：2011 年 11 月发布的《绿色经济中的水：联合国水计划对 2012 年联合国可持续发展大会（"里约＋20"峰会）的声明》。

结语

本章对水的跨行业特性和水在全球范围内的影响进行了讨论，这超越了传统的水治理范畴。由于社会和经济各行业对水资源的需求持续上升，不对其进行监管将对生态系统造成不可逆转的影响，因此，需要建立强有力的水治理机制，帮助人们讨论确定社会目标，在各行业之间进行水资源配置以实现这些目标。同样，地方、国家和地区层面的水治理框架必须得到全球治理进程、框架和制度的补充，只有这样才能超越流域的界限，妥善地解决水资源效益涉及的全球性问题。长期以来，水早已不是单纯的某个地方性问题。许多流域和地下含水层不仅超越了国家的边界，而且，水可通过商品进行国际贸易和受制于国际投资保护协定，另外，气候变化可通过对某些地区带来毁灭性后果对全球水循环带来影响，这都促使水成为了全球性的问题。鉴于人们对有限水资源的需求面临越来越大的不确定性，有必要从公平的角度考虑全球水资源利用。单单提高效率和生产率不能改变全球范围内资源供给、消耗以及利益获取的不公平格局。针对水资源跨领域和全球性的特点，各国应积极参与国际对话，为应对迫在眉睫的资源挑战提供解决方案。水利界，特别是水管理者，有责任提供相关情况信息。各国对落实全球政策协商取得的成果责无旁贷，同时，需要所有与水管理相关的人在确定水管理体制和机制时拓宽行业和空间视野。根据地方和国家的情况达成全球政策协定，可反映各国的政治经济和制度能力，有助于在国家和地方两个层面确保相关政策的有效性。

注 释

1 在编写《世界水发展报告》第四版最终草稿时，联合国可持续发展大会的后续行动方案还未制定。

2 生态用水的概念指出生态系统也是水资源的使用者，为了正常运转和向人类提供必需的服务，水资源分配必须从数量和质量两方面满足生态系统的需要。

3 有关绿色气候基金的更多信息请参见 http：//unfccc.int/5869.php。

4 更多信息请参见 http：//www.nilebasin.org/newsite/。

5 题为"跨界含水层：挑战与展望"的国际共有含水层资源管理 2010 年国际会议于 2010 年 12 月 6—8 日在法国巴黎举行。详见 http：//www.isarm.net/publications/360。

6 根据本书写作目的，"获取"指的是通过购买、租赁、特种经营或其他方式得到大面积土地的使用权。

7 2010 年 7 月 28 日通过的 64/292 号决议。

8 联合国人权理事会，《促进和保护所有人权，公民政治、经济、社会和文化权利，包括发展权》，第 15 页。《人权与享有水和卫生设施》，2010 年 9 月 24 日。

9 有关进展情况的进一步分析参见相关文献（UN, 2010, pp.58-60）。

10 更多信息请参见 http：//unfccc.int/ 1095.php 和 http：//unfccc.int/2716.php。

11 更多信息请参见 http：//unfccc.int/cooperation_support/least_developed_countries_portal/items/4751.php。

12 《联合国气候变化框架公约》缔约国第 16 次会议报告。

13 选自《〈联合国气候变化框架公约〉缔约方第 16 次会议报告》第 5 页，该报告可参见 http：//unfccc. int/re-source/docs/2010/cop16/eng/07a01. pdf，该会议于 2010 年 11 月 29 日至 12 月 10 日在坎昆举行。

14 更多信息请参见 http：//unfccc. int/ 6056. php。

15 适应实践界面可参见 http：//unfccc. int/4555. php。

16 本地应对措施数据库可参见 http：//maindb. unfccc. int/public/adaptation。

17 参见 http：//unfccc. int/documentation/documents/advanced _ search/items/3594. php? rec＝j&.priref＝600006592♯beg。

18 1992 年联合国环境与发展大会《21 世纪议程》。

参考文献

Arthurton, R., Barker, S., Rast, W. and Huber, M. 2007. Water. *Global Environment Outlook 4*. Nairobi, UNEP, pp. 115–56.

Bates, B. C., Kundzewicz, Z. W., Wu, S. and Palutikof, J. P. (eds). 2008. *Climate Change and Water*. Technical Paper of the Intergovernmental Panel on Climate Change (IPCC). Geneva, IPCC.

Bohoslavsky, J. P. 2010. *Tratados de protección de las inversiones e implicaciones para la formulación de políticas públicas (especial referencia a los servicios de agua potable y saneamiento)*. LC/W.326. Santiago, United Nations Economic Commission for Latin America and the Caribbean (ECLAC). http://www.cepal.org/publicaciones/xml/4/40484/Lcw326e.pdf

Bohoslavsky, J. P. and Justo, J. B. 2011. *Protección del derecho humano al agua y arbitrajes de inversión*. LC/W.375. Santiago, United Nations Economic Commission for Latin America and the Caribbean (ECLAC). http://www.cepal.org/publicaciones/xml/2/42342/Lcw0375e.pdf

Bouwer, L. M. 2011. Have disaster losses increased due to anthropogenic climate change? *American Meteorological Society,* Vol, 92, No. 6, pp. 39–46.

Comprehensive Assessment of Water Management in Agriculture. 2007. *Water for Food, Water for Life: A Comprehensive Assessment of Water Management in Agriculture*. London/Colombo, Earthscan/International Water Management Institute (IWMI).

Corcoran, E., Nellemann, C., Baker, E., Bos, R., Osborn, D. and Savelli, H. (eds). 2010. *Sick Water? The Central Role of Wastewater Management in Sustainable Development. A Rapid Response Assessment*. The Hague, UN-Habitat/UNEP/GRID-Arendal.

De Stefano, L., Duncan, J., Dinar, S., Stahl, K. and Wolf, A. 2010. *Mapping the Resilience of International River Basins to Future Climate Change-induced Water Variability*. World Bank Water Sector Board Discussion Paper Series 15. Washington DC, The World Bank.

eFlowNet (Global Environmental Flows Network). n.d. Website. http://www.eflownet.org/viewinfo.cfm?linkcategoryid=4&siteid=1&FuseAction=display (Accessed 10 May 2011.)

EU (Council of the European Union). 2007. Energy efficiency and renewable energies. *Presidency Conclusions of the Brussels European Council (8/9 March 2007)*. Brussels, EU, pp. 20–22.

Evian. 2003. *Water – A G8 Action Plan*. Document presented at the 2003 Evian Summit, 1–3 June, 2003, Evian-les-Bains, France. http://www.g8.fr/evian/english/navigation/2003_g8_summit/summit_documents/water_-_a_g8_action_plan.html

FAO (Food and Agriculture Organization of the United Nations). 1984. *Systematic Index of International Water Resources by Treaties, Declarations, Acts and Cases, by Basin. Vol. II, Legis. Study No. 34*. http://faolex.fao.org/watertreaties/index.htm

––––. n.d. Women and Population Division. Web page. http://www.fao.org/sd/fsdirect/fbdirect/FSP001.htm

Garrido-Lecca, H. 2010. *Inversión en agua y saneamiento como respuesta a la exclusión en el Perú: gestación, puesta en marcha y lecciones del Programa Agua para Todos (PAPT)*. LC/W.313. Santiago, United Nations Economic Commission for Latin America and the Caribbean (ECLAC). http://www.cepal.org/publicaciones/xml/4/41044/lcw313e.pdf

Garrido-Lecca, H. 2011. Design and implementation of and lessons learned from the Water for All Programme. *Circular of the Network for Cooperation in Integrated Water Resource Management for Sustainable Development in Latin America and the Caribbean,* No. 33. Santiago, United Nations Economic Commission for Latin America and the Caribbean (ECLAC). http://www.cepal.org/drni/noticias/circulares/2/42122/Carta33in.pdf

Hamilton, L. S. 2008. *Forests and Water*. A thematic study prepared in the framework of the Global Forest Resources Assessment. Rome, FAO. ftp://ftp.fao.org/docrep/fao/011/.../i0410e01.pdf

Hoekstra, A. Y. 2011. The global dimension of water governance: Why the river basin approach is no longer sufficient and why cooperative action at global level is needed. *Water,* Vol. 3, No. 1, pp. 21–46. http://www.mdpi.com/2073-4441/3/1/21/

Hoekstra, A. Y. and Mekonnen, M. M. 2011. *Global Water Scarcity: Monthly Blue Water Footprint Compared to Blue Water Availability for the World's Major River Basins*. Value of Water Research Report Series No. 53, Delft, The Netherlands, UNESCO-IHE. http://www.waterfootprint.org/Reports/Report53-GlobalBlueWaterScarcity.pdf

Hoffman, A. R. 2011. *The Connection: Water Supply and Energy Reserves*. Washington DC, US Department of Energy. http://waterindustry.org/Water-Facts/world-water-6.htm (Accessed 10 May 2011.)

IEA (International Energy Agency). 2009. *World Energy*

Outlook 2009. Paris, IEA.

----. 2010a. *Renewable Energy Essentials: Hydropower.* Paris, IEA. http://www.iea.org/papers/2010/Hydropower_Essentials.pdf

----. 2010b. *World Energy Outlook 2010.* Paris, IEA.

IPCC (Intergovernmental Panel on Climate Change). 2007. *Fourth Assessment Report.* Geneva, IPCC.

ISARM (International Shared Aquifer Resources Management). 2009. *Transboundary Aquifers of the World (2009 update).* Presented during a special meeting at World Water Forum 5. Utrecht, The Netherlands, ISARM. http://www.isarm.net/publications/319#

MA (Millennium Ecosystem Assessment). 2005. *Ecosystems and Human Well-Being: Synthesis.* Washington DC, World Resources Institute.

Mekonnen, M. M. and Hoekstra, A. Y. 2011. *National Water Footprint Accounts: The Green, Blue and Grey Water Footprint of Production and Consumption.* Value of Water Research Report Series No. 50. UNESCO-IHE, Delft, Netherlands. http://www.waterfootprint.org/Reports/Report50-NationalWaterFootprints-Vol1.pdf

Molle, F. and Vallée, D. 2009. Managing competition for water and the pressure on ecosystems. *United Nations World Water Development Report 3: Water in a Changing World.* Paris/London, UNESCO Publishing/Earthscan, pp. 150–9.

OSU (Oregon State University). n.d. TFDD: Transboundary Freshwater Dispute Database. Corvallis, Oreg., Department of Geosciences, Oregon State University. http://www.transboundarywaters.orst.edu

Puri, S. and Aureli, A. (eds.) 2009. *Atlas of Transboundary Aquifers – Global Maps, Regional Cooperation and Local Inventories.* Paris, UNESCO-IHP ISARM Programme, UNESCO. [CD only.] http://www.isarm.org/publications/322

Solanes, M. and Jouravlev, A. 2007. *Revisiting Privatization, Foreign Investment, International Arbitration, and Water.* LC/L.2827-P. Santiago, United Nations Economic Commission for Latin America and the Caribbean (ECLAC). http://www.eclac.cl/publicaciones/xml/0/32120/lcl2827e.pdf

Steer, A. 2010. *From the Pump Room to the Board Room: Water's Central Role in Climate Change Adaptation.* Washington DC, The World Bank. http://www.d4wcc.org.mx/images/documentos/Presentaciones/andrew_steer_keynote_presentation_water_event_december_2_final.pdf

Stern, N. 2007. How climate change will affect people around the world. *The Economics of Climate Change: The Stern Review.* Cambridge, UK, Cambridge University Press, pp. 65–103.

UN (United Nations). 2009. *United Nations Framework Convention on Climate Change (UNFCCC) Copenhagen Accord.* UN Conference of the Parties.

----. 2010. *The Millennium Development Goals Report.* New York, UN. http://www.un.org/millenniumgoals/pdf/MDG%20Report%202010%20En%20r15%20-low%20res%2020100615%20-.pdf#page=60

----. 2011. *United Nations Secretary General Report to the 66th General Assembly on the Implementation of the International Strategy for Disaster Reduction.* New York, UN.

UNEP (United Nations Environment Programme). 2011. *Towards a Green Economy: Pathways to Sustainable Development and Poverty Eradication.* Nairobi, UNEP. http://www.unep.org/GreenEconomy/Portals/93/documents/Full_GER_screen.pdf

UNFCCC (United Nations Framework Convention on Climate Change (UNFCCC). 2011. *Climate Change and Freshwater Resources.* A Synthesis of Adaptation Actions Undertaken by Nairobi Work Programme Partner Organizations. Bonn, Germany, UNFCCC. http://unfccc.int/4628.php

UN-Water. 2008. *Transboundary Waters: Sharing Benefits, Sharing Responsibilities.* Thematic paper. Zaragoza, Spain, UN-Water/International Decade for Action (UN-IDfA).

USAID. 2001. *USAID Global Environment Center Environment Notes, The Water-Energy Nexus: Opportunities for Integrated Environmental Management.* Washington DC, USAID.

WEF (World Economic Forum). 2011. *Water Security: The Water-Food-Energy-Climate Nexus.* Washington DC, Island Press.

World Bank. 2004. *Natural Disasters: Counting the Costs.* Washington DC, The World Bank.

----. 2010. *The Economics of Adaptation to Climate Change: Synthesis Report.* Washington DC, The World Bank.

WWAP (World Water Assessment Programme). 2009. *United Nations World Water Development Report 3: Water in a Changing World.* Paris/London, UNESCO Publishing/Earthscan.

WWC (World Water Council). 2000. *World Water Vision – Results of the Gender Mainstreaming Process: A Way Forward.* Marseilles, WWC.

第一部分 现状、趋势和挑战

第一部分 现状、趋势和挑战

水需求：是什么拉动了消费？

作者：大卫·寇兹、理查德·康纳、丽沙·莱克乐科、瓦尔特·拉斯特、克里斯汀·舒曼、迈克尔·韦伯

通常我们将人类的水需求划分为以下五个领域：

- 粮食与农业，占全球用水量的大部分；
- ·能源，这部分用水量的报告很少，因此情况不详；
- 工业，绝大部分用水属于营利性的开发活动，对当地水资源数量和质量以及环境会造成一定的影响；
- 居民区，包括饮用水以及烹调、洗涤、保洁和卫生[1] 等家庭用水；
- 生态系统，这部分的水量取决于维持或修复社会需要生态系统提供的人类福利（生态服务）的需水量。

水管理者和决策者们在关切人类基本用水需求的同时，面临以下几个重要问题：我们现在用水量是多少？我们的用水效率如何？30 年后我们的需水量将是多少？50 年后会怎样？尽管这些问题看起来简单，想要获得准确的答案却并不像看起来那么容易。

每个用水部门都受到一系列外部因素的影响（比如人口变化、技术开发、经济增长和繁荣、饮食变化以及社会文化价值观等），这些因素对当前和未来的水需求起到支配作用。遗憾的是，预测这些驱动因素在未来几十年如何演变以及它们最终将如何影响水的需求受到很多不确定因素的制约。未来的水需求不仅仅取决于满足人口增长和社会经济变化所需要的粮食、能源、工业活动以及城乡涉水服务的数量，同时也取决于满足这些需求的过程中我们对有限供水的使用效率。

本章汲取了第三部分/第二卷挑战部分的内容，例如第十八章"畜牧价值链上的水管理"、第十九章"全球能源与水的纽带关系"、第二十章"工业用水"、第十七章"人居环境"和第二十一章"生态系统"，强调各用水领域当前面临的挑战和发展趋势、主要驱动因素、相关的不确定性和风险以及潜在的应对方案。其中 2.1 节（粮食与农业）的内容全部从报告的挑战部分截取。本章还包括由于受报告篇幅限制没有包括在第三部分章节中的补充资料。

2.1 粮食与农业

水与粮食的关系相对简单。种植作物和饲养牲畜都需要水，而且需求量很大。在农业、城市和工业（包括能源）总用水量中，农业用水占到了70%。

水是粮食安全的关键。从全球的角度看，水资源量能够满足我们未来的需求，但全球水资源总量相对充足的现象却掩盖了局部地区缺水的真相，这将对数十亿人造成影响，其中很多是贫困和弱势群体。要想确保现有水资源的最佳使用以满足对粮食和其他农产品不断增长的需求，必须改进整个农产品链条的政策和管理。

2.1.1 农业用水

与其他用水部门相比，农业部门的整体用水覆盖面（水足迹）很广，特别是在生产环节。由于畜产品需求的不断增长，进一步增加了水需求，不仅仅是在生产环节，而是遍布整个畜牧业价值链。农业用水同样也影响到水质，从而减少了可供水量。

全球年农业耗水包括粮食、纤维和饲料生产（蒸腾）的作物水消耗，加上土壤和农业相关露天水的蒸发损失，如稻田、灌渠和水库。每年7 130立方千米的农业耗水量中，仅有约20%是"蓝水"，即用于灌溉的河流、溪流、湖泊和地下水。虽然灌溉只占农业耗水中的一小部分，但却发挥着关键的作用，占全球耕地面积不到20%的灌溉耕地，生产量却占全球的40%还要多。

目前，全球对粮食安全越来越担心，但人们对粮食生产取决于水这一点却没有给予或很少给予重视。对世界已有70%的淡水用于灌溉农业（见图2.1）这样的事实还没有清楚的认识。不仅如此，未来还需要更多的水来满足不断增长的粮食和能源（生物燃料）需求；相对而言，农业用水在技术发展水平不断提高的条件下会逐渐减少。

在很多国家，不仅仅是最不发达国家（LDCs），农业可用水量已经十分有限并且无法确定，这种情况还将恶化。经合组织（OECD）国家中，农业用水取水量占取水总量的44%，但这个比例在其中8个严重依赖灌溉农业的国家则高达60%。在金砖四国（巴西、俄罗斯联邦、印度和中国）[2]，农业占总取水量的74%，但这个比例从俄罗斯联邦的仅20%到印度的87%不等。在最不发达国家，这个数字更是高达90%以上（FAO，2011c）。

在全球范围内，灌溉农业的产量是雨养农业的2.7倍，因此灌溉将继续在粮食生产中发挥重要作用。灌区面积从1970年的1.7亿公顷增长到了2008年的3.04亿公顷。这一数字还有增长的潜力，特别是在撒哈拉以南非洲地区和南美洲地区等水量充足的地区。提高生产率和灌溉产量的方法包括提高供水服务的数量、可靠性和准时性，提高灌溉用水的使用效率，提高农艺或经济生产率，从而提高单位耗水的产出（FAO，2011a）。

尽管耕地面积还有增长的潜力，但由于土地退化的加速（见4.5节和第二十八章）和城市化（见2.4节和第十七章），现在每年都损失大约500万～700万公顷（0.6%）的农田。随着越来越多的人涌进城市，很多农业用地不再用于生产，农田数量也减少了。不断增长的人口也意味着人均耕地占有量的锐减：从1961年的0.4公顷减少到2005年的0.2公顷。

2.1.2 可预见的需求增长

世界人口预计将从2010年的69亿增至2030年的83亿，到2050年增至91亿（UN-DESA，2009）。到2030年，粮食需求预计将增长50%（到2050年增长70%）（Bruinsma，2009），而对水电和其他可再生能源的需求也将增长60%（WWAP，2009）（见2.2节和第十九章）。这些问题是相互关联的，例如增加粮食生产就会大量增加水和能源的消耗，导致与其他用水部门的用水竞争增加。

预测未来的农业水需求有很大的不确定性，特别受到粮食需求的影响，而粮食需求部

分取决于需要养活的人口数量，部分取决于人类饮食的内容和数量。而其他一些因素又使得这种情况更加复杂，包括季节性气候变化的不确定性、农业生产的效率、粮食的种类和产量。

尽管有各种说法的预测，但根据不同的情景假设和方法论，到2050年全球农业耗水量（包括雨养农业和灌溉农业）大约增长19%，每年耗水量达到8 515立方千米（农业水管理综合评估，2007）。联合国粮农组织（FAO）估计2008—2050年期间灌溉耗水量将增长11%，这将会使当前2 740立方千米的灌溉取水量增加5%。尽管这个增加量看起来并不大，但却主要发生在目前已经缺水的地区（FAO，2011a）。

从根本上说，农业部门面临的主要挑战不是如何在未来的40年里多生产70%的粮食，而是如何保证餐桌上的食物增加70%。减少储存环节和整个粮食价值链的损失能够大大缓解对粮食增产的需求。

2.1.3　农业对水与生态系统的影响

农业用水的管理方式对生态系统有着广泛的影响，对生态系统服务功能也起到了一定削弱作用。农业水管理已经改变了淡水、海岸湿地的物理和化学特性，水质和水量以及陆地生态系统的直接和间接生物变化。农业部门对人类和生态系统造成的损害以及清洁过程的外部成本非常重大。例如，美国每年在这方面的成本约为90亿～200亿美元（引自Galloway等，2007）。

因农业而造成的土地使用改变已经对水质和水量产生了广泛的影响（Scanlon等，2007）。湿地尤其受到影响。由农业污染造成的水质不良在欧洲、拉丁美洲和亚洲的湿地最为严重（见图2.2）。淡水和沿海湿地的物种状态比其他生态系统恶化的更快（MA，2005a）。

图 2.1

各地区不同部门的取水量（2005年）

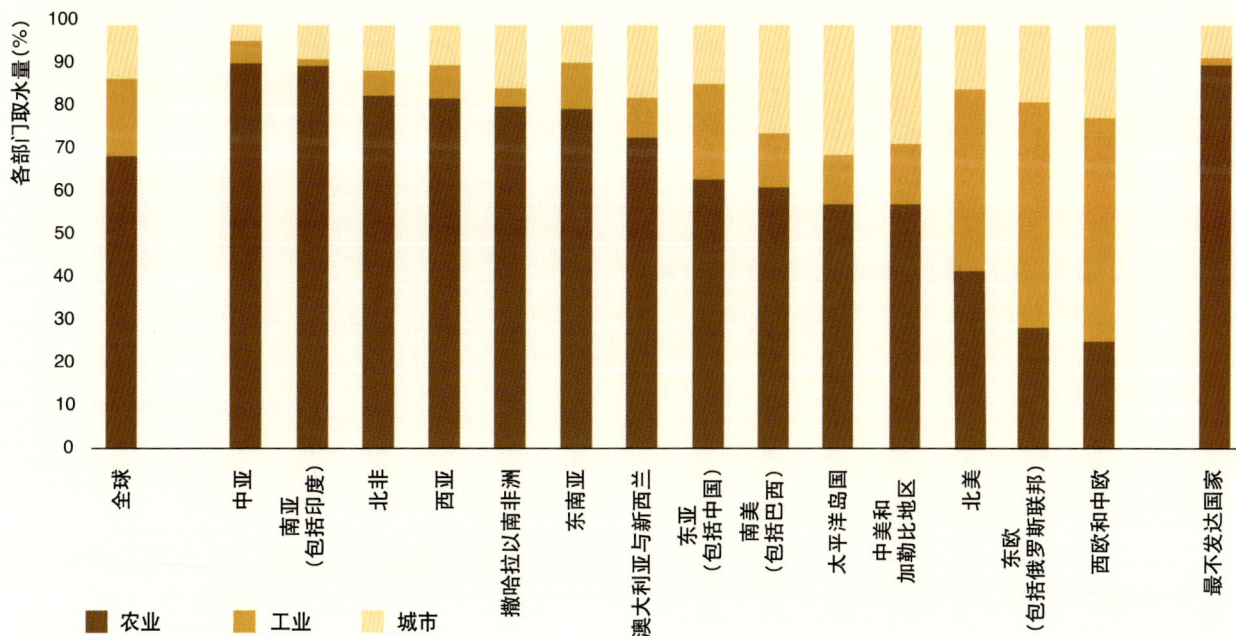

资料来源：联合国粮农组织全球水信息系统（FAO AQUASTAT）(http://www.fao.org/nr/water/aquastat/main/index.stm, 2011年访问)。

图 2.2

各大洲湿地水质状况变化

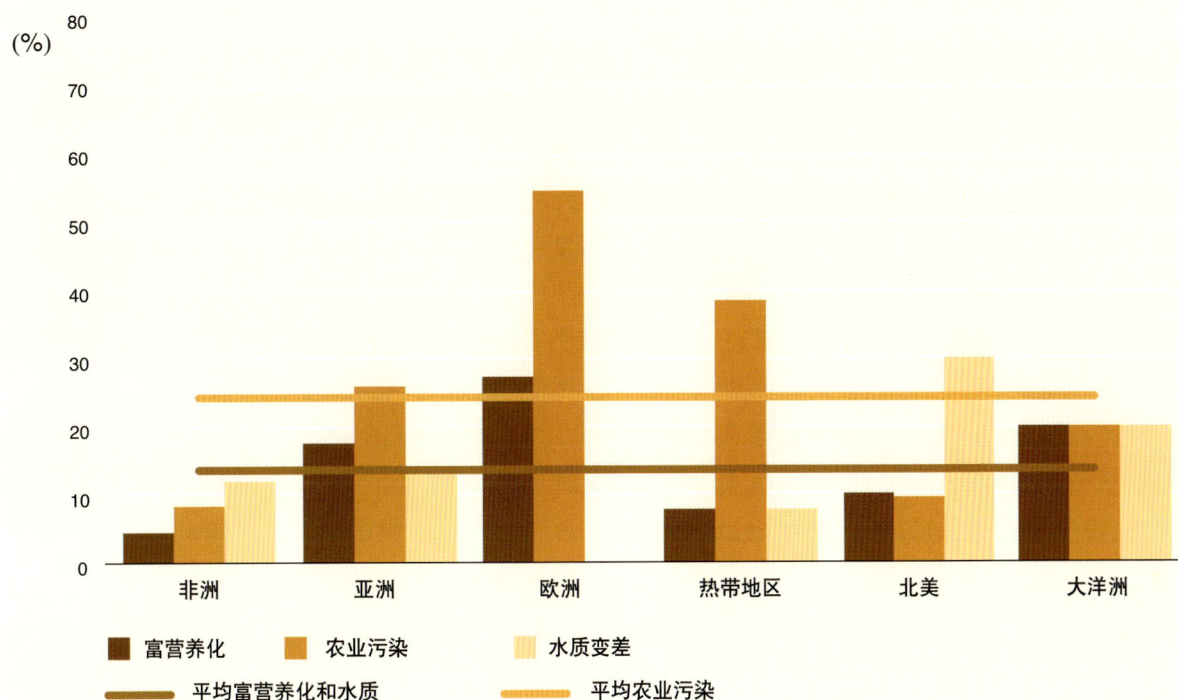

图例：
- ■ 富营养化
- ■ 农业污染
- □ 水质变差
- ── 平均富营养化和水质
- ── 平均农业污染

资料来源：FAO (2008, p. 50)。

来自农田的面源污染仍是世界很多流域的主要问题（见3.3节和4.3节）。由农业径流带来的富营养化是加拿大、美国、亚洲和太平洋地区的首要污染问题。澳大利亚、印度、巴基斯坦和干旱中东的许多地区都面临着不良灌溉措施导致的越来越严重的盐碱化。

氮是世界地下水资源中最常见的化学污染物。根据联合国粮农组织全球水信息系统(2011c)的现有数据，美国是现今农药消耗量最大的国家，欧洲国家紧随其后，特别是西欧国家。如果按照单位耕地面积使用量计算，日本是农药使用量最密集的国家。在干旱的北非地区和阿拉伯半岛地区，农业发展加剧了浅层地下水的过度开采和深层地下水开采，这正对水资源带来不可调和的压力。

2.1.4 来自人口增长和饮食变化的压力

不断增长的人口（根据前文，到2050年将达91亿）对土地和水资源的压力越来越大。与此同时，经济增长和个人财富的变化也使饮食结构由原来的以淀粉类为主转变为耗水量更大的肉类和奶制品。比如，生产1千克的大米须耗水3 500升，生产1千克的牛肉则需要耗水15 000升，生产一杯咖啡需耗水140升（Hoek-stra和Chapagain，2008）。这种饮食变化在过去30年中对水资源消耗的影响最大，并且这一影响还将持续到21世纪中期（FAO，2006）。

对畜产品的需求与经济增长密切相关

世界粮食经济越来越受到人们食物品种变化和食品消费类型向畜产品转变的驱动影响(FAO，2006)。2008年，33.5亿公顷的土地被用作永久性草场和牧场，是用于可耕地种植和长期作物的土地的两倍还多。畜牧业不仅提供了肉，还有奶制品、蛋类、毛织品和皮类等。在世界增长最快的几个经济体中（Stein-feld等，2006)，对畜产品的需求不断上涨，从而使畜牧业正在以前所未有的速度变化。畜牧业已经贡献了全球农业产值的40%。受人口增长、财富积累和城市化的影响，畜牧业仍将是农业经济最具活力的部分。

但对畜产品需求的增长也同时伴随着对其环境影响的担忧。在一些国家，畜牧用地的扩张已经导致了森林的退化（比如巴西），而且密集的牲畜养殖（主要在经合组织国家）已经成为了一个主要的污染源。畜牧业对全球国内生产总值（GDP）的贡献率仅为2%，但却产生了18%的温室气体（GHGs）（Steinfeld等，2006b）。因此，有评论认为畜牧业带来的弊端远远超过了其益处，但也有人认为这种观点严重低估了畜牧业对经济和社会的重要作用，特别是在一些低收入国家。不论这两种观点如何争论，对畜牧业的需求似乎还在继续增长（FAO，2006）。这意味着畜牧业生产中的资源利用效率已成为一个焦点，这其中包括了水的管理。

畜牧业生产和加工造成的水污染

在生产阶段，牲畜需要饮水，还需要用水来降温和清洁，但需水量根据动物的种类、养殖方法和地点的不同而有所不同。放养式的牲畜养殖系统会增加对水的需求，因为动物外出寻找食物需要耗费更多的体力。但集中式或工业式的养殖系统也会因制冷或清洁系统而需要更多的水。全球范围看，牲畜年饮用水需求量约为16立方千米，而相关服务则还需要6.5立方千米（Steinfeld等，2006）。

种植饲料的需水量则更大。这部分的需水量不仅取决于牲畜的数量和种类以及它们需要的饲料数量，同时也取决于饲料的生长地点。据估计，畜牧业每年的耗水量约为2 000～3 000立方千米，占隐含在全球粮食产品中的水的45%（农业水管理综合评估，2007；Zimmer和Renault，日期不详），尽管这些估计很不精确。这些水大部分用于种植雨养草场和非耕种饲料作物，而这部分消耗通常认为是没什么环境价值的。事实上，如果这部分土地不用于畜牧，其可以节约的水资源也不多，用于其他用

途的可能性也不大。在生产饲料和畜牧的过程中，灌溉用水量仅占很小的比例，但却发挥着重要作用，比起旱作种植也有更大的机会成本。

在肉类加工过程中，屠宰场是肉类加工价值链（生产阶段以后）上的第二用水大户，对当地生态系统和社区来说也是一个潜在的重要点源污染。但食品消耗最严重的方面是食品浪费，在工业化国家更是如此。这些国家食品遭到浪费，原因是易腐食品生产的太多又没有卖掉，产品在储存的过程中变质，买来的食品没有吃掉，所以只好倒掉。所有这些既造成了严重的食品浪费，也是对生产这些食品的水资源的严重浪费（Lundqvist，2010）。

2.1.5　农业部门对水资源的其他压力

气候变化

农业因其排放温室气体加剧了气候变化，而气候变化反过来又影响了地球的水循环，给粮食生产带来又一层不确定性和风险。气候变化的影响主要是通过水情来体验到的，表现为更加严重和频繁的旱涝灾害，同时还伴随有降雨分布、土壤湿度、冰川和冰雪融化以及地表和地下水变化所带来的可以预见的对可用水资源量的影响。这些气候变化导致的水文变化将对全球灌溉农业和雨养农业的规模及生产率都产生影响，因此其应对策略将重点集中在减轻整体的生产风险上（FAO，2011b）。

‖‖

"粮食安全正遭受潜在浪费的威胁，因为农产品生产的价值链从田间到餐桌经过了很多的环节和过程。"

据预测，到2030年，南亚和南部非洲将是最容易受到气候变化导致的食物短缺威胁的地区（Lobell等，2008）。这些地区人口的粮食安

全得不到保证，因为他们依赖的粮食作物的生产环境极易受到气候变化造成的温度和降雨变化的影响。

粮食、经济和能源危机

粮价危机以及紧随其后的 2009 年经济危机造成了世界范围的严重饥荒。粮食价格远远高于 2006 年。尽管人们认为粮食价格上涨主要是由一些暂时性因素导致的，比如小麦生产区的干旱、粮食储存量的不足以及导致化肥价格上涨的石油价格暴涨等，但到 2010 年粮食价格还是没能恢复到 2006 年以前的水平。在危机中，世界各地的贫困妇女不仅受到经济危机的冲击，而且由于教育程度低会花更多的时间工作（FAO，2009）。

近年来对生物燃料的需求也在急剧增长。为了生产乙醇和生物燃料，美国正在大量种植玉米，欧盟（EU）则是小麦和葡萄籽，撒哈拉以南非洲部分地区以及南亚和东南亚地区是油椰子，巴西则正在生产大量糖类作物。2007年，生物燃料的生产以巴西和美国占主导地位，其次是欧盟。2005 年，生物和垃圾满足了世界初级能源需求的 10%，比核能（6%）和水电能源（2%）加起来还要多（IEA，2007）。

如果到 2050 年[3] 生物能源供应量预计达到相当于 60 亿～120 亿吨石油的话，则全世界农业用地的 1/5 都要用于生物能源的生产（IEA，2006）。生物燃料也是用水大户，会加大对地方水文系统的压力，增加全球温室气体的排放。

土地获取和土地使用变化

相对近来发生的大规模国际土地征购现象正导致土地使用的变化，而这一变化反过来也影响了水的使用。2007—2008 年，在非洲、亚洲和拉丁美洲地区，一些经济合作与发展组织国家和金砖国家的主权基金和投资公司已经购买或者租用了大块的农田以保证他们的燃料和粮食需求。这种现象部分是由燃料危机和生物燃料代替汽油产品的需求引发的，详细解释见第七章（见专栏 7.14）。问题是，这些签订土地征购合同的大部分国家中，水权还没有融入到"现代"法律体系，而是完全按照当地习俗、效力不强和落伍的水法规，有些国家甚至没有关于水权的任何正式法律规定（Mann 和 Smaller，2010）。

2.1.6 食品链中的浪费

当缺水发生时，仅仅考虑生产粮食的需水量还不够（Lundqvist，Fraiture 和 Molden，2008）。必须对整个价值链上水的使用方式进行考察，从生产到消费等。这点在工业化国家尤其如此，某种程度上，在金砖国家的城镇地区也是如此。这些地区的食品越来越多地来自于不同的来源，常常需要远距离运输，有些情况下还来自于不同的国家。食品安全受到潜在浪费的威胁，因为农产品的生产经过了漫长的价值链，从田间到餐桌经过了农民、运输商、储存机构、食品加工者、商店和消费者多个环节。这个价值链上的每一个环节都存在食品浪费，也就意味着浪费了生产这些食品的水。

水管理过去一直是政府的职责，但一些大型的国际食品企业已经开始认识到水对于他们生意的重要性，特别是当这些企业的价值链位于缺水国家时。尽管他们的担心与消费者的观念和利润安全性密切相关，但更加用心地利用水资源可产生有利于全局的潜在连带好处。为促进价值链上水资源高效利用而开展的倡议活动包括"CEO 水之使命"和"水管理联盟"。

2.1.7 "水智能型"粮食生产

世界已进入到水管理的新时代，人们可清晰地认识到水和其他资源的关系，认识到粮食收割后不良管理所造成的经济社会影响以及价值链上的食品浪费。

技术的作用

在高收入国家，科技早已成为全球繁荣的主要推动力。未来无疑仍将如此。粮食生产将需要更加"绿色"、更加可持续，以确保不会加重气候变化和生态系统恶化的负担。

我们将需要技术创新来提高粮食产量和抗旱能力，以更加科学的方式来使用化肥和水资源，使用新型农药和非化学方式来加强作物保护，减少作物收割后的损失，使畜牧业和海产品生产更具持续性。工业化国家当然很容易获得这些技术带来的好处，但他们也有责任确保那些最不发达国家（LDCs）有机会以平等、非歧视的条件获得这些技术。

人的能力和制度是财富

最不发达国家的农业发展主要依赖小农户，而他们大部分是妇女。能满足她们需求的水技术将在应对粮食安全挑战中发挥关键作用。但在很多最不发达国家，妇女能够获得的有形资产十分有限，也缺乏资产管理方面的经验。多种用水机制能够给妇女提供机会，扩大她们对水资源分配与管理的影响力。

需要对政策和管理做出重大调整，以尽可能地实现现有水资源的最佳使用。需要建立新的制度安排，将水法规管理的职责集中化，而将水经营管理的责任分散化，同时增加用水户的所有权和参与程度。还需要制定新的部署以确保贫困人口和弱势群体有水喝，特别是妇女，使他们长久地获得土地和水安全。

关注价值链

农业价值链上的各个环节都需要改善。早期可以在减少最不发达国家作物收割后损失以及高收入国家食品浪费方面取得进展，进而节约这些环节中蕴含的水资源。中期看，有可能实现"气候智能型"粮食种植技术的创新。远期看，牲畜饲料和草料向能源智能型转换也是可能的。在价值链所有环节的水循环利用上，如果处理过的废水出于文化因素无法被用于其他用途所接受，那么则可以用于环境以有助于环境用水安全的需要。

创造性地管理风险

为减轻对干旱的脆弱性，我们既需要投资修建结构性的基础设施，同时也需要投资建设"绿色的"基础设施，以改进水的测量和调控手段，在合适的条件下，增加已建水库以及湿地、土壤等天然水库中的地表水和地下水蓄水量。将现有水管理技术适用于新形势预期会带来很多的效益。"为管理而设计"这个在20世纪80年代推行的理念，要求在基础设施设计中要明确其管理者和管理方式，这在今天依然很有意义，对于未来水管理也十分重要。

虚拟水交易

随着水资源丰富的国家向那些愈加难以种植足够的主要粮食作物的缺水国家出售粮食，虚拟水将发挥越来越重要的作用。但粮食进出口与自给自足这些水政治问题，解决起来并不容易。当粮食安全受到威胁时，粮食生产国家可能不愿意出口，而低收入国家和最不发达国家可能需要继续过度开采水资源来养活他们的人口，以避免市场上粮食价格的上涨。粮食和其他产品的补贴会扭曲市场，对虚拟水概念的使用会造成潜在的负面影响。

实行"水智能型"生产

我们需要采取一种双轨并行的方法来实现现有水资源的最佳利用：一方面进行需求管理，提高水生产率（"让每滴水生产更多的粮食"）；另一方面进行供给管理，通过储水来增加可用水量，以应对季节变化和日益增加的降雨的不确定性。

农业用水管理需要更多的投资，而有些国家的优先考虑重点却格外让人担忧。2010年，全球大约仅有100亿美元投资于灌溉系统，这个数字相对于水资源对农业部门的重要性而言，少的令人惊讶（相比之下，全球市场瓶装水同一年的市场份额为590亿美元）（Wild等，2010）。现在全世界都应清醒地认识这样一个事实，那就是农业部门是一个重要和有效的水消费者，这方面的投资对于粮食和水安全的未来至关重要。当水资源短缺时，全球都有责任科学、高效和高产地使用水资源。农业要变得更加"水智能型"，并要给予正确的信号和激励手段使目标能够实现。

> **"各种能源在其生命周期的某些环节都需要水，包括生产、转化、输送和使用。"**

2.2 能源

能源与水紧密交织在一起。尽管能源和电力有不同的来源，但各种生产过程都需要水，包括原材料的开采、热力过程的冷却、材料的清洗、生物燃料作物的种植以及水轮机的驱动。反过来，在将水资源提供给人们使用和消耗的时候，也需要用能源来进行抽水、运输、处理、脱盐和灌溉。这两种资源的互相依赖形成了能源与水的纽带关系，也导致跨行业脆弱性的产生。

外部驱动因素为这个纽带关系的管理带来了挑战，这些因素的影响只能对其进行估计却不能完整为其规划。气候变化就是直接影响水与能源的主要外部驱动因素；减轻措施主要围绕减少能源消耗和碳排放展开，而适应措施是指为不断增加的水文脆弱性和旱涝、风暴等极端天气事件作好规划。其他外部压力来自于人口发展（包括人口增加和移民）以及经济活动的增加和生活水平的提高，这些都会导致能源消耗的急剧上升，特别是在非经济合作与发展组织国家。最后，政府追求更多的水资源密集型能源和能源密集型水资源的政策选择也常常会加剧这些压力。

2.2.1 能源用水

不同类型能源需求的趋势和预测

据美国能源信息管理局（EIA）估计，2007—2035 年之间，全球能源消耗将增加约 49%（见图 2.3）。这种能源消耗的增长在非经济合作与发展组织国家（84%）要比经济合作与发展组织国家（14%）更高，主要原因是预期国内生产总值的增长和相关经济活动的增加。

能源主要分为初级能源和二级能源。初级能源是指开采、捕捉或培育的能源，包括原油、天然气、煤、生物质和地热。二级能源则指经过转化而成的汽油产品、通过热力过程（煤、化石燃料、地热和核燃料）产生的电以及水能、太阳能／光伏电（PV）和风能产生的电（Øvergaard，2008）。

图 2.3

2007—2035年世界市场能源消耗

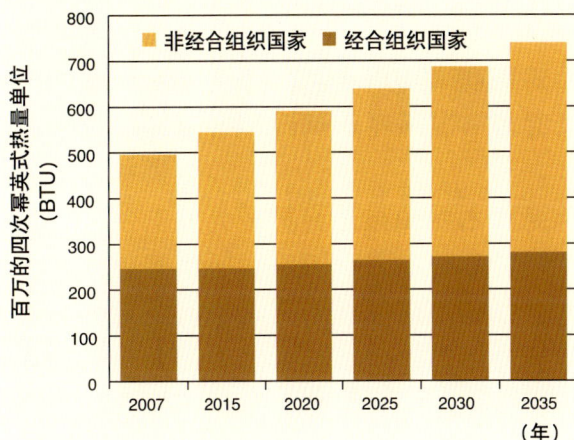

资料来源：EIA（2010, p. 1）。

关于初级能源的载体，图 2.4 表明燃料生产在 2035 年前会一直增长。虽然原油生产不会有太大增长，但生物燃料、煤和天然气的生产预计将会有大幅度增长。特别是生物燃料的生产将会对水产生重大影响，因为作物生长中的光合作用需要水，作物炼制过程也需要水。

同样，2035 年前的电力生产趋势也将呈现巨大的差异。从图 2.5 可以看出，液态化石燃料生产的电力将不会有任何增长，核电生产的增长也很小。显然，2011 年 3 月日本福岛核电站事故对全球核政策产生了重要影响，将进一步影响未来的核电生产。但是，煤、可再生能源和天然气生产的电力将有大幅度增长。预计到 2035 年，可再生能源生产的电力将翻一番（见图 2.4）。水电生产总量会增长，但增长速度将比不上风电、太阳能发电和光伏发电（EIA，2010；WWF，2011）。

图 2.4

1990—2007年世界燃料生产历史数据及对2035年的预计

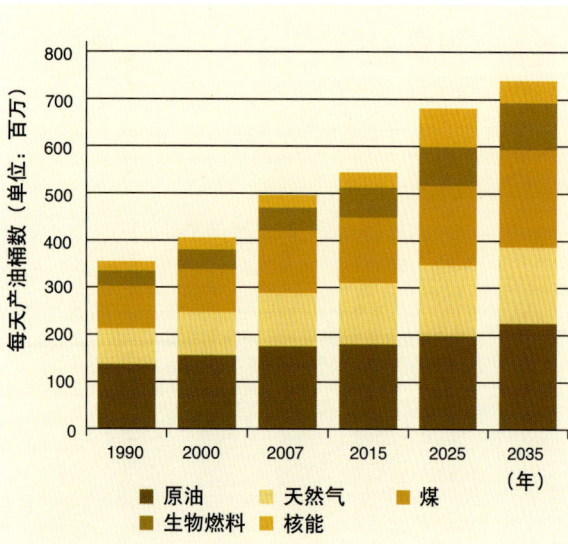

资料来源：数据源自 EIA (2010)。

图 2.5

2007—2035年世界净电力生产预测

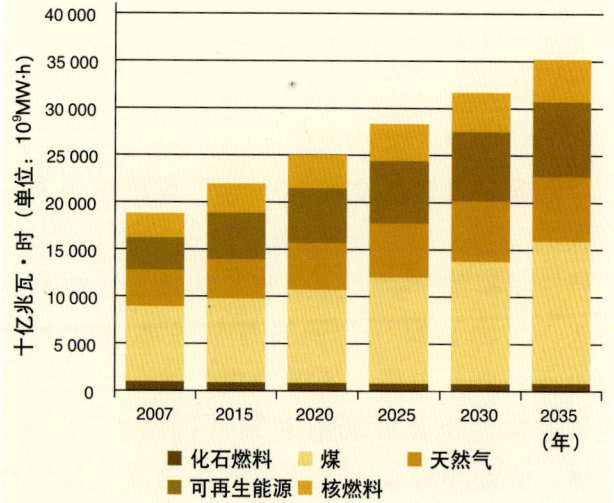

注：此表中，化石燃料指石油和液化气等液态燃料。煤和天然气单独考虑。

资料来源：数据源自 EIA (2010)。

初级能源的水需求

各种能源在其生命周期的某些环节都需要水，包括生产、转化、输送和使用。本章主要关注水量需求，而不是水质影响。煤、天然气和铀作为燃料在其生产过程中需水量虽然不是没有，但比起电厂发电时的需水量，还是小很多的，因此可以忽略不计。相形而言，生产用于交通使用的煤、天然气和汽油的水需要则比较重要（因为交通车辆在路上没有用水需要）。每种燃料和技术都有稍许不同的要求。

原油

原油是目前全球最主要的初级能源，其不同生产阶段都需要水，包括钻井、抽油、炼油和加工。平均用水量约为每吉焦（GJ）1.058立方米（Gerbens-Leenes 等，2008）。非传统石油生产则会多消耗 2.5～4 倍的水，而到2035 年前，这种非传统石油生产在北美洲、中美洲和南美洲将会增长（WEC，2010）。

煤

煤是全球第二大初级能源，到 2035 年之前煤的使用还将增长（见图 2.4）。Gerbens-

Leenes 等（2008）估计，每吉焦需要约 0.164立方米的水用于煤的各种生产工序，其中开采地下煤矿的用水量要比开采露天煤矿的用水量多出许多（Gleick，1994）。

天然气

预计到 2035 年，天然气的生产量将会有大幅增长（见图 2.4）。传统天然气生产在钻井、开采和运输过程的需水量比较少，大约为每吉焦 0.109立方米（Gerbens-Leenes 等，2008）。但是页岩天然气的生产用水密集度则要稍微高于传统天然气，因为水力压裂这种开采方法需要向每个井中喷射数百万升的水。而页岩天然气的开采预计在亚洲、澳大利亚和北美洲地区还将增长。

铀

铀在全球能源消耗中的比重预计将从现在的 6% 增长到 2035 年的 9%（见图 2.4）（WEC，2010）。Gerbens-Leenes 等（2008）估计铀矿开采和加工的需水量相对较少，约为每吉焦 0.086 立方米。

生物质和生物燃料

生物质包括木材、农业燃料、垃圾和城市

副产品，在很多非经济合作与发展组织国家的家庭，它是烧火和取暖的一个重要来源（WEC，2010）。此外，生物原料取代化石燃料的使用在经济合作与发展组织国家正变得越来越商业化，这种趋势让人开始担心作物的用水需求。但水资源的密集度取决于原料，取决于作物生长的地点和方式，以及作物是否是第一代或第二代作物（Gerbens-Leenes 等，2008；WEF，2009）。由于这种生产过程的多样性，想要给生物燃料生产的耗水量确定一个单一的数值或者是一个代表性的数值范围都是不切实际的。

发电需水量
火电

火电厂（煤、天然气、石油、生物质、地热或铀）通过加热水或者气体来发电，并通过蒸汽或燃气涡轮的运转来驱动发电机。经过涡轮机后，蒸汽循环中的水通常会在一个冷凝器中冷却然后再进行循环利用（通过冷却水回路）。这些发电过程目前占到了世界电力生产的 78%（EIA，2010），而且发电量还将增长，这意味着将需要更多的冷却水。

当前使用的主要有两种水冷却技术和一种干冷却技术（WEF，2011）。直流冷却需抽取大量的水，这些水经过冷凝器冷却后被放回到下游水体中。虽然会蒸发损失掉一些水（WEC，2010），但实际的耗水量还是很小的。但是，当回放到下游的水温度明显高于周围环境时，或者水生生物被夹带进入冷却系统中时，就会对下游的水生生物产生巨大的影响（DOE，2006）。封闭回路系统将经过冷凝器冷却的水进行循环利用，将多余的热量经过冷却塔或者水池排放出去（WEF，2011）。这些封闭系统比直流式技术的抽水量要少 95%，但这部分水将全部蒸发损失掉，因此不会再直接排放到自然系统中。干冷却系统不需要用水来进行冷却，但会有寄生效能损失，并且性能会根据当地温度和湿度的变化而不同。

火电厂的耗水值根据现有技术和燃料来源的不同而有所区别，气候条件也是影响因素之一，因为气候会影响蒸发和冷却工艺的选择。

水电

水电是电力生产最大的可再生能源（2007年占全球电力生产的 15%），据估计，全球具备经济可行性的水电尚有 2/3 的开发潜力（WEC，2010）。水电主要用水推动水轮机，然后将水释放到下游水体中。在这个过程中，水并没有受到污染，水电生产过程也因此被认为是不耗水的。但是，在水库蓄水过程中会有一部分蒸发，因此有些人认为这是水电的水消耗，尽管水库其他的相关用途通常是不考虑蒸发损失的。水电的耗水量很难估算，因为这取决于模型计算而不是测量（WEF，2009）。关于这个课题的最新研究主要出现在美国，研究结果认为水电的耗水量为 0.04～210 立方米/（兆瓦·时），预期中值为 2.6～5.4 立方米/（兆瓦·时）（Gleick，1994）。这些估值反映了水库建成后比流域保持自然径流状态水面面积时多出的蒸发量。需要注意的是，这些蒸发损失不是由水力发电本身产生的，而是由水库的水面面积以及当地具体的气候条件产生的，因此任何有水库的用水方式都会产生这样的损失，不管是人工水库还是天然水体。专栏 2.1 对此进行了介绍，并指出对水电生产过程中水资源使用和消耗的认知要比其他类型的能源更加复杂，还提出了几个有关测量蒸发损失的观点，不仅仅有关水电蒸发损失，还包括不同用途或者多种功能水库的蒸发损失。

风能、太阳能和光伏电

风能发电和太阳能光伏发电占到了全球电力生产的 3%。在运行中，除了清洗风机叶片和太阳能电池以外，这些发电技术的确无需用水（WEF，2009）。但是，对于建在沙漠里或沙漠附近的太阳能电站而言，清洗太阳能电池板上的尘土非常重要。还有，在大规模使用集中的太阳能电力时，和火电厂一样，也要用蒸汽循环来发电，因此也会需要冷却水，这对于炎热和干旱地区会是一个挑战（Carter 和 Campbell，2009）。

从整体来看，世界各地能源和电力消耗在今后的 25 年里都将增加，增加的部分主要发生在非经济合作与发展组织国家。这种趋势将对支持这种能源增长的水资源产生直接的影响。表 2.1 显示，如果继续保持当前的能源消耗模式的话，预计能源生产的需水量到 2050 年将增加 11.2%。假设能源消耗模式的能源利用率有所提高，WEC（2010）估计，能源生产的需水量到 2050 年将减少 2.9%（见表 2.2）。不幸的是，在规划新的能源生产设施时，人们常常不考虑能源生产的需水量。同样，水系统中的能源需求也常常被忽视。

专栏 2.1

将水电用水及消耗与其他类型能源用水及消耗进行比较的复杂性

20 世纪 90 年代早期，美国最先开始研究水电厂水蒸发问题，旨在量化几种能源的用水量。近年来的测量不多，因此美国自 20 世纪 90 年代以来的数据常被用来代表全球范围内水电的用水需求（见图 2.6）。Pegasys（2011）指出在考虑水电对水资源影响时需要考虑以下几点：

• 水资源"使用"、"消耗"和"损失"。弄清楚水力发电的"非消耗性"用水的概念和相关术语非常有必要。虽然水电生产不"消耗"水，但却有：①水库建成后比流域维持自然径流状态水面面积时多出的蒸发量造成的损失；②改变流态之后对下游产生的影响也需要考虑。也许最复杂的问题来自于水的使用，这种使用主要是通过水库蓄水量的调节来分配年内不同时间的流量。比如，在智利等很多地方，水电生产就会和其他用水方面争水，因为水电站为满足电力需求而改变的流量往往与其他用水方面的季节需求相矛盾

（Huffaker，Whittlesey 和 Wandschneider，1993；Bauer，1998）。

• 发电能力的性质。我们很难超出国家或地区发电系统范畴来理解一项发电技术及其涉及的领域。每一项发电设施都有专门的性能和成本要求，由此决定其调度指令和相应的水用途。这个作用只有在和其他发电形式相比较时才能理解。比如，水电在发电系统中存在多种用途，可以作为基本负载，可以用于调峰，也可以作为支持辅助。此外，水电站的水库还有多种潜在用途，包括休闲、航运、防洪和蓄水，因此，很难将其影响在这些众多的服务中进行分配。

• 能源供应链。每一种发电技术都有一个不同的供应链。全面考虑这个供应链从原材料开采到最后产品的各个环节对于理解该技术的足迹十分关键。对供应链的忽略使该项技术的需水量变得比较模糊，使不同技术之间的比较更加复杂。

• 损失的属性。水电在很多情况下只是多目标工程项目功能的其中一项，因此在考虑水电的足迹和使用时，必须将水库的蒸散损失归属于所有的用途。

• 水电系统的结构。每个水电系统都会根据自然条件和河流系统的水流来设计不同的结构。水库的面积、深度和形状以及装机容量取决于先前存在的地理条件，也决定了水库的蒸发量和发电量，因此有必要根据每个水库的具体情况来进行具体的评价。

• 气候条件。对当地流域水资源足迹的影响（或者叫机会成本）有很多争论。同样的足迹，对于一个水资源丰沛的流域和一个缺水的流域，意义则不同。

图 2.6

各种类型能源生产运行的水消耗

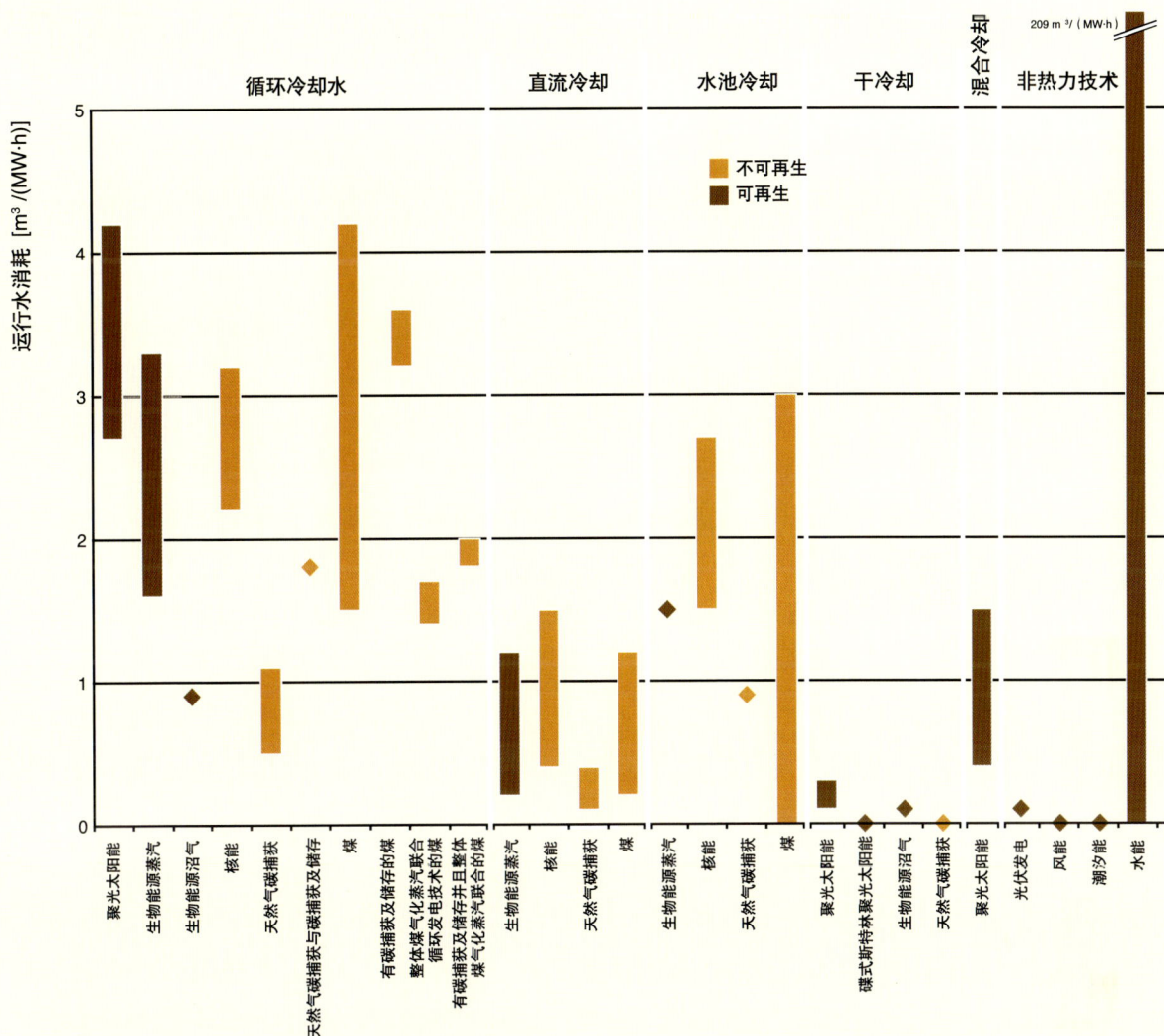

循环冷却水　　　　直流冷却　　　水池冷却　　　干冷却　　混合冷却　非热力技术

运行水消耗 [m³/(MW·h)]

209 m³/(MW·h)

- 不可再生
- 可再生

聚光太阳能
生物能源蒸汽
生物能源沼气
核能
天然气碳捕获
天然气碳捕获与碳捕获及储存
煤
有碳捕获及储存的煤
整体煤气化蒸汽联合循环发电技术的煤
有碳捕获及储存并且整体煤气化蒸汽联合循环的煤
生物能源蒸汽
核能
天然气碳捕获
煤
生物能源蒸汽
核能
天然气碳捕获
煤
聚光太阳能
碟式斯特林聚光太阳能
生物能源沼气
天然气碳捕获
聚光太阳能
光伏发电
风能
潮汐能
水能

资料来源：IPCC (2011, 图9.14, p. 49), 能源用水需求趋势。

由于地球上的水资源分配不均，有些地区面临的能源用水压力比其他地区更加严峻。世界经济论坛（2010）估计，在中国、印度和中东等已经存在水短缺问题的国家和地区，其电力生产预计还将增长 5 倍，因此格外需要探索初级能源处理和发电的新技术。其他地区虽然能源生产的需水量也在增加，但因为他们拥有足够的资源，不太可能出现用水危机或缺水问题。世界经济论坛（2010）估计，北美、南美和加勒比的大部分地区将属于这种情况。

2.2.2　水资源的能源需求

水资源的抽取（地表水、地下水）、转换（处理以达到饮用水标准、脱盐）、供应（城市用水、工业用水和农业用水）、再生（污水处理）和排放过程中都需要能源。但是，现在很少有国家对水资源的能源需求进行研究。

美国电力研究院（EPRI）估计，美国电力消耗的 2%～4% 是用于水厂和污水处理厂的水供应。包括最终用途在内，美国每年水资源的能源消耗约为总能耗的 10%（Twomey 和 Webber，2011）。利用地表水的能耗一般比提取地下水的能耗低30%（EPRI，2002）。随着有些地区地下水位的下降，地下水开采的能耗将更大。此外，当地表水不足时，往该地区调水的能耗将比抽取可用地下水的能耗更大。

通常，水中的盐类、化学和生物污染物消除之后才能达到饮用水的标准。由于水质（WEF，2011）、使用技术（Strokes 和 Horvath，2009）和国家饮用水标准的不同，地表水和地下水处理所需能源量有很大的差别。根据国际生命周期分析中的观察得知，当地水资源脱盐处理的能耗要远远超过从外地调水（Strokes 和 Horvath，2009），比污水处理的能耗还要高出6倍（WEF，2011）。对脱盐电力需求的研究相对比较深入，而且 Strokes 和 Horvath（2009）发现全球传统的和过滤膜海水脱盐技术每立方米平均每年耗电0.38千瓦·时，而每立方米含盐地下水的脱盐每年则需要耗能0.26千瓦·时。因此，脱盐水的价格与能源价格紧密相关，尽管过去十年价格有所波动，但总体呈稳定上升趋势（EIA，2010）。然而，这种全球平均数只具有理论意义上的用途，实际中饮用水的极端重要性使得当地在供水选择方面往往只能依赖于现有的资源。另外，脱盐过程还会产生浓度很高的废盐水，必须处理掉。沿海的脱盐场将废盐水排放到附近水域中，对沿海海洋生态产生了不利影响。内地脱盐场也同样面临着寻找生态友好型废水处理方式的挑战。

如表2.3所示，污水处理也要耗费大量的能源（WEF，1997）。污水排放规定严格的高收入国家使用的污水处理技术耗能都较高。滴滤处理技术利用一种生物活性基质进行好氧处理，其耗能尚可接受，平均每百万升耗电250千瓦·时（EPRI，2002；Stillwell，2011）。扩散空气曝气作为活性污泥法的一部分，是一种更加耗能的污水处理技术，由于鼓风机和气体

表 2.1

人口、能源消耗和能源耗水（2005—2050年）

世界	2005年	2020年	2035年	2050年
世界人口（百万）	6 290	7 842.3	8 601.1	9 439.0
能源消耗（×10^{18}J）	328.7	400.4	464.9	518.8
人均能耗（×10^{9}J/人）	52.3	51.1	54.1	55
年均耗水（×10^{9}m³/a）	1 815.6	1 986.4	2 087.8	2 020.1
人均耗水（m³/人）	288.6	253.3	242.7	214.0

资料来源：摘自WEC(2010，表1，p.50，不同的数据来源）。

表 2.2

提高能效后人口、能源消耗和能源耗水（2005—2050年）

世界	2005年	2020年	2035年	2050年
世界人口（百万）	6 290	7 842.3	8 601.1	9 439.0
能源消耗（×10^{18}J）	328.7	364.7	386.4	435.0
人均能耗（×10^{9}J/人）	52.3	46.5	44.9	46.1
年均耗水（×10^{9}m³/a）	1 815.6	1 868.5	1 830.5	1 763.6
人均耗水（m³/人）	288.6	238.3	212.8	186.8

资料来源：摘自WEC(2010，表2，p.51，不同的数据来源）。

表 2.3

美国水生产平均的能耗

水源/处理类型		能源使用(kW·h/10⁶L)
水	地表水	60
	地下水	160
	苦咸地下水	1 000 ~ 2 600
	海水	2 600 ~ 4 400
废水	滴滤	250
	活性污泥	340
	无硝化作用的高级处理	400
	有硝化作用的高级处理	500

注：此表未包含水配送所用能源。
资料来源：CEC(2005)；EPRI(2002)；Stillwell(2010)；Stillwell等(2010，2011）。

输送设备，需耗电每百万升 340 千瓦·时（EPRI，2002；Stillwell，2011）。更先进的污水处理使用过滤和硝化作用技术，耗电则达到了每百万升 400～500 千瓦·时（EPRI，2002；Stillwell，2011）。事实上，较先进的污泥处理技术可占污水处理厂全部能耗的 30%～80%（可持续性系统研究中心，2008）。通过厌氧消化进行废水污泥处理也可以生成富含甲烷的沼气，从而产生能量。这种可再生的燃料最多可满足污水处理厂 50% 的电力需求（Sieger 和 Whitlock，2005；Stillwell，King 和 Webber，2010）。

因为污水处理比一般的水处理更耗能，所以，当未来部分国家收入增长后，水处理标准的提高将很可能带来污水处理的单位能耗的上涨（Applebaum，2000）。但有可能引进高效能源技术后，可以减缓水处理高标准带来的能耗增加，减少污水处理厂将来的用电增长。想达到的环境标准越高，在污水处理方面的人均能源开支就越高，这是所有社会在实现富裕的过程中会不断重复的循环——国家越富裕，需要的能源就越多。作物的灌溉也需要使用能源。在经济合作与发展组织国家，灌溉耗能仅占全部水资源耗能的一小部分（水的加热、处理和排放需要的能源更多）。但是，在非经济合作与发展组织国家，水的处理和加热并不普遍，灌溉占到了水资源耗能的较大比重。

人口不断增长，其用水需求也不断增长，水资源短缺迫使各国积极开发更加耗电的非传统水源。因此，一方面能源技术变得越来越高效（Strokes 和 Horvath，2009）；另一方面，水源地更远、更不方便，水质差等造成的输水和水处理问题导致能源需求进一步增加，从而抵消了高效能技术节约下来的能源。

2.2.3 水与能源纽带关系的推动力、挑战和应对策略

如前文所述，全球能源消耗将在今后的 20 年大幅增长。这一趋势主要是由发展中国家人口和经济的增长造成的。有关水与能源的主要挑战就是提供水资源以满足增长的能源需求。这一需求需要决策者推广更加高效和综合的能源用水技术和水资源耗能技术。实现这些政策的第一步是对本国范围内的水资源量进行评估。第二步，需要整合不同政府机构和部委制定的水与能源政策，使决策者之间的合作更加紧密。

上述所有提到的情况表明，采用高耗能的水生产方式逐渐成为了一种趋势。很多高收入国家正在朝着耗能更高的水生产方式发展，因为供水机构需要从更加偏远的地方取得水源，且水质变得更差，因此需要更多的能源来进行水处理和输水。除了水质需要达到更高的标准

之外，淡水从水源地输送到人口密集城镇的距离也越来越远。这类工程包括开挖比以往更深的地下水库和通过大型工程远距离调水（Stillwell，King 和 Webber，2010）。

在政治稳定的地区，国家层面决策机制的作用将极有可能被削弱，而针对水与能源作出的决策将更多的受到超越国家层面的影响，政府之间通过流域组织和电力联营体来相互合作，前提是（如第一章中提到的）这些过程和相关协议能够反映该国家的政治、经济和体制能力。相反，给偏远地区提供水和能源更多的是采取本地化的措施，以便强化地方的作用和促进可持续发展。这些措施包括为社区提供电力的小水电、微水电和其他小型可再生能源（GVEP，2011），还有为农村地区提供水资源的沙坝（Excellent，2011）和能源独立的水泵。

要实现能源领域的高效用水还有一些技术解决方案。比如，咸水、矿井水、生活污水以及干冷技术都已经为发电厂冷却所使用（NETL，2009）。关于生物燃料的用水效率（Gerbens-Leenes 等，2008）、脱盐的能源利用效率（AFF，2002）和减少水库蒸发的研究也正在进一步深入开展。

水与能源纽带关系将超越仅仅考虑到水资源使用和消耗的数量。能源生产也会影响水质。热力、化学、放射性或生物污染会对下游生态系统产生直接的影响；在气体排放没有严格控制的地区，相当面积的农业土地可能会受到酸雨的影响。同样，当水资源短缺迫使人们使用非传统水源时（例如海水淡化和苦咸水），作出选择时应考虑使用这些水源所需的电力对水与环境的影响。

2.3 工业

2.3.1 现状与趋势

尽管工业在全球范围内耗水相对较少，但其供水却要求方便、可靠并且有利于环境的可持续性。粗略估计，全世界大约20％的淡水资源用于工业，但这一比例在不同国家和地区有所区别。此外，如2.2节中所述，工业用水常常和能源用水合并在一起来报告。另外，小型工商业用水常常和家庭用水相混淆。结果是，我们对工业中有意图的制造、转化和生产等用水需要，它们究竟抽取了多少水，消耗了多少水，所知是令人吃惊得少。

> "我们对工业中有意图的制造、转化和生产等用水需求，它们究竟抽取了多少水，消耗了多少水，所知是令人吃惊得少。"

一个国家工业部门需水量占全国需水量的百分比总是和这个国家的平均收入水平成正比的。在低收入国家，这一比例仅为5％左右，而在一些高收入国家则高达40％（见图2.1）。这表明，一个国家或地区的经济发展是其工业用水的重要推动力，最终对水资源使用产生的影响将和人口增长一样。

工业部门的水管理主要是从工业取水和工业耗水来考虑的。工业取水总量的计算方法为：取水量＝耗水量＋废水排放量（Grobicki，2007）。

工业部门从地表和地下抽取的总水量要远远大于其实际耗水量。改善水管理就主要体现在减少工业取水或者加强废水处理，也就是要突出提高生产率与降低消耗和废水排放以及减少污染之间的关系。

工业领域各行业对水质的具体要求千差万别。很多行业对水质的要求不高，因此也就推动了水的再利用和回收。相反，有些行业对水质的要求甚至超过饮用水，比如食品加工。医药和高科技产业对水质的要求也非常高，需要在初级供水基础上进行另外的处理。而其他一些部门，如旅游、发电和交通，对水质也会有不同的要求。

排出的废水会对环境造成巨大的影响，特别是在区域和当地范围内（UNEP，2007）。农业加工、纺织品染色、屠宰和制革等小型工业行业会给当地水资源带来有毒污染物。污染物不仅使得水不能饮用，还会毒死鱼类，而鱼类对很多贫困人口而言是蛋白质的一个主要来源。当污水或未经处理的工业废水用于农业之后，某些有毒化学物质就会进入食物链。工业污染物通常比较集中，毒性较强，并比其他部门或其他活动产生的污染物更加难以治理。这些污染物的滞留以及它们在环境和水文循环中的迁移往往会对水资源造成长期损害（UNEP，2007）。

尽管工业发展追求的是经济产出和利润，但除了水量和水质问题以外，工业也需要考虑水的使用效率和科学性。水生产率这个概念是指单位用水生产的价值。第三版《世界水发展报告》（第七章）指出，各个国家的水生产率从每立方米超过100美元到低于10美元高低不等。随着技术的改进，水生产率一般也会提高。因此，水生产率低要么是因为定价偏低，要么就只是因为水多，这也就使得成本成为了主要因素。水生产率高与水循环利用率高及取水量减少相互联系。水生产率也是决策者进行水资源配置时感兴趣的话题。

除了取水之外，影响水文循环的重大工业干预因素还包括进入地表水体的废水排放、渗入地下水的污染物以及污染物在大气中的分布与落入水体的污染。尽管工业还在发展，但减少或避免工业活动带来的环境破坏的一种方法是进行清洁生产和可持续实践。清洁生产有很多方面，其中主要目标之一就是朝着废水零排放迈进，将工业废水转化为对其他生产过程、产业或产业集群有用的材料。

2.3.2 外部因素

工业受到外部因素的强烈影响，这些因素会间接增加工业用水需求的复杂性和不确定性。总体而言，经济增长和发展是工业用水的主要推动力，而且这种关系是相互的：经济力量影响水，而水资源的可用性和状况也会影响经济活动。生态压力、社会价值和安全同样也是重要的因素，但这些因素在性质上一般比较当地化。

国际贸易作为工业和水的驱动力，要求来自出口国的产品必须满足目的国的环境规定。一些全球多边环境协议（MEAs），例如《巴塞尔公约》[4]，也促成了一些国际标准的制定。在达到发达国家环境要求方面，发展中国家尤其面临着贸易障碍，包括国际标准化组织（ISO）认证、环境管理系统（EMS）和企业社会责任（CSR），这些可以被看作是非关税贸易壁垒。因此，发展中国家的工业面临着那些购买他们货物或服务的跨国公司更加严格的要求和控制，而这些要求和控制有些清楚明了，有些含糊不清。但是这些要求反过来也可以促成更好的产品制造标准，包括对能源效率和气候变化（碳足迹）的考虑等，使产业受益于更好的管理（包括水资源管理），效率得到提高。最终，在2012年"里约＋20"峰会上对"绿色增长"和"绿色经济"的关注将有可能使成员国在采用标准或协议方面达成一致，这点反过来会对工业产生重大影响。对于商业来讲，这里的挑战和机遇就是要理解绿色经济的实际可能性，及其在众多领域和不同国家背景下的机遇和风险。各国政府需要联合起来，以避免某些执行不力的国家成为污染的避难所。

水资源的工业使用，包括供水质量和污水处理，受到技术革新的重大影响，而技术革新可以促进清洁生产和可持续发展。假设所有人都可以获得恰当的技术（实际上对于发展中国家的地方工业，情况并非如此），水处理的制约因素主要是成本问题，而不是缺乏技术能力来获得优质的水。尽管水处理革命性的技术突破在目前看来不太可能，但不断的技术进步可以降低成本，满足一个主要的工业目标，那就是确保达到水质要求的系统最经济合算。

在过去，水被认为是工业过程中一个相对比较确定的组成部分。的确如此，人们总是认为能够很容易并且以比较低廉的价格获得所需要的供水。污水排放是一个较大的挑战，尽管废水在达到水质（或水处理）标准后是允许排放的。但是，很多新的影响水资源及其管理的外部因素，使得用水成为工业发展一个更具风险性的条件（见图2.7）。一个产业的有效运行需要可持续的供水，且做到数量合适、质量合适、时间合适、地点合适和价格合适（Payne，2007）。工业部门会发现越来越需要去竞争有限的水资源，因为各个部门的水资源需求和消耗都在增加，特别是农业部门，需水量巨大。因此，所有这些因素都具有更大的不确定性。

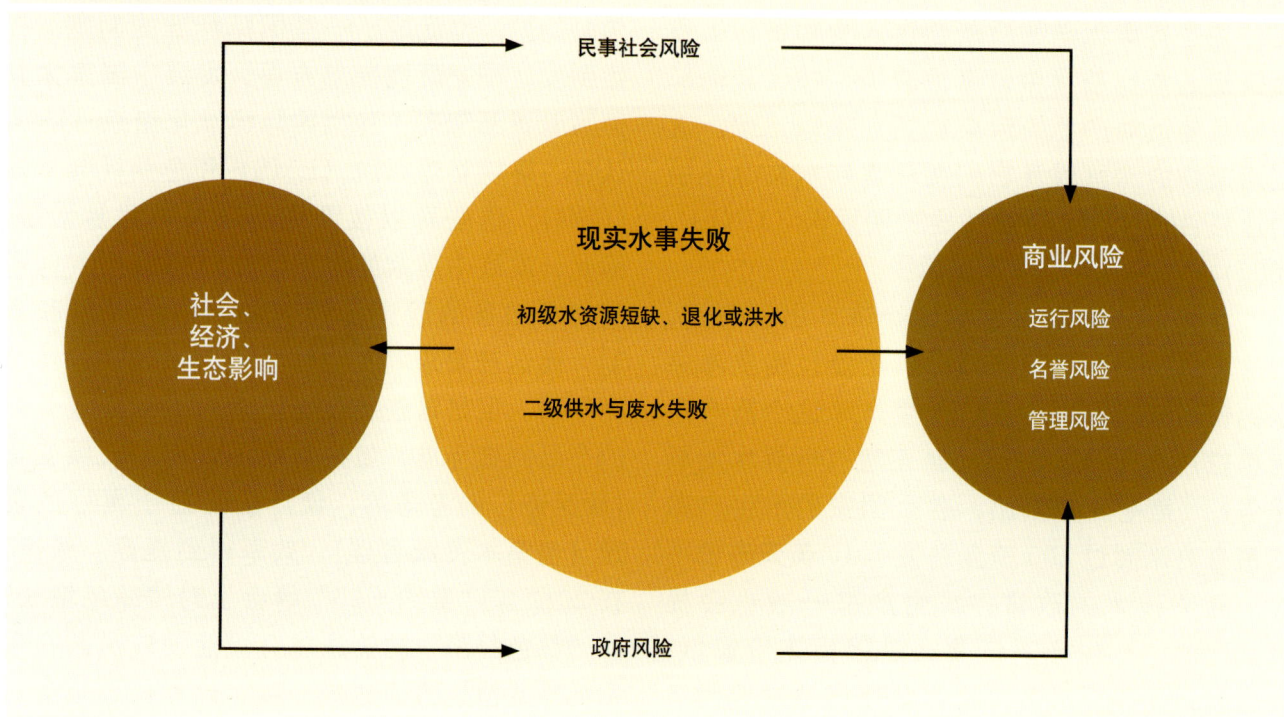

图 2.7

商业、政府和社会的水风险之间的关系

民事社会风险

现实水事失败

初级水资源短缺、退化或洪水

二级供水与废水失败

社会、经济、生态影响

商业风险

运行风险

名誉风险

管理风险

政府风险

资料来源：SABMiller Plc 和 WWF-UK (2009，图2, p. 5，参见 www.sabmiller.com/water)。

由于工业供水安全取决于资源的充足性，因此缺水问题已经成为一种越来越大的商业风险。地理和季节变化以及水资源配置和特定地区的用水竞争使得这个问题更加严重（比如农业用水和饮用水的竞争，或者家庭用水和工业用水的竞争），这种情况可能已经超出了工业的控制范围。这个问题在涉及跨界水的情况下尤其如此，两国或更多的国家可能会因水而产生矛盾或冲突。

与供水和废水排放相关的水质风险会影响工业，限制工业的发展。在供水方面，许多部门需要优质水，因此就需要进行另外的水处理。如果来自地表或地下的供水受到污染，那么工业部门就需要增加成本来进行另外的水处理。尽管这会促使工业部门更多地考虑水的回收和再利用，但也会使公司更多地考虑工业活动选址的问题。

在工业废水排放方面，绝大部分发展中国家是不经处理直接排放或者仅做少量处理（WWAP，2009）。因此，工业在净化废水方面面临着很大的压力。虽然遵守规定无疑将变得更加严格和繁重，但实际的要求和标准的严格性却因辖区不同而有差别。投资新的处理技术还有一个风险，那就是新技术几年之内就会过时。此外，工业事故，如无控制排放，有可能是因为经济或其他因素促使工业在特定情况下急于扩张而没有考虑合理性，比如可能是使用了一项未经批准的技术或者是所处地点对污染比较敏感。因此，水质不好会限制工业的发展。同样的，工业发展也会使水资源面临不可持续发展的压力。

国家的水政策往往必须要考虑国家和地方的各方面计划。政府的优先重点和政策不可避免地会随时间变化。这些变化，特别是那些不可预见的变化使得工业部门，尤其是跨国公司，想在某个国家成功选址特别困难。比如，不良的政策决策会导致水资源在某些地区的过度使用，而另一些地区又会开发不足。此外，政府对某一特定情况下水风险的认识可能会与工业领域的认识相左。公众、特定利益群体和商业领域对于环境的担忧和压力会进一步影响政府的水资源决策。

2.3.3 应对与解决方案的选择

毫无疑问，商业和工业会对可持续水实践产生重要的作用。要成功地应对水资源短缺——不仅仅包括缺水，还包括供水基础设施不足和/或者水管理不善——商业或工业就必须了解其具体的用水需求。比如，建立水资源核算技术和衡量水的影响就可以使一个产业更好地明确可以提高用水效率的领域。但是，要想达到这个目标，就需要积累精确的数据，并保持连贯的水资源测量和监督方法。另一种提高水生产率的方法是"以少做多"，最理想的目标就是实现零排放（就是说使用一个封闭式循环生产系统）。在这个目标的支撑下，当前的产业生态学（生态创新）成为了解决工业经济系统与自然系统之间关系的一种途径。

工业已经基本上习惯了以相对较低的成本获得水资源。但是，越来越严重的水资源短缺将导致成本的增加，包括进行水处理和排放的额外费用。有一种观点认为，应该针对工业用水建立一种不同的价格机制，也就是要求工业的单位用水价格要高于普通民众，而且超出的用水量越多，单位用水量的费用就越高。这种措施将自然推动工业用水效率的提高，因为水

的经济成本将会提高相关产品的价格。这些效应将会对发展中国家的工业化进程产生影响。在这些国家通常水的成本都较低，有的地方甚至都没有水费；而在这些国家，水生产率和清洁生产的概念要么是无人知晓，要么就是在制造产品和创造就业的面前被搁置一旁。

在这一背景下，最大的挑战就是工业要发挥恰当的作用，来解决全球淡水资源的不可持续开发和污染问题。这包括工业对供水的影响和减轻这些影响的挑战，从而造福所有用水户和环境——只有承担起企业、社会和环境责任时才能达到的目标。尽管已经有办法来解决水生产率的问题、风险和挑战，但还需要有效的实施和监管，包括应用环境友好型技术来帮助保护自然环境和资源以及控制人类活动的不利影响等。但是知而不行或者信息不公开都算不上真正的进步。集中迎接这个挑战，将以可持续的方式给工业领域提供一个提高生产率、效率和竞争力的机会。

|||||||||||||||||||||||||||||||||||||||||||||||||||||||||

"一个产业的有效运行需要可持续的供水，且做到数量合适、质量合适、时间合适、地点合适和价格合适。"

有关工业水生产率的问题与更广泛的全球水资源问题是相互关联的。因此，需要综合的管理、战略、规划和行动来提供有效的解决方案。为迎接这些挑战，必须首先审视工业的优先管理领域和管理风格，以及公司的价值观和文化，从而鼓励产业内一种积极的应对方式。一种综合的管理方式能够推动企业采取积极的措施。这种管理方式同时兼顾利益相关者和环境的需求和利益，不仅能够预测未来，而且还能够帮助塑造未来（商务社会责任国际协会和太平洋研究所，2007）。创新、投资与合作是实现这个目标的关键因素，而实现这个目标需

要采取战略性的方式，包括以下几点：

• 检测产业运行和供应链的用水情况（"无检测、无管理"）[5]。准确的水资源影响评价要考虑一个产品的水含量，以及生产过程中较少的水投入和使用（虚拟水）。还要进一步明确用水的时间、地点及用途。做到这一点需要有精确的数据和连贯的测量和监督方法。

• 衡量产业面临的水风险，包括不同情况下水文、经济、社会、政治和环境等相关因素的风险评估。

• 一个企业的水政策，涉及从企业价值观到沟通等方面的战略，其中包括：

——推动企业的社会责任（CSR）

——鼓励从摇篮到摇篮的产业运行理念[6]

——利用预防原则来促进行动、策划选择方案并支持决策

——引入环境管理系统（EMS）

——制定有关用水效率、节水及其影响的可测量的目标和任务，并将相关数据向公众公布

——将材料与能源消耗分开，将能源需求与用水需求整合在一起

——就不同产业政策、战略和措施的不同经济和环境成本及其所带来的利益与公众和地方利益相关者保持持续和有效的沟通

——与政府机构合作

——通过CEO水之使命和可持续发展世界商业理事会等途径，加入到有相同理念的公司行列中，分享和推广成功的做法，进而在可持续的行动中起到积极的领导作用。

• 一种创新实施战略，既涵盖现有的需要加强的项目，也涉及可能为未来考虑的项目，包括：

——通过水资源审计、零排放和水资源优化技术、水循环和再利用等来减少水的使用，提高水生产率，解决基础设施老化带来的水资源损失，还需要连贯和到位的监管行动

——引进新技术，包括使用新的环境技术、引入自然水处理系统、将环境友好型技术与环境管理会计（EMA）一起进行转让

——应用产业生态学（生态创新），在工业设计和规划中应用环境设计，对环境和生态修复进行投资，在封闭式回路系统中使用生命周期理论。

2.4 人居

2.4.1 城市化和人口趋势

2009—2050年间，世界人口将增加23亿，从68亿增长到91亿（UNDESA，2009）。与此同时，城市人口将增加29亿，从2009年的34亿增加到2050年的63亿。因此，在今后的40年间，城市地区将吸纳世界增加的全部人口，同时还将吸收部分农村人口。此外，未来城市地区人口增长将主要集中在较不发达国家的城镇。亚洲人口预计将增加17亿，非洲的城市人口预计将增加8亿，而拉丁美洲和加勒比地区的城市人口则将增加2亿。1950年，全世界只有纽约和东京两个城市的人口超过1 000万。到2015年，这样的城市将有23个，其中19个将位于发展中国家。预测还显示发展中国家的城市化还将继续加快。到2030年，预计发展中国家和发达国家的城市人口数量将分别达到39亿和10亿。因此，人口增长将成为主要集中在发展中国家的一个城市现象（联合国人居署，2006）。

从农村迁移到城市的人口给城市规划提出了巨大的挑战。给在城郊和贫民窟中居住的最贫困人口提供基本的饮用水和卫生服务，对于避免在这些往往过分拥挤的地区发生霍乱和其他水生疾病具有十分重要的意义（WHO/UNICEF，2006，p. iii）。

贫民窟往往会产生一系列问题，包括住房困难、安全用水和卫生条件不足、过度拥挤和工作不稳，因此，居住在贫民窟的人福利受到严重影响（Sclar，Garau和Carolini，2005）。气候变化与贫民窟的关系为我们敲响了警钟，要警惕气象现象导致的灾害脆弱性。此外，贫民窟一般处在比较危险的地段，不适合人类居

住，这也使得情况更加复杂。比如，布宜诺斯艾利斯附近的棚户区就建在洪水易发区，而居民往往被迫在安全、健康和住所需求中间作出艰难选择（Davis，2006）。在有些城市，比如孟买，几乎有一半人口居住在贫民窟和棚户区（Stecko 和 Barber，2007）。图 2.8 表明，贫民窟的人口不仅在增加，而且高度集中在发展中国家，特别是撒哈拉以南非洲地区、南亚、中亚和东亚地区。而在拉丁美洲和加勒比地区，居住在边缘地区的城市人口数量锐减，从 1990 年的 37％（1.1 亿）减少到了 2005 年的 25％（1.06 亿）（联合国，2010）。

发展中国家的城市在住房、基础设施和服务以及供水不足、卫生恶劣和环境污染方面面临着大量积压待办的工作。人口的增长和快速的城市化将造成更大的水资源需求，从而进一步削弱了生态系统提供更加规律和清洁的服务的能力。

图 2.8

1990—2020年各地贫民窟人口数量（单位：千人）

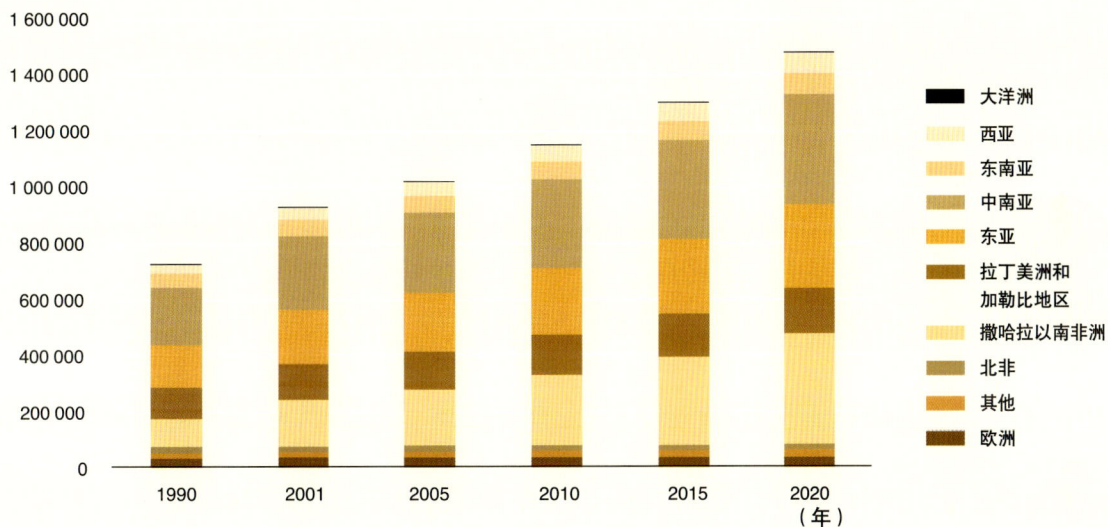

资料来源：由联合国人居署根据以下网址数据提供，http://ww2.unhabitat.org/programmes/guo/documents/Table4.pdf （公布于《2001年世界城市状态报告》）。

气候变化给城市供水又增加了一项挑战，因为气候变化会改变可供水量，并会加剧洪涝和干旱等涉水灾害。比如，越南的胡志明市过去很少发生热带风暴。但在过去的 60 年里，先后有 12 次热带风暴袭击了该市，包括域士（Vae）（1952 年）、琳达（1997 年）和榴莲（2006 年）。这些风暴总是带来强降雨，造成局部洪水和沿海地区的风暴潮，洪水常常深达 1.0～1.2 米。在胡志明市的 322 个公社和行政区中，154 个有经常性洪水的历史。这些洪水影响面积将近 110 000 公顷，受灾人口约 971 000（占总人口的 12％）。预计到 2050 年，经常遭受洪灾的地区将增加到 177 个（占全市公社数量的 55％），占城市总面积的 61％（ADB，2010）。

2.4.2 供水与卫生覆盖率：随着城市的发展不断提高

全世界 87％ 的人口可通过改善的水源获得饮用水，即便是在发展中国家，这个数字也高达 84％。但是，城市地区的获得率（94％）要远远高于农村地区，农村人口仅有 76％ 能够获得改善的饮用水水源（WHO／UNICEF，2010）。但是，这些数字并没有考虑服务质量（例如供水间断、消毒）或支付能力。另外，考虑到有关边缘社区（也就是贫民窟）人口数量的数据缺乏可靠性，有关政府和国际机构很可能大大低估了缺乏足够饮用水的城市人口数量。此外，随着很多地区城市化进程的进一步加快，这个数字实际上也在增长（联合国人居署，2003，2010）。

有报告显示，2010 年全世界有 26 亿人没有良好的卫生设施（WHO/UNICEF，2010）。1990—2008 年间，大约 13 亿人得到了良好的卫生服务，其中 64％生活在城市地区。但尽管比农村地区的服务好些，城市地区还是要想方设法来满足不断增长的城市人口需要（WHO/UNICEF，2010）。未来城市地区的人口增长让人担忧，如果还以目前的工作速度，卫生设施的覆盖率将会仅仅增长两个百分点，从 2004 年的 80％增加到 2015 年的 82％（多出 8 100 万人）（WHO/UNICEF，2006）。

将 2008 年最新的估计数字与 2000 年的数字相比，就会发现城市地区的供水和卫生服务覆盖率都在下降。在这 8 年当中，不能在家中或紧邻地区获得自来水的人口增加了 1.14 亿，而没有私人卫生厕所（基本卫生）的人口增加了 1.34 亿。这两种情况意味着城市居民中无法获得基本设施的人口增加了 20％（AquaFed，2010）。

如果到 2015 年仍保持现在的供水与卫生（WSS）服务覆盖率不变，并且还能跟上城市人口增长的速度，就需要在今后的 10 年中为新增的 7 亿城市居民提供服务（WHO/UNICEF，2006）。目前，城市人口的增长速度要超过供水与卫生服务改善的速度，但是目前解决这些问题的努力并非无用（UNDESA，2009）。比如，2000—2008 年间获得改善后的供水与卫生服务的人口百分比有所下降，但获得自来水的城市人口的绝对数量则增长了约 4 亿（AquaFed，2010）。

还有一些其他的进展，例如在北非、东南亚、东亚、拉丁美洲和加勒比地区，改善后的供水与卫生服务就大大增加（WHO/UNICEF，2010）。但在亚洲仍有约 50％的城市人口缺乏足够的供水，约 60％缺乏足够的卫生服务（联合国人居署，2010）。在撒哈拉以南非洲地区，无法获得自来水的城市人口数量在 8 年间增加了 43％。

2.4.3　城市地区对水的压力

取水

与其他部门相比，城市用水的取水量是比较低的。在全球范围内，工业（包括能源）用水约占 20％，家庭用水约占 10％，而农业用水则高达 70％（WWAP，2009）。不断增加的用水需求导致地下水的过度开采以及从城市以外地区或上游流域甚至是农村地区取水，侵占了其他用水户的水资源，也对生态系统的功能造成了影响。

在没有地表水资源可用的情况下，地下水就成了主要的水源（UNEP/GRID-Arendal，2008）。地下水的过度开采造成地下水位下降、水质恶化，同时还有地面沉降（见 3.2.1 节），亚洲的一些城市就是如此，如曼谷、北京、金奈、马尼拉、上海、天津和西安（Foster，Lawrence and Morris，1998）。

1992 年，墨西哥城的地下含水层下降了 10 米，导致地面沉降最高达 9 米。沿海地区地下水的过度开采导致盐水入侵：在欧洲，126 个地下水水域中有 53 个出现了盐水入侵，而这些水域大部分都是公共和工业供水的水源（Chiramba，2010）。越来越多的城市中心地下含水层正面临着来自有机化学物质、农药、氮、重金属和水生病原体的污染（UNEP/GRID-Arendal，2008）。

污染与废水

城市居住区也是点源污染的主要来源。城市污水若是和工业废水相混则更是特别危险。在很多发展迅速的城市（人口不到 50 万的中小型城市），污水处理设施要么没有，要么不足或过时。拥有 900 万人口的雅加达，每天产生 1 300 万立方米的污水，其中只有不到 3％经过处理。相反，在拥有 400 万人口的悉尼，几乎全部的污水都能得到处理（每天 1 200 万立方米）（Chiramba，2010）。智利在城市污水处理方面取得了巨大的进展，污水处理率从1989年的仅8%提高到了2010年的87%（SISS，2011），并计划到2012年实现城市污水全部处理（Pickering de la Fuente，2011）。在全世界范围内，估计有超过80%的污水没有进行收集或处理（Corcoran等，2010）。如图2.9所示，10个地区中，发展中国家未经处理就排入水体的污水所占比例比经过处理的污水要高得多。

图 2.9

排入水体的经过处理和未经处理的污水的比率

注：废水处理率（2010年3月）。
资料来源：UNEP/GRID-Arendal [http://maps.grida.no/go/graphic/ratio-of-wastewater-treatment1，由H.Alhenius改编自UNEP-GPA（2004）的一幅地图]。

污水会导致海洋和淡水水域的富营养化和死区。约有245 000平方千米的海洋生态系统受到死区的影响，给渔业、生计和食物链造成影响。不经处理就排放的污水会将问题带到下游地区。在沿海地区，海草生态系统或栖息地就遭到了破坏，在河口生态系统中有越来越多的入侵物种。

20世纪90年代的经济衰退加上高污染企业的倒闭使得东欧的污水和污染物排放减少了一些，部分减轻了很多地区河流水质的压力。但同时也导致了供水和污水处理系统的瘫痪，并最终引起了位于下游的工业和矿区城市河流和饮用水的严重污染。澳大利亚、佛罗里达湾（美国）和地中海地区的海草栖息地数量锐减，而加勒比和东南亚地区的海草栖息地数量则有所增长（Chiramba，2010）。

非法和不经报告就排放污水仍是一个世界性问题。比如，近来马萨诸塞州的里维尔市投资约5 000万美元，从污水收集系统到独立的雨水管道系统进行系统整治，从而减少排放到环境中的未经处理的污水，并因违反清洁水法案缴纳了130 000美元的罚款（CTBR，2011）。Corcoran等（2010）的报告中指出，发展中国家90%的污水不经处理就排放到河流、湖泊和丰产的沿海地区，威胁人们的健康、粮食安全，并导致人们无法获得安全的饮用水和洗漱用水。

2.4.4　城市地区的水管理

城市水资源综合管理

城市综合规划和城市水资源综合管理

(IUWM) 有利于城市地区水的管理。城市水资源综合管理将淡水、污水和雨水作为资源管理框架中的不同环节，将一个城市地区作为一个管理单位。这种方法的目标是要推动城市水资源服务的多功能性质，以优化整个系统的产出。这种方式涵盖水管理的不同方面，包括环境、经济、技术和政治以及社会影响。Tucci等（2010）和 Mays（2009）的文章中介绍了干旱、半干旱和湿润地区存在的问题、解决措施和案例。

城市农业

城市与郊区农业（UPA）指城市内部和周边地区农业和家畜产品的安全生产活动。在全世界范围，它所涉及的城镇人口为 8 亿（Smit等，1996），帮助解决了一些城市化问题，如增加食品供应，特别是新鲜食品的供应；给城市居民提供了就业机会，增加了他们的收入，保障了食品安全和营养；绿化了城市，也实现了废物的再利用。这些地区可以使用质量较差的水，这些水中含有的营养物质对农业有利，同时还可以避免对下游的污染。联合国环境规划署估计，在那些市区或市郊种植粮食的地区，大约有一半的花园、路边绿化带和小面积田地是用污水来灌溉的。这为人们如何安全使用这种传统资源提供了新的视角（Corcoran等，2010）。

中东和非洲的部分大城市正在和当地合作伙伴——包括农村妇女小组——一起开展城市粮食安全项目。比如，伊斯坦布尔就有一个城市农业项目，为 Gürpinar 的无业贫困妇女提供支持和培训，以便她们开展城市农业活动（比如堆肥、加工、推销和组织），从而帮助她们在未来养活自己（ETC 城市农业，2011）。Hovorka 等（2009）开展的一项研究证明，妇女在家庭食品生产、花园和城市空地蔬菜种植、牲畜饲养以及新鲜食品和烹饪食品交易中发挥了重要的作用。

基础设施与维护

对进行水处理和输水的基础设施（包括水源地、处理厂和输水系统）进行保护（和融资）是确保公共健康和环境安全的重要步骤。但是，全世界大多数城市多年来都忽视了对蓄水、水处理和输水系统的维护。这些基础设施中有很大一部分已经有上百年的历史，由于设施老化，漏水、堵塞和故障的风险越来越高（Vahala，2004）。漏水率较高意味着水资源损失加大，水的渗入和渗出的可能性增高，这也增大了饮用水遭到污染或者爆发水生疾病的风险（Vairavamoorthy，2008，p.5）。

由于全世界水资源设施老化严重，其修复的成本也越来越大。美国土木工程师学会预测，五年内美国饮用水和污水基础设施系统的改善和运行费用将有 1 086 亿美元的资金缺口（ASCE，2009）。一项对 19 个美国城市供水网络的早期研究（Olson，2003）发现，"污染、老化和破旧管道提供的饮用水有时会对居民健康造成威胁"（NRDC，日期不详）。

由于施工不善、较少或没有维护和修复、缺乏记录以及超出设计能力的运行，老化损坏问题在发展中国家更加严重。比如，撒哈拉以南非洲国家供水服务部门长期面临公共供水机构运行不良的困扰。除了供水覆盖率不足 60%（WHO/UNICEF，2006）以外，困扰供水设施的其他问题还包括大量的未计量水（UfW），约为 40%～60%，还有人员过多的现象（Mwanza，2005）。此外，由于水价低、不良消费记录、结算和回款效率不高等综合因素，服务提供者还常常面临着财政问题（Foster，1996；Mwanza，2005；国际复兴开发银行/世界银行，1994）。

除此之外，常常有非正式部门为家庭供水，这些供水不规范且难以监管。城市里的最贫困家庭往往居住在缺乏公共服务的非正式住地，这些家庭往往将大部分收入都用于购买饮用水，但这些饮用水却可能并不安全（Briscoe，1993；Jouravlev，2004；Garrido-Lecca，2010）。缺乏基本安全饮用水的地区面临的健康风险最大（Howard 和 Bartram，2003）。从街上的摊贩那里购买便宜饮用水的家庭可能也有不够卫生的问题。一项雅加达的研究表明，从雅加达东部贫民窟家庭提取的饮用水样本中 55% 存在粪便污染（Vollaard 等，2004）。

未来的城市

全世界正在开展一些项目来改善城市水资源综合规划、技术、投资和相关运行。比如，国际水协会（IWA）已经发起了一个"未来的城市"计划，项目重点关注世界城市的水安全以及如何使城市的设计更加和谐，尽量减少短缺自然资源的使用，提高水与卫生在中低收入国家的覆盖率。其中，城市设计包括水管理、水处理及相应的输水系统。2009 年在伊斯坦布尔第五届世界水论坛期间通过的《当地和区域政府伊斯坦布尔水共识》是一个当地和区域政府宣言，要求签署的城市制定面向千年发展目标（MDGs）的水管理战略，并要在地方层面上解决城市化、气候变化和其他全球性压力。国家层面的一个例子是高度城市化的澳大利亚。该国政府近来在国家水计划框架内对城市水部门进行了再评估，并确定了政策和机构设置方面的改革和变化（国家水委员会，2011）。

城市地区水资源管理，与城市地区土地使用规划一道，如要变得更加高效，就需要面向多方面的用水户，通过采取技术、投入以及综合而统一的规划等措施，满足当前和不断增长的需求。水教育可以通过改变全社会的行为和态度来发挥重大的作用。实践证明，联合国人居署推动的"以人类价值为基础的水、卫生与清洁教育项目"是一个好方法，可以纳入到当前的教育课程中，又不会给老师和学生带来很大的负担。

投资饮用水供水和卫生系统、提高服务效率以及保护水资源免受污染和过度开采，对确保所有人获得安全的水，特别是对于那些常常被忽略的城市贫民十分必要。

2.5 生态系统

生态系统支撑着可用之水，包括其极端情况干旱和洪水，也包括其质量。水资源管理往往涉及不同生态服务之间的取舍交易和风险转移。生态系统的需水量取决于维持和修复我们希望生态系统为人类提供益处（服务）所需要的水量。为促进水资源综合管理和更可持续的水资源开发，我们需要格外关注如何解决生态系统与社会、经济部门之间的用水竞争问题。

人类与"环境"或"生态系统"之间的用水之争已经讨论了几十年。最初未达成一致的根本原因是将两者当成两个不同的问题，造成发展与环境或自然保护之间的利益冲突。近年来，两者之间的利益有了更好的结合，因为人们更好地认识到，维持环境或生态系统完整性实际上也是支撑人类需求的一种途径，因为这可以保证一个健康的生态系统所能给人类提供的利益。这些利益就叫作"生态服务"（见专栏 2.2）。

生态系统，包含的成分例如森林、湿地和草原等，它们位于全球水循环的核心。所有的淡水最终都依赖于生态系统持续、健康的运行，认识到水循环是一个生物物理过程对于实现可持续水管理至关重要（见图 2.10）。

过去，有人认为生态系统是一个没有产出的"用水户"，因为生态系统不使用水、只是循环水，这完全是错误的。现在人们已经改变了这种观点，认为应该管理人类与生态系统（"环境"）的相互作用以便支持与水相关的各种发展目标。所有的陆生生态系统服务，比如粮食生产、气候调节、土壤肥力和功能、碳储存和营养循环等，都是由水来支撑的。当然，所有的水生生态系统服务也是如此。在人类的直接使用方面，水的获得和质量也属于生态系统服务，正如生态系统减缓极端的干旱和洪水的功能一样。大部分的生态系统服务都是相互关联的，特别是通过水关联在一起。因此，如果一个决定会使一种服务增加超过另一种服务，或者为增加某种服务而牺牲另一种服务，那么这个决定必然包含一种取舍。重要的是，这种不同生态系统服务之间的取舍也会通过相关的生态系统变化而导致风险的转移。8.3 节中提供了一些关于这种取舍的案例。

水与生态系统服务

生态系统服务（对人类的利益）可以根据不同的方式来分类。千年生态系统评估已经提供了有关全球环境最新状况的最全面评估，并已经将生态系统服务分为以下几类。

支撑性服务：生产其他各项生态系统服务的必须服务。支撑性服务包括土壤形成、光合作用、初级生产、营养循环和水循环。

供应性服务：从生态系统获得的产品，包括粮食、纤维、燃料、基因资源、生化用品、天然药物、草药、装饰资源和淡水。

调节服务：从生态系统过程的调节作用获得的利益，包括空气质量调节、气候调节、水调节、侵蚀调节、水净化、疾病调节、病虫调节、授粉和自然灾害调节（包括水资源获得的极端情况）。

文化服务：人们通过精神扩充、认知拓展、反思、休闲和审美体验从生态系统获得的非物质利益，包括景观（水景观）价值。

水在生态系统服务中是多维的。水的获得和质量是生态系统提供的产品（服务），但是水也影响着生态系统发挥功能的方式，因此是所有其他生态服务的支撑。这也就使水在管理生态系统以造福人类方面具有了至关重要的作用。

千年生态系统评估总结道，人类发展曾倾向于以牺牲某些生态服务为代价来促进某些特定的服务（特别是供应性服务）。这就导致了不同服务之间的不平衡，并使得发展的道路越来越不可持续。

资料来源：改编自《生态系统服务》（2011，皇家版权）。

生物多样性有时也被认为是一种生态系统服务，因为它确实有直接的价值（例如文化、审美、休闲效益，生物价值）；但是，人们更多的认为生物多样性支撑了生态系统的功能，因此也支撑了生态系统保持继续提供服务的能力（见专栏 2.3）。

生物多样性可提高生态系统的效率

对于大部分水资源管理政策而言，控制整个流域的营养物水平是其最主要的一个目标。很多研究已经表明，物种较多的生态系统比物种较少的生态系统能够更有效地输送土壤和水当中的营养成分。比如，近来的实验就表明，一条溪流的每一个栖息地都有不同类型的藻类，群落的多样性程度越高就越能具有较高的生物质和较强的氮摄取能力。实验中如果将栖息地的多样性消除，这些生物膜层便崩溃，变成一种单一的占统治地位的物种，营养物循环效率也降低了。因此，保持生态系统的物理多样性（栖息地）和生物多样性能够帮助生态系统更好地抵抗营养物污染，这也证明保持生物多样性是管理氮摄取和储存的有用工具。

资料来源：Cardinale（2011）。

生态系统"水需求"话题涉及明确生态系统的"产出"和进行相应的水管理。这些服务的价值评估是这个问题的关键，而过去20年的发展催生了一系列技术并在实践中应用。即使对很多陆生生态系统（如森林）而言，与水服务相关的价值也要超出很多显而易见的效益（如森林产品和碳储存）。比如，热带森林提供的涉水服务包括流量的调节、废物处理、水净化和水土流失控制。由此产生的价值加起来相当于每年每公顷 7 236 美元，比森林的总价值还要多 44%，也超出了碳储存、食物、原材料（木材）和休闲与旅游服务价值的总和（TEEB，2009）。

生态系统服务综合价值评估还未成为一门精确的科学，但这个过程表明了一些潜在的利害关系，并且为我们确定工作重点提供了较好的比较性提示（见第二十一章和第二十三章关于生态系统服务价值评估的相关内容）。虽然有些服务很难评价，但其他一些则相对容易些，因为关于失去这些服务的成本代价信息是可知的。水利物理基础设施的资本投入和运行成本中，相当大一部分是用于补偿生态服务的非有效性支出，可以用来指示该项生态服务的价值。最典型的例子就是水质，几乎毫无例外，健康的生态系统都会提供清洁的水，人们为治理人为造成的水质问题而花费资金，是由于失去了生态系统原本可以免费提供的这种服务。

因此，生态系统的水"需求"，乃至任何其他用途的水需求，在很大程度上可以根据社会经济标准来评估。实际上，允许水资源支撑生态系统的健康并因此保证服务的提供，可以带来净经济收益或者可以节省成本，这从经济收支表上可以很明显地反映出来（见专栏2.4）。

专栏2.4

以生态系统服务框架重新思考生态系统的水需求：美国密西西比河三角洲灾害风险的转移与缓解

河流三角洲是一个动态、复杂的生态系统，主要由水文作用驱动，其中包括泥沙和营养物质从上游到下游与河口的正常输送。河流三角洲的功能支持了很多生态系统服务，特别是土地的控制与塑造。这反过来又通过维持海岸的稳定性和对水土流失的控制而带来了很多好处，比如说减轻了灾害的脆弱性。和很多河流相同，密西西比河三角洲已经高度整治，水文条件发生了很大变化。取水（主要用于农业）、水库建设和水电开发等，干扰了泥沙的输移。有些人认为，因此而导致的相关湿地服务的恶化是造成飓风灾害中大规模经济和人员生命损失的主要因素。如果作为经济资产，考虑到飓风及洪水防护、供水、水质、休闲和渔业等方面，这个三角洲的最低资产值将有 3 300 亿～13 000 亿美元（以 2007 年价值计算）。这种天然基础设施的修复和重建每年将会带来 620 亿美元的净收益，包括降低灾害风险的脆弱性、节省相应的人造基础设施的资金和运行成本（考虑到重新分配水资源用途对现有用水户造成的成本）。

农业是水资源分配政策的主要驱动因素，然而农业生产出的粮食、纤维和饲料的价值仅仅是生态系统——特别是湿地——提供的多种其他服务的一部分。过去，密西西比河的水资源开发政策为保障三角洲的其他生态系统服务而牺牲了农业生产的增长，从整体看来造成了很大的净经济损失。但是在不确定性和风险的背景下，历史表明，降低农业生产的风险（也就是保证更加稳定的作物用水）会将风险转嫁给下游并加大风险，2005 年的新奥尔良卡特里娜飓风的影响就是一个很好的例证。

资料来源：Batker 等（2010）。

"环境流量"或"最低流量"，是一个关于健康生态系统运行需水量的越来越常用的水文生态学词汇。这个词汇的起源或出发点是考虑到维持河流生物多样性生命循环的流量需求，通常与水资源分配和大坝等水利基础设施设计和运行有关。但在过去的十几年里，环境流量的概念以及科学依据更倾向于将更多的社会经济考虑包括进来（见专栏2.5），以评估维持或修复某一地区生态系统服务达到满意水平所需的条件。这种方法因此成为一种有效的决策支持工具。全面应用这种方法不仅需要考虑地表水流量，还要考虑更广泛的生态系统流量（例如，考虑蒸腾、土壤湿度和地下水的管理，如图2.10所示），并且作为促进水资源综合管理（IWRM）整体措施的量化工具。

生态系统在水循环中作用的简化概念框架图

成云
雨云
蒸发
气候调节——
支撑湿度和降雨模式的土壤和植物的蒸散率
来自植被
来自河流
来自土壤
蒸腾
来自植被
来自海洋
减轻下游地区的洪水（降低灾害风险）
卫生——营养物循环
大坝蓄水
水电
过滤
岩石
地表径流
土壤
地表水获得与质量
土壤湿度（土壤服务）
粮食生产（如：农作物用水需求）
调节沿海生态系统功能——营养物运输与循环、泥沙输移（土地形成与海岸保护，降低灾害风险）、沿海渔业
渗透
清洁水（饮用水供应）
地下水回补与质量
地下水
土壤
减轻洪水（降低灾害风险）
海洋
深层渗透
岩石
地表水流和泥沙形成与输送
文化服务（如：休闲钓鱼）

注：此表中蓝色虚线圈出了水循环提供的和所支撑的部分涉水生态系统服务。在实际中，这里所列的各种服务和其他一些服务则更加分散、相互关联，并受到土地用水活动（未完全显示）的影响。
资料来源：改编自MRC（2003）。

过去，水资源管理最严重的失策之一就是按照各部门的用水需求来进行水资源分配，而更严重的失策则是忽视了可持续性供给。无疑，这导致了冲突、危机、过度使用和环境退化。但情况正在改善，人们越来越多地认识到了生态系统在可持续供水方面的作用。此外，正如8.3节中所述，一个新的观念正在形成，那就是对"生态系统"（环境）的理解从过去的"发展的不幸却必然的代价"转变为"发展之道不可分割的有机组成"。

人们越来越多地将生态系统看作是解决水问题的方案，而不是一个牺牲品。正是由于人们逐渐认识到生态系统所提供的服务及价值，以及让这些服务功能保持下去的意愿不断增强，才使得人们的观念产生了变化，将生态系统也视为一个"需水"部门。这就不可避免地导致了部门需求和"生态系统"需求之间的"竞争"和争论。但这是一个令人鼓舞和积极的趋势，因为这说明我们在开展对话方面取得了进展，也朝着水资源综合管理以及更可持续发展迈进了一步。

东南亚湄公河流域

1995年，柬埔寨、老挝、泰国和越南签署了《湄公河协议》，根据该协议成立了湄公河委员会。《湄公河协议》对湄公河的最低流量提出要求，即"不能低于可接受的旱季每月天然流量的最低值"（1995年《湄公河协议》，第6条，A点）。2004年开始实施一项流域综合流量管理计划，以支持政府间开展有关可持续发展和合理及公平地分享跨界河流效益等话题的讨论。这个过程主要包括对生态系统服务和以环境流量为代表的不同服务之间关系的评估、对满足多种用途的不同水"需求"的考虑以及对相应取舍的认可和同意。

注：更多信息请参见MRC（2011）。有关环境流量的更多信息，包括22个不同的案例研究，请参见Le Quesne等（2010）。

本栏引用的文字来自于1995年四国签署的《湄公河协议》，该协议可从以下网址获得：http：//www.mrcmekong.org/assets/Publications/agreements/agreement-Apr95.pdf。

注　释

1　关于供水与卫生覆盖率的详细报告以及千年发展目标（MDG）实施中饮用水与卫生（MDG7，Target 7c）进展情况，请参见供水与卫生（世界卫生组织、联合国儿童基金会）联合监督计划（JMP）的最新报告（见网址：www.wssinfo.org），以及全球卫生系统和饮用水分析及评估（GLAAS）（UN-Water/WHO）（见网址：http：//www.who.int/water_sanitation-health/glaas）。

2　现在南非已经加入金砖国家，首字母简称变为BRICS（而不再是BRIC）。但是由于此处的统计不包含南非的数据，本段还是使用了原来的名称。

3　国际能源署（IEA）（2006）称，考虑到科技进步发展尤为迅速，这个数字的高值可能是262亿吨油当量，而不是120亿吨。但是，国际能源署也指出，基于较慢的产量增长，一个更现实的评估值应该是60亿～120亿吨。取一个比较中间的评估值95亿吨的话，世界农业土地的1/5将需要进行生物质生产。

4　《控制危险废料越境转移及其处置巴塞尔公约》是关于危险废料和其他废料的最综合的全球环境协议。此公约有175个签约方，旨在保护人类和环境健康免受危险废料和其他废料产生、管理和越境转移的负面影响。《巴塞尔公约》于1992年生效。

5　水足迹的生态或社会影响显然不仅仅取决于用水量，同时也取决于用水的时间和地点。

6　从摇篮到摇篮方法是基于一种生命循环或生态系统的观点，目的不仅仅是要减少工业和发展的负面影响，还要创造一种平等或积极的环境和社会足迹。从摇篮到摇篮的产品将是完全零废料的产品，在生产过程中使用可再生能源，并能在产品使用过程中确保水与能源的使用效率。

参考文献

ADB (Asian Development Bank). 2010. *Ho Chi Minh City: Adaptation to Climate Change.* Mandaluyong City, Philippines, ADB. http://www.adb.org/documents/reports/hcmc-climate-change/hcmc-climate-change-summary.pdf

AFF (Australian Government Department of Agriculture, Fisheries and Forestry). 2002. *Introduction to Desalination Technologies in Australia.* Canberra, AFF. http://www.environment.gov.au/water/publications/urban/pubs/desalination-summary.pdf (Accessed 2 May 2011.)

Applebaum, B. 2000. *Water and Sustainability, Vol. 4: US Electricity Consumption for Water Supply and Treatment – The Next Half Century.* Report 1006787. Palo Alto, CA, Electric Power Research Institute (EPRI). http://dc213.4shared.com/doc/BJ17AQaE/preview.html

AquaFed. 2010. *Access to Drinking Water is Deteriorating in the Urban Half of the World.* Press release issued 6 September 2010. Stockholm, AquaFed. http://www.aquafed.org/pdf/AquaFed_UrbanTrends_PressRelease_Stockholm_EN_Pd_2010-09-07.pdf

ASCE (American Society of Civil Engineers). 2009. *Drinking Water. 2009 Report Card for America's Infrastructure.* Reston, Va., ASCE. http://www.infrastructurereportcard.org/fact-sheet/drinking-water

Batker, D., de la Torre, I., Costanza, R., Swedeen, P., Day, J., Boumans, R. and Bagstad, K. 2010. *Gaining Ground – Wetlands, Hurricanes and the Economy: The Value of Restoring the Mississippi River Delta.* Tacoma, Washington DC, Earth Economics. http://www.eartheconomics.org/Page12.aspx

Bauer, C. J. 1998. *Against the Current: Privatization, Water Markets, and the State in Chile.* Dordrecht, The Netherlands, Kluwer Academic Publishers.

Bruinsma, J. 2009. *The Resource Outlook to 2050: By How Much do Land, Water and Crop Yields Need to Increase by 2050?* Prepared for the FAO Expert Meeting on 'How to Feed the World in 2050', 24–26 June 2009, Rome.

BSR (Business for Social Responsibility) and Pacific Institute. 2007. *At the Crest of a Wave: A Proactive Approach to Corporate Water Strategy* San Francisco/Oakland, BSR/The Pacific Institute.

Comprehensive Assessment of Water Management in Agriculture. 2007. *Water for Food, Water for Life: A Comprehensive Assessment of Water Management in Agriculture.* London/Colombo, Earthscan/International Water Management Institute.

Cardinale, B. J. 2011. Biodiversity improves water quality through niche partitioning. *Nature,* Vol. 472, pp. 86–9.

Carter, N. T. and Campbell, R. J. 2009. *Water Issues of Concentrating Solar Power (CSP) Electricity in the U.S. Southwest.* Washington DC, Congressional Research Service (CRS). http://www.circleofblue.org/waternews/wp-content/uploads/2010/08/Solar-Water-Use-Issues-in-Southwest.pdf. (Accessed 2 May 2011.)

CEC (California Energy Commission). 2005. *California's Water – Energy Relationship.* Prepared in Support of the 2005 Integrated Energy Policy Report Proceeding (04-IEPR-01E). Calif., US, CEC. http://www.energy.ca.gov/2005publications/CEC-700-2005-011/CEC-700-2005-011-SF.PDF

Center for Sustainable Systems. 2008. *US Wastewater Treatment Factsheet.* University of Michigan. http://css.snre.umich.edu/facts/factsheets.html (Accessed 9 March 2008.)

Chiramba, T. 2010. *Ecological Impacts of Urban Water.* A presentation for World Water Week in Stockholm, 5–11 September. Nairobi, UNEP.

Corcoran, E., Nellemann, C., Baker, E., Bos, R., Osborn, D. and Savelli, H. (eds). 2010. *Sick Water? The Central Role of Wastewater Management in Sustainable Development. A Rapid Response Assessment.* UN-Habitat/UNEP/GRID-Arendal.

CTBR (Clean Technology Business Review). 2011. *Lindsey Construction to Pay Civil Penalty for Clean Water Act Violations.* CBTR Website. 2 September 2011 http://waterwastemanagement.cleantechnology-business-review.com/news/lindsey-construction-to-pay-civil-penalty-for-clean-water-act-violations-020911

Davis, M. 2006. Slum ecology: inequity intensifies Earth's natural forces. *Orion,* March/April. http://www.orionmagazine.org/index.php/articles/article/167 (Accessed October 2009.)

DOE (US Department of Energy). 2006. *Energy Demands on Water Resources.* Report to Congress on the Interdependency of Energy and Water. Washington DC, US DOE. http://www.sandia.gov/energy-water/docs/121-RptToCongress-EWwEIAcomments-FINAL.pdf (Accessed 30 April 2011.)

Ecosystem Services. 2011. Website. http://www.ecosystemservices.org.uk/ecoserv.htm

EIA (US Energy Information Administration). 2010. *International Energy Outlook 2010: Highlights.* Washington DC, Office of Integrated Analysis and Forecasting, EIA, US Department of Energy. http://www.eia.gov/oiaf/archive/ieo10/highlights.html (Accessed 3 November 2011.)

EPA (US Environmental Protection Agency). 2006. *Global Anthropogenic Non-CO$_2$ Greenhouse Gas Emissions: 1990–2020.* Washington DC, EPA.

EPRI (Electric Power Research Institute). 2002. *Water and Sustainability (Volume 4): U.S. Electricity Consumption for Water Supply and Treatment – The Next Half Century.* Palo Alto, Calif., EPRI. http://www.circleofblue.org/waternews/wp-content/uploads/2010/08/EPRI-Volume-4.pdf (Accessed 2 May 2011.)

ETC Urban Agriculture. 2011. Website. Leusden, The Netherlands. http://www.etc-urbanagriculture.org/

Excellent. 2011. *Sand Dams.* Online article. Brentford, UK. http://www.excellentdevelopment.com/dams.php (Accessed 7 May 2011.)

FAO (Food and Agriculture Organization of the United Nations). 2006. *World Agriculture: Towards 2030/2050 –*

Interim Report – Prospects for Food, Nutrition, Agriculture and Majority Commodity Groups. Rome, FAO.

––––. A. Wood and G. E. van Halsema (eds). 2008. *Scoping Agriculture-Wetland Interactions: Towards a Sustainable Multiple-Response Strategy.* FAO Water Reports 33. Rome, FAO.

––––. 2009. *The State of Food Insecurity in the World (SOFI) 2009: Economic Crises – Impacts and Lessons Learned.* Rome, FAO.

––––. 2011a. *The State of the World's Land and Water Resources: Managing Systems at Risk.* London, Earthscan.

––––. 2011b. *Climate Change, Water and Food Security.* FAO Water Report 36. Rome, FAO.

––––. 2011c. AQUASTAT online database. Rome, FAO. http://www.fao.org/nr/water/aquastat/data/query/index.html

Foster, S. S. D., Lawrence, A. R. and Morris, B. L. 1997. *Groundwater in Urban Development: Assessing Management Needs and Formulating Policy Strategies.* World Bank Technical Paper 390. Washington DC, The World Bank.

Galloway, J. N., Burke, M., Bradford, G. E., Naylor, R., Falcon, W., Chapagain, A. K., Gaskell, J. C., McCullough, E., Mooney, H. A., Oleson, K. L. L., Steinfeld, H., Wassenaar, T. and Smil, V. 2007. International trade in meat: the tip of the pork chop. *Ambio,* Vol. 36, No. 8, pp. 622-9.

Garrido-Lecca, H. 2010. *Inversión en agua y saneamiento como respuesta a la exclusión en el Perú: gestación, puesta en marcha y lecciones del Programa Agua para Todos (PAPT).* LC/W.313. Santiago, United Nations Economic Commission for Latin America and the Caribbean (ECLAC). http://www.cepal.org/publicaciones/xml/4/41044/lcw313e.pdf

Gascoyne, C. and Aik, A. 2011. *Unconventional Gas and Implications for the LNG Market.* Global Facts Energy. Jakarta, Pacific Energy Summit. http://www.nbr.org/downloads/pdfs/eta/PES_2011_Facts_Global_Energy.pdf (Accessed 30 April 2011.)

Gerbens-Leenes P. W., Hoekstra, A. Y. and Van der Meer, Th. 2008. *Water Footprint of Bio-Energy and Other Primary Energy Carriers.* Value of Water Research Report Series No. 29. Delft/Enschede, The Netherlands, UNESCO-IHE Institute for Water Education/Delft University of Technology/University of Twente. http://www.waterfootprint.org/Reports/Report29-WaterFootprintBioenergy.pdf (Accessed 30 April 2011.)

Gleick, P. H. 1994. Water and energy. *Annual Review of Energy and Environment,* Vol. 19, pp. 267–99.

Grobicki, A. 2007. *The Future of Water Use in Industry.* Technical report for the UNIDO TF Summit. Technology Foresight Summit 2007, 27–29 September 2007, Budapest, Hungary, organized by UNIDO in cooperation with the Government of Hungary.

GVEP (Global Village Energy Partnership International). 2011. Website. London, GVEP. http://www.gvepinternational.org/en/community/products-services (Accessed 7 May 2011.)

Hoekstra, A. Y. and Chapagain, A. L. 2008. *Globalization of Water: Sharing the Planet's Freshwater Resources.* Oxford, UK, Blackwell Publishing.

Hovorka, A., de Zeeuw, H. and Njenga, M. (eds). 2009. *Women Feeding Cities – Mainstreaming Gender in Urban Agriculture and Food Security.* Warwickshire, UK, Practical Action Publishing.

Howard, G. and Bartram, J. 2003. *Domestic Water Quantity, Service Level and Health.* Geneva, WHO.

Huffaker, R., Whittlesey, N. K. and Wandschneider, P. R. 1993. Institutional feasibility of contingent water marketing to increase migratory flows for salmon on the upper Snake River. *Natural Resources Journal,* Vol. 33, No. 3, pp. 671–96.

ICOLD (International Commission on Large Dams). 2009. *World Register of Large Dams.* Paris, ICOLD.

IEA (International Energy Agency). 2006. World Energy Outlook 2006. Paris, IEA.

––––. 2007. *World Energy Outlook 2007.* Paris, IEA.

IHA (International Hydropower Association). 2009. *IHA Statement on Evaporation from Hydropower Reservoirs.* London, IHA.

International Bank for Reconstruction and Development/World Bank. 1994. *World Development Report 1994: Infrastructure for Development.* New York, Oxford University Press.

IPCC (Intergovernmental Panel on Climate Change). 2011. *IPCC Special Report on Renewable Energy Sources and Climate Change Mitigation (SRREN).* Prepared by Working Group III of the Intergovernmental Panel on Climate Change. Geneva, IPCC.

Jouravlev, A. 2004. *Drinking Water Supply and Sanitation Services on the Threshold of the XXI Century.* LC/L.2169-P. Santiago, United Nations Economic Commission for Latin America and the Caribbean (ECLAC). http://www.eclac.cl/publicaciones/xml/9/19539/lcl2169i.pdf

Le Quesne, T., Kendy, E. and Weston, D. 2010. *The Implementation Challenge: Taking Stock of Government Policies to Protect and Restore Environmental Flows.* Washington DC, The Nature Conservancy/Worldwide Fund for Nature (WWF).

Lobell, D. B., Burke, M. B., Tebaldi, C., Mastrandrea, M. D., Falcon, W. P. and Naylor, R. L. 2008. Prioritizing climate change adaptation needs for food security in 2030. *Science,* Vol. 319, pp. 607–610.

Lundqvist, J. 2010. Producing more or wasting less. Bracing the food security challenge of unpredictable rainfall. L. Martínez-Cortina, G. Garrido and L. López-Gunn, L. (eds) *Re-thinking Water and Food Security: Fourth Marcelino Botín Foundation Water Workshop.* London, Taylor & Francis Group.

Lundqvist, J., de Fraiture, C. and Molden, D. 2008. *Saving Water: From Field to Fork – Curbing Losses and Wastage in the Food Chain.* Policy Brief. Stockholm, Stockholm International Water Institute (SIWI).

MA (Millennium Ecosystem Assessment). 2005. Fresh water ecosystem services. *Ecosystems and Human Well-being: Synthesis.* Washington DC, Island Press, pp. 213–255.

Mann, H. and Smaller, C. 2010. Foreign land purchases for agriculture: What impact on sustainable development? *Sustainable Development Innovation Briefs,* Issue 8. http://www.un.org/esa/dsd/resources/res_pdfs/publications/ib/no8.pdf

Mays, L. (ed.). 2009. *Integrated Urban Water Management: Arid and Semi-Arid Regions. Urban Water Series.* Paris/London, UNESCO-IHP, Taylor & Francis.

MRC (Mekong River Commission for Sustainable Development). 2011. *The Mekong River Commission.* Website. http://www.mrcmekong.org

––––. 2003. *Mekong River Awareness Kit.* Website. Phnom Penh/Vientiane, MRC. http://ns1.mrcmekong.org/RAK/html/rak_frameset.html

Mwanza, D. 2005. Promoting good governance through regulatory frameworks in African water utilities. *Water Sci. Technol.,* Vol. 51, No. 8, pp. 71–79.

NETL (National Energy Technology Laboratory). 2009. *Use of Non-Traditional Water for Power Plant Applications: An Overview of DOE/NETL R&D Efforts.* Pittsburgh, Pa., NETL.

NRDC (Natural Resources Defense Council). n.d. What's on Tap? Website. New York, NRDC. http://www.nrdc.org/water/drinking/uscities/contents.asp

NWC (National Water Commission). 2011. U*rban Water in Australia: Future Directions.* Canberra, NWC. http://www.nwc.gov.au/resources/documents/Future_directions.pdf

Olson, E. 2003. *What's on Tap? Grading Drinking Water in U.S. Cities.* New York, Natural Resources Defense Council (NRDC). http://www.nrdc.org/water/drinking/uscities/pdf/whatsontap.pdf

Øvergaard, S. 2008. *Issue Paper: Definition of Primary and Secondary Energy.* Prepared as input to Chapter 3: Standard International Energy Classification (SIEC) in the International recommendation on Energy Statistics (IRES). Oslo, Division of Energy Statistics, Statistics Norway. http://unstats.un.org/unsd/envaccounting/londongroup/meeting13/LG13_12a.pdf (Accessed 30 April 2011.)

Payne, J. G. 2007. *Matching Water Quality to Use Requirements.* Technical Report for UNIDO Technology Foresight Summit 2007, 27–29 September 2007, Budapest.

Pegasys. 2011. *Conceptual Framework for Assessing Water Use in Energy Generation with a focus on Hydropower.* Cape Town, Pegasys.

Pickering de la Fuente, G. 2011. El hito ambiental de 2012. *Newsletter ANDESS,* No. 25. Santiago, Asociación Nacional de Empresas de Servicios Sanitarios (ANDESS). http://www.andess.cl/news/News25/nota1.html

SABMiller Plc and WWF-UK. 2009. *Water Footprinting: Identifying and Addressing Water Risks in the Value Chain.* Technical report. Woking/Surrey, UK, SABMiller Plc/World Wide Fund for Nature UK.

Scanlon, B. R., Jolly, I., Sophocleous, M. and Zhang, L. 2007. Global impacts of conversions from natural to agricultural ecosystems on water resources: quantity versus quality. *Water Resources Research,* Vol. 43, W03437.

Sclar, E. D., Garau, P. and Carolini, G. 2005. The 21st century health challenge of slums and cities. *The Lancet,* Vol. 365, pp. 901–903.

Sieger, R. B. and Whitlock D. 2005. Session for the *CHP and Bioenergy for Landfills and Wastewater Treatment Plants* workshop, Salt Lake City, UT, 11 August 2005. http://www.docstoc.com/docs/22892252/CHP-and-Bioenergy-for-Landfills-and-Wastewater-Treatment-Plants

SISS (Superintendencia de Servicios Sanitarios). 2011. *Informe de Gestión del Sector Sanitario 2010.* Santiago, SISS. http://www.siss.gob.cl/577/articles-8333_recurso_1.pdf

Smit, J., Ratta, A. and Nasr, J. 1996. *Urban Agriculture: Food, Jobs, and Sustainable Cities.* New York, United Nations Development Programme (UNDP).

Stecko, S. and Barber, N. 2007. *Exposing Vulnerabilities: Monsoon Floods in Mumbai, India.* Unpublished case study prepared for the Global Report on Human Settlements 2007.

Steinfeld, H., Gerber, P., Wassenaar, T., Castel, V., Rosales, M. and de Haan, C. 2006. *Livestock's Long Shadow: Environmental Issues and Options.* Rome, FAO/LEAD. ftp://ftp.fao.org/docrep/fao/010/a0701e/a0701e.pdf

Stillwell A. S. 2010. Energy Water Nexus in Texas, Master's Thesis, University of Texas at Austin.

Stillwell, A. S., King, C. W. and Webber, M. E. 2010. Desalination and long-haul water transfer as a water supply for Dallas, Texas: A case study of the energy-water nexus in Texas. *Texas Water Journal,* Vol. 1, No. 1, pp. 33–41.

Stillwell, A. S., King, C. W., Webber, M. E., Duncan, I. J. and Hardberger, A. 2011. The energy-water nexus in Texas. *Ecology and Society* (Special Feature: The Energy-Water Nexus: Managing the Links between Energy and Water for a Sustainable Future), Vol. 16, No. 1, p. 2.

Strokes, J.R. and Horvath, A. 2009. Energy and air emission effects of water supply. *Environmental Science and Technology,* Vol. 43, No. 8, pp. 2680–7.

TEEB (The Economics of Ecosystems and Biodiversity), 2009. *TEEB Climate Issues Update.* Geneva, United Nations Environment Programme (UNEP). http://www.teebweb.org/InformationMaterial/TEEBReports/tabid/1278/language/en-US/Default.aspx

Tucci, C., Goldenfum, J. A. and Parkinson, J. N. (eds). 2010. *Integrated Urban Water Management: Humid Tropics.* IHP Urban Water Series. Paris/Boca Raton, Fla., UNESCO-IHP, CRC Press.

Twomey, K. M. and Webber, M. E. 2011. Evaluating the energy intensity of the US public water system. *Proceedings of the 5th International Conference on Energy Sustainability.* Washington DC, American Society of Mechanical Engineers (ASME).

UNDESA (United Nations Department of Economic and Social Affairs, Population Division). 2009. *World Population Prospects: The 2008 Revision, Highlights,* Working Paper No. ESA/P/WP.210. New York, UN.

UNEP (United Nations Environment Programme). 2007.

Global Environment Outlook 4. Nairobi, UNEP.

----. 2010. *UNEP Yearbook: New Science and Developments in Our Changing Environment.* Nairobi, UNEP.

UNEP/GRID-Arendal. 2008. *Vital Water Graphics. An Overview of the State of the World's Fresh and Marine Waters* (2nd edn). Nairobi, UNEP. http://www.unep.org/dewa/vitalwater/article48.html

UN-Habitat (United Nations Human Settlements Programme). 2003. *The Challenge of Slums: Global Report on Human Settlements.* Nairobi, UN-Habitat.

----. 2006. *Meeting Development Goals in Small Urban Centres: Water and Sanitation in the World's Cities.* Nairobi/London, UN-Habitat/Earthscan.

----. 2010. *The State of the World's Cities 2010/2011: Cities for All: Bridging the Urban Divide.* Nairobi, UN-Habitat.

United Nations (under the coordination of A. Bárcena, A. Prado and A. León). 2010. *Achieving the Millennium Development Goals with Equality in Latin America and the Caribbean: Progress and Challenges.* LC/G.2460, Santiago, United Nations Publications. http://www.eclac.cl/publicaciones/xml/5/39995/portada-indice-intro-en.pdf

Vahala, R. 2004. European Vision for Water Supply and Sanitation in 2030. *Water Supply and Sanitation Technology Platform.*

Vairavamoorthy, K. 2008. *Cities of the Future and Urban Water Management.* Paper presented on 27 June 2008 during Thematic Week 2 of the Zaragoza International Exhibition, 2008.

Vollaard, A. M., Ali, S., van Asten, H. A. G. H., Widjaja, S., Visser, L. G., Surjadi, C. and van Dissel, J. T. 2004. Risk factors for typhoid and paratyphoid fever in Jakarta, Indonesia. *J. Am. Med. Assoc.,* Vol. 291, pp. 2607–2615.

WEC (World Energy Council). 2010. *Water for Energy.* London, WEC. http://www.worldenergy.org/documents/water_energy_1.pdf

WEF (World Economic Forum). 2009. *Energy Vision Update 2009: Thirsty Energy: Water and Energy in the 21st Century.* Geneva/Englewood, Colo., WEF/Cambridge Energy Research Associates. http://www.weforum.org/reports/thirsty-energy-water-and-energy-21st-century?fo=1 (Accessed 30 April 2011.)

----. 2011. *Water Security: the Water-Food-Energy-Climate Nexus: the World Economic Forum initiative.* Washington DC, Island Press.

WEF (Water Environment Federation). 1997. *Energy Conservation in Wastewater Treatment Facilities Manual of Practice.* Alexandria, VA, WEF.

WHO/UNICEF. 2006. *Meeting the MDG Drinking Water and Sanitation Target: the Urban and Rural Challenge of the Decade.* Geneva/New York, WHO/UNICEF. http://www.who.int/water_sanitation_health/monitoring/jmpfinal.pdf

----. 2010. Joint Monitoring Programme for Water Supply and Sanitation. *Progress on Sanitation and Drinking-Water: 2010 Update.* Geneva/New York, WHO/UNICEF.

Wild, D., Francke, C-J., Menzli, P. and Schön, U. 2010. *Water:*

A Market of the Future. A Sustainable Asset Management (SAM) Study. Switzerland, SAM.

WWF (World Wide Fund for Nature). 2011. *The Energy Report. 100% Renewable Energy by 2050.* Gland, Switzerland, WWF. http://wwf.panda.org/what_we_do/footprint/climate_carbon_energy/energy_solutions/renewable_energy/sustainable_energy_report/ (Accessed 2 May 2011).

WWAP (World Water Assessment Programme). 2009. *United Nations World Water Development Report 3: Water in a Changing World.* Paris/London, UNESCO Publishing/Earthscan.

Zimmer, D. and Renault, D. n.d. *Virtual Water in Food Production and Global Trade: Review of Methodological Iissues and Preliminary Results.* FAO, Rome.

第三章

水资源易变性、脆弱性和不确定性

作者：拉佳格帕兰·巴拉吉、理查德·康纳、保罗·格兰尼、佳可·范德甘、佳瑞斯·吉姆斯·劳伊德、高顿·杨

供稿：塔仁达·拉汉喀

© Shutterstock / Luckas Hlavac

《世界水发展报告》前几版从不同的侧面，以相互补充的方式对世界水资源问题进行了探讨。《世界水发展报告》第一版通过全球范围水循环中的不同单元，对水资源量的长期平均值及普通模式进行论述。《世界水发展报告》第二版则着重分析了水资源在空间和时间分布上的"易变性"程度，同时还在水资源数量及质量方面侧重描述了人类活动对水资源所造成的影响。《世界水发展报告》第三版则探索了水循环与其他生物地球化学循环之间所存在的关系；气候变化对水循环存在影响的观测证据；以及提高观测及监控水平的迫切需要。

　　本章以《世界水发展报告》前三版所提供的信息作为依据，着重探讨以往《世界水发展报告》未曾详细涉及过的具体部分。为更好地理解水资源的易变性以及相关不确定因素的来源，本章开篇将把水资源的外在压力作为在水循环过程中出现不确定性的首要原因进行分析，其中包括复杂而相互关联的动态自然过程集合，例如科学家称为"气候应力"的厄尔尼诺现象。然后，本章将重点放在长期自然储存和水循环因素中两个特殊和经常被忽视或误读的要素：地下水及冰川，比较它们的效益及脆弱性。本章的结论部分论述了水体质量及数量如何成为水资源量不可或缺的关键环节，如何加剧了我们理解及解决供水和水资源量问题的不确定性及复杂性。

　　除了有关冰川的章节是第一章原有内容外，本章中的其余部分取材于第二卷挑战部分的内容，以及第十五章"资源状况：水量"、第十六章"资源状况：水质"和地下水的专题报告（第三十六章）。

3.1 水文周期、水资源外在压力及不确定性来源

降雨产生的水在年际之间呈不均匀分布状态。水量在干旱及湿润气候条件下以及湿季与旱季之间存在着巨大的易变性。因此，不同国家和地区在一年中获得的水量差别很大，造成淡水供应量分布不均衡。

各国的平均年可再生水资源总量（TAR-WR，见图3.1）在区域分配上呈现很大差异，有些国家的水资源量要多于其他国家。但是，考虑到国家的规模会在很大程度上对国家之间的变率造成巨大影响，因此这样的计量方式并不准确。所以，将人均可用水量纳入考量范畴（见图3.2）是一个比较实用的办法，这个办法提供了一个从社会或经济角度出发[1]更加恰当的水资源可用量指标。但要注意的是，亚洲及非洲的某些人口较多的热带国家，其可用淡水量较少。这就给未来水资源开发与管理（见第四章，4.6.1节）提出了一个大难题。

了解水资源的空间及时间分布和运动，对于有效地水资源管理具有决定性作用。在制定水资源管理计划及政策时，必须要考虑到淡水供应量的易变性及分布情况。

水循环的动力来自于一个复杂而又互相关联的动态自然过程集合，也就是科学家们所称的"气候应力"。地球的倾斜及绕日公转是造成降水及水资源可用性季节变化的主要驱动因素之一。大气循环模式、海洋循环模式及其之间的相互作用也是天气、气候及水循环的同等重要驱动因素。更好地理解上述各类现象（例如厄尔尼诺-南方涛动现象）以及不同驱动因素之间的"遥相关"[2]，能够提高在很多地区的预测能力。

人类正在逐渐改变地球的气候，从而日渐改变全球的降雨循环方式。想要对水循环分布进行控制是不可能的，但人类可对水循环的其他方面产生重大影响。人类的某些干预措施属于主动性干预措施，例如通过蓄水及跨流域调水改变径流。前者可以削减洪水及干旱的影

图 3.1

按国家计年可再生水资源总量（TARWR）——最新估计值（1985—2010年）

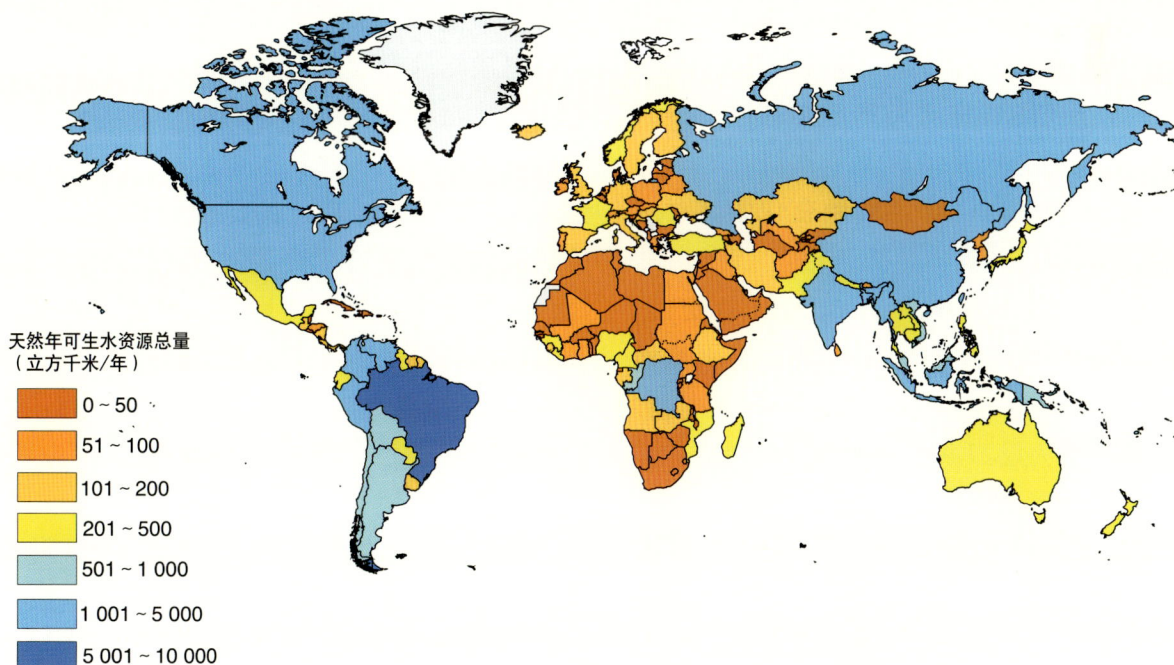

天然年可生水资源总量
（立方千米/年）

- 0 ~ 50
- 51 ~ 100
- 101 ~ 200
- 201 ~ 500
- 501 ~ 1 000
- 1 001 ~ 5 000
- 5 001 ~ 10 000

资料来源：FAO AQUASTAT 数据库（http://www.fao.org/nr/aquastat，访问于2011年）。

图 3.2

按国家计人均年可再生水资源总量（TARWR）——人口数据取自2009年

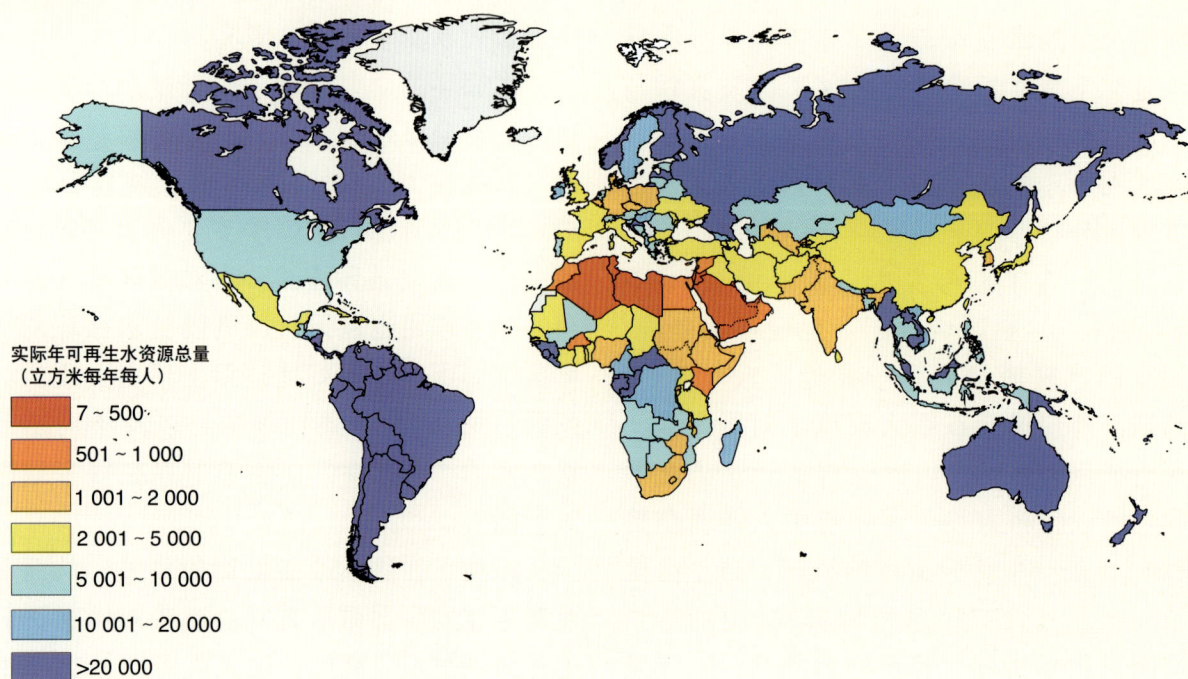

实际年可再生水资源总量
（立方米每年每人）

- 7～500
- 501～1 000
- 1 001～2 000
- 2 001～5 000
- 5 001～10 000
- 10 001～20 000
- >20 000

资源来源： FAO AQUASTAT 数据库（http://www.fao.org/nr/aquastat，访问于2011年）。

响，从而确保能够在**有需要的时候**有水可用，并在水量过多时将其造成的破坏或影响降到最低；后者则能够将水运到任何**有需要的地方**。其他一些干预措施，例如通过改变地表情况影响城市居住区或农业，会因为改变渗透性、径流及蒸发蒸腾作用而对水循环造成严重影响。

源于地球气候系统的天然易变性因素、人为改变因素以及对水循环有调节作用的地表情况因素，水资源的状态会不断地变化。其对水资源和水循环造成的具体影响包括：

- 年际间及多年代际间的气候易变性，以及因气候变化造成的气候易变性改变平均地表径流；
- 气候变化增加洪水发生的可能性；
- 气温升高造成水资源损失率提高；
- 流量季节性（或时间）的变化，特别是在融雪流域；
- 因冰川消退造成的流量变化；
- 降雪量及永久冻土的减少；
- 地下水耗尽——失去抵御降雨量变化

的缓冲；

- 土壤水分的改变。

水资源状态还受社会经济用水需求的影响。而这些因素又受到人口增长、经济发展、饮食结构变化以及受保护冲积平原及易干旱地区控制措施的影响。这些影响因素以及未来的可能发展趋势将在第九章进行讨论。除了现有的、与地球气候系统及水循环有关的不确定因素之外，这些造成变化的原因以及各原因之间的相互作用也会给水资源的利用及可利用量方面带来新层次的不确定因素。因此，我们认为未来的水文记录绝不会沿袭历史的数据。

3.1.1 全球气候及水文易变性的驱动因素

水在地球上的时空变化是造成丰水和缺水地区的关键因素。很明显，这种运动是由厄尔尼诺-南方涛动现象（ENSO）、太平洋年代际振荡（PDO）、北大西洋涛动（NAO）以及大西洋多年代际振荡（AMO）等几个大型气候驱动因素共同作用的结果。通过提高对这些驱动因素的认识，使我们能够运用它们对水文及气候进行年际间预测，并作出高效的资源规划。本节将对厄尔尼诺现象、太平洋年代际振荡及北大西洋涛动进行简要介绍。

图 3.3

热带太平洋海域一般情况及厄尔尼诺现象时的图解

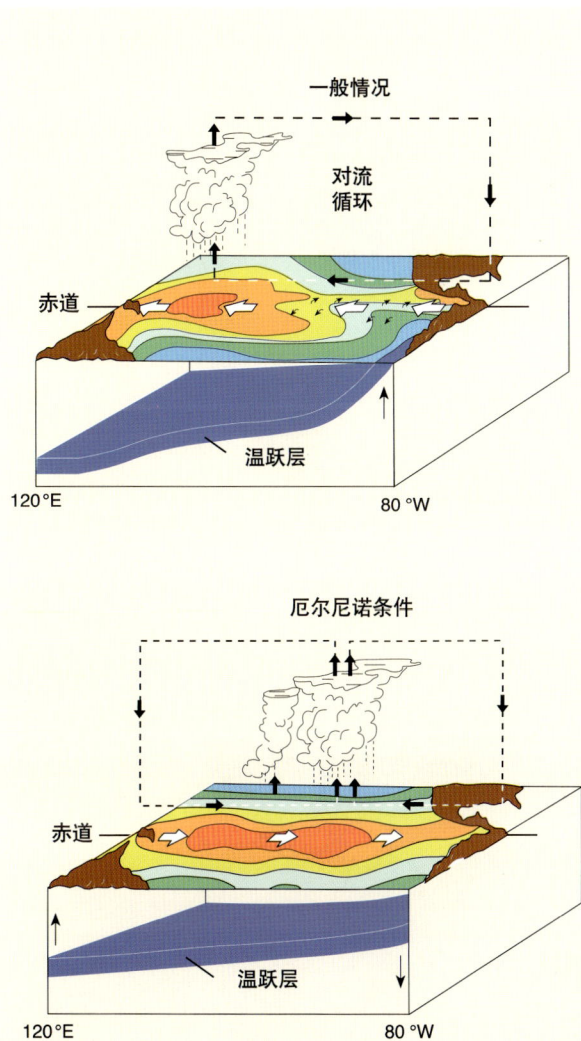

资料来源：NOAA/PMEL/TAO（日期不详）。

> **"我们不要设想未来的水文记录将沿袭历史。"**

厄尔尼诺现象

厄尔尼诺-南方涛动现象是热带太平洋地区的一个组合式海洋-大气现象，同时也是全球气候季节性及年际间转变的一个主要驱动因素。来自西太平洋赤道的暖水，每隔3~8年会流至中部及东部地区（见图3.3）。其导致的直接后果就是：热带西太平洋地区及澳大利亚北部地区降雨量减少，南美洲的东部热带地区降雨量增多。而在热带太平洋地区，这些对流变化会引发世界其他地区出现遥相关反应（见图3.4），特别是在南亚、东南亚及非洲。这些转变还会对中纬度急流的位置及强度造成影响，从而对北美洲的天气形成影响。有关厄尔尼诺-南方涛动现象对全球降水量、气温、风暴及热带气旋、生态系统、农业、水资源及公众健康的影响，特别是对居住有全球大多数人口的热带国家造成影响的文字材料不胜枚举。图3.4、图3.5以及图3.6显示了厄尔尼诺的全球遥相关及中纬度急流转变图解。

了解厄尔尼诺的遥相关效应，能够帮助我们提高在很多地理位置的预测能力。自20世纪90年代中期以来，随着对热带太平洋海域观测的不断深入，这方面的工作取得了大幅度的进步，同时也给我们带来了长期预测厄尔尼诺现象的技术，对社会具有重大意义。美国国家海洋和大气管理局（NOAA）已建立了一个专门观测厄尔尼诺现象的观测站[3]，可为厄尔尼诺-南方涛动现象的监控及预测提供信息，并能够对厄尔尼诺现象的各种影响以及诸多参考值进行记录。

太平洋年代际振荡

太平洋年代际振荡经证明存在于影响北太平洋海域的大规模海平面温度场，但其中也包括部分热带太平洋地区。该温度场与厄尔尼诺-南方涛动的温度场类似，但相对略宽阔一些；除此之外，其指标显示出在数十年时间范围内其表现出的易变性较为显著。

据观察，太平洋年代际振荡对美国西北部的渔场存在影响，同时，越来越多的文献也证明了其对水文环境及干旱等极端事件的发生存在影响，特别是针对同一地区的影响。图 3.4 显示了该现象发生的空间方式及时间序列。

大气和海洋研究联合学会（JISAO）设立的一家网站，可提供大量有关太平洋年代际振荡的详细资料：包括数据、影响及文献目录[4]。

北大西洋涛动

北大西洋涛动是北大西洋海域气候变化的驱动因素之一，其主要在冬季起到大气特征的作用。其特点主要通过其位于北大西洋的副热带高压及近极地低压的位置和强度体现（见图 3.5）。这些

图 3.4

厄尔尼诺现象在北半球夏季及冬季对全球气候的影响

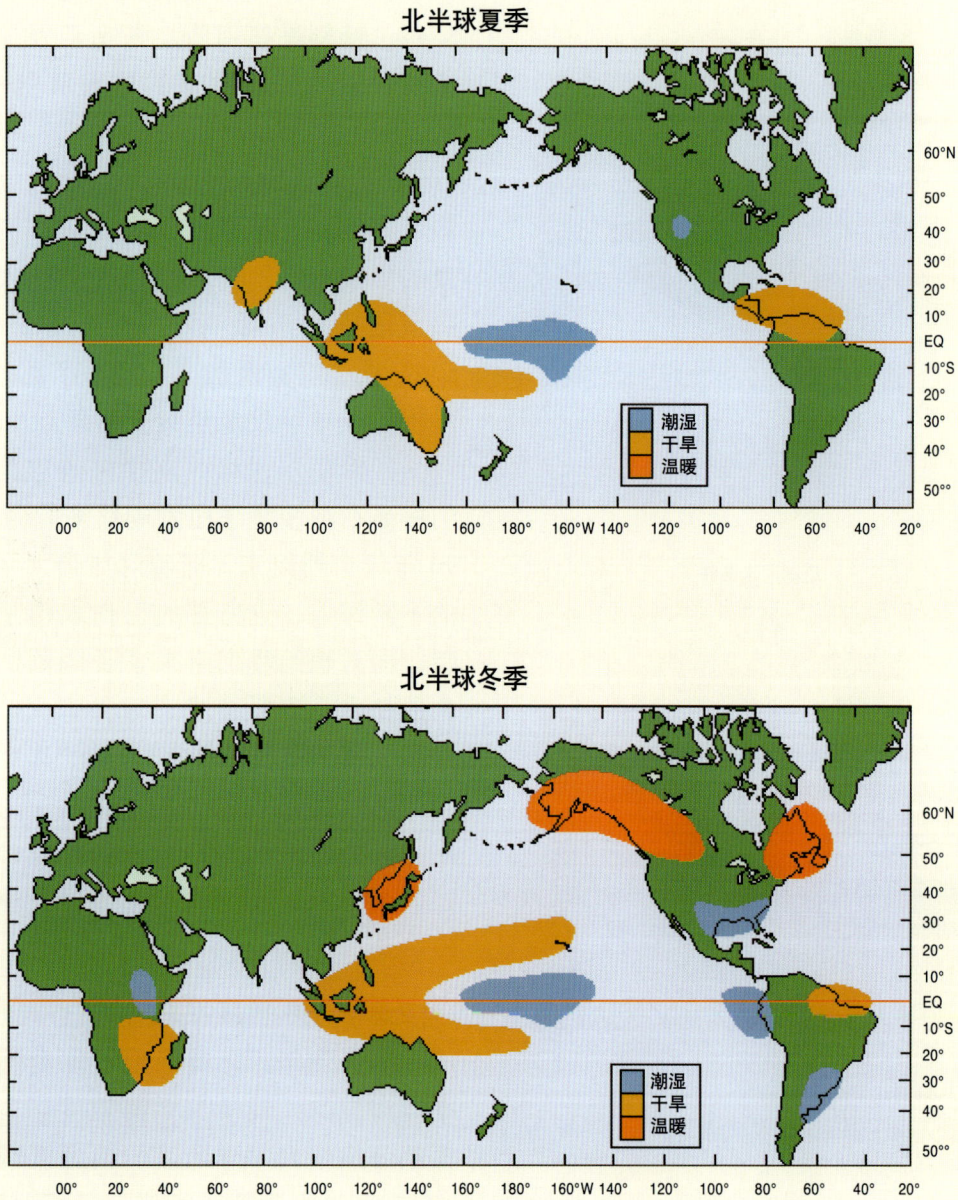

北半球夏季

北半球冬季

注：拉尼娜现象的影响较为对称。请留意ENSO会影响降雨量及温度，尤其是影响地处热带的发展中国家的降雨量及温度。
资料来源：NOAA/PMEL/TAO (n.d.)。

图 3.5

太平洋年代际振荡和厄尔尼诺时空变化

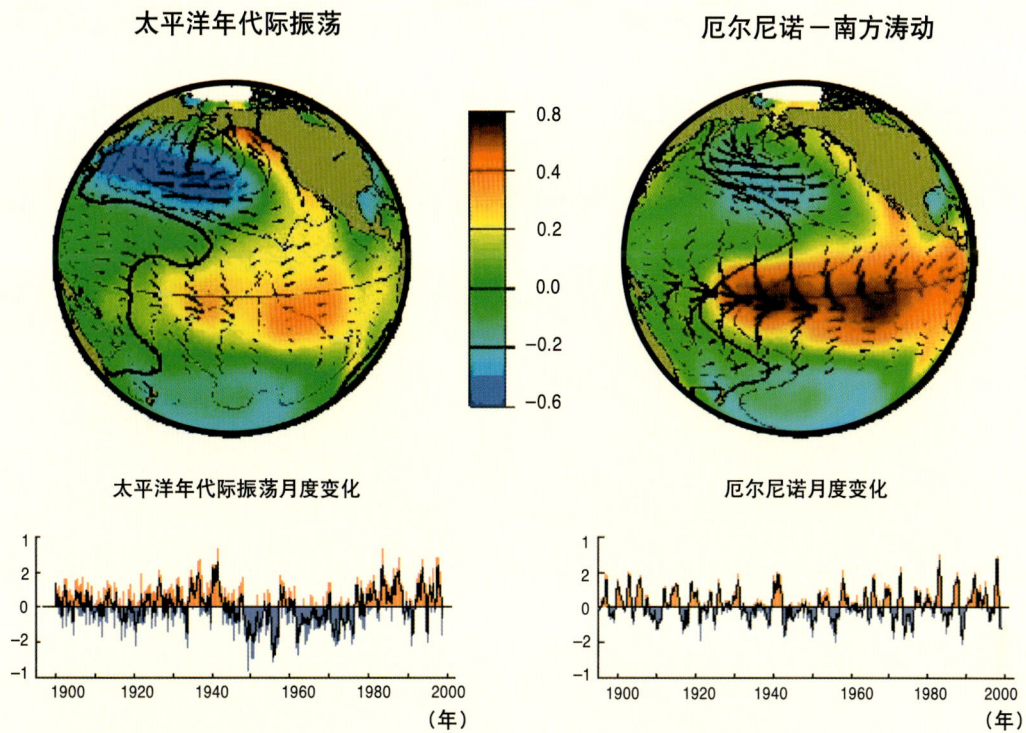

太平洋年代际振荡 　　　　　　　　　　厄尔尼诺－南方涛动

太平洋年代际振荡月度变化 　　　　　　　厄尔尼诺月度变化

资料来源：JISAO (2000)。

气压中心的位置和强度，对急流以及风暴路径起着导向作用，并最终影响局部地区的气候及水文环境。北大西洋涛动在调节欧洲及北美气候方面起到的作用已被发现多年，但其物理机制以及其在调节海平面温度方面的作用一直是很多研究的主要课题。近期的研究还证实了北大西洋涛动是波及半个地球的系列气压中心，即北极振荡（AO）的一个组成部分。而北极振荡变率的时间跨度也为数十年[5]。

其他驱动因素

其他在多年代跨度范围内驱动全球气候及水文环境变化的气候因素还在研究当中。其中包括了大西洋多年代际振荡（AMO）以及与温盐环流相关的大西洋经向翻转环流（AMOC），而墨西哥湾流则是其中的一个组成部分[6]。

3.2 自然长期储存的脆弱性：地下水与冰川

3.2.1 地下水过渡期的弹性资源

地下水在世界上的地位正在发生改变

在世界上的许多地方，地表水已经被开发利用了几千年，与地表水不同，地下水的开采历史不过一百年，而且开采范围也不如地表水那样遍布全球。然而，进入20世纪，全球的地下水开采发生了史无前例的"悄然变化"（Llamas 和 Martínez-Santos，2005）。人口的快速增长，以及随之而来对供水、食物和收入、经济和技术发展需求的增加，是驱动大规模开发地下水的直接原因。密集的地下水开发行为发生在20世纪50年代之前，始于意大利、墨西哥、西班牙和美国等少数国家，到20世纪60年代开始向全世界蔓延（农业水资源管理综合

图 3.6

北大西洋涛动的空间格局以及对西风急流的影响和对北美和西欧的气候影响

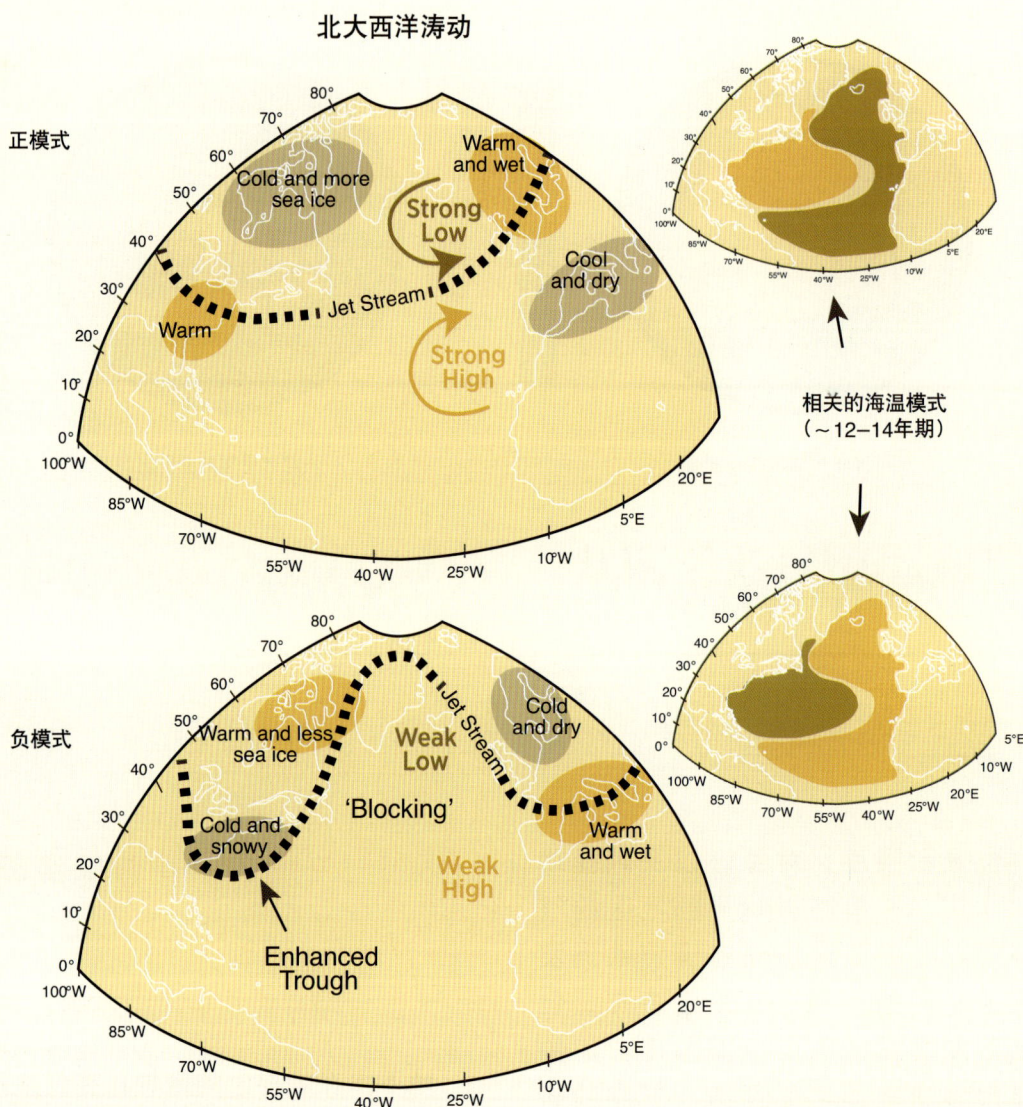

资料来源：AIRMAP (日期不详, 图4) (J. Bradbury 和 C. Wake)。

评价，2007)。此时，地下水在人类社会中的作用发生了根本改变，在灌溉部门激发了一场"农业地下水革命"(Giordano 和 Villholth，2007)，因为地下水的开发，促进了农业食品增产和农村发展。地下水的开发和使用，显著地改变了局部和全球水资源循环系统和生态环境系统。

2010 年全世界地下水开采量每年达到 1 000 立方千米，其中 67％ 是农业灌溉用水，22％ 是生活用水，11％ 是工业用水（AQUASTAT，2011；EUROSTAT，2011；IGRAC，2010；Margat，2008；Siebert 等，2010)[7]。亚洲地区开采量占开采总量的 2/3，其中印度、中国、巴基斯坦、伊朗和孟加拉国是主要的地下水使用国（见表 3.1、表 3.2）。过去 50 年里，地下水开发速率每年增加 1％～2％，致使目前地下水开发速率增至三倍。一些国家开发速率已经达到了顶峰，现在维持在稳定的开发量，部分国家开发量出现了下降的趋势（农业水资源管理综合评价，2007），正如图 3.7 所示。这些估算也许不够精确，但是他们提出当前全球地下水开采量大约占全球取水总量的 26%，而平均地下水补给率不足 8%。

目前，地下水已经成为人类用水的重要来源，据世界水评估计划 2009 年统计，人类一半以上的饮用水来自于地下水，同样，大约 43% 的农业灌溉用水[8] 依赖地下水供给（Siebert 等，2010）。然而，社会经济的发展对地下水的影响要远远高于这些百分率。大多数含水层都具有一定的缓冲能力，那些地下水蕴藏丰富的地区，即使经历长期干旱缺水，地下水依然能够为人类提供稳定的水资源供应，而那些仅依靠地表水和降水的地区将遭受严重的干旱。最惊人的例子是，不可再生的地下水资源也能形成这种缓冲能力：地球上各类巨大的含水层系统目前仍然蕴藏了大量的地下水资源，尽管近千年来一直没有得到有效的补充（Foster 和 Loucks，2006）。然而，无论这些地下含水层中蕴藏的地下水的储量有多么丰富，其不可再生的属性决定了如果不合理开发和使用，终究有一天这些资源会消耗殆尽。尤其是在一些热点地区不可再生的地下水资源已经达到了开发的极限（如文下论述）。

表 3.1

2010年地下水开采量最大的10个国家

国家	开采量（立方千米/每年）
1. 印度	251
2. 中国	112
3. 美国	112
4. 巴基斯坦	64
5. 伊朗	60
6. 孟加拉国	35
7. 墨西哥	29
8. 沙特阿拉伯	23
9. 印度尼西亚	14
10. 意大利	14

注：这十个国家的地下水开采量占全世界开采总量的72%。
资料来源：IGRAC（2010），AQUASTAT（2011）和 EUROSTAT（2011）。

表 3.2

全球各大洲地下水可开采量评估（基于2010年水平）

大洲	地下水开采量[1]					与取水总量比较	
	农业	生活	工业	总量		取水总量[2]	地下水份额
	km³/a	km³/a	km³/a	km³/a	%	km³/a	%
北美洲	99	26	18	143	15	524	27
拉丁美洲和加勒比地区	5	7	2	14	1	149	9
南美洲	12	8	6	26	3	182	14
欧洲（包括俄罗斯联邦）	23	37	16	76	8	497	15
非洲	27	15	2	44	4	196	23
亚洲	497	116	63	676	68	2 257	30
大洋洲	4	2	1	7	1	26	25
世界	666	212	108	986	100	3 831	26

注：1. 基于IGRAC（2010），AQUASTAT（2011），EUROSTAT（2011），Margat（2008）和Siebert 等（2010）数据评估。
2. 1995—2025年《商业通常情景分析》，由Alcamo 等（2003）评估。

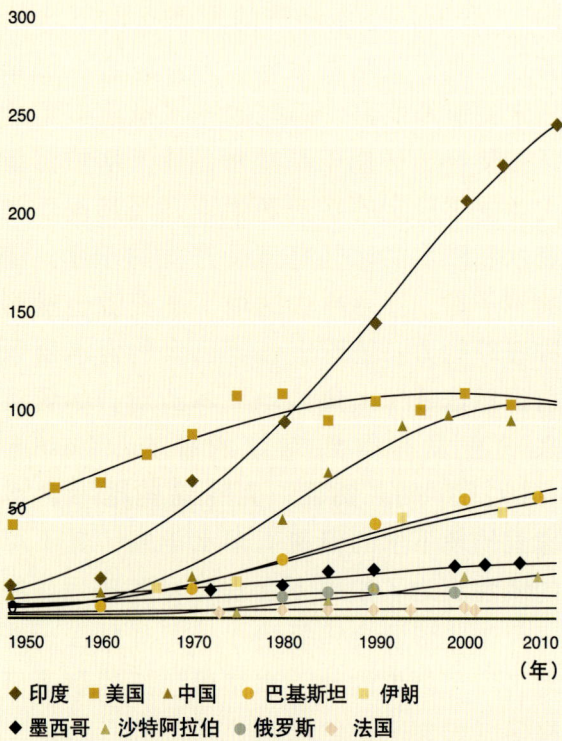

图 3.7

部分国家地下水开采趋势(km³/a)

◆ 印度　■ 美国　▲ 中国　■ 巴基斯坦　■ 伊朗

◆ 墨西哥　▲ 沙特阿拉伯　● 俄罗斯　● 法国

资料来源：摘自Margat（2008，图4.6，p.107）。

在非洲和亚洲贫困地区，地下水为大约12亿～15亿人提供食品安全保障和生活供水保障（农业水资源管理综合评价，2007），同时为世界其他地区的生活供水提供有效保障。此外，依靠地下水灌溉的农业比依靠地表水灌溉的农业具有更好的抗旱性。这可能是，西班牙（Llamas 和 Ganrido，2007）和印度（Shah，2007）等地单位水产出具有很高的经济回报率的直接原因。因此，地下水在社会经济效益评价中，其经济效益比例往往高于水量占总取水的比例。

地下水系统的显著变化

地下水流入和流出量、蕴藏体积、水位和水质等因素是所有地下水系统的主要状态指标。不断增加的地下水开采率以及人类社会对地下水的干扰（如人类土地利用的变化和污染物的排放），将严重影响地下水的水文状态。

气候变化和人类的水资源管理措施也将对地下水的状态产生一定的影响。结果，世界上大多数地下水系统不再是动态的平衡状态，而是出现了显著的变化趋势。随着地下水平均再生率变化，实践中我们观测到自然出流量减少、蕴藏量减少、水位降低和水质恶化等现象普遍存在。

全球地下水资源地图计划（WHYMAP，2008）制作的全球地下水资源地图，比较清楚地展示了当前世界地下水分布的有利区和不利地区，以及地下水的蕴藏体积和可更新率。地球大部分地下水（大约80%～90%）储存在主要地下含水层，仅仅覆盖了不到35%的陆地面积。全球总地下水蕴藏量仍然是个未知数，粗略估计大约在1 530万～6 000万立方千米之间，这其中包括800万～1 000万立方千米的淡水，其余的为盐碱水，而且埋藏得很深（Margat，2008）。

近年来通过模拟研究已经计算出了全球地下水每年的补给率模型，该模型显示地下水补给率与全球年平均降水地图具有高度的相关性。这些模型估计的全球地下水年平均补给量为1.27万立方千米（Döll 和 Fiedler，2008）或1.52万立方千米（Wada 等，2010），这些数字分别比估算的地下水总量小了三个数量级。这些估算并没有考虑到气候变化的可能影响。然而，最近 Döll（2009）完成的研究，基于政府间气候变化专门委员会（IPCC）提供的四种气候变化情景，模拟了气候变化对地下水补给的影响，这个模型计算的结果与1961—1990年间计算的结果进行了比较分析。该研究表明，到2050年地下水补给量在北纬地区将有所增加，但是在当前某些半干旱地区将显著减少（30%～70%或更多），包括地中海、巴西东北地区和非洲西南地区。大量的位于气象干旱区的狭窄和潜层冲积含水层，处于世界易受气候变化影响的脆弱地区（van der Gun，2009）。

地下水的开采导致了地下水蕴藏量减少，直到建立起新的动态平衡，在减少自然流出量或减少补给量的情况下。在世界干旱和半干旱地区，面对地下水大量被开采，大多数地下水系统不具有足够恢复能力[9]。显然，这是不可再生的地下水面对的现实（Foster 和 Loucks，2006），但是当前有一些地下水含水层伴随着水位不断下降的同时，也得到了一定补给。Konikow 和 Kendy（2005）估计在 20 世纪期间美国有 700～800 立方千米地下水消耗殆尽。地球重力和气候试验室对一些大型地下含水层的地下水消耗速率（Rodell 等，2009；Famiglietti 等，2009）和全球地下水消耗速率（Wada 等，2010）进行了模拟。结果显示，在地下水取水密集区，地下水存储量消耗速度明显加快[10]。地下水物理性消耗仅对浅层地下水产生了威胁。同时，地下水消耗最主要的影响来自于地下水水位下降带来的负面影响，包括抽取地下水成本的提高（需要功率更大的水泵）、诱发盐碱化以及其他水质方面的影响、地表沉陷、泉水枯竭以及地表生态基流的减少。

全球地下水资源大部分存储在浅层或中等深度，这些水资源足以为人类提供足够的高质水量；然而，一些地区地下水水质发生了一定变化。最普遍的变化是由人类产生的污染导致的，这些污染源包括液体和固体废物，农业化学农药的大量使用，牲畜产生的粪便，灌溉产生的退水，采矿残留物以及污染的空气等。第二类污染来自于水质较差的潜流侵入含水层区，比如发生在海岸地区的海水入侵，再如当抽取地下水时发生的深层盐碱水混入上层淡水等。同时，气候变化和与之相关的海平面上升将是沿海地区地下水水质变坏的直接威胁。

影响自然环境的其他因素

地下水储藏区的开采和其他相关的变化给地下水系统带来的最显著影响就是减少。在世界许多地区，河流基流减少或消失，泉水补给和地下水相关的生态系统已经对周边自然环境产生了显著影响，这种现象在干旱和半干旱地区最为显著。

图 3.8 显示了因地下水消耗殆尽而导致地表径流大量减少的案例。在平原地区，由于水文地质结构特点，可能导致与这些地表径流直接相连的相邻含水层径流大量流失而使地表径流枯竭。

在世界许多地区由于地下水的过量开采导

图 3.8

中国华北平原区地表径流和井水深度变化曲线（证明地下水过量消耗导致了地表径流的减少）

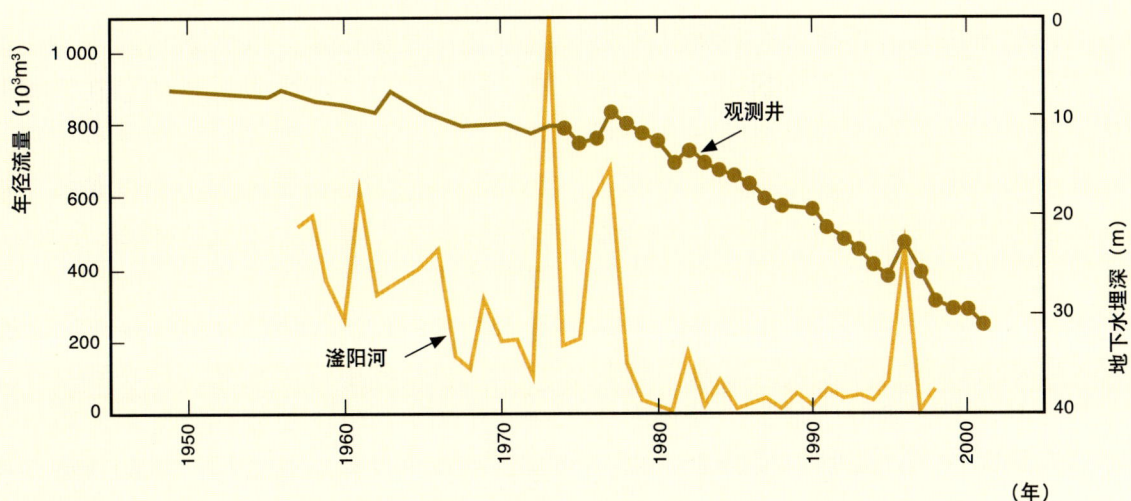

资料来源：Konikow 和 Kendy（2005，图1，p. 318），由施普林格科学＋商业媒体允许转载。

致地表沉陷现象时有发生。这些地区饱和的承压水层与浅水层密切相关，并与密集开采的含水层区存在水文相连关系。存在浅水层的平原地区，地表沉陷可能会引起大量地面排水，而结果地面排水增加又进一步加剧了地表沉陷（Oude Essink 等，2010）。

此外，地下水耗竭对海平面上升带来的直接影响也引起了广泛关注。Konikow 和 Kendy（2005）与 Wada 等（2010）讨论了所有地下含水层消耗殆尽后的终极状态，地面将被海洋所代替。虽然他们的研究并不是很精确，但极力宣称地下水消耗对海平面上升起了重要作用，并指出目前海平面上升除了气候变化影响之外，地表沉陷也是重要影响因素[11]。

地下水是焦点还是机遇？

地下水资源是水资源系统的重要组成部分，对人类社会福祉具有重大深远的影响。遍布世界的地下水系统正面临来自人类影响和自然影响的多重压力。世界上许多地区，这些威胁将严重影响未来地下水水质和价值以及对环境的作用。合理的地下水资源管理应基于科学的认识并给予足够的重视，必须要努力实现当前利益与长远利益的平衡。地下水水质下降应该引起足够重视，严格控制地下水开采，控制环境影响因素，减少不利于地下水保护的影响，减少损害地下水保护的因素。

遍布世界各地的对地下水不可持续利用开采和污染行为已经引起人们关注，只要我们合理使用，地下水保护会出现许多机会，并能满足人类未来需求。地下水无处不在和独特的缓冲能力，能够确保降水和径流短缺的干旱地区人们的生存和生活。地下水是人类城市和农村生活用水的可靠来源，并对人类社会和经济的发展，对减少贫困问题作出了不可磨灭的贡献。同样地下水在应对气候变化的背景下也起到了重要的作用。在许多缺水地区，气候变化被认为是导致地表水和"绿水"供给能力减少和不稳定的主要因素，同样地下水在这些地区也会显著减少，但是地下水的存储的缓冲能力

确保了淡水供给的稳定性，于是在干旱地区为应对干旱人们将目光从地表水转向了地下水。当然这会大幅度减少供水安全的风险性，进入21世纪干旱地区的地下水将成为应对受气候变化影响而加剧的缺水问题的主要保障。

||||||||||||||||||||||||||||||||||||||||||||||||||||||

"过去的 50 年，全球地下水开采率至少增长了三倍，并且以每年 1% ～ 2% 的速率增加。"

3.2.2 冰川

冰川在山脉水文系统中扮演的角色

连绵起伏的山脉被称为世界的"水塔"，与周边的低地相比这些山脉吸收了更多的降雨。它们对低地区域，尤其是干旱地区的水资源供应起到了至关重要的作用（Viviroli 等，2003）。

出山径流主要受三种因素影响：降雨、雪水以及冰川融水。这些对径流的影响作用，随着时间和高度的变化而发生变化，很大程度上受气温和季节降水的影响。在许多中纬度地区，没有显著的季节性的降水变化；冬天降雪，夏天降雨。春天冰雪融化，雪水将对径流曲线造成显著影响，然而冰川融水将在夏季到来的时候对径流产生重要影响。在降雪较少的年份，冰川融水是春季径流的主要来源，同时也是夏季径流的主要来源。也就是说，冰川在一定程度上扮演了水资源供给缓冲器的角色，降雪减少的年份溶解冰雪释放储存的水资源，降雪增多的年份以冰雪的形式存储水资源。

从极地到中纬度地区，冬季和夏季之间径流变化的差异性比较显著，从中纬度到赤道地区，这种差异性不断减少。不同气候类型区降水也存在较大的差异。地中海气候类型区冬季降水较多，而在季风气候区夏季降水较多。

全球气温的升高，对降雨和降雪产生了显著影响，同样对冰川融化速率也产生了巨大影响。总体上看，世界范围内高山冰川逐渐萎缩的现象比较明显。但是也有一些例外，比如在喀喇昆仑山区（Hewitt，2005）。从短期来看，冰川萎缩带来径流增加和降水增加，这意味着增加了水资源供给量。但从长期来看（几十年或几百年尺度），随着冰川消失，这些增加的水资源将会消耗殆尽，冰川对径流的缓冲作用将会减少。Dyurgerov（2010）和太空观测环球陆冰计划（GLIMS）对全球冰川系统的水量平衡进行了较为系统的概述。

在某些山区，冰川洪水是非常重要的，下面这些例子将进行详细描述。

全球受冰川融水影响的区域

图3.9显示了全球冰川和冰原的分布。大部分巨型冰川分布在人口稀少的地区。然而，位于阿尔卑斯、安第斯山、中亚地区、高加索、挪威、新西兰和加拿大西部等地的冰川对人类水资源供应至关重要。受前文所述因素的影响，这些地区的大部分冰川正出现不断萎缩的状况，其产生的径流正不断减少。

这些地区人口数量不断增长，同时用水需求也在不断增加。许多地区替代性的水源正在不断枯竭，尤其是地下水资源。许多地区，需水量远远超过供水量。可以说需水量的变化通常远大于供水量的变化。那么，在评估水资源时，应当考虑供水与需水两方面的平衡。

喜马拉雅地区的例证

喜马拉雅山脉和喀喇昆仑山脉的冰川，对于源于这些山脉的雅鲁藏布江（布拉马普特拉河）、恒河和印度河来说意义重大（见图3.10）。在这些流域内，大约有8亿人口依赖这些河流以及冰川洪水供水。

这一地区以气候、冰川和水文多样性而著称。喜马拉雅东部地区盛行夏季季风，季风气候向西延伸逐渐减弱，然而进入喀喇昆仑山区，只有在特殊年份，夏季才会有丰沛的降水。降水空间变化差异较大，从喜马拉雅山脉东南部的侧翼到北坡，降水量从每年5 000毫米减少到250毫米（Young，2009）。

图3.11显示了这一地区的冰川分布状况。喜马拉雅山脉地区的冰川面积都比较小，它们

图 3.9

全球冰川和冰原分布图（南极洲除外）

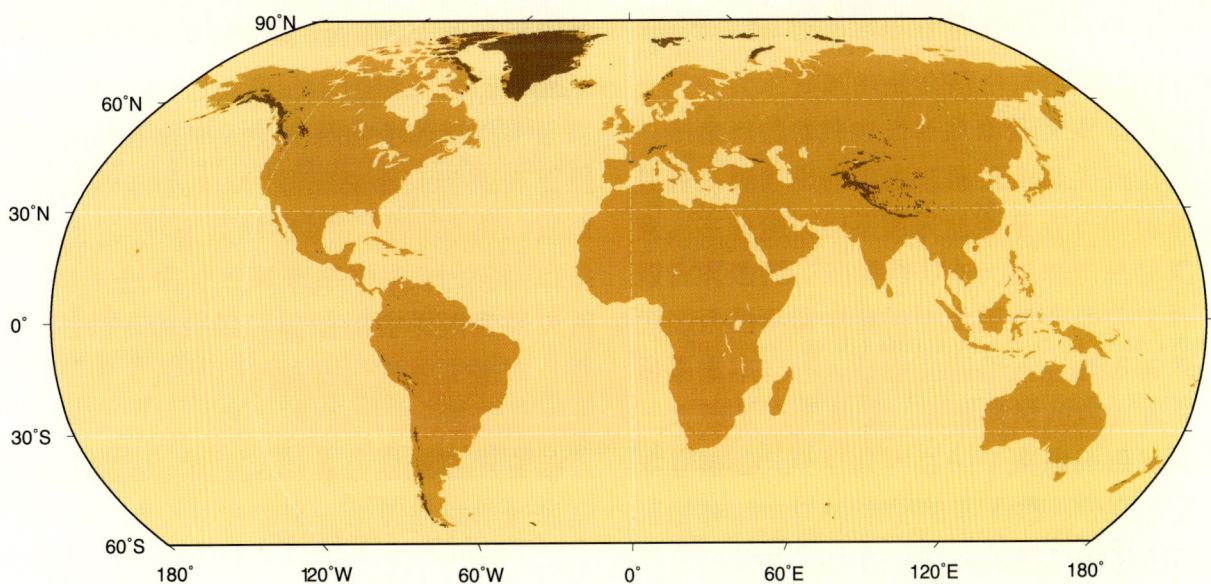

资料来源：Armstrong 等（2005，B. H. Kaup提供，国家冰雪数据中心，GLIMS）。

都分布在高海拔地区，对全球气候变暖反应非常敏感。大型冰川主要分布在喀喇昆仑山区，许多冰川面积都超过了 500 平方千米。大部分冰川属于涌浪式冰川，分布在海拔 3 000 米以下地区，受气候变化影响较为迟缓。目前，许多冰川面积处于增长状态，也许体积也在增长。

冰川融水对径流的贡献

冰川融水对径流的显著作用可以分为两个方面：

• 沟谷地区的冰川融化。这部分地区的冰川融化，平均净损失较大。这样的融化变化在喜马拉雅地区是非常重要的。东部地区的冰川溶解完全被季风带来的降雨或降雪所掩盖，冰川融水对年径流的贡献率不到 3%。在喀喇昆仑山区，冰川融水贡献率较为突出，有时暮夏融水贡献率能达到年径流量的20%。

• 来自于全球气候变暖影响下的冰川萎缩而带来的径流。这意味着，水从永久存储状态释放出来，增加了地表径流量。喜马拉雅山区的大部分冰川正在慢慢地减少，而喀喇昆仑山区的冰川却在大规模的增加（Hewitt, 2005）。有证据显示这一区域不同地区的冰川正在以不同的速率发生萎缩（也有少部分正在增加）（Scherler 等，2011）。冰川萎缩的速度较慢，每年对年径流的贡献率不到 1%。这意味着，许多大型冰川按照这样的融化速率和贡献率来增加径流，大约会持续几十年甚至上百年。然而一些冰川最终会退缩或消失［就像在秘鲁，（Oblitas de Ruiz, 2010）］，进而会带来供水减少，尤其是在阿根廷、智利和秘鲁等地区（ECLAC, 2009）。

冰川洪水

该地区大约有两种与冰川相关的洪水。一种是冰湖突发洪水（GLOFs），一种是冰川堰塞湖溃坝洪水（冰岛语中称作 jökulhlaups）。

冰湖突发洪水缘于小型的近冰川湖，这些湖水被终端或两侧冰碛物快速浸入，产生了强度较高历时较短的洪水。由于全球气候变暖及冰川的不断退缩，这些湖变得越来越大。洪水可能缘于冰碛物的突然崩塌或者滑坡体的突然倒入湖中，而引起湖水的突然位移。发生这种洪水的风险正在逐步增加。该地区有成千上万的这种类型的湖泊。冰湖突发洪水会给下游地区带来巨大的损失，导致经济和生命财产损失，破坏桥梁、水利工程以及其他基础设施（Ives 等，2010）。在不丹，大约有 2 400 多座这样的湖泊，其中已经标示出 24 座可能会带来巨大灾难的湖泊（见图 3.12、图 3.13）。

冰川堰塞湖溃泂洪水是由冰川冰碛物突然倾倒入冰湖内，导致了湖水的突然释放而引起的。湖水的突然释放对于喀喇昆仑山区来说是灾难性的（Hewitt, 1982）。图 3.14 显示，在 20 世纪 20 年代，连续的洪水发生在什约克（Shyok）河，使得阿托克（Attock）河下游以下 1 400 千米，河床被抬高 18 米，给印度的旁遮普邦的平原带来了灾难性的影响。

喜马拉雅山区应对冰川风险和不确定性的政策选择

该地区的三条河流都属于跨界河流，其发源地都是中国，中游流经尼泊尔、不丹或者印度，下游流经巴基斯坦或者孟加拉国，这意味着水资源管理需要关注政策抉择问题，尤其是考虑政治和经济背景。如何分享水资源对这些国家来说是一个挑战。

随着人口快速增长，人类对水资源需求不断增加。同时随着大量人口从乡村迁移至城市定居，情况变得越来越复杂。此外，经济快速发展和人类对生活质量要求的提高，导致对水资源的需求越来越多。所有这些因素进一步增加了水资源管理的难度。替代性的水源，尤其是地下水资源对印度西北地区人们的生计来说至关重要，然而这些水资源正在不断地耗竭（见图 3.11）。

国际山地综合开发中心（2009）提交的一份简要报告中提及该地区相关国家正在采取相应的措施适应气候变化的影响。然而，在大多

图 3.10

布拉马普特拉河流域、恒河流域和印度河流域范围划分

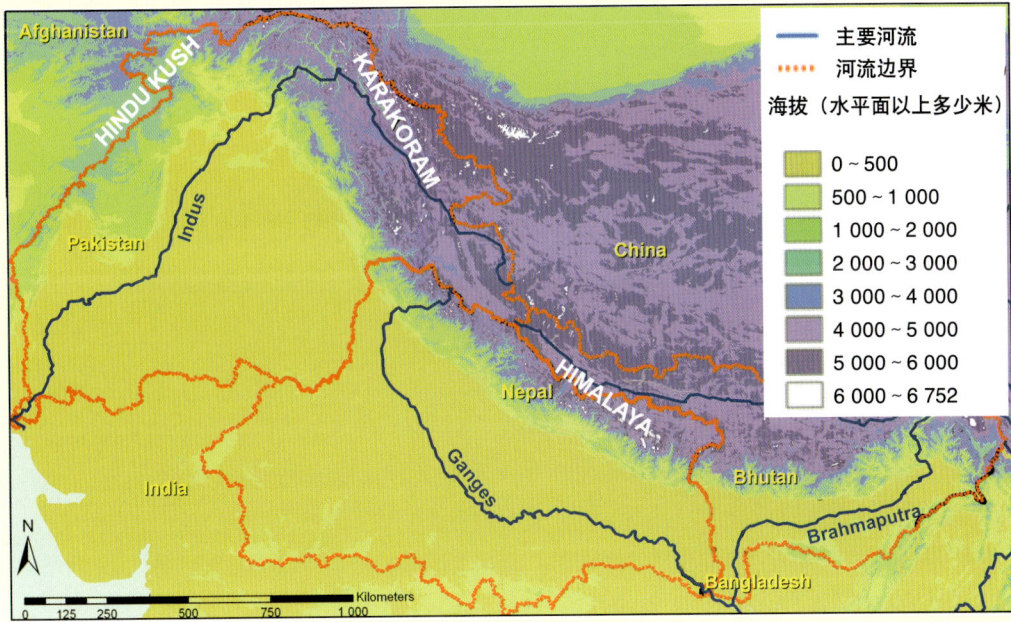

资料来源：Miller 等（2011，使用美国地理调查ESRI数据）。

图 3.11

显示喜马拉雅—喀喇昆仑山区冰川覆盖情况以及印度西北地区地下水消耗状况的GRACE卫星图

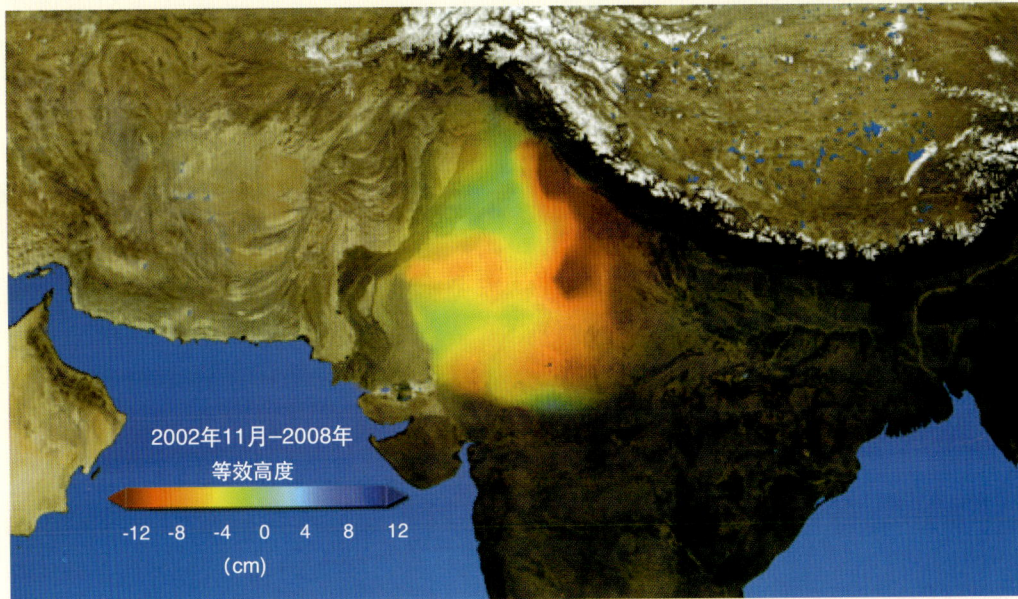

注：在过去的6年期间显著消失了109km³。

资料来源：美国国家航空航天局（NASA）GRACE卫星影像（http://www.nasa.gov/topics/earth/features/india_water.html），T. Schindler 和 M. Rodell。

图 3.12

不丹境内因冰川融化形成的堰塞湖分布图

图例：
- 有潜在危险的堰塞湖（总数为24个）
- 流域边界
- 河流
- 国界

资料来源：Mool 等（2001a, p. 109）。

图 3.13

不丹境内的Lugge Tsho 冰川湖

资料来源：Mool 等（2001b, 照片9.13, p. 93）。

数政府圈子中有一种普遍认识，冰川融化或者萎缩会给水资源供给带来不利影响。这种认识在某种程度上来说是错误的。大多数冰川将慢慢萎缩，在年均降水补充径流基础上，再增加额外径流，但是与降水量相比这些数量相对较少。

联合国开发计划署适应学习机制计划中提及了不丹如何解决洪水风险问题案例。该项目目标是减少气候变化诱发冰川湖突发洪水的风险。通过该项目不丹政府将实施综合性的长期管理框架，减少气候变化诱发的洪水风险，降低灾难发生的可能性。该案例提及了不丹政府通过采取有效措施减少冰川湖突发洪水风险，比如通过水泵抽水，降低湖水水位同时建立早期预警系统，旨在对下游居住的人们提早发出洪水警报。

3.3 水质

水的"质量"是一个相对的术语。水质的"好"与"坏"的概念不仅指其状态或其内涵，还取决于其用途。自然界不存在"纯净"水，"纯净"水仅存在于实验室中，而且水中的任何物质在达到一定浓度时都可能是污染物。这

图 3.14

印度河流域：冰川大坝和相关的洪水事件

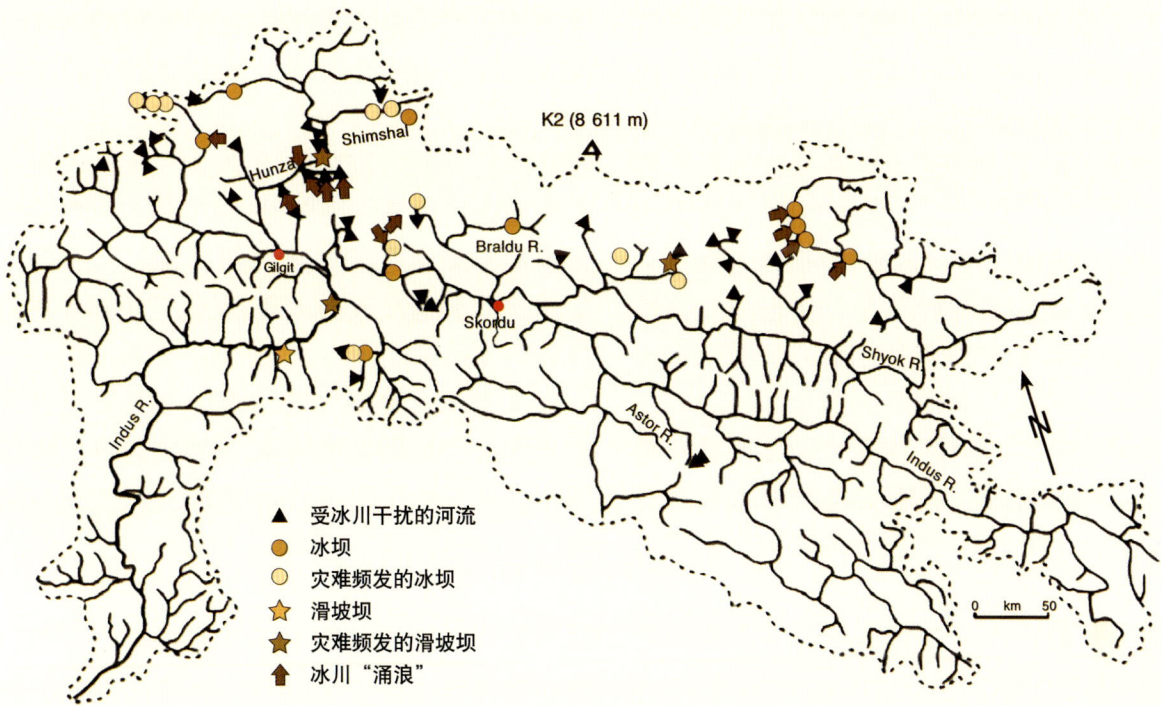

图例：
- ▲ 受冰川干扰的河流
- ● 冰坝
- ○ 灾难频发的冰坝
- ★ 滑坡坝
- ★ 灾难频发的滑坡坝
- ↑ 冰川"涌浪"

资料来源：Hewitt（1982, p. 260, IAHS许可使用）。

也是健康专家通常更愿意使用"安全"水而不是用"洁净"水的一个原因。

足量且适当质量的供水，是人体健康及生态系统稳定的一关键因素，同时也是社会和经济发展的关键因素。由于水质恶化的问题会直接影响社会经济，因而水质正成为国际社会与日俱增的关注热点。尽管在改善水质方面我们已经取得了一些地区性的进展，但尚无资料显示全球范围内的水质出现了总体性的改善。

"废水管理措施还需要与公共宣传教育相结合，特别要与人的卫生和环境教育联系起来。"

水的质量与数量息息相关，两者均是供水的关键决定因素。近几十年内，对供水量的投资、科学支持以及公众关注度相比水质要高得多。但是，水的质量与数量在满足人类及环境基本需求方面同等重要。此外，这两者是息息相关的，较差的水质会通过多种渠道对水的数量造成影响。例如，被污染的水无法用来饮用、洗浴，无法用于工业或农业，从而就会造成可用于某一特定领域的水的数量明显减少（UNEP，2010）。水污染越严重，则将水恢复至可用标准所需的增量处理成本越高（UNEP，2010）。

据 Stellar（2010）称，"地下水和地表水方面，水质与水量之间的联系会通过多种形式表现出来。就地下含水层而言，过度开采与水质恶化之间就存在着必然的联系。"长期过度抽取地下水会在两方面破坏水质。首先，随着水量减少，地下水中天然产生化合物的浓度增加并达到危险水平，从而会对水质产生影响，例如在印度，氟中毒威胁甚至直接影响着数百万人的健康。其次，随着盐水侵入海岸边的含水层，盐分含量的升高也会影响水的质量，例如塞浦路斯与加沙地带的案例（Stellar，2010）。通常由盐水侵入造成的最直接的问题就是可供人类用水的数量减少，但其同时还对其他用途有着直接影响，例如农业及工业相关用水等。

河湖等地表水的过度使用，会造成因污染或矿物质淋溶等原因存在于水中的有害物质浓度提高。"有关这方面一个显著的例子就是格兰德（Rio Grande）河，这条河在夏季的几个月中随着流量减少出现水质的大幅恶化。在旱季，病原体的浓度会提高近100倍"（Stellar，2010）。

政策制定部门必须努力将水量及水质问题提到日程上来。同时，还需要科学家的帮助将问题量化和找出补救的办法。如果没有适度的干预，所有与水质相关的重大社会经济问题、环境风险和不确定性乃至影响都会出现恶化的趋势。

水质对社会经济发展起着决定作用。水质下降会给人类及生态环境的健康带来危害，从而对社会经济发展造成威胁。生态系统的健康，在历史上一直是较富有、较发达国家以及这些国家的环保团体所关注的问题。但是，随着国际社会逐渐认识到生态系统产品和服务的众多效益（包括废水处理等），生态系统健康问题开始逐渐成为了一个重要的社会经济问题，即便是最贫穷的国家也不例外。被无机化合物及未处理废水等有毒物质污染的水体，会因为水体所能提供的多层面产出及服务的减少，而使水生态系统的功能出现恶化。由于世界上很多贫穷人口的生计直接依赖于这些产出及服务，这一情况使得减贫工作更加复杂化（MA，2005a，2005b）。

在对策方面，我们需要找出成本效率比值高的方法来收集、处理和清理人类的废弃物。据估计，全球范围内有80%使用过的水没有经过收集或处理（Corcoran等，2010）。废水的管理解决方案还需要与个人卫生及环保教育等公共教育工作相结合。研究显示，通过提高卫生水平并保证饮用水安全可将腹泻疾病的发生率降低近90%（WHO，2008b）。同时，还需要对使用或制造有毒物质的工业企业采取直接的手段。清洁技术以及替代工艺的发展结合高成本效率的垃圾处理技术是最优方案。非点源污染控制，特别是对会造成水体富营养化的营养物进行控制，是一个日益严峻的国际难题。法规以及有效的执法非常必要，同时还要加强制度建设以提高应急反应能力，特别是在自然灾害发生使饮用水安全受到损害时。在气候变化影响不断构成威胁的情况下，问题的重要性会进一步提高。

水质与人类健康密切相关。人类健康无疑是与水质联系最直接和最广泛的问题。每年大约350万人死于缺乏完善的水供应、卫生和保健，这在发展中国家尤其如此（WHO，2008a）（见4.1节和第三十四章）。痢疾通常与饮用水污染有关，每年可导致超过150万五岁以下儿童死亡（Black等，2010）。千年发展目标提出水生疾病与不安全的饮用水供应相关说明了它是威胁世界脆弱的贫困人口最主要的因素之一。

有毒水污染物尽管分布并不广泛，但仍然是很多地区所存在的一个大问题，特别是在一些新兴经济体国家。废料排放场及工业企业排放出来的有毒废水，也是发展中国家提供安全饮用水面临的一个主要难题及必须承担的代价。通过改善饮用水、环境卫生、个人卫生，并采用环境管理及健康影响评估机制（见4.1节），可使全球疾病发生率中将近10%的部分得以预防。

使用低质量的水成本会更高。水的质量低会带来很多经济成本，如生态系统服务功能恶化，健康付出的代价，对农业、工业生产、旅游等经济活动造成影响，水处理成本提高以及土地的价值贬值。在某些地区，这些成本将是巨大的（UNEP，2010）。图3.15以国民生产总值百分比估算了中东及北美国家每年由于水质差而增加的成本（世界银行，2007）。对这些地区以及其他地区的预测显示，在接下来的

图 3.15

水资源环境恶化年度成本

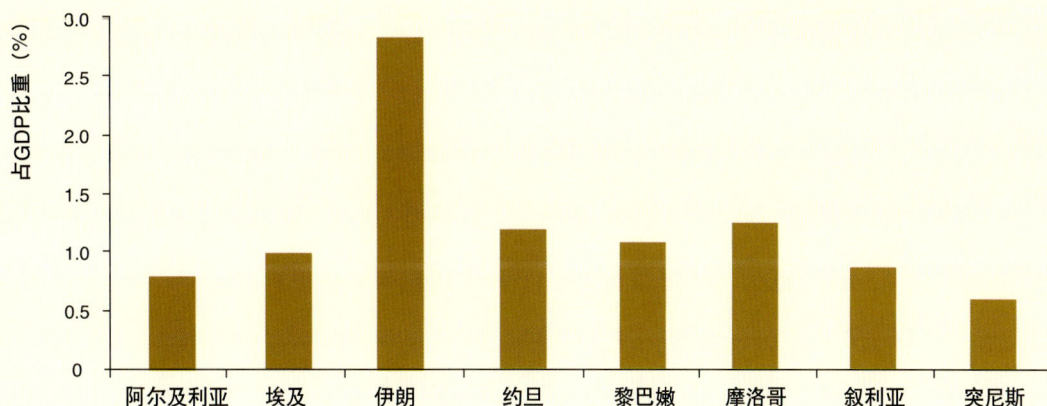

资料来源: 世界银行（2007，图4.4，p.109,取自文中所引用的资料来源）。

时间里，淡水将会越来越稀缺。因而，解决水质问题所需的成本将可能会提高。

反过来，如果能采取措施改善或保证水的质量，则可拯救很多生命，还可节约高昂的成本，具体体现在：可以降低工业生产成本，并可以使用淡水生态系统所提供的天然废弃处理服务。虽然为更好地了解工业及生态系统服务的经济成本及效益并进行量化还需要很多研究，但有证据显示，今天解决水质问题所产生的社会及经济效益将会远远超出因不作为或反应迟缓而产生的成本。

全球水质评估框架十分必要。虽然要解决水质问题有很多可行的办法，既包括国际层面的，也包括家庭层面的，但目前仍缺少支持决策及管理过程的水质数据。目前我们需要一项全球水质评估框架，将现有国家、地区及关键流域层面的资料源整合起来。该框架将不仅局限于目前的全球环境监测系统（GEMS）[12]，还包括国际、地区或国家级的计划项目。根据Alcamo（2011），此框架将对淡水资源的产出及服务进行评估，提供对水质及数据推送的评估，对国际水质指南的开发及应用提供支持，推动国际上对支持水质保护进行监管及建立制度，并收录对某些恢复水质生态技术的评估结果。

该框架还会帮助我们增加对水质现状和造成原因以及近期发展趋势的了解，找出热点所在，测试并验证政策及管理办法，为用于理解及规划未来合理行动的方案打下基础，并提供亟须的监控基准（Alcamo，2011）。如第六章所述，各个方面的利益相关者对数据、信息及相关账目的关注与日俱增，而这些信息都需要转化成可用度较高的资料。技术进步也使得对水资源各方面的监控及报告更加简便。尽管提高水质监测的效益会超过其成本，我们仍面临着制度结构、授权以及政治意愿的束缚，特别是在人类居住密集和农业活动密集的地区。

3.3.1 水质风险及潜在干预措施

水质参数、不确定因素以及影响的多样性对水资源管理提出了复杂而多面的问题，特别是涉及人类活动方面。在不断变革且充满不确定性的时代，提高对水资源脆弱性及风险性的管理水平是应对目前未知和无法预测因素的核心问题。表3.3将水质风险和各类风险涉及的主要驱动因素以及潜在的应对办法进行了总结和概括。除了表3.3之外，表3.4也提供了一些常用的应对方法。

表 3.3

水质风险

风险	水传播疾病	有毒污染物	缺氧及富营养化	中毒	生态系统变化
严重性					
	百万例 趋势增加	在热点区域出现上千起严重影响案例缺乏可靠文件记载	数千平方米 海滨渔场衰落 旅游价值下降	数百平方米 渔场被毁	入侵物种增加 入侵害虫增加 浑浊度增加
主要驱动因素					
自然过程	洪水事件增加	盐水侵入	热浪		海水侵入 森林大火后的热侵蚀
社会	城市人口迁移 贫困	垃圾处理 态度 贫困	废料使用 不当	垃圾处理 态度 贫困	贫困
经济	废水处理 投资不足	工业废弃物 及垃圾倾倒	农业集约化 开矿 城市废水 工业 废水	农业 城市废水 工业 废水 开矿	农业 林业 城市废水 工业 废水 水力发电
应对办法					
干预措施	城市废水处理	工业废水处理 清洁技术 预警系统	可持续农业模式 移除废水中的营养物	工业废水处理 清洁技术 集成式害虫管理	可持续农业模式 可持续林业模式 移除废水中的营养物

表 3.4

按规模分类的可能水质干预办法概述

规模	教育及素质培养	政策/法律/监管	财政/经济	技术/基础设施	资料/监控
国际/国家级	培训/提高意识和宣传教育	制订综合办法 制订污染预防措施	建立"谁污染/谁受益谁付费"体系	提倡和鼓励好的做法并提高整体素质	建立监督体系
流域级	在战略层面上提高个人对自身给水质造成影响的意识 给从业人员进行培训，并制订最佳行为规范	创建基于流域的规划单位 制订水质目标	制订定价体系 制订成本回收目标 创建效率激励	对基础设施及适当的技术进行投资	建设收集及处理水质资料的地区能力
社区/家庭	将个人/社区行为与水质影响相联系 建设改善卫生/废水处理条件的能力	修改规范 集思广益找出水处理的办法 拓宽信息来源	鼓励投资	考虑分散式处理技术	实施并分析家庭/社区调查

资料来源：根据UNEP（2010, p.73）改编。

注　释

1　该措施并非是测定一个国家应对水相关挑战潜力的关键指标。例如，加拿大和巴西的人均可用水量很高，但仍存在各种水问题。

2　气候异常彼此相关，但常常随时空变化而变化。两种气候类型之间的关系不一定存在因果关系。通常情况下，异常气候现象常常由第三种因子引起，如当厄尔尼诺事件发生时，可以造成美国西南部1—3月降水量增加，也使得印度尼西亚6—8月的干旱频率增加。其他信息可参见 http：//earthobservatory. nasa. gov/ Features/ HighWater/ high _ water1a. php。

3　其他信息参见 http：//www. pmel. noaa. gov/ tao/ elnino/ nino-home. html。

4　其他信息参见 http：//jisao. washington. edu/ pdo/。

5　NAO 提供的信息非常多，欲获得更多信息，可参见 http：// www. ldeo. columbia. edu/ res/ pi/ NAO/。

6　欲获得更多信息，可浏览主页 http：// www. atlanticmoc. org/。

7　本段中所提及几乎所有的数据都是取用全球平均值，在地方尺度或区域尺度条件下不能直接使用这些数值用于推导结论。

8　Siebert 等人 2010 年估算的全球灌溉用水大约为每年 1277km³，或者说占全球农业用水量的 48%。他们估计地下会开采量为每年 545km³，这一数据与全球地下水开采用于灌溉的数据相当的一致，当然是在考虑灌溉损失的情况下。

9　在这一分类中，大型含水层的例子主要有美国的高原平原和中央山谷含水层，印度西北地区平原含水层，中国华北平原含水层和澳大利亚大自流盆地含水层。

10　详细信息请参见第三十六章。

11　详细信息请参见第三十六章。

12　联合国 GEMS/ Water 项目提供了准确和科学的有关各国和全球内陆水质需求趋势的数据和信息，可用于支撑全球淡水可持续管理和全球环境评估和决策过程（请参见 http：//www. gemswater. org/)。

参考文献

AIRMAP (J. A. Bradbury and C. P. Wake). *El Nino, The North Atlantic Oscillation and New England Climate. Winter Season Teleconnections and Climate Prediction.* Durham, NH, Climate Change Research Center, Earth Sciences, University of New Hampshire. http://airmap.unh.edu/background/nao.html

Alcamo, J. 2011. *The Global Water Quality Challenge.* A presentation at the UNEP Water Strategy Meeting, Nairobi, 7 June 2011.

Alcamo, J., P. Döll, P., Henrichs, Th., Kaspar, F., Lehner, B., Rösch, Th. and Siebert, S. 2003. Global estimates of water withdrawals and availability under current and future 'business-as-usual' conditions. *Hydological Sciences Journal,* Vol. 48, No. 3, pp. 339–48.

AQUASTAT. 2011. Online database. Rome, Food and Agriculture Organization of the United Nations (FAO). http://www.fao.org/nr/water/aquastat/data/query/index.html (Accessed August 2011).

Armstrong, R., Raup, B., Khalsa, S. J. S., Barry, R., Kargel, J., Helm, C. and Kieffer, H. 2005. *GLIMS Glacier Database.* Boulder, Colo., National Snow and Ice Data Center. http://nsidc.org/glims/ and http://nsidc.org/glims/glaciermelt/index.html.

Black, R. E., Cousens, S., Johnson, H. L., Lawn, J. E., Rudan, I., Bassani, D. G., Jha. P., Campbell, H., Walker, C. F., Cibulskis, R., Eisele, T., Liu, L. and Mathers, C. 2010. Presentation for the Child Health Epidemiology Reference Group of WHO and UNICEF. Global, regional, and national causes of child mortality in 2008: a systematic analysis. *The Lancet,* Vol. 375, No. 9730, pp. 1969–87. http://www.who.int/child_adolescent_health/data/cherg/en/index.html (Accessed 3 October 2011.)

Comprehensive Assessment of Water Management in Agriculture. 2007. *Water for Food, Water for Life: A Comprehensive Assessment of Water Management in Agriculture.* London/Colombo, Earthscan/International Water Management Institute.

Corcoran, E., Nellemann, C., Baker, E., Bos, R., Osborn, D. and Savelli, H. (eds). 2010. *Sick Water? The Central Role of Wastewater Management in Sustainable Development. A Rapid Response Assessment.* The Hague, UN-Habitat/UNEP/GRID-Arendal.

Döll, P. 2009. Vulnerability to the impact of climate change on renewable groundwater resources: a global-scale assessment. *Environm. Res. Lett.* Vol. 4, 035006.

Döll, P. and Fiedler, K. 2008. Global-scale modelling of groundwater recharge. *Hydrol. Earth Syst. Sci.,* Vol. 12, pp. 863–885.

Dyurgerov, M. B. 2010. *Reanalysis of Glacier Changes: From the IGY to the IPY, 1960–2008.* Data of Glaciological Studies, Publication 108, Moscow, October (in English).

ECLAC (United Nations Economic Commission for Latin America and the Caribbean) (coordinated by L. M. Galindo and C. de Miguel). 2009. *Economics of Climate Change in Latin America and the Caribbean: Summary.* LC/G.2425. http://www.cepal.org/publicaciones/xml/3/38133/02_Economics_of_Climate_Change_-_Summary_2009.pdf

EUROSTAT. 2011. Online database. Brussels, European Commission (EC). http://epp.eurostat.ec.europa.eu/portal/page/portal/eurostat/home/

Famiglietti, J., Swenson, S. and Rodell, M. 2009. *Water Storage Changes in California's Sacramento and San*

Joaquin River Basins, Including Groundwater Depletion in the Central Valley. PowerPoint presentation, American Geophysical Union Press Conference, 14 December, 2009, CSR, GFZ, DLR and JPL.

Foster, S. and Loucks, D. 2006. *Non-renewable Groundwater Resources.* UNESCO-IHP Groundwater series No. 10. Paris, UNESCO.

Giordano, M. and Vilholth, K. (ed.) 2007. *The Agricultural Groundwater Revolution.* Wallingford, UK, Centre for Agricultural Bioscience International (CABI).

Hewitt, K., 1982. *Natural Dams and Outburst Floods of the Karakoram Himalaya.* Proceedings of the Symposium on Hydrological Aspects of Alpine and High Mountain Areas. International Association of Hydrological Sciences (IAHS) Publication No. 138. Wallingford, UK, IAHS Press.

Hewitt, K. 2005. The Karakoram Anomaly? Glacier expansion and the 'elevation effect', Karakoram Himalaya. *Mountain Research and Development,* Vol. 25, No. 4, pp. 332–40.

ICIMOD (International Centre for Integrated Mountain Development). 2009. *Water Storage: A Strategy for Climate Change Adaptation in the Himalayas.* Publication no. 56. Kathmandu, ICIMOD. http://books.icimod.org/uploads/tmp/icimod-water_storage.pdf

IGRAC (International Groundwater Resources Assessment Centre). 2010. *Global Groundwater Information System (GGIS).* Delft, The Netherlands, IGRAC. http://www.igrac.net

Ives, J., Shresta, R. and Mool, P. 2010. *Formation of Glacial Lakes in the Hindu Kush-Himalayas and GLOF Risk Assessment.* Kathmandu, International Centre for Integrated Mountain Development (ICIMOD).

JISAO (Joint Institute for the Study of the Atmosphere and Ocean). 2000. *The Pacific Decadal Oscillation.* University of Washington, Seattle, Wash., JISAO. http://jisao.washington.edu/pdo/

Konikow, L. and Kendy, L. 2005. Groundwater depletion: A global problem. *Hydrogeology Journal,* doi:10.1007/s10040-004-0411-8

Konikow, L. 2009. *Groundwater Depletion: A National Assessment and Global Perspective.* The Californian Colloquium on Water, 5 May 2009. http://youtube.com/watch?v=Q5sOUit8V6s.

Llamas, M. R. and Garrido, A. 2007. Lessons from intensive groundwater use in Spain: economic and social benefits and conflicts. M. Gordano and K. G. Vilholth (ed.) *The Agricultural Groundwater Revolution.* Wallingford, UK, Centre for Agricultural Bioscience International (CABI), pp. 266–95.

Llamas, M. R. and Martínez-Santos, P. 2005. Intensive groundwater use: a silent revolution that cannot be ignored. *Water Science and Technology Series,* Vol. 51, No. 8, pp. 167–74. London, IWA Publishing.

Margat, J. 2008. *Les eaux souterraines dans le monde.* Paris, BGRM/Editions UNESCO.

MA (Millennium Ecosystem Assessment). 2005a. *Ecosystems and Human Well-Being: Wetlands And Water Synthesis.* Washington DC, World Resources Institute (WRI).

––––. 2005b. *Ecosystems and Human Well-Being: Synthesis.* Washington DC, Island Press.

Miller, J. M., Rees, H. G., Young, G., Warnaars, T., Shrestha, A. B. and Collins, D. C. 2011 (in press). *What is the Evidence for Glacial Shrinkage Across the Himalayas?* Systematic Review No. CEE10-008 (Collaboration for Environmental Evidence [CEE]). Wallingford, UK, Centre for Ecology and Hydrology (CEH).

Mool, P. K., Bajracharya, S. R. and Joshi, S. P. 2001a. *Inventory of Glaciers, Glacial Lakes, and Glacial Lake Outburst Floods: Monitoring and Early Warning Systems in the Hindu Kush-Himalayan Region – Nepal.* Kathmandu, International Centre for Integrated Mountain Development (ICIMOD).

Mool, P. K., Bajracharya,S. R., Joshi, S. P., Wangda, D., Kunzang, K. and Gurung, D. R. 2001b. *Inventory of Glaciers, Glacial Lakes and Glacial Lake Outburst Floods: Monitoring and Early Warning Systems in the Hindu Kush-Himalayan Region – Bhutan.* Kathmandu, International Centre for Integrated Mountain Development (ICIMOD) and United Nations Environment Programme (UNEP). http://www.icimod.org/publications/index.php/search/publication/130.

NOAA/PMEL/TAO (National Oceanic and Atmospheric Administration)/ Pacific Marine Environmental Laboratory/ Tropical Atmosphere Ocean Project). n.d. *El Niño Theme Page.* Seattle, Wash., NOAA/PMEL/TAO. http://www.pmel.noaa.gov/tao/elnino/nino-home.html

Oblitas de Ruiz, L. 2010. *Servicios de agua potable y saneamiento en el Perú: beneficios potenciales y determinantes de éxito.* LC/W.355. Santiago, United Nations Economic Commission for Latin America and the Caribbean (ECLAC). http://www.cepal.org/publicaciones/xml/4/41764/lcw355e.pdf

Oude Essink, G. H. P., van Baaren, E. S. and de Louw, P. G. B. 2010. Effects of climate change on coastal groundwater systems: a modelling study in the Netherlands. *Water Resources Research,* Vol. 46. Washington DC, American Geophysical Union (AGU).

Rodell, M., Velicogna, I. and Famiglietti, J. 2009. Satellite-based estimates of groundwater depletion in India. *Nature,* Vol. 460, pp. 999–1002.

Scherler, D., Bookhagen, B. and Strecker, M. R. 2011. Hillslope-glacier coupling: the interplay of topography and glacial dynamics in High Asia. *J. Geophys. Res.,* Vol. 116, F02019.

Shah, T. 2007. The groundwater economy of South Asia: an assessment of size, significance and socio-ecological impacts. M. Giordano and K. G. Villholth (eds) *The Agricultural Groundwater Revolution: Opportunities and Threats to Development.* Colombo, Sri Lanka/Wallingford, UK, International Water Management Institute (IWMI)/Centre for Agricultural Bioscience International (CABI), pp. 7-36.

––––. 2009. Climate change and water: India's opportunities for mitigation and adaptation. *Environm. Res. Lett.* Vol. 4, 035005.

Siebert, S., Burke, J. Faures, J., Frenken, K., Hoogeveen, J., Döll, P. and Portmann, T. 2010. Groundwater use for irrigation – a global inventory. *Hydrol. Earth Syst. Sci.,* Vol. 14, pp. 1863–80.

Stellar, D. 2010. Can we have our water and drink it, too? Exploring the water quality-quantity nexus. *State of the*

Planet blog. New York, Earth Institute, Columbia University. http://blogs.ei.columbia.edu/2010/10/28/can-we-have-our-water-and-drink-it-too-exploring-the-water-quality-quantity-nexus/ (Accessed September 2011.)

UNEP (United Nations Environment Programme). 2010. *Clearing the Waters. A Focus in Water Quality Solutions.* Nairobi, UNEP. http://www.unep.org/PDF/Clearing_the_Waters.pdf

----. 2011. *Policy Brief on Water Quality.* Nairobi, UNEP. http://www.unwater.org/downloads/waterquality_policybrief.pdf

Van der Gun, Jac A. M. 2009. Climate change and alluvial aquifers in arid regions: examples from Yemen. *Climate Change and Adaptation in the Water Sector.* London, Earthscan, pp. 143–58.

Viviroli, D., Weingartner, R. and Messerli. B. 2003. Assessing the hydrological significance of the world's mountains. *Mountain Research and Development,* Vol. 23, No. 1, pp. 32–40.

Wada, Y., Van Beek, L. P. H., Van Kempen, C. M., Reckman, J. W. T. M., Vasak, S. and Bierkens, M. F. P. 2010. Global depletion of groundwater resources. *Geophysical Research Letters,* Vol. 37, L20402. doi:10.1029/2010GL044571

WHO (World Health Organization). 2008a. *The Global Burden of Disease: 2004 Update.* Geneva, WHO.

----. 2008b. *Safer Water, Better Health: Costs, Benefits and Sustainability of Interventions to Protect and Promote Health.* Geneva, WHO.

WHYMAP, 2008. *Groundwater Resources of the World,* Map 1: 25 M. Paris, UNESCO/IAH/BGR, CGMW, IAEA.

World Bank. 2007. *Making the Most of Scarcity: Accountability for Better Water Management Results in the Middle East and North Africa.* Washington DC, The World Bank. http://siteresources.worldbank.org/INTMENA/Resources/04-Chap04-Scarcity.pdf

WWAP (World Water Assessment Programme). 2009. *Water in a Changing World. World Water Development Report 3.* Paris/London, UNESCO Publishing/Earthscan.

Young, G. J. 2009. *The Elements of High Mountain Hydrology with Special Emphasis on Central Asia.* Proceedings of Workshop, Almaty, Kazakhstan, 28–30 November 2006. Joint Publication of UNESCO-IHP and the German National Committee for IHP/HWRP, 9–18. http://www.indiaenvironmentportal.org.in/files/Glacier%20in%20Asia_lowres.pdf

第四章

水的社会和环境效益超乎预期

作者：拉佳格帕兰·巴拉吉、杰米·巴特拉姆、大卫·寇特斯、理查德·科纳、焦恩·哈丁、莫利·汉姆斯、利扎·莱勒克、瓦苏哈·潘格尔、简尼佛·甄泰·谢尔斯

红眼树蛙

水给人类带来的效益多种多样，远远不止第二章中提到的五个方面。水关系着人类健康，带来各种效益。健康的生态系统能为个人与社会群体提供更为广泛的效益与服务。除了产生这些效益外，水多或水少还会带来风险灾害，如洪灾或旱灾，特别是对于易受荒漠化或土地退化影响的地区更是如此。水的效益在世界的不同地区分布不均，与水相关的风险也因地而异，对最贫困人口特别是妇女和儿童产生的影响最大。本章将就这些重要议题与水的关系进行探讨。

本章4.1节"水与人类健康"重点介绍在公共卫生干预、水资源管理、饮用水供应和卫生、个人卫生等背景下，关注与水相关的疾病，确定其发展趋势与多发地区、关键外部诱因和相关的不确定因素，并洞悉不同层次和与水相关疾病抗争的行动。4.2节叙述了水资源获取及控制方面的性别差异，这是世界普遍面临的涉水难题。4.3节探索了健康的生态系统在实现与水相关的目标时，如何提供解决方案，并通过产生多重效益保证可持续发展，来帮助降低不确定性及风险，其中许多主要服务功能直接来源于水且由水来支撑。4.4节阐述了与水相关风险，对最新趋势进行分析，并从财产、生命及民生等几个方面研究灾害引发的新增风险。4.5节详细论述了荒漠化、土地退化及干旱（DLDD）过程如何加剧了水资源负担，从而为已经缺水的地区更添不确定因素与风险；同时还提出世界范围内正实施的降低荒漠化、土地退化及干旱影响的举措。

本章的结尾部分讨论了如何在有限、多变的供水（第三章）与主要用水户日益增长的需求之间取得平衡（第二章），如何保持效益并降低风险（本章）。这一部分阐释了水紧张与水短缺的概念，认为在水效益之间取得平衡、使水资源及其多元用途回报最大化，对可持续发展及消除贫困至关重要。

除4.6节外，本章的素材主要来自报告第二卷中关于挑战部分的内容，即第三十四章"水与健康"、第二十一章"生态系统"、第二十七章"涉水灾害"、第二十八章"荒漠化、土地退化及干旱以及它们对旱地水资源的影响"和第三十五章"水与性别"专题报告。

4.1　水与人类健康

改进水资源管理、扩大安全饮用水和基本卫生设施覆盖面和改善卫生条件（WaSH）可提高几十亿人的生活质量。在联合国制定的改善健康千年发展目标（MDGs）中，充分论述了水、环境卫生和个人卫生在全球的重要性，即目标第 7 则 c 条，2015 年之前将无法长期获得安全饮用水和基本卫生设施的人口减少一半。水资源管理、饮用水供应和卫生、个人卫生是实现千年发展目标第 4、5、6 条，并维持已取得的成绩，如降低儿童死亡率、改善产妇保健和减少疟疾侵袭的关键。

作为改善公共卫生的干预措施，水资源管理、饮用水供应和卫生与清洁是预防全球与水相关疾病的重要前提条件。这些疾病包括腹泻病、砷和氟中毒、肠道线虫感染、营养不良、沙眼、血吸虫病、疟疾、盘尾丝虫病、麦地那龙线虫病、日本脑炎、淋巴丝虫病和登革热。我们在实行 WaSH 公共卫生改善措施应对这些疾病时付出的努力是极大的，因为每一种疾病都与一系列经济、社会、环境因素有着复杂的联系。政府部门的职能被分割开来，由不同级别的机构和部门承担，因此协调政府部门间和行业间的关系仍然是一个挑战。此外，由于目前缺乏掌握大量信息，无法对其发展趋势与热点地区做出足够的预测。不过，通过例证可以揭示这些干预行动如何有助于减少或预防疾病。

4.1.1　发展趋势和热点地区

由于在实施监测和撰写报告过程中存在的挑战，而且对卫生的环境决定因素、非环境决定因素的相互影响缺乏了解，我们很难明确水与卫生相互作用的发展趋势和热点地区。然而，现有的一些观点确实为有效的行动提供了基础。尽管缺乏本地化的疾病发病率估计，一些疾病显然呈上升趋势（如霍乱，见专栏 4.1），而造成这种上升趋势的一部分原因可以得到解决。下面提供的三个例子说明了疾病风险的复杂特征，并着重阐释为抗击这些风险正作出的战略调查和实施方式。

4.1.2　驱动因素

据预计，一系列全球性驱动因素将经由水环境对人类健康产生最大影响，包括人口、农业、基础设施和气候变化。

人口增长和城市化造成水需求增加、水污染加剧，而这会对人类健康产生显著影响。不断增长的水资源需求可能会加剧缺水问题，并有潜在可能会影响饮用水获取、水质和个人卫生等的可靠性。在缺乏足够的安全用水洗涤和个人卫生，或当有接触受污染的水的情况下，将会有传播疾病发病率增加的趋势。这些疾病包括腹泻疾病，肠道线虫感染和沙眼。市区或近郊区缺乏安全饮水、基本卫生服务及固体废物管理，这些地区的人口迅速增长可导致小型蓄水池的增加（Bradley 和 Bos，2010），水污染和病原体接触人口比例增大（WHO，2007）。这种情况下，腹泻、肠道线虫感染、沙眼、血吸虫病、登革热和淋巴丝虫病等疾病的感染率则会上升。

随着全球城市化进程日益加快，水系统设计欠佳或管理不善、公共场所（如医疗保健中心、学校、公共办事处）的个人卫生设施欠缺等问题更为显著。这带来的后果是疾病暴发的风险增加，而减少公共场所的疾病风险也成为公共卫生的一项优先行动。由卫生相关的感染造成的发病率和死亡率意味着全球健康事业与家庭资源的损失。在学校中，尤以农村和城郊地区的学校为甚，往往缺乏饮用水、卫生设施和洗手设施，相应引发的疾病传播致使大量学生无法上课。在公共场所，人们可以有机会向游客宣传有针对性的尽量降低疾病传播，并展示"示范"安全环境，这方法在人们家里也可以模拟。国家的相关政策、标准、指导旨在帮助人们在安全实践、训练与推广过程中减少疾病感染的数量（WHO，2011c；WHO/UNICEF，2009）。

霍乱

世界卫生组织报告的2000－2010年间霍乱病例数

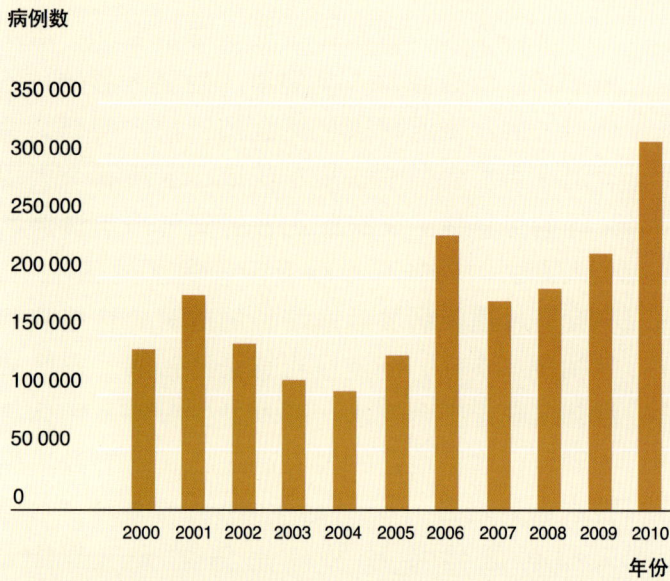

资料来源：WHO（2011a，图1）。

环境中霍乱传播的分级图

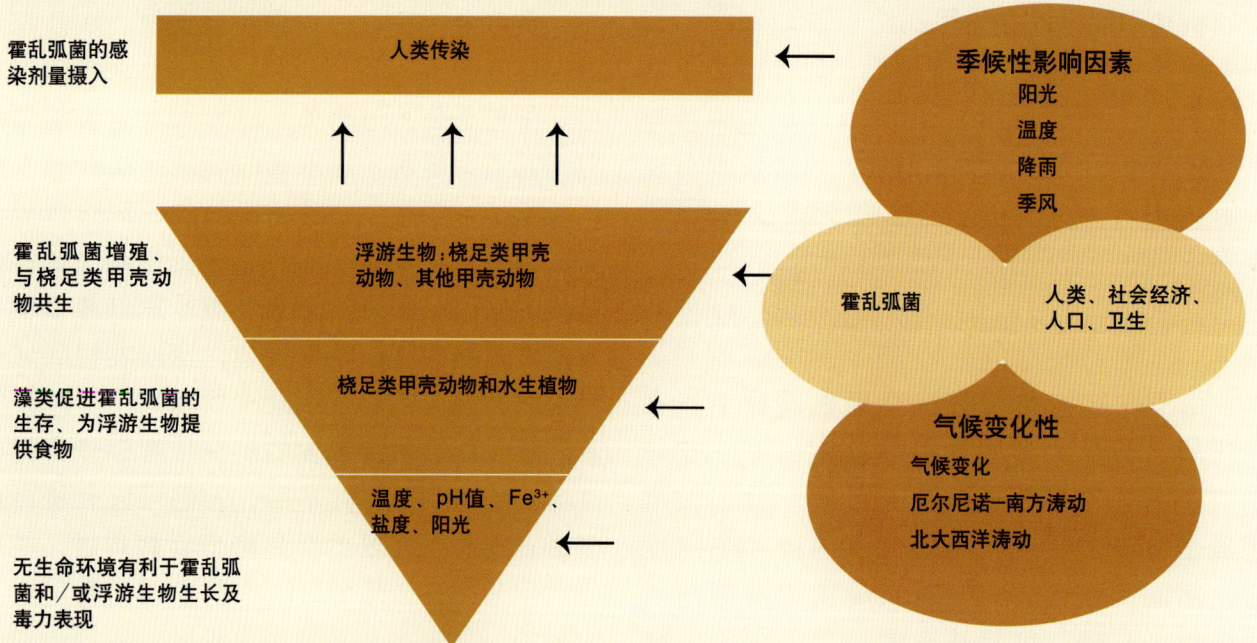

霍乱弧菌的感染剂量摄入 — 人类传染

季候性影响因素
阳光
温度
降雨
季风

霍乱弧菌增殖、与桡足类甲壳动物共生 — 浮游生物：桡足类甲壳动物、其他甲壳动物

霍乱弧菌

人类、社会经济、人口、卫生

藻类促进霍乱弧菌的生存、为浮游生物提供食物 — 桡足类甲壳动物和水生植物

气候变化性
气候变化
厄尔尼诺－南方涛动
北大西洋涛动

温度、pH值、Fe^{3+}、盐度、阳光

无生命环境有利于霍乱弧菌和／或浮游生物生长及毒力表现

资料来源：Lipp等（2002，p.763，图1，经美国微生物学会同意复制）。

霍乱

霍乱是由于摄入的食物或水受到霍乱弧菌的污染而引起的一种急性腹泻疾病。据估计，每年有 300 万～500 万霍乱病例，10 万～12 万人因霍乱死亡（世界卫生组织估计，正式上报的病例只有总数的 5%～10%）。此外，霍乱病例数继续上升（见上页图）：向世界卫生组织报告的病例数显示从 2008—2009 年增加了 16%，2009—2010 年增加了 43%，2000—2010 年十年间总共增加 130%（WHO，2010a）。2010 年大幅增加主要是由于海地继 2010 年 1 月的地震后，又于 2010 年 10 月爆发了霍乱。

霍乱流行地区往往社会经济条件差、基本卫生设施落后、缺乏污水处理、缺少公共卫生与安全饮水（Huq 等，1996）。具体来说，霍乱在亚洲、非洲的许多地区流行，并于近年来传播到南北美洲。疾病流行地区的风险因素可能包括紧邻地表水、人口密度高、受教育水平低（Ali 等，2002）。而影响霍乱弧菌的因素包括温度、盐度、阳光、pH 值、铁、浮游植物和浮游动物的增长（Lipp 等，2002）。"专栏"所绘为环境中霍乱传播的分级图。霍乱爆发风险在人道主义危机时期会加剧，比如发生冲突、洪水、大量人口迁移时。典型的危机地区包括没有基本的水和卫生基础设施的城市周边的贫民区，以及无法满足最低安全供水与卫生条件的难民营。实际上，霍乱的重新爆发往往与不卫生环境中的人口增长有关（Barrett 等，1998）。例如，20 世纪 80 年代的经济危机造成供水、卫生与医疗服务质量的下降，是导致 1991 年秘鲁霍乱爆发的主要原因（Brandling-Bennett，Libel 和 Migliónico，1994）。

80% 的霍乱病例通过口服补液盐简单给药，可以成功医治。然而，霍乱的预防取决于安全饮用水的获取与使用，和包括废水处理及个人卫生等条件的改善。预防措施对于防止或减少霍乱爆发至关重要。在海地霍乱中，由该国卫生与人口部指导、世卫组织及其他合作伙伴支持的国家公共卫生应对策略，为减少由霍乱导致的发病率和死亡率，已提出了多个健康措施减少霍乱的发生，如：提供肥皂洗手；提供氯和其他家用水处理产品或设备；厕所建设；改善公共场所卫生（如市场、学校、医疗机构和监狱）；通过包括社区动员的多种媒介进行健康教育宣传等（WHO，2010b）。事实上，要防治霍乱，安全水供应可能比抗生素或疫苗更重要。最近的一项研究表明，2011 年 3—11 月间在海地的安全水供应可能已经避免了 105 000 例霍乱病发（95% 置信区间 88 000～116 000）及 1 500 人死亡（95% 置信区间 1 100～2 300），比抗生素或疫苗单独产生的预期效果更好（Andrews 和 Basu，2011）。随着城郊贫民窟和难民区人口增加，同时越来越多的人受到人道主义危机的影响，霍乱在全球的影响也会增大，从而更需要安全饮用水、足够的卫生条件，以及在这种条件下养成更好的个人卫生行为习惯。

农业是粮食安全和充足营养的必要前提；但某些做法可能对人类健康产生不良影响，比如加大灌溉取水、改变农业生态系统中的水制度、增加水体污染等。据报道，农业与工业的增长是地表水和地下水水质恶化的主要原因（WWAP，2006）。使用杀虫剂、污染物、营养物和沉积物等不良农业行为可能会导致地表水和地下水污染。这些影响还包括形成病媒生长环境、动物粪便中的病原体污染水的供应等。随着农业扩张与集约化，可能还会增加疾病包括腹泻病、沙眼、血吸虫病、淋巴丝虫病和疟疾的发病率（Jiang 等，1997；Nygard 等，2004；Prüss 和 Mariotti，2000；Rejmankova 等，2006）。如果使用废水（污水）和排泄物灌溉、施肥作物，受污染的水体更易传播腹泻疾病。这种做法更多见于世界上许多城郊地区，尤其是在干旱与半干旱地区，农业用水与城市用水竞争激烈，而且城市人口的饮食习惯多种多样，给健康带来真正的威胁（Drechsel 等，2010）。由于一些地区寻求扩大农业用地面积，农业扩张可能会造成植被退化。而森林的消退会减弱其缓冲作用，无法控制非点源污染物进入河道，增加下游污染物浓度，继而影响人类健康。这些非点源污染物包括营养物质、化学品、沉积物和病原体（如引起腹泻的病原体）。除了加剧水污染，植被砍伐还会引发病媒与宿主的生态、行为的改变，影响疾病发病率，也可能加大疟疾和盘尾丝虫病的发病率（Adjami 等，2004；Walsh 等，1993；Wilson 等，2002）。

基础设施建设包括修建水坝和灌溉工程等，在满足水需求方面起到关键的作用。然而，尽管这些水利工程有利于粮食生产和能源开发，有利于控制水危机状况，但是这些基础设施反过来会影响人类健康。这些水坝和灌溉工程如果设计不合理、管理不善，就可能成为传播盘尾丝虫病的黑蝇繁殖的温床，以及传播疟疾、淋巴丝虫病及日本脑炎的蚊子的繁殖地（Erlanger 等，2005；Keiser 等，2005a；Keiser 等，2005b）。这些工程地也会为血吸虫幼虫的寄主——钉螺提供大量繁殖的场所（Molyneux 等，2008）。

全球气候变化会加剧目前人口增长与土地利用对水资源造成的压力，也会提高极端天气和水文事件（如内陆洪水）的发生频率。水体温度升高、降水强度增加、低流量持续时间增长等情况预计会加剧水污染，增加如疟疾、血吸虫病和腹泻等疾病的压力（Bates 等，2008；Koelle 等，2005；Zhou 等，2008）。例如，人们发现在一些国家地区的霍乱动态受到气候的影响，如孟加拉国（Bouma 和 Pascual，2001；Colwell，1996；Koelle 等，2005；Pascual 等，2000；Rodo 等，2002）、秘鲁（Colwell，1996；Speelmon 等，2000）和非洲五国（Constantin de Magny 等，2007）。更为频繁的暴雨降水也可能令下水道系统超负荷，导致未经处理的污水携带相关病原体一并流入水体，并呈现增大腹泻疾病的患病率和突然爆发的趋势。

专栏 4.2

有害的赤潮

大多数藻类无毒，是构成海洋与淡水生态系统的自然部分，而与之不同，有害赤潮是对人体、植物或动物有害的藻类。虽然赤潮没有被认为是全球的主要灾害之一，但对藻类的监测正在逐渐加强，表明藻类发生率有大幅增长的趋势，藻类监控也随之严格起来。这种增长的原因是多种多样的，其中包括物种扩散的自然机制和人为原因，例如：污染、气候变化、船舶压舱水传输等（Granéli 和 Turner，2006）。每年发生的人类个体、群体中毒事件大约有 60 000 例（Van Dolah 等，2001）。尽管人们尚未充分研究出赤潮影响人类健康的机制，但政府权威机构正致力于监测赤潮情况、完善卫生行为的指导，以减少其对公众的影响。例如，美国环保署（EPA）已将与赤潮相关的特定藻类添加至其《饮用水污染物名单》，该名单明确了优先调查的生物体和毒素。直接控制赤潮比减缓赤潮更为困难、更具有争议，控制策略包括机械、生物、化学、基因及环境控制。相反，由于缺乏对许多地区赤潮形成原因的认识，对已知的决定因素又无法修改或控制，赤潮的预防目前受到了限制。例如，从农业、住宅和工业中来的营养物流入也是许多赤潮的成因之一。然而，大部分的营养物质流入来自于面源污染（Anderson 等，2002），这往往难以控制。最有效的策略包括土地用途管制、地貌完整性维护、采用结构性与非结构性做法来减少面源污染（如修建雨水滞洪池和改善基础设施设计）（Piehler，2008）。随着世界人口持续增长，对沿海资源的需求则一定会增加，我们也需要更了解赤潮现象，并制定健全的政策予以践行。

登革热

2004 年，大约有 900 万人染上发热性疾病登革热（WHO，2008）。全球发病率持续上升，现在约有 25 亿人处于危险之中。由于没有对付病毒的药物或疫苗，因此，安全饮用水和卫生设施是干预这种疾病传播的关键措施。登革热是由两种蚊虫物种传播：埃及伊蚊和白纹伊蚊，这两种蚊子可在家用的临时贮水容器中繁殖。因此，保障家庭贮水容器的安全是预防登革热的重要措施，特别是在人们习惯雨水收集、利用大型家用储水容器的地区（Mariappan 等，2008）。家用贮水容器可以装置屏障或合适的盖子防蚊，然而这些设备很难完善维护，也不适合长期使用。用杀虫剂处理过的遮盖物可以进一步降低登革热病媒的密度，并可能阻滞登革热的传播（Kroeger 等，2006；Seng 等，2008）。自来水供应可以完全取代水容器的使用。自来水管道从城市延伸到农村，通过这些不可靠的管道供水，迫使从前依靠井水的农村家庭在家里储水的时间更长，从而扩大了登革热的传播范围（Nguyen 等，2011）。实际上，在发展中国家和发达国家的家庭和社区中，有必要采用家用水的加工与安全储存的综合方法，减少腹泻及其他与水有关疾病的感染（如登革热和疟疾）。

《2030 年愿景研究》（WHO/DFID，2009）主张将水与卫生设施整体纳入饮用水与卫生规划、决策与管理中，以适应并有效地应对气候变化带来的潜在不利影响。对饮用水与卫生体系和服务中"一切照旧"的做法作出改变，是适应气候变化、化危机为机遇的关键。优化水与卫生设施将使未来投资健康的效益最大化，确保在气候变化引发极端天气时，饮用水与卫生设施仍然可以正常运作。

目前，我们迫切需要参照这些影响人类健康的驱动因素，来更好地认识其动态情况：产生这些因素的一系列复杂要素是哪些、相关人口的脆弱性增强的特质如何、怎样确认面临这些威胁的高危人群（Myers 和 Patz，2009）。改进对此的认识也能够提供降低与水有关疾病的风险的基础，从而帮助资源管理者与政策制定者确定其所作决定的健康影响，同时让协助机构更有效率地找准目标资源。

4.1.3　措施选择和后果

关键信息

1. 一些全球性驱动因素预计将对通过水环境传播的疾病发病率影响最大，这些因素包括人口增长和城市化、农业、基础设施和全球气候变化。这些因素的发展趋势直接和间接地影响全球疾病负担，在很大程度上造成不利影响，而且会增加在未来人类健康的总体不确定性。

2. 有许多非与水相关环境卫生分析和非环境卫生分析将卫生发展趋势和热点错误地归因为水。

3. 通过概括主要与水相关疾病有关的环境-健康纽带关系，确定了五个关键解决方案：安全饮水、基本卫生条件、个人卫生状况改善、环境管理与健康影响评估办法的使用。实施这些行动可改善多种疾病负担，提高数以十亿计的人口生活质量。

4. 对潜在的强大驱动因素的未来影响（如本报告中明确的影响）展开深入研究，准确确定有关水和卫生的风险与机遇。与《2030 年愿景研究》类似，这些研究将评估围绕人口、发展和城市化的复杂关系，来确定在应对气候变化时，与供水和卫生的适应力相关的主要风险、不确定性和机遇。

5. 保护人类健康需要包括来自非水行业、非卫生行业的参与者和利益分享者的跨行业通力合作。

确定过去和现在（以及预计未来）哪些因素是造成了疾病的缘由，对制定上述基本预防策略非常必要。通过理清每种主要水性疾病的传播途径，就可制定五种关键行动来对抗这些疾病，如安全饮水、基本卫生条件、个人卫生状况改善、环境管理和采用健康影响评估等。采取这些行动不仅可减少疾病产生，还可提高数十亿人的生活质量。

2011 年 5 月，第 64 届世界健康大会（WHA）再次重申上述主题。大会一致通过"饮用水、卫生设施与健康"决议（WHA，2011b）和"霍乱的预防与控制机制"应对方案（WHA，2011a）。这些协议建立的政策框架由以下机构遵守并采取相应行动，如世界卫生组织、联合国儿童基金会（UNICEF）（大会的联合国姊妹机构）以及联合国 193 个会员国的国家卫生部门，以促进安全清洁的饮用水、基本的卫生条件和健康的卫生习惯。协议敦促各成员国重新确定将饮水、环境卫生与个人卫生纳入国家的公共卫生战略。

针对与水有关的疾病的抗击行动可以在不同层次实行：

• 制定国家政策，构建体制框架：通过这些努力，可提供有利环境下普遍和有效的安全饮水供应和卫生服务。

• 网络资源：网络聚集了专业人士分享的信息和经验，在抗击与水相关的疾病负担时发挥关键作用。例如，世界卫生组织主办的国际网络（如饮用水监管网络与小型社区供水管理网络）、世界卫生组织/联合国儿童基金会家用水处理和安全储水网络、世界卫生组织/国际水协会（IWA）运营与维护网络等。

• 法律建设：加强法律建设可增强疾病防御能力。例如，世界卫生组织制定了第四版

《饮用水质量准则》（WHO，2011b）及其后续的水安全规划实施办法（WHO/IWA，2009）。

• 监督实施：世界卫生组织/联合国儿童基金会供水与卫生联合监测方案（JMP）与联合国水计划（UN-Water）/世界卫生组织实施的全球卫生与饮用水分析评估（GLAAS）以人人都能获得水与卫生权利为宗旨，为全球政策制定、资源分配及行动提供了保障，为实现千年发展目标提供了建立指标与目标的平台，为 2015 年后开展监测工作奠定了基础，为人类水权和卫生权利提供了保障（WHO/UNICEF，2011）。

健康影响评价（HIAs）可以用来在即将实施的水资源政策或即将投建的水利项目前期客观评估其健康效益，提供建议来增加积极的健康成果、尽量减少不良健康影响，来作为公共健康管理计划的一部分。健康影响评估体系可用于全面解决在决策过程中面临的公众健康问题，这些问题包括不属于传统的公共卫生领域的发展规划：交通运输、农业、土地使用、能源和基础设施。将公众健康后果置于考虑过程的"上游"，作为早期规划过程的一部分，为设计和管理的干预提供了契机，而这些干预都是一旦项目运作开始便无法操作的。体系还发展跨行业的做法，以减少病原体的传播，防止随后"隐性成本"转移到卫生部门。

通过确定过去、现在和预计未来的驱动因素如何加重与水有关疾病的负担，也能判断出主要的风险、不确定性和机会，例如老化水利基础设施故障增加的风险，以及通过改进管理来提高整体的水资源影响和供水和卫生基础设施的机会。这些行动带来的影响是，提高有限财政资源的利用效率，从而促进水和卫生的获取，提高相关的服务质量，并间接改善如营养不良等问题更广泛的健康指标。

若要更准确的确定与水和卫生有关的风险与机遇，需要更多深入研究。受英国国际发展部和世界卫生组织委托，《2030 年愿景研究》分析了在面对气候变化时，与供水和卫生设施弹性有关的主要风险、不确定性和机遇

（WHO/DFID，2009）。这项研究汇集了气候变化的预测证据、技术应用的发展趋势、饮用水和卫生条件的适应能力和弹性方面的知识进展，目的是确定适应气候变化需要的关键政策、规划及操作上的变化，尤其是在供水与卫生服务更为有限的中低收入国家。本研究包括五个关键结论：

1. 人们往往将气候变化视为一种威胁而非机会。在适应气候变化时，可能会有明显的健康和发展综合效益。

2. 要使目前和未来的投资不被浪费，就需要在政策和规划上作出重大变化。

3. 潜在的适应能力很高，但很少能实现。饮用水和卫生设施的管理需要有更大的弹性，以应付目前的气候变化。这将是控制未来变化的不利影响的关键。

4. 尽管还不确定一些区域的气候变化趋势，大部分地区仍有足够的认知储备来公布政策与规划中紧急但审慎的变化。

5. 我们的了解还不够全面，仍有重要部分的空白，可能已经或即将阻碍有效开展行动。为了发展简单易行的行动手段，提供气候变化问题的区域信息，迫切需要有针对性的研究，以填补在技术和基本信息方面的空白（WHO/DFID，2009，p.3）。

"在饮用水水质管理方面普遍的观点是：处理水污染，相比事后做出反应，更为有效和可持续的办法是从源头上解决问题。"

与水相关疾病的驱动因素和人类健康之间的关系很复杂，因此，保护人类健康需要各行各界的合作。为了避免意外的公众健康不良后果，以及提高综合效益，非水或非卫生部门的政策、项目应反映出决策制定过程中水资源管理和卫生之间的联系。要做到这一点，需要医疗专业人士和机构的参与。

在饮用水水质管理的过程中，人们日益认识到，应对产生的问题的一个更为有效和可持续的方法，是解决水体污染复杂的根源。第四版《饮用水质量准则》（WHO，2011b）中，强调各利益相关者的合作，这些人包括往集水区排放工农业废水的土地使用者或户主；监督环保法规的实施与执行的各大部委的决策者；供水行业从业人员；以及自来水的消费者。这种预防性、合作式的水安全规划方法已经显现出效益，包括节省成本、促进水质不断改善。而过去的经验也表明（最新在东亚和南亚也有类似做法），在取得进展的同时，实施这样一个"无捷径"的做法仍然是一个挑战。每一个风险管理解决方案都需要按照供水问题量身订做，也要求关键利益相关者参与其中，一同致力于共同的目标。

4.2 水与性别

由于性别导致水资源获取和控制存在差异，这一点在与水相关的各种挑战中比较突出，尤其是在如何面对缺水危机、水质恶化、处理水与粮食安全的关系以及改进管理的需求等方面。据估计，由于不确定性和风险增强，各种用水需求的增加、气候变异和自然灾害，造成可用淡水资源总量和质量降低，这些挑战在未来将变得更加严峻。

水被广泛应用于各种社会经济活动，如公共卫生、农业、能源和工业领域。在这些活动中，如采取不可持续的短期决策，会对水资源产生影响，同时也会对社会中男性和女性带来不同的社会经济后果。从长远来看，水资源短缺会造成当地男性和女性在获取和控制当地水资源时的不平等，尤其对贫困妇女影响最大。

有关不同用途的跨区域水资源的分享、分布和分配的决策往往是高层决策者作出，而他们更多关注经济和政治问题，而不是社会问题。这些决策影响了当地的水资源供给，而受到影响的恰恰是那些可能无法获得维持生计和满足用水需求的人群。农村女性通常依赖小池塘和溪流满足用水需求；但在许多地区，这些水源也已经受到侵蚀或因土地开发而消失，或因发展的需要被当地政府和工业部门征用或被用来向城区供水。

针对不同的用途和目的，水的利用价值不同。同一水源可用于社会及经济目的。在地方，社会和环境价值更为普遍，水源可能有不同的用途，如饮用水、日常用水（洗浴、盥洗等，取决于水质）或被视作神圣的宗教用水。人们将水视作能带来经济效益的好东西，例如灌溉计划中供应的灌溉用水；不仅如此，水更有对当地社区的社会价值。尤其是对女性来说，相同的水源，她们可能会留作家用或农用。以性别平等的观点来分析水资源的价值，就能发现其中改善女性获取水资源、安全用水状况的机遇。

水资源政策如果只是基于宽泛的、广义的角度来考虑，就较有可能忽略当地的文化、社会和性别方面的特点及其反映的问题。认识这些地方性水资源如何在社区中为不同群体的男女所用，可有助于人们将性别方面的因素考虑到水资源管理和诸如城市供水、农业、工业和能源等行业中，帮助解决在水的分配和淡水资源需求方面发生冲突的问题。若政府机构、私营企业、民间组织的决策者都与这些行业合作，那么在向当地社区中不同群体男女提供水资源利用的过程中，他们就可了解并应对潜在的协作与平衡。这种做法将帮助人们预见风险和不确定性、计划保障措施，保护社会中最脆弱的群体。

有充分的证据表明，在发展经济时，提高对性别问题的敏感度有利于水的干预和水资源保护的有效性、可持续性。在水资源干预的设计与实施中就考虑进男性和女性，有助于产生新的解决水问题的有效方案；有助于政府避免无益投资、错误决策的昂贵代价；促进项目更可持续发展；确保发展基础设施获得最大的社会经济效益；并推进减少饥饿、降低儿童死亡率等发展目标，促进性别平等。（乐施会，2005，2007）。

一方面，人们需要克服许多社会构成的障碍，使男性与女性都参与到水资源决策与管理中；另一方面，随着女性参与水资源管理的能力得到加强、领导角色的机会增加、经济条件改善，传统的性别角色已经受到了挑战。然而，这些成绩的取得往往受制于当地环境，比较突出的问题如赋予女性水资源权利等仍受到外在因素的制约。这些因素不仅超出管理的范围，也涉及在短期内难以改变的传统、文化和政治现实，需要政策制定者、政府、政治家与宣传机构付出长期的努力。

几十年来，联合国在促进两性平等方面取得重大进展，包括通过具有里程碑意义的协议，如《北京宣言和行动纲要》、《消除一切形式的妇女歧视公约》（CEDAW），并且建立联合国妇女署（UN Women），以加快实现两性平等和提高妇女地位。水与性别被列为联合国水计划"2010—2011年工作的优先主题领域计划"之一，与此同时，促进两性平等也成为联合国教科文组织2008—2013年的两个全球优先领域之一。

4.3 生态系统健康

生态系统及其效益的整体趋势说明生态严重失衡，而这个系统的不稳定和退化加剧了不确定性并增加了风险。生态系统正在迅速接近临界点，达到这个临界点后，损失将会加速，并无法挽回，引发高风险和潜在的重大社会经济影响。好消息是目前的情况已越来越多地引起人们对生态系统的关注，并实施了相应的有效措施，水、生态、环境、生物多样性和人类发展利益之间的分歧正逐渐缩小。实现与水有关的目标、减少不确定性和风险，可以从生态系统中找到解决方案，我们的任务是使其得到更广泛的应用和推广。

生态系统带来的多重效益（或服务）对于可持续发展必不可少。其中许多关键服务直接源于水或基于水。因此，生态系统健康的趋势，就表明了水带来上述综合利益的趋势，也是体现人水和谐的一个关键指标。如今，生态系统本身及系统内生物的发展趋势清晰无误地表明，两者已经失去平衡。

《世界水发展报告》第二版（WWAP，2006）和第三版（WWAP，2009）总结了淡水生态系统面临的主要压力和影响，重点涉及的与水相关的直接驱动因素包括生态系统的转换（如排水和湿地转换）、断裂（如大坝和水库）、退化（主要是供水/流量和水质/水污染）。造成这些情况的间接驱动因素一方面是由发展过程中的社会（包括人口）和经济变化带来的，另一方面是由于大部分人类需求与人类活动都会直接或间接地影响有限的水资源。不论在全球还是地区范围内，这些驱动因素的本质在很大程度上仍然保持不变。即使有相对比重的一些变化，大部分驱动因素呈现整体加剧的消极趋势。

由于有这些驱动因素，目前生态系统的整体健康无疑又表现出加速退化的态势。第二版和第三版《世界水发展报告》指出，这种负面趋势正在加速，在《千年生态系统评估》（MA，2005）中也有全面论述，这些都是基于最近几次的详细评估，包括第四期《全球环境展望》（UNEP，2007），第三期《全球生物多样性展望》（CBD，2010a），以及在非洲等地开展的区域评估（UNEP，2008）。回顾2010年内陆水域生物多样性目标的进展，得出的结论是：2010年内陆水域生物多样性的目标和子目标尚未实现，造成生物多样性损失的驱动因素仍未改变，且均在升级；营养物负荷过剩已成为内陆（和沿海）水域生态系统变化的一个重要的直接驱动因素（见图4.1），地下水污染仍

图 4.1

内陆和沿海水域的营养物负荷

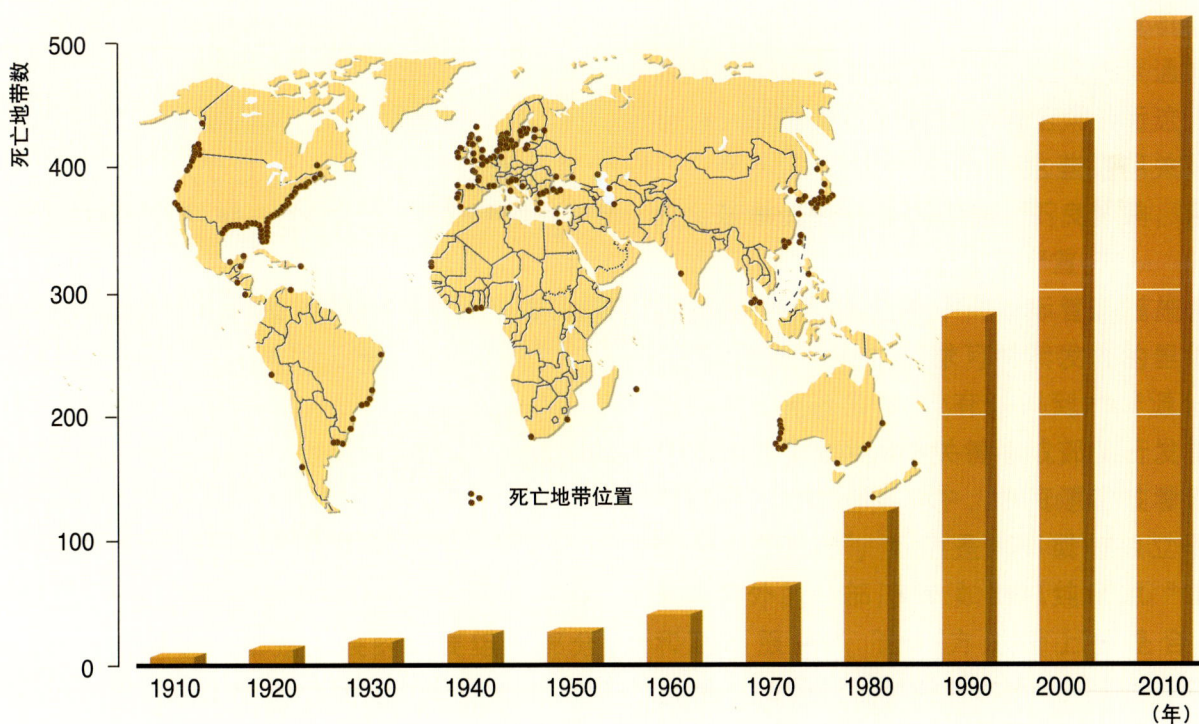

注：沿海区域由于水中的氧气水平下降太低，以致无法支持大多数海洋生物，观测到的"死亡地带"数自1960年以来几乎每10年翻一番。死亡地带大多集中在许多大江大河的河口附近，形成原因主要是由于内陆农业地区的肥料冲进河道，造成了大量营养物质的积累。营养物造成更多藻类死亡后海底分解，消耗水中的氧气，威胁到渔业、民生和旅游业。

资料来源：CBD（2010a，P.60，图15）。

然是一个严重的问题；地表水和地下水循环受制于由人类在本地、区域和洲际水资源直接利用活动的巨大变化；可提取水资源的生态可持续性正面临危机（见专栏4.4）。虽然在政策制定与实施过程中已经取得成效（如指定保护区），但进展速度正在放缓，大部分指标正在持续或加速下降（Butchart等，2010）。虽然湿地保护区面积正在增加，但大部分湿地地区正在退化（CBD，2010b）。

发达地区所表现出的积极一面，如加强营养物负荷管理（见图4.2），修复湿地或减缓甚至逆转生物多样性损失，正在被发展中国家的加速退化所抵消。一个潜在的问题是，富裕国家有维持或增加其自然资源消耗的倾向（世界自然基金会，2010），但他们将"水足迹"转嫁给其他生产者，而且通常是较贫穷的国家。例如，英国62%的"水足迹"为包含在国外进口的农产品中的虚拟水，只有38%来自国内水资源（Chapagain和Orr，2008）。此外，许多富裕国家在控制本国的污染后将工业生产转移到其他地方，如转移到中国。包括虚拟水交易，是典型的造成与水有关影响的方式。更重要的是这也将不确定性和风险转嫁给了发展中国家，而后者往往较难应对这些问题。只有当发达国家消费者关注自己的全球"水足迹"，并承担起相应责任，我们才能抓住其根源，找到恰当的解决方案。

有充分证据表明，人类正在不可持续地过度消耗自然资源。评估结果表明，长此以往，需要约3.5个地球的资源才能维系全球人口按照目前欧洲或北美的平均水平继续生活。水资源的可持续性是解决这一难题的关键。最新研究表明，现在有可能已经达到或超过了水资源可持续性的全球极限（见专栏4.4）。目前尚未标出生态系统服务功能退化的"热点"地区，但这些地区往往与用水紧张（见4.6节）、高污染负荷密切相关（见图4.1）。经济发展迅速、人口密度高、人口增长快、工业化程度高、取水有限，通常是生态系统最受影响地区的显著特点。

图 4.2

欧洲的氮平衡

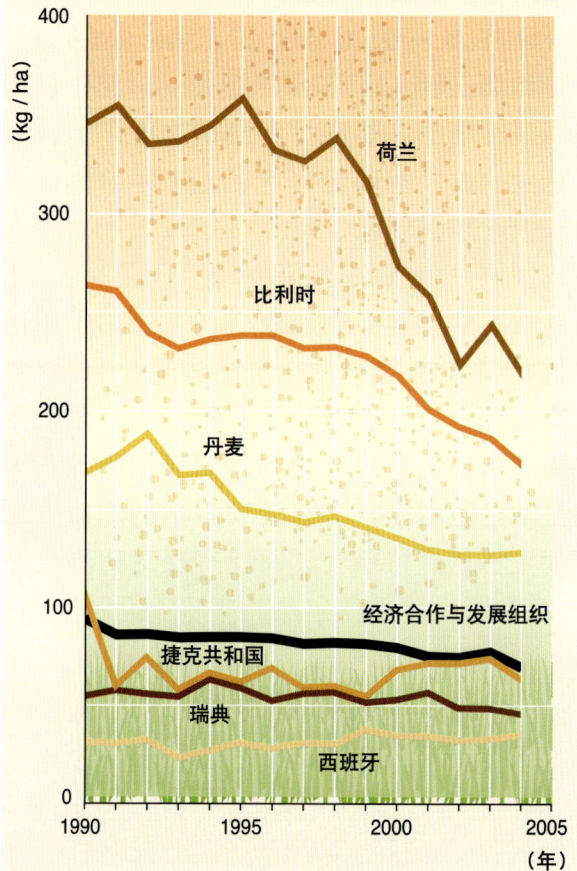

注：选定欧洲国家农业用地平均每公顷氮平衡（与作物和牧草的用量相比，氮作为土地肥料的用量）。在一些国家，时间减少意味着化肥的使用效率升高，因此会降低因养分流失对生物多样性的损害风险。

资料来源：CBD（2010a，p.61，图16）。

专栏 4.4

水资源可持续性是否已经触及全球的底线？

根据对全球生态系统可持续供应的评估，Rockström等（2009a）认为安全和可持续的"蓝水"资源消耗（江河、湖泊、地下含水层和灌溉水源的蒸腾和蒸发）应不超过每年4 000立方千米。据估计，目前蓝水消费量为每年2 600立方千米。但是Molden（2009）在注解中说明，依据更广泛的全球供水和需水研究，4 000立方千米这个确定的限额可能过高。由这些研究得出：已经接近全球可持续用水量的底线。

然而，水的分布与消耗并不平衡，许多地区已经超过可持续取水限额。例如，澳大利亚的墨累-达令河、中国的黄河、巴基斯坦和印度的印度河、中亚的阿姆河和锡尔河、尼罗河、美国和墨西哥的科罗拉多河以及中东的大部分河流，只有很少甚至没有额外的径流量或地下水补给，其中许多流域是重要的粮食产区。这种压力反映在生态系统的健康，所有这些流域都遭受了过度污染、河流枯竭、供给矛盾及其他生态系统退化（Molden，2009）。在全球范围内，世界上只有极少部分河流未受人类影响，多数流域现已表现出类似的压力迹象（Vörösmarty 等，2010）。

"人们常常认为自然环境中的可用水很容易获取和转移。例如，许多国家的政府设计了宏伟的规划，从富水流域调大量的水到贫水流域"（Molden，2009，p.116）。这些跨流域调水对生态系统健康的影响虽然还不能确定，但可能是巨大的。水资源管理也往往只关注地表水和地下水对生态系统的损害，以及其在水循环中的作用。人们需要更多地认识到，保护和恢复土壤水分，是土壤生态系统健康的基础，且十分重要；地表植被覆盖率与本地湿度、区域湿度的关系也至关重要。政策制定者和管理者必须了解的是，生态系统不消耗水，只是提供和再利用水，不可持续地从生态系统中取水会降低水能力，阻碍水提供社会需要的效益。

生态系统和生物多样性经济学（TEEB，

2009）指出，生态系统退化或破坏并不会马上被觉察到，它的服务功能丢失是一个递进的过程。但是早晚会达到一个"临界点"，在经过一段看似平稳的时期后，很快就会发生灾难性的快速崩溃（例如：Lenton 等，2008）。这可能对可持续发展和人类福祉进程造成颠覆性的破坏。面对这种变化，穷人通常最早受到影响而且最为严重，最终所有人将因此遭殃（CBD，2010a）（见专栏 4.5）。

生态系统的临界点：理论还是现实？

森林砍伐导致地区降雨减少，因为这减少了森林降雨云的形成。森林砍伐引发当地气候干燥，从而加速生态系统的变化。如亚马孙流域20％的森林砍伐率就可能意味着已经达到临界点，一旦超过这个点，整个流域的森林生态系统将会崩溃（世界银行，2010a）。这将对水安全和其他生态系统服务功能产生破坏性的影响，波及范围将远远超出亚马孙河流域本身，包括对区域农业和全球碳存储的影响[1]。遗憾的是，亚马孙森林砍伐率已经达到 18％左右。

在近期发生的干旱事件中，南美洲的原始热带雨林从缓解大气中二氧化碳含量转化为加速其增长；这在非干旱年也是无法补偿的。如果干旱事件继续，无论是不是因为气候变化、森林砍伐或直接用水，亚马孙原始森林减少大气中二氧化碳含量的时期可能都已经过去了（Lewis 等，2011）。

Nkem 等（2009）提供的证据表明，现实中这个临界点正在临近或已然超过，这也被《联合国气候变化框架公约》的国家报告证实（中美洲情况尤其如此）。这些都表明，森林砍伐已经逐渐影响到供水（如可持续水电开发）。受调查国家非常清楚地看到，管理不确定性和风险就是如何处理好气候变化-水-森林的关系。

除了水和二氧化碳之外，多重诱因都可导致临界点的突破。Rockstrom 等（2009b）确定了九个环境安全界限，一旦超越，生态系统就会崩溃，它们是：气候变化（温室气体水平）、海洋酸化、平流层臭氧、氮和磷负荷（循环）、全球淡水使用量、土地制度改变、已明确极限的生物多样性损失速度、化学污染和大气气溶胶（正在等待度量）。他们估计人类已经超越了三个环境安全界限：气候变化、生物多样性损失速度和全球氮循环（注意之前所提淡水利用也可能接近或超过了极限）。"逾越界限造成的社会影响主要是受到影响后的生态修复功能。'环境安全界限'概念的提出为我们转变管理理念和治理措施奠定了基础，让我们从原来单纯降低负面作用的行业分析方式，转变为估算（及管理）整个人类发展的安全空间"（Rockström 等，2009b）。

专栏 4.6

中国的湿地修复：趋利避害

事实证明变化正在发生。中国令人瞩目的经济增长无疑造成了严重的环境问题，主要表现在湿地快速退化和消失、华北地区严重缺水和遍布全国的废水污染。一份报告指出，从 1990 年至 2000 年仅仅 10 年间，超过 30% 的天然湿地面积可能已经消失（Cyraoski，2009）。这是自然栖息地丧失率最高的记录之一，超过了全球森林的损失趋势，但却也是发展带来的典型影响。在经济合作与发展组织国家中，有数据统计的区域，湿地消失更为广泛；例如，新西兰湿地消失率达 90% 以上（Ausseil 等，2008）。然而，中国的湿地政策已经发生变化，为湿地修复作出了巨大努力。最近的一项调查显示，2000 年后的五年里，中国的湿地面积已趋于稳定，甚至可能略有增加（Xu 等，2009）。推动这项政策实施的动力是人们认识到与水相关湿地生态系统的服务价值，湿地修复作为高效低成本的手段和措施可解决水资源管理问题。

人们越来越重视整合现有的知识和数据集，以便更好地解释和说明水、生态系统和人类的相互依赖。对环境趋势、生态系统和生物多样性的评价继续在朝这个方向转变，但主要还是对几个学科领域发展趋势的单独评价。目前比较显著的进展是整合了不同数据集和知识源，如 Vörösmarty 等（2010）采用相关数据，将 23 个驱动因素分别描述为代表影响环境的四个方面（流域功能失调、污染、水资源开发和生物因素），用来评价"累计威胁框架"。结果表明，基于 2000 年的数据，近 80% 的世界人口面临高度水安全威胁，这意味着风险级别比以前预期的要高得多。

对全球或地区的评估不能忽略本土和国家层面取得的良好进展。虽然水质整体继续恶化，但有迹象表明，来自农业的非点源污染仍是一个挑战，几乎所有地区都在采取有效措施控制污染物排放（见图 4.3）。一个积极的趋势是人们开始普遍关注依托生态系统措施实现水资源管理目标，也出现了一些实际案例。尽管要实现造福全球的目标，这些方法还有待于提升与推广，但前景乐观（见专栏 4.6）。

图 4.3

自1997年以来,马来西亚的河流流域被定级为清洁的比例一直在升高

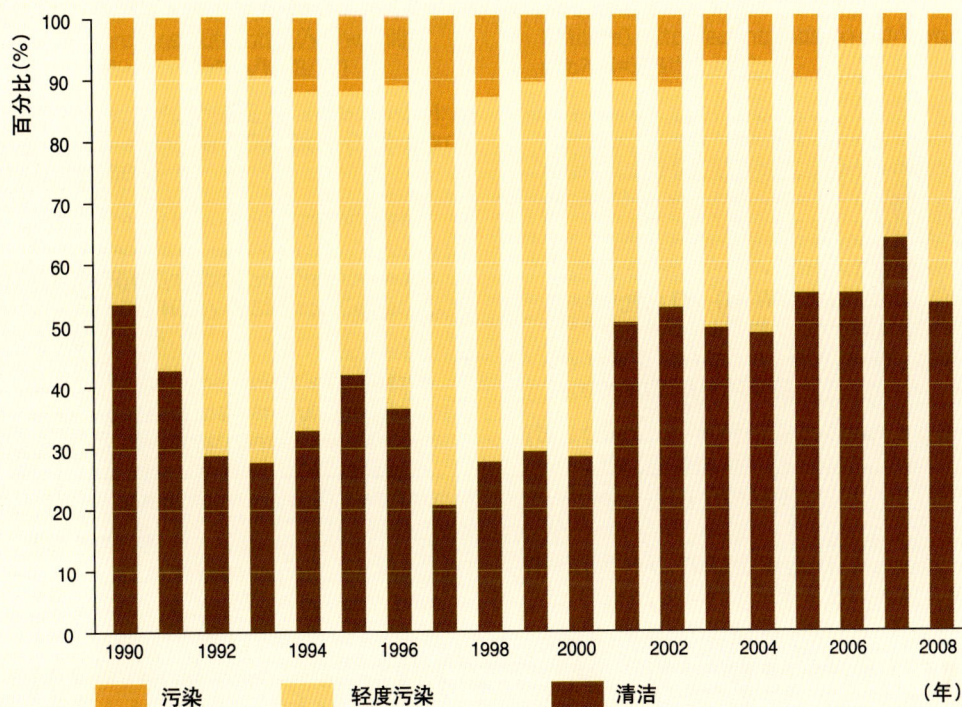

资料来源:CBD(2010a,p.43,图11)。

4.4 涉水灾害风险

涉水灾害属于自然灾害的一个分支,影响较大的涉水灾害包括洪水、泥石流、风暴及相关的海洋风暴潮、热浪、寒潮、干旱和水源性疾病。大多数灾难都是多种灾害共同作用的结果,有些灾害因水而起,有些是由地理和生物因素造成,比如由地震引起的海啸、修建大坝引起的山体滑坡、防洪堤和大坝断裂、冰川湖水泛滥、与海平面异常或海平面上升相关的沿海洪涝灾害以及干旱或洪水导致流行病暴发、病虫害肆虐。

涉水灾害占所有自然灾害的90%,而且总的来说,发生频率和强度在不断上升。"2010年共发生约373起自然灾害,夺去29.68万人的生命,将近2.08亿人受到影响,损失近1 100亿美元"(UN,2011)。

涉水灾害中的干旱很少被纳入影响数据统计。《联合国全球评估报告》(The United Na-tions Global Assessment Report)中指出,自1900年以来,干旱共造成1 100多万人死亡,20多亿人受干旱影响,造成的影响居全部自然灾害之首(UNISDR,2011)。但是,由于鲜有国家系统记录并报告干旱带来的损失和影响,实际造成的死亡人数和受影响人数很可能要大于这一数据。该报告还指出,许多国家(如美国)只报告其投过保的损失。

涉水灾害带来的灾难不仅威胁着人类生命,影响人类生活,而且还给国家的发展带来了负面影响。气候变率与发生与水相关的灾害联系紧密,总会对发展造成影响;实际上,气候变率较强的国家通常人均国内生产总值较低(Brown 和 Lall,2006)(见图4.4)。1990—2000年间,一些发展中国家发生的自然灾害造成的损失占其年均国内生产总值的2%～15%(世界银行,2004;WWAP,2009)。

据预计,气候变化将会导致某些自然灾害更为频繁地发生(IPCC,2007)。目前没有证

图 4.4

气候变率对GDP的影响

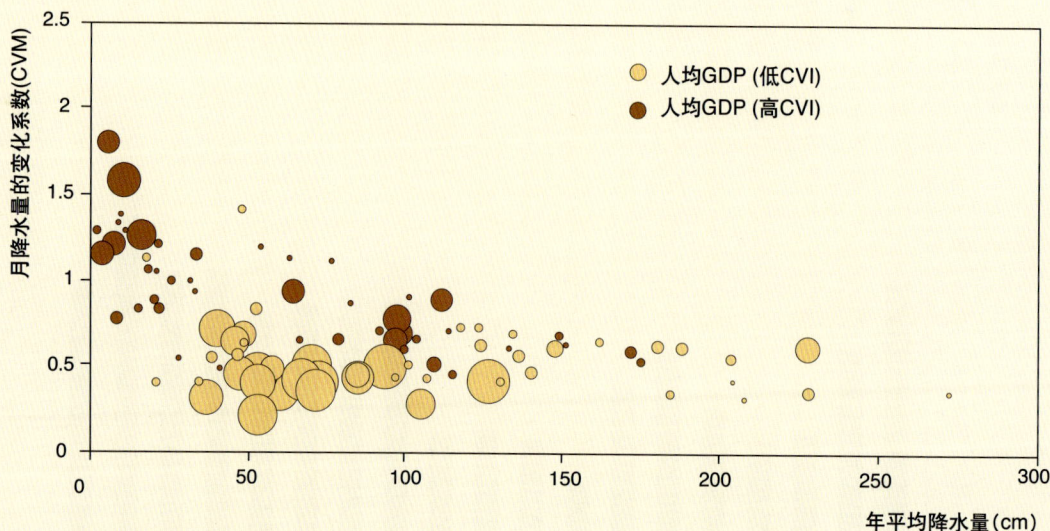

图例:
- ○ 人均GDP (低CVI)
- ● 人均GDP (高CVI)

纵轴: 月降水量的变化系数(CVM)
横轴: 年平均降水量(cm)

注：本图说明，气候变化指数(CVI) 较高的国家(深棕色点) 通常人均GDP较低(由该点的大小反映)。 表中较大的深棕色点代表科威特、阿曼和阿拉伯联合酋长国等产油国。

资料来源：Brown 和 Lall (2006，p.310)。

据显示气候变化会直接增加涉水灾害造成的损失（Bouwer，2011），但是由于其影响越来越大，极端情况发生的频率越来越高，许多国家都在寻找降低灾害风险的方法作为适应气候化的措施（UNISDR，2011）。

世界银行 2010 年发布的一项报告对具体预防措施的成本和收益进行了研究。该报告研究了政府在灾害预防方面的开支，发现政府的灾害预防支出通常低于灾害救援支出，一场灾难发生后政府通常会增加救援支出，并在接下来几年内保持高救援支出水平。但是有效的灾害预防不仅取决于有多少防灾资金，更取决于资金用在了哪些方面。例如，孟加拉国将适当数额的资金用于建造避难所，进行准确的天气预报、发布预警信息、安排人员转移，从而降低了气旋灾害造成的死亡人数。所有这些花费比建造大型堤坝花费少，但是效果更好（世界银行，2010b）。

灾害造成的经济损失和人员伤亡不断增加，促使政府和人道主义组织更加关注对灾害准备、预防以及脆弱性根本原因的解决。实际上，虽然捐助者对灾害预防和降低风险的兴趣增加了，但是新的资金或新项目的实际数量却并没有上升（Martin 等，2006）。

4.4.1 涉水灾害的影响和风险趋势

涉水灾害不仅会造成直接影响（如损害建筑物、农作物和基础设施，造成人民生命财产损失），而且还会产生间接影响（如生产和生活损失，增加投资风险、债务和对人类健康产生影响）。飓风、台风和气旋产生的影响取决于以下因素：风速（1～5 级）、受风暴袭击的地区所在的位置、引发的洪水规模、受影响地区的人口密度、建筑和基础设施的质量。风暴通过狂风、龙卷风、风暴潮（在 80～160 千米范围内横跨海岸线）、风暴浪潮（潮汐力加强的风暴潮）和暴雨引起的洪水造成影响。风暴潮是海岸线一带人们生命和财产安全的最大威胁。这种类型的风暴能够在几秒钟内瞬间造成巨大的破坏和人员伤亡。

洪水是最常发生的自然灾害之一，而且几乎每个国家都会发生。山洪暴发、河水泛滥和城市洪水的严重程度取决于降雨强度、降雨的空间分布、地形和地表条件。据预计，气候变化会造成更严重且更频繁的洪涝灾害（IPCC，2007）。干旱是所有自然灾害中在全球范围内影响人数最多的灾害（UNISDR，2011）。虽然干旱有可能引发饥荒，但是干旱不会破坏基础设施或直接造成人类死亡（然而，与粮食安全相关的一系列复杂因素相互作用最终会导致人类死亡）。2011年，非洲之角出现饥荒，1 330万人的生计问题受到威胁［联合国人道主义事务协调办公室（UNOCHA），2011］，这突出表明了造成降雨量减少的气候现象、灾害应对能力有限的牧区弱势群体、以及政治冲突环境这些因素之间复杂的相互作用（以及可能造成的灾难性后果）。

观察一下洪水和干旱"在全球范围内的风险模式和趋势，就能确定风险主要集中的地区，看出不同国家不同时间灾害风险的地理分布，以及这些风险模式和趋势的主要驱动因素"（UNISDR，2011）。1970—2010年间，世界人口增长了87％（从37亿到69亿）（UNISDR，2011）。这40年内全世界受洪水影响的人口平均年增长率为112％（从每年3 330万人到每年7 040万人）（UNISDR，2011）（见图4.5）。

"所有地区的国家已经加强了他们对降低主要天气灾害（如热带气旋和洪水）中死亡风险的能力"（UNISDR，2011，p.18）。图4.6是三种天气灾害（热带气旋、洪水和暴雨引发山体滑坡）中死亡风险的最新全球分布图。从图中可以看出，死亡风险最高的地区与频繁遭受恶劣天气灾害的弱势群体聚居的地区是相对应的。

相比之下，各国在成功应对其他风险过程中遇到的困难更大。由于受灾害影响的经济资产迅速增加，超过了抵御灾害能力的提高速度，热带气旋和洪水造成的经济损失风险呈现出上升趋势（IPCC，2007）。在人口密集分布且增长迅速的农村地区以及管理薄弱的国家，洪水造成的死亡风险是最高的。面对所有涉水灾害，国内生产总值较低且管理薄弱的国家与治理能力良好的国家相比，前者人口死亡率要远远高于后者（UNISDR，2011）。

图 4.5

受洪水影响的人口

绝对人口：每年受洪水影响的人口 | 相对：每年受洪水影响的人口百分比

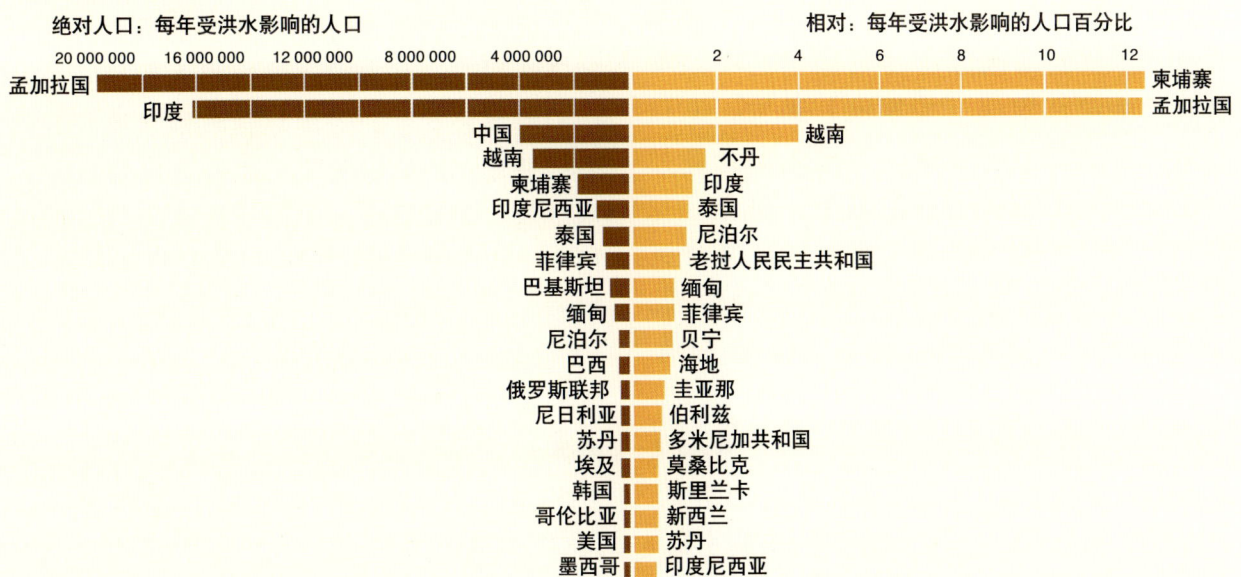

资料来源：UNISDR（2009，p.36，图2.14）。

图 4.6

灾害带来的死亡风险（洪水、热带气旋和降水引发的山体滑坡）

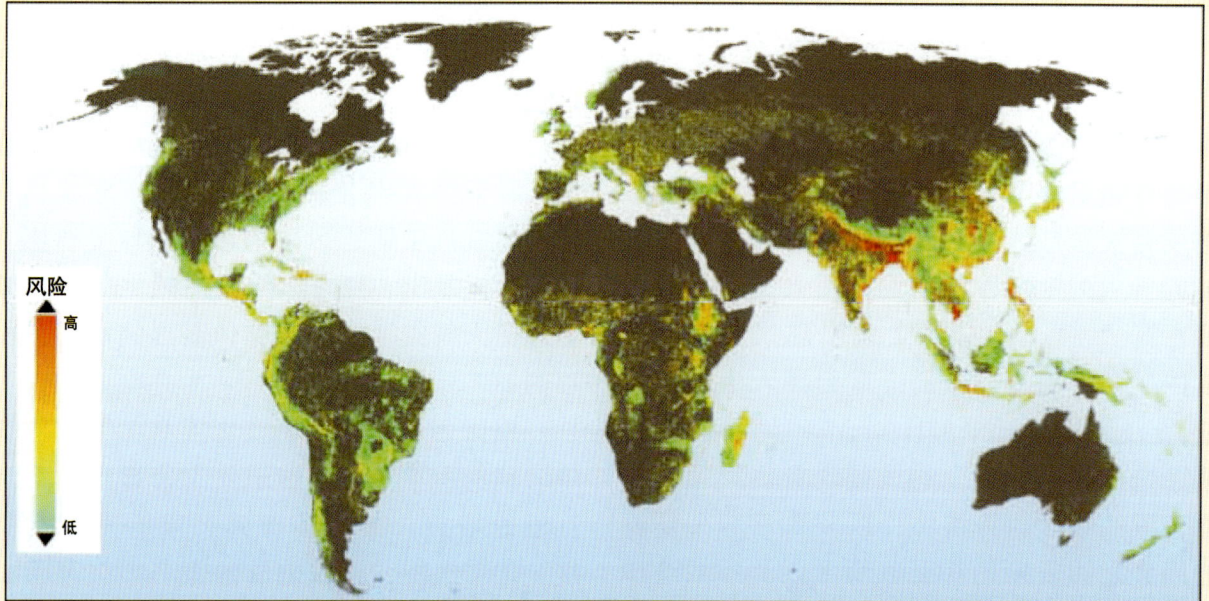

风险
高
低

资料来源：由联合国国际减灾战略(UNISDR)的全球预警暨因应组(GAR)绘制。

"尽管我们加强了防范措施，但灾害仍可能发生，我们必须提高预防和应对能力。"

涉水灾害直接或间接地影响着人类的健康。水资源受到污染或者水资源供应不足导致的灾后水源性疾病（如霍乱）暴发，有时会影响成千上万人的健康，造成人口大量死亡，还有可能引起传染病的暴发。例如，根据哥伦比亚、斯里兰卡和委内瑞拉的文件记载，厄尔尼诺-南方涛动造成的枯水期过后，（疫情高发地区）疟疾发生得更加频繁（PAHO，2000）。

在复杂灾害多发地区，营养不良、人满为患以及缺乏最基本卫生设施等现象十分常见，因此灾难性肠胃炎（由霍乱或其他疾病引起）时有发生（PAHO，2000a）。2010 年，海地地震发生后，海地政府发布的数据显示，地震造成 20 万人死亡，许多人流离失所，十分容易感染疾病，却不得不面对即将来临的飓风季和潜在疫情的暴发。在地震和洪涝灾害过后，霍乱疫情造成将近 15 万人就医，约 5 000 人死亡（USAID，2011）。

4.4.2　趋势背后：变化的驱动因素

要减少灾害风险及其未来的影响，首先必须了解形成涉水灾害风险的根本原因。导致涉水灾害频繁发生的因素包括气候变率等自然压力；缺乏合适的组织体系以及不合理的土地和水资源管理等管理压力；还有高风险地区人口增长、资产和安置点等社会压力（Adikari 和 Yoshitani，2009）。

过去几年中，自然灾害造成的损失增加主要是因为受灾害影响的资产价值升高，而人为因素造成的气候变化对损失没有明显的影响（Bouwer，2011）。到 2050 年，洪水易发地区人口不断增长、气候变化、森林砍伐、湿地丧失和海平面上升预计会将易受涉水灾害影响的人口增加至 20 亿 ［联合国大学（UNU），

2004]。

4.4.3 迎接未来的挑战

要应对涉水灾害带来的挑战，必须投入并实施有效的降低灾害风险（DRR）措施。尽管灾害预防工作已经取得很大进步，但灾害仍会发生，因此，提高灾害预防和反应能力至关重要。在人道主义者、政府、水资源管理者、私营部门和发展机构的领导下，最佳管理措施比比皆是，但是要普遍实施这些措施以满足实际需要仍面临重要挑战。

灾害预防工作取得了很大进步；开始对早期预警和预防行动予以投资〔红十字会与红新月会国际联合会（IFRC），2009〕。例如，对将气候信息纳入应急计划和准备行动的能力和方法予以投资，目前正在改善灾害预防和有效反应资源，提高人民的生计和生活（Hellmuth 等，2011）。对易受洪灾地区（如莫桑比克）的社区能力和早期预警系统进行投资，提高了当地的洪水防备和反应能力（德国国际合作协会，2007）。在博茨瓦纳，季节性预报可以提前几个月预报有可能出现的疟疾疫情，非常实用（Hellmuth 等，2009；Thomson 等，2006）。

为降低不断增加的损失，各国政府更多地采用保险机制和天气指数来帮助他们更有效地管理风险。出现极端天气事件时，这些措施的效果就会体现出来，增加投入资金会带来关键的优势，反应更及时。另外一个优势是，在灾害来袭之前就能够制定实际计划，确保需要资金时能够获得资金。加勒比地区、埃塞俄比亚、印度、马拉维和墨西哥根据救灾指数投保的例子很多（Hellmuth 等，2009）。

对降低灾害风险（DRR）进行投资，目标在于解决容易受灾害影响的根本原因（通常是由政治、经济和社会力量以及变化较大的降水影响共同造成的）。例如，在粮食安全长期得不到保障的地区，要帮助人们摆脱贫困，必须建立补充粮食援助和加强抗灾能力及生产力的项目（Trench 等，2007）。例如，有些家庭也许会通过正式和非正式的保险机制分担风险的方式来增强其抵御风险的能力或者降低风险带来的影响。

最近对 141 个国家进行的一项研究发现，在极端自然灾害事件中，女性死亡人数要大于男性死亡人数，而且这种差异与妇女的社会经济地位联系最为紧密。"女性社会经济地位高的地区，自然灾害发生期间和灾害过后男性和女性的死亡人数基本相等。而女性死亡人数高于男性（或女性死亡年龄比男性低）的地区，女性的社会经济地位较低"（Neumayer 和 Plumper，2007，p. 5）。将性别观点纳入到降低灾害风险中有助于提高抗灾能力，促进性别平等和可持续发展。但是，在降低灾害风险中引入性别观点需要决策者和执行者转变其态度。每个人在降低灾害风险方面都可以发挥作用，但是政府可以为女性和男性的参与创造一个有利的环境，例如，使女性获得灾害信息通报和分享预警系统带来的服务，充分利用她们的知识和技能，对管理和处理风险都非常重要（UNISDR 等，2009；见专栏 4.7）。

尽管对降低灾害风险的投资（包括水资源基础设施建设）仍然十分滞后，但人们的意识增强了，而且其相对成本效益的量化证据正在形成。人道主义者已经改变了他们过去几十年的做法，从灾害反应和灾后恢复转变为一种包括减少风险在内的更平衡的方法。但是，填补二者之间的空白只需要互补性能力建设和融资机制。鉴于洪涝灾害造成的损失越来越大，洪涝灾害越来越频繁，要降低灾害的风险和影响，必须对与灾害防备活动相关的基础设施、冲积平原的政策制定、集水区土地使用的高效规划、洪水预报和预警系统以及反应机制进行投资（UNISDR，2011）。对涉水灾害风险进行综合评估，不仅是为了更好地掌握不断变化的风险，同时也有助于更好地进行决策、规划和实施可持续的解决方案。

最后，政治、经济和社会各方面力量的综合作用迅速发生着变化，而且有时不具有连续性，因此未来的风险是未知的。构想未来可能发生的场景并进行思考，可以帮助决策者从长远的角度看待问题。

灾害发生时妇女的作用

妇女通常负责照顾老人和孩子，因此，灾难来临之前以及灾难发生期间，女性和男性的责任有很大差别。遇到突发灾害时，人体从有所警觉到做出反应，时间十分有限。这种情况下，区分女性和男性的不同责任尤为重要。《区别灾难恢复和重建中的性别作用》（Dimitríjevics，2007）报告中给出实例：救灾管理人员在受灾现场搭建起托儿设施后，受灾地区的女性在灾后仍然可以帮助有需要的人。这种在现场就地决策的事例说明，常规的应急计划向参与早期预警和应急响应的女性提供儿童保育设施可造福更多的人。上述事例还说明，对性别差异的了解、包容和尊重以及强有力的社会准则能够改进应对措施，并改善救援物品的规划与管理（UNISDR等，2009）。

4.5　荒漠化对水资源的影响

不合理且不可持续的土地使用及管理方式，正在导致世界范围内的荒漠化和土地退化、加剧水资源短缺。最近一项估计表明，世界上将近20亿公顷的土地（是中国国土面积的两倍）已经严重退化，有些甚至是无法逆转的（FAO，2008）。1981—2003年，土地退化加剧，占全球土地总面积的1/4。全球对土地退化的关注主要集中于干旱地区，但是湿润地区同样在经历土地退化，而且其严重程度令人吃惊，完全超出了人们之前的预期(Bai等，2008)。

4.5.1　认识荒漠化、土地退化和干旱的紧迫性

荒漠化、土地退化和干旱（DLDD）构成了世界上干旱地区面临的普遍挑战（见图4.7；专栏4.8），但是目前所有的农业生态区都出现了这些问题，因此越来越多的人将其看作是全球性问题，其程度范围以及后果都会给环境和社会的脆弱性造成影响。全球范围内，DLDD影响着耕地的开垦，土地变荒芜，人类的生活和福祉受到威胁，贫困加剧，人们被迫迁居别处，忍受缺乏食物、营养不良甚至饥荒的折磨。

从全球来看，受DLDD影响的人口约为15亿，这些人赖以为生的土地在不断退化，这一问题又与贫穷紧密联系在一起。42％赤贫人口生活在土地退化的地区，中度贫困和非贫困人口生活在土地退化地区的比例分别是32％和15％（Nachtergaele等，2010）。据估计，每年有240亿吨的肥沃土壤在消失，过去20年间消失的地表面积相当于美国所有的农用土地面积之和。据估计，地球上很大一部分自然森林由于荒漠化、土地退化和干旱已经遭到破坏，60％以上的生态系统服务已经退化。在未来半个世纪内，这一消极趋势还会继续加速蔓延。例如，从1900年起到现在，非洲西部90％的沿海雨林已经消失不见（MA，2005b）。

受影响人群包括世界上最贫困的人口、大多数被边缘化以及政治上处于弱势地位的人群。仅印度一个国家就占了这一人口总数的26％，中国占17％，撒哈拉沙漠以南的非洲占24％，亚太地区的其他国家占18.3％。世界上其他地区情况也不乐观，拉丁美洲和加勒比地区占6.2％，非洲东北部以及北非占4.6％[印度国际热带半干旱作物研究中心（ICRISAT），2008]。尽管全世界都面临荒漠化、土地退化和干旱的问题，但是非洲所受影响最为严重，因为非洲2/3的陆地都是沙漠或旱地。

荒漠化和土地退化使许多旱地国家水资源短缺的问题越来越严重。大多数干旱地区的气

图 4.7

2000年全球旱地范围和程度分布图

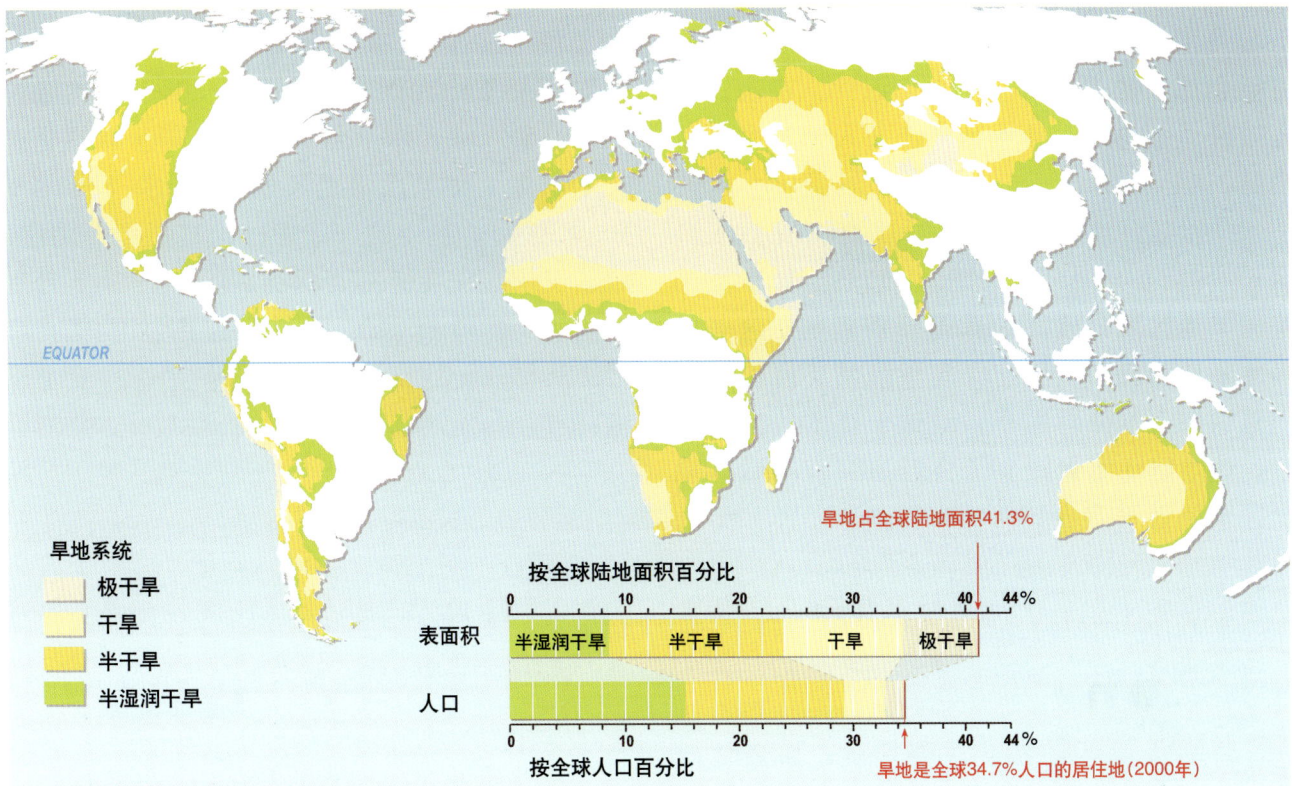

注： 旱地包括所有因为缺乏水资源,农作物、饲料作物和木材的生产以及其他生态系统都受到限制的陆上区域。通常,对旱地的定义包括所有气候类型为半湿润干旱、半干旱、干旱或极干旱的土地。分类的依据是干旱指数（AI）值。AI是某一地区平均年降水量与平均潜在蒸发量的长期比值。
资料来源：MA（2005c,附录A,p.23,来自其中引用数据）。

专栏 4.8

荒漠化的事实数据

• 气候变化或人类活动等各种因素导致干旱、半干旱和半湿润干旱地区土地退化,最终引发荒漠化。

• 荒漠化并不像人们通常认为的那样是由现有沙漠的扩张造成。

• 受荒漠化影响的人口约为 10 亿,占世界总人口的 1/6。

• 70％的干旱地区都存在荒漠化问题,占地球陆地总面积的 1/4。

• 世界上 73％的牧场退化是由荒漠化造成的。

• 非洲的荒漠化问题尤为严重,该地区 2/3 的土地是沙漠或旱地,73％的农用旱地已经严重退化或中度退化。

• 亚洲受荒漠化影响的土地面积是所有大洲中最大的——将近 14 亿公顷。

• 拉丁美洲将近 2/3 的土地严重或中度荒漠化。

• 据估计,全世界每年由荒漠化造成的生产力损失达 400 多亿美元。

资料来源：根据 Rogers（1995）重新整理。

候为极干旱、干旱、半干旱和半湿润干旱。这些地区几乎全部靠雨水来补给有限的水资源。由于地区之间地理条件各不相同，降水情况也千差万别。在极为干旱时期，有些地区的干旱可能会持续两三年甚至更久。因此，在水资源分布极为不均的干旱地区，许多人无法享用水资源。

撒哈拉沙漠以南的非洲人口为 8 亿，人口增长率超过 2.5％（Carles，2009）。对非洲某些干旱地区降雨模式的数据分析表明，这些地区的降雨量在 20 世纪 70 年代陡然下降，之后一直保持在低降雨水平。对这一现象的分析显示，该地区降水量减少了将近 20％，导致其地表径流降低 40％（EU，2007）。

4.5.2　荒漠化、土地退化和干旱对水资源的影响

许多人类活动都会改变地貌，如森林砍伐、草原火灾以及农业和畜牧业开发不当等。这些人类活动会导致水域和集水区的荒漠化和土地退化，减少下游可用的安全水量。通常，这种地貌的改变会加剧水土流失，降低土壤的蓄水能力，而且会减少地下水的补给和现有地表水的储量。河流和水库内泥沙日积月累的淤积和沉淀，最终导致水资源短缺。此外，湿地面积的减少会降低地下水补给的可用水量，从长期来看，地下水位下降会导致水资源短缺。除此之外，以服务农业（灌溉）或工业的河流改道使河流湖泊的水量减少，导致内陆地区水资源短缺。

荒漠化直接引起淡水储量的减少，是造成水资源短缺的罪魁祸首。河水浑浊度增加直接影响河水流速，反过来会增加地表水水库和河口地区的泥沙淤积。荒漠化还会降低降雨期土壤的透水能力，对地下水位造成消极影响。荒漠化及其造成的水资源短缺、为满足社会经济发展的需要而过度开采和使用地下水资源逐步导致的地下水耗竭，进一步加剧水资源短缺。

旱地面积广阔的国家（如澳大利亚）也面临着水资源短缺的问题。干旱造成澳大利亚大部分地区、非洲、亚洲和美国水资源的严重短缺（Morrison 等，2009）。澳大利亚城市人口平均每人每天消费 300 升水，欧洲人平均每人每天消费 200 升水，而撒哈拉沙漠以南的非洲人平均每人每天仅消费不到 20 升水（Natarajan，2007）。在中国、印度、巴基斯坦等国家，除了干旱，积雪覆盖面积的减少也会降低河水流量以及水资源供给。这些国家超过 10 亿人口无法获得安全的饮用水，也没有完备的卫生设施（Morrison 等，2009）。

||||||||||||||||||||||||||||||||||||||||||||||||||

> **"在干旱地区，由于缺乏对干旱时间和技术的掌握，贫困家庭常常无法采取灵活的方式，对干旱管理措施进行调整以减少损失。"**

有些受干旱影响地区缺乏有效、可靠的早期预警机制，无法向当地的居民提供与荒漠化、土壤退化和干旱（DLDD）有关的灾害预警。在干旱地区，干旱来临时，贫困家庭常常因缺乏掌握合适的技术而无法采取灵活的方式来调整干旱管理措施以减少损失（Pandey 等，2007）。如果降雨比预期来临得晚，大多数农民选择延迟种植或者等到合适的时候再重新种植，这样也许可以减少化肥的使用。干旱和水资源短缺出现的时间较晚时，农民通常无法依靠调整作物种植来减少损失。

与 DLDD 相关的水资源短缺造成的一大影响就是受灾国家或地区的粮食安全受到威胁、出现饥荒，位于干旱地区的发展中国家情况尤为严重。与 DLDD 相关的水资源短缺会带来不确定因素，最终削弱该国家或地区的生存能力。最严重后果是最终导致农业歉收，因为农

业是脆弱的经济体内耗水量最大的部分（Carles，2009）。也就是说，如果旱地国家可以减少 DLDD 对水资源的影响，并确保水资源安全，那么保障粮食安全的机会就大大提高。因此，要进一步确保水资源和粮食安全，各国很有必要采取恰当措施应对 DLDD 这一紧迫的难题。

为了应对 DLDD，一些国家的政府部门和水务机构倾向于投资水资源的供给环节，以此来增加水资源的开采量。例如，给河流改道、兴建水库和抽取地下水。其他投资领域包括节水工艺、节水灌溉工程和水的回收和再利用。这些措施一方面增加了可用水水量和水资源占有量，改善水资源安全的前景，另一方面却造成了环境和财政上的更大损失，削弱了下游的水资源安全并加剧了水资源压力。

例如，由于上游水利设施的兴建，咸海（Aral Sea）和乍得湖（Lake Chad）正在逐渐消失。从 20 世纪 60 年代起，乍得湖的面积不断缩小，如今只剩下原有面积的 5%。给河流改道同样会引发冲突。共享某一流域的沿岸国家之间也会因河流改道而引发冲突。例如，在非洲，有许多流域由沿岸 5 个以上的国家共享，如刚果河（13 个国家）、尼日尔河（11 个国家）、尼罗河（10 个国家）、赞比西河（9 个国家）、乍得湖（8 个国家）和沃尔特湖（6 个国家）（Carles，2009）。这种跨国水资源的监管和管理更加复杂，而且如果管理不善会带来荒漠化、土地退化和干旱等更大的风险，对位于下游的国家来说尤其如此。

4.5.3 应对荒漠化、土地退化和干旱，缓解水资源短缺的压力

荒漠化的形成过程不是孤立的，因此缓解荒漠化的措施也不是孤立的。降低荒漠化程度是社会经济发展的主要组成部分，要求土地和水资源管理必须是可持续的。因此，治理荒漠化是一个非常复杂和困难的过程，通常需要改变当地导致荒漠化的土地管理方式，否则荒漠化问题就无法解决。

世界各地正在采取多种多样的措施来减少土地退化，扭转荒漠化，解决水资源短缺的问题。亚洲山区的水稻种植地区通常采用梯田耕作的方式来减少水土流失。坡度较缓的地区非常适合进行等高条植。保护性农业包括免耕和少耕，是保护土壤的另一种方法。在阿根廷、澳大利亚、巴西、加拿大、美国、非洲的某些地区、亚洲和欧洲，保护性农业的实施比较广泛（Brown，2006）。

推广土壤、水资源和植被保护以及其他一些修复、维护和保护环境的措施是可持续土地管理（SLM）的前提。实施可持续土地管理是为数不多的有助于维持生计的几个选择之一，能够提高收入而不会对土地质量和水资源造成危害。土地质量和水资源是农业生产、粮食安全、保护生态多样性以及缓解和防治 DLDD 所必需的。

要选择应对 DLDD 的最有效的办法，首先需要进行确切的科学和经济分析，要意识到当地跨领域土地管理和水资源管理的重要性，把关注点从使用淡水资源这一技术问题转移到淡水集水区在形成生态系统和社会服务方面所发挥的作用上来。任何政策都应该有助于促进主要利益相关者的参与并将他们的生态知识纳入多层次治理体系的体制结构中去。因此，解决方案的发展一定是具有包容性、跨越多个行业的（美国气候研究所，2009）。

最后，成功的政策会考虑到淡水系统复杂性、适应性以及系统退化的不可逆转性[斯德哥尔摩国际水研究所（SIWI），2009]等因素。DLDD 造成的影响遍及全球，但是解决方案大多数情况下都是地方性、国家性或者区域性的。要应对与水资源短缺相关的各种问题，就必须在地方、国家和国际水平上采用一个防治 DLDD 的综合协调的办法，并制定一体化政策。

4.6 平衡还是失衡？

4.6.1 实现用水和供水平衡：认知水紧张和水短缺

正如第二章描述的那样，据预计，全球所

有主要用水部门对水资源的需求将大幅上涨。

虽然农业部门（目前用水量最大的部门）未来的用水需求充满了不确定性因素，按照估计，到 2050 年，全球农业用水量会增加约 20%。如果旱作和灌溉农业的生产率大幅提高，却依然无法满足人口增长和饮食习惯改变引起的不断增加的用水需求，那么全球农业用水量的增幅会更高。

不断上涨的能源需求也将增加对水资源的压力，撒哈拉沙漠以南的非洲以及南亚最不发达的国家尤其如此，全球无电可用的 15 亿人口中，这些国家和地区的人口占 80%。对生物燃料和其他耗水能源（如沥青砂和页岩气）日益增长的需求只会给能源部门增加越来越多的水足迹。

随着国家发展进入更高水平，工业部门的用水量也会按比例增加。经济不断发展，以农业为基础的经济会逐渐转向更为多元化的经济。在经济发展速度最快的国家，水资源需求的增长速度也会达到历史最高峰。

和能源以及工业部门一样，水资源和卫生服务的需求也会增加，在发展中国家尤其如此。尽管千年发展目标已经把这些服务提升到了国家和国际政策的议事日程，但是我们还需要做出更多的努力。此外，国家和地方政府为了履行扩大内需的责任，仍然要和其他行业竞争有限的水资源供给。

生态系统既是用水者（见第二章），也是供水者（见 4.2 节）。有些水是保护和维持健康的生态系统所必需的，健康的生态系统反过来又可以提供与水质量相关的一些重要的服务，预防极端事件的发生，有助于维系人类生存。

人类健康（见 4.1 节）也将从健康的生态系统、安全的水资源以及供水及卫生服务中受益。人类依靠水资源保持身体健康，进而转化为生产力。

过早死亡、腹泻等疾病减少、病人数量减少因而提供医疗服务减少，运送病人以及病人进行药物治疗产生的直接费用降低，目前享受不到服务的人群因就近获得水资源并享受卫生设施节省了时间，这些都是水资源增加给人类带来的好处。

正如在本章前面的部分所描述的那样，与水资源相关的灾害及造成的损失在增加，带来了许多不良影响，直接威胁着人类的生存和国家的发展。

在大多数工业化国家，人均用水量正在减少，但是主要用水领域的水资源总需求量却在上涨，这主要是由发展中国家和新兴经济体内日益增长的粮食和能源需求推动的。这些都会给地球上有限的水资源带来更多压力，世界上许多地区已经出现了不同程度的水资源紧张局面。世界正在向一个新的时代过渡，水资源不足会制约经济的增长和发展，而且人们越来越清楚地意识到，如果不认真进行管理，即使拥有可再生水资源也难以满足供水需求（Patterson，2009）。

水紧张和水短缺

"水文学家一般通过人口与水之间的关系式来判断水短缺程度。当某地区年均供水量降到人均不足 1 700 立方米时，该地区正在承受水紧张；当某地区年均供水量降到人均不足 1 000 立方米时，该地区正在经受水短缺，降到人均不足 500 立方米时，被认为是极度短缺"（联合国水计划，日期不详）（见图 4.8）。

水紧张和水短缺的概念看上去有些相似，但是实际上却并不总是这样。这两个概念代表两种不同的定义，有时很容易混淆。例如，水紧张一词通常用于描述用水量（即从自然的水文系统中抽取的水量）与可用再生水水量之间的比率。因此，用水量与可用再生水水量之间的比值越高，水资源供给系统的紧张程度就越大。

一些研究人员和科研机构通过计算家庭生活、工业和农业用水与降水量、河水流量及地下水蓄水量之间的比值，得出集水区和水域网的水紧张程度。图 4.9 表现了世界各地的水紧张程度，和其他几幅图是连贯一致的（Maplecroft 公司，2011；Smakhtin 等，2003；威

图 4.8

2007年全球年人均可用淡水量（m³）

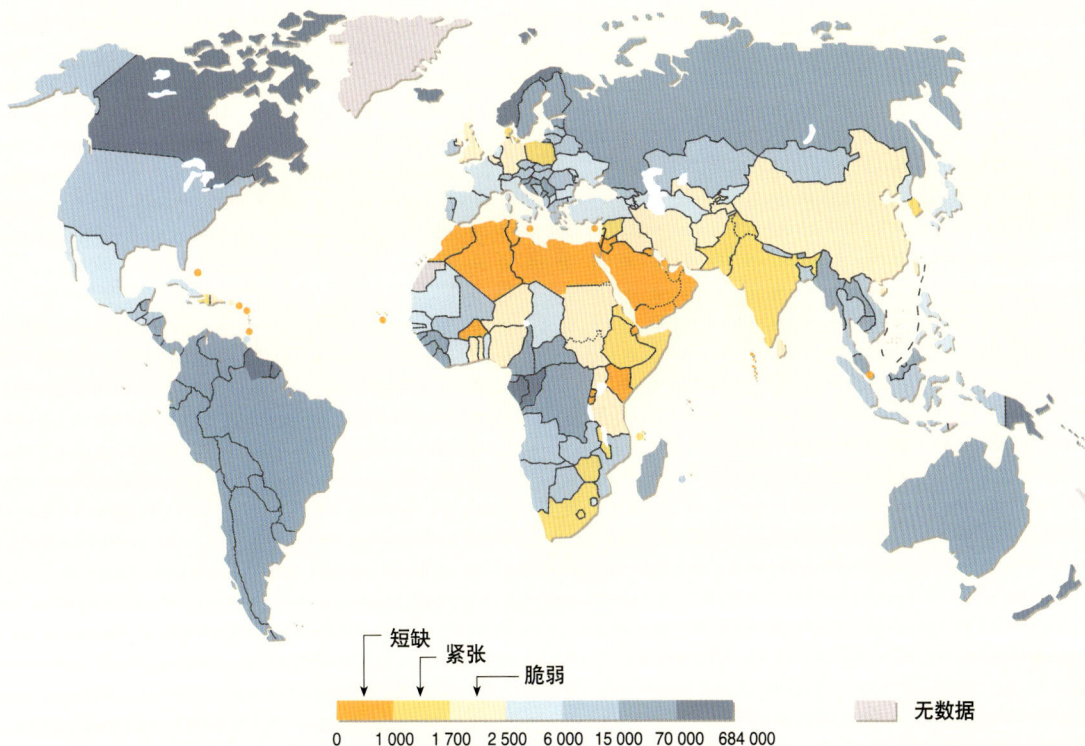

短缺　紧张　脆弱

无数据

0　1 000　1 700　2 500　6 000　15 000　70 000　684 000

资料来源: UNEP/GRID-Arendal（2008）[（http://maps.grida.no/go/graphic/global-waterstress-and-scarcity, P. Rekacewicz（制图员）（法国《世界外交论衡月刊》源自FAO和WRI]。

立雅水务，2011），因为每幅图所用的数据集都是相似或相同的。阿拉伯地区的国家水紧张程度最严重，中国东部、印度和美国西南部主要地区也是如此。

但是，按照这一定义，水紧张程度低并不意味着可以随时获得水资源，这是目前全世界大多数人面临的一种矛盾。水紧张是一个可用水资源函数，水短缺同样也是一种函数。因此，经济型短缺（可用水量并不受资源可用性的限制，而是受人类、制度和资金等因素的制约，影响对不同用水人群的水资源分配）是这一矛盾的主体。图4.10体现了全球自然型和经济型水短缺。

联合国水计划[2] 对水短缺的定义如下：当所有用水户的累计作用对目前体制下的水供应和水质产生明显影响时，包括环境在内的所有行业的水需求都无法得到全部满足的时候。因此，水"紧张"是一个自然概念，水"短缺"则是在任何一个供应或需求水平上都可能出现的相对概念。"短缺也许是一种社会构成（富裕程度、期望值和行为习惯的产物）或者是供应模式改变（如气候变化）引发的后果"（联合国水计划，日期不详）。

图4.9中，自然型水短缺的地区与高度水紧张的地区是吻合的。但是，在中部非洲、印度东北部、南美洲东北部和东南亚等地区，水紧张程度为中等或较低水平（见图4.9），这些地区的水资源短缺纯粹是由体制和经济障碍造成的。

正如第三章中所描述的那样，作为气候变化的函数，全世界的淡水资源不但有限，而且在不同的时间和不同的河流流域会有很大的变化。未来，气候变化不仅会影响降水模式，还将影响冰、雪的融化方式，导致地表水水流量发生剧烈变化。而我们使用的绝大多数淡水资源都来自地表水域。

图 4.9

全球主要流域的水紧张指标（WSI）

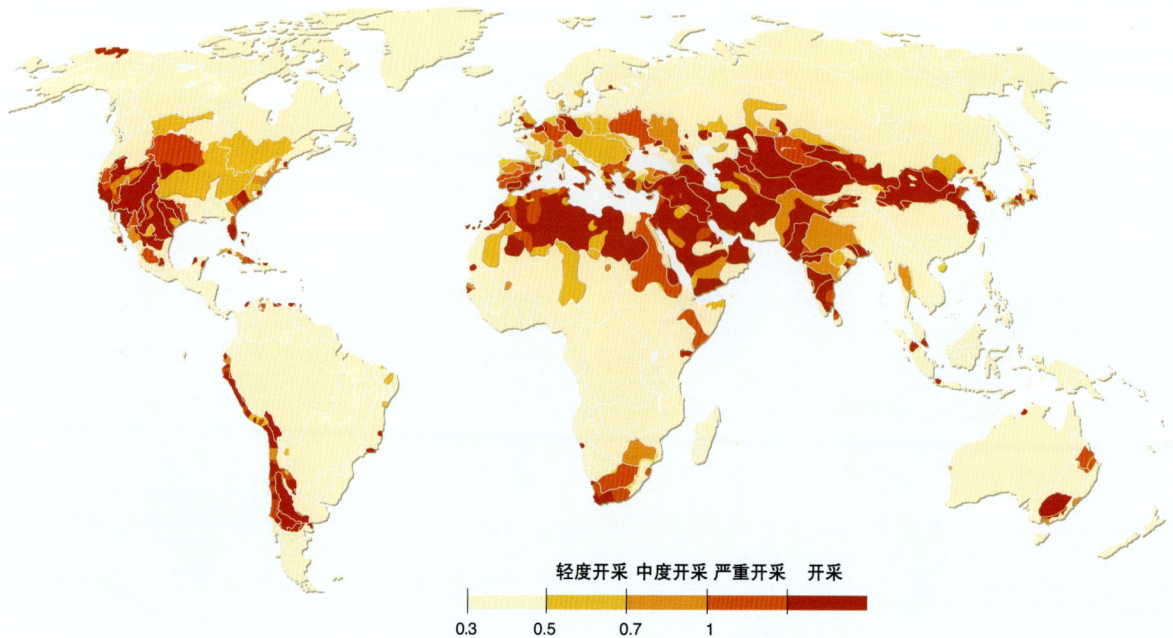

轻度开采 中度开采 严重开采 开采

0.3   0.5   0.7   1

资料来源：UNEP／GRID-Arendal(2008)
[http://maps.grida.no/go/graphic/water-scarcity-index, P. Rekacewicz(制图员)，源自Smakhtin, Revenga and Döll(2004)]。

图 4.10

全球自然型和经济型水短缺

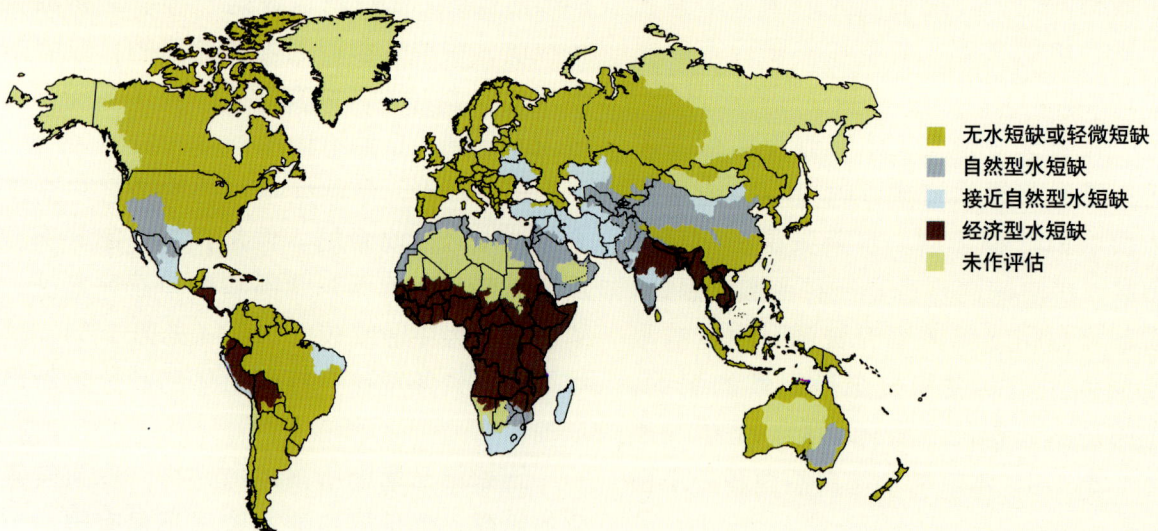

■ 无水短缺或轻微短缺
■ 自然型水短缺
■ 接近自然型水短缺
■ 经济型水短缺
■ 未作评估

定义和指标：
——无水短缺或轻微短缺。与用水量相比，水资源相对丰富，人类用水量占河流总水量的25%以下。
——自然型水短缺（水资源发展接近或已经超过了可持续限制）。75%以上的河水被用于农业、工业和家庭生活（构成回流的循环利用）。
　　这一定义将可用水量和用水需求联系在一起，这意味着干旱的地区不一定缺水。
——接近自然型水短缺。超过60%的河水被抽取。这些流域在不久的将来会经历自然型水短缺。
——经济型水短缺（尽管某一地区的水资源按自然使用量可以满足当地人的需求，但是该地区可用水总量受人类活动、工业、资金的制约）。
　　与用水量相比，水资源相对丰富，25%以下的河水是用于人类活动的，但是该地区居民中存在营养不良的现象。

资料来源：《农业水资源管理全面评估》（Comprehensive Assessment of Water Management in Agriculture）（2007, 地图2.1, p. 63, © IWMI, http://www.iwmi.cgiar.org/）。

"经济、社会和政治危机已经在加速出现。通常人们喜欢分别描述这些危机，如'粮食'危机、'能源'危机、'金融'危机、'人类健康'危机，或者'气候变化'危机等，但这些危机互相关联并互为因果。出现危机的根本原因往往可归结为对少数几种关键（通常是有限的）资源日益激烈争夺的结果，而这几种资源中最常见的便是水资源。"

气候变化模型在不断完善，而且产生了新的信息，但是还需要进一步开展研究，更新我们有关未来潜在气候条件的知识，尤其是地区和流域气候条件的相关知识。此外，水资源十分有限且弥足珍贵，由于水资源的大量使用，世界上的几个主要含水层（尤其是干旱和半干旱地区的含水层）正在干涸。

因此，仅仅依靠增加水资源供给量来满足我们日益增长的用水需求是不大可行的。相反，解决全球（绝大多数地区）水危机的关键在于我们必须更好地管理需求，努力平衡水资源带来的各种效益，并将其最大化。

4.6.2 水作为发展和减少贫困取得平衡的关系纽带

粮食、能源、经济增长的机会、人类及环境健康、预防与水相关的灾害，还包括增加收入和减少贫困这些都是发展的必要组成部分，全都依靠水资源来实现。但是人们常常将这些挑战割裂开来，而不是将其看作是社会和经济全局性战略框架的一部分。因此，不同的发展部门之间通常会为争夺其赖以生存的有限水资源相互竞争。在水资源有限的国家和地区，对

某一部门有利的水资源决定往往会给其他部门造成不良影响，某一部门的经济和发展总收益与另一部门的损失最后会相互抵消。

这种情况最终会导致短期、不可持续的决策产生，增加受缺水影响的人口数。气候变化加剧了这一问题（Steer，2010）。现代经济思维和政策制定创造出的经济与其赖以为生的生态系统很不协调，因此这种经济正濒临崩溃（Brown，2011）。改变这一现状需要考虑到所有部门和地区（无论是区域性的还是全球性的）现有管理框架下的水资源，通过有一定权限的代表机构来管理。反过来，水资源管理者应该熟悉衡量其干预措施的社会及经济影响的工具。对他们来说，在启动一个项目之前，了解社会背景和现有的权利关系并将其告知决策者非常重要。这一方法将有助于选出最适合该社区的解决方案，而且这一方案从长期来看一定是可持续的。

经济、社会和政治危机已经在加速出现。通常人们喜欢分别描述这些危机，如"粮食"危机、"能源"危机、"金融"危机、"人类健康"危机，或者"气候变化"危机等，但是这些危机互相关联并互为因果。出现危机的根本原因往往可归结为对少数几种关键（通常是有限的）资源日益激烈争夺的结果，而这几种资源中最常见的便是水资源。这些互相关联的危机会对增长和发展前景造成不良影响，对贫困和脆弱地区的负面影响尤为严重。

第一章中阐述的不同国际管理措施，无论是千年发展目标或追求可持续发展的里约＋20和"绿色经济"，都没有认识到水资源作为减少贫困和可持续发展关键组成部分所发挥的重要作用。在这些措施中，水资源都被看作是另外一个"部门"，好像是或多或少独立于其他部门之外的"部门"。如果单纯考虑"饮用水和卫生服务"，这种方法看上去是合理的，MDGs中有关饮用水和卫生的实现目标就是如此。提倡对基础设施、水资源政策改革进行投资，以及对弥补全球供水量和用水量之间差距（UNEP，2011）的新技术进行投资，发展绿色经济时的这些措施看起来也是合理的。但是，

这种一刀切的方法进一步将国家的水资源政策分割为不同部门的政策，每个机构只负责它们各自承担的健康、食物、农业、能源或城市聚落等责任。事实上，水资源的分配最终由制定的政策决定。因此，"水资源政策改革"（如上述绿色经济所要求的）实际上是国家政策广泛的改革，也就是说，将水资源问题纳入所有涉及的政府部门决策中。水资源管理者由此可以将相关进展情况及时通报。

对上述各种全球危机也出现了类似的争论，因为提出的解决方案通常相互割裂，没有或很少考虑水资源的重要性。

过去几年中，人们采用"关系纽带"一词描述社会、经济和（或）环保部门之间相互关联的点。气候变化和能源是极好的例子；在这种情况下，温室气体变成了关系纽带。在农业领域，粮食作物和生物能源作物之间为争夺土地和水分竞争越来越激烈，从而产生"粮食－能源关系纽带"。认识到水资源的重要作用，管理水－粮食－能源－气候联系关系纽带已经成为分析和讨论的主题。与争夺水资源相关联的生态系统、人类健康和城市化／移民相交，构成一个关系纽带。

虽然不同行业"竞争"水资源可以理解，但水资源带来的所有效益都应服务于可持续经济发展。水资源有限的地区需要开展某种交换，以便根据不同的用途进行水分配，这样可以最大限度地提高不同的发展部门从水资源中获益所构成的整体回报。这是一个关键的而且十分严峻和复杂的挑战。第十章将重点论述这一挑战，举例说明了有关水资源分配的决定不仅仅是社会决定或道德因素决定的，更是由经济因素决定的，通过这些效益的发挥，投资水利基础设施和管理将产生更大的回报。

注 释

1 见3.1节关于全球水循环各驱动因素之间遥相关关系的论述。

2 见联合国水计划有关2005—2015年"生命之水"行动国际十年（International Decade for Action 'Water for Life，2005－2015'）的网站，网址：http://www.un.org/waterforlifedecade/scarcity.shtml。

3 UNEP（2011）界定的11个"绿色经济"的关键领域是农业、建筑、城市、能源、渔业、林业、制造业、旅游业、运输、废物处理和水资源。

参考文献

Adikari, Y. and Yoshitani, J. 2009. *Global Trends in Water-Related Disasters: an Insight for Policymakers. UN World Water Assessment Programme.* Insights. Paris, UNESCO.

Adjami, A. G., Toe, L., Bissan, Y., Bugri, S., Yaméogo, L., Kone, M., Katholi, C. R. and Unnasch, T. R. 2004. The current status of onchocerciasis in the forest/savanna transition zone of Côte d'Ivoire. *Parasitology*, Vol. 128, No. 4, pp. 407-14.

Ali, M., Emch, M., Donnay, J. P., Yunus, M. and Sack, R. B. 2002. Identifying environmental risk factors for endemic cholera: a raster GIS approach. *Health & Place,* Vol. 8, pp. 201-10.

Anderson, D. A., Gilbert, P. M. and Burkholder, J. M. 2002. Harmful algal blooms and eutrophication: Nutrient sources, composition, and consequences. *Estuaries,* Vol. 25, No. 4b, pp. 704-26.

Andrews, J. R. and Basu, S. 2011. Transmission dynamics and control of cholera in Haiti: An epidemic model. *The Lancet,* Vol. 377, No. 9773, pp. 1248-1255.

Ausseil, A., Gerbeaux, P., Chadderton, W. L., Stephens, T., Brown, D. and Leathwick, J. R. 2008. *Wetland Ecosystems of National Importance for Biodiversity: Criteria, Methods and Candidate List of Nationally Important Inland Wetlands.* Contract report LC0708/158. Lincoln, New Zealand, Landcare Research New Zealand Limited/Department of Conservation.

Bai, Z. G., Dent, D. L., Olsson, L. and Schaepman, M. E. 2008. Proxy global assessment of land degradation. *Soil Use and Management,* Vol. 24, No. 3, pp. 223-34.

Barrett, R., Kuzawa, C. W., McDade, T. and Armelagos, G. J. 1998. Emerging and re-emerging infectious diseases: The third epidemiologic transition. *Annual Review of Anthropology,* Vol. 27, pp. 247-271.

Bates, B. C., Kundzewicz, Z. W., Wu, S. and Palutikof, J. P. (eds). 2008. *Climate Change and Water.* Technical Paper of the Intergovernmental Panel on Climate Change (IPCC). Geneva, IPCC.

Bouma, M. J. and Pascual, M. 2001. Seasonal and interannual cycles of endemic cholera in Bengal 1891-1940 in relation to climate and geography. *Hydrobiologia,* Vol. 460, pp. 147–56.

Bouwer, L. M. 2011. Have disaster losses increased due to anthropogenic climate change? *American Meteorological Society,* Vol. 92, No. 6, pp. 39–46.

Bradley, D. J. and Bos, R. 2010. Water storage: Health risks at different scales. J. Lundqvist. (ed.) *On the Water Front: Selecting from the 2009 World Water Week in Stockholm.* Stockholm, Stockholm International Water Institute (SIWI).

Brandling-Bennett, D., Libel, M. and Migliónico, A. 1994. *El cólera en las Américas en 1991.* Notas de población, No. 60, LC/DEM/G.149. Santiago, Latin American and Caribbean Demographic Center (CELADE).

Brown, C. and Lall, U. 2006. Water and economic development: The role of interannual variability and a framework for resilience. *Natural Resources Forum,* Vol. 30, No 4, pp. 306–317.

Brown, L. R. 2006. *Restoring the Earth: Rescuing a Planet under Stress and a Civilization in Trouble.* New York, W.W. Norton & Company.

––––. 2011. *World on the Edge: How to Prevent Environmental and Economic Collapse.* Washington DC, Earth Policy Institute.

Butchart, S. H. M., Walpole, M., Collen, B., van Strien, A., Scharlemann, J. P. W., Almond, R. E. A., Baillie, J. E. M., Bomhard, B., Brown, C., Bruno, J., Carpenter, K. E., Carr, G. M., Chanson, J., Chenery, A. M., Csirke, J., Davidson, N. C., Dentener, F., Foster, M., Galli, A., Galloway, J. N., Genovesi, P., Gregory, R. D., Hockings, M., Kapos, V., Lamarque, J. F., Leverington, F., Loh, J., McGeoch, M. A., McRae, L., Minasyan, A., Morcillo, M. H., Oldfield, T. E. E., Pauly, D., Quader, S., Revenga, C., Sauer, J. R., Skolnik, B., Spear, D., Stanwell-Smith, D., Stuart, S. N., Symes, A., Tierney, M., Tyrrell, T. D., Vie, J. C. and Watson, R. 2010. Global biodiversity: Indicators of recent declines. *Science,* Vol. 328, pp. 1164–1168.

Carles, A. 2009. *Water Resources in Sub-Saharan Africa.* Peace with Water, 12–13 February 2009, European Parliament, Brussels. http://www.theworldpolitical forum. net/wp-content/uploads/wpf2009/02_peace_with_water_ brussels/ doc/report_ africa_eng.pdf

CBD (Secretariat of the Convention on Biological Diversity). 2010a. *Global Biodiversity Outlook 3.* Montreal, Canada, CBD. http://gbo3.cbd.int/

––––. 2010b. *In-Depth Review of the Programme of Work on the Biological Diversity of Inland Water Ecosystems.* Paper presented at the 14th meeting of the Subsidiary Body on Scientific, Technical and Technological Advice, Nairobi, 10–21 May 2010. http://www.cbd.int/doc/meetings/sbstta/ sbstta-14/official/sbstta-14-03-en.doc

Chapagain, A. K. and Orr, S. 2008. *UK Water Footprint: The Impact of the UK's Food and Fibre Consumption on Global Water Resources. Volume 1.* Godalming, UK, World Wide Fund for Nature (WWF).

Climate Institute. 2009. Website. Washington DC, Climate Institute. http://www.climate.org/topics/water.html

Colwell, R. R. 1996. Global climate and infectious disease: The cholera paradigm. *Science,* Vol. 274, pp. 2025–31.

Comprehensive Assessment of Water Management in Agriculture. 2007. *Water for Food, Water for Life: A Comprehensive Assessment of Water Management in Agriculture.* London/Colombo, Earthscan/International Water Management Institute (IWMI).

Constantin de Magny, G., Guégan, J. F., Petit, M. and B. Cazelles, B. 2007. Regional-scale climate-variability synchrony of cholera epidemics in West Africa. *BMC Infec. Dis.,* Vol. 7, No. 20.

Cyranoski, D. 2009. Putting China's wetlands on the map. Nature, Vol. 458, p. 134. Dimitríjevics, A. 2007. *Mainstreaming Gender into Disaster Recovery and Reconstruction.* Washington DC, The World Bank.

Drechsel, P., Scott, C. A., Raschid-Sally, L., Redwood, M. and Bahri, A. (eds). 2010. *Wastewater Irrigation and Health.* London, Earthscan.

EC (European Commission). 2007. *Water Scarcity and Droughts.* Second Interim Report, June 2007. Brussels, EC. http://ec.europa.eu/environment/water/quantity/pdf/ comm_droughts/2nd_int_report.pdf

Erlanger, T. E., Keiser, J., Caldas De Castro, M., Bos, R., Singer, B. H., Tanner, M. and Utzinger, J. 2005. Effect of water resource development and management on lymphatic filariasis, and estimates of populations at risk. *American Journal of Tropical Medicine and Hygiene* Vol. 73, No. 3, pp. 523–33.

FAO (Food and Agriculture Organization of the United Nations). 2008. *Sustainable Land Management.* Rome, FAO. http://www.un.org/esa/sustdev/csd/csd16/ documents/ fao_factsheet/land.pdf

GIZ (Deutsche Gesellschaft für Internationale Zusammenarbeit). 2007. *Mozambique: Early Warning System Protects Effectively Against Natural Disasters.* Eschborn, Germany, GIZ.

Granéli, E. and Turner, J. T. (eds) 2006. *Ecology of Harmful Algae.* Ecological Studies 189. Berlin/Heidelberg, Germany, Springer-Verlag.

Hellmuth, M. E., Mason, S. J., van Aalst, M. K., Vaughan, C. and Choularton, R. (eds). 2011. *A Better Climate for Disaster Risk Management.* Climate and Society No. 3. New York, Columbia University, International Research Institute for Climate and Society (IRI).

Hellmuth M. E., Osgood, D. E., Hess, U., Moorhead, A. and Bhojwani, H. 2009. *Index Insurance and Climate Risk: Prospects for Development and Disaster Management.* Climate and Society No. 2. New York, Columbia University, International Research Institute for Climate and Society (IRI).

Huq, A., Xu, B., Chowdhury, A. R., Islam, M.S., Montilla, R. and Colwell, R. R. 1996. A simple filtration method to remove plankton-associated *Vibrio Cholerae* in raw water supplies in developing countries. *Appl. Environ. Microbiol.,* Vol. 62, No. 7, pp. 2508–12.

ICRISAT (International Crops Research Institute for the Semi-Arid Tropics). 2008. *Climate Change and Desertification Put One Billion Poor People at Risk.* Hyderabad, India, ICRISAT. http://www.icrisat.org/Media/2007/media14.htm

IFRC (International Federation of Red Cross and Red Crescent Societies). 2009. *World Disasters Report 2009: Focus on Early Warning, Early Action.* Geneva, IFRC.

IPCC (Intergovernmental Panel on Climate Change). 2007.

Fourth Assessment Report. Geneva, IPCC.

Jiang, Z., Zengh, Q. S., Wang, X. F. and Hua, Z. H. 1997. Influence of livestock husbandry on schistosomiasis transmission in mountainous regions of Yunnan Province. *Southeast Asian Journal of Tropical Medicine and Public Health,,* Vol. 28, No. 2, pp. 291-5.

Keiser, J., Caldas de Castro, M., Maltese, M. F., Bos, R., Tanner, M., Singer, B. H. and Utzinger, J. 2005a. Effect of irrigation and large dams on the burden of malaria on a global and regional scale. *American Society of Tropical Medicine and Hygiene,* Vol. 72, No. 4, pp. 392-406.

Keiser, J., Maltese, M. F., Erlanger, T. E., Bos, R., Tanner, M., Singer, B. H. and Utzinger, J. 2005b. Effect of irrigated rice agriculture on Japanese encephalitis, including challenges and opportunities for integrated vector management. *Acta Tropica,* Vol. 95, No. 1, pp. 40-57.

Koelle, K., Rodo, X., Pascual, M., Yunus, M. and Mostafa, G. 2005. Refractory periods and climate forcing in cholera dynamics. *Nature,* Vol. 436, pp. 696-700.

Kroeger, A., Lenhart, A., Ochoa, M., Villegas, E., Levy, M., Alexander, N. and McCall, P. J. 2006. Effective control of dengue vectors with curtains and water container covers treated with insecticide in Mexico and Venezuela: Cluster randomised trials. *BMJ,* Vol. 332, pp. 1247-52.

Lenton, T. M., Held, H., Kriegler, E., Hall, J. W., Lucht, W., Rahmstorf, S. and Schellnhube, H. J. 2008. Tipping elements in the Earth's climate system. *PNAS,* Vol. 105, No. 6, pp. 1786-93.

Lewis S. L., Brando, P. M., Phillips, O. L., van der Heijden, G. M. F. and Nepstad, D. 2011. The 2010 Amazon Drought. *Science,* Vol. 331, p. 554.

Lipp, E. K., Huq, A. and Colwell, R. R. 2002. Effects of global climate on infectious disease: The cholera model. *Clin. Microbiol. Rev.,* doi:10.1128/CMR.15.4.757-770.2002

Maplecroft. 2011. *Maplecroft Global Water Stress Index.* Bath, UK, Maplecroft. http://maplecroft.com/about/news/water_stress_index.html

Mariappan, T. 2008. *A Comprehensive Plan for Controlling Dengue Vectors in Jeddah, Kingdom of Saudi Arabia.* Pondicherry, India, Vector Control Research Centre.

Mariappan, T., Srinivasan, R. and Jambulingam, P. 2008 Defective rainwater harvesting structure and dengue vector productivity compared with peridomestic habitats in a coastal town in Southern India. *J. Med. Entomol.,* Vol. 45, 148-56.

Martin, S. F., Fagen, P. W., Poole, A. and Karim, S. 2006. *Philanthropic Grant-making for Disaster Management: Trend Analysis and Recommended Improvements.* Washington DC, Georgetown University, Institute for the Study of International Migration.

MA (Millennium Ecosystem Assessment). 2005a. *Ecosystems and Human Well-being: Wetlands And Water Synthesis.* World Resources Institute (WRI), Washington DC.

MA (Millennium Ecosystem Assessment). 2005b. *Living Beyond Our Means. Natural Assets and Human Well-Being: Synthesis from the Board.* World Resources Institute (WRI), Washington DC. http://www.millenniumassessment.org/documents/document.429.aspx.pdf

MA (Millennium Ecosystem Assessment. 2005c. *Ecosystems and Human Well-Being: Desertification Synthesis.* World Ressources Institute (WRI), Washington DC.

Molden, D. 2009. Planetary boundaries: The devil is in the detail. *Nature Reports Climate Change,* 910: 116. http://www.nature.com/climate/2009/0910/full/climate.2009.97.html

Molyneux, D. H., Ostfeld, R. S., Bernstein, A. and Chivian, E. 2008. Ecosystem disturbance, biodiversity loss, and human infectious disease. E. Chivian and A. Bernstein (eds) *Sustaining Life: How Human Health Depends on Biodiversity.* Oxford/New York, Oxford University Press, pp. 287-323.

Morrison, J., Morikawa, M., Murphy, M. and Schulte, P. 2009. *Water Scarcity and Climate Change: Growing Risk for Businesses and Investors.* Baston, MA, Ceres. http://www.pacinst.org/reports/business_water_climate/full_report.pdf

Myers, S. S. and Patz, J. A. 2009. Emerging threats to human health from global environmental change. *Annual Review of Environment and Resources,* Vol. 34, No. 1, pp. 223-52.

Nachtergaele, F., Petri, M., Biancalani, R., Van Lynden, G. and Van Velthuizen, H. 2010. *Global Land Degradation Information System (GLADIS): Beta Version. An Information Database for Land Degradation Assessment at Global Level.* Land Degradation Assessment in Drylands Technical Report No. 17. Rome, FAO.

Natarajan, G. 2007. Water scarcity is a real threat. *Financial Express.* Dehli, Indian Express. http://www.financialexpress.com/news/water-scarcity-is-a-real-threat/205820/

Neumayer, E. and Plümper, T. 2007. The gendered nature of natural disasters: The impact of catastrophic events on the gender gap in life expectancy, 1981-2002. *Annals of the Association of American Geographers*, Vol. 97, No. 3, pp. 551-66.

Nkem J., Oswald, D., Kudejira, D. and Kanninen, M. 2009. *Counting on Forests and Accounting for Forest Contributions in National Climate Change Actions.* Working Paper 47. Bogor, Indonesia, Center for International Forestry Research (CIFOR).

Nguyen, L. A. P., Clements, A. C. A., Jeffrey, J. A. L., Yen, N. T., Nam, V. S., Vaughan, G. V., Shinkfield, R., Kutcher, S. C., Gatton, M. L., Kay, B. H. and Ryan, P. A. 2011. Abundance and prevalence of *Aedes Aegypti* immatures and relationships with household water storage in rural areas of Southern Viet Nam. *International Health,* Vol. 3, No. 2, pp. 115-25.

Nygård, K., Andersson, Y., Røttingen, J. A., Svensson, Å., Lindbäck, J., Kistemann, T. and Giesecke, J. 2004. Association between environmental risk factors and campylobacter infections in Sweden. *Epidemiology and Infection,* Vol. 132, pp. 317-25.

Oxfam International. 2005. *The Tsunami's Impact on Women.* Briefing Note. Oxford, UK, Oxfam. http://www.oxfam.org.uk/what_we_do/issues/conflict_disasters/downloads/bn_tsunami_women.pdf

----. 2007. *Climate Alarm – Disasters Increase as Climate Change Bites.* Briefing Paper. Oxford, UK, Oxfam. http://www.oxfam.org.uk/resources/policy/climate_change/downloads/bp108_weather_alert.pdf

PAHO (Pan American Health Organization). 2000. *Natural Disasters: Protecting the Public's Health.* Scientific Publication No. 575. Washington DC, PAHO.

Pandey, S. Bhandari, H. and Hardy, B. (eds) 2007. *Economic Costs of Drought and Rice Farmers' Coping Mechanisms.* International Rice Research Institute. http://www.philjol. info/index.php/IRRN/article/ viewFile/1078/971

Pascual, M., Rodo, X., Ellner, S. P., Colwell, R. and Bourna, M. J. 2000. Cholera dynamics and El Nino-Southern Oscillation. *Science,* Vol. 289, pp. 1766–9.

Patterson, K. A. 2009. Case for integrating groundwater and surface water management. D. Michel and A. Pandya (eds) *Climate Change, Hydropolitics, and Transboundary Resources.* Washington DC, Henry L. Stimson Center, pp. 63-72.

Piehler, M. F. 2008. Watershed management strategies to prevent and control cyanobacterial harmful algal blooms. H. K. Hudnell (ed.) *Cyanobacterial Harmful Algal Blooms: State of the Science and Research Needs.* (Advances in Experimental Medicine and Biology, Vol. 619). New York, Springer, pp. 259–73.

Prüss, A. and Mariotti, S. 2000. Preventing trachoma through environmental sanitation: a review of the evidence base. *Bulletin of the World Health Organization*, Vol. 78, pp. 258-266.

Rejmánková, E., Grieco, J., Achee, N., Masuoka, P., Pope, K. Robert, D. and Higashi, R. M. 2006. Freshwater community interactions and malaria. S.K. Collinge and C. Ray (eds) *Disease Ecology: Community Structure and Pathogen Dynamics.* Oxford, Oxford University Press, pp. 90-105.

Rockström J., Steffen, W., Noone, K., Persson, Å., Chapin, F. S., Lambin, E. F., Lenton, T. M., Scheffer, M., Folke, C., Schellnhuber, H., Nykvist, B., De Wit, C. A., Hughes, T., van der Leeuw, S., Rodhe, H., Sörlin, S., Snyder, P. K., Costanza, R., Svedin, U., Falkenmark, M., Karlberg, L., Corell, R. W., Fabry, V. J., Hansen, J., Walker, B., Liverman, D., Richardson, K., Crutzen, P. and Foley, J.A. 2009*a*. A safe operating space for humanity. *Nature,* Vol. 461, pp. 472-5.

----. 2009*b*. Planetary boundaries: Exploring the safe operating space for humanity. *Ecology and Society,* Vol. 14, No. 2, p. 32.

Rodo, X., Pascual, M., Fuchs, G. and Faruque, A. S. 2002. Enso and cholera: a nonstationary link related to climate change? *Proc Natl Acad Sci USA,* Vol. 99, pp. 12901–6.

Rogers, A. (ed.) 1995. *Taking Action: An Environmental Guide for You and Your Community.* Nairobi, UNEP and the United Nations Non-Governmental Liaison Service. http://www.nyo.unep.org/action/Text/TOC-t.htm

Seng, C. M., Setha, T., Nealon, J., Chantha, N., Socheat, D. and Nathan, M. B. 2008. The effect of long-lasting insecticidal water container covers on field populations of Aedes Aegypti (L.) Mosquitoes in Cambodia. *Journal of Vector Ecology,* Vol. 33, No. 2, pp. 333-41.

SIWI (Stockholm International Water Institute). 2009. *Resilience: Going from Conventional to Adaptive Freshwater Management for Human and Ecosystem Compatibility.* Swedish Water House Policy Brief No. 3. Stockholm, SIWI. http://www.siwi.org/ documents/

Resources/Policy_Briefs/PB3_Resilience_2005.pdf

Smakhtin, V. U., Revenga, C., Döll, P. and Tharme, R. 2003. *Putting the Water Requirements of Freshwater Ecosystems into the Global Picture of Water Resource Assessment.* Washington DC, WRI (World Resources Institute). http://earthtrends.wri.org/features/view_feature. php?fid=38&theme=2

Speelmon, E. C., Checkley, W., Gilman, R. H., Patz, J., Calderon, M. and Manga, S. 2000. Cholera incidence and El Nino-related higher ambient temperature. *JAMA,* Vol. 283, pp. 3072-4.

Steer, A. 2010. *From the Pump Room to the Board Room: Water's Central Role in Climate Change Adaptation.* Washington DC, The World Bank. http://www.d4wcc.org. mx/images/documentos/Presentaciones/andrew_steer_ keynote_presentation_water_event_december_2_final.pdf (Accessed 23 April 2011.)

TEEB (The Economics of Ecosystems and Biodiversity). 2009. Website. Geneva, United Nations Environment Programme (UNEP). http://www.teebweb.org (Accessed 26 January 2011.)

Thomson M. C., Doblas-Reyes, F. J., Mason, S. J., Hagedorn, R., Connor, S.J., Phindela, T., Morse, A. P. and Palmer, T. N. 2006. Malaria early warnings based on seasonal climate forecasts from multi-model ensembles. *Nature,* Vol. 439, pp. 576–9.

Trench, P., Rowley, J., Diarra, M., Sano, F. and Keita, B. 2007. *Beyond Any Drought. Root causes of chronic vulnerability in the Sahel.* Sahel Working Group. London, International Institute for Environment and Development.

UN (United Nations). 2011. *United Nations Secretary General Report to the 66th General Assembly on the Implementation of the International Strategy for Disaster Reduction.* New York, UN.

UNEP (United Nations Environment Programme). 2007. *Global Environment Outlook 4.* Nairobi, UNEP.

----. 2008. *Africa: Atlas of Our Changing Environment.* Nairobi, UNEP. http://www.unep.org/dewa/Africa/ AfricaAtlas

----. 2011. *Towards a Green Economy: Pathways to Sustainable Development and Poverty Eradication.* Nairobi, UNEP. http://www.unep.org/greeneconomy (Accessed 6 May 2011.)

UNEP/GRID-Arendal. 2008. *Vital Water Graphics. An Overview of the State of the World's Fresh and Marine Waters* (2nd edn). Nairobi, UNEP. http://www.unep.org/dewa/vitalwater/article48.html

UNISDR (United Nations International Strategy for Disaster Reduction Secretariat). 2009. *Global Assessment Report on Disaster Risk Reduction – Risk and Poverty in a Changing Climate. Invest Today for a Safer Tomorrow.* New York, UNISDR. http://www.preventionweb.net/english/hyogo/gar/ report/documents/GAR_Chapter_2_2009_eng.pdf

----. 2011. *Global Assessment Report on Disaster Risk Reduction.* Geneva, UNISDR.

United Nations University (UNU). 2004. *Two Billion People Vulnerable to Floods by 2050: Number Expected to Double or More in Two Generations.* News Release. Tokyo, Japan, UNU.

UNOCHA (UN Office for the Coordination of Humanitarian Affairs). 2011. *Eastern Africa Drought Humanitarian Report.* UNOCHA. http://reliefweb.int/home

UN-Water (n.d.). International Decade for Action (UN-IDfA): Water for Life, 2005–2015. Website. Zaragoza, Spain, UN-Water/UN-IDfA. http://www.un.org/waterforlifedecade/scarcity.shtml

USAID (US Agency for International Development). 2011. *Haiti – Earthquake and Cholera.* Fact Sheet 3, Fiscal Year 2011, 15 April, 2011. Washington DC, USAID.

Van Dolah, F. M., Roelke, D. and Greene, R. M. 2001. Health and ecological impacts of harmful Aagal blooms: risk assessment needs. *Human and Ecological Risk Assessment,* Vol. 7, No. 5, pp. 1329–45.

Veolia Water. 2011. *Finding the Blue Path for a Sustainable Economy.* White paper. Veolia Water/International Food Policy Research Institute (IFPRI).

Vörösmarty C. J., McIntyre, P. B., Gessner, M. O., Dudgeon, D., Prusevich, A., Green, P., Glidden, S., Bunn, S. E., Sullivan, C. A., Reidy Liermann, C. and Davies, P. M. 2010. Global threats to human water security and river biodiversity. *Nature,* Vol. 467, pp. 555–61.

Walsh, J. F., Molyneux, D. H. and Birley, M. H. 1993. Deforestation: Effects on vector-borne disease. *Parasitology,* Vol. 106, Suppl.: S55–75.

WHA (World Health Assembly). 2011a. *Cholera: Mechanism for Control and Prevention.* 64th World Health Assembly, WHA64.15 Agenda item 13.9, 24 May 2011. http://apps.who.int/gb/ebwha/pdf_files/WHA64/A64_R15-en.pdf

----. 2011b. *Drinking-Water, Sanitation and Health.* 64th World Health Assembly, WHA64.24 Agenda item 13.15, 24 May 2011. http://apps.who.int/gb/ebwha/pdf_files/WHA64/A64_R24-en.pdf

WHO (World Health Organization). 2007. *Our Cities, Our Health, Our Future: Acting on Social Determinants for Health Equity in Urban Settings.* Report to the WHO Commission on Social Determinants of Health from the Knowledge Network on Urban Settings. Kobe City, Japan. Geneva, WHO.

----. 2008. *The Global Burden of Disease: 2004 Update.* Geneva, WHO.

----. 2010a. Cholera, 2009. *Weekly Epidemiological Record,* Vol. 85, No. 31, pp. 293–308. Geneva, WHO.

----. 2010b. *Haiti: Cholera Response Update.* 13 December 2010. Geneva, WHO.

----. 2011a. Cholera, 2010. *Weekly Epidemiological Record,* Vol. 86, No. 31, pp. 325–340. Geneva, WHO. http://www.who.int/wer/2011/wer8631.pdf

----. 2011b. *Guidelines for Drinking-Water Quality* (4th edn). Geneva, WHO.

----. 2011c. *Water Safety in Buildings.* Geneva, WHO.

WHO/DFID (UK Department for International Development). 2009. *Vision 2030: The Resilience of Water Supply and Sanitation in the Face of Climate Change.* Geneva/London, WHO/DFID.

WHO/IWA (International Water Association). 2009. *Water Safety Plan Manual: Step-by-Step Risk Management for Drinking-Water Suppliers.* Geneva/London, WHO/IWA.

WHO/UNICEF. 2009. *Water, Sanitation and Hygiene Standards for Schools in Low-Cost Settings.* Geneva/New York, WHO/UNICEF.

----. 2011. *Post-2015 Monitoring of Water and Sanitation.* Report of a first WHO/UNICEF Consultation. (Berlin, 3–5 May 2011). Geneva/New York, WHO/UNICEF.

WHO/UN-Water. 2010. *GLAAS 2010: UN-Water Global Annual Assessment of Sanitation and Drinking-Water.* Geneva, WHO.

Wilson, M. D., Cheke, R. A., Flasse, S. P., Grist, S., Osei-Ateweneboana, M. Y., Tetteh-Kumah, A., Fiasorgbor, G. K., Jolliffe, F. R., Boakye, D. A., Hougard, J. M., Yameogo, L. and Post, R. J. 2002. Deforestation and the spatio-temporal distribution of savannah and forest members of the Simulium Damnosum Complex in Southern Ghana and South-Western Togo. *Transactions of the Royal Society of Tropical Medicine and Hygiene,* Vol. 96, No. 6, pp. 632–9.

World Bank. 2004. *Natural Disasters: Counting the Costs.* Washington DC, The World Bank.

----. 2010a. *Assessment of the Risk of Amazon Dieback. Main Report.* Washington DC, The World Bank.

----. 2010b. *Natural Hazards, UnNatural Disasters, The Economics of Effective Prevention.* Washington DC, The World Bank/International Bank for Reconstruction and Development (IBRD).

WWAP (World Water Assessment Programme). 2006. *World Water Development Report 2: Water: A Shared Responsibility.* Paris/New York, UNESCO/Berghahn Books.

WWAP (World Water Assessment Programme). 2009. *World Water Development Report 3: Water in A Changing World.* Paris/London, UNESCO/Earthscan.

WWF (World Wide Fund for Nature). 2010. *Living Planet Report 2010: Biodiversity, Biocapacity and Development.* Gland, Switzerland, WWF. http://wwf.panda.org/about_our_earth/all_publications/living_planet_report

Xu, H., Tang, X., Liu, J., Ding, H., Wu, J., Zhang, M., Yang, Q., Cai, L., Zhao, H. and Liu, Y. 2009. China's progress toward the significant reduction of the rate of biodiversity loss. *BioScience,* Vol. 59, No. 10, pp. 843–52.

Zhou, X. N., Yang, G. J., Yang, K., Wang, X. H., Hong, Q. B., Sun, L. P., Malone, J. B., Kristensen, T. K., Bergquist, N. R. and Utzinger, J. 2008. Potential impact of climate change on schistosomiasis transmission in China. *American Society of Tropical Medicine and Hygiene,* Vol. 78, No. 2, pp. 188–94.

第五章

水管理、机构和能力建设

作者：理查德·康纳、帕德里克·克林顿伯格、安东尼·特顿、詹姆斯·温佩尼

供稿：杰仁·阿尔斯、丹尼尔·洛克斯、克里斯·帕利、沃尔特·拉斯特、乔斯·蒂默曼

如前四章所述，水作为发展的核心要素，对社会经济各部门具有决定性作用。因此，人类管理水的方式对于公众和社会的繁荣发展至关重要。然而，即便在水利专家的口中，"水管理"这一术语也常常被赋予多种含义，而且经常被误用。那么，这一术语的含义究竟是什么？是保护和管理自然资源，提供与水相关的各种服务，还是在不确定需求日益增多的情况下，为了满足水分配和权利协议所规定的要求，而把（有时是有限的）资源分配给各类纷繁复杂、相互关联的用途？最简单的答案是：除了上述所有内容外，还包括更广泛的含义。

前几版《世界水发展报告》（WWDR）呼吁以可持续、改良和综合的方式管理水资源。以上这些概念，包括适应性管理，在第四版《世界水资源报告》中也被反复强调，如第七章"区域挑战与全球影响"、第十章"低估水资源价值使未来充满不确定性"、第十一章"改革水管理机构、提高应变能力"以及第十三章"应对水管理的风险和不确定性"。

在前几版《世界水发展报告》已涉及的水管理问题基础上，本章首先对水管理的含义进行描述，包括简短回顾过去 100 年中部分地区水管理方式的演变，以及这些方式将如何继续发生变化，以应对日益突显的不确定因素和随之而来的风险（在第十一章中将继续展开讨论）。此外，本章还对涉水机构进行整体回顾，正是这些机构确定了水管理的"游戏规则"，同时罗列了这些机构在未知的将来将要面临的挑战。本章的结论部分重点强调了知识和能力在确保机构有效性方面的重要性。

除 5.1 节之外，本章均取材于第二卷（第三部分）有关挑战部分的内容，即"水状况和体制转变：应对眼下和未来的不确定性"（第二十五章）以及"储备知识和能力"（第二十六章）。

5.1 水管理的缘由

水是难以控制的资源，流经不同的国家和多样的地貌，具有空间和时间上的流动性。万物均受益于水，但几乎无人真正知晓水该如何管理。水管理并不是简单的技术问题，而是综合了对政策、价格及其他激励措施所做出的调整，还包括对基础设施和实体装置的规划。水资源综合管理（IWRM）着重强调跨越行业、政策和体制的界限进行水资源一体化管理的必要性。

水管理受不确定性程度高低的影响。由于全球人口、消费方式、移民及气候的变化，这些不确定性始终处于变动之中，导致风险不断升级（见第八章和第九章）。在适应不确定性的基础上制定策略，减轻不断出现的风险，可使水管理政策、体制和规章更具灵活性，从而为社会创造更多效益。适应性水管理致力于以更加灵活的管理过程应对不确定性，并且将涉水界的决策者们列入其内，但目前这些决策者们尚未积极参与到水管理的过程中。由此，适应性水管理与水资源综合管理紧密联系起来。

5.1.1 水管理系统的特征

在时间和空间上，水的运动和水文循环相一致，因此，"水管理"这一术语涵盖多种活动和多门学科。从广义上来讲可分为三大类：管理资源、管理水服务和管理冲突的用水需求以实现供需平衡。水资源管理则是对河流、湖泊和地下水的管理。它包括水的分配、评估和污染控制，水生态系统以及水质保护，可以再分配和存储水资源的自然及人工基础设施以及地下水补给。水服务管理涵盖了对一个完整用水过程的管理：从水供应商到水处理，以及满足最终用户需求；再对废水进行回收，通过管网流回废水处理厂进行处理以便可以安全排放。管理冲突的用水需求则牵涉一系列行政行为，这些行为在符合广泛社会经济利益条件下促使水分配和权利达成一致。虽然上述各项活动有着各自的诉求，但正是它们的组合构成了水管理。

水管理具有独特性。它几乎涉及人类福祉的各个方面，与社会经济发展、安全、人类健康、环境，甚至文化和宗教信仰息息相关（Dalcanale 等，2011）。例如，世界上无论是发达国家还是发展中国家，面对罕见和极端洪水事件都无一例外地变得十分脆弱。以下灾难事件足可给以说明：2005 年，美国南部遭受卡特里娜飓风的严重破坏；2010 年，巴基斯坦被大规模洪水所侵袭；过去十年间，海啸引发的内涝使东南亚许多地区遭受重创。虽然不甚显著，但干旱同样带来灾难性的后果，如 2011 年非洲之角经历的干旱（庄稼歉收危及到上万人口的生命）；还有慢性灾害同样让人岌岌可危：咸海面积的不断缩小已经影响了许多人的生活；从南非多处矿区排出有毒酸性液体（Coetzee，1995；Coetzee 等，2006；Hobbs 等，2008；Winde，2009；Winde 和 van der Walt，2004）；供水匮乏和卫生设施短缺在世界许多地区引发多种疾病并造成人员死亡。然而，社会经济发展依赖于可利用水资源；正因如此，支撑社会经济发展便成了水的功能之一。当今世界，人类对于水这种相对有限却具有可再生潜力资源的需求日益增长；因此，合理的水管理方式对于人类社会至关重要。

20 世纪的水管理主要表现为大型基础设施建设，如大坝和河流引水工程（WCD，2000）。有些作者称之为"刚性措施"（Wolff 和 Gleick，2002），也有人称之为经济发展阶段的"水利使命"（如 Allan，2000）。人们建造这些工程的目的是应对水资源缺乏和过多的状况，如建造人工蓄水设施（大坝）或者开发自然资源（地下含水层的水资源储备和补给）不但能在缺水时期蓄水，还可在洪涝时期控制其破坏力。迄今为止，人类发展的历程并没有控制在自然承受能力范围之内；由于社会经济不断发展，包括农业生产、城市化和工业化进程在内的人类活动规模不断扩大，在很多地区对水资源的需求已大大超出其承载能力，自然会导致用水需求的冲突。于是，对平衡这种此消彼长关系的管理诉求便随之产生。全球水资源都面临匮乏的巨大压力，地下水现状尤为堪忧。由于钻井和提水技术的改进，地下水开采量激增，导致许多国家地下水量骤减（见第三章）。全球正进入一个新的时期：水资源的有限性正在制约未来经济的增长和发展。若不认真加以管理，即使是可再生的水资源也无法满足人类的需求（Patterson，2009）。

"世界正进入一个新的时期：即有限的水资源正在制约未来经济的增长与发展。"

20 世纪以建造大坝为显著特征，随着工程设计水平逐步提高，高质量的钢筋混凝土得以应用。这个做法我们可称之为"基础设施法"，它是"刚性措施"或"水利使命"的组成部分。这个时期的人们相信，仅凭建设硬件设施便可满足人类对水的各种需求（Allan，2000）。随着时间的推移，硬件基础设施建设的弊端开始逐一显现（Snaddon 等，1999）。例如在荷兰，人们意识到持续加高堤坝最终将难以为继。于是，新的方法应运而生，这种新方法重视自然水文条件，并承认硬件设施建设所带来的效益是有限的（van Stokkom 等，2005）。经验告诉我们，如今的跨流域调水（Snaddon 等，1999）等干涉自然的行为已导致水文状况特别是自然洪水节奏（Junk 等，1989；Puckridge 等，1993）发生重大异变，引发了意想不到的后果，这被称之为"复仇效应"（Tenner，1996）。这些效应包括生态系统特别是湿地的退化。如果湿地不被破坏，将会为人类"维持城乡地区的基本生活水平"提供各种效益（Emerton 和 Bos，2004，p.20）。在保持供水质量和数量方面，自然生态系统如森林和湿地可产生重要的经济效益。此外，它们还能缓解和防止其他与水有关的灾害，如洪水和干旱（Emerton 和 Bos，2004）。

如今的水管理者不得不应对更加复杂的局面。其职责包括管理易变的、不确定的供水以满足快速变化和不确定的需求；平衡持续变化的生态、经济和社会价值；面对高风险和愈来愈多的未知因素；有时还要随时应对可能发生的事件和趋势。简而言之，水管理越来越重视风险和不确定性；不断出现的驱动因素和影响因素常常超出传统水管辖范畴。此外，全球共有 276 个跨界流域，占据地球表面近一半的面积（Bakker，2007；De Stefano 等，2010；美国俄勒冈州立大学、美国俄亥俄州立大学、俄克拉何马州立大学，日期不详，2008 年数据）；大约有 273 个跨界地下含水层（Puri 和 Aureli，2009），关乎多国的国民经济发展。在这种大环境下，要实现对水资源进行有效管理，跨界协调势在必行。

因此，水管理不单纯是技术问题，要以细化但全面综合的方式实现目标。20 世纪，水管理的重点放在了传统的工程措施上，即修建水利工程来"驯服"或"控制"水。如今，由于不确定因素愈来愈多，那些在水利工程建设方面已取得重大进展的国家需要更多关注非工程措施来应对工程设施破坏水文系统所带来的弊端。我们可以这样认为，正在兴起的 21 世纪水管理愈来愈多地关注"软件设施"，最明显的表现是，管理水的供需平衡更多地依赖体制、政策、立法以及用水户之间的交流沟通（见第十一章）。有些作者称之为"柔性措施"（Brooks 等，2009；Wolff 和 Gleick，2002）。通过数十年的基础设施建设，发达国家已获益良多，他们如今面临的最大的挑战是如何将柔性策略纳入当下的水管理框架中。然而，大多数发展中国家仍处于水利基础设施建设的初级阶段，这些国家面临的挑战在于如何刚柔并济，在两种措施之间取得平衡，将两者效益最大化，同时将成本和风险降到最低。

通过基础设施开发进行水管理

通常情况下，水管理硬件措施侧重于建设蓄水、调水、水处理、防洪以及调度和传送（分配和收集）系统、水电站、地下水井和水泵等设施，主要目的是寻求额外的水供给。通常根据流量、阶段和需求的历史记录对未来或重现期（频率）的各个数值进行预测，从而设计工程容量。目前，一些国家正在大力兴建水利设施，对时常紧缺的水资源加以利用，比如灌溉、居民生活和工业用水，有时还包括生态用水。其他国家则花费大量的精力保护不断增长的人口免受洪水的侵害；还有一些国家出于提高环境和生态系统服务功能及相关效益的目的，对一些硬件设施进行拆除或改造。

硬件基础设施法会因维持水利设施性能和延长其寿命而产生较高的成本，且设施性能会随着时间的推移逐渐下降。有些国家由于经济性缺水仍然需要大规模建造硬件设施（见4.6节），因为这类措施所带来的社会和经济效益大大超出其发生的成本。但为降低硬件措施所带来的预料之外的不良后果可能需要付出高昂的代价。因此，我们在面临不确定性带来诸多困扰的同时，必须作好长期规划。为平衡硬件措施对生态系统的不良影响及其潜在效益之间的关系，应重视利益相关方的参与。尽管这种方式更加民主，但是这对政治领导和管理体系提出了更高的要求，有时还可能会推迟工程实施，因此也并非完全没有风险。

尽管水需求管理可大大降低对水的需求量，并将始终是健全管理的重要组成部分（见第十一章），但考虑到社会经济发展和气候变化等因素，全球对水的需求将只增不减。新开发的蓄水设施有助于在克服硬件设施弊端的同时保持其优势的发挥。因此，通过使用"绿色"基础设施（如湿地）和对自然影响较小的大坝与自然实现"合作"的前景十分乐观（Wolff和Gleick，2002）。例如，在城市路面使用透水表面涂层而非混凝土可在减轻雨水溢流的同时改善城市生态系统；然而，采用这种措施的决策权通常不属于水管理部门。一旦认识到需要新型水利硬件设施来保障粮食、能源和防洪安全，提高蓄水能力以适应气候变化，我们就应将该措施应用到规划乃至实施等各个阶段。这要求所用的硬件基础设施，无论是农业、城市还是工业用水设施，都要进行新建和升级。这势必增加水管理的复杂性，因为更广泛的参与者和参考意见将被纳入到决策过程中。也就是说，风险性和脆弱性不断升级是水管理系统的内在属性。

21世纪的水管理：一系列柔性措施的涌现

为应对硬件设施建设带来的弊端，我们逐渐转向了政策措施，重点依托体制改革、采取刺激性措施和行为改变（见第十一章）。此类方法旨在通过吸收传统水领域之外的非传统元素，降低不确定性，管理与水资源相关的风险因素。在这里，水管理者的作用在于为其他人员作出明智决策提供建议。其中包括人们用水习惯的改变和水管理过程与体系的改进。它们在总体上进行互补，如文化价值、为水定价、节水、水的再配置、经济激励/抑制措施、公众对于减少低效用水行为的认可、水资源多样化以及相类似行为。由于以上这些并不归属于传统水领域范畴，即跳出了"水箱"之外，因此软件措施需要部门间进行高度协调并采取一致行动。正因如此，"水资源综合管理"中的"综合"变得愈发重要。过去半个世纪的经验表明，软件措施在处理水资源问题方面表现出巨大的潜力，但由于实行软件措施需要对以往步调并不一致的多方行动者加以整合，软件措施也变得日益复杂。在制定软件措施时，需要利益相关方的加入和广泛参与，这就给体制和政治领导层提出了新的要求。

包含软件措施的解决方案将利用预报和模型优势实现更加精准的风险评估，由此提高水体系的应对能力和修复能力；同时它将水行业之外的各方包括进来，跨域和超越传统水资源管理的范畴进行运作。这可为那些受到水资源管理影响但并未享受其服务的水资源使用者和利益相关方提供有用的信息，就好像是为那些对不甚明朗的风险感到担忧的股票经纪人或机构投资者提供信息一样（ACCA，2009；Chang，2009；Klop和Wellington，2008）。

公众对目前水资源使用如何影响了水质和水量不甚明了。因此，有时公众并不清楚可以采用何种方式解决相关问题。对公众进行知识普及和提高其思想意识可促进利益相关方采取相应的行动，尤其是在减少用水需求和减轻污染方面；这也增加了各国政府和其他政策制定者的压力。与此同时，为了实现可持续和公平的改变，水管理者在实施的初始阶段就必须理解水资源使用者和公众团体的问题和观点，同时注意他们的想法，加强体制建设。只有认清权力关系的差异、认识妇女的需求和她们可能作出的贡献，水体系的作用、人民生活以及粮食安全才能真正发生改变。进而，公众可以施加压力，促使政府机关、其他用户和利益相关方改进其用水政策和计划。

实施非工程管理措施除了需要那随着时间流逝而不断减少的有限资金外，还要求具备强大的运作能力。另外，与工程措施不同的是，当非工程措施未达到预计目标时，我们无需额外的开支便可对其进行修改或终止。非工程措施具有较高的灵活性，但同时也对政治领导力和管理相互竞争利益集团之间关系的能力提出了更高的要求。

5.1.2 水资源综合管理

水资源综合管理被定义为"促进水、土地和相关资源的协调开发和管理，以便以均等的方式将其产生的经济社会效益最大化，同时不损害关键生态系统的可持续性"的过程（GWP-TAC，2000，p. 22）。水资源综合管理明确了区域水资源系统各组成部分之间的相互关系：如过量的灌溉用水需求和农业污水排放将导致饮用水与工业用水量减少；城市和工业废水会污染河流和破坏生态系统；废弃煤矿排放的酸性水若不进行控制将导致慢性灾害的发生；大量使用河流水来保护养殖业和维持生态系统将导致灌溉用水减少。

水资源综合管理全面考虑了水资源的各种用途。水资源配置和管理决策应考虑各种用途之间的相互影响，因此要将全部社会和经济目标纳入考量，其中包括可持续发展目标、医疗和安全性目标的实现。这也就意味着各个部门

制定的政策应保持连贯性，特别是涉及国家水安全、粮食安全和能源安全领域的决策。在水资源使用这个问题上意见相左的各团体（农民、团体、环保主义者等）会影响水资源开发和管理战略的制定，同时，随着"综合"管理过程的推进和潜在利益的慢慢浮现，水开发和管理过程变得不再是单纯的技术性问题，而是政治利益的纷争（Phillips 等，2006，2008）。它所带来的附加效益是被许可的用水户会针对当地的水资源和流域保护问题申请地方自治管理（全球水伙伴技术咨询委员会，2000）。与综合管理不同，分部门管理的特点在于，不同的机构分别负责饮用水、灌溉用水、能源和矿井水以及环境用水等。各部门之间如果沟通不畅会导致水资源开发和管理缺乏协调，造成混乱、冲突及资源浪费（CapNet，全球水伙伴和联合国开发计划署，2005），最终的局面将会是各部门退而求其次，制定出一个妥协方案。

|||||||||||||||||||||||||||||||||||||||||||||||||||||||||||

"公众常常对目前水资源使用如何影响了水质和水量不甚明了。"

水资源综合管理最主要的目的在于以更高效、更有效的方式管理水。水资源综合管理意味着"协调众多水和相关自然资源管理机构和部门所制定的政策、体制、规章框架……规划、操作方案、维修和设计标准"十分必要（Stakhiv 和 Pietrowsky，2009，pp. 4 - 5）。因此，跨学科和跨机构协调合作成为水资源综合管理的一个重要特征。

本报告是国际社会和世界各国对水资源综合管理所作承诺的一次升华（见 1.3.3 节）。它表明，尽管我们在全球范围内取得了长足进展，但各国国家水资源综合管理规划的编制和实际实施情况都不尽如人意，离目标仍存在一定的距离。"在割据的管理体制下（如联邦体

制下的澳大利亚、巴西和美利坚合众国），水管理可以有效运行（但不一定高效）；在这种体制下，决策制定和公众参与高度透明，规划的编制和实施都有充足的资金支持。而在不具备此条件的情况下，大多运行状况欠佳。因此，建立合理的体制框架是迈向水资源综合管理的第一步"（见11.2节）。

水资源综合管理的目标之一就是要调和经济发展和生态保护的关系。这是一项挑战，因为经济发展目标和生态环境需要涉及不同的范畴，且两者都依托传统的水管理概念，并没有将与软性措施相关的意外风险和不确定性纳入考量。因此，在水资源综合管理规划中更多地包含了生态系统的功能和服务及其定价。然而，出于各种原因，它们也有可能成为不确定因素的主要源头。

可行的和可持续的水管理解决方案可通过整合得以实现：如土地和水管理的整合，不同城市水系统管理的整合，水、能源、矿产及农业部门的整合；建设、运行和维修过程的整合。一般来讲，整合可以分步骤在一定时间内逐步实现。利益相关方之间开展对话尤其可促进整合的发生，但该过程本身也受具体情况的影响。

上述过程以及利益相关方之间开展对话同样可以帮助解决水资源综合管理范畴之外更为广泛的协调和整合问题。这类问题的产生通常是由于水资源及其使用和管理受到非涉水行业决策者为达到其他目标而采取行动的影响，如第三版《世界水发展报告》中明确的目标（WWAP，2009）。

5.1.3　不确定需求下的水资源管理

与降雨和径流量相关事件的频率、规模、持续时间和发生率相关的水文气候信息应当是大多数水管理决策制定的最基本依据。它们已经和更为基本的经济、环境和社会经济信息与目标结合在一起，以便作出更加明智的水管理决策。在其他信息当中，土地使用规章、重点经济任务、贸易政策和成本-效益标准也会用

作参考，以便作出更优的水管理决策（Stakhiv和Steward，2009）。这一些促使现在的水管理不得不开始考虑人口增长、移民、全球化、消费方式的转变、技术进步、工农业发展在性质和时机选择上不可预知的变化。虽然这些问题已然出现，但大多时候未受到重视。气候变化的阴影持续蔓延，已经开始让人们注意到了这些问题的严重性，为由上述诱因导致的严重局面提供了一个新的审视角度。

鉴于依托稳定状态体系所做的假设已不合时宜，当前我们面临新的挑战，即如何确定水资源系统中新基础设施的容量或性能，因为它们未来的来水量和设计流量都无法根据历史记录进行预测或计算。在充满不确定性的情况下，我们已经不可能基于过去的经验、使用当下的科学知识来预测未来的需求（Turton，2007）。在加速变化的时代预测需求这一挑战增加了局面的复杂性。水驱动因素相互之间也存在影响（见第九章），由此产生了新的不确定因素和相关风险，以及多样的复杂组合方式和可能途径。这远远超出了这些应对多种管理性挑战人们的预知能力。例如，土地使用变化和城市化已经造成了污染，混凝土对地面的密封、森林和湿地面积减少使地面径流量增加，加大了洪水、沉降和富营养化的风险。包括人口增加、消费模式变化和移民问题在内的人口统计学变化经常会提高对水和食物的需求。水资源压力加大的情况通常集中在受气候变化影响最大的沿海地区，这些地区已经处在水资源紧张的状态，而这种持续增加的压力经常导致地下水盐碱化；土壤层中上升的水位将稀释的盐分推向土地表面，而没有被充分冲刷干净（WWAP，2009）。生物燃料的生产也需要消耗大量的水，因此能源消耗量的增长也在影响水资源；火力发电厂需要使用大量的水进行冷却，进一步推高了由气候变化引起的水温上升；硫元素循环、雨水酸化引发生物多样性和水质的变化。最后，如果大坝、灌溉系统等基础设施状态不佳，可能会导致水资源浪费，给水资源造成压力，且增加事故发生的风险。这

两类风险都会加重气候变化带来的影响（UN-ECE，2009）。

整个社会，特别是工程专业领域普遍认为："通过历史经验的积累，以及法律、工程实践、规章方面获得的信息，我们对'预计发生事件'明确了一个狭义的可接受范畴，并且有选择地去适应，例如为防洪减灾设定了百年一遇标准；为应对较小而频发水灾事件设定城市排水系统设计标准；为保证大坝安全而设计的溢洪道，以应对发生可能性极小的洪水（如万年一遇）。这些都是根据诸多因素而产生的社会性判断，包括可承载性、相关人群受危害程度以及国家和地区经济效益。它们并不是基于历史经验和仿真模拟所产生的决定性标准。定义社会风险承受能力和设施可靠性是'社会公约'的一部分，它通过政治过程和公众参与而产生"（Stakhiv and Pietrowsky，2009，p. 8），这一点包含了柔性措施不确定性的主要成分。

贴现是将大量的未来成本和效益压缩转换成当前价值量的方法，是一个很重要的概念，因为它会对成本-效益的计算结果产生重要影响。贴现率较高可避免当前适应性成本，而贴现率低则有利于促使行动立刻开展。因此，设定贴现率基本等于决定了未来的社会福利指数，同时对已经采取的措施具有深远影响。为应对所有的不确定性，我们根据基于社会价值所作的决定设置了不同的情境，描绘未来可能发生的情况。基于这些情境，模型可以预计这些情况对水文条件产生的影响，帮助辨别水管理措施可能会帮助解决的漏洞（UNECE，2009）。

5.1.4 适应性管理

由社会经济发展和气候变化引发的水管理复杂性和不断增长的不确定性使得传统的"命令加控制法"收效甚微了。水资源综合管理的适应性措施正是用来解决这个问题的。通常，适应性管理被定义为"从已实施的管理策略产生的效果中汲取教训，改进管理政策和实践的系统过程"（Pahl-Wostl 等，2007）。这是一个

为应对社会、经济、气候和技术等方面快速变化的持续性调整过程。实质上，适应性水管理的基础是将系统中出现的问题再反馈到系统中，在灾难性问题发生前进行逐步调整。这是一个通过学习而学会管理的过程。

水管理的学习领域包括在生态、经济和社会政治方面验证工程和非工程措施的有效性。这个管理过程的质量至关重要，包括对在此过程中管理战略和目标需要被迫改变这一事实的领悟（Pahl-Wolstl 等，2007）。成功的适应性水管理应在综合水管理措施之外，还包括其他一些手段和方法（Mysiak 等，2010）：

- 基于协同管理的方法，即政府、社会和科学界的通力合作保证措施的有效性和可持续性。建立信任和社会资金是保证问题解决过程得以进行的重要条件。

- 需要一个赋能授权的"温床"，即政治、制度和法律的制定要有利于学习的开展和适应性方法的产生（UNECE，2009）。

- 从供水管理向需水管理转变，基线是可利用水资源，而不是需水量。提高用水效率将有助于确保在水资源缺乏时不同用途的用水要求得以持续满足。

- 更注重非工程（软件）措施，法律和政策协议帮助促进各行业水资源的可持续使用，同时考虑实施措施促进公平、减轻贫困。

- 认识到水管理要适应不断变化的情况，如能源和粮食价格、人口变化趋势、移民情况、生产和消费方式的转变；以及认识到气候变化是一个长期的持续性过程，并非通过一系列一次性措施便可解决。

- 通过对水资源使用量化和定价为水管理提供资金，同时避免过多地影响弱势群体和对地区竞争力造成不合理的损害。

实施以上建议迫在眉睫，它要求管理者克服传统方式带来的惯性和来自各方的阻力。对于国家及地方权威监管机构而言，面临的最大挑战是如何实现这幅"蓝图"达成协调一致，"使这些想法付诸实施并勇于同其他行动者一起面对批评、共用行使和分担权力"（Timmerman 和 Bernardini，2009，p.2）。

5.2 水管理体制对可持续发展的重要性

5.2.1 体制：游戏规则的制定

诺贝尔经济奖得主道格拉斯·诺斯（Douglass North）认为，"体制是人类创造的限制条件，决定了政治、经济和社会之间的相互作用"。体制由非正式限制因素（制裁、禁忌、习俗、传统和行为准则）和正式规定（宪法、法律、规章制度和物权）组成（North，1990，p.97）。

体制构成了"游戏规则"，为人们界定角色和程序，具有永久性和稳定性，并决定什么是合适的、合法的、合理的（见第二十五章）。这些"规则"已随着历史、地理、文化和政治的变化发生了有机进化，反映着技术进步、行业行为和地区能力的进化。有时"水世界"的游戏规则是由水领域以外的人制定的。大多数情况下，这些规则的制定并非以水为中心，忽视了水的重要性。

体制决定了水资源管理和对于人类健康福利及经济增长至关重要的设施建设。全球水问题的缘由可归咎于各层面缺乏合理体制而引起的治理上的缺陷，以及现存体制体系功能的逐渐衰退（Lewis 等，2005）。水管理机构只是各国宏观体制框架中的一个组成部分（见第十一章和第二十五章）。这种水管理体制框架将促进或阻碍采取有效的水资源措施和相关的服务。通常情况下，"水箱"之外的法律、政策、私有或公有团体以及利益相关方都会在一定程度上影响水相关机构的行为和表现。

5.2.2 何种体制奏效，为何它们如此重要

涉水体制在不同范围的层面上运行，从地方社区到跨国层面，监督水资源及有关设施的配置、分配、管理、规划、保护和调度。体制

界定了角色和程序，由此决定了什么是合适的、合法的、合理的（见第二十五章）。此外，传统和当代的社会规则也可以运用到水的使用和管理当中。

非正规的水权体系并不仅仅是"合乎习俗"、"符合传统"或者"自古以来的"。相反，它们可以是与当代问题密切相关的规则、原则和组织形式的动态组合。它们结合了区域、国家和全球层面的规定，常常也吸纳本地的、殖民国家的和当代的准则及权利。区域水权在法律多元化的条件下存在，在这样的条件下，不同发源和经过不同合法化途径的规则和原则相互共存、相互作用（Boelens，2008）。

中东许多国家广泛使用的"阿夫拉贾灌溉系统"就是一个非正规水资源配置的实例[1]。庇护主义[2]甚至腐败都会对不同部门和行业间的水资源和设施配置起到决定性作用。有时非正规体系可以被纳入正规的经济体系中。例如在巴拉圭，小型非正规私人饮用水供水系统已经得到认可，且地区政府和小型私有水供应商之间也已经达成协议，结果对设施定价和质量的控制和监测都变得容易了（Phumpiu 和 Gustafsson，2008）。

2010 年，联合国大会和人权理事会设立的目标明确了获取和使用安全水和卫生设施是一项人权（见 1.2.4 节）。这就要求成员国在各自的管辖范围内确保将水和卫生设施的使用权逐渐惠及每个公民。希望此举能够促成必要的进展，为目前尚未享用到其利益的数十亿公民提供这种基础设施。根据联合国千年发展目标（MDGs）提出的衡量方法和标准、供水及卫生联合监测计划（世界卫生组织/联合国儿童基金会）（JMP）报告、以及全球卫生系统和饮用水分析及评估（世界卫生组织/联合国水计划）（GLAAS）程序，仍有 8.84 亿人口将未经处理的水源作为饮水来源，26 亿人口未享用到改善的卫生设施（世界卫生组织/联合国儿童基金会，2010）。如今，通过使用在水权界定下更精确和严格的标准计算得出的数据显示，上述数据存在严重低估。某些数据显示，在自

宅中无法使用到安全可靠自来水的人口数在 30 亿～40 亿之间。使更多的人享有饮用水和卫生设施，满足他们获取水的权利，将是推动水服务未来发展的主要驱动因素。

5.2.3 与目标吻合的体制

《世界水发展报告》第二版提到，造成无法获取水资源和使用卫生设施的主要原因并非水资源短缺，而在于"体制抗变性"，"缺乏合适的体制机制"为能力建设和硬件设施提供管理和保障（WWAP，2006）。譬如，有些国家（特别是那些水需求量最高的国家）无力吸收利用如今为卫生设施和／或饮用水所发放的救援。这些发展中国家必须加强国家和基层的管理体制，对卫生和饮水设施的建设和使用进行规划、实施、监督，着重考虑那些尚未获得服务的人口（世界卫生组织／联合国水计划，2000）。世界卫生组织和联合国水计划的全球卫生和饮用水分析评价（2010）中指出，定义

合理的体制角色和职责对卫生设施和饮用水来讲仍然是一项挑战。即使在国家策略制定良好、政府体制高度协调、资金充足的国家，卫生设施和饮用水的进展也有可能受到缺乏训练有素的专业人员和有利于有效产出工作环境的制约（世界卫生组织／联合国水计划，2000）。《世界水发展报告》第二版谈到了在很多发展中国家水监管的混乱状态，将"涉水体制的缺失"和"分散的体制结构"列为需要即刻引起重视的问题。全球卫生和饮用水分析评价提议，"健全的政策结合有效的体制，对于优化设施服务的实现至关重要。若要实现长足进展，为涉及卫生设施和饮水的不同体制创建合理的角色和职责同样不可忽视。"（世界卫生组织／联合国水计划，2000，p.2）。

近期开展的一项商业调查要求不同公司对在有关国家展开商业活动时可能遇到的限制因素类型进行选择，调查结果给出了由现行体制触发的限制因素（见图5.1）。在撒哈拉以南的

图 5.1

部分地理和经济区域从事商业活动的主要限制因素

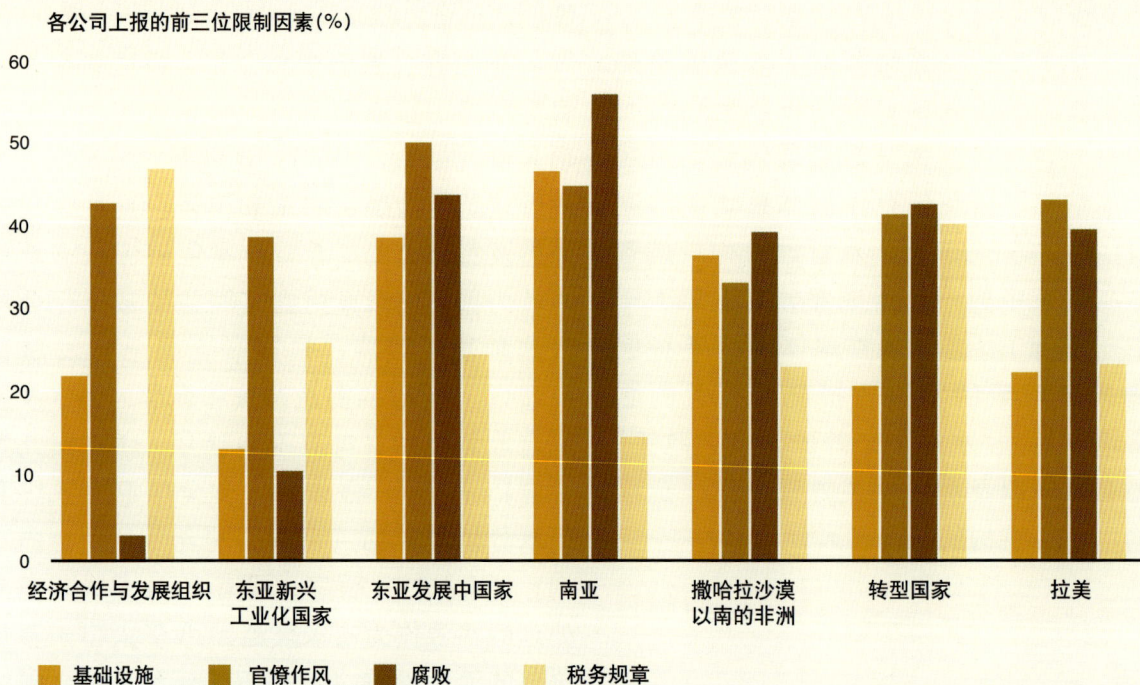

各公司上报的前三位限制因素（%）

图例：■ 基础设施　■ 官僚作风　■ 腐败　□ 税务规章

横轴：经济合作与发展组织／东亚新兴工业化国家／东亚发展中国家／南亚／撒哈拉沙漠以南的非洲／转型国家／拉美

注：要求各公司作答的题目是"请在以上14种限制因素中选出在贵国从事商业活动最令人困扰的5种因素"。
资料来源：Kaufmann（2005，图2，p.85）。

非洲和南亚一些地区，与体制和监管相关的问题，如抑制官僚作风和反腐问题的排名居于设施质量问题之前[3]。这意味着在很多情况下，水资源开发投资要求首先进行体制改革，刚柔并济，同时重视良好的监管、有效的规章制度、强大的行动力和防止腐败。

不同国家的体制格局大相径庭。在某些国家和地区，如中国、中东和北非，涉水体制表现出强有力的政府控制、自上而下的管理模式和等级管控。而在其他地方，权利分散于政府、民间和市场，对于透明度、多方利益相关方的参与和责任制有不同程度的强调。不管何种体制类型，其管辖的问题大致相同，即资源配置、质量保护和规划等。配置正逐渐成为一个普遍问题，尤其在已经开发了易于获得的水源，且额外供水成本将会很高的中东国家。如今，此地区许多国家将90%的水用于灌溉，但与此同时农业对国内生产总值的贡献越来越小，而越来越多充满经济活力的行业却面临严重的水资源缺乏（Beaumont，2005）。

有效的体制可以减少来自自然、经济、技术和社会方面的不确定因素。譬如，针对共有水资源的紧张和冲突局面进行成功协商将会为相关方降低不确定性，使水资源的使用和配置更加合理。有效的体制会达到以下目的：

在不同层面界定角色、权利和职责。"体制体系界定了谁来管理资源和产权制度的程度"（Ananda等，2006）。体制在建立可行的规则、规定权利和职责，确定多个或共同使用者之间以及他们和某种自然资源之间的关系时十分重要。肯尼亚最近开展的水行业改革就清楚地划分了涉水服务和流域管理相关机构的角色和职责安排。这样的改革鼓励实行"全行业规划法"（SWAP）[4]，为合作伙伴、具体操作、投资规划、协调、监督和决策制定提供好的做法，旨在实现提高服务水平和明晰部门间责任的目的。

决定限制条件、化解和调停冲突。体制设立了水使用方面个人和集体的限制条件：谁能够使用何种水、用多少、何时用以及用做何种

用途。如果供水和需水之间失衡加大将激化用水者、地区、经济部门之间的竞争和冲突。这将对资源配置和管理机构施加压力，同时也凸显了通过经济刺激处理利益冲突机制的重要性。湄公河流域可以说明国家间的复杂关系以及水机构之间的竞争关系。在这一流域，跨界水冲突总体上得到了控制，但是，环境和发展因素导致水资源短缺加剧，未来可能会引发严重冲突，并促使规章和配置机制进行改革。许多情况下，涉水冲突加快了体制的转变。

降低交易成本、刺激投资。体制是优化和有效利用投资的基础。不完善的体制推高投资风险，影响国家竞争力和公司绩效。而有效的体制可降低交易成本，即进行商业交易、参与市场营销的各种花费（如搜寻信息、进行价格协商和决策制定以及政策制定和实施方面的成本）。

5.2.4　水体制：现状和未来挑战

水覆盖广泛的行业部门和自然循环中的许多用途，分布于不同的层面，且没有统一的管理和监管体系。即使我们可以使水管理具有连贯性，不管是何种意义上的连贯性（如水资源综合管理模式的运用），水领域之外的力量也将持续给水带来重要影响，如地区发展、国际贸易、旅游业、住房、能源、农业和粮食安全、环保等方面的国家政策。鉴于这些复杂因素，水体制很难适应如今和未来的风险及不确定性，也很难形成具有连贯性的方法。

在应对多种与水资源和使用/设施相关的问题方面，水管理结构的多样性在现有水监管和管理体制的复杂性和分割性中体现出来。除了玻利维亚、印度或坦桑尼亚，很少有国家由一个"水利部"统一负责所有的涉水事务。普遍的情况是，由许多部委分别负责水资源、灌溉、环境、电力、交通、医疗卫生、城市供水、农村水资源等领域。其中每个领域都对水有影响，但是它们分别隶属于不同的职能部门和行政机构，水利资金投入也经常由其他领域的团体独自决定。

水管理的"游戏规则"是在分散的体制环境中设立的，在这种体制环境中，为应对气候变化或保持环境可持续性而急需采取的措施很大程度上受到其他部门具体需要的影响，而水成了次要考虑因素。针对此类重大问题以及伴随而来的此消彼长的关系来制定具有连贯性的决策，需要一种体制机制将重点部门的决策制定者与水管理者相连接。广泛的利益相关方也需要参与到制定规则的过程当中（见图10.2）。

尽管有些国家在提高水监管有效性方面取得了进展，但是体制改革的成果却是喜忧参半：很多国家并没有克服监管、资金和能力领域的缺陷。例如在加纳、印度和南非等国采取的从经济改革延伸到体制改革的做法并不十分成功。

水体制改革的一些共同特征是，采用了水资源综合管理框架，包括采取水资源规划、设立流域管理机构、鼓励多方利益相关方参与以及实施成本有效性、成本回收、成本-效益分析等措施来决定优先投资的项目。最近取得的另外一些进展还包括基于权利的水设施管理方法以及整合法和责任标准的采纳。

由于文化、经济、政治、社会和环境的改变，水管理和政策制定本身得以被不断赋予新的定义。这些推动其转变的力量向体制改革提出了各种挑战，其中的部分因素详细列举如下：

体制的综合性。 若要有效应对不断涌现的问题，水监管体制本身在很多方面需要具备高度的综合性，水管理政策需要具有足够的连贯性。一个典型的例子便是气候变化，目前它是促进体制改革的主要驱动因素。对很多部门来讲，水将会是它们感受气候变化影响的主要媒介，整个过程的管理方式将决定可持续发展和扶困济贫的结果。可获得的水量和需水量的变化会加重诸如医疗、粮食生产、可持续能源和生物多样性等领域业已沉重的压力，而由暴洪、风暴潮和山体滑坡等极端事件引发的涉水风险可能也会增加。因此，有效的体制必须能够将水的再配置纳入考量，以应对可利用水量

的变化。体制方面的应对办法应囊括为实现有效需水管理推行成本-效益较高的保护措施及效能提高。强化地方体制和社会网络是成功适应管理不可分割的部分（见专栏5.1）。

体制必须具备足够的灵活性和适应性来应对供水和需水方面的不确定性。对于非官方水设施供应商可给予一定程度的官方认可和吸纳，因为他们通常为官方用水网络不能涉及的边缘用水户提供服务。

综合、透明和责任制。 为克服管理不当、腐败、官僚惰性和官僚习气所做的努力可成为体制变革的主要推动力。腐败是不良监管的典

型症状，它扭曲投资、抬高交易成本、扼杀创新。腐败对于贫穷和弱势群体的影响尤为明显。这就要求我们首先对设施提供商的运行和花费实行监管。在大多数发展中国家，这类监管或者缺失或者不存在。现存的监管、政策制定、惩罚和激励体系并未得到系统应用，且时常遭受来自官官相护和腐败的阻力（见专栏5.2）。

拉丁美洲的责任监管制度

责任监管在公用设施管理方面受到广泛重视，而且监管单位对受其监管的公用设施机构行使职责的方法格外关注。一般情况下，如果无权界定这些机构的职责范围，监管单位将无法有效地开展工作。20世纪90年代，阿根廷的公共供水事业向私营机构开放，这就意味着有必要建立一个监管框架，引导私营机构的供水标准努力达到国家制定的目标。阿根廷供水公司（Aguas Argentinas）是本地区首批进行水与卫生服务责任监管的试点单位之一。在实行有效监管过程中，当地总结了以下经验教训：

• 应最大限度地将监管体系的运用通过监管方和受监管方之间共同合作来完成。双方均需具备高度敬业且知识全面的团队。

• 应当尽快形成实行监管体系的支撑团队，包括技术、运行、商业、行政和信息技术人员，保证协作和支持的有效性。

• 我们必须明白，责任监管体系实行过程中信息系统和程序的改变发生在如今的大型公司中，这限制了权力的任意性，有可能会延长将改变付诸实施的时间。

• 为防止意外的发生，为必要的调整赢得时间，应当考虑实行责任监管体系对于公用供水设施企业和监管机构的工作文化可能产生何种影响。

国内外经验显示，对公用供水设施企业的监督和管理中均存在着信息不对称的现象。当阿根廷供水公司的合约于2006年取消后，设施服务也于2006年大都移交给了阿根廷国有的撒米托供水公司（AySA）。届时新的监管框架规定，国有公司也需实行责任监管体系。

资料来源：Jouravlev（2004）和 Lentini（2009a，2009b）。

能力建设和资源。 将职责下放到地方水管理机构的过程应当伴随着相应权力、设施和资源的移交，简而言之是职能的移交。任何权力下放都应当以审慎的分析为基础，以便确定合理的权力分散和集中的层面，且应与技术问题和经济规模与范围相适应。由于水管理和设施机构具有不引人注目和老套的特征，其资源和能力的逐渐流失往往无人理会。若相关机构需要应对发生的变化，就必须扭转这种趋势。

保证充足和长期稳定的资金。 在许多发展中国家，水管理机构相对薄弱，缺乏足够的资金支持（Dinar 和 Saleth，2005）。体制能力和适应力建设需要新的资金来源，但同时，有效地使用现有资金同等重要。大多数涉水资金用于基础设施建设，小部分用于设施运行和维护、体制建设和人员能力建设。在 2009—2010年中央统计办公室（CSO）和全球卫生系统和饮用水分析及评估（GLAAS）的调查报告中，有11个国家的周期性开支对于卫生设施和饮用水总费用的贡献比例为13%～78%不等，其中包括薪酬、非薪酬、城市补贴（注意此处仅将政府支出的内部资金包括在内）（世界卫生组织/联合国水计划，2010）。公有和私有部门都应通过创新融资的方式得以加强。

传统的水规划太过死板，无法应对未来的挑战，这就要求我们建立适应性监管框架和体制。我们已发出呼吁，实行更具灵活性的体制和措施（GWP，2009）。事实上，负责水管理和水利用的体制并非一成不变，它具有随着环境、尤其是危机产生而发生改变的能力。许多改革就是由矛盾激化而产生（见专栏5.3）。

最近，冲突导致了治水和流域管理领域发生了许多变化。在澳大利亚墨累达令流域，环保人士和农民之间长期以来一直存在冲突，从早期的土地保护运动发展到利益相关方共同探讨如何治水经历了很长一个历史时期。而在相对更长的一个时间段，各州之间的需水竞争为墨累达令流域水管理框架的体制发展奠定了基础。流域管理目标愿景相互矛盾（如参与模式的多与少）对新南威尔士州的水管理体制的形成产生影响。

冲突规避本身可以成为水监管创新的驱动因素。在东南亚，共享湄公河的国家间由资源引发的冲突一直是湄公河流域可持续发展委员会合作的驱动力，也是为委员会提供官方援助的重要原因。越南硒圣河（the Se San）问题就是一个典型的例子。越南的雅礼瀑布大坝（Yali Falls Dam）对于柬埔寨东北部沿河下游地区产生的影响将来自于一个相对弱势国家的少数本地土著居民置于不得不面对强大邻国政府水资源开发带来影响的境地。虽然并不能够百分之百为当地群体提供服务，这样的流域机构可改善现状，并带来创新的方法，如最近出版的快捷流域范围评估工具。

在泰国，关于是否起草国家水法已有了不同意见的冲突，引发了就水的立法和监管问题广泛而热烈的公众讨论，如水价选项问题以及是否创立一个全面包容的国家政策日程。这使得改革过程放缓。而在老挝和越南，这一过程相对较快，两国水法分别于1997年和1998年在国民大会上通过，并没有进行公众讨论。然而，即使是在关于起草水法草案公众讨论很有限的越南，水法草案也经过了20多次修订，且在最终通过之前，国民大会也进行了广泛的讨论。

资料来源：Boesen 和 Munk Ranvborg（2004）。要获得更多信息，请访问：http://www.mrcmekong.org/news-and-events/news/innovative-tool-for-mekong-basin-wide-sustainable-hydropower-assessment-launched/。

体制改革可能会增加自身转变的成本，由此抵消部分预期效益。例如，在肯尼亚，一些利益相关方认为，引入"大部门规划法"体制会助长官僚作风、增加复杂因素并将决策制定过程渐渐推离大众。对于"大部门规划法"可能抬高交易成本这一问题，许多人表示担忧，有些非政府机构则担心"大部门规划法"会降低他们的融资水平。这些体制改革要求我们具备更高的透明度和政府监督能力，而这两者如今在涉水界均是薄弱环节。

水行业建立的体制不可避免地成为整个社会体制的映照。英格兰、威尔士和智利采取的将水利设施私有化以及智利水市场的增长，都是在政治法律环境有利于将资产转化为私营管理和私人所有条件下进行的。相比那些传统上以"中央集权"为主导的国家，利用收取水费和水市场对稀缺的水供应进行配置，在私人生产商所占份额较大的经济体中实行的可行度会更高。尽管在水设施建设和管理机构方面，国与国之间存在的公有和私有比例不尽相同，而绝大多数国家由于政治、理念和经验等因素决定公共部门仍占据着主导地位。发达国家的实践证明，目前还无法断定哪种所有权形式更为合理，这也是存在大量权衡利弊案例分析的原因（Renzetti 和 Dupont，2003；Vickers 和 Yarrow，1988）。

在风险和不确定性因素不断增加的背景下，有人提倡应允许不同的体制模式共存，这样可能会有利于增强体制的灵活性和政策与技术的创新潜力。

5.3 机构拥有的知识和能力

5.3.1 知识吸收和转移的重要性

涉水问题通常是由于体制效能低和水管理缺失造成的。改善水管理要求我们具备综合技巧以及多方面的知识经验，如工程和设施维护、资金和体制管理及政策分析。另外一个宝贵的知识来源就是当地水利专家在管理实践中积累的经验。这些本地经验经常得不到记录甚至得不到认可。重要的是，当地管理者了解很多与他们直接操作运行的水体系相关的风险和不确定性，而且他们常常是最先发现新课题、新问题和解决方案的人。由于本地解决方案反映了本地的、个性化的实践和知识，旨在解决本地最首要的问题，因此往往是可行的。本地经验应当被妥善记录并传达给高层决策制定者，以便更好地为国家层面的政策制定服务。这个过程同时也使我们获得宝贵经验并加以应用，提高当地机构和文明社会的能力建设，强化地方的能力。

> **"知识必须是涉及多领域的，是基于对社会和自然的理解，并且有助于实施综合管理措施。"**

一般情况下，能力被定义为"做某事或理解某事的才能或魄力"。联合国开发计划署将能力定义为"在一段时期内，个人、团体、机构和组织认知和解决发展中问题的才能"（UNDP，1997）。根据经济合作与发展组织发展援助委员会治理网络（OECD-DAC GOV-NET）定义（2006，p.12），能力建设是指"在一段时期内，个人、机构和团体整体上释放、强化、创造、适应和保持能力的过程"。在国际层面，能力建设或能力开发对于完成联合国千年发展目标（Pres，2008）至关重要。这就意味着需要为管理体系提供资金和资源，使有关机构能够制定和实行相关的政策，使水资源得以有效和可持续的利用。持续不断获得新知识的能力对于改良运作情况、适应变化的外部物理和社会条件来讲不可或缺。

在"公众焦点"和"技术方法"之间取得平衡需要强大和理智的领导和权威，在由下至上和由上至下的方法之间找寻平衡点。然而，我们必须铭记一点，对于能力建设来讲，最重要的一点是要具备集中全力运用知识的态度。

5.3.2 转变体制使其更有效

很多发展中国家并未将供水和卫生设施列为优先考虑的部门，而十分重视医疗和教育领域的投资。而且，"自1997年以来，分配给卫生设施和饮用水的发展援助比例由8%降至5%，而分配给医疗的发展援助从7%升至11.5%；教育领域的援助比例则持平，大约为7%左右"（世界卫生组织/联合国水计划，2010，p.15）。

然而，基础设施和人力资源领域均面临投资不足，导致水管理状况堪忧，进而普遍引发了水源性疾病的产生（见4.1节）。这些疾病在发展中国家被列为致命杀手，最贫困人群所受影响最大（Jønch-Clausen，2004）。"腹泻对于儿童的影响比人体免疫缺陷病毒/获得性免疫缺陷综合症（HIV/AIDS）、肺结核和疟疾影响的总和还要大"（世界卫生组织/联合国水计划，2010，p.2）。因此，我们必须要加强涉水体制来增强其有效性。自上世纪 90 年代以来，能力发展已经成为达此目的的备受青睐的方法（OECD DAC GOVNET，2006；Pres，2008）。

能力发展要求一个整体分析，通过它人、组织和社会可以持续运用、维持、适应和扩充其能力来管理自身的可持续发展（Batz，2007）。遗憾的是，传统的水管理方法有时不足以应对高度动态的系统（Timmerman 等，2008）。这就要求我们从传统的水管理方法向基于学习而非仅仅控制的管理方法转变，且要将人的因素融入管理系统之中。因此，有人提议，水资源综合管理应当以适应性水管理（AWM）方法为基础（见 5.1 节），这是"一个通过学习已经实施的管理策略产生的结果来持续改进管理政策和做法的系统过程"（Pahl-Wostl，2007，p. 51）。不同的体制改革的要求各有不同，这取决于其不同的核心功能和职责。此外，每个国家和地区在水资源现状和体制框架方面都有各自不同的特点和要求（Hamdy 等，1998）。这就意味着，普遍通用的解决方案是不存在的，必须为各个国家和地区量身制定个性化的解决方法和体制安排，以满足和符合其特有条件。

水利机构仍侧重于依赖技术，并以供水为主业。传统知识和能力建设仍以获得学科知识为中心，来源则是实际技术知识和自然科学。所获知识的绝大部分都属于自然类，与水文学、生物学、地质学和其他生物物理学学科相关（Chambers，1997）。这些传统的知识和能力对于涉水机构和决策制定者来讲非常重要，也需要继续传承下去，但是，为增强这些机构的效力，应将重点从技术性解决方案转向对过程和人员的管理，采用全方位决策制定和自下而上的方法（Tropp，2007）。

知识必须是多领域和多学科的，在对社会和自然充分了解的基础上，促进综合措施的实现。

因此，为提高水利机构的效率，必须要求所有利益相关方参与，并对其赋予职权。为达成水资源管理的目标，不同机构之间的协调一致十分必要，同时，对下至社区上至政治高层的所有利益相关方进行意识提高和知识普及也同样重要。流域管理委员会就是一个所有利益相关方都能参与机构的实例。流域管理委员会是水资源综合管理的核心，它为水资源综合管理提供一个平台，使利益相关方可以发表他们对流域水资源管理方面的意见和看法以及忧虑所在（Jønch-Clausen，2004；更多的地区案例和问题请参见 Dourojeanni，Jouravlev 和 Chávez，2002；Dourojeanni，2001）。

专栏 5.4

提高湄公河流域的适应能力

2000 年，湄公河三角洲遭受了 40 年来最严重的洪水。约 800 人死亡，900 万人受到影响，损失超过 4.55 亿美元。自此，一系列措施在洪水防治与管理计划（FMMP）下得以实施。其中包括洪水预报能力，综合洪水风险管理最佳行动指南，区、省级洪水预案计划一体化制定过程指南，洪水概率测绘和土地使用区划，以及年度湄公河洪水论坛。

洪水防治与管理计划（FMMP）2009 年度洪水报告特别强调了气候变化对于洪水风险的意义。气候变化也是洪水减低和管理方案 2010 年度湄公河洪水论坛的主题。论坛推进了湄公河流域国家之间的相互学习。它使得政府和其他参与此活动的组织机构有机会收集水流动态的变化数据和不同层面的洪水风险数据，通过经验分享寻找这些数据的意义和应对方法。例如，亚洲灾害预防中心（ADPC）正在为许多国家提供区、省级洪水风险一体化管理的经验教训，在这些国家，非中央集权的灾害管理系统面临的挑战具有相似性。

在国家层面上，亚洲灾害预防中心，

包括国家非政府组织和政府灾害管理委员会都参与了柬埔寨国家减少灾害风险（DRR）论坛，这已成为亚洲灾害预防中心和湄公河流域可持续发展委员会（MRC）学习研究灾害风险降低方法的平台。同时它也是沟通地区层面试验计划和国家灾害风险管理（DRM）政策过程的桥梁。同时，湄公河流域可持续发展委员会也举办了许多地区峰会和交流访问，促进信息共享和流域国家之间的互相学习。有趣的是，此方案正在促进民间组织和湄公河流域可持续发展委员会之外专家间的对话。为持续不断地学习和反思本流域气候变化情况，还将在国际气候变化适应行动（CCAI）下成立湄公河气候变化专门小组。

资料来源：Mitchell 等（2010）。

为使流域管理委员会有能力为决策制定过程作出贡献，就必须有明确的职责，规划出体制的角色和责任。同时还必须给委员会提供足够的资金，使其能够为关键位置填补人员，积极为流域管理作出贡献。还要有可靠的数据库，提供最新的生物物理学、社会学、金融和技术信息，为监测、评估和决策制定提供依据。最后，在所有的因素中，充足的人力资源能力也是不可或缺的，它能使所有利益相关方得到公平，也能够使委员会为各层面的管理和决策制定作出有意义的贡献。

涉水界专家可以扮演推进者和知识中介者的角色，与各层面的利益相关方交流接洽，充当连接他们的桥梁。他们可以协助本地团体、用户协会、工商企业、当地政府和其他利益相关方更加响亮地表达出自己所关心的问题和优先任务，交流看法，分享经验。他们还可以协助更加清晰地表明需求。比如，在纳米比亚，水资源综合管理规划能力建设组成部分的一个核心因素便是政府成立性能支持团队。此小组由涉水专家组成，为地区当局完成诸如建立更

换水表的相关政策、协助泄漏检测和维修、水暖和一般水网维护这样的任务提供直接支持。这些都将在与地区当局技术和行政人员的密切配合下完成，以确保能力发展和所有权的实现（MAWF，2010b）。在纳米比亚，性能支持团队这一概念是作为水资源综合管理规划整体的一部分来实行的。然而，无论一国是否采用水资源综合管理，都可以运用这一概念。支持团队的主要任务在于为各机构和部门提供直接支持，增强其能力，使之能够更加出色地完成任务。

专栏 5.5

政治领导成为取得水管理成果的驱动因素

近年来，来自发展中国家被委任为水和环境部长的妇女数量有所增加。这已成为促进长期水安全和生活、生产均等用水的重要驱动力。例如，玛丽亚·穆塔甘巴（Maria Mutagamba）（乌干达水利与环境部部长）、布耶卢瓦·松吉卡（Buyelwa Sonjica）（南非水利部前部长）以及埃德纳·莫莱瓦（Edna Molewa）（2010年被任命为南非水利和环境事务部部长）采取了一种扶持性行动，通过赋予非洲妇女更多的权利来改善用水状况。以上三位部长均担任过非洲水利部长理事会（AMCOW）主席，一直致力于使更多的女性参与到非洲水管理当中来。当然，在其他地区，水、卫生和健康（WASH）妇女领导会在供水与卫生合作理事会（WSSCC）之下开展的工作也改善了妇女的参与状况。2010年9月，非洲水利部长理事会启动了非洲涉水界性别问题战略（2012—2014），为使女性参与水和卫生设施管理的扶持行

动提供了指南。在莱索托、南非和乌干达，这类扶持行动方案提供专门费用和激励措施，对女性进行培训，使她们加入到包括科学和工程在内的水和卫生设施相关职业当中。

资料来源：Brewster 等（2006）。要获得更多信息，请访问网站：http://www.am-cow.net。

尽管在适应性水管理当中水资源管理的传统技术知识和能力仍十分重要，水机构和管理者吸收、采纳和实施新型管理方式的能力也同样需要附加的知识和能力。在适应性水管理当中，能力发展是指管理者和专业组织获取知识、开发能力、树立态度，以便增强其适应能力，并在风险和不确定性不断增加的情况下，建立足够灵活、具有应对能力、可支持其发展的体制（van Scheltinga 等，2009）。专栏 5.4为我们提供了在不同层面夯实适应性能力的一个优秀实践范例。

非洲的案例（见专栏 5.6）说明，体制转变过程中采取"性别敏感方法"是通往成功的另一个重要因素。

专栏 5.6

资源综合管理论坛（FIRM）：来自纳米比亚乡村的范例

资源综合管理论坛（FIRM）为生活在社区管理农场上的农民提供相关途径，使其能够为自己的发展负责（Kruger 等，2003）。其中心是社区组织（CBO），可能是农民组成的，也可能是带头组织、规划和监测自己内部活动和发展行动，同时协调服务提供者干预活动的引水点委员会。服务提供者包括传统当局、政府或私有推广服务、非政府组织、其他社区组织以及短期或长期项目或方案……

资源综合管理论坛的关键在于由社区组织领导和代表、社区参与的协作规划、实施和监测过程（Kambatuku，2003）。通常以年度或半年度会议的形式展开，邀请所有社区组织成员和相关服务提供者参与。会议期间将对社区愿景、目的和目标进行回顾，或给予肯定，或给予修订。会议将对上一年的规划和活动所进行的正式或非正式监测结果进行充分讨论，以总结和学习经验教训。此种分析所产出的"来年行动计划"为下一步年度会议打下了基础。在此过程中，各服务提供者在职责范围内做出自己的承诺，根据各社区内部协议达成的目标为其提供特定的支持。这种方法将确保授权服务提供者和项目合作伙伴所提供的服务有利于在社区组织和更广泛的社区之间达成一致的需求和愿望。同时也将社区与服务提供者会面的时间压缩到最小，进一步确保了本区域内采取干预行动的社区所有权。

资料来源：根据 Seely 等（2007，p. 112）重新整理。

5.3.3 信息和通信系统

为使水管理者能够适应变化或者为不确定的未来变化做好准备，他们必须能够获得最新的信息，还要具备处理信息、根据新知识做出改变的能力（Pahl-Wostl，2007）。本地管理者能够以对其有意义的形式持续获取及时可靠的信息使得他们可以参与决策制定，促使服务提供商和政府对其负责。信息和通信系统（ICS）对于促进地区、流域、国家，有时甚至是全球层面的信息和知识的共享尤其有效。在国家层面，为实现获取、储存和向涉水界所有利益相关方传播数据、信息和知识建立可持续信息和通讯系统框架尤为重要。这大大促进了水资源管理决策制定的改善（MAWF，2010a）。在社区层面，为实现信息和知识共享、有益于优化决策制定和资源管理，应采取的具体措施包括建立本地利益相关方和协助服务提供商共同参与的对话平台（如政府机构、扩展服务、非政府组织和其他服务提供商）。专栏5.6为这种平台提供了一个范例：资源综合管理论坛。这种基于本地社区支持的论坛的关注点不是解决纠纷，而是制定规划和作出明智的决定。

> **"持续获取及时可靠的信息并且这些信息对当地管理者有用，可使他们参与决策制定的过程，促使服务提供方和政府更好地承担相应的职责。"**

科学研究，如物理、技术或社会方面的研究，有助于改善水资源管理。科学家们需要"以能够被政策制定者、政界人士和民众理解进而易于即刻实施的方式传播成果、交流所得。同时，他们必须吸取各层面使用者通过具体实践得来的经验"（Seely等，2008，p.236）。一系列信息和通信技术（ICT）工具的存在使得科学知识得以有效交流，包括动画和角色扮演。有关水的热点问题可以帮助提高公众意识和加深其理解。在丹麦和瑞典之间修建的厄勒大桥是成功运用信息通讯技术的典范。参与这项工程的专家来自不同的领域，他们必须和包括公众在内的不同利益相关方合作。基于信息通讯技术的实时涉水信息服务的设立使得所有的利益相关方能够监测项目的进程、不同场景的结果，比较积极地参与决策制定过程（Velickov，2007）。根据Seely等（2008）的研究，有几个因素对推进研究成果在各个层面的应用起到媒介的作用，包括有益于知识传播、调动积极性和能力建设的翻译、信息传递、通讯、交流平台、边界组织和领导力。鼓励"研究中介"和科学记者参与到学科间政策制定的讨论中会进一步促进这一过程。一项评估调查关注了丹麦科学记者和传播工作者向大众和政策制定者传达信息时的角色。调查显示，科学传播对于帮助大众更好地理解科学知识、将科学放置在一个对决策和政策制定者有所裨益的、更加广泛的社会和民主环境之中具有举足轻重的作用（Hvidtfelt-Nielsen，2010）。

5.3.4 知识和能力建设：一个正在进行的过程

多项近期评估显示，涉水发展项目相比上世纪90年代中期以前无疑更加有效、更加可持续（世界银行，2010）。这在很大程度上归功于发展中国家强有力的机构、良好的监管以及技术和管理能力的提高，这些国家的能力已得到了进一步加强（Alaerts和Dickinson，2009，p.29）。

通过适当指导和实际经验积累，能力将会很快提高。然而，无论是个人、组织还是机构都必须认识到，能力进步是一个永无止境的过程，正如我们的知识以及水管理所处的自然、社会、经济环境一样，是不断变化的。能力进步的一个关键因素就是把变化的持续性以及如何适应和应对变化的状况和条件这两个概念深深植入脑海。专栏5.7举例说明了知识开发和能力建设为何要分步和持续进行，并触及了本节之前涉及的几个要素。

印度南部下波瓦尼（Bhavani）河项目的社会学习和适应性水资源管理

下波瓦尼河项目（LBP）控制区位于印度南部的泰米尔纳德邦，占地 84 000 公顷。在众多不确定因素中，最突出的一项是降雨量的变化。LBP 项目因水资源匮乏和居高不下的不可预见性而受阻，农民们不得不在没有渠道供水的情况下忍受并适应频繁更迭的旱季和雨季。多年实践证实，农民们确实可以从中学习经验并适应这种状况。本地区大规模的水井挖掘展示了农民是怎样成功地增加可获得的水源，在无水的旱季平衡水资源供求的。同时，农民也学会了迅速调整种植模式以适应不可预见性极高的季节渠道供水以及完全旱作条件。

整个体系的变化链条表明，社会学习正在 LBP 项目内部发生。不同行动者已经学会了如何在技术设施允许的范围内优化系统、水库蓄水能力和运河泄洪能力，以及由不稳定降水导致的可获得供水量的变化。农民学习和互相启发的方式，正如贯通使用地下水和接受灌溉旱地作物的效益一样，是短期内行动者之间社会学习的范例。从长期来看，LBP 项目系统之内的所有行动者已从环境的反应结果和彼此的做法中学到了经验。他们共同为监管体系的变化做贡献，并开发出了创新的实践方法，且未受到现存技术设施原本用途的局限和束缚。因此，所有的行动者都接受了这种变化，但几乎不会有人思考引发系统改变的因素和原因。

分析显示，随着时间的推移，LBP 项目已经愈来愈能够达到复杂适应性系统的标准。许多变化已经发生，早期错误和失败也已经一步步被克服，成为了现今这个复杂的人类-环境技术体系。结果证明，此系统具有适应能力，农民不仅可以采取权宜之计，也可以开发不同的适应性策略。很大程度上来讲，整个系统满足适应性体系的要求。社会学习在体系层面和农民个人层面均在进行。不确定性在系统变化周期期间正在被逐步加以考虑，且已被纳入系统设计之中。系统正在由自上而下的模式转变为多方行动者参与的管理系统。多年来，农民和当局都在学习，现在他们之间的交流渠道更加顺畅。

资料来源：根据 Lannerstad 和 Molden（2009，p. 26 - 27）改写。

注 释

1 阿夫拉贾灌溉体系为传统系统，有时具有正式的法律地位，为不同时期不同用户间水的配置设立传统办法。这一传统系统有一个基于所有权和租赁的用户权利程序（见第二十五章）。

2 庇护主义是指一种社会组织形式，在很多地区十分普遍，以恩庇-侍从关系为特征。在这些地区，相对有权有钱的"赞助人"承诺为"被保护人"提供工作岗位、保护、设施和其他好处，以换取包括选票和劳动力在内的其他忠诚表现行为。

3 普遍认为，某一地区内不同国家间存在很大差异。调查结果应当被视作相对的结果，不适合用作地区间比较。

4 这是一种贡献者同意将其资源用于支持一个专门领域，且遵循通用政策，包括使用国家政府程序支出和记录援助基金的方法。

参考文献

Alaerts, G. J. and N. L. Dickinson (eds). *Water for a Changing World: Developing Local Knowledge and Capacity.* Proceedings of the International Symposium 'Water for a Changing World Developing Local Knowledge and Capacity', Delft, The Netherlands, 13–15 June 2007. Abingdon, UK, Taylor & Francis.

Allan, J. A. 2000. *The Middle East Water Question: Hydropolitics and the Global Economy.* London, IB Tauris.

ACCA (Association of Chartered Certified Accountants). 2009. *Water: The Next Carbon?* London, ACCA.

Ananda, J., Crase, L. and Pagan, P. G. 2006. A preliminary assessment of water institutions in India: An institutional design perspective. *Review of Policy Research,* 1 July. http://business.highbeam.com/2032/article-1G1-152886460/preliminary-assessment-water-institutions-india-institutional

Bakker, M. H. N. 2007. *Transboundary River Floods: Vulnerability of Continents, International River Basins and Countries.* PhD thesis. Oreg., US, Oregon State University.

Batz, F. J. (ed.) 2007. *Capacity Development in the Water Sector: How GTZ Supports Sustainable Water Management and Sanitation.* International Water Policy Project. Eschborn, Germany, Deutsche Gesellschaft für Technische Zusammenarbeit (GTZ).

Beaumont, P. 2005. Water institutions in the Middle East. C. Gopalakrishnan, C. Tortajada and A.K. Biswas (eds) *Water Institutions: Policies, Performance and Prospects.* Berlin, Springer.

Boelens, R. A. 2008. *The Rules of the Game and the Game of the Rules: Normalization and Resistance in Andean Water Control.* PhD thesis. Wageningen, The Netherlands, Wageningen University.

Boesen, J. and H. Munk Ravnborg (eds). 2004. *From Water Wars to Water Riots? Lessons from Transboundary Water Management.* Danish Institute for International Studies (DIIS) Working Paper no 2004/6. Copenhagen, DIIS. http://www.diis.dk/graphics/Publications/WP2004/jbo_hmr_water.pdf

Brewster, M., Herrmann, T. M., Bleisch, B. and Pearl, R. 2006. A gender perspective on water resources and sanitation. *Wagadu,* Vol. 3, pp. 1–23.

Brooks, D. B., Brandes, O. M. and Gurman, S. (eds) 2009. *Making the Most of What we Have: The Soft Path Approach to Water Management.* London, Earthscan.

Chambers, R. 1997. *Whose Reality Counts? Putting the First Last.* London, Intermediate Technology Publications.

Chang, S. A. 2009. A watershed moment: Calculating the risks of impending water shortages. *The Investment Professional,* Vol. 2, No. 4. New York, New York Society of Security Analysts. http://www.theinvestmentprofessional.com/vol_2no_4/watershed-moment.html

CapNet, GWP and UNDP. 2005. *Integrated Water Resources Management Plans.* Training Manual and Operational Guide. Issued with the support of the Canadian International Devlopment Agency (CIDA), within the framework of the

Partnership for African Waters Development (PAWD) programme. http://www.cap-net.org/sites/cap-net.org/files/Manual_english.pdf

Coetzee, H. 1995. Radioactivity and the leakage of radioactive waste associated with Witwatersrand gold and uranium mining. B. J. Merkel, S. Hurst, E. P. Löhnert and W. Struckmeier (eds) *Proceedings Uranium Mining and Hydrogeology 1995, Freiberg, Germany: GeoCongress 1.* Köln, pp. 34–9.

Coetzee, H., Winde, F. and Wade, P. W. 2006. *An Assessment of Sources, Pathways, Mechanisms and Risks of Current and Potential Future Pollution of Water and Sediments in Gold-Mining Areas of the Wonderfonteinspruit Catchment.* WRC Report No. 1214/1/06. Pretoria, Water Research Commission (WRC).

Dalcanale, F., Fontane, D. and Csapo, J. 2011. A general framework for a collaborative water quality knowledge and information network. *Environmental Management,* Vol. 47, No. 3, pp. 443–55.

De Stefano, L., Duncan, J., Dinar, S., Stahl, K. and Wolf, A. 2010. *Mapping the Resilience of International River Basins to Future Climate Change-induced Water Variability.* World Bank Water Sector Board Discussion Paper Series 15. Washington DC, The World Bank.

Dourojeanni, A. 2001. *Water Management at the River Basin Level: Challenges in Latin America.* LC/L.1583-P. Santigo, Economic Commission for Latin America and the Caribbean (ECLAC). http://www.eclac.cl/publicaciones/xml/7/7797/Lcl.1583-P-I.pdf

Dourojeanni, A., Jouravlev, A. and Chávez, G. 2002. *Gestión del agua a nivel de cuencas: teoría y práctica.* LC/L.1777-P. Santiago, United Nations Economic Commission for Latin America and the Caribbean (ECLAC). http://www.eclac.cl/drni/publicaciones/xml/5/11195/lcl1777-P-E.pdf

Dinar, A. and Saleth, R. M. 2005. Can water institutions be cured? A water institutions health index. *Water Science and Technology: Water Supply,* Vol. 5, No. 6, pp. 17–40.

Emerton, L. and Bos, E. 2004. *Value: Counting Ecosystems as an Economic Part of Water.* Gland, Switzerland/Cambridge, UK, *International Union for Conservation of Nature* (IUCN).

GWP (Global Water Partnership). 2009. *Institutional Arrangements for IWRM in Eastern Africa.* Policy Brief 1. Stockholm, GWP.

GWP-TAC (Global Water Partnership – Technical Advisory Committee). 2000. *Integrated Water Resources Management.* TAC Background Papers 4. Stockholm, GWP-TAC. http://www.gwpforum.org/gwp/library/TACNO4.pdf

Hamdy, A., Abu-Zeid, M. and Lacirignola, C. 1998. Institutional capacity building for water sector development. *Water International,* Vol. 23, No. 3, pp. 126–33.

Hobbs, P., Oelofse, S. H. H. and Rascher, J. 2008. Management of environmental impacts from coal mining in the Upper Olifants River Catchment as a function of age and scale. M. J. Patrick, J. Rascher and A. R. Turton (eds) *Reflections on Water in South Africa, Special Edition of the International Journal of Water Resource Development,* Vol.

24, No. 3, pp. 417–32.

Hvidtfelt-Nielsen, K. 2010. More than 'mountain guides' of science: a questionnaire survey of professional science communication in Denmark. *Journal of Science Communication,* Vol. 9, No. 2, pp. 1–10.

ICIMOD (International Centre for Integrated Mountain Development). 2009. *Local Responses to Too Much and Too Little Water in the Greater Himalayan Region.* Kathmandu, ICIMOD.

Jønch-Clausen, T. 2004. *'Integrated Water Resources Management (IWRM) and Water Efficiency Plans by 2005' Why, What and How?* Stockholm, GWP.

Jouravlev, A. 2004. *Drinking Water Supply and Sanitation Services on the Threshold of the XXI Century.* LC/L.2169-P. Santiago, United Nations Economic Commission for Latin America and the Caribbean (ECLAC). http://www.eclac.cl/publicaciones/xml/9/19539/lcl2169i.pdf

Junk, W. J., Bayley, P. B. and Sparks, R. E. 1989. The flood pulse concept in river-floodplain systems. D.P. Dodge (ed.) *Proceedings of the International Large Rivers Symposium (LARS), Canadian Special Publication of Fisheries and Aquatic Sciences,* No. 106, pp. 110–27.

Kambatuku, J. R. (ed.) 2003. *FIRM, the Forum for Integrated Resource Management: Putting Communities at the Centre of their own Development Process.* Windhoek, Namibia, Namibia's Programme to Combat Desertification (NAPCOD).

Kaufmann, D. 2005. Myths and realities of governance and corruption. *Global Competitiveness Report 2005-2006.* New York, World Economic Forum (WEF), pp. 81–98.

Klop, P. and Wellington, F. 2008. *Watching Water: A Guide to Evaluating Corporate Risks in a Thirsty World.* New York, JP Morgan Global Equity Research.

Kruger, A. S., Gaseb, N., Klintenberg, P., Seely, M. K. and Werner, W. 2003. Towards community-driven natural resource management. N. Allsopp, A. R. Palmer, S. J. Milton, K. P. Kirkman, G. I. H. Kerley, C. R. Hurt and C. J. Brown (eds) *Namibia: the FIRM Example.* VIIth International Rangelands Congress, Durban, South Africa, pp. 1757–9.

Lannerstad, M. and Molden, D. 2009. *Adaptive Water Resource Management in the South Indian Lower Bhavani Project Command Area.* IWMI Research Report 129. Colombo, International Water Management Institute (IWMI).

Lentini, E. 2009a. Regulatory accounting for drinking water and sanitation services. The experience of the Metropolitan Area of Buenos Aires. *Circular of the Network for Cooperation in Integrated Water Resource Management for Sustainable Development in Latin America and the Caribbean,* No. 29. Santiago, United Nations Economic Commission for Latin America and the Caribbean (ECLAC). http://www.cepal.org/drni/noticias/circulares/2/34862/Carta29in.pdf

----. 2009b. Regulatory accounting for drinking water and sanitation services. The experience of the Metropolitan Area of Buenos Aires. *Circular of the Network for Cooperation in Integrated Water Resource Management for Sustainable Development in Latin America and the Caribbean,* No. 30. Santiago, United Nations Economic Commission for Latin America and the Caribbean (ECLAC). http://www.cepal.org/drni/noticias/circulares/1/36321/Carta30in.pdf

Lewis, K., Lenton, R. and Wright, A. 2005. *Health, Dignity, and Development: What Will It Take?* UN Millennium Project. Stockholm/New York, Stockholm International Water Institute (SIWI)/UN Millennium Project, pp. 64–6.

MAWF (Ministry of Agriculture, Water and Forestry). 2010a. *Integrated Water Resources Management Plan for Namibia Theme Report 4: The Formulation of Information and Knowledge Systems.* Windhoek, Namibia, MAWF.

----. 2010b. *Integrated Water Resources Management Plan for Namibia – Theme Report 6: Integrated Framework for Institutional Development and Human Resources Capacity Building.* Windhoek, Namibia, MAWF.

Mitchell, T., Ibrahim, M., Harris, K., Hedger, M., Polack, E., Ahmed, A., Hall, N., Hawrylyshyn, K., Nightingale, K., Onyango, M., Adow, M. and Mohammed, S. 2010. *Climate Smart Disaster Risk Management, Strengthening Climate Resilience.* Brighton, UK, Institute of Development Studies (IDS).

Mysiak, J., Henriksen, H. J., Sullivan, C., Bromley, J. and Pahl-Wostl, C. (eds) 2010. *The Adaptive Water Resource Management Handbook.* London, Earthscan.

North, D. 1990. *Institutions, Institutional Change and Economic Performance.* Cambridge, UK, Cambridge University Press.

North, D. C. 1991. Institutions. *Journal of Economic Perspectives,* Vol. 5, No. 1, pp. 97–112.

OECD-DAC GOVNET (Organisation for Economic Co-operation and Development-Development Assistance Committee Network on Governance). 2006. *The Challenge of Capacity Development: Working Towards Good Practice.* Paris, OECD Development Co-operation Directorate (DCD).

Pahl-Wostl, C. 2007. Transition towards adaptive management of water facing climate and global change. *Water Resources Management,* Vol. 21, No. 1, pp. 49–62.

Pahl-Wostl, C., Sendzimir, J., Jeffrey, P., Aerts, J., Berkamp, G. and Cross, K. 2007. Managing change toward adaptive water management through social learning. *Ecology and Society,* Vol. 12, No. 2, Art. 30.

Patterson, K. A. 2009. Case for integrating groundwater and surface water management. D. Michel and A. Pandya (eds) *Climate Change, Hydropolitics, and Transboundary Resources.* Washington DC, Henry L. Stimson Center, pp. 63–72.

Phillips, D., Daoudy, M., McCaffrey, S., Öjendal, J. and Turton, A. R. 2006. *Transboundary Water Cooperation as a Tool for Conflict Prevention and Broader Benefit-Sharing.* Stockholm, Ministry for Foreign Affairs Expert Group on Development Issues (EGDI).

Phillips, D. J. H., Allan, J. A., Claassen, M., Granit, J., Jägerskog, A., Kistin, E., Patrick, M. and Turton, A. R. 2008. *The Transcend-TB3 Project: A Methodology for the Transboundary Waters Opportunity Analysis (the TWO Analysis).* Prepared for the Ministry of Foreign Affairs, Sweden. http://www.siwi.org/documents/Resources/Reports/Report23_TWO_Analysis.pdf

Phumpiu, P. and Gustafsson, J. E. 2008. When are partnerships is a viable tool for development? Institutions and partnerships for water and sanitation service in Latin America. *Journal of Water Resources Management,* Vol. 4, No. 3/4, pp. 304–10.

Pres, A. 2008. Capacity building: a possible approach to improved water resources management. *Water Resources Development,* Vol. 24, No. 1, pp. 123–9.

Puckridge, J. T., Sheldon, F., Boulton, A. J. and Walker, K. F. 1993. The flood pulse concept applied to rivers with variable flow regimes. B. R. Davies, J. H. O'Keefe and C. D Snaddon (eds) *A Synthesis of the Ecological Functioning, Conservation and Management of South African River Ecosystems.* Water Research Commission Report No. TT 62/93. Pretoria, South Africa, Water Research Commission (WRC).

Puri, S. and Aureli, A. (eds.) 2009. *Atlas of Transboundary Aquifers – Global Maps, Regional Cooperation and Local Inventories.* Paris, UNESCO-IHP ISARM Programme, UNESCO. [CD only.] http://www.isarm.org/publications/322

Renzetti, S. and Dupont, D. 2003. Ownership and performance of water utilities. *Greener Management International,* Issue 42.

Seely, M., Dirkx, E., Hager, C., Klintenberg, P., Roberts, C. and von Oertzen, D. 2008. Advances in desertification and climate change research: Are they accessible for application to enhance adaptive capacity? *Global and Planetary Change,* Vol. 64, No. 3–4, pp. 236–43.

Seely, M., Klintenberg, P. and Shikongo, S., 2007. Evolutionary process of mainstreaming desertification policy: A Namibian case study. C. King, H. Bigas and Z. Adeel (eds) *Desertification and the International Policy Imperative.* Hamilton, Canada, United Nations University, pp. 107–115.

Snaddon, C. D., Davies, B. R. and Wishart, M. J. 1999. *A Global Overview of Inter-Basin Water Transfer Schemes, with an Appraisal of their Ecological, Socio-Economic and Socio-Political Implications, and Recommendations for their Management.* Water Research Commission (WRC) Report No. TT120/00. Pretoria, South Africa, WRC.

Stakhiv E. Z. and Pietrowsky, R. A. 2009. *Adapting to Climate Change in Water Resources and Water Services.* Perspectives on water and climate change adaptation 15. Co-operative Programme on Water and Climate (CPWC), the International Water Association (IWA), IUCN and the World Water Council (WWC).

Stakhiv E. Z. and Steward, B. 2009. *Needs for Climate Information in Support of Decision-making in the Water Sector.* Draft White Paper. World Climate Conference 3, Geneva.

Tenner, E. 1996. *Why Things Bite Back: Technology and the Revenge of Unintended Consequences.* New York, Knopf.

Timmerman, J. G., Pahl-Wostl, C. and Moltgen, J. (eds) 2007. *The Adaptiveness of IWRM: Analysing European IWRM Research.* London, IWA Publishing.

Timmerman, J. G. and Bernardini, F. 2009. *Adapting to Climate Change in Transboundary Water Management.* Perspectives on water and climate change adaptation 6. Co-operative Programme on Water and Climate (CPWC), the International Water Association (IWA), IUCN and the World Water Council (WWC). http://www.worldwatercouncil.org/fileadmin/wwc/Library/Publications_and_reports/Climate_Change/PersPap_06._Transboundary_Water_Management.pdf

Tropp, H. 2007. Water governance: Trends and needs for new capacity development. *Water Policy,* Vol. 9, No. 2, pp. 19–30.

Turton, A. R. 2007. *Can we Solve Tomorrow's Problems with Yesterday's Experiences and Today's Science?* Des Midgley Memorial Lecture presented at the 13th SANCIAHS Symposium, 6 September 2007, Cape Town, South Africa.

UNDP (United Nations Development Programme). 1997. *Capacity Development.* New York, UNDP.

UNECE (United Nations Economic Commission for Europe). 2009. *Guidance on Water and Adaptation to Climate Change.* Geneva, UNECE. http://www.unece.org/env/water/publications/documents/Guidance_water_climate.pdf

van Scheltinga, C. T., van Bers, C. and Hare, M. 2009. Learning systems for adaptive water management: Experiences with the development of *opencourseware* and training of trainers. M. W. Blokland. G. J. Alaerts and J. M. Kaspersma (eds) *Capacity Development for Improved Water Management.* Delft, The Netherlands, UNESCO-IHE Institute for Water Education, pp. 45–60.

van Stokkom, H. T. C., Smits, A. J. M. and Leuven, R. S. E. W. 2005. Flood Defense in the Netherlands – A New Era, a New Approach. *Water International,* Vol. 30, No. 1, pp. 76–87. http://www.informaworld.com/10.1080/02508060508691839

Velickov, S. 2007. *Knowledge Modelling for the Water Sector: Transparent Management of our Aquatic Environment.* Discussion Draft Paper for the International Symposium 'Water for a Changing World Enhancing Local Knowledge and Capacity', Wednesday, 13 June 2007, UNESCO-IHE Institute for Water Education, Delft, The Netherlands.

Vickers, J. and Yarrow, G. 1988. *Privatization: An Economic Analysis.* Massachusetts Institute of Technology (MIT) Press Series on the Regulation of Economic Activity, No. 18. Massachusetts, The MIT Press.

WCD (World Commission on Dams). 2000. *Dams and Development: A New Framework for Decision-Making.* London, Earthscan.

WHO (World Health Organization)/UN-Water. 2010. *GLAAS 2010: UN-Water Global Annual Assessment of Sanitation and Drinking-Water.* Geneva, WHO.

WHO (World Health Organization)/UNICEF (United Nations Children's Fund). 2010. *Progress on Sanitation and Drinking-Water.* Update. Geneva/New York, WHO/UNICEF.

Winde, F. 2009. *Uranium Pollution of Water Resources in Mined-out and Active Goldfields of South Africa: A Case*

Study in the Wonderfonteinspruit Catchment on Extent and Sources of U-Contamination and Associated Health Risks. Paper presented at the International Mine Water Conference, 19–23 October 2009, Pretoria, South Africa.

Winde, F. and Van Der Walt, I. J. 2004. The significance of groundwater-stream interactions and fluctuating stream chemistry on waterborne uranium contamination of streams – a case study from a gold mining site in South Africa. *Journal of Hydrology,* Vol. 287, pp. 178–96.

Wolf, A. T., Natharius, J. A., Danielson, J. J., Ward, B. S. and Pender, J. K. 1999. International river basins of the world. *International Journal of Water Resources Development,* Vol. 15, No. 4, pp. 387–427.

OSU (Oregon State University). n.d. TFDD: Transboundary Freshwater Dispute Database. Corvallis, Oreg., Department of Geosciences, Oregon State University. http://www.transboundarywaters.orst.edu

Wolff, G. and Gleick, P. H. 2002. The soft path for water. P.H. Gleick (ed.) *The World's Water: The Biennial Report on Freshwater Resources, 2002-2003.* Washington DC, Island Press, pp. 1–32.

World Bank. 2010. *Cost Recovery in the Water Sector.* Project Concept Note. Unpublished. Washington DC, The World Bank.

WWAP (World Water Assessment Programme). 2006. *World Water Development Report 2: Water: A Shared Responsibility.* Paris/New York, UNESCO/Berghahn Books.

----. 2009. *World Water Development Report 3: Water in a Changing World.* Paris/London, UNESCO/Earthscan.

第六章

从原始数据到知情决策

作者：麦克·穆勒

供稿：理查德·康纳、英吉·康卡古尔、詹姆斯·温佩尼、茜茜拉·萨德哈玛嘉拉·惠特汉娜赫奇

很多国家由于没有开展系统的数据搜集，不能定期公布水资源数据及用水趋势。目前，人们对获取完善、精确、更连贯的水数据及相关记录的需求不断增加，要求我们提高水数据的可靠性和质量，改进数据获取结构以及提供更为有用的信息。遗憾的是，自《世界水发展报告》第三版公布以来，在数据观测方法、网络以及监测方面（参阅该报告第十三章"填补观测的空白"）没有取得任何重大进展。

世界水评估计划（WWAP）这样的全球项目，需要将精力集中在核心数据项目上，这样不同的用户可据此计算出各自关注的指标。除此之外，科技进步也使得对水资源各方面数据的监测和公布更为容易。这些新技术的开发和应用应该成为该领域的开发重点。

6.1 数据、监测和指标的用途

《世界水发展报告》第四版的主题是不确定性，这表明我们缺少足够的有关水资源以及用水趋势方面的信息，或者已有的信息没有被利用好。无论我们开展何种业务（如家庭果园管理或跨国食品公司），还是指导国家经济，成功地开展风险管理都依赖于能够获得和搜集到足够的信息，以便对风险和不确定性作出正确的判断。水资源及其利用方面的风险管理意味着要对涉水活动进行监测，以获取必要的数据，生成有关各方所需要的信息。一旦已经积累了足够多的数据，就可以指标的形式对其进行总结概括，以解决所关注的具体问题。

自2003年首次公开发表以来，《世界水发展报告》全面搜集了关于水资源及其利用各方面的数据和指标，并且力争在之后的版本中不断更新这些信息。在第四版的报告中，有关数据和指标主要在第一卷中介绍（见表6.1）。

表6.1所示的指标是由世界水评估计划和具有这方面经验的组织（联合国水计划成员、非政府机构、大学等）共同开发出来的。该表按照《世界水发展报告》提出的重点挑战领域进行分类，每个指标都标注了驱动力、压力、状态、影响和响应（DPSIR），作为这一分析框架（DPSIR）下的一个或多个要素。指标的开发过程与世界水评估计划在全世界范围内进行的水资源监测和报告中心任务联系密切。《世界水发展报告》中的指标被系统地更新和修订，以实现最终目标：开发一系列能够在整个联合国范围内被广泛接受的指标，不仅在自然环境（如水文周期、水环境、水质、可供水量和使用）领域，并且在社会经济和政治环境（如管理、定价和评估）领域，用来对运行状况进行监测和对变化进行追踪。

这项工作的目的不仅是获取信息，而且阐明了世界各地不同地区的水资源及其利用如何随着时间发生变化。其前提是，假设为了更好地管理有限的水资源要进行系统的监测，以确定水资源的公共和私营政策目标是否得到实现。报告还力图使读者和用户更好地了解与水资源相关的风险和不确定性。

水信息对于下列群体正变得越来越重要。

• 各国政府：许多国家将水安全当作民族生存问题，必须掌握水资源状况以及水资源利用和管理等方面可靠和客观的信息。这些国家特别关注有关趋势方面的信息，因为这将影响他们的未来。此外，这些国家还力图通过确定基准性指标以及与其他国家和地区进行比较，了解本国目前的水资源状况。

• 多边组织：一些多边组织，如经济合作与发展组织（OECD），已制定政策目标，其中包括环境目标，如"使环境压力与经济增长脱钩"（OECD，2011，p. 11）。监测相关参数，如用水趋势，对实现这些目标具有至关重要的作用。许多其他的地区组织和专业机构，从欧盟（EU）、非洲联盟（African Union）到八国集团（G8），都提出了相关的问题。

社会各阶层都格外关注水问题，从当地的社区到全球多边组织乃至不同行业的各部门。农民、市政规划、自来水公司和污水处理厂、灾害管理委员会、商业及工业企业以及环保机构也对当前的水形势格外关切。

• 一个全球都特别关注的问题是如何为不断增长和生活水平不断提高的人口提供充足的粮食。水是粮食生产的基本要素，无论是雨水、河湖取水还是地下水，因此掌握水资源的可用量、可持续性以及变化十分重要。与水相关的事件会影响当地粮食生产或粮食价格，这已成为一个越来越重要的政治焦点。

• 人口增长和不断发展的城市化进程为政府规划者提出了新的问题，即他们如何为发展提供足够的水量，如何处理所产生的废水。未来资源压力的不确定性会影响水资源管理，但可用水源本身的不确定性也可能会对经济活动以及城市发展带来风险。

• 在社区层面，极端天气事件所产生的威胁正在加剧已经存在的挑战，包括保证充足的供水以及避免废水排放对水质产生不当影响，这促使人们对抵御洪水等灾害的各种措施开始进行评估。

• 对商业活动来说，水被看作是未来的一个重要风险因素。许多大企业正在试图更好地了解这个风险因素对公司运行所带来的挑战，包括信誉风险。他们还要考虑获取水的可能性及其公司运行对这一资源所产生的影响。

缺乏明确的信息会影响他们的投资决策，甚至导致业务缩减。

• 环保人士认为水资源本身就是一个生态系统，同时也是维持其他生态系统健康的重要因素。尽管各国法律以及国际法都规定了要保护环境，但重要的是要对水生态系统的状况

表 6.1

联合国《世界水发展报告》指标

主题	指标	因果关系分类法[a]	指标类型[b]
资源压力水平	水资源不可持续利用指数	驱动力、压力、状态	关键
	农村和城市人口	压力、状态	基础
	相对缺水指数	压力、状态	关键
	当代氮负荷来源	压力、状态	关键
	大型水坝和水库沉积物影响	压力	关键
	气候湿润指数的变异系数	状态	关键
	水的再利用指数	压力、状态	关键
管理	信息获取、参与和公正	响应	发展中的
	评估在实现水资源综合管理目标方面取得的进展	响应	关键
居住状况	城市人口百分比	压力、状态	关键
	居住在贫民窟中的城市人口比重	压力、状态	关键
资源状况	实际可再生水资源总量	状态	关键
	人均实际可再生水资源总量	状态	发展中的
	实际可再生水资源总量中从其他国家流入的水量（依赖率）	状态	发展中的
	可再生淡水资源总量中的取水比例：千年发展目标水指标	状态	发展中的
	地下水开发压力	压力、状态	发展中的
	浅层和中层地下苦咸水/盐水	状态	关键
生态系统	截流和流量管理：大坝强度	状态、影响	关键
	溶解氮（硝酸盐+二氧化氮）	状态	关键
	流域保护的发展趋势	状态、反应	关键
	淡水物种的种群趋势指数	状态	关键
健康	伤残调整生命年	影响	关键
	5岁以下儿童发育迟缓患病率	影响	发展中的
	5岁以下儿童死亡率	影响	发展中的
	获取改善的饮用水	影响	关键
	获取改善的卫生条件	影响	关键

主题	指标	因果关系分类法[a]	指标类型[b]
粮食、农业和农村生计	营养不良人口百分比	状态	关键
	农村贫困人口百分比	状态	关键
	全部国内生产总值（GDP）中农业国内生产总值	状态	关键
	耕地面积中灌溉面积百分比	压力、状态	关键
	总取水量中农业取水量	压力	关键
	灌溉导致的土地盐碱化程度	状态	关键
	总灌溉用水中的地下水用水量	压力、状态	关键
工业和能源	工业用水趋势	压力	关键
	主要部门用水量	状态	关键
	工业部门有机污染排放（生化需氧量）	影响	关键
	ISO 14001认证发展趋势	响应	关键
	发电能源	状态	关键
	按来源的初级能源供应总量	状态	关键
	发电的碳排放强度	影响	关键
	淡化水的产量	响应	关键
	通电情况	压力	关键
	水电发电能力	状态	关键
风险评估	死亡风险指数	状态	关键
	风险和政策评估指标	响应	关键
	气候脆弱性指数	状态	关键
资源评价与收费	水在公共开支总额中的份额	响应	发展中的
	饮水供给中公共实际投资与所需投资的比率	响应	发展中的
	基本卫生设施中公共实际投资与所需投资的比率	响应	发展中的
	供水与卫生设施运行与维护的成本回收率	驱动力、响应	发展中的
	水费与卫生费占各种家庭收入的百分比	驱动力、响应	发展中的
知识基础和能力	知识指数	状态	发展中的

注：除"实际可再生水资源总量"下的二级指标外，大多数指标可在联合国教科文组织网站的指标概况表中找到，该表详细描述了这些指标的定义以及如何计算，网址如下：http://www.unesco.org/new/en/natural-sciences/environment/water/wwap/indicators/。

a.分类基础为DPSIR（驱动力，压力，状态，影响，响应）框架，细节请参阅《世界水发展报告》第一版（第三章，第32~47页；http://unesdoc.unesco.org/images/0012/001297/129726e.pdf#page=53）和《世界水发展报告》第二版（第一章，第33~38页；http://unesdoc.unesco.org/images/0014/001454/145405e.pdf#page=21）。

b.基础指标提供基本的信息，已经得到广泛的建立和应用，并且对所有的国家来说其数据一般都能够获得；关键指标经过严格的定义和验证，覆盖全球，并且与政策目标直接挂钩；发展中的指标目前处于形成阶段，在对其方法进行修正以及对其数据进行开发和验证后，最终有可能形成关键指标。

进行监测，以评估这种监管的有效性。

- 气候变化使人们更加关注涉水问题，并且提高了相关因素的不确定性，例如水资源供给。根据历史记录，这些因素以前被认为基本上是固定的以及从统计上可以预测的。另外一个担心是极端天气事件将更加频繁地发生。这就要求对水资源系统进行更为密切的监测，以便尽早地发现其发展变化趋势，以及帮助开发对水资源系统的有效响应。目前正在开发全球性方法以应对气候变化这一全球性挑战。与此同时，非常重要的是对气候变化缓解战略对水资源系统的影响以及适应性战略的有效性进行监测。

针对这些不同领域的活动，有必要在广泛的目标以及管理策略上达成一致，无论这些策略是直接的基础建设方面的干预，还是适应性的"软政策"。一旦目标和策略确定下来，就需要对其有效性进行监测，这需要选择适当的指标，对其进行定义，并且要搜集足够的数据。关键目标是降低水资源及其利用的不确定性，从而加强对复杂的自然系统的风险管理，因为水资源也是这一系统的组成部分。

|||||||||||||||||||||||||||||||||||||||||||||||

"联合国统计司将继续支持其成员国建立水账户，以便更好地了解他们的水来自何处以及是如何使用的。"

6.2 关键指标

出于不同的目的，大量的指标体系已经开发出来或已提出，以监测水资源状况、使用及管理情况。《世界水发展报告》第一版曾报告过超过 160 个指标，但在第四版报告中只涉及 49 个。指标的减少，一方面是由于在更新这些指标数据时遇到了极大的困难，另一

方面也反映了对这些指标的性质和目的的深入思考。正如两位经济合作与发展组织专家最近提到的：

"各种指标的开发反映和影响着社会、政治、技术以及制度等各个层面……与政府分析师普遍采用的信息工具相比，由一个环保方面的非政府组织开发的综合性指标可能会更好地激发公众意识。"（Scrivens 和 Iasiello，2010，p.9）

我们已开发并计算出很多用于反映部门情况的具体指标。除了简单的用水趋势，能够反映不同部门用水效率的指标，即每单位用水量的产出，是一个有用的指标；同样地，监测生活污水处理率有助于理解水资源利用对自然环境的影响。然而，关注气候变化同样强调要选择适当的指标。例如在南非，能源规划需要在二氧化碳（CO_2）排放与用水效率之间进行权衡（见专栏 6.1）。

在更广泛的社会层面，国家用水压力（见 3.1 节和 4.6.1 节）是一个被普遍使用的概念，它仅仅考虑一个国家的人均水资源总量（Falkenmark 等，1989）。而另一个极端，由 Sullivan（2002）提出的水贫困指数则试图包含多种参数，包括可用水资源量、三大产业用水量、水质的四项检测指标、化肥和杀虫剂的使用信息、环境监管能力、环境影响评估指南的数量以及受威胁物种的比例等。获得关键问题数据本身也是该指标的正式组成部分。

自 2009 年《世界水发展报告》第三版公布以来，许多寻求确定水资源问题以及决定涉水政策的全球进程获得迅猛发展。例如联合国"CEO 水之使命"工作组，包括世界自然基金会，呼吁全球各界采取步调一致的行动，其重点是鼓励其成员公司更好地了解他们的用水行为，包括他们自己直接的用水行为以及其供给链中的用水行为。作为国家间虚拟水贸易研究的副产品，"水足迹网络"同样鼓励企业了解并且减少水资源使用及其"足迹"[1]。

南非在水力发电用水上的折中方案

在大多数国家，经济活动和社会稳定都依赖于充足的和可靠的电力供应，南非国家水资源战略中也明确阐述了这一点，认为用水发电具有重要的战略意义。然而，该战略明确指出"同其他用途一样，具有重要战略意义的用水也要遵守同样的效率标准和用水需求管理要求。当新建电站时，在可行的地方应建立空冷电站。"（南非水利林业部，2004，p.52）

自1970年首次确定目标以来，南非一直鼓励将"用水强度"作为衡量发电性能的指标之一。南非国家电力公司报告说，从1986年到2006年，该公司的发电用水量从2.85L/（kW·h）下降到接近1.32L/（kW·h），主要是由于该公司在其国内电站中用空冷代替了湿冷。南非国家电力公司最新的4 000 MW马丁巴（Matimba）电厂，号称是世界上最大的直接空冷电站，用水量约为0.1L/（kW·h）（南非国家电力公司，2009）。

空冷电站不仅需要巨大的成本，并且由于碳氢燃料的使用以及二氧化碳的排放高于水冷电站，因此也会产生环境影响。然而，考虑到南非的水资源压力，这种替代被认为是可接受的，并且由于使用了超过40年历史的衡量指标，能够对其绩效进行跟踪和维持。现有的电力规划预计，在未来十年中，即使发电量在增长，实际用水总量也将下降，因为将出现更高效的发电厂和可再生能源的组合。

在国家层面，联合国粮农组织全球水信息系统（AQUASTAT）[2]从各国搜集了水资源方面的统计信息和数据，这些数据经过系统地审查，确保同一流域不同国家之间定义的一致性。此外，还定期对国家之间水资源数据进行比较分析。在此基础上，全球水和农业信息系统编译和更新每个国家水平衡主要元素的最优估值。针对非洲、亚洲、拉丁美洲和加勒比海地区，尽管有些数据缺口仍然需要利用联合国（UN）数据进行补充，但全球水和农业信息系统主要是从国家层面的政府主管部门获得这些国家的取水信息。欧盟统计局（Eurostat）和经济合作与发展组织（OECO）则是欧洲、澳大利亚、日本、新西兰以及北美地区的重要数据来源，并且也被用于补充数据缺口。

供水及卫生联合监测计划（JMP）[3]（世界卫生组织/联合国儿童基金会）是联合国监控饮水与卫生千年发展目标（千年发展目标7c）的官方机制。千年发展目标指标衡量饮水和基础卫生的获得情况：

- 使用经过改善的饮用水源的人口比例；
- 使用经过改善的卫生设施的人口比例。

为实现这一目标，供水及卫生联合监测计划（JMP）每两年发布一次关于国家、地区和全球层面的不同类型饮用水源和卫生设施利用情况的更新数据。其成功之处主要是由于该计划关注基础数据的生成，而这些基础数据是该报告的基础。

所有这些方法均依赖于在水资源及其利用领域存在大量的、可比较的和可靠的原始数据，以及经过处理的信息。同样的，在这一领域，也有一些令人鼓舞的进展。联合国统计司一直鼓励其成员国开展水资源核算体系，以便更好地理解其水资源的来源以及是如何被开发利用的。同时，在国家层面，澳大利亚正面临严重的水资源管理压力以及困难的选择，因此正在开发复杂的水账户系统以支持其决策（见专栏6.2）。

2007年，世界水评估计划的利益相关者们力图创建一组核心指标，以展示高层次的信息和政策目标。作为联合国水计划三大执行计划之一，世界水评估计划面临巨大的挑战，即对不同的指标进行系统的审查，同时还要解决来自数据的挑战，以指导其未来的工作。

2009 年 8 月，由世界水评估计划领导的联合国水计划指标监测与报告小组（IMR）向联合国水计划[4] 报告了他们的成果。该小组的首要目标是通过改进的监测和报告，在水和包括卫生的相关行业中，在全球和国家层面推进公共信息和知情决策。尤其是，它旨在支持国际上的和国家层面的决策者，推进已经达成国际协定的水和卫生方面的目标的实现。

这涉及监测方法的定期发展，水资源及其开发利用的状态，以及政策和管理措施的影响，其中包括一套支持国家决策者和国际社会的衡量指标。目前，已经提出一个包含 15 个指标的指标体系，其中每个指标都有详细的描述和使用方法[5]。

专栏 6.2

澳大利亚水会计准则

澳大利亚是有人居住的最干燥的大陆，是世界上人均用水量最多的国家之一。社区、灌溉、企业以及环保集团在不断地争论关于水资源的公平分配问题。水是一种基础性资源，随着竞争的增加，对其进行充分的和可比较的核算变得越来越重要，包括如何对水资源进行管理、维持以及分配，以满足经济、社会和环境的需要。

作为对这些问题的响应，澳大利亚政府委员会将开发水会计账户作为一项指令纳入了国家水计划（2004 年）中。这将有利于对水信息进行标准化、比较、核对和汇总。2006 年，一份总结性报告指出，作为一个科目，与财务会计账户相似，水会计账户的建立一方面要满足外部用户的需要，另一方面也要满足水务企业的管理需求。

澳大利亚水会计账户的建立是一个系统的过程，包括对水、水权和其他对水的诉求以及相关责任等方面的信息进行定义、识别、量化、报告、确认以及出版等。与目前国际上其他已有的水账户类型不同的是，澳大利亚水会计账户的开发是建立在财务会计账户的基础上，而不是以统计为基础；它更关注水量信息，而不是其经济价值。此外，由于报告对象可扩展性较强，因此潜在读者的数量要大得多。

澳大利亚气象局负责制定水会计准则，为此该部门建立了一个独立的顾问委员会，即水会计标准委员会，协助开发水会计准则。从 2007—2010 年，在会计和水文行业的大力支持和协助下，该委员会开发了水会计概念框架（WACF）和澳大利亚水会计准则第一版征求意见稿（EDA-WAS1），并且成功地进行了试点。这份文件为通用水会计报告（GPWAR）的编制和发布提供了原则性方法。

水会计报告主要是帮助用户对水资源分配进行决策以及决策评估，报告采用了可比较和可靠数据的形式，为水资源管理者担负起对公共事业的责任提供了条件。报告的另一个目的是希望增强公众和投资者对水资源的信心，清楚地知晓水量到底有多少、谁有权使用以及水是如何被使用的。

随着水资源的信息变得越来越容易获得，人们能够对更多的涉水问题进行评估决策。例如：

• 如何分配这一资源？
• 如何对更好的量化技术或基础设施进行投资？
• 如何决定私人公司在何处能够兴建需要用水的新工厂？
• 如何解决社会公众不断扩张的用水需求？

• 如何对有显著的涉水风险的公司进行投资？

虽然水会计账户的开发和应用在很短的时间内已经取得了显著的进展，但这一科目仍处于起步阶段。最终，将由用户来决定他们需要什么样的信息，以便用来对水资源分配进行决策和决策评估。

注：更多信息请参阅网站 www. bom. gov. au/water/wasb。

尽管这些指标无法用来对相关问题进行深入分析，但有利于在全球层面向社会公众公开那些已经十分严峻的水问题。联合国水计划指标监测与报告小组注意到，指标的开发和应用是一个动态的过程，人们提出的指标清单永远都不会是最终的或最后的一个。指标会随着知识的进步和数据的更新而变化。任何适应性较强的指标都必须同时具备准确、及时以及在国家层面数据一致性等特征。开展这项工作的一部分内容是为其提供技术援助或技术工具。

6.3　数据和信息的现状

监测水资源及其利用情况是一项巨大的挑战，尤其是考虑到水资源具有的可再生性和复杂性、时间和空间分布上的变化以及所表现出的不同形式，并且监测目标的多样性也带来了额外的挑战。此外，在全球、国家、地区或流域层面，为指标提供系统和可靠的数据都是一件很难的事情。

图 6.1 显示了南部非洲开发共同体（SADC）成员国获得数据的程度，表明了数据缺乏的严重性。

另一个挑战是维持这些可比较数据的连续性，连续的数据能够被用来监测不同参数随时间变化的发展趋势。由于我们经常用模型来填补数据缺口，因此信息的质量则依赖于是否能够获得足够的现场数据，以便对模型进行校准和检验。

世界水评估计划的指标监测与报告专家组对数据的提供以及采取行动提高数据流进行了研究。一个发现是存在一组有限的关键"数据项"，可被用来计算许多其他的指标。例如，一项可用来计算许多国家层面指标值的关键数据就是包括流域、州、国家或地区层面的实际可再生水资源总量（TARWR）。在过去，实际可再生水资源总量是通过一个超过 30 年的数据序列（1960—1990 年是一个被广泛使用的时间段）计算出来的。其他重要指标，例如水的稀缺性（人均实际可再生水资源总量）和水的生产能力（每单位实际可再生水资源量的国内生产总值产出），都是基于这些关键指标计算出来的。

> **"如果没有真实可用的数据，即使数据的量很大，仍无法为提高水生产力所用。"**

实际可再生水资源总量并没有定期地被监测，也没有现成的方法对其进行系统更新，所以，当某些指标——如国家水资源稀缺度——在过去 10 年发生了变化，这些变化通常只反映了基本人口数量的变化。可用水资源量的变化并没有被系统地加以记录，通常不能用作反映全球水资源稀缺度的数据。一般做法是假设水文是固定不变的，即水文（如降雨、径流）特征不随时间发生变化（见第五章、第八章和第十一章）。

但是，对气候变化的担忧是使人们对水指标越来越感兴趣的一个原因，这使我们清晰地认识到，"水文固定不变"的假设已经不能再作为可用水量高级复核的基础。这促使我们的注意力集中到了有限可用的全球径流数据上，这些数据是计算水资源量的基础。虽然大量降水数据可通过遥感技术获取，但河川径流的变

图 6.1

南部非洲开发共同体国家可用数据表

	地表水和地下水	基础设施	供水源及环境回流	用水及分配	污水	用水效率	水费（费、税和补贴）	GDP	水融资及生产成本
安哥拉	有大量资料	无资料	无资料	部分但是有限资料	无资料	无资料	部分但是有限资料	有大量资料	无资料
博茨瓦纳	有大量资料	部分但是有限资料	部分但是有限资料	有大量资料	有大量资料	有大量资料	有大量资料	有大量资料	有大量资料
刚果民主共和国	有大量资料	少资料	少资料	部分但是有限资料	无资料	少资料	部分但是有限资料	有大量资料	少资料
南部	有大量资料	部分但是有限资料	部分但是有限资料	部分但是有限资料	少资料	少资料	部分但是有限资料	有大量资料	少资料
马达加斯达	有大量资料	部分但是有限资料	部分但是有限资料	部分但是有限资料	无资料	无资料	部分但是有限资料	有大量资料	少资料
马拉维	有大量资料	少资料	部分但是有限资料	少资料	无资料	无资料	部分但是有限资料	有大量资料	少资料
毛里求斯	有大量资料	少资料	部分但是有限资料	少资料	部分但是有限资料	有大量资料	有大量资料	有大量资料	少资料
莫桑比克	有大量资料	部分但是有限资料	少资料	有大量资料	少资料	少资料	有大量资料	有大量资料	部分但是有限资料
纳米比亚	有大量资料	少资料	部分但是有限资料	有大量资料	少资料	有大量资料	有大量资料	有大量资料	部分但是有限资料
塞舌尔	有大量资料	少资料	部分但是有限资料	有大量资料	少资料	部分但是有限资料	有大量资料	有大量资料	部分但是有限资料
南非	有大量资料	无资料	部分但是有限资料	有大量资料	无资料	无资料	有大量资料	有大量资料	少资料
斯威士兰	有大量资料	无资料	部分但是有限资料	有大量资料	少资料	少资料	有大量资料	有大量资料	部分但是有限资料
坦桑尼亚联合共和国	有大量资料	少资料	部分但是有限资料	部分但是有限资料	无资料	部分但是有限资料	有大量资料	有大量资料	少资料
赞比亚	有大量资料	部分但是有限资料	部分但是有限资料	部分但是有限资料	少资料	少资料	有大量资料	有大量资料	部分但是有限资料
津巴布韦	有大量资料	少资料	部分但是有限资料	部分但是有限资料	无资料	无资料	有大量资料	有大量资料	少资料

少资料　有大量资料
部分但是有限资料　无资料

资料来源：SADC（2010，表4，p. vii）。

化和地下水补给的测量却要困难得多。总之，可用的地下水和水质数据尤其缺乏。

用水数据经常比资源本身状态的数据更加难以获取。例如，为评估水生产力，需要单位用水产生的国内生产总值数据，以便能够监控经济活动与资源使用相分离的政治目标的实现情况；同样，不同工业过程的用水效率应该有效地被监控，以确定需水管理项目的功效。然而在实践中，用水通常是根据特定工业部门耗水的标准假设进行估算的。如果没有真实可用的数据，即使数据的量很大，仍无法为提高水生产力所用。技术进步的影响可能会因此被忽视，除非对特定部门的用水数据展开详细调查。同样，缺乏对许多部门用水情况的了解，意味着提高用水效率的机会和优先性可能无法确定。

这些例子强调了更多关注数据产生的必要性，它能够使水管理者追踪政策制定者的最关注某些发展趋势。

6.4　获得良好监测和报告的制约因素

6.4.1　制度和政治限制

许多制度和政治的限制阻碍了人们对水资源及其利用信息进行更好的监测和报告。良好的管理会产生好的数据；较差的管理通常产生糟糕的数据，同时也导致更大的数据差距。

由于水资源相对价值较低且分布广泛，水的使用（尤其是灌溉用水）通常没有被直接测量。从操作运行的角度，在缺水情况下，决定供水的优先性和分水比例，比准确地测量水量更重要。在许多管辖区，对不同等级的用水户，水量分配根据不同水平的可靠性进行制定，以避免详细的定量测量。

更重要的是，由于水的产生是一个自然而非人工的过程，大多数情况下的初始供水是不确定的。这使得它区别于其他公共事业运营和其他自然资源。例如，在电力生产中，从矿厂运往发电站的煤炭数量是能够确定的；同样，从发电厂输出的电量可以通过发电公司测量，这些公司的生存依赖于对用户供电量进行测量和收费。然而对于水资源，没有像燃煤或其他较为常规的测量方法可对进入系统内的水量进行测量。

另外，由于水资源通常是在许多不同管辖区之间进行分配的，经常存在一些不利因素，阻碍上游管辖区与下游管辖区共享可用水资源及其利用信息，因为这些信息可能在水资源分配的争端中用到。对于私企而言，隐瞒和避免披露可用水资源及其利用信息的现象也是很常见的，他们声称这些数据对自己公司的经营活动具有战略重要性。

这种现象在流经不同国家的河流流域最为常见（如恒河和湄公河这样的大流域）；但是，同样的逻辑也适用于联邦政府系统的国家，它们的水资源管理由省或州政府负责，具有相似动机。因此，在可能存在潜在冲突的邻国，应对数据的挑战性也许将成为处理争端的一个重要机制（见专栏6.3）。

专栏6.3

水资源信息用来防止中亚冲突

1989年，前苏联的解体给新成立国家的水资源管理带来困难和挑战。在此之前，中央政府决定不同地区之间的水资源如何使用和分配；后来，这些地区变成独立国家的省份，他们有不同的准则。因此，在他们之间存在潜在的冲突。这反过来又被确定为潜在的风险，它会加剧相邻国家已有的冲突。为了对此作出明确的响应，美国提出将提供完善的水资源信息作为关键的第一步。

提供基准数据用于改进水管理

中亚和南亚国家，不管其发展水平如何，普遍缺乏可公开获取的有关供水、径流和用水的连续和可比较数据，这造成上游和下游国家水管理的紧张形势。对美国而言，向所有国家提供基本的技术信息是帮助其开展善意的讨论和协商水管理基础的一种建设性方法。美国应该帮助其开展获取数据的相关活动，特别是测量和监测重要河流和流域的流量和水量。我们也应当提高地区的技术合作，共同观测冰川、跟踪季风转化和模拟多种气候情景下的径流变化。（美国参议院，2011，p.2）

6.4.2 绩效衡量面临的挑战

制约改善水资源领域数据监测和发布情况的另一个因素是，人们未就真正应该被监测的对象达成一致。例如，建立可有效衡量的绩效指标对实现政策目标十分重要，如可持续发展和千年发展目标，但是人们还不能确定什么数据条目最有利于这个目标的实现。

在成本-效益分析中，有必要强调所需决策的一些潜在影响。同时需要一些准则来指导措施的选取，这些准则包括考虑生态系统服务价值，使得优化更为复杂，但是可能更为有效。此外，还需要决策支持系统将传统的成本-效益分析与参与式多准则分析结合，以考虑不同水平的不确定性。

为了实现水资源的平衡分配和保护，一些指标应当有助于政策工具的精心设计和选择。它们可能包含管理规则（技术标准、绩效标准等）、定额、准入规则和分配程序以及经济手段（尤其是对于生态系统服务的定价机制和支付）。

虽然经济理论指出定价政策对于实现目标可能是有效的，但在实际生活中，价格表现为几种对立的目标：水相关基础设施的融资，鼓励稀缺资源的有效利用，以及公平和公正分配（见第十章）。简单地监控水价不一定是衡量政策成功与否的有用的参考指标，除非它能够反映提高水资源管理的现实生活目标。

6.4.3　技术和资金的限制

除了制度和政治对可用水资源量和使用信息的产生和公布形成阻碍之外，也存在大量的技术和资金的限制。

由于水产生于自然结构，它的行为通常随不同季节而变化，测量像径流这样简单的参数会特别昂贵。中等河流的一个水文站的成本就很容易超过 100 万美元，其持续的运行、维护和公布的成本对贫穷国家来说是难以接受的，因为这些活动会与基本供水之间竞争有限资金，并且这些活动不会带来即时效益。

遥感技术是一项重要而未被充分利用的新技术，然而，这项技术至今还没有给水资源及其利用信息带来重要进步。虽然农田作物的直接用水现在能够很可靠地用遥感获取的数据进行估算，但是确定从河道或者大坝实际取水至灌溉农田的水量却更为困难，因为通过遥感信息仍然不能确定河道径流等参数。这就意味着我们无法确定引入农田的总取水量与实际用于作物生长的水量之间的比例这一关键指标。

通过遥感还能够观测水质相关的参数，这将有助于解决管理上的挑战，如富营养化以及基于系统基础上的自然生态系统保护（如湿地）。现有的遥感技术有一些重要应用，然而，水资源监测相对低的优先权，意味着它们不能被应用到这一领域。

虽然遥感被证实是一个有用的工具，但它永远不会代替收集当地信息的需求。使用遥感数据而没有地面真实数据可能是有风险的，建议政府不要花费在有利于遥感数据的水文气象网上是不明智的。遥感和水文气象观测网并不是相互排斥的，加强水文气象网建设和服务是良好的水资源管理、规划、设计和运行的必要条件。

6.5　提高数据和信息的可获得性

6.5.1　更优数据和指标的市场需求

虽然世界水评估计划的任务是收集和公布全球范围水资源及其利用现状的可用信息，但很明显这个计划受到了数据不足的制约，尤其是缺乏显示重要趋势的系统监测数据。为有效地完成任务，必须确定数据需求才能够跟踪关键的政策目标和变化趋势，并努力建立可获取数据的监测系统。

促进水信息交流最有效的驱动力是政策制定者和决策者在社会经济活动中对信息的需求。可喜的是更多的人对获取完整数据的必要性给予了关注，这推动了水资源及其利用情况监测水平的提高。

从政府的角度，经济政策制订者已经认识到水作为资源对国民经济有着重要影响，但他们需要用更多的行动加以证明，因此，大家对水以及更广泛的环境核算越来越有兴趣。联合国水环境经济核算系统（SEEAW）和欧盟统计局的倡议在这方面特别重要，这正是经济合作与发展组织（OECD）最近的努力方向。

水资源数据对国家和区域安全的重要性从上面的中亚案例可以得到证明。当企业开始要控制水带来的风险时，他们发现"数据匮乏"（IBM，2009，p.10）会加剧已有的不确定性。

2007 年，商界提出了一个重要倡议，即联合国全球契约"CEO 水之使命"，因为他们认识到水服务和水资源危机在对私有部门带来风险的同时也带来了机遇。他们还认识到现有的水资源管理实践无法提升水作为资源的重要性。加入这项倡议的企业意识到，为了以更具可持续性的方式运行，他们有责任将水资源管理作为优先领域，并且跟政府、联合国机构、非政府组织和其他利益相关者合作，来应对全球水挑战。同时，他们也注意到数据不足带来的挑战。在2009年世界经济论坛上，商界领袖一致呼吁，提高对水挑战的认识并采取行动。这些企业承诺采用统一的水资源数据收集、管理及公布方式（见专栏6.4）。

2009年举行的世界经济论坛（WEF）上，数据和信息被认为是一个关键的领域，需要引起更多的关注。为什么这个议题会如此重要？

在一些水资源紧缺的国家，水安全和水污染问题已经成为很多企业越来越关注的问题，特别是一些从事能源、矿业、食品和饮料、半导体行业的企业。在最近的几年时间内，商业团体、财政分析师和公司企业关于水安全战略重要性的报告越来越多。联合国全球契约"CEO水之使命"就是这种新兴趋势的一个很好的例子。

企业越来越被要求对其投资者提供水相关风险的细节，对公众公开其提高水利用效率的措施。这些问题同样将会引起一些水资源管理政策健全的国家的关注。对于企业和投资者而言，水安全风险很难评估，因为基本供水条件等信息的缺乏，以及个别企业不完善、不规范的公布和披露实践（Levinson等，2008）。

一些量化指标可以用来识别问题、追踪趋势、区别先进与落后者、突出最佳的管理实践……令人震惊的是国家之间在方法论一致的基础上可用的水数据那么少。很多现有的水数据搜集过程中没有考虑国家间的比较（Daniel C. Esty，美国耶鲁环境法律和政策中心主任，引自WEF，2009，p.12）。

在国家层面也需要完善的数据。在印度举行的一个参与式分会得出结论，推行能解决国家水问题方法所遇到的主要障碍之一是对问题缺乏足够的了解和关注：

与会者一致认为，随着问题的更加显而易见，水安全已经成为印度的一个关键问题，但是公众和领导阶层对于该问题的紧迫感有待进一步提高。通过一个相对独立的机构或团体以得到质量更好，并且更加公开透明的数据将有助于对这种境况的深入认识……

数据、透明度和分析：水问题的影响需要被不同的利益相关者量化，这样他们可以清楚地了解问题的严重程度。需要由独立行为者来进行额外的分析，这将有助于或者迫使政府和其他利益相关者采取实际行动（比如附加的水度量单位/指标/基准工具/水足迹）（WEF，2009，p.52）。

> "从政府的角度，经济政策制订者已经认识到水作为资源对国民经济有着重要影响，但他们需要用更多的行动加以证明。"

还有很多倡议也正在进行中。世界可持续发展工商理事会（WBCSD）推出一种"水工具"，用于企业更加系统地监控水的使用情况及自己对水资源的影响。与此类似，水足迹网络组织（The Water Footprint Network）呼吁企业、企业客户和其他利益相关者更加关注他们产品和运营中的水含量（Hoekstra 等，2011）。

不同的方法相辅相成：一些方法关注企业的用水；另一些方法则寻求了解流域范围内的资源状况，即"超越工厂的界限"。由于两种监测和评估水资源及使用状况的方法都以足够的可用数据为支撑，由此得出属实的结论，因此它们都是有效的。

水资源在得到众多政府和企业关注的同时，也吸引了广大公众的普遍关注。一些民间社会组织，如世界资源研究所，在制定促进提高公众获得环境信息的整体计划时，将水资源信息的可获取性作为目标之一。该计划传统上只关注于一些更加有争议性的资源，如矿产和森林资源[6]。

由此看来，经过几十年的下降，水相关数据市场将不断增长，并且由供给驱动转变为需求驱动。这表明，对于水从业人员、用水户和持有水股份的公众群体而言，目前正处于对有关水资源信息的可用性和质量做出实质性发展和进步的关键时期。此外，聚焦水资源监测有利于提高公众对目前可用信息局限性的认识。

6.5.2　技术契机和数据创新

技术对数据获取也做出了贡献。例如，遥感技术的发展使不同作物蒸散发量可直接测量（Hellegers 等，2009）。新的合作关系也可能发挥作用，例如借助移动电话信号发射塔间信号衰弱的数据可以精确估算降雨量大小，这意味着通讯服务提供商将有助于填补数据空白。另一个重要的开发项目是部署重力恢复和气候实验（GRACE）家族卫星，该卫星可以监测地球表面重力场的变化情况，由此得出特定地理空间水资源总量的变化情况。尽管只在大尺度上进行试验和运行，但该技术还是证明了其在监测冲积平原地下水储量变化的潜力。在地下水储量面临不可逆转消耗威胁的前提下，这项技术引起了许多政策的关注。

世界水评估计划的一项试点行动是合作建立一个动态评估的基础数据项，即实际可再生水资源总量（TARWR）。实际可再生水资源总量在很多关键指标中都作为一个变量，但目前只是在 1960—1990 年系列评估的河流流量的基础上作为一个静态指标。关键创新是结合水文气象数据和地面高程数据评估水资源可用量，进而得出长系列均值。这种方法将去除"水文固定不变"的约束，预测实际可再生水资源总量的变化趋势。虽然该方法仍然需要进一步完善，但很可能成为国家可用水资源量数据观测和动态监测的重要参考依据（见专栏 6.5）。

专栏 6.5

世界水评估计划与纽约城市大学和全球水体系项目合作完成实际可再生水资源总量试点项目

世界水评估计划（WWAP）的试点项目是通过与纽约城市大学（CUNY）及全球水体系项目（GWSP）的合作，共同实现对实际可再生水资源总量（TARWR）的动态评估。

实际可再生水资源总量是衡量水资源可用量的基本方法（在国家、流域或者区域层面），在很多指标中都被使用。它是国家（或其他单位）实际可用水资源的理论最大值，由以下几个方面计算得到：

- 国家自身拥有的水资源。
- 流入国家的水。
- 流出国家的水（条约规定）。
- 可用性水资源，定义为国家每年的可再生的地表和地下水资源量，表示在可持续发展的前提下理论上可用的水资源量。具体而言，TARWR 是以下各项之和：

进入该国家的外来水量：

- 该国家自产地表水径流（SWAR）。
- 该国家的地下水补给量（GAR）。

减去：

• 由于地表地下水相互作用同时流经地表水系统和地下水系统的有效水资源总量，不减去这个量会导致其被计算两次（即地表地下水重复量）。

• 根据正式或非正式的协议或条约流入下游国家的水量。

世界水评估计划的指标试点研究（PSI）项目是在美国陆军工程师兵团（USACE）的支持下，由纽约城市大学的Charles Vörösmarty与全球陆地水文网络（GTN-H）和地球观测组（GEO）/综合地球观测战略（IGWCO）水循环主题合作承担。这个合作团队目前已经研究出一种在国家层面上评估实际可再生水资源总量的创新性方法。这种方法以水文气象学和高分辨率（6′河网和ESRI国家边界）地表高程数据相结合为基础（但不局限于上述内容），使得识别实际可再生水资源总量的变化趋势（如某个国家正在变湿或变干）和改变量（如可供水量的年际变化）变成可能。

"动态实际可再生水资源总量"用于提供国家人均可用水量的另一套数据项。这套数据项将在未来得到进一步发展。基于其实际观测为基础和动态变化的特性，它很有希望最终成为主要参考对象，因为该数据项实现了随时间追踪长系列可用水量变化的目的。面对气候变化和相关挑战，固定水文假设是不成立的，而上述方法将有效解决由此造成的局限性。

目前的实际可再生水资源总量系列数据是由联合国粮农组织的全球水信息系统项目（TARWR-FAO，2003）生成的。该数据系列基于可用国家水资源数据表和国家水平衡电子数据表计算得到。联合国粮农组织认为这个数据系列是"最好的估算值"，在进一步提供数据信息时，相关数据系列可以更新升级。

正如6.4.3节中提到的，很多领域可以利用遥感技术来改善关键水资源参数的信息质量，尤其是水质和环境保护。在这些领域进一步的工作也有可能产生新的方法来加强全球趋势的系统监测，如水体富营养化和湿地范围变化。但是，正如前文所述，完全依赖没有地面实况信息的遥感数据是有风险的，遥感技术不可能完全替代大量的实地数据信息采集。

6.5.3　机构责任、约束和机遇

虽然很多组织机构通过合作获取水资源信息，但是对于他们中的大部分而言，水并不是他们首要关注的焦点。这可能会带来一定的挑战。在联合国系统中，三大主要涉水机构是联合国教科文组织（UNESCO）、联合国粮农组织（FAO）和世界气象组织（WMO）。同时，联合国环境规划署（UNEP）通过全球环境监测系统（GEMS）水项目也对水资源产生越来越浓厚的兴趣。世界气象组织通过其科学平台和全球径流数据中心（世界河流径流数据库）公开基本的水文数据；而联合国粮农组织的全球水信息系统项目提供了水资源及其利用的数据平台，这个数据平台远远超出了农业范畴。然而，三大国际组织都被赋予了很多职责：联合国粮农组织负责全球粮食和农业领域，联合国教科文组织负责科学、文化和教育，世界气象组织负责监测与大气有关的天气和气候。因此，水资源并不是这些国际组织的首要任务，虽然他们实施了大量水合作项目。例如，联合国粮农组织最近宣布成立"水平台"，目的是要协调整个组织内部与水有关的活动。其他例子还包括世界气象组织的水文与水资源项目，联合国教科文组织的科学-教育-评估体系中的国际水文计划（IHP）、致力于水教育的国际水教育学院（IHE）和世界水评估计划（WWAP）及区域水文学者网络等。作为联合国系统的内部协调机制，联合国水计划可在这些不同的项目联系中充当主要角色，联合国水计划指标、监测和发布工作组已经开始关于建立联合水监测体系和关键水指标门户网站的相关工作。

水循环中，地表径流数据的采集大部分是从当地获取的，这给未来工作带来了挑战。科学界更多地关注于全球对地观测；但对地表径流的系统性观测相对较少。因此，共同组成全球气候观测系统的项目中，以较大范围和本地局部对比方式研究水问题的报告数量极少。只有一个项目例外，即全球水体系项目（GWSP），但是，该项目可用的数据比天气和气候方面的资料少很多。

国家采用的方法可以弥补全球方法的不足，如果数据不匹配的话，可通过促进国家水账户的形式加以改进。方法的多样性也是一样，例如联合国水环境经济核算系统（SEE-AW）的模型系统主要是解决水量问题（很少涉及水质），而澳大利亚采用的是以财务账户为基础的国家水账户。这些方法都不得不考虑一个国家经济社会产生的剧烈变化，并应对和管理这些变化，这是一个巨大的挑战。正如之前提到的，类似的分歧同样影响着商业企业的行动：有些企业更关注企业自身的水足迹，有的则从一个更大的范围关注"超越工厂的界限"的水资源问题。这些方法的多样性可以被看作是对模糊混乱状态的一种反映。无论如何，它都应该被视为一个重要指标，反映了全球对水资源目前的状态、管理和利用情况越来越重视。

注　释

1　Muller（2012）对采用的不同方法及其应用作了总结回顾。
2　见 http：//www. fao. org/nr/water/aquastat/main/index. stm。
3　更多信息参考网址 http：//www. wssinfo. org/about-the-jmp/introduction/。
4　更多信息参考网址：http：//www. unesco. org/new/en/natural-sciences/environment/water/wwap/indicators/un-water-tf-on-imr/。
5　更多信息参考网址：http：//www. unwater. org/indicators. html。
6　更多信息参考网址：http：//www. accessinitiative. org/tai-global-meeting-2008/node/1。

参考文献

DWAF (Department of Water Affairs and Forestry). 2004. *National Water Resource Strategy* (1st edn), Pretoria, South Africa, DWAF.

ESKOM. 2009. *Reduction in Water Consumption.* Sandton, South Africa, ESKOM. http://www.eskom.co.za/c/article/240/water-management/ (Accessed 20 October 2011).

Falkenmark, M., Lundqvist, J. and Widstrand, C. 1989. Macro-scale water scarcity requires micro-scale approaches. *Natural Resources Forum,* Vol. 13, No. 4, pp. 258–67.

Hellegers, P. J. G. J., Soppe, R., Perry, C. J. and Bastiaanssen, W. G. M. 2009. Remote sensing and economic indicators for supporting water resources management decisions. *Water Resource Management,* 24 December.

Hoekstra, A. Y., Chapagain, A. K., Aldaya, M. M. and Mekonnen, M. M. 2011. *The Water Footprint Assessment Manual: Setting the Global Standard.* London, Earthscan.

IBM. 2009. *Water: A Global Innovation Outlook Report.* Armonk, NY, IBM Corporation. http://www.ibm.com/ibm/.../ibm_gio_water_report.pdf

Levinson, M., Lee, E., Chung, J., Huttner, M., Danely, C., McKnight, C. and Langlois, A. with Klop, P. and Wellington, F. 2008. *Watching Water: A Guide to Evaluating Corporate Risks in a Thirsty World.* New York, JP Morgan Securities Inc.

Muller, M. (forthcoming 2012). Water accounting, corporate sustainability and the public interest. J. M. Godfrey and K. Chalmers (eds) *International Water Accounting: Effective Management of a Scarce Resource.* London, Edward Elgar.

OECD (Organisation for Economic Co-operation and Development). 2001. *Environmental Strategy for the First Decade of the 21st Century.* Paris, OECD.

SADC (South African Development Community). 2010. *Economic Accounting of Water Use Project: Baseline Study Report* ACP-EU Water Facility, Grant No. 9ACP RPR 39–90. SADC.

Scrivens, K. and Iasiello, B. 2010. *Indicators of 'Societal Progress': Lessons from International Experiences.* OECD Statistics Working Papers, 2010/4. Paris, Organisation for Economic Co-operation and Development (OECD) Publishing. doi: 10.1787/5km4k7mq49jg-en.

Sullivan, C. 2002. Calculating a water poverty index. *World Development,* Vol. 30, pp. 1195–210.

TARWR-FAO (Total Actual Renewable Water Resource – Food and Agriculture Organization of the United Nations). 2003. *Review Of World Water Resources By Country.* Water Reports 23. Rome, FAO. http://www.fao.org/DOCREP/005/Y4473E/Y4473E00.HTM

US Senate. 2011. *Avoiding Water Wars: Water Scarcity and Central Asia's Growing Importance for Stability in Afghanistan and Pakistan.* A majority staff report prepared for the use of the Committee on Foreign Relations, United States Senate, 112th Congress, first session 22 February 2011.

WEF (World Economic Forum). 2009. *World Economic Forum Water Initiative. Managing Our Future Water Needs for Agriculture, Industry, Human Health and the Environment.* Draft for Discussion at the World Economic Forum Annual Meeting, Davos, January 2009. https://members.weforum.org/pdf/water/WaterInitiativeFutureWaterNeeds.pdf

第七章

区域挑战与全球影响

作者：简·巴尔、西蒙·格莱格、伊鲁姆·哈桑、
马迪欧迪欧·尼亚斯、沃尔特·拉斯特、乔安娜·泰勒菲里
供稿：理查德·康纳

《世界水发展报告》第四版首次将区域水资源现状、利用及管理内容包括进来，这主要集中在5个区域报告（第二卷暨第三部分）及本章的概要介绍。这些报告涉及的区域分别为：

- 欧洲和北美
- 亚洲及太平洋地区
- 拉丁美洲及加勒比地区
- 非洲
- 阿拉伯及西亚地区

这5个区域的划分遵循了联合国区域经济委员会［联合国欧洲经济委员会（UNECE）、联合国非洲经济委员会（UNECA）、联合国西亚经济社会委员会（UNESCWA）、联合国拉丁美洲和加勒比经济委员会（UNECLAC）、联合国亚洲及太平洋经济社会委员会（UNESCAP），本章相应部分列出了成员国地图］的区域划分原则，但是非洲区域报告和阿拉伯及西亚区域报告没有遵循联合国区域经济委员会的区域划分原则。在得到联合国非洲经济委员会和联合国西亚经济社会委员会同意后，所有阿拉伯国家的情况都包括在阿拉伯及西亚区域报告中，而不是非洲区域报告涉及一部分阿拉伯国家、西亚区域报告涉及另外一部分阿拉伯国家。除非洲区域报告外，各区域报告由相应的区域经济委员会起草；而非洲区域报告则由世界水评估计划（WWAP）与联合国水计划非洲分部（UN Water /Africa）、非洲水利部长理事会（AMCOW）及联合国非洲经济委员会协商起草。

区域报告强调了各区域目前面临的主要问题以及近年来这些问题是如何演变的。每份报告都列出了各区域最重要的外部驱动因素，分析了这些驱动因素对水资源及其利用和管理所产生的压力和影响。为切合《世界水发展报告》第四版的主题，报告集中讨论了各区域面临的主要风险、不确定性、机遇、地域性等热点问题以及各部门特别关注的问题。报告使用了具体实例对结论进行说明并提出了一系列应对方案，帮助决策者找出解决具体问题的方法。

本章概要介绍了各区域报告（第二十九章到第三十三章）的主要内容。本章结尾对不同区域与全球挑战之间存在相互联系进行了阐述，说明世界一个地区的某些行动如何对世界另一部分地区带来负面影响或创造机遇。

7.1 非洲

地图 7.1 展示了联合国非洲经济委员会成员国。本章所包含的非洲区域仅局限于 46 个国家，不包括非洲最北面国家，如阿尔及利亚、吉布提、利比亚、毛里塔尼亚、摩洛哥、苏丹、南苏丹和突尼斯，7.5 节"阿拉伯及西亚地区"将这些国家包括了进去。这说明本报告所指的非洲区域差不多与政治上定义的撒哈拉以南非洲地区一致。本区域总面积 2 400 万平方千米，约占世界陆地面积的 18%（FAO，2008）。非洲气候受赤道影响，划分为两个热

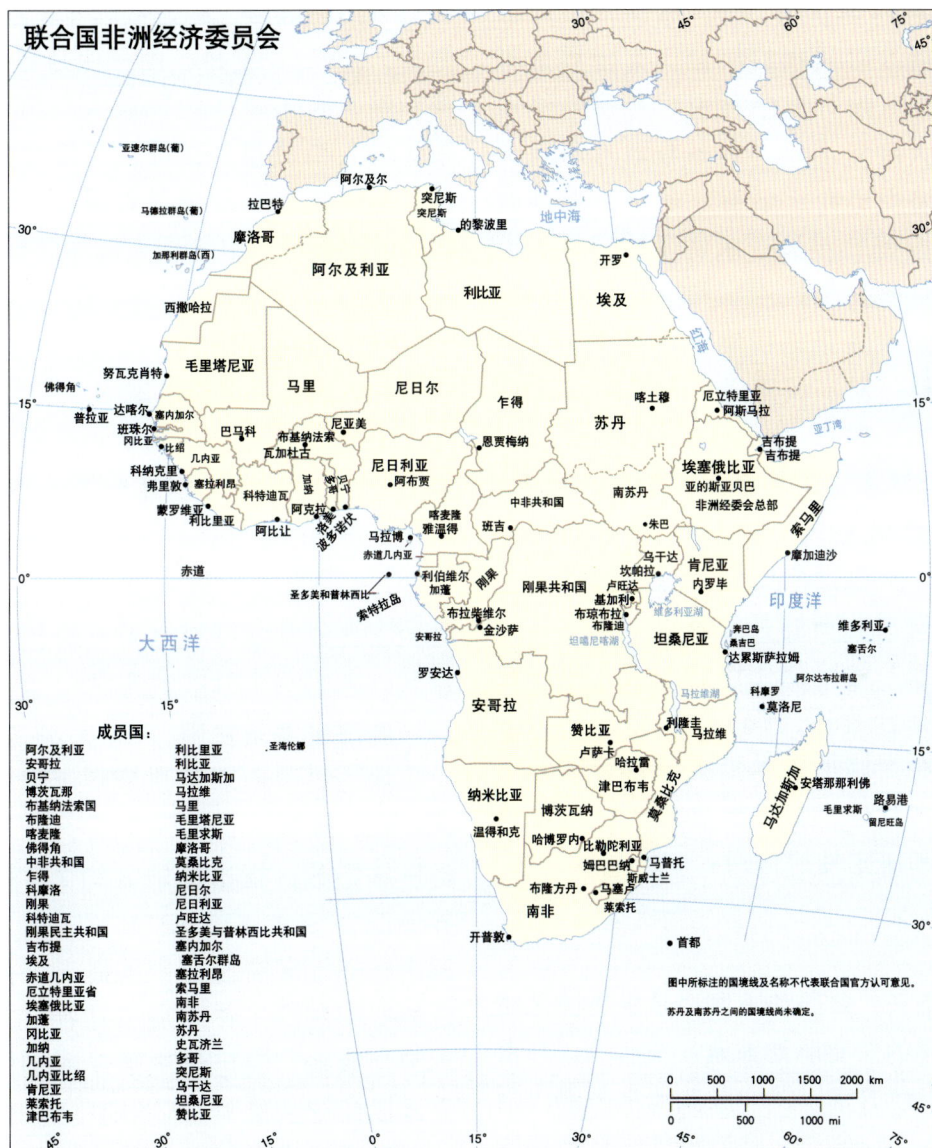

地图 7.1

联合国非洲经济委员会（UNECA）成员国

资料来源：联合国非洲经济委员会，第3975号地图，2011年11月第8次修订。联合国外勤支助部制图科绘制。

注：本区域划分为下列分区域。

北部地区：阿尔及利亚、埃及、利比亚、摩洛哥、突尼斯。

苏丹—萨赫勒地区：布基纳法索、佛得角、乍得、吉布提、厄立特里亚、冈比亚、马里、毛里塔尼亚、尼日尔、塞内加尔、索马里、南苏丹、苏丹。

几内亚湾地区：贝宁、科特迪瓦、加纳、几内亚、几内亚比绍、利比里亚、尼日利亚、塞拉利昂、多哥。

中部地区：安哥拉、喀麦隆、中非共和国、刚果、刚果民主共和国、赤道几内亚、加蓬、圣多美和普林西比。

东部地区：布隆迪、埃塞俄比亚、肯尼亚、卢旺达、乌干达、坦桑尼亚联合共和国。

南部地区：博茨瓦纳、莱索托、马拉维、莫桑比克、纳米比亚、南非、斯威士兰、赞比亚、津巴布韦。

印度洋岛国：科摩罗、马达加斯加、毛里求斯、塞舌尔。

带地区和两个主要的沙漠地区：北半球的撒哈拉沙漠和南半球的卡拉哈里沙漠。降雨时空分布极不均匀，严重影响了非洲大陆人民的生计和福祉（FAO，2005）。

水在实现非洲大陆发展目标中的重要作用得到了普遍认可。非洲面临着地方性贫困、粮食不安全和普遍不发达的问题，几乎所有国家都缺乏有效的、可持续开发和管理水资源的人力、财力和体制能力。撒哈拉以南非洲地区每年可再生淡水利用率仅为5%。然而，该地区城市和农村获得改善供水的机会仍为世界最低水平。大多数国家没有充分利用现有耕地进行农业生产、扩大灌溉面积，大多数地方水电欠发达。非洲经济委员会指出解决非洲主要问题的关键在于"投资非洲潜在水资源的开发，大幅度降低无法获得安全饮用水和充足卫生设备的人数，通过扩大灌溉面积确保粮食安全，通过有效管理干旱、洪水和荒漠化保护经济发展成果"（NEPAD，2006，p.2）。

《2025年非洲水资源展望》已被非洲政府、非洲发展新伙伴计划（NEPAD）和非洲联盟采纳，这说明水资源以及更具针对性的投资和更高效的水管理成为新的关注焦点。《2025年非洲水资源展望》呼吁强化体制框架，从战略上采取水资源综合管理（IWRM）原则。大多数非洲国家已经实施了以水资源综合管理为基础的水治理和水管理。国际水政策建议将继续发挥着宝贵的和决定性的作用。

7.1.1 水资源驱动力和压力

人口高速增长、贫困和不发达是影响该区域如何进行水管理的主要驱动因素。在非洲，开发饮用水、制定卫生方案以及开展其他水务部门活动都需要考虑人口、经济、政治和气候环境等主要因素以及它们对水资源和水需求的影响。

人口特征

非洲人口增长正在加剧水需求，加速许多国家的水资源退化。到2011年中期，非洲人口（不包括最北面国家）约为8.38亿，年平均自然增长率为2.6%，而世界人口年平均增长率

为1.2%。据估计，到2025年非洲人口将增至12.45亿，到2050年非洲人口将增至20.69亿（PRB，2011）。

估计61%的非洲人口生活在农村地区，超过世界平均水平（50%），平均人口密度为每平方千米29人。2005—2010年，非洲城市人口增长了3.4%，比农村人口增长率高1.1%（UNEP，2010b）。如果政府不立即采取积极行动，预计到2020年撒哈拉以南非洲国家城市贫民窟人口将翻倍，约为4亿（联合国人类住区规划署，2005）。但是，由于保持灵活性是一种生存策略，因此城市贫民窟人口流动性较大，难以评估人口数量。然而，在撒哈拉以南非洲地区，生存条件的改善显然跟不上城市贫民窟人口的快速增长（联合国人类住区规划署，2010）。城市面积（特别是城郊贫民窟）的快速、无序扩张已经使得大多数的市政供水服务设施不堪重负，成为水与卫生发展的主要挑战。

另一方面，人口增长正在趋稳：人口增长率已经从1990—1995年的约2.8%逐步减少到2010—2015年约2.3%的预计值（FAO，2005）。伴随经济增长的加快，这种趋势可能有助于促进社会经济发展，包括实行更好的水管理、提供与水有关的服务。

经济发展与贫困

撒哈拉以南非洲是世界上最贫困、最不发达地区，半数人口生活费低于每天1美元。《人类发展指数》指出该地区约2/3的国家处于世界最低生活水平（FAO，2008）。即使有机会解决非洲地区突出的水问题，但是其深刻而广泛的贫困制约了许多城市和社区提供适当的水与卫生服务、满足经济活动所需的水资源及防止水质恶化的能力（UNEP，2010b）。

整个非洲大陆的经济改革影响深远，已经在许多国家取得积极成效。国内生产总值（GDP）的负增长已经让位于逐步增长的态势，增长值约为发展中国家的平均水平。《经济学家》杂志分析表明：截止到2010年的10年内，撒哈拉以南非洲国家占世界十大经济增长最快国家中的六席（《经济学家》杂志，2011）。但

是，非洲人均国内生产总值仍然远远低于其他地区。

作为经济增长的主要驱动因素，旱作农业是大多数非洲国家的经济支柱。它代表了该地区20％的国内生产总值、60％的劳动力、20％的出口商品和90％的农村收入。农业耗水量最大，约占总取水量的87％（FAO，2008）。在提高贫困人口收入方面，对农业尤其是灌溉农业进行投资所产生的效益至少是其他行业投资效益的4倍（UNEP，2010b）。

7.1.2 挑战、风险与不确定性

水文变化

非洲的气候比较极端化：赤道地区是潮湿的赤道气候，中部地区是热带和半干旱气候，北部和南部边缘是干旱气候。撒哈拉以南非洲降雨相对充沛，估计年平均降雨总量为815毫米（FAO，2008），但是这些降雨季节性很强、空间分布不均（见表7.1），导致洪水和干旱频发。赤道地区（特别是从尼日尔河三角洲到刚果河流域）降雨量最大，而撒哈拉沙漠则几乎没有降雨。在西非和中非，降雨尤其变化无常和不可预测。

纵观整个非洲大陆，可再生水资源仅占总降雨量的20％，不到全球可再生水资源量的9％（FAO，2005）。在撒哈拉以南非洲地区，

人均可再生水资源量从1960年的16 500立方米降至2005年的5 500立方米，这主要是人口增长造成的（FAO，2008）。地下水占非洲可再生水资源总量的15％，但是估计75％以上的非洲人使用地下水作为主要的饮用水源（UNEP，2010b）。由于可再生水资源的短缺，截留和贮存降雨非常重要。更重要的是，较少的可再生水资源部分解释了非洲大陆特有的干旱的原因。虽然无法获得水资源是导致经济匮乏的主要原因（见4.6.1节和图4.10），但是分区域之间和其内部的显著变化也造成了该地区较低的人均取水量（247m³/a）（FAO，2005）。

约66％的非洲是干旱或半干旱地区，撒哈拉以南非洲8亿人中有3亿多人生活在缺水环境中，这意味着他们的人均水资源量少于1 000立方米（NEPAD，2006）。人口增长，尤其是城市人口增长，导致了水需求的增长，加上一些地方存在生活水平提高的趋势，加剧了水资源短缺，造成供水量萎缩、水资源管理不善。这些情况给非洲供水构成巨大的挑战，导致许多地方，尤其在旱作农业为重要生计的地方，粮食不安全、健康状况差以及生态系统遭到破坏（UNEP，2010b）。

饮用水和卫生设施

虽然水以多种方式与非洲文化、宗教和社会密切相关，但是现代非洲社会还没有充分开发他们所需要的适应能力，以保障家庭基本生

表 7.1

非洲分区域可再生水资源总量和比例

分区域	水资源总量 （m³/a）（2008年）	非洲内部水资源的百分比（％）
中非	2 858.08	50.66
东非	262.04	4.64
西印度洋岛国	345.95	6.13
北非	168.66	2.99
南非	691.35	12.25
西非	1 315.28	23.32
整个非洲	5 641.36	100

资料来源：联合国环境规划署（2010b，表1.2，p.15；原始数据来源：联合国粮农组织全球水信息系统）。

活用水和其他必要的服务。通常情况下，主要是妇女和儿童长距离运水。在城市和城郊地区，经常只能从供水商那里高价购水，这些水的水质往往较差。如果政府不立即采取积极行动，预计撒哈拉以南非洲城市贫民窟人口将翻倍，即从 2005 年的 2 亿增至 2020 年的 4 亿（联合国人居署，2005）。

撒哈拉以南非洲地区饮用水供应的覆盖率[1] 仅为 60%，而世界平均水平约为 87%。全球仍有 8.84 亿人使用未经改善的饮用水水源，该地区人口占 37%。1990—2008 年，城市提供改善的饮用水水源覆盖率保持在 83%。虽然 2008 年的农村覆盖率比 1990 年的增加了 11%，但是也仅为 47%。换句话说，增加了 1.1 亿人可以获得改善的饮用水供应（WHO/UNICEF，2010）。图 7.1 列出了各国使用改善的饮用水水源的人口比例。

卫生设施匮乏是非洲水资源管理面临的更大挑战。许多水体和其他水源正在遭受随意堆放排泄物的微生物污染，通过水源性疾病，如腹泻、霍乱、沙眼、血吸虫病等损害人类健康。与水有关的病媒传染病如疟疾，也是一个重大的健康问题。在撒哈拉以南非洲，只有 31% 的居民拥有经过改善的卫生设施，而城市和农村卫生设施覆盖率相差很大：2008 年，城市卫生设施覆盖率约为 44%，农村卫生设施覆盖率为 24%。虽然该地区露天排便的人口比例正在下降，但其绝对数字已从 1990 年的 1.88 亿增至 2008 年的 2.24 亿（AMCOW，2010）。

"66%的非洲地区位于干旱和半干旱地区，其中撒哈拉以南非洲地区的 8 亿人口中有 3 亿多人生活在缺水环境中。"

千年发展目标（MDGs）设定的水目标是"到 2015 年将无法持续获得安全饮用水和基本卫生设备的人数减半"。据估计，撒哈拉以南非洲地区只有 5 个国家能够实现 75% 以上的饮

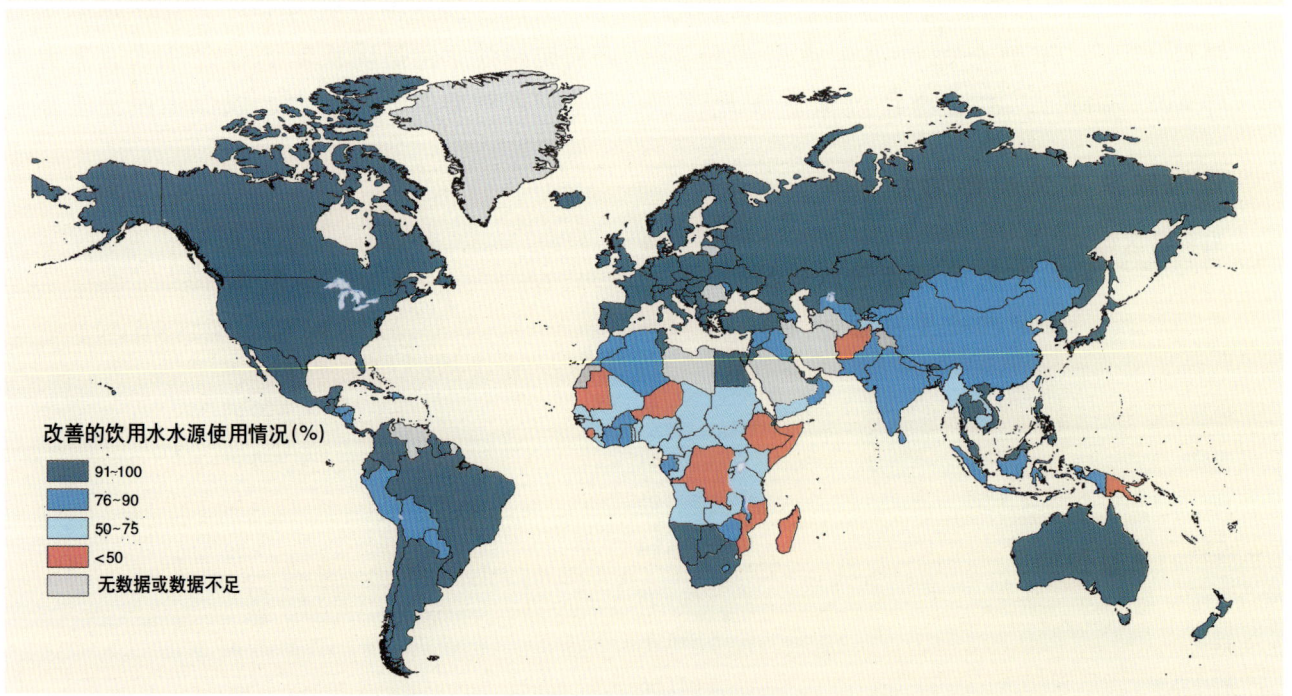

图 7.1

改善的饮用水水源使用情况（2008年）

改善的饮用水水源使用情况（%）
- 91~100
- 76~90
- 50~75
- <50
- 无数据或数据不足

资料来源：WHO/UNICEF（2010，图4，p.7）。

用水目标；只有 2 个国家，即肯尼亚和南非，能够实现 75％以上的卫生设备目标（WHO/UNICEF，2009）。安全饮用水和适当卫生设备的缺乏不仅影响人类健康和福祉，而且阻碍了经济增长和安全。

粮食不安全

2000—2007 年，25.5％的非洲人营养不良，30％的 5 岁以下儿童营养不良。20 世纪 90 年代中期至 2008 年，撒哈拉以南非洲地区营养不良人数从 2 亿增至 3.5 亿～4 亿（FAO，2008）。气候变化和变异可能严重危害许多非洲国家的农业生产和粮食安全（Boko 等，2007）。

自 20 世纪 60 年代中期，该地区农业产量年平均增长率小于 2％，而人口增长率约为 3％（联合国非洲经济委员，2006）。该地区约 97％的耕地种植干旱作物，是非洲人的主要食品（UNECA，2008）。如果到 2025 年非洲要实现粮食安全目标，那么需要每年提高 3.3％的农业总产值。为了养活非洲人口，水的作用至关重要，因为灌溉耕地仅占其灌溉潜力的 20％。实际上，该地区所有国家（4 个国家除外）耕地的灌溉面积都小于 5％，因此可以大幅度扩大灌溉面积，加强粮食安全（UNEP，2010b）。

另一方面，有分析表明灌溉面积增加 3 倍也只能实现到 2025 年粮食增产目标的 5％（联合国水计划非洲机构，2004）。但是，还可以扩大旱作农业面积，收集降雨径流，合理使用有些地方的大量未开发的地下水储量（UNEP，2010b）。

能源不安全

撒哈拉以南非洲是世界上最大的生物能源（包括木材、农作物废料、木炭、粪便、蜡烛和煤油）消耗地（见 2.2 节和第十九章）。生物能源占南非能源消耗的 15％，占其他撒哈拉以南非洲国家能源消耗的 86％，占农村人口能源消耗的 90％以上。总体上讲，非洲只有 1/4 的人口用的上电。投资匮乏、日益增长的用电需求、冲突、不可预测的可变的气候条件以及电力设备老化等原因也经常导致电力供应不稳

定，所有这些原因都阻碍了经济活动的开展。水力发电提供了 32％的能源，但非洲水电开发欠发达，只有 3％的可再生水资源用于发电（UNEP，2010b）。联合国环境规划署出版的《非洲水图》标明了进一步开发水电的许多制约因素，包括非洲各分区域能力的不一致。例如，尽管中非地区的水电潜能巨大，但是其电气化程度最低。《非洲水图》还指出气候变化将加剧降雨量的变化，从而在某些方面阻碍水电潜能的开发。

非洲水电潜能巨大，足以满足整个非洲大陆的用电需求。发展水电将刺激经济增长、改善人类福祉，有助于避免使用生物能源、降低温室气体排放（与化石燃料相比）、提供可靠的基础电荷，从而促进其他可再生能源的再生。以适当方式开发水电，可以消除由来已久的大型水坝建造成的环境和社会影响（UNEP，2010b）。

基础设施和维护融资

虽然亟需加大非洲水利基础设施融资已成为共识，但是很难确定所需的金额。关于供水、卫生和灌溉基础设施成本投资，该区域近期致力于《非洲基础设施国家诊断报告》（AICD）（Foster 和 Briceño - Garmendia，2010）。针对提供基础设施服务和融资所带来的挑战，该研究史无前例地分析了基础设施的状况及解决办法，预计供水和卫生部门（WSS）每年需要 220 亿美元的投资，以弥补基础设施的缺失、实现千年发展目标以及非洲国家十年目标（见专栏 7.1）。

专栏 7.1

非洲供水和卫生部门（WSS）投资需求

据估计，每年约 220 亿美元（约为非洲国内生产总值的 3.3％）的投资可以实现非洲水与卫生设施千年发展目标。这个估计是建立在假设城市和农村基础设施分

布与 2006 年的情况相同的基本情境之上的。

2006—2015 年水和卫生设施支出需求（×10 亿美元/年）

	总额	投资	维护
水	17.2	11.5	5.7
卫生设备	5.4	3.9	1.4
合计	22.6	15.4	6.1

估计每年资本投资需求为 150 亿美元，约为该地区国内生产总值的 2.2%。基于最低可接受的资产标准，对基建投资（包括新建基础设施和修复现存资产）进行预算。另外，假设 2006—2015 年获取饮用水和卫生设施的方式（或者相对普遍的供水和卫生服务模式）大致一样，并且假设相应的服务升级只针对最少数量的消费人群。

每年维护费用约 60 亿美元（占该地区国内生产总值的 1.1%）。有管网和无管网服务的运行和维护费用各占已安装的基础设施重置价值的 3% 和 1.5%。基于一个兼顾了每个国家基础设施管网维护存在积压情况的模型，对维修费用进行了估算。

资料来源：Foster 和 Briceño-Garmendia (2010)。

《非洲基础设施国家诊断报告》还估算了非洲灌溉系统所需的投资额。以 50 年为一个投资期限，小型灌溉系统需要近 180 亿美元的投资，大型灌溉系统需要 27 亿美元的投资（见专栏 7.2）。

跨界水管理

世界上的主要国际河流流域（流域面积大于 10 万平方千米）约有 1/3 分布在非洲。实际上，所有撒哈拉以南非洲国家和埃及至少共享一个国际河流流域。根据不同的国际河流划定办法，非洲大陆跨界河流和湖泊流域有 63 个（UNEP，2010b）至 80 个（UNECA，2000）。下游国家河流的总流量大部分源于境外，加剧了水的相互依赖性（UNECA，2001）。与上游邻国相比，下游国家通常处于劣势。此类情况出现在尼日尔河流域、朱巴-谢贝利（Juba–Shabelle）河流域和奥卡万戈（Okavango）河流域。

跨界水管理面临的另一个挑战是缺少完整、可靠和一致的跨界水资源（尤其是地下水）数据（见专栏 7.3）。因此，这些水资源存在潜在冲突。但是，为了有助于管理非洲大陆国际河流流域，有关国家签订了 90 多项国际水协议（UNEP，2010b）。例如，《2000 年南部非洲发展共同体（SADC）共享水道议定书》(SADC，2008) 推动了相关共享水道协议的签订，还规范、体现了合理使用和无害环境的水资源开发原则。

非洲跨界水管理的另一种模式是"尼罗河流域倡议"。它由尼罗河流域国家水利部长理事会在 1999 年 2 月正式发起，"旨在以合作的方式开发河流、分享重大的社会经济效益、促进区域和平与安全"（UNEP，2009，p. 50）。

气候变化与极端事件

政府间气候变化专门委员会（IPCC）确信"气候变化将加剧一些国家目前面临的水压力，而目前尚未面临水压力的一些国家也将濒临水压力"（Boko 等，2007，p. 435）。越来越多的证据表明：无法缓解的水文气候变化与发展中国家（特别是非洲国家）经济增长缓慢紧密相联。在大多数贫困国家，气候变化大，基础设施薄弱，国内生产总值与降雨量密切相关。

撒哈拉以南非洲地区主要受干旱气候威胁。干旱破坏了经济生产和农民的粮食来源，严重影响了该地区 1/3 国家的国内生产总值增长。例如，1998—2000 年，拉尼娜现象引起的干旱造成肯尼亚国内生产总值下降了 6%。洪水也对基础设施、交通、货物和服务流程造成极大破坏，造成水源污染，导致霍乱等流行性水源疾病的爆发。

非洲灌溉系统的投资需求

以50年为一个投资期限，把灌溉系统分为两类进行评估：

- 基于水坝的大型灌溉系统与用于水力发电的水库密切相连，而这些水库都伴有水力发电配套研究。此类灌溉系统假定：农场发展需要中等规模的投资费用为每公顷3 000美元，供水和输水成本为每立方米0.25美元，一名渠道运行和维护代理人，农场灌溉系统运营和维护成本为每公顷10美元。假设有充分理由将相关水坝成本完全计入水力发电项目，那么这里没有考虑水坝成本。

- 小型灌溉系统包括小型水库、农场池塘、脚踏泵以及雨水收集装置。假设5年为一个投资周期，此类灌溉系统假定：农场发展需要中等规模的投资费用为每公顷2 000美元，农场灌溉系统运营和维护成本为每公顷80美元。

根据2004—2006年特定商品的国际价格，结合各国价格政策和市场交易成本差异，对农作物价格进行调整。

基于空间分析研究，结合水文地理和经济参数，对灌溉所需投资进行估算。

	大型灌溉系统			小型灌溉系统		
	灌溉面积增加（百万公顷）	投资费用（百万美元）	平均内部收益率（%）	灌溉面积增加（百万公顷）	投资费用（百万美元）	平均内部收益率（%）
苏丹－萨赫勒地区	0.26	508	14	1.26	4 391	33
东部地区	0.25	482	18	1.08	3 873	28
几内亚湾地区	0.61	1 188	18	2.61	8 233	22
中部地区	0.00	4	12	0.30	881	29
南部地区	0.23	458	16	0.19	413	13
印度洋岛国	0.00	0.00	—	0.00	0.00	—
合计	1.35	2 640	17	5.44	17 790	26

注：
苏丹－萨赫勒地区：布基纳法索、佛得角、乍得、尼日尔、塞内加尔、南苏丹、苏丹。
东部地区：埃塞俄比亚、肯尼亚、卢旺达、坦桑尼亚、乌干达。
几内亚湾地区：贝宁、科特迪瓦、加纳、尼日利亚。
中部地区：喀麦隆、刚果民主共和国。
南部地区：莱索托、马拉维、莫桑比克、纳米比亚、南非、赞比亚。
印度洋岛国：马达加斯加。
资料来源：Foster和Briceño-Garmendia（2010，表15.2，p.291）；You（2008）。

2000年莫桑比克发生洪水，200多万人受影响，估计经济损失为国内生产总值的20%（Brown和Hansen，2008）。对整个撒哈拉以南非洲地区而言，尤其在高度依赖农业、基础设施不足的地区，这些水文极端事件可以造成毁灭性影响。在未来几十年内，当气候变化的影响可能进一步加剧时，气候变化带来的干旱与洪水将继续让非洲国家的弱势群体饱受灾难。

虽然非洲农民早已掌握了应对天气变化的技术，但是这些技术还远远不能适应气候变化和气候变异导致的不同程度的多重压力相互作用所产生的综合影响（Boko 等，2007）。

数据挑战

非洲大陆在水资源领域面临着一些重大挑战，包括不充分、不一致、不可靠的水资源、水需求（根据社会经济指标推断）和极端气候事件数据（Young 等，2009）。例如，经济规划者不顾数据的高度不确定性，将假设的人口结构变化，如人口增长和城市化，纳入国家规划。由于种族、宗教或政治原因，对人口普查结果存在争议，就是特别明显的实例。《非洲水图》指出"建立详细、一致、精确和可用的数据库是解决非洲未来水问题的核心挑战之一"（UNEP，2010b，p.38）。例如，就科学信息而言，水文地质数据集的缺乏制约了乍得湖流域地下水资源的可持续利用（见专栏 7.3）。

专栏 7.3

乍得湖流域地下水资源

乍得湖是萨赫勒（Sahel）地区最大的淡水水库之一，300 多万人口生活在以湖泊为中心、方圆 200 千米范围内，他们大多数以农业、畜牧业和渔业为生。该地区季节性、年度和年代际降雨量变化极大。该流域汇集了沙里（Chari）河、洛贡（Logone）河和科马杜古约贝（Komadougou Yobé）河，但是，自 20 世纪 60 年代中期，干旱、引水和灌溉导致这些河流流量下降了 75%（见下图）。生态系统已经无法快速适应这种变化，渔民不得不迁走，旱季牧场质量下降、面积萎缩。

大乍得湖流域 3 500 万人口都受到不同程度的影响。尽管有研究表明降雨量的减少已经影响了乍得湖流域的第四纪地下含水层水位，但是水资源短缺仍然导致了地下水使用的增加。虽然关于乍得湖流域地下水储量的资料不多，但是亟须提高水文地质数据集的可用性和完整性，以便政策制定者能够对乍得湖流域水资源的减少作出适当反应（UNEP，2010b）。

陆地卫星影像数字化显示的乍得湖水域面积（1973−2010年）

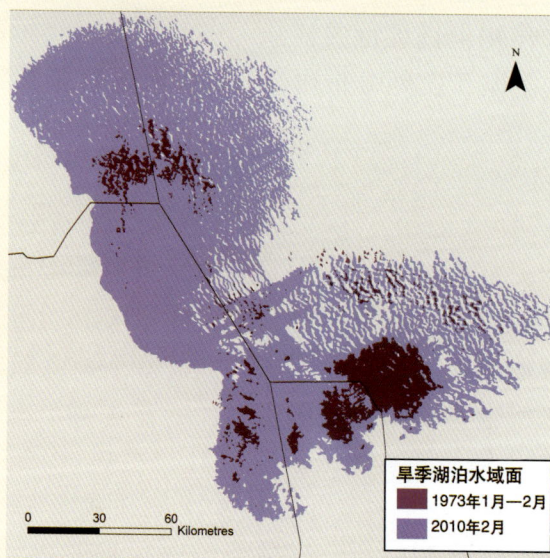

旱季湖泊水域面积
- 1973年1月—2月
- 2010年2月

0　30　60 Kilometres

信息来源：UNEP（2010b, p.49）

7.1.3　应对措施

体制、法律和规划应对措施

非洲联盟发起、成立的组织机构和项目，如非洲水利部长理事会（AMCOW）、非洲水基金，越来越重要的非洲开发银行（AfDB）、农村供水和卫生项目等，生动地体现了对与水资源相关的开发所作出的持续承诺。最重要的活动之一是于 2004 年 2 月在利比亚苏尔特召开的主题为农业和水的"非洲联盟国家和政府首脑第二次特别会议",另外一个重要活动是于 2007 年 7 月在埃及沙姆沙伊赫召开的"水与卫生非洲联盟国家首脑峰会"。由非洲水利部长理事会(AMCOW)主办的"非洲水周"进一步提高了水资源开发和管理意识、促进了相关信息共享。但是,为了配合正在开展的欧盟(EU)合作项目,亟须开展更为广泛的国际合作,扩大区域和整个非洲大陆的协作。许多实例表明跨界水协议已经成功地解决了共享水域的潜在冲突(见专栏 7.4)。

专栏 7.4

塞内加尔河联合管理

对塞内加尔河流域实行联合管理,各方作出了建设性的让步,避免了潜在冲突。1972 年成立了塞内加尔河开发组织(OMVS),2002 年通过了《塞内加尔河宪章》,利用融资机制保障了流域四国获得相应的收入和利益。

乍得湖流域协议具有局限性,因为有些沿岸国家还未加入 2008 年有关乍得湖的法律协议和战略行动计划。对于正在执行的跨界水协议,有关国家仍需要提高对相关国际水法的认识、明确区域观点。

非洲国家也已开始寻求与水电开发相关的跨界水问题解决方法,特别是通过电力联盟,如南部非洲电力联盟(SAPP)和西部非洲电力联盟(WAPP),促进区域一体化。此类电力联盟可以降低各国供电成本,一旦电力系统出现故障可以提供相互帮助,共享社会效益和环境效益,加强跨界关系(UNEP,2010b)。

整个非洲正致力于应对气候变化的不确定性。非洲气候机构,如非洲气象应用发展中心、政府间发展组织管理局(IGAD's)、气候预测和应用中心(ICPAC)、南部非洲开发共同体(SADC)干旱监测中心等,已经就气候风险管理办法与国际气候与社会研究所开展合作。它们正在加强能力建设,以便顺利融入各部门决策过程,如农业生产、粮食安全、水资源管理、健康保障、灾害风险管理等。这些气候机构也有助于同步制定区域法律框架,通过利益共享模式保护和维护共享的水资源。它们可以安排跨流域调水计划,以拯救濒临死亡的水生态系统,如乍得湖生态系统(见专栏 7.3),或者从丰水流域调水至干旱地区。

面对气候变异和气候变化,区域、非洲大陆和国际层面的共同努力,可以帮助非洲国家应对水资源利用可持续发展带来的挑战。因此,为了解决共同面临的挑战,重点是要集中所有的人力和机构资源,提高对各种来源的不确定性的定量和定性认识。同样重要的是改进知识传播方式,将这些知识传递给水资源管理者和其他利益相关者,将不确定性更好地纳入水资源管理决策(Hughes,2008)。

这些挑战不完全是基础设施方面的,也包括早期预警系统。早期预警系统可预测雨季的开始时间和持续时间、季节交替之际的干旱期、基于跨半球远程并置对比的降雨异常以及厄尔尼诺和拉尼娜现象影响的前置期。

7.2 欧洲和北美

联合国欧洲经济委员会(UNECE)包括 56 个国家,所辖区域包括了欧盟,东、中、西部欧洲,高加索地区,中亚地区和北美地区;北美地区指美国(USA)和加拿大(见地图 7.2)。

修建大坝和导流设施除了水力发电、灌溉和防洪等作用外,也使该区域流域状况发生了显著改变。当大坝、堰和导流设施提供水管理服务时,它们也改变了水文条件,中断了河流和动物栖息地、河流与邻近湿地和洪泛平原的连接,改变了侵蚀过程和泥沙输移。大多数发

联合国欧洲经济委员会成员国

联合国欧洲经济委员会

成员国：

Albania	Lithuania
Andorra	Luxembourg
Armenia	Malta
Austria	Monaco
Azerbaijan	Montenegro
Belarus	Netherlands
Belgium	Norway
Bosnia and Herzegovina	Poland
Bulgaria	Portugal
Canada	Republic of Moldova
Croatia	Romania
Cyprus	Russian Federation
Czech Republic	San Marino
Denmark	Serbia and Montenegro
Estonia	Slovakia
Finland	Slovenia
France	Spain
Georgia	Sweden
Germany	Switzerland
Greece	Tajikistan
Hungary	The former Yugoslav Republic of Macedonia
Iceland	Turkey
Ireland	Turkmenistan
Israel	Ukraine
Italy	United Kingdom of Great Britain and Northern Ireland
Kazakhstan	United States of America
Kyrgyzstan	Uzbekistan
Latvia	
Liechtenstein	

1 THE FORMER YUGOSLAV REPUBLIC OF MACEDONIA
● Capital city

此地图显示的边界和使用的名称并不意味着联合国正式认可或接受。

资料来源：欧洲经济委员会，第3976号地图，2011年11月第11次修订。联合国外勤支助部制图科绘制。

注：北美洲成员国已列出，但未在地图上显示。 在本章中，联合国欧洲经济委员会成员国分组如下。

欧盟国家：奥地利、比利时、保加利亚、塞浦路斯、捷克共和国、丹麦、爱沙尼亚、芬兰、法国、德国、希腊、匈牙利、爱尔兰、意大利、拉脱维亚、立陶宛、卢森堡公国、马耳他、荷兰、波兰、葡萄牙、罗马尼亚、斯洛伐克、斯洛文尼亚、西班牙、瑞典、英国。

西欧国家：安道尔共和国、奥地利、比利时、丹麦、芬兰、法国、德国、希腊、冰岛、爱尔兰、意大利、列支敦士登、卢森堡公国、摩纳哥、荷兰、挪威、葡萄牙、圣马力诺、西班牙、瑞典、瑞士、英国。

西欧地区欧盟15国：奥地利、比利时、丹麦、芬兰、法国、德国、希腊、爱尔兰、意大利、卢森堡公国、荷兰、葡萄牙、西班牙、瑞典、英国。

中欧和东欧国家：阿尔巴尼亚、波斯尼亚和黑塞哥维那、保加利亚、捷克共和国、克罗地亚、塞浦路斯、爱沙尼亚、匈牙利、拉脱维亚、立陶宛、马耳他、黑山、波兰、罗马尼亚、塞尔维亚、斯洛伐克、斯洛文尼亚、马其顿、土耳其。

中欧和东欧的新增欧盟成员国：保加利亚、塞浦路斯、捷克共和国、爱沙尼亚、匈牙利、拉脱维亚、立陶宛、马耳他、波兰、罗马尼亚、斯洛伐克、斯洛文尼亚。

巴尔干国家（中欧和东欧国家的一部分）：阿尔巴尼亚、波斯尼亚和黑塞哥维那、克罗地亚、马其顿、黑山、塞尔维亚。

地中海国家：阿尔巴尼亚、波斯尼亚和黑塞哥维那、克罗地亚、塞浦路斯、法国、希腊、以色列、意大利、马耳他、摩纳哥、黑山、葡萄牙、塞尔维亚、斯洛文尼亚、西班牙、土耳其。

东欧、高加索和中亚国家：亚美尼亚、阿塞拜疆、白俄罗斯、格鲁吉亚、哈萨克斯坦、吉尔吉斯斯坦、摩尔多瓦共和国、俄罗斯联邦、塔吉克斯坦、土库曼斯坦、乌克兰、乌兹别克斯坦。

高加索国家：亚美尼亚、阿塞拜疆、格鲁吉亚。

中亚国家：哈萨克斯坦、吉尔吉斯斯坦、塔吉克斯坦、土库曼斯坦、乌兹别克斯坦。

北美国家：加拿大、美国。

达国家已经解决了大部分源于工业和城市污水的点源污染问题，但是，东欧、东南欧（SEE）、高加索地区和中亚地区，未经处理或未经充分处理的废水排放依然给水体造成巨大的压力。

农田污水中的营养物质成为整个联合国欧

洲经济委员会地区日益关注的问题。此外，灌溉农业对该区域尤其是比较缺水地区造成的压力日益加大，同样，城市发展也导致水需求日益增长。同时，气候变化正在威胁可用水资源，加剧了用水户之间的竞争。该区域有些地方洪水和干旱灾害频发，并且气候变化加剧了这些威胁。

除了 3 个岛国以外，联合国欧洲经济委员会区域内所有国家至少与另外一个国家共享水资源，跨界河流流域面积约占该区域欧洲和亚洲部分面积的 40%（UNECE，2007a）。该区域单个流域面积超过 1 000 平方千米的国际河流有 100 多条，还有 100 多个跨界地下水含水层（UNECE，2011a）。针对这些共享水域，必须加强双边和多边合作，签订相关协议。

在水质和水管理方面，欧盟和北美洲国家与东欧和中亚国家存在显著差异。欧盟和北美洲国家很早就通过公约和议定书，进行包括水管理在内的环境立法，并辅以相关规定、建议和行动准则。东欧、高加索及中亚国家，还有一些欧盟新成员国，仍在竭力做好供水和污染治理。

7.2.1 水资源驱动力和压力

人口、富裕和贫穷

欧洲和北美地区共有 12 亿多人口。北美地区人口仅占该区域人口总数的 1/3 多。1960—2000 年间，中亚（人口增加了 120% 多）和高加索（人口增加了 60%）地区人口增长率大大超过了其他国家，而西欧和中欧大多数国家人口数量稳定或呈下降趋势（PRB，2008）。许多东欧人永久性移民或季节性迁移到经济前景较好的西欧城市。

在北美洲，美国在 2000—2010 年间人口增长了 9.7%，预计在 1990—2050 年的 60 年间人口增长超过 50%（美国人口统计局，日期不详）。1970—1980 年美国总取水量增加，而 1980—1985 年美国总取水量则下降了 9% 多，从那时起，尽管人口数量继续增长，总取水量保持相对稳定（美国国家地图集，2011）。加

拿大总取水量持续稳定上升（CEC，2008）。在过去的 10～17 年间，24 个欧洲国家总取水量下降了约 12%，但是仍有 1/15 的欧洲人口（约 1.13 亿居民）生活在缺水的国家（EEA，2010）。

欧洲和北美洲通过进口粮食和产品消耗了大量的虚拟水。有计算表明：与亚洲人均虚拟水消耗量 1.4 立方米／天和非洲人均虚拟水消耗量 1.1 立方米／天相比，北美洲和欧洲（不包括苏联国家）人均最少消耗含在进口粮食里的虚拟水量为 3 立方米／天（Zimmer 和 Renault，日期不详）。

在过去的几十年里，西欧和北美洲用于粮食生产的人均耗水量已大幅下降（Renault，2002）。

用水效率的提高，经济因素、相关法规和节水意识的日益增强，降低了总耗水量。欧洲转型国家的经济仍在复苏，随着生活水平的逐步提高，预计其耗水量将增加。

在西欧、中欧和北美洲国家，初级加工业和重工业对经济的贡献已经下降，而服务业和知识型产业对经济的贡献已经上升。因此，点源水污染已经下降（UNEP，2006b）。尽管东欧、中亚和高加索国家已明显过渡到后工业经济时代，但是由于严重依赖农业、矿业和其他出口商品，这些国家可能保持较高的水需求。低收入国家（如亚美尼亚、格鲁吉亚、乌兹别克斯坦、摩尔多瓦共和国、吉尔吉斯斯坦、塔吉克斯坦）的穷人经常无力支付基本的家庭生活用水服务的费用。

气候变化

欧洲和北美洲国家在导致气候变化方面的"贡献"中占了相当大的比例。政府间气候变化专门委员会（IPCC）指出"淡水资源脆弱，可能受到气候变化的严重影响"（Bates 等，2008，p.135）。预计北半球高纬度地区将经历最极端的气候变暖，随着冰雪条件发生巨大的变化，北极地区土著居民的生存风险加大。因为最贫穷和最脆弱的人群几乎没有应对气候变化的资源，所以他们可能深受其害。

对于联合国欧洲经济委员会的成员国而

言，气候变化可能给各国造成的影响大不相同，但是预计气候变化将造成南欧、高加索和中亚国家气温上升、干旱、供水减少、农作物产量下降。水电开发潜能和夏季旅游业也可能受到影响。预计中欧和东欧国家夏季降雨减少，从而造成较高的水压力。当然，气候变化可能对北欧国家造成短期的积极影响，但随着气候变化的进展，预计这些积极影响将与消极影响相抵消（UNECE，2009a）。

预计北美洲国家气温上升、降雨增加、夏季干旱频发，极端气候事件（如龙卷风和飓风）将更加强烈、频繁。后面将讨论与气候变化影响有关的风险和不确定性。

水与农业

在过去的几十年里，该区域农业生产已发生很大变化，经历了机械化、加大化肥和农药的使用、农场专业化、扩大农场规模、农田排水、发展畜牧业，这些已经对水环境造成不利影响，导致某些特定分区域的用水和水污染分化。例如，中亚国家、希腊、意大利、葡萄牙和西班牙的农业和畜牧业用水量占这些国家总耗水量的 50%～60%；而其他国家农业用水量仅约占 20%，制造业和冷却用水却占总耗水量的绝大部分份额。

> **"欧洲和北美洲通过进口食物和粮食产品消耗了大量的虚拟水。"**

随着氮肥、磷肥、杀虫剂流进河道，农用化学品对整个区域的水资源造成了不利影响。在东欧、高加索和中亚国家，这些面源污染造成的压力"广泛但不严重"（UNECE，2007a，2011a）。但是，随着经济复苏，这些压力将增加，对国内、国际水资源以及人类健康构成威胁。在一些流域，特别是中亚地区的流域，灌溉已造成土壤盐渍化、水体矿物盐含量高（见

专栏 7.5）。

自 20 世纪 60 年代起，加拿大农田灌溉面积翻番，美国农田灌溉面积增加了 50%，美国主要在干旱或半干旱地区增加了灌溉面积。许多地方的地下水抽取超过了回补，地下水水位正在下降（CEC，2008）。自 20 世纪 50 年代起，农田污水中的硝酸盐大量流入密西西比河，美国相邻的 48 个州 40% 以上农田污水都排入这条河流（EPA，2008）。

中亚地区农业部门用水占抽取的地表水的 90% 以上和地下水的 43%，但是养活了该地区一半人口。灌溉农业和整个以水为基础的部门对该地区国内生产总值的贡献率约为 40%～45%（Stulina，2009）。中亚地区灌溉面积占前苏联总灌溉面积的 50%（FAO，2011）。

农业造成的水污染、污染物的淤积、大量繁殖的藻类已经造成了严重影响，并且许多资料翔实地记载了包括生物多样性的丧失、整个生态系统的毁灭、饮用水水质恶化、人类健康问题、粮食产量下降、贫穷、失业、移民和冲突风险在内的影响（Yessekin 等，2006）。虽然已经采取了许多措施来消除这些影响，但是资金匮乏延误了这些措施的实施。最近人们才认识到利益相关者参与水资源（尤其是跨界水资源）分配谈判的重要性。拯救咸海国际基金正在引领利益相关者参与水资源分配谈判，以期改善咸海状况。

不久前，欧盟和北美洲国家建立了相关法律框架，实施了最佳管理办法，以减少农业污染。在地中海流域、东大西洋沿岸和黑海流域

的欧盟国家里，这些框架和最佳管理办法的实施滞后，水质依然很差。西欧农场大量使用矿物和有机肥。污染源解析研究表明水体总含氮量的50％～80％一般源于农业，其余大部分源于废水（EEA，2005）。在过去的几十年里，氮肥用量大幅增加。虽然现在氮肥用量普遍下降，但是，需要很长一段时间才能把氮肥用量的减少转化为水体氮化合物浓度的降低（UNECE，2011a）。

工业和市政部门用水

现代污染治理技术已经对西欧和北美大型工业生产过程中最严重的污染进行了控制。最近关注较多的是包括新药和激素类药物在内的现代化学品污染。东欧、高加索和中亚地区以及几个欧盟新成员国的许多小型、大中型工业企业以及小型市政废水处理厂没有按标准排放，仍为水污染的重要源头（见专栏7.6）。尽管西欧国家提供了援助，但是废水处理仍不见效，水体继续受到重金属、磷、氮和石油产品的污染，因此，仍然可见20世纪90年代经济衰退造成的影响（EEA，2010）。采矿业造成的影响更多局限在东南欧、高加索地区以及北欧的一些地区。

专栏7.6

摩尔多瓦共和国的废水处理设施

20世纪90年代，经济衰退导致摩尔多瓦市政废水处理厂的废水处理能力大幅下降。到2010年，只剩下24％的废水处理厂仍在运行，其中只有4％的废水处理厂按法律规定处理废水。农村地区70％的家庭没有接入排水系统，因此，越来越多的未经处理的废水直接排进河流。欧盟和其他基金启动了一个巨大的援助方案，以恢复市政基础设施建设、改善农村卫生条件。以欧盟法律为蓝本，根据"国家政策对话"进程，新制定的废水处理法于2008年10月生效，取代了过时的苏联式的法律。现在既可以改造现有的废水处理厂，也可按照最先进的废水处理技术建设新的废水处理厂（UNECE，2011b）。

河道基础结构变化

整个区域的流域结构调整已经改变了河道的自然流向，干扰或破坏了野生动物栖息地和生态系统服务功能，并且切断了河流与洪泛平原的联系，因此增加了许多地方的洪水风险。有些国家计划重新恢复河道的自然状态。西欧和中欧国家评估了水体改变的程度，部分出于此因，公众提高了对此类问题的认识，并开始采取应对措施解决这些问题。河流修复需要消耗大量的时间和财力，多瑙河流域的诸河便是一个例证（见第三十章中的专栏30.5"多瑙河流域水文地貌变化"）。目前的经济状况阻碍了修复进程，前景不及预期。

美国环保署正在资助一些州政府进行河流和小溪的生态修复，被拆除的大坝数量也日益增多，因为大坝带来的环境和其他方面的损害超过其带来的好处（美国河流协会，日期不详）。

自16世纪起，为满足发电、防洪和航运之需，多瑙河流域河道发生了变化，30％的河段都进行了蓄水发电。1998年《多瑙河保护公约》生效，解决了水力发电问题以及农业、市政等污染排放问题，现在计划根据此公约改善流域生态系统质量（ICPDR，2007）。在西欧，根据《水框架指令》开展了加强和保护水生生态系统服务的项目，联合国欧洲经济委员会所属国家正在探索创新型的生态系统有偿服务方法（Wunder，2005；UNECE，2005）。

表7.2汇总了对各分区域而言相对重要的各种水资源压力（UNECE，2007a）。但是，随着经济增长或复苏，尤其在东欧、高加索和中亚国家，相对重要的水资源压力将会发生变化。

表 7.2

水资源主要的压力（从高到低排序）

东欧、高加索和中亚国家	欧盟15国和北美国家
水质压力： 市政污水处理，无下水管道人群，老工业设施，非法排放废水，在流域、尾矿坝、危险垃圾填埋场非法丢弃生活垃圾和工业废料	水质压力： 农业污染（尤其是氮肥）和城市污染源
取水压力： 农业用水	取水压力： 农业用水（特别在南欧和美国西南部）、主要城市中心
水文地貌变化： 水力发电大坝、灌溉水渠、河道改变	水文地貌变化： 水力发电大坝、河道改变
其他压力： 农业化学污染（越来越严重）、采矿业、采石业	其他压力： 排放有害物质的特定行业、采矿业、采石业

资料来源：第三十章。

7.2.2 挑战、风险和不确定性

欧洲和北美洲不确定性和风险最明显的地方人口稠密，容易发生洪水和干旱。预计气候变化的影响也包括了发生极端水文事件风险的增加。当日益减少的有限的水资源或者日益污染的水资源被处于变化（如新兴城镇）中的不同部门或不同人群分享时，这种不确定性和风险会导致冲突。对东欧和中亚国家而言，一个特别的挑战就是提高灌溉农业的用水效率。最终，在供水与卫生设备不足的地方人类健康会受到威胁。

洪水与干旱

过度取水、缺水和干旱直接影响居民生活和经济部门，欧洲和北美洲许多地方已经受到了影响（见专栏7.7和7.8）。气候变化将造成该区域气温升高，干旱加剧。

1976—2006年，欧盟受干旱影响的面积和人口增加了一倍（见图7.2）。这些影响包括谷物和水电产量的下降（俄罗斯2010年的情况就是最好的例证）和经济衰退。许多西欧国家已经起草或正在准备起草干旱管理计划（EC，2009）。为了解决干旱和缺水对人类健康的影响，联合国欧洲经济委员会和世界卫生组织欧洲区域办事处已制定了包括排水、污水和废水处理应对措施在内的具体指导意见和建议（UNECE，2009a）。

专栏 7.7

北美大草原的不确定性和风险

在加拿大草原地区和美国部分草原地区，河流流量变化很大。当发生严重的水灾和旱灾时，这种现象就会出现。冰川和积雪融化（气候变化的结果）加剧了不可预见性，而不可预见性对经济产生影响，导致了农业、石油工业、天然气工业和日益膨胀的城市之间发生用水竞争。已经制定了流域规划和管理战略，试图应对不断变化条件所带来的风险，其中包括1971—2004年加拿大大草原的产水量下降了20立方千米（UNEP，2007；加拿大统计局，2010）。

满足易旱地区的市政用水需求

在干旱年份，政府已无法向1 200万伊斯坦布尔居民和400万安卡拉居民充分供水。因此，当地实行了用水配额。政府间气候变化专门委员会预计伊斯坦布尔需水量将增加，而供水量将下降。为了应对这种情况，当地正在采取一些补救措施，如开展节水运动。从150千米以外的地方调水等（Waterwiki.net，日期不详）。

在2008年干旱期间，巴塞罗那关闭了市政喷泉和海滨浴场，禁止人们浇灌花园和给游泳池注水。同年，塞浦路斯采取了包括减少30％供水在内的应急措施（EEA，2007，2010）。在越来越多的城市，如此严重的紧急限制措施成为与利益相关者协商的部分内容，这也是受《奥胡斯公约》影响而产生的变化（UNECE，1998）。

自本世纪初，联合国欧洲经济委员会所辖区域遭受洪灾影响的人数达300万以上，相关费用迅速增加。洪灾给人类带来各种健康问题，造成死亡、移民和经济损失。洪灾诱因包括洪泛区人口增长、森林采伐和湿地丧失。许多欧洲和北美洲国家已经认识到自然行洪对生态系统的好处以及湿地在防洪中的作用，从而转变为采取综合措施管理洪水，并已经对许多跨界流域启动水资源综合管理计划（Roy等，2010；UNECE，2009b）。

气候变化、不确定性和风险

政府间气候变化专门委员会确信：中欧和南欧的水压力将增加，到21世纪70年代，受影响的人数将从2 800万增至4 400万。南欧国家和中东欧部分国家的河流夏季流量可能下降80％。到2070年，预计欧洲水电潜能平均下降6％，但是地中海地区的水电潜能将增加20％～50％（Alcamo等，2007）。政府间气候变化专门委员会同样确信：在北美洲，气候变化将加剧用水户对超额分配水资源的竞争。气候变化还将使得美加两国关系因共享的大湖区[2]而

图 7.2

联合国欧洲经济委员会所辖区域受特定极端天气事件影响人数(1970—2008年)

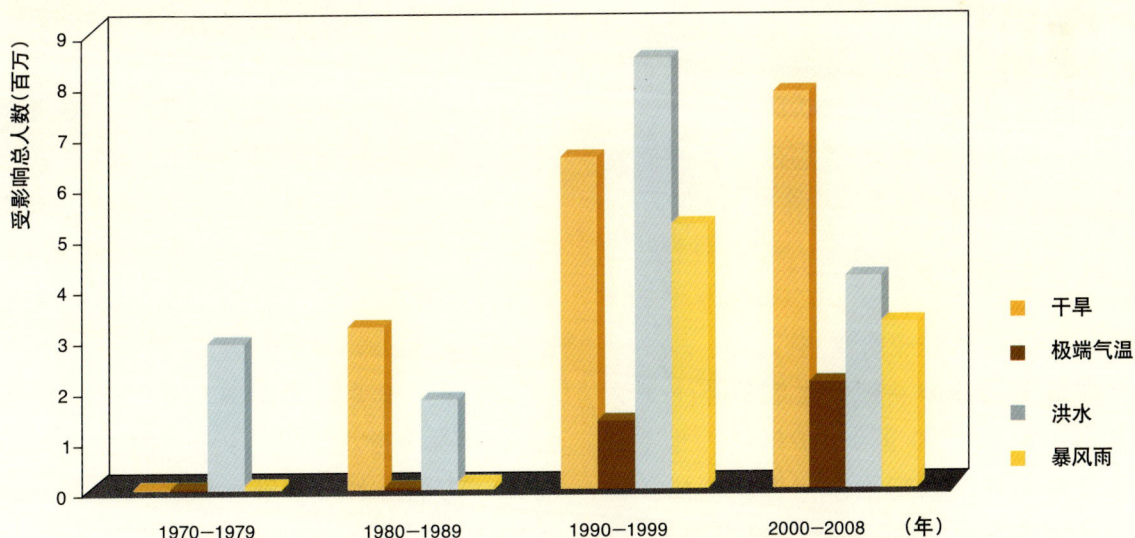

注：必须满足下述标准的至少一项：据报道10人以上死亡，据报道100人受影响，宣布进入紧急状态，或者呼吁国际援助。
资料来源：根据天主教勒芬大学灾害流行疾病研究中心(CRED)EM-DAT数据库数据，由意大利国家环境保护研究所(ISPRA)于2009年制作。

趋于紧张：湖泊水位可能下降，而人口增长将加剧水需求（Field 等，2007）。正如在东欧、高加索和中亚地区一样，特别在财力和人力普遍受到贫困制约的地方，相关国家水管理机构如何适应这些变化存在很大的不确定性。另外，减缓气候变化的措施可能给水资源管理带来不良的副作用，加剧了不确定性和风险（UNECE，2009a）。例如，粮食生产用水和生物能源作物用水就存在争议。

水与人类健康

欧洲有 1.2 亿人无法获得安全的饮用水，更多的人缺乏卫生设施，导致与水有关的疾病蔓延。在北美洲，原住民经常得不到良好的自来水供应和卫生设施。例如，在加拿大保留区，1 万多户家庭没有自来水，1/4 保留区的供水或污水系统不达标（UNDESA，2009）。

自 20 世纪 90 年代末，国际社会共同努力解决该区域与水有关的健康问题，最终在联合国欧洲经济委员会《水公约》框架下签订了《水与健康议定书》，旨在确保每人都有足够的饮用水和卫生设备，努力实现并超越与水有关的"千年发展目标"（UNECE，2010）。流域组织机构，如莱茵河、默兹（Meuse）河、斯凯尔特（Scheldt）河和多瑙河的流域管理委员会，也要求流域国家采取更加协调的方法，消除高风险和不确定性对人类健康和水资源管理造成的影响，并且随着人们对新风险有了更加深刻的认识，流域国家也会制定适当的应对措施（UNECE，2011a）。

7.2.3　应对措施

体制、法律和规划应对措施

该区域很早以前就从体制上和战略上寻求水问题管理的对策。20 世纪 70 年代，北美地区通过了一系列法规以加强水治理，例如美国颁布了《清洁水法》和《安全饮用水法》，加拿大也通过了包括《加拿大水法》在内的类似法律。但是，由于宪法划分了省政府和联邦政府的权力，加拿大的水治理通常比较分散和零散。近期，一项联邦水政策的呼声渐高，这是一个自 2008—2012 年为期 4 年的项目，旨在建立《水安全框架》（Norman 等，2010）。最近，美国水治理职能已从联邦政府下放至州政府，因此增加了地方参与水管理的积极性（Norman 和 Bakker，2005）。

转型期国家的水管理机构仍然普遍薄弱，水管辖权分散在执行能力较弱的管理机构。欧盟在许多方面给予新成员国支持，与其他东欧、高加索和中亚国家相比，欧盟新成员国在建立新的体制结构方面已经取得了较好的进展（UNECE，2010）。除了最近的一些标准和地下水指令以外，《水框架指令》（WFD）于 2000 年制定完毕，是欧盟最重要的水法（EC，2000）。直接与水质和水质保护相关的其他指令有城市废水处理指令（1991年）、控制和限制农业硝酸盐污染指令（1991年）、规范饮用水水质指令（1998 年）以及其他与水和健康相关的指令。《水框架指令》将保护范围扩大到所有水体，要求到 2015 年欧盟国家的所有水体达到"良好状态"。《水框架指令》除了改善欧盟国家的水管理之外，对于欧盟东部边境国家（白俄罗斯、摩尔多瓦共和国、乌克兰、亚美尼亚、阿塞拜疆、格鲁吉亚）而言，还在改善水管理和降低污染方面发挥了重要作用。

1992 年颁布的联合国欧洲经济委员会《水公约》指导跨界水的使用及保护，要求有关各方签订具体的双边或多边协议，成立联合水管理机构。欧盟《水框架指令》加速并深化了欧盟 40 个国际河流流域的跨界水管理历史进程，多瑙河和莱茵河流域管理委员会就是最好的例证（EC，2008）。

加拿大和美国特别成立了"国际联合委员会"，在共享水域双边管理方面一直处于领先地位。此举，大大改善了该区域许多河道的状况，该区域内基本没有关于共享水域的纠纷（UNECE，2009c）。但是，许多联合机构（也许西欧有些国家例外）还没有充分开展跨界地下水方面的工作，导致跨界地下水问题尚未解决。

7.3 亚洲及太平洋地区

本章节所提及的亚洲及太平洋地区（简称亚太地区）[3]，主要包括 5 个区域，分别为中亚区域、东北亚区域、大洋洲-太平洋区域、南亚区域及东南亚区域，由联合国亚洲及太平洋经济社会委员会（ESCAP）的 55 个成员组成（见地图 7.3）。该区域情况极其复杂，有 7 个世界人口大国及许多领土面积最小的国家，其中多个位于太平洋上（ESCAP，2011）。

该区域的人口占世界人口的 60%，拥有的水资源却仅占世界水资源总量的 36%（AP-WF，2009）。然而该区域所消耗的可再生淡水资源却是世界上最多的，年平均值达 211 350 亿立方米。由于人口数量巨大、经济增长迅速，该区域的取用水比率也非常高，大约占其年平均可再生淡水资源的 11%，与欧洲的取用水比率不相上下，同时这也使得该区域成为世

地图 7.3

联合国亚洲及太平洋经济社会委员会成员国

资料来源：亚洲及太平洋经济与社会委员会，地图编号：3974，2011年11月，第17次修订，联合国外勤支助部制图科绘制。

注：亚太地区的亚洲及太平洋经济社会委员会成员名单如下。

东北亚区域：中国、朝鲜、日本、蒙古、韩国、俄罗斯。

中亚及高加索区域：亚美尼亚、阿塞拜疆、格鲁吉亚、哈萨克斯坦、吉尔吉斯斯坦、塔吉克斯坦、土库曼斯坦、乌兹别克斯坦。

东南亚区域：文莱、柬埔寨、印度尼西亚、老挝、马来西亚、缅甸、菲律宾、新加坡、泰国、东帝汶、越南。

南亚及西南亚区域：阿富汗、孟加拉国、不丹、印度、伊朗、马尔代夫、尼泊尔、巴基斯坦、斯里兰卡、土耳其。

太平洋区域：美属萨摩亚、澳大利亚、库克群岛、斐济、法属波利尼西亚、关岛、基里巴斯、马绍尔群岛、密克罗尼西亚、瑞鲁、新喀里多尼亚、新西兰、纽埃、北马里安纳群岛、帕劳、巴布亚新几内亚、萨摩亚、所罗门群岛、汤加、图瓦卢、瓦努阿图。

界上继中东地区后第二大缺水区域（ESCAP，2010a），人均占有水资源率也为世界最低（ESCAP、ADB 和 UNDP，2010）。

金砖国家（BRICKS）中有 3 个（俄罗斯、中国、印度）位于该区域，随着其经济的突飞猛进，用水需求也飞速增长。快速增长的人口数量、不断推进的城市化及工业化进程、迅猛向前的经济形势以及日益加剧的气候变化，正使得该地区的水资源压力持续增加，使得原本就缺水的亚太地区雪上加霜。该区域社会经济的繁荣发展，很大程度上依靠的是廉价的自然资源及劳动力，因而造就了两种并行的经济现象：突飞猛进的经济业绩和持续的贫穷及自然环境恶化。

1990—2008 年，为实现"千年发展目标"，该地区在饮水安全方面取得了巨大进展。但除东北亚及东南亚地区外，卫生条件的改善还比较缓慢。2008 年，仍有大约 4.8 亿人口处于缺水状态，19 亿人口的卫生条件堪忧[4]。即使是情况已经得以改善的区域，自然灾害及运行水平仍对饮水安全及卫生系统能否满足当地需要构成影响。由于应对极端天气的能力比较薄弱，再加上气候变化的加剧，亚太地区的气候变异度、洪涝干旱的规模和发生频率都将不断增加。

亚太地区的水资源可用量、分配和质量也都是严重的问题。灌溉农业的用水量最大。在该地区某些国家，如柬埔寨、老挝等，灌溉用水仅占其可用水资源总量的 1%；而在其他国家，情况恰恰相反，大部分的地表水及地下水被用于灌溉，这也是咸海由来的原因。快速增长的人口及用水量、日益恶化的自然环境、饮鸩止渴式的农业活动、疏于管理的流域环境、不断推进的工业化进程及过度开采的地下水，导致了水资源质量的急剧下降。

7.3.1　水资源驱动力和压力

由于快速的城市化和工业化、高速的经济增长及广泛的农业发展，亚太地区是一个特别

活跃的区域。尽管这是积极的趋势，但这也是影响该地区满足自身社会经济发展所需水资源能力的因素。

人口分布

从 1987—2007 年，亚太地区的人口从不足 30 亿上升至 40 亿左右（UNEP，2007），平均人口密度为每平方千米 111 人，居世界首位（UNEP，2011）。人口转变也在不同的时间段以不同的速度在这些国家上演。尽管这一地区的出生率有所下降，但部分区域的人口增长速度依然很高。在这种情况下，粮食安全十分重要，因为世界上 2/3 的饥饿人群居住在亚洲（APWF，2009）。国家内部的人口流动和城市化进程使得亚太地区的大城市数量不断增加（ESCAP，2011）。世界上扩张速度最快的城市中，有很大一部分位于亚太地区；依赖城市供水系统的人口数目巨大，自 2010—2025 年，预计还将有大约 7 亿人口加入到这一不断增大的数目中来（ESCAP，2010a）。

> ## "世界上 2/3 的饥饿人群居住在亚洲，因此，粮食安全十分重要。"

经济发展

自 2000 年开始，亚太地区的 GDP 增长率已经超过了 5%（UNEP，2007）。各种工业活动持续增长，其中大部分是从其他地区转移至此。工业活动的增长常常伴随着资源使用的猛增，这也给水生态系统带来了巨大的压力，使之逐渐恶化。2008 年底，全球性的粮食、石油和金融危机，使得数百万人民的生活水平在紧随其后的经济大萧条中降至贫困线以下；但 2010 年，迅猛的经济增长势头又重新在中国、印度以及其他一些国家出现。2010 年，联合国亚太经社会指出，"技术进步、基础建设和增加就业都迫在眉睫，收入的增加有利于提高这

三方面的投入，但目前的经济增长模式使得资源压力增大，同时也促使资源竞争变得愈发激烈"（ESCAP，2010a，p.3）。

农业用水占亚太地区可再生水资源总量的80%，但逐渐恶化的生态环境正使得增加粮食生产变得越来越困难（APWF，2009）。此外，现有的灌溉系统以及需求管理机制还相对低效。工业发展、城市化及农业集约化也给水资源质量带来了负面影响（APWF，2007）。

水资源冲突

水资源竞争已经导致地区内水资源冲突不断增加，特别是最近的 20 年。1990 年以来，各国内部水资源冲突不断，仅中国国内水纠纷事件就高达 12 万起[5]。各邦之间的"冲突管理"已经成为印度水资源管理及物力消耗的重点。地方性的冲突事件最为常见，通常的原因包括考虑不周的水坝建设、模糊不清的用水权益及日益下降的水质等。

水资源总量日渐稀少，如何分配水资源已经是解决水冲突亟须处理的重要问题，而其中最大的挑战是如何平衡各种用水需求之间的关系以及降低其对经济、社会、环境的负面影响。在水资源紧张的国家，人类生活所依赖的城市、工业、农业及生态系统之间也在进行激烈的用水竞争。另外，流域间调水也引发一系列的水纠纷事件，对环境、社会及金融秩序也构成严峻的挑战。

7.3.2 挑战、风险与不确定性

热点区域

亚太地区水资源所面临的多种威胁实质上反映了该地区复杂的总体情况，同时也需要多方面的共同协作才能解决。为了更好地按次序采取区域性措施，联合国亚太经社会依据各地水资源面临的各种威胁，将亚太地区划分为不同的热点区域。所谓的热点区域，是指水资源面临多种威胁（例如水资源匮乏、卫生条件低下、水资源有限、水质恶化、缺乏应对气候变化措施及水相关灾害等）的国家、区域或生态系统。以 2010 年夏季为例，巴基斯坦约 1/5 的

领土被洪水淹没，印度河沿岸洪灾区大约两亿巴基斯坦人民流离失所，洪水还造成了 160 万英亩的农田颗粒无收（Guha－Sapir 等，2011）。特别是东南亚各国，其国家发展正处于关键的十字路口（见图 7.3）。尽管经济的快速增长可以为更好的水资源管理提供资金保障，但现有的发展重点往往忽视了自然灾害、气候变化、家庭用水和卫生设施缺乏所引起的各种风险。例如，印度应对自然灾害和气候变化的措施明显匮乏，而巴基斯坦和乌兹别克斯坦的用水模式则缺少可持续发展的考虑，孟加拉国的卫生条件则令人担忧。

亚洲的主要粮食产区，例如印度的旁遮普地区、中国的华北平原，也都是值得关注的区域。这些地区的地下水位正以每年 2～3 米的速度下降，给农业和粮食生产带来严重的威胁。热带的三角洲区域，粮食生产过程中原本偏低的水资源生产力现在正变得更低，加上海平面上升的影响，处境堪忧。粮食安全在亚太地区的很多区域来说，都是一个充满挑战的命题，全球 65% 的营养不良人群主要聚集在 7 个国家，其中有 5 个处于亚太地区：印度、巴基斯坦、中国、孟加拉国和印度尼西亚（APWF，2009）。

不管是高用水群体还是低用水群体都受到水资源匮乏的威胁，因为仅仅依靠水捐赠，无法保证用于支持社会经济发展的持续性供水。甚至对于那些水资源丰富的国家，如果不在生活用水、工业用水及环境安全上对水资源进行有效的节约、使用及分配，也可能面临水资源短缺的问题（ESCAD，2010a）。

水质下降使亚太地区的生态承载能力也受到了影响，甚至已经影响到了那些水资源相对丰富的国家（如马来西亚、印度尼西亚、不丹和巴布亚新几内亚等）的城市供水及水质。生活污水问题需要特别关注，因为生活污水直接影响人口密集区域的生态系统。每天从城市区域排入地表水体或渗入地下的未经处理的污水高达 1.5 亿～2.5 亿立方米，引发了居民健康水平下降、儿童死亡率上升、自然环境整体恶化等一系列问题。城市水道的退化原因有多个

图 7.3

亚太地区水热点区域

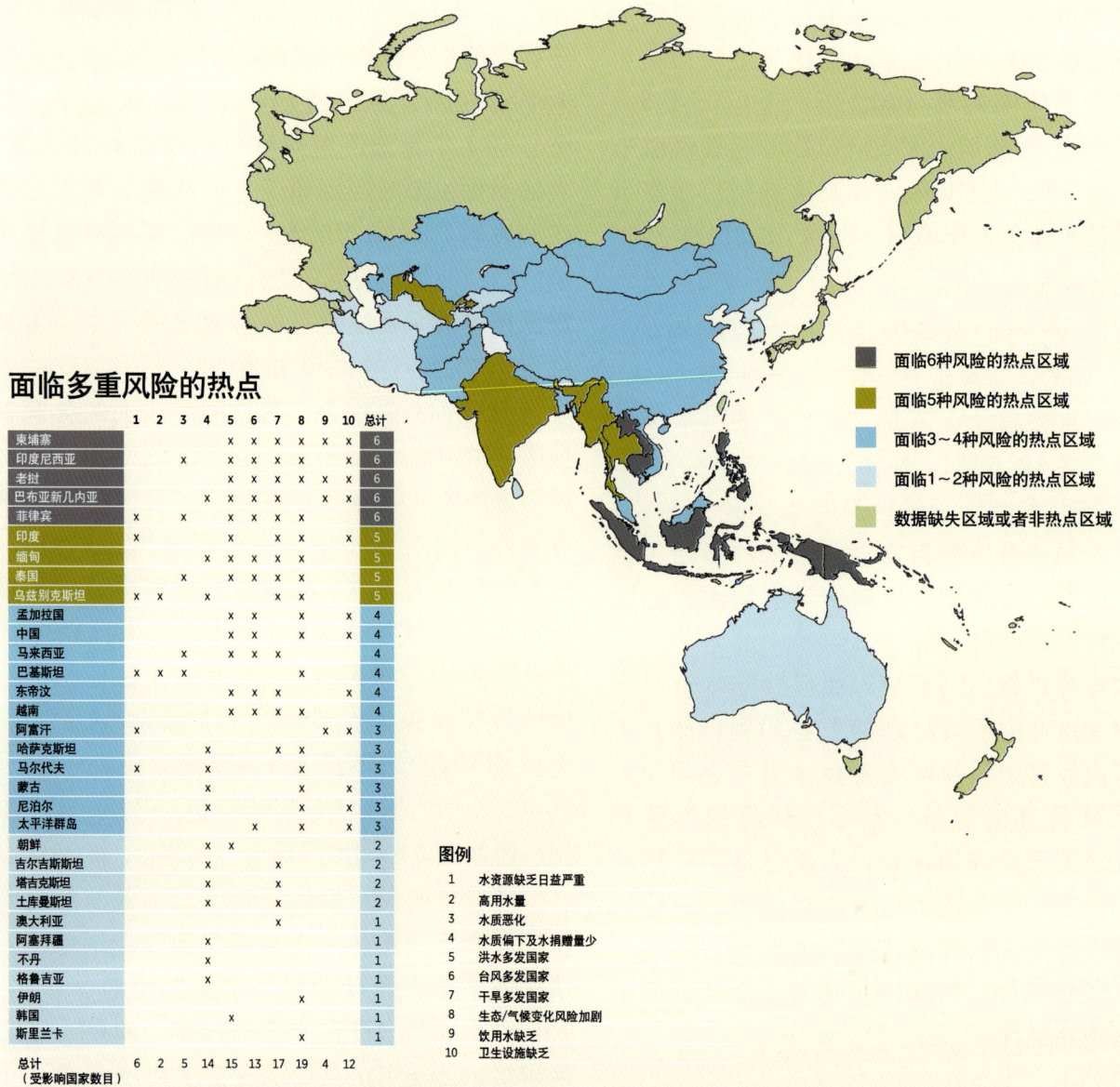

面临多重风险的热点

	1	2	3	4	5	6	7	8	9	10	总计
柬埔寨					x	x	x	x	x	x	6
印度尼西亚		x			x	x	x	x	x	x	6
老挝				x	x	x	x	x	x		6
巴布亚新几内亚			x	x	x	x			x	x	6
菲律宾	x		x	x	x	x	x				6
印度	x					x	x			x	5
缅甸			x	x	x	x	x				5
泰国			x		x	x	x	x			5
乌兹别克斯坦	x	x		x		x	x				5
孟加拉国					x	x	x			x	4
中国					x	x	x			x	4
马来西亚			x		x	x	x				4
巴基斯坦	x	x	x				x				4
东帝汶					x	x	x	x			4
越南					x	x	x	x			4
阿富汗	x								x	x	3
哈萨克斯坦				x			x	x			3
马尔代夫	x			x				x			3
蒙古				x			x		x		3
尼泊尔				x			x			x	3
太平洋群岛					x		x		x		3
朝鲜				x	x						2
吉尔吉斯斯坦				x			x				2
塔吉克斯坦				x			x				2
土库曼斯坦				x			x				2
澳大利亚							x				1
阿塞拜疆				x							1
不丹				x							1
格鲁吉亚				x							1
伊朗									x		1
韩国					x						1
斯里兰卡								x			1
总计（受影响国家数目）	6	2	5	14	15	13	17	19	4	12	

图例
- 面临6种风险的热点区域
- 面临5种风险的热点区域
- 面临3～4种风险的热点区域
- 面临1～2种风险的热点区域
- 数据缺失区域或者非热点区域

图例
1 水资源缺乏日益严重
2 高用水量
3 水质恶化
4 水质偏下及水捐赠量少
5 洪水多发国家
6 台风多发国家
7 干旱多发国家
8 生态/气候变化风险加剧
9 饮用水缺乏
10 卫生设施缺乏

资料来源：ESCAP（2006，2010a），Dilley 等（2005），FAO AQUASTAT 数据库（2010）。

方面，包括用地需求增加、缺乏卫生消毒系统、清淤不足，甚至还可能因为还未意识到水道系统在经济、环境和生态方面的重要性。

饮用水及卫生设施

亚太地区的饮水供应及卫生设施并不平均，特别是城乡之间、贫富之间差异巨大，其中最为突出的是卫生设施上的差异。而已经投入使用的供水及卫生设施，其资金保证、功能性、可依靠性、经济可承受性、需求响应速度、不同性别社会接受度及成人和儿童共同适用性等都需纳入考量范围。许多社会项目尽管提供了一些卫生设施，但仍无法满足女性的需求，例如学校缺乏分隔开的厕所会直接影响女生上学的出勤率。

1990—2008 年间，亚太地区享有良好饮用水源的人口增加了 12 亿，占总人口比例从 73％ 上升到了 88％（ESCAP，2010a）。期间，全球新增加的 18 亿享有良好饮用水源的人口中，47％ 来自中国和印度。自 1990 年以来，大约新增 5.1 亿东亚的人口、1.37 亿的南亚人口及 1.15 亿的东南亚人口开始使用管道供水（WHO - UNICEF，2010）。

但卫生设施配置的情况就没有这么乐观了。全球 26 亿缺乏良好卫生设施的人口中，72％来自亚洲地区（WHO - UNICEF，2010）。1990—2008 年，东北亚地区的卫生设施配置进展迅速，增幅为 12％，东南亚地区的增幅为 22％。但西南亚地区的情况令人担忧，尽管在此期间该区域卫生设施配置翻了一番，但 2008 年时，其覆盖率仅为 38％，缺乏卫生设施的人口较 2005 年不减反增。1990—2008 年，尽管南亚地区在户外直接排便的人口降幅最大，从 66％降至 44％（WHO - UNICEF，2010），但全球 64％的在户外直接排便的人口依旧来自这个地区，其中仅印度就有 6.38 亿。

气候变化及极端事件

亚太地区是全球最易受自然灾害影响的区域，自然灾害在不同程度上影响各国经济的发展。该地区的经济增长点多位于沿海及洪水多发区域，极易受到台风及风暴的袭击。气候变化的加剧及极端天气事件的增加将大大影响该地区的经济发展，洪水和干旱灾害的发生频率及规模都将大大增加。根据 2000—2009 年间的统计数据，平均每年有 20 451 人死于与水相关的灾害，其中还不包括海啸造成的人员伤亡。在此期间，全球死于水相关灾害的年平均人数为 23 651 人（CRED，2009）。

太平洋地区的小岛屿发展中国家（SIDS）对热带风暴、台风、地震等自然灾害的应对能力较差。一次海啸或热带风暴可能就会使得几年的发展付诸东流。气候变化导致的海平面上升、风暴潮活动及岸线侵蚀，会使得小岛屿发展中国家及其他沿海低海拔区域更加容易遭受各种自然灾害的影响。

两性关系结构是社会文化的重要组成部分，对一个社会群体防灾、灾难应对、灾后重建等能力的形成影响重大。例如，在许多太平洋岛国，一般由男性从事与海洋相关的工作，女性则从事与陆地相关的工作。这种分工是与他们防灾过程各自的角色相对应的，即在面对即将到来的灾难面前，男性一般进行体力劳动，例如准备独木舟等，而女性则负责收集食物、照顾家人等。在制定减灾方案时，这种不同的劳动分工也必须考虑在内（Herrmann 等，2005）。

这些关于风险和不确定性的分析引发了另一个话题，那就是供水与卫生系统的可持续性。例如，公共基础设施的建设应该将持久性纳入考核标准，以防成为一次性设施。同样，建设成果的功能保证、可依靠性、经济可承受性、需求响应速度、经济可持续性都是必须确保的方面。然而依据现有的信息，该区域已经建成的公共基础设施由于缺乏有效管理、资金保障不到位等原因，大多不能高效发挥作用，因而成效也大打折扣。

7.3.3 应对措施

体制、法律及规划应对措施

整个亚太地区在水资源管理的政策、战略、规划及法律框架上，正不断深入推进水资源综合管理（IWRM）的模式。但由于必须综合考虑水资源管理过程中各级政府及民间机构的利益相关方，建立综合的协商机制，因此在实际推行过程中并非易事。

在亚太地区，人们为持续的生态服务系统流程付出了各种努力（见 2.5 节专栏 2.2）。创新型生态系统服务付费正在逐步建立，或者已经被纳入考虑范围，在越南、印度尼西亚、菲律宾及斯里兰卡已经有了一些成功的例子。提升家庭用水安全、提升适应气候变化必要性的认识，以及推进污水处理改革，这些都已经成为地区合作对话的重点，而这些也都是水资源管理失当导致发展遭遇瓶颈的症结所在。一些国家已经在其国家发展计划中将卫生设施建设作为发展重点，例如泰国在过去的 40 年中就已经将农村环境卫生设施项目纳入到其国家经济社会发展规划中，类似的例子还有西孟加拉邦及南亚其他地区的总体环境卫生运动（CSD，2008）。

亚太地区正尝试通过走绿色发展道路来扭转目前高能耗的生产模式，例如中国现在就已经成为全球最大的绿色科技输出国家之一。2005 年 3 月第五届亚洲及太平洋环境与发展部长会议决定正式开始实施绿色增长，这是促进地区全面可持续发展的关键性政策，是实现绿色发展的最有效途径（见第一章和第四章）。如果将绿色增长理念应用于水资源管理，则可以有效解决水资源发展困境，在确保环境可持续性的同时，保证经济持续增长并提供基本供水及卫生服务。

"各国政府须为可持续性、生态效益型水基础设施建设创造有利的市场条件，使之能够提供更好的水服务。"

基础设施应对措施

亚太地区的水基础设施建设正从起初的短期性规划建设向战略性、长期性规划建设过渡，在促进经济发展的同时积极尝试生态效益型道路。各国政府须为可持续性、生态效益型水基础设施建设创造有利的市场条件，使之能够提供更好的水服务。要实现这一目标，亚太地区需从三个方面发力。首先是面对城市化带来的问题，必须引入生态城市的理念。可供选择的方案包括城市河流修复、模块化水治理、集成式风暴与水管理、分散式污水处理以及水回收与水循环等。其次还必须特别关注农村地区，由于远离城市中心，传统基础设施建设成本昂贵。农村地区必须大力发展现代化灌溉系统、分散式饮用水及卫生服务、水回收及水循环以及雨水收集利用等。最后必须尽快推行"污水改革"，净化水道。污水净化及再次使用是最重要的方式。集中式污水处理的持续运行维护需要大片的场地、巨大的资金及技术支持。但在某些区域，集约式小型污水处理工程技术已经非常成熟，相比大型集中式污水处理方式优势更为明显。

亚太地区的水资源管理目前正从供给导向型方式向需求管理型方式转变。资源使用效率的提高以及消耗总量的降低，可以节约大量的水、能量及经济资源。需求管理型方式面临的其他挑战还包括流域水资源可利用量和需求评估、现有水库储水的增加或再分配、水资源使用的公平及效率平衡、立法及管理机制的欠缺、水基础设施老化带来的经济负担等。

尽管需求管理型水资源管理模式在亚太地区的发展并不均衡，但各地对于提升水资源使用效率却都高度关注。家庭用水安全、绿色增长、污水处理、应对气候变化等一系列问题使得这种关注程度不断提升。例如新加坡将其城市生活用水从 1994 年的人均每天 176 升降至 2007 年的人均每天 157 升（Kiang，日期不详）。曼谷和马尼拉的管道漏水检测工程降低了水资源损耗，从而推迟新的基础设施投入（WWAP，2009，第九章）。从 2008 年开始，澳大利亚悉尼水务公司开始为霍克顿（Hoxton）公园区域的住户提供一种双管道供水服务，分别提供两种自来水：一种为饮用水，另一种为循环使用的一般用水（悉尼水务，2011）。

7.4　拉丁美洲及加勒比地区

拉丁美洲及加勒比地区（简称拉美地区）（见地图 7.4）各国的水资源管理历史悠久，但不同国家、不同产业之间的管理效果却相差很大。各国在水资源管理上取得的进展存在一定的相似性，但取得这些进展的速度却是不一样的，而且尚未取得水资源使用效率的全面提升及水质层面的全面提高。

尽管如此，水资源对社会及经济发展的贡献作用却越来越明显。虽然水资源管理机制上只有孤立的一些进步，但众多的国家也正在进行宏伟的水资源管理改革，其中最显著的包括巴西和墨西哥，另外还有阿根廷、智利、哥伦比亚和秘鲁等。

联合国拉丁美洲和加勒比经济委员会成员图

联合国拉丁美洲和加勒比经济委员会

成员国：

安提瓜和巴布达	洪都拉斯
阿根廷	意大利
巴哈马群岛	牙买加
巴巴多斯	荷兰
玻利维亚	尼加拉瓜
巴西	巴拿马
加拿大	巴拉圭
智利	秘鲁
哥伦比亚	葡萄牙
哥斯达黎加	圣基茨和尼维斯
古巴	圣卢西亚岛
多米尼克	圣文森特和格林纳丁斯
多米尼加共和国	西班牙
厄瓜多尔	苏里南
萨尔瓦多	特立尼达和多巴哥
法国	英国
格林纳达	美国
危地马拉	乌拉圭
圭亚那	委内瑞拉
海地	

准成员

阿鲁巴岛	荷属安的列斯
英属维尔京群岛	波多黎各
蒙特塞拉特岛	美属维尔京群岛

图中所标注的国境线及名称不代表联合国官方认可意见。

*阿根廷与英国两国政府就福克兰群岛（马尔维纳斯群岛）归属问题尚存有争议。

马尔维纳斯群岛
（福兰克群岛）*
（阿根、英争议）

资料来源：联合国拉丁美洲和加勒比经济委员会，地图编号：3977，2011年5月，第4次修订，联合国外勤支助部制图科绘制。

注：为便于讨论，以下成员国未包括在内：加拿大、法国、意大利、荷兰、葡萄牙、西班牙、英国、美国；

下文仅将准成员国中的阿鲁巴岛、英属维尔京群岛和开曼群岛纳入讨论。

拉丁美洲及加勒比地区水资源管理面临的主要问题，在过去几年中并未发生太大的变化（见专栏7.11）。普遍的问题都是在水资源日渐稀少、水资源冲突日益严重的情况下，依然严重缺失能够有效处理各种问题的水资源管理机制。究其背后的原因，除管理机制相对不成熟外，还包括运行能力不足、缺乏规范性、自行融资能力不足与过分依赖不够稳定的财政支持，以及水资源管理大部分领域缺乏可靠信息，包括水资源本身、使用方式、使用者以及未来需求等信息。

此外，各国水资源管理差异巨大，不仅仅因为气候及水文地理上的不同、管理规模的不同（例如巴西的国土面积是多米尼克的10万倍之巨），还因为，或更加因为管理机制本质以及有效性的不同、人口分布和结构的不同以及国民收入的巨大差异。一些国家在水资源管理某一方面取得的成就是令人瞩目的，例如，智利的城市用水供应及污水处理服务就非常发达。

7.4.1　水资源驱动力和压力

一直以来，拉美地区的水资源管理面临的问题不仅仅包括水资源本身的问题，还包括影响水资源管理和水资源本身的外部问题。这些问题包括各种经济事件，例如不断变化的国内政策、全球性金融危机（如2008—2009年的金融危机）、政局不稳等。经济社会逐渐变化造成的各种外部影响还会引发各种难以察觉的变化。极端气候事件，特别是加勒比海地区的飓风，长期以来一直严重影响该地区的水资源管理。另外，近年来全球气候变化带来的不确定性，也是影响水资源管理的因素之一。

人口变化

拉美地区的人口占世界总人口的8%以上，大约为5.81亿，其中一半来自巴西和墨西哥（UNEP，2007）。拉美地区正在经历人口分布快速变化的时期。19世纪六七十年代大量人口迁移进城市以后，目前该地区人口的主要特征是出生率急速下降，导致人口增长速度放缓。目前拉美地区人口年增长率约为1.3%，预计

2050年这一数字将下降至0.5%以下。如果目前的人口发展趋势持续下去，那么某些国家的人口总数甚至可能开始下降，例如古巴、乌拉圭等（CELADE，2007）。但与之形成鲜明对比的是，拉丁美洲中部一些国家的人口年增长率依然超过2%。人口的不断增加会导致整个区域的用水需求增加（UNEP，2010a）。

即使人口总数不变，出生率的下降也可能导致某些区域人口总数的下降，特别是农村及偏远地区。人口总数的不足意味着保证基础设施运转和维护的人力、财力资源不足。当管理责任比较分散时，这一点就显得特别重要。就供水系统及污水处理而言，人口下降意味着可能出现设施过剩的问题，反而妨碍设施正常发挥作用。对于目前还在扩张供水及污水处理设施的国家来说，这也是必须面对的难题之一。

拉丁美洲及加勒比地区是世界上城市化程度最高的发展中区域，80%的人口居住在城镇地区（ECLAC，2010a）（见图7.4）。在过去40年中，该地区的城市人口已经增加了两倍，预计到2030年，这一数字将达到6.09亿。拉美地区人口超过100万的城市有许多，在一些国家最大的几个城市，人口密度甚至更高（UNEP，2010a）。目前，中小型城市人口也呈现上升趋势。一些曾经荒无人烟的地区，目前也逐渐开始有人类进驻，特别是亚马孙河与奥利诺科（Orinoco）河流域。

经济发展

经济社会变革给用水及资源需求带来的变化是显而易见的。这些变革所带来的影响，要远比全球金融危机的影响久远，甚至要比1994年墨西哥比索危机和2001年阿根廷金融风暴带来的金融动荡严重得多（Klein和Coutiño，1996）。尽管此类事件可能对正在进行的项目造成影响，但很少会产生长期的作用。地区社会以及全球经济长期变革所引起的新的用水需求，这才是需要关注的重要问题，特别是出现各种截然不同的用水需求时，例如加勒比地区主要是旅游业用水，而其他地区主要是能源产业用水，而这两种用水需求都与当地甚至全世

图 7.4

1970—2010年城市人口增长

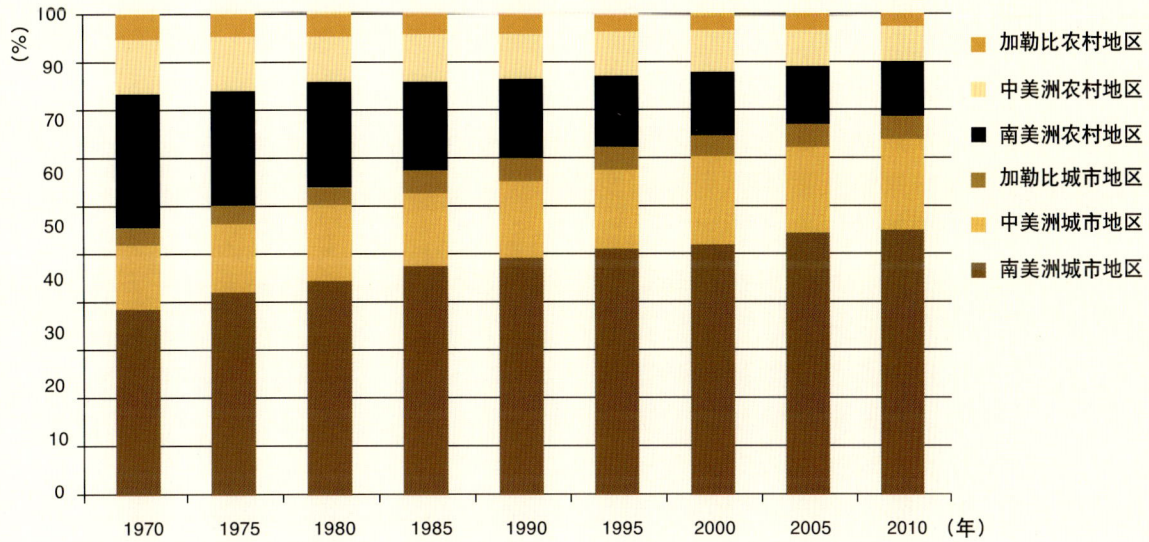

资料来源：UNEP（2010a，p.28，数据来自CEPAL STAT数据库http://www.pnuma.org/geo/geoalc3/ing/graficosEn.php）。

界的人均收入增加息息相关（OECD，2009）。水资源发展带来的物资和服务需求的增长，有时也会给水资源管理部门带来棘手的问题。这方面的例子有很多，特别是与大型水电站建设相关的，其中就包括巴西政府批准建设的位于亚马孙河支流辛古（Xingu）河的贝罗蒙特（Belo Monte）大坝，以及智利政府计划建设的贝克（Baker）河上的数座水电站，这些都在全球范围内引发了激烈的争论。

由于人均收入的增加，中产阶级迅速扩张，该地区的贫困人口也已经减少。拉美地区的许多国家，平均收入在贫困线1.8倍以上的人口约占总数的1/2，而在乌拉圭、智利及哥斯达黎加，这个数字可以达到2/3（ECLAC，2009）。然而在整个拉丁美洲和大部分的加勒比地区，贫穷依然是一个还没有得到妥善解决的问题。尽管贫困率在过去的20年中持续下降，但仍有30％的人口，约1.7亿，生活在贫困线以下，其中还有12％的特别贫困人群[7]（ECLAC，2011）。由于许多经济活动，例如农业、矿业、发电等，都离不开水资源，因此水资源管理和分配的合理决策与降低贫困率联系紧密，前者可以通过

提供公共事业服务和创造经济发展利好形式的方式，达到后者的目的。

中产阶级规模扩大带来的结果之一就是人们对环境冲突问题的关注度增加，例如前文所提及的反对大坝建设、智利政府提高收费标准以提供城市污水处理资金［截至2010年底，约87％的城市污水已经得到处理（SISS，2011）］以及阿根廷的马坦萨-里亚丘埃洛（Matanza-Riachuelo）河流域污染治理计划等。

> **"中产阶级规模扩大带来的结果之一就是人们对环境冲突问题的关注度增加。"**

除中美洲部分小国和墨西哥外，拉美地区其他国家的经济支柱都是自然资源出口。由于近些年来，全球自然资源需求增长迅猛，且自然资源开采项目大多依靠外资，开采设施也大多属于其他国家，因此，该地区的经济支柱对水资源需求巨大，且受外部因素影响很大，当

地政府的控制力有限。

由于当地经济对自然资源开采的依赖性，水资源管理也因为开采地点的不同而变得复杂起来。智利和秘鲁的采金、采铜产业主要位于较为干旱的地区，且发展迅速，加上这些地区本来水资源就稀少，采矿业就与出口农业、当地人口之间的竞争十分激烈。旅游业的发展也给加勒比地区的岛国带来更大的用水需求（见专栏7.9）。咖啡种植需要大量的水资源，且咖啡加工对水质的影响巨大。其他自然资源的开采也会带来类似的问题。在巴西，尽管甘蔗种植的灌溉用水主要来自降雨，生物燃料种植的灌溉用水仅占3.5%，但未来生物柴油的大面积推广也可能使得这方面的灌溉用水需求大大增加（de Fraiture等，2008）。

随着全球经济的整体起伏，拉美地区经济规模也不断扩大、缩小或进行调整，这意味着水资源管理决策制定和政策实施的环境也不断发生着变化，宏观水资源层面的不确定性、全球市场需求及其多变性，使得拉美地区水资源管理愈加错综复杂。

可用水资源量及使用

拉美地区每人年均可用水量大约为7 200立方米。然而，加勒比地区的这一数字仅为2 466立方米。小安的列斯群岛的水资源压力最为紧张，因为雨水是这一区域最主要的水源（UNEP，2010a）。在南美大陆地区，用水需求较低，但在空间分布上集中在某几个区域。拉美地区取水量约占其可用水资源储量的1%，但这个数字在加勒比地区要高出许多，甚至那些位于陆地的国家[8]也是如此，约占可用量的14%（ECLAC，2010a）。但人口并不总是集中在水源丰富的区域。拉美地区大约有1/3人口集中在干旱或半干旱区域。墨西哥北部、巴西东北部、秘鲁沿海区域及智利北部等区域都是面临严重用水问题的区域。人口增长，工业活动的增加，特别是安第斯山区国家采矿活动，以及大量的灌溉用水已经使得该地区的用水总量在过去的一个世纪中增长了十倍之多。仅从1990—2004年，用水量就增加了76%（UNEP，2010a）。到21世纪中叶，预计年用水量将高达263立方千米，其中墨西哥和巴西两国将占其中的一半以上（UNEP，2007）。

7.4.2 挑战、风险及不确定性

拉美地区水资源管理面临最大的风险及不确定因素可能主要来自以下几个方面：

1. 全球经济的影响；

2. 地区城市化及生活水平提高引起用水需求不断上升；

3. 地区城市化及生活水平提高引起用水和卫生服务质量改善需求，特别是城市及城市周边地区；

4. 气候变化影响，特别是极端事件对水资源的影响。

提高水资源管理、服务及基础设施建设水平，加大有关资金投入，改进相关立法及组织机构，这些措施的有效性与宏观经济政策及其形成的金融环境密切相关。"宏观经济政策对水资源领域激励机制及绩效有着无处不在的影响"（Donoso 和 Melo，2004，p. 4）。如果宏观经济形势欠佳，即使水资源管理政策有效性再高，发挥的作用也可能会受到限制，这一点在拉美地区的国家显而易见。例如，高通胀率可能会阻碍水费政策的高效运行，从而不利于规范用水和保护水质。同样，长远来看，宏观经济的不稳定性，会造成经济发展停滞或投入不足，因而引起基础设施维护不到位，这些问题将对水资源可持续利用造成严重影响，而这些影响是任何水资源管理政策都难以弥补的。

但反过来，宏观经济政策如果带来过快的经济增长，例如在 20 世纪 90 年代的巴西以及近几年的阿根廷与秘鲁，同样也会给水资源管理带来挑战，因为过快的经济增长必然导致用水需求的猛增。当水资源管理问题变得越来越复杂，传统的管理政策可能对新经济环境下的新问题束手无策，这就需要进行体制创新。这对于水资源有限的小国来说尤为重要，特别是创新型专业技术人员的培养，否则体制创新将进展缓慢。

未来用水需求及水资源竞争

随着地区经济的持续增长，再加上全球对南美矿产、农产品及能源需求的上升，水资源需求也会不断增加。例如，拉美地区能源产业的用水需求会随着经济的增长而持续增长。水电占拉美地区总发电量的 53%，2005—2008 年，装机总量增长了 7%，可满足很大一部分新增能源需求（UNEP，2010a）。不同的用水需求之间（包括生态系统及生态服务等）相互竞争，如何进行平衡将是一个棘手的问题。由于国际市场的驱动，拉美地区矿产开采量近年来的增幅高达 56%，尽管目前全球金融发展有放缓趋势，但这一数字预计还将继续增长。矿产开采需要大量用水，特别是贵重金属、铜、镍等矿产的开采。被污染了的有毒废水直接进

入水体，使得矿业成为该地区水资源污染的主要原因之一，引发了当地人民的健康与安全问题（Miranda 和 Sauer，2010）。

农业用水需求也在增长。拉美地区大约 14% 的耕种土地需要进行灌溉（FAO，2011），且灌溉规模自 20 世纪 60 年代起不断扩大。随着全球粮食和生物能源需求的不断增长，拉美地区一些国家将在提供这些资源方面扮演更加重要的角色，那么其灌溉用水的效率也必须提高。

拉美地区的城市供水和卫生设施总体较好，但农村地区的情况却要差得多。另外，许多城市的饮用水和污水管网系统质量还不够高。随着城市人口的不断增加，供水和卫生需求越来越高，这很可能会引发危机。除了家庭用水的增加外，城市面积的扩张还可能意味着占领部分泛洪区域或集水区域，这就可能造成水资源管理方面的问题，特别是在解决水资源不足、用水冲突等方面（见专栏 7.10）。

专栏 7.10

科皮亚波的用水竞争

因全球市场需求，对水资源紧缺地区的大规模投入可能引发用水冲突，位于智利北部的科皮亚波（Copiapo）就是典型的例子。科皮亚波地区是铜矿和其他矿场的集中地，这些矿场甚至已经开始考虑使用海水淡化来满足将来的用水需求；作为重要的出口农作物生产地，科皮亚波每年出产大量的鲜食葡萄；此外，当地人民的生活用水也在不断增加。该地区的地表水已完全不足以满足需求，果农之间的地下水使用竞争也非常激烈，使得取水井不断被加深，取水速度远高于补给速度。尽管智利对用水组织和水市场运作的管理较严，但依然不能解决问题。水权交易对于当地

的用水冲突也丝毫没有缓解作用。地下水权界定方式、可控性的缺乏以及无法就应对措施及其有效实施达成共识（例如"搭便车"现象），这些都导致了该地区水资源过度开发的现状。

资料来源：Michael Hantke‐Domas 与 Humberto Peña 在 2011 年的个人通信，于智利圣地亚哥。

气候变化及极端事件

拉美地区的许多区域都容易遭受洪水、干旱等极端天气事件的侵害，特别是与厄尔尼诺‐南方涛动（ENSO）现象相关的气候变化事件。随着气候变化的加剧，极端天气事件的发生频率、持续时间、规模预计都将增大，使得风险管理的必要性大大增强。图 7.5 表明，自 20 世纪 70 年代以来，极端天气事件数量已经大大增加。

图 7.5

1970—2007年间水文气象学灾害事件发生频率

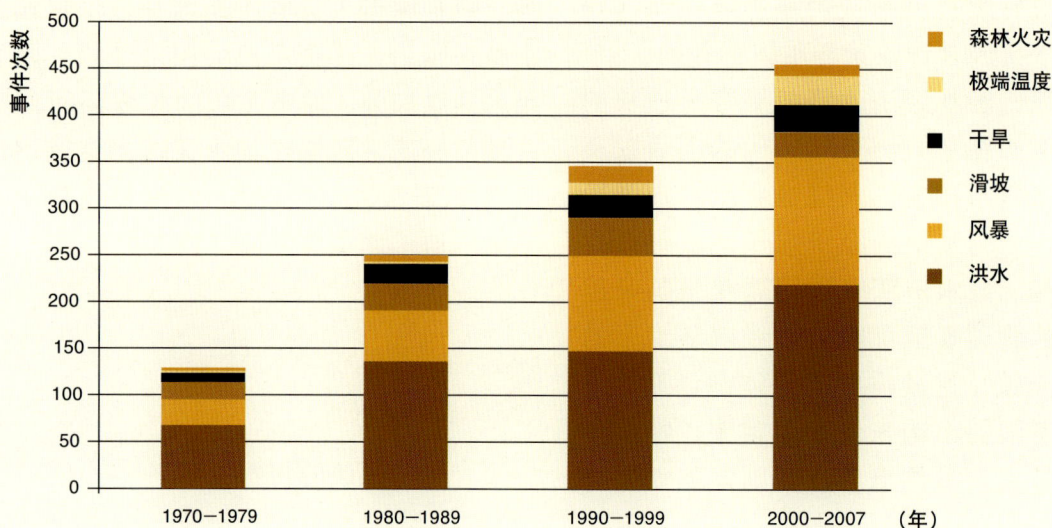

资料来源：UNEP（2010a，p.40，数据来自CEPAL STAT数据库http://www.pnuma.org/geo/geoalc3/ing/graficosEn.php）。

不管是在洪水多发区还是干旱地区，山洪及干旱严重影响生态系统的生产效率、人们的生活水平和安居乐业（IPCC，2007）。对于拉美地区，城市洪水也是潜在的威胁之一。例如，拉普拉塔（La Plata）河流域的大部分城市都曾遭遇洪水，许多城市缺乏雨水管道，使得情况进一步恶化。在一些人口高度密集的城市，例如加拉加斯和里约热内卢，由于大部分房屋建造在陡坡上，洪水引发的山体滑坡等灾害严重加重了灾情。

由于气候变化的影响，拉美地区的冰川已经开始消退。冰川消融预计将给该地区 3 000 万人口的供水产生影响（UNEP，2010a）。厄瓜多尔首都基多和玻利维亚首都拉巴斯分别有 60％ 和 30％ 的水资源供应来自冰川。秘鲁的冰川消融已经造成 70 亿立方米的水资源流失，这些水资源足以供应其首都利马 10 年的用水需求。与此同时，干旱的发生频率也开始增高，2000—2005 年，干旱已经给当地经济带来了极其严重的损失，约有 123 万人口受到影响（UNEP，2010a）。

如不考虑气候变化影响，已经出现水资源紧张流域的人口约有 2 200 万。政府间气候变化专门委员会 2008 年报告预计，在气候变化影响下，到 21 世纪 20 年代，这个数字将增加至

1 200万～8 100万；而到 21 世纪 50 年代，这个数字将达到 7 900万～17 800万。模型研究表明，由于地理环境因素的变化，疟疾和登革热的传播也变得容易，增加人们感染的几率。

气候变化还可能给加勒比地区的旅游业带来致命的破坏（UNEP，2007）。海平面上升不仅影响岛屿国家，还将影响大陆的沿海区域及河流水情，引起水资源总量下降、质量恶化、可用性降低等问题（ECLAC，2010b）。拉美地区的潘塔纳尔（Pantanal）湿地是全球最大的湿地之一，湿地本身具有一定的蓄水能力，对巴拉圭河及其支流具有调节流量的作用，气候变化也可能危害潘塔纳尔湿地的这些功能（Roy，Barr 和 Venema，2010）。

中美洲、加勒比地区以及安第斯山脉地区最贫穷的国家，由于水资源管理能力相对薄弱，受气候变化及极端事件影响的风险也相对较高。海地由于滥伐森林、地质条件差、极度贫穷以及公共基础设施缺乏，特别容易遭受极端事件的危害（ECLAC，2010a）。

水文及气象观测系统的不健全也是影响极端事件响应能力的原因之一。从好的方面来说，诸如厄尔尼诺-南方涛动（受其影响的国家如秘鲁）和巴西东北部干旱湿润年份的循环等事件引发一系列后果，拉美地区可以从适应这些事件引起的后果得到教训，从而推动气候变化下水资源管理层面的技术革新，提升人力资源能力（NOAA，日期不详）。极端事件带来的人员伤亡、水资源及基础设施破坏，其损失是不可估量的。但如果水基础设施建设能够抵御这些破坏，或者在破坏后能够快速恢复功能，水资源及相关服务就能赢得公众认知，其政府内部的影响力也将提升。

饮用水及卫生设施的获取

过去 20 年中，拉美地区各国在提供用水及卫生设施上缓慢地取得了一定的进步。2008年，97% 的城市人口和 80% 的农村人口已经享受到改善的饮用水供应（享受卫生设施的人口比率分别是 86% 和 55%），已经完成地区千年发展目标的发展要求（WHO 和 UNICEF，

2010）。尽管总体数字可观，但饮水供应及卫生设施的服务质量差别很大。在不少国家，饮水供应及卫生设施已经陷入了所谓的"恶性循环"。政局不稳、管理不当、收费低，这些都是造成服务质量偏低的原因。维修保养的不到位还会造成供水中断或水压不足等问题，这两者都容易引起供水系统的内部污染以及污水处理厂的污水泄漏（Corrales，2004）。

各国内部的饮水供应及卫生设施也存在较大的差别。例如在墨西哥中部和南部、洪都拉斯、尼加拉瓜，许多市镇的饮水供应仅能覆盖不到 10% 的人口。对于卫生设施，由于卫生设施条件改善概念模糊，拉美地区许多国家的相关统计数据对于改进现状意义不大（ECLAC，2010a）。该地区估计仍有 4 000万人口缺乏安全饮用水，1.4 亿人口缺乏卫生设施。由于缺乏供水服务、用水需求激增及其他复杂的饮水问题，一些区域的用水成本正在不断上涨，造成的结果往往是最贫穷和最弱势的群体为水资源付出的最多，因为这部分人口的生活用水依靠槽罐车运输，为此要支付昂贵的购买费用（UNEP，2010a）。

不可否认，大部分国家在这方面已经取得了一定的进步，但这又引发了其他的一些问题。就拉美地区整体而言，已经处理的污水仅占总排放量的 28%，城市生活污水和工业污水直接排入水体，这导致了严重的水资源污染，其中也包括海洋污染（Lentini，2008）。但智利在这方面堪称典范，其国内污水处理覆盖率基本已达百分之百（见专栏 7.11）。由于政治及技术层面的复杂性，采取污染防治措施的结果往往难以预料，例如我们仍无法判断哥伦比亚对污水排放实行收费后减排效果是否明显。

7.4.3 应对措施

体制、法律及规划应对措施

拉美地区水资源管理面临的最大挑战依然是持续提升总体治理水平，而目前各国政府已经意识到这一点的重要性（安第斯国家共同体，2010）。面对这一挑战，各国政府需进行

有效的制度建设，切实保护公众利益，推行水权和排污许可制度，制定相应的衡量标准、支配管理、监察监督机制，以及投入大量的资金。

专栏 7.11

智利的卫生设施建设投入

智利城市供水和卫生设施服务非常到位，其成功的关键因素之一就是国家高水平的投资。1999—2008 年间，智利总计投入 28 亿美元，用于城市供水和卫生设施建设。此外，还投入数百万美元的资金，用于控制工业污染和建设专用的雨水排放系统。智利农产品出口的政府保护是促使政府作出这一决定的重要因素。智利城市供水和卫生设施改革成功的原因可以归结为：

——制定长远的、可靠的、高质量的管理制度；

——严格执行资金投入标准；

——管理责任到位，进行优先建设；

——促成管理者与从业者之间的广泛共识；

——采取兼顾国情及总体一致性的、切实可行的渐进式策略。

资料来源：Valenzuela 和 Jouralvlev (2007)。

要想在水资源管理急需改进的方面有所作为，各国政府必须有效区分政策监管活动与日常运营活动，改进效率激励机制，开展管理培训，提高决策过程的透明度，通过明确框架协定解决冲突，从而提高利益相关方参与管理决策的积极性。

水资源管理者与决策者不应该由于面临巨大的挑战而放缓改革步伐，尤其不应该放缓社会经济产业内的水资源改革，前者对后者存在较强的依赖性。一些国家已经对水资源管理进行了大张旗鼓的改革，特别是墨西哥、智利、巴西等。然而这其中也存在一定的执行问题，例如在巴西，大宗用水和消耗使用费用的收缴并没有做到定时定量（Benjamin，Marques 和 Tinker，2005）。而在其他国家，管理机构往往缺乏推行大规模改革的能力，还不能就水资源管理达成一致的共识。

在过去的几十年中，除设立行业部门外，在水资源管理部门的设立上，一些国家进行了有益的尝试。例如墨西哥的水资源由其国家水资源管理委员会（CONAGUA）管理；巴西则在近期成立了国家水务署（ANA），其主要目的就是为了解决传统体制下职能部门单一负责制引起的矛盾与不足，而这种体制直到近期才有所改变。其余国家还设有与水资源分配及管理间接相关的管理机构，例如哥伦比亚的环境住房与国土开发部、牙买加的水资源监督局、委内瑞拉的环境与自然资源部、智利公共工程部的水资源理事会等。大多数国家已经开始了改革水资源相关法规的讨论，但受现实情况所限，这些改革及创新还未能有效落实（Solanes 和 Jouravlev，2006）。近些年来，也有一些国家和地区（例如阿根廷的一些省份、尼加拉瓜、洪都拉斯、秘鲁、乌拉圭及委内瑞拉等）已经进行了新的立法，还有其他一些国家完成了相关法律的改革工作（例如智利和墨西哥）。这些做法的共同趋势都是采用水资源综合管理、提升水资源管理品质、建设水资源监管制度、成立流域机构、提升公众关注程度和水资源使用者参与度、综合规划使用水资源以及采用经济手段促进管理等。尽管这些还处于实施的初期阶段，但一些国家的水资源管理已经发生了显著变化。

实际上，所有拉丁美洲国家都对供水及卫生行业进行了改革，这些改革的重点包括划分职能和部门政策制定的权限、经济管理与服务提供、权力的进一步下放、提高私营部门的参与度（尽管由于跨国私营机构从大部分国家退出，致使情况有所变化，许多服务被重新收归国有）、具体规章制度的建立以及水资源服务必须自负盈亏及国家补贴向低收入群体倾斜等。但遗憾的是，很多国家在进行改革时没有考虑到国民经济结构的局限性，涉及公共利益的原则不合理、所提供服务的经济因素和公共设施服务管理等方面考虑不足，这些因素导致改革未能完全达到预期的效果。玻利维亚和厄瓜多尔等国已经承认水权，阿根廷、智利及哥伦比亚等国已经开始建立调控水资源服务的价格机制，并为贫困群体提供资金补助。至于鼓励私人机构参与，一些地区的经验表明，它不可能成为解决供水及卫生服务等多方面问题的万能钥匙。

"地区经验证明，鼓励私人机构参与并非解决供水及卫生服务的多方面问题的万能钥匙。"

拉美地区总计有跨界流域 61 个以及跨界含水层 73 个（UNESCO，2010）。许多国家之间已经达成了跨境水资源协议，特别是在水电开发上。但许多阻碍这方面合作的政治障碍依旧存在，有些甚至可能会引发冲突。尽管双边或多边的合作协定越来越多地考虑到了水资源综合管理及可持续发展目标等环境问题，但这些协定的执行目前还处于初级阶段（Roy，Barr 和 Venema，2010）。不过至少在跨国合作的科学研究上，已经取得了一些进展，瓜拉尼含水层研究就是一个典型案例（见专栏 7.12）。

这些积极的尝试说明，政府之间可以就亟须解决的问题达成广泛共识，从而促进水资源管理的改革。但如果仅仅想通过自上而下的政府行动，或者通过成立新的负责组织，也或照搬其他国家立法和机构经验来解决水资源相关的复杂问题，是极其错误的。

专栏 7.12

瓜拉尼含水层（GAS）项目：跨国界的地下水管理

瓜拉尼含水层由阿根廷、巴西、巴拉圭及乌拉圭共同所有。含水层所覆盖地理区域面积达 120 万平方千米，大约 1 500 万人口居住在这一区域内。在世界银行的支持下，阿根廷、巴西、巴拉圭、乌拉圭四国协同开展了 2003—2007 年间的使用情况调查。瓜拉尼含水层估计蓄有淡水资源 4 万立方千米，目前已开采量还相对较小，但随着开采需求的不断增加，瓜拉尼含水层也存在过度开采的风险。

2010 年 4 月，四国总统签署了共同研究含水层及关键区域的合作协定。由于目前跨界含水层相关的合作协定还相对较少，因此此项合作具有重要意义。阿根廷、巴西、巴拉圭、乌拉圭四国将主要进行"促进瓜拉尼含水层资源及环境保护，确保水资源利用的多重性、合理性、可持续性及公平性"（《瓜拉尼含水层协定》第四条）。

另外，仅仅只有专家参与制定的改革方案是远远不够的，若要切实执行改革，还必须取得绝大多数公众的支持。水资源方面的专家在改革过程中应扮演信息提供者的角色，从而促成正确改革方向内的广泛共识。如果缺乏这种共识，则不能形成对变革充满信心的有利氛围，任何改革方案，甚至是已经执行的立法，都不可能达到预期效果。改革面临的最大挑战是如何让全社会都参与到改革中来，只有全民参与，水资源相关行业才能在现有的基础上，继续为拉美地区各国社会经济的腾飞作出贡献。

7.5 阿拉伯和西亚

阿拉伯地区的 22 个国家，包括联合国西亚经济社会委员会（ESCWA）（见地图 7.5）的 14 个成员国，涵盖了世界上最缺水的一些国家，其中至少有 12 个国家属于"绝对"缺水类型，因为他们每年人均仅可获取的再生水资源不足 500 立方米（见第三十三章）。即使相对而言拥有较丰富水资源的那些阿拉伯国家，也常常是经济十分不发达或处于经济危机的国家。各种社会、政治与经济推动因素更加剧了水资源短缺，增加了与水质水量问题有关的风险与不确定性。

农村的发展与食品安全政策使区域水资源问题更加复杂化。为了和谐应对这些区域性挑战，阿拉伯国家成立了阿拉伯国家联盟（LAS）领导下的阿拉伯部长级水理事会（AMWC）。针对 2009 年 1 月在科威特召开的阿拉伯经济政治峰会提出的一些要求，阿拉伯部长级水理事会已经作出了回应，将制定一项阿拉伯战略，帮助该地区应对目前和将来的区域水资源短缺及可持续发展等挑战性问题。由此而产生的阿拉伯水资源安全战略（2010—2030 年）提出了应对这些挑战的措施，包括实施一些项目，引导水资源的利用效率、非传统

地图 7.5
联合国西亚经济社会委员会成员国

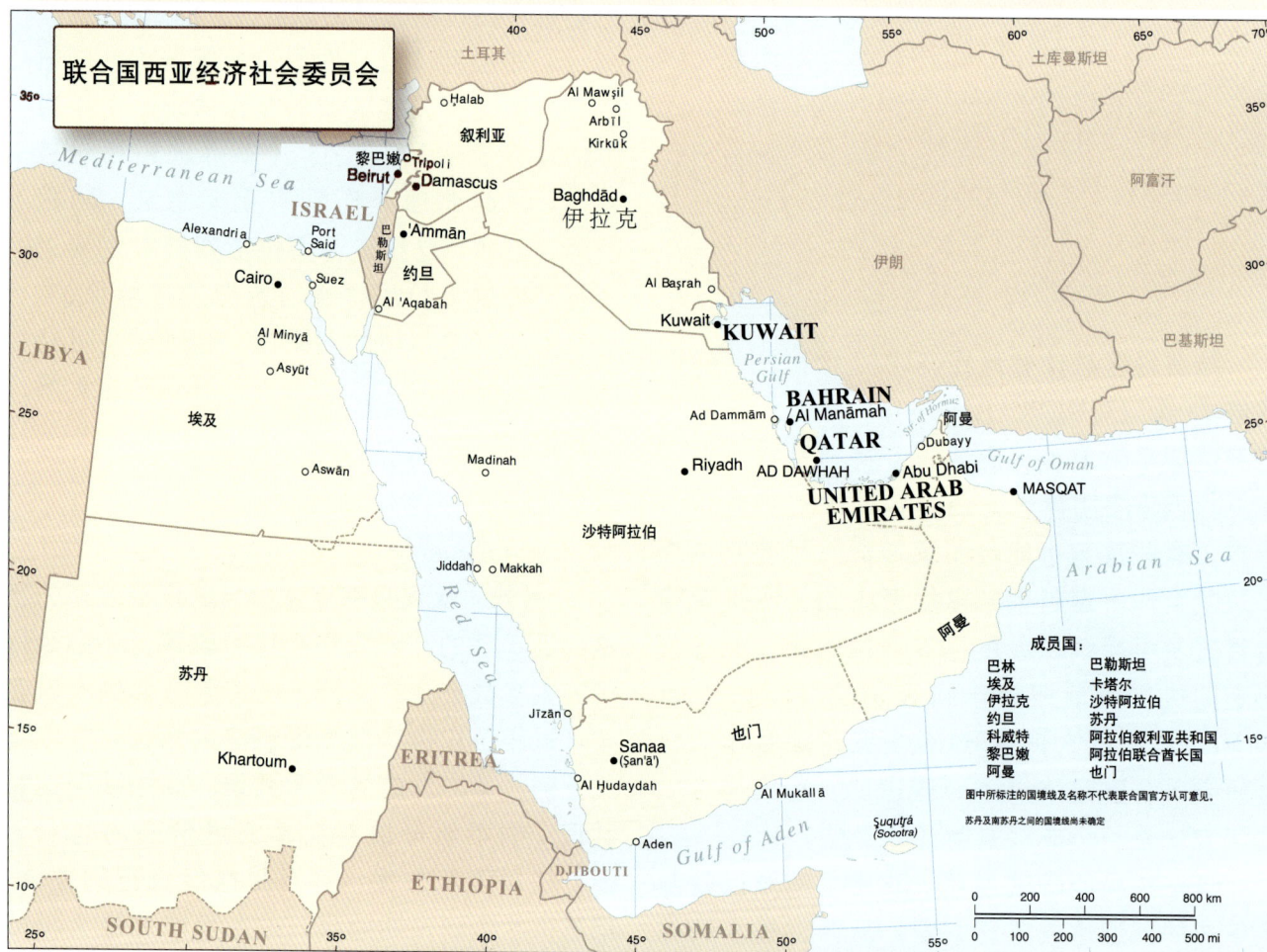

成员国：
巴林　　　　巴勒斯坦
埃及　　　　卡塔尔
伊拉克　　　沙特阿拉伯
约旦　　　　苏丹
科威特　　　阿拉伯叙利亚共和国
黎巴嫩　　　阿拉伯联合酋长国
阿曼　　　　也门

图中所标注的国境线及名称不代表联合国官方认可意见。
苏丹及南苏丹之间的国境线尚未确定

资料来源：联合国西亚经济社会委员会，2011年12月第11次修订，地图编号3978。联合国外勤支助部制图科绘制。

注：本章中阿拉伯地区的国家指那些阿拉伯国家联盟的成员国：阿尔及利亚、巴林、科摩罗、吉布提、埃及、伊拉克、约旦、科威特、黎巴嫩、利比亚、毛里塔尼亚、摩洛哥、阿曼、巴勒斯坦、卡塔尔、沙特、索马里、苏丹、叙利亚、突尼斯、阿联酋、也门。

水资源、气候变化、水资源综合管理（IWRM）以及水安全等。在制定水资源领域战略时，通过将水资源问题包含到国家发展规划中，进行机构与法律改革，以及应对有关国际共享水资源管理的一些不确定性问题，区域内各国研究出了国家层面上的降低风险的方法。

7.5.1 水资源驱动力与压力

影响阿拉伯地区的主要推动力有人口增长、移民、增多的消费方式、地区冲突以及治理方式的限制。这些推动力给已经稀缺的淡水资源增加了压力，也增加了与水质水量、国际共享水资源的可持续管理以及促进农村发展和食品安全政策的不确定性有关的风险。

人口特征与社会经济发展

在过去的二十多年里，阿拉伯地区人口增长了大约43%。2010年总人口估计超过3.59亿，到2025年预计将达到4.61亿（ESCWA，2009b）。超过总人口的55%居住在城市，埃及、黎巴嫩、摩洛哥、阿拉伯叙利亚共和国与突尼斯人口有从农村迁移到城市的趋势（UNDESA，2007）。这种向城市迁移的原因主要可能是因为农业部门收入和就业机会的减少，再加上迅速增加的年轻人口。各阿拉伯政府已经在试着通过衔接农业生产和农村发展的农村生计政策来减缓这种趋势，然而这种衔接导致了这一区域大部分地方短缺的水资源偏离分配至农业领域。城市的水需求也由于经济发展带来的移民及因地区冲突而迁移的人口大量涌入而增加。城市化除了集中于沿海一带，也在改造的沙漠地带，沿着延伸海岸线与城市边缘推广建立移居地。这也增加了公共和私营部门对非传统水资源的投资，特别是海水淡化，以确保有充足的淡水资源。

西亚经济社会委员会成员国的水消耗与国内生产总值紧密相关（见图7.6），尽管这主要是各国严重依赖海水淡化的结果。阿拉伯地区其他国家的水消耗与对国内生产总值仅有很少

图 7.6

UNESCWA地区相对于人均GDP的生活用水

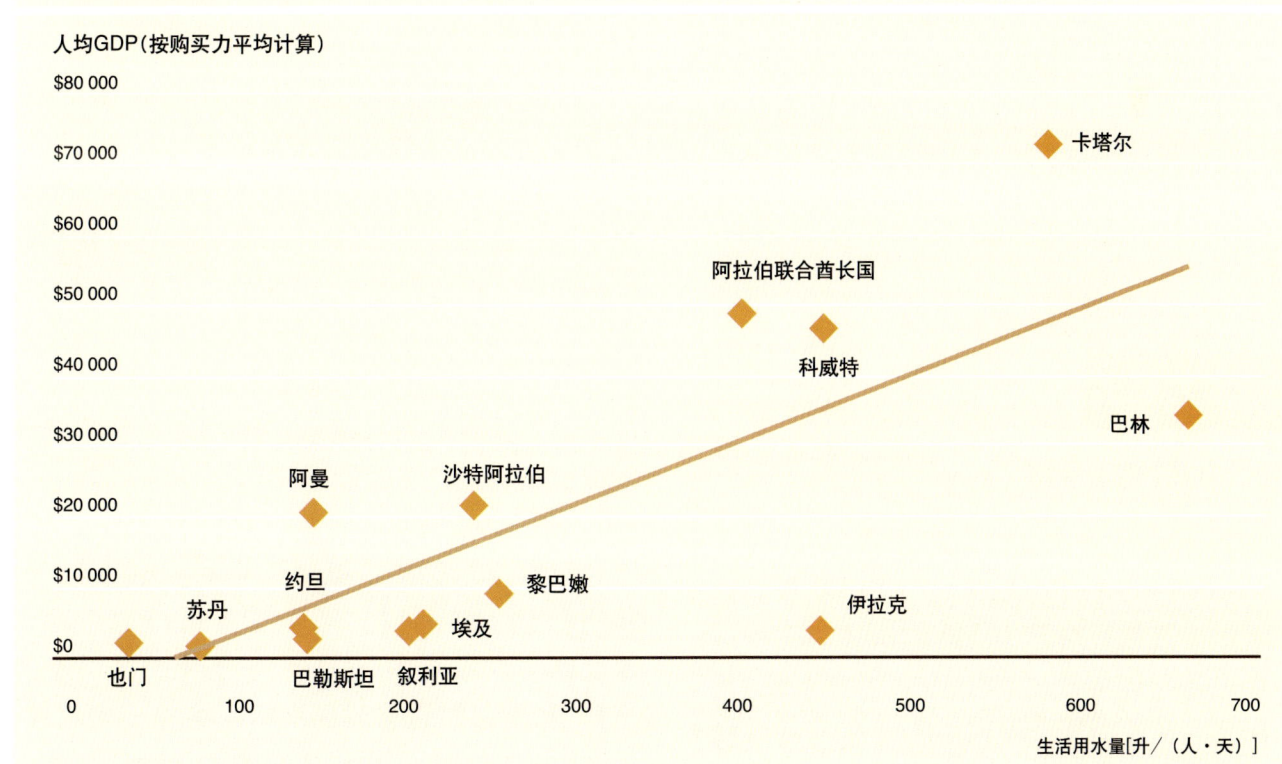

资料来源：ESCWA（2009c, p. 7）。

贡献的农业活动有关。海湾国家合作委员会(GCC)成员国家的淡水消耗持续增长，这是高收入、安逸的生活方式、房地产开发、海水淡化所需能源的获取以及旅游产业的发展而造成的结果。与此相反，区域农业用水是以低生产力为特征的，而且近些年受到干旱的严重影响。

地区冲突与流离失所者

阿拉伯地区数十年来以周期性的冲突为特征，导致了区域内大量的人口迁移。这也造成了区域内移民增加，给接收移民地区的水资源和服务设施带来了较大压力。西亚经济社会委员会成区域容纳了世界上 36% 的迁移人口(ESCWA，2009d)。例如 200 万伊拉克难民生活在约旦和叙利亚，索马里难民在也门，巴勒斯坦难民在难民收容所，以及利比亚导致政权解体的暴动中逃离至埃及和突尼斯的移民劳工和利比亚人。不同时期的暴力冲突毁坏了科威特与黎巴嫩的水利基础设施，所以需要做的是修复被毁的体系，而不是扩大供水。

该区域的许多主要河流是跨界河流这一事实使淡水资源的管理更加复杂。这类河流包括底格里斯河、幼发拉底河、奥伦特(Orontes)河(又称 Ali - Assi 河)、约旦河[包括雅尔穆克(Yarmouk)河]、尼罗河及塞内加尔河。乍得湖也是跨国界的，有时会引起湖边邻国的政治冲突。估计阿拉伯地区 66% 的可用地表淡水都源自于区域外。水引起的地方性冲突也可能发生在行政区、社区与部落之间(见专栏 7.13)。

然而，2010 年 12 月开始席卷该地区的"阿拉伯之春"运动同时也提供了重建水管理机构，为社区一级提供更多咨询的机会。例如，在各自政权更换之后不久，突尼斯和埃及的政府官员进行了这方面工作，促进地方公众更多地参与水资源领域的规划和决策。

7.5.2 挑战、风险与不确定性

水资源短缺

几乎所有的阿拉伯国家都面临着水资源短缺的问题，阿拉伯地区的水消耗远远超出了可再生供水总量。可以说，几乎所有的阿拉伯国家都缺水，而那些形式上拥有较好水资源的阿拉伯国家因为人口增长使年人均享有可再生水资源总量在过去的 40 年里下降了一半(见图 7.7)。这种下降趋势揭示了阿拉伯地区水资源领域面临的最严重挑战。

埃及、伊拉克、约旦、黎巴嫩及苏丹从常流河获取 70% 的淡水资源。地表水是阿曼、沙特阿拉伯、叙利亚、阿联酋及也门的主要水源，这些国家也有间歇性河流(仅在雨季有水)，利用它们的季节性洪水补给地下含水层。其他阿拉伯国家常规供水总量的至少 1/3 源于地下水含水层，而开采程度的提高已经威胁到

图 7.7

阿拉伯地区人均可再生水资源的下降

立方米／（人·年）

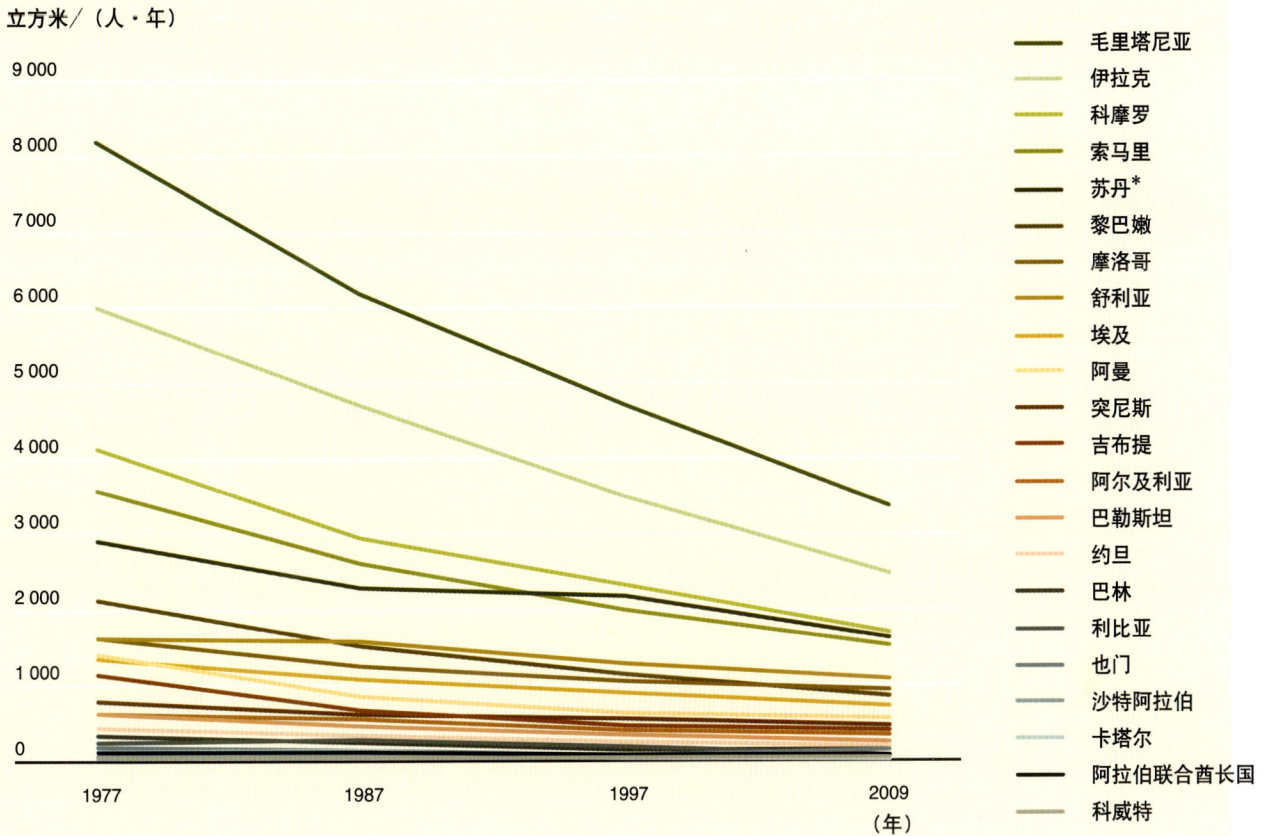

图例
毛里塔尼亚
伊拉克
科摩罗
索马里
苏丹*
黎巴嫩
摩洛哥
舒利亚
埃及
阿曼
突尼斯
吉布提
阿尔及利亚
巴勒斯坦
约旦
巴林
利比亚
也门
沙特阿拉伯
卡塔尔
阿拉伯联合酋长国
科威特

注：带*地区包括南苏丹和苏丹。

资料来源：FAO AQUASTAT。

许多国家级或国际共享含水层的可持续性，从而增加了冲突的风险性。

该地区国际共享的不可再生含水层或"化石"含水层被持续开采的有努比亚砂岩含水层，由乍得、埃及与利比亚共享；西北撒哈拉含水层，由阿尔及利亚、利比亚与突尼斯共享；以及约旦与沙特共有的玄武岩含水层。

水质

政府对水质问题的重视程度取决于淡水体系和水资源短缺情况的不同。过度开采地下水给沿海含水层管理带来了很大挑战，如沿着埃及北海岸、黎巴嫩海岸、加沙地带以及东阿拉伯海湾几个城市周边的含水层。

预计海平面上升将进一步加重沿海含水层与河流出水口的压力，如尼罗河三角洲与阿拉伯河。许多地方农业径流中的农药和化肥、收获期后的加工处理、服装制作及家庭污水都在污染着地表水和地下水。造成的影响有黎巴嫩的富营养化和死鱼事件；突尼斯湖的鱼数量下降（Harbridge 等，2007）；对埃及三角洲水产业的负面影响，从而提高了食品安全的风险。一些地方石油生产的污染也是一个问题，尽管这主要与海洋生态系统有关。阿拉伯地区人口的迅速增长、移民压力、城市规划不足和法规执行不力、大量的生活在贫困线或接近贫困线的人群，这些方面结合在一起使保护市政水源不被污染更加困难。多头的部级水管理机构、部级与市级管理职权的重叠使这种情况更加复杂。

粮食安全

农业是造成阿拉伯地区水资源紧张的一个主要因素。在大多数西亚经济社会委员会成员国里，农业用水占到水需求总量的70%以上。在伊拉克、阿曼、叙利亚及也门，农业用水占90%以上。然而，该区域的粮食生产不能自给自足，西亚经济社会委员会成员国谷物消耗总量的30%～40%需要进口。而且情况似乎可能恶化，研究人员预测，到2080年气候变化将导致该地区大多数国家的农业生产力减少25%之多。

过去几年内，全球谷物市场价格持续增长，加上不稳定的供应，也威胁到粮食安全，尤其因为一些国家需要从国外购买谷物需求总量的一半或更多。目前的社会结构也增加了粮食供应的脆弱性。有些国家财富集中在上层群体中，与之对比的是大多数人生活在贫困线左右或贫困线以下。干旱频率增加、依赖于粮食进口及人口增长让阿拉伯地区对粮食不安全高度敏感。在有些国家，如埃及和苏丹，一些人认为种植获益更多的商业生物燃料作物将与粮食作物争夺短缺的水资源（ESCWA，2009e）。

实际上，该地区还未在国家或地区层面上通过粮食自给自足来实现粮食安全。包括埃及、约旦与沙特在内的一些国家最初采用补贴和保证价格支持来鼓励粮食生产。随后采取了加大投资灌溉网络、扩大水库容量、抽取更多地下水等措施促进谷物生产，通过《大阿拉伯自由贸易协定》鼓励区域内农业贸易。因此，阿拉伯国家一直有从粮食自给政策走向更广泛的粮食安全概念的转变，让那些有可用财政资源的政府能够在全球市场采取灵活方法实现粮食需求。其他国家正在重新审视自己的发展和贸易政策。

例如，有些国家正在境外长期租赁土地，用于粮食生产，从而增加虚拟水进口，以应对水资源日益短缺，提高粮食安全。农业综合企业与投资基金正在引领这种趋势。这样的土地交易得到推广，数量也很可观。自2004年以来，非洲国家同意出让近250万公顷土地［不含1 000公顷以下的土地出让（Cotula等，2009）］，这些就包括了阿拉伯国家的投资。尽管其中的某些方面引起争议，但这为一些阿拉伯国家提供了相对稳定的粮食供应，同时也给土地出租国提供了基础设施投资和潜在的经济利益回报。

气候变化与极端事件

阿拉伯地区尤其易受气候变化的影响，因为它已经遭受了极端的气候变异和水资源短缺。气候形式的稍许变化就可能对地平面产生巨大影响。尽管影响还不确定，但气候变化可能带来的后果包括土壤温度和干燥度增加、季节性降雨模式改变（已经在一些旱作农业区发生，如叙利亚和突尼斯）、地下水补充速度下降、极端气候事件更加频繁（包括洪水与干旱，降雪减少与山区雪融）以及海平面上升与沿海含水层水中盐分增加。过去的20～40年间，阿尔及利亚、摩洛哥、叙利亚、索马里及突尼斯已经更加频繁地出现干旱了。

更多的人口、更高的生活水准及因此增加的用水需求促成了该区域对干旱的脆弱性（ESCWA，2005）。例如摩洛哥的干旱周期从1990年以前的平均5年一遇变成1990—2000年间的两年一遇（Karrou，2002）。2011年非洲之角经历了数十年间最严重的一次干旱。干旱脆弱性对严重依赖旱作农业为主要经济来源的阿拉伯国家来说尤其重要。干旱也促使土地退化和荒漠化增多。该区域内，山谷等高风险地区的洪水脆弱性也在增加，这是进行快速无计划开发造成的结果。不严格的建筑法规、欠缺的规章制度及执行力也是一部分原因，导致建筑物和基础设施不能承受重大洪水灾害。

数据与信息

缺乏连贯的、可靠的水资源数据与信息阻碍了阿拉伯地区进行有根据的决策，也阻碍了关于共享水资源管理、评估变化和进展方面协调的合作政策框架的发展。该地区已经作出一些努力提高水资源知识基础，包括区域性和全球性统计报告相关的政府间进程，通过区域性报告机制或者学术活动建立了其他进程。

然而，缩小知识基础差距的困难很大程度

上取决于政治敏感性和国家安全关注度，这些有时束缚了信息的获取。结果是研究人员和专业团体使用的是拼凑自不同来源的信息数据，而官方数据往往保持一个来源，那样有时很难从政府机构获取信息。

7.5.3 应对措施

体制、法律和规划应对措施

认识到阿拉伯地区需要一种共同的办法来改善水资源管理和实现可持续发展后，阿拉伯部长级水理事会（AMWC）在 2011 年通过了阿拉伯水安全战略（2010—2030 年），以迎接挑战和适应未来可持续发展的需要。此战略确定了本区域优先行动重点如下：①社会经济发展的优先事项（包括获得供水和卫生，以及农业用水），金融和投资，技术，非传统水资源和水资源综合管理；②政治优先事项，包括共享水资源管理和保护阿拉伯水权；③机构的优先事项，与能力建设、提高认识、研究、涉及民间社会的参与办法有关。

地区性组织和措施也已在阿拉伯地区推出，以应对这些优先事项。这些措施包括阿拉伯部长级水理事会，其第一次部长级会议于 2009 年 6 月在阿尔及利亚举行。该理事会是阿拉伯国家联盟框架内设立的一个理事会，由执行局、科学技术顾问委员会和技术秘书处组成。另一个例子是阿拉伯国家水资源公用事业协会（ACWUA），以供水和卫生方面的对话和能力建设为重点。这些机构与其他机构一起协调了阿拉伯地区的一些区域水资源倡议，侧重于气候变化、共享水资源、水资源综合管理、千年发展目标等。

在国家层面上，阿拉伯地区不同的部委和部门有责任管理水资源和提供水服务。虽然只设立了少数几个联合委员会或单位以支持共享水资源，但各国一直都在或正在改善水行业的体制和法律框架，包括增加议题汇编，而以前仅限于水资源综合管理规划。摩洛哥、埃及、也门、约旦、巴勒斯坦及黎巴嫩都已经设立了为解决与这些目标相关的各种问题的机构（Makboul，2009）。各种机制的范围包括权力下放、公私伙伴关系、公用事业表现指标、水资源管理一体化纳入发展规划、地下水管理、基础设施管理及卫生与水资源管理。

为提高粮食安全的可靠性和储备能力，一些阿拉伯国家已试图通过与其他国家的贸易、投资和合同的方式来确保粮食安全。在其他国家长期租赁农业用地已成为一种措施，用以克服由于水、土地、能源和技术限制造成的国内农业生产问题，从而降低粮食安全风险。土地出租国反过来可以确保在约定时间范围内的投资，以发展租赁地区的交通、水利与能源基础设施，同样也加强了初级和中级的农产品加工业。阿拉伯地区今后有针对性的投资区域有埃及、苏丹、土耳其、埃塞俄比亚、菲律宾和巴西。私营部门和私人投资公司也参与其中。但事实证明，这些努力是很有争议的，尤其是这些租赁土地正是土著群体和牧民们一直在使用的土地。第三十三章提供了关于这一主题的更多细节。

> "为提高食品安全的可靠性和储备能力，一些阿拉伯国家已试图通过与其他国家的贸易、投资和合同的方式来确保食品安全。"

《阿拉伯气候变化部长级宣言》（2007 年）致力于提高适应气候变化的能力和改进灾害预防，明确承诺更加关注适应和减缓气候变化，有关国家随后起草了该地区气候变化行动计划。同时，阿拉伯国家一直通过评估气候变化对天然水资源的影响这一方式，将本国的应对气候变化计划与信息通知政府间气候变化专门委员会（IPCC）。阿拉伯国家联盟（LAS）与联合国一些机构发起了一种统一评估方式，在评估气候变化对阿拉伯地区水资源和社会经济脆弱性影响的区域倡议下为该地区服务，并向阿拉伯部长级水理事会（AMWC）和联合国区域协调机制汇报。

有关气候变化和极端气候事件的风险和不确定性也促进了国家和区域致力于减少灾害风险、规划和预防。2010 年由阿拉伯环境部长委员会（CAMRE）通过并得到联合国国际减灾战略（UNISDR）和区域合作伙伴支持的《2010—2015 年阿拉伯降低灾害风险战略》，着重于国家灾害详细情况，及致力于改善土地使用规划、法律框架、融资、用户友好信息和交流工具方法的能力建设。

基础设施应对措施

所有阿拉伯国家都采用了供应端方法，以满足日益增长的用水需求。这包括了大坝建设、海水淡化和水的再利用、水库以及提高传统和非传统方法效率的新技术，如水收集。虽然大坝可能有重大的负面环境和社会影响，但也有助于减少有关洪水和气候变化的不确定性和风险。

一些阿拉伯国家已增加了本国的大坝总库容。埃及走在最前列，自从 2003 年以来至少增加了 169 立方千米。伊拉克用于供水的大坝总库容在 1990—2000 年间从 50.2 立方千米增加到 139.7 立方千米，几乎增至原来的 3 倍。而叙利亚的库容也从 1994 年的 15.85 立方千米增加到 2007 年的 19.65 立方千米。大坝也一直用于应对洪水造成的损失。西奈和阿斯旺大坝在 2010 年洪水时有效蓄水，保护了埃及的纳马（Ne'ama）湾、努威巴（Nuweiba'a）和达哈布（Dahab）免遭洪水（埃及政府，2010），同时也提高地下水水位和防止沿海海水倒灌。

阿拉伯国家正在采用的应对与水有关的风险和不确定性的另一种方法是更好地管理含水层补给，这既可应对沿海含水层（特别是沿地中海和阿拉伯海湾的海岸线）的海水入侵，又可为海湾国家合作委员会（GCC）国家满足将来用水需求或海水淡化储备额外的水源。

阿拉伯海湾国家严重依赖于海水淡化作为淡水资源。沙特目前拥有世界上最大的海水淡化能力，阿联酋紧随其后位居第二大生产者。

它们共同生产的淡水占全球海水淡化产量的 30％以上（ESCWA，2009c）。阿尔及利亚、埃及、伊拉克和约旦的海水淡化也提供了越来越大份额的淡水。热电联产可以让电力和淡化水利用共同的设施生产，在海湾地区得到推广（Zawya，2011），尽管对于能源贫乏的国家这不是一个经济有效的解决方法。约旦、摩洛哥、沙特和阿联酋正在推进核能海水淡化。加沙地带约 10 万家庭正在使用小型家用海水淡化装置作为次级饮用水源（世界银行，2009），虽然无法找到替代品而过度使用过滤器时就会出现健康问题。

在埃及、伊拉克、沙特、叙利亚和阿联酋，经过处理的废水再利用目前约占非传统来源产水总量的 15％～35％。雨水集蓄已在阿拉伯地区得到推广，而且各国正在越来越多地考虑通过森林冷凝集水。其他创新方法包括雾采集和播云。先进的遥感技术（Shaban，2009）有利于查明该地区的水下源泉，虽然这种做法可能导致海洋和海底共享资源的领土争端。阿拉伯和西亚区域报告提供了阿拉伯地区非传统水资源的更多详细情况。

面对固有的缺水，加上人口与用水的不断增加，需求端管理是另一种策略，以应对该地区与缺水有关的风险。这类行动包括减少水消耗，增加水的利用效率，并采用新法规，如改善供水服务的许可证和关税制度。

尽管有各种各样的风险和不确定性，水依然是阿拉伯文化和意识的核心。然而，阿拉伯地区面临着持续的水资源短缺、人口增长、粮食安全、气候变化、极端气候事件以及关于共享水资源存在的冲突和潜在的新冲突。这些因素将继续分别或共同影响阿拉伯国家管理该地区地表水和地下水资源的能力。

7.6 区域—全球的连接：影响与挑战

7.6.1 将区域与全球连接在一起

在全球范围内，人类活动、气候变化和其

他外部压力已经造成了人类获取水资源和水质方面的损失。这些也削弱了水生态系统履行支持可持续发展的基本作用的能力（UNEP，2006a）。过去的 20 年中，国际上已经认识到需要对水资源进行更加可持续的利用。

第九章的阐述说明，若干个相互关联的环境、经济、政治、科技和社会推动力构成了一幅世界图画。为了理解区域水资源的挑战和全球水问题之间的复杂关系，有必要了解区域挑战是如何与全球水问题相联系的。水资源的挑战不会发生在真空中，它们通过一系列网络在许多方面影响不同的国家和社区。不只是这些，活动发生的地区在承担供水和过度取水造成环境退化的负面影响时，同样感觉到了其对全球的影响。然而，通过关注水资源更丰富地区的水密集活动，以及与当地水资源无法满足不断增长人口的所有基本需求的地区分享这些利益，用贸易和其他方式的国际合作可以帮助缺水地区缓解当地压力（见第一章）。通过检查区域威胁和全球影响，审视经济贸易政策影响区域水资源管理的方式以及通过考虑一些管理挑战，本次将对这种相互联系加以阐述。

国际社会承诺解决水资源匮乏和短缺，但这些国际目标和实际情况之间的现实差距似乎越来越明显。这种情况强调了区域重点需要。例如，各种解决水问题的全球性文件已经在过去 10 年里制定：联合国大会和联合国人权理事会分别在 2010 年 7 月和 9 月认可，水与卫生权利是一种人权（见 1.2.4节）；八国集团同意"埃维昂行动计划"；2010 年世界经济论坛通过水倡议，鼓励公私伙伴关系，致力于一个更加安全的水世界；其他一系列举措也已实施，包括成立世界水理事会和举办世界水论坛。

然而，实际情况是许多国家的水资源变得更加不安全，获取水资源的差距正在增加，并且所有水管理者往往缺乏运营能力，在努力解决水问题时变得不够协调。世界各地数十亿人生活在水资源无法满足基本需求的国家。因为

预期的人口增长将大量出现在粮食生产越来越无法自给自足的地区，会给拥有得天独厚土地和水资源的周边国家和其他地区带来更多的压力。这可能造成一个非常特别的动态区域间依赖，需要维持"有"与"无"之间的脆弱平衡。

跨界流域为我们提供了非常实际的例子，我们发现仅有 40% 的跨界流域在提供饮用水、卫生、农业和工业用水方面签署了协议，指导流域的使用和管理（De Stefano 等，2010）。这是非常令人担忧的，因为非洲已被政府间气候变化专门委员会（IPCC）确定为最易受到水短缺影响和荒漠化很高的大洲之一（IPCC，2007）。除非在区域一级解决这些问题，否则全球性的承诺根本无法实现。

||||||||||||||||||||||||||||||||||||||||||||||||||||||||||||||||||||||||||||

> **"对外商投资土地的监管不力可能给粮食安全的脆弱状况带来全国性的灾难性后果，而这些土地本来可以为当地人口提供食品。"**

大规模收购土地的实例

当解决区域问题时，情况变得清晰了，那就是在一个地理区域实施的政策和行动在其他地区也有反响。例如，在努力保护其稀缺的水资源时，一些国家正在投资于国外农业（见专栏 7.14）。主要有三种法律来源管理外商投资农业：国内法律、国际投资合同、国际投资协定（IIAs）。它们之间的相互作用决定了任何特定的实例中，国际法比国内法占优势的程度，及国际法给外国投资者提供额外权利和补救措施的程度。在发达国家，国内法提供了一个广泛的基础，保护国内利益相关者和政府，并规定所有投资者的义务。当情况并非如此时，例如在许多发展中国家，关于社会、经济、环境问题的国内法律基础薄弱或不完整，可以允许

国际合同和条约享有更自由的权利和待遇。这与外商投资农业特别有关系，农业领域的国内土地使用权、水权、有关化学品的环境管理制度、农场劳动法等都可能薄弱或缺乏（Mann和Smaller，2010）。沙特阿拉伯，中东最大的谷物种植国之一，宣布每年将削减12％的谷物产量，以减少地下水的不可持续利用。为了保护其水和食品安全，沙特政府颁布激励措施，鼓励沙特公司租赁非洲的大片土地进行农业生产。通过在非洲投资生产主要农作物，沙特每年相当于节省了数亿加仑的水，也降低了其化石蓄水层消耗的速度。沙特投资者已在苏丹、埃及、埃塞俄比亚和肯尼亚租赁了土地。印度在埃塞俄比亚、肯尼亚、马达加斯加、塞内加尔和莫桑比克种植玉米、甘蔗、扁豆和水稻，提供给国内市场；而欧洲公司正在寻求390万公顷的非洲土地，以期到2015年满足其10％的生物燃料目标（Cotula等，2009）。

这清楚地表明，如何在一个区域制定政策，可以通过水影响他人。但在这样的交易正在许多非洲国家发生，可能有不可预见的负面后果。例如，在埃塞俄比亚这样的国家，印度已购买了100万公顷的土地，而这是世界上粮食最不安全的国家之一。对外商投资土地的监管不力可能给粮食安全的脆弱状况带来全国性的灾难性后果，而这些土地本来可以为当地人口提供食品。其他后果包括民众流离失所、土地被剥夺、因为各种团体被清除导致潜在的冲突和不稳定。而且对环境也有相当大的负面影响，因为大规模产业化农业需要化肥、农药、除草剂及大规模运输、储存和配送。许多正在发生这类活动的国家管理结构薄弱，对当地社区几乎没有法律保护，也没有利益共享机制。世界银行最近的一份报告指出，这样的农业投资剥夺了当地人民的权利，尤其是最脆弱的那些人的权利，没有提供适当的补偿，而忽略了环境和社会保障（Deininger等，2010）；报告还建议设立尽责的农业投资原则，从国外农业投资中获得互惠互利共同利益。

在跨国土地收购中激增的用水规模

事实上，目前大规模的跨国土地收购（也可称之为"霸占"）浪潮使一些推动因素在几十年的时间累积起来，如人口增加、消费习惯的变化、对农业的投资停滞及减少对农业的援助、改革和结构调整方案，还有最近用于生物燃料作物的土地面积增加，这经常是以削减粮食作物种植面积为代价的。土地退化和水资源枯竭也制约了农业部门应付粮食需求不断升级的能力。这些推动因素使许多发展中国家增大了对粮食进口的依赖，也使小农场主及广大的农村和城市贫困人口比以前更容易受到国际粮食价格波动的冲击。引发抢占土地的更直接原因是2008年粮食价格上涨、2007—2008年石油价格上涨以及主要谷物生产国在同期经历的不利的天气条件。

由于目前还没有对这些交易设立监管和监督机制，根据来源和日期，跨国收购土地的面积变化很大，范围从2009年的1 500万—2 000万公顷［von Braun和Meinzen Dick（2009）中所列的土地交易总额］到2012年的超过7 000万公顷［Anseeuw等（2012）引用的土地矩阵项目数据］。矩阵的数据库包含超过2 000笔交易，其中约一半，共约7 000万公顷，已交叉检查。非洲似乎始终是这些交易的首要目标，撒哈拉以南的非洲占土地交易面积的2/3。

大规模跨国土地收购中最活跃的一些投资者是石油资源丰富但粮食不安全的海湾国家，土地稀缺、人口众多的亚洲国家，以及发达国家。非国有投资者包括西方的粮食生产、加工、出口企业，还有与投资基金有关、被生物燃料需求和机会吸引的新的参与者。

虽然土地收购背后的推动因素已在最近的文献中有详细的讨论，但在推动土地跨国搜索中获取水资源的重要性（特别是用于灌溉）还没有得到足够重视。

对于中国和印度，缺水制约了应对日益增长的粮食需求的能力，很难通过增加国内农业生产应对粮食安全挑战，必须寻找替代方式。这些国家的农业用地也在不断减少。由于迅速消耗化石地下水资源，沙特不得不降低小麦产量，导致在 2007 年恢复小麦进口（Cotula 等，2009；Smaller 和 Mann，2009；Woertz，2009）；大约在同一时间（2008），沙特为促进农业境外投资设立了农业基金（Smaller 和 Mann，2009）。

由于旱作农业越来越不可靠和淡水越来越稀缺，投资者的农作物往往需要灌溉，因此水的安全供应是决定投资与否的一个重要方面。农业贸易专家早就注意到了虚拟水贸易的概念。如今，在外国的水权投资是通过购买或租赁与水权和取水有关的土地，这是一个重要动力和确保农业长期投资的新进程的一部分。

然而，在披露的土地交易中，通常没有明确提及水。在少数提到水的案例中，允许取水的数量没有规定。埃文斯（2009）引述雀巢公司首席执行官的话："伴随土地而来的是与其有关的取水权，在大多数国家基本上是免费赠送，这越来越可能是交易的最有价值部分。而且，因为这些水没有价格，投资者几乎可以免费利用。"这一趋势带来的后果对农村贫困人口有害，他们被迫与经济上更强大、技术上装备更好的参与者争夺越来越稀缺的水资源。国家间潜在的紧张局势和冲突，特别是在跨界流域，也是引起人们关注的一个原因。目前的土地收购步伐和对投资者有关水权的优惠，给许多河流体系的跨界合作带来极大的威胁，如尼罗河、尼日尔河与塞内加尔河流域。

在这种情况下，不断减少获取土地的途径和没有水权的土地使用权越来越不安全，土地管理部门过时和传统的解决方案在许多情况下将不再有效。水和土地已成为重要的战略资源，比以往任何时候都相互关联，所以在应对这些资源退化和枯竭的挑战时，采取综合管理办法，可能会比孤立地考虑它们更有效。投资者在早期的规划阶段即考虑这些项目可能造成的影响，并纳入适当的措施，这势在必行。

资料来源：Madiodio Niasse（国际土地联盟秘书处），Praveen Jha（德里大学），Rudolph Cleveringa（农业发展基金）及 Michael Taylor（国际土地联盟秘书处）。

除上述国家外，中国为实施生物燃料政策，已在印尼、泰国、马来西亚、莫桑比克和刚果民主共和国投入巨资购买土地。预计到 2020 年，中国交通能源需求的 15％将由生物燃料满足。作为减少温室气体排放的庞大计划的一部分，中国每年将用 200 万吨生物柴油和 1 000 万吨生物乙醇取代 1 200 万吨石油（Kraus，2009）。尽管中国为"绿色和清洁"能源投资设立了积极的目标，但干预措施也带来了负面效应，如森林砍伐、单一栽培给生物多样性造成的威胁、粮食价格上涨和粮食库存下降（国际货币基金组织估计，2006—2008 年间，玉米价格增量的 70％和大豆价格增量的 40％归因于对生物燃料需求的增加）。干预也造成人口流动，因为土地转换成种植园；同时也造成缺水，因为水是增长的主要生物燃料商品的主要投入（Kraus，2009）。生物燃料种植园需水量可能带来灾难性的后果，尤其是对西非这样的地区，那里的水已经严重紧缺（第十二届联合国贸易和发展会议，2008）；而种植能够提取出 1 升乙醇的甘蔗需要 18.4 升水和 1.52 平方米土地（Periera 和 Ortega，2010）。

7.6.2　区域威胁和全球影响

天气引起的区域自然灾害和全球影响

世界上大部分地区正在更深刻地感受到自然灾害的影响（见 4.4 节和第二十七章）。在所有自然和人为灾害中，与水有关的自然灾害是最常发生的，对实现人类安全和社会经济可持续发展构成很大的障碍（Adikari 和 Yoshitani，2009）。

人们认为，导致与水有关的灾害造成的较为严重影响的因素包括自然的压力，如气候变异；管理的压力，如缺乏适当的组织制度和土地管理不当；及社会的压力，如高风险地区的人口增加和安置，特别是弱势群体（Adikari 和 Yoshitani，2009）。干旱，除了造成某些社区取水下降外，已大大影响了农业生产，这已导致了粮食价格飞涨和食品短缺（Krugman，2011）。例如，小麦的成本在 2010 年夏季与 2011 年夏季之间几乎翻了一番，导致世界产量急剧下降。美国农业部认为，这次小麦产量下降主要归因于俄罗斯和中亚，其在 2010 年夏季经历了创纪录的干旱和炎热（Krugman，2010）。俄罗斯火灾和随后作出的暂时停止小麦出口的决定导致世界各地小麦价格急剧上涨（Hernandez，2010）。提高小麦这类商品的价格，并不仅仅影响其副产品及相关食品，还会造成重大社会政治影响，可以产生深远的后果，如食品骚乱和政治动荡。

埃及现在的小麦价格比 2010 年高出 30%（Biello，2011）。埃及消耗大量的小麦，面包成本上涨，加上其他社会政治问题，导致相当严重的政治动荡和内乱。埃及食品价格上涨和政治动乱之间的关系并非没有被其他中东国家注意到，如阿尔及利亚、约旦、利比亚、摩洛哥、沙特、土耳其、卡塔尔和也门都已经在世界市场购买了较大量的小麦，以限制价格飞涨。这清楚地表明干旱造成的食品短缺与较大的社会政治影响之间的联系。

同样，洪水可以对安全供水造成破坏性影响，并且对全球的影响远远超出区域范围。洪水，如政府间气候变化专门委员会（IPCC）总结的那样，预计将大量增多，这是全球变暖及其对水文循环影响的结果（IPCC，2007）。预计这些对作物产量和牲畜的影响将超出平均气候变化的影响。全世界易受洪水灾害影响的人口数量，预计到 2050 年将迅速增加到 20 亿，这是气候变化、森林砍伐、海平面上升及水灾易发地人口增长的结果（Adikari 和 Yoshitani，2009）。

正如干旱一样，洪水造成的损失也会带来全球性的后果。例如，2011 年 1 月澳大利亚洪水中，昆士兰州超过 90 万平方千米被洪水淹没。洪水对澳大利亚社会经济结构的破坏性影响是可以预料的，但令人意外的是，洪水对一些新兴经济体也有影响。昆士兰州是澳大利亚最大的煤炭出口枢纽，占到了世界煤炭交易总量的 28%。尤其是澳大利亚生产冶金煤，全球钢产量的 70% 依赖于此。日本、印度、中国及韩国均受到昆士兰州水灾的影响，因为其经济增长严重依赖于煤炭。这样的后果不仅仅限制了经济产出，也对民众生活和基础设施发展造成了影响。

7.6.3　冲突、竞争与合作

水资源短缺可能会导致不同强度和规模的冲突。虽然冲突可能会只在局部地区出现，但对更广范围的和平与安全提出了挑战。冲突的多方面影响，如流离失所、大量移民、影响生计、社会崩溃、暴力、健康风险和人员伤亡，会使全球都感受到这种涟漪效应。争夺水资源的冲突也可以变成燃料冲突或种族冲突。种族冲突常常是由对未来的共同恐惧引起的（Lake 和 Rothchild，1998），人们很容易看到缺水如何加深了这种担忧。

水从来没有成为引发任何一场大规模战争的唯一原因，因为我们所知道的国家还从未经历过那种可预见的水资源短缺。虽然还没有出现过单纯地因为争夺水资源而爆发的战争，但在历史上，水已引起足够的暴力及国家内部和国家之间的冲突，值得关注（Postel 和 Wolf，2001）。在水稀缺的地方，水可以被看作和被解为为一种安全威胁（Gleick，1993）。

研究巴基斯坦和印度的案例发现，在两国开展合作对话和谈判时，水可能成为使双方产生分歧的一个因素。例如，为了满足其急速发展、人口增长和飞涨的能源需求，印度正在建设众多的多用途大坝。目前，正在执行中的33个项目处于不同阶段，引起了巴基斯坦的关注。最有争议的项目是吉申根加（Kinshanganga）河上330兆瓦的大坝，这引起了巴基斯坦的格外注意。美国参议院外交关系委员会2011年报告的研究表明，《印度河水条约》规定，不能因为修建一座大坝就停止或减少对巴基斯坦的供水，但印度修建的这些大坝的累积效应可能会减少向巴基斯坦供水，特别是在作物生长的关键时期。然而，值得注意的是，印度的政府官员对该报告存在争议。

在今天的全球安全背景下，没有一个地区是真正不受冲突或不受另一个地区的冲突影响的。尽管政治局势紧张，各国已经设法成功地在水资源领域开展合作。例如，尽管印度和巴基斯坦在1956年和1971年发生了战争，并在2001—2002年面临跨境对抗，但两国一直在设法遵守1960年订立的《印度河水条约》。因此，在水资源问题上的合作是可能的，是各国合作的潜在领域。拉丁美洲跨界水资源领域的成功合作也有悠久的传统（Querol，2002）。

经济和贸易政策对区域水资源管理的影响

经济和贸易政策对促进水资源的可持续利用发挥着至关重要的作用。出现的问题是什么样的政策是最有利于确保国家、区域及全球各层面的可持续成果。目前有一种趋于保护主义政策的趋势，就是保护国家和区域资源，特别是水资源变得更加稀缺和更珍贵之时。保护主义认为，利用经济手段和市场机制风险，将水资源调到更有经济实力的地区，让弱势地区进一步边缘化。然而，制定保护主义政策也可能进一步造成了不均等的环境，缺水地区负担不起高耗水产品。

决策者必须认识到，市场化的方法和完全依赖指挥和控制的方法，都不可能是"适合所有情况"的方法。毕竟，在一个地方可能看起来好像有益的干预，考虑到国家和区域之间联系的复杂性，可能会对其他地方造成意想不到的结果。正如一些理论家建议的，资源稀缺的地区，可能对国际社会有重要的间接影响。例如，资源稀缺会鼓励有实力的群体捕捉脆弱的资源，并迫使边缘群体迁移到生态敏感地区。这可能会导致区域权力斗争和国际社会的不稳定，可能是范围更大的国家内部和国家之间冲突的导火索（Homer-Dixon，1994）。

在智利，安全的水权似乎已经对农业产值的增长作出了显著的贡献（Lee 和 Jouravlev，1998）。水务市场的推出恰逢农业生产和生产力大幅度增加之时。然而，水务市场的影响不能完全与经济稳定和其他经济改革的影响分开，尤其是贸易自由化和安全的土地使用权。无论如何，交易确实似乎已经成功地重新分配水权，伴随着小冲突，以达到更高的使用价值，如外向型农业、城市供水和采矿业（Donoso，2003）。

在考虑水资源时，纳入市场机制的积极方面是很有用的。例如，水资源枯竭的原因之一是，水作为一种资源已普遍被低估。因此，给水评定一个价值就很重要。是否将水看作一种商品，就是给它评定价值的最好方式，这也有待讨论。然而，无论是通过规范或价值，都必须给水资源评估价值，否则水资源下降的趋势将随之而来。正如《千年生态系统评估》中强调的，水的异质性使得它既不是一种公共商品，也不是私有物品，它不应该被单向对待（MES，2005）。

当试图在特定区域选择如何给水资源评估价值时（以便融入贸易和经济政策），在联合国已通过的以权利为基础的方法范围内进行决策可能会有所帮助（见1.2.4节有关水与卫生是人权一部分的内容）。尽管不同地区如何对待水资源有不同趋势，以权利为基础的方法可以提供一个基准，即水权保护，尤其是对最脆弱的水权保护，可以为其他企业、立法及管理各项事务的政策打好基础。

|||||||||||||||||||||||||||||||||||||||||||||||||||||||||||||||||||||||

"国家在融入国际进程时需要协调设定的水目标和治水方法，除此之外，我们还要面对各国在水的价值观和资源管理方法方面无法达成共识所带来的挑战。"

7.6.4　治理挑战

"水治理是指在政治、社会、经济和行政制度的范围内，适当地规范水资源开发和管理以及不同层次供水服务的规定"（GWP，2003，p.7）。虽然各国已制定了许多举措解决水治理中的不足，但在区域治理和全球治理结构之间仍然存在着很大的差别。

国家层面的措施通常无法解决区域性水资源问题，其中有些问题可能对全球都有影响。当地方或国家结构不足以解决水问题时，区域和全球机制的干预就很有必要。各国正在逐步协调其用水观念和方法并融入到国际进程中来。尽管如此，各国对水资源评价观点不同，也以不同的认识处理水资源，因此给我们带来挑战（Langridge，2008）（见第十章）。这些挑战涉及将一个地区的治理结构转换到另一个地区以及协调水政策目标，目前这些还是可望而不可即的。由于水与社会、经济和环境如此紧密相联，没有任何简单或容易的答案可以确保适当的治理。虽然治理可在不同的组织系统中体现，其正式的内容也可不同（如法律和体制安排），为某个社会设计治理体系必须考虑该社会特有的自然条件、权力结构和需求。

由于国际治理是在成员国的推动下开展

的，因此不难发现，它往往是支离破碎的。然而，也有积极的例子，个别体系的不同要素可以复制。例如，美国、法国和澳大利亚已经建立起高度复杂和灵活的流域综合管理制度（Shah等，2001）。许多发达国家根据供应经济学政策基础设施解决自然变异，以确保可靠的供应和降低风险。尽管发展中国家因为各自不同的实际情况可能无法导入这些结构（例如仅凭供应经济学政策解决方案不足以满足人口、经济和气候压力导致的不断增长的需求），这些国家可以复制其他方面，如废水处理和中水回收，也可以推动需求管理措施，以应对供水不足的挑战（联合国水计划，2008）。第十四章强调了其他这类案例，不同体系的各种要素可以被水管理者采用，以适应特定的情况。

特殊团体的需要一定是任何有效的区域管理机制的核心。虽然某些措施曾在一个地区有效，但不一定对另一个地区同样有效。比如"使用者付费"的原则，在澳大利亚成功实施；但在所罗门群岛未被采用，认为这个原则不是持续可行的，因为两国在政治结构、国家优先事项、人民生活水平、技术能力、财政与基础设施增长及变化的管理能力等方面都有较大不同之处（Shah等，2001）。但不同体系的共同方面可以探讨。

尽管在区域治理框架中可能出现变化，但也存在共性，可以组成有效结构的基础，包括：

- 改善水资源管理的技术系统；
- 加强地方管理人员；
- 地方有效的资源管理；
- 改进各级部门横向和纵向之间的协调；
- 改进信息和监测系统；
- 达成共识，特别是对专业团体而言，提高公众对水资源知识管理的参与；
- 促进区域合作与国际合作。

尽管实施这些改进措施的方式不同，但都会起到加强地区管理结构的作用。

加强管理结构的挑战之一是融资，对于

国际社会和各国而言都是如此。改造效率不高或落后的管理体系的资金往往不足。水资源短缺成为一个紧迫的问题，要求人们必须在不同行业寻求协同效应。水资源问题不会仅仅通过可持续发展或扶贫计划解决，还将更多地结合国际合作、外交、安全和移民方面的努力。

在开展专业研究时，不能将水法规和科学技术作为不相关的领域看待。它们应将看似无关的领域纳入进来，如教育、城市规划和社会发展等领域。解决未来水资源短缺的问题必须以跨行业和跨地区的模式进行思考，总体考虑和提高协作水平，并且以长远的观点解决现有的问题。

注 释

1 世界卫生组织对北非和撒哈拉以南非洲（SSA）的定义，请参见 http：//www. who. int/about/regions/afro/en/index. html。SSA 不包括阿尔及利亚、埃及、利比亚、摩洛哥和突尼斯。

2 兼顾通航需要的最低水位，情况变得更为复杂。

3 "Asia and the Pacific" 和 "ESCAP region" 指联合国亚洲及太平洋经济社会委员会的成员国和准成员国。

4 根据"联合监测计划"2010 年度报告，由联合国亚洲及太平洋经济社会委员会工作人员计算得出，于 2010 年 5 月 10 日公布在：http：//www. wssinfo. org/datamining/introduction. html。

5 为了该项分析，冲突不仅限于武装冲突，还包括需要调解的水纠纷。无论是否诉诸暴力，这些纠纷已经威胁到该地区社会经济发展进程的稳定性。

6 根据联合国环境规划署 2002 年数据，由联合国亚洲及太平洋经济社会委员会计算得出。

7 联合国环境规划署的数据基于联合国拉丁美洲经济委员会 2009 年对"极度贫困"的定义：即使所有的钱都用于购买食物，也不能满足基本的营养需要。

8 中美洲和南美洲的加勒比国家指苏里南、圭亚那、法属圭亚那和伯利兹。

参考文献

Adikari, Y. and Yoshitani, J. 2009. *Global Trends in Water-Related Disasters: An Insight for Policy-makers.* An Insight report for the United Nations World Water Assessment Program side papers series. Paris, UNESCO Publishing.

Alcamo, J. et al. 2007. Europe. M.L. Parry et al. (eds), *Climate Change 2007: Impacts, Adaptation and Vulnerability.* Contribution of Working Group II to the Fourth Assessment Report of the Intergovernmental Panel on Climate Change. New York, Cambridge University Press, pp. 541–80.

AMCOW (African Ministers' Council on Water). *A Snapshot of Drinking Water and Sanitation in Africa – 2010 Update: A Regional Perspective Based on New Data* from the WHO/UNICEF Joint Monitoring Programme for Water and Sanitation. Prepared for AMCOW as a contribution to Third Africa Water Week Addis Ababa, Ethiopia 22–26 November, 2010. http://www.childinfo.org/files/Africa_AMCOW_Snapshot_2010_English_final.pdf

American Rivers. n.d. American Rivers Home Page. http://www.americanrivers.org (accessed 28 March, 2011).

Anseeuw, W., Alden Wily, L., Cotula, L. and Taylor, M. 2012 (forthcoming). *Land Rights and the Rush for Land: Findings of the Global Commercial Pressures on Land Research Project.* Rome, International Land Coalition (ILC).

APWF (Asia Pacific Water Forum). 2009. *Regional Document: Asia Pacific.* 5th World Water Forum. http://www.apwf.org/archive/documents/ap_regional_document_final.pdf

----. 2007. Policy brief for the 1st Asia Pacific Water Forum in Beppu, Japan. http://www.apwf.org/archive/documents/summit/Policy_Brief_2007_080124.pdf

BWA (Barbados Water Authority). 2009. InterAmerican Development Bank, IDB, confirms strong support for Barbados and announces new Country Strategy. Press release, 26 November. Water for Life, http://www.barbadoswater.net

Bates, B. C., Kundzewicz, Z. W., Wu, S. and Palutikof, J. P. (eds). 2008. *Climate Change and Water. Technical Paper of the Intergovernmental Panel on Climate Change.* Geneva, IPCC Secretariat.

Benjamín, A. H., Marques, C. L. and Tinker, C. 2005.The Water Giant Awakes: An Overview of Water Law in Brazil. *Texas Law Review,* Vol. 83, No. 7 2185–244.

Biello, David. 2011 Are High Food Prices Fuelling the Revolution in Egypt? *Scientific American,* 1 February, 2011. http://blogs.scientificamerican.com/observations/2011/02/01/are-high-food-prices-fueling-revolutionin-egypt/

Boko, M. et al. Africa. 2007. M. L. Parry et al. (eds), *Climate Change 2007: Impacts, Adaptation and Vulnerability.* Contribution of Working Group II to the Fourth Assessment Report of the Intergovernmental Panel on Climate Change. Cambridge UK, Cambridge University Press, pp. 433–67.

von Braun, J. and Meinzen-Dick, R. 2009. *'Land Grabbing' by Foreign Investors in Developing Countries: Risks and Opportunities.* IFPRI Policy Brief 13 (April). Washington DC, International Food Policy Research Institute (IFPRI).

Brown, C. and Hansen, J. W. 2008. *Agricultural Water Management and Climate Risk.* Report to the Bill and Melinda Gates Foundation. International Research Institute for Climate and Society Technical Report No. 08-01, Palisades, New York, IRI. http://portal.iri.columbia.edu/portal/server.pt/gateway/PTARGS_0_5280_2210_0_0_18/IRI-Tech-Rep-08-01.pdf

Business News Americas. 2010. INRH to repair water network over 10–15 years – Cuba. 12 January http://www.bnamericas.com.

CEC (Commission for Environmental Cooperation). 2008. *The North American Mosaic: An Overview of Key Environmental Issues. Water Quantity and Use.* Montreal, Quebec, CEC Secretariat. http://www.cec.org/Storage/32/2366_SOE_WaterQuantity_en.pdf

CELADE (Latin American and Caribbean Demographic Centre). 2007. *Proyección de Población.* Observatorio Demográfico No. 3, LC7G.2348-P. Santiago, CELADE.

Chile, Dirección General de Aguas. 2008. Ministro Bitar anuncia 99 por ciento de tratamiento de aguas servidas al bicentenario. http://www.dga.cl/index2.php?option=content&do_pdf=1&id=1306

Cline, W. 2007. *Global Warming and Agriculture: Impact Estimates by Country.* Washington DC, Center for Global Development and Peterson Institute for International Economics.

Comunidad Andina de Naciones. 2010. *El Agua de los Andes: un recurso clave para el desarrollo e integraciòn de la region.* Lima, Secretaría General de la Comunidad Andina. http://www.comunidadandina.org/public/libro_120.htm

Corrales, M. E. 2004. Gobernabilidad de los servicios de agua potable y saneamiento en América Latina. *Rega,* Vol. 1, No. 1, pp. 47–58.

Cotula, L., Vermeulen, S., Leonard, R. and Keeley, J. 2009. *Land Grab or Development Opportunity? Agricultural Investment and International Land Deals in Africa.* London/Rome, IIED/FAO/IFAD.

CRED (Center for Research on the Epidemiology of Disasters) 2009. EM-DAT: *The International Disaster Database.* Brussels, CRED. http://www.emdat.be

CSD (United Nations Commission on Sustainable Development). 2008. *Water and Sanitation: Progress on the Implementation of the decisions of the Commission at its 13th session.* Prepared for CSD, 16th session held in New York, 5–6 May, 2008.

Deininger, K. et al. 2010. *Rising Global Interest in Farmland: Can it Yield Sustainable and Equitable Benefits?* Washington DC, The World Bank. http://siteresources.worldbank.org/INTARD/Resources/ESW_Sept7_final_final.pdf

De Stefano, L., Duncan, J., Dinar, S. Stahl, K. and Wolf, A. 2010. *Mapping the Resilience of International River Basins to Future Climate Change-Induced Water Variability.* World Bank Water Sector Board Discussion Paper Series No. 15. Washington DC, The World Bank.

Dilley, M., Chen, R. S., Deichmann, U., Lerner-Lam, A. L., Arnold, M. et al. 2005. *Natural Disaster Hotspots: Global Risk Analysis.* Synthesis Report. Washington DC, The World Bank. http://sedac.ciesin.columbia.edu/hazards/hotspots/synthesisreport.pdf

Donoso, G. 2003. *Mercados de agua: estudio de caso del Código de Aguas de Chile de 1981.* Santiago, Pontificia Universidad Católica de Chile.

Donoso, G. and Melo, O. 2004. *Water Institutional Reform: Its Relationship with the Institutional and Macroeconomic Environment.* Santiago, Pontificia Universidad Católica de Chile.

EC (European Commission). 2000. Directive 2000/60/EC of the European Parliament and of the Council of 23 October establishing a framework for the Community action in the field of water policy. Official Journal L327, 22/12/2000 P. 0001-0073.

----. 2008. *Water Note 1: Joining Forces for Europe's Shared Waters: Coordination in International River Basin Districts.* Water Notes on the Implementation of the Water Framework Directive. http://ec.europa.eu/environment/water/participation/pdf/waternotes/water_note1_joining_forces.pdf

----. 2009. The 1st River Basin Management Plans for 2009-2015. http://ec.europa.eu/environment/water/participation/map_mc/map.htm

ECLAC (United Nations Economic Commission for Latin America and the Caribbean). 2009. *Social Panorama.* Santiago, ECLAC.

----. 2010a. *Millennium Development Goals, Advances in Environmentally Sustainable Development in Latin America and the Caribbean.* Santiago, ECLAC. http://www.un.org/regionalcommissions/MDGs/eclac_mdgs09.pdf

----. 2010b. *Statistical Yearbook for Latin America and the Caribbean,* 2009. Santiago, ECLAC.

----. 2011. *Social Panorama.* Santiago, ECLAC.

EEA (European Environment Agency). 2005. *Source Apprtionment and Phosphorus Inputs into the Aquatic Environment.* EEA Report No. 7. Copenhagen, EEA.

----. 2007. *Europe's Environment: The Fourth Assessment.* State of the Environment Report. Copenhagen, EEA. http://www.eea.europa.eu/publications/state_of_environment_report_2007_1

----. 2010. *The European Environment – State and Outlook 2010.* Denmark, EEA. http://www.eea.europa.eu/soer

EPA (The US Environmental Protection Agency). 2008. Home Page. http://www.epa.gov/roe/index.htm (Accessed

19 November 2010.)

ESCAP (United Nations Economic and Social Commission for Asia and the Pacific). 2006. *State of Environment in Asia and the Pacific 2005 Synthesis.* Bangkok, ESCAP. http://www.unescap.org/esd/environment/soe/2005/download/SOE%202005%20Synthesis.pdf

----. 2010a. *Statistical Yearbook for Asia and the Pacific, 2009.* Bangkok, ESCAP.

----. 2010b Preview: *Green Growth, Resources and Resilience: Environmental sustainability in Asia and the Pacific.* Bangkok, ESCAP. http://www.unescap.org/esd/environment/flagpubs/GGRAP/documents/Green%20Growth-16Sept%20(Final).pdf

----. 2011. Population Dynamics: Social Development in Asia-Pacific. http://actionbias.com/issue/population-dynamics

ESCAP, ADB (Asian Development Bank) and UNDP (United Nations Development Programme). 2010. *Achieving the Millennium Development Goals in an Era of Global Uncertainty.* Asia-Pacific Regional Report. Bangkok, ESCAP, ADB and UNDP. http://content.undp.org/go/cms-service/stream/asset/?asset_id=2269033

ESCWA (United Nations Economic and Social Commission for Western Asia). 2005. *ESCWA Water Development Report 1: Vulnerability of the Region to Socio-Economic Drought.* E/ESCWA/SDPD/2005/9. New York, ESCWA. http://www.escwa.un.org/information/publications/edit/upload/sdpd-05-9-e.pdf

----. 2009a. *Compendium of Environmental Statistics in the ESCWA Region, 2008–2009.* 2nd Issue. New York, ESCWA. http://www.escwa.un.org/information/pubaction.asp?PubID=653

----. 2009b. *The Demographic Profile of the Arab Countries.* E/ESCWA/SDD/2009/Technical Paper9. New York, ESCWA. http://www.escwa.un.org/information/publications/edit/upload/sdd-09-TP9.pdf

----. 2009c. *ESCWA Water Development Report 3: Role of Desalination in Addressing Water Scarcity.* E/ESCWA/SDPD/2009/4, New York, ESCWA. http://www.escwa.un.org/information/publications/edit/upload/sdpd-09-4.pdf

----. 2009d. *Trends and Impacts in Conflict Settings: The Socio-Economic Impact of Conflict-Driven Displacement in the ESCWA Region.* Issue 1. E/ESCWA/ECRI/2009/2. New York, ESCWA. http://www.escwa.un.org/information/publications/edit/upload/ecri-09-2.pdf

----. 2009e. *Increasing the competitiveness of small and medium-sized enterprises through the use of environmentally sound technologies: Assessing the potential for the development of second-generation biofuels in the ESCWA region.* E/ESCWA/SDPD/2009/5. New York, ESCWA.

Evans, A. 2009. Managing scarcity: The institutional dimensions. *Global Dashboard,* 25 August.

FAO (Food and Agriculture Organization of the United Nations). 2005. *Irrigation in Africa in Figures: AQUASTAT Survey – 2005.* FAO Water Report No. 29, Rome, FAO. ftp://ftp.fao.org/agl/aglw/docs/wr29_eng.pdf

----. 2008. Mapping poverty, water and agriculture in sub-Saharan Africa. Faurès, J.-M. and Santini, G. (eds), *Water and the Rural Poor: Interventions for Improving Livelihoods in sub-Saharan Africa.* Rome, FAO. ftp://ftp.fao.org/docrep/fao/010/i0132e/i0132e03a.pdf

----. 2011. General Summary for the Countries of the Former Soviet Union. Rome, FAO. http://www.fao.org/nr/water/aquastat/regions/fussr/index5.stm (accessed March 31, 2011).

Field, C. B. et al. 2007. North America. M.L. Parry et al. (eds), *Climate Change 2007: Impacts, Adaptation and Vulnerability.* Contribution of Working Group II to the Fourth Assessment Report of the Intergovernmental Panel on Climate Change. New York, Cambridge University Press, pp. 617–52.

Foster, V. and C. Briceño-Garmendia (eds). 2010. *Africa's Infrastructure: A Time for Transformation.* Africa Infrastructure Country Diagnostic (AICD). Washington DC, The World Bank. http://siteresources.worldbank.org/INTAFRICA/Resources/aicd_overview_english_no-embargo.pdf

Foster, S., Kemper, K., Garduño, H., Hirata, R. and Nanni, M. 2006. *The Guarani Aquifer Initiative for Transboundary Groundwater Management.* Washington DC, The World Bank.

de Fraiture, C., Giordano, M. and Liao, Y. 2008. Biofuels and implications for agricultural water use: Blue impacts of green energy. *Water Policy,* Vol. 10, Supplement 1, pp. 67–81.

Gleick, P. 1993. Water and conflict freshwater resources and international security. *International Security,* Vol. 18, No. 1, pp. 79–112.

Government of Egypt. 2010. Mubarak receives report on facing floods in future. *ReliefWeb,* 13 February. http://www.reliefweb.int/node/345133

Guarani Aquifer Agreement. 2010. International Water Law Project. http://www.internationalwaterlaw.org/documents/regionaldocs/Guarani_Aquifer_Agreement-English.pdf

Guha-Sapir, D. et al. 2011. *Annual Disaster Statistical Review 2010: The Numbers and Trends.* Brussels, CRED. http://www.undp.org.cu/crmi/docs/cred-annualdisstats2010-rt-2011-en.pdf http://www.globalwaterintel.com/archive/9/9/analysis/world-water-prices-rise-by-67.html.

GWP (Global Water Partnership). 2003. Effective Water Governance, Peter Rogers and Alan W. Hall, GWP Technical Committee Background Papers No. 7.

Harbridge, W. et al. 2007. Sedimentation in the Lake of Tunis: A lagoon strongly influenced by man. *Environmental Geology,* Vol. 1, No. 4, pp. 215–25.

Herrmann, T. M., Ronneberg, E., Brewster, M. and Dengo, M.. Social and economic aspects of disaster reduction, vulnerability and risk management in small island developing states. *Small Island Habitats,* pp. 231–33 http://www.sidsnet.org/docshare/other/20050126112910_Disaster_Reduction_and_Small_Islands.pdf

Hernandez, M. A., Robles, M. and Torero, M. 2010. *Fires in Russia, Wheat Production, and Volatile Markets: Reasons to*

Panic? 2010 International Food Policy Research Institute, 6 August. http://www.ifpri.org/sites/default/files/wheat.pdf

Homer-Dixon, T. 1994. Environmental scarcities and violent conflict: Evidence from cases. *International Security,* Vol. 19, No. 1, pp. 5–40.

Hughes, D. 2008. Identification, estimation, quantification and incorporation of risk and uncertainty in water resources management tools in South Africa. *IWR Water Resource Assessment Uncertainty Analysis.* Project Inception Report. Grahamstown, South Africa, Rhodes University. http://www.ru.ac.za/static/institutes/iwr/uncertainty

ICPDR (International Commission for the Protection of the Danube River). 2007. *Issue Paper on Hydromorphological Alterations in the Danube River Basin.* IC/WD/265, document version, 12. Vienna, ICDPR. www.icpdr.org/icpdr-files/14717

IDB (Inter-American Development Bank). 2009. IDB confirms strong support for Barbados and announces new Country Strategy. Press Release, Washington DC, IDB, 26 November.

Indus Waters Treaty. 1960. http://siteresources.worldbank.org/SOUTHASIAEXT/Resources/223546-1171996340255/BaglibarSummary.pdf

IPCC (Intergovernmental Panel on Climate Change). 2007. M. L. Parry, O. F. Canziani, J. P. Palutikof, P. J. van der Linden and C. E. Hanson (eds), *Climate Change 2007: Impacts, Adaptation and Vulnerability.* Contribution of Working Group II to the Fourth Assessment Report of the Intergovernmental Panel on Climate Change. Cambridge, UK, Cambridge University Press. http://www.ipcc.ch/pdf/assessment-report/ar4/wg2/ar4-wg2-intro.pdf

––––. 2008. *Climate Change and Water.* IPCC Technical Paper IV. http://www.ipcc.ch/pdf/technical-papers/climate-change-water-en.pdf

Karrou, M. 2002. *Climatic Change and Drought Mitigation: Case of Morocco,* INRA, Rabat, Morocco. Presented at the first CLIMAGRImed Workshop, FAO, Rome, 25–27 September. http://www.fao.org/sd/climagrimed/pdf/ws01_38.pdf

Kasinof, S. 2009. At heart of Yemen's conflicts: Water crisis. *The Christian Science Monitor,* 5 November. http://www.csmonitor.com/World/Middle-East/2009/1105/p06s13-wome.html

Kiang, T. T. n.d. Singapore's experience in water demand management. http://www.iwra.org/congress/2008/resource/authors/abs461_article.pdf

Klein, L. R. and Coutiño, A. 1996. The Mexican Financial Crisis of December 1994 and lessons to be learned. *Open Economics Review,* Vol. 7, pp. 501–510.

Kraus, M. 2009. *Fuelling New Problems: The Impact of China's Biodiesel Policies.* Asia Paper: Brussels Institute of Contemporary China Studies. Brussels, BICCS.

Krugman, P. 2011. Droughts, floods and food. *New York Times,* 9 February. http://www.nytimes.com/2011/02/07/opinion/07krugman.html

Lake, D. and Rothchild, D. (eds). 1998. The International Spread of Ethnic Conflict. Princeton, NJ and Chichester, UK, Princeton University Press.

Langridge, R. 2008. Developing global institutions for governing water. *Journal of International Affairs,* Vol. 61, No. 2.

Lee, T. and Jouravlev, A. 1998. *Prices, Property and Markets in Water Allocation.* LC/L.1097. Santiago, United Nations Economic Commission for Latin America and the Caribbean (ECLAC). http://www.eclac.cl/publicaciones/xml/4/4704/lcl1097i.pdf

Lentini, E. 2008. Servicios de agua potable y saneamiento: lecciones de experiencias relevantes. Document presented at the regional conference on *Políticas para servicios de agua potable y alcantarillado económicamente eficientes, ambientalmente sustentables y socialmente equitativos.* Economic Commission for Latin America and the Caribbean (ECLAC), Santiago, Chile, 22–24 September 2008.

Lloret, P. 2009. Water Protection Fund (FONAG). *Circular of the Network for Cooperation in Integrated Water Resource Management for Sustainable Development in Latin America and the Caribbean,* No. 29. Santiago, United Nations Economic Commission for Latin America and the Caribbean (ECLAC). http://www.cepal.org/drni/noticias/circulares/2/34862/Carta29in.pdf

Makboul, M., 2009. Loi 10-95 sur l'eau: Acquis et perspectives. UNESCO Country Office in Rabat, Cluster Office for the Maghreb, *L'Etat des Ressources en Eau au Maghreb en 2009,* Rabat, UNESCO, pp. 47–59.

Mann, H. and Smaller, C. 2010. Foreign land purchases for agriculture: What impact on sustainable development? *Sustainable Development Innovation Briefs,* Issue 8. http://www.un.org/esa/dsd/resources/res_pdfs/publications/ib/no8.pdf

MES (Millennium Ecosystem Assessment). 2005. *Ecosystems and Human Well-being: Policy Responses,* Volume 3. Chopra, K. R. et al. (eds). Washington DC and London, Island Press.

Miranda, M. and Sauer, A. 2010. *Mine the Gap: Connecting Water Risks and Disclosure in the Mining Sector.* World Resources Institute Working Paper (WRI). Washington DC, WRI. http://pdf.wri.org/working_papers/mine_the_gap.pdf

National Atlas of the United States. 2011. *Water Use in the United States.* http://www.nationalatlas.gov/articles/water/a_wateruse.html (Accessed 7 May 2011.)

NEPAD (New Partnership for Africa's Development). 2006. *Water in Africa: Management Options to Enhance Survival and Growth.* Addis Ababa, United Nations Economic Commission for Africa (UNECA). http://www.uneca.org/awich/nepadwater.pdf

NOAA (National Oceanic and Atmospheric Administration). n.d. El Niño Theme Page. http://www.pmel.noaa.gov/tao/elnino/impacts.html (Accessed 9 November 2010.)

Norman, E. and Bakker, K. 2005. *Drivers and Barriers of Cooperation in Transboundary Water Governance: A Case Study of Western Canada and the United States.* A report presented to the Walter and Duncan Gordon Foundation, November 8. http://www.watergovernance.ca/PDF/Gordon_Foundation_Transboundary_Report.pdf

Norman, E., Bakker, K., Cook, C., Dunn, G. and Allen, D. 2010. *Water Security: A Primer.* Program on Water Governance. Vancouver, BC, University of British Columbia. http://www.watergovernance.ca/wp-content/uploads/2010/04/WaterSecurityPrimer20101.pdf

OECD (Organisation for Economic Development and Co-operation). 2009. *Fact Book,* 2009. Paris, OECD.

Pereira, C. L. and Ortega, E. 2010. Sustainability assessment of large-scale ethanol production from sugarcane. *Journal of Cleaner Production,* Vol. 18, No. 1, pp. 78–82.

Postel, S. and Wolf, A. 2001. Dehydrating Conflict. *Foreign Policy,* 1 September.

PRB (Population Reference Bureau). 2011. *World Population Data Sheet: The World at 7 Billion.* Washington DC, PRB. http://www.prb.org/pdf11/2011population-data-sheet_eng.pdf

----. 2008. *World Population Growth, 1950–2050.* http://www.prb.org/Educators/TeachersGuides/HumanPopulation/PopulationGrowth.aspx (Accessed 31 March 2011.)

Querol, M. 2003. *Estudio sobre los convenios y acuerdos de cooperación entre los países de América Latina y el Caribe, en relación con sistemas hídricos y cuerpos de agua transfronterizos.* LC/L.2002-P. Santiago, United Nations Economic Commission for Latin America and the Caribbean (ECLAC). http://www.eclac.cl/publicaciones/xml/2/13672/lcl2002e.pdf

Renault, D. 2002. *Value of Virtual Water in Food: Principles and Virtues.* Paper presented at the UNESCO–IHE Workshop on Virtual Water Trade, 12–13 December. Delft, The Netherlands. http://www.fao.org/nr/water/docs/VirtualWater.pdf

Roy, D., Barr, J. and Venema, D. H. 2010. *Ecosystem Approaches in Transboundary Integrated Water Resources Management (IWRM): A Review of Transboundary River Basins.* International Institute for Sustainable Development and United Nations Environment Programme.

SADC (Shared Watercourse Systems in the Southern African Development Community Region). 2008. SADC Revised Protocol on Shared Watercourses. http://www.sadc.int/index/browse/page/159

Shaban, A. 2009. *Monitoring Groundwater Discharge in the Coastal Zone of Lebanon Using Remotely Sensed Data.* Presented at Stockholm World Water Week, 16–22 August.

Shah, T, Makin, I. and Sakthiradivel, R. 2001. Limits to Leapfrogging: Issues in transposing successful river basin management institutions in the developing world. C. L. Abernathy (ed.) *Intersectoral Management of River Basins.* Colombo, IWMI-DSE.

SISS (Superintendencia de Servicios Sanitarios). 2011. *Informe de Gestión del Sector Sanitario 2010.* Santiago, SISS. http://www.siss.gob.cl/577/articles-8333_recurso_1.pdf

Smaller, C. and Mann, H. 2009. *A Thirst for Distant Lands. Foreign Investment in Agricultural Land and Water.* Winnipeg, Canada, International Institute for Sustainable Development (IISD).

Statistics Canada. 2010. *Human Activity and the Environment: Freshwater Supply and Demand in Canada 2010.* Ottawa, ON, Statistics Canada.

Stoltman, J., Lidstone, J. and Dechano, L. (eds). 2004. *International Perspectives on Natural Disasters: Occurrence, Mitigation and Consequences.* Dordrecht, The Netherlands, Kluwer Academic Publishers.

Stulina, G. 2009. *Climate Change and Adaptation to it in the Water and Land Management of Central Asia.* CACENA and Global Water Partnership.

Sydney Water. 2011. Hoxton Park Recycled Water Scheme. http://www.sydneywater.com.au/Majorprojects/SouthWest/HoxtonPark (Accessed 14 October 2011.)

The Economist online. 2011. Africa's impressive growth. *The Economist online,* 6 January. http://www.economist.com/blogs/dailychart/2011/01/daily_chart

United Nations (UN). 2009. *State of the World's Indigenous Peoples.* New York: United Nations, Department of Economic and Social Affairs. http://www.un.org/esa/socdev/unpfii/documents/SOWIP_web.pdf.

UNCTAD XII (United Nations Conference on Trade and Development). 2008. *Biofuels Development in Africa: Supporting Rural Development or Strengthening Corporate Control?* UNCTAD XII Workshop held in Accra, Ghana 12 May. https://files.pbworks.com/download/qbexQtTcy3/np-net/12638865/ACORD%20et%20al%20(2008)%20Biofuels%20in%20Africa%20Rural%20Development%20or%20Corporate%20control.pdf?Id=1

UNDESA (UN Department of Economic and Social Affairs). 2007. *World Population Prospects: The 2006 Revision, Highlights.* ESA/P/WP.202. New York: United Nations. http://www.un.org/esa/population/publications/wpp2006/WPP2006_Highlights_rev.pdf

----. 2010. *State of the World's Indigenous Peoples.* New York, United Nations. http://www.un.org/esa/socdev/unpfii/documents/SOWIP_web.pdf

UNECA (United Nations Economic Commission for Africa). 2000. *Transboundary River/Lake Basin Water Development in Africa: Prospects, Problems, and Achievements.* Addis Ababa, UNECA. http://www.uneca.org/awich/Reports/Transboundary_v2.pdf

----. 2001 *State of the Environment in Africa.* Addis Ababa, UNECA. http://www.uneca.org/water/State_Environ_Afri.pdf.

----. 2006 *African Water Development Report.* Addis Ababa, UN Water/Africa and UNECA. http://www.uneca.org/awich/AWDR_2006.htm

UNECE (United Nations Economic Commission for Europe). 1998. *Aarhus Convention on Access to Information, Public Participation in Decision-making and Access to Justice in Environmental Matters.* Aarhus, Denmark, 25 June. http://www.unece.org/env/pp

----. 2005. *Seminar on Environmental Services and Financing for the Protection and Sustainable Use of Ecosystems.* Geneva, 10–11 October. http://www.unece.org/env/water/meetings/payment_ecosystems/seminar.htm

----. 2007a. *Our Waters: Joining Hands Across Borders – First Assessment of Transboundary Rivers, Lakes and Groundwaters.* New York and Geneva, UNECE.http://www.

unece.org/env/water/publications/pub76.htm

----. 2007b. *Recommendations on Payments for Ecosystem Services in Integrated Water Resources Management*. New York and Geneva, UNECE. http://www.unece.org/index.php?id=11663

----. 2009a. *Guidance on Water and Adaptation to Climate Change*. New York and Geneva, UNECE. http://www.unece.org/env/water/publications/documents/Guidance_water_climate.pdf

----. 2009b. *Transboundary Flood Risk Management: Experiences from the UNECE Region*. New York and Geneva, UNECE. http://www.unece.org/env/water/mop5/Transboundary_Flood_Risk_Managment.pdf

----. 2009c. *Capacity for Water Cooperation in Eastern Europe, Caucasus and Central Asia. River Basin Commissions and Other Institutions for Transboundary Water Cooperation*. New York and Geneva, UNECE. http://unece.org/env/water/documents/CWC_publication_joint_bodies.pdf

----. 2010. *The MDGs in Europe and Central Asia: Achievements, Challenges and the Way Forward*. Prepared by UNECE in collaboration with UNDP, ILO, FAO, WFP, UNESCO and other partners. New York and Geneva, UNECE. http://www.unece.org/commission/MDGs/2010_MDG.pdf

----. 2011a. *Second Assessment of Transboundary Rivers, Lakes and Groundwaters*. New York and Geneva, UNECE. http://www.unece.org/?id=26343

----. 2011b. *Setting Targets and Target Dates to Achieve Sustainable Water Management and Reduce Water-Related Diseases in the Republic of Moldova*. Report prepared in collaboration with the Swiss Agency for Development and Cooperation and the Government of the Republic of Moldova. http://www.unece.org/index.php?id=26819

UNEP (United Nations Environment Programme). 2006a. *Challenges to International Waters: Regional Assessments in a Global Perspective*. Global International Waters Assessment (GIWA) project. Nairobi, UNEP in collaboration with GEF, the University of Kalmar and the Municipality of Kalmar, Sweden, and the Governments of Sweden, Finland, and Norway.

----. 2006b. *Environmental Indicators for North America*. Nairobi and Washington DC, UNEP. http://www.unep.org/pdf/NA_Indicators_FullVersion.pdf http://www.unep.org/dewa/giwa/publications/finalreport/giwa_final_report.pdf

----. 2007. *Global Environment Outlook 4*. http://www.unep.org/geo/geo4.asp (Accessed 10 October 2011.)

----. 2009. *Assessment of Transboundary Freshwater Vulnerability in Africa to Climate Change*. Nairobi, UNEP. http://www.unep.org/dewa/Portals/67/pdf/Assessment_of_Transboundary_Freshwater_Vulnerability_revised.pdf

----. 2010a. *Global Envvironment Outlook: Latin America and the Caribbean (GEO LAC) 3*. Panama City, United Nations Environment Programme, Regional Office for Latin America and the Caribbean. http://www.unep.org/pdf/GEOLAC_3_ENGLISH.pdf

----. 2010b. *Africa Water Atlas*. Nairobi: United Nations Environment Programme, Division of Early Warning and Assessment (DEWA), 2010. http://na.unep.net/atlas/africaWater/book.php.

----. 2011. *GEO Data Portal*. 2011. http://geodata.grid.unep.ch/.

UNESCO (United Nations Educational, Scientific and Cultural Organization). 2010. *Aspectos Socioeconómicos, Ambientales y Climáticos de los Sistemas Acuíferos Transfronterizos de las Américas*. ISARM Americas Series No 3. Montevideo/Washington DC, UNESCO-IHP/OAS. http://www.oas.org/dsd/WaterResources/projects/ISARM/Publications/ISARMAmericasLibro3(spa).pdf

UNESCO-WWAP (World Water Assessment Programme). 2006. *La Plata Basin Case Study, Final Report. WWDR2*. Paris, UNESCO Publishing. http://www.unesco.org/new/en/natural-sciences/environment/water/wwap/case-studies/

UN-Habitat. 2005. *Financing Urban Shelter: Global Report on Human Settlements 2005*. London and Nairobi, Earthscan and UN-Habitat. http://www.unhabitat.org/content.asp?typeid=19&catid=555&cid=5369

UN-Habitat. 2010. *The State of African Cities 2010: Governance, Inequality and Urban Land Markets*. Nairobi, UN-Habitat and UNEP.

UN Water/Africa and AMCOW (African Ministers' Council on Water). 2004. *Outcomes and Recommendations of the Pan-African Implementation and Partnership Conference on Water (PANAFCON)*. Presented in Addis Ababa, 8–13 December, 2003. UN Water/Africa and AMCOW. http://www.uneca.org/eca_resources/publications/sdd/panafcon%20outcomes.pdf

----. 2008. *Status Report on Integrated Water Resources Management and Water Efficiency Plans*. UN-Water. http://www.unwater.org/downloads/UNW_Status_Report_IWRM.pdf

US Census Bureau. n.d. *Population Profile of the United States*. http://www.census.gov/population/www/pop-profile/natproj.html (Accessed 31 March 2011).

United States Senate. 2011. *Avoiding Water Wars: Water Scarcity and Central Asia's Growing Importance for Stability in Afghanistan and Pakistan*. A report prepared for the use of the Committee on Foreign Relations, United States Senate. Washington DC, US Government Printing Office.

Valenzuela, S. and Jouravlev, A. 2007. *Servicios urbanos de agua potable y alcantarillado en Chile: factores determinantes del desempeño*. LC/L.2727-P. Santiago, United Nations Economic Commission for Latin America and the Caribbean (ECLAC). http://www.eclac.cl/publicaciones/xml/0/28650/lcl2727e.pdf

Waterwiki.net. 2009. *Facing Water Challenges in Istanbul*. http://waterwiki.net/index.php/Facing_Water_Challenges_in_Istanbul (accessed 7 May 2011).

WHO (World Health Organization)/UNICEF (United Nations Children's Fund). 2010. *Progress on Sanitation and Drinking-water: 2010 Update*. Joint Monitoring Programme for Water Supply and Sanitation. Geneva/New York, WHO/UNICEF. http://www.who.int/water_sanitation_health/publications/9789241563956/en/index.html

Woertz, E. 2009. Gulf food security needs delicate diplomacy. *Financial Times*, 4 March. http://www.ft.com/cms/s/0/d916f8e2-08d8-11de-b8b0-0000779fd2ac.html#axzz1BJ6wr0YH

World Bank. 2009. *Assessment of Restrictions on Palestinian*

Water Sector Development: West Bank and Gaza. Report
No. 47657-GZ, Washington DC, The World Bank.
http://pwa.ps/Portals/_PWA/08da47ac-f807-466f-a480-
073fb23b53b6.pdf

Wunder, Sven. 2005. *Payments for Environmental Services:
Some Nuts and Bolts* . Center for International Forestry
Research (CIFOR) Occasional Paper No. 42, Bogor Barat,
Indonesia, CIFOR. http://www.cifor.cgiar.org/publications/
pdf_files/OccPapers/OP-42.pdf

Yessekin, B. et al. 2006. *Implementing the UN Millennium
Development Goals in Central Asia and the South Caucasus:
Goal 7: Ensure Environmental Sustainability, Conserving
Ecosystems of Inland Water Bodies in Central Asia and
the South Caucasus.* Almaty, Kazakhstan and Tashkent,
Uzbekistan, The Central Asian Regional Ecological Center
and the Global Water Partnership for Central Asia and
Caucasus. http://www.cawater-info.net/library/eng/gwp/
ecosystem_e.pdf.

You, L. Z. 2008. *Irrigation Investment Needs in Sub-Saharan
Africa.* Background Paper 9, Africa Infrastructure Country
Diagnostic. Washington DC, The World Bank.

Young, C., Jacobi, S. and Andah, K. 2009. *Deriving Optimal
Information from Inadequate Data Collection Networks for
Water Allocation in Ghana. Proceedings of a Symposium*
held on the island of Capri, Italy on 13–16 October, 2008,
under the auspices of the International Association of
Hydrological Sciences (IAHS) and UNESCO.

Zawya. 2011. MARAFIQ - Yanbu Power and Desalination Plant
- Phase 2. *Projects Monitor*, 29 April.

Zimmer, D. and Renault, D. n.d *Virtual Water in Food
Production and Global Trade: Review of Methodological
Issues and Preliminary Results.* Rome, FAO Water.

第二部分　不确定性和风险条件下的水管理

简介

作者：丹尼尔·洛克斯

如何应对不确定性和变化的环境

整个世界正经历着巨大的变化。政治和社会体制正在发生变革并变得难以预测，产生的影响也是多种多样。技术的进步带动了人类生活水平和预期寿命的提高及消费模式的变化。人口日益增长，城市不断扩张；为满足食物的需求，农业生产也在不断扩大。其结果像气候一样，土地利用和土地覆盖层正在发生改变。在多数情况下，这些变化的速度呈增长趋势，所造成的长期影响往往无法确定。尽管会出现不连贯或临界点，但变化不可逆转。这些变化足以改变淡水供需的水质、分配和水量，最终影响到区域水循环。

日常生活、生活方式、技术和环境的改变将会持续加速。每一天都能带来新的风险、不确定性和机遇。人类期待着以更快的速度、更有效的方式及更少的资源完成更多事情的时候，却承受着更大的压力。变化已成为每个人生活和每件事物不可回避的事实。季节变换、人员变化、目标和情感的变化以及行业变化等，在某种程度上都是由生活方式和技术变化所引起的。因此，供水及水质也要满足由于改变所产生的需求（Jackson 等，2001；Kates 和 Clark，1996；Marien，2002；Ostrom，1990；Tansey 和 O'Riordan，1999）。

水资源管理者在水资源面临的不确定性日益增加的条件下应如何规划和适应未来的变化？用水者应如何规划和适应未来供水和水质的不确定性？我们作为创建、管理和改变水治理结构的人，无论是在地区还是全球范围，都在这个结构中运转和相互影响，我们应如何满足现代人的用水需求乃至将来用水者的需求？这些用水者包括环境和处于贫困阶层以及没有话语权的人。在未来变化和不确定的条件下，我们全社会如何团结一致共同将可持续性更提高一步（Vincent，2007；Watkins 和 McKinney，1997）？

适应变化的同时也带来机遇。过去发生的事实虽然已无法改变，但现在所作的决策可以影响未来。水是主要的介质，人类活动和气候变化通过它与地球表面、生态系统和人类之间相互影响和作用。人类正是通过水和水质感受到最强烈的变化冲击。如果人类面对变化不作出适当的应对或规划，那么数亿人口将面临饥饿、不健康、能源短缺和贫困、水资源短缺和污染及/或洪水泛滥等更大风险（Anderies 等，2004；Folke 等，2002；Ganoulis，2004；Holling 等，2002；Lu，2009；NRC，1983；Pahl-Wostl 等，2007）。

很多人都关注环境，但大多数人都倾向于不采取行动或不提倡环境行动。因为人们普遍认为环境补救所花的费用是近期成本，而效益的发挥是未来的事。不采取行动的另一个原因是不确定因素的存在，导致无法肯定这些行动的相对优势。为了制定有效的公共政策，水利专家需要认真地研究未来的不确定性，研究如何减小不确定性以及采取哪些行动，以便在面临这些不确定性时为达到预期效果提供最好的保障（英国内阁办公室战略部，2002）。

未来存在不确定性不是不采取行动的理由。如果要在未来获得效益，则必须在近期作出水利基础设施投资、运行和管理的决策。为获得肯定的了解等待数十年后再采取行动是不可行或无法接受的借口。在水利基础设施投资和运行决策发挥效益之前，我们就必须制定这些决策，因此，这些决策无疑将建立在不确定的数据和假设基础之上。确切地了解和掌握未来绝对是不可能的。何种因素影响可供水资源量、如何对水资源进行管理、如何对其进行利用，即使是间接地利用等问题，都需要在无法获得精确信息的情况下制定决策（Cosgrove 和 Rijsberman，2000；Funtowicz 和 Ravetz，1990；Morgan 和 Henrion，1990）。

公众与科学界和政策制定者之间互动的增加有利于决策制定过程的改进。互动可对所提出的、讨论的和实施的政策建议进行质疑和详细讨论。应帮助政策制定者和公众了解情况，而公众也应对不采取行动持否定态度。利益相关者应在讨论如何管理社会和自然的政治辩论中提出新的想法。他们可尝试利用各种方法对各自的相对优势进行评估。所有利益相关者都应设想他们的未来，制定出能满足他们未来需要的政策，并对可能的影响和不确定性进行评估（NRC，1996；Wildavsky 和 Dake，1990）。

目前哪些是已知的？或者说我们可以做什么样的假设？以下几点显得至关重要：

• 认识到政府、私营部门和民间团体决策者及我们所有个体都要应对风险和不确定性所带来的问题。某些决策无论是否将水资源问题考虑进去，都可能对水资源产生影响。

• 更广泛地认识和了解其他经济和社会部门的情况，帮助这些部门的决策者了解他们制定的决策对水会产生的影响，以及水对它们产生的影响。在一个领域采取协调和协作管理的方式可提高整体的效果，毕竟这些部门和相关领域同水管理者和使用者一样，面临着相同或类似的不确定性，都在不断地进行着风险管理。

• 接受未来持续发生变化的现实，承认大部分变化超出人类社会掌控的范围；水管理方法应具有适应性、响应性和预见性。

• 将开展可持续水管理当成是适应性过程而不是终点。

• 将适应性决策当成是处理经济、社会和生态系统中不确定性的优选方法。

• 通过加强监测网络与淡水指标体系，寻求新的模式及作出响应。

• 由"考虑影响型思维"向"考虑适应性思维"转变，采取将遗憾最小化策略。

• 在国家、流域和地方水资源管理阶层培养适应变化的能力。

• 将环境流量作为水资源管理的核心目标之一，使各方均衡受益。

• 采取"智能型应对气候变化"的方式，对现有、新建和正在运行的水利基础设施进行管理。

• 在应对方案中纳入"生态基础设施"（如湿地、洪泛平原等），并在可行的情况下尽可能地加以运用。

• 提高淡水生态系统的连通性和完整性。

"考虑影响型思维"的关键是对决策影响进行预测的能力。目前的做法是更加注重分析人员预测某项决策特定影响的能力，这导致了或至少影响或改变了适应性活动。这就是反应性的"考虑影响型思维"。问题是分析者所做的假设以及选择的影响范围可能过于狭窄，通常也不确定。这反映在预计的影响或结果中。"考虑适应性思维"认为基于模型的影响预测总是具有固有的不确定性，并出于多重原因，将经济、社会和生态系统作为与当前和过去状态不同的动态的实体来进行处理。这种方法更为灵活，并且能不断促进方案的研发和分析（Alcamo 等，2000；van Notten，2005）。

不确定性束缚了我们准确地定性和定量分析不同管理行动所带来的各类风险的能力。预防原则表明，不确定性越大（即我们精确定义或量化风险的能力越小），则可能产生结果的灾难性就越大，管理行动则应更加谨慎和更具"可逆性"（UNESCO，2005）。尽管对未来的研究可能有助于降低一些不确定性，但也可能会发现一些新的不确定性，这实际上提高了我们对不确定内容以及不确定性范围的认识。不确定性会削弱对未来的推断，有些不确定性还包括对不确定的内容缺乏信心。社会目标和社会需求中出现的意外和不可预知的转变是由他们本性中的不确定因素决定的，因此也不能被准确地预测。

水资源规划、管理和使用者以及以任何方式对水量、水质、水分配和水利用产生影响的人都应积极地面对不确定性。并非所有的不确定性都可以通过进一步研究来减少，而且，即使是有可能减少，也需要付出一定的成本。科学有助于找出和减少不确定性，并阐明哪些条件下无法降低不确定性。但科学知识本身和科学家在决策制定所起的作用具有一定的局限性。

《世界水发展报告》第三版的最后一章阐述了重视风险和不确定性的必要性，并强调了不采取行动的后果。对于所有经济部门和地区的水资源管理者和使用者而言，风险和不确定性早已成为普遍的挑战。我们还无法认知的新情况是气候变化导致的水文过程不稳定性，这也是社会和经济快速发展和不可预测以及人口动态变化导致的（Koutsoyiannis，2006；Milly等，2008）。这加剧了不确定性和相关风险，使风险管理的任务变得更为复杂，并伴随决策制定的过程。

本报告第一部分阐述了人类为实现社会和经济目标所面临的国家和全球层面的挑战，以及未来的情景会是怎样。本报告的第二部分讨论了在不确定性和风险条件下决策制定的概念和后果，以及如何将它们纳入影响水资源决策的制定过程。水作为经济活动和生命本身的一个要素，会受到许多不同部门和领域所制定的决策的影响，这些部门或领域其本身通常不直接与水相关。决策制定者同时也面临多种不确定性和风险。在各个部门或领域，决策制定和风险管理的方法都不尽相同。为决策制定者提供一些工具，告诉他们不同决策（采取或不采取行动）对水资源产生的深远后果，可大大有助于更好地实施资源综合管理以及减少威胁和负面影响（Bier等，1999）。

考虑到未来气候的不确定性和土地利用变化会改变水流量和储藏量，水管理者会提出这样的问题：对堤坝或水库蓄洪能力采取特别设计能否提供保护作用？水库特定的有效库容加上特别运行调度能否抵御干旱？滞洪区土地利用分区或制定保险政策时，能否提出确切的百年一遇边界在哪里？负责制定政策或有影响力的人和投资方也在提出问题：如果必须作出权衡，哪个是优先考虑范围内最重要的？可以采取哪些措施来降低风险？

第二部分讨论了分析和应对挑战和风险的方法。最后用实例总结了如何利用水资源管理和社会经济政策来应对不确定性和与之相关的风险。

参考文献

Alcamo, J., Henrichs, T. and Röschm, T. 2000. *World Water in 2025: Global modeling and scenario analysis for the World Commission on Water for the 21st Century.* University of Kassel, Germany, Center for Environmental Systems Research.

Anderies, J. M., Janssen, M. A. and Ostrom, E. 2004. A framework to analyze the robustness of social-ecological systems from an institutional perspective. *Ecology and Society*, Vol. 9, No. 1, p. 18.

Bier, V. M., Haimes, Y. Y., Lambert, J. H., Matalas, N. C. and Zimmerman, R. 1999. A survey of approaches for assessing and managing the risk of extremes. *Risk Analysis*, Vol. 19, No. 1, pp. 83–94.

Cabinet Office Strategy Unit. 2002. *Risk: Improving Government's Capability to Handle Risk and Uncertainty.* London, HM Government Cabinet Office Strategy Unit. http://www.strategy.gov.uk/2002/risk/risk/home.html

Cosgrove, W. and Rijsberman, F. 2000. *World Water Vision: Making Water Everybody's Business.* London, Earthscan.

Folke, C., Carpenter, S., Elmqvist, T., Gunderson, L., Holling, C. S. and Walker, B. 2002. Resilience and sustainable development: building adaptive capacity in a world of transformations. *AMBIO: A Journal of the Human Environment,* Vol. 31, No. 5, pp. 437–40.

Funtowicz, S. O. and Ravetz, J. R. 1990. Uncertainty and Quality in Science for Policy. Dordrecht, The Netherlands, Kluwer.

Ganoulis, J. 2004. Integrated risk analysis for sustainable water resources management. I. Linkov and A. B. Ramadan (eds) *Comparative Risk Assessment and Environmental Decision Making.* (NATO Science Series 38). Dordrecht, The Netherlands, Springer.

Holling, C. C., Gunderson, L. and Ludwig, D. 2002. In quest of a theory of adaptive change. L.H. Gunderson and C.S. Holling (eds) *Panarchy: Understanding Transformations in Human and Natural Systems.* Washington DC, Island Press, pp. 3–22. http://www.resilience.osu.edu/CFR-site/enterpriseresilience.htm

Jackson, R. B., Carpenter, S. R., Dahm, C. N., McKnight, D. M., Naiman, R. J., Postel, S. L. and Running, S. W. 2001. Water in a changing world. *Ecological Applications*, Vol. 11, No. 4, pp. 1027–45.

Kates, R. W. and Clark, W. C. 1996. Environmental surprise: expecting the unexpected. *Environment*, Vol. 38, No. 2, pp. 6–11, 28–34.

Koutsoyiannis, D. 2006. Nonstationarity versus scaling in hydrology. *Journal of Hydrology*, Vol. 324, pp. 239–54.

Lu, Z. 2009. *Applying Climate Information for Adaptation Decision-Making: A Guidance and Resource Document.* New York, National Communications Support Programme.

Marien, M. 2002. Futures studies in the 21st century: a reality-based view. *Futures*, Vol. 34, pp. 261–81.

Milly, P. C. D., Betancourt, J., Falkenmark, M., Hirsch, R. M., Kundzewicz, Z. W., Lettenmaier, D. P. and Stouffer, R. J.

2008. Stationarity is dead: whither water management?
Science, Vol. 319, No. 5863, pp. 573–74.

Morgan, M. G. and Henrion, M. 1990. *Uncertainty: A Guide to
Dealing with Uncertainty in Quantitative Risk and Policy
Analysis.* Cambridge, UK, Cambridge University Press.

NRC (National Research Council). 1983. *Risk Assessment
in the Federal Government: Managing the Process.*
Washington DC, National Academies Press.

––––. 1996. *Understanding Risk: Informing Decisions in a
Democratic Society.* Washington DC, National Academies
Press.

Ostrom, E. 1990. *Governing the Commons: the Evolution of
Institutions for Collective Action.* New York, Cambridge
University Press.

Pahl-Wostl, C., Sendzimir, J., Jeffrey, P., Aerts, J., Berkamp,
G. and Cross. K. 2007. Managing change toward adaptive
water management through social learning. *Ecology and
Society*, Vol. 12, No. 2, pp. 30.

Tansey, J. and O'Riordan, T. 1999. Cultural theory and risk: a
review. *Health, Risk and Society,* Vol. 1, No. 1, pp. 71–90.

UNESCO (United Nations Economic, Scientific and Cultural
Organization). 2005. *The Precautionary Principle.* Paris,
UNESCO World Commission on the Ethics of Scientific
Knowledge (COMEST).

van Notten, P. W.F . 2005. *Writing on the Wall: Scenario
Development in Times of Discontinuity.* Boca Raton, FL,
Dissertation.com.

Vincent, K. 2007. Uncertainty in adaptive capacity and
importance of scale. *Global Environmental Change*,
Vol. 17, pp. 12–24.

Watkins, D. W. and McKinney, D. C. 1997. Finding robust
solutions to water resources problems. *Journal of Water
Resources Planning and Management,* Vol. 123, No. 1, pp.
49–58.

Wildavsky, A. and Dake, K. 1990. Theories of risk perception:
who fears what and why? *Daedalus*, Vol. 119, No. 4, pp.
41–60.

WWAP (World Water Assessment Programme). 2009. *World
Water Development Report 3: Water in a Changing World.*
Paris/London, UNESCO/Earthscan.

第八章

在不确定性条件下工作并管理风险

作者：大卫·寇兹、丹尼尔·洛克斯、杰仁·阿尔斯、苏姗·范特克卢斯特
供稿：尤瑞·沙米尔、威廉·科斯格罗夫

水资源管理者和使用者都习惯于在不确定性和风险条件下工作和制定决策。流域供水的可预见性在某种程度上取决于其自然条件，但降水的特性却呈现出多样性，如汇入小溪和河流或渗入地下水含水层。用水户的需求也会呈现出多样性，且受人口规模和分布的不确定性、天气的不可预测性以及社会和经济条件的变化的影响。水处理、分配和使用的成本和效益始终受市场（及其他）条件的不确定性制约。技术在发展并带来新的解决方案，但有些技术仍未知或无法想象。那些经济和社会福利都依赖于可靠供水和水质的用水户，在此仅列举公共社区、企业和灌溉等几个用户，在意识到气候变化、人口增长、生活方式转变和流域条件变化将加剧不确定性和风险之前，已经开始采取行动，防止可能出现的水资源短缺和水污染。

　　水对于万物的生长都是至关重要的。生产一个汽车轮胎平均耗水约 2 立方米；生产一吨钢耗水 237 立方米；生产一个鸡蛋耗水约 0.5 立方米；生产一个给电脑供电的 200 毫米半导体消耗 28 立方米的超纯净水。随着"水足迹"的蔓延，个人、企业和整个城市将面对这样的威胁，即河道内外的水都不足以满足所有的用水需求（Hoekstra 和 Chapagain，2008）。

　　有些人可能认为水资源短缺是不值得关注的问题，毕竟地球是被水覆盖的。然而，地球上 97.5％的水是咸水。剩余的 2.5％中只有一部分属于可用的地表水和地下水，主要用于维持基本功能，如生命、种植食物、各种经济活动和生态过程、生产能源、运输货物和吸收废物等（Kumma 等，2010；Palmer 等，2008；联合国水计划，2006）。

　　由于水供需方面缺乏完整可靠的数据，这增加了不确定性的严重程度。在所有的地区，没人能预测干旱或洪水何时会发生及发生的程度如何。干旱和洪水都可能会带来灾害，换言之，就是风险，同时也为采取什么行动和何时采取行动带来不确定性（Berstein，1998；Brugnach 等，2008；Giles，2002；Hoffmann-Riem 和 Wynne，2002；Kasperson 等，2003；Rayner，1992；Slovic 等，2004；Tversky 和 Kahneman，1974）。

8.1 不确定性和风险的概念

8.1.1 定义

风险通常指决策所带来的负面效应或后果 (见 8.1.2 节; 也见 Aven, 2003; Bedfore 和 Cooke, 2001; Cooke, 2009; Covello 和 Mumpower, 2001; Kaplan 和 Garrick, 1981; Kasperson 等, 1988; Mays, 1996; Slovic, 1992; Yoe, 1996)。

不确定性经常和风险联系在一起 (有时甚至可以互换)。最普遍采用的不确定性含义是指由于缺乏对当前存在的事物以及对未来将发生或不发生的事物的了解而存疑问的一种心理状态。它与确定性相反, 确定性是对特定情形保持确信 (Bogardi 和 Kundzewicz, 2002; Morgan 和 Henrion, 1990; Pindyk, 2007)。

置信度或**置信区间**适用于人口抽样调查, 其中存在意见的不同或差异。假设需要进行一项调查, 确定一个滞洪区内未来 10 年免受水灾影响住户的比率, 或未来 10 年不发生水灾情形下模拟滞洪区发展情景的比率。根据人口数量确定抽样规模后, 即被调查提问的人数或被模拟的方案个数, 就可确定置信度或置信区间。如果两种情况下的结果都是 85%, 则结果可被描述为 "我们 95% 地确信居住在滞洪区内的 85% 住户认为, 他们在未来 10 年内可以避免遭受任何洪灾, 其误差幅度为 ±3%"。换言之, 一个人可以 95% 地确信, 有 82%～88% 的人认为在未来 10 年内他们将不会遭受水灾 (Berger, 1985; Coles, 2001)。

8.1.2 水的风险和不确定性

我们无法全面地预测水资源系统未来运行情况的好坏。水资源系统将受到变化和不确定性因素的影响, 并为不断变化和不确定的需求提供服务。风险和不确定性决定着水管理和社会经济政策制定采取应对措施的特征。对风险和不确定性了解得越多, 就会更加有效地规划、设计和管理水资源, 以此降低风险和不确定性。

依赖水或水所提供服务的人群不能确定他们是否可以一直拥有所需要或想要的水或不会遭受水灾 (洪水、干旱或水污染) 的侵扰。没人能确保江河中水的休闲娱乐功能可以长期使用; 没有人能确保水电的可靠供给。事实上, 任何能源都无法确保可以提供可靠的供给, 这是因为所需要的水存在不确定性。这就是为什么要提倡水资源和能源和谐发展的根本原因。

我们通常根据以往的经验、观测和记录应对风险和不确定性。可未来人口增长和人口空间分布、水资源消耗模式、社会经济发展、气候易变性和气候变化等方面变化带来不确定性, 我们没有足够的风险和不确定性指标提供给水资源规划者、管理者、使用者和政策制定者使用。因此, 了解不确定性的来源和学会如何分析、把握和应对由不确定性造成的风险就变得至关重要。

8.1.3 了解不确定性的来源和类型

不确定性的形成来自于潜在过程的可变性或对该过程的了解不充分。决策制定者经常要做出各种决策, 有时决策带来一定的后果, 涉及巨额的资金投入, 而他们并不确切地了解产生的后果和花费的程度 (Knight, 1921)。

与水系统及水管理不确定性有关的因素包括: 数据的缺乏或数据采集、记录和存储过程中产生的随机和系统错误, 不能预测未来水供需确定的过程以及水循环的自然或物理过程中存在的不确定性。

不确定性另一个诱因是社会的不确定性。人类行为是不可预测的, 而且个人、社会及社会制度的行为也是不确定的, 如市场行为。技术创新, 技术的认知和应用以及技术对环境的影响也不可预测, 因而也是不确定的。

实证数量价值的不确定性也可由于信息描述语言的不精确以及不同专家对如何解读证据意见不统一而形成。

"风险认知和风险容限取决于人受到伤害的可能性、伤害控制、伤害或危害程度、对可能遭受伤害的承受度及对风险信息来源的信任度。"

最后，还有一些未知的情况。水文系统的某些方面仍旧不为人所了解，对其中的某些方面甚至是一无所知，因此，不了解问题所在那么问题本身就是一个无法了解的未知数。这甚至会导致无法提出正确的问题，即所谓的"未知的未知数"。我们经常探询所知或未知的事物，通过研究一般可获得更好地了解。但有些我们不了解的事物连我们自己都没有意识到，只有我们对所听到的、见到的、判断和分析的事物采取一贯质疑的态度才有可能发现（Walker 等，2003）。

8.1.4   预测不确定性的范围和期限

人口数量及其在地球上的分布、人类的生活方式和习俗的变化以及气候变化无疑都将在未来几十年或下个世纪改变水环境。问题是怎样改变。水供需的不确定性将在短期和长期都存在。尽管通过实测与分析能减少这些不确定性，但在多数情况下，没有任何证据或实验结果可以给出消除这些不确定因素的明确答案。实际上，随着时间的推移，相反的情况则很可能出现。当进一步展望未来，决策者和负责向决策者提供建议的规划人员以及对决策在未来可能产生的影响进行预测的研究人员正面临着逐渐增加的不确定性。然而，每一个决策者所作的决策都将影响到未来的活动，因此他们应被告知未来可能的情况，即使这些论断并不确定。对关键数量的概率估算有助于进行规划和评估，例如由于大气中温室气体浓度的增加而导致气候变得更干、更湿、更热或更冷的范围；估算随着地球平均温度的上升而升高的海平面高度；或者各种因人口数量及生活方式的变化而发生的对粮食需求的增长，同时这也将影响灌溉用水的需求和水资源利用效率。分析者们寻求将概率描述纳入到模型和分析之中，通常是在高速计算机上进行多种模拟，每种模拟采用不同的输入情境或一套有关被模拟系统的设计及/或运行的设想。分析的结果可连同它们的概率一起展示。通过大量的模型输入得到的设计或政策，其产生的结果被利益相关者所接受，这样的设计或政策被认为能应对未来条件的变化。确定这些政策所采用的一些工具将在本章的以后部分进行描述。

8.1.5   了解风险

风险及对风险的各种描述受到个人和社会认知的高度影响。风险认知和风险容限取决于一个人受伤害的可能性、对伤害的控制、伤害或危害的程度、遭受可能伤害的自愿性以及对风险信息来源的信任度。由于风险认知能影响集体和个人的选择，因此风险更明确化可使决策受益。目前与水相关的风险的例子包括水资源短缺、水质恶化、生态系统服务的丧失以及极端危害事件，它们反之也会受到社会经济发展和决策的影响（Ganoulis，1994）。

风险意识及其重要性在某种程度上取决于时限。对气候变化来说，时限是一个问题，因为变化会在数十年而不是几年之内发生。我们还没有好的办法对付那些发生概率非常低但如果确实发生则会引起严重后果的事件，如垮坝、千年一遇的洪水或灾难性的水传染病。这些难题促使我们提出了相关准则，如预防原则以及安全最低标准概念等，这些内容在随后会予以讨论。然而，过多地关注低概率事件的极端后果而不去应对发生概率更高和更为普通发生的事件，这种作法并不可取。

8.1.6   不确定性模型

社会或自然系统模型其实是这些系统的一种简化的近似形式。采用模型可以更好地了解这些系统并对影响这些系统的各种决策进行评估。

一般来说，首选的和有用的模型是最简单的、最便于理解的模型，能够提供需要的或想要的信息及精确性。分析时对模型的选择在一定程度上取决于可用的科学知识和数据，以及模型结果的预计用途。从这个意义上说，模型的选择是主观并且注重实效的。

正如模型输入数据的质量会产生不确定性一样，模型的功能型（内置的假设）也会产生不确定性。两者都可导致不同专家对如何解读模型结果产生不同意见。不确定性的一个根本问题和潜在来源是，从事分析的人员常常对他们应假定和纳入到模型中的目标和决策规则不清楚。在这种情况下，模型操作者向利益相关者和决策制定者提供多种选项则十分有意义，其中每个选项代表不同目标的各种组合。

8.1.7　阈值和临界点

"临界点"一词通常指的是一个关键阈值，在这个值上，一个相对小的扰动可从性质上改变，甚至是不可逆转地改变系统的状态或发展（Brugnach 等，2003；Gladwell，2000；Lenton 等，2008；Keller 等，2008；Walker 和 Meyers，2004）。与大西洋温盐环流变化、亚马孙雨林枯死和减少，以及格陵兰冰盖融化相关的临界点最近引起了新闻界的关注。科学家相信，在以上每种情况下，这些系统状态中逐渐发生的变化随着时间的推移，有在某个节点发生不可逆转的可能。这样将给这些系统带来长期的影响。

临界点的定义原则上也可随时应用于其他情形，例如，针对国家治理或军事行动而制定的决策。有关临界点更为普通的应用例子是工程师设计的结构物。金属疲劳是与飞机有关的著名现象。随着使用的增加，飞机的机翼和尾部结构上会开始出现裂纹。裂纹临界点将导致整个机翼失效或由于尾部部件损失造成控制失灵，而定期检查是监测并防止这些裂纹达到临界点的一种方式。

专栏 8.1 所指的临界点也被视为是情境中的"分支点"。有人可能会质疑这些分支点或决策点并不是严格科学意义上的临界点。

专栏 8.1

荷兰三角洲的做法

2007 年，荷兰政府针对由气候变化、地面下沉、城市化和主要河流的洪峰流量增加等造成的海平面上升进行了一项调查。调查的目的是确定荷兰如何适应最糟糕的气候变化条件。如何在受到气候变化、城市化和地面下沉影响的脆弱的三角洲地区维持长久的生计，是我们普遍面临的问题，但应对策略要充分考虑当地的实际情况。荷兰三角洲委员会负责监督调查，成员包括知名的科学家（水资源、粮食、空间规划和气候领域），以及来自金融部门和私营承包商的代表。各方的利益都得到了充分的体现。他们的任务是探讨当前政策中在应对最糟糕的（气候）变化方面存在的不足之处；找出"临界点"及其可能出现的时间，即政策或措施在技术上不可行或者财务上和社会上不可接受的点；为三角洲居民制订一个 2100 年希望居住地的未来愿景；制定自临界点开始如何实现愿景或向其迈进的策略；采取无遗憾措施，保持灵活度适应或慢或快的变化以及后代价值改变；通过设立三角洲基金、三角洲委员会主席和《三角洲法案》确保项目的长期实施。荷兰政府用三年的时间完成了气候适应国家愿景报告、在国会通过了《三角洲法案》、创建了三角洲基金、任命了一位三角洲委员会主席并通过了三角洲实施计划。

资料来源：政策研究公司（2009）。

8.1.8 非稳定性

对特定地区进行水资源管理以及水利基础设施规划和设计时，需要水循环和水力学方面的知识。进行规划和设计时，工程师们通常假定某一流域的水文过程可以用概率分布来说明，且概率分布不随时间而变化，即这些水文过程的历史统计特征值被认为随着时间的推移基本恒定或不变。由全球气候变化或不可预测的人类行为而造成的极端事件发生越多，对水资源规划和管理的挑战性就越大。问题是如何以最佳方式将有关水资源供需不稳定性的考虑纳入到水资源的规划和管理中。由于土地利用、城市化和气候变化影响未来降雨、蒸发、地下水渗流以及地表径流和河道径流，因此，水资源规划者和管理者在分析中必须运用大量判断（Aerts 等，2011；Block 和 Brown，2009；Folke 等，2004；Hamilton 和 Keim，2009；Holling，1986）。

气候变化或不可预测的人类行为造成的极端事件越多，水资源规划和管理面临的挑战就越大。如何了解河流和含水层发生的改变对水资源管理构成重要挑战。中心问题是如何将水资源供需不稳定性因素在水资源的规划和管理中考虑进去。

8.1.9 其他重要概念

缺乏对未知事物的了解是不确定性的一种极端状态。许多近期发生的事件、技术进步和科学发现，在几十年前都是未知领域甚至是不可想象的。

不确定指由于不能全面了解复杂系统的性能特征而造成的不确定性。它的产生是由于可靠地计算结果概率需要对复杂的系统进行全面了解，而这几乎不可能。正因如此，潜在结果的所有领域通常是未知的。

可靠性指认为满意的一个或多个性能指标值的概率。其概念取决于将每一个性能指标或度量值的满意值和不满意值分离开来的阈值。与多阈值级别有关的可靠度可能处于不同的水

平（Duckstein 和 Parent，1994；Hashimoto 等，1982；Plate 和 Duckstein，1988）。

稳健性指系统在不确定作为可能的投入情景下运行时所表现的稳定程度（Hashimoto 等，1982）。

适应性指对变化适应能力和从干扰中恢复能力的一种衡量，同时为未来发展提供选择方案（Fiering，1982；Hashimoto 等，1982；Holling，1973；Walker 等，2004）。

遗憾是对决策导致不满意状态的一种衡量。系统可以通过设计和运行将可能发生的最大（最差）遗憾最小化或将最低（最差）的性能水平最大化。极大法和极小法的目标都是为了降低最极端的风险或失效产生的后果。

意外指发生在自然或社会经济系统中的突出事件或非连续性的变化。

脆弱性是一个重要的衡量指标，连同可靠性，与任何性能指标都相关。它的各种形式（预期的、最大的、置信度）表示在发生失效时所产生的失效后果（Hashimoto 等，1982；Heltberg 等，2009）。

8.2 不确定性和风险如何影响决策

水资源决策者通常在并不知晓决策后果时就要作出选择。结果的不确定性和决策者对风险的态度通常会对他们所作的决策产生影响（Walker 等，2003）。

例如，一个农民必须在不了解降雨量及作物生长季节中雨水的分布情况下作出种植决策。种植决策的结果要等到作物收获时才会知晓。还比如，一个公司扩张需要为修建的新建筑物选址。选择新奥尔良虽然可获得巨大的回报，但该公司无法确定该地区的天气（如飓风）是否会来袭并造成重大损失。另一个例子是一个潜在买主愿意为一所房屋支付的价格可能取决于它受水灾影响的风险有多大。虽然不能确定房屋是否会遭受水灾，但如果是建在洪泛平原上，那么风险就存在。通过采取防洪措

施或购买洪水保险等弥补经济损失的方式可以减轻一些风险。

人们在不确定条件下作决策时还取决于他们对风险所持的态度。例如，某市在决定是否将投资用于提高堤防能力从而大幅降低洪水损失，还是将资金用于道路维护时，该市长必须将水灾发生可能性与改善城镇道路会得到的公众赞赏和持久支持进行对比衡量。如果市长选择了道路维护，而水灾确实发生并造成损坏，那么就会失去公众的赞赏和支持。如果市长倾向于风险规避，尽管水灾发生的概率可能很低，他或她可能也不希望因为缺乏足够的防洪措施而冒招致巨大损失和失去公众支持的风险（见专栏8.2）。

不同人对风险的认识不同，具体取决于制定决策时的背景或环境。管理者认为风险并非某种情况下所固有的，也不愿意将风险视为可以掌控对象而承担风险。许多人相信通过运用技术可以降低风险。其他人更依赖于他们的主观判断而不是基于计算和分析的判断。错误的决策产生后果的灾难性越大，管理者在制定决策时接受风险的可能性就越小。

当管理者面对风险或制定决策涉及风险时，可以选择要么接受风险要么试图在制定决策之前降低风险。降低风险的方法包括进行进一步分析和收集更多信息。在有些情况下，如为避免遭受洪灾，可以购买洪水保险。这样可以将风险转移给第三方，减轻风险的后果。也可以在制定重大基础设施决策之前开展试验性研究，例如，先进的海水淡化或污水处理技术，或让供应商承担部分风险，可在采购合同中清楚地说明。总之，决策制定时应尽可能留出在今后对其进行修改的余地，如果不能做到这一点，则决策应尽可能考虑到未来的情况（Alerts 等，2008；Burton，1996；Callaway 等，2008；Dessai 和 van der Sluijs，2007；DETR，2000；Elshayeb，2005；Liu 等，2000；Lofstedt，2003；Miller 和 Yates，2006；NRC，2000；UNDP，2004；van Aalst 等，2007；UNDRO，1991）。

8.2.1 风险和不确定条件下的知情决策措施

决策可在风险分析的基础上来制定，但需要有足够的信息用于确定决策结果的概率以及对后果进行评估。采用简单和成熟的分析工具及技术可协助决策的制定（Downing 等，1999；Frederick 等，1997；Green 等，2000；Hobbs，1997；Karamouz 等，2003；Li 等，2009；Loucks 和 van Beek，2005；NOAA，2009；Simonovic，2008；Willows 和 Connell，2003）。根据模型演算的目的，可选择收益-成本-风险分析（或简单的成本-风险分析）或可靠性分析。不管怎样，任何风险分析方法都要估算置信度，这样才能满足特定性能指标或标准（见专栏8.3）。

美国陆军工程师兵团的风险分析

美国陆军工程师兵团已经开始使用风险分析的方法，并广泛应用于决策的制定。风险分析不仅用于极端或低概率的事件，也用于存在各种可能性的任何情况。目前采用风险分析的领域包括：

• 检查各种河湖堤防修复的经济效益，并考虑风暴、河流或湖泊水位和堤坝性能的不确定性。

• 比较各种可选的水力发电机/涡轮的修复计划，考虑发电机和涡轮的失效概率以及维护和修复成本。

• 在尽可能减少驳船通行延误，并考虑牵引过程和时间不确定性的基础上，检查海湾沿岸水道部分航道的改进计划。

• 在制订和评估减灾计划过程中，采用可进行综合水文和经济分析的软件系统进行洪灾损失评估。这体现了基于风险的分析过程来量化超流量概率、水位-流量和水位-损害功能中的不确定性。这些方法用于路易斯维尔、新奥尔良、莫比尔、沃思堡、加尔维斯顿、檀香山、堪萨斯城、洛杉矶、奥马哈、波特兰、旧金山、萨凡纳、圣路易斯和圣保罗等地区。

资料来源：Males（2002，p.3-4）。

知情决策正逐渐转变为一个自下而上的过程。当风险和不确定性处于主导地位时，专家们对于将来会发生什么或什么是可持续的没有控制权。因此需要听取每个人的意见，特别是受影响的又能决定决策成败的利益相关者的意见。从定义上看，水资源综合管理（IWRM）涉及所有感兴趣的利益相关者的参与。通过开发交互式决策支持模型，利益相关者已经能够成功地参与进来。这类模型工具的目的是帮助达成一个共识，即特定水资源系统将如何运转，并了解决策对系统运转可能带来的影响。

8.2.2 应对不确定性的策略

在过去的几年中，减少（水）系统工程脆弱性的重要性引起了越来越多的关注。具有高灵活性——或稳健性——水资源管理战略和水利基础设施肯定有助于提高系统的适应性，包括从超预期情况中恢复的能力。然而，问题依旧在于如何评估这些策略的合适性。传统的做法是通过基于历史数据和统计分析的风险管理方法结合选取的策略来实现，如成本-收益-风险分析。当风险不能被量化或找出的情况下，需要使用其他的决策支持工具，如在第一章中所描述的各种因素相互交织的情况。

在各种水资源管理问题中，气候变化是其中一个，许多年或数十年后，人们对该问题了解将会增加，但不确定性也会增加。在社会经济和行为的不确定性方面，情况更是如此。有两种决策/管理策略可以帮助决策者了解不确定性：

• 适应策略：当对眼前的问题以及未来的发展有更多的了解时，选择能够进行修改的策略，以获得更好的实施效果。这些适应性策略可对系统运行的新目标或目的以及今后输入数据的改变作出响应。

• 稳健策略：确定未来情形的范围，并设法找出在这个范围内都能很合理运行的方法。这种策略特别适用于那些将来不容易或经济有效地进行修改的决策。

适应策略的基础是假设现在所作的任何决策对未来的影响不可知。这样，可以进一步研究以更好地了解决策的潜在结果，并在成功完成研究后再制定决策。然而，在此期间，可能会错失一些增加经济和环境效益或降低成本或损失的机会。另外，也可根据目前最好的判断和掌握的知识来制定决策，随后再对结果进行监测，查看决策是否正确或在未来需要做进一步调整。后者被称为"适应决策制定"。监测对于适应策略的成功至关重要。当决策的时间进度与所观测的变化良好吻合时，适应策略最为有效（见专栏8.4）。

专栏8.4

应对南亚旱灾和水灾的适应策略

"旱灾和洪水是南亚所面临的重要挑战，这些灾害的影响程度涉及更加广泛的水资源管理问题。目前对应对旱灾和洪水的手段主要是人道主义救援，并没有建立有效制度支持，制订长期的适应措施体系。在当前全球化时代……在全球气候变化的时代，必须寻求有效的全球和地区应对策略。"

"虽然受一系列经济、人口和社会因素的影响，但有效的、小规模的、创新的区域应对策略确实存在，这些策略应当引起关注，但是要将它们升级到一个更高层次则十分困难。缺乏双向信息流是一个主要的原因。尽管在此领域交流的网络正在逐步扩大，但只有少数拥有实质性的区域策略，也仅有少数地方组织参与到地区和全球的争论。

"印度曾发起了一个适应策略项目，试图在气候和社会变化的背景下协调对极端气候事件认知的分歧，并对其作出响应。该项目是通过在四个区域开展一系列的综合研究，对更有效的水资源管理和防洪减灾方法的概念和机会进行记录和充实。这四个区域包括两个受干旱影响的区域：印度拉贾斯坦邦和古吉拉特邦的干旱地区；两个受洪水影响的区域：印度和尼泊尔边境的罗希尼（Rohini）河流域和巴格马蒂（Bagmati）河流域。"

研究确定了目前受干旱和洪水影响地区的应对策略，提出了社会和经济变化的模式，这些模式影响着生活对水旱灾害的脆弱性，同时还为这些地区应对这类事件降低损害和风险提出建议。

资料来源：转载自 ISET（2010）。

"制定适应策略的前提是假设我们不清楚现在作出的决策对未来的影响。"

稳健策略通常在未来情境下运行较好。它特别适用于适应策略难以实施的情况，如库容较大的水库或运行寿命较长的防洪设施。稳健策略与最佳设计策略相比较，在假定不同的输入值和参数值时，其性能可能会迅速降低。这种策略的结果可能稍逊于最佳策略，在不可能事件确实发生时可对其性能进行改进。

稳健设计的性能在很多未来情景条件下是令人满意的，但弹性系统与稳健系统不同，它在失效或不能令人满意的状态下可迅速修复（即系统可以相对迅速地恢复或达到一个令人满意的状态）。恢复力的一个定义是，在一个不满意的状态下，经过一系列时间段达到令人满意程度的概率。一个适应性系统可从失效状态中迅速得以恢复。通常运用一些设计和运行方案可使系统变得更为稳健和更具恢复力，从而降低其脆弱性。

通常风险规避决策采用极小极大遗憾原则，确定哪个决策方案是"最佳"的。该原则的采用是在使最大遗憾最小化的可选方案的基础上，或者在决策可能导致"风险"基础上作出的决策。决策的后果取决于未知的结果。例如：决定钻一口水井，如果井不出水，则将承受投入损失的风险，但如果确实有水，则会带来巨大收益。

有关适应政策和稳健政策应用于水资源和水生态系统管理的更多信息也可参见 Blumenfeld 等（2009）；Carpenter，Brock 和 Hanson（1999）；Chen 等（2009）；Folkes 等（2002），MA（2005）；Sanders 和 Lewis（2003）；Stuip 等（2002）；Tallis 等（2008）；及 Le Quesne 和 Matthews（2009，2010）。

8.2.3 情境分析

针对不确定性，情境是一种合适的并经过检验的方法，原因如下。

需要长远的眼光：在可持续发展的背景下分析水资源的问题需要长远的眼光，因为水文和社会发展的过程相对缓慢，水利工程投资产生收益需要一定的时间。

系统不确定性高：在难以确定可能事件或未来结果的概率时，不管怎样，仍旧可以得出关于未来似乎会发生什么的可能情境，这些情境会对所规划、设计或运行的系统的性能产生影响。尽管所创建的情境实际发生的概率可能性为 0，但这些可能的情境能帮助规划者、设计者和运行者了解他们的系统在各种可能的未来运行的效果。未来的情境一般包括不可控的自然事件以及人类决策。人类和机制未来的行为表现和气候一样都属于情境的一部分。

需要纳入不可量化的因素：为了解生成的情境对系统的影响，通常要对每个情境在一段时间进行模拟，而且对每个模拟时段的各种指标数值进行计算。这些指标必然包括定性值和定量值。定性和定量模拟是了解和评价特定系统可能产生的文化和政治影响的一种合适的方法。

需要具备一体化、大幅度和多角度的情境：供水系统服务于农业、居民和工业等多种需求以及休闲和环境流量的需求。系统受土地利用、人类生活方式、经济和社会条件、政治决策和能源需求变化的影响。情境开发必须适当地抓住各系统组成部分之间的相互依赖性和复杂性，还必须提供一个适当的视角，能涵盖当地、地区和全国范围内所有利益相关者的利益和关切点。

需要了解决策制定的过程：情境和相关仿真模型的使用满足了模拟决策制定和利益相关者参与的需求。在理想情况下，这类模拟属于交互式行为，涉及潜在的规划者和决策者以及利益相关者，通过模拟作出决策来应对模拟过程中发生的事件。另外，可以制定决策规则，帮助在模拟运行中进行决策制定，但是如果在模拟过程中仿真模型和参与者之间存在互动则更好。这样使得更多关注能够集中在原因与结果、何时需要制定决策、分支点的构成以及人类行为在哪些方面可对未来产生重大影响。这类模拟应致力于在对系统运行持有不同观点的利益相关者之间达成系统运行方面的共识。

人们普遍认为变化、非连续性、未知因素、可能的意外和其他改变的条件发生的概率很低，即使其影响巨大，通常会忽略或视而不见（Marien，2002；Rahmstorf 和 Ganopolski，1999；van Notten，2005，2006）。

意外情境是使这类不确定性具有可操作性的一种方式。还有其他类型的方法，如"历史类比法"或"意外理论"，以"思考无法想象的问题"的方式系统研究意外原理，即对未来不可能的事件进行设想，然后建立与之相关的可能情境。

8.2.4 反推法

反推法是探索未来情况的一种替代情境方法。它的目的是避免将未来当作过去的一种渐进式延续趋势，并尽可能提供更多关于未来不确定性的信息。反推法不是将过去作为一个起点，而是着眼于一个或多个期望（或不期望的）未来的连接点，试图找到帮助实现理想未来的行动和妨碍理想未来实现的瓶颈。反推法是一个迭代的过程，在这个过程中应不断（重新）调整未来愿景和政策干预措施（见图8.1）。迭代法通常用来解决内部的不一致性，

图 8.1

反推情境对比预测情境

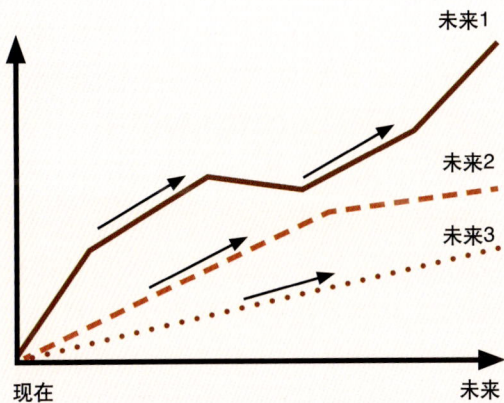

预测情境过程:
——确定驱动因素
——列出叙述性的情境
——充实情境
——确定可靠的解决方案

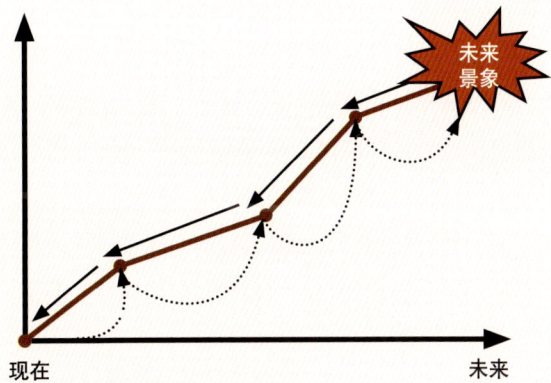

反推情境过程:
——构想期望的(不期望)未来
——确定政策干预措施、行动及事件
——可行性评估
——调整最初的未来愿景

资料来源:van't Klooster等(2011)。

并减少分析过程中发现的经济、社会和环境不利影响。反推法研究的主要成果是产生各种未来可能的情境,并对其可行性和后果进行全面的分析。

反推法演算一般有四个步骤,第一步是一个创意过程,确定期望的(或不期望的)未来;第二步从所确定的未来进行反推,以找出将未来与现在结合的策略、措施、政策及计划。创意阶段之后是对未来可能设想的可行性及未来景象的后果进行评估,并在制定短期政策时仔细考虑远景的影响。在确定实现期望的未来(或避免实现不期望的未来)所需要的政策干预措施、行动及事件之后,通常再对最初的未来愿景进行调整。

多年来,反推法通常用来制定减缓气候变化的策略(为减少温室气体排放)。反推法是一种相对较新的水管理方式。世界水理事会所做世界水展望(Cosgrove 和 Rijsberman,2000)采用的是一种定性反推方式,它使用了三种情境中的一些元素。最近,反推法被用于制订荷兰"抵御气候"的适应策略。

8.2.5 制度决策原则及范例

当今社会,决策通常在风险和不确定性的条件下制定,而风险和不确定性发生的概率却是非固定的。在当前的模拟条件下,我们不知道也无法估算风险值和不确定性的数值。这样,实际上使得为水管理和水利用而进行的风险不利影响评估变得毫无意义。因此,在应对非固定概率时,应采用本质上完全不同但以当前原则和评估技术为基础的水管理方法。这种方法本质上是改进现有的已被证明的原则和技术,被命名为"可靠决策":是一种为不确定情境制订评估及项目论证原则的过程,减少对最优结果的关注,而更多地关注可靠的解决方案。

由于种种因素,对那些使用寿命可达几十年的水利基础设施进行设计和运行规划,是一项具有挑战性的工作,尤其是那些建成后不能轻易被拆除或拆除代价太大的设施,如水库。原因之一是水文特征的变化以及这些变化的不确定性。未来的 50~100 年,水文将如何变化的确是未知的。但我们可以利用水文情境进行猜想。未来一二十年中水文的变化很可能并不明显，这样我们完全可以利用历史记录来帮助预测未来的情境。另一个原因是，如果将基础设施项目或系统未来的效益和花费折算到现在，可以忽略不计，但对那些今后还要运行50或100年的设施来说则不能忽略。这就需要一套评估标准来评估可持续系统在现在和未来的价值。还需要对系统未来用户实施效益/成本分析时所使用的利率作出响应，同时要对风险和不确定性等级作出响应，尽管风险和不确定性等级无法进行量化（Bardhan，1993；Hall，2003；Keeny 和 Raiffa，1993）。

8.2.6　承认需要修改设计程序

毫无疑问近年来土地利用、水消耗和全球气候都发生了变化，并且未来变化的不确定性及变化的速度的确令人担忧。水管理部门和科学家一样都受到这个问题的困扰，并且急需改进评估方法，从而将由缺乏稳定性造成的不确定因素纳入到未来的情境当中。

|||||||||||||||||||||||||||||||||||

"根据科学和经济规律获得的定性定量分析结果相对于政治因素、情感、宗教信仰及直觉预感而言，其重要性没有得到应有的重视。"

目前水利规划和工程设计遇到的主要问题是：处于非稳定性条件下，何种方法可以更好地规划、设计和运行水资源系统，使其具有可持续性、可靠性、适应性并且不易受到冲击？

如果稳定性的假设已不再适用，则需要一个替代策略来满足规划和设计的要求。如果科学家和工程师在最佳替代策略上达成一致，此策略还必须获得政府水管理机构的认可并得到执行。

负责某些议题和政策事项的水管理机构应参与制订考虑了非平稳定性的替代方案，从而使得水资源项目更具有适应性、可持续性和可靠性。将水文和社会过程中的非稳定性纳入到改进的规划和设计方法中，水管理机构参与这一过程将有助于这些方法在机构体制内的实施。这样可能需要新的立法和授权。

在新项目规划和设计过程中使用新的方法要比在现有项目运行规则中实施要简单一些，因为现有项目运行规则通常由相关法律规定并且较难改变。为了使运行规则能够考虑非稳定性，有必要决定是否要制订并采用新的运行计划。对非稳定性所导致的可能变化进行模型研究，其结果表明有必要提高灵活性，这样能够根据不同标准灵活地管理运行系统并提高系统的性能。参与规划模型运行的机构，应当就受非稳定性影响的那些确切参数以及区域范围内的变化幅度达成某种程度上的共识。模型运行的方法必须前后一致并且可重复。更改大型政府机构已经建立的程序是相当困难的。因此在实施更改之前，应进行大量的研究，并在所有利益相关者之间进行协调与沟通。

在新方法上达成一致前，相关机构将继续使用现有程序，即使由于气候变化与土地利用变化的潜在影响，这些现有程序的不确定性在增加。同时，如果使用已建立的程序，评估的风险就会降低，尽管这些程序可能比不上其他程序。

如果没有有说服力的论点表明有更好的方法可以达到更好的效果，水管理机构不太可能愿意修改现有的水管理方法，至少他们都很慎重。因此需要对替代方法进行大量研究。最终必然涉及采用多领域方法进行科学研究，并在制定标准和法规时将相关科学纳入到水资源规划方法和活动中（Baggett 等，2006；Frederick 和 Major，1997；Palmer 等，2008；Wardekker 等，2008）。

8.2.7　行为决策理论

现实社会中大多数重要的决策都由一个以

上的决策者作出。决策由政府部门、私营部门和民间团体制定并执行。根据科学和经济规律进行定性定量分析得出的结论往往不及依靠政治因素、情感、宗教信仰及直觉预感作出的决定有说服力。在不确定性条件下进行决策，重要的一点与组织结构内部的程序有关，因为组织结构对是否能成功地应对不确定性产生影响；同时，他们采取的战略措施使其不易接受失败的结果。

在行为决策理论或风险型决策文献中有大量这方面的论述。决策分析论述了面对不确定性时如何制订决策，而行为决策理论讲述的是在不受分析过程的影响，或没有采用分析过程如决策分析或收益-成本-风险分析，人们在实践中如何作出决策的。它阐述的是决策过程中人类理性和情感因素如何相互作用的（Camerer 和 Weber，1992；Loewenstein 和 Cohen，2008；Marris 等，1997；Wolt 和 Peterson，2000）。

8.2.8　预防原则

在不确定性情况下，为增加经济、环境和社会效益而采取的行动和决策会产生现在无法预计的影响。如果这些影响将来对人类或环境造成损害，就需要采取行动来降低风险，预防原则要求那些提议采取行动的人证明建议的决策（包括那些保护人类及环境免受将来危害的决策）将来不会对任何人或任何事物带来伤害。在决策制定前有些条件必须得到满足，而且决策者有责任满足这样的条件。预防原则源于这样的观点，即社会有责任保护人类和环境免受任何决策可能带来的损害。根据预防原则，只有在确信没有危害特别是不可挽回的危害产生时，才能决定开始一个项目或一项计划（UNESCO，2005）。

8.2.9　多样化

为提高在不确定性条件下制定决策的可靠性，另一个策略是接受失败是不可预测的，并致力于在现有知识基础上制定方法和措施。当

前的水系统种类越多，决策对意外事件的适应性就要越强。

实现水管理决策及投资多样化需要几个步骤。第一步是评估可能的干扰及其相关成本。例如，假定一个半干旱地区的主要经济活动依赖于水，即属于旱作农业区。当地经济取决于旱作物的收成，那么水管理单位所面临的挑战是提出新的抗旱措施，如增加地表水储存容量，增加地下水储量以及为当地村庄设计灌溉方案。水管理单位还应让决策者了解这些情况，因为他们可采取水价政策、补贴和其他财政政策以及不同的发展战略等手段。采取哪项措施取决于预算、公众（选民及纳税人）主要用户的接纳程度及地理条件。各项措施的成本效益取决于气候变化趋势或未来经济条件发展的趋势对各项措施效果的影响程度，以及各种措施组合的成功率。

如果一个国家的条件许可，投资多样化，即采取类似于股票市场的投资组合，能够降低水利措施总投资的风险。与水管理措施无直接关系（或部分相关）的投资，如果也想获得类似的回报，在同样的未来条件下可能产生不同的效果。例如，投资可持续灌溉可能对节水量产生深远影响，但只有在水和投资都具备的情况下才可行。提高水价也可以节水，但只有公众接受才有效。第三种增加地下水储量的投资是可通过减少蒸发量来节水，但这项措施是否能长期有效还取决于地下水的保护程度。

关键是要找到三种投资类型的组合，使其不仅能获得最大的可供水量收益（成本-效益分析），还要使水管理投资组合能应对意外事件的发生，换言之，该组合重视不确定性并将其作为决策制定过程的一部分（Brown 和 Carriquiry，2007；Figge，2004；Johansson 等，2002；Perrot-Maitre，2006）。

8.2.10　长期与短期决策

根据不同的时间跨度、问题和政治范畴，各种不确定性与决策制定过程的相关程度也不同。时间跨度在信息不明确或时间不可逆条件

下起着至关重要的作用。长期决策与基础设施项目资本投资相关，资本投资涉及大量固定成本（与项目规模及工程量无关的成本），而且需要在项目开始前进行投入。与基础设施设计或土地利用政策相关的长期投资决策通常将维持较长时间。大部分情况下，这些决策一经执行就很难取消。例如，作出修建水库的决策比较容易，而拆除已建成的水库就要难得多。由于未来供需条件的不确定性，长期决策的挑战在于要充分考虑未来的影响。

以防洪或减灾方面的决策为例。美国密西西比河沿岸或荷兰海岸堤坝的设计是有关长期决策的实例。即使是对过去的水文事件进行分析，或者对基于目前的气候变化知识所做的未来预测进行分析，也没有人能够预测未来需要的保护程度。因此，无论选择何种设计都存在失败的风险。困扰决策者制定长期决策的问题包括什么样的风险水平是可接受的，如果资金允许的话，有多少资金应该花在设计上，用来减少未来基础设施扩建的成本（未来条件允许的情况下）。考虑了未来不确定性的能力扩展模型可以为此类决策提供指导，但是其结果也是不确定的。与长期决策相比，短期决策更易做出，因为其影响更易预测。短期决策通常涉及运行政策的变化，决策效果取决于所作的长期决策。例如，水库用于防洪和有益的水服务（农业、生活及工业供水、水电、休闲及环境）的库容比例，根据使用目的有些可以互补，但有些则构成竞争。这些决策可能受到近期水文和经济条件的影响，对农民来说，还可能受到农作物未来市场价格预测的影响。

和长期决策一样，在不确定环境下制定的短期决策同样具有风险。但是与许多长期风险不同，短期风险更可控也更易降低。那些面临风险的人应学会与风险共存或管理风险。降低个人风险的一种方式就是保险。不是所有的情况都有保险，但如果有保险时，则可以降低洪灾、导致的庄稼歉收或颗粒无收的干旱，或者过度污染引起的疾病等所带来的经济损失。它是降低经济损失风险的一种方式。保险公司遇到的问题是要在气候变化的条件下确定风险，而变化本身是不可预知。指数保险避免了需要在实际损失基础上做出判断，比如说由于气候变化或人为失误等原因造成的损失（这是一项艰巨的任务），因为指数保险支付是基于结果但不受被保险个体影响的独立指标或单位（Brown 和 Carriquiry，2007）。

8.2.11　政策的不确定性

任何长期或短期决策的结果一定程度上都取决于外部因素。其中能对决策是否成功或决策效果产生重大影响的因素是公共部门制定的政策、规章、条例或法律。修改公共政策对污染防治政策的效果以及为满足能源需求或减灾进行的水库梯级开发等产生重要影响。这种不确定性与自然事件带来的不确定性一样重要（Camerer 和 Weber，1992）。

8.2.12　监测数据的必要性和不确定性

如本报告第六章和《世界水发展报告》第三版第十三章所述，对世界水资源系统及土地利用方式开展全面系统的监测非常必要。有迹象表明，即使气候并没有改变许多地区水文过程的性质，但正在改变水文过程的速度。因此有必要开展更多的研究了解这些现象、其产生的原因、发展的方向和变化的速度。水文气候模拟和降尺度方法是水资源规划和管理急需的手段，因为我们面临的问题很多需要在小规模流域范围内解决，即比全球甚至是区域气候模型范围小得多的范畴。

除了需要对气候模型进行更多的研究，还需要从上个世纪的水文记录资料中获取更多信息。在过去的一个世纪里，人类对土地的利用产生了重要影响，并且向大气排放了过多的温室气体，全球大气中的二氧化碳浓度比工业革命之初增长了 35%。二氧化碳浓度的增加及随之而来的气候变暖对水循环产生了重大影响，而这些影响应当可以通过研究水文记录来发现。由于气候和土地覆盖层的变化，需要对水文变化（如土壤湿度、冻土、养分动态及藻类动态）进行监测和深入了解。对决策制订的改进不仅依赖模拟土地-水-大气相互作用和在流域和小流域尺度上模拟气候及气候影响的更好方式，还依赖于对水文记录的持续监测和分析（Murdoch 等，2000；Naiman 和 Turner，2000；Vörösmarty 等，2000）。

|||||||||||||||||||||||||||||||||||||||||||||||||||||||||||

"与长期风险不同，短期风险通常更可控也更易降低。"

监测和测量是判断流域内变化性质的唯一方式。这需要年复一年的保存水文记录并对记录进行分析。水流、蓄水量、水质和水利用在空间和时间上的概率分布是非固定的，这一事实使得持续监测、数据管理及分析变得更为重要。知情决策依赖对所管理系统的观察，对观察结果的理解以及在理解的基础上所采取的持续行动。

8.3　利用生态系统管理不确定性和风险

历史表明水资源压力会降低生态系统的复原能力，从而增加与生态系统相关的风险和不确定性，因此减少对水资源的压力可以降低风险和不确定性。生态系统不仅可用于减少不确定性，帮助管理风险，还能帮助获得水安全、水质改善、休闲、水电、航运、野生动物和防洪等方面的增加效益。生态系统包含水循环的所有组成部分，如流域、湿地和洪泛区内的土地覆盖（植被）及土壤功能。

生态系统被广泛应用，并且已经显示了他们的效用，特别是在减少与水质、水极端事件（干旱与洪水）及蓄水需求相关的不确定性方面的效用。发达国家采取硬工程措施（见第五章）成功化解了风险，但却是以高昂的资金和维护成本（有时还有环境成本）为代价。并不是所有发展中国家都有充足的资金来采用同

样的策略。随着风险和优先领域发生变化（如气候变化或城市扩张），修改和拆除工程设施变得非常困难也非常昂贵。在不断变化的条件下，这种情况将会限制适应性方案，从而增加风险。为抵御中长期风险，应对修建基础设施和采用天然基础设施的方案同时进行考虑。

历史表明，许多与水相关的风险，源于管理时忽视了对生态系统造成的变化及生态系统带给人类的影响。生态系统对维持水循环至关重要，因此了解生态系统的作用可以为我们提供一种评估风险产生及转移的手段。应采取综合一体的和参与式的水政策和水管理方法，让人们充分认识生态系统的服务功能，了解哪些是风险、谁易受到风险的影响以及原因。提高信息水平可降低不确定性，但无法彻底消除。因此需要一种新的模式，这种模式已经出现（如 2.5 节所述），它不再将生态系统（环境）作为发展的牺牲者，而是必须的代价，将其视为发展出路（见专栏 8.5）的组成部分。

减少人类用水的直接需求也可减少水的压力，从而提高生态系统的持续性，促进生态系统效益的供给，进而降低风险。本报告的其他章节提出了减少水足迹的方式，包括提高用水效率。在执行层面，可以召集水管理人员积极参与管理生态系统的各要素和 / 或通知相关责任人。确定主动管理生态系统的时机以降低不确定性和管理风险，可分为三个步骤：

（1）确定水管理目标，而非着力于基础设施建设（例如目标为蓄水或清洁的水源，而非修建大坝或水处理厂）。

（2）为满足确定的管理目标（如蓄水、减少污染），探讨生态系统可以提供的服务，包括通过生态系统保护和 / 或恢复而得到的生态服务。

（3）在各种管理方案中直接考虑生态系统服务，或认为管理方案可能对生态系统服务带来影响，通过这种方式降低决策中的不确定性及风险。这包括需要评估各种共同利益并权衡各种利益，从而制定合适的行动方案。

依托生态系统措施可将生态系统的功能转

为水管理改变范式

传统方式是认识到水管理影响生态系统，却假定（人类）水利用比生态系统（环境）更重要。因此在制定决策时并未考虑生态系统所提供的全套效益（服务）价值。结果是增加了生态系统的总体风险和被认为与人类需求冲突的生态系统需求。

在新范式中，通过管理生态系统（以及修建基础设施）来达到水管理的目标，即提供全套生态系统服务（包括水量和水质），从而降低整体的系统风险。生态系统此时不是作为一个问题，而是作为一种解决方案。

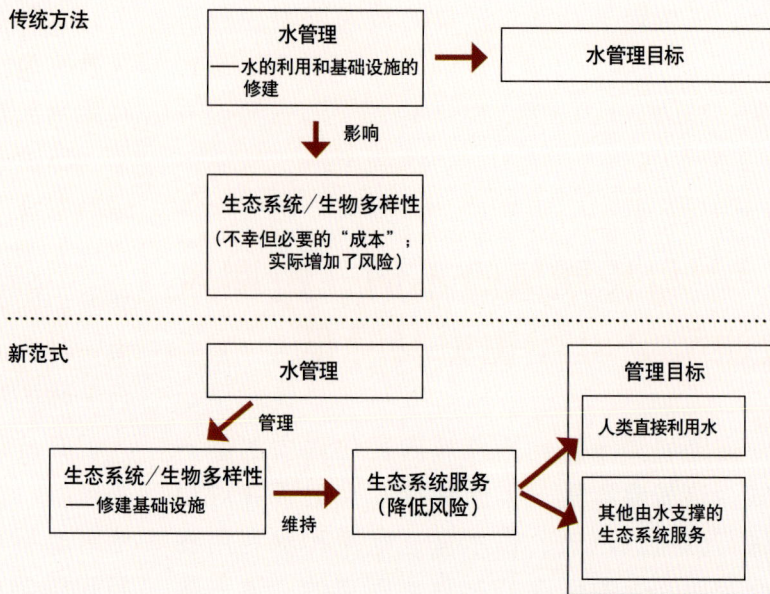

传统方法

水管理——水的利用和基础设施的修建 → 水管理目标

↓ 影响

生态系统/生物多样性（不幸但必要的"成本"；实际增加了风险）

新范式

水管理

↓ 管理

生态系统/生物多样性——修建基础设施 → 维持 → 生态系统服务（降低风险） → 管理目标：人类直接利用水 / 其他由水支撑的生态系统服务

化为水利基础设施，在提高了适应性的同时还产生多种效益和具有可持续和经济高效的特点，可应对风险。"生态系统"（或"自然"）基础设施（见 5.1 节"柔性设施"）这一术语说明了一个事实，与传统、水利工程设施所提供的与水相关的服务相比，生态系统可以起到类似和互补的作用。自然基础设施的投入及运营成本应反映生态系统服务丧失功能的成本。例如，处理饮用水的成本应通过生态系统退化成本来表示（失去清洁水作为生态系统服务的一部分）。一个充分体现成本效益的案例是公众和/或私人投资绿色基础设施，这说明该项措施在应对气候变化上具有巨大的潜力（TEEB，2009）。

通过对风险管理方面的研究，我们认识到了过度依赖硬工程措施带来的全球性后果。例如，Batker 等（2010）关于密西西比河三角洲的案例研究很有说服力。该地区采用生态系统恢复方案解决三角洲不断增加的风险，尤其是历史上遗留的硬工程措施为主导的水管理方法所带来的灾难风险，获得了显著的经济回报（见 2.5 节专栏 2.3）。过去的 20 多年里，工程技术人员与环保主义者一直在争论是否采用大规模硬（实体）工程方法来降低水风险的政策。这方面的讨论促使我们倾向于更为严谨的科学态度，对风险采取一种更为平和、公正和平衡的策略（见专栏 8.6）。

专栏 8.6

反思工程措施

Vörösmarty 等（2010）描述了同一空间计算格局内人类水安全和生物多样性的前景。他们使用 23 种应激物（驱动因素）数据，将其分为四个主题分别代表环境影响：流域干扰、污染、水资源开发及生物因子。2000 年的数据显示，近 80% 的世界人口的水安全面临严重威胁，风险等级比以前评估的结果高出许多。

发展中国家尤其需要降低水风险。除了"硬件"工程措施，当缺乏资金来源无法开展合理的基础设施建设时，明智的选择是尽可能采用生态措施。这样也可降低中期风险，也可降低将来富裕后拆除工程设施以实现可持续平衡发展的几率。

论证忽视生态系统方法隐患本身就是一个有说服力的案例。但是，用生态系统解决方案应对不确定性和风险最好是通过实践来证明，而目前的实践基本上都倒向该方法。商业部门从事的商业活动就可以提供一些实例（见专栏8.7）。例如，世界资源研究所（WRI）与世界可持续发展工商理事会（WBCSD）一起开展了"企业生态系统服务评估"，帮助公司认识和衡量由于他们对生态系统服务的影响和依赖性所带来的风险与机遇（世界资源研究所，子午线研究所和世界可持续发展工商理事会，2008），水在其中的生态系统服务中起着主导作用。世界可持续发展工商理事会（2011）也把生态系统的估价作为企业规划和公司决策制定一个必不可少的组成部分。该方法可应用到所有其他相关经济活动中。

使用或修复生态基础设施来维持或改善水质，这种做法通过广泛的实践已经得到了证明（见专栏8.7）。运用生态基础设施管理与洪水相关的风险是一个新的领域，它很快引起了人们的兴趣，有关的实践和可行性论证都得到了快速发展。洪水管理也充分显示了水管理涉及风险转移（见专栏8.8）。

专栏8.7

水质风险的生态解决方案

目前，采用天然基础设施保障供水特别是城市饮用水供给的做法非常普遍。例如，巴西国家水务署开展的水生产者计划向农民提供补贴，以保护为圣保罗大都市

圈900万人供水的重要水源。该项计划的成功促使巴西的其他地区也开展了类似计划（自然保护协会，2010）。同样，哥伦比亚安第斯地区Chingaza国家公园的páramo草原，对哥伦比亚首都波哥大市800万人的供水保护起着至关重要的作用。创新型公私合营企业建立了环保信托基金会，水公司支付的资金通过该基金会转移，用于可持续地管理páramo草原。该基金会每年为水公司可能节省约400万美元的资金（Forslund等，2009）。第二十一章专栏21.5介绍了法国雀巢（Nestlé S. A.）公司在面对面源或点源污染源所造成的潜在污染并给瓶装水生产带来严重的商业风险时是如何应对的。解决方案的关键机制是生态补偿机制，即一项服务（如清洁水）的使用者向他人支付以获得服务持续的供给。2006年，《跨界水道和国际湖泊的保护和使用公约》建议将生态系统服务付费（PES）作为水资源综合管理（IWRM）的一部分（UNECE，2007）。

专栏8.8

生态系统和降低洪水风险

特大洪水正成为加剧脆弱性最重要的因素之一，主要原因有三个：洪水高风险地区（特别是发展中国家的特大城市）日益增长的人口和增加的基础设施建设，调节水流的湿地减少，最可能的是气候变化引起的极端天气事件发生的频率及强度不断增加。

大部分现代洪水管理计划现在都将河漫滩和湿地的利用包括在内。这些土地提供的主要服务包括其迅速吸收而缓慢释放

（调节）水的能力，以及通过调节泥沙输移增加生态系统适应性的能力。仅这些服务就说明，有些土地（自然）的最高价值远远超出计算，例如在美国，每公顷湿地对减少飓风风险的价值可达 33 000 美元（Costanza 等，2008）。对于暴风雨、沿海及内陆洪水和滑坡可能造成的灾害，可以通过细致的土地利用规划和修复生态系统加强土地缓冲能力的方式来大大地降低。例如，越南的一份报告（Tallis 等，2008）显示，种植和保护近 12 000 公顷红树林需要花费 110 万美元，但每年可以将堤坝维护的费用降低 73 万美元。根据 Emerton 和 Kekulandala（2003）的报告，位于斯里兰卡北部的穆图雅佳维拉（Muthura-jawela）沼泽地，属于人口密集地区的沿海湿地，为人类提供了很多生态系统服务（农业、渔业和木柴），为当地经济作出了直接贡献（总价值：每公顷每年 150 美元），但对更广大的人群而言，最可观的效益是防洪（每公顷 1 907 美元）和工业生活污水处理（每公顷 654 美元）。

然而，有关天然基础设施的经济论据并不总是很明确。以美国梅普尔（Maple）河流域为例，Shultz 和 Leitch（2001）指出其生态系统修复对减少风险的程度有限。

中国开展了世界上最大的生态补偿的项目之一：防止水土流失的退耕还林项目。水土流失被认为是引发 1998 年特大洪水的一个主要原因。通过在陡坡上植树造林或限制放牧恢复了 900 万公顷的农田。除了减少洪水风险以外，产生的协同效益还包括野生动物保护，例如积极保护了大熊猫栖息地（Chen 等，2009）。

对风险进行控制性转移可以作为风险综合管理的方法。例如，伦敦非常容易受到洪水影响并且其防洪基础设施老化很快。目前，洪水风险管理的重点放在了河流恢复以便给洪水以出路，如伦敦河流行动计划（RRC，2009）。历史上，河流的上游地区修建了堤坝来保护农业，这导致洪水流向伦敦的速度加快，从而产生了更大的风险。伦敦地区拥有着众多的国家级名胜、重要的金融中心和高级住宅，并且人口密度较大，其经济价值远比农作物、牲畜及农业基础设施高，考虑这种情况，有些洪水管理策略开始将拆除堤坝、恢复湿地及对农民进行补偿包括进来以便降低风险。这个过程使大型基础设施的维护费用及城市居民洪水保险金普遍降低。该项措施对农业产出的影响不大，实际上还增加了农业产出，除非偶尔遇到极端洪水事件，由此证明恢复河漫滩并不一定造成农业产出的长期损失。这个问题显然是属于风险问题而非产出问题，而解决方式是对风险变高的地方进行补偿，从而增加总体效益。

另一个例子是厄瓜多尔水资源保护基金（FONAG）取得的成功经验。该基金是一个水信托基金，对给基多及附近都市区提供水源的流域实施保护，并寻求中长期可利用的水资源（见专栏 8.9）。水资源保护基金取得成功后，厄瓜多尔其他地区（安巴托、里奥班巴、昆卡、洛哈和埃斯平多拉）和其他国家（哥伦比亚和秘鲁）都开始争相效仿（Lloret，2009）。

专栏 8.9

实施和运行水资源保护基金经验介绍（厄瓜多尔水资源保护基金）

• 厄瓜多尔水资源保护基金的资金由直接用水户提供，支付的部分资金用于保护水源。该信托基金由当地的基金补充，不依赖于国外或政府资金。

- 由于对自然资源，尤其是对水的管理较弱，因此要用长期的金融手段保障水资源保护行动和计划的可持续性。

- 只有持久的和长期的计划才能产生深远影响，而信托基金正代表了实现具有深远影响行动的一种方式。

- 由于基金计划是以参与式的方式制订的，因此他们通常被视为与金融手段相互补充，从而使得行动者可以高度参与行动。

- 基金会的规则明确规定了投资对象、行政管理费用的最大限额、目前的支出及其他费用，从而保证了投资的数量和质量。

资料来源：Lloret（2009，p.6"获取的经验"，有少量改动）。

与水相关的生态基础设施包含水循环的所有生物或生态内容，并不局限于管理可用地表水和地下水量及水质。第四章4.3节介绍森林在维持地区水平衡起作用的实例，包括如何避免临界点的到来。土地覆盖层（植被）和土壤可减少水文风险说明我们应该对生态系统中的蓄水作用进行反思（见专栏8.10）。

专栏 8.10

生态系统蓄水的反思：恢复土壤功能

土壤湿度为水循环的一个重要组成部分，它有利于补充地下水并保护着地表植被和土壤的健康。土壤生态系统具有丰富的生物多样性，支撑着重要的及相互依赖的生态系统服务，包括养分循环、碳储存、侵蚀调节、水循环和净化，特别是农业生产。

水土流失会导致土壤退化和荒漠化（见4.5节"荒漠化对水资源的影响"）。土壤退化的主要原因不仅是降雨方式的改变，还由于土地利用方式不当，特别是土地物理干扰（过度耕作）、土地覆盖层（植被）的污染和流失。土壤水分流失是农业面临的一项重大风险挑战，而恢复土壤的涵养能力是发展可持续农业的关键。《农业水资源管理综合评估》（2007）指出，改进旱作农业，包括恢复退化的土地，是增加农业生产、实现全球粮食安全的重要机遇。而该议题就是探讨如何管理土壤生态系统中的水分。

保护性农业采用三个原则解决水土风险问题：土地物理干扰最小化、耐久的土壤覆盖层以及作物轮作。农业效益包括有机物增加、土壤内水分保持和土壤结构及根区的改善。其他扩展的生态系统服务包括控制土壤侵蚀（降低道路、大坝及水电站的维护成本）、水质、空气质量、碳汇、生物多样性/自然效益和可用水量（包括降低洪水风险）。保护性农业在各种规模的农场、农业生态系统及地区使用都具有巨大潜力。采用基于生态的管理方法，可以实现有经济效益的可持续的农业生产，并且极大地提高环境效益，包括降低洪水风险及控制土壤侵蚀。这种方法得到广泛应用，如在巴西和加拿大等国。它也被广泛用于解决水风险以保护干旱地区的粮食安全。在干旱地区，相对于高风险及资本密集型灌溉方案，这种方法所获得的多种效益具有明显的优势。

请登录联合国粮农组织（FAO）网站：http://www.fao.org/ag/ca/index.html阅读更多关于保护性农业的信息。

由于缺乏对生态系统功能及其对生态系统服务影响的了解，以及对监测手段和数据认知不足等原因，造成了水资源管理方面日益增加的不确定性。以往对自然/环境利益与"保护"科学的关注也是造成不确定性的部分原因。水资源管理目标本身固然重要，但在一些开发优先的地区，尤其是水资源有限的地区，保护利益对水政策的影响（进而对自然保护的影响）尚不稳定且受限制。过去的 20 年，人们的观念发生了明显的变化，自主地转向自然保护利益，并提出了水问题的解决方案。多数主流的非政府国际自然保护组织现在都将自然放在一个更广阔的发展背景下考虑。生物多样性更是如此，它俨然已成为一个备受瞩目的议题，在提供生态系统服务方面逐步发挥着核心作用。但是与这种变化趋势相关的科学的发展则略显滞后。物种、人口及栖息地的发展趋势越来越多地被用作评估生态系统变化的指标，而它们仍然是生物多样性监测的基础。有关湿地条件与分布的有限数据仍然制约着科学的发展-研究湿地水文功能的重大缺口。人类在监测荒漠化（原则上由可用水驱动的进程）、荒漠化对沙漠生态系统服务和公众社区福祉的影响的技术方面取得了进步（UNCCD，2011），但关于水质的数据仍然不完整。最大的信息缺口与直接监测生态系统服务时不断面临困难有关。目前，生态系统服务监测最先进的领域仍然局限于人们直接受益的领域，如食品和水电，其他关键生态服务中的差距明显，尤其是养分循环、泥沙搬运与沉积（陆地形成、海岸侵蚀调节）、水调节（包括土壤水分蒸发蒸腾作用）和从涉水灾害对经济与人口影响的数据中梳理出对生态系统影响的能力（防洪减灾的服务）。人类建立水、生态系统与人三者之间相关性的努力正在取得进展，但基本上仍处于虚拟情节关联阶段，且多基于案例研究和有限的全球数据。此课题值得投入更优质的资源来支持监测、促进理解，进而减轻当前对复杂的、时有争议的科学的过度依赖。

生态基础设施解决方案的一个特征是，它们可以减少产生滋生腐败的机会，这也很可能是这些方案在水资源管理的残酷现实中未被广泛使用的重要原因，但它们正逐渐成为水资源管理对话的组成部分。实践者需要特别加强方案经济评估的严格性，必须避免将改善生态系统基础设施视为管理所有涉水风险的万能灵药；最好将其置于一系列选项中（包括工程措施方案）并基于具体情况具体分析的原则应对风险，然后通过透明和参与式的方式加以评估，在获得高质量信息的同时降低不确定性。这种方法有利于最经济全面和可持续风险管理策略的制定。当前证据表明，在上述条件下，生态措施将成为水资源安全的基础。

参考文献

Aerts, J., Botzen, W., Bowman, M., Ward, P. and Dircke, P. 2011. *Climate Adaptation and Flood Risk in Coastal Cities*. Oxford/New York, Earthscan.

Aerts, J. C. J. H., W. Botzen, W., van der Veen, A., Krywkow, J. and Werners, S. 2008. Dealing with uncertainty in flood management through diversification. *Ecology and Society*, Vol. 13, No. 1, p. 41.

Aven, T. 2003. *Foundations of Risk Analysis: A Knowledge and Decision-oriented Perspective*. Chichester, UK, John Wiley.

Baggett, S., Jeffrey, P. and Jefferson, B. 2006. Risk perception in participatory planning for water reuse. *Desalination*, Vol. 187, No. 1-3, pp. 149–158.

Bardhan, P. 1993. Analytics of the institutions of informal cooperation in rural development. *World Development*, Vol. 21, No. 4, pp. 633–39.

Batker, D., de la Torre, I., Costanza, R., Swedeen, P., Day, J., Boumans, R. and Bagstad, K. 2010. *Gaining Ground – Wetlands, Hurricanes and the Economy: The Value of Restoring the Mississippi River Delta*. Tacoma, Washington DC, Earth Economics. http://www.eartheconomics.org/Page12.aspx.

Bedford, T. and Cooke, R. 2001. *Probabilistic Risk Analysis: Foundations and Methods*. Cambridge, UK, Cambridge University Press.

Berger, J. B. 1985. *Statistical Decision Theory and Bayesian Analysis*. New York, Springer.

Berstein, P. L. 1998. *Against the Gods: the Remarkable Story of Risk*. Chichester, UK, John Wiley.

Block, P. and Brown, C. 2009. Does climate matter? Evaluating the effects of climate change on future Ethiopian hydropower, planning for an uncertain future - monitoring, integration, and adaption. R. M. T. Webb and D. J. Semmens (eds) *Proceedings of the Third Interagency Conference on Research in the Watersheds: United States Geological Survey Investigations Report 2009-5049*.

Blumenfeld, S., Lu, C., Christophersen, T. and Coates, D. 2009. *Water, Wetlands and Forests. A Review of Ecological, Economic and Policy Linkages.* CBD Technical Series No. 47. Montreal/Gland, Switzerland, Secretariat of the Convention on Biological Diversity and Secretariat of the Ramsar Convention on Wetlands.

Bogardi J. J. and Kundzewic, Z. W. (eds) 2002. *Risk, Reliability, Uncertainty, and Robustness of Water Resources Systems.* UNESCO International Hydrology Series. Cambridge, UK, Cambridge University Press.

Brown, C. and Carriquiry, M. 2007. Managing hydro-climatological risk to water supply with option contracts and reservoir index insurance. *Water Resources Research,* Vol. 43, W11423.

Brugnach, M., Bolte, J. and Bradshaw, G. A. 2003. Determining the significance of threshold values uncertainty in rule-based classification models. *Ecological Modelling*, Vol. 160, No. 1-2, pp. 63-76.

Brugnach, M., Dewulf, A., Pahl-Wostl, C. and Taillieu, T. 2008. Toward a relational concept of uncertainty: about knowing too little, knowing too differently, and accepting not to know. *Ecology and Society*, Vol. 13, No. 2, p. 30. http://www.ecologyandsociety.org/vol13/iss2/art30/

Burton, I. 1996. The growth of adaptation capacity: practice and policy. J. Smith, N. Bhatti, G. Menzhulin, R. Benioff, M. I. Budyko, M. Campos, B. Jallow and F. Rijsberman (eds) *Adapting to Climate Change: An International Perspective.* New York, Springer-Verlag, pp. 55-67.

Callaway, J. M., Louw, D. B. and Hellmuth, M. E. 2008. Benefits and costs of measures for coping with water and climate change: Berg River Basin, South Africa. F. Ludwig, P. Kabat, H. van Schaik, and M. van der Valk (eds) *Climate Change Adaptation in the Water Sector.* London, Earthscan, pp. 191-212.

Camerer, C. and Weber, M. 1992. Recent developments in modelling preferences: uncertainty and ambiguity. *Journal of Risk and Uncertainty,* Vol. 5, No. 4, pp. 325-70.

Carpenter, S., Brock, W. and Hanson, P. 1999. Ecological and social dynamics in simple models of ecosystem management. *Conservation Ecology*, Vol. 3, No. 2, p. 4. http://www.consecol.org/vol3/iss2/art4/

Chen, X. D., Lupi, F., He, G. M. and Liu, J. G. 2009. Linking social norms to efficient conservation investment in payments for ecosystem services. *Proceedings of the National Academy of Sciences of the United States of America (PNAS)*, Vol. 106, pp. 11812-17.

Coles, S. 2001. *An Introduction to Statistical Modeling of Extreme Values.* Springer Series in Statistics. London, Springer-Verlag.

Comprehensive Assessment of Water Management in Agriculture. 2007. *Water for Food, Water for Life: A Comprehensive Assessment of Water Management in Agriculture.* London/Colombo, Earthscan/International Water Management Institute (IWMI).

Cooke, R. M. 2009. A brief history of quantitative risk assessment. *Resources*, Vol. 172. Washington DC, Resources for the Future.

Cosgrove, W. and Rijsberman, F. 2000. *World Water Vision: Making Water Everybody's Business.* London, Earthscan.

Costanza, R., Pérez-Maqueo, O. M., Martínez, M. L., Sutton, P., Anderson, S. J and Mulder, K. 2008. The value of wetlands for hurricane protection, *Ambio*, Vol. 37, No. 4, pp. 241-248.

Covello, V. T. and Mumpower, J. 2001. Risk analysis and risk management: an historical perspective. S. Gerrard, R.K. Turner, I. Bateman (eds) *Environmental risk planning and management.* Cheltenham, UK, Edward Elgar.

Dessai, S. and van der Sluijs, J. P. 2007. Uncertainty and Climate Change Adaptation - a Scoping Study. Report NWS-E-2007-198. Department of Science Technology and Society, Copernicus Institute, Utrecht University.

DETR. 2000. *Guidelines for Environmental Risk Assessment and Management - Revised Departmental Guidance.* Prepared by the Institute for Environment and Health. London, The Stationery Office.

Downing, T. E., Olsthoorn, X. and Tol, R. S. J. 1999. *Climate, Change and Risk.* London, Routledge.

Duckstein, L. and Parent, E. 1994. Systems engineering of natural resources under changing physical conditions: a framework for reliability and risk. L. Duckstein and E. Parent (eds) *Natural Resources Management.* Dordrecht, The Netherlands, Kluwer.

Elshayeb Y. 2005. Overcoming uncertainties in risk analysis: trade-offs among methods of uncertainty analysis. I. Linkov and A. B. Ramadan (eds) *Comparative Risk Assessment and Environmental Decision Making.* NATO Science Series 38. Dordrecht, The Netherlands, Springer.

Emerton, L. and Kekulandala, L. D. C. B. 2003. *Assessment of the Economic Value of Muthurajawela Wetland.* Occ. Pap. Sri Lanka, International Union for Conservation of Nature (IUCN).

Fiering, M. B. 1982. Estimates of resilience indices by simulation. *Wat. Resour. Res.,* Vol. 18, No. 1, pp. 41-50.

Figge, F. 2004. *Managing Biodiversity Correctly - Efficient Portfolio Management as an Effective Way of Protecting Species.* Cologne, Germany: Gerling.

Folke, C., Carpenter, S., Elmqvist, T., Gunderson L., Holling, C. S. and Walker, B. 2002. *Resilience and Sustainable Development: Building Adaptive Capacity in a World of Transformations.* Scientific Background Paper on Resilience for the process of the World Summit on Sustainable Development on behalf of the Environmental Advisory Council to the Swedish Government. Interdisciplinary Center of Natural Resources and Environmental Research, Stockholm University, Sweden.

Folke, C., Carpenter, S., Walker, B., Scheffer, M., Elmqvist, T., Gunderson, L. and Holling, C. S. 2004, Regime shifts, resilience and biodiversity in ecosystem management. *Annual Review of Ecology, Evolution, and Systematics,* Vol. 35, pp. 557-81.

Forslund, A., Malm Renöfält, B., Barchiesi, S., Cross, K., Davidson, S., Farrell, T., Korsgaard, L., Krchnak, K., McClain, M., Meijer, K. and Smith, M. 2009. *Securing Water for Ecosystems and Human Well-Being: The Importance of Environmental Flows.* Swedish Water House Report 24. Stockholm, Stockholm International Water Institute (SIWI).

http://www.siwi.org/documents/Resources/Reports/Report24_E-Flows-low-res.pdf

Frederick, K.D. and Major, D.C. 1997. Climate change and water resources. *Climatic Change,* Vol. 37, No. 1, pp. 7–23.

Frederick, K. D., Major, D. C. and Stakhiv, E. Z. 1997. Water resources planning principles and evaluation criteria for climate change: summary and conclusions. *Climatic Change,* Vol. 37, No. 1, pp. 291–313.

Ganoulis. J. G. 1994. *Engineering Risk Analysis of Water Pollution.* New York, VCH.

Giles, J. 2002. Scientific uncertainty: when doubt is a sure thing. *Nature,* Vol. 418, pp. 476–78.

Gladwell, M. 2000, *The Tipping Point: How Little Things Can Make a Big Difference.* New York, Little Brown.

Green, C., Nicholls, R. and Johnson, C. 2000. *Climate Change Adaptation: A Framework for Analysis and Decision-making in the Face of Risks and Uncertainties.* NCRAOA Report 24. London, Environment Agency.

Hall, K. 2003. An old problem in a new form. *International Water Power and Dam Construction 2003.* London, Global Trade Media, pp. 28–31.

Hamilton, L. C. and Keim, B. D. 2009. Regional variation in perceptions about climate change, *Int. J. Climatol.,* Vol. 29, No. 15, pp. 2348–2352. http://pubpages.unh.edu/~lch/Hamilton_climate_perception.pdf

Hashimoto, T., Loucks, D. P. and Stedinger, J. R. 1982. Robustness of water resource systems. *Water Resources Research,* Vol. 18, No. 1, pp. 21–26.

Hashimoto, T., Stedinger, J. R. and Loucks. D. P. 1982. Reliability, resiliency, and vulnerability criteria for water resource system performance evaluation. *Water Resources Research,* Vol. 18, No. 1, pp. 14–20.

Heltberg, R., Siegel, P. B. and Jorgensen, S. L. 2009. Addressing human vulnerability to climate change: toward a 'no-regrets' approach. *Global Environmental Change,* Vol. 19, No. 1, pp. 89–99.

Hobbs, B. F. 1997. Bayesian methods for analysing climate change and water resource uncertainties. *Journal of Environmental Management,* Vol. 49, No. 1, pp. 53–72.

Hoekstra, A. Y. and Chapagain, A. L. 2008. *Globalization of Water: Sharing the Planet's Freshwater Resources.* Oxford, UK, Blackwell Publishing.

Hoffman, B. 2011. Queensland warned of flood plain risk. *Sunshine Coast Daily,* 1 August 2011. http://www.sunshinecoastdaily.com.au/story/2011/08/01/we-develop-our-own-risk-expert/

Hoffmann-Riem, H. and Wynne, B. 2002. In risk assessment, one has to admit ignorance. *Nature,* Vol. 416, p. 123.

Holling, C. S. 1973. Resilience and stability of ecological systems. *Annual Review of Ecology and Systematics,* Vol. 4, pp. 1–23.

Holling, C. M. 1986. The resilience of terrestrial ecosystems: local surprise and global change. W. C. Clark and R. E. Munn (eds) *Sustainable Development of the Biosphere.* Cambridge, UK, Cambridge University Press, pp. 292–317.

ISET (Institute for Social and Environmental Transition). 2010. Adaptive Strategies for Responding to Drought and Flood in South Asia. Website. Boulder, Colo., ISET International and ISET Nepal. http://www.i-s-e-t.org/index.php?option=com_content&view=article&id=44&Itemid=49

Johansson R. C., Tsur, Y., Roe, T. L., Doukkali, R. and Dinar, A. 2002. Pricing irrigation water: a review of theory and practice. *Water Policy,* Vol. 4, No. 2, pp. 173–99.

Kaplan, S. and Garrick, B. J. 1981. On the quantitative definition of risk. *Risk Analysis,* Vol. 1, No. 1, pp. 11–27.

Karamouz, M., Szidarovszky, F. and Zahraie, B. 2003. *Water Resources Systems Analysis.* Boca Raton, FL, Lewis Publishers.

Kasperson J. X., Kasperson, R. E., Pidgeon, N., Slovic, P. 2003. The social amplification of risk: assessing fifteen years of research and theory. N. Pidgeon, R. E. Kasperson, P. Slovic (eds) *The Social Amplification of Risk.* Cambridge, UK, Cambridge University Press.

Kasperson, R. E., Renn, O., Slovic, P., Brown, H., Emel, J., Goble, R., Kasperson, J. X. and Ratick, S. 1988. The social amplification of risk: a conceptual framework. *Risk Analysis,* Vol. 8, No. 2, pp. 177–87.

Keeney, R. L. and Raiffa, H. 1993. *Decisions with Multiple Objectives.* Cambridge, UK/New York, Cambridge University Press.

Keller, K., Yohe, G. and Schlesinger, M. 2008. Managing the risks of climate thresholds: uncertainties and information needs. *Climatic Change,* Vol. 91, pp. 5–10.

van 't Klooster, S., Pauw, P. and Aerts, J. C. J. H. 2011. Dealing with uncertainty through (participatory-) backcasting. J. C. J. H. Aerts, W. Botzen, Ph. Ward (eds) *Climate Adaptation and Flood Risk in Coastal Cities.* Abingdon, UK, Earthscan.

Knight, F. H. 1921. *Risk, Uncertainty, and Profit.* Boston, MA, Hart, Schaffner & Marx/Houghton Mifflin Company.

Kummu, M., Ward, P.J. de Moel, H. and Varis, O. 2010, Is physical water scarcity a new phenomenon? Global assessment of water shortage over the last two millennia. *Environ. Res. Lett.,* Vol. 5 (July–September).

Lenton, T. M., Held, H., Kriegler, E., Hall, J. W., Lucht, W., Rahmstorf, S. and Schellnhube, H. J. 2008. Tipping elements in the Earth's climate system. *PNAS,* Vol. 105, No. 6, pp. 1786–93.

Le Quesne, T. and Matthews, J. 2009. *Adapting Water Management: A Primer on Coping with Climate Change.* (WWF Water Security Series No. 3). Washington DC, World Wide Fund for Nature (WWF). http://assets.wwf.org.uk/downloads/water_management.pdf

----. 2010. *Flowing Forward: Freshwater Ecosystem Adaptation to Climate Change in Water Resources Management and Biodiversity Conservation.* Working Note #28. Washington DC, World Wide Fund for Nature (WWF). http://assets.panda.org/downloads/flowing_forward_freshwater_ecosystem_adaptation_to_climate_change.pdf

Li, Y. P., Huang, G. H. and Nie, S. L. 2009. Water resources management and planning under uncertainty: an inexact multistage joint-probabilistic programming method. *Water Resources Management,* Vol. 23, pp. 2515–38.

Liu, A., Sty, T. and Goodrich, J. A. 2000. Land use as a mitigation strategy for the water-quality impacts of global warming: a scenario analysis on two watersheds in the Ohio River Basin. *Environmental Engineering and Policy,* Vol. 2, No. 2, pp. 65–76.

Lloret, P. 2009. Water Protection Fund (FONAG). *Circular of the Network for Cooperation in Integrated Water Resource Management for Sustainable Development in Latin America and the Caribbean,* No. 29. Santiago, United Nations Economic Commission for Latin America and the Caribbean (ECLAC). http://www.cepal.org/drni/noticias/circulares/2/34862/Carta29in.pdf

Loewenstein, G., Rick, S. and Cohen, J. D. 2008. Neuroeconomics. *Annu. Rev. Psychol.,* Vol. 59, pp. 647–72.

Lofstedt, R. E. 2003. A European perspective on the NRC 'Red Book,' risk assessment in the Federal Government: managing the process. *Human and Ecological Risk Assessment,* Vol. 9, No. 5, pp. 1327–35.

Loucks, D. P. and van Beek, E. 2005. *Water Resources Systems Planning and Management.* Paris, UNESCO.

MA (Millennium Ecosystem Assessment). 2005. *Ecosystems and Human Well-Being: Wetlands and Water Synthesis.* Washington DC, World Resources Institute (WRI).

Males, R. M. 2002. *Beyond Expected Value: Making Decisions Under Risk and Uncertainty.* Alexandria, Va., US Army Corps of Engineers, Institute for Water Resources. http://www.iwr.usace.army.mil/docs/iwrreports/02r4bey_exp_val.pdf

Marien, M. 2002. Futures studies in the 21st century: a reality-based view. *Futures,* Vol. 34, pp. 261–81.

Marris, C., Langford, I., Saunderson, T. and O'Riordan, T. 1997. Exploring the 'psychometric paradigm': comparisons between aggregate and individual analyses. *Risk Analysis,* Vol. 22, No. 4, pp. 665–9.

Martin, R. 2002. *The Responsibility Virus: How Control Freaks, Shrinking Violets – and the Rest of us – Can Harness the Power of True Partnership.* New York, Basic Books.

Mays, L. W. 1996. The role of risk analysis in water resources engineering. *Water Resources Update,* Vol. 103, pp. 8–11.

Miller, K. and Yates, D. 2006. *Climate Change and Water Resources: A Primer for Municipal Water Providers.* Denver, CO, Awwa Research Foundation (AwwaRF)/University Cooperation for Atmospheric Research (UCAR).

Morgan, M. G. and Henrion, M. 1990. *Uncertainty: A Guide to Dealing with Uncertainty in Quantitative Risk and Policy Analysis.* Cambridge, UK, Cambridge University Press.

Murdoch, P. S., Baron, J. S. and Miller T. L. 2000. Potential effects of climate change on surface-water quality in North America. *J. Am. Water Resour. Assoc.,* Vol. 36, No. 2, pp. 347–66.

Naiman, R. J. and Turner, M. G. 2000. A future perspective on North America's freshwater ecosystems. *Ecological Applications,* Vol. 10, No. 4, pp. 958–70.

Nature Conservancy. 2010. *South America: Creating Water Funds for People and Nature.* Website. Arlington, Va., The Nature Conservancy. http://www.nature.org/wherewework/southamerica/misc/art26470.html

NOAA (National Oceanic and Atmospheric Administration). 2009. *Restoration Economics: Risk and Uncertainty in Environmental Restoration Programs.* Washington DC, US Department of Commerce.

NRC (National Research Council). 2000. *Risk Analysis and Uncertainty in Flood Damage Reduction Studies Committee on Risk-Based Analysis for Flood Damage Reduction.* Washington DC, National Academies Press.

Palmer, M. A, Reidy Liermann, C. A., Nilsson, C., Flörke, M., Alcamo, J., Lake, P. S. and Bond, N. 2008. Climate change and the world's river basins: anticipating management options. *Frontiers in Ecology and the Environment,* Vol. 6, pp. 81–9.

Perrot-Maître, D. 2006. *The Vittel Payments for Ecosystem Services: a 'Perfect' PES Case?* London, International Institute for Environment and Development (IIED).

Pindyk, R. S. 2007. Uncertainty in environmental economics. *Review of Environmental Economics and Policy,* Vol. 1, No. 1, pp. 45–65.

Plate, E. J. and Duckstein, L. 1988. Reliability based design concepts in hydraulic engineering. *Wat. Resour. Bull.,* Vol. 24, pp. 234–45.

Policy Research Corporation. 2009. *Netherlands.* Brussels, European Commission. http://ec.europa.eu/maritimeaffairs/climate_change/netherlands_en.pdf

Rahmstorf, S. and Ganopolski, A. 1999. Long-term global warming scenarios computed with an efficient coupled climate model, *Climatic Change,* Vol. 43, pp. 353–67.

Rayner, S. 1992. Cultural theory and risk analysis. S. Krimsky and D. Golding (eds) *Social Theories of Risk.* Westport, Conn., Praeger.

RRC (River Restoration Centre). 2009. *The London River Action Plan.* London, RRC.

Saunders, J. F. and Lewis, W. M. 2003. Implications of climatic variability for regulatory low flows in the South Platte River basin, Colorado. *J. Am. Water Resour. Assoc.,* Vol. 39, pp. 33–45.

Shultz, S. D. and Leitch, J. A. 2001. *The Feasibility Of Wetland Restoration To Reduce Flooding In The Red River Valley: A Case Study Of The Maple River Watershed, North Dakota.* Agribusiness & Applied Economics Report No. 23597. North Dakota State University, Department of Agribusiness and Applied Economics.

Simonovic, S. P. 2008. Managing Water Resources: Methods and Tools for a Systems Approach. London, Earthscan.

Slovic, P. 1992. Perception of risk: reflections on the psychometric paradigm. S. Krimsky and D. Golding (eds) *Social theories of risk.* New York, Praeger, pp. 117–52.

Slovic, P., Finucane, M, Peters, E. and MacGregor, D. G. 2004. Risk as analysis and risk as feelings: some thoughts about affect, reason, risk, and rationality. *Risk Analysis,* Vol. 24, No. 2.

Stuip, M. A. M, Baker, C. J. and Oosterberg, W. 2002. *The Socio-economics of Wetlands.* Wageningen, The Netherlands, Wetlands International and the Dutch Institute for Inland Water Management and Waste Water Treatment (RIZA).

Tallis, H., Kareiva, P., Marvier, M. and Chang, A. 2008. An ecosystem services framework to support both practical conservation and economic development. *Proceedings of the National Academy of Sciences of the United States of America (PNAS),* Vol. 105, No. 28, pp. 9457–64.

TEEB (The Economics of Ecosystems & Biodiversity), 2009. *TEEB Climate Issues* Update. Geneva, United Nations Environment Programme (UNEP). http://www.teebweb.org/InformationMaterial/ TEEBReports/tabid/1278/language/en-US/Default.aspx.

Tversky, A. and Kahneman, D. 1974. Judgment under uncertainty: heuristics and biases. *Science,* Vol. 85, pp. 1124–31.

UNCCD (United Nations Convention to Combat Desertification). 2011. *Scientific Review of the UNCCD Provisionally Accepted Set of Impact Indicators to Measure the Implementation of Strategic Objectives 1, 2 and 3.* White-Paper – Version 1, Unpublished draft. New York, UNDP Bureau for Crisis Prevention and Recovery.

––––. 2004. *Reducing Disaster Risk: A Challenge for Development.* New York, UNDP Bureau for Crisis Prevention and Recovery.

UNDRO (United Nations Disaster Relief Organization). 1991. *Mitigation of Natural Disasters: Phenomena, Effects, and Options. A Manual for Policy Makers and Planners.* New York, United Nations, Office of the Disaster Relief Coordinator.

UNECE (United Nations Economic Commission for Europe). 2007. *Recommendations on Payments for Ecosystem Services in Integrated Water Management.* New York/ Geneva, United Nations. http://www.unece.org/index. php?id=11663

UNESCO (United Nations Economic, Scientific and Cultural Organization). 2005. *The Precautionary Principle.* Paris, UNESCO World Commission on the Ethics of Scientific Knowledge (COMEST).

UN-Water. 2006. *Coping with Water Scarcity: A Strategic Issue and Priority for System-wide Action.* UN-Water Thematic Initiatives. Geneva, UN-Water.

van Aalst, M., Hellmuth, M. and Ponzi, D. 2007. *Come Rain or Shine: Integrating Climate Risk Management into African Development Bank Group Operations.* Tunis, Tunisia, African Development Bank.

van Notten, P. W. F. 2005. *Writing on the Wall. Scenario Development in Times of Discontinuity,* Boca Raton, FL, Dissertation.com.

––––. 2006. Scenario development: a typology of approaches. *Think Scenarios, Rethink Education.* Paris, OECD. http://www.oecd.org/dataoecd/27/38/37246431.pdf

Vörösmarty, C. J., Green, P., Salisbury, J. and Lammers, R. B. 2000, Global water resources: vulnerability from climate change and population growth, *Science,* Vol. 289, No. 5477, pp. 284–8.

Vörösmarty C. J., McIntyre, P. B., Gessner, M. O., Dudgeon, D., Prusevich, A., Green, P., Glidden, S., Bunn, S. E., Sullivan, C. A., Reidy Liermann, C. and Davies, P. M. 2010. Global

threats to human water security and river biodiversity. *Nature,* Vol. 467, pp. 555–61.

Walker, B., Holling, C. S., Carpenter, S. R. and Kinzig, A. 2004. Resilience, adaptability and transformability in social-ecological systems. *Ecology and Society,* Vol. 9, No. 2, p. 5. http://www.ecologyandsociety.org/vol9/iss2/art5/

Walker, B. and Meyers, J. A. 2004. Thresholds in ecological and social-ecological systems: a developing database. *Ecology and Society,* Vol. 9, No. 2, p. 3. http://www.ecologyandsociety.org/vol9/iss2/art3.

Walker, W. E., Harremoës, P., Rotmans, J., van der Sluijs, J.P., van Asselt, M. B. A., Janssen, P. H. M. and von Krauss, M. P. K. 2003. Defining uncertainty: a conceptual basis for uncertainty management in model based decision support. *Integrated Assessment,* Vol. 4, No. 1, pp. 5–17.

Wardekker, J. A., van der Sluijs, J. P., Janssen, P. H. M., Kloprogge, P. and Petersen, A. C. 2008. Uncertainty Communication in environmental assessments: views from the Dutch science-policy interface. *Environmental Science & Policy,* Vol. 11, No. 7, pp. 627–641. http://dx.doi.org/10.1016/j.envsci.2008.05.005

WBCSD (World Business Council for Sustainable Development). 2011. *Guide to Corporate Ecosystem Valuation: A framework for improving corporate decision-making.* Geneva, WBCSD.

Willows, R. I. and Connell, R. K. (eds) 2003. *Climate adaptation: Risk, uncertainty and decision-making.* UKCIP Technical Report. Oxford, UK Climate Impacts Programme (UKCIP).

Wolt, J. D. and Peterson, R. K. D. 2000. Agricultural biotechnology and societal decision-making: the role of risk analysis. *AgBioForum,* Vol. 3, No. 1. http://www.wbcsd.org/DocRoot/iv9e2wIURXHjP8inORVN/ WBCSD_Guide_CEV_April_2011.pdf

WRI (Water Resources Institute), Meridian Institute and WBCSD. 2008. *Corporate Ecosystem Services Review: Guidelines for Identifying Business Risks and Opportunities Arising from Ecosystem Change.* Geneva, WRI/WBCSD/ Meridian Institute. http://pdf.wri.org/corporate_ecosystem_services_review.pdf

Yoe, C. E. 1996. *An introduction to risk and uncertainty in the evaluation of environmental investments.* IWR Report 96-R-8, prepared for the US Army Corps of Engineers. Alexandria, VA, Institute for Water Resources.

第九章

以关键驱动因素剖析
不确定性和风险

作者： 凯瑟琳·科斯格罗夫、威廉·科斯格罗夫、伊鲁姆·哈桑、
乔安娜·泰勒菲里

供稿： 理查德·康纳、吉尔伯托·伽略平

水管理就是管理已经存在和新出现的风险。水管理包含的内容有风险管理和对水循环及其自然过程的管理。水管理还属于跨行业，水管理者在尽量满足公平需求的同时还需要满足不同经济部门及环境的需求，而这并非易事。水系统是动态变化的，呈现降雨和径流时空变化大的特点，并滋生洪水和干旱等风险。管理用水户之间水分配的体系并不能够完全与现实情况相吻合，例如水资源量的内在变化。而且，各行业的发展变化常常形成新的或意想不到的水需求，增加了社会和环境两方面的供水压力。

　　联合国世界水评估计划（WWAP）目前正在实施一个项目，预测到 2050 年世界水资源及其使用的各种可能情境。最近一次全球水预测成果是十多年前发布的（Cosgrove 和 Rijsberman，2000），尽管这些预测考虑了当时已知的大多数未确定性和风险因素，但没有考虑气候变化。此外，人口增长、科技、政治、社会价值、管理和法律等呈现出快速变化的趋势或失衡的局面。项目预测的情境在全球的层面上也建立了与其他预测过程的链接，包括新的全球环境情境预测（《全球环境展望 4》）和新的政府间气候变化专门委员会（IPCC）气候变化预测等。本章介绍的是最新的研究成果[1]。

9.1 主要驱动因素的演变

传统上，与随机分析一起开展的以往气候分析为极端水文条件下的水循环调查奠定了可靠基础。水管理者通常以历史气候和水文信息为出发点，而定期对过去进行推断是为了模拟将来的水文条件。然而，水管理者对预测的水资源压力无法掌控。这极大地影响着水供需平衡，有时候是以不确定的方式，从而给水管理和使用带来了新的风险。面对不断加剧的不确定性和风险，需要采取截然不同的方法来解决水管理策略方面的问题。

联合国世界水评估计划（WWAP）世界水情境项目的第一阶段对10个变化驱动因素开展了研究。这些因素的关联性在世界不同地区表现各不相同。

供水压力和可持续性是现有水资源及其取用量和消耗量的两大函数。资源和消耗为变量，依诸多因素而定。对供水压力和可持续性产生直接影响的驱动因素包括生态系统、农业、基础设施、技术、人口和经济等。政府管理、政治、伦理和社会（价值和公平）、气候变化和安全这些终极驱动因素大多通过它们对类似驱动因素的影响而发挥它们的作用。有人提出请熟悉这些驱动因素的专家阅读这10份报告中的一份，并对已经确认的将来发展趋势发表意见和看法。他们要求这些专家确定发展趋势的相对重要性以及这些发展趋势何时可能实现，并开展相关调查研究。另外一些专家则需要完成一项调查，指出哪些发展趋势发生的可能性更大、何时会发生。本文以下章节重点说明最重要或者最有可能发生的发展趋势。

9.1.1 水资源：地表水、地下水和生态系统

对水资源系统战略、规划、设计、运行和管理的研究必须以水源和供水系统的可变性为基础。现在必须考虑的新维度是这些可能变量的重要性及其范围的不确定性。

参与WWAP世界水情境项目调查的专家将农业中的水生产率列为影响水的最重要发展趋势。

1961—2001年间粮食生产的水生产率增加了近100%。参与调查的专家估计到2040年可能会再增加100%。他们进一步估计，2040年左右全球旱作农业粮食平均产量可能达到每公顷3.5吨。

影响水的第二重要发展趋势是易受干旱影响的耕地比例。参加调查的专家估计，到2040年，在极端事件下易受干旱影响的耕地比例至少会增加50%，严重干旱条件下会增加40%，中等干旱条件下会增加30%[2]。水的可利用率已经成为2050年前最可能发生的发展趋势之一。

参加调查的专家认为2020年之前，全球取用水量可能在2000年水平基础上增加50%；2030年之前，世界上大多数人口密集地区的年平均径流量可能减少10%。到本世纪30年代初，在2010年已存在供水压力的地区的地下水补水率会减少20%。参加调查的专家还认为，到2020年全球的农业实际水交易量能达到全球粮食生产总取用水量的20%。

可用水量监测和管理方面的解决方案被认为短期内不可能实现。地下水和地表水联合管理也被认为在2040年前几乎在任何地方都不可能实现。同样不可能实现的还有对含水层取用水的管理，无法确保取用水不超过前十年的平均补水率。

参加调查的专家预测，到2020年，人们将了解太平洋年代际振荡、厄尔尼诺南方涛动和北大西洋涛动现象，因此在气候预测模型之中将包含这些现象。本世纪30年代初后，人们将能认识非平稳气候以及所有水管理规划和运行方面的水文和人口压力。

"参加调查的专家预测，2040年前将在国际范围内形成一个强有力的有效应对气候变化的国际协定；这被当作是一个相当重要的事件。"

海水淡化并不被看作是本世纪40年代结束

前可用水量的一种可能解决方法。大家认为本世纪40年代结束时海水淡化能生产城市饮用水的25％，到本世纪中期时能生产粮食生产用水的5％。海水淡化技术的较低采用率也在回应农业、经济和技术方面的专业咨询上反映出来。

物种多样性的丧失必须高度重视，极有可能在本世纪30年代初发生。淡水生物物种的多样性的极大减少早在本世纪20年代初就能发生，由于气候变化造成的气温增高、流量减少以及大气中二氧化碳和氮增加，到本世纪30年极有可能出现淡水生物物种多样性显著减少情况。在本世纪30年代初，具有对极端环境变化很强适应能力的生物将逐渐在生态系统中占据统治地位。到本世纪40年代初将很可能实施遏制生物多样性丧失的适当对策，损失率能减少50％。然而，参加调查的专家认为在2050年之前完全控制水携带外来入侵物质的出现和蔓延的可能性不大。

9.1.2 农业

参加调查的专家认为，与水资源有关的最重要的发展趋势是农业取用水量的不断增加。目前的取用水量每年大约为31 000亿立方米，到2020年——或更有可能到2030年——会增加到45 000亿立方米。实际上，在南亚、拉丁美洲、非洲等几个地区，特别是撒哈拉以南非洲，不可能达到这个级别的可用水量。在其他的地区，大规模投资蓄水设施对一些国家来说经济条件可能不允许。

第二重要发展趋势是森林砍伐。有些地区通过继续扩大森林砍伐，虽然速度不快，设法增加他们的农业面积。参加调查的专家认为这种发展趋势比受生态关注影响而减缓农业用地扩张来说更有可能发生。

从可能的发展趋势来看，化肥价格将很可能继续跟踪能源价格。如果能源价格继续上涨，生产的成本也将继续上涨，除非有其他措施抵补。另外一个可能性是，到2020年，基础设施投资将改善旱作农业生产潜力（即通过改善雨水收集和存储系统）。这种发展将会更有效地利用现有水土资源。

9.1.3 气候变化和变化率

气候变化将影响水文循环，从而影响用户的可用水量。可以预期，洪水和干旱等极端水事件将会更为频繁，而且强度会更大（Bates等，2008）。利用历史数据进行推算不再适用于这些事件——因为水文循环是一个整体——这增加了将来的不确定性。此外，全球气候变化模型的空间分辨率相对较粗。结果证明，转换为水管理者必要的更为详细的尺度很困难。在行政管辖一级（州和地方）或者流域管理一级（大多数水资源规划在这一级进行）无法进行这些预测，使这个问题变得更为严重。

本驱动因素的重要发展趋势与可用水量有关。参加调查的专家估计处于用水压力风险的人数在2030年之前（最快在2020年前）将可能达到17亿人，2030年初达到20亿人。在2050年前，这个数字达到32亿人的可能性不大。尽管可能稍有提前，但与政府间气候变化专门委员会排放情境特别报告（SRES）（Nakicenovic，2000）大致吻合。

另外一个重要发展是易受严重洪涝影响的三角洲面积在增加。扩大50％的情况极有可能在本世纪40年代初之前发生。

这些事件能对农业产生极大影响。到本世纪40年代，年际淡水短缺加上洪水将很可能使全球作物总产量减少10％。

另外一个重要发展趋势是潜在的世界范围内生活水平提高和人口增长，大大增加能源需求量，导致温室气体排放增加20％。这被认为将可能在本世纪30年代开始前出现。在这前后，很可能大量出现替代能源技术和方案。到本世纪30年代，电动汽车将占世界汽车市场30％的份额。到本世纪30年代末，风力发电能满足世界电力需求量的20％。到本世纪40年代，世界30％的用电量将与"智能"电网联网，氢燃料电池能为世界市场上20％的汽车提供动力。碳搜集和储存可能在50％的新建火力发电厂中应用，大约在本世纪50年代后，现有的电厂将进行更新改造或者关闭。

参加调查的专家认为，到2040年有望达成一个应对气候变化的、强有力的、有效的、具有普遍约束力的国家协议；这被看作一个极其重要的事件。

积极态势的雏形有可能最早出现在本世纪20年代初，那时全球将开展大规模、规划详尽并有财政支持的各种活动，对公众进行气候变化真相、原因、影响和代价方面的教育。在这之后，有可能出现有关气候的更多的公共信息和知识传递。例如到2020年，可公开报道无法改变的全球降雨和气温变化；到2030年，可开展有效的国际合作，在气候分析及缓解、适应气候变化等方面展开行动，并继续交换最新数据、知识和经验。到2030年，我们还可能见证将适应气候变化基金与适应性水管理基金协调统一，形成以水为依托的社会各经济优先领域。

9.1.4 基础设施

老化的水设施、数据短缺以及恶化的监测网络是几乎所有地区将来面临的主要风险。

参加调查的专家认为拥有饮用水和适当的卫生设施是这方面最重要的发展趋势。他们认为，到本世纪40年代初，全球90%的人口将可能拥有合理的、可靠的安全饮用水源。专家预计，到本世纪30年代初，超过30个国家将常规性地使用纳米过滤器处理饮用水，这也会对该评估产生影响。技术调查为这项技术的推出提供了类似的时限；大家认为到2030年，经济可行的纳米技术（如碳纳米管）极有可能产生新的有效薄膜和催化剂，用于海水淡化和污染控制。参加调查的专家还认为，到2040年底，全球90%的人口将会拥有比较完善的卫生设施。

第二个重要的发展趋势是对超过50年的所有大坝和堤防，以及那些有着巨大结构危害风险的大坝和堤防进行年检。估计最可能在本世纪30年代开始这项工作。为这些大坝和堤防制定职责分明的紧急疏散方案也最有可能在本世纪30年代出现。由于气候变化和森林砍伐导致大坝泥沙淤积增加，很多大坝的预期寿命会缩短30%，因此这点尤其重要。本发展趋势应予以高度重视，与先前所述发展趋势同时出现的可能性极大。

基础设施投入也被认为很重要。涵盖全球水设施的所有运行成本和折旧的水服务收入（用水收费、税和转让费）被认为很可能在本世纪40年代初实现。取消低收入国家外债情况也是如此，这能腾出资金投入到水利基础设施。

内陆航运需求将继续影响河流运行和水流分配。本世纪20年代，各国可能在国家水规划的水设施调度中适当考虑环境流量。

本世纪30年代初，将至少有10个国家可能使用可靠的机器人进行地下管道远程修复，同时使用化学、生物、辐射和原子能（CBRN）传感网络监测水系统中的危害事件。参加调查的专家还估计，到本世纪30年代，遥感技术和全球定位系统将被作为地方水资源监测系统和其他技术的补充，查找位置不明或遗忘的水下设施，对其进行测绘和勘查。

9.1.5 技术

参加调查的专家预计，在2020—2030年期间，大部分大型用水户将使用节水产品，包括减压阀、水平轴洗衣机、节水型洗碗机、灰水再利用系统、低冲洗水箱马桶、低水流或无水厕所等。

到2020年，将可能出现低成本、大规模海水淡化技术，使海岸线周边100英里（160千米）范围内的几乎每个人都能拥有饮用水和工业用水；到2030年，这种可能性更大。这与经济可行的纳米技术（如碳纳米管）相关联，能产生新的有效薄膜和催化剂用于海水淡化和污染控制，去除水中重金属和其他溶解污染物。参加调查的专家认为这可能在2020—2030年间实现，反映出对推迟适用和建造新技术系统的理解。

大范围采用已知集雨技术并结合新的、简单且廉价的集水净化方式也被认为可能在2020—2030年间实现。同样可能的还有农业从业者相应地使用经济上可承受的技术采集实时作物数据和土壤含水量数据使其能做出明达、高效的灌溉计划决策。这些都有助于增加水土利用效率。

9.1.6 人口

人口动态学包括人口增长、年龄分布、城市化和人口迁移，由于水需求量增大，污染水平更高，导致淡水资源压力增加。

因此，世界总人口规模被认为是人口发展趋势的一个重要问题。参加调查的专家认为，世界人口到2034年将达到79亿，到本世纪50年代初达到91.5亿，2050年后达到104.6亿。这与联合国人口司2008年订正本的中位变差预测一致，估计到2050年世界人口为91亿人（UNDESA，2009）。

人口增长会蚕食过去在水和卫生方面取得的成就。参加调查的专家（主要是人口专家）认为，到本世纪30年代，大部分发展中国家的人口增长会使自1990年以来取得的供水和卫生条件改善的人口比例减少10％。

妇女教育和就业被看成影响生育率的一种发展趋势，尤其是在最不发达国家。到本世纪30年代，在大多数最不发达国家妇女教育和就业增长能带来生育率显著下降。

最不发达国家在降低死亡率方面的努力被认为是可能最早出现的发展趋势。在艾滋病患病率高于1％和/或艾滋病人口超过50万的58个国家中，到2020年，大多数国家能实现对艾滋病毒携带者或艾滋病患者的抗逆转录病毒治疗覆盖率达到或高于60％。同时，这些国家防止儿童经母体感染艾滋病的干预率平均能达到60％。在2007年，对艾滋病毒和艾滋病的干预覆盖率为36％。

在2030年之前，全球每年死于腹泻和疟疾的人数能降低到154万人或以下（2008年为253万人），在2040年之前将降低到71万人。

儿童死亡率可能下降。2005—2010年间在不发达国家的平均死亡率估计为每1 000活产儿死亡78例[3]。到2030年，这一死亡率预计在60个发展中国家降低到每1 000活产儿死亡45例。我们预计可以成功地应对这些挑战，因为参加调查的专家们估计，到2040年所有发展中国家人口预期寿命将达到70岁或以上。

寿命减短的趋势可能会出现。到本世纪30年代，流行病传播、重新出现的病原体以及耐药性疾病的进化，使流行病学环境恶化，可能会妨碍世界平均预期寿命增长到75.5岁以上。到本世纪30年代末期，肥胖病带来的延迟影响将成为阻止预期寿命增长到75.5岁以上的制约因素。

城市人口增长也要引起高度重视。到本世纪30年代末，世界70％的人口将可能居住在城市。到本世纪40年代末，生活在贫民区的世界人口比例将可能从今天的33％降低到25％。

本世纪30年代生活在沿海地区的世界人口比例将从2010年的60％增加到75％。本世纪40年代，由于气候变化影响造成的人口迁移数可能达到2.5亿。由于自然灾难和冲突事件造成的人口迁移常常主要发生在沿海城市地区，包括较少或根本没有基本服务而且暴露于疾病和传染病风险加大的近郊大规模贫民区。

9.1.7 经济与安全

参加经济与安全调查的专家对两种可能发展趋势给予几乎同等重视。

首先，发展中国家对水的需求能在2011年水平上增加50％。参加调查的专家们认为这可能在2020—2030年间出现。这证实了调查农业发展的专家们提出的预测。

其次，到2020年，超过40％的国家将经历严重的淡水短缺。这大多会发生在撒哈拉以南非洲和亚洲低收入国家和地区。更有可能的是2020—2030年间，享有水的权利上的不平等将造成新的经济极化。这种经济极化将增大发生政治动乱和随之发生冲突的危险。

"2020—2030 年，水足迹措施将会被广泛采用，并按年度进行大范围的公布。"

2020—2030 年间，水足迹措施将可能得到应用，并且会每年进行大范围颁布（也就是说，2030 年的生态足迹预期将是地区表面规模的两倍左右），这种措施将为决策者们提供有用的信息。2020—2030 年间将有多种经济有效的海水淡化或其他技术可以应用，将增加 20％的安全供水。这适用于饮用水和工业用水，但是，海水淡化造价可能高得惊人，除非用于高价值作物或新的、更为精细类粮食生产。

9.1.8 治理

很多参加调查的专家认为许多城市供水设施失效问题很重要（强调需要对城市水系统进行更新）。到 2030 年，在 20 多个主要城市能实现这个目标。在一次有关治理的检查中发现这个问题如此严重，专家们感到城市水系统治理亟须得到高度重视。

对地方政府和民间团体的网络在线水问题论坛的开发也需要给予高度重视，它能缩小用户、供水者和政策制定者之间的信息不对称。建设国家一级的网络化协调机制，在地方水务机构之间分享信息和最佳实践，这一点同样也很重要。2020—2030 年间，可能在至少 95％的国家能实现这一目标。很明显，公众咨询和信息共享被认为是关键因素，有着广阔前景和极大可能性。

专家特别强调了通过一项特别适用于地下水的国际公约的重要性，这反映出人们过去缺少对地下水的重视。然而，虽然参加调查的专家认为很重要，但可能要到 2030 年才能实现，也许这与 1997 年通过的《联合国国际水道非航行使用法公约》迟迟未获批准有关（截至 2011 年 10 月该公约得到了 24 个国家的批准）。

9.1.9 政治

参加政治调查的专家对在水治理事务上确立和落实透明、参与式程序的重要性上有着类似的观点。然而，他们注意到要在 2020—2030 年间至少 120 个国家实现这个目标的可能性极小。同时他们还认为需要关注生活在有着极大崩溃风险的不安全或不稳定国家的人口数量。根据《2010 年失败国家指数》——即和平基金和《对外政策》杂志合作开展的一项调查，利用 12 项国家凝聚力和国家表现指标评价 177 个国家的脆弱性[4]——2010 年生活在这种条件下的人口为 20 亿。到 2030 年要将这一数字降低到 10 亿人以下被认为几乎不可能。如前文所述，水（和相关食物和能源）短缺将会对实现这一目标产生重大不利影响。事实上，参加调查的专家认为社会不稳定和暴力现象会蔓延到大多数面临着长期缺水问题的国家，而且这种可能性会更大。

政治调查对象认为来自政府内部和既得利益者的阻力会使政府远离更具参与性、更为灵活和更为透明的状态，导致进一步的不信任或者加剧激进活动。专家组认为在 2020—2030 年间，可能至少有 100 个国家能划入这个范畴。他们认为同样几乎可能的是大多数人在生命系统相通性这点上能达成一致。参加调查的专家认为，尽管人们最终可能会同意采取行动，但是现在的政府还没有能力作出反应。

9.1.10 道德和文化

道德和文化调查组认为人类价值转变呈现出一个重要发展趋势，即大家会一致认为有义务为将来保留一些机会。这极有可能在 2020—2030 年间发生。这一发展趋势与对生命系统相通性的认识相关联，与政治小组参与调查人员得出的概率相同。公众认知方面的这种转变为改善管理提供了机会。

该小组还认为由于贫穷国家水短缺状况的不断发展，造成当前用水权利不公平的加剧，这种情况需引起重视，这极有可能在 2020—

2030 年间发生。

安全饮用水作为人类的基本权利被世界上大多数国家所认知，这点也很重要。然而，尽管国际上已认识到这一点，参加调查的专家认为，对该权利的尊重可能到接近 2030 年时才能实现。同样需要注意的是制定与水有关的减贫战略，包括在引水点、灌溉和食品生产上雇佣贫困人口等方面。参加调查的专家认为，在这一时期，这些战略至少能在 50 个国家得以实施。随着国际合作研究和用水道德的提高，在 2020—2030 期间很可能实现知识共享。

9.2 直面挑战：过往经验无法预知不确定的未来

水管理者们处在一个不确定的世界。他们的第一优先考虑是确保供水安全。而这取决于支配着可用水量（降雨、径流、渗透）的地球物理参数与影响着水的质量和自然流量（即土地利用如何影响暴雨径流）的具有决定性的人类活动因素，以及其时空分布。直到最近，对历史数据的分析加上随机[5]分析为确定过去气候变化条件下供水的极端情况和敏感性以及其稳健性、恢复力和可靠性奠定了一个良好基础。对于水管理者来说，这是在大多数管理系统中进行常规性实际分析的出发点。然而，由于气候变化，将来供水变化性增加的可能性将使基于历史数据的分析不再那么可靠。

由于可供选择的方式增多及其复杂程度增大，在需求方面也存在着更大的不确定性，这超出了管理者们理解分析数据和决策的能力范畴。例如，在预测具体商品和服务（包括能源）时存在困难，这影响着水的生产、运输和处置，给水管理者带来了新的不确定性和相关风险。技术开发可应对这些挑战，但并非总是这样。新技术的开发能帮助解决水生产和水质问题，因此可降低风险，但是，那些没有考虑水影响、针对性强的技术开发会使现存风险进一步加剧（如当前第一代生物燃料技术）。

水管理者意识到他们运作的系统中存在着

潜在的弱点。然而，他们能力掌控之外的力量聚集速度对水管理构成挑战，影响着现有应对这些挑战的财政和体制资源。就有关问题——特别是那些地区性和国际性问题——的解决方案达成一致并实施相关方案，可能会耗时数十年。变革的步伐缩短了可用于认识问题以及在合适的时候认可和实施正确决策的时间。"水箱"之外的决策者们本身受不确定的塑造力发展的影响。水管理者能作到的仅仅是公开他们的决策并用现有工具进行管理。从这点上讲，尽可能地拉近他们的工作距离进行信息传递非常重要。图 9.1 阐明了各种驱动因素以及它们之间复杂的相互关系。

9.2.1 情境预测分析

情境预测分析是评价可能产生剧烈变化未来的一种规划工具，它取决于主要驱动因素如何发展及其相互作用。决定将来形势的驱动因素有很多；因此，几乎不可能同时考虑所有因素（前面讨论了 10 种因素）。所以，情境分析时一次仅采用有限的几个驱动因素，分析它们可能对塑造未来（即人口增长和分布、农业规模、所用水量等）有着特别意义的变化因素的综合影响。对没有明确包含在内的驱动因素进行了敏感性分析，以确认所产生情境的有效性。然后，这些预测可用于应对政策和规划评价，最大限度地发挥效益并/或减少达到理想状态所造成的损失。

"达成一致解决方案的时间跨度可能会是几十年，特别是牵涉到一个地区和国际范围的问题。可是，改变的步伐如此之快使我们没有足够的时间认识问题并达成一致，并在正确的时间实施正确的决策。"

图 9.1

影响供水压力和可用水量以及人类福祉的主要驱动因素及因果联系

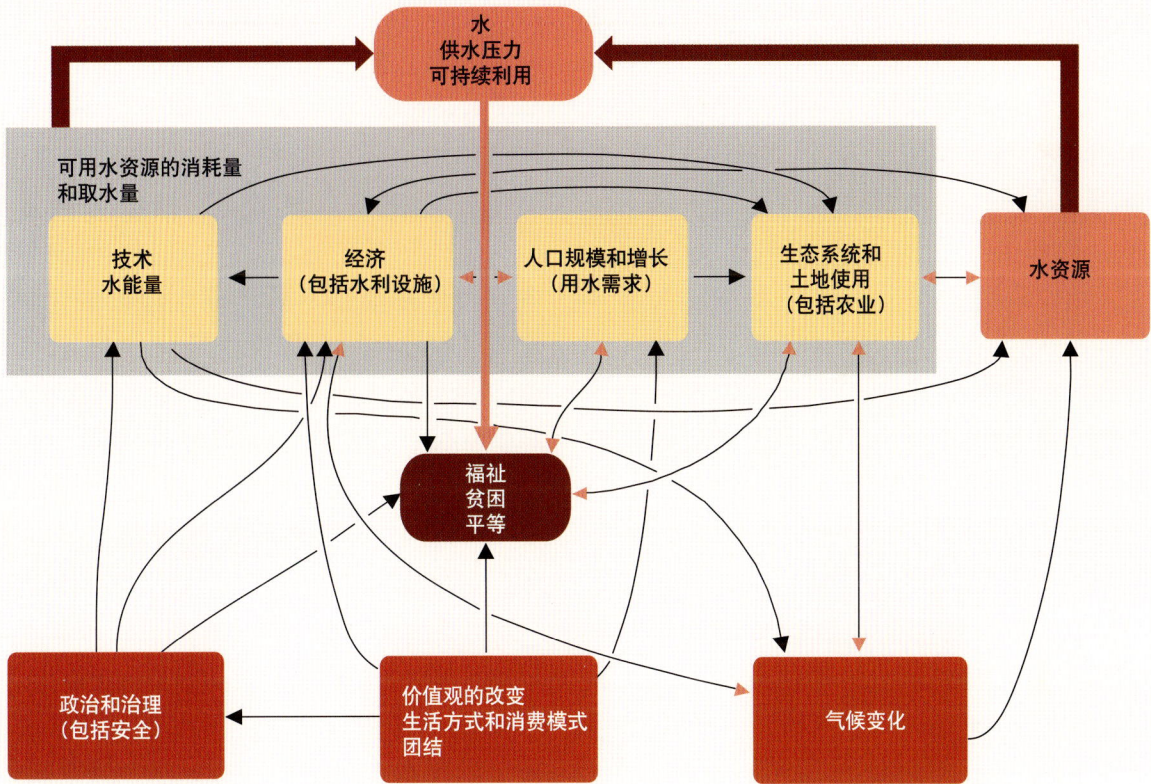

资料来源：Gallopiin (2012, 图2, p. 8)。

世界水情境项目

世界水情境项目[6] 主要关注将来可用水量及其对人类福祉——包括对为人类生命提供支持的生态系统的健康——的影响。构建该情境的逻辑关系所需的主要因果联系已初步确定。如图 9.1 所示，供水压力和可持续利用（顶部椭圆形）是可用水资源及其取水量和消耗量的函数。反过来，资源和消耗又是它们的变量，这些变量取决于诸多因素（仅显示了最为相关的因素）。主要驱动因素以从上至下的次序排列，显示了直接驱动因素（方框顶端行）和根本驱动因素（方框底端行）。直接驱动因素直接对供水压力和可持续发展产生影响，根本驱动因素主要通过其对直接驱动因素的影响来发挥作用。箭头表示驱动因素与各因素之间的因果影响。有些情况下，驱动因素互为因果关系（反馈）。预测项目的下一阶段将需要开发情境及其开发工具以便能为决策者所用。

9.3 洞察未来

9.1 节强调了在今后 40 年可能影响水及其主要驱动因素的几种最为重要的趋势，并深刻阐述了所产生的水资源利用和管理方面的压力、不确定性和风险。9.2 节展示了这些变化因素之间复杂的相互联系。随着世界水评估计划下的世界水情境项目不断推进，将通过模型对它们进行定性和定量分析。

即便在世界水情境项目中没有借助系统分析方法之利，为了仔细分析水资源的可能未来，有必要考虑某些驱动因素如何相互作用以及这些趋势是如何形成的。在此对将来可能出现的一系列成果，从它们最可能产生的正面和负面压力，以及它们演变会产生的不确定性和风险的类别等方面，从地区性和全球性角度进行分析。

各种未曾预料到的压力或驱动因素结合产

生了食品、能源、贫困、健康、经济、环境恶化、气候变化等一系列当代危机。在反映这些危机和探寻可能的解决方法时，需要尝试一些方式来避免将来可能发生的危机。本节简要探讨 9.1 节讨论过的不同趋势结合可能产生的几种结果，分析每种情况所涉及的短期和长期风险。下面分析的三种情形涉及：我们如何能养活全世界的人口；技术演进如何有助于实现这个目标；政策在鼓励向可持续经济转变中的作用。

9.3.1　能否养活 90 亿人口

一种可能的未来致力于分析现状政策下对水的影响，或者描述在缺少干预的情况下会发生什么。

或早或晚，到 2050 年全球的人口很可能达到 91 亿。仅这一点就会对自然资源，特别是水，构成压力，带来潜在的可怕后果。深入观察人口的趋势可对 2050 年人们生活的状况提供更为具体的描述。根据联合国人口司的预测，这 91 亿人口中将有 68% 的人在城市落户。世界总人口中 32% 以上的人年龄在 24 岁以下，人口平均寿命将更长（75.5 岁）（UNDESA，2009）。正如 9.1 节提到的，人口增长将使获得供水和卫生条件改善的人口比例减少 10%。

人口增长以及营养结构的改变造成食物需求增长，加上城市化进一步发展，将可能导致水需求成倍增长。对人类居住区的其他影响也将随着对脆弱或边缘土地的侵占、森林砍伐和污染而增加。大多数气候变化情境预测不断增加的变化性和不可预测性将严重影响全球可用水量。第 9.1 节谈到，可用水量预计在很多方面（地下水补水、河流径流、降雨）会下降。然而，到 2050 年，全球农业用水（包括干旱农业和灌溉农业）估计将增长 19% 左右，在缺少技术进步或政策干预的情况下增长量甚至会更大（见第二章）。事实上，当前的发展趋势表明，发展中国家取水量预计将增加至少 25%（UNEP，2007）。

构成人类生活基础的自然资源和生态系统不断承受着来自高强度且常常不可持续利用的压力。例如，世界 227 条最大河流中 60% 被大坝或调水工程不同程度（中度到高度）地拦截（UNEP，2007），而且，全世界的建坝率还在不断提高。能源供应和农业扩张造成的森林砍伐正在导致水土流失和土壤肥力下降以及很多水体和水库泥沙淤积（降低大坝效率）。因为土地开垦使保水量减少，所以含水层补水减少，径流形成的水流失量增加。无法理解的是农业土地开垦并不总是极大地或成比例地增长产量，特别是长远看，因为土壤肥力快速下降，耕种更多地转化为劳动密集型（Gibbons等，2009；Jao 等，1995）。

由于全球农业用水继续占到总用水量的至少 70%，其他经济领域将继续为水资源而竞争，有些竞争非常激烈，且没有明确的水资源分配决策机制。大多数情况下，水将继续成为经济和部门政策的事后考虑。由于工业发展，特别是在新兴国家以及积极追求非农业多样化计划的国家，各部门呈现出用水急剧增加的可能。部门间水分配决策常常不受特定政策规定的制约，尽管有些国家明确对饮用水给予优先考虑。

自然资源的压力和国家经济之间的相互联系的不断加强意味着这个世界很可能需要继续努力解决周期性的危机，如近期的食品和金融危机，以及即将可能发生的能源危机。这些密切联系的复杂情况增加了不确定性，例如，由于运输和肥料成本的缘故，食品价格与能源价格紧密联系在了一起。由于政治（如石油生产国冲突）或者气候（农作物生产国干旱条件）极端情况造成的单一市场扰动很难预测，造成的影响超出传统部门边界之外且有深远和持久的不良后果。

应付这些危机的同时也会对水资源和管理产生负面影响，因为这些应对措施不经意间使指向某一特定用水户——往往是密集型用水户——的既定解决方案重心发生偏移。例如，通过将土地和用水从粮食生产转移而且创造出一个更为赚钱的竞争性行业的做法，生产生物燃料或开发更难得到和用水更为密集的矿物燃料矿床（油砂、页岩气）来替代能源危机的尝试会产生负面影响。例如，在美国用于电厂冷却的水占全美工业用水的 40%，到 2030 年这个比例在中国预计将达到 30%[7]。因此，应用当前技术，在当前效率水平下，能源生产的增长将可能对稀缺的水资源产生成倍的压力。

在缺少技术改进或政策干预的条件下，在富水国家与贫水国家之间，以及国家内部不同部门或地区之间，将增加经济的两极分化。这意味着更多有着更高水需求的人口竞争越来越少或者说水质越来越差的水。由于水分配将不可避免地偏向购买力最高的部门、地区或国家，这会造成很大一部分人口（而且越来越多）无法满足他们对食物、能源、水和卫生的基本需求。这不仅意味着停滞，与当前情况相比，还将可能呈现出明显的倒退趋势。

更为重要的是，这种可能的结果预示着高度的风险和不确定性。这因为不同驱动因素之间潜在的联系尚未得到很好地了解，或者未被看作是决策的一部分，还因为很大程度上忽视了关键部门决策对水的长期影响。因此，这种与水相关的未来将极不稳定——鉴于对所有经济部门来说水是一种资产——无论任何一种驱动因素如何演进或结果如何，影响都会非常严重。荒谬的是，长远来看，这种未来结果说明整个社会具有最高风险、将来可用水量和水管理方面具有高度不确定性，同时也说明将来个人、政府和私有部门在他们进行日常决策时会尽量回避风险因素，关注短期利益而非长期潜力。

9.3.2　技术进步与提高绿色经济意识

第二种可能的未来将由当前技术发展进程决定，这在前面章节简要强调过。在这种情况下，假设技术发展几乎完全是由私有部门推动的产物，与发达国家增加利润率的认识、条件和压力水平相适应。为此所考虑的技术并不一定仅适用于水管理活动（如过滤技术），同时也适用于用水部门（如农业、能源）。此外，

假定它们都有着减少水需求和废水产生或者改善水管理的效果。

今后 10 年里最有可能出现的发展趋势是海水淡化。它具有增加可用水量的潜力，而且会变得更有效和负担得起。虽然实际操作较慢，今后 50 年海水淡化具有为沿海地区提供饮用水的潜力。然而，目前还没有这项技术潜在负面影响的预测，在污染排放和对生态系统产生瞬间过度盐化条件下，结果是其效率出现前所未有的下降。如果不善加处理，虽然这项技术能对供水产生极高的正面影响，但由于副产品（盐水）或过量抽取，将对海洋和沿海环境产生负面影响（WWF，2007）。海水淡化使用大量能源，这就提出了供水和能源生产之间另外一个需要权衡的问题。太阳能海水淡化厂——目前正在几个国家（如沙特阿拉伯）进行试验——能给阳光充足国家提供一种更为合适的途径。

应用到农业上的各种技术的完善结合可促使最主要用水部门获得大量的节水，尽管这会降低私营部门的积极性，但无需权衡取舍，因此具有更广阔的前景。进一步推广集水技术、高效灌溉（如滴灌）、以及城市周边农业灰水回用技术也能增加粮食生产的可用水量。可持续都市农业的发展也能为确保当地食品供应提供充满活力的途径。联合国粮农组织估计，发展中国家 70% 的城市家庭参与了农业活动（FAO，2010）。生物肥料技术的发展，通过促进高营养吸收和作物生长率，也将增加用水效率。及时提供农业气候信息（帮助处理气候和降雨条件的不断变化）、预警系统和机械化——虽然在很多国家仍很落后——所带来的田间用水效率的提高，也可整体提高用水效率。

生产者对这些赚钱技术形成的反应可能会抵消（甚至完全消除）在水利用效率上取得的成果，这种风险依然存在，例如，如果生产者继续侵占边缘或者脆弱地区（如湿地、坡地或林地）扩大农业用地，会造成森林砍伐和土壤侵蚀率加快。无论怎样，这些技术发展结合起来意味着农业用水需求将增长接近 20%～25%（见第二章），而不是 9.2.1 节所描述的 70%～

90%农业用水需求增长。

人口增长促使城市水生产和废水处理技术进一步发展,可减少绝对取水量和废水产生量。例如,9.2.1节描述的最有前景的技术——纳米技术的发展将有助于减少污染,通过加快过滤速度,使水回用成为可能并越来越划算。灰水回用加上简单的城市节水技术应用(更有效的厕所、室内灰水回收、更有效的淋浴器)也将使城市居民承担得起节水成本。对于个人和社区而言选择生态方案的机会成本都会下降。这意味着将出现更为有效的城市规划方案和更多的绿色建筑设计,这将促进新城市移民与新环境的有效整合。

预计可再生能源技术也将出现类似的增长,在当前能源资源压力驱动下,高效能源措施也将不断涌现。由于水是几乎所有能源生产(从取水到冷却)的一个关键投入,在人口增长与能源需求增长相伴而生的情况下,工业用水需求势必会增长。因此,可再生或者可替代能源技术的增长将对水需求产生有益影响,有助于解放资源用于效率更高的用途——或许用于农业。由于光伏电池板和风轮机生产过程中需水量很少且维护时几乎不需要水,近来在很多国家发展迅速。城市发展通过使用廉价的太阳能将减少水需求。

对这些技术的迅速接纳将伴随着人类对全球环境影响的整体意识提高,特别是对水短缺问题的理解而加深(见9.1节)。发达国家市场已经开始显示出对"负责任"产品的偏爱,这将推动技术的开发,同时,随着价格合理的绿色产品、实践和方案的出现,将引导人们逐步向绿色经济转变。这适用于食品以及其他消费品,还有可能影响农业实践逐渐向有机农作、局部或城市周边农业以及总体上更为可持续和更公正的农业转变,减少杀虫剂使用,最大限度地提高水等投入的使用效率、产量及社会经济效益。最新数据显示,有机食品和有机饮料市场在2000—2007年间每年平均扩大10%~20%,可持续管理农田也相应扩大(UNEP,2011)。

联合国环境规划署将绿色经济定义为:"能给人类生活带来改善,同时大大减少环境风险和生态稀缺的一种经济"(UNEP,2010,p.4)。自然演进的绿色经济——即随着技术发展和意识提高双重作用促成、无需有意识地采取政策而形成的绿色经济,由于节水增加、水回用和循环利用以及更高效率,将促使大多数用水部门,特别是农业领域水足迹减少。这也将对减少贫困以及社会经济发展产生正面影响。

按照这个方向发展,根据产品的用水效率和用水情况自愿在产品上贴标签的情况将会越来越普遍(尽管未必依照既定规则和标准)。公平交易、绿色或可持续标签将逐渐包含一定分量的水足迹。

这些称之为自发性的技术发展(顺应当前形势演变而来)将为水带来效益,但由于下列原因不大可能产生整套预期的绿色经济效益。首先,由于技术接纳存在文化障碍(例如,不愿意将处理的废水用于饮用),因此在技术采用上会有拖延;其次,由于知识产权障碍,或者缺少科研和推广投入(特别在农业领域),或者缺少资金,在技术转让和技术传播上可能存在结构或政策障碍,这会导致区域差别,可能会进一步加剧当前的收入差距。在只有小部分私有部门利益拥有着大部分的公共利益专利权和知识产权的情况下,这种差距业已存在。缺乏对技术开发的管理将导致拥有者和非拥有者之间长期存在两极分化;最后,不适宜的管理和决策体系会造成市场向无效率技术偏移,例如,给予不恰当的补贴或缺乏长远眼光。结果是,尽管第二种可能未来在有些目标地区或人群可以实现,但并非最理想,这说明我们需要一系列的政策或手段以促成更加快速、更加公平和更为可持续的变革。

然而,这种可能的未来预示着我们在面临不确定性时的一种显著变化,在意识提高和私有部门对新出现机遇更感兴趣的前提下,这意味着水管理不再被短期利益所蒙蔽。由于研发资金投入以及技术所带来的机会更为显著,不同部门或利益决策对水的影响更容易了解和掌握。由于长期风险较为明显且对潜在效益也有更清楚的了解。在这种可能未来条件下，有些私有和政府部门通过投资科研和开发以及创造新市场而承担了一部分短期风险，然而，用水户和用水部门所面临的长期风险和不确定性还没有完全得到消除。而且，尽管这种自行出现的更为绿色的经济可能对水有积极影响，但是不利影响以及需要权衡取舍的不确定性仍然存在。

9.3.3 政策鼓励向可持续水经济转变

第三种可能的未来通过对目前人口和技术趋势以及今后20年能采用的一系列政策干预推演而来。它提出了基于财政、减少贫困、气候变化、科学以及水管理和总体经济政策等方面的关键或重要决策可能影响未来的情景。

正如9.2.2节强调的，到2040年，将可能出现一个具有法律约束力的应对气候变化的国际协议，同时，低收入国家在意识提高和适应力上将给予大量的财政投入。由于大多数气候变化影响都是通过水而深切感受到，因此这将对水方面的整体筹资水平产生积极影响。这意味着在水利设施上的投资更多，使废水减少，可持续的动员积极性提高，而且卫生网络覆盖面得到扩大。在抑制温室气体排放方面采取协调一致的行动将向私有部门发出有关进一步发展替代和可再生能源的明确信号，对上述技术的开发前景予以肯定。因此，取水和水分配的技术发展，以及减少工业用水（特别是能源部门用水），也应采取改善气候变化的方式。

扶贫措施通过强有力和协调一致的行动，可增加对水相关项目的资金投入，也将产生水和卫生方面的巨大效益。由于水是农业生产率和经济发展的一个制约因素，水管理和节水，以及卫生方面的投资将可能产生成倍的扶贫效益。另外，减免债务作为国际政策决策中可能采取的措施，将会引导更多的资金投入到水利设施建设与发展中。

在国家层面，将建立公平的水价作为另外一个关键政策。这取决于完善的产权制度、成文的土地占用制度，以及明晰的水权和水分配体系。然而，如果公众意识不断提高以及对水问题的认识水平普遍较高，将更有可能将水问题融入到发展规划，特别是城市规划之中。适当的水管理收入也将起到维持水设施的日常维护以及降低污染和泄漏的作用。

||||||||||||||||||||||||||||||||||||||||||||||||||||||||||||||

"减免债务作为国际政策决策中可能采取的措施，将会引导更多的资金投入到水利设施建设与发展中。"

其他政策变化包括取消不可持续的农业补贴以及农业贸易全面自由化。鼓励土地、水和肥料的低效使用会造成市场向高端用水户补贴的扭曲局面，这将逐渐被灵活的、基于指标的保险计划所取代，在鼓励农业实践采取季内创新和技术更新的同时，允许生产者能根据气候变化情况和极端条件作出短期耕种决策。随着农业技术、推广和研究（作为经济恢复的引擎）费用的增加，将使农业部门本身大大提高用水效率。联合国环境规划署绿色经济计划近期开发的模型显示，贸易自由化可减少缺水地区用水、增加丰水地区用水，这意味着在全球范围内，水将被分配到最有效的用途（Calzadilla等，2010）。然而，当地水分配体系缺乏透明度和公平的风险依然存在，这种现象进一步扩大会导致较小的生产者用水出现障碍或困难。

另一个政策转变是由于人们认识到健康环境可提供关键服务特别是水服务，因此地方、地区和国家各级政府开始投资恢复重要生态功能，结果是不损害关键环境服务功能的同时提高了生产率。这在目前的技术发展趋势以及意识的提高的情况下，特别是在发达国家，将得到极大的促进。在人们对健康环境维持当地人民生活的同时有助于适应气候变化影响的认识提高基础上，这将得到更为有力的支持。近期研究表明，健康生态所提供的与水有关的服务，如红树林、森林、湿地等，胜过人造建筑（如水处理厂）提供的服务。这些人造建筑提供的服务通常成本较高（见 TEEB，2010；世界银行，2010），使用寿命较短，应对预期气候变化的能力也比较弱。

全球及国家意识的提高，加上获取信息量增加和各利益相关方的更多参与，也能导致国家和国家间水管理方式的转变。随着人们对在地方一级进行水管理是最佳选择这一点的认可，赋予流域机构更大权力和更多资源和权力下放可促进国家水资源的有效管理。这将推动地方用水户之间根据气候情况进行水分配，形成良好的价格体系以及具有创新性的水权交易机制。在推进最有效用水方式的同时，这将确保基本水需求以及环境用水得到满足。对于跨界流域，只要其他的市场阻碍被清除且贸易更加自由化，公开透明的水分配过程就可以实现。

更深层的价值变革非常必要，包括减少个人和地方特别是发达国家消费主义倾向以及有意识地减少能源消耗。这需要弱化掌控粮食主权的强烈愿望（如所有食品由当地生产而不考虑对水的影响），以便能够出现更为公平的国际贸易体系。虽然水一直以来都被认为是人类的一种权利，但仍需要改变观念以便使公平水价得以出现。

随着更多信息出现、用水户参与和用户之间对话的开展，以及应用全方位措施的长久观念（和接纳），社会和国家将会较好地为应对不确定性做好准备，而且更适应管理长期涉水风险。这预示着我们将在考虑潜在风险和权衡的基础上统一思想及采取一致的行动。随着信息和知识的增多，不确定性将有所减少，而且明确的政策将给市场提供信号，进一步降低风险。这种未来情况下，社会各部门在改变政策或实践以及开发新产品和市场过程中都承担着一部分短期风险，从而降低了全球的长期风险。

9.4 水资源未来关乎更佳决策的制定

对未来的这些思考帮助人们大致了解了未来可能的状况，阐明了各种驱动因素之间的相互联系。这些思考对当今看起来困难（或具有风险）、但最有可能在各层面快速产生经济和生活效益并减少长期风险和不确定性的一系列强力政策和选择的可能影响进行了解读。

但是，有必要建立更加具体、合理和科学的水未来模型，对这些可能未来进行更好的校准和探索，包括开发区域性和全球性水情境模型。知识缺乏是上述部分措施实施受到制约的关键因素之一。要作出知情、"无遗憾"的决策，无论是国际、国内或是地方决策，必须目标明确和具备相关的知识。在个人、社会和国际层面知识有助于减少不确定性，使风险更易于掌控。

这些知识包括：以科学为基础和基于共识获得各种产品水足迹的方法；提高能源供应技术、基本设备和作物用水效率的方法；以流域为基础进行水分配决策的缩小规模气候水文模型；提供有关各种政策方法和投资，包括基础设施、生态恢复或生态多样化等回报率的财务信息以及不行动的长期成本信息的经济学模型方法。作为世界水资源评估方案世界水情境项目的一部分、正在开发的具有综合性和缜密性的水情境模型，将为我们提供政策导向，确定水未来的方向或规避之处。在面对继续奉行墨守成规水管理模式的风险和不确定性条件下，水情境开发显得更加必要。

注　释

1　对涉及全球和其他层面各种水情形进行了认定和考查，以确定 WWAP 情境项目应审查的驱动因素。通过审查确定了 10 个驱动因素，由具有研究生学位的研究人员进行深入研究以确定各个领域将来可能的发展趋势，同时设法确定与选定的其他驱动因素之间的相互联系。见 WWAP "2050 年全球水未来"的两个出版物：《5 种程式化的情境》（G. Gallopin）和《全球水未来动向：驱动力 2011—2050》（C. E. Cosgrove 和 W. J. Cosgrove）。

2　干旱的发生很大程度上是由于海洋表面温度变化，特别是在热带地区，通过大气环流和降雨决定。在过去的 30 年，由于地面降雨减少、温度升高，干旱分布更广、更密集、更持久，导致蒸发蒸腾和干燥增加。

3　根据联合国人口司五年一次的估计和预测。《世界人口前景》（2006 修订本）和联合国公用数据库，代码 13600。

4　更多信息见和平基金网站。网址：http：//www. fundforpeace. org。

5　随机分析定义为具有一个概率分布，通常带有限方差。

6　世界水评估计划（WWAP）的一个项目，由联合国水计划提供部分资助。

7　UNEP（2011）（《绿色经济报告4》），引自全国科学研究委员会（2010）和 2030 水资源专家组（2009）。

参考文献

Bates, B. C., Kundzewicz, Z. W., Wu, S. and Palutikof, J. P. (eds). 2008. *Climate Change and Water*. Technical Paper of the Intergovernmental Panel on Climate Change (IPCC). Geneva, IPCC Secretariat.

Calzadilla, A., Rehdanz, K. and Tol, R. J. S. 2010. *The Impacts of Climate Change and Trade Liberalisation on Global Agriculture*. Working Papers. Hamburg, Germany, Sustainability and Global Change research unit, Hamburg University.

Cosgrove, C. and Cosgrove, W. 2011. *Using Water Wisely: Global Drivers of Change*. Paris, UNESCO.

Cosgrove, W. J. and Rijsberman, F. R. 2000. *World Water Vision: Making Water Everybody's Business*. London, Earthscan.

FAO (Food and Agriculture Organization of the United Nations). 2010. *Fighting Poverty and Hunger – What Role for Urban Agriculture?* Policy Brief No. 10. Rome, FAO.

Fund for Peace. 2011. *The Fund for Peace* website. Washington DC, Fund for Peace. http://www.fundforpeace.org. (Accessed 30 May 2010.)

Gallopín, G. C. 2012. *Five Stylized Scenarios*. Perugia, Italy, UNESCO-WWAP.

Gibbons, P., Briggs, S. V., Ayers, D., Seddon, J., Doyle, S., Cosier, P., McElhinny, C., Pelly, V. and Roberts, K. 2009. An operational method to assess impacts of land clearing on terrestrial biodiversity. *Ecological Indicators,* Vol. 9, No. 1, pp. 26–40. New York, Elsevier.

Juo, A. S. R., Franzluebbers K., Dabiri A. and Ikhile B. 1995. Changes in soil properties during long-term fallow and continuous cultivation after forest clearing in Nigeria. *Agriculture, Ecosystems & Environment,* Vol. 56, No. 1, pp. 9–18.

Nakicenovic, N. (ed.) 2000. IPCC *Special Report on Emissions Scenarios*. Prepared by the Intergovernmental Panel on Climate Change (IPCC) Working Group III for COP 6. Geneva, United Nations Environment Programme (UNEP) and World Meteorological Organization (WMO).

Sahota, A. 2009. The global market for organic food and drink. H. Willer and L. Kilcher (eds) *The World of Organic Agriculture: Statistics and Emerging Trends 2009*. FIBL-IFOAM Report. Bonn/Frick/Geneva, International Federation of Organic Agriculture Movements (IFOAM)/ Research Institute of Organic Agriculture (FiBL)/ International Trade Centre (ITC). http://orgprints. org/18380/16/willer-kilcher-2009.pdf

TEEB (The Economics of Ecosystems and Biodiversity). 2010. *The Economics of Ecosystems and Biodiversity: Mainstreaming the Economics of Nature: A synthesis of the approach, conclusions and recommendations of TEEB*. Geneva, United Nations Environment Programme (UNEP).

UNDESA (United Nations Department of Economic and Social Affairs). 2009. *World Population Prospects, The 2008 Revision – Executive Summary*. New York, UNDESA.

UNEP (United Nations Environment Programme). 2007. *Global Environmental Outlook 4 – Environment for Development*. Nairobi, UNEP.

----. 2010. *Driving a Green Economy Through Public Finance and Fiscal Policy Reform*. Nairobi, UNEP. http://www.unep.org/greeneconomy/Portals/88/ documents/ger/GER_Working_Paper_Public_Finance.pdf

----. 2011. *Towards a Green Economy: Pathways to Sustainable Development and Poverty Eradication*. Nairobi, UNEP. http://www.unep.org/GreenEconomy/Portals/93/ documents/Full_GER_screen.pdf

World Bank. 2010. *The Economics of Adaptation to Climate Change*. Washington DC, The World Bank.

WWF (World Wide Fund for Nature). 2007. *Making Water – Desalination: Option or Distraction for a Thirsty World?* Gland, Switzerland, WWF.

第十章

低估水资源价值使未来充满不确定性

作者：詹姆斯·温佩尼

水治理政策通常由政治家和负责规划、经济、财政和用水的部门制定。因此，国家的经济和财政关切点对水治理政策影响巨大。而投资水利及其发展与管理改革通常与其他因素相关，如社会、道德、公平或者公共健康等。在制定决策时，改革的绝对重要性并非总能得到应有的关注。在快速变革和不确定性发生时，存在局势持续或恶化的风险，进而产生更大的挑战。因此，改革应从经济层面着手考虑，这一点至关重要。本章对经济领域的诸多要素进行阐述，从水的总体效益到整个经济体系，还考虑了水循环过程中不同阶段水的价值。在制定水分配和用水政策过程中，特别是在资源压力、不确定性和风险不断加剧的形势下，这些效益和价值可为我们提供信息参考。

10.1　水利投资的政治经济学：阐明效益

水利投资可产生多种经济效益，尤其是通过以下方式可提高国民收入：

- 提供安全保障和防止可用水量的波动（防洪抗旱）并增强长期气候适应能力。
- 通过开展以往不可行的新的经济活动创造一种增长催化剂。
- 贯穿整个水文循环周期水的附加值和用户福利两方面持续不断的效益。这些用水户包括农业、工业、水电、航运、娱乐和旅游、家庭等与经济相关的生产部门。水还是生态系统的重要资源和所有水生生物的栖息地，除了提供经济价值服务外，还为人类生命的基本需要提供支撑。

下面三个小节将对这些效益进行逐一分析。

10.1.1　水是对抗气候波动的缓冲器和增强气候适应力的关键

目前，水安全还没有一个大家普遍认可的定义；情况不同，其内容会有所不同。一般来说，它反映一个国家在遭受水威胁时有效应对的能力。它被解释为（如 Grey 和 Sadoff，2008）：作为水安全的基础，需要全社会为水机构和水利设施投资设置的一个底线。在这个底线之下，我们很容易受到水冲击并且无法获得可靠的生产生活供水："社会结构受到极大影响，无法对经济增长进行可靠和可预知的管理"（Grey 和 Sadoff，2008，p.7）。一旦达到这个底线要求，人类的基本需求就能得到满足，进一步开发水资源就能刺激经济增长。

与这个概念有关系的国家经常受到极端气候的破坏，无法满足国民的基本生活需要，无法为农业和工业部门提供可靠的水服务。在这种经济状况下，农业投资不被看好，供水缺乏保证率也阻碍了工业和服务业的发展（AICD，2010）。加强应对气候变化的能力可降低极端干旱和洪灾造成的损失。在肯尼亚，1997—

1998 年厄尔尼诺现象引发的洪水和 1998—2000 年拉尼娜现象引发的干旱，造成的损失为当时全国国民生产总值的 10％～16％。莫桑比克由于水事件导致国民生产总值增长每年减少 1％。赞比亚水文变化估计使农业增长每年降低 1％。坦桑尼亚 2006 年干旱对农业造成的损失相当于国民生产总值的 1％（Mckinsey，2009）。减少水文变化造成的破坏性影响对宏观经济带来的效益将是巨大的（AICD，2010）。

气候变化极有可能发生是实施水安全项目的另外一个缘由。但即使这种情景不出现，很多项目也是必要的。无论气候变化的影响和后果如何，"无遗憾"和"少遗憾"项目都能产生净社会效益和/或净经济效益。不管将来如何变化，这些项目都将有助于提升经济应对现有气候变化的能力。

10.1.2　水利设施是经济增长的催化剂

在历史长河的各个阶段，水资源开发和治理一直都是很多国家经济增长的基本驱动力。例如，在整个 20 世纪，它构成了美国西部经济社会发展的主要刺激因素，使 20 世纪 30 年代大萧条时期田纳西流域地区经济得以恢复（Delli Priscoli，2008）。Mays（2006）曾多次列举水资源开发对美国亚利桑那州、韩国和土耳其经济增长发挥的作用。

修建大坝已成为颇具争议的话题。因此，必须对各种方案进行充分评估，充分认识并正确处理大坝的社会和环境影响（世界大坝委员会，2009）。不过，某些地区投资大坝（如非洲的阿斯旺、卡里巴、沃尔特大坝）对当地经济的发展和多样化产生了极大的刺激作用（Granit 和 Lindstrom，2009）。基于上述因素，气候变化促使非洲和其他一些地方为扩大蓄水能力强化现有设施建设。

10.1.3　水在整个循环过程中的效益

降雨和其他降水产生的水大部分储存在水库或含水层等地方，用于各种用途，再回到河流、湖泊或地下水以供将来使用[1]。尽管水通常被误认为是一个行业，但实际上它作为媒介无所不在，在水文循环的各个阶段都能创造效益（见图10.1）。水的许多方面也可被看成是一个价值链（OECD，2010）。

流域开发和管理涉及各种各样的活动，既有"硬"措施，也有"软"措施。范围从主要多目标蓄水项目到加强和保护流域功能（植树造林、流域管理、土地利用控制等）等各类活动。其中很多活动由土地利用者自己实施，如农民对激励措施和制裁所作出的响应。这些活动为下游地区节约了成本并创造了效益。在纽约州，一个流域管理项目鼓励流域上游地区农民向更为环境友好的耕作实践转变，这大大节省下游纽约市用水的水处理成本（Salzman，2005；OECD，2010）。从美国其他城市（俄勒冈州波特兰、缅因州波特兰、西雅图）获得的数据可以证实，与修建新的水设施和过滤系统的成本相比，流域保护能节约巨大的财政资金（Emerton和Bos，2004）。拉丁美洲也存在类似情况，如巴西、哥斯达黎加、厄瓜多尔、萨尔瓦多（Dourojeanni和Jouravlev，1999；Jouravlev，2003）。

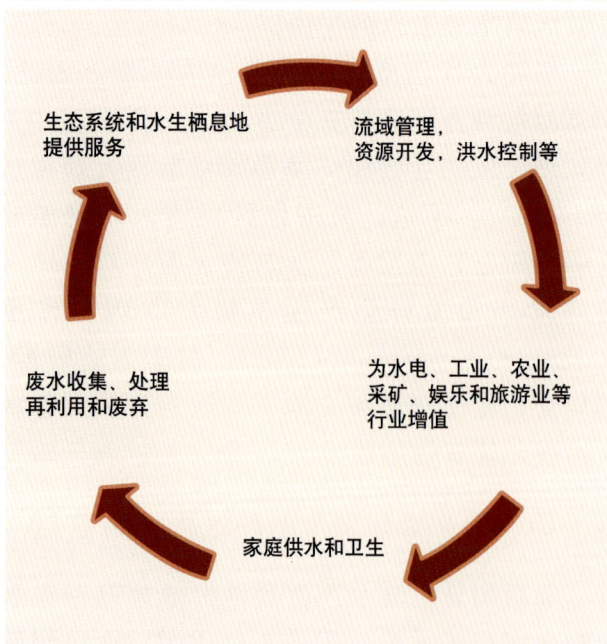

图 10.1

水循环各阶段效益

生态系统和水生栖息地提供服务

流域管理，资源开发，洪水控制等

废水收集、处理再利用和废弃

为水电、工业、农业、采矿、娱乐和旅游业等行业增值

家庭供水和卫生

上游进行投资和管理可以使下游用户直接和间接受益。形成高质量水循环系统可节省城市水网、工业取水、农民和其他用水户储存、开发和处理水的成本。维持河流最小流量为废水排放（否则需要预处理）吸收创造了条件，并为携带大量泥沙的河流提供"冲沙能力"。在这些情况下，任何由于不恰当管理造成的对河流自然功能的损害，都需要人类投入大量费用进行干预。

在决定工业、采矿、电力和旅游等有关经济活动的位置时，水越来越成为一个关键要素。在供水紧张地区进行投资或打算投资的公司逐渐意识到，他们的"水足迹"和对地方社会的影响，如果处理不好，会给他们的生意运作和声誉带来风险。越来越多的国家难以向规模越来越大和用水越来越多的城市、农场和工业供水。在这种情况下，要确保未来的发展必须向实现水供需平衡的措施进行投资。

在四个快速发展的国家和地区，即中国、印度、巴西圣保罗州和南非，通过研究水供需平衡发现，目前的发展轨迹和政策产生的增长预期与到2030年的水蕴藏量有很大出入。要想实现预期的增长目标必须采取行动，消除潜在的水供需缺口，将加强供水能力的投资与需求管理方法相结合（Mckinsey，2009）。

水循环最易见、研究最透彻的方面是有关家庭服务的效益，即个人及其家庭以可靠的方式或在居住地附近获得清洁、安全用水和相关卫生设施。获得这种服务的人感染水携带疾病的风险降低、花在取水上的时间更少、买水的花费减少，可将有更多时间和资源用于个人清洁、烹饪和家庭卫生。同样，家庭卫生条件的改善为公共健康提供众多效益，而且寻求隐私花费的时间更少，尊严更多，窘迫更少，妇女有更多受教育机会，能更有自豪感及获得更多社区和个人声望[2]。Lentini（2010）和Oblitas de kuiz（2010）对一个典型的发展中国家水服务的不同效益进行了详尽的论述，而Lentini（2010）也介绍了这些效益的货币化估价方法。

"废水处理的主要效益是避免给下游用水户，如其他城市、工业、农业和旅游业等带来污染成本和使用受污染的水。"

尽管有证据表明效益和投资回报的规模，但无法从经济角度量化这些潜在效益。世界卫生组织和其他机构开展的经验研究显示，供水和卫生干预方面的投资能获得很高的经济效益成本率。这些效益通常表现为节省家务活动包括取水在内花费的时间，从小的方面讲还有疾病和治疗各种花费的节省（Hutton 和 Haller，2004）。

在上述研究中，对以下几种干预措施进行了模拟：

1. 饮用水供应方面的目标，即"到 2015 年，无可持续安全饮用水和基本卫生条件的人口比例减半"，优先考虑那些卫生条件已经改善的人群（UN，2010，p.58，目标 7c）；

2. 针对水和卫生两方面的上述目标；

3. 人人享有改善的水和卫生条件；

4. 除第 3 点外，还需对用水点普遍进行消毒；

5. 人人可以获得自来水并且每个家庭都接有污水管。

世界卫生组织 17 个地区和 5 个干预模型的每一个效益成本值都是正值，其中的一些效益很高[3]（Hutton 和 Haller，2004，p.35 和 p.64）。

卫生的经济效益包括公共厕所排队或在野外寻找隐蔽场所所节省的时间；提高就学率，特别是少女就学率；以及在提供了合适卫生设施的领域更容易雇佣妇女所产生的国家生产力收益。地方卫生标准也对有关地区的旅游业产生影响（OECD，2010，p.33）。

世界银行研究估计，由于卫生条件差，印度尼西亚在 2006 年损失了 63 亿美元（国民生产总值的 2.3%）。结果是健康成本、经济损失以及其他领域的抵补成本增加（世界银行，2008b）。菲律宾作为本次研究的一部分，相应的损失达 414 亿美元，占国民生产总值的 1.5%（世界银行，2008a）。

对废水——包括工业废水——的安全收集和处理进行投资，也能消除对经济活动的潜在影响。据估计，南非的水污染处理花费了国家 1% 的年国民收入（Pegram 和 Schreiner，2010）。废水处理的主要效益是避免给下游用水户，如其他城市、工业、农业和旅游业等带来污染成本和使用受污染的水。在情况严重时，水体污染会造成工厂关停和迁址的巨大代价，或者妨碍农业和渔业产品进入国际市场。

水在经过家庭、工业和其他使用后继续产生效益。在很多地区，不断增长的供水压力使人们对废水的经济价值有了更多的认识。城市废水循环利用于农业、城市景观、工业冷却、地下水补水、恢复环境流和湿地，以及用于城市进一步消费等。在缺水国家，这种废水回用发展迅速。

水设施的一个重要部分是森林、流域和湿地等自然系统。它储存水，调节水流，帮助保持水质。如果这些自然系统受到破坏或损害，其功能将不得不由人工设施来替代，常常要付出巨大代价。斯里兰卡的一个泥炭沼泽——穆图雅佳维拉（Muthurajawela）沼泽——的防洪效益，每年价值在 500 万美元。如果这个沼泽消失，那么缓解和避免洪灾就会需要发生费用。同样的情况出现在乌干达的纳基武博（Nakivu-bo）湿地，这个湿地横穿乌干达首都坎帕拉，起着确保城市水质的作用。大量未经处理的家庭废水和城市废水进入该湿地，之后流经维多利亚湖，该湖非常接近城市饮用水供水工程取水点。该沼泽起着对废水的自然过滤和净化作用：具有类似废水处理功能的水设施每年的花费则高达 200 万美元（Emerton 和 Bos，2004）。

与水和灌溉为非经济投资这种看法相反，撒哈拉以南非洲供水和灌溉工程的（加权）平均经济回报率对比显示，它们比其他类型的水设施更具优势（见表 10.1）。

表 10.1

撒哈拉以南非洲基础设施项目经济回报率（%）

铁路恢复	灌溉	公路恢复	公路升级	公路维护	发电	供水
5.1	22.2	24.2	17.0	138.8	18.9	23.3

资料来源：AICD（2010，p.71）。

10.2 给水赋予价值

10.2.1 水的多方面价值

上文提到的水服务效益是基于水在不同状态和使用过程中的经济价值。评价水的多重社会经济效益对改善政府、国际组织、慈善团体、民间团体以及其他利益相关方的决策至关重要。相反，未能充分评价水在其不同使用中的各种效益是政治上忽视水及其管理的根本原因。这导致：对水的重要性的认识不充分，将水利设施投资放到次要位置，在国家发展计划、扶贫战略和其他政策中降低水政策的优先地位。最后，这还导致无法实现国际社会的经济目标。

评估水的价值将有助于对水资源进行补充说明或比较或者分配，使其产生的社会福利最大化。然而，并非水的所有效益都可进行量化或以货币形式来表示。已开发的和从水的不同用途中得出水经济价值的方法存在着很多局限性：有些存在争议，有的数据要求高，有的较为复杂，或者有技术或经济技能要求。价值评估是一个折中原则，对不同利用和不同政策目的采用的技术不同。尽管建立水的综合经济价值系统是一项很艰巨的工作，但在特定地方或地区通过拥有各种不同主观评价的多方利益相关者的参与，仍获得了一些有用成果。

通过政治和技术对话可形成广泛共识，这有助于政策的制定。然而，不同人群对水进行价值评价采用的方式不同，甚至在同一人群中随着条件的变化他们的看法也不尽相同。Moss等（2003，p.46）认为"各利益相关方之间交往的复杂性，以及对水的偏好经常引起强烈的情绪，这常常导致'价值差异'演变成'价值鸿沟'"。这还会导致两极分化，阻碍对话以及采取合理的管理方案。提高对价值差异的理解有助于找出共性和相关性，从而有助于通过协商达成一致。

经济合作与发展组织（2010）认为，缺乏对水和卫生整个价值链投资效益相关性分析的原因是提供水服务的市场处于割据状态。尽管部委担负着制定总体政策方向的职责，但投资却由水厂和管水机构进行，而这种投资往往没有经过协调。结果导致水管理和服务整个价值链的各类投资效益（和成本）没有得到恰当的评价。

10.2.2 水在不同用途中的经济价值

《都柏林水和可持续发展声明》（1992年）指出"水的所有竞争用途都具有经济价值，应该看作是具有经济益处"。水的价值、成本和价格要进行区分，它们之间的相互差异很大。水的经济价值在缺水时特别明显。水在不同用途上的经济价值不同。水供给时有经济成本，在不同条件下以及不同用途时也不同。在特定地点、特定时间、提供给特定用户的水产生经济效益，同时也带来经济成本。特定效益和特定成本之间的关系是决定向用户供水经济理由的基础。最后，水的价格是供水方和用水户之间的一种金融交易（或称之为财务交易），常常由政府当局牢牢控制，与特定用途的价值或者供水的成本往往没有联系。

仅仅根据这类经济原则进行水分配在实践中应用很复杂，也很困难（Turner等，2004；Winpenny，1997）。然而，在特定地点和为特定用水户供水时，进行成本效益比较对于水政

策制定非常必要，特别是供水紧张越来越严重的情况下。这需要对水在不同状态下以及不同用途下的大概价值进行估算。

给水定价的方法具有折中性，取决于所涉及的部门、用水类型和可用信息（Winpenny等，2010）。家庭消费通常采用固定问卷或"选择式实验"调查，以支付意愿（WTP）为依据进行定价。这种"设定价值"方法可采用显示性偏好证据进行补充和反复核对，比如在水费变更后通过用水户消费的改变或通过估算他们的实际支出来推断用户的偏好。

灌溉用水可采用以下两种方式中的任意一种进行定价。水的边际生产力（可从水的附加应用中获取的额外输出价值）可根据作物水试验期间作物产量的变化来估算。另一种方式（"净回值"方法）更常见，从农场预算数据中推算水的价值，将考虑了所有其他成本后的剩余部分视为水的价值。第二种方法假设农场剩余或者无法解释的盈余完全是由于水而非其他因素产生的价值。

工业用水定价问题较大。对于许多工业（和商业）企业来说，水只是他们总成本的一小部分。因此，灌溉用水评估所采用将整个剩余盈余归因于水的剩余方法会令人误入歧途。大多数大规模工业用水通过井水和河水自行供给。很多公司通过处理和回用废水来循环利用水。一种定价方法将水循环利用成本作为工业支付意愿（WTP）的上限，通常公司会选择循环利用水而不会超过限值购买水。

上述几种用途都与取水有关。水在河道内也具有价值，如废物吸收和稀释、泥沙冲刷、生态系统功能、航运以及娱乐休闲（水上运动、观光、垂钓、漫步游览等）。这些用途可采用不同的定价方案。通常，水的有些自然功能（吸收、稀释、冲刷）可与替代方案（河道疏浚、水处理）的额外成本进行对比。水的航运价值属于其相对于其他运输方式（如铁路）的成本优势。水的娱乐价值和生态价值（维持低流量流态和湿地）一般通过支付意愿（WTP）或出行成本[4]调查来估算。

在获得环境影响经验值方面，普遍使用的方法是效益转移法。该方法将定价证据从目前的情况转化为可以广泛进行对比的地区和项目[5]。

水力发电用水通常根据水电相对于热电和其他发电方式的成本优势进行定价。在这种情况下，就像其他情况那样，在同类事物中进行比较非常重要，并应搞清楚估算的依据[6]。

人们对水不同用途的经济价值进行了大量的综合研究，并有大量的选择性运用。虽然早期研究使用的是美国的数据，近年来，其他地区的研究大多与之相吻合。表10.2显示了最近在美国开展的一项对比研究的结果。

Turner等（2004，p.91）提出的证据显示，许多低价值农作物（典型代表是粮食作物和动物饲料）灌溉用水的价值非常低。同样地，高价值农作物（水果、蔬菜、花卉）的水价值在供水得到保障时会很高。为抗旱进行补充灌溉也属于这种情况。市场的实际水价证明了这一点。简言之，灌溉用水的附加值很大程度上取决于供水可靠性以及生产的农作物类型。私人拥有的地下水价值普遍高出公共地表水供水项目的价值。

"真正用于基本需求的家庭用水，如饮用水、烹饪、基本卫生需要等，仅仅占典型日常用水的小部分，余下的用于满足生活方式或生产性需要。"

家庭用水价值相对较高，但不能完全归为一类。真正用于基本需求的家庭用水，如饮用水、烹饪、基本卫生需要等，仅仅占典型日常用水的小部分，余下的用于满足"生活方式"或生产性需要。在气候温暖的富裕地区，大部分水被用于室外目的，如花园和草坪浇水、洗车、游泳池充水等。通常，家庭室内用水的价

值高于室外用水，当然，这不适用于生产性用水情况。在某些地方，家庭生活可用水的大部分被用作农作物生产和牲畜喂养（即多用途使用）。实践中，普遍认为家庭生活用水的水价值就是平均水价，而水价通常低估了供水的经济成本，忽略了消费者盈余[7]。

上述研究中没有充分体现环境用水方面的价值，这方面的价值主要表现在使用价值，特别是娱乐方面。事实上，娱乐价值根据游客情况、游乐点的位置、水的质量、娱乐类型（有些国家颁发垂钓和狩猎许可设定高收费）等有很大差异。在水定价时未包括这些效益会导致低效率的水分配决策。对水的非使用性环境效益的定价采用了多种技术手段，尽管标准值通常介于农业和城市／家庭用水价值水平之间，但却得出了差异巨大的结论（Turner等，2004，p.92）。

表 10.2

美国的用水经济价值：1995年每英亩－英尺水的价格（美元）

用途	平均值	中间值	最小值	最大值	观测次数
废水处置	3	1	0	12	23
娱乐和栖息地	48	5	0	2 642	211
航运	146	10	0	483	7
水电	25	21	1	113	57

注：英亩－英尺相当于一英尺深度的水覆盖一英亩土地所需水量。用公制单位换算，1英亩－英尺相当于0.1233m³/ha。
资料来源：Turner等（2004，表9，p.92）。

10.3 让效益和价值为水政策的制定服务

在水管理中，认识到水在不同状态和不同用途下的经济价值非常重要。因为在流域以及多目标蓄水工程的日常管理中，水分配必须每天实时作出决策。它同样适用于应对季节性干旱，尤其是在不断增长的供水紧张压力和供需失调形势下制定战略性决策时更应如此。

在运作良好的水市场，可通过交易价格确定水的经济价值。然而，水市场存在着不同程度的不完全竞争、外在性、不确定性、不对称信息和分配影响的特点。这些特点影响着作为衡量价值的市场价格的合适性（Saliba等，1987）。因此，如果提供的补充水量相对于区域总供水量不多，大多数现地市场价格则根据支付意愿的理想衡量尺度制定，仅作为区域补充供水边际价值的一个粗略参考指标。

在制定决策时，最好是对水的差分价值和市场失灵问题进行一个更为完善的分析，以便开展水交易并对之进行管理，特别是当水权持有人之间的交易成为公共利益的需要。例如，澳大利亚在近八年的干旱期间，农户之间的水权交易极大缓解了旱灾对墨累-达令河流域农业的影响。从低价值用水向高价值用水转移的结果是，70%可用水量的减少仅仅造成30%的生产价值减少（Sadoff和Muller，2009）。

用水价值指导水管理和分配并不意味着在制定此类决策时最终由市场说了算。就像在其他行业的情况一样，市场是一把双刃剑。政府当局要进行干预，建立规则防止转向不利的外部条件，确保提供恰当的水和卫生服务来满足基本需求，并保障公共健康。

政府需要干预的另一个方面是向自然环境提供足够的供水，这需要公众积极的参与。在墨累-达令河流域，不断加剧的干旱增加了蒸发损失，威胁着以水为生的生态系统，政府不得不将它的需求与其他用水需求一起权衡

（Young 和 McColl，2009）。

10.4 风险和不确定性条件下的水分配

水的经济价值得到认可和接受使水分配在社会、道德、公共健康和公平等考虑因素中增加了经济尺度，因为这些因素本身无法吸引所需要的投资，以便实现社会经济发展目标。

水管理的核心是在竞争性用途之间分配稀缺的水资源。世界的许多地方由于水资源紧张不断加剧造成水短缺而无法满足所有的水需求。一般来说，四种相互关联的过程会形成供水压力：人口增长，经济增长，食物、饲料和能源（生物燃料为来源之一）需求增长，气候变化加快。我们必须作出抉择，在各行业部门之间以及各行业部门内部不同用户群之间分享、分配和再分配越来越稀缺的水资源。在这种两难情况下，需要我们商榷如何确定指导水分配的原则，在特定条件下如何较好地协调权利和公平、经济效率、可持续发展和现有行为规范和价值之间的关系。

通常，水分配是各利益相关方之间对话的结果。需要各方在他们的价值观上求同存异（见图10.2和图10.3）。

水分配实践在规模到持续时间上差异很大，授予大型灌溉项目的水权或许可长达数十年甚至只要是能使用就可以无限期地继续下去；而对于灌溉的水分配计划是根据小时计算的；短期水库泄水是为了满足电网的极端峰值需求；在干旱期间，可采用用水定额计划安排工业、基础服务、发电、农业和家庭的用水需要。

水分配系统有四个主要方面：

- 水权（正式或非正式），即授予水权持有者取水的权力，用于普遍认可的合理用途（Le Quesneet 等，2007）。取水人的权利必须由他人承认是合法的。

图 10.2

水对话空间中的各方

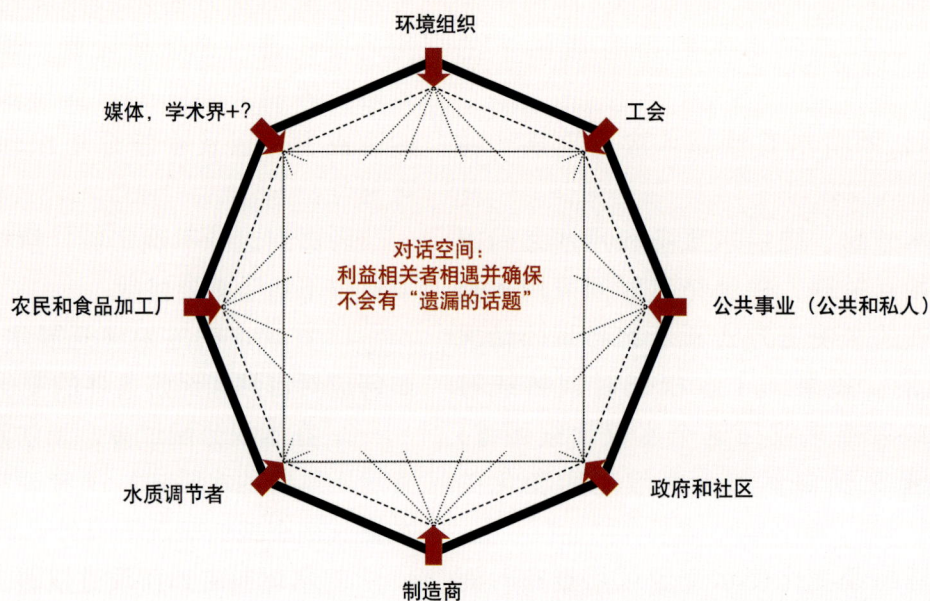

资料来源：改编自Moss等（2003，p.37）。

图 10.3

水对话空间中的价值方面

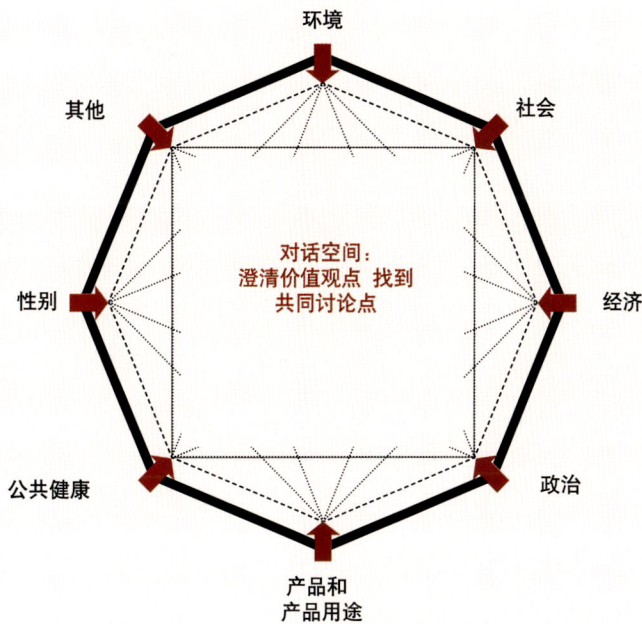

环境

社会

其他

经济

性别

对话空间：
澄清价值观点 找到
共同讨论点

政治

公共健康

产品和
产品用途

资料来源：改编自Moss等（2003，p.36）。

• 水分配，即可用水量在合法使用者之间共享的过程（Le Quesneet 等，2007）。

• 提供水服务（或业务控制），即向给那些有权以有效方式使用水的持有者供水的行为。

• 用水，即将水有计划地应用于某一特定目的（Perry，2007）

水权、水分配、提供水服务和用水之间以动态的方式相互关联，并受特定时间可用水量的约束。现在的水使用方式预示着将来的情况可能是类似的。如果一个水权长时间持续存在，要忽视或者要求收回这个水权会很困难；然而可用水量又受自然和人为波动和变化的影响。

水文循环持续变化使水资源可用量在时间和空间上更加不确定。未来的人口、技术、经济和政治发展以及不断改变的人类价值加剧了水资源的长期不确定性。因此，制定能灵活有效地处理各种变化、不确定性以及相伴而生的各种风险的水分配机制至关重要。

估算将来不同时间跨度内地表和地下水可用水量的能力和无法预测将来水需求和使用的事实是两个重要因素。最大的不确定性风险是体制方面缺少对亟待解决的现实问题的适应力，以及水管理组织作出错误决策的可能性。

考虑到这些不确定性，解决水分配问题将面临以下四项重要挑战：

1. 在缺水期应如何开展水分配或再分配？如何应对自然和经济条件的变化？

2. 在水权分配过多，无法满足所有水权拥有者干旱时的水需求，或者某特定水源的可用水量长期衰减的情况下有什么解决方法？

3. 水体制应如何演进以跟上并预知变化？

4. 什么样的体制手段能应对不断上升的、引发冲突和争端的用水紧张形势？如何才能将这些紧张形势转化成合作形式？

为促使利益相关方积极参与，水分配决策

的透明和公正很必要。使用水户获得充分的知情权也很重要，但并不能确保他们做出最佳决策。与利益相关方保持经常性的会商和咨询不等于交出权力，而是由某个机构掌控水管理，这样可使解决方案更加合法和有效，有利于项目的实施。世界水评估计划情境项目（详见第九章）的咨询专家预测说，将来公众会有更多知情权，公众的参与领域将更为广泛。

注　释

1　例外的情况是水的消耗性使用，水从湖泊、水库、树木和农作物蒸发［这包括绿水，《世界水发展报告》第三版（2009，p. 161）将绿水定义为"由于降雨渗透到土壤而产生的土壤湿度，可用于植物吸收和蒸发蒸腾。"如果以降雨形式直接降落在地上，"从土壤和天然水域蒸发，那么绿水为非生产性水"］。排入大海或高度污染的淡水，除非投入大量资金，否则无法再用于有益用途，也视为有效地消耗掉。

2　供水与卫生合作理事会（WSSCC）理事长乔恩·雷恩（Jon Lane）在2010年6月7日给《金融时报》的一封信中提到，现在拥有手机的非洲人比拥有厕所的非洲人还多。然而，他补充说，"在一些国家，厕所就是新手机，它说明你成功地完成了一件事"。据报道，在全社会卫生计划项目，某些社区的家庭决定拒绝那些有在公开场所撒尿陋习村庄里的人向他们女儿的求婚（Kar，2003）。这说明了人们已经认识到，卫生条件是健康和繁荣的标志。

3　最高值为191.05。

4　旅行费用评价方法推演出对游客在一段时间内享受的舒适生活以及到达旅游点产生的费用的价值评估。

5　Turner等（2004）对多项结果进行了复审。

6　在采用短期方法时，假定两种比较方案的容量固定不变。在采用长期方法时，两种方案都有新投资。两种方案的边际成本和平均成本也有所不同。

7　消费者愿意支付的与他们实际必须支付的数额差别。

参考文献

AICD (Africa Infrastructure Country Diagnostic) (V. Foster and C. Briceno-Garmendia, eds). 2010. *Africa's Infrastructure: A Time for Transformation*. Washington DC, The World Bank/Agence Française de Développement.

Delli Priscoli, J. 2008. *Two Stories*. A presentation at the First African Water Week, Tunis, March 2008.

Dourojeanni, A. and Jouravlev, A. 1999. *Gestión de cuencas y ríos vinculados con centros urbanos*. LC/R.1948. Santiago, United Nations Economic Commission for Latin America and the Caribbean (ECLAC). http://www.cepal.org/publicaciones/xml/8/5668/LCR1948-E.pdf

Emerton, L. and Bos, E. 2004. *Value: Counting Ecosystems as Water Infrastructure*. Gland, Switzerland/ Cambridge, UK, International Union for Conservation of Nature (IUCN).

Granit, J. and Lindström, A. 2009. *The Role of Large Scale Artificial Water Storage in the Water-Food-Energy Nexus*. Stockholm, Stockholm International Water Institute (SIWI).

Grey, D. and Sadoff, C. 2008. *Achieving Water Security in Africa: Investing in a Minimum Platform*. Paper and presentation at the First African Water Week, Tunis, March 2008.

Hutton, G. and Haller, L. 2004. *Evaluation of the Costs and Benefits of Water and Sanitation Improvements at the Global Level*. Geneva, World Health Organization (WHO).

Jouravlev, A. 2003. *Los municipios y la gestión de los recursos hídricos*. LC/L.2003-P. Santiago, United Nations Economic Commission for Latin America and the Caribbean (ECLAC). http://www.eclac.cl/publicaciones/xml/7/13727/lcl2003e.pdf

Kar, K. 2003. *Subsidy or self-respect? Participatory Total Community Sanitation in Bangladesh*. Working Paper No. 184. Brighton, UK, Institute of Development Studies (IDS).

Lentini, E. 2010. *Servicios de agua potable y saneamiento en Guatemala: beneficios potenciales y determinantes de éxito*. LC/W.335. Santiago, United Nations Economic Commission for Latin America and the Caribbean (ECLAC). http://www.cepal.org/publicaciones/xml/0/41140/lcw335e.pdf

Le Quesne, T, Pegram, G. and von der Heyden, C. 2007. *Allocating Scarce Water – A Primer on Water Allocation, Water Rights and Water Markets*. WWF Water Security Series 1. Godalming, UK, World Wide Fund for Nature UK (WWF-UK).

Mays, L. 2006. *Water Resources Sustainability*. New York, McGraw-Hill.

McKinsey & Company. 2009. *Charting our Water Future: Economic Frameworks to Inform Decision-making*. 2030 Water Resources Group. http://www.2030waterresourcesgroup.com/water_full/

Moss, J., Wolff, G. Gladden, G. and Gutierrez, E. 2003. *Valuing*

Water for Better Governance: How to Promote Dialogue to Balance Social, Environmental and Economic Values? White paper for the Business and Industry CEO Panel. Calif., Pacific Institute.

Oblitas de Ruiz, L. 2010. *Servicios de agua potable y saneamiento en el Perú: beneficios potenciales y determinantes de éxito.* LC/W.355. Santiago, United Nations Economic Commission for Latin America and the Caribbean (ECLAC). http://www.cepal.org/publicaciones/xml/4/41764/lcw355e.pdf

OECD (Organization for Economic Co operation and Development). 2010. *Benefits of Investing in Water and Sanitation: An OECD Perspective.* Paris, OECD.

Pegram, G. and Schreiner, B. 2010. *Financing Water Resource Management: South African Experience.* A Case Study Report prepared by Pegasys Consultants for the OECD Expert Meeting on Water Economics and Financing, March 2010. European Water Initiative (EUWI) and Global Water Partnership (GWP).

Perry, C. 2007. Efficient irrigation; inefficient communication; flawed recommendations. *Irrigation and Drainage,* Vol. 56, No. 4, pp. 367–78.

Sadoff, C. and Muller, M. 2009. *Water Management, Water Security and Climate Change Adaptation: Early Impacts and Essential Responses.* GWP Technical Committee, Background Paper no. 14. Stockholm, Global Water Partnership (GWP).

Saliba, B. C., Bush, D. B., Martin, W. E. and Brown, T. C. 1987. Do water market prices appropriately measure water values? *Natural Resources Journal,* Vol. 27, pp. 617–51.

Salzman, J. 2005. Creating markets for ecosystem services: notes from the field. *NYU Law Review,* Vol. 870. http://www1.law.nyu.edu/journals/lawreview/issues/vol80/no3/NYU302.pdf

Turner, K., Stavros, G., Clark, R., Brouwer, R. and Burke, J. 2004. *Economic Valuation of Water Resources in Agriculture.* FAO Water Report No. 27. Rome, Food and Agriculture Organization of the United Nations (FAO).

UN (United Nations). 2010. *The Millennium Development Goals Report 2010.* New York, UN.

Winpenny, J.T. 1997. Sustainable management of water resources: an economic view. R. M. Auty and K. Brown (eds) *Approaches to Sustainable Development.* London, Pinter.

Winpenny, J., Heinz, I., Koo-Oshima, S., Salgot, M., Collado, J., Hernandez, F. and Torricelli, R. 2010. *The Wealth of Waste: The Economics of Wastewater Use in Agriculture.* FAO Water Report No. 35. Rome, FAO.

World Bank. 2008a. *Economic Impacts of Sanitation in the Philippines. Summary.* Research Report published for the Water and Sanitation Programme (WSP). Jakarta, The World Bank.

----. 2008b. *Economic Impacts of Sanitation in Indonesia.* Research Report published for the Water and Sanitation Programme (WSP). Jakarta, The World Bank.

World Commission on Dams. 2000. *Dams and Development: A New Framework for Decision-making.* London, Earthscan.

WWAP (World Water Assessment Programme). 2009. *United Nations World Water Development Report 3: Water in a Changing World.* Paris/London, UNESCO Publishing/Earthscan.

Young, M. and McColl, J. 2009. More from less: when should river systems be made smaller and managed differently? *Droplet,* No. 16, email newsletter, 13 April. Adelaide, University of Adelaide.

改革水管理机构、提高应变能力

作者：汉娜·爱德华兹、丹尼尔·洛克斯、安东尼·特顿、詹姆斯·温佩尼

供稿：理查德·康纳、尤瑞·沙米尔、乔斯·蒂默曼

从事水资源管理的个人、机构和组织都清楚，他们制定的决策不一定会获得期望的结果。影响经济、环境和社会效益的因素，以及管理决策产生的后果都具有不确定性且不可预知。这种不确定性可能导致不同程度的脆弱性，同时也带来更高的依赖性和弹性。水资源管理者及其所在机构必须认识到，环境中的不确定性总是以一种不确定的方式发生改变，在如此不确定的环境里作出的决定可能会产生任何后果。

水资源系统脆弱性评价是在充满不确定性和风险的环境中进行水资源管理的重要基础。

政府、私营部门及民间团体的领导人所制定的决策大部分都与水相关。因此，这部分人必须认识到水的作用，并将这种认识在他们所制定的决策之中反映出来。预测和情境分析都是重要的决策支撑工具，而利用不同手段对未来可能出现的情况进行预测，将有助于提高决策的正确性，而水资源管理机构的设立和改革都必须考虑这一点。

11.1 简介

不确定性已无法避免，我们要实现可持续发展必须做出改变。我们要加大数据方面的投入并加强能力建设，以适应资源紧张所带来的压力。我们应重点强化水利工程管理结构的稳健性和弹性，并将其作为日常工作来抓。正如第五章所阐述的那样，这种基础性的改变最有可能反映在水资源非工程管理措施中。在这个错综复杂的世界里，政府部门、私营部门以及民间团体的领导人尽管不在"水箱"之内，却是大部分涉水决策的制定者。因此提出新办法、向政府决策者以及受此决策影响的人群提供专业信息就显得格外重要（Falkenmark，2007）。我们必须在专业技术人员、政府决策者和整个社会阶层构建一个关系网（见图11.3，下文附有解释）（Hattingh等，2007；Turton等，2007a，2007b）。

近年来，这种变化已经渗透到全球气候、金融市场、土地利用及消费规律等诸多领域，进一步加剧了未来水资源管理的不确定性。这种不确定性是系统本身固有的。同时，属性还与以下两点相关：一是水文、金融、社会及生态等多个系统之间的互相联系；二是人们普遍不了解生态系统如何对新出现的需求作出反映。已有人提出，不应将生态和社会系统分开，而应综合考虑社会生态系统（简称SESs）（Burns和Weaver，2008）。基于这点认识，应该看到，人类活动的影响十分巨大，经济活动及相关社会事业已不能和生态系统区别对待，社会生态系统已经和生态系统捆绑在一起共同进化。这与近年来作为新的地质年代概念日渐兴起的"人类世"不谋而合（Zalasiewicz等，2008）。水资源管理机构需要不断改进评估方法，以应对未来的各种可能，而不是只针对一个设想好的未来进行规划，而且所有这些可能都充满不确定性，所具备的可能性也各不相同。为应对所有可能出现的未来，我们需要关注的主要工程问题包括如何规划、设计和运行具有可持续性、可靠性、应灾能力、稳健

的水资源系统，特别是在各种驱动因素充满不确定性条件下。其最终目标在于运用多学科的方法制定水资源规划、综合科学、经济决策准则、监督及评估过程的指导方针和法律法规，而且上述每一项都需要考虑各种未来的现实情况。

正如第五章所述，传统水资源管理是自上而下的行为。而"适应性水资源管理"是在不确定性无法避免的条件下进行水资源管理的一种手段，采用自下而上的方式。经验表明，将这两种方法结合起来对于解决不确定性和风险来说最为有利。自上而下的方法在导向性上更具战略性，因而能够抓住宏观态势，并对水资源管理活动以及计划的制定和实施提供总体框架。而自下而上的方法在导向性上更具有操作性，能够准确反映出众多行动者及利益相关者所面临的现实问题、水需求以及不确定因素的状况。一般来说，地方对解决涉水问题的热情和支持度最高，因为当地社区距离实际影响最近，因此只要他们的立场得到充分重视并且有能力有效解决问题，对需要采取的行动也比较容易接受。

制定并实施有效的水资源管理计划能很好地整合这个管理体系的两个端点，尤其是在工作重心从基础设施建设向制度建设转移的时候（见图11.1）。然而，在不同的社会、政治、经济和环境条件下，各个方法的相对重要性也会有所差别。在解决固有的不确定性和风险时，一项主要的挑战是将更具适应性的方法引入管理体制，而不考虑水资源综合管理是否已作为政策框架得到运用。适应性管理的根本是特定的原则和方法。

11.1.1 将适应性管理引入水资源综合管理

作为实现可持续发展的管理框架，水资源综合管理在全球已获得普遍接受（Ashton等，2006）。水资源综合管理根据不同方法而有不同的定义，而最广泛接受的定义是将其视为过程而非工具。此外，水资源综合管理是一种手

图 11.1

概念模型显示水资源管理者适应大范围驱动因素和问题时的总体改变趋势

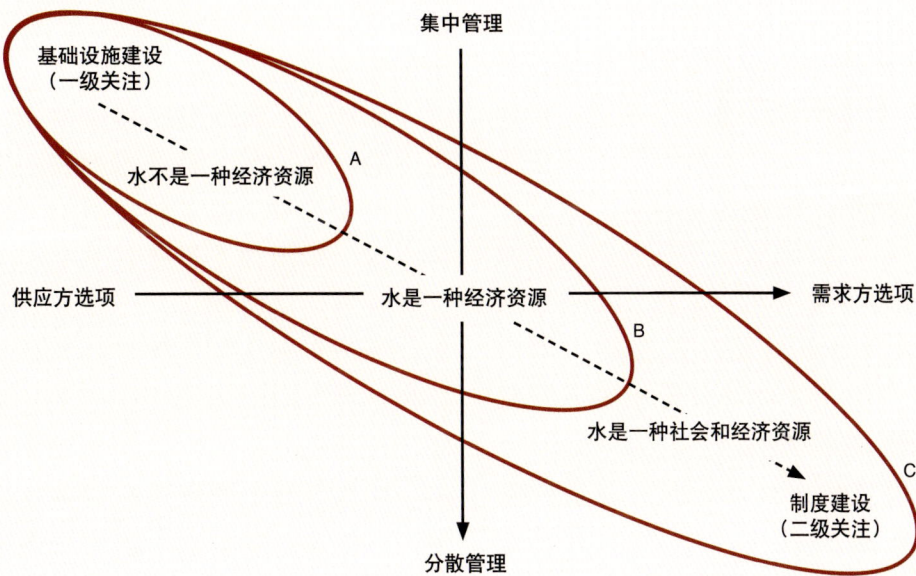

资料来源：Turton等（2007a，图1.1 p.5，已获得Springer Science和Business Media的许可）。

段，其自身并非目的。虽然通过第一章（见1.3.3节）阐述我们了解到水资源综合管理在发展中国家取得了一些进展，但仍难以执行。

治水及水资源综合管理是在相对有限的水资源基础上解决各部门需求竞争的主要手段。不同部门有其偏好的管理原则、规章制度及激励手段，经常会与其他部门相冲突。对社会风险容忍程度及服务可靠度进行定义，这是社会契约的一部分，无论是新药研发、核电站修建还是水利基础设施建设，都需要社会内部各个方面通过持续不断的对话进行决策（Nyambe等，2007）。水资源综合管理在这一过程之中不断进化，以涵盖可持续性的各个不同维度（生态、生物物理、社会和制度），但这种综合管理制度经常也具有"路径依赖"的特点（即根据不同条件而采用不同的实施方法。见11.4.4节）。因此，有效实施水资源综合管理需要大量的知识作为支撑，并且必须具备适应性，在外界出现无法直接控制的变化时才能适时作出响应。

适应性管理是"对管理行动及其他事件的结果有了更好的理解之后，在面对不确定性时对决策进行灵活处理的过程"（美国国家研究委员会，2004）。本报告对"适应性管理"的定义是"为了跟上未来的变化而对过去所作的决定进行定期修订，以适应难以预测的变化"的方法。其适用范围是未来能够影响决策结果的社会、经济、气候或技术条件无法准确预测的情况。

必须了解过去持续发生的变化，以及原有决策所作出的响应，这对于保证适应性管理的效率至关重要。监测、数据库管理及通信对于任何适应性管理方法都是十分重要的组成元件。这种方法与经济增长数据、人口趋势、食物消费规律变化、采动影响、能源需求等"水系统外部"的驱动因素相互关联。适应性管理适用于水资源管理的许多方面，同时也可用于应对洪旱灾害及其对粮食生产的影响、财产损失、人员转移及其他社会影响。为了有效贯彻"预防原则"（见11.2.3节）、实现可持续发展的各个目标，在各种固有的供需不确定情境下，有必要对影响水利基础设施的所有驱动因

素进行全面考量。通过提高水利工程的灵活性，提高工程的稳定性和抗灾能力。

11.2 风险和不确定性条件下的水管理原则

为实现政策制定者确定的目标，水资源管理必须处理当今世界各种变化中的不确定性和多变性。Lempert 和 Groves（2010）认为，要实现这个目标，必须坚持以下主要原则。

• 推行稳健的工程或策略，并按照可持续发展的要求，对当前用于日常水资源管理的经济及优化决策规则进行修订。

• 实施适应性战略以实现稳健管理；必须清楚地制定近期策略，在信息获得更新的时候能够及时修订策略。

• 利用计算机辅助进程对各种假设、选择及可能情况进行互动性探索。

这些原则正被越来越多的水资源从业者及学术人士所倡导，并在技术创新、工程设计变化、多目标流域规划、公共参与，以及法规、金融及政策激励措施中得以体现。其中一个例子是澳大利亚推行的水账目框架（见第六章），旨在将过去各自为政的部门及机构之间的报告进行整合（AASB，2011；Godfrey 和 Chalmers，2011）。现有的预测方法正不断得到改进，利用大量不完美却可能出现的未来情境，分析师及决策者就可以基于多种情境对未来一系列中短期行动制定计划，而不是仅仅依赖单一概率进行预测。

当高需求与低可用性同时出现、且事先未能预料到时，压力就会产生。因此另一个重要原则是要预测这种压力出现的时间。

应考虑若干选择，以部分缓解干旱压力。从长远的角度看，增建基础设施可以提高储水能力，采取相关措施可以减少输水渠道及配水系统的漏水现象，此外还可以提高灌溉系统的效率，并利用诸如海水淡化等手段增加供水量。开发替代能源，如地热、风能和太阳能，可以减少传统能源的耗水现象。而短期可采取

需求管理措施，减少用水量并提高水资源的重复利用率。

11.2.1 多样化是适应性水资源管理的核心原则

适应性水资源管理的目的在于通过提高妥善应对意外事件的能力，以增强应变能力。这些原则大多属于"弹性理论"（Burns 和 Weaver，2008）的范畴，源自于生态系统理论（Holling，1973），并主张多样化系统能够更好地应对极端事件。一个可以借鉴的例子是"投资组合理论"，即将投资分散到截然不同的风险产品上，以降低整个投资组合的总体风险。我们同样可以采取若干步骤以及多样化的形式进行水资源管理决策和投资。比如，半干旱雨养农业区的主要挑战是开发新的抗旱措施，可搭配实施提高地表水的储蓄能力、增加地下水供给、针对当地农耕社区制定灌溉计划、运用卫星技术推广精细农业、开发抗旱种子等措施。水资源管理人员应建议决策者建立相应的政策框架，积极推行水价和补贴政策或实行其他金融激励机制。

11.2.2 脆弱性评价

Hashimoto 等（1982）引入了分类学方法，将水资源管理水平评估中固有的风险与不确定性包含进去。他们利用简单的原则代表一组描述符，用来描述传统工程可靠性分析的关键构件。本质上，他们关注的是参数的敏感度和不确定性的决策变量，包括战略不确定性中的某些方面。主要原则包括（Hashimoto，1982）：

• 可靠性：成功的几率；
• 稳定性：不同情境下系统性能的满意度；
• 恢复力：系统从故障（洪水、旱灾、污染物泄漏）中恢复的速度；
• 脆弱性：故障后果的严重性。

这几个原则通过关注参数的敏感度和不确定条件的决策变量，对传统工程可靠性分析的关键构件进行拓展。人们越来越注重通过改进

设计提升系统的应变能力，进而降低水工系统的结构脆弱性。关键是，要如何评价这些战略？传统做法是基于历史数据及统计分析进行风险管理，但现在人们已经意识到，由于非线性复杂性的增加，历史经验并不能用来预测未来现实（Turton，2007）。例如，如今采用"成本-收益"风险分析对战略进行选择。经济分析中的"贴现率选择"是水利工程经济变量的重要决定因素。而对于生命周期长或具有重要社会及环境效益的工程，贴现率水平是否适用在工程界引发了激烈的讨论。"可接受风险"和不确定性的水平也是同样的情况，哪怕这两项都无法完全量化。在无法对风险进行量化或隔离时，需要有辅助性决策支撑工具，而在第九章所述众多因素相互发生作用时，也将有同样的需要。

11.2.3 预防原则

预防原则认为，当某种行动或政策的结果可能对人民或环境带来不良影响时，在对其可能出现的后果未能达成科学共识时，采取这种行动的人有责任证明其行动和政策不会造成不良影响。这里暗含的意思是，当发现某种可能存在的风险时，决策者有相应的社会责任采取预防性措施，以保护公众和环境免受伤害。这种趋势在复杂经济体的公司管理结构中，特别是同时在多个国际股票市场挂牌上市的公司已表现得越来越明显。除非后来的科学发现能确凿证明这样的行动或政策不会带来危害，否则相关的限制条件就不应有任何松懈。

11.2.4 满足不确定性和风险条件下的信息分享需求

在固有不确定性背景下降低与水资源管理相关的风险，这需要更为丰富的信息作为支撑。水文信息经常是针对某个特定用途而进行收集，比如用于水电规划的应用与设计、供水系统及污水处理厂。为了开展适应性水资源综合管理，需要提供更为丰富的信息。水资源在时间和空间上的流动总是在不断变化，但传统做法经常将其视为静态的资源。这种工作方式在以前并没有太大问题，因为以前对资源的需求相对没那么复杂（Turton，2008，2010）。但时至今日，各种依赖于水资源的因素已相互交织、变得越来越复杂，如果没有准确的信息作为支撑，决策者面临的挑战将日益增大，尤其是管理选择很多，比如水资源保护及需求管理策略。商业公司拒绝公开数据甚至操纵数据、公众及监管人员无法获取数据的问题日益严重（见专栏 11.1）。从现有的政府部门和水资源数据源中或许能够获取一部分信息，但对于那部分没有的数据，则需要通过监测活动来获取。监测需要大量工具设备、较高的数据传输能力以及人员配备，长期运作下来成本会很高，因此这一方面的工作也面临着越来越大的压力（见第六章）。

专栏 11.1

南非矿山关闭事件是体现复杂性的典型案例

南非约翰内斯堡市内没有多少河流、湖泊和海岸，这样的城市十分罕见。实际上，处于大陆分水岭之上的约翰内斯堡之所以存在，是因为地下的金矿（Turton 等，2006）。这些地区埋藏的黄金由黄铁矿构成，富含硫化物，地面覆盖了大片的喀斯特地貌（Buchanan，2010）。然而，采矿活动停止之后，遗留下来的矿坑充满了酸性极高的水，给当地房地产带来了极大的不便（Coetzee 等，2002，2006）。这不但给房屋所有者带来了难题和一定程度的不确定性，也使水资源管理者所面临的问题变得更加复杂。

核心问题是计算矿坑中的水上涨的速度。这需要进入场地，对水位进行观测。

然而，控制矿井的公司不愿意公开数据，因为他们希望自己承担的责任越少越好（Adler 等，2007）。在这种情况下，以前被视为与水资源管理毫不相干的新数据现在却有了需求，因为矿区的水注入两个主要流域的上游河道，分别是奥兰治（Orange）河和林波波（Limpopo）河，这两条河流与下游至少五个国家（博茨瓦纳、莫桑比克、纳米比亚、南非和津巴布韦）的社会经济利益密切相关。水资源管理所面临的挑战之一是，在缺乏法规、缺失跨部门制度联系而造成所需数据无法正常传递的情况下，在矿山关闭之后如何对矿山进行管理（Strachan 等，2008；van Tonder 和 Coetzee，2008）。

11.3 风险和不确定性条件下的水管理方法

有必要区分水资源系统的脆弱性和社会对经济中断甚至崩溃的敏感性。水资源系统的脆弱性是指水文敏感性的功能以及水资源管理系统的相对水平。而社会生态系统的脆弱性指的是水利基础设施敏感性的功能以及社会生态系统的应变能力。这两者紧密联系在一起，但随着人口增长，原本就比较紧张的水资源系统所承受的压力越来越大，使得社会生态系统的脆弱性也越来越突出。其结果是应变能力普遍下降，可允许出错的空间越来越小，直至灾难性错误出现。资源既被用作取水源又被作为收水坑，本身已日趋紧张，人类对其的依赖却越来越大，导致脆弱性的迹象越来越明显。

大量水资源管理决策背后的驱动原因恰恰是不受水资源管理者控制的经济、环境和社会因素，而任何水资源决策的有效性同样也会很大程度上取决于"水箱"以外的影响力量。作决策的时候，必须考虑这些决策机构在面对各种变化因素带来的不确定性时自身的脆弱性。在对水资源利用和管理提出建议或作出决策时，尤其是作出长期决策时，必须问这样的问题：50 年后，这样一个特定的决策或发展政策还会是明智和有益的吗？它是否还能适应水资源综合规划和政策？

对于水资源管理机构来说，采取综合规划与管理策略并不容易，其职责和决策范围可能会受制于现有的法律规定。因此，在检验相关机构决策的综合程度时，应首先明确实施综合规划和政策的责任人（见专栏 11.2），谁有责任来确保所有结果、驱动因素及受影响的利益相关者都在决策过程中得到考虑？谁有责任思考未来，并判断某些决策是否因未来可持续发展的需要而得到重视？这些问题的答案将用于衡量适应性水资源综合管理的执行力度。

我们必须经常审视这些问题，只有这样，才能在现有制度设置和决策过程无法妥善应对重大挑战时从容应对。

专栏 11.2

气候脆弱性指数

人类在全球变化面前的脆弱性受当下及未来水资源可获取量影响，并由一系列社会、经济及环境因素影响。这些方面共同影响了人类应对变化状况的能力。气候脆弱性指数（简称 CVI）是一种复合指数方法，它抓住了脆弱性定义的本质，有助于确定脆弱性，进而确定工作重点，保护当地民众。气候脆弱性指数结合了全球影响因素（简称 GIFs），包括地球空间变量、资源量化、水资源及产权可得性信息、人民及制度的能力、水资源利用以及生态完整性的保护等。该指数为百分制，分值越高，脆弱性越高。通过建立未来气候和社会经济各种预测情境，获得当前气候脆弱

性指数分值的变化，并反映出全球影响因素在不同情况下如何变化。气候脆弱性指数或许能够吸引利益相关者参与其中，因而所产生的结果在受影响人群的眼中不仅具有合法性，同时具有可操作性。

资料来源：Sullivan 和 Meigh（2005）。

11.3.1 适应性管理方法的关键要素

适应性管理方法发展缓慢的原因在于，如果基于历史记录，在非线性系统中对未来情境做出预测，其不确定性将不断增加。也正因如此，水资源管理者面临的重大挑战才会越来越难以预测，而未能充分应对挑战本身才会构成不断加剧的风险。必须采取实用的"主动适应管理"，这种方法与第五章讨论的"零遗憾"原则形成对比。适应性水资源综合管理方法包含以下几个元素：

• 加强所有工程的应急管理和预案制定，包括提高公共参与程度和情况判断能力，在需要的时候宣布采取特别措施、进入公共紧急状态，以及这些措施的局限性（比如权力机构及用户的权力与责任）；

• 能够制定渐进、慎重的适应性措施，并确定采取这些措施的阈值；

• 高效的信息与交流策略，以传递信息、建立与相关部门的对话机制和影响其他部门的决策并获取公众的支持（Nyambe 等，2007）；

• 加强不同部门之间的合作，建立联动机制，开展应用研究，以应对气候变化；

• 基于风险，对基础设施进行规划与设计，以对定义好的不确定性范围进行解释；

• 采用新一代基于风险的标准对应对极端事件（洪水与干旱）的基础设施进行设计；

• 老旧基础设施的运行、维护和生命周期管理过程中，应加强检查、监督和调控；

• 开展水利基础设施脆弱性评价，并对发生故障时社会经济所受影响进行评价；

• 针对水文变化和多变性加强研发；

• 改进预测手段；

• 制定统一原则，在过程中不断重申并对所有阶段进行引导。

几乎所有国家的水资源量及利用情况的相关信息和数据都不完整，无论这个国家处于什么样的发展阶段。而且仅有的信息也常常是不可信、残缺和不完整或者是基于大致测算得出的，因此在时间（不同时期之间）和空间（国家之间、水系统之间、水用户之间、流域之间）上经常会出现不一致的现象。

11.3.2 将情境作为适应性管理方法的要素之一

通过采用适应性管理方法，大量对未来的不完美的预测正在逐步得到改善，这取决于合理的未来预测，允许分析师和决策者确定一系列近期和远期的选择，并保证这些选择在未来多种情境之下保持稳定。这种方法并不是仅仅依靠对单一未来情境的概率预测，而是努力探讨今天能采取什么样的行动，以塑造出未来我们期待出现的若干种可能（Lempert 和 Groves，2010；本报告第八章和第九章）。

这要求我们提高监测系统的复杂程度，以获取并整合所需要的数据。这种要求同时会给整个决策过程增加新的压力。适应性管理本身就要求复杂的数据和硬接线，以形成反馈回路，尤其各种系统需要对累加的变化进行管理，包括跟踪这些变化的手段（Stakhiv 和 Pietrowsky，2009）。事实上，随着核心问题被重新界定，新的反应机制通过修改决策过程而产生，就会创造机构不断学习的氛围。

11.3.3 将建模作为适应性管理方法的要素之一

早在复杂的建模、风险与可靠性分析以及可用于确定水文多变性风险及不确定性需求的数据库出现之前，全世界范围内已构建了船闸、大坝、堤防、灌溉渠道及输水隧道体系。在未能预见各种供需的情况下，这些水工结构

仍屹立不倒并高效运行着。简而言之，这些工程运行相当稳定，且具有较强的抗灾能力。而另一方面，目前尚不清楚基于特定气候参数制定的设计规程在不断变化的气候条件下将有什么样的表现。

各行各业都有其既定的惯例和准则，而担负公共安全职责的工程师也不例外。这些在一定程度上是根据过去成功的或至少被社会大众所接受的实践而获得，同时也是工程承包商需要满足相关法律法规的结果。广为应用的百年一遇洪泛标准就是这类安全标准的一个例子，它描述了哪些地方容易受洪水淹没、哪些地方是安全的。很明显，这样的标准十分随意，因此常常无法反映现实的风险和实际破坏的程度。另外一个例子是荷兰的堤防保护标准，其抵御的洪水从 1 250 年一遇的洪水到万年一遇的风暴潮。更多时候，防洪标准取决于公众为了"安全"所愿意支付的费用。

模型有助于确定决策所需的数据类型及精准度。然而，从现有监测项目获取的数据本意虽然都希望对未来的管理人员有所价值，但是未来管理人员所需要的数据及精准度却很难预测。因此，设计监测系统的第一步是确定当前决策过程中所需要的信息。信息需求决定监测的参数、收集的数据类型以及采用的分析种类。

虽然降水频率、强度、持续时间和发生率，以及径流事件相关的水文气候信息是大多数水资源管理决策过程所需的最基本数据，它们也是经济、环境和社会经济信息及目标的基础，而且后者的信息及目标更为基础，通常也是大多数水资源管理决策的依据。事实上，正是这些非水文信息引导并限制了基本的决策原则，而各个社会也会根据这些原则，挑选出适用的选择，部署相应的方案，以解决水资源管理方面所面临的问题。未来收益和成本在当前时期的价值，取决于土地利用法规、经济工作重心、贸易政策、收益-成本标准甚至是贴现率的选择，而水文信息往往处于次要地位。（Stakhiv，2010，p. 22 页）

监测活动的频率以及监测站点的分布密度取决于某个属性或参数的价值时间和空间跨度的多变性。一旦监测网络设计确定之后，就需要确定数据收集、存储和分析的过程，并对相关结果进行报告和传播的途径进行规划，在监测战略之中应该包含这些考量，同时随着时间推移可能会出现变化和加强，以反映知识和目标的变化、方法和工具的改进，以及预算的修订。基于监测数据采取相关措施以提高系统管理的效率，将直接导致信息需求的变化。随着这些变化的出现，监测计划也应该做出相应的修改（见图 11.2）（UNECE，2006）。这种方法可支持适应性监测项目的开发，并在新信息出现、科研课题改变过程中不断进化（Linden-mayer 和 Likens，2009）。它是机构学习的固有属性，同时也是妥善适应变化的表现。

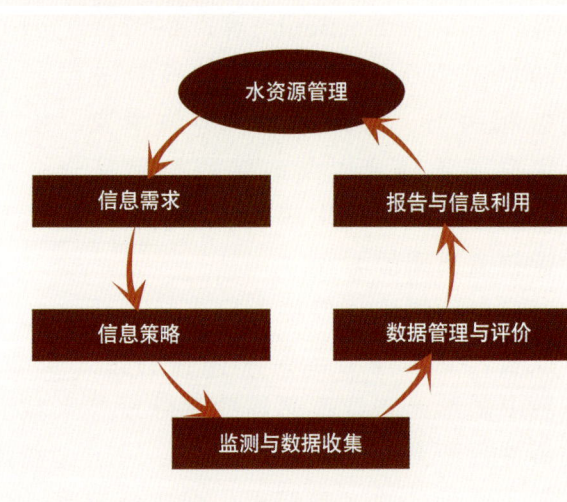

图 11.2

监测与评价循环

资料来源：UNECE（2006，图3，p.16）。

11.3.4　充分考虑不确定性和风险的决策

适应性水资源综合管理是为现代水资源管理人员提供的一种灵敏且实用的方法。它是水资源综合管理的一种延伸，是针对现代社会生态系统固有且不断加剧的不确定性而设计（Burns 和 Weaver，2008）。自然环境可以视为"基础设施"，是因为它和人造基础设施一样提

供了众多相同的服务。像污水处理厂一样，湿地可吸收众多有机废物。土壤水分和地下水是潜在战略储备的重要水源。不断加强生态系统水需求领域的研究与监测有利于在基础设施的大背景下优化自然环境的利用。

节水与需求管理是在适应性水资源综合管理大背景下加强资源管理的一个重要组成部分，要求在各种水资源利用之间进行妥协，以提升利益相关方的参与程度及管理的灵活性。用来解决未来需求的水资源管理工具包括制度改革和政策更改，以支持需求管理和更为高效的水资源利用，比如相关技术的合理利用。采用这种方法管理水资源十分重要，因为它蕴含着行为的改变、经济以及其他方面的激励机制（Brooks等，2009）。为实现最有效的目的，必须提高公众意识和公众参与程度。这需要提高分析工具和模型的水平，使得出的结果可信、便于理解且可以向广大非技术人员传播，包括公众、媒体和政界等，如图11.3所示（Ashton等，2006；Hattingh等，2007；Turton等，2007a，2007b）。这种多学科方法广泛涉及利益相关方、心理学家、经济学家、水文师、水资源管理者以及政治科学家等众多人群，而且已经成为优化基础设施设计和制定用水政策普遍采用的方式。

满足供水需求、保护人民生命和财产免遭洪旱侵害，这是所有国家都面临的极大挑战，但发展中国家无法建设必需的基础设施来减少此类事件负面影响的问题更突出。对于这些国家来说，这种威胁尤其明显。现实情况是，由于当前水文多变性的条件下各种极端事件都可能出现，水资源管理体系并不能满足所有需求。在应对各种灾害对社会造成的危害时，水资源管理体系不仅要最大限度减少风险还要降低成本。各地不断地在风险与成本之间求得平衡，这也是许多国家在设定基础设施防洪抗旱标准时采用多少年一遇具体数据的原因。当然，随着城镇地区人口密度的提高和生活方式的变化，这些标准会不断变化，有些国家像荷兰和日本开始采用风险规避的标准。新设计标

图 11.3

三方对话模型在政府、社会和科学三个主要行动人群之间构建结构化的交互关系，对适应性水资源综合管理十分有益

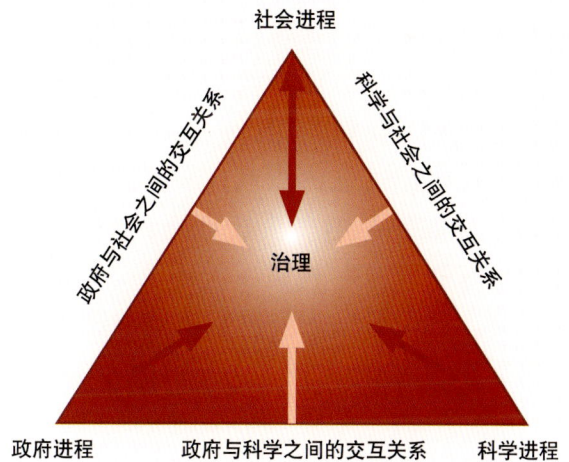

资料来源：Hattingh 等（2007，图1，© CSIR 2007）。

准和规划原则的设定可能是所有适应性策略中最为重要的方面。

水资源管理正伴随着适应性管理的原则一起进化，它运用各种各样的工具，采取不同的组合方式，以降低脆弱性、提高系统的抗灾能力和稳定性、并保证水资源相关服务的可靠性。"这些工具包含众多技术创新、工程设计变革、多目标流域规划、公众参与，以及法规、金融和政策方面的激励。然而，还需要功能健全的机构对这组错综复杂、分布广泛、造价昂贵的措施组合进行有效管理。因此，解决管理的中心议题是所有策略适应需求变化的关键之处（Stakhiv，2010，p.23），它是适应性体制的产物（Falkenmark，2007；Nyambe等，2007；Priscoli，2007）。

11.4 管理风险和不确定性的机构

总体上讲，目前水机构都不具备应对当下面临挑战的能力，比如土地与水资源综合管理、协同工作、保证透明度和问责制、获取足够的能力和资源，以及拥有适应性能力。应对

不确定性的机制应具备提供流域服务、降低事件处理成本、创建各部门之间的联系、建立新的领导风格的能力。

改进机构要求加强制度建设，创建学习型体制，解决制度缺陷，并在水资源管理之中引入非正规机构。这意味着加强水箱之外的能力建设，这在主流做法之中仍不普遍。

机构能力建设需要清楚地定义各个部门的角色与职责，特别是在紧急或缓慢出现的灾害发生时更是如此。适应性制度能力包括：清晰的决策步骤、通信协议及应急规划，并通过定期培训和模拟演练加以巩固（UNECE，2009；WWAP，2009）。

传统水资源规划往往比较僵化，而水管理机构又通常缺乏与其他机构的紧密联系，有效管理水资源和开展服务（Funke 等，2007）。二者叠加后的挑战在于如何建立适应性管理框架和体制，以响应社会急需抗灾能力更强的体制和方法的呼声（GWP，2009）。近年来，水资源管理方面的发展集中体现在管理的改善和制度的变革，包括官方和非官方领域的变化，以及公共和私人之间分界线的变化（Falkenmark，2007；Priscoli，2007；Nyambe 等，2007）。有些国家已取得了不少进展，但体制改革仍是功败垂成，他们仍然面临着管理、财政以及能力建设方面的缺陷，难以实施新的体制结构（见专栏 11.3）。

专栏 11.3

尼日利亚水质监测

水质监测的目标在于获取对水资源管理有用的信息。在尼日利亚，大部分生活及工业用水取自河道与地下水。大多数人口的用水取自河道及浅井，而对水质进行持续监测不仅能发现并避免污染，而且也能根据监测结果将标准提高。这对于城镇地区尤其实用，因为城市中人口和工业的密度大，排入水体的废弃物总量也比较大。在尼日利亚，水质监测仅仅意味着每个州每年对地下水位进行一次监测，由各个州的水利机构负责执行，参照的标准由尼日利亚联邦环境保护局制定。全国并没有统一的水质监测规划。虽然立法、技术、操作环境等条件都十分不利，但尼日利亚水质监测面临最主要的制约因素却是体制上的障碍：机构框架无法保障监测工作的有效实施。最大的问题在于资金不足且到位不及时、人员不足、组织活动缺乏中央协调机构、基础设施维护不力、对体制改革需求的响应不足。因此，对于犯罪行为只有轻微甚至没有惩罚措施。此外，信息匮乏对于污染管理也构成严重妨碍。监测并非只是技术问题，而且还是机构和体制的问题。

资料来源：Ekiye 和 Zejiao（2010）。

11.4.1　创建适应和灵活的机构

需要更具适应性的水资源综合管理（见5.1节）的观点已获得认可，因此也使得通过跨部门和跨学科合作实现可持续发展的做法日益受到重视。这给健康的体制变化创造了良好的机会。如果机构无法承受不确定性，那气候及其他外部变化将给用水户和以水为生的地区带来巨大的成本，最终限制经济增长潜力。确定内外因素对管理过程的影响，可提高机构的适应性并提高效率。保持健康体制演变所面临的主要挑战有如下几点。

整合

整合包括在规范土地及水资源相关行为的官方和非官方体制内所进行的政策调整和统一。高效的体制鼓励低成本的保护措施和效率提高手段，例如需水管理实践，同时保持灵活性和可适应性，以应对气候预报中日益增长的

不确定性。同时，在对供水重新配置时，如果管理不当，极可能造成不稳定性。因此高效的体制还需要保持稳健，以应对可获水资源变化。在整合无法实现的时候，有必要做出妥协，加强各方协作，以达到资源优化配置和减少不良影响的效果。主要挑战是如何将传统上不受管理的非官方机构纳入官方的供水体系。

实施协作

不同机构采取的措施可能会影响到其他的机构。例如，欧盟通用农业政策（CAP）在实现欧盟水框架指令（WFD）的目标上发挥了积极的作用。这种协同作用对至少一个机构是有益的。找出机构之间微弱或强健的联系，有助于确定协同作用（或避免干扰）的可能性，制定改革任务，并确定机构的优先重点（Wettestad，2008）。同样，在缺水地区，采矿业管理部门所推行的政策可能在总体上惠及全社会，但未进行规划而直接封闭矿山的话，则有可能产生意料之外的后果，进而对国家粮食安全造成严重的负面影响，南非就发生过这样的案例（van Tonder 和 Coetzee，2008）。

廉政与问责

打击腐败行为要求决策过程透明与信息披露，因为腐败严重影响水资源配置以及水与卫生服务的效率和公平，贫困与弱势群体受到的影响尤其严重。腐败不仅是管理危机的症结所在，还增加了政策执行的成本（Allen，1999；Lund，1993），并且打击投资者的积极性（Earle，2007）。因此，它对改进问责所需的体制改革构成影响（Marin 等，2007）。在大多数发展中国家，担负这些职责的管理者往往没有被赋予足够的权力，甚至缺位（van Wyk 等，2007）。水账目在澳大利亚等缺水国家已经开始出现，其背后的驱动因素是所有利益相关方要求改善用水报告的廉洁度（AASB，2011；WWAP-UNSD，2011）。

能力建设与资源

实施高效的水服务，提高解决廉政与问责等基本管理问题的能力和权威，这些都需要有足够的资金和适当的人力调配。其中一个案例是南非林波波（Limpopo）河流域的马旁古布维（Mapungubwe）地区。当地政府在分配采矿权时并未考虑水资源的约束条件以及附近联合国教科文组织世界遗产地的文化敏感性，结果引发了激烈的争论，之后在采矿业、政府及野生动植物保护者之间达成了新的协议，建立起新形式的补偿贸易机制，以满足所有参与方的诉求[1]。

应对风险与不确定性的机构适应性能力

技术与基础设施建设以及可获得的金融资源对于提高用水效率都至关重要。

大素潘斯堡（Greater Soutpansberg，林波波河流域的一部分）新开发的煤矿就是一个案例。由于水资源短缺，通过采矿业增加就业岗位的计划一直受到严重制约。南非水利部（DWA）提出了一个解决的办法，即创建特殊目的载体（SPV），用于买断农户手中现有的水权，并与矿业达成包销协议。这是适应性管理的一个例子，政府在促使水资源从低用水效率行业（农业）转向高用水效率行业（矿业）中发挥了积极的作用。

拓宽可持续的融资渠道

在发展中国家，许多水机构都存在融资和能力不足的问题。为建立有效的体制，不仅需要新的资金投入，而且也需要更高效地利用现有资金。涉水资金大多数流向基础设施建设，而不是投入体制和人才队伍建设。政府与私营部门应提供更有吸引力的激励措施，以创新融资手段，改善制度的执行力，进而减少影响人民生计以及水资源与服务的不确定性。

另外一个机制是减少搭便车现象和降低转型成本（Nicol 等，2001）。水资源机构决定谁能够使用哪一部分的水、如何使用、什么时候、能用多少，并且制定管理职责和水价并收取费用。为了维护机构的正常运转，各方都需要在财政上有所投入。搭便车现象是指合法用水户获取的水资源超过他们分配到的份额，因而有可能导致水配置纠纷。非法用水户在未获

得合法权利、许可或授权时也有可能私自取水，私采地下水的现象尤其普遍，也更加难以管控。正因为如此，农村地区基于社区的供水项目经常无法维持下去，许多社区无法筹集到足够的资金，用于公共水资源日常运作与维护。监督巡查用水户的执行成本如此之高甚至超过了收益，特别是在农村地区用水户常常分散在大片的区域内。而如果社区在水分配和成本分摊方面不够公平的话，也常常会出现这种情况。社会道德约束或许是减少搭便车现象的有效手段（Clark，1977；Olson，1965）。由于社会道德约束的存在，社区成员违反规则时，会受到惩罚，还会冒着被社会隔离和失去尊重的风险（Breier 和 Visser，2006；Ostrom，1990）。

筹措资金克服制约因素的做法由来已久。印度的 Swayam Shikshan Prayog（SSP）项目成立了超过 1 000 个妇女储蓄和信用小组，调动公众用自己的资金为他人提供贷款。非营利性组织 Sakhi Samudaya Kosh 创立于 2006 年，旨在为妇女提供小额贷款，为农业、水与卫生事业以及受灾地区低收入群众提供保险[2]。而孟加拉乡村银行（Grameen Bank）则是另一个成功的典范，并成为 2006 年诺贝尔奖的共同获得者之一[3]。

11.4.2　完善机构采取的行动

促使水管理机构内部发生变化的原因既包括内部因素（缺水、性能下降、资金不足），也包括外部因素（宏观经济危机、政治改革、自然灾害、技术进步）。在这些因素的共同作用下，机构改变的机会成本升高，相应的转型成本降低，并创造了有利于改革的制度文化。专栏 11.4 所列举的建议将有助于调动这些因素中相对更支持改革的力量，以推动机构改革的实现。

机构的水资源管理只有在联合治理时才最有效。建立在政府、社会和技术部门共同协作基础上的水资源管理能确保其有效性和可持续性（Hattingh 等，2007；Turton 等，2007）。

这要求跳到水箱之外看待事物，加快学科整合，以在技术和政策层面上涵盖水资源、农业、矿业、环境、规划、金融、农村发展等各个领域。要实现这一目标，需要建立信任和社会资金（Fine，2001；Ostrom，1994，2001）以保证问题解决过程的有效进行（Timmerman 等，2010）。

机构改革需要围绕利益相关方及其领导核心贯彻执行。如果机构在公众眼里并不具有合法性，将得不到支持，而利益相关方也会更倾向于维护现状，甚至自行制定非官方的规则，这将削弱整个体系的完整性。因此，一个重要机制是通过提高政治意愿和领导力来改进机构的表现。这对于水资源决策者而言仍然是个挑战。

专栏 11.4

回顾 11 个国家的水资源管理机构和改革

Saleth 和 Dinar（1999）通过对墨西哥、智利、巴西、西班牙、摩洛哥、以色列、南非、斯里兰卡、澳大利亚、中国和印度等 11 个国家的水资源管理机构和改革进行研究，发现在这些国家当中，只有澳大利亚和智利（在美国境内，只有加利福尼亚和科罗拉多两个州）处于机构变革的高级阶段。

本次研究对机构变革提出的建议如下。

• 孤立地解决水资源管理中存在的个别问题将影响到其他方面。最好采取综合的方法，其核心应该是机构变革，对水资源管理所有领域的司法、政策和行政手段进行强化和更新改造。

• 各地出现的机构变革表明，其机会

成本（和净收益）超过其转型成本。但各地机构变革并不一样，表明机会和转型成本各不相同。

- 出资机构的工作重心和资源投入，应该是那些已经积聚足够机构建设能量的国家、地区和分部门，以保证成功率，降低转型成本。
- 改革的顺序和步伐应依照现实，顾及该地区选民的经济状况和政治压力。可能的话，应充分利用政治经济加速改革。

资料来源：Saleth 和 Dinar（1999，对研究发现进行的摘编）。

"打击腐败行为要求决策过程透明与信息披露，腐败严重影响水资源配置以及水与卫生服务的效率和公平，贫困与弱势群体受到的影响尤其严重。"

所有运行的争端解决系统，其基础是在其他解决途径都已失败的情况下，仍可诉诸独立行政管理人员或拥有争端裁决强制司法权的司法制度。否则现行制度受益者将不会有意提请（自愿型）争端解决机制进行裁决。

有效的机构变革，以及这种变化在多大程度上能够应对固有的不确定性，与路径依赖紧密相关。路径依赖用最简单的方式解释了以往决策是如何决定任何环境下水资源决策者所面对的目前状况，即使过去的环境可能与当前或未来的情况没有任何关联。正因为水制度普遍存在的路径依赖，水资源决策者必须努力采取以下措施，采取激励机制以实现有意义的机构变革。

完善水机构：在任何新机构上位之前，应解决执行过程中的挑战，如既有的政治利益和问责制度，这将有助于机构自身的加强。许多国家都受到执行问题的困扰，原因可能是缺乏人员能力、信息流动或融资。而造成水机构执行不力和妨碍机构设置的首要管理问题仍然十分棘手。管理体系中普遍存在老板/客户关系，因而腐败和既有政治利益将继续存活下去。在这样的环境下，改变决策实践，使之透明且可问责，这将比能力建设和科学信息改善更为有效。

创建学习型机构过程：经验表明，机构改革是一个互动的学习过程，在不同的人群之间可以对变化进行协商。世界上没有完美的解决方案，只有在特定环境中可操作的方案，因此最合适的往往比最佳的做法更重要（Baietti 等，2006）。

在国家层面推动对话及共识，这是成功的关键，能够保证社会所有部门的完全参与。

找出机构的不足：在水质和地下水管理领域设置机构常常受到限制。这些地区的可持续管理经常与变化的人口分布、社会经济发展和气候变化有着更为密切的联系。

超越官方管理界限将非官方机构融入风险与不确定性分析：在世界上许多地方，由当地的非官方机构负责对水资源进行分配，而官方的监管体系对这些决策过程的影响力有限。是直接面对贫穷和被边缘化的社会团体是一项重大挑战，这些人通常依赖非官方的水资源分配和服务体系。

超越传统意义上的水资源管理界限，跳出水资源管理的思维定式，这将是不可避免的做法。在制度层面将水资源管理和土地管理及农业、采矿业和能源产业等部门联系起来，将提高有效决策的概率（Ashton 等，2006）。实践这种方法要求强有力的领导，需要克服传统做法的惯性，并化解各方参与者的抵触情绪，这样的任务十分艰巨。决策者在将这些想法付诸实践时，需要各方的支持以及社会的鼓励，以抵挡批评的压力，同时还需要决策者有与其他参与者分享权力的意愿。以往的经验表明，倡导政策变革的人经常在他们成功发起行动的过程中成为牺牲品（Huitema 和 Meijerink，2009）。

11.5　传达风险和不确定性信息

管理过程中为了作出合理的决定，尤其是在管理不确定性和风险时，必须首先对此有清楚地了解。相比风险概率高的事件（比如走路或骑自行车时被车撞到），人们通常更担心风险概率低的事件（比如飞机坠毁或核电站泄漏）。如果正确的信息未能清楚、简要地传递，事件所涉及的任何风险和不确定性的强度就很容易被错误判断。错误地高估某些事件所具有的风险，不仅会造成不必要的恐慌，还会导致个人以某种方式危害到自己（Thaler 和 Johnson，1990）。不确定的情况会出现不确定的后果，如果沟通不畅，担忧和恐惧将可能被放大。因此，必须充分提供正确的信息，使个人在面临不确定性时能有一定的控制。这样一来，可以减轻不确定性管理的压力，同时还能获得更为正面和现实的结果。

11.5.1　媒体影响

不确定性容易以负面的方式传播，这在媒体中经常可以发现。出现高度不确定性时，一些立志报道特殊事件的人会抓住这个机会颠倒是非，故意以一种误导或操纵的手法对信息进行传播，并经常引起担忧或恐慌。如果初衷是将群众引向正面行动的话，以这种方式作为控制手段进行沟通，反而会产生相反的效果，制造恐慌的气氛和无助的情绪。

总体来说，如何以一种对比和负责任的方式报道某个事件，对于报业和媒体来说是一个显而易见的挑战。尤其在持续进行的社会辩论中，针对某种不确定性立即做出评论，并以不同甚至相抵触的方式进行解读时，更容易出现这种局面。

不确定性同样可以是创造效益的重要机会，因此在可能的情况下，应寻找各种途径，使交流不确定性的过程能产生正面效果、具有建设性且强调可能带来的效益。

另一方面，不确定性有时会给公众带来疑惑，多数信息交流活动的确如此，因为同时出现了众多不同的声音，有专家见解也有普通人的观点。如果争论的双方都是被视为可信且受人信赖的，如媒体、专家、政府部门或著名的个体和公众人物，将给公众造成极大的困惑。

不同人群对互相矛盾的信息可能会有不同的反应：有的人可能会选择接受与其生活方式或信仰体系最为接近的观点，而另外一些人如果足够感兴趣，可能会进一步挖掘、深入研究，使支撑某个观点的论据更为充分。还有一些人可能无法或不愿意接受相互冲突的观点，因而采取完全不理会这个话题的做法，即"不偏听偏信"。

为了应对眼前出现的全球变化和挑战，涉水团体应同心协力，发出同一个声音，强有力和团结的声音，这将是工作的优先重点，尤其当我们需要鼓励领导人、决策者以及各行各业的利益相关方携手合作，为全人类的福祉共同行动的时候。必须用协调一致的方式、前后连贯地传递重要信息，绝不能低估这样做的重要性。

11.5.2　解密不确定性和风险

无论专家还是非专业人士都在不断管理不确定性和各种各样的可能性。虽然在细节上可能会犯错误，但许多人成功地掌控着某些事件发生的可能性等非技术概率信息，比如河道流量、湖泊水位、天气状况、水短缺、洪水和污染程度。当受争论的决策从本质上讲属于技术性时，如何交流不确定性和风险的各个方面着实是个挑战。制定决策的不仅包括水管理者，还包括用水户、政治家、领导人以及社会大众等在不同层面上参与了现代水资源管理决策的人们，他们有时无法完全理解标准技术概念，比如百年一遇的洪水或五级风暴潮。将不稳定现象中不确定和未知的方方面面向决策大众解释清楚难度相当大。其难点在于如何最有效地帮助公众、利益相关方和决策者理解不确定性及其需要决策的问题所带来的影响，只有这样才能让他们在参与讨论哪项决策是最佳选择时，对事情有一个充分的了解。因此，我们的目标之一就是用透明、非技术、能听懂的词汇传递概率信息和专家观点。

在科研与决策者之间架设桥梁是变革的关键。沟通交流在决策过程中扮演了重要的角色，绝不可以低估。

我们现在所经历的极端事件和变化，多数仍处于自然历史气候变化的范围之内。今天，地球上绝大多数水利基础设施都是针对一定数量级的变化而设计的。标准工程实践通过在设计中计入冗余（安全系数），以考虑不确定性。同时，参与制定洪水和粮食保险费率，设定洪泛区和堤坝、水库、雨洪排水道、高速公路涵洞的所有人都需要了解这些风险和不确定性，及其可能带来的经济、环境和社会后果。

大多数人喜欢确定的事情，讨厌不确定性。人们希望天气预报能清清楚楚地告诉他们今天会下雨，或是明天不会下雨，或是航班能否准点出发。即使人们知道，这些清清楚楚的表述并不一定准确，但还是不希望别人告诉他们降雨几率为 64%，因此航班延误的几率仍然存在。如果预报不真实，民众必然对预报者失去信任。人们对不确定性的反应，部分取决于他们对不确定事件的态度，比如洪灾。如果可能发生的事件存在较高的危害风险，希望得到确切信息的人将很难得到，而不在乎灾害的人则对此更加不关心，聪明的做法是让公众知道可能出现什么样的危害，甚至发生这种事件的可能性，以降低灾害的风险。

预警和消除疑虑也是同样的道理。压制不确定性和表达自信的做法古来有之，但最好制止这种做法。如果过度自信用错了地方，可信度将会受损，有效沟通的能力也会被削弱。可能的话，应该告诉民众，哪些是肯定的，哪些几乎可以肯定但也并非绝对，哪些有可能出现，哪些是冒险行为，哪些可能发生但可能性不大，哪些几乎不可能出现。不确定性是可以设置边界的：如采用专家的观点来表达不确定的风险。不确定性越大，警惕性随之更高，因为风险可能会更严重。

试图预测或量化风险和不确定性的人必须承认，他们采用的预测和量化手段本身就是不确定的。比如，今天的降雨几率是 10%，这种表述的确信度究竟有多大？不确定性程度高使风险和不确定性的沟通交流变得更为复杂，即使不为人知它依然存在。如果想等到对自己预测的事件有百分之百信心才敢于对风险等级作出评价，那他可能永远都没有机会。

对不确定性进行沟通交流是一个良好的开端，但这还远远不够。我们的目标是尽可能准确地传递我们现在所想或已知的，并说明不确定性的等级。

利用数字标识不确定性的等级是比较简单的办法。"1/1 000 000"的概率表示不大可能发生；"1/100"表示高度不可能但可能性仍然存在；"1/10"的可能性相对高一些，但一旦发生，仍然会出乎大多数人的意料。处于可能性分布另一端的类似预测包括"9/10"、"99/100"以及"999 999/1 000 000"的概率。而当概率为"50/50"的时候，表示目前掌握的证据分布较为均匀，或是现有的证据不足以做出判断。在预测风险的后果时，决策经常取决于当时所处的环境（比如受威胁的对象是什么）：工程师在设计时可能不会冒"1/10"的风险，但在降雨几率为"1/10"的时候，人们可能就会把雨伞扔在家里。

还可以采取较长的表述，对不确定性的不同水平合理和清楚地进行沟通交流。比如：

• "现有的证据表明 X 并非不可能，但仍然十分值得怀疑。

• 我们几乎可以肯定，X 并不会发生，未来也将基于这种假设，但仍然会持续监控，一旦发现假设有误，我们也能够及时做出更正。

• 我们认为，可能会是 X 或 Y，如果是其他的情况，我们会很震惊。虽然 Z 不太可能，但可能性依然存在。"

11.5.3　有针对性的沟通

当我们表达诸如"更有效地解决风险将带来效益并降低脆弱性"这样的观点时，往往被认为是虚无缥缈。虽然人们对表达的观点表示赞同，但并不一定知道如何实现。有效的沟通是将笼统的表述进行拆分，转化为有目的性的个别阐述，使之更容易理解。提出的问题可以是：实现这个目标的最佳途径是什么？实现这一目标所能采取的现实步骤是什么？为了成功实现目标，谁能做出有意义的贡献？他们怎么才能做到这一点？

将听众分成几个目标人群，并针对每个人群采取不同的沟通方式，这将有助于明确表述相关信息，并扩大信息的影响。其中一个重要的目标人群是各种各样的媒体。许多重要的信息都是通过媒体传递出去的，无论是以正面还是负面的方式进行传播。媒体无论在本地还是全球范围，都是一股强大的沟通力量，能够在各种话题中影响大众的观点，进而影响其行动。媒体的一个特色是需要"诱饵"。大体上讲，这个"诱饵"越具戏剧性，相关的信息就越有可能被印在报刊上或进行广播（比如，骇人听闻的数据可能会上头版头条，而相同话题的正面陈述则不大可能）。必须在吸引媒体和对信息负责之间保持平衡，对提供给媒体的信息可能造成的影响必须负责。

为了引导目标听众留意预先设定的目标信息，必须清楚地定义每个人群，并了解能够吸引他们的是什么。每个人群对沟通信息做出的响应以及采取的行动可能会不同。面对不确定性，能够激发政治领导人采取行动的事情跟激发教师或小企业主兴趣的事情可能完全不同。每一条信息都可以从多种角度去解读，而作为参考点，对特定信息进行撰写和编辑将是决策分析的关键因素（Kahneman 和 Tversky，1979）。为了达到理想的沟通目标，正确的角度、关键字以及行文风格都需要针对不同人群进行谨慎、正确的选择（见专栏11.5）。

设置问卷可帮助了解个人信息和确定能够激发每个人群兴趣的不同因素。这要求进行一定程度的概括，在准确判断某一特定人群特点时务必十分肯定（避免格式化的词汇），尤其是当设计问卷的人不属于目标人群时。因此，这项活动应在不同的小组分头进行，以确保扩大社会认知。每个人群都可以提出的问题包括：

- 他们平均受教育程度如何？
- 他们经常或可能会买哪份报纸或杂志？
- 什么因素会激发他们购买某种特定的商品或采取特定的行动？
- 在当地或全球范围内，什么事情会让

他们感到担心？

  • 他们会或可能会采取什么样的行动？什么因素会制止他们采取这类行动？

  • 他们认为自己的短处和长处各是什么？别人又是如何看待的？

一旦确定目标听众并充分了解他们的兴趣及渴求，对他们进行有效的信息沟通就会比较容易。针对某一特定人群准备的沟通材料，如果不是所有目标听众都能理解那也没关系，重要的是这个特定人群能够读懂。有针对性沟通交流的语言和语气可以更强烈、表达可以更清楚一些，因为这些并不是要"掩盖什么"。用目标人群最熟悉的语言，这个特定人群才更容易理解。例如，针对某个人群，也许可以大量使用技术信息，但对于另外一个人群，就要进行大量修改或是尽量避免使用。

在不确定性和风险的沟通交流过程中，为了在行动上达到最有效的结果，要让每个目标人群都适度地感到受威胁（1％的震惊因素可能是必要的），但避免引发恐慌和无助情绪。

结语

不确定性和风险可以通过有针对性、准确、有用的信息进行沟通传递，而无需造成厄运或灾难临头的印象。在这个过程中，沟通者应在专家（大部分是技术人员）和社会大众之间搭建桥梁。当通过媒体或其他途径进行沟通时，需要强调不确定性和风险也能带来机遇，并有可能带来正面的变化。

知识赋予人力量，是人们充分了解相关情况后作出积极决策的基础。如果信息清晰、具有针对性且以统一的口径进行传播，就可帮助人们更好地了解现状并对相关风险作出自己的判断。同时，它赋予人们责任感，并鼓励人们采取行动，成为变革的重要推动力量。

注 释

1 更多信息请参见 http：//www. savemapungubwe. org. za/media. php。

2 更多信息请参见 Swayam Shikshan Prayog 项目官方网站 http：//www. sspindia. org/。

3 更多信息请参见 http：//en. wikipedia. org/wiki/Grameen_Bank。

参考文献

AASB (Auditing and Assurance Standards Board). 2011. *Consultation Paper: Assurance Engagements on General Purpose Water Accounting Reports.* Melbourne, AASB.

Adler, R. A., Claassen, M., Godfrey, L. and Turton, A. R. 2007. Water, mining and waste: an historical and economic perspective on conflict management in South Africa. *Economics of Peace and Security Journal,* Vol. 2, No. 2, pp. 32–41.

Allen, D. 1999. Transaction costs. *Encyclopedia of Law and Economics.* Cheltenham, UK/Ghent, Belgium, Edward Elgar/University of Ghent, pp. 893–926. http://encyclo.findlaw.com/0740book.pdf.

Ashton, P. J., Turton, A. R. and Roux, D. J. 2006. Exploring the government, society and science interfaces in integrated water resource management in South Africa. *Journal of Contemporary Water Research and Education,* Vol. 135, pp. 28–35.

Baietti, A., van Ginneken, M. and Kingdom, W. *Characteristics of Well-Performing Public Water Utilities.* 2006. Water Supply and Sanitation Working Notes, no. 9. Washington DC, The World Bank.

Breier, M. and Visser, M. *The Free Rider Problem in Community-Based Rural Water Supply: A Game Theoretic Analysis.* 2006. Southern Africa Labour and Development Research Unit (SALDRU) Working Paper Number 06/05. Cape Town, South Africa, University of Cape Town.

Brooks, D. B., Brandes, O. M. and Gurman, S. (eds). 2009. *Making the Most of the Water We Have: The Soft Path Approach to Water Management.* London, Earthscan.

Buchanan, M. (ed.) 2010. *The Karst System of the Cradle of Humankind World Heritage Site: A Collection of 13 Issue Papers by the South African Karst Working Group.* Pretoria, South Africa, Water Research Commission (WRC).

Burns, M. J. and Weaver, A. v. B. (eds). 2008. *Advancing Sustainability Science in South Africa.* Stellenbosch, South Africa, Stellenbosch University Press.

Clark, C. W. 1977. The economics of overexploitation. G. Hardin and J. Baden (eds) *Managing the Commons.* San Francisco, Freeman, pp. 82–95.

Coetzee, H., Wade, P. and Winde, F. 2002. Reliance on existing wetlands for pollution control around the Witwatersrand gold/uranium mines of South Africa – are they sufficient? B. J. Merkel, B. Planer-Friedrich and C. Wolkersdorfer (eds). *Uranium in the Aquatic Environment.* Berlin, Springer, pp. 59–64.

Coetzee, H., Winde, F. and Wade, P. 2006. *An Assessment of Sources, Pathways, Mechanisms and Risks of Current and Potential Future Pollution of Water and Sediments in Gold Mining Areas of the Wonderfonteinspruit Catchment.* WRC Report No. 1214/1/06. Pretoria, South Africa, Water Research Commission (WRC).

Earle, A. 2007. The role of governance in countering corruption: an African case study. *Water Policy,* Vol. 9, No. 2, pp. 69–81.

Ekiye, E. and Zejiao, L. 2010. Water quality monitoring in Nigeria: Case study of Nigeria's industrial cities. *Journal of American Science,* Vol. 6, No. 4, pp. 22–8.

Falkenmark, M. 2007. Good ecosystem governance: balancing ecosystems and social needs. A. R. Turton, H. J. Hattingh, G. Maree, D. J. Roux, M. Claassen and W. F. Strydom (eds) *Governance as a Trialogue: Government–Society–Science in Transition.* Berlin, Springer-Verlag, pp. 60–79.

Funke, N., Oelofse, S. H. H., Hattingh, J., Ashton, P. J. and Turton, A. R. 2007. IWRM in developing countries: lessons from the Mhlatuze catchment in South Africa. *Physics and Chemistry of the Earth,* Vol. 32, pp. 1237–45.

Fine, B. 2001. *Social Capital Versus Social Theory: Political Economy and Social Science at the Turn of the Millennium.* London, Routledge.

Godfrey, J. and Chalmers, K. (eds) 2011. *Water Accounting: International Approaches to Policy and Decision Making.* London, Edward Elgar.

GWP (Global Water Partnership). 2009. *Institutional Arrangements for IWRM in Eastern Africa.* Policy Brief 1. Stockholm, GWP.

Hashimoto, T., Stedinger J. R. and Loucks, D. P. 1982. Reliability, resiliency, and vulnerability criteria for water resource system performance evaluation. *Water Resources Research,* doi:10.2166/wp.2007.130

Hattingh, J., Maree, G. A., Ashton, P. J., Leaner, J. J. and Turton, A. R. 2007. A trialogue model for ecosystem governance. *Water Policy,* Vol. 9, No. 2, pp. 11–18.

Heyns, P. S. V. 2007. Governance of a shared and contested resource: a case study of the Okavango River Basin. *Water Policy,* Vol. 9, No. 2, pp. 149–67.

Holling, C. S. 1973. Resilience and stability of ecological systems. *Annual Review of Ecology and Systematics,* Vol. 4, pp. 1–23.

Huitema, D. and Meijerink, S. (eds) 2009. *Water Policy Entrepreneurs: A Research Companion to Water Transitions around the Globe.* Cheltenham, UK, Edward Elgar.

Kahneman, D. and Tversky, A. 1979. Prospect theory: an analysis of decisions under risk. *Econometrica,* Vol. 47, No. 2, pp. 263–91.

Lempert, R. J. and Groves, D. G. 2010. Identifying and evaluating robust adaptive policy responses to climate change for water management agencies in the American west. *Technological Forecasting and Social Change,* Vol. 77, No. 6, pp. 960–974. http://www.sciencedirect.com/science/article/B6V71-506SX76-1/2/6b7303c489efa3d9254714a083d81045

Lindenmayer, D. B. and Likens, G. E. 2009. Adaptive monitoring: a new paradigm for long-term research and monitoring. *Trends in Ecology and Evolution,* Vol. 24, No. 9, pp. 482–86.

Lund, J. R. 1993. Transaction risk versus transaction costs in water transfers. *Water Resources Research,* September, Vol. 29, No. 9, pp. 3103–7.

Marin, L. E., Sanchez Ramirez, E. and Martinez, V. 2007. The role of science in improving government accountability to society. *Water Policy,* Vol. 9, No. 2, pp. 113–25.

Nicol, A., van Steenbergen, F., Sunman, H., Turton, A. R., Slaymaker, T., Allan, J. A., de Graaf, M. and van Harten, M. 2001. *Transboundary Water Management as an International Public Good.* Stockholm, Ministry for Foreign Affairs.

Nyambe, N., Breen, C. and Fincham, R. 2007. Organizational culture as a function of adaptability and responsiveness in public service agencies. A. R. Turton, H. J. Hattingh, G. A. Maree, D. J. Roux, M. Claassen and W. F. Strydom (eds) *Governance as a Trialogue: Government–Society–Science in Transition.* Berlin, Springer-Verlag, pp. 197–214.

Olson, M. 1965. *The Logic of Collective Action. Public Goods and the Theory of Groups.* Cambridge, Mass., Harvard University Press.

Ostrom, E. 1990. Governing the Commons: *The Evolution of Institutions for Collective Action.* Cambridge, UK, Cambridge University Press.

----. 1994. Constituting social capital and collective action. *Journal of Theoretical Politics,* Vol. 6, No. 4, pp. 527–62.

----. 2001. Social capital: a fad or a foundation concept? P. Dasgupta and I. Serageldin (eds) *Social Capital: A Multifaceted Perspective.* Washington DC, The World Bank, pp. 172–214.

Priscoli, J. 2007. Five challenges for water governance. A. R. Turton, J. Hattingh, G. Maree, D. J. Roux, M. Claassen and W. F. Strydom (eds) *Governance as a Trialogue: Government–Society–Science in Transition.* Berlin, Springer-Verlag, p. xxix.

Saleth, R. M. and Dinar, A. 1999. *Water Challenge and Institutional Response (A Cross-Country Perspective).* World Bank Policy Working Paper No. 2045. Washington DC, The World Bank.

----. 2004. *The Institutional Economics of Water: A Cross-*

Country Analysis of Institutions and Performance. Cheltenham, UK/Washington DC, Edward Elgar/The World Bank.

Sandman, P. M. 2004. Acknowledging uncertainty. *The Synergist,* Nov., pp. 21–22, 41. A longer version of this article is available at http://www.psandman.com/col/uncertin.htm

Stakhiv, E.Z. and Pietrowsky, R. A. 2009. *Adapting to Climate Change in Water Resources and Water Service.* Alexandria, Va., US Army Corps of Engineers, Institute for Water Resources.

Stakhiv, E. Z. 2010. *Practical Approaches to Water Management under Climate Change Uncertainty.* Colorado Water Institute Information Series No. 109. Workshop in Nonstationarity, Hydrologic Frequency Analysis, and Water Management, 13–15 January 2010, Boulder, Colo.

Strachan, L. K. C., Ndengu, S. N., Mafanya, T., Coetzee, H., Wade, P. W., Msezane, N., Kwata, M. and Mengistu, H. 2008. *Regional Gold Mining Closure Strategy for the Central Rand Goldfield.* Council for Geosciences Report No. 2008-0174. Pretoria, South Africa, Department of Mineral Resources.

Sullivan, C. A. and Meigh, J. R. 2005. Targeting attention on local vulnerabilities using an integrated index approach: the example of the Climate Vulnerability Index. *Water Science and Technology,* Special Issue on Climate Change, Vol. 51, No. 5, pp. 69–78.

Timmerman, J. G., Koeppel, S., Bernardini, F. and Buntsma, J. J. 2010. Adaptation to climate change: challenges for transboundary water management. W.L. Filho (ed.) *The Economic, Social and Political Elements of Climate Change. Climate Change Management.* Berlin, Springer, pp. 523–41.

Thaler, R. H. and Johnson, E. J. 1990. Gambling with the house money and trying to break even: the effects of prior outcomes on risky choice. *Management Science,* Vol. 36, No. 6, pp. 643–60.

Turton, A. R. 2007. *Can we Solve Tomorrow's Problems with Yesterday's Experiences and Today's Science?* Des Midgley Memorial Lecture presented at the 13th SANCIAHS Symposium, 6 September 2007, Cape Town, South Africa.

––––. 2008. A South African perspective on a possible benefit-sharing approach for transboundary waters in the SADC region. *Water Alternatives,* Vol. 1, No. 2, pp. 180–200.

––––. 2010. The sustainability approach: managing water as a flux. J. Wilsenach (ed.) *The Sustainable Water Resource Handbook: South Africa: The Essential Guide.* Vol. 1., pp. 58–64. http://www.waterresource.co.za

Turton, A. R., Schultz, C., Buckle, H, Kgomongoe, M., Malungani, T. and Drackner, M. 2006. Gold, scorched earth and water: the hydropolitics of Johannesburg. *Water Resources Development,* Vol. 22, No. 2, pp. 313–335.

Turton, A. R., Hattingh, J., Claassen, M., Roux, D. J. and Ashton, P. J. 2007a. Towards a model for ecosystem governance: an integrated water resource management example. A. R. Turton, H. J. Hattingh, G. A. Maree, D. J. Roux, M. Claassen and W. F. Strydom (eds) *Governance as a Trialogue: Government–Society–Science in Transition.* Berlin, Springer-Verlag, pp. 1–28.

Turton, A. R., Godfrey, L. Julien, F. and Hattingh, H. 2007b. Unpacking groundwater governance through the lens of a trialogue: a Southern African case study. S. Ragone, N. Hernández-Mora, A. de la Hera, J. McKay and G. Bergkamp (eds) *The Global Importance of Groundwater in the 21st Century: Proceedings of the International Symposium on Groundwater Sustainability.* OH, National Groundwater Association Press, pp. 359–70.

UNECE (United Nations Economic Commission for Europe). 2006. *Strategies for Monitoring and Assessment of Transboundary Rivers, Lakes and Groundwaters.* ECE/MP.WAT/20. Geneva, UNECE. http://www.unece.org/env/water/publications/documents/StrategiesM&A.pdf

––––. 2007. *Recommendations on Payments for Ecosystem Services in Integrated Water Resources Management.* Convention on the Protection and Use of Transboundary Watercourses and International Lakes, Geneva, UNECE. http://www.unece.org/env/water/publications/documents/PES_Recommendations_web.pdf

––––. 2009. *Guidance on Water and Adaptation to Climate Change.* Convention on the Protection and Use of Transboundary Watercourses and International Lakes, Geneva. UNECE. http://www.unece.org/env/water/publications/documents/Guidance_water_climate.pdf

UNISDR, UNDP and IUCN. 2009. *Making Disaster Risk Reduction Gender-Sensitive: Policy and Practical Guidelines.* Geneva, UNISDR, UNDP and IUCN. http://www.preventionweb.net/files/9922_MakingDisasterRiskReductionGenderSe.pdf

US National Research Council. 2004. *Adaptive Management for Water Resources Planning.* Washington DC, The National Academies Press.

Van Tonder, D. and Coetzee, H. 2008. *Regional Mine Closure Strategy for the West Rand Goldfield.* Council for Geosciences Report No. 2008-0175. Pretoria, South Africa, Department of Minerals and Energy.

Van Wyk, E., Breen, C. M., Sherwill, T. and Magadlela, D. 2007. Challenges for the relationship between science and society: developing capacity for ecosystem governance in an emerging democracy. *Water Policy,* Vol. 9, No. 2, pp. 99–111.

Wettestad, J. 2008. *Interaction between EU Carbon Trading and International Institutions: Synergies or Disruptions?* EPIGOV Papers No. 34. Berlin, Ecologic – Institute for International and European Environmental Policy. http://ecologic.eu/projekte/epigov/documents/epigov_paper_34_wettestad.pdf

WWAP (World Water Assessment Programme). 2009. *World Water Development Report 3: Water in a Changing World.* Paris/London, UNESCO/Earthscan.

WWAP and UNSD (World Water Assessment Programme and United Nations Statistics Division). 2011. *Monitoring Framework for Water: The System of Environmental-Economic Accounts for Water (SEEA-Water) and the International Recommendations for Water Statistics (IRWS).* Perugia/New York, WWAP/UNSD.

Zalasiewicz, J., Williams, M., Smith, M., Barry, T. L., Coe, A.L.,

Bown,, P. R., Brenchley, P., Cantrill, D., Gale, A., Gibbard, P., Gregory, F. J., Houndslow, M. W., Kerr, A. C., Pearson, P., Knox, R., Powell, J., Waters, C., Marshall, J., Oates, M., Rawson, P. and Stone, P. 2008. Are we now living in the Anthropocene? *GSA Today,* Vol. 18, No. 2, pp. 4–8.

第十二章

为更可持续未来强化水利投融资

作者：詹姆斯·温佩尼

第十二章

投资水与公共卫生对于仍缺乏相关服务的家庭而言至关重要。水是现代经济各个领域的支撑，同时，它的有效利用对减少贫困发挥着重要作用。水发展是绿色经济不可或缺的一部分，在应对全球气候变化和确保世界粮食安全方面起着至关重要的作用。

无论是作为"硬件"的基础设施，还是同等重要的"软件"体系，如：管理、数据的采集、分析和传输、监管和治理等，对于水发展的各个方面而言，增加融资都非常重要。本章提出的融资方式较为全面和实用，探讨如何通过以下努力实现融资目标：通过提高内部效率和采取其他措施最大限度地减少资金缺口；通过向用户收费、政府财政拨款和官方发展援助（ODA）提高水服务收入；并通过这些收入进行可偿还融资，如债券、贷款和股权。

目前的国际金融形势不容乐观，因此开发一切可用的风险分担工具非常必要。国际融资机构（IFIs）将扮演着重要角色。

12.1　为可持续发展投资水利

业已出现的问题正在挑战着长期以来固有的经济发展模式如应对气候变化、抑制物价波动、关注粮食安全、为应对全球金融危机增强基础设施公共投资的作用、政府期望避免遭到国际游资冲击等问题。

基础设施建设给当今环境造成的影响是巨大的，因此迫切需要探索新的方式进行水利工程设计、运行和维护，以最小的代价最大程度地降低环境负面影响（Fay 和 Toman，2010）。公共政策应鼓励私人部门的投资和消费行为，体现环境可持续发展所带来的社会效益和实施各种环境保护所花费的成本。在国际层面，应加强环境领域的研发，鼓励清洁技术的国际转让。

《绿色经济议程》的出台顺应形势发展，旨在强化和加快可持续发展进程[1]。该议程包括公共政策、个人和集体企业倡议以及个体消费者行为。该议程对涉水基础设施建设产生了深远影响，它强调提高资源使用效率，减少废物和温室气体排放，力求转变投资和消费模式，节约自然资源。

绿色经济主要涵盖 11 个关键行业：农业、建筑、城市、能源、渔、林、制造、旅游、交通运输、废物处理、水[2]。水发展议程与《绿色经济议程》交叉的领域主要有：污染防治，污水回收、处理和回用，水的连续使用、水使用效率，水和污水处理的能源使用、分配和回用，能源回收，减排（污水处理和灌溉过程中的沼气提取），灌溉，水电，以及自然水生态系统管理（包括湿地管理）。

这些项目的大多数属于多目标开发，因此融资比较容易。水开发项目通过引入绿色经济使经济／财务协同效应得以实现。然而，凭"绿色"含量来判定其他活动可能会给水管理带来麻烦，除非他们被纳入影响因素并且降低了对水的潜在影响。开发生物燃料技术就是一个例子（用于水资源管理的生物燃料及其使用，详见 Saulino，2011）。另外，除了将水包含在 11 个绿色经济行业之外，将水作为其中的一个行业或辅业都显得过于狭隘。

无论作为工程资产还是自然资产，投资水利基础设施都可促进经济增长和减少贫困（Garrido-Lecca，2010；UNEP，2010）。尽管近年来的全球金融危机阻碍了一些国家对水的投入（Winpenny 等，2009），造成的影响各不相同，但是很多国家政府通过采取反周期财政措施坚持不懈地排除不利影响。2008 年以来，绿色投资在可再生能源、能源效率、材料高效利用、清洁技术、减少浪费、生态系统和生物多样性的可持续利用及修复等领域为 20 万亿美元，大约占经济刺激计划的 20%。水是这些计划的受益者之一，尽管人们还没有完全认识到它的重要性。

联合国贸易和发展会议（UNCTAD，简称"贸发会议"）指出，"在未来几十年里，通过对可再生能源、环境友好型技术、低碳设备和装备以及更可持续的消费方式的结构调整，经济发展还有很大的上升空间"（UNCTAD，2009，p.168）。进入这些新兴市场，有助于发展中国家及转型经济体将应对气候变化的政策与加快经济增长和创造就业有机结合起来（UNEP，2008）。发达国家打着"一切为了环境"的幌子主宰着全球市场，同时发展中的经济体却在牺牲他们相对优越的自然资源建立其市场份额。

12.1.1　千年发展目标和可持续发展

没有发展，没有效率，环境目标就无法实现。缺乏充足食物、营养、水和卫生条件的穷人，为了生存，只有不断恶化他们赖以生存的环境，即便这样做会威胁到他们长久的生存。因此，如果没有健全的环境管理体系，可持续发展目标就无法实现和保持。投资减贫计划将对环境政策产生重要影响，反过来，投资环保计划也将直接影响着减贫的成败。可许多发展中国家对实现千年发展目标的投资还远远不够。

联合国千年工程和《联合国千年生态系统

评估》（MA，2005；见 2.5 节）强调了在实现减贫和整体富裕的过程中，经济发展和环境管理的相互关系。每年都会有数百万人死于贫困、干旱、庄稼减产、饮用水匮乏以及其他与环境恶化相关的疾病。超过 10 亿人因为缺乏安全饮用水而染上疾病，导致生产能力降低。贫困群体的危急处境使得其所处的经济、环境和生态系统付出了很大代价（见专栏 12.1）。Lentini（2010）公布了一项对一典型发展中国家通过水服务获益的评估调查，尤其是针对低收入群体。

改善水的安全状况和基本的公共卫生条件可带来巨大的经济回报。世界银行对 5 个东南亚国家的研究表明，由于卫生条件恶劣，他们损失了国内生产总值之和的 2%。更有甚者，柬埔寨达到了 7%（世界银行，2008）。改善健康环境所带来的经济效益包括：医疗费用降低，由于生病或照顾生病家属误班或误学时间减少，还有节约时间（Hutton 等，2007）。与卫生和水相关的疾病预防可每年节约大约 70 亿美元的卫生医疗费用，再加上避免死亡而创造的价值，按未来工资的现值计算，每年又可增加 36 亿美元（Hutton 等，2007）。事实上，世界卫生组织预测，到 2015 年，如果水和公共卫生条件较差的人口比例减半，由此带来的经济效益和投资成本的比率为 8∶1（Prüss-Üstün 和 Corvalán，2006）。尽管由于水和公共卫生条件的改善使个别国家的经济和医疗事业得到发展，但很多国家对水和公共卫生的投入还远远不够，无法满足千年发展目标的要求。相比其他行业（如：教育和医疗），无

论是官方发展援助（ODA）还是国内财政分配，均未给予公共卫生和水合理的发展地位（WHO/UN-Water，2010，p. 2）。

事实上，1997—2008 年，对水行业的各类援助已从 8% 降到了 5%（WHO/UN-Water，2010）。另外，并未把国内和国际援助很好地对准需求最迫切的群体（如：最贫困及弱势群体）。来自外部机构对水和公共卫生的援助资金投放到低收入国家的还不足一半，且只有少部分资金用在了最关乎千年发展目标实现的基础服务行业（WHO/UN-Water，2010）。利益相关者应继续支持水和公共卫生投入，促进经济和社会进步。另外，与其他行业相比，水和公共卫生领域必须继续开展适度资源水平的研究。

除了联合国千年发展目标中关于消灭贫困、消灭饥饿、全球普及基础教育、改善健康、健康环境修复等计划外，《千年生态系统评估》还研究了生态系统变化对人类健康的影响，分析了生态环境改善将对人类社会产生的积极贡献。环境恶化是人类可持续发展和实现千年发展目标的一个主要屏障。《千年生态系统评估》对 24 个使人类获益的生态系统服务项目进行研究后发现：在过去的 50 年里，只有 4 个生态服务项目提高了生产率，15 个降低了生产率（包括捕鱼业、水净化、自然灾害管理和区域气候管理）。11 亿贫困人口中有超过 70% 的人每天靠不到 1 美元来维持生活，他们居住在直接依赖生态系统服务的农村地区（Sachs 和 Reid，p. 1002）。

投资环境资产及其管理有助于国家减少贫困、饥饿和疾病。投资改善农业实践以降低水污染可促进沿海渔业发展。湿地保护可帮助农村地区免于修建造价昂贵的防洪设施（Sachs 和 Reid，p. 1002）。

反过来，实现环境目标需要逐步消除贫

困。贯穿始终和雄心勃勃的减贫战略可通过降低人口出生率实现，使穷人能够在他们所处的环境下做长久打算。在这方面，定期的环境或生态评估会有所帮助[3]。通过构建一个由资深生态学家、经济学家和社会学家组成的全球网络体系，可向决策者和公众提供科学知识，进行必要调研，澄清某些群体为谋取个人利益发布的不实信息（Sachs 和 Reid，p.1002）。

12.2　投资治理、机构改革与管理

为实现有序和可持续发展，必须确保水资源管理和供水相关服务等各方面有充足的资金支持，不仅包括基础设施采购和维护，也包括水资源管理、环境保护、污染防治，还有那些不可忽视的方面，如政策发展、调研、监测、行政管理、法律法规制定颁布、公共信息发布、反腐、协调利益冲突和股权人利益等（见第十七章）。

为水治理提供充足的资金对减少其不确定性和管理风险至关重要。向政策制定者和管理者提供有效信息有助于降低不确定性。有效开展环境保护、地下水监测、取水许可、污染监控和防治等可降低水资源过度开发，预防灾难性的地表水污染和不可逆转的地下含水层污染。其中的一些治理经费可通过对取水和污染收费自筹获得。

调控也是一样。无论是公共还是私人运营的水机构，均应在独立的调控方监管之下，及时提供完整信息。有远见的服务商认识到了这种调控的价值所在，这种透明的目标管理可使其业务接受公众监督和约束，确保合法合规，杜绝贪图短期政治回报的草率行为的出现。许多调控方的运行成本来自水费的专用税款（如英格兰、威尔士和苏格兰）（见第二十五章）。

《世界水发展报告》第三版（2009 年）强调，有必要超越水管理的"孤岛思维"模式，战略性地认识到水决策对其他经济领域的深远影响，这也是水资源综合管理的一个中心目标。作为其他开发机构之一，世界银行旨在通过贷款项目提高水资源统一管理能力，克服多层次管理对水资源利用的不利影响。其措施之一就是：世界银行将水的跨领域特性纳入国家计划，通过其他行业的工程项目对水进行统一干预。在水项目开发中，世界银行重视依靠项目将不同内容联系起来，将对资源管理、服务、水质和生态系统等进行独立投资贯穿始终（世界银行，2010b）。

许多水治理问题都出在跨界河流上，这里充满潜在的风险和冲突。跨界水机构的能力建设和管理支撑需要适当的资金支持，特别是多边和双边机构、当地政府和其他各方的协同支持和努力。

12.3　为信息投资

本报告第六章强调，国家监测系统的疏忽和作用下降导致重要水文资料缺失。投资国家水和与水相关的信息平台技术升级会有良性回报，因此，世界银行和其他机构支持这样的目标（世界银行，2010b）。这些资料信息应是每个国家关注的重点，也是区域乃至国际的共同财富，可目前面临着"投资严重不足导致信息严重缺失的状况"（Winpenny，2009，p.8）。究其原因主要有三点：

• 两个或多个邻国政府开展项目和机构间合作，因为参与方均不富裕，所以各国通常优先考虑本国要事，而跨界问题退而求其次，这种情况尤以战争时期更为严重[4]。

• 由于划分各国收益很难，因此分摊成本就成了问题，无法形成一个切实可行的预算和投资分配模式[5]。

• 出于这个原因，官方发展援助（ODA）中的援助方和接受方可能将国家计划摆在高于区域公益项目的位置。援助方出于个人利益考虑，也可能优先支持国际公益项目而不是区域项目，因为他们认为从事全球关注的项目，收益更多。一项评估显示，尽管区域公益项目具有高回报，但官方发展援助投资只占到 3%～4%。

这一问题在非洲尤为严重：非洲有 60 多条跨界河流，国际流域占非洲面积的 60％。事实上，非洲的所有河流均流经数个国家：尼罗河流经 10 个国家、尼日尔河流经 9 个国家、塞内加尔河流经 4 个国家、赞比西河流经 8 个国家。为确保水安全，非洲需要建设大规模的区域型和共享型的水基础设施并协同管理，同时也需要大力加强区域气候和水文信息系统的建设。

更加详细准确的河流状况和地下水储备等水文信息，对降低不确定性和预测气候的可变性具有十分重要的作用，许多国家曾为此付出过沉重的代价。在肯尼亚，由于厄尔尼诺现象造成的 1997—1998 年洪灾和拉尼娜现象造成的 1998—2000 年旱灾，使当时的国内生产总值降低了 10％～16％。莫桑比克因水问题使国内生产总值每年降低 1％。据估计赞比亚由于水文可变性导致每年农业减产 1％。同样，坦桑尼亚由于 2006 年干旱农业减产导致国内生产总值降低 1％（McKinsey，2010）。降低水文可变性带来的破坏性影响将大大改善宏观经济（AICD，2010）。提高对天气和洪水的预测能力，对洪水风险控制尤其是减少洪水影响至关重要。投资天气预报和水文气象服务将会产生高成本收益。

举例而言，水资源管理非常需要更详细准确的水文和气象信息，这些基础数据应从国家公共机构和国际机构掌控下的相关系统获取（包括卫星观测）。但是通常没有机构收集和共享这些数据。私人机构也可在数据生成、分析、应用等方面发挥重要作用。在法国，一家名为 Infoterra 的私人公司提供卫星观测资料，帮助农场分析和预测气候变化影响。在德国，一家名为 RapidEye 的私人卫星运营商向保险公司出售卫星观测信息，向政府推销粮食保险以应对干旱和饥荒风险。同样，从事石油勘探和开发的公司也可提供无与伦比的地下含水层勘探和开采服务（Winpenny，2010）。

12.4 为应对气候变化和水短缺投资

预测表明，发展中国家的工业和生活用水供水部门，每年应对气候变化的费用为 99 亿～109 亿美元（净支出）和 185 亿～193 亿美元（毛支出）；河道防洪费用为 25 亿～59 亿美元（净支出）和 52 亿～70 亿美元（毛支出）（见专栏 12.2）[6]。

专栏 12.2

水行业应对气候变化的成本

世界银行的一项研究（见第二十四章）评价了 2010—2050 年发展中国家应对气候变化对水务部门所产生的影响。该评估是基于社会-经济基准和两种气候变化情境完成的〔其中的一种由澳大利亚联邦科学与工业研究组织（CSIRO）提出，另一种由美国国家大气研究中心（NCAR）提出〕。

该适应成本分为硬件成本和软件成本。硬件成本包括修筑水坝和堤堰，软件成本包括预警系统、应急准备计划、流域管理和城乡规划。

下表为应对气候变化的年均水资源适应成本，包括河道防洪和工业、生活原水供应。根据估算，若把发展中国家作为一个整体，为应对气候变化每年的适应成本将增加 130 亿～170 亿美元，占发展中国家 GDP 的 3％，其中非洲地区所占比例最大。

年均水资源应对成本（2010—2050年）单位：10亿美元（%GDP）

地区	基准线*	CC（净成本）**	
		CSIRO**	NCAR
东亚和太平洋	29.4（0.06）	2.1（0.00）	1.0（0.00）
欧洲和中亚	15.8（0.03）	0.3（0.00）	2.3（0.00）
拉丁美洲和加勒比	13.4（0.03）	3.2（0.01）	5.5（0.01）
中东和北美	11.9（0.02）	0.1（0.00）	−0.3（0.00）
南亚	34.9（0.07）	4.0（0.01）	−1.4（0.00）
撒哈拉沙漠以南非洲	9.8（0.02）	7.2（0.01）	6.2（0.01）
总计：发展中国家	115.1（0.22）	16.9（0.03）	13.3（0.03）
总计：非发展中国家	56.2（0.11）	7.4（0.01）	13.3（0.01）

* 基准年是2050年。各行业都有设定的发展基准线，是假定气候不变的一条增长线，以确定各行业绩效指标，均统一采用2010-2050年国内生产总值和人口预测方法（世界银行，2010a，p.2）。
** 0.00是正值，四舍五入小数点后保留两位，并不等于0。
注：折现率=0%；负值指净效益。
资料来源：世界银行（2010d，2011）。表内数据来自世界银行（2010e，表5.4，p.41）。

气候变化主要是指气温和水文条件发生较大变异。在很多情况下，适应当前变化是相当关键的第一步。正如政府间气候变化专门委员会所观察到的，"为应对当前极端的天气条件，很多适应气候变化的措施和工作正在实施和开展"（Adger等，2007，p.719）。

气候平均值的较大变异和改变还掺杂了变异范围存在较大的不确定性、可能出现的新影响因子、阈值的存在、不可逆性和临界点等因素（见第二章）。不确定性对决策分析和标准制定具有较大的影响（见专栏12.3）。

专栏12.3

气候变化的不确定性对水决策的影响

气候较大的可变性和基本的不确定性，对决策是否建设涉水基础设施（通常具有较长使用寿命），将产生深远的影响。这些影响具有较多层次和多个种类。

应该在部门和/或项目层面，对这些基础设施的气候风险进行评估。

充分利用传统的成本-效益分析中处理风险的方法很有必要，这些方法包括敏感性分析、交换价值和风险-效益分析。

决策规划应考虑相关机构的风险偏好（极小化极大、极大化极小、最小遗憾）（Ben Ta等，2009）。

这些传统的、有助于人们在不确定性和风险条件下制定政策的方法、手段，需要辅以情境建设法。该办法是设计一系列似乎合理的虚拟未来情境，这些虚拟情境不一定是根据当今趋势进行论断过的。如果项目在不同虚拟情境下均表现良好，则可认定该项目是稳健可靠的（世界银行，2010a）。

项目设计要充分考虑气候较大的可变性，要给不可预见事件留有弹性处理的空间。这种弹性处理空间的初始投资成本（如更大的存储能力，但可能并不需要；或者放弃当前的经济规模而着眼于未来更大自由度的调控）可被视作为避免未来气候变化情境损失投的保险金。

资料来源：Winpenny（2010，p.1-2）。

如果考虑气候变化影响以及其他外力驱动变化等的残余不确定性，风险管理的共同要素就是零遗憾原则，即不考虑发生任何变化而制定的社会／经济净效益政策。例子包括需求管理措施、提高配水效率、污水回用、洪水、干旱和其他极端天气事件的预警体系以及利用保险计划来分担风险等。

尽管零遗憾项目在财务上是合理的，无需考虑所面对的风险和不确定性，却迟迟没有得以实施。原因有以下几点：缺少项目准备；缺乏资金和信贷；对投资赞助方而言，他们提供的财政资金没有向项目的社会效益倾斜。水需求管理计划就存在上述几个问题，例如，在某些情况下，尽管纸面上承诺可以快速获得回报，但家庭和工业用户仍不情愿接受项目有些产品和技术。零遗憾项目可能在理论上具有吸引力，但仍需要积极地推动。虽然气候变化影响可能会激发项目的额外效益和驱动，使之成为现实还要靠他们本身。

相比之下，只有当气候和水文预测模型是准确的，才能判定仅凭气候变化预测的这些项目具有合理性，包括新建蓄水和供水基础设施、现有设施改造、运行方案调整，以及新水源开发和水转让。为应对未来的不确定性，需要规划和实施以气候为判定条件的项目，并完善其相关政策。这些项目的重要标准是可恢复性、稳健性、灵活性和智能性（在很多情况下能够提供服务和管理）。有时，其中某些项目可能因气候变化以外的因素获益。根据政府间气候变化专门委员会的观察，"应对气候变化措施很少只针对气候变化一个因素"（Adger等，2007，p.719）。

提高我们的能力应对气候变化和其他改变力量（见第一章和第九章）所带来的更大的变异性和不确定性，是涉水基础设施面临的更广泛的挑战。政府、公共机构和国际研究机构需要采取切实可行的措施。同时，还需要各类私人和非政府实体的共同努力，奉献更多的资源、采取不同的工作方式、新方法和创新产品。公共机构实施的气候变化适应和减缓项目，可利用各种开发资金，包括为此专门新设立的适应基金。目前可供公共机构使用的气候变化专用基金有20多种[7]。除了专属林业或能源的基金外，还有约12种基金可用于水等其他领域，其中包括由世界银行和其他主要国际融资机构（IFIs）主导的"气候适应能力试点计划"（PPCR）基金。

"气候适应能力试点计划"下的试点计划和项目是在国家领导下，在《国家适应性行动计划》（NAPA）和其他相关的国家研究和战略基础之上制定的，并随着其他财政支持形式变化而进行战略性调整，使项目获得足够资金，目的是培育有价值的经验和技术，不断完善气候变化适应措施（CIF，2011）。

"气候适应能力试点计划"的资金运作方式是向发展中国家提供技术援助，帮助发展中国家"将气候适应能力融入国家发展计划中"（CIF，2011）。

这里存在的风险是这些气候变化基金可能会加重接受国的行政负担（Porter等，2008），虽然这些资金主要是用来完成试点项目（即"气候适应能力试点计划"），但接受国往往更愿意尽可能多地把它用于本国要务，而不愿意将其作为公共投资项目的辅助资金，而且资金使用还需要独自的程序和准则。

减灾和适应性项目的实施更多会给予那些无法获得发展基金支持的私营公司、农民和家庭。对他们而言，商业性资金来源至关重要。小额信贷特别适用于小型农场主提高灌溉效率。通过各种契约以股权的方式融资也是一种可行的方式，它的回报主要以考核项目目标的成功完成而实现，例如签订减少水漏损率等与绩效挂钩的合同形式。

12.5　投资多样化和需求管理

随着技术手段的增加，水的来源也趋多样化，如海水淡化和再生水，与单纯依赖自然水源相比，水源多样化可提高用户（农民、居民和机构）自给能力，从而减少和分担风险。其中一些项目通过常规手段融资较为容易，其他则不然。海水淡化厂和一些需要大规模投资的污水处理厂（WWTPs）的再生水项目，要么以公益服务为主，要么通过股权和商业融资独立经营，尤其是在特许经营合约形式下进行融资。在墨西哥，Atotonilco污水处理厂将城市污水处理后用于灌溉。根据近年的相关合同条款，对建设—经营—转让（BOT）项目可进行邀请招标，49％的资金来自国家基础建设资金，其余由私人受让者提供。Matahuala和Ei Morro污水处理厂有着相似的目的和融资结构，即设计—建设—经营—转让（DBOT）和BOT（GWI，2009，pp. 51-52）。

解决未来缺水问题还须实施需求管理。需求管理的融资方法有所不同。在南非，根据当前政策和运行模式预测，到2030年，城市、农业和工业增长计划与国家水资源不匹配。到2030年，南非将面临17％的用水缺口，另外气候变化还要加大这个缺口。在有限的供水能力下，像约翰内斯堡、比勒陀利亚、德班和开普敦这样的大城市，取水竞争将会更加激烈。预计居民用水需求将会随着收入提高和水服务领域扩大而增长。根据目前对瓦尔（Vaal）河系统（约翰内斯堡、比勒陀利亚及周边区域）构建的情境，预计需求管理的实施，会降低该区域正常情况下需水量增长的15％（尽管还没有成为现实），而这15％将构成沉重的投资负担。农业不被看作是投资增长行业，分配给农业的水有减少的趋势，必须通过用水效率的提高来解决。无论怎样，能推动收入增长的行业，如工业、发电、采矿和农业，均是用水大户。

"向小农户提供小额信贷是提高灌溉效率的有效办法。"

解决南非到2030年的用水供需矛盾并实现增长潜能，需要不同的投资组合措施：供水方转让技术方案、新建水坝、改造现有建筑物、重新设计现有灌溉系统以提高用水效率、提高采矿和工业用户用水效率。总之，需要有效平衡供应和需求管理措施。需求管理所需的大部分资金，尽管政府会通过补贴和减税提供帮助，但绝大部分还会由用户承担（居民、农民和工业用户）（McKinsey，2010）。

12.6　融资支持基础设施建设和服务

为应对日益增加的挑战和风险（本报告通篇所强调），每个国家在不同发展阶段都会面临涉水基础设施建设的资金压力。

根据最近一期的《世界银行研究》（2010c），全球金融危机已经严重阻碍了千年发展目标的实现。危机也有可能加大业已庞大的融资需求。该报告用了三个宏观经济现象来阐明所涉及的风险，并披露：全球性的资金不足可通过水发展指标窥见一斑。预测到2015年，有1亿多人缺乏安全的饮用水。因此，需要重新思考融资策略，确保公共支出效率的提高能带来额外的收益。

《非洲基础设施国家诊断报告》（AICD，2010）明确了非洲撒哈拉以南地区投资基础设施建设的投资需求。该工具帮助政策制定者对该地区的基础设施建设设置投资优先权，并为实施监控奠定了基础。AICD 估计，要达到千年发展目标的水和公共卫生标准，每年需投入220 亿美元［大约占非洲国内生产总值（GDP）的 3.3％］。基于可接受的最低资产标准得出的估计显示，每年 150 亿美元资本金和 700 万美元运营费，其中不包括水电或灌溉的投资成本。有关拉丁美洲和加勒比地区的相关估算，参见泛美开发银行报告（IDB，2010）中的"拉丁美洲和加勒比地区的饮用水、公共卫生和千年发展目标"。

为了筹到需要的资金需要采取综合和务实的办法。第一步，通过提高效率、合理收费、提升服务水平、增强技术解决能力等手段将融资需求降到最低（AICD，2010）；第二步，通过提高水费收入以及政府和官方发展援助之间合理的预算拨款来提高可持续成本回收率。在这一点上，用水户付费的意愿要比政府的财政拨款更具主动性；第三步，利用这些收入来吸引可偿还融资，通过有效手段降低、减缓和分担融资风险（Winpenny，2003；OECD，2010a）。

2007 年开始的全球金融危机使得涉水领域的商业融资变得更加困难，这使私营部门丧失了投资新涉水基础设施项目的兴趣，也扰乱了现有的公私合伙关系（PPP）。早在 2009 年，据国际金融中心报告，价值 2 000 亿美元的PSP 项目被推迟建设或处于"待定状态"，其中 15％～20％属于供水和公共卫生领域。金融环境影响了风险资本（权益）和借贷资本供给，导致无法对这些特许项目进行融资，原因是资金的流动性不足，且国际银行问题也对各国国内银行产生负面影响。很多通过资助机构获得技术支持和风险分担的创新项目处于待定状态（Winpenny 等，2009，p. 18）。

根据由世界银行和公共-私人基础设施咨询机构维护的"私人参与基础设施数据库"（PPI）报告，与 2008 年相比，2009 年因资金或合同方面的原因而终止的水利工程项目减少了 46％，同期的年投资协议签订率下降了31％。2009 年，7 个低收入和中等收入国家开工建设了有民间参与的 35 个水利项目，总投资额约为 20 亿美元，但是此类工程绝大部分集中于阿尔及利亚、中国和约旦这三个国家（见第二十四章）。

在金融危机爆发时很多面临终止投资的项目，通过向当地公共银行或公共机构融资而得以继续。即使金融危机有所缓解，水和其他行业的融资条件依然十分苛刻，倾向于更为保守的融资结构（即高权益、低债务、低风险）。而这样的开发大多由少数仍留在市场内等待新的国际许可项目的西方跨国公司进行市场和项目类别甄选后进行实施（Winpenny 等，2009，p. 18）。

但是，越来越多来自拉丁美洲、中东、东南亚、东亚和其他区域的新入市者正在加入这些跨国公司的行列（Winpenny，2006）。

公私合伙关系在发展中国家的城市水务机构中的表现毁誉参半，一些国家相对成功（如：智利），一些国家则出现问题（如：阿根廷和玻利维亚）（Jouravlev，2004；Ducci，2007；Lentini，2011），但更多的是提高了效率而不是直接带来了新的投资（Marin，2009）。这一点尤为重要，因为许多城市的输配水系统在水和能源利用效率上还处于很低的水平（AICD，2010；Kingdom 等，2006）。成本控制能力的提高和良好的资金流间接地提高了公司的融资能力。这对能源成本也有影响。水是能源消耗大户，又是一个能效不高的用户。即便是电价水平比较低的情况下，输水的成本也相当可观。当水短缺时，边际资源的开源和处理也将增加能源需求（GWI，2009）。

融资的另一个潜在途径就是提高水费的收缴率，在非洲，每年的水费缺口达 5 亿美元。提高水费的收缴率，是在不提高水费的情况下显著增加水收入的一个途径。尽管非洲运营较好的水务机构可收回 80％或更多水费（Mehta 等，2009），长期不付费，特别是公共部门和水务机构往往导致希望自负盈亏的水务公司账目资金缺口巨大。

自2007年国际金融危机爆发后，国家和国际公共机构逐渐成为涉水基础设施建设主要的资金提供者。尽管很多国家政府受财政状况所困，但仍有一些国家通过坚挺的物价获益并利用财政资源投资包括水在内的基础设施建设（Winpenny等，2009）。尽管自20世纪90年代中期开始，官方发展援助对水行业的资金分配比重开始下降，但绝对量仍在提高（见专栏12.4）。2007—2008年，经合组织发展援助委员会（DAC）成员国在水和公共卫生领域的双边援助协议额达到每年53亿美元。包括多边机构许可的资金流出，当期水和公共卫生的官方发展援助总额已经达到72亿美元（OECD－DAC，2010），而2006年则为56亿美元。

官方发展援助对水和公共卫生领域的投入可平分为赠款和软贷款（OECD－DAC，2010），除了官方发展援助以外，公共国际开发银行（世界银行、区域开发银行、欧洲投资银行）在近年的金融危机期间，利用商业贷款缺失的机会，凭借其吸引人的贷款条件已经在基础设施建设投资市场占据了一席之地（如世界银行，2010b）。亚洲和中东的主权财富基金和公共资金投入的公司也日渐成为自然资源和基础设施开发的又一批重要资金（ICA，2007）。上述公共拨款和商业贷款仍是大型水利工程，特别是非洲水利工程的重要资金来源。

几乎所有由水产生的收入均为本国货币（除了跨界水和电力的销售收入，以及通过产品出口获得的外汇间接收益）。

就境外筹得的贷款和股本金而言，即便是优惠贷款（即从国际融资机构获得），仍存在外汇风险。对于一些明确要求用外币还贷的饱受关注的特许经营项目，货币贬值导致的后果将是灾难性的[8]。对于水利工程和资金提供方，无论是公共还是私人部门，货币贬值都是危险的潜在风险。套期保值应对贬值风险的手段并不可行，长期有效的解决办法是通过征税来提高国内收入，并尽可能依靠本国金融和资本市场，智利和巴西的经验就证明了这一点（Jouravlev，2004；Lentini，2011）。很多捐赠方和国际融资机构提供风险分担产品（见12.7

节），鼓励利用本国货币进行水和其他基础设施的投融资[9]。

12.7 减少财务和政治风险

很多地方性水务公司从用户或财政拨款获得的收入无法满足其日常运营支出，因此，他们缺乏足够的现金流进行借款。这些机构如果得不到财政补贴，将无法获得长期融资。但很多有充足现金流的机构可能也无法筹集到资金，原因是借款人可能认为风险过高，或者是潜在评级结果导致只能对其进行短期贷款和高利率贷款。

金融市场有多种途径应对本报告中提到的借款人和投资方风险。保险和担保可解决多边和双边开发机构所面临的政治、合约、制度和信贷风险。这些担保具有开发的动机，有其商业目的，而不像出口信贷和投资保险，仅限于对本国公司提供担保。同时，大型私人市场也积极提供规避政治、合约和信贷风险的保险。除了这些外部担保外，主权担保还包括由国家政府为其公民、公司或非主权实体提供的担保，以满足他们贷款或吸引直接投资的需要。还有一些其他的"准担保"工具，如"舒适之伞"，是由国际融资机构和其他机构建立的通过参股（"B贷款"）和"市政支持协议"为其他借款人和投资者提供担保（Winpenny，2005）[10]。

政治风险不仅影响借款人和投资者，也影响水务机构，因为有关规则和目标、税费或者补贴分配等政治决策对他们影响巨大。水务机构在收入可充分预测的情况下才能通过借款进行筹资。许多投资项目被推迟，缘于税费未能根据经济状况的变化而调整——这通常出于政治原因。无法预期的公共补贴并不能作为借款的根据。

担保有以下几个作用：降低项目关键环节的特定风险；提高有价证券（比如：债券）的信誉度；改善借款人和项目责任方的贷款和投资条件；使得出借方和投资者可接触他们以往所不熟悉的市场和产品（Winpenny，2005；Matsukawa 和 Habeck，2007；OECD，2010a）。

与其他领域相比，在水服务项目上的投资担保还没有完全普及。由国际融资机构自2001年提供的124个担保中，只有4个涉及水和公共卫生行业。这是治理和刺激因素共同作用的结果，既影响发起机构的资金提供，又影响借款人和当地政府部门的态度和作为。担保可降低特定风险，但不能抵消水服务中经常出现的基本风险（Winpenny，2005；Matsukawa 和 Habeck，2007；OECD，2010a）。不过，担保可以在复杂战略基础设施的财务计划中发挥重要作用，如老挝南屯水电站项目。世界银行多边投资担保机构（MIGA）对政治和特定监管风险而提供的担保，被证明有助于水利项目的融资（世界银行，2010b）。

合并机制是降低认知风险的另一个工具。一些国家设有开发滚动基金，按照已经成熟的美国模式运作。另一个例子是，2010年哥伦比亚几个社区共同决定成立一个信托机构，在哥伦比亚证券交易所向本国投资者发行价值9 200万美元以比索计价的债券。由哥伦比亚基建集团公司赞助的该笔交易，允许小型和中等城市通过竞争方式快捷获得长期基金，进行当地水和污水处理项目的建设（GWI，2010）。

所有潜在的金融家都关注承建某种基建项目所需承担的信用风险。世界银行把这样的项目定义为"高风险-高回报"。国际融资机构的一个重要工作目标就是开发一整套流程和运行导则，以确保"高风险-高回报"（HRHR）的项目风险得到有针对性的解决和有效减轻（世界银行，2010b）。

按照一般原则，可以根据项目相关的风险预测和预期现金流调整财务条款，实现金融违约风险的控制。对于大而复杂的项目，越来越趋向于采用多种融资渠道（商业贷款、特许贷款，财政拨款和证券）以获取足够资金。目前，有很多这样的国际平台（如"欧盟-非洲基建信托基金"和"欧盟地区投资机构"），他们根据借款人的偿还能力和特定风险，为大型基建项目提供相应的资金。

进行风险管理的另一个途径就是将财务条款调整到项目产出水平。当现金流出现还贷困难时，将可转换贷款转换成股权。一些贷款的利率是按照项目产出商品或服务的价格来进行调整的，而这些对于出资方都无法控制。

另一个以成果为指导的财务工具是基于产出的援助（OBA），当项目完成、投运、正常运行后向项目责任方提供的援助。出资方要保证拨款按时到位，以实现商业贷款的筹集，而业主（当地政府和国际代理机构）要确保他们的资金不会被浪费。目前，世界银行的 OBA 供水和公共卫生项目有 31 个（世界银行，2010b）。

为应对水管理日益增高的风险，创新的融资办法还有指数保险和适用于农民的天气衍生品（Winpenny，2010）。降低风险的其他措施还包括水库蓄水和城市水务机构购买的期权合约，便于干旱时期为农民合理分配水权。所有这些措施均为应对水的多变性提供了保障，避免耗资巨大的新基础设施建设。

最近有关水行业金融创新的一份综述表明，各种类型的商业融资均遭受到全球金融危机的影响。担保这类工具已很少使用，并且复合金融产品的信誉度也已下降，为此，包括私人部门在内的长期商业融资、依靠管理和运营改革的水融资和新的金融机制将继续受限。然而，正如上述例证，来自财政拨款和商业的特许基金组合仍有较大的利用空间（OECD，2010a）。

|||||||||||||||||||||||||||||||||||||||||||||

"对水利行业充分投资的前提条件是充分认识水利为社会经济作出的贡献。"

结语

水行业如果要克服资金不足的现状，就必须采取各种手段吸引更多的融资，满足未来不断扩大的粮食生产需求，满足不断增长的人口需要，包括 2015 年后千年发展目标为现代和日益发展的经济继续提供全方位服务。建设绿色经济的新动力，为水管理提供了契机，也带来了挑战。气候变化的应对有其自己的方案设置，与上述有部分相同，包括降低温室气体（GHG）排放，涉水基础设施及水服务的适应性改变等。水也是防灾最重要的环节，水在应对未来气候变化中的重要性日益彰显。

水行业无法获得充足资金的另一个根本原因是，人们没有充分认识到它所涉及领域的广泛性，然而事实上它支撑了宽泛的经济领域，每个领域都会因缺水、水污染或本报告中提到的其他因素而受到严重威胁。因此，获得足够水融资的一个先决条件是，充分认识水在社会和经济发展中发挥的重要作用。

尽管如此，水的金融环境仍然不容乐观，我们需要采取务实可行的融资渠道。本章所阐述的方法，融合了多种有效措施，如评估标准和技术选择、提高水费征收率、让用户分担更多的成本、政府部门预算以及官方发展援助计划的资金更加落实并通过时下适用的一系列风险分担工具，充分利用基本收入筹措还贷资金。

注　释

1　绿色经济：使人类长久共同富裕，使子孙后代免受环境和生态威胁的经济（UNEP，2010，p.4）。

2　更多信息请参考 http：//www.unep.org/GreenEconomy/Portals/93/documents/Full＿GER＿screen.pdf。

3　参考联合国千年评估报告、《全球环境展望》（GEO）系列或经济合作与发展组织（OECD）的《环境观察》。

4　萨赫勒地区各国国内动乱和边界地区的武装冲突使得这些国家沙漠地区的蝗虫防治由于缺少地区信息和监测系

统而受到严重影响。

5　Birdsall（2006）举证南部非洲水库和波罗的海的清理、非洲萨赫勒荒漠地区的盘尾丝虫病防治和拉丁美洲对美洲锥虫病的防治等。

6　总费用包括应对气候变化发生的所有费用。净费用为总费用扣除因气候变化节省的费用。

7　更多信息参见 http：//www. climatefundsupdate. org/listing。

8　布宜诺斯艾利斯、原西马尼拉特许协议和雅加达。西马尼拉特许协议承接了此前应偿还世行和亚洲开发银行的债务。

9　例如：美国开发信贷代理机构，法国开发署，英国国际发展部（DFID）、瑞典国际发展署（SIDA）等支持的GUARANTCO 计划。

10　一种借贷形式，欧洲复兴开发银行借款给非主权实体，如当地水务机构。该借款以正式协议的形式规定相当市政当局将竭尽所能确保借款方忠实履行债务责任。

参考文献

Adger, W. N., Agrawala, S., Mirza, M. M. Q., Conde, C., O'Brien, K., Pulhin, J., Pulwarty, P., Smit, B. and Takahashi, K. 2007. Assessment of adaptation practices, options, constraints and capacity. M. L. Parry, O. F. Canziani, J. P. Palutikof, P. J. van der Linden and C. E. Hanson (eds) *Climate Change 2007: Impacts, Adaptation and Vulnerability.* Contribution of Working Group II to the Fourth Assessment Report of the Intergovernmental Panel on Climate Change (IPCC). Cambridge, UK, Cambridge University Press, pp. 717–43.

AICD (Africa Infrastructure Country Diagnostic). 2010. *Africa's Infrastructure: A Time for Transformation.* Washington DC, The World Bank/Agence Française de Développement.

Ben-Tal, A., L. El Ghaoui, L. and A. Nemirovski, A. 2009. *Robust Optimization.* New Jersey, NY, Princeton University Press.

Birdsall, N. 2006. Overcoming coordination and attribution problems: meeting the challenge of underfunded regionalism. I. Kaul and P. Conceicao (eds) *The New Public Finance: Responding to Global Challenges.* Oxford, Oxford University Press.

CIF (Climate Investment Funds). 2011. Pilot Program for Pilot Resilience. Washington DC, CIF. http://www.climateinvestmentfunds.org/cif/ppcr

Ducci, J. 2007. *Salida de operadores privados internacionales de agua en América Latina.* Washington DC, Inter-American Development Bank (IDB). http://idbdocs.iadb.org/wsdocs/getdocument.aspx?docnum=957044

Fay, M. and Toman, M. 2010. Infrastructure and sustainable development. *Post-Crisis Growth and Development.* Washington DC, International Bank for Reconstruction and Development/The World Bank, pp. 329–82.

Garrido-Lecca, H. 2010. *Inversión en agua y saneamiento como respuesta a la exclusión en el Perú: gestación, puesta en marcha y lecciones del Programa Agua para Todos (PAPT).* LC/W.313. Santiago, United Nations Economic Commission for Latin America and the Caribbean (ECLAC). http://www.cepal.org/publicaciones/xml/4/41044/lcw313e.pdf

GWI (Global Water Intelligence). 2009. *Global Water Intelligence.* August, pp. 51–2.

----. 2010. *Global Water Intelligence.* Briefing, 9 December.

Hutton, G., Haller, L. and Bartram, J. 2007. *Economic and Health Effects of Increasing Coverage of Low-cost Household Drinking-Water Supply and Sanitation Interventions to Countries Off-Track to Meet MDG Target 10.* Geneva, World Health Organization (WHO).

ICA (Infrastructure Consortium for Africa). 2007. Annual Report. Tunis Belvedere, Tunis, ICA.

IDB (Inter-American Development Bank). 2010. *Drinking Water, Sanitation, and the Millennium Development Goals in Latin America and the Caribbean.* Washington DC, IDB Water and Sanitation Initiative. http://idbdocs.iadb.org/wsdocs/getdocument.aspx?docnum=35468495

Jouravlev, A. 2004. *Drinking Water Supply and Sanitation Services on the Threshold of the XXI Century.* LC/L.2169-P. Santiago, United Nations Economic Commission for Latin America and the Caribbean (ECLAC). http://www.eclac.cl/publicaciones/xml/9/19539/lcl2169i.pdf

Kingdom, B., Liemberger, R. and Marin, P. 2006. *The Challenge of Reducing Non-revenue Water (NRW) in Developing Countries – How the Private Sector Can Help: A Look at Performance-based Service Contracting.* Water Supply and Sanitation Board Discussion Series, No. 8. Washington DC, International Bank for Reconstruction/The World Bank.

Lentini, E. 2010. *Servicios de agua potable y saneamiento en Guatemala: beneficios potenciales y determinantes de éxito.* LC/W.335. Santiago, United Nations Economic Commission for Latin America and the Caribbean (ECLAC). http://www.cepal.org/publicaciones/xml/0/41140/lcw335e.pdf

Lentini, E. 2011. *Servicios de agua potable y saneamiento: lecciones de experiencias relevantes.* LC/W.392. Santiago, United Nations Economic Commission for Latin America and the Caribbean (ECLAC). http://www.cepal.org/publicaciones/xml/9/43139/Lcw392e.pdf

MA (UN Millennium Ecosystem Assessment). 2005. *Living Beyond our Means. Natural Assets and Human Well-being.* Statement from the Board. March 2005

Marin, P. 2009. *Public-private Partnerships for Urban Water Utilities: A Review of Experiences in Developing Countries.* Washington DC, International Bank for Reconstruction/The World Bank.

Matsukawa, T. and Habeck, O. 2007. *Review of Risk Mitigation Instruments for Infrastructure Financing and Recent Trends and Developments.* Washington DC, International Bank for Reconstruction/The World Bank.

McKinsey & Company. 2010. *Charting our Water Future: Economic Frameworks to Inform Decision-making.* 2030 Water Resources Group. http://www.2030waterresourcesgroup.com/water_full/

Mehta, M., Cardone, R. and Fugelsnes, T. 2009. *How Can Reforming African Water Utilities Tap Local Financial Markets?* Insights and recommendations from a practitioners' workshop in Pretoria, South Africa, July 2007 (Revised in 2009). Washington DC/Tunis, Tunisia, Water and Sanitation Programme (WSP)/Public-Private Infrastructure Advisory Facility (PPIAF)/African Development Bank (AfDB).

OECD (Organisation for Economic Co-operation and Development). 2010a. *Innovative Financing Mechanisms for the Water Sector.* Paris, OECD.

----. 2010b. *Financing Water and Sanitation in Developing Countries: The Contribution of External Aid.* Paris, OECD.

OECD-DAC (OECD Development Assistance Committee). 2010. *Focus on Aid to Water and Sanitation.* Paris, OECD. http://www.oecd.org/dac/stats/water.

Porter, G., Bird, N., Kaur, N. and Peskett, L. 2008. *New Finance for Climate Change and the Environment.* Washington DC, World Wide Fund for Nature (WWF)/Heinrich Böll Foundation.

Prüss-Üstün, A. and Corvalán, C. 2006. *Preventing Disease through Healthy Environments: Towards an Estimate of the Environmental Burden of Disease.* Geneva, World Health Organization (WHO).

Sachs, J. D. and Reid, W. V. Investments toward sustainable development. Science, Vol. 312, p. 1002. http://www.unmillenniumproject.org/documents/ScienceMag_19-05-06.pdf

Saulino, F. 2011. Implicaciones del desarrollo de los biocombustibles para la gestión y el aprovechamiento del agua. LC/W.445. Santiago, United Nations Economic Commission for Latin America and the Caribbean (ECLAC).

UNCTAD (United Nations Conference on Trade and Development). 2009. *UNCTAD Trade And Development Report 2009.* Geneva, UNCTAD. http://www.unctad.org/en/docs/tdr2009_en.pdf

UNEP (United Nations Environment Programme). 2008. *Green Jobs: Towards Decent Work in a Sustainable, Low-carbon World.* Nairobi, UNEP.

----. 2010: *Green Economy Report: A Preview.* Nairobi, UNEP.

WHO (World Health Organization)/UN-Water. 2010. GLAAS 2010. *UN-Water Global Annual Assessment of Sanitation and Drinking Water: Targeting Resources for Better Results.* Geneva, WHO/UN-Water.

Winpenny, J. 2003. *Camdessus Report. Financing Water for All: Report of the World Panel on Financing Water Infrastructure.* Stockholm/Marseilles, France, Global Water Partnership (GWP)/World Water Council (WWC).

----. 2005. *Guaranteeing Development? The Impact of Financial Guarantees.* Paris, OECD.

----. 2006. *Opportunities and Challenges Arising from the Increasing Use of New Private Water Operators in Developing and Emerging Economies.* Background paper for OECD Global Forum on Sustainable Development, Paris.

----. 2009. *Investing in Information, Knowledge and Monitoring.* UN WWAP, Side Publications Series. Scientific Paper. Paris, UNESCO Publishing.

Winpenny, J., Bullock, A., Granit, J. and Löfgren, R. 2009. *The Global Financial and Economic Crisis and the Water Sector.* Stockholm, Stockholm International Water Institute (SIWI).

Winpenny, J. T. 2010. *Private Providers of Climate Change Services: The Role and Scope for the Private Sector in the Provision of Non-financial Climate Change-related Services Relevant to Water Infrastructure.* Water Working Notes No. 26. Washington DC, The World Bank.

World Bank. 2008. *Economic Impact of Sanitation in Indonesia: A Five-country Study Conducted in Cambodia, Indonesia, Lao PDR, the Philippines, and Vietnam Under the Economics of Sanitation Initiative.* Water and Sanitation Program. Washington DC, The World Bank.

World Bank. 2010a. *The Cost to Developing Countries of Adapting to Climate Change. New Methods and Estimates.* The Global Report of the Economics of Adaptation to Climate Change Study. Consultation Draft. Washington DC, The World Bank.

----. 2010b. *Sustaining Water for All in a Changing Climate: World Bank Group Implementation Progress Report of the Water Resources Sector Strategy.* Washington DC, International Bank for Reconstruction/The World Bank.

----. 2010c. *Global Monitoring Report 2010: The MDGs After the Crisis.* Washington DC, The World Bank.

----. 2010d. *The Economics of Adaptation to Climate Change: New Methods and Estimates.* Washington DC, International Bank for Reconstruction/The World Bank.

----. 2010e. The Economics of Adaptation to Climate Change. Background Papers: Costs of Adaptation Related to Industrial and Municipal Water Supply and Riverine Flood Protection (P. J. Ward, P. Pauw, L. M. Brander, Jeroen, C. J. H. Aerts and K. M. Strzepek) Discussion Paper No. 6. Washington DC, The World Bank. http://siteresources.worldbank.org/EXTCC/Resources/407863-1229101582229/DCCDP_6Riverine.pdf

WWAP (World Water Assessment Programme). 2009. *United Nations World Water Development Report 3: Water in a Changing World.* Paris/London: UNESCO Publishing/Earthscan.

第十三章

应对水管理的风险和不确定性

作者：伊鲁姆·哈森、丹尼尔·洛克斯、乔安娜·泰勒菲里
供稿：威廉·科斯格罗夫

水资源可利用量、水质及其用途所涉及的不确定因素越来越多，为决策者带来特殊的挑战（Shaw 和 Woodward，2010）。这些前所未见、不断增加的不确定性及其伴随的风险，源于在外部压力和驱动力作用下发生的快速、且有时不可预见的变化（见第八章和第九章）。为妥善管理风险和把握机遇，要求所有利益相关方采取行动，其中有些人还从未考虑过他们的决策和行为对水产生怎样的影响。

水管理者依据当地或国家机构制定的"规则"（见第五章和第十一章），采取不同的方式应对与水资源相关的风险和不确定性（见第十一章），他们有根据地进行自主选择，把传统的静态规划和管理办法转化为更适用、更灵活的实践手段，以提高水系统的恢复能力。例如，向水的决策者阐明改变水资源配置以满足不同用途以及在性能指标之间做出取舍等可能产生的代价和潜在的益处。尽管水管理者在这一过程中起着主导作用，社会层面和经济层面（以及最终受益者）的专业意见也必不可少。

水管理者在不同条件下发挥着不同的作用：当政府预测到水短缺及变动采取预警时，水管理者要发挥作用适应这些情况；政府也可以选择保持现状，在政策制定方面不考虑对水资源产生影响的变化。尽管情况不尽相同，水管理机构都必须对风险评估手段及管理措施进行反复斟酌。此外，他们必须提高广大利益相关者的认识，使他们既要认识到通过风险管理应对不确定性所带来的利益，又要认识到不采取此措施所带来的危害。对水资源管理中的不确定性和风险达成一致认识，对水资源按各项需求进行配置和供应，是进行深入分析的基础。

收集信息和分享信息是另一个重要因素。有了这些补充性工具，加上多领域专家的参与，对外部驱动力的研究可以更加全面。他们的经验，无论是成功的或是失败的，都为现在需要采取的行动提供了多种选择。如果无法肯定风险及不确定性是否降低，水管理机构会采取什么行动？大多数决策者作出的水资源决定都是基于各种事前的成本效益分析（Shaw 和 Woodward，2008）。但是，相比成本来说，效益的估算更加困难，这使得有关水的决策充满不确定性。因此，决策者也许能够估算介入行动产生的成本，但这些行动的效益仍是未知数。

本章列举了在供水系统和治污系统的规划、设计及运行时处理不确定性的应对措施，以满足不断变化的需求。这些应对措施通常包括采取各项措施，制定并评估适用于发达国家和发展中国家不同地区的水资源计划、政策，基础设施设计及运作方式。这些措施以及措施实施后产生的结果，除了包括取得的成功经验，也反映出实现预期水规划和管理目标所面临的困难，以及数据搜集、生成、管理项目在决策支持中的起到的作用。同时，还为我们如何利用科学技术解决诸如适应变化及应对风险及不确定性等问题提供了示例。

本章还着重强调，在突发性、不连续性及不可预测性使不确定性加剧的情况下必须作出决策。这些决策有可能带来附加风险，而有些则带来机遇。决策者可以借鉴管理风险及不确定性成功或者失败的案例，包括采取适应性措施的经验。最后，本章深入分析了政府在应对风险及不确定性时需要作出的权衡。以下各节并非是将水管理者应对风险及不确定性所采取的措施逐一列举，而是举例说明如何通过各种方法和手段降低或缓解风险和不确定性。

13.1 降低不确定性

降低不确定性最直接的办法就是提高认识、了解影响现有及将来可利用水量、水质的各种因素。要降低不确定性，就要进行数据搜集、分析和预测，从而为水的配置、使用、运输、治理等决策提供依据。即使水的风险未被降低，我们也会对其有进一步的了解。

鉴于直接或间接影响水的因素错综复杂，这项实践并非想象的那样，否则各国就不会如此受到水资源危机的震撼。以下各小节举例说明降低不确定性或更好地了解风险的方法和手段。

13.1.1 通过监测、建模和预测以降低不确定性并了解风险

随着科学技术不断发展，预测未来水量的手段得到进一步改进，能够把多种变量及动因考虑在内。第六章列举了有关水资源的各项数据和信息，也提到了水管理进程中面临的挑战。以常规的监测和基本数据搜集作为基础，可以制作趋势图以及搭建更复杂的模型。

利用跨学科的方法可以获得贴近实际的效果，因为它综合利用了生态学家、工程师、经济学家、水文学家、政治学家、心理学家以及水管理者的各种方法。面对风险和不确定性，来自各部门的有关人员可就如何管理水资源提出更具洞察力的见解。水与其他领域存在千丝万缕的联系，融合各方面的专业知识将使不确定性及风险更明朗化。

我们已经认识到，要解决水资源问题，"必须综合技术、经济、环境、社会及其他方面，形成统一的分析管理框架。自20世纪60年代以来，计算机系统结合优化工具和模拟工具被用来制定和评估水资源发展策略。这些前期工作，虽然让我们进一步了解到经济目标及条件限制的互相作用，但对于整个系统的复杂性却没有进行全面的考量"（Mayer 和 Munoz-Hernandez，2009，p.1177）。专栏13.1说明使用广泛的跨学科工具会带来诸多益处，但即使采用综合分析和建模等工具，不确定性和风险仍会对其构成挑战。

专栏 13.1

水资源综合优化模型

水资源综合优化模型（IWROMs）是近几十年开发的在不同行业优化水资源配置的工具。该模型采用最优方法从经济学的角度去寻找最高效的水资源配置策略，同时也考虑了对环境的影响。根据目标功能，对各用水行业的经济效益进行模拟，其中也包括与环境相关的经济效益。水文模拟模型可提供可变参数，模型工程经济效益评估，对工程进行校正；在近期项目中还被用来评估环境影响。对水资源配置、经济效益模型、生物学模型、经济和环境的影响等进行实时评估与考量，是水资源综合优化模型的主要特性。

水资源综合优化模型旨在寻找有效进行水资源配置的策略，通过策略的实施使经济效益最大化，或者使成本或受影响人群最小化。此外，该模型还支持对某地未来可能发生的情景进行预测，例如气候变化、地表植被和土地利用变化、基建设施改善、人口和消费习惯改变等。通过情景预测，有关部门可以估算出一项决策最终会对环境或经济带来怎样的影响。

假如某些地区的水资源竞争激烈，各领域水利用价值又可估量，备选管理方案的经济效益及运作效果较佳，且具备可支持模型的数据，那么水资源综合优化模型就会发挥作用。水资源综合优化模型支持对水资源相关的经济政策及水利设施的投资进行模拟和评估。该模型主要是模拟人与自然的关系，驱动力影响和环境反馈，以便有效地分析可持续性。鉴于生态模型

可反映空间水环境和各分区的用水情况，因此水资源综合优化模型可支持流域范围内的决策。

（利用水文模拟器和水资源综合优化模型的）计算方法解决优化问题。建议水资源综合优化模型应：①建立模拟人与自然的关系和水资源管理政策对整个流域影响的模型；②对涉水经济政策进行模拟及评估；③可支持流域范围内的决策；④特别适合缺水地区的使用。

（尽管水资源综合优化模型非常有效，但不确定性仍对其应用构成了挑战。举例说明）根据水资源综合优化模型寻找模型的错误源，对不确定性作出准确的量化非常困难（Jakeman 和 Letcher，2003），单个模型的错误源很难确定和量化，水资源综合优化模型中的水文模拟器和经济模型就是实例：由于校正数据不足，模型的标准和确认成了普遍存在的问题。由于综合模型涉及的面广、问题复杂，"很多不确定因素具有难以解释的不可测性，完全超出了传统和客观的科学理念所能理解的范畴"（Rothman 和 Robinson，1997；Jakeman 和 Letcher 引证，2003 年）。此外，由于综合系统的反馈信息过于复杂，通过水资源综合优化模型传达的错误往往难以理解。尽管验证该模型的工具目前尚未开发出来，有些专家学者正在尝试利用历史用水数据对该模型进行校正（Cai 和 Wang；2006；Draper 等，2003）。

综合上述问题，应用水资源综合优化模型时，我们必须对模型得出的不确定性影响持谨慎态度；此外，模型本身的设计参数与实际的研究环境相差甚远。水资源综合优化模型或其组合模型在某些情况下的数据会受到质疑，不确定性程度的量化也是难以预测。该模型合适的计划期限可以是 10～30 年，但该模型还没有建立。模

型存在多方面的不确定性，涉及物价及成本的经济模型尤为如此，导致该模型的长期利用价值备受质疑。情境分析（如第八章所述）可用于为不确定性建模。然而，考虑到情景中量化的短暂趋势可能是非静态的（例如气候、土地使用情况、人口变动等），因此，构建贴近实际的情境可能很困难。

资料来源：Mayer 和 Munoz-Hernandez（2009，p.1176，1187 - 8，1191 - 2）。

13.1.2 应对风险和不确定性的适应性规划

适应性规划及管理是水管理者在环境变化、不确定性增加等情况下可利用的合理的、实际的方法。适应性管理常被用来降低不确定性和优化决策，同时确保在过程中学习。适应性规划及管理整合了项目的设计、管理、监测以及评估，目的是验证假设，从结果中学到知识。从根本上说，适应性规划是"从实践中学习的过程"（Kato 和 Ahern，2008）。

|||||||||||||||||||||||||||||||||||||||||||||||||||||||||||

"适应性规划和管理整合了项目的设计、管理、监控以及评估，目的是验证假设，从结果中学到知识。"

Kato 和 Ahern（2008）提到，从字面上和实际应用来看，适应性管理的关键概念和原则是：①将管理行为当作实验；②同时实施多个计划/实验以便快速学习；③将监控作为重点；④边做边学。因此，适应性管理既是一个社会化过程，也是科学的过程。参与方通过报告学习进度发挥主导作用。

适应性管理把不确定性作为管理方法中的一项基本原则。根据实践中得到的信息，适应性管理策略允许决策者改变项目或改变计划的目标。

采用适应性管理会面临挑战，如舍弃短期效益以达到长期目标；要求利益相关方长期参与等。要求利益相关方长时间保持一定的参与程度，这可能无法实现（Lockwood 等，2006）。适应性管理在有些情况下会陷入危机，变得无法运作，譬如：监控尚未完成，监控数据尚未经过分析或准确评估，也或是分析结果不准确的情况下就是如此（Moore 和 McCarthy，2010）。再者说，如果这个过程没有关键利益相关方的参与，适应性管理就不能达到最佳效果。

由于水行业以外的决策对水资源以及用水也构成影响，一些人设想采取综合适应措施，作为水系统可持续管理的重要基础。适应性水管理是水资源综合管理的延伸，其目的是全面地应对未来的不确定性。改进水资源综合管理的重要环节是建立应对环境变化的反馈机制及不断提高认识；适应性建模把人类用水及生态用水一并考虑，也利用了反馈机制。

例如，荷兰开展的一项支持长期水管理规划的研究，考虑到气候变化产生的不确定性，集中研究了水管理的三个方面：防洪、饮用水供应以及鹿特丹港保护。研究的着眼点在于，当前的水管理策略在面对各种气候变化的情形下，是否依然有效，有效的时间有多长。为达到这一目的，该研究利用了"适应性临界点"这一概念（见第八章8.1.5节）。如果变化影响较大，以致当前的管理策略再也不能达到既定目标的时候，研究就会认为临界点已经达到，应该使用其他的适应性策略。因此，这一方法结合了建模预测以及适应性管理这两方面的要素，提供了反复验证的流程以考虑管理方法的有效性。触发点，或者临界点的提出及应用，是评价不同管理目标的有效方法。如果水管理领域以外的人也对此认可，将有利于在制定涉水决策时使所有用户有效达成共识。

灾害风险管理（DRM）也采用了类似的概念，其中，紧急情况的触发点也可以视为"适应性临界点"。事实上，基于一套在特殊条件下事先达成的管理调整方案，灾害风险管理可为快速适应性管理创造条件。这并不是一个新方法，但发挥作用的大小，要视情况而定。成功运作一个迅速、灵活的灾害风险管理系统需要多个基本条件，例如数据的可用性、监控技术手段、快速反应体系等，但这些并非每个国家都具备。然而，在这个案例中，不确定性虽未降低，但通过事先制定的应急管理策略，使不确定性的危害得以减轻。此外，2011年联合国国际减灾战略发布的全球评估报告中着重指出，灾害风险管理框架也有助于满足其他"非紧急情况"的需求，例如水电、农业等其他需水项目的规划。灾害风险管理不应该独立于水领域中其他的降低风险和不确定性的措施。"然而，事实（见专栏13.3）表明，基于生态系统的灾害风险管理，在诸如江河流域和城市洪水、干旱和林野火灾等方面的问题上，是一个越来越有吸引力的解决方案。"（UNISDR，2011，p.127）

专栏 13.2

适应性管理——荷兰洪水管理的适应性临界点

为保证洪水期间的安全，荷兰所有防洪设施的设计都要求能抵挡特定频率的暴风雨，使海岸边界条件利于防潮堤的抬高。对采砂和护砂的管理必须满足生态的要求。尽管如此面对最极端情境中的海平面上升，现行的砂质海岸保护政策仍无法达到适应性临界点的要求。但适应性临界点的提出很可能会触及社会和政治层面的问题。例如，民众对生活在庞大的堤防背后越来越无法接受，不断加高的堤坝也会引发更大的争议，这些都可能导致政策的改变。

马仕朗（Maeslant）挡潮闸对保护鹿特丹港以及其潮汐河区免受洪水侵袭起着重要作用。该地区的堤坝设计标准是能抵御四千年一遇到万年一遇的洪水。为达到这个安全标准，当出水口水位超过 3 米，或者 Dordrecht 上游水位超过 2.9 米时，挡潮闸就会关闭，这种情况大概是十年一遇。海平面上升意味着挡潮闸会关闭得更频繁。然而，关闭马仕朗挡潮闸将阻碍进出鹿特丹港的运输，鹿特丹港当局称最多只能接受挡潮闸每年关闭一次。这可以视为适应性临界点。马仕朗挡潮闸的关闭频率根据海平面高度、暴风持续时间以及河流径流量而定；另外一个适应性临界点是海平面上升的高度达到挡潮闸设计可承受的高度 50 厘米。

潮汐河流地区对荷兰西南部的淡水供应（饮用水和农业用水）至关重要。海平面上升以及干旱夏季河道径流量减少，导致地下水和地表水咸化加重。如果在海平面上升的同时，河流流量减少，此时该区域水的含盐量就无法维持在一个较低的水平以满足其关键功能，就会达到适应性临界点。配水方案在一系列国家与地方政府间签订的协议中均有所体现。根据规定，内陆水系统氯化物浓度最高不得超过 250毫克/升。按照目前的情况，淡水的入水口需要每 5~10 年关闭一次，以防止海水入侵。然而，由于海平面上升和径流量减少，关闭淡水入水口的频率正在迅速增加。

资料来源：Kwadijk 等（2010）。

专栏 13.4 对灾难模型，即基于规划和风险管理观念开发的另一个应对灾害的模型，进行了介绍。

风险处理案例

流域洪水

中国湖北省实施的湿地恢复项目将阻断的湖泊与长江重新连接起来，并恢复448 平方千米湿地，蓄洪量达到 2.85 亿立方米。随后，当地政府将另外的 8 个湖泊连接起来，覆盖面积达 350 平方千米。湖泊的闸门周期性开启，违法的水产养殖设施被取缔或修善。湖泊和沼泽地被列为自然保护区。这除了有助于防洪，由于湖泊和河漫滩得以恢复增加了生物多样性，渔业收入提高了 20%~30%，水质也达到了饮用标准（WWF，2008）。

2005 年，英国政府启动了一项名为"给水出路"的创新项目，利用生态系统取替昂贵的工程项目，对河岸洪水和海岸侵蚀进行风险管理。该项目在 1998 年、2000 年和 2005 年特大洪水发生后开始启动，包括了 25 个试点项目，范围遍及全国的河域和海岸，并构建了地方政府和当地居民的联手行动。自 2003 年 4 月—2011年 3 月，英国政府的总投资为 44 亿~72亿美元。这个项目覆盖了北约克郡里庞市西部 Laver 河和 Skell 河大约 140 平方千米的区域，措施包括种植防护林、沿河岸设立植被缓冲带、建立林地、把现有的林地和牲口用栅栏隔开、用篱笆保护植物以及修建蓄水池和湿地提高蓄洪能力。这些举措通过截留、拦蓄及减缓坡面流等有效手段减少了洪水期间的地表径流量，同时保护了野生动物的栖息地，并提高了水质(PEDRR，2010)。

城市洪水

植被的功能非常广泛，包括贮存、过滤雨水；蒸发冷却、遮阴；减少温室气体等。城市发展用钢筋水泥取代了植被，使这些功能完全丧失。尽管城区绿化设施经常被忽视，但地方政府已经开始把恢复"绿色基建"（Gill 等，2007）作为城市水管理和对抗城市升温的可行措施。例如，在纽约，每逢遇上暴风雨，未经处理的雨水和污水就会漫上大街，这是因为陈旧的排水系统已无法应付大雨。暴雨过后，泛滥的洪水未经处理就直接涌入河流水系。美国环保署估计，在今后 20 年里需要投入约 3 000 亿美元改造整个国家的排水系统。仅仅是纽约市的老旧管道和贮水池，就要花费 68 亿美元进行升级改造（纽约市，2009）。作为替代方案，纽约市计划投资 53 亿美元在屋顶、街道和人行道进行绿色基建，这将产生多重效益。新的绿色空间将吸收更多的雨水、减轻城市排污系统的负担、改善空气质量、降低水和能源的使用成本。

干旱

30 年前，两项不同的农业生态工程在尼日尔南部和布基纳法索中部平原几乎同时开展。结果是，两地可利用水量增加，土壤恢复肥沃，旱地的粮食产量得到改善。几乎没有借助外部力量，当地农民利用低成本的传统农业技术与农业生态技术，解决了自家的问题。现如今成百上千的农民已熟悉这些技术并且从中受益，使以往贫瘠的土地焕发生机。在布基纳法索，超过 20 万公顷的旱地得以修复，每年可多产 8 万吨粮食。在尼日尔，超过 2 亿棵果树得以再生，每年可多产 50 万吨粮食，同时也带动了商品和服务市场。此外，可用水量、木材燃料和植物产品的增加，尤其令女性居民受益（Reij 等，2010）。

澳大利亚北部的土著人很久以前就懂得用火来协助起居饮食。由于定居方式的改变和被边缘化等原因，用火管理范围变得大而分散，导致热带草原火灾事件愈发频繁。传统的用火管理，例如早期采用的旱季计划性烧荒，在与现代科技结合后得以恢复。例如，利用卫星定位技术确定燃烧的位置。

通过对 28 000 平方千米的阿纳姆地（Arnhem Land）西部进行用火管理，土著消防员减少了大量火灾的发生，也因此减少了温室气体的排放，相当于每年减少 10 万吨二氧化碳排放。达尔文液化天然气站向土著居民每年补助 100 万澳元（约 100 万美元），支持贫困地区减少碳排放和创收。用火管理其他的好处还包括保护生物多样性和保护土著文化（PEDRR，2010）。

资料来源：根据 UNISDRC，2011，p.129，重新制作。

13.1.3 主动管理

水管理中另一应对风险及不确定性的方法，是预测主要驱动因素未来的情形以及定位主要用水需求。通过研究用水需求的决定性因素，有效降低涉水不确定性。很多国家已经把需求管理应用于水资源的配置、管理、保护和规划等方面。用水需求近几年不断上升，特别是城市地区，预测也显示用水需求将持续上升（Butler 和 Memon，2006）。主要的影响因素在第二章已提到，包括人口增长、迁移、生活方式和经济的改变、人口变化以及气候变化等。这些因素为不确定性的产生创造了条件，也为满足日益增长的需求设下挑战。第五章重点强调的需求管理阐述了消耗性需求，提出要延缓或避免开发新的资源（Butler 和 Memon，2006），以此限制由于无约束用水需求及未来潜在缺水产生的不确定性和风险。

例如，需求管理是英国政府可持续发展政策的核心要素。政府通过实行"绿色计划"来推行这项政策。该方案承诺于 2015 年前向供水和污水处理企业投资 220 亿英镑，并开发新设备和新技术，鼓励家庭和企业通过节能和节水联合进行有效用水（EA，2011）。

南非也实施了一项需水工程——大赫曼努斯水保项目，目的是利用长期综合节水计划，应对需求增长和保护自然水源。它基于以下几个原则：失水管理，包括那些未计量用水、非法接水和跑冒滴漏；向家庭和企业提供节水设备（如果用户不按时安装设备将受到处罚）；通过研究机构查明用水量大的地点和原因；确保每月在收取定额水费后供水，履行政府对每家每户的供水承诺；水费累进加价收费；节水的园艺种植方式；把"灰水"用于粮食生产；健全涉水法律法规等（WMO，2001）。

随着耗水量不断增加，不确定性等级也随之提高，将来出现缺水的风险也不断加剧。水需求管理是限制风险的一种方式，但也面临着未知的挑战。例如，水需求管理要求清楚了解需求方及需求量的情况，这需要大量的知识和信息。如果缺少这些知识和信息，政策就会有利于次要的用户群体，很可能因疏忽诱发未来风险。因此，水资源监控和用水信息库亟须改进。这些新的宝贵资源可改进对水需求的预测，使计划能保障更多人的水需求，尤其是饱受缺水困扰的贫困人口（WMO，2001）。

当需求管理在政策上得以重视的同时，另一项挑战出现了。一些新提出的观点认为环境也应当作为用水户。以往环境用水通常被忽视，因此，南非的国家水法案中提出"环境储备"这个概念。法案规定，政府有责任"满足环境储备的需求，保证预留一定数量水质达标的水"（DWA，1997）。该政策对南非的水资源管理影响深远，但也提出了一个难题，即一条河或水源需要提供多少环境储备（WMO，2001）？

需求管理面临的另一个挑战是它需要各层次相关部门的参与，这也限制了它降低风险和不确定性的能力。它要求各群体积极投入、承诺、监控并遵守需求管理的各项规定。它还要

求信息透明易于传播。例如，查清不明用水原因，包括非法接水、漏水和其他失水情况。

专栏 13.4

保险业通过灾害模型进行风险评估

灾害模型是私营企业开发的工具，用于保险行业，是一种"综合灾后全部有关科学、数据、工程知识以及承保人和被保人行为的集成机制"（Shah，2008，p.5）。时至今日，它已经发展成为确认风险和预防风险的工具。在 20 世纪 80 年代后期，出现了将灾害定位和测量两者捆绑整合的方法。

人们通常认为，利用概率方法最适合模拟灾难内部的复杂性，但是概率法本身也具有多面性。它要求：模拟数千个在时间和空间上有代表性的或者随机的灾难性事件；收集详尽的建筑数据，估算建筑遭受的各种内外损害；把损害折算成财产损失；最后，综合形成该建筑物的整套数据。灾难模型的建模和验证需要大量数据（Grossi 和 TeHennepe，2008，p.7）。

灾害模型原本是保险界用于计算和反映财产损失，目前这个工具越来越多地被各级政府用于管理风险和预防风险。灾害模型能提供一体化的模型，用以量化损失、权衡选择、在规划中整合适应性措施。

资料来源：《评论》（2008）。

然而，需求管理需要参与的特点使认定和排列风险和不确定性优先顺序的过程带有"民主化"的意味（Baroang 等，2010）。各相关部门需要平衡自身多方面的利益，向政策制定方提出反馈要求。详见专栏 13.5 的举例说明。

印度安得拉邦农民地下水管理系统

安得拉邦农民地下水管理系统（AP-FAMGS）是一个依靠社区组织开展的项目，参与方包括 28 000 位男性和女性农民，来自于 7 个旱灾易发区的 638 个村庄。项目的重点是提高地下水使用者的管理能力，让他们以可持续的方式管理地下水资源。项目从需求方入手进行管理，教育农民认识地下水系统如何运作，使他们在用水时能理性地选择。该项目的核心理念是，只有让用水者全面地了解地下水，如产生、循环、有限的可利用量等，并认识到通过集体决策保护地下水可最终使自身受惠的基础上，可持续地下水管理方可实现。因此，控制地下水开采量的重担被交到已了解"动因"和知情的社区个体手中，而不是由政府发号施令。

此项目既强调了以可持续的方式使用共有的水资源，又不断提升地下水使用者的自身能力。项目从需求方入手，允许农民进行水资源管理，认识地下水系统的运作原理，在充分了解情况的基础上做出用水决定。安得拉邦农民地下水管理系统给我们的启示是，只有让用水者了解地下水的产生、循环、存量有限等状况，通过集体决策，才可以有效管理水源。由于取水是由社区的个体完成，他们对取水的"动因"充分知情，所作出的决定主要根据全面完整的信息而不是政府的条条框框。

该项目没有得到任何财政支持或补贴。完全是项目设想的获得科学数据和知识使农民得以做出恰当的选择和决定，合理利用地下水资源。

项目的目的是让农民拥有必要的知识、数据和技能，通过控制需求，以可持续的方式管理可用地下水资源。该项目也提供了节水灌溉技术、先进农业技术和用水管理方法等。与集中式地下水管理方案不同，安得拉邦农民地下水管理系统并未要求农民减少使用地下水——农民可以按自己的意愿种田取水，社区也没有就地下水利用自主管理签署任何协议。该项目依靠教育去影响数以千计的农民作出各自的用水决定，比如雨季后庄稼种类和灌溉面积的选择。

项目成功地使地下水成为农民的可持续水源。没有人会造成地下水供应的减少——尽管这很可能发生。该项目成功的原因有很多，其中包括：及时通报地下水可利用量的数据、反映需求、使种植决策有数据支撑、大力支持农民的风险管理；减少因个人决定引起的地下水超采。因此，在计划执行时不需要通过政府主导（GWP，2008）。

资料来源：安得拉邦农民地下水管理系统（APFAMGS）（2008）；世界银行（2010）。

13.2 规避危害、降低风险

以上专栏提到的案例阐述了减少不确定性的方法，接下来介绍的是降低风险的各种工具。其中，最关键的办法是分析风险因素，如概率或成因，降低或减少影响水资源或依赖这些水源的人群所承受的风险。

13.2.1 投资基础设施建设

新型的水利设施可降低因气候变化、水量变动引起的涉水风险。新建基础设施可有效利用新技术。如一些地区的水库正被拆除，以减少对生态系统如鱼类的影响；而另一些地区正在增加水库容量蓄水预防洪水，这在缺水地区显得尤为重要。

为应对风险和不确定性，各国可投资建设的设施分为几种类型。其中一种是修建水库，目的是改变水的时空分布，以满足人类和环境的需求。目前，修建水库颇具争议，很多水和能源紧缺的地区正在不断修建水库，而其他地区为保护生态系统正在将其拆除。基于目前的条件和变数，大坝和水库都是防范风险的必备设施。

据国际水管理研究所（IWMI）预测，气候变化将引发严重的粮食问题，对不断增长的全球人口构成威胁，尤其是非洲和亚洲，这些地区的大部分农民仅靠雨水灌溉庄稼。在亚洲，66％庄稼属旱作；而撒哈拉以南非洲地区94％的农田完全依靠雨水灌溉。这些地区的水利设施发展缓慢，有大约5亿人口处于食物短缺的边缘。

因此，国际水管理研究所建议对各种水利设施进行投资，从修建小规模的雨水收集池和大规模的堤坝，到人工回灌地下水，用以提高土层的蓄水能力。及时储备水源可以保障粮食安全。"正如现代消费者分散投资以降低风险，小农要利用'水账户'等措施以应对气候变化带来的做法"（McCartney 和 Smakhtin，2010；引自 IWMI，2010，p. 1）。

政府与农民共同参与规划的制定可使小型蓄水工程取得显著成效。例如，津巴布韦的小型集水池确保玉米在旱季和雨季都获得丰收。在印度的拉贾斯坦邦，10 000 个地下水回灌设施使灌溉面积达到 34 600 英亩（14 000 公顷），约 70 000 人的温饱问题得到解决（Eichenseher，2010）。预计到 2030 年，印度的供水量和需水量之间将有 50％的缺口，决策者意识到保障供水可带来长期经济效益，已开始投资兴建蓄水项目（IWMI，2009）。

为降低未来风险，投资基础设施建设也面临着作出权衡和产生不确定后果的情况。例如，在美国萨凡那（Savannah）河，50 年前建造的三个大坝和水库改变了径流的自然流淌模式，对河流和河口地区的生态系统带来负面影响。尤其值得关注的是，萨凡那河下游地区对支撑当地生物多样性起着极大的作用，该河中本地鱼类达 108 种，是流入大西洋的河流中鱼类种类最多的一条河流（Hickey 和 Warner，2005）。建设基础设施之前必须对其在水功能方面的影响作全面的考量。决策者只有在透彻了解风险和不确定性并权衡利弊后，才能得出最优的决定。

萨凡那河的例子说明，经过反复咨询论证才能取得积极的结果。2002 年，美国陆军工程师兵团（USACE）和美国大自然保护协会（TNC）发起了可持续河流项目，恢复河流生态（Hickey 和 Warner，2005）。其中，最主要的措施是确定河流的水文状况，保障下游生态系统，同时也满足其他的人类需求如发电（供应补给）、休闲（文化）及防洪（法定要求）等。这个项目在 2003 年 4 月份开始，论证专家组由 50 多位顶尖科学家组成，分别来自乔治亚州和南卡罗来纳州政府、联邦机构、学术机构和其他非政府组织。历史数据被用于确定支持淡水、河漫滩与河口的季节性水流量。项目组很难让流量建议研讨会的参与者直接提出一个定量的流量指标，但是当告知他们"该建议指标只是先作为一个近似值，之后会通过适应性管理对其进行完善"后，该指标最终得以确定。与大批科学家和机构共事可能繁琐而费时，但如果将这些工作任务都交由一个研究团队来负责，该局限就会得以避免。此报告被项目里的其他科学家作为理论基础，使大家在流量建议讨论会上更易达成共识。

最后，一系列季节性控制放水流量指示计划已完成设计并进行测试。在五天内，美国陆军工程兵团从瑟蒙德（Thurmond）大坝定量排水 450 立方米／秒，相比目前每天排放 130 立方米水量有显著增加。从 2004 年 3 月至今已经实行了几次定量排水。这种定量排水可以在大坝建筑前模拟已有的水流情况。数个项目评估了对生态系统的影响，比较突出的是监测能力变化的项目，包括：评估定量排水对河口盐度的影响；检验河漫滩森林是否恢复生机；跟踪短吻鲟、河漫滩上的无脊椎动物和鱼群。这些监测活动为有关部门提供了可靠的数据，有助于保护野生动物。

专栏 13.6

越南的红树林修复项目

自 20 世纪 50 年代以来，越南已经失去了 80% 的红树林。其主要原因，一是越战期间使用了落叶素；二是 20 世纪 80 年代初水产养殖业的快速发展。红树林修复项目自 1991 年以来作为一项补救政策一直延续下来。修复项目的目标是减缓海平面上升和沿海风暴带来的影响。然而，对于红树林修复，不同群体的关注点各异，优先次序和倾向各有不同。

越南极易受气候变化的影响。不同机构对天气变化情况的预测大相径庭，有的预测降水增加，有的则预测减少，因而造成气候不确定性。预测也指出热带风暴的频率和强度将有所增加，海平面会因此上升。

气候变化预测的不确定性程度较高显而易见。然而，即使预测中提到的气候变化没有出现，越南农业也正不断地受到盐渍化和洪灾的威胁。气候变化可能引发海水倒灌，而地下水是沿海地区宝贵的淡水来源。湿地被强占并排水开发，河流上游的基础设施建设引起径流变化，这些都导致了洪灾和旱灾出现频率的增加。风暴潮也会对沿岸建筑、大坝造成严重破坏，影响水产业发展。洪水和风暴引发的潮水将导致盐度上升，对水陆生态系统均造成大范围的冲击，首当其冲的是原生物种及经济价值高的物种。

与单一措施如筑堤建坝相反，红树林修复项目被当作"低/零遗憾措施"进行推广。该项目作为适应气候变化的预防措施，通过消除当前多部门的薄弱环节和应对未来风险，达到双赢的效果。越南北部的关注点是防灾减灾，因此红树林修复项目的保护功能得以优先考虑。这一地区大部分的树林被列为"保护林"，由政府拥有并管理。在南部，红树林修复项目在许多情况下都被推介列入可实现多目标的发展计划。"生产性树林"可以私有，所有者具有"使用树林的一切权利，包括发展农林渔业相结合的生产模式"。越南北部处于台风带，极易受到风暴潮的影响，因此各区域的着眼点不同并不奇怪。

结合"低/零遗憾"行动计划，红树林修复项目比其他单一目标的措施带来了更多的益处，惠及更广泛的群体，即使在充满不确定性的将来也有明显的作用（红树林行动计划，2008）。

资料来源：安得拉邦农民地下水管理系统项目（APFAMGS）（2008）；世界银行（2010）。

专栏 13.7

菲律宾巴亚万市人工湿地污水处理系统

湿地具有过滤和转化营养成分的功能，因此，人工湿地被用作废水处理和酸性矿排水（Hammer，1989，1992；Wieder，1989）。巴亚万（Bayawan）市开展的湿地建设在菲律宾尚属首次。它的用途包括保护沿海地区免受内陆废水污染；通过废水治理和改善卫生条件，保障居民的健康；为菲律宾其他地区树立典范，展示湿地建设的功能。

该项目坐落于内格罗斯（Negros）岛

西南部，总面积为 7 万公顷，涉及人口 11.3 万。项目所在区域是巴亚万市的城市边缘地区，用于安置沿海地区那些无正式居所、饮水安全和卫生条件无法得到保障的居民。卫生官员发现，在这些非正式居住地里，水传播疾病引起的发病率和死亡率极高。

该村庄和人工湿地都建在离海岸较近的地方。每逢雨季，地下水都涌出地表。在工程建设中，用混凝土建设了若干单元，每个单元底部都设有排水系统，单元被分隔层和过滤层覆盖，过滤层采用的植物是当地一种叫卡开芦（tambok）的芦苇，这些芦苇也可阻隔填充过程中产生的气味。

污水处理系统由 4 个混凝土集水池和一组带孔高密度聚乙烯（HDPE）管组成。该系统由手动操作，包括水泵开关以及将集水池中的水排空至配水系统。集水池每天充水 2～3 次。系统自投入使用后不断得到改进：集水池被覆盖起来，以减少填充过程产生的气味；两个湿地单元之间和之后的集水槽也被覆盖起来以抑制藻类生长；此外，还建立了大型蓄水池来存放处理后的水。

当地的水利机构定期检测人工湿地进水和排水的情况。检测项目包括溶解性总固体（TDS）、pH 值、生物需氧量（BOD）、氨、硝酸盐、磷酸盐以及微生物指标（大肠杆菌）等。处理后的水质测试分析湿示，污染物被有效地去除（BOD 的去除率达 97%）。

处理后的水最开始应用于建筑业的混凝土生产，以降低生产成本，现在也开始用于当地有机鲜花栽培和蔬菜种植。当时，人工湿地的出水只有一个基本的微生物指标控制。但从 2008 年 11 月起，开始对粪大肠杆菌进行更高频率、更加精确的测试分析。出水中理想的氮磷含量正好可作为鲜花栽培和蔬菜种植的灌溉施肥。对总大肠菌群更先进的检测表明，其中病原体含量过高，不适宜进行无限制的灌溉。但是，湿地出水中的大肠菌群总量比同一地区其他河流的实际含量［每 100 毫升河水约 1 万～10 万（不含）CFU］要低。人工湿地的投入为多项经济活动提供了赖以依存的水资源，降低了不确定性（Lipkow 和 von Münch，2009）。

资料来源：安得拉邦农民管理地下水系统（APFAMGS）（2008）；世界银行（2010）。

13.2.2　环境工程

自然环境也可以像人工建筑那样发挥作用，因此也可以看成是"基础设施"（见 8.3 节）。例如，湿地可以减缓洪峰流量，吸收多种有机废料，其功能与污水处理厂无异。人类在进行用水配置时，经常忽视了生态系统的需求，为生态系统的可持续运转带来了隐患。有关生态系统需水量的研究和监测不断增多，有助于让规划者和管理者把自然环境作为水资源基础设施加以利用。基础设施规划，特别是对生态系统的投入，一样可以采用"零遗憾"的方法，在制定可持续发展规划时要预先考虑到较大的变化。

尽管自然灾害引起的不确定性可以通过人工设施进行解决，事实说明生态系统也可以降低因自然变异带来的风险。以下关于减少洪灾损失的例子证明，加强生态系统的作用有助于应对气候引起的不确定性和风险。自然生态系统也可以作为减少洪灾损失的备选方案，请看 8.3 节。

除了国家，利益相关方也可以对环境进行投资。以下关于印度和巴西的例子说明，对环境资源的投资和管理可以通过团体组织管理获得成功：

印度和巴西的社区流域管理

印度和巴西的团体组织进行的流域管理，证明了女性团体在保护水资源活动中的重要价值。在印度古吉拉特邦的半干旱地区，妇女自主就业协会（SEWA）在1995年发起了"妇女、水、工作"运动，通过水源收集、流域管理、管道及设施维修维护等方式对水资源进行保护。妇女自主就业协会的集体行动结合了强大的妇女基层组织以及众多女性技术骨干。由于协会成功推行了护水运动，会员数量大增。妇女在多方面受惠：增加了收入，减小了劳动强度，改善了生活水平，减少了家庭搬迁的频率，提高了对协会其他活动的参与度。妇女自主就业协会成为协调水管理事务有力的非政府组织（NGO），以前这类组织完全由男性主宰（Panda，2007）。

在巴西中部的德圣若昂阿利安萨（São João D'Aliança），当地农村工会联合巴西利亚大学（UnB）开展了一项社区水利项目，目的是减少 das Brancas 河流的污染，并恢复河岸原有的植被。在一个由女性发起的名为"水与女性"的运动中，项目小组的妇女们把有利环保的举措应用到日常生活中。该组织教育当地群众不要往河里排污，以及如何在河岸种植本地品种的植物。结果，河里的污染物明显减少，河岸上也出现了相当数量的当地植物，水土流失得以控制。女性的政治影响力得以提升，公众对于女性的领导能力的看法也有所改观（Souza，2006）。

13.2.3　南非蒙蒂（Mondi）湿地计划

水是南非最稀缺的自然资源。由于滥耕、森林砍伐、城市发展、污染、筑堤、水土流失、火灾等原因，如今南非 55% 的湿地已经消失。此外，大部分南非居民的饮用水都得不到保障，只能依靠小溪、河流、沼泽和湿地等满足用水需求。倘若目前的供需比维持不变，到 2025 年，南非的水资源将全部耗尽（MWP，日期不详）。

蒙蒂湿地计划（MWP）在南非豪滕省（Gauteng）和夸祖鲁-纳塔尔省（KwaZulu-Natal）两地实施，由南非两个最大的非政府保护组织联合发起，分别是世界自然基金会南非办事处（WWF-South Africa）与南非野生动物和环境协会（WESSA），同时也联合了两个企业赞助商，马自达自然基金会和蒙蒂公司。自1991年计划开展以来，蒙蒂湿地计划成为南非最成功的非政府湿地保护项目，被其他地区的伙伴组织视为典范。

2001 年 1 月，蒙蒂湿地计划项目组发起了一项公共湿地计划，管理和恢复公共使用的湿地。该计划的主要目标是促进公共湿地的有效管理和可持续利用，这个目标通过以下行动实现：与政府延伸服务机构建立伙伴关系，使其参与到湿地管理中；确定团体组织对湿地进行管理时可能出现的问题与争端；传达团体组织的积极信息和湿地的重要性；促进、建立、支持各机构向团体组织提供帮助，提升组织可持续利用湿地的能力；协助修复退化的湿地等。

通过多方参与，包括政府机构、族群领袖和非政府组织，该计划取得多方面的成果。例如，蒙蒂湿地计划已经开始修复南非退化的湿地，预算达几百万兰特；超过 30 300 公顷的湿地已被评估，当中很多已经开始修复；在保护区周边 21 个主要地区已经开始了湿地保护活动；60 个机构的 1 050 名人员接受培训，学习湿地评估和湿地运行；有关湿地的教育活动得以推广。团体组织的积极投入和有关部门的参与通过一整套程序得以保证：公共湿地计划的负责人负责唤起部落地区对湿地的重视，提高政府推广人员的能力，游说机构决策者着手开展湿地保护，协助建立湿地治理架构，并促进健康湿地管理措施的实施（Rosenberg 和 Taylor，2005）。

湿地对水管理有着至关重要的作用。湿地具有"净水、贮水、补充蓄水层、调节径流等作用。此外，湿地可以保持水土、减轻洪灾、保护生物多样性、对整个国家也非常重要。但目前，湿地是一种濒危且管理不到位的环境资源，在南非以至全世界都是如此"（世界自然基金会南非办事处，日期不详）。然而，投资湿地保护是非常困难的，特别是对于非政府背景的参与者。人们通常认为，相对于土地和水体的其他用途而言，湿地的价值非常小，甚至毫无价值（Schuijt，2002）。出现这种困境的部分原因在于，湿地并不能为降低风险带来立竿见影的效果。然而，投资湿地可以防范将来的风险和不确定性。因此，作为世界上两大严重缺水地区之一的非洲（UNEP，2002），需要湿地来维持人民长期的健康、安全和幸福（Schuijt，2002）。

可是，非洲大部分的湿地正受到威胁。对此，利益相关各方难辞其咎。事实上，与湿地相关的各方都代表着不同的利益，各方诉求不一，结果导致湿地资源被用作开发（Schuijt，2002）。这也正是蒙蒂湿地计划引人注目的原因：它成功地得到了社会各阶层的利益相关方的支持。面对未来的风险及不确定性，该项目起到了支撑自然生态，提供天然滤水器，保护水资源，降低了未来发生干旱、洪水、气候变化、水土流失等风险。

利益相关方的参与是管理风险和不确定性的有效方法，但也会构成一定挑战。风险存在是因为相关方某一天也许不愿意，或无能力参与到水管理的过程中。虽然后者的问题可以通过有效的能力建设得以解决，但需要额外的资源。相比而言，要取得利益相关方的主动配合更加困难，这涉及态度和价值观的转变和强化教育，过程相当缓慢。

> **"在充满不确定性与风险的环境中，政策制定者较倾向于最具实用性的决策，在不确定的情况下，也许会选择维持现状。"**

13.3 适应风险和不确定性：涉水决策的取舍

为满足人类和环境对水的需求，水管理者一直要处理在某种程度上由自然变异引起的风险与不确定性。但是新问题层出不穷，尤其是气候变化、土地使用情况变更以及其他外部因素的相互作用，带来了更多的不确定性和随之而来的风险，使我们更难估算成本或评估政策改变的影响。未来的行动不能简单地以现状为基础，必须考虑全球未来趋势，如气候变化、人口迁移速度加快等因素。变化速度日益增长，水的驱动因素，例如消耗量、人口状况、技术等也随之变化，某些因素之间可能变得不再协调，从而加剧了不可预测性。决策者也许有各种办法应对因气候变化带来的不确定性，其中之一就是把不确定性看作实际风险。换句话说，就是假设风险确实存在，把这种可能性纳入管理或政策当中。但是，这种方法要求对每项政策的取舍有很清晰的了解。

如下文所述，澳大利亚在应对气候变化时采取了预防措施。然而，案例显示，政府往往会采取预防措施来防范未来风险，但其政策决定可能会带来不可预见的后果，从而产生新的不确定性。

澳大利亚政府开展了国家水安全计划以解决公众对水资源问题的忧虑，尤其是越来越严重的干旱和未来供水不足等问题。这个包括10项内容的计划预期在未来10年内向水资源领域投入100亿美元。为实现预防措施，资金中的绝大部分，共计60亿美元，将被投入到工程措施，发展灌溉农业和改善水资源利用率。此措施背后的目标是节约水资源，为环境可持续发展奠定基础。这项计划也设计了一个回购机制，以解决过度分配的问题，避免在未来引起水资源匮乏。

然而，这项计划出现了未曾预料的后果。除了大量投资工程技术外，在水管理中，由工程师占据主动而非农民导致不应有的结果出现。工程为主的方案会干扰农民的决定，长远来看效果也许不如对农民开展教育。此外，利用回购机制解决水配置问题除了需要考虑支付能力；还要考虑一旦灌区水资源被用作他用，部分灌溉用户出局，原有的灌溉设备使用率将随之下降，会为留下的用户增添大量的经济负担 (Crase, 2008)。

另一个不可预见的后果是，在关注灌溉用水的同时，却放松了对地下水法规的重视。法规政策严格限制地表水使用的同时使地下水的需求量增加。这促使立法者加快步伐控制地表水过度使用的同时监督和控制地下水开采 (Crase, 2008)。因此，地下水的使用可能引发新的不确定性和挑战。

这个例子说明需要政府主动权衡以降低未来的涉水风险和不确定性。然而，正如上述强调的不可预见后果所证明的，政策的效果难以确定。在充满不确定性与风险的环境中，政策制定者更倾向于采取能提供最高功效的决策，在不确定的情况下，也许就是维持现状。一些研究表明，决策者在应对不确定性的时候，往往更倾向于选择维持现状。即使面对众多选择时，这种倾向也会更强 (Samuelson 和 Zeckhauser, 1988)。鉴于涉水不确定性不断增加，一切照旧的水管理模式实际上是在满足短期需要而放弃不得不承受短期财政和政治资本损失的长期方案之间作出的取舍。

在水量有限、需求不断上升、对稀缺资源的竞争愈演愈烈条件下，决策者必须作出艰难的取舍，在风险和不确定性中作出有效的部署。在应对风险和不确定性时，各国可选择采取预防措施或维持现状，这取决于该国在风险

和不确定性面前如何作出权衡。只有在维持现状的成本大于改变现状的成本时，政策才有可能发生改变 (Saleth 和 Dinar, 2004)。这种情况下，各国可以从不同的角度看待执行新政的成本：有的可能把水环境恶化仅仅看作是负面的外部因素，不足以引发现行政策的改变；有的则认为未来水挑战构成巨大代价，为了以后的利益，必须对现行政策进行改变。

然而，并非所有的取舍都有负面作用。应对风险和不确定性的措施也会带来双赢的局面，既给各方带来多重效益，也有利于水资源的长期有效供给。以下例子讲述了一个私营企业——陶氏化学，如何平衡用水成本、污染控制和社会责任等问题，以惠及所有用水者的方式管理自身风险。

本章重点讲述了水领域内如何管理风险和不确定性。下一章则通过例子说明，管理其他领域日益增长的风险和不确定性，对水资源将产生或好或坏的影响。由于风险和不确定性逐渐扩大并且变化日益加剧，制定具有广泛效益的管理政策尤显重要。

专栏 13.9

保障工业用水、控制水污染

陶氏化学致力于创新型化学、塑料及农业产品的研发及生产，并提供相关的服务。公司位于荷兰泰尔讷曾（Terneuzen）的工厂需要大量淡水。然而，当地的水是苦咸水，淡水要从 100 千米外的地方运送过来。淡水既是生产用水又是生活用水，淡水不足或成本上涨均构成潜在的商业风险，陶氏化学必须设法降低这些风险。

泰尔讷曾项目的目的是为生产企业提供长期、成本划算、可靠的供水。"生活污水回用计划"始创于 2005 年，并在 2007 年初实行。陶氏与其地区合作伙伴——设备

提供商艾威迪斯（Evides）以及当地水管会联手推出了一个健全的水综合管理体系。此方案的实施，使得原本直接排放到河道中的处理后的生活污水，现在被用于泰尔讷曾工厂的生产，而且实行两次利用：首先用于制造水蒸气，然后用于冷却塔中，最后才蒸发到大气中。

自2007年起，工厂每天接纳超过990万升的市政生活污水。通过收集生活污水并循环利用，陶氏化学的淡水使用量减少了一半。通过这种管理模式，公司对苦咸水的需求量也有所削减。

除了工厂的淡水使用量减少之外，这项计划也产生了巨大的环境效益——由于生活污水净化时所需的压力小于过去咸水淡化时的压力，因此，能源消耗比以前降低了65％，且每年少用了500吨的化学药剂，二氧化碳的年排放量也因此降低了5 000吨。此外，现在每公升水都被利用三次，而以前只有一次。

该计划的实施，为工厂带来长期可靠的供水，提高了成本效益。项目的关键是陶氏与艾威迪斯和水管会的合作，让陶氏可以享受与以往相同的水价购水。

资料来源：引述自世界可持续发展工商理事会（WBCSD）（2010）。

参考文献

APFAMGS (Andhra Pradesh Farmer Managed Groundwater Systems Project). 2008. Project Completion Report supported by FAO in cooperation with Bharati Integrated Rural Development Society (BIRDS). Andhra Pradesh, APFAMGS.

Baroang, K. M., Hellmuth, M. and Block, P. 2010. *Identifying Uncertainty and Defining Risk in the Context of the WWDR4.* Issues Workshop Discussion Paper prepared for the World Water Assessment Programme (WWAP). New York, Earth Institute, Columbia University, International Research Institute for Climate and Society.

Butler, D. and Memon, F. A. 2006. *Water Demand Management.* London, IWA Publishing.

Cai, X. and Wang, D. 2006. Calibrating holistic water resources-economic models. *Journal of Water Resources Planning and Management,* Vol. 132, No. 6, pp. 414–23.

Crase, L. (ed.) 2008. *Water Policy in Australia: The Impact of Change and Uncertainty.* Washington DC, Resources for the Future. http://admin.cita-aragon.es/pub/documentos/documentos_CRASE_2-5_b8e6f4de.pdf

Draper, A. J., Jenkins, M. W., Kirby, K. W., Lund, J. R. and Howitt, R. E. 2003. Economic-engineering optimization for California water management. *Journal of Water Resources Planning and Management,* Vol. 129, No. 3, pp. 155–64.

DWA (Department of Water Affairs). 1997. *South Africa's White Paper on Water Policy.* Section B (New National Water Policy), sub-section 5.2.2 (Environmental Requirements). Pretoria, Government of South Africa.

EA (UK Environment Agency) 2011. *National Infrastructure Plan - A Vision for Water.* London, EA. http://publications.environment-agency.gov.uk/PDF/GEHO0111BTJC-E-E.pdf

Eichenseher, T. 2010. How to Stem a Global Food Crisis? Store More Water. *National Geographic.* 7 September.

Gill, S., Handley, J. F., Ennos, A. R. and Pauleit, S. 2007. Adapting cities for climate change: the role of the green infrastructure. *Built Environment,* Vol. 33, No. 1, pp. 115–33.

Grossi, P. and TeHennepe, C. 2008. Catastrophe modelling fundamentals. *The Review. A Guide to Catastrophic Modelling.* London, Informa, pp. 6–9.

GWP (Global Water Partnership) Integrated Water Resources Management Toolbox. 2008. *India: Andhra Pradesh Farmer Managed Groundwater System; Demand Side Groundwater Management.* Stockholm, GWP. http://www.gwptoolbox.org/index.php?option=com_case&id=277

Hammer, D. A. 1989. *Constructed Wetlands for Wastewater Treatment: Municipal, Industrial, and Agricultural.* Fla., Lewis Publishers.

Hickey, J. and Warner, A. 2005. Sustainable Rivers Project - A Corps and Conservancy Partnership: River project brings together Corps, The Nature Conservancy. *The Corps Environment,* April.

IWMI (International Water Management Institute). 2009. Flexible water storage options and adaptation to climate change. *Water Policy Brief,* 31. Colombo, IWMI. http://www.iwmi.cgiar.org/Publications/Water_Policy_Briefs/PDF/WPB31.pdf

----. 2010. In a changing climate, erratic rainfall poses growing threat to rural poor, new report says. R&D by EurekAlert. Battaramulla, Sri Lanka, IWMI. http://www.iwmi.cgiar.org/News_Room/pdf/RDMAG-In_a_changing_climate_erratic_rainfall_poses_growing_threat_to_rural_poor.pdf

Jakeman, A. J. and Letcher, R. A. 2003. Integrated assessment and modelling: features, principles and examples for catchment management. *Environmental Modeling Software,* Vol. 18.

Kato, S. and Ahern, J. 2008. Learning by doing: adaptive planning as a strategy to address uncertainty in planning and management. *Journal of Environmental Planning and Management,* Vol. 51, No. 4, pp. 543–59.

Kumar, M. D., Sivamohan, M. V. K., Niranjan, V. and Bassi, N. 2011. *Groundwater Management in Andhra Pradesh: Time to Address Real Issues.* Hyderabad, India, Institute for Resource Analysis and Policy.

Kwadijk, J. C. J., Haasnoot, M., Mulder, P. M., Hoogvliet, M. M. C., Jeuken, A. B. M., van der Krogt, R. A. A., van Oostrom, N. G. C., Schelfhout, H. A., van Velzen, E. H., van Waveren, H. and de Wit, M. J. M. 2010. Using adaptation tipping points to prepare for climate change and sea level rise: A case study in the Netherlands. *Wiley Interdisciplinary Reviews: Climate Change,* Vol. 1, No. 5, pp. 729–40.

Lipkow, U. and von Münch, E. 2009. *Constructed Wetland for a Peri-urban Housing Area Bayawan City, Philippines – Case Study of Sustainable Sanitation Projects.* Sustainable Sanitation Alliance (SuSanA). http://www.susana.org/docs_ccbk/susana_download/2-51-en-susana-cs-philippines-bayawan-constr-wetlands-2009.pdf

Lockwood, M., Worboys, G. and Kothari, A. 2006. *Managing Protected Areas: A Global Guide.* London, Earthscan.

Mangrove Action Project. 2008. *Vietnam's Mangrove Restoration Program.* Port Angeles, Wash., US, Mangrove Action Plan. http://mangroveactionproject.org/news/current_headlines/vietnams-mangrove-restoration-program

Mayer, A. and Muñoz-Hernandez, A. 2009. Integrated water resources models: An assessment of a multidisciplinary tool for sustainable water resources management strategies. Geography Compass, doi:10.1111/j.1749 8198.2009.00239.x

McCartney, M. and Smakhtin, V. 2010. *Water Storage in an Era of Climate Change: Addressing the Challenge of Increasing Rainfall Variability.* Blue Paper. Battaramulla, Sri Lanka, International Water Management Institute (IWMI).

Moore, A. L. and McCarthy, M. A. 2010. On valuing information in adaptive-management models. Conservation Biology, Vol. 24, No. 4, pp. 984–93.

MWP (Mondi Wetlands Programme). N.d. Website. Irene, Pretoria, South Africa, MWP. http://www.wetland.org.za/

New York City. 2009. *NYC Green Infrastructure Plan – A Sustainable Strategy for Clean Waterways.* New York, City of New York.

Panda, S. M. 2007. *Women's Collective Action and Sustainable Water Management: Case of SEWA's Water Campaign in Gujarat, India.* CAPRi Working Paper No. 61. Washington DC, International Food Policy Research Institute (IFPRI).

PEDDR (Partnership for Environment and Disaster Risk Reduction). 2010. *Demonstrating the Role of Ecosystems-based Management for Disaster Risk Reduction.* Background Paper prepared for the ISDR Global Assessment Report on Disaster Risk Reduction 2011. Geneva, UNISDR.

Reij, C., Tappan, G. and Smale, M. 2010. *Resilience to Drought through Agro-ecological Restoration of Drylands, Burkina Faso and Niger.* Case study prepared for the PEDRR Background Paper to the 2011 Global Assessment Report on Disaster Risk Reduction. Geneva, UNISDR.

The Review. 2008. A Guide to Catastrophic Modelling. London, Informa. http://www.rms.com/Publications/RMS%20 Guide%202008.pdf

Rosenberg, E. and Taylor, J. 2005. *Mondi Wetlands Project Evaluation. Final Report.* Irene, Pretoria, South Africa, Mondi Wetlands Project (MWP).

Saleth, R. M. and Dinar, A. 2004. *The Institutional Economics of Water: A Cross Country Analysis of Institutions and Performance,* Washington DC, The World Bank.

Samuelson, W. and Zeckhauser, R. 1988. Status quo bias in decision-making. *Journal of Risk and Uncertainty,* Vol. 1, pp. 7–59.

Schuijt, K. 2002. *Land and Water Use of Wetlands in Africa: Economic Values of African Wetlands.* Laxenburg, Austria, International Institute for Applied Systems Analysis. http://www.iiasa.ac.at/Admin/PUB/Documents/IR-02-063.pdf

Shah, H. 2008. Learning lessons from the unexpected. *The Review. A Guide to Catastrophic Modelling.* London, Informa, p. 5.

Shaw, W. D. and Woodward, R. T. 2010. Water management, risk and uncertainty: things we wish we knew in the 21st Century. *Western Economic Forum,* Vol. 9, No. 2, pp. 7–21. http://agecon2.tamu.edu/people/faculty/shaw-douglass/wef.pdf

Souza, S. M. 2006. *Gender, Water And Sanitation: Case Studies on Best Practices* (Advance Version). New York, United Nations. http://www.un.org/esa/sustdev/sdissues/water/casestudies_bestpractices.pdf

UNEP (United Nations Environment Programme). 2002. *New Partnership for Africa's Development (NEPAD) Action Plan for the Environment Initiative.* Midrand, South Africa, NEPAD. http://www.unep.org/roa/Amcen/docs/publications/ActionNepad.pdf

UNISDR (United Nations International Strategy for Disaster Risk Reduction). 2011. *Global Assessment Report on Disaster Risk Reduction.* Geneva, UNISDR.

WBCSD (World Business Council on Sustainable Development). 2010. *The Dow Chemical Company – Utilizing household wastewater in the large-scale.* Geneva, WBCSD. http://www.wbcsd.org/Plugins/DocSearch/details.asp?DocTypeId=24&ObjectId=MzkxMDA&URLBack=%2Ftemplates%2FTemplateWBCSD5%2Flayout%2Easp%3Ftype%3Dp%26MenuId%3DODY%26doOpen%3D1%26ClickMenu%3DRightMenu

Wieder, R. K. 1989. A survey of constructed wetlands for acid coal mine drainage treatment in the eastern United States. *Wetlands,* Vol. 9, No. 2, pp. 299–315.

World Bank. 2010. Deep wells and prudence: towards pragmatic action for addressing groundwater overexploitation in India. *A Groundswell of Change: Potential of Community Groundwater Management in India.* Washington DC, International Bank for Reconstruction and Development/The World Bank, pp. 59–77.

WWF (World Wide Fund for Nature). 2008. *Water for Life: Lessons for Climate Change Adaptation from Better Management of Rivers for People and Nature.* Gland, Switzerland, WWF.

WWF South Africa. n.d. *Mondi Wetlands Programme.* Website. Cape Town, South Africa, WWF Africa. http://www.wwf.org.za/what_we_do/freshwater/mondi_wetlands/

WMO (World Meteorological Organization). 2001. Technical reports. *Hydrology and Water Resources,* No. 73. Geneva, WMO. http://www.wmo.int/pages/prog/hwrp/documents/TD73.pdf

第十四章

打破水界限束缚、应对风险和不确定性

作者：伊鲁姆·哈桑、乔安娜·泰勒菲里

供稿：丹尼尔·洛克斯、威廉·科斯格罗夫

前一章谈到，水管理者可利用多种机制以降低所面临的风险和不确定性。水政策的响应可采取多种形式，可以是风险防范，也可以是先行适应性管理。然而，风险和不确定性隐藏在人类生活的方方面面，因此，应对水资源的挑战必须将有效解决其他领域的风险和不确定性当作首要的一环（有些情况下没有成功地应对）。

　　《世界水发展报告》第三版提到，水领域面临的很多问题源自其他领域作出的决策，而解决水问题的办法只能从其他领域中找到。无论是否涉及水领域，大部分的决策都涉及风险管理。各领域的决策，包括商业决策，都离不开对未来收益或威胁的预测。这些决策不一定都会考虑到水的问题，但对水都会存在影响，同时对水管理者的决策和行动产生重要影响。

　　本章探究如何管理"水箱"之外的风险和不确定性，为水管理带来益处。

14.1 减少贫困、促进绿色增长和绿色经济

水是社会和经济发展的核心，因此，很难只解决其中一方面的问题而不顾及其他。然而，短期的减贫和经济发展计划往往没有对水资源的潜在影响进行长期的分析，因此脱离了可持续发展轨道。

尽管水资源可满足人类多方面的基本需求，例如食物、饮水、卫生等，很多开发计划却为水资源带来了风险与不确定性。多数情况下，发展意味着消耗更多的水，经济发展程度越高，水污染也越严重。例如，集约型农业是发展中国家和新兴国家发展经济和摆脱贫困的主要方式。尽管如此，集约型农业大大影响了其他方面的水供应。选择其他的经济发展模式有助于消除水供应的风险和不确定性，但这样做的经济和政治成本太高而且立竿见影，因此很少国家愿意这样做。

专栏14.1展示了古巴如何在保持农业生产作为主要的减贫措施的同时，利用政策鼓励有机农业，提高单位产量，从而达到降低水污染、有效用水的目的，既减少了对稀缺的水资源的影响，又降低未来发生水危机的风险，为构建经济可持续发展奠定了基础。

专栏 14.1

古巴利用有机农业实现可持续增长

1993年9月，古巴政府为应对粮食危机，把大部分国有农场撤销，转变为数支合作生产小队。近80％的国有农地被分配给农民，并转化为农民自有的企业。尽管农民并没有土地的所有权，但只要他们田地里的主要农作物产量达到标准配额，他们就可以无限期地租用土地，且无需租金。

超出配额的粮食作物，农民可以自由销售，这激发起农民的生产积极性，有效利用新型有机技术，例如利用生物肥料、蚯蚓、堆肥，以及放养牲畜等方法。农民也不断改进传统的技术，例如使用间作和粪肥等方法以提高农作物产量。

公共政策也支持城市生态农业，1994年颁布的《城市农业国家计划》，目的是鼓励城市居民种植品种多样、健康和新鲜的农产品。哈瓦那的市民把他们闲置的空地和后院改造成小型农场和牧场，创造了35万个回报丰厚的工作岗位（城市岗位总量为500万个），每年为哈瓦那市生产400万吨蔬果（在10年内增长了10倍），220万人口通过农作实现自给自足。

古巴向有机农业的过渡，不但在贸易封锁期间保障了国家的粮食安全，还保障了大部分人拥有稳定收入，对人民的生活起到积极的作用。此外，农业生产中不使用农药，这对古巴人民的福祉有积极和长期的影响，因为这些化学品往往会对人体健康造成危害，引起诸如癌症等疾病。

资料来源：引自 UNEP（2011）；另见 Alvarez 等（2010）。

某些情况下，绿色增长可以把发展障碍，如化肥的缺乏，转化为可持续发展的机会。遵循这种模式，水资源不足的现状可能成为科技创新的基础，使这些国家实现绿色经济的跨越式发展，避免遭遇其他国家通常遇到的风险。在一些缺水国家里，以用水为主的卫生设备由于成本昂贵无法普及，在农村地区尤为如此。普及使用旱厕或堆肥厕所是一个有效的办法，既保障了基本的卫生设施条件，又避免了对水产生额外的需求和降低风险。利用节水或无水设备，各国可以避免多种涉水风险，包括疾病相关的风险、缺水的风险或自身财力不足的风险。

14.2 应对气候变化：适应和减缓

气候变化是人类社会面临的最大的不确定性。从全球的角度看，气候变化很可能引发气温升高、海平面上升等现象；但其对局部的影响却很难预测。

目前正致力于开发一种被称为"零遗憾"的适应方法。这意味着，不管气候变化的结果如何，这些方法总会产生效益，也许是发展效益，也许是环境效益。在局部影响难以确定的情况下，制定灵活多变的计划应对各种气候状况显得十分重要。

气候对水会产生影响，目前全世界很多人都投身于预测和应对这种影响，特别是可利用水量日益增长的不确定性最能反映出气候的变化，如降雨变化和干旱等。如前一章所述，适应性管理为决策提供了有用的框架，在精确的模型和数据的支持下，可以一定程度上降低不确定性。

应对气候变化的研究也为水资源风险和不确定性等问题提供了解决办法。例如，在一些农业产量低的国家里，"零遗憾"的气候应对措施包括了实施农业多样化、利用可持续增产技术，以及为推动更可持续的投入（例如农田、水、肥料、劳动力等）而进行的技术转移。这些措施提供了减少用水、提高产量的方法，有效降低了涉水风险和不确定性。在水资源日益稀缺的情况下，为了适应气候而对农业发展的投入也为水资源的不确定性提供了解决办法。

森林管理和水资源管理的协调配合就是一个互惠互利的例子（见专栏 14.2）。

专栏 14.2

减少因毁林和林地退化引起的温室气体排放、实现林水共同受益

"联合国减少因毁林和森林退化引起的温室气体排放"（UN-REDD）计划是联合国就发展中国家减少因毁林和森林退化引起的温室气体排放（REDD）而提出的一项联合计划。该项目的基础是政府间气候变化专门委员会（IPCC）的报告。该报告指出，林业的碳排放量主要来自于林木砍伐，约占全球温室气体排放的 17％，仅次于能源业。该项目的基本设想是，减少伐林和林地退化可以在减缓和适应气候变化中起到重要作用，有利于可持续发展，并为发展中国家的可持续森林管理提供新的资金支持。如果减少因毁林和森林退化引起的温室气体排放能提高减排的成本效益，减缓大气中二氧化碳浓度的增长速度，就可以让各国有充分的时间进行技术升级来降低排放（FAO/UNDP/UNEP，2008b，p.1）。

在妥善管理之下，森林可提供很多无碳服务：保护生物多样性，"保持水土，确保木材和非木材林产品的持续供应，有助于维持和改善当地居民的生活和粮食安全"（FAO/UNDP/UNEP，2008a）。然而，森林与水可能会产生冲突，各地区的用地情况可能会对水构成不同的影响。例如，森林植被有时候会导致当地的年径流量减少，引发新的水风险；反之，森林有助于减少泥沙淤积，降低水力发电厂和防洪的风险。因此，应根据当地的具体情况，识别出 REDD 计划里提到的涉水风险或共同效益，并对各种共同效益进行排序，这样才能够合理利用 REDD 计划中的各种有效手段，达到减缓气候变化、减轻涉水风险及不确定性的目的。

厄瓜多尔利用 REDD 策略，通过实行社会丛林计划（一个解决伐林问题的激励性政策），获得环境共同效益。在此计划中，森林所有者及当地群体自愿对森林进行 20 年的保护，并因此每年获得一定的经济奖励。自 2008 年 9 月起，该计划通过签署协议保护的范围达到 40 万公顷，惠及 4 万人口。通过建立这种保护措施，实现了对社会和环境效益（包括预期的水效益）的识别、排序、监控，并纳入 REDD 的监控体系。这有助于降低由于气候变化产生的水量、水质等涉水风险，使目标群体受益。

资料来源：世界银行（2011）。

14.3 降低风险和不确定性的商业决策

多数商业决策都是基于风险和不确定性而制定的。投资和生产模式的决策影射出对未来的设想。单纯以财务能力底线作出的决策同样有利于降低涉水风险和不确定性。

决策会受到政府制定政策的激励，如为招商引资提出的税收优惠或财政激励；也可以是法律框架，界定投资鼓励政策的范围以减少不确定性。企业创造岗位和财富后，往往能获得税收优惠和其他的便利，其中就包括：可以在靠近水体的地点或容易取水的地方设址，而这有可能对水资源产生影响。例如（见第九章），外资食品生产企业可为当地产生巨额效益，政府会主动协助其进行购地，而往往忽视了企业对水资源的影响。

与上述情况相反，政府也可能支持对水资源最有利的企业，尽管这种例子只是凤毛麟角。在专栏 14.3 中，某商业决策本来是利益驱动和需要消耗自然资源的，但通过建立水资源保护区，该项目为居民和环境带来了好处，从而降低了缺水的风险和不确定性。

合理定价及对水资源价值的准确评估（包括抽水费、治污费、水权转让费等）等手段可以鼓励企业作出这种积极的决定，尤其当水源是主要的生产要素时。这些定价手段可以向企

业鲜明地展示了利害关系以及投入产出比。下面举一个政府主导的例子，加拿大西北领地的省政府建立了一个综合水资源计划框架，规定了目标、策略以及达到各领域可持续发展的行动计划。该计划也包括了对水资源各种价值的研究，包括市场价值、生态价值以及文化价值等（NWT，2010）。

专栏 14.3

干旱地区的蓄水措施

斯塔普拉姆（Sitapuram）石灰石矿是一个被围起来的机械化露天矿场，由祖阿里水泥公司（Zuari Cement Ltd，属于意大利水泥集团）运营。它位于印度东南部纳尔贡达（Nalgonda）区的东达帕都（Dondapadu）。该地区为农业区，有两条常流河穿过矿区，流进东达帕都村。该地区属热带气候，平均降水量为 64 厘米，最大湿度为 82%，气温变化范围从 22℃～50℃。

公司的目标是开挖走上层的石灰岩，达到基岩（砂岩），并利用岩土水力学模型，平衡地下水，把开挖区域转化成湖泊（占采矿区面积的 75%～80%），然后把周边开发建设成一个休闲景点。公司也决定在湖周围建设绿化带，以保持水土，保护动植物群落。

把开挖区转化成湖泊的计划中，既包括了创建小型池塘和大型水体等项目，也包括对水质和地下水位进行常规检测。修建了排水系统，并使其与水坑相连，用于阻滞流出矿区的淤泥和沉积物。通过建设水保护区和降低采矿的潜在污染，降低了不确定性。

该露天矿场于 1986 年起开始动工，紧邻的绿化带在 2000 年建成。水坑的坡上种满灌木，用以挡土，防止墙身倒塌。矿场

周围的绿化带起着屏障作用，隔离了采矿产生的尘土和噪声。2007年，工厂居住区附近栽种了300株植物。为保护植物，在种植前，从矿场第一台阶挖走的表层土被覆盖在暴露的土地上。矿场四周又种了20英亩的桐油树（用于生产生物柴油）。还铺设了聚氯乙烯管道，用于对植物进行持续的水源补给。

该项目的效果如下：

• 建造了大型水体，吸引了众多鸟类，例如鸭子、鹤、犀鸟，有鱼的时候还会有翠鸟等，有利于生态保护。此水库也让当地居民受惠，既解决了水资源匮乏的问题，又可以利用水库进行农业灌溉或鱼类养殖。

• 对地下水层的回灌，提升了周边地区地下水水位，有利于植被的生长。

• 对淤泥沉积进行监控和管理，防止了沉积物溢流出矿区，避免了对周边动植物群落的影响，用于阻滞淤泥的水坑一般都要很长时间才能填满。

• 在矿区周边种植了绿色植物，保持了水土，减少了二氧化碳的排放。

资料来源：世界可持续发展工商理事会（WBCSD）（日期不详）。

专栏 14.4

应用价值评定降低企业和水资源风险

力拓（Rio Tinto）铝业在澳大利亚的韦帕铝土矿区内有几种水源，每一种水源都有各自的成本和附加价值。四个主要来源是：

• 来自尾矿坝的过滤水（循环水或再生水，原料的杂质常常夹杂于水中，包括泥土、渗滤液、化学残留物以及碎石等）；

• 被矿区内的沟槽（类似于小的集水井）和其他小型储水区截留的降雨径流；

• 矿区的浅层地下含水层；

• 大自流盆地的深层含水层。

不同水源的可用性在年内不断变化，尤其是前两项。力拓认为，在正常的环境风险管理下，浅层地下水的敏感度水平与大自流盆地关系密切。通过与关键利益相关者（包括大自流盆地协调委员会和非政府组织）订约，使管理得以加强，后者（非政府组织）的关注点放在浅层地下水和河流的联系上。

这些方法有助于对各种资源进行排序，结果如下：首先是来自尾矿坝的过滤水，然后是沟渠，再次是浅层地下水含水层，最后是大自流盆地含水层。

总体来说，利用尾矿坝和沟槽的成本比开采地下水的成本要低。然而，由于采矿的面积广大，有些情况下也许使用后面的方法的成本更低。

为水源排序的方法为自然水资源赋予了隐含的价值。关于大自流盆地，考虑到它的补给期较长，应着眼于资源长期的可持续性；浅层地下水在气候适宜的情况下很快可以得到补给，但它又与河流生态系统息息相关。

资料来源：摘自世界可持续发展工商理事会（WBCSD）（日期不详）。

风险管理是企业不可缺少的组成部分。正如2011年的世界经济论坛中提到，风险管理随着风险和不确定性自身的演化而变得日益重要，对当今的企业和政府产生了复杂且相互关联的影响。工业和企业学习应对不确定性以保护其投资，政府和社区也可以采用类似的风险管理模式，保护群众的生活、安全和发展。

其他因素也日益驱动着企业作出某些决定，特别是关系到企业或品牌形象，信誉风险和社会责任等方面的决策。澳大利亚环境战略教育科研中心（CERES）在2010年的一份报告中提到，随着资源越来越匮乏，消费者和股东期望企业在保证可持续发展和考虑到公平等因素时承担更多的社会责任，而不是仅仅持有经营许可证。

不幸的是，并不是所有善意的和重视信誉的企业决策都能对水资源带来好的影响。最近的研究发现，"利用废纸进行再造的纸类企业，实际上比用原料生产要花费更多的水，以便去除纸浆里的墨水、污渍、塑料及其他污染物；第二，重复用水增加了污水的化学需氧量，使污染物更难降解"（Klop 和 Wellington，2008，p.30）。使用再生材料，尽管可以赢得良好的公众形象，但如果缺乏对生产过程的全面考虑，就有可能对环境带来不良后果。

专栏14.5展示了企业的某项决策如何既能获得关键生产资料，又能提升企业的正面形象。百事公司（Pepsico）在2010年年报中描述了公司为减少环境影响所作出的努力，包括提高水利用效率以及与非政府组织（大自然保护协会）合作进行环境修复和环境保护工作。

专栏 14.5

提升商业形象的企业决定为水资源带来效益

水的利用率一直是百事公司的环境关注点。2010年的第三季度，公司全球的食品及饮料业务的用水强度比2006年降低了19.5%。公司正为实现旗下工厂2015年的目标而努力，而设备升级正是达到目标的重要方式。例如，公司在亚利桑那州卡萨格兰德的菲多利工厂配备了最先进的滤水净化设备，可以对75%的生产用水进行循环使用。类似的科技也应用在澳大利亚的Tingalpa工厂，那里的水资源紧缺……

2009年，百事在印度的公司取得了良好的用水平衡，公司回馈社会的水比生产用水还要多。为在缺水地区推广这一成果，公司开展了数个项目。例如，2010年，百事公司与大自然保护协会合作，为识别水的高风险区开发方法，使百事公司可以集中精力和资源，在最脆弱的缺水地区实现"净良性影响"。百事公司选择了中国、墨西哥、欧洲、印度和美国的流域进行示范，建立灵活健全的机制，使百事公司的工厂不单单是防范水风险，更多的是确定当地相应的修复对策，提高水的可利用性。

资料来源：摘自百事公司（2011，p.33）。

14.4　管理部门风险、为水创造效益

政策选择时的权衡变得越来越复杂，在缺少综合性管理框架的情况下，其中的一个解决方法是管理各领域的风险，以求水效益最大化，或为用水者降低风险和不确定性。这样可以减少政策或商业决策中各变数的数量，有助于创造双赢局面。以下内容通过案例介绍了如何达到这种双赢局面。

14.4.1　在交通领域降低风险和成本

建造大型基础设施前，要进行一定的预测以确保方案的可行性。大多数大规模的交通项目都包含了降低未来不确定性的机制，尤其是应对气候变化，同时也考虑到其他的因素，例如人口和消费模式等。

专栏14.6介绍了一家公司，为了延长基础设施的使用寿命，并节省维护成本，采取措施降低了受损风险，这些措施也为水资源

带来积极作用，降低了周边地区未来水量的不确定性，为地区发展和环境保护产生了附加效益。

Autovia 公司的水路计划降低了道路维护成本，同时为巴西最重要的地下含水层进行补水

大部分的公路问题出现在雨季，雨水积聚在路面然后流走，导致道路的侵蚀和损坏。因此，西班牙 Obrascon Huartel-ain S. A.（OHL）集团下属的 Autovias 公司，开展了一个新的项目，把高速路上的积水引入瓜拉尼地下水层补给区内。这个计划的目的主要是保护宝贵的水资源。Autovias 并没有因为补给地下水而直接获利，但项目减少了道路的维护次数，防止了冲刷，因而节省了成本。

Autovias 被特许管理巴西圣保罗境内316.5 千米的高速路，其中涉及很多项工作，包括基础设施建设。基础设施建设通常会引起地貌变化，改变区域内的水动力学，引起水土流失、沉降、地下水渗入量减少等，尤其会影响地下水的补给能力，直接破坏当地的水循环。

Autovias 承诺对现在及未来的环境负责，保障水循环的质量，高效利用并回用水资源，提高公众正确用水的意识。

瓜拉尼含水层是世界上已知的最大含水层，面积超过 120 万平方千米，位置就在公司管理的高速公路底下。这个巨型含水层贯穿了巴西、巴拉圭、乌拉圭和阿根廷等国家，储水量约有 40 万亿立方米，比全世界的河流流量的总和还要多。

该水路计划包括在公司负责管理的公路网沿线建造雨水收集坝，特别是在有公用泉水、水流、源头等地区，这些地区分布在 Sapucai-Miri 河、Pardo 河及 Grande 河流域。

项目建造了约 520 个雨水收集坝，每个的平均容量为 4 000 立方米，在雨季可以贮存来自降雨、收费公路网及相邻地区的降雨径流等约 200 万立方米的水量。受益的流域面积约 5 200 公顷。

这个项目收集了来自路面及相邻区域的雨水，降低了水冲刷的速度，回灌了地下水，避免了地下水位下降和地表侵蚀脱落。

资料来源：摘自世界可持续发展工商理事会（WBCSD）（日期不详）。

14.4.2 降低健康风险的同时降低涉水风险

生活方式的选择往往会在无意中或因为误解而对自然资源产生影响。肉类为主的饮食在发达国家十分常见，在新兴国家也迅速普及，这对土壤、土地以及水资源都产生一定影响。

Capon 和 Rissel（2010）在一篇文章中阐述了气候变化与慢性疾病的关系，其中的主要原因就是饮食。在发达国家里，人们食用大量肉类，缺乏锻炼引起了严重的健康隐患。很多项目已经开始倡导更积极的生活方式和更健康的饮食，例如使用公共交通等。这些政策也会减少温室气体的排放，减少污染，推动健康的生活方式。同时，水资源也因此受益：肉食消费的减少，相应的水的消耗量也随之减少；不可持续的低效率的交通方式得以改善，也使水污染的风险大大降低。

在另一个例子里，水和健康政策也取得了双赢的效果。流行病及人畜传染疾病在全球范围内备受关注，而由于水是传播媒介，或者是某些传染病扩散的主要途径，预防（或应对）全球性传染疾病的行动可为管理涉水风险和不定性带来好处。世界卫生组织的一份研究报告指出，在发展中国家，为改善水和卫生条件每投入的 1 美元，将得到 5～28 美元的回报（Hutton 和 Haller，2004）。

专栏 14.7 讲述了如何通过群策群力降低从灾难到传染病等各领域的风险及不确定性，并为水管理带来好处。

源自群众的健康信息降低了涉水风险及不确定性

在日本 2011 年发生海啸后，各方发起了一系列收集信息的行动，内容包括生还者数量、辐射程度和营救的进度等。作为一个国际群众性的平台，Ushahidi 援助建立了一个网站，向人们指示危险区域，协助寻找失散的亲人。网站支持人们通过移动电话或智能手机发布在那些难以到达或危险地区的幸存者的情况，然后这些信息被传递给救援行动组织。反过来，网站为公众提供便捷的信息，公布距离最近的紧急救护站，以及饮用水和食物的供应地点（Bonner，2011）。Pachube 提供了另一个网站，可以显示市民遭受辐射情况的实时数据，结合官方的数据，上传到地图软件上，以跟踪辐射的走向。这也对自来水水质的分组监测有效。

谷歌开发的另一款应用软件可以用于被动地收集群体健康信息。在对某一给定地区的搜索词进行数据分析后，该服务可以显示或者预测在美国和加拿大爆发流感的情况，而且准确度很高（Google，2011）。政府部门或水管理者可以利用类似的工具，获取实时的水质水量报告。事实上，现在已经有很多这样的应用程序，

可以让用户上传当地的水位和水质情况（见 CreekWatch）。

伯克利的学生在印度开展了"下一滴水"（NextDrop）项目，协助家家户户预测水资源可利用量，证明了来自群众的信息有助于降低水资源的不确定性。"在水务员工开阀输水的时候，当地管网输水情况通过他们手机上的呼叫交互式语音应答系统进行报告。这些报告用于生成实时的可用水信息，在输水到达前的 30～60 分钟内就可以获取。此外，'下一滴水'项目还利用群众信息对报告的准确性进行验证，并形成反馈机制，为涉水工程提供了实用可行的信息"（"下一滴水"项目，日期不详）。

谷歌和联合国人居署在坦桑尼亚桑给巴尔岛联合发起了一个类似的项目，使当地居民可以通过监控设备对新增水资源进行检测和管理。此外，项目还开发了一个系统，可收集地理位置信息，区分性别、社会经济群体，并支持收集健康信息和环境状况。项目还开发了实施标杆管理的服务供应商，不但扩大了服务的范围，提高了效率，也增加了客户的信心（联合国人居署，2010）。

注：如需更多关于 CreekWatch（溪流观察）内容请查看 http://creekwatch.research-labs.ibm.com/。

14.4.3　能源领域的风险与不确定性陡增

多个国际组织认为，水-食物-能源三者的联系为决策者设下了一大难题，隐含着诸多风险与不确定性。大量事实证明，倾向于某个产业（例如，倾向于粮食安全或能源安全）都会在有意或无意中产生重要影响。例如，据国际能源协会（IEA）预测，"（在 2030 年前）至少有 5% 的全球道路运输将使用生物燃料，相当

于每天 320 万桶石油。然而，如果技术和生产工艺维持不变，生产这些燃料需要消耗目前世界农业用水总量的 20%～100%"（WEF，2011，p.31）。另一个例子，提取页岩气可以获取更多的化石燃料储备，但其用水量大，且可能会导致水质恶化。

因此，一个关键的挑战就是：如何将各种风险的复杂关联纳入到考虑各利益相关者的综合性响应策略中。

14.4.4　通过更好的城市总体规划减少不确定性，获得双赢

在考虑各种因素和政策选择时，进行建模有助于减少不确定性。一直以来，城市规划都把水资源纳入考虑范围，但只是在最近才开始综合水的各种价值和用途，并把相互影响的风险和不确定性考虑在内。专栏 14.8 举例说明了一个城市如何利用建模工具，在考虑水对群众的用途后作出取舍。

专栏 14.8

以俄勒冈为例说明景观分析可降低城市规划中的不确定性

对景观的分析是研究人类活动与自然变化的联系的主要方法。利用地理信息系统和相关工具，我们可以获得数字或纸质的图像，描绘俄勒冈州西部 320 平方千米流域过去、现在以及将来的情况。这些工具用来识别一定时空里人类居住和自然资源的状况。通过与市民合作，工作人员了解了市民对未来环境的要求和期望，并通过数码手段，利用水文学和生态学的模型，评估未来环境对水质和生物多样性的影响。水质评估模型，是一个针对面源污染来源的地理信息系统模型，它基于现场实测数据，对过去、现在以及五种未来的假定情况下的污染负荷进行综合计算，并以此为基础模拟暴风雨事件。生物多样性评估模型可以结合过去、现在及几种未来的假定情况，对物种数量的变化和栖息地状况的改变进行估量。

水质模型的结果显示，在以发展为主导的未来，居民生活水平显著提高，山坡水土流失严重，导致地表径流增多，悬浮物的数量增加。生物多样性模型显示，在每一个模拟的未来里，所有的当地物种都尚可找到合适的栖息地。如果流域内的土地使用模式不加以改变，甚至变本加厉地开发利用，将对当地现有物种产生巨大的风险。在（模型中）几个以发展为主导的未来里，濒危的物种各不相同，风险的程度也比过去高，显示了目前栖息地的变化状况与预测的结果有所不同。

资料来源：摘自 Hulse 等（2000，威斯康星大学董事会，威斯康星大学出版社）。

14.5　缓解风险和不确定性的影响

当风险和不确定性不可避免时，有时候我们可以通过风险分担的机制，或者消除某一方面的负面效果，从而达到缓解影响的目的。保险就是这么一个由来已久的机制，适用于各行各业，也有助于降低涉水风险的影响。如果一个团体比另一团体能承受更多的风险（例如，大型跨国公司相对于落后地区），风险分担机制就显得非常有用。

"分担风险的方式各有不同，其中一种是地理风险延伸机制。"

14.5.1　通过保险机制使风险最小化

分担风险的方式各有不同。当互补的气候出现在不同地域时，可以采取地理风险延伸机制。例如，在非洲，东部地区的旱季常常与南部地区的雨季一起出现，反之亦然。这种现象与厄尔尼诺南方涛动有关：非洲东部的降雨减少、非洲南部的降雨增加与拉尼娜现象密切相关，而在厄尔尼诺现象影响下，就常常出现相反的情况。这时可以引入风险共担机制，为降水量的风险和不确定实现跨地区分担。

指数保险渐成为各领域进行风险管理的强大工具。这种类型的保险与实际损失无关，而是与指数或现象相关联，例如降水量、温度、湿度、作物产量等。相对于赔付损失，这类型保险对发展中国家的客户尤具吸引力，而对于承保人来说，此类保险也具备财务上的可行性。

专栏14.9举例说明了结合各种机制，包括损失模型、地理风险分担、分摊采购保险等，达到降低风险和不确定性的目的。

专栏 14.9

加勒比巨灾风险保险基金

加勒比巨灾风险保险基金（CCRIF）以地理风险分担机制为基础，目的是减少极端天气现象的影响，例如飓风、暴雨、地震等。当参数显示特定现象出现时，加勒比巨灾风险保险基金将提供资金援助。

该基金原来的资金主要来自日本，经过多方捐助的信托基金进行资本调整后，由16个政府成员付费维持，包括安圭拉、安提瓜和巴布达、巴哈马、巴巴多斯、伯利兹、百慕大、开曼群岛、多米尼加、格林纳达、海地、牙买加、圣基茨和尼维斯、圣文森特和格林纳丁斯、特立尼达和多巴哥以及特克斯和凯科斯群岛。

参与各国把自身特定的风险集中在一个多元化的保险协议内。由于各种自然灾害每年随机在加勒比群岛各处发生，该合同的保险费用低于每个国家单独购买各项保险的费用。实际上，保险费用减少了近一半。

该基金也利用灾难建模工具（见第十三章），了解特定风险可能引致的损失，以此作为向某一国家收取保险费的基础。

资料来源：CCRIF（2011）。

14.5.2　通过条约降低不确定性

自然资源使用者之间的冲突和动乱会对水资源产生直接或间接的影响。条约和协议的一贯作用就是降低各种不确定性，以保障未来的安全、保证服务以及资源的供给。共享跨界流域的水量分配方面的条约和协议成倍增加，于此，有学者认为，通过建立互信机制以及各利益相关方行为的大量可预测性，有助于降低风险。

Dreischova等（2001）提到，水资源条约与合作框架不一定能全面反映水的不确定性。在协议中引入灵活、开放的策略，说明了大家对水的不确定性有了进一步的了解，并意识到它对政策的影响。例如，尼罗河流域国家组织和南部非洲开发共同体（SADC）在共享水道系统中都利用了风险管理机制，用以商定水资源配置，推进共同标准。

另一方面，即使协议和条约的签订并不以水资源为目的，它们也可能有助于减少涉水风险和不确定性，尤其是它们约束了协议方对自然资源的使用。和平条约对减少水资源风险（至少对供人类使用的水资源）最为明显。

但也有人认为贸易条约会对水产生不利后果，或增加涉水风险。其中一个例子，是自由贸易协定对北美水资源造成的影响。在签订

《北美自由贸易协定》之前，对于能否从水源充足的加拿大大量出口水已是争议不断。在协定签订后这些争议加剧，尤其是"关于以天然状态存在的地下水和地表水（例如河流和湖泊）是否被纳入协定范围。有些人认同，但加拿大、美国和墨西哥政府都表示该协定不适用于天然状态下存在的水"（Johansen，2002，p.19）。

14.5.3 跨部门合作解决水问题和安全隐患

不确定性的持续增长，有的与气候变化有关，有的是资源匮乏引起的，有的是由于经济波动，但所有政策制定者最关注的都是安全问题。在这一点上，水是各种风险的交集，有时候会带来极其严重的后果。

例如，近来在东非发生了严重的旱灾，加上索马里与苏丹冲突不断，导致局势高度动荡，数百万世界上最贫困人口遭受暴力和饥荒的威胁。水资源匮乏引起了农牧业崩溃，又引发了居民迁移和对资源的争夺。冲突不断升温，动用了武器，已经发展成一桩大范围的人间惨剧。

应对未来水风险和不确定性机制的形成，为国内和地区安全创造了条件，也为水带来了多种利益。水资源合作可以为和平发展创造条件，建立互信，设立共同目标，建设合作机构。阶段性成果将为全面合作奠定基础。

反过来，在安全事务上的合作也有助于解决涉水问题，并为各方发展和增长创造条件。欧洲安全与合作组织（OSCE）最近认可了这一观点，该组织正致力于在中亚国家就水管理(地表水和地下水)事务建立合作关系（见专栏14.10）。

最近美国对阿富汗的一项研究指出，水在饱受战乱的国家里起着平息纷争的重要作用。该研究建议，重建计划中应着重发展可抵御冲击与风险的设施，以及设立地区间或国家间有效的水管理系统（美国参议院，2011）。

专栏 14.10

在中亚建立以水为中心的合作安全机构

欧洲安全与合作组织与吉尔吉斯斯坦和哈萨克斯坦共同合作，为推动实行《关于楚河和塔拉斯河跨境使用水利设施的协议》成立了跨国委员会。欧洲安全与合作组织协助委员会的建立和多功能水利设施的维修。这个计划也包括在两国间斡旋，使两国政府达成共识。

欧洲安全与合作组织继续支持中亚的国家间水协调委员会（ICWC），高度重视区域合作，以及水管理和环境可持续发展相关政策的宣传等。在与 ICWC 的合作中，欧洲安全与合作组织通过举办研讨会，优化涉及水管理的经济体制，改善环境，促进地区合作。

在可持续水管理、涉水生态系统等层面，各国进行了紧密合作，这是保障地区安全与发展的关键。

资料来源：摘自 OSCE（日期不详）。

结语

本章重点介绍了我们采取的措施如何解决影响社会经济各领域的涉水风险和不确定性，并对其产生正面或负面的影响，如何制约了水管理者的决策，或赋予他们更多的选择。风险管理，无论是以防范、减少或减缓的形式出现，都是政策制定中不可缺少的一个环节。此外，社会将承受更多和更复杂的风险和不确定性。

了解各种选择对水资源的影响，有助于我们进行优化选择，使各领域的利益最大化，为发展奠定长期、稳定、可持续的基础。这也要求我们要以清晰的思维，考量短期、中期和长期计划的利害关系。

参考文献

Alvarez, M., Bourque, M., Funes, F., Martin, L., Nova, A. and Rosset, P. 2010. *Surviving crisis in Cuba: the second agrarian reform and sustainable agriculture.* P. Rosset, R. Patel and M. Courville (eds). 2006. *Promised Land: Competing Visions of Agrarian Reform. Institute for Food and Development Policy.* Oakland, Calif., FoodFirst. http://www.foodfirst.org/files/bookstore/pdf/promisedland/12.pdf

Bonner, S. 2011. RDTN.org: *Crowdsourcing and Mapping Radiation Levels.* Blog entry posted to boingboing, 19 March 2011. http://boingboing.net/2011/03/19/rdntorg-collects-cro.html

Capon, A. G. and Rissel, C. E. 2010. Erratum to: Chronic disease and climate change: understanding co-benefits and their policy implications. *New South Wales Public Health Bulletin,* Vol. 21, No. 10, p. 196.

CCRIF (The Caribbean Catastrophe Risk Insurance Facility). 2011. Website home page and Q&A document. http://WWW.CCRIF.ORG/content/about-us and http://www.ccrif.org/sites/default/files/publications/BookletQuestionsAnswersMarch2010.pdf (Accessed 4 November 2011.)

CERES. 2010. *The 21st Century Corporation: The CERES roadmap for sustainability.* Boston, CERES. http://docs.google.com/viewer?url=http://www.ceres.org/resources/reports/ceres-roadmap-to-sustainability-2010&chrome=true (Accessed 19 October 2011.)

Dreischova, A., Fischhendler, I. and Giordano, M. 2011. The role of uncertainties in the design of international water treaties: an historical perspective, *Climatic Change,* Vol. 105, pp. 387–408.

FAO (Food and Agriculture Organization of the United Nations)/UNDP (United Nations Development Programme/UNEP (United Nations Environment Programme). 2008a. *UN-REDD Programme Framework Document.* Geneva, FAO/UNDP/UNEP.

––––. 2008b. *Role of Satellite Remote Sensing in REDD.* Issues Paper. Geneva, FAO/UNDP/UNEP. http://www.un-redd.org/LinkClick.aspx?fileticket=p7Ss-fE7AR0%3D&tabid=587&language=en-US

Google. 2011. *Google.org Flu Trends* website. Calif., Google. http://www.google.org/flutrends/ca/#CA

Hulse, D., Eilers, J., Freemark, K., Hummon, C. and White, D. 2000. Planning alternative future landscapes in Oregon: evaluating effects on water quality and biodiversity. *Landscape Journal,* Vol. 19, NO, 1&2, pp. 1–19.

Hutton, G. and Haller, L. 2004. *Evaluation of the Costs and Benefits of Water and Sanitation Improvements at the Global Level.* Geneva, WHO. http://www.who.int/water_sanitation_health/wsh0404.pdf

Johansen, D. 2002. *Bulk Water Removals, Water Exports and the NAFTA.* Ottawa, Government of Canada, Law and Government Division. http://dsp-psd.pwgsc.gc.ca/Collection-R/LoPBdP/BP/prb0041-e.htm

Klop, P. and Wellington, F. 2008. *Watching Water: A*

Guide to Evaluating Corporate Risks in a Thirsty World. New York, JP Morgan Global Equity Research. http://www.questwatersolutions.com/Quest%20Water%20Solutions%20Inc./News_files/JPMorgan-WatchingWater-April%202008.pdf

NextDrop. n.d. Website. A collaboration of UC Berkeley School of Information, Department of Civil and Environmental Engineering, and Goldman School of Public Policy. http://www.nextdrop.org

NWT (Northwest Territories). 2010. *Northern Voices, Northern Waters. NWT Water Stewardship Strategy.* Yellowknife, Canada, Department of Environment and Natural Resources (GNWT). http://www.enr.gov.nt.ca/_live/documents/content/NWT_Water_Stewardship_Strategy.pdf

OSCE (Organization for Security and Co-operation in Europe). Website. Vienna, OSCE. http://www.osce.org/eea/45910 (Accessed 4 November 2010.)

PepsiCo. 2011. *Annual Report 2010: Performance with Purpose. The Promise of PepsiCo.* Purchase, NY, PepsiCo. http://www.pepsico.com/annual10/performance/performance.html?nav=environmental

UNEP (United Nations Environment Programme). 2011. *Green Economy Report.* Nairobi, UNEP. http://www.unep.org/greeneconomy/SuccessStories/OrganicAgricultureinCuba/tabid/29890/Default.aspx

UN-Habitat. 2010. *Google and UN-HABITAT Partnership to Improve Data Collection.* UN-Habitat website. Nairobi, UN-Habitat. http://www.unhabitat.org/content.asp?cid=7751&catid=460&typeid=6

US Senate. 2011. *Avoiding Water Wars: Water Scarcity and Central Asia's Growing Importance for Stability in Afghanistan and Pakistan.* A majority staff report prepared for the use of the Committee on Foreign Relations, United States Senate, 112th Congress, first session 22 February 2011.

WBCSD (World Business Council for Sustainable Development). n.d.Website. Repository of Case Studies. Geneva, WBCSD, http://www.fundacionentorno.org/Data/Documentos/Sustain30_090908_proof2173545873.pdf (Accessed 17 October 2011.)

WEF (World Economic Forum). 2011. *Global Risk 2011, Sixth Edition: An initiative of the Risk Response Network.* Geneva, WEF.

World Bank. 2011. *Estimating the Opportunity Costs of REDD+: A Training Manual.* Washington DC, The World Bank Institute/Forest Carbon Partnership Facility. http://wbi.worldbank.org/wbi/Data/wbi/wbicms/files/drupal-acquia/wbi/OppCostsREDD+manual.pdf

结论

作者：理查德·康纳、乔安娜·泰勒菲里
供稿：威廉·科斯格罗夫

《世界水发展报告》（第四版）不仅全面揭示了当今水资源所面临的挑战，并且阐述了今后日益严重的复杂性、不确定性和风险，为将来如何应对这些挑战指明了方向。水在社会发展中处于核心位置，与人类生活的各个环节息息相关：不仅关系到粮食、健康和能源等基本要素，而且关系到工业、贸易和经济等不同领域。目前，大多数行业都面临着危机，迫切需要我们提高对未来的洞察力，采取分阶段措施创造繁荣的未来，以避免即将发生的灾难。《世界水发展报告》（第四版）为我们指出了通过妥善处理水问题来解决这些危机的途径，并阐明了只有解决当下的水问题，才能确保全球的未来和人类的繁荣。

然而，自 2009 年《世界水发展报告》第三版发布以来，全球的状况并未发生较大改变。仍有近 10 亿人口无法获得安全的饮用水，而且，与 20 世纪 90 年代末相比，目前城市中无法使用自来水的人数还在增加。此外，14 亿人口的家中无电可用，近 10 亿人还承受着营养不良的痛苦。虽然一些国家和地区在实现涉水千年发展目标方面取得了一定进展，但未完成的工作还很多，尤其是最易受到全球贫困冲击的弱势群体——妇女和儿童，他们的特殊需要应给予更多的关注。

水对可持续发展的制约已经成为热点问题，它对我们构成多重挑战，使贫穷、不确定性和不稳定性等因素相互交织。虽然不同地区问题产生的根源不同，但所有地区均面临着同样的挑战。在非洲，水利基础设施建设和供水方面的投资严重不足，而且，技术水平较低、制度建设能力不足、用水消耗过度和水污染等问题，加剧了这种态势的发展，特别是北非国家的经济越来越受到上述因素的制约。在亚洲，日益增长的人口和城市化对卫生设施构成挑战，用水争端、自然灾害和极端事件频发，使已有的水资源匮乏、风险和不确定性日益加剧。在部分阿拉伯和西亚国家，虽然早已面临非常严重的缺水问题，但对水的需求还在不断增加。此外，在拉丁美洲和加勒比海地区，工业、贸易和日益增长的经济体对燃料需求的增长正对这些国家的管理体制构成挑战，但其目前的能力还不足以应对这些挑战。

从部门角度来讲，用水压力还在继续增加，而且，迫切需要的节水技术革新目前尚未全面实施。农业是世界上最大的用水行业，许多国家还在继续以效率低下的方式用水，在发展中国家，这主要是由于缺乏能力或政府支持所致。较高的人均能源消耗和快速增长的能源需求也对水施加着越来越大的压力，高耗水能源依然是大多数国家能源结构的重要组成部分。在有条件提供卫生服务的城市，卫生行业还在大量使用淡水，而且，按照千年发展目标第 7c 项目标的要求，淡水需求还在持续增长。大量的污水未经过处理就直接向周边排放，对人类和生态系统健康构成风险。

正如第二章所述，影响水需求的因素有多种，我们无法确定将来这些因素将怎样变化，但是我们能够确定的是用水需求会增加，这给我们提出了疑问：它们存在何处？影响程度究竟有多大？我们还可以确定的是，如果所有的情形都保持原样，而我们的管理模式依然一成不变，继续沿着目前的发展轨道继续下去而不作出任何改变，水资源将无法以满足未来的所有需求。事实上，目前许多地区和国家就面临着水短缺（见第七章）。

正如本报告第二部分所描述的那样，全世界正在以比以前更快的速度发生改变，而且变得越来越复杂。水的可利用性和用水需求的不确定性也在不断扩大，而且，与人类生存和发展、社会和环境相关的风险也在不断扩大。除非我们从现在开始就提高意识，充分调动政府的积极性，否则，我们面临危机的可能性将逐步上升，而且，实现我们发展目标的可能性也将逐步减少。尽管《世界水发展报告》（第四版）通篇描述的挑战使我们不得不面对严酷的现实，我们还要看到《世界水发展报告》第三版公布之后取得了很多重要进展。

事实上，2011 年 11 月在波恩举行的以"水安全、能源安全和粮食安全"为主题的国际会议上提出，水和其他发展要素之间的联系已经得到广泛认同。这种认同有利于水利发展，尤其是很多重要的计划项目由能源和粮食等部门发起，这说明人们对水在发展中重要性的认识正在不断加深。由于水资源综合管理计划不能充分实施，"协调"对话为"水问题"以外的决策创造了重要的实践机会。在水资源综合管理方面也有一定改进，如为确定水资源综合管理进展，于2011年开展了"联合国水机制"全球调查，其初步结果显示，在国家层面采取更广泛的综合措施，对发展和水管理实践将产生重要影响（见第一章）。此外，最近召开的联合国气候变化框架公约多边会议也取得了一些进展（见第一章）。

遗憾的是，当许多利益相关者在理论上认识到水对于实现全球目标很重要的同时，在国际和国内层面如千年发展目标等，仍然把水看成是独立于其他问题和挑战之外的问题，如气候变化谈判以及联合国可持续发展委员会（UNCSD）2012进程（里约＋20峰会）。正如本报告所阐述的，不能妥善地解决水问题，对于所有的发展性行业，包括农业、能源、工业、健康和生活，以及全球贸易和经济增长，都会带来无法回避的风险和不确定性。

水政策制定者和水资源管理者已经开始认识到，长期的跨部门行动对妥善管理水资源是必需的。其他部门的政策制定者需要看到采取这种做法所产生的效益，积极参与并采取综合措施，应对多部门挑战、处理关联风险和减少不确定性。政府和水管理者有责任与利益相关者和用水户进行合作，为实现国家的发展目标制定决策，将水分配到最适合和公平的用途上。但与水有关的问题已经超出国界，延伸到全球经济的所有领域，各国政府应推动国际政策的制定，各国政府有责任将水问题提升到国际层面，为共同的问题找出共享的解决方案。

正如在第五章中提出的那样，"水是瞬间即逝的资源"，水在全球经济中的作用无处不在，但是却难以掌控。如果我们在决策各种日常事务中继续忽视水的基本作用和价值（或低估其许多效益的价值），那么，我们将会在找到替代方案之前耗尽所有可用的水资源。水管理者需要发挥主观能动性，教育并告知所有部门的决策者关于：水的各种价值、水对发展产生的多种效益以及为使水带给人类社会经济健康发展的效益最大化而有效降低其潜在负面影响的一些做法。这种双赢的实例在第十三章和第十四章中列举了许多，有的是属于行业管理，如适应性管理，主要依托科学手段、经济措施和其他政策机制等，这些措施均有助于多种效益的发挥。

在不确定性越来越多和越来越复杂的背景下，水管理需要采取跨部门和跨制度的新方法，在用水户和供水单位之间建立新的契合点。这种管理方法已经在许多场合使用，有的国家已积累了一些经验。很多发达国家和发展中国家都开始采用跨界流域管理、多学科情景预测规划和"绿色账户"等方法。同时，为应对快速变化的环境，还需要大幅度提高机构的能力，建立灵活的和基于对话的磋商机制，长期开展社会宗旨和目标问题的讨论，对水资源配置和管理进行快速决策。

成功的水管理还需要充分认识到水的经济价值和各种效益，正如第十章提到的，加强水利基础设施和机构投资非常必要，如果不进行投资，水将变成让人始料不及的"机器幽灵"，目前采用的经济模型都是以增长情境为前提倡导进行投资，其假设主要针对自然资源（主要是水）。如果没有正确理解水对当今全球和本地经济发展的支撑作用，只会导致持续增长的不合理预测；而认识到水的全部价值和效益，并确保在供水中实现这些效益的公平合理分配以及操作的连续性，就能帮助减轻未来的经济风险和不确定性。

除此之外，各国政府和国际社会需要更多的投资实现成功的水管理，以便达到国家和全球的发展目标。成功的水管理既需要对固定和持续使用的基础设施进行"硬件"投资，确保长久有效的供水和减少风险，还需要在能力建设、科学、数据收集和分析以及水信息方面进行"软件"投资，不断降低不确定性。另外，还将需要在提供水服务方式选择以及创新方面进行投资，包括健康生态系统提供的水服务修复等，而这些在以往的水管理中经常被忽略。第五章、第八章和第十一章指出，"硬件"和"软件"措施相结合有助于可持续地提高可用水量和水质。

只有当经济政策、工业计划、城市设计、粮食、能源和贸易政策中更多地体现水的价值时，优化水效益和公平合理水分配才能得以实现。随着新的计划工具不断出现，如建模、风险管理、低遗憾和零遗憾计划工具等，多方协调及其产生的共同效益将更加直观（见第八章）。这有助于减少与水有关的不确定性以及经济不确定性和风险，并且能为经济的高速增长做出贡献。公共和私人部门可充分利用公众对环境可持续性意识的提高，完成20年前难以作出的决定。公众意识的不断提高表明，公众具有承担短期风险以减少长期不确定性（社会风险承受能力，见第十一章）的意愿。

私有部门作为风险承担者通常是技术革新的发起人。在这方面，获取利润可成为他们开展水资源可持续利用的有效推动力，适当的管理可激励技术进步朝着资源利用率更高、浪费和污染更少的方向发展。事实上，许多企业会领先于政府开展活动，因为他们认识到：从长远看，环境可持续性或水管理是经济可持续性的先决条件。实际上，某些大的私营公司已经开始投资生态工程，表示了他们愿意共同承担责任的意愿，作为交换，他们可获得有效和持续不断的资源供应。然而，这种措施尚未成为私营部门决策的主流方向，原因是公共政策的制定较为落后，还有采纳"绿色"技术方面仍存在资金阻力。第十三章中也提到，有些绿色措施，虽然出发点是好的，但可能对水带来不利的影响。

因此，对于政府来说，在作权衡时，特别是进行有关水的决策时，向私营部门决策者发出正确的信号和给予一定的激励非常重要。民间团体，特别是环境领域的非政府组织也要发挥一定的作用。尤其是他们一度被看作是很多决策制定的反对方，他们的积极参与有利于联合开展决策，确保不同的关注点和相关利益在公共和私营部门制定决策中得以充分的体现。

积极采取措施预测和应对变化可为实现有益的改变提供更多的机会，并避免冒过多的风险。我们应充分认识到过去的经验已不再是预期未来的良药（详见第八章），应根据目前的发展趋势对未来的结果进行预测。正如第九章所阐述的，对关键驱动因素演变的分析有助于把握以下情况，即如果我们今天不作为，可能会发生什么；或如果我们今天做出决策，将来会发生什么。展望世界未来的前景将为我们现在的发展指明方向。采取对策适应气候变化为我们提供了实用模型，可进行"零遗憾"发展规划，它展示了在不确定性（或确定性）条件下如何进行决策，以实现不同情景下的最大利益（见第十三章）。如果公共和私营机构在获得新的信息后能灵活地（或合理地）作出修正，那么所有部门都可采用适应管理和"零遗憾"计划。正如第五章和第十一章指出的，采取水资源综合管理适应性措施，与水资源管理者和非水资源管理者都日益相关。

与应对变化相类似，在规划我们的未来时还需要加大投入，强化我们对系统如何运作方面的知识和理解。在制定公共政策时，气候变化预测、模拟和场景应成为重要的手段。对水系统知识的掌握也是一样，例如地下水（见第三章）或生态系统可起到维持和调节水流的作用，并具有持续提供各种类型服务的能力（见第四章和第八章）。这些知识应当成为日常决策中不可缺少的组成部分，不应只有水利专家才具备，必须将知识传递给更多直接的和间接的用水户。知识和技术创新在降低水相关风险和不确定性方面发挥着重要作用，使我们从高耗水的发展模式向高效用水模式转变。第六章中介绍过，大多数国家由于缺乏系统的数据收集，从而无法定期地报告水资源开发利用情况以及发展趋势。因此，有必要获取更加完善的水相关数据并记录在册，使人们更容易获取数据、开展有计划的数据采集和掌握高质量的水信息，使不同的用户可通过这些信息得到他们感兴趣的指标数据。

目前面临的难题是如何在日常决策和商务活动中作出权衡和妥协。我们做出的每一项决策都可能对水产生深远的影响，例如，政府最近做出的取消核能的决定可能对用水产生影响，导致耗水型能源行业的开发（如油沙开采）。在应对灾难或处理公众热点问题时，如果不从跨部门和长远视角考虑，而只是仓促地做出决定，可能会导致严重的后果。对未来渴望实现的目标加以明确，即明确"终点"或最期望的结果（或未来），有助于我们权衡近期、中期和远期可接受的折中方案。此外，在对未来进行展望时，无论是针对水的还是总体发展，该方法的使用都需要作出一些改进。我们在提出千年发展目标时，就错失了将水与其他发展要素有机结合的机会，采取的措施总体上都比较单一和片面。

因此，我们要摒弃以往的那种以部门为基础制定决策的老办法，从广泛和长远的角度综合考虑发展涉及的各种问题、多重风险和不确定性、成本和效益及每一个决定。在这方面，各国政府应当大有作为，可以建立更加强大、更具合作性、更富有弹性的制度，可以通过有效的融资机制确保水服务和基础设施的长期有效性，确保在每天的政策制定以及国际事务管理过程中将水作为重点考虑的因素。水管理者有责任不断地传达这样的信息，努力提高人们对水在发展中位居核心位置的认识。

这就是为什么将近期发生的经济危机看成是机会，因为它不仅为我们提供了对共同的理想和未来进行反思的机会，同时也为我们提供了洞察国家、部门和政策之间具有关联性的机会。通过水问题观望未来，有助于提高我们制定决策的洞察力，为人类、环境和全球经济创造最大的效益。

单独发生的危机如金融、粮食、燃料和气候变化等已构成严重问题，如果叠加起来对于全球的可持续发展将是灾难性的。《世界水发展报告》（第四版）以风险和不确定性为视角，为我们寻求新的方法和探索水的真实状况指明了方向。报告鼓励人们以不同的思维模式思考世界共同的未来，并采用能使每个经济部门用水效益最大化的手段和措施。报告用实例证明双赢的确可以实现。政界和商界的领导者及水管理者、用水户和普通百姓都面临着这个独一无二的机会，我们应回顾过去、直接面对挑战和风险，以水为纽带，为我们大家的可持续繁荣作出长久的改变。

缩略语

AASB	澳大利亚审计与担保标准委员会	BAU	一切照旧
		BEP	最佳环境实践
AC	阿尔布费拉公约（葡萄牙）	BGR	德国联邦地球科学和自然资源研究所
ACCA	特许认证会计师（英国）		
ACCRA	非洲气候变化适应联盟	BIRDS	帕拉提农村综合发展协会
ACMAD	非洲气象学应用促进发展中心	BMAP	流域管理行动计划
ACWUA	阿拉伯国家水资源公用事业协会	BMWS	大麦、玉米、小麦和大豆
		BOD	生物（或生化）需氧量
ADB	亚洲开发银行	BOT	建设-经营-转让
ADPC	亚洲灾害预防中心	BRIC（S）	金砖国家：巴西、俄罗斯联邦、印度、中国（以及南非）
ADSS	高级决策支持系统		
AfDB	非洲开发银行	BSE	牛海绵状脑病（疯牛病）
AFED	阿拉伯环境与发展论坛	BSR	商业的社会责任
AI	干燥指数	CAD	中央亚平宁区
AICD	非洲基础设施国家诊断报告	CADA	中央亚平宁区管理局
AMCOW	非洲水利部长理事会	CADC	葡萄牙应用与发展公约委员会
AMO	大西洋多年代际振荡	CAMRE	阿拉伯环境部长委员会
AMOC	大西洋经向翻转环流	CAP	欧盟通用农业政策
AMWC	阿拉伯部长级水理事会	CATIE	热带农业调查与教学中心（哥斯达黎加）
ANA	巴西国家水务署		
AO	北极涛动	CBD	生物多样性公约
APFAMGS	安得拉邦农民地下水管理系统	CBO	社区组织
APWF	亚太水论坛	CBRN	化学、生物、辐射和原子能
ARH	葡萄牙地区水文管理	CBSR	加拿大社会责任商会
ARPA	意大利地区环境保护署	CCAI	国际气候变化适应行动
ASCE	美国土木工程师协会	CCRIF	加勒比巨灾风险保险基金
ASEAN	东南亚国家联盟	CD	能力建设
ATP	适应性临界点	CDA	印度吉尔卡发展局
AWB	地区水理事会	CEC	加利福尼亚能源委员会
AWC	阿拉伯水委员会	CEC	北美环境合作委员会
AWDR	非洲水资源开发报告	CEDARE	阿拉伯地区和欧洲环境与发展中心
AWF	非洲水基金		
AWICH	非洲水信息交流中心	CEDAW	联合国消除对妇女一切形式歧视公约
AWM	适应性水管理		
AWM	农业水管理	CEH	英国生态与水文中心
AWTF	非洲水事工作组	CELADE	拉美和加勒比人口统计中心
BAT	现有最佳技术	CEPMLP	能源、石油和矿藏法案政策中

	心（邓迪大学）		行动模型（世界卫生组织）
CHRAJ	加纳人权和行政司法委员会	DRI	灾害风险指数
CIDA	加拿大国际发展署	DRM	灾害风险管理
CIF	气候投资基金	DRR	降低灾害风险
CIFOR	国际林业研究中心	DWA	南非水利部
CILSS	萨赫勒抗旱委员会	DWAF	南非水利林业部
CIS	共同实施战略（欧盟）	EAWAG	瑞士联邦水生生物科技研究所
CLIMPAG	气候对农业的影响	EC	欧盟委员会
CNE	国家风险防范和应急委员会（墨西哥）	EC-IFAS	拯救咸海国际基金执行委员会
		ECOWGA	西非国家经济共同体
COD	化学需氧量	EDC	内分泌干扰化合物
CONAGUA	国家水委员会（墨西哥）	EEA	欧洲环境署
Cop	实践社区	EHP	环境健康工程
COP	公约缔约国大会	EIA	美国能源信息管理局
CPA	清洁产品评定	EMA	环境管理会计
CPWC	水与气候合作项目（联合国教科文组织国际水教育学院）	EMCA	环境管理与协调法案（肯尼亚）
CRED	天主教勒芬大学灾后流行疾病研究中心	EMS	环境管理系统
		ENERGIA	性别与可持续能源国际网络
CRM	气候风险管理	ENSO	厄尔尼诺南方涛动
CSDRM	气象灾害智能管理	EPA	美国环境保护署
CSE	科学环境中心（新德里）	EPRI	电力研究院（美国）
CSEC	水与气候最高委员会（摩洛哥）	EU	欧盟
		EUWI	欧洲水行动方案
CSIRO	联邦科学与工业研究组织（澳大利亚）	EWP	生态系统劳动力计划（俄勒冈大学）
CSR	企业社会责任	EWRA	埃及水监管署
CVI	气候变化指数	FAO	联合国粮农组织
CWA	清洁水法案（美国）	FIRM	资源综合管理论坛
CWPP	刚果跨边界水管道工程	FMMP	洪水防治与管理计划
CWSA	加纳社区水与卫生管理局	FO	农民组织
DAC	经合组织发展援助委员会	FONAFIFO	墨西哥国家林业融资基金
DBOT	设计—建设—运营—转让	FONAG	厄瓜多尔水资源保护基金
DEWATS	分散式废水处理系统	FWRA	佛罗里达水资源法
DFE	环境设计	GAR	全球评估报告
DFID	英国国际开发署	GAR	地下水回灌
DLDD	荒漠化、土地退化及干旱	GAS	瓜拉尼含水层体系
DO	溶解氧	GCC	海湾阿拉伯国家合作委员会
DOE	美国能源部	GCF	绿色气候基金会（联合国气候变化框架公约）
DPSEEA	动力-压力-状况-暴露-影响-		

GCM	大气环流模型	ICE	墨西哥哥斯达黎加电力学院
GDP	国内生产总值	ICID	国际灌排委员会
GEF	全球环境基金（《联合国气候变化框架公约》）	ICIMOD	国际山地综合开发中心
		ICLEI	国际地方环境行动理事会
GEMS	全球环境监测体系	ICLOD	国际大坝委员会
GEO	全球环境展望	ICPAC	气候预测与应用中心（非洲政府间发展组织）
GHG	温室气体		
GIF	全球影响因素	ICPDR	多瑙河保护国际委员会
GLAAS	全球卫生系统和饮用水分析及评估（世界卫生组织/联合国水计划）	ICRAF	国际农林研究中心
		ICRISAT	国际半干旱热带地区作物研究所
GLIMS	太空观测环球陆冰计划	ICS	信息和通信系统
GLOF	冰川湖突发洪水	ICT	信息和通信技术
GLOWS	全球水可持续计划	IDB	泛美开发银行
GPOBA	基于产出的全球伙伴援助项目	IDRC	国际开发研究中心
GPWAR	通用水会计报告	IDS	英国发展研究所
GRACE	重力场恢复及气候试验	IEA	国际能源署
GTN-H	全球陆地水文网络	IEG	独立评估小组（世界银行）
GVEP	全球村庄能源合作伙伴	IFAD	国际农业发展基金
GWC	绿水信贷	IFAS	拯救咸海国际基金
GWCL	加纳水资源有限公司	IFI	国际融资机构
GWD	地下水指令（欧盟）	IFPRI	国际粮食政策研究所
GWI	全球水智能	IFRC	红十字会与红新月会国际联合会
GWP	全球水伙伴	IGAD	政府间发展组织管理局
GWSP	全球水体系项目	IGRAC	国际地下水资源评估中心
HAB	有害藻类水华	IGWA	跨部门水小组
HDI	人类发展指数	IHA	国际水电协会
HEPP	水电厂	IIA	国际投资协定
HIA	健康影响评估	IIED	国际环境与发展研究所
HKJ	约旦哈希姆王国	IIRR	国际乡村建设研究所
HRC	联合国人权理事会	IISD	国际可持续发展研究所
HRHR	高风险高回报	ILC	国际土地联盟
HVBWSHE	以人类价值为基础推动水与卫生和健康措施	ILEC	国际湖泊环境委员会
		ILWRM	土地和水资源综合管理
IAHS	国际水文科学协会	IMR	联合国水计划指标监测与报告小组
IBNET	水与卫生设施国际基准化网络		
IBRD	国际复兴开发银行	IPCC	政府间气候变化专门委员会
IBWT	跨流域调水工程	IRB	印度河流域
ICA	非洲基础设施联营体	IRTCES	国际泥沙研究培训中心
ICCPR	公民及政治权利国际公约	IRWS	水统计国际建议

ISARM	国际共享含水层资源管理	MAP	地中海行动计划（联合国环境规划署）
ISET	社会和环境转型研究所		
ISNAR	国家农业研究国际服务中心	MAR	管控下的地下含水层回补
ISO	国际标准化组织	MAWF	农业、水与林业部
ISPRA	意大利国家环境保护研究院	MCED	亚太环境与发展部长级会议
ISRIC	国际土壤信息中心	MDB	墨累达令流域
ISWM	雨洪综合管理	MDBA	墨累达令流域管理局
ITCZ	赤道辐合带	MDG	千年发展目标
IUCN	世界自然保护联盟	MDWPP	多方捐助水伙伴计划
IUWM	城市水综合管理	MEA	千年生态系统评估
IWA	国际水协会	MEA	多边环境协议
IWLP	国际水法项目	MEDAWARE	欧盟委员会欧洲-地中海合作伙伴关系
IWM	水综合管理		
IWMI	国际水管理研究所	MIGA	多边投资担保机构（世界银行）
IWRM	水资源综合管理		
IWROM	水资源综合优化模式	MINAET	环境、能源和通讯部（墨西哥）
JISAO	大气和海洋研究联合学会		
JMP	供水及卫生联合监测计划（世界卫生组织/联合国儿童基金会）	MPM	马赛普罗旺斯大都会城市社区
		MRB	马拉河盆地
		MRC	湄公河流域可持续发展委员会
JRV	约旦裂谷	MRI	死亡风险指数
KDP	世界银行资助的印度尼西亚可卡马坦发展项目	MTWN	交通和水管理部（荷兰）
		MWI	水资源和灌溉部（肯尼亚）
LAC	拉丁美洲和加勒比地区	MWP	蒙蒂湿地计划（南非）
LAS	阿拉伯国家联盟	MWRWH	水资源、工程与住房部（加纳）
LBP	波瓦尼低地项目		
LCB	莱尔马查帕拉流域	NADMO	国家灾害管理组织（加纳）
LCBC	乍得湖流域委员会	NAFTA	北美自由贸易协定
LCRBC	莱尔马查帕拉流域委员会	NAO	北大西洋涛动
LDC	最不发达国家	NAPA	国家适应性行动计划（项目）
LHWP	莱索托高地水项目	NAS	国家科学院
LLDC	内陆发展中国家	NCAR	美国国家大气研究中心
LLIN	经长效杀虫剂处理的蚊帐	NCASI	国家大气与水域改进委员会（美国）
LME	大型海洋生态系统		
LNMC	利比亚国家气象中心	NCMH	国家宏观经济与卫生委员会（印度）
LPI	生命地球指数		
LVBWO	维多利亚湖流域	NDMA	国家灾害管理局（巴基斯坦）
LVWATSANI	维多利亚湖地区水与卫生行动计划	NDMP	国家灾害管理计划（加纳）
		NEPAD	非洲发展新伙伴计划
MA	千年生态系统评估	NETL	国家能源技术实验室

NFUS	全国农民联盟（苏格兰）	PID	省水利厅（中国）
NGO	非政府组织	PMEL	太平洋海洋环境实验室（美国国家海洋和大气管理局）
NMHS	国家气象和水文服务局		
NOAA	国家海洋和大气管理局（美国）	PNA	太平洋北美模式
		PNRC	遏制全球变暖国家计划（摩洛哥）
NRC	国家研究理事会（美国）		
NRW	无收益水	POP	持续有机污染物
NWC	国家水资源委员会（澳大利亚）	PoU	利用点
		PPCPs	药品和个人护理产品
NWC	国家水资源理事会（葡萄牙）	PPCR	气候适应能力试点计划
NWI	国家水行动（澳大利亚）	PPI	私人参与基础设施数据库（世界银行）
NWL	国家水法案		
NWM	印度国家水使命	PPP	公私合伙关系
NWP	内罗毕工作计划	PPWSA	金边供水局
NWP	国家水政策（墨西哥）	PRB	美国人口参考局
NWS	国家水战略（约旦）	PRESA	非洲环境服务扶贫奖
NWSC	国家水与污水处理公司（乌干达）	PRTA	水保护地区规划（意大利）
		PSI	指标试点研究（世界水评估计划）
OAU	非洲统一组织（现非洲联盟）		
OBA	基于产出的援助	PUB	未测量流域预测
ODA	官方发展援助	PURC	公用事业管理委员会（加纳）
OECD	经济合作与发展组织	PV	太阳能光伏
OKACOM	奥卡万戈河流域跨界管理委员会	PWTOA	私人水运船主协会（加纳）
		R&D	研究与开发
OLADE	拉丁美洲能源组织	RAED	阿拉伯环境与发展网络
OMVS	塞内加尔河开发组织	RBB	流域董事会
ONE	国家电力办公室（摩洛哥）	RBC	流域委员会
ONEP	国家饮用水办公室（摩洛哥）	RBDA	流域开发管理局（尼日利亚）
OSCE	欧洲安全与合作组织	RBDC	流域地区委员会
OSU	美国俄勒冈州立大学	RBF	基于结果的融资
OTA	优化国土面积（意大利）	REDD	减少因毁林和森林退化引起的温室气体排放（联合国气候变化框架公约）
PAHO	泛美卫生组织		
PCaC	农民一对一培训计划（尼加拉瓜）		
		RMC	地区成员国
PCB	多氯联苯	RRC	河道整治中心（英国）
PDO	太平洋年代际振荡	RWSSI	农村供水和卫生计划（非洲开发银行）
PEDDR	环境与灾害风险降低伙伴机构		
PER	公共开支审查	SAARC	灾害管理综合框架（印度）
PES	生态系统服务付费	SABEP	圣保罗基本卫生设施公司
PGDAC	中央区管理计划（意大利）	SACI	南部非洲能力建设倡议

SADC	南部非洲开发共同体	SWAP	全行业规划法
SADC-DMC	南部非洲开发共同体干旱监测中心	SWAR	地表水径流
		SWE	行业用水效率
SAFE	手术、抗生素、面部清洁和环境改善	SWOT	优势-劣势-机遇-挑战
		TAC	全球水伙伴技术咨询委员会
SALDRU	南部非洲劳工及发展研究组	TAO	热带大气海洋项目
SAP	战略行动计划	TARWR	实际可再生水资源总量
SAPP	南部非洲电力联盟	TDS	溶解固体总量
SARPN	南部非洲地区贫困网络	TEEB	生态系统和生物多样性经济学
SAWAF	南亚水论坛	TEST	环境友好型技术转让
SAWUN	水设施网络（南亚）	TMDL	日最大总负荷
SBSTA	科学技术咨询附属机构（联合国气候变化框架公约）	TNC	大自然保护协会
		TRB	台伯河流域
SDWA	安全饮用水法案（美国）	TRB	塔霍河流域
SEE	东南欧	TRBA	台伯河流域管理局
SEEAW	联合国水环境经济核算系统	TSG	技术知识战略小组（美国）
SEI	斯德哥尔摩环境研究所	TWB-MRB	为马拉河流域生物多样性和人类健康的跨境水
SEM	马赛自来水公司		
SENARA	国家地下水、灌溉和排水服务机构（墨西哥）	UFW	丢失的水
		UN ECOSOC	联合国经济与社会发展委员会
SEPA	苏格兰环境保护局	UN	联合国
SES	社会生态系统	UN-HABITAT	联合国人居署
SEWA	妇女自主就业协会（印度古吉拉特）	UNAG	全国农民和农场主联盟（尼加拉瓜）
SIDS	小岛屿发展中国家	UNCCD	联合国防治荒漠化公约
SISS	港务监督与卫生服务（智利）	UNCSD	联合国可持续发展委员会
SIWI	斯德哥尔摩国际水研究所	UNCTAD	联合国贸易和发展会议
SIWW	新加坡国际水周	UNDESA	联合国经济和社会事务部
SJRB	圣约翰河流域	UNDP	联合国开发计划署
SJR-WMD	圣约翰河流域水管理局	UNDRO	联合国救灾组织
SLM	可持续土地管理	UNECA	联合国非洲经济委员会
SME	中小企业	UNECE	联合国欧洲经济委员会
SOC	土壤有机碳	UNECLAC	联合国拉丁美洲和加勒比经济委员会
SOM	土壤有机质		
SOPAC	太平洋岛屿应用地球科学委员会	UNEP	联合国环境规划署
		UNEP/GEMS	全球环境监测系统（联合国环境规划署）
SPI	标准化降水指数		
SST	海面温度	UNESCAP	联合国亚洲及太平洋经济社会委员会
SSWM	可持续卫生与水管理		
SWA	卫生与水全球行动	UNESCO	联合国教科文组织

UNESCO-IHE	联合国教科文组织-国际水教育学院	WaterSHED	水、卫生、健康企业发展
UNESCO-IHP	联合国教科文组织-国际水文计划	WBCSD	世界可持续发展工商理事会
		WCD	世界大坝委员会
UNESCWA	联合国西亚经济社会委员会	WDM	水资源需求管理
UNFCCC	联合国气候变化框架公约	WEC	世界能源理事会
UNICEF	联合国儿童基金会	WEF	水环境联合会
UNIDO	联合国工业发展组织	WEF	世界经济论坛
UNISDR	联合国国际减灾战略	WESSA	南非野生动物和环境协会
UNOCHA	联合国人道主义事务协调办公室	WFD	水框架指令（欧盟）
		WFP	世界粮食计划署
UNSD	联合国统计司	WFP	水融资计划（亚洲开发银行）
UNSGAB	联合国秘书长水与卫生顾问委员会	WFPF	水融资伙伴基金计划
		WHA	世界卫生大会
UNU	联合国大学	WHO	世界卫生组织
UNU-WIDER	联合国大学世界发展经济研究所	WHYCOS	世界水文循环观测系统（世界气象组织）
UNWAIS+	联合国水活动信息系统	WIN	水诚信网络
UNW-DPAC	联合国水宣传与交流十年计划	WMO	世界气象组织
UNW-DPC	联合国水能力建设十年计划	WRC	水资源委员会（加纳）
UPA	城市与郊区农业	WRI	世界资源研究所
USACE	美国陆军工程师兵团	WRMA	水资源管理局（肯尼亚）
USAID	美国国际开发署	WSS	供水与卫生
USBR	美国垦务局	WSSCC	供水与卫生合作理事会
USDA	美国农业部	WSSD	可持续发展世界峰会
USDOE	美国能源部	WTP	支付意愿
USEPA	国家环境出版物服务中心（美国）	WUA	用水户协会
		WWAP	世界水评估计划
USEPA	美国环保署	WWC	世界水理事会
VBD	病媒传染疾病	WWDR	世界水发展报告
WACF	水会计概念框架	WWF	世界水论坛
WAJ	约旦水务局	WWF	世界自然基金会
WAPDA	水电开发管理局（巴基斯坦）	WWTP	污水处理厂
WAPP	西部非洲电力联盟	YRB	黄河流域
WASH	水、卫生和健康	YRCC	黄河水利委员会

术语汇编

人类世（anthropocene）：一个新的地质世，之所以如此命名是因为人类通过对地球环境物理、化学以及生物等方面产生影响开始与之竞争。

消融（ablation）：物体的表面物质受到汽化、碎裂以及其他侵蚀作用的影响发生损耗。消融是冰川物质平衡的重要组成部分。消融区指冰川的低纬度地区或冰床，这些地区由于受到融化、升华、蒸发或崩解作用存在总体冰量的净流失。

取水（abstraction）：将水从某个暂时或者永久的水源取出的过程。

酸雨（acid rain）：强无机酸稀释液的降雨，由混合在大气中的各种工业污染物构成，基本成分是二氧化硫和氧化氮以及自然界中的氧气以及水蒸气。

适应（adaptation）：一个生物体、一个机构或是一个社会，因外部环境的变化，其结构、功能或行为发生转变，从而在不断变化的环境中能更好的生存和壮大，进而实现自身的目标。

适应临界点（adaptation tipping point）：气候变化产生的成本、风险和影响随着时间加剧，当到达某一个时间点时，将对资源管理和工商界的预期构成挑战。

适应能力（adaptive capacity）：在所处的环境不断发生变化时，一个系统（如生态系统或人类社会）所具备的适应能力。

适应性决策（adaptive decision-making）：随着时间的推进，在不断变化的情况下，对产生的问题做出回应所需的方法和技术。

适应性管理（adaptive management）：对自然资源进行管理的一种方法，通过对项目监管、新信息以及社会条件变化做出响应，明确行动方式需要做出的改变，其目的是了解系统并不断改进系统的表现。

适应性规划（adaptive planning）：指规划方法要适应随着时间推移变化和不确定的情况，以便获取更佳表现、更高效率和更有效的资源利用、提高效益和降低成本等。

适应策略（adaptive strategy）：指规划或管理战略根据环境条件或目标变化可做出相应的改变。

适应性水管理（adaptive water management）：水管理政策可随着时间推移根据外部情况以及目标的变化做出调整。

先期市场承诺（advance market commitment）：一种捆绑式契约，通常由政府或者其他金融机构提出，用来保证某个产品成功开发后有适合其生存的市场条件。

阿夫拉贾灌溉系统（Aflaj）：利用人工开凿的地下暗渠将地下水输送到村庄的系统，抽取的水用作农业灌溉或居民用水。

农业（agriculture）：与饲养牲畜和生产农作物产品有关的人类活动，要么在自然的降雨模式之下进行（雨养农业），要么需要额外利用水资源来进行（灌溉），通常是利用地表水或地下水。

从农业到城市的水权转让（agriculture-to-urban water transfer）：传统上一直分配给农业活动的供水转而分配给了城市地区用以满足其用水需求。

水产业（aquaculture）：也称作水产养殖，对水生动植物以及水生植物，如鱼类、甲壳动物和软体动物等进行饲养。商业捕鱼是针对野生鱼类进行的捕捞。

全球水信息系统（AQUASTAT）：由联合国粮农组织（FAO）土地和水资源司开发的全球水信息系统。

地下含水层（aquifer）：占据地球孔洞或地表

之下岩层空间的水体，化石含水层的形成以及恢复（或补给）需要数千年时间。

可耕地种植（arable cropping）：在可耕种土地上种植农作物的过程。

北极涛动〔Arctic Oscillation（AO）〕：又称作北半球环状模，是描述北纬20度以北非季节性海平面压力变化主要模式的一项指数，以北极某一标志物的压力异常或北纬37度至45度间的反向异常为特点。

干旱地区（arid region）：特征是可获取的水资源极度匮乏，其匮乏程度甚至会使得植物和动物的生长受到阻碍甚至致其无法存活。对于"极度干旱"或"半干旱"的等级没有统一的划分。

干燥指数〔Aridity Index（AI）〕：指表示某地气候干燥程度的数字指数。已经提出了一些干旱度指数，这些指数被用来识别、明确或界定可供水资源不足的地区，因无法对土地进行有效利用，缺水使这些地区的农业生产或牲畜饲养等活动受到严重影响。

大西洋经向翻转环流〔Atlantic Meridional Overturning Circulation（AMOC）〕：将上层温暖海水带到北方高纬度地区，并且将深层寒冷海水退回到赤道以南地区。这种热量转移对欧洲的大陆性和海洋性温暖气候贡献巨大。

大西洋多年代际振荡〔Atlantic Multidecadal Oscillation（AMO）〕：北大西洋海面温度的变化性。

反推（Backcasting）：反向预测技术以未来的某个具体结果作为开始，逆向推导以确认政策和计划是否符合当前的实际情况。预测是根据当前趋势分析进行推导的过程。

压载水（ballast water）：储存在运输船舶水箱或者货舱中的淡水或海水，有时其中含有沉淀物，用于增加船舶在运输途中的稳定性和可操作性。压载水舱的水排放携带的物种可带来环境和经济损害。

流域终结（Basin closure）：在一年的部分时间段或全年，流域内或河口地区的供水无论是水质还是水量均无法满足需求，说明流域即将终结或者处于终结状态。流域终结可以称作是人类活动引发的过程。

贝叶斯网络（Bayesian network）：一种图形模型，对一些变量之间的关系进行基于概率的编码。它可以被用来了解因果关系，对干预措施进行结果预测。

决策行为理论（behavioural decision theory）：关于人类如何做出判断和抉择的理论，以及利用心理学、经济学、统计学以及其他方面概念和工具改进决策的过程。人类的行为是基于其对现实的认识而非现实本身。

收益转移方式（benefit transfer approach）：利用在其他地区或背景之下完成的研究所获得的信息，对生态系统服务进行价值估算的方法。

生化需氧量〔biochemical oxygen demand（BOD）〕：在特定的温度和的特定的时间条件下，微生物消化单位水量中的有机材料所需的氧气量。

生物多样性（biodiversity）：所有源自陆地、海洋和其他水生生态系统以及它们所属的复合生态系统中的生存有机体的变化性。某个地区所有基因、物种和生态系统的集合。

生物燃料（biofuel）：有机材料——由植物、动物或微生物——如甘蔗秆、叶子或动物粪便等产生，可以直接燃烧产生热源或者将其转化为气态或液态燃料。这些燃料有多种用途，但主要用在交通运输行业。

生物质能（biomass energy）：从生物质中的碳、氢和氧等元素转化而来的能源。生物质能的来源分为截然不同的五种：垃圾、木材、废物、填埋气体以及酒精燃料。

生物群系（biome）：依赖本地气候维持的复杂的生物群（包括人类），其特征是植被差异明显，比如冻原、热带雨林、干草原和沙漠。

黑水（black water）：含有排泄物的废水。

蓝水（blue water）：自然状态的地表水和地下水。

底层的十亿人（bottom billion）：生活在约六十个贫困国家的将近十亿人口，尽管获得了国际援助和支援，但状况依然没有得到改善。该词是由 Paul Collier 在其 2007 年名为最贫困国家何以失败，我们能够做些什么？的书中首次提出。

自下而上的方式（bottom-up approach）：一种由利益攸关方为主导的规划和决策制定方式，与政府自上而下、命令利益攸关方应制定何种决策的方式相反。

金砖国家［BRIC（S）］：巴西、俄罗斯联邦、印度、中国（以及南非）。世界水发展报告第四版采用两种方式（BRIC 和 BRICS）来表示金砖国家这个概念，因为 BRICS 是新提出的，并非所有的统计数据和描述都已修订并将南非纳入到金砖国家。

脆弱性（brittleness，作为解决方案的一个特征）：如果设定的变量值偏离预期或据其设计解决方案而导致发生失败的可能性。

一切照旧（business-as-usual approach）：依照通常规定的方式，不做任何政策或计划方面的改变，按照过去的方式行事。

能力（capacity）：承担和完成一项任务的能力。能力建设和能力开发通常指利用特别设计的教育计划赋予个人知识和技能，以便完成给定的任务。

碳信用额度（carbon credit）：一条专业术语，指任何可交易凭证或许可证，赋予排放一吨二氧化碳或其他含有与一吨二氧化碳相等数量的二氧化碳温室气体的权利。碳信用和碳市场是各国和国际上试图降低温室气体浓度行动的组成部分。碳交易是排放交易方式的一种实际应用。

碳循环（carbon cycle）：使碳交换在地球的生物圈、土壤圈、岩石圈、水圈和大气层中发生的生物地球化学循环。碳循环使碳元素可以在生物圈及其所有的有机体内被回收和重复利用。

碳固存（carbon sequestration）：将排放到大气中的碳排放物收集并且储存在碳汇中（如海洋、森林或者土壤中），以达到缓和或推迟全球变暖的速度，避免危险性的气候变化。

经济作物（cash crop）：为销售而种植的农作物，区别于那些在农场种植用于消费的农作物（口粮作物）。

灾难建模（catastrophe modelling）：开发和利用模型对灾难事件进行风险预测。

清洁能源（clean energy）：能源的来源不对环境造成污染、或者不向大气中排放温室气体，比如获取太阳能、潮汐能和风能。通常也认为水力发电和核能亦为清洁能源。

侍从主义（clientelism）：用来描述政治体系的术语，这种体系的核心是政治家团体之间存在的被描述为保护人和侍从的不对称关系。

气候变化（climate change）：气候变化指气候在一段持续的时间内（几十年或更长）发生的巨大改变（比如气温、雨量或者风等因素）。自然因素或人类活动均能引起气候变化。缓解指能够减慢或者逆转气候变化影响的措施；适应指当变化的气候对系统造成改变时为了更好地管理所采取的措施；强制是改变气候系统能量平衡的过程，即改变来自太阳的太阳辐射与地球发出的红外辐射之间的相对平衡。

气候脆弱性指数［Climate Vulnerability Index（CVI）］：依赖于气候暴露性、复原性和适应性的一种功能。气候脆弱性指数以水作为焦点，因为水是人类生活安康和生态良好运行的关键因素。

气候智能型种植（climate-smart cropping）：保持营养物质、水和生物多样性以提高作物产量的措施。

闭环生产系统（closed-loop production system）：环境友好型生产系统，其中任何工业生产残渣都会被循环利用，用以制造另外一种产品。

命令和控制方法（command-and-control approach）：这种方法是由一个监管机构或一个政治权利对一种行为发号施令，或者指示应该如何达成某个目标。在环境政策方面，主要涉及保护或改善环境质量标准的建立。

有条件现金支付〔conditional cash transfer（CCT）〕：以接收者的行动为条件、制定福利项目以实现削减贫困目标的计划。政府只将钱发放给那些符合特定标准的人。

保护性农业（conservation agriculture）：通过最大程度降低土壤干扰、保持永久土被以及轮作，实现可持续和可盈利农业，最终可改善农民生计的实践。

可转换贷款（convertible loan）：放款人（或者是贷款债券的持有人）有权在特定的时间以特定的兑换率将贷款转变为普通股票或者优先股票（普通股或者优先股）的贷款。

企业社会责任〔corporate social responsibility（CSR）〕：一种融入商业模式的企业自我管理形式。其目的是将责任纳入到公司的行动，通过其开展的活动对环境、消费者、雇员、社会团体、利益相关者以及公众等带来正面的影响。

腐败（corruption）：利用不正当或非法的手段，比如贿赂引诱他人犯错。

成本—效益—风险分析（cost-benefit-risk analysis）：计算和评估推荐项目的效益、成本以及风险的程序。

从摇篮到摇篮（cradle-to-cradle）：根据这个原则和对追求价值的理解，为生产和材料研发以及教育和培训等进行的工业设计和采取的运行模式。从摇篮到摇篮原则倡导将废物转换成食品或燃料，就像大自然所作的那样；这些原则除了寻求建立高效的系统，还力争做到不产生任何废物。

每滴水农作物产量（crop per drop）：某个产品的数量或价值与其生产过程中所消耗或者吸收的水量或者价值的比值。

跨行业（问题）〔cross-cutting（issue）〕：涉及不同领域或不同利益主体令人感兴趣的问题，包括教育、财政和预算、人事管理和安全、贸易、技术转移、消费和生产模式、科学、能力建设和信息。

低温层（cryosphere）：地球表面的一些部分，水以固态形式存在，包括海冰、湖冰、河冰、积雪层、冰川、冰冠和冰盾以及冻土（包括永久冻土）。

决策规则（极小极大，极大极小）〔decision rules（minimax，maximin）〕：将可能发生的最坏事物最小化的策略或政策（如将系统运行措施的最大负面影响或作用最小化）或者将系统运行措施的最小利益方面最大化的策略或政策。

决策尺度（decision-scaling）：确定何种气候变化可能引发问题，然后利用气候模型来预测那些气候变化是否有可能发生。

决策支持工具（decision-support tool）：参与决策制定过程的工具，如模型。这种工具常常是交互式的、具有菜单显示器的计算机应用程序。

森林采伐（deforestation）：以农业、城市或工业发展为目的所进行的森林和森林植被砍伐。

三角洲（delta）：地貌的一种，多形成于河流汇入海洋、大海、江河、湖泊、水库、平坦而干旱的地区或者与另一条河流汇流的河口处，由河水流经河口时遗留下的沉淀物构成。

需求硬化（demand hardening）：当一个消费者已经提高了用水效率，那么在发生干旱或者面临水短缺时，节约增加的水量会变得愈加困难。

需求管理措施（demand management measure）：确保资源更大数量的可供量来满足需求水平的

行动。

人口统计学（demography）：针对人口数量特征进行的研究，如规模、增长、密度、分布以及关键统计数据等。

脱盐作用（desalination）：去除海水或含盐地表水或地下水中的盐分以及其他杂质。

荒漠化（desertification）：干旱和半干旱以及干旱半湿润地区的土地退化，可以由多种因素引发，包括气候变异以及人为活动。

灾害风险管理〔disaster risk management（DRM）〕：采取措施降低人类遭受由自然和技术性灾害造成的风险以及经济损失。

降低灾害风险〔disaster risk reduction（DRR）〕：通过采取有步骤的措施降低灾害风险的行动，用以分析和降低导致灾害发生的偶然因素。

贴现（discounting）：在确定早些时期一定数量金钱的价值时，将金钱的时间价值考虑在内。这与复利完全相反，要求使用的利率适用于时间上的间隔。

溶解氧〔dissolved oxygen（DO）〕：某种媒介中的氧气含量，比如水中的氧气含量。相对于饱和浓度的 DO 赤字是一项反映某个水体有机物污染的常用指标。

多样化（diversification）：生态系统中生物或物种类别或者投资组合中投资种类的变化和丰富程度，用以降低生态系统发生严重事件或投资遭受严重经济损失的风险。

驱动因素（driver）：利益系统之外的力量或事件，能够对其行为或表现产生直接的或间接的作用。

干旱（drought）：当降雨量大幅度低于正常记录的水平时所发生的自然现象，会引发严重的水文失衡，对土地资源生产系统造成负面影响。

耐旱作物（drought-resilient crop）：在干旱持续发生期间能够存活并且得以恢复的农作物。典型的耐旱作物指的是那些经过培育、在持续缺水时期生存能力得到提高的农作物。

旱地（dryland）：除了极地和近极地地区的干旱、半干旱和干旱半湿润地区，这些地区的年降水量与潜在蒸腾蒸发量之比在 0.05 到 0.65 之间。

干旱年份选项（dry-year option）：干旱时期自愿提供临时性调水的协议合同。

耐用品消费率（durable consumption rate）：产品的消费率，这些产品不会被快速消耗，或者特指产品经久耐用，而不是一次性完全被消费。

早期预警系统（early warning system）：针对即将来临的危险或其他事件提供预先警报的技术。

生态高效水利基础设施指南（eco-efficiency water infrastructure guidelines）：水利基础设施设计程序，旨在提供具有价格竞争力的产品和服务，以满足人类的需求和改善生活质量，同时减少对生态系统的影响以及降低资源使用量。

生态创新（eco-innovation）：能够直接或间接促进生态改善方面知识的商业运用。

生态足迹（ecological footprint）：一个人或者所有人在全球范围内所产生的资源消耗以及吸收利用主流技术产生的废物所需要的具有生物生产力的土地和水域。

生态系统（ecosystem）：集植物、动物和微生物群落以及它们作为一种功能实体发挥非生命性环境作用的动态合成体。

生态系统/环境基础设施（ecosystem/environmental infrastructure）：可提供生态系统服务的基础设施，比如水净化、防洪、娱乐休闲和维持气候稳定性。

生态系统服务（和产品以及功能）〔flood control, recreation and climate stabilization〕eco-

system services (and goods and functions)]：对于定居者来讲，生态系统结构和功能中任何具备为人所知或不为人所知的经济、社会或文化价值的方面，皆可称之为生态系统服务。

生态系统失衡点（ecosystem tipping point）：生态系统中相对较小的变化引发快速变化的临界点。过了这个临界点后，生态系统也许再也无法恢复到原先的状态。

污水（effluent）：废水处理工厂或用水户排出的废水。

厄尔尼诺南方涛动[El Nio-Southern Oscillation (ENSO)]：复杂的准周期气候模式，发生于热带太平洋地区，基本上每五年为一周期，能引发洪水和旱灾。

能源（energy）：初级能源是自然界中发现的能源来源，没有经历过任何转化或者转换过程。有些可再生有些则不可再生。二级能源来自于初级能源，比如电力是由煤炭、石油、天然气和风等类型的初级能源转换而来。

能源-气候-水循环（energy-climate-water cycle）：水循环与决定地球气候并且能够引发自然界大多气候变化的大气、海洋以及陆地中的能源交换存在密切的关系。

环境流量（environmental flow）：流域管理的核心目标。河道内或者河流流量以及管理制度的设计都致力于维持江河水生生态系统的健康。分配给环境流量的水不得被河道外的用户取用。

环境管理会计[environmental management accounting (EMA)]：为使商业对于更加洁净以及产生废物更少的生产过程产生内部需求所设计的一种商业工具。

环境管理系统[environmental management system (EMS)]：对于一个组织的环境项目以综合、系统、有计划和有记录的方式进行管理。环境管理系统可构建一个框架，将环境因素的考虑纳入日常运行管理。

环境/生态系统评估（environmental/ecosystem assessment）：对人类活动以及人为污染给生态系统造成的负面影响进行评估。

河口（estuary）：通常指位于河流河口的海湾和进水口，此地常混杂了大量的淡水和咸水。

富营养化（eutrophication）：水体中营养物的富集刺激水体中发生一系列的变化，包括藻类和大型植物增加、水质退化以及不良的或干扰用水户的其他变化。

蒸腾蒸发（evapotranspiration）：通过蒸发将水从土地、水体表面以及植物叶片（蒸腾）释放到大气中。

提取（extraction）：探明、提取、移动和出售资源的过程。

极端（水文）事件（extreme (hydrological) event）：通常难以观测到的水文状态，比如洪水、干旱、高温、强风和暴雨。

适合用途的结构（fit-for-purpose structure）：针对某项工作设计的结构，这个结构要合适并能胜任该项工作。"适合用途"是保证质量的一个基本原则。

山洪暴发（flash flood）：山洪暴发属于短期事件，在诱发因素（暴雨、溃坝、决堤、积雪快速融化和冰凌等）出现六小时之内发生，而且通常在高强度降雨发生两个小时内出现。

洪泛平原（floodplain）：与河流相界的平坦土地，大多由河流运动形成。洪泛平原有益于减少洪水发生的频率和降低洪水的严重程度。

粮食安全（food security）：在任何时候都具备获取足够的食物的自然和经济条件，以维持生命的健康和生产力。粮食安全的根本在于食物的获得、获取及使用。

食物浪费（food wastage）：在食物的处理、储藏、贩卖、配制、烹饪和食用过程中所产生的有机残留物。食物浪费是发达国家消费主义的征兆。

化石燃料，碳氢化合物（fossil fuel，hydrocarbon）：地球上发现的一系列燃料的总称。这些燃料之所以被称作化石燃料，是因为他们或许由古代生物体腐烂之后的残骸形成。

搭便车（free-riding）：在经济学、集体谈判、心理学和政治学中，搭便车是指消耗某种资源时不必支付任何费用或者支付低于全部费用的行为。当这种现象导致某种公共资源不生产、生产不足或者某种公共资源过度使用时，搭便车通常被认为是一个经济问题。

淡水（freshwater）：每升含有 1000 毫克以下溶解固体通常为盐类的水，一般以自然状态存在于地球表面的冰原、冰盖、冰川、沼泽、池塘、湖泊、河流和溪流，以及地表之下的地下蓄水层和地下河流中。该术语专门把海水和半咸水排除在外，但是他们包括富含矿物质的水，如铁泉水。

冰川（glacier）：巨大的永久性冰块，由消融的积雪多年堆积形成（融化和升华），通常需要几个世纪的时间。冰川是世界上最大的淡水资源库。

冰川湖突发洪水和冰川堰塞湖溃坝［glacier lake outburst flood（GLOF）and outbursts of glacier dammed lakes（jökulhlaups）］：受到气温升高的影响，冰川开始消融，冰川湖开始形成，并且迅速地将冰川底部或者顶层的冰碛或者冰坝填满。含有冰块或者沉积体的湖泊会突然决口，引发水和岩屑的大量倾泻。

水资源的全球交易（global trade in water resources）：水以直接或间接的（虚拟的）方式长距离转移，其中虚拟水指用于生产某种商品的水量，由于隐藏其中所以处于虚拟状态。

全球变暖（global warming）：全球大气层和海洋的平均温度上升，而且预计将持续发生。

全球化（globalization）：全球范围的文化、人类和经济活动更加紧密的关系。

治理（governance）：授予权力或者判定表现的决定。治理可以是管理的一部分，也可以是领导的过程或者独立的过程。通常情况下，这些过程或系统都由政府负责管理。水治理是一系列正式和非正式过程的组合，由此作出与水管理相关的决定。

绿色经济（green economy）：一种经济形式，其结果是人类的福祉得到改善、社会更加趋于平等、环境风险大大降低、生态损失大幅下降。它与以往经济制度的区别在于，在绿色经济中，自然资本和生态服务所具有的经济价值得到直接的定价。

绿色基础设施（green infrastructure）：自然生态系统网络提供的"生命支撑"功能的集合，侧重于互联互通以维持长期的可持续性。实例包括洁净水和健康的土壤、防洪以及以人类为中心的比如娱乐以及为城镇内部和周边提供阴凉和遮挡等功能。

绿水（green water）：没有汇入到地表径流或回补地下水，而是含在土壤中或暂时留在土壤或植被表面的雨水。这部分降水最终被直接蒸发或通过植物蒸发掉。绿水有助于作物的生长（但不是所有的绿水都能够被作物吸收，因为土壤蒸发持续发生，还因为一年里并非所有的时间或所有的地区都适宜作物种植）。

温室气体［greenhouse gas（GHG）］：大气中在热红外范围内吸收和发射辐射的一种气体。地球大气层中的主要温室气体有水蒸气、二氧化碳、甲烷、一氧化二氮和臭氧。

灰水（grey water）：清洁用途（如洗碗、淋浴）以外的用水所产生的污水。

国内生产总值［Gross Domestic Product（GDP）］：一定时期内，一个国家生产的所有制成品和服务所具有的市场价值总和。人均国内生产总值通常被用来衡量一个国家的生活水平。它不可与国民生产总值相混淆（GNP），国民生产总值是所有权基础上的产量分配。

地下水（groundwater）：地下含水层储量根据

一个时间段的取水量（提取）和回补量（补给）发生变化，地下含水层储量可以充当缓冲器，在回补量低时进行取水；在回补量相对较高时弥补差额。

硬件基础设施，硬工程措施（hard infrastructure，hard engineering approach）：维持现代工业化国家运转所需的大型工程网络。

健康影响评估〔health impact assessment（HIA）〕：利用定量、定质和参与性技术，对政策、计划和工程在不同的经济领域所造成的健康影响进行评估的手段。

家庭水安全（household water security）：所有居民用途的家庭用水具有的安全可靠性，该术语包含水量和水质两个方面。

人类发展指数〔Human Development Index（HDI）〕：联合国开发的用以衡量、追踪和比较各国社会和经济发展水平的工具，主要基于以下四项指标：平均寿命、平均受教育年限、预期受教育年限和国民人均毛收入。

人类福祉（human well-being）：处于健康、幸福和繁荣的状态，在这种环境下，人类的需求可以得到满足、每个人都可以按照自己的意愿行事、追随自己的目标、享受高质量的生活。

水电（hydroelectricity）：水电厂产出的电力，特指用水库中的蓄水带动水轮机进行发电。

水文地质数据库（hydro-geological dataset）：包括水文和地质参数以及变量的数据库。

水文网络（hydrographic network）：地上所有水体和河流（河流、湖泊、沼泽和水库）的总和。

水文循环＝水文周期＝水循环＝水周期（hydrological cycle＝hydrologic cycle＝H_2O cycle＝water cycle）：土地表面或附近的水的循环流动。

水文记录（hydrological record）：记录由观测得来的水文变量时间系列数据，包括水流流速、降雨量、地下水水位和水质成分浓度等。

水文气象（hydrometeorology）：气象学和水文学的一个分支，研究地表和低空大气层的水和能量转移。

水文形态改变/修正（hydromorphological alteration/modification）：人类对地表水体的自然结构所造成的压力，如改变河床结构、泥沙/栖息地构成、排放规律、梯度和坡度等。

影响思维（impacts thinking）：指已经受到外部事件影响的思维。

不确定（indeterminacy）：某物具有的不确定或不可预知的特性。

指标（indicator）：显示其他事物状态的衡量方法。在生态学领域，如果某种生物体或生物群落与特定的环境条件具有十分密切的关联，那么这种生物体或生物群落就对这些条件的存在具有指示意义。在经济学领域，用来显示经济健康状态的任意一组统计数值都被认定为指标。

机构（institution）：为处理社会问题形成的由个人群体（非正式机构）组成的人际关系网络，这些问题是随着社会经济向市场经济为基础的正规机构发展过程中出现的，如由议会形式提出法律而构建的结构体系。

综合虫害管理（integrated pest management）：根据虫害的生活周期以及虫害与环境互动等综合信息，采取有效且环境敏感的虫害管理措施。这些信息与虫害控制措施相结合合能以最为经济的方式对虫害造成的破坏进行管理，而且对人类健康和财产以及环境造成的伤害最小。

综合植物营养管理（integrated plant nutrition management）：以产量目标、特定耕地和土壤条件为基础的营养物使用；了解不同营养物之间的相互作用；联合使用矿物质和有机肥料；以耕作/轮作系统为基础供应营养物；通过回收对农场内外的废弃物进行循环利用。

城市水综合管理［integrated urban water management（IUWM）］：以城市地区作为管理的基本单位，在资源管理结构内将淡水资源、废水和雨洪联系起来进行管理的做法。

水资源综合管理［integrated water resources management（IWRM）］：以实现社会、经济和环境等目标为背景，对水资源进行可持续开发、分配及监测的系统过程。

灌溉（irrigation）：向土地或土壤进行人工供水的科学。在地表灌溉系统中，水仅仅借助重力的作用流经土地表面并深入到土壤中。在滴灌系统中，水被滴到作物的根部附近。地下水和雨灌的方式分别通过地下含水层或降水获取水源。

射流（jet stream）：集聚在大气层狭窄通道中相对较强的风。

知识管理（knowledge management）：管理学的一个分支，通过提高某机构的学习能力、创新力和解决问题的能力，实现改善业务表现的目标。

土地和水权（land and water rights）：人类与土地之间的关系，无论个人或群体、由法律规定还是约定俗成。水权实质上是一种法律权属，包括从某个天然水源提取或调取和使用一定量的水；利用大坝或其他水利设施存蓄或储存一定量的水；或者利用某个天然水源的水。

土地退化（land degradation）：由于下列过程引发土地的生物和经济生产力降低以及复杂性丧失的过程，包括由于人类活动和居住模式引发的过程，如（ⅰ）风和/或水造成的土壤侵蚀；（ⅱ）土壤的物理、化学及生物或经济属性出现退化；及（ⅲ）自然植被的长期破坏。

土地管理（land management）：使土地资源在环境和经济方面发挥良好作用的过程。

地面沉降（land subsidence）：由于孔隙坍塌使地下含水层的水缓慢排出及水量逐渐减少，造成地表的高程沉降。

大规模征地（large-scale land acquisition）：通过购买、租赁、特许权或其他方式获取的大范围土地使用权。

最不发达国家［least developed countries（LDCs）］：由于国民生产总值低、人力资产薄弱以及经济的高度脆弱性，被联合国确定为"最不发达的"的一批国家。

生计（livelihood）：谋生和维持生活的一种手段。

低流量装置（low-flow appliance）：在不降低其性能的情况下，用来减少水消耗的装置。

有计划的地下水回补［managed aquifer recharge（MAR）］：以日后抽取使用为目的，向地下含水层注入水源如可回收利用水的过程，或者将水源当作阻止咸水或其他含有污染物质的水入侵地下含水层的屏障。

特大城市（megacity）：人口超过一千万的城市，通常由两个或以上的城区组成，经过不断扩张使其逐渐连接在一起。

小额信贷（microfinance）：小额信贷的目的是为低收入者提供一个机会，通过提供一种省钱的方法、从小额信贷借用少量的资金、或者为价值较低的财产购买小额保险等方式，促他们能够自给自足。

千年发展目标［Millennium Development Goal（MDG）］：其目标旨在改善人类的福祉，包括减少贫困、饥饿、儿童和产妇死亡率、保证每个人都能够接受教育、控制和管理疾病、缩小性别不平等、确保可持续发展以及奉行全球合作等。

千年生态系统评估（Millennium Ecosystem Assessment）：确定生态系统的变化给人类福祉带来的影响，并确定加强生态系统保护和实现可持续利用采取行动的科学基础。

模块化水处理设计（modular water treatment design）：设计预制的、独立的且可移动的水处理设施。

季风（monsoon）：印度洋和南亚的季节风，夏季为西南风，冬季为东北风。

冰碛（moraine）：由冰川携带和积累而产生的泥土和石块的沉积物。

多边环境协定（multilateral environmental agreement）：由联合国和多个国家共同达成的协定，承诺采取限制对环境产生负面影响的方式开展贸易活动。

纽带关系（nexus）：一个相互关联的群体或者由一系列独立单元组成。

硝酸盐污染区（nitrate vulnerable zone）：有硝酸盐污水排入的地区或者水被硝酸盐污染的地区。

非消耗性生产过程（non-consumptive production process）：使用但不消耗水的生产过程，如用于水力发电生产的水和热电厂使用的冷却水。

非平稳、非平稳概率（nonstationarity, non stationary probabilities）：随着时间变化的概率分布或其参数。

零遗憾决策（no-regrets decision）：如果不考虑未来外部条件变化，家庭、社区或机构做出的从经济、社会和环境角度认为合理的决策。

北大西洋涛动［North Atlantic Oscillation (NAO)］：大气团在副热带高压和极地低压之间的大规模波动。

官方发展援助［official development assistance/aid (ODA)］：某个国家通过赠款或者其他发展援助项目支出的费用，依据占国民生产总值的百分比计算。

基于产出的援助［output-based aid (OBA)］：发展援助战略将为发展中国家提供的公众服务与他们的既定表现津贴联系在一起。

太平洋年代际振荡［Pacific Decadal Oscillation (PDO)］：太平洋气候变异模式的一种，变化周期至少为一个跨年代时间段，通常是20年到30年。

路径依赖（path dependence）：说明为什么以往做出的决定会限制当下在任何情况下做出决定，即使是以往的环境与当下无任何关系。

生态系统/环境服务付费［Payment for Ecosystem/environmental services (PES)］：为鼓励农场主或者土地所有者所采取的措施，促使他们在土地管理中提供一些生态服务。

生态用水峰值（peak ecological water）：生态破坏和损毁的总成本超过人类用水总价值的截点。

再生水峰值（peak renewable water）：指一定时间内流量限制对总可供水量的制约。

渗透率（percolation rate）：水穿透可渗透颗粒状物质的比率。

城郊贫民窟/区（peri-urban slum/area）：全球约三分之一的贫民窟人口定居于传统的市中心地带，但绝大部分居住在城市边缘附近，形成杂乱和不断扩张的郊外贫民窟。

光生物反应器［photobioreactor (PBR)］：一种安置和培养藻类的装置。它能为藻类的培养提供一个适宜的环境，供应光源、营养物质、空气和热量；除此以外，还能保证培养藻类的过程中不受污染。

地下水湿生植物农业（phreatophytic agriculture）：侧重于深根植物的农业类型，这些植物从地下水层或者地下水层以上的土壤中获取水源。

工程防洪体系（physical flood defence system）：指堤防、拦河坝、堤坝和水库等保护某地区免于洪水破坏的系统。

用水点水处理/技术［point-of-use (PoU) water treatment/technology］：一种水处理技术，用来改善目标用途的水质，水处理过程不是通过集中化的处理设施而是在用水地点完成。

污染者付费原则（polluter pays principle）：在

环境法律中污染者付费原则已经得以采用，使制造污染的一方负责赔偿对自然环境造成的破坏。

污染治理技术（pollution abatement technology）：降低水中或土壤中污染物浓度的技术。

污染物/污染（pollutant/pollution）：自然环境中的污染物，引起生态系统不稳定、紊乱或者不适，或者降低环境介质充当其他用途的价值。点源污染属于单一和能够确定其地点的污染源。面源污染以空降沉积、或者以降雨和融雪以及地面裹挟等方式携带分散状态的污染物。面源污染没有特定的污染排放地点。

投资组合理论（portfolio theory）：该投资理论通过慎重选择不同的资产组合，在给定的投资组合风险条件下，旨在将投资组合的预期回报最大化；或者说在给定预期回报的条件下将风险降到最低。

饮用水/非饮用水（potable/non-potable water）：饮用水适合于人类使用；非饮用水则不适合。

预防原则（precautionary principle）：如果某个行动或政策具有潜在的风险，可能对公众或环境带来伤害，在没有取得科学共识证明此行动或政策有害的情况下，那么采取行动的一方就要举证来证明这个行动无害。

贸易保护主义政策，贸易保护主义（protectionist policy，protectionism）：通过某种方式对国与国之间的贸易进行限制的经济政策，这包括对进口商品征收关税、限制性配额以及其他一系列来自政府的管制，这些管制的目的在于维持进口商品和服务于本国生产的商品和服务之间的"公平竞争"。

公私伙伴关系〔public-private partnership（PPP）〕：由政府和一家或一家以上私营公司共同出资和运营的政府服务或私营商业企业。

拉姆萨尔公约（Ramsar convention）：一项政府间协议，签约国承诺保护国际重要湿地的生态特征，并为实现其领土内所有湿地的"审慎利用"和可持续利用制定规划。

回补（recharge）：地下水回补是将水输送到地下的水文过程。地表水回补是将水输送到地表河道的水文过程。

回用水（reclaimed water）：之前的废水（污水）在经过处理后，固体物质和特定的杂质被去除，继而被用于景观美化、农业灌溉、工业冷却或者用于对地下水进行回补等。这个过程的目的是节水，而不是将处理过的水排放到河流和海洋等地表水体中。

水库运行导则/指导曲线（reservoir rule/guide curve）：为水库放水特别制定的政策，根据水库原有的蓄水位、水量以及一年的放水时机行，或者明确一年特定时间的特定蓄水值，有时是入流量，进行放水。

恢复力（resilience）：衡量一个系统从不理想的状态中恢复原状能力的指标。

基于结果的融资〔results-based financing（RBF）〕：将补贴（或援助）支出与实际结果交付之间构成联系。例如：碳融资策略就涉及缓解政策和市场机制，以便创造出一种环境，来推动多类型能源以及鼓励新能源和更清洁技术的使用。

保水能力（retention capacity）：指储存和保留水的能力，比如土壤。

依据权利措施（rights-based approach）：以人的权利作为基础来指导发展过程。

风险（risk）：不符合期望值结果出现的可能性。

风险管理（risk management）：对风险进行明确、评估和排序，随后对资源采取有序和节约性利用，通过监测和控制使不幸事件发生的可能性及其影响最小化，或者使机遇变成现实的可能性最大化。

河流水文站（river gauging station）：测量和记录河流径流量或水位的场所和设施。

河岸防洪（riverine flood protection）：保护洪泛平原地区不受洪水破坏的措施，如洪水防犯、筑堤及在河流上游修建水库提高洪水调控能力等。

稳健性（robustness）：对一个系统、一种策略或一项决策在拥有一系列可能的投入后所给出的表现或产生的作用进行评价的方法，但并非所的内容都可以预测。

径流（runoff）：一场暴雨或降雨过程中或之后一个地区的地表径流。

径流式坝（run-of-the-river dam）：由水坝形成一个水库，其蓄水量保持不变，流入量等同于流出量减去一些损失。

农村区划（rural zoning）：土地的利用和开发，被限制在乡村利用和乡村活动的范围之内。

咸水入侵（saltwater intrusion）：咸水向地表淡水或地下水水体的渗透或流入。

卫生设备（sanitation）：为安全处理人类粪便而提供的基础设施、设备和服务。卫生设备的缺失是引发全球疾病的主要原因。

情境（scenario）：对行动、事件或情况进行预测的记录或概要。情境开发可用于政策规划和机构发展，但普遍用于机构测试一项战略在不确定未来条件下如何发展。

行业用水效率 [sectoral water efficiency (SWE)]：以投入和产出为基础，测量（比率）用水的效率。

全行业规划法 [sector-wide approach to planning (SWAP)]：这种方式以所有的规划和行动都是以全行业的整体水平为基础，将行业的许多方面（人员能力、机构优势、利益相关方磋商、执行程序、监测、融资等）都被纳入考量范畴。

敏感度分析（sensitivity analysis）：研究模型在投入发生变化的条件之下产出如何发生变化。

污水管理（sewage administration）：针对废水收集和处理系统的管理，由此获得足够的收入以资助其管理活动。

污水、污水系统（sewage, sewerage）：通常排水沟或沟渠收集的家庭废水，经废水处理厂进行处理或者排入到水体之中。

小佃农（smallholder）：在一小块土地上进行的个体农业耕作，规模比小农场还要小。

积雪场（snowpack）：高海拔地区的多层积雪，这些地区一年之中寒冷天气可持续很长时间。

社会学习（social learning）：观察式学习，它的发生与某个真实的人表现出期望的行为有关，即某个人详细地描述了期望的行为，并通过媒体如电影、电视、互联网、文学以及广播等媒介，对参与者如何保持这种行为提供示范。

社会生态系统 [socio-ecological system（SES）]：生物-地理-物理单位和相关的社会成员和机构。社会生态系统复杂且具有适应性，并且受到空间或周围特定生态系统及其问题背景的功能边界限制。

软件基础设施（soft infrastructure）：维持一国经济、健康、文化和社会标准所需的所有体系，包括金融体系、教育体系、卫生体系、政府体系、执法和应急服务等。

软路径（soft path）：（方法、措施、基础设施、政策）软路径整合了供应和需求两个概念，认为水是满足商品和服务需求的一种手段，并质问多少水以及何种水质才能有效和可持续地满足这些需求。

利益相关者（stakeholder）：一个人、一个团体、一个组织或者系统影响一个组织或者被组织的行动所影响。

静止水文（stationary hydrology）：水文过程不随时间改变的概率特性。

随机分析（stochastic analysis）：对随时间出现的随机程序进行分析。

风暴潮（storm surge）：近海地带的涨水现象，通常伴随着低气压气象系统的发生。

风暴轨迹（storm track）：大西洋和太平洋上的相对狭窄的区域，大部分大西洋或太平洋温带气旋或飓风沿着这个区域移动。

供应端基础设施（supply-side infrastructure）：为满足需求提供符合水质标准的供水或能源所设计的基础设施。

地表水（surface water）：位于地球表面的水，如溪流、河流、湖泊、大海和海洋。

突袭（surprise）（在一个系统中）：未料到或预见的系统行为或表现。

可持续性、可持续发展（sustainability，sustainable development）：指持续的能力，长期保持环境、经济和社会各方面水平以保证生活质量获得持续改善。

可持续土地管理［suntainable land management (SLM)］：考虑到人口增长以及土地利用所面临的日益增大的压力，对土地进行管理以维持其农业和林业的生产能力，同时提供环境保护以及生态系统的服务。

可持续水资源管理（sustainable water management）：在水文循环完整性及其所依赖的生态系统不遭受损害的情况下，水利用可使人类社会具备持续和保持未来繁荣的能力。

实际可再生水资源总量［TARWR (total actual renewable water resources)］：在可持续的基础上，一个国家在理论上每年可获取的最大水资源总量。

技术专家知识（technocratic knowledge）：以专业知识和表现为基础，通过官僚程序而非民主选举挑选的专家从事管理和治理的模式。

远程并置对比（teleconnections）：全球气候异常之间的联系。远程并置对比倾向于一种循环的和持久的跨越广阔地域的大型压力和循环变异模式。

临界点（tipping point）：经过此点之后，缓慢和可逆的变化转变为不可逆的变化，通常引发显著的后果。

自上而下的方式（top-down approach）：由主管、决策者或其他个人或实体做出决策的一种方式，决策由高层负责向低层传递，低层在某种程度上受到高层的制约。

跨界流域、含水层（transboundary basin, aquifer）：一个流域或地下含水横跨多个管辖区，由边界所分割。

三边对话途径（trialogue approach）：在科学界、政府和社会之间建立的联系。

丢失的水［unaccounted-for water (UfW)］：产出的水在到达消费者手中之前"丢失"的部分。

不确定性（uncertainty）：对某项事物缺乏肯定，不确定性所指的范围包括缺乏肯定性，直至几乎完全缺乏把握和了解，特别是对结果或后果。

城市和郊区农业［urban and peri-urban agriculture (UPA)］：在村庄、城镇、城市或者其周边地区对食物进行种植、处理和派送的活动，涉及牲畜饲养、水产养殖、农林业以及园艺等。

城市化（urbanization）：由于全球变化导致的城区自然增长。城市化可反映城市占总体人口的水平，也可反映城市比例增长的速度。

价值链（value chain）（农业，粮食）：为实现价值最大化，将一个产品（或一种服务）从概念开始，经过不同的生产阶段将其输送到最终消费者手中，并且在使用后进行处置的所有活动。

虚拟（嵌入）水［virtual (embedded) water］：生产某种商品或提供某种服务所使用的水。

脆弱性（vulnerability）：人类、财产、资源、体制和文化、经济、环境及社会活动等所能承受的不期望发生的结果、伤害、退化或破坏的程度。

峡谷（wadi）：从阿拉伯语引用的术语，指干涸河道或溪流。

废水（wastewater）：由于人类的染指对水质带来了所有负面影响。

水账户（water accounting）：对一个流域的水资源进行追踪，了解水的去向、如何利用的以及可供将来使用的剩余水量。

水配置系统（water allocation system）：水分配体制结构，而结构的选择是资源的自然属性与人类对政策的反应以及各种社会目标竞争之间达成妥协的最终产物。

水平衡（工业）[water balance（in industry）]：指工业系统中水流入和水流出。

水银行（water bank）：一种制度性机制，用来为各种类型的地表水、地下水以及水资源储蓄权利的合法转移和市场交换提供便利。

水箱（water box）：评价、开发和管理水资源活动和组织的统称。主要是与其他经济领域的活动和组织进行区别，这些活动和组织所做的决定对水箱内做出的决定和选择会产生影响。

节水（water conservation）：减少清洁、制造和农业灌溉等各种用途的水使用量和废水循环利用。

输水（water conveyance）：将水从一地转移到另外一地，比如通过运河、管道或者沟渠。

水需求管理（water demand management）：改变水需求所采取的措施，对应于满足水需求的供水管理措施。

水发展议程（water development agenda）：一项由机构和主要团体完成的关于水发展对人类福祉产生影响的综合行动蓝图。

水对话空间（water dialogue space）：为利益相关者群体中的个人进行参与提供的空间，解决真实存在但"悬而未决"的问题，以此建立相互信任和尊重。

水分布/水输送（water distribution）：淡水量和咸水量的百分比，包括在地球表面之上和之下的水。还指从水处理厂中向城市特定用水户输送的水供应。

引水（water diversion）：将水从一个地方抽取出来（比如从自然水体中），输送到另外一个地方（进行利用），主要通过运河或管道等方式。

用水效率（water efficiency）：利用尽可能最小的水量履行一种功能、完成一项任务、承担一个工序或取得一个结果。重点是减少浪费。

水权（water entitlements）：由分配机构赋予的获得水的权利。在一些地方，水权是通过国家与许可证持有人之间签定非正式契约的方式由国家赋予。也有一些地方，水权是通过司法保障的正式财产权。无论是正规还是非正规，水权的契约属性都加大了制度变革的成本。

水足迹（water footprint）：个人或社会或一家商业机构为生产商品和服务所消耗掉的淡水总量。一个消费者或生产者（或一个消费者团体或生产者团体）的直接水足迹指与消费者或生产者用水相关的淡水消耗和污染。直接水足迹与间接水足迹有区别，间接水足迹指水和污染与消费者消费生产商品和服务有关，或者与被生产方使用的投入有关。某种商品的灰色水足迹是反映淡水污染可能与这种商品的整个供应链有关的一项指标。它是根据现有周围环境水质标准将污染物稀释所需的淡水量，计算出将污染程度稀释到高于接受水质标准时所需的水量。

水收集（water harvesting）：增加和搜集雨水的活动，例如森林冷凝、雾气收集、云种散播（向空气中散播物质充当云凝结核或者冰核，已达到改变云中微观物理学进程的目的）以及直接收集雨水等。

水利基础设施（water infrastructure）：为不同

的用水户提供一定水量和水质的实体和组合建筑物。

水市场（water market）：一个合法实体向另一个合法实体对涉及货币价值交换的水权进行全部或部分地购买、销售和租赁。

水生产力（water productivity）：产品与服务与生产所需水量之间的比率，是衡量用水效率的一种手段。

水质（water quality）：水的物理、化学和生物特质，是测量与一种或多种生物种类需求相关，或者与人类需要和目的相关的水状况。

水再分配（water reallocation）：水从一种用途向另外一种用途的转移。

水改革（water reform）：采取措施改变当前的水管理现状，提高用水户和环境效益，主要涉及根除或减少效率低下、腐败及缺乏竞争力等行为。

水的可再生性（water renewability）：随着时间的推移，通过生物、物理或其他自然进程水所获得的更新能力。通过水文循环过程使水得到再生。

水资源管理（water resources management）：管理、分配、开发以及规划水资源供应和使用的活动。以实现有效利用为目的，通过工程和非工程措施提供和管理自然或人工的水资源系统。

水安全（water security）：长时期内可提供的可靠且安全的水量。

水行业（water sector）：通常指所有涉及为居民、经济领域相关的商业和工业部门提供饮用水和废水服务（包括废水处理）的活动、贸易和专业机构和个人。

水服务管理、提供和监控（water service management，delivery，control）：水服务的控制系统包括地下水总管、至少一家位于总管下游的水客户站点、一条地下水输送通道和控制从总管到水客户水流的阀门。

蓄水（water storage）：农业上的一个术语，用来定义为将来使用而储存水的地点。

水紧张（water stress）：水短缺（物质上或经济上）引发的后果，紧张可表现为各领域用水冲突加剧、服务水平下降、农产品欠收、粮食不安全等。通常以供给和需求之间的差异程度来衡量。

供水与卫生[water supply and sanitation（WSS）]：通常指由供水单位提供的服务，如按照一定的时间的地点提供保质保量的水，并提供废水收集、净化和处理。

水道（watercourse）：任何流动状态的水体。

与水相关的效益（water-derived benefit）：通过对水的特定使用或管理而获得的经济、生态或社会效益。

涉水灾害（water-related hazard）：由于水的过量使用、短缺或污染导致人类健康、经济或社会方面受到的损害。

流域（watershed）：指所有的水无论是处于地下还是排出都流向同一个地点的一块区域。健康的流域可提供多种服务，包括水净化、地下水和地表水的水量调节、侵蚀控制和稳固河岸。

湿地（wetland）：常年或季节性地充满了水的一块地面（沼泽、湿地、泥炭地、浅水湖）。

支付意愿[willingness to pay（WTP）]：一个人为获取某项好处或避免不期望事物如污染的发生，愿意支付、付出或者交换的最大值。

抽水（water withdrawal）：为人类的使用将水从某些水源比如地下水将水取出。那些没有消耗掉的水在使用后回流到环境中，但其水质可能与取出前不一样。抽取出的水使用时可能不被消耗（比如冷却用水）。

黄水（yellow water）：指仅含有尿液的厕所污水。

《联合国世界水发展报告》第四版

不确定性和风险条件下的水管理

第二卷 知识库

联合国教科文组织　编著

水利部发展研究中心　编译

UNESCO Publishing

United Nations
Educational, Scientific and
Cultural Organization

中国水利水电出版社
www.waterpub.com.cn

北京市版权局著作权合同登记号：图字 01-2013-0721

Original title：The United Nations World Water Development Report 4：Managing Water under Uncertainty and Risk

First published in English by the United Nations Educational，Scientific and Cultural Organization（UNESCO），7，place de Fontenoy，75732 Paris 07 SP，France under the ISBN：978-92-3-104235-5.

© UNESCO 2012

© UNESCO/China Water & Power Press 2012，for the Chinese translation

图书在版编目（C I P）数据

不确定性和风险条件下的水管理 / 联合国教科文组织编著；水利部发展研究中心编译. -- 北京：中国水利水电出版社，2013.12
书名原文：The united nations world water Development report 4:managing water under uncertainty and risk
ISBN 978-7-5170-1623-6

Ⅰ．①不… Ⅱ．①联… ②水… Ⅲ．①水资源管理—研究 Ⅳ．①TV213.4

中国版本图书馆CIP数据核字(2013)第318407号

审图号：GS（2013）2733 号

出版发行	中国水利水电出版社 （北京市海淀区玉渊潭南路 1 号 D 座　100038） 网址：www.waterpub.com.cn E-mail：sales@waterpub.com.cn 电话：(010) 68367658（发行部）
经　　售	北京科水图书销售中心（零售） 电话：(010) 88383994、63202643、68545874 全国各地新华书店和相关出版物销售网点
排　　版	中国水利水电出版社微机排版中心
印　　刷	北京鑫丰华彩印有限公司
规　　格	210mm×297mm　16 开本
版　　次	2013 年 12 月第 1 版　2013 年 12 月第 1 次印刷
印　　数	0001—1000 册
总 定 价	**368.00** 元（共三卷）

编委会人员名单

主　　　任　高　波

副　主　任　杨得瑞　吴文庆　刘志广　汤鑫华

编　　　委（按姓氏笔画排列）

于兴军　刘　蒨　李　戈　李中锋　李训喜

吴宏伟　吴浓娣　谷丽雅　金　海　郝　钊

钟　勇　姜　斌　徐丽娟

翻译组组长　刘志广　金　海

副　组　长　姜　斌　郝　钊　刘　蒨　谷丽雅

成　　　员（按姓氏笔画排列）

于　一　王妍炜　田　琦　刘登伟　刘　蒨

孙　凤　李发鹏　余继承　谷丽雅　沈可君

张南冰　张　稚　张　潭　陈　蓉　周天涛

周竹林　孟非白　姜付仁　姜　斌　夏　朋

徐　静　常　远　彭竞君　鲍淑君　蔡金栋

蔡晓洁　廖四辉

参加本卷翻译的人员还有

王　伟　王建平　王洪明　孙高虎　刘　慧

虞玉诚　梁　宁

目 录

挑战领域报告

地区报告

特别报告

第十五章

资源状况：水量

联合国教科文组织国际水文计划（UNESCO-IHP）

作者：巴拉吉·瓦加格帕兰和凯斯·布朗

供稿：安尼尔·米西拉（协调员）、西格弗莱德·德姆斯（协调员）、艾迪斯·查格拉、罗斯·萨拉斯、阿西斯·夏马、阿普玛姆·罗和奥斯汀·波罗比特斯基

‖‖‖

　　目前全球淡水资源现状如何？影响水资源的最重要外部驱动因素是什么？这些动因对淡水资源的利用和管理带来哪些压力和影响？本章将试图回答这些问题。本报告首先阐述了当前水资源所面临的主要问题和这些问题近年来的演变过程；其次，概述了淡水资源的主要风险、挑战、不确定性和机遇；最后，明确了受到特别关注的热点区域问题，并列举了有关国家应对问题和挑战的具体案例。

15.1 变化的动因

15.1.1 水文循环

众所周知，全球仅有 2.5％的水资源可供人类、动物和植物使用，其余的 97.5％以海水的形式存在。而淡水在空间上的分布不均加剧了这种有限性，因此，在适宜人类居住的地区淡水资源短缺现象已屡见不鲜。淡水在地球陆地、海洋和冰冻圈之间的流动被称为水文循环、水循环或 H_2O 循环。

在干旱气候条件下，气温造成的蒸发蒸腾约占水量损失的 30％～70％，地下水补给在这些地区所占的比重为 1％～30％（WWAP，2006，见表 4.1）。全球大部分人口生活在可用降水量约为 30％的干旱和半干旱地区。全球变暖所导致的气温升高将减少未来的可用水量，而升高的气温也将使地下水补给减少，进而加剧水资源获取方面的挑战。

表 15.1 显示了全球不同生态系统和不同地

表 15.1

可再生水资源供给、人类可获得的可再生水资源供给以及不同生态系统和地区中可再生水资源供给所服务的人口估算

生态系统[a]或地区	面积	降水总量 (P_1)	可再生水资源供给和蓝水径流总量 (B_1)	可供人类使用的可再生水资源供给和蓝水径流[b] (B_2)	可再生水资源服务的人口数[c]
千年生态系统评估 (MA) 系统	(×10⁶平方千米)		(×10³立方千米／年) [占全球径流的百分比%]	[占B_1的百分比%]	(10亿) [占全球人口的百分比%]
森林	41.6	49.7	22.4 [57]	16.0 [71]	4.62 [76]
高山	32.9	25.0	11.0 [28]	8.6 [78]	3.95 [65]
旱地	61.6	24.7	3.2 [8]	2.8 [88]	1.90 [31]
耕地[d]	22.1	20.9	6.3 [16]	6.1 [97]	4.83 [80]
岛屿	8.6	12.2	5.9 [15]	5.2 [87]	0.79 [13]
海滨	7.4	8.4	3.3 [8]	3.0 [91]	1.53 [25]
内陆水域	9.7	8.5	3.8 [10]	2.7 [71]	3.98 [66]
极地	9.3	3.6	1.8 [5]	0.3 [17]	0.01 [0.2]
城镇	0.3	0.22	0.062 [0.2]	0.062 [100]	4.30 [71]
地区					
亚洲	20.9	21.6	9.8 [25]	9.3 [95]	2.56 [42]
苏联	21.9	9.2	4.0 [10]	1.8 [45]	0.27 [4]
拉丁美洲	20.7	30.6	13.2 [33]	8.7 [66]	0.43 [7]
北非／中东	11.8	1.8	0.25 [1]	0.24 [96]	0.22 [4]
撒哈拉以南非洲	24.3	19.9	4.4 [11]	4.1 [93]	0.57 [9]
经合组织	33.8	22.4	8.1 [20]	5.6 [69]	0.87 [14]
全球总计	**133**	**106**	**39.6 [100]**	**29.7 [75]**	**4.92 [81]**

[a] 根据千年生态系统评估的相关定义，各种生态系统的数据会有重复计算之处。

[b] 在无下游水量损失时的潜在可获得供水量。

[c] 源自Vörösmarty 等（2000）的人口数据。

[d] 耕地系统的估计基于Ramankutty和Foley（1999）的耕地数据，遵循该千年生态系统评估报告的单位。

资料来源：Hassan等（2005，表7.2，p.173），©千年生态系统评估，经华盛顿特区艾兰德出版社允许转载。

区，人类可获得的降水总量和可再生水资源量。全球人口显著增加，而全球降水量却基本保持恒定。鉴于人类活动所导致的气候变化，半干旱和干旱地区未来降水量也许将大幅削减，因而这些地区极易成为全球最脆弱且最贫穷的地方之一（政府间气候变化专门委员会，2007）。因此，仅占全球水资源量很少一部分的淡水资源不得不去满足日益增长的人口对水资源的需求，如图 15.1 所示。

图 15.1

1995—2000年人口累积分布（按淡水服务统计）

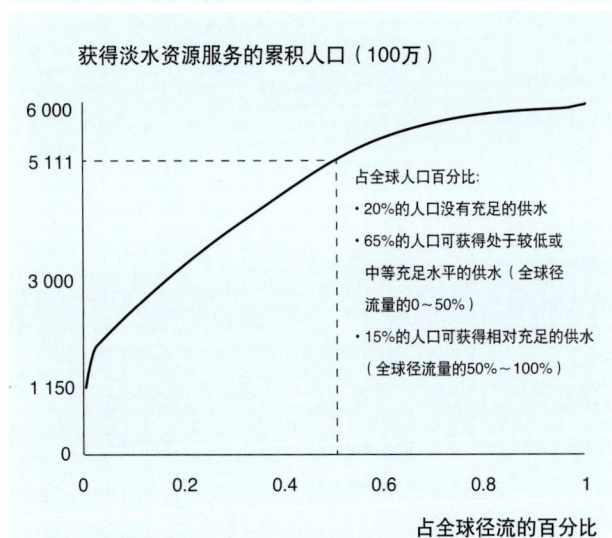

获得淡水资源服务的累积人口（100万）

占全球人口百分比：
- 20%的人口没有充足的供水
- 65%的人口可获得处于较低或中等充足水平的供水（全球径流量的0～50%）
- 15%的人口可获得相对充足的供水（全球径流量的50%～100%）

资料来源：Hassan等（2005，图7.7，p.173）。
©千年生态系统评估，经华盛顿特区艾兰德出版社允许转载。

水的运动和水资源可用性的时空变化是水资源最为重要的两个方面，需要在资源的可持续规划和管理中了解并体现。大规模的气候作用力（如驱动因素）可使水的运动在空间和时间上发生变化。水资源可用量的季节变化受地球倾斜及绕太阳公转所驱动。由于热带辐合带（ITCZ）每年都会移动，因此热带地区会出现丰枯季节。热带地区年降雨量可能很多，但年际差异很大，这就给水资源管理和经济发展带来了挑战（Brown and Lall，2006）。在高纬度地区，降雨量分布较为均匀，但河川径流量会受到积雪和融雪的影响。

15.1.2 厄尔尼诺-南方涛动和其他海洋涛动

厄尔尼诺-南方涛动（ENSO）是热带太平洋中一种复合型的海洋大气现象，是全球气候季节变化和年际变化的主要驱动因素。热带太平洋的状况引发世界其他地区产生"遥相关"反应，尤其是拉丁美洲、南亚和东南亚以及非洲。

太平洋年代际振荡（PDO）、北大西洋涛动（NAO）和大西洋年代际振荡（AMO）是影响较长周期（数十年至上百年）气候变化的驱动因素。与厄尔尼诺-南方涛动不同，这些涛动并不强劲，因此很难识别、观测和预测，主要影响着中纬度地区的气候，如北美洲和欧洲。不过，对这些驱动因素及其与区域气候和水文"遥相关"影响的研究才刚刚起步。

所有这些涛动都是影响全球水分时空变化的驱动因素。了解并判断这些驱动因素与区域水文的"遥相关"反应，可为水资源预测和模拟以及适应气候变率和变化提供有力的工具。

15.2 水资源的压力源

水资源状态在不断地发生着变化，其原因包括地球气候系统自然多变性以及人为改变气候系统和调整水文循环引起的地表变化。同时，水资源状况还受到人类活动，如人口增长、经济发展和膳食变化，以及资源控制需求（如在洪泛平原和干旱地区居住的需求）等方面的影响。

15.2.1 供水

供水面临的最大压力来自于流域水量输送的多变性，主要表现为气候的多变性，这对全球供水构成巨大压力。这种压力通过社会经济发展、管理政策、土地覆盖和土地利用变化被进一步放大。水资源状况处于不断变化中，但仅能预测其影响的一部分。能够预测的变化主要包括以下几个方面：

平均流量减少

越来越多的迹象表明，因全球气候变暖，世界许多流域在未来数十年的径流量会大幅减少。而在某些地区，如较高纬度的地区，其降水量和径流量可能会增加。遗憾的是，在世界许多人口密集的地区，径流量预计将会减少（政府间气候变化专门委员会，2007）。

洪水隐患增加

气候变化意味着水循环的加快，这极有可能导致暴雨以及洪涝灾害的发生。极端降雨带来过量的水，导致人员伤亡和财产损失。但是，如果没有足够的蓄水能力，洪水也无法缓解干旱期需水的紧张度。

损失加剧

全世界几乎所有地区平均温度都将升高的说法已经得到广泛认可（政府间气候变化专门委员会，2007）。与降水预测相比，气候模型更适用于温度预测。温度升高对供水造成直接且重大的影响，即：蒸腾蒸发增加以及渗漏加剧（尽管碳肥会在某种程度上可有所调节），所有这些都会造成水分流失的增加，从而大幅减少易于获得的可用水量。同时，蒸腾增加所需水量难以计算，这将对地表径流和水资源可利用量产生影响。

融雪流域径流的季节性和时间变化

中纬度地区的许多河流（即融雪流域），以冬季积雪的方式获得水，在次年春天积雪融化后形成河川径流，之后储蓄在水库中用于供水。积雪对供水十分有益，因为它起的是水库的作用。水资源管理者利用积雪融化的时机来有效地对水库进行管理，以满足环境需水。在气候变暖条件下，由于春天提前到来并带来温暖的天气，积雪会较早地融化。而积雪过早融化将缩短雪季，增加以雨水方式蒸发的水汽，进而增加融化期间的渗漏和蒸发损失。所有这些都将使可用水量变得紧张。这在许多中纬度地区可能成为普遍现象，尤其在那些主要依赖山区融雪的半干旱和干旱地区，情况将变得尤其严峻。

冰川融化造成径流量的增多或减少

人口稠密地区很少完全依赖冰川融化作为水源。印度的恒河和布拉马普特拉河在冬春两季几个月中获得冰川融水（如在非季风季节）的补给，其水量占到全年径流量的 9%～12%（Eriksson 等，2009，表 2）。对于印度这样一个有着十多亿人口的大国，即便只有一条主要河流因气候变化导致其径流量减少，都可能给该国的供水带来严重威胁。秘鲁、智利和阿根廷等国，有很大一部分水量来自于安第斯山脉中的冰川融水。气候变暖给冰川带来的影响主要有两个：一是海拔较低的地区降雪减少，从而引起低海拔地区冰川规模的缩减；二是在冰川融化季节水的损耗增多，因而河流径流量减少。预测显示，全球低海拔地区冰川消融有加快的趋势（政府间气候变化专门委员会，2007）。

地下水缓冲作用丧失

地下水对降雨变率起着非常重要的缓冲作用，特别是对于水资源比较紧张的地区尤其如此。几乎所有的浅层地下水都要依赖降雨进行补给，但这种补给很大程度上受到取水、人口增长和土地覆盖变化的影响。另外，地下水对缓解地表水资源变化方面发挥着极其重要的作用。由于未来的降雨变率预计将会增加，地下水所具有的缓冲作用将变得不复存在。

15.2.2 需水

需水包括人类对农业和工业用水的需求，以及保证水质和生态系统所需的基本流量。当前以及未来，全球需水面临着极大的不确定性，其中的原因是：①各国水消费模式、取水量和各行业用水数据匮乏；②人口状况变化大，包括人口增长、经济发展和饮食结构的改变；③在不断加剧的水短缺中，我们对如何应对需水的动态变化知之甚少。

世界许多地区，由于人口增长使需水量增加，对工农业产品的需求也随之增加。发展中国家的经济增长往往导致水资源需求的增加，这至少有两大原因。第一，随着经济的发展，以及供水管网和家用电器的普及，直接用水增多；第二，在许多国家，饮食结构随经济发展而发生变化，从植物性膳食为主向肉类食物占很大比例转变。肉制品的生产需要消耗更多的水。例如，生产 1 千克牛肉约耗水 16 000 升，而生产 1 千克稻米则只需耗水 3 000 升（水足迹网络，日期不详）。在美国和欧洲，人均食物耗水量高于其他国家，因为其食物消费以肉制品为主（见图 15.2）。

食物生产的人均用水需求 [立方米／（人·年）]

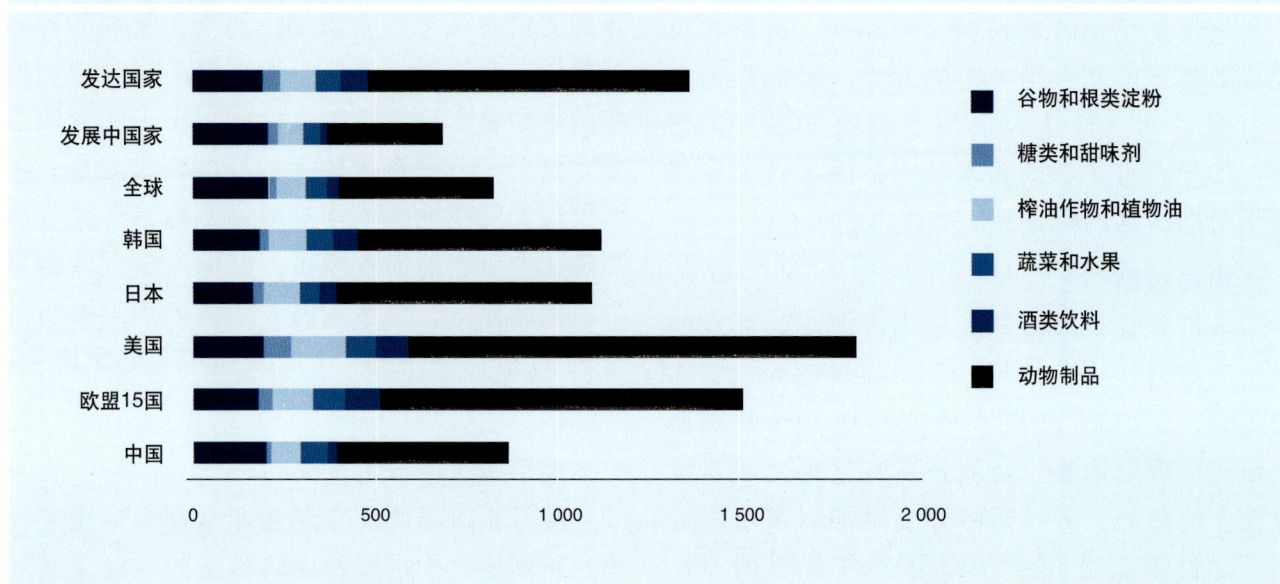

图例：
- 谷物和根类淀粉
- 糖类和甜味剂
- 榨油作物和植物油
- 蔬菜和水果
- 酒类饮料
- 动物制品

资料来源：Liu和Savenije（2008，图5，p.893）。

从全球来看，农业是主要的用水行业：河流取水或可再生水资源的 70% 以上用于农业，这一比例在发展中国家甚至更高。影响一个地区农业用水需求的重要因素是当地的气候，因为蒸腾蒸发率对气温、太阳辐射、湿度和风速的变化比较敏感。尽管从全球范围来看，气候变率对灌溉的影响不足 10%（Wisser 等，2008），但对一个国家的农业用水需求却起着重要的作用。作物种植种类、采用的土地管理技术以及灌溉方式是区域农业用水需求的重要影响因素。维塞尔（Wisser）等人在 2008 年提出，全球灌溉用水量与稻田渗漏率呈现敏感性关系：即渗漏率 50% 的变化率将导致全球灌溉用水量 10% 的变化；这说明全球 20% 的灌溉水会从水田中渗漏掉。

人均水足迹最多的国家拥有较高的国内生产总值，而且其耐用品消费率也较高（Margat和Andréassian，2008）。耐用品消费抬高了水足迹的值。美国的人均水足迹值居全球首位，其中大部分人均水足迹来自于工业品的消费（见图 15.3）；然而，美国却是全球耗水排名第三的国家（见图 15.4）。印度和中国的人均水足迹要低于美国，但他们的总耗水量更大（见图 15.4）。

尽管水足迹较多，美国等发达国家的水需求在过去 20 年里却呈现出下降的趋势，其主要原因是促进节能的水费定价和高效用水技术在生活和农业中的应用（见专栏 15.1）。

水需求变化的另一个原因是人类不断地从农村迁至城镇居住。这种变化有利于提升生活用水和卫生设施服务形成规模经济的潜质。尽管这种方式具有潜在的好处，但对于发展迅速且经济压力巨大的城镇地区，供水服务仍是一项复杂的挑战，需要付出不懈的努力。虽然生

图 15.3

某些国家的人均水足迹及其不同类别消费品的用水份额

水足迹 [立方米／（人·年）]

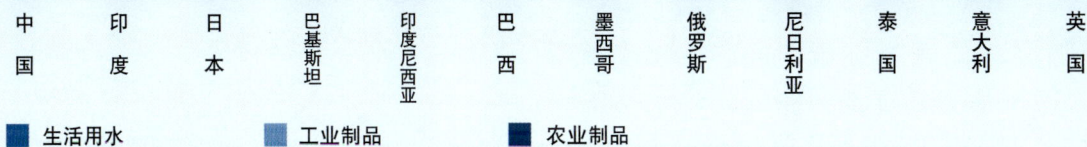

■ 生活用水　　■ 工业制品　　■ 农业制品

资料来源：Hoekstra和Chapagain（2007，图5），经施普林格科学+商业媒体允许翻印。

图 15.4

主要用水国在全球水足迹中所占份额

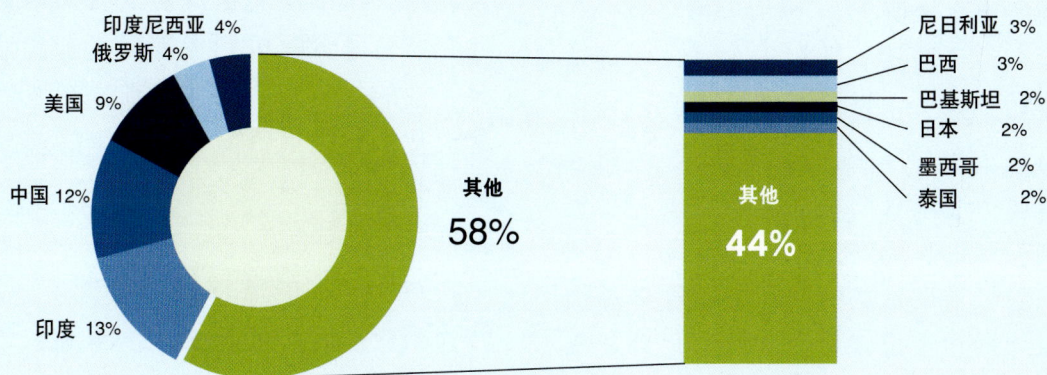

资料来源：Hoekstra和Chapagain（2007，图4），经施普林格科学+商业媒体允许翻印。

保护与需求硬化

在某一用水领域，当长期水资源保护实践和效率的提高使短期水资源保护措施的效益降低时，就会出现需求硬化。技术进步和行为方式转变是提高水资源利用效率的两个最主要的驱动因素。当可供水量受到资源型和经济型短缺制约时，需求硬化现象出现的几率会加大。

"水峰值"的概念（Gleick 和 Palaniappan，2010）为需求硬化过程做了恰当的描述。当某个地区从一个流域的取水量超过自然补给能力时，则意味着可再生水达到了峰值。科罗拉多河和黄河流域就是水量达到极值的典型案例。从生态角度看，这种状况是不可持续的，应设立一个更加合适的度量标准，即"生态水峰值"，以便最大程度地减少对环境和生态的破坏。那些已达到水峰值的流域应被当作"受限制"的流域，即所有可用水资源都已进行了分配。如果该流域进一步进行水量分配的话，将导致其他用水部门或生态系统无法获得足够的水量。有人曾提出，美国现在已经达到其水峰值，尽管取水量一直保持稳定或低于 20 世纪 70 年代末期的历史水峰值。

为应对日益减少的可用水量，大量节水措施如室内节水器具改造计划、户外植物浇水教育行动以及技术投资等得到采用，以便增加现有的供水量，这进一步提升了水需求硬化的功效。毫无疑问，美国正面临着严重缺水的威胁。美国许多城市将用水计量和水价政策作为控制户外耗水的有效手段。尽管这些措施提高了用水效率，但与其他经济发达国家不同的是，美国大部分地区城市和农业用水仍未实行计量。在多户家庭共同居住的建筑物中配备单独水表的做法更是少见。如果这些城市的每户居民都能够配备水表且制定合理的水价，那么将来会节约更多的水资源。

提高节水器具的效率是减少生活需水量的一个重要驱动因素。美国在 20 世纪 90 年代初期制定了联邦管理条例，用新型高效的节水器具替换旧器具，在持续降低人均耗水量方面发挥了重要作用。在澳大利亚，全国范围的持续干旱提高了高效节水器具在家庭、农业和工业领域的安装比例。国家倡导的水资源再利用和灰水系统计划正在使人均耗水量不断下降。

活用水仅占用水总量较小的部分（10%～20%），但随着城镇人口的增长，供水将日益成为一个挑战。

水需求要满足的方面还包括维系生态系统的流量，也称作环境流量。人们越来越意识到，取水和因人类用水而改变径流模式，会对生态环境造成负面影响。满足水生态系统的需水现已成为水资源管理目标不可或缺的组成部分，而且要求流量达到历史流量状态下最低径流量的需求日趋增多，因为这还远远不够。

对水资源的不同需求终将导致供水分配之间的冲突。由于水资源多变性可能会加剧，因此在水资源分配机制上需要更加灵活，以便满足不同的水需求，使这种稀缺资源以社会效益最大化的方式进行配置。由于环境效益难以用数值来衡量，因此很多情况下往往被忽略或低估。

对地下水的需求同样提出了一系列挑战。作为相对廉价且可靠的供水水源，地下水已为世界各地的农民带来了极大便利，同时也是粮食安全不断提高的主要因素。但作为一种共有资源，地下水注定要被过度利用。全球许多重要的地下含水层都已被开采利用，像北美高原、印度南部地区及中国的华北平原，在这些地区，地下水已经超采，其开采量远远超过补给量，而且并非高效利用。公共资源通常很难管理，原因是其具有分散的属性以及管理私人获得的资源会涉及政治问题。

除了对水资源进行管理，我们还需对极端水文事件进行防范。全球各地不断遭受洪水和干旱带来的不利影响，人员伤亡惨重。水文风险的累积将对许多国家的经济发展造成负面影响。因此，需要建设基础设施和采取其他（工程和非工程）措施来减少这些不利影响。许多发展中国家需要投资兴建蓄水和调控设施，比如大坝。为应对洪水风险，需要将改进洪水预测、早期预警系统和保险机制纳入战略的核心内容。为应对干旱，还需要将各种规模的蓄水、水市场和水银行以及保险等作为战略的重要组成部分。

15.3 水资源管理中的风险和不确定性

15.3.1 了解不确定性的来源

水资源不确定性的主要来源与水资源的供给、需求和政策环境密切相关。正如前文所述，供水的不确定性起初源于地球气候系统和水文循环的自然多变性。然而，人类活动又给供水的不确定性增加了新的因素。这些人为因素包括：温室气体排放引发的地球气候变化；影响降雨物理过程的气溶胶大量排放；土地利用和开发改变地貌，从而影响地表径流和水分蒸发。这些自然变率和人为因素使气候和水文环境无法维持一个稳定的状态，因此对其进行管理变得尤为必要。特别是当前的水资源管理准则很大程度上基于对稳定水文状态的假设，即：假定未来水文状况可完全根据历史统计数据进行模拟时，这一点显得更加重要。

与水需求相关的不确定性

需水的不确定性，很大程度上与人口变化的难以预测，以及我们对于水资源如何应对气候变化和政策环境了解甚少相关。众所周知，对需水量进行准确的预测非常困难。因此，需要更好地了解水需求和供给之间的动态关系，掌握更为精确的方法模拟需水动态变化。

为模拟需水变化，我们必须了解需水增减的潜在驱动因素。在多数发展中国家，影响水需求的主要因素是人口增长和社会经济发展。随着经济的发展，用水量显著增多，导致需水增加。据预测，发展中国家需水总量的增长要远远高于发达国家。增加的需水预计将用于农业（比如灌溉）、生活和工业领域，这些均与经济发展相关。图15.5给出了全球资源型缺水和经济型缺水的形势，经济型缺水系社会经济发展与可供水量两种因素相结合的缺水。可以看出，资源型缺水和经济型缺水两者几乎同时发生在所有人口增长迅速以及位于热带地区的国家；而经济型缺水很大程度上是由于基础设施不足以及管理能力缺失所导致的。

对需水的预测具有相当的不确定性，尤其是依据人口和经济增长等社会经济因素做出预测时，不确定性更加明显。如果用水效率得不到提高，需水增长将导致不可持续状况的出现，并最终对经济可持续发展构成障碍。

与供水相关的不确定性

气候变化对供水有着十分重大的影响，是供水不确定性的一个重要影响源。据气候模型预测，全球若干地区的降水量径流量都将呈下降趋势。图15.6中给出了全球气候模型所做的21世纪50年代可用水量的预测（其中涉及对水需求产生影响的气候变率、降雨、温度、地形和社会经济等因素）。预测结果显示，受气候变化影响，热带地区未来可获取的水量将减少。预测主要是针对地表水状况，因为地表水是几乎所有人类活动的主要水源；地下水状况可能与地表水相似或者更糟，因为降雨量减少会导致地下水补给减少。随着社会经济发展，地下水开采量将越来越大，因而未来所承受的压力将持续增加。目前已处于严重水短缺的地区，未来将承受更加严重甚至是灾难性的压力。

图 15.5

全球资源型和经济型缺水分布

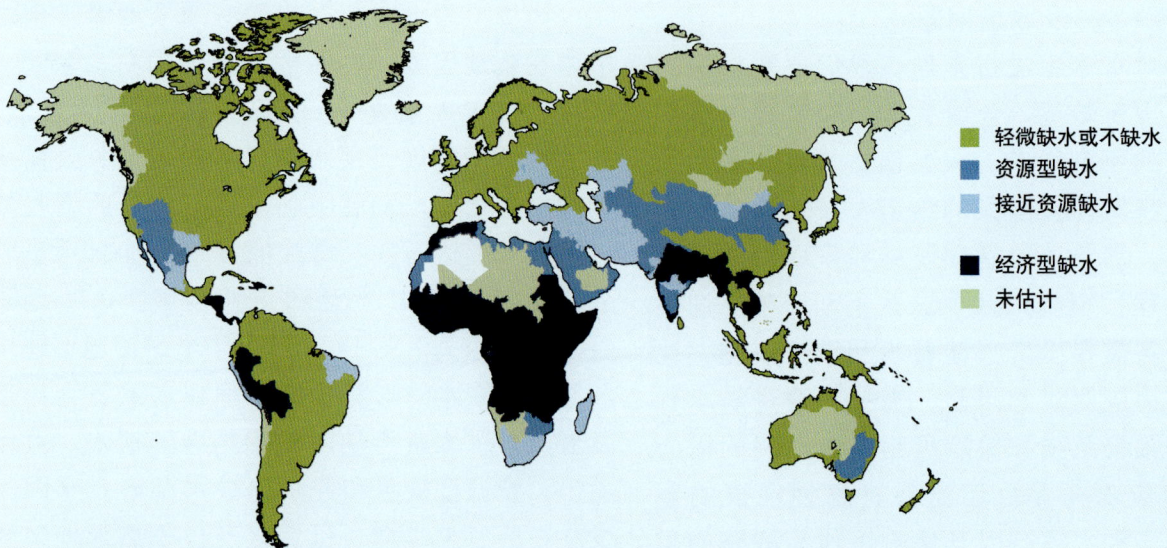

轻微缺水或不缺水
资源型缺水
接近资源缺水

经济型缺水
未估计

定义和指标：
● 轻微缺水或不缺水：就用水而言，水资源充足，从河流中取水为人类所用的水量不足河流径流量的25%。
● 资源型缺水（资源开发接近或已超过可持续的限度）：河流径流量的75%以上用作农业、工业和生活用水（计入回流量）。该定义——将水资源获取和水资源需求联系起来——说明干旱地区并不一定就是水资源短缺的地区。
● 接近资源型缺水：河流径流量的60%以上已开发利用，这些河流流域近期将出现资源型缺水。
● 经济型缺水（人、机构以及金融资本对水资源利用受到限制，即便本地自然界的水资源可获取且可满足人类需求）：相对于水资源利用而言，水资源充足，为人类使用而从河流中的取水量不足河流径流量的25%，但是存在着居民营养不良的状况。

资料来源：《农业用水管理综合评估》（2007，地图2.1，第63页，©IWMI，http://www.iwmi.cgiar.org/）
（源自国际水管理研究所借助Watersim模型进行的分析）。

由于受气候变率的影响，对供水的预测将出现巨大的不确定性。这带来一个新问题，即缺乏可靠性的气候变化预测能否被用来制定规划或适应性决策。当用于制定水规划的信息处于不确定状态时，我们目前所面临的潜在变化速度和不确定性程度可能是史无前例的。因此，管理不确定性将是本世纪面临的重大水挑战之一。

15.3.2 管理不确定性和风险

在影响水资源供需和政策环境的不确定性有增无减的情况下，管理这些不确定性已成为水资源有效管理战略的重要组成部分。风险管理措施为应对与灾害事件相关的不确定性提供了有效的方法。人们愈发认识到，许多不确定性除了带来风险外，还能提供机遇（如 de Neufville，2002）；例如，如果水资源管理者对

应对不确定性有所准备，那么不期而至的大流量可带来意外的水服务收益（如水力发电）。

风险管理的总体框架可分成三个步骤：危害定性、风险评估和风险缓解。第一步是对某一特定事件进行定性，通常根据该事件可能造成的影响和后果认定一个危害。第二步是风险评估，主要涉及对风险的实际计算，将风险定义为事件结果产生的概率和该事件的后果。最后一步是制定战略，以应对经过鉴别和量化了的风险。战略制定过程中，传统上曾采用成本—效益分析；而风险量化的过程就是对量化的风险效益分析调试的过程。然而，如果成本或者效益难以进行量化，就需要采取其他多目标决策方法。

气候风险与水资源管理密切相关，这种关联性值得深入探讨。有些气候风险如果受到某个可预测的气候现象，如厄尔尼诺-南方涛动的

图 15.6

2050年人均可用水资源量预测

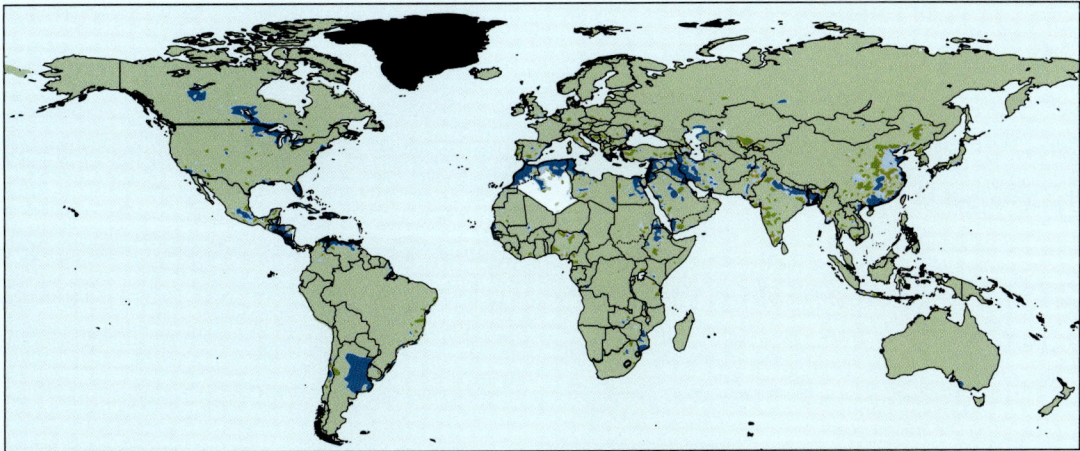

■ 供水压力非常大　　■ 供水压力很大　　■ 供水压力轻微　　■ 供水充足

21世纪50年代

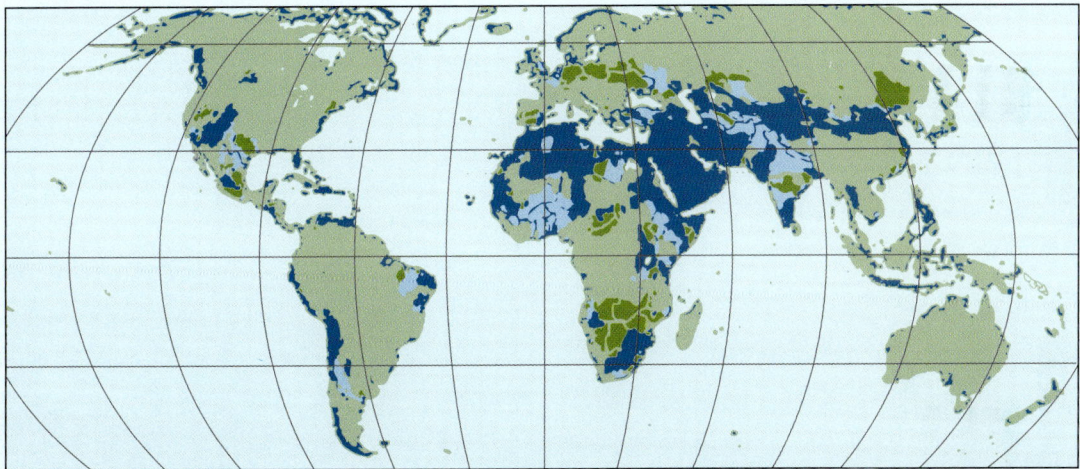

单位：立方米／（人·年）

■ 低于500—极度压力　　■ 500至1 000—高度压力
■ 1 000至1 700—中等压力　　■ 大于等于1 700—没有压力　　□ 无数据

　　上图采用可获得的最详细的数字流域边界、CCSM3 气候模型中降雨量减去蒸发量（作为径流量的代数）所得出的结果，以及基于 2007 全球土地调查（Global LandScan）得出的当前人口分布和国际地球科学信息网络中心（CIESIN）缩小规模的国家级人口增长预期的两者结合的人口数据等，描述流域基本情况。"供水压力非常大"指根据流域的预测结果，年人均水资源量不足 500 立方米，"供水压力很大"指年人均水资源量为 500～1 000 立方米，"供水压力轻微"指年人均水资源量为 1 000～1 700 立方米，"供水充足"指年人均水资源量大于 1 700 立方米。详情参见 http：//www. ornl. gov/sci/knowledgediscovery/QDR/water/Glbdetbsn _ WA2050 _ A2p－e _ A2pop. png。

　　下图由玛蒂娜·弗洛克（Martina Floerke）及其德国卡塞尔大学环境系统研究中心的同事为英国广播公司（BBC）绘制，采用英国气象局哈德利中心全球水资源评估与诊断模型（waterGAP）对未来气温和降水做出的预测（http：//www. usf. uni－kassel. de/cesr/）。

　　上下两图展示的预测具有相同的假设条件，即采取减缓气候变化战略（A2 情境；见 Nakicenvoic 等人 2000 年的报告）和人口的大幅增长。这说明还有其他不同方法对水资源量进行预测（利用不同的模型和情境）。随着模型的不断改进，将获得新的信息。还需要进行进一步的研究以便对现有知识进行更新，以符合将来可能出现的各种情况。

影响，那么就具有某种程度的可预测性。在灾害定性和风险管理的风险评估阶段，应对任何上述可预测性进行研究。气候风险也可与气候机遇以及更广视角的气候风险管理相关，例如后果或不确定性管理等都可包括在内。最后，人类活动所导致的气候变化以及人类对非恒定水文记录的认识，使得对传统的风险管理方式提出了新的特殊的挑战。水文记录的非恒定性使得气候或水文事件的概率计算令人困惑。历史记录不再被认为能代表未来趋势，而且大气环流模型（GCM）的推测也未必得出可靠的预测结果。因此，单纯依靠精确概率估算的方法存在很大的缺陷。

如果存在与风险估算相关的不确定性，那么就需要考虑采取一些手段应对日益增加的潜在风险。一种办法是对剩余风险进行界定、考量和管理。剩余风险是指那些没有被风险管理战略直接消除的风险。例如，低风险事件可能未直接消除，因为消除这些风险的成本要超过所获得的收益。然而，由于低风险事件的估测基于不可靠的概率估算，因此，实际上剩余风险可能会非常巨大。

与之相关的还有意外事件这一概念。对意外事件的理解一般是指与其他可能发生的事件相比，发生概率较低的事件。此类事件往往并不在规划之中。同时，由于概率估算可能并不可靠，因此即使没有直接投资于意外事件的管理，也必须考虑事件发生时应如何加以应对。这样做可以增加某一规划的稳健性，使其面对未来各种可能的情况发挥作用，而不是仅仅在最佳估算条件下奏效。将稳健性的效用作为规划方案的标准之一，反映出人们对缺乏预测未来能力的认识正在提高（Brown，2010）。

体制的复杂性制约了规划的灵活性。庞大和陈旧的体制往往拥有难以改变的规则，利益相关方也会抵制变化以及基于科学和知识做出的决策。发展中国家可能在这方面具有一定的优势，因为它们可以在体制的形成中将灵活性渗透其中，并从成熟的体制中汲取经验教训。菲律宾的马尼拉市在改善水库功能方面取得了成效，相互竞争的用水户自愿采取新的方式来应对干旱，其中包括季节性气候预报的应用（Brown 等，2009）。成熟的体制也有可能获得新进展，特别是新的信息为重新审视以往的假设提供了机会。科罗拉多河水资源管理系统就是一个很好的案例。类似贝叶斯网络等方法不仅可反映所有参与方及其可能的互动行为，而且系统性能评估还为分享解决之道提供一个极佳的框架（Bromley，2005）。新生水项目报告（http：//www.newater.info）对水资源综合管理实践中鉴别不确定性的主要来源作了精彩的概括总结（van der Keur 等，2006）。

15.3.3 管理不确定性迎来新机遇

应对水资源管理新挑战的方法层出不穷。下文所介绍的方法成熟程度不尽相同，多数刚刚付诸实际应用。为充分挖掘这些创新方法的潜力，研究机构和应用此类方法的水资源管理机构之间需要切实开展通力合作。

观测、建模和预测

如今，我们全方位监控水文循环的能力空前强大。遥感、地面监控和建模技术等全新工具可实现实时观测，并针对不同的时间范围进行预测，在改善水资源管理方面大有潜力。然而，信息的产出与利用情况差距很大。

随着季节性气候预测技术的日益成熟，一些机构可进行全球季节性概率预测。创新工具可将季节性预测转化成水文和水文气候预测。例如，研究人员已建立起全球各流域径流量与大规模气候作用力，尤其是厄尔尼诺-南方涛动（ENSO）、太平洋年代际振荡（PDO）和太平洋北美模式（PNA）之间的关联性（Grantz 等，2005；Regonda 等，2006；及文中的其他参考）。我们利用这些关联性开发出全新的预测方法，可提前数月预测径流量情况（如：Hamlet 和 Lettenmaier，1999；Clark 等，2001；Grantz 等，2005；Regonda 等，2006）。此外，还可采用随机模拟技术（Rajagopalan 等，2009）在大规模季节性气候预测中生成水资源系统的各类水文情境。这些情境可用于决策工具中，预测季节性或年际系统风险，从而帮助产出高效的决策。情境预测的有关资料可参见 Grantz 等（2007）和 Regonda 等（2011）的著作。

古代数据

重建历史和古代的径流量和气候数据可成为量化历史气候风险的有用资源。例如，对科罗拉多河径流量的长期古代数据进行重建，结果显示，20 世纪，河流发生干旱及径流量偏低

的频率相对更高（见图 15.7）。相比单纯依赖历史观察记录，古代数据对干旱风险提供了更加实际的估算。例如，从观察数据来看，近年来科罗拉多河出现的长期干旱（2000—2010年）似乎不同寻常；但如果从长期古代数据重建的角度来看，这种现象则非常普遍。目前，旨在将历史观察数据和古代数据结合的新方法不断问世，以获得更加可靠的风险估测（Prairie 等，2008）。

图 15.7

科罗拉多河古代径流量数据重建

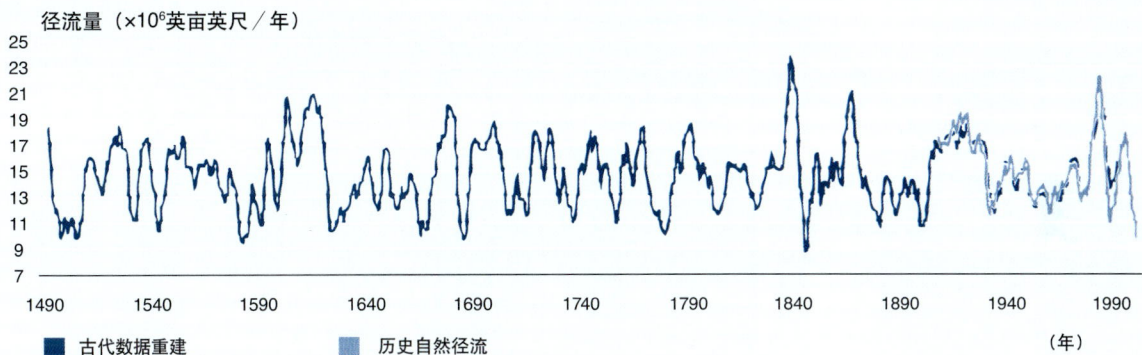

径流量（×10⁶英亩英尺／年）

■ 古代数据重建　　■ 历史自然径流　　（年）

备注：1英亩英尺等于1 233立方米。
资料来源：基于Woodhouse等（2006）、Prairie和Callejo（2005）的数据。

十年变异模式

古代记录使我们得以从更广阔的视角观测水文多变性，这点单纯依靠水文观测记录是无法实现的。近期以及目前，基于对古代数据进行微波频谱分析的研究显示，十年变异模式与大规模数十年气候应力之间，如前文提及的太平洋年代际振荡（PDO）以及大西洋多年代际振荡（AMO），存在关联性。对这些变异模式进行深入了解有助于改进水资源管理。存在于历史水文记录中的十年变异模式意味着，水资源系统可以采取灵活的方式对水多或水少周期进行管理并从中受益。

动态运行策略

传统水资源管理思路均假设每年水文状况的概率分布保持不变，即长期统计数据能够反映每年的气候和水文状况这一气候学假设。例

如，水库调度曲线确定一年不同时期能满足其运行目标的最佳蓄水量，并考虑水文条件随时间的变化情况。在预期高径流量到来之前，将水库蓄水量减少；当灌溉季节来临或水电需求量较大时，则增加蓄水量。图 15.8 为典型水库运行指导曲线。该曲线的设计利用了不同时期水文记录的概率分布，以便将风险控制在可接受的水平，满足水库运行目标的可靠程度，以及避免水库发生毁坏或重大灾害。

提高预测水平以及深入理解上述多年变异模式有助于进一步了解季节性和年度概率分布。季节性预测显示的枯水期概率可能比正常概率高出很多，这可能与厄尔尼诺-南方涛动和其他气候现象有关，且其影响可持续数年之久。同样，基于数十年进行预测的研究成果，很快便可预测干湿季节的延长（Nowak，2011）。这些科学进步使采用动态运行策略成

为可能，如使水库或水资源系统调度曲线根据预测或观测结果作出相应改变；采用灵活的水资源配置和定价方法应对缺水问题；利用经济机制进行水交易。适应性水库运行，即基于改进的径流量预测值对调度曲线进行调整以提高管理的有效性，这种方法正在获得更为普遍的认同（Bayazit 等，1990；Yao 和 Geor-gakakos，2001）

图 15.8

水库调度曲线图

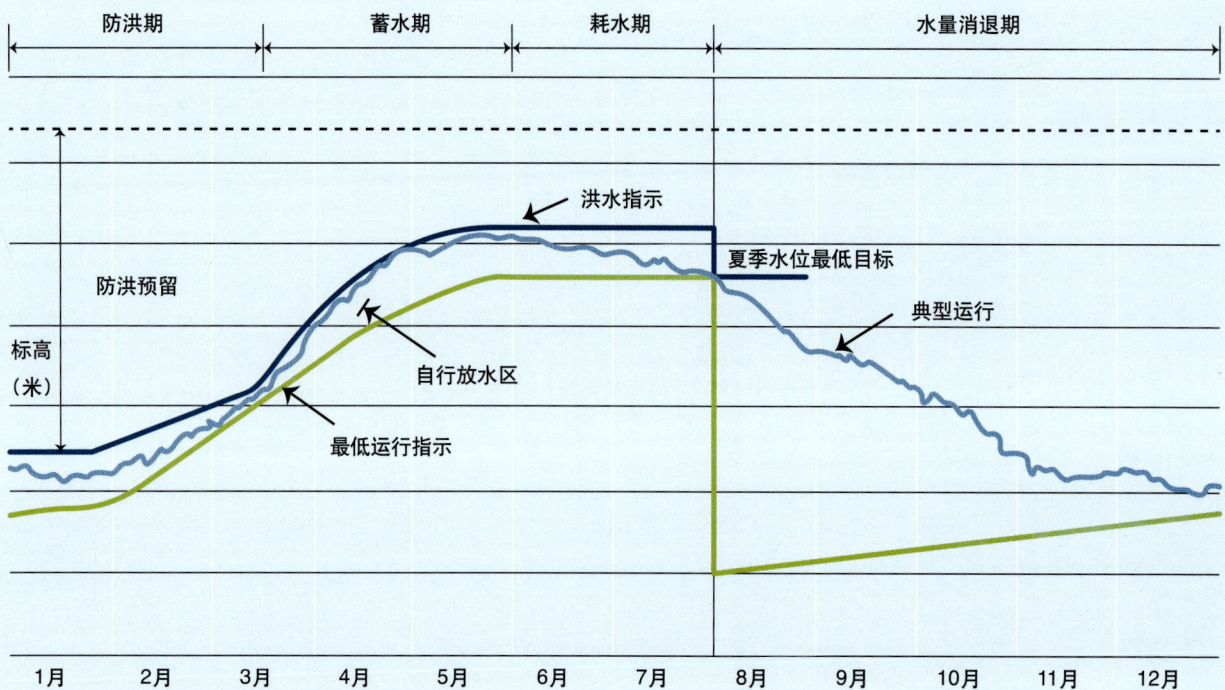

说明：春季洪水季节蓄水量减少；随着洪水季节接近尾声，蓄水量提高；夏季维持一定的蓄水量，满足供水、娱乐和发电需求。

适应性管理

适应性管理旨在应对与气候变化、其他水文变化以及由于水资源系统的复杂性而无法进行正确预测的未来趋势所产生的不确定性。该方法在生态学中得以发展，其基本原则是"在实践中学习"，强调监测和根据观测结果调整决策、更新假设的能力。该方式可用于决策可逆的情况，当气候和社会经济条件有所变化，人们对系统的理解更加深入时，决策可作相应的改变。Sankarasubramanian 等（2009）向我们展示了，利用中等精确度的气候数据，结合适应性运作，可使需求—蓄水率较高的水资源配置项目，以及对配水过程有一定限制的多用途系统受益。将灵活性融入系统的能力可改善适应性管理原则的应用机遇。

情境预测法

情境预测法是应对气候变化可能引发后果和产生影响的常见方法。已经设立了数个与目前气候状况具有连贯性的未来情景，并根据不同情境下的实施情况对规划进行了评估。大气环流模型（GCM）的预测数据产出了具有连贯性的气候情景，并应用在了规划过程中。通过偏置校正、提高分辨率、水文建模等流程，大气环流模型（GCM）的预测数据被转换为水文变量，由这些变量推进水资源系统模型的运行。通常，我们会选择大气环流模型（GCM）预测范围的极值，以捕捉大气环流模型（GCM）不确定性的范围，尽管气候不确定性的真实范围尚未可知。这种方法的最新成果可参见 Traynham 等（2011）、Vano 等（2010a，

2010b）以及 Vicuna 等（2010）的报告。然而，情境方法的一个弊端是，不同情境所体现的多种影响为水资源规划者带来了诸多麻烦，比如，对于某些微不足道的影响和较为严重的影响，其发生概率被认为是相同的。因此，编制用于所有情境的规划实非易事：规划成本极高，而且从分析结果也无法看出哪种情境更有可能发生。

稳健的决策方法论

水资源规划者和决策者早就十分清楚，多数决策是在未来不确定性极大的条件下制定的。但是，人类活动导致的气候变化所引发的问题与其所熟悉的较为典型的不确定性有所不同。特别是，未来气候变化的预期颠覆了以往基于历史水文记录所作出的假设。一方面，水资源规划者逐渐认识到，"稳定的常态已不复存在"（Milly 等，2005），利用历史记录制定规划的常规做法不再奏效；另一方面，人们认为，基于大气环流模型（GCM）预测气候变化存在诸多不确定性和明显偏差，因而不适用于制定规划。当未来充满变数，且存在两种以上相互矛盾的水文预测时，又该如何做出决策？目前有多种方法试图实现在不确定气候条件下的决策问题（见专栏 15.2）。

<table>
<tr><td>专栏 15.2</td></tr>
</table>

在气候不确定条件下做决策

在气候不确定性条件下制定规划的新方法正在悄然兴起，它将重点放在为决策过程提供必需的特定信息。这种基于决策的方法通常将决策分析应用于制定规划的过程中，以确定在某些条件之下应优先选择哪种决策。

第一种方法被认为是确定和执行"零遗憾"决策的方法。其思路是，无论气候变化的程度及其属性如何，这种决策都能达到预期效果。该决策得益于历史记录和预测的气候变化。但这种决策本质上对未来气候不敏感，属于直接作出的决定，其难点在于如何认定。鉴于水管理者仍苦于应付气候变化的影响，因此，希望通过"零遗憾"决策完全解决气候问题几乎没有可能。

稳健决策是一种基于决策的方法，利用大气环流模型的预测结果生成相应的情境，以综合多种决策信息（Lempert 等，2006），同时通过一系列适用于未来各种条件并得到认可的管理规划，解决"高度不确定性"问题（Brekke 等，2009）。该方法利用群集技术来确定支持某种特定决策的相关条件，并通过改变条件成立的假设来评估某个决策的稳健性；其目标是无论对未来气候所作的假设如何，所做的决策都能够有卓越表现。

决策尺度采用灵敏度分析来确定促使某个决策优于其他决策的气候条件（Brown 等，2010）。通过利用多重大气环流模型（GCM）超级组合和历史气候分析并参照备选决策的气候条件，评估主要决策气候条件的发生概率。随后，制定风险管理战略，以应对低概率结果的影响。所有上述情况均以确定关键气候信息作为开始，因为这决定了某个决策优于其他决策。人们希望通过确定这些因素可以获得比整体气候变化发生概率更加确定的信息。这就意味着，即便是不确定的气候变化预测也仍能为制定规划提供具有价值的信息。

通过持续监测稳健规划的成效，适应性管理能够与稳健决策结合应用。如果将来规划效果不尽如人意，可修改规划，改善其成效。如对未来状况有了进一步了解，则可对规划进行相应的调整。目前，苏必利尔湖水资源流出量的管理规划就采用了决策尺度与适应管理相结合的方式（Brown 等，2011）。

信息和通讯技术

利用信息和通讯技术进一步改善水资源管理的潜力十分可观。此类技术因成本低廉得到广泛应用，包括发展中国家。这些技术可用于预测传输、早期预警系统，以及数据收集和监控的大众化。

高级决策支持系统

许多科技进步成果的应用，如概率预测，都需要决策系统的支持。该系统可对水文体系当前和未来的状态进行建模，生成反映各种上述假设的随机水文分析，还可评估各种管理和基础设施方案。决策支持工具应有助于量化风险和可靠性，并根据统一标准，如供给的可靠性以及给人类或生态系统带来损害的风险等，衡量管理规划的运行效果。须促使各科学、政府和管理机构以及不同利益相关者参与到高级决策支持系统（ADSS）中。目前，某些流域已成功开发并应用了此类系统，而在全球其他流域也正在开发中。

15.4 热点区域

15.4.1 印度

在未来的20年，印度将面临着前所未有的危机。如今，印度的主要城市地区无法保证可靠、正常的供水。工业和能源发展受供水的制约。灌溉用水短缺是当地农民最为关注的一个问题，这可从农业用水紧缺图反映出来（哥伦比亚水资源中心，日期不详）。需要特别关注的是，由于受连年干旱的影响，水资源紧缺局面越发严峻，这已威胁到印度的粮食安全和水安全。恒河等大河多年来水量日趋减少，而且大部分河段遭到了严重污染。自20世纪90年代以来，印度丰富的物种资源（生物多样性）受到了严重威胁。由于对抽取地下水给予能源补贴，地下含水层目前也呈现出水量和水质方面的变化。地下含水层退化伴随着水资源使用效率低下目前仅是地方性的。至于气候变化将给供水带来何种征兆，这一不确定性已成为关

注的焦点，但日益增长的人口引发粮食需求的增加将很可能使印度步入水危机。在能够缓解气候变异的蓄水逐渐消耗殆尽且基础设施或多元协调规划均不落实的情况下，突发的自然气候时空分布变率（包括季节性的、年际间的、跨年代甚至跨世纪的）形成的水旱灾害将对印度构成严重的威胁。

世界银行警告说，由于缺乏足够的、具有协调性的政府投资用于水利基础设施建设、水治理和农业生产，印度未来水资源将陷入困境（Briscoe，2005）。国际水管理研究所（IWMI）建议集中所有力量遏制无序的地下水开采，并将投资地下水回补纳入政策改革（Shah，2008）。

尽管面对这些警告，印度对本国水资源、行业用水需求和生态用水需求以及潜在解决方案仍缺乏深入分析和预测。这种局面的形成是由于没有足够的数据以重建过去并预测未来，以及对长期水资源规划和管理的跨学科研究缺乏制度上的支持。非政府组织是地方解决方案的积极游说者和执行者（如雨水收集、水井开挖、水处理、卫生培训和水相关数据提供等），但对满足国家的、邦的以及地方的战略分析所需仍相差甚远。

15.4.2 美国西部

美国西部多山，主要是半干旱地区，供水主要依靠融雪。美国西部的人口在20世纪后半叶持续增长，大部分主要分布在西南部的沙漠地带，而供水来自于发源于落基山脉高海拔地区的科罗拉多河。科罗拉多河河水由流域内的7个州和2个国家（美国和墨西哥）共同享有，因此，极易发生水管理争端。

科罗拉多河蓄水量充沛（几乎是该河年均流量的4倍），由美国垦务局负责管理。根据一系列法令和规定组成的《河流法》的规定，垦务局被授权管理美国境内科罗拉多河流域的水资源，并负责协调与墨西哥之间的供水权益。《河流法》在20世纪的大部分时间里实施较顺利，因为在此期间需水远远低于供水。但随着

经济增长、人口增加以及水需求量提高等因素，再加上近几十年的持续干旱，对当地的自然体系和达成的分水协议带来很大的压力。根据科罗拉多河流域径流的古代数据重建，干旱总会定期出现。事实上，20世纪起草《河流法》时是最为湿润的时期。气候变化的预测显示，科罗拉多河的年均径流量将大幅减少，这会加剧目前的不利局面。很多研究，包括Rajagopalan等人近期做的研究（2009），都强调了这一点，并建议应采取灵活和创新的管理体制，允许利益相关方参与其中，使适应性管理实践富有成效，从而减少风险。研究还表明，如果不改进管理，该地区在不远的将来可能会经历严重的供水危机（美国垦务局，2005）。

15.4.3　西非：尼日尔河流域

尼日尔河属于跨界河流，其流域横跨西非9个国家的大部分疆域。大约有1亿人依赖这条河流维持生计、开展贸易、进行水路运输和粮食生产等。然而，该流域面临着贫困和生产力低下带来的诸多问题，同时也面临严重的水短缺、水生疾病以及水旱灾害等极端天气事件。一直以来，河流系统的管理受到来自城市、工业、农业和生态用水之间争水日益加剧的挑战，以及来自日际间、季节性和年际气候变率和气候变化反复无常的影响。与气候变化预期相比，过去年际气候变率在量级上更大。在此背景下，气候风险评估被纳入到基础设施投资计划中（Brown，2011）。

鉴于未来气候具有很大的不确定性，一种决策尺度的方法得以应用，即先对假定气候变化的潜在影响进行评估，然后利用气候信息来评估那些气候变化是否有可能发生（Brown，2011）。分析结果表明，投资规划已为应对中等程度或次于中等程度的气候变化大体上做了相应的准备。只有当降水量大幅减少时（约20%），才会带来显著影响。随后的气候分析显示，这种气候变化在地区气候预测中并不常见，因此被视为小概率。为了强化对未来气候变率和变化的准备，目前正在研究季节性水文预测，并将其作为气候变化适应战略的补充。

15.4.4　东非：尼罗河流域

尼罗河全长约6700千米，是世界最长的河流，流域面积约300万平方千米，流经10个非洲国家。尼罗河由两大主要河系构成：白尼罗河和青尼罗河。白尼罗河发源于赤道湖泊高原地区的维多利亚湖，该湖系世界第二大淡水湖，为布隆迪、卢旺达、坦桑尼亚、肯尼亚、刚果民主共和国和乌干达等6个东非国家的人口和生态系统供水。而青尼罗河发源于埃塞俄比亚高原，向西流淌并在苏丹喀土穆与白尼罗河交汇。从汇流处开始，尼罗河干流向北流向埃及的阿斯旺高坝，然后继续向北，流经广袤的三角洲注入地中海。尼罗河流域国家总人口约3亿，一半以上依赖尼罗河为生。尼罗河支撑着埃及、苏丹、埃塞俄比亚和乌干达等人口众多国家的用水需求。这些国家在未来20年人口预计还将增加50%。

虽然气候变化的影响尚不确定，但处于干旱地区国家的气候将会变暖，水分蒸发也会加大。分析家们预测，未来的缺水压力很大部分将来自人口增长和社会经济发展，并且这种压力将因气候变化而加剧。以埃及为例，预计该国的人均水量到2025年仅为1990年的一半。

15.4.5　澳大利亚

澳大利亚的大部分人口都集中居住在狭长的沿海地带，这不仅给当前的城市供水带来挑战，而且这一挑战在将来会变得更加严峻。根据预测，气候变化将使该地区未来总降水量减少。许多研究都阐述到，澳洲大陆在较温暖的气候条件下降雨会减少；并且普遍认为，由于未来水分蒸发量增加（Johnson和Sharma，2010），最终将导致澳洲大陆原本很低的可用水量锐减。墨累-达令流域是澳大利亚农业的核心地带；随着候鸟栖息的淡水湿地变得脆弱，该流域可能将面临农业灌溉、城市用水和工业用水短缺（Hennessey等，2007）。

15.4.6 南美洲

南美大陆拥有丰富多样的地貌和气候特征，包括沿秘鲁和智利西海岸分布的沙漠地带、南美西部的安第斯山脉，以及秘鲁和巴西境内的亚马孙森林流域。因此，出现的很多水资源问题都具有明显的本土特色，比如许多陡峭山区河流存在山洪问题，大河存在洪水泛滥问题（如巴拉那河和亚马孙河流域），以及许多地区周期性的低流量和干旱问题。

过去几年里，南美一些国家经济增长迅速，因此吸引了大量的资本投资。采矿业的迅猛发展是这种前所未有增长的一个动因。例如，秘鲁的许多地区蕴藏丰富的矿藏，因此备受各大采矿公司的关注（Salas 等，2008）。虽然这为成千上万的秘鲁工人带来就业机会，并促进区域和国家的经济增长，但也引发了采矿运营对水资源和环境带来影响的一些担忧。这些影响包括对附近河流水量和水质的影响、地下水水位和泉水水流减少以及日益加剧的土壤侵蚀等。此外，采矿热也引发了人们对于居民、牲畜、野生动物、植物、土壤和水是否会遭受有毒物质侵害的担忧，因为工业企业和事故都有可能成为罪魁祸首。

在过去的数十年，南美另一个日趋加重的涉水问题是位于热带的安第斯山脉冰川融化加速；尽管仍存有争议，但普遍认为这是由于全球变暖造成的。例如，自1970年以来，秘鲁的冰川面积至少缩减了22％，这对秘鲁高地的部分供水产生了影响。占秘鲁冰川35％的白科迪勒拉山脉，约有190平方千米的冰川表面已经消失；另一个例子是布洛基冰川，在1948—2004年间已后退了约950米；而帕斯多鲁伊冰川则在1980—2005年间后退了约490米，出于安全的考虑，帕斯多鲁伊冰川已不再向游客开放（秘鲁天主教大学，2008）。

参考文献

Bayazit, M. and Unal, N. E. 1990. Effects of hedging on reservoir performance. *Water Resources Research,* Vol. 26, No. 4, pp. 713–19.

Brekke, L. D., Kiang, J. E., Olsen, J. R., Pulwarty, R. S., Raff, D. A., Turnipseed, D. P., Webb, R. S. and White, K. D. 2009. *Climate Change and Water Resources Management – A Federal Perspective.* US Geological Survey Circular 1331. Reston, VA, USGS. http://pubs.usgs.gov/circ/1331/

Briscoe, J. 2007. *India's Water Economy: Bracing for a Turbulent Future.* Oxford, UK, Oxford University Press.

Bromley J. (ed.). 2005. *Guidelines for the Use of Bayesian Networks as a Participatory Tool for Water Resources Management.* A MERIT Report. Wallingford, UK, Centre for Ecology and Hydrology (CEH).

Brown, C. 2010. The end of reliability. *ASCE Journal of Water Resources Planning and Management,* Vol. 136, p. 143.
----. 2011. *Decision-scaling for Robust Planning and Policy under Climate Uncertainty.* Washington DC, World Resources Report. http://www.worldresourcesreport.org

Brown, C. and Lall, U. 2006. Water and economic development: The role of variability and a framework for resilience. *Natural Resources Forum,* Vol. 30, No. 4, pp. 306–17.

Brown, C., Conrad, E., Sankarasubramanian, A. and Someshwar, S. 2009. The use of seasonal climate forecasts within a shared reservoir system: The case of Angat reservoir, Philippines. F. Ludwig, P. Kabat, H. van Schaik and M. van der Valk (eds), *Climate Change Adaptation in the Water Sector,* London, Earthscan.

Brown, C., Werick, W., Fay, D. and Leger, W. 2011. A decision analytic approach to managing climate risks – Application to the Upper Great Lakes. *Journal of the American Water Resources Association,* doi:10.1111/j.1752-1688.2011.00552.x.

Clark, M. P., Serreze, M. C. and McCabe, G. J. 2001. Historical effects of El Niño and La Niña events on the seasonal evolution of the mountain snowpack in the Columbia and Colorado River Basins. *Water Resources Research,* Vol. 37, pp. 741–57.

Columbia Water Center. n.d. Homepage. http://water.columbia.edu/?id=India&navid=india_water_stress

Comprehensive Assessment of Water Management in Agriculture. 2007. *Water for Food, Water for Life: A Comprehensive Assessment of Water Management in Agriculture.* London/Colombo, Earthscan/International Water Management Institute.

Eriksson, M., Jianchu, X., Bhakta Shrestha, A., Ananda Vaidya, R., Nepal, S. and Sandström, K. 2009. *The Changing Himalayas: Impact of Climate Change on Water Resources and Livelihoods in the Greater Himalayas.* Kathmandu, International Centre for Integrated Mountain Development (ICIMOD).

Gleick, P. H. and Palaniappan, M. 2010. Peak water limits to freshwater withdrawal and use. *Proceedings of the National Academy of Science,* Vol. 107, No. 25, pp. 11155–62.

Grantz, K., Rajagopalan, B., Clark, M. and Zagona, E. 2005. A technique for incorporating large-scale climate information

in basin-scale ensemble streamflow forecasts. *Water Resources Research,* doi:10.1029/2004WR003467.

----. 2007. Water management applications of climate-based hydrologic forecasts: Case study of the Truckee-Carson River Basin, Nevada, ASCE. *Journal of Water Resources Planning and Management,* Vol. 133, No. 4, pp. 339–50.

GreenFacts. n.d. Scientific Facts on Water Resources Web page. http://www.greenfacts.org/en/water-resources/figtableboxes/9.htm

Hamlet, A. F. and Lettenmaier, D. P. 1999. Columbia River streamflow forecasting based on ENSO and PDO climate signals. *Journal of Water Resources Planning and Management,* Vol. 125, pp. 333–41.

Hassan, R., R. Scholes and N. Ash (eds). 2005. Condition and Trends Working Group of the Millennium Ecosystem Assessment. *Ecosystems and Human Well-being: Current State and Trends, Vol. 1.* Washington DC, Island Press. http://www.eoearth.org/article/Ecosystems_and_Human_Well-Being:_Volume_1:_Current_State_and_Trends:_Freshwater_Ecosystem_Services

Hoekstra, A. Y. and Chapagain, A. K. 2007. Water footprints of nations: Water use by people as a function of their consumption pattern. *Water Resources Management,* Vol. 21, No. 1, pp. 35–48.

IPCC (Intergovernmental Panel on Climate Change). 2007. *Climate Change 2007 – The Physical Science Basis: Contribution of Working Group I to the Fourth Assessment Report of the IPCC.* Geneva, IPCC.

Johnson, F. and Sharma, A. 2010. A comparison of Australian open water body evaporation trends for current and future climates estimated from Class A evaporation pans and general circulation models. *Journal of Hydrometeorology,* doi:10.1175/2009JHM1158.1.

van der Keur, P., Henriksen, H. J., Refsgaard, J. C., Brugnach, M., Pahl-Wostl, C., Dewulf, A. and Buiteveld, H. 2006. *Identification of Major Sources of Uncertainty in Current IWRM Practice and Integration into Adaptive Management.* Report of the NeWater Project – New Approaches to Adaptive Water Management Under Uncertainty. Osnabrueck, Germany, NeWater.

Lempert, R. J., Groves, D. G., Popper, S. W. and Bankes, S. C. 2006. A general, analytic method for generating robust strategies and narrative scenarios. *Management Science,* Vol. 52, No. 4, pp. 514–28.

Liu, J. and Savenije H. H. G. 2008. Food consumption patterns and their effect on water requirement in China. *Hydrology and Earth System Sciences,* Vol. 12, pp. 887–98.

Margat, J. and Andréassian, V. 2008. *L'eau, les Idées Reçues.* Paris, Editions le Cavalier Bleu.

Milly, P. C. D., Dunne, K. A. and Vecchia, A. V. 2005. Global pattern of trends in streamflow and water availability in a changing climate. *Nature,* doi:10.1038/nature04312.

Nakicenvoic et al. 2000. *Special Report on Emissions Scenarios.* A Special Report of Working Group III of the Intergovernmental Panel on Climate Change. Cambridge, UK, Cambridge University Press.

de Neufville. 2002. *Architecting/Designing Engineering Systems Using Real Options.* ESD WP 2003-01.09.

Engineering Systems Division Symposium, June 2002, http://esd.mit.edu/WPS/2003.htm

Nowak, K. 2011. Stochastic streamflow simulation at interdecadal time scales and implications to water resources management in the Colorado River Basin. PhD dissertation, University of Colorado, Boulder, CO.

Prairie, J. and Callejo, R. 2005. *Natural Flow and Salt Computation Methods,* Salt Lake City, UT, US Department of the Interior.

Prairie, J., Nowak, K., Rajagopalan, B., Lall, U. and Fulp, T. 2008. A stochastic nonparametric approach for streamflow generation combining observational and paleo reconstructed data. *Water Resources Research,* doi:10.1029/2007WR006684.

PUCP (Pontificia Universidad Católica del Perú). 2008. *Climatic Changes Website.* Lima, Peru, PUCP.

Rajagopalan, B., Nowak, K., Prairie, J., Hoerling, M., Harding, B., Barsugli, J., Ray, A. and Udall, B. 2009. Water supply risk on the Colorado River: Can management mitigate? *Water Resources Research,* doi:10.1029/2008WR007652.

Regonda, S., Rajagopalan, B., Clark, M. and Zagona, E. 2006. Multi-model ensemble forecast of spring seasonal flows in the Gunnison River basin. *Water Resources Research,* Vol. 42, 09494.

Regonda, S., Zagona, E. and Rajagopalan, B. 2011. Prototype decision support system for operations on the Gunnison basin with improved forecasts. *ASCE Journal of Water Resources Planning and Management,* Vol. 137, No. 5, pp. 428–38.

Salas, J. D., Paulet, M. and Vasconcellos, C. 2008. Feasibility study for water resources development in the Chonta and Mashcon rivers; Cajamarca, Peru. *Colorado Water,* Vol. 25, No. 5, pp. 12–13.

Sankarasubramanian, A., Lall, U., Souza Filho, F. D. and Sharma, A. 2009. Improved water allocation utilizing probabilistic climate forecasts: Short-term water contracts in a risk management framework. *Water Resources Research,* Vol. 45, W11409.

Shah, T. 2008. *Taming the Anarchy Groundwater Governance in South Asia.* London, RFF Press.

Traynham, L., Palmer, R. N. and Polebitski, A. S. 2011. Impacts of future climate conditions and forecasted population growth on water supply systems in the Puget Sound region. *Journal of Water Resources Planning and Management,* doi:10.1061/(ASCE)WR.1943-5452.0000114.

USBR (US Bureau of Reclamation). 2005. *Water 2025: Preventing Crises and Conflict in the West.* Washington, DC, USBR.

Vano, J. A, Voisin, N., Cuo, L., Hamlet, A. F., Elsner, M. M., Palmer, R. N., Polebitski, A. and Lettenmaier, D. P. 2010a. Climate change impacts on water management in the Puget Sound region, Washington State, USA. *Climatic Change,* doi:10.1007/s10584-010-9846-1.

Vano, J. A., Voisin, N., Scott, M., Stöckle, C. O., Hamlet, A. F., Mickelson, K. E. B., Elsner, M. M. and Lettenmaier, D. P. 2010b. Climate change impacts on water management and

irrigated agriculture in the Yakima River Basin, Washington State, USA. *Climatic Change,* Vol. 102, No. 1–2, pp. 287–317.

Vicuna, S., Dracup, J. A., Lund, J. R., Dale, L. L. and Maurer, E. P. 2010. Basin-scale water system operations with uncertain future climate conditions: Methodology and case studies. *Water Resources Research,* doi: 10.1029/2009WR007838.

Vörösmarty, C. J., Leveque, C. and Revenga, C. 2005. Fresh water. R. Bos, C. Caudill, J. Chilton, E. M. Douglas, M. Meybeck, D. Prager, P. Balvanera, S. Barker, M. Maas, C. Nilsson, T. Oki, C. A. Reidy, *Millennium Ecosystem Assessment, Volume 1: Conditions and Trends Working Group Report.* Washington DC, Island Press, pp. 165–207.

Water Footprint Network. n.d. Homepage. http://www.waterfootprint.org

Wisser, D., Frolking, S., Douglas, E. M., Fekete, B. M., Vörösmarty, C. J. and Schumann, A. H. 2008. Global irrigation water demand: Variability and uncertainties arising from agricultural and climate data sets. *Geophysical Research Letters,* doi:10.1029/2008GL035296.

Woodhouse, C. A., Gray, S. T. and Meko, D. M. 2006. Updated streamflow reconstructions for the Upper Colorado River Basin. *Water Resources Research,* doi:10.1029/2005WR004455.

WWAP (World Water Assessment Programme). 2006. *World Water Development Report 2: Water: A Shared Responsibility.* Paris/New York, UNESCO/Berghahn Books.

Yao, H. and Georgakakos, A. 2001. Assessment of Folsom Lake response to historical and potential future climate scenarios: 2. Reservoir management. *Journal of Hydrology,* Vol. 249, No. 1–4, pp. 176–96.

第十六章

资源状况：水质

本章由联合国环境规划署—丹麦水资源及水环境研究所水和环境中心完成

作者：摩根斯·戴尔·尼尔森、加瑞斯·詹姆斯·罗伊德和鲍尔·格兰尼
供稿：彼得·科弗依德·布约森
致谢：波吉·斯多姆

© UN Photo/Gill Fickling

建立全球水质评估框架非常必要。虽说解决水质问题无论从国际层面还是到家庭层面都存在很多方法，但可支撑决策和管理过程的水质数据却严重不足。任何评估框架都应吸收其所在国家的数据资源。建立评估框架是为了更好地了解水质状况及其成因，掌握最新发展趋势并找出热点问题，测试和验证政策与管理方案，为设计情境创造条件，以便掌握和计划未来需采取的行动，为监测提供必要的准绳。

　　水质与水量有着密不可分的联系，因为二者均是水资源供给的主要决定因素。水质退化不仅由外部污染造成，也与水量耗减有关。随着水量减少，预计水质问题也会越来越突出。过去，水质和水量问题一直被区别对待。今天，政策制定者必须协调一致地统筹考虑这两个问题。这就需要研究机构的鼎力支持，更好地将问题量化，以便寻找更好的解决方法。

　　社会经济发展有赖于水质。文献记载显示，人类和生态系统健康风险与水质变差密切相关，水质恶化对社会和经济发展构成威胁。在采取经济有效的人类废弃物收集、处理和处置措施的同时，还必须对公众进行环境教育。对使用或生产有毒物质的工业企业必须采取相应措施。应优先发展清洁技术和替代产品，开发成本低、效益高的解决方案。控制面源污染，特别是引发富营养化的物质，已成为日益严峻的全球性挑战。当水资源受到威胁或遭到破坏时，我们需要发挥体制作用，强化应急响应；此外，要特别加强现有法律法规的执行。

　　水质恶化意味着高昂的成本和惨痛的代价，包括：生态系统退化、健康成本及其对经济活动的影响、处理成本增加以及财产贬值等。反之，改善或确保水质的良好状态可以节省巨大的成本，其中包括死亡人数减少、工业生产成本以及水处理成本降低。为更好地了解和量化生态系统服务的经济成本和效益，加强科学研究很有必要。

16.1 简介

安全饮用水和基本卫生设施是人类生存、福祉和尊严的内在要求。如果供水和卫生设施规划实施无法取得重大进展，那么实现整体发展的可能性将微乎其微。（联合国秘书长潘基文，2008）

良好水质对发展和维持生态系统的健康必不可少，但又极易遭到破坏。水质与水量有着密不可分的联系。水质一旦恶化将无法用于饮用、洗浴、工业或农业生产，可用水量随之减少（联合国环境规划署，2010）。另外，水资源过度利用可导致水质恶化。例如，超采地下水会导致沿海地区海水入侵，或引发自然产生的有毒化合物浓度升高（Stellar，2010）；在径流量较低时抽取地表水，会使污染物浓度提高。

正如上文联合国秘书长潘基文（2008）所强调的，与饮用水供给和卫生设施相关的健康风险应被视为需要优先考虑的全球性问题。每年大约有 350 万人因供水不足、卫生设施匮乏或医疗条件落后而死亡，其中大部分人口居住在发展中国家（世界卫生组织，2008a）。而在发达国家，垃圾场和工业生产流出和排放的有毒废物是供水安全面临的主要威胁。

长期以来，生态系统健康一直受到较为富裕和发达国家的关注。随着人们对赖以维持生命的生态系统产品和服务功能了解增多（如生态系统能提供粮食和纤维），即使是贫穷的国家，也开始将生态系统的健康和脆弱性作为特别关注的社会经济问题。

水质恶化可带来一系列沉重的经济成本，其中包括生态系统服务退化、医疗卫生服务弱化、农业和工业生产成本增加、旅游业不景气、水处理成本升高以及财产贬值等（联合国环境规划署，2010）。例如，中东和北非国家水质恶化所带来的成本估计占国内生产总值的 0.5%～2.5%（世界银行，2007）。由于水资源日益紧缺，与水质处理有关的成本将不断增加；如果不及时解决水质问题，其后果将愈发严重。

水质已成为全球普遍关注的问题，因为水质恶化可直接对社会和经济产生负面影响。在这个变化加速的年代，如果要加强脆弱性和风险管理手段，必须对未知和难以预期因素格外关注。鉴于我们对全球水质状况知之甚少，有必要建立全球水质评估框架，以填补"信息空白"，并以此支撑决策制定和管理进程。

16.2 与水质风险相关的自然进程和社会经济驱动因素

水质条件是多种驱动因素形成的各种压力的结果。由一条因果链将这些驱动因素与其对水质的影响、进而与来自社会和经济对人类和生态系统健康的担忧联系起来。明确找出这些驱动因素后，我们可以通过妥善地管理降低风险和脆弱性。

驱动因素是水质发生变化的外在原因。在某些情况下，这些因素可能受水资源管理者的直接掌控（如废水处理），尽管他们的掌控通常超出了水资源管理的影响。主要驱动因素可大致分为两类：社会因素和经济因素。评估驱动因素、水质和公众关注之间的主要因果链，并达成一致意见，是采取行动解决问题的前提条件。

在深入研究这些驱动因素之前，有必要审视自然进程所起的作用。

16.2.1 自然进程

水文循环是影响淡水水质最重要的自然进程。例如，大气输送就属于一种自然机制，通过携带和沉积作用，将大气污染物从一个地方运送到另外的地方，从而影响水质。

化石燃料燃烧排放的硫在经过长距离输送后变成酸雨降落到地面。对缓冲能力有限的敏感湖泊和河流，酸雨可导致生态系统的酸化。发达国家通过控制硫黄排放已大大减少了酸雨的发生，尽管许多发电厂仍缺乏适当的处理方法。

气候进程以及相关的气候变率和变化会影响水文循环。由于很难确定影响的结果，因此，对与气候变化相关风险的管理变得复杂化。到2050年，全球气温很有可能升高2℃，甚至3℃以上。政府间气候变化专门委员会正在预测可能带来严重影响的主要风险，同时强调预测中存在很大的不确定性（政府间气候变化专门委员会，2008）。

在未来几十年中，诸多影响或许并不会马上出现，因此，可利用这一时期再取得一些进展。但是，有关风险管理的一些问题仍需要给予及时关注。有清晰迹象表明，气候已越来越难以预测，破坏性也更强。洪水会毁坏供水系统和污水处理厂，使居民区遭受污染水体的侵害。暴雨和洪水可增加侵蚀和沉积，而干旱时期森林火灾也会增加侵蚀的风险。

干旱和径流量过低会削弱生态系统吸收和净化污染水体的能力。河流入海口将面临日益加剧的海水入侵影响，澳大利亚的墨累-达令流域就是一个实例（见专栏16.1）；而海平面上升会加速海水入侵，进而影响主要城市供水以及淡水生态系统的稳定性和生产力。

专栏 16.1

海水入侵风险威胁澳大利亚阿德莱德市供水

墨累-达令流域（MDB）面积超过100万平方千米，覆盖澳大利亚的4个州，阿德莱德市位于其入海口。墨累-达令流域管理协议的一项内容就是要确保在至少95％的时间段内，阿德莱德市供水中盐浓度的电导率（EC）低于800。在21世纪的前十年，墨累-达令经历了过去一个世纪中降雨量最低的时期，造成河流径流量和

阿德莱德市供水量减少。在不断变化的气候条件下，干旱使海水入侵河口的风险增加。应对方案包括确保更多水量流经河口地带，但由于上游用户对水资源的需求很大，因此，以流域为单元的管理模式非常必要。

资料来源：Adamson等（2009）。

16.2.2 社会驱动因素

在水资源管理领域，人们对社会驱动因素的关注度并不高。但是，许多新兴的水质管理问题，如废水排放及连带的水质问题却与社会因素密切相关。

社会和政治冲突会破坏水资源管理，尤其是跨界水资源管理。通常，人们认为水量更重要，而且相对于水质，水量更容易被计量，所以达成的协议多数都只关注水量。尽管重视和改善水质对各方都有裨益，但在协议中水质问题常被忽视（Eleftheriadou 和 Mylopoulos，2008）。

社会习俗、偏好和消费模式构成水质管理不确定性的额外社会因素。文化习俗形成的废物处置方式很难改变，这在制造企业和农业耕作中尤其明显。发达国家和新兴经济体对生物燃料和肉类制品等商品的需求不断增长，给原本强度已经很高的农业生产构成新的压力，同时加剧化肥和农药污染。各类复杂化学物质的生产以及后续废物处理量增加，也会造成新的和意料不到的影响。

人口增长成为人类废水处理负荷的主要驱动因素已得到广泛认同。尽管人口统计学预测已较为成熟，但对于未来迁移人口的预测，尤其是向居住人口已超过全球总人口一半的城市地区迁移的人口预测，仍有诸多不确定性。人口密度高会导致重污染地区的产生。据估计，全球有26亿人口无法获得齐备的卫生设施（世界卫生组织和联合国儿童基金会，2010），在

发展中国家，大多数污水未经处理就直接排放（Corcoran 等，2010）。

对固体废物倾倒管理不善可导致有毒化学物质泄漏到河流和地下水体中。即使有废物处理厂对其进行处理，也可能由于运营效率低和工业废物处理不善而导致土壤和地下水污染。

军事冲突也是驱动因素之一，每年致使数百万人口迁移。这不仅加速了污染地区的形成速度，也给已经受到影响的生态系统带来更大的压力。

16.2.3　经济驱动因素

在水资源管理领域，人们已经认识到经济驱动因素的重要性。《世界水发展报告》第四版第三卷《面对挑战》对几个行业部门进行了讨论。经济增长对城市居民、工业发展、粮食生产的影响可直接转化成日益增多的风险，并带来新的水质问题。直接经济驱动因素包括废水排放以及修建拦河坝、大坝和调水设施等基础设施。

农业用水占全球用水量的 70%，因此，农业产生的回流水对水质的影响构成了巨大的潜在风险。除城市化程度较高的地区外，农业生产都会带来化肥污染，是引发水体富营养化的主要因素。营养富集已成为全球最普遍的水质问题之一（世界水评估计划，2009）。此外，全球每年农药的使用量估计超过 200 万吨（联合国环境规划署，2010）。虽然通过禁用某些化学物质和实行综合病虫害防治已大大降低了农药污染的风险，但有毒物质仍很有可能威胁水生态系统的健康和生产力。

养猪场和饲养场里肉类的密集生产可能推高水体生化需氧量（BOD）、氨含量以及营养物质浓度，从而污染本地水体。

纸浆和食品加工业也可能排放出生化需氧量和营养物质富集的未处理废水，可导致水体缺氧、富营养化和生态系统的全面退化。

水产养殖也可成为水体污染的重要原因。人们尤其担心病害对自然环境的破坏。这些病害已造成河口生态系统严重退化，破坏了水产养殖的未来发展。

工业发展是造成有害物质污染风险的关键动因。由于技术进步，更多含有新型有毒、有害化学物质的消费品不断得以开发（见图16.1）。在发展中国家，环境标准的实施面临巨大挑战，阻止未经处理的工业废物排入淡水水体的努力也面临重重困难。全球化进程加剧了向环境倾销废物的风险，其中包括污染工业排放的废物，也包括发达经济体或新兴经济体向发展中国家直接出口的化学废物。另外，危险化学品导致的工业事故（尤其是在自然灾害时期）也可导致危险物质泄漏危及地表水和地下水。

能源生产和分配是造成石油污染的主要原因。低浓度碳氢化合物可被生物降解，但重大泄漏和事故（包括蓄意破坏）会造成严重的污染风险。而且，以海运或河运的方式运送碳氢化合物也存在泄漏风险。水电站排放冷却水和水库底部水可导致生态系统温度发生剧烈变化，尽管完备的立法可对其予以控制。化石燃料发电厂排出大量的硫酸盐，这种物质以酸雨的形式降落，污染土壤和地表水。20 世纪 80年代，酸雨是工业化国家普遍存在的问题，尽管这一问题至今仍然存在，但通过立法对排放设立限值，并采用清洁技术，目前酸雨问题已获得很大改观。如今，在化石燃料发电行业迅速发展的新兴经济体中，酸雨现象正在不断出现。2006 年，中国有 1/3 的地区受到酸雨的影响，给土壤和粮食安全带来严重威胁（Zijun Li，2006）。虽然中国已采取措施减少硫酸盐的排放，但是，氮排放量不断攀升，抵消了应有的成效（Zhao 等，2009）。

在人们引进生物燃料作为缓解气候变化的战略时，一种新型风险正在迅速孕育而生。因为生物燃料除了会对粮食生产造成潜在的负面影响之外，其耕作方式密集，且需大量使用化肥和农药。采矿活动通过有害物质和酸化作用产生污染风险（见图 16.2）。矿井水可能会由于以下成分而受到极大污染：地下水本身所含

图 16.1

2001年产生的有害废物（来源：巴塞尔公约各缔约方报告）

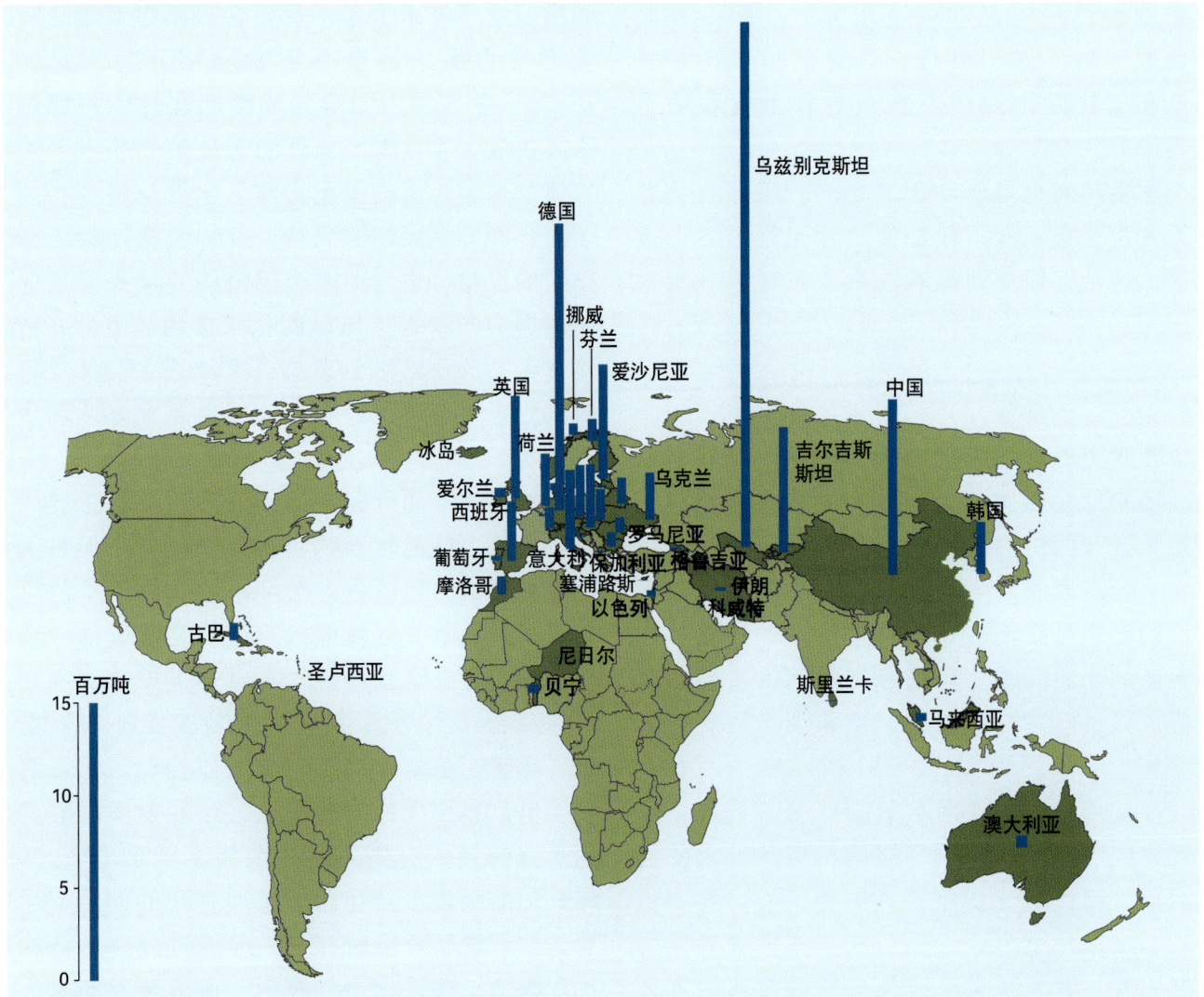

资料来源：联合国环境规划署／全球资源信息数据库−挪威阿伦达尔中心
(http://maps.grida.no/go/graphic/hazardous_waste_generation_in_2001_as_reported_by_the_parties_to_the_basel_convention, P. Rekacewicz制图,
来源自《巴塞尔公约》)。

的盐分；铅、铜、砷和锌等烃源岩中包含的金属元素；岩石中滤出的硫化合物；萃取和加工过程中采用的汞和其他物质。这些排水可能会出现不同的 pH 值。有些矿井水处于极度酸性状态，pH 值仅为 2～3；而有些成分则可能导致排水具有极强的碱性（联合国环境规划署，2010）。

在发展中国家，很多小规模的原始采矿活动正在如火如荼地进行中，有些受到有限管控，有些则根本无管制。约有 50 个国家存在人工开采的小型矿井，其从业者大多居住在最贫穷、最偏远的农村地区，通常没有其他就业选择。据估计，目前约有 1 300 万人在人工开采的小型矿井中做工，有 8 000 万～1 亿人口的生计与采矿工作有关（Hentschel，2002）。在经合组织国家及中国、印度、巴西等新兴经济体中，由于矿产需求量增加和价值增长，上述人口数字还可能持续走高。

森林采伐一般都在缺乏有效水土保持措施的条件下进行，这对环境和安全供水造成破坏。当天然森林被生产生物燃料的油椰子替代时，也会出现类似情况。

图 16.2

巴尔干地区有害工业场所、水污染和采矿点分布

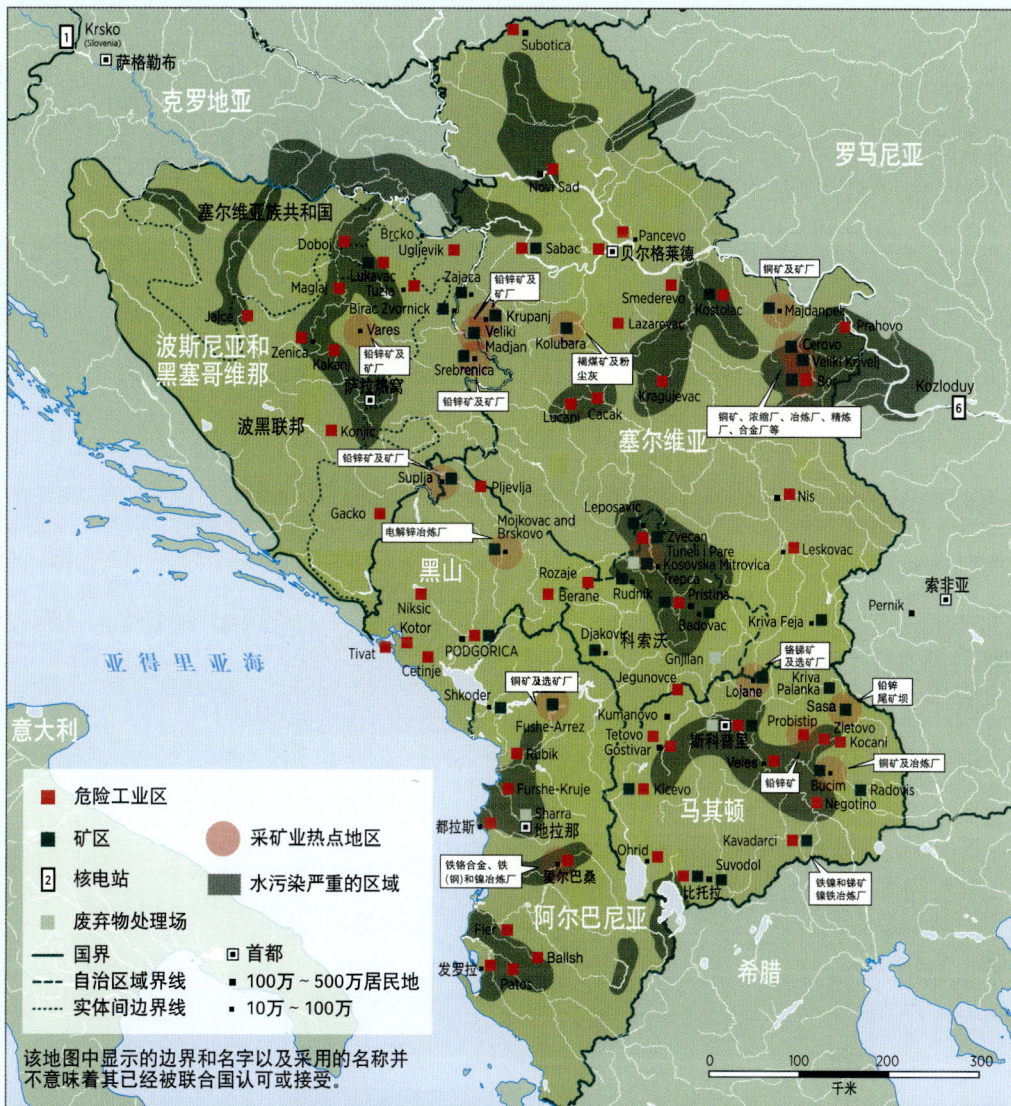

资料来源：联合国环境规划署／全球资源信息数据库－挪威阿伦达尔中心

（http://maps.grida.no/go/graphic/balkans-hazardous-industrial-sites-water-pollution-and-mining-hot-spots, a map by UNEP/DEWA/GRID-Europe）。

通常情况下，旅游业可为保护环境和水质提供强大的动力，因为健康的环境可吸引更多的旅游生意。鉴于旅游业自身的特点，如果能提出好的开发计划和建议，旅游将成为促进环境保护的积极驱动因素，然而，城市化进程加快，废物处理措施不健全，破坏了休闲娱乐资产。

金融行业通常与水资源风险没有直接的联系。不过，目前的全球金融危机已对私营部门在清洁技术、安全生产和废水处理等领域的投资产生潜在的巨大负面影响。尽管政府采取刺激政策加大支持力度，但这场危机已经削减了政府对于降低和适应不良因素影响的公共设施资金投入（如：城市污水系统和处理厂等）（见专栏16.2），特别是国际开发资金更是如此（非洲财长和央行行长委员会，2009；联合国非洲经济委员会，2009）。

融资与成本回收

　　未来 15 年，我们还需要为 8 亿多城市居民提供改善的卫生设施，才能维持目前获得改善卫生设施的人口比例。然而，大规模改善污水管道系统的成本高昂，由于受设施成本和地理位置成本所限，加之有些家庭无力支付安装费用，该系统在城市临时居民区的推广更是难上加难。因此，许多国家对卫生设施不甚重视，部分原因是，与供水投资相比，对卫生设施投资的（个人和社会）可见收益并不高。正因如此，全球卫生设施投资在供水和卫生设施总投资中仅占 20%。

　　资料来源：转载自美国国际开发署（2010）。

16.3　水量与水质的关系

　　就满足人类和环境的基本需求而言，水质与水量同等重要；不过，尽管两者密切相关，但与水量相比，水质在最近几十年中所得到的投资、科学支持和公众关注要少得多（Biswas 和 Tortajada，2011）。

　　水质变差会减少饮用水、工业、农业可用水量（联合国环境规划署，2010）（见专栏 16.3）。水污染程度越高，使其达到综合可用标准的处理成本就越高。

　　过度开采地下水也会影响水质，因为随着水量的减少，天然化合物的浓度将升高，从而影响地下水水质。在印度，数百万人面临氟中毒的直接或潜在威胁（见专栏 16.4）。在塞浦路斯和加沙地带，入侵的海水渗入沿海地下含水层，使地下水盐度升高，水质由此受到影响（Stellar，2010）。

秘鲁采矿活动对水质和水量的影响

　　秘鲁是拉丁美洲水资源最为紧缺的国家。来自安第斯山脉的水源维系着下游居民的生活和农业生产活动。许多拥有特许权的矿井位于安第斯山脉的水源地带，采矿影响下游水质，甚至威胁子孙后代。

　　资料来源：Bebbington 和 Williams（2008）。
　　照片：维基媒体 Paulo Tomaz（http：//commons. wikimedia. org/wiki/File：Antamina _ Mine _ Tailings _ Pond. jpg）

水量减少等同于水质下降：印度氟中毒

　　由于地下水天然氟化物含量过高，印度数百万人面临氟中毒的间接威胁或直接影响。印度面临的水资源压力不断升级，迫使人们不断深挖水源，而深层地下水受到的氟化物污染更加严重。此外，智利、埃塞俄比亚、乌兹别克斯坦、中国都出现过氟中毒事件，受害者约有 160 万人。

　　资料来源：Shah 和 Indu（2008）。

同样，过度使用地表水会减少天然径流量，河水污染严重，有害物质浓度升高。Stellar（2010）写到："一个明显的案例是里奥格兰德河，夏季河流径流量减少时，河水水质就会大幅度降低。干旱季节，病原体含量可增加100倍。"

水质与水量之间存在一系列的互动效应，认识到这一点十分重要。有些水资源问题只与水质相关，即水源只是污染严重并非过度使用。其他水质问题均涉及水量和水质两个方面，比如与采矿活动有关的水问题。

16.4 与水质相关的人类健康风险

根据联合国千年发展目标（MDGs），降低人类健康风险对地方、国家乃至全球而言都具有重要意义，是亟待解决的问题。水传播疾病是全球主要的健康杀手之一，饮用水不安全、卫生设施缺乏、个人卫生无法得到保障直接导致数百万人丧生。

地表水和地下水不安全所引发的人类重大健康风险与病源组织和有毒物质有关，这源自城市和工业废物的排放，以及暴雨产生的面源径流污染。从全球来看，病原物质造成的水污染是人类健康最重大的威胁。

来自农业用地的径流污染一直未得到足够重视。化肥和农药通过地下水和地表水对人类健康造成影响。我们应对家畜粪便，尤其是集约农业所产生的废弃物给健康带来的影响给予持续的关注（Corcoran等，2010）。正如4.1节中所述，鱼和海鲜产品链对人类健康影响的风险也在不断上升。

16.4.1 水传播疾病

大多数水传播疾病都与未处理的废水或污水污染有关（供水和卫生合作理事会，2008）。污水是指家庭排放的液体废物，以及工业和非工业活动排放的废水。在发展中国家的许多地方，污水被直接排入当地的河道。未经处理的污水中含水生病原体，可使人类罹患严重的疾病，甚至死亡。

人类已采取诸多措施降低水传播污染的风险，其中包括修建饮用水供水管道，以实现千年发展目标。

通常，腹泻的传播途径是食用或饮用了受腹泻病人粪便细菌污染的食物或水。虽然这是一个全球性问题，但是这种疾病在撒哈拉以南非洲和南亚地区最为严重，这些地区每年有超过200万人死于腹泻（世界卫生组织，2008），其中近150万人为5岁以下儿童，占该年龄段儿童死亡总人数的15%，仅次于肺炎，超过了因艾滋病、麻疹和疟疾而死亡的儿童总数（Black等，2010）（见表16.1）。相对不太常见的水传播疾病有伤寒、霍乱和甲型肝炎。尽管死于这类疾病的人数相对较低，但是其病例总数（每年1 700万例伤寒病）也给发展中国家构成了沉重的负担。

表 16.1

5岁以下儿童死亡人数估算（人数共计879.5万）

68%（597万）死于传染性疾病			
肺炎	18%	157.5万	104.6万~187.4万 [不确定范围]
腹泻	15%	133.6万	82.2万~200.4万 [不确定范围]
疟疾	8%	73.2万	60.1万~85.1万 [不确定范围]
41%（357.5万）为新生儿死亡			
早产并发症	12%	103.3万	71.7万~121.6万 [不确定范围]
出生窒息	9%	81.4万	56.3万~99.7万 [不确定范围]
败血症	6%	52.1万	35.6万~73.5万 [不确定范围]
肺炎	4%	38.6万	26.4万~54.5万 [不确定范围]

资料来源：Black等（2010）。

人口增长与水传播疾病的产生紧密相关，加之人口向密度本已很高的城市地区迁移。资金不足严重阻碍了修建造价昂贵的下水道和污水处理系统，使城市废水问题无法解决。自然灾害（如洪水、风暴潮、飓风和地震等）常常毁坏安全供水设施，使人们无计可施，只能长期使用污染的水源。

若要采取应对措施，首先可考虑公共教育——洗手是个人卫生最重要的内容之一（Pokhrel，2007）。这项措施必须与适用性和成本—效益较高的举措结合起来，以便收集、处理和处置人类排泄物。发展中国家亟须在市政财力允许的范围内创新解决方案。针对废水处理基础设施的创新融资应当涵盖处理厂的整个生命周期，而且需要更好地了解废水处理的非市场红利价值（如作为公共福利设施及其生态服务功能等），以开展全面的成本—效益分析。此外，还需在体制方面做出努力，以便在安全供水设施因自然灾害或冲突等受到损坏时具备足够的应对能力。在气候变化不断带来新的威胁时，这项措施将变得尤其重要。

16.4.2 有毒物质造成水质恶化

与人类排泄物在全球层面污染水质的重要程度相比，有害化学物产生的不良影响往往是地方性或区域性问题。虽然有毒化学物质致死的人数要少于水生病原体，但受有毒化学物质威胁的人数却相当庞大（见表 16.2）。而且，在发展中国家，有害化学品在其毒性显现出来之前通常并未受到重视。水中的有毒物质有些属于自然产生（如砷元素），有些则来自人类活动（如农药）。

工业过程产生的无机污染物包括铅、汞和铬等有毒金属元素。这些一般属于天然产生，却因人类活动带来的污染演变成威胁人类健康的问题。污染物存在水中可造成毒性影响，比如损害大脑、肾脏和肺等器官。无机污染物还可破坏神经系统，甚至直接导致血液和大脑疾病。摄入了被污染的饮用水或食物（如灌溉作物、海鲜）后，往往会出现微量元素中毒。

饮用水中所含的砷可引发人类器官衰竭或罹患癌症。许多国家都已发现天然地下水中的

表 16.2

有毒物质污染的影响估计

构成威胁的前六位有毒物质	特定地区处于风险之下的人数（百万人）	全球受影响的人数（百万人）
1. 铅	10.0	18~22
2. 汞	8.6	15~19
3. 铬	7.3	13~17
4. 砷	3.7	5~9
5. 农药	3.4	5~8
6. 放射性核	3.3	5~8

注：此处人口估计是基于进行中的全球污染地区评估项目的初步估算。全球影响估计根据当前的地区研究和评估范围进行推算。
资料来源：美国布莱克史密斯环境研究所（Blacksmith Institute）（2010，p.7）。

砷中毒现象；据估计，大约有 1.3 亿人已经或者仍在继续饮用砷污染的地下水，其砷元素的浓度高于世界卫生组织（WHO）所设定的标准（皇家地理学会，2008）（见图 16.3）。

由于化肥的使用，硝酸盐成为普遍存在于地表水和地下水中的一种营养物质。低浓度硝酸盐对人类健康无害，但是当浓度超过 50 毫克／升时就会对婴儿有害（世界卫生组织，2008）。海水入侵带来的氯化物也可使水不适合饮用，尽管目前尚未制定有关氯化物的指导值（世界卫生组织，2008）。

持久性有机污染物（POPs）是一种对环境退化耐受力较强的有机化合物。持久性有机污染物可在环境中存在很长时间，而且能在人体和动物组织中进行生物积累。接触持久性有机污染物可致死或致病，包括内分泌、生殖和免疫系统功能失调、神经行为混乱及癌症。持久性有机污染物包括多氯化联苯（PCBs）、多种农药（如 DDT）以及某些药物和身体护理产品。欧盟和美国现已禁用多氯化联苯。

在含有农药或药物的废水中发现的一些合成化学物为内分泌干扰素（Colborn 和 vom Saal，1993）（见专栏 16.5）。相关记录显示，这些化学物质对人类和人类发展带来潜在负面

图 16.3

地下水中砷浓度过高（＞0.05毫克/升）发生的可能性

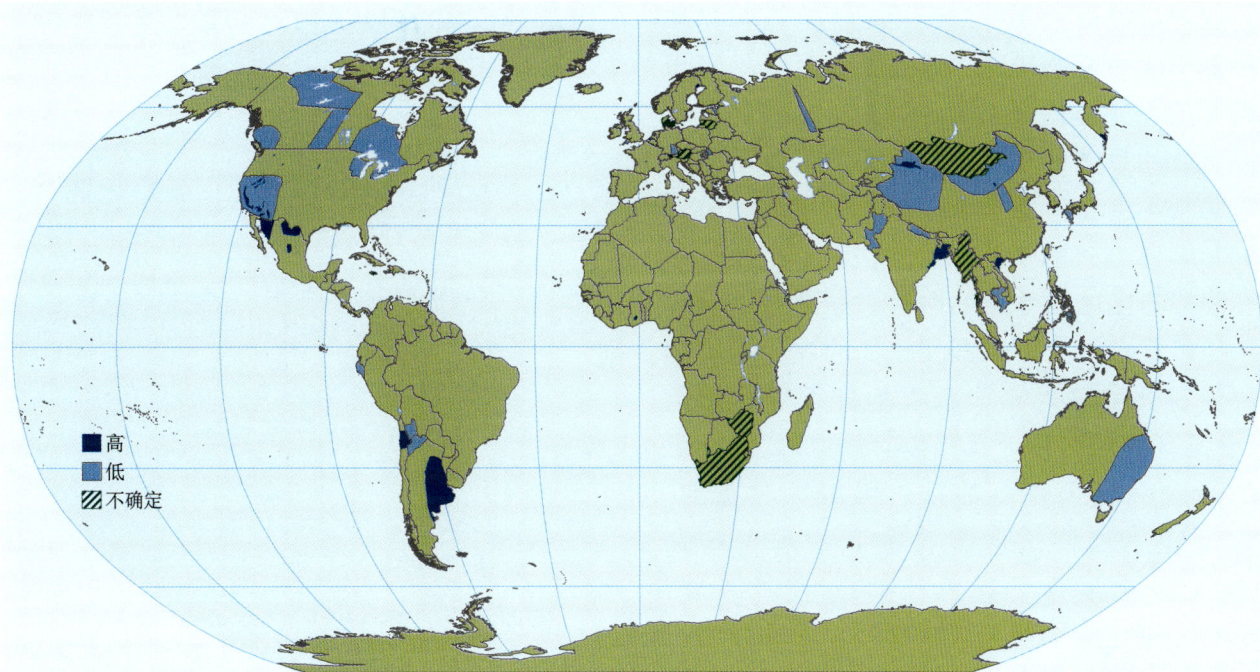

图例：
- ■ 高
- ■ 低
- ▨ 不确定

资料来源：Brunt等（2004）。

专栏 16.5

生态系统生物荷尔蒙改变的风险

内分泌干扰素（类似自然荷尔蒙的有机化学物质）可对野生动植物产生影响，比如使鸟类的蛋壳变薄、缺乏亲代行为以及提高癌症发生率（Carr和Neary，2008）。例如，废水处理厂下游的鱼类和两栖动物的雌性化长期以来都与雌激素药物密切相关（Sumpter，1995），而近来又与阿特拉津等农药联系起来（Hayes等，2006）。2002年世界卫生组织对内分泌干扰素的现状进行了全球评估，并认为有必要更加深入地认识内分泌干扰素及其对人类和生态系统的影响。不过，目前全球尚无有关内分泌干扰素影响的研究，部分原因在于难以确定剂量和反应之间的关系。

虽然许多内分泌干扰素都已被禁用（尤其在欧洲和北美），但仍有人还在使用某些干扰素（如DDT）。

资料来源：联合国环境规划署（2010）。

影响，而且对动物的相关研究表明，这些化学物质即使剂量很低也必须引起重视。研究显示，其影响可能不仅限于接触这些物质的个体，还可能影响到接触这类物质的孕妇腹中的胎儿以及哺乳期的婴儿（Diamanti-Kandarakis，2009）。

水体受有毒物质污染的主要原因是工业和农业生产。具体原因的不确定性与工业流程或操作方法，尤其是工业废物（包括废水和固体废物）的排放相关。有毒化学品（尤其来自化学工业）偶发泄漏事件是一个十分严峻的问题。集约化的农业生产（包括绿色革命）对控制虫害存在高度依赖，也给地表水和地下水带来相当大的污染风险。矿业企业的有毒物质很有可能造成污染，污染源有可能是采矿废料，也有可能是采矿过程本身。

应对措施可主要针对使用或生产有毒物质的行业。优先考虑开发清洁技术和替代工序以及具有成本效益的废物处理方法。但是，监管以及有效的执法也不可或缺。偶发泄漏事件的风险必须在企业内部予以降低，但需得到公众预警和响应框架的支持。此外，我们在处理生产过程中产生的固体废物时，必须将废物倾倒的污染降至最低。采用毒性较低的农药和实施病虫害综合治理可最大程度地降低农药污染（联合国环境规划署，2010）。开展提高公众意识的活动和农药使用的推广服务尤其重要。1987年，尼加拉瓜全国农民和牧场主联盟（UNAG）启动了"农民一对一培训计划"（PCaC），此创新计划旨在通过相互学习以推广最佳农业实践。该计划惠及817个社区的农户，增进了相互之间的知识传播和经验共享（联合国环境规划署，2010）。

16.5 与水质相关的生态系统健康风险

《千年生态系统评估报告》（MA，2005a，2005b）强调了生态系统产品和服务的重要性，并将其视为促进扶贫和可持续经济发展的重要和多元化资产。该报告将重心从单纯的濒危物种保护，拓展到为那些依靠生态系统维持生计的贫困人群提供更多的生存和就业机会。

16.5.1 氧气耗尽和鱼类死亡

健康的水生环境溶解氧（DO）含量较高，饱和度一般介于 $80\%\sim120\%$ 之间。微生物对氧气的需求和消耗可能会将溶解氧含量逼近临界值，造成鱼类死亡、水柱和水底沉积物出现绝氧状况（南非水务和林业部，1996）。这一结果可使渔业面临毁灭性打击，并严重损害生态结构，毁坏生态系统的休闲娱乐价值（见专栏16.6）。

未经处理的污水含有大量的有机物质，有利于微生物的生长；伴随微生物分解有机物质，其耗氧量也随之增加。缺氧与人类和工业废水污染有关。因此，城市中心和工业区，如造纸厂、屠宰场、养猪场等成为水生态系统中溶解氧缺乏的集中区。图16.4显示了根据不同类型污水处理方式模拟的有机负荷量，指出受影响的区域，特别是亚洲中部、印度和中国北部受影响区域的面积最大。

由于死亡水藻细胞的微生物分解作用，富营养化还可导致水体严重缺氧。

图 16.4

根据不同污水处理方式模拟有机负荷量分布图

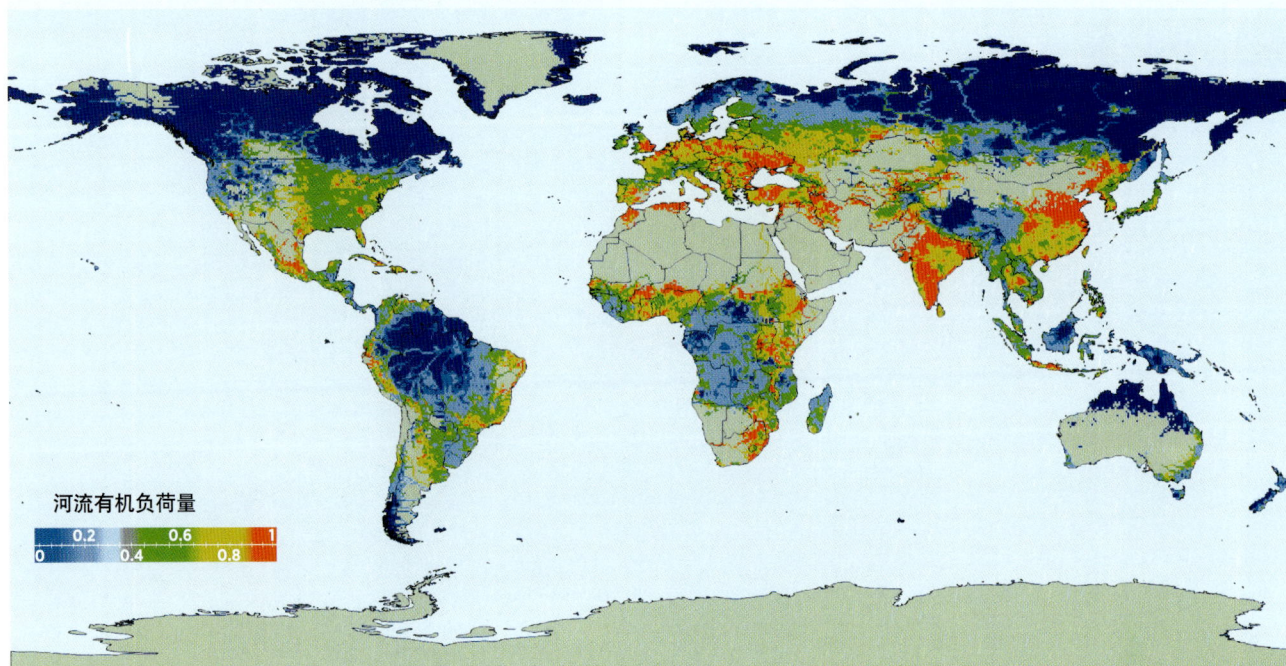

河流有机负荷量

0　0.2　0.4　0.6　0.8　1

资料来源：Vörösmarty等（2010，图2，pp.3-10）。经英国麦克米伦出版公司允许翻印。

　　硝酸盐和磷酸盐等营养物质含量较高也会损害正常的生物结构。尽管生活废水也含有营养物质，但一般情况下营养物质的主要来源是化肥。农业化肥流失属于面源污染，通常很难确定，因此不确定性和风险很高（见专栏16.7）。

中国湖泊富营养化

　　太湖是中国的第三大淡水湖，是3 000万人的供水水源。这里渔业繁荣，曾是颇受欢迎的旅游胜地。2007年5月，太湖蓝藻暴发造成重大污染事件，原因是太湖周围工业密集、开发过度，而当时的太湖水位正处于50年来的最低水平，这加剧了污染程度。中国政府将此次事件称为一场自然灾难，当地瓶装水的价格曾一度升至正常价格的6倍。随后，中国政府禁止供水商哄抬水价。据报道，截至2007年10月，中国政府已关闭太湖沿岸1 300多家工厂或对其下发通知。

　　由此，国务院确立目标，力争在2012年前清洁太湖水体。而在2010年，媒体又报道了一起水污染事件。这凸显了污染控制的复杂性，因为它通常涉及政治、开发、商业和环境等多方面利益竞争。

　　资料来源：《经济学人》（2010）和维基百科（2011）。

　　土地资源的不当利用（如森林采伐）导致的土壤侵蚀也是富营养化物质的主要来源。如上所述，森林火灾频发已成为一个突出问题，可能与土壤侵蚀有关。

遗憾的是，我们目前还没有充分的数据来掌握全球范围的富营养化程度，但普遍认为富营养化事件正在变得更加普遍且日益严重。图16.5呈现了受水体富营养化和低含氧量（氧气不足）困扰的沿海地区。

图 16.5

全球低含氧量和富营养化的沿海地区

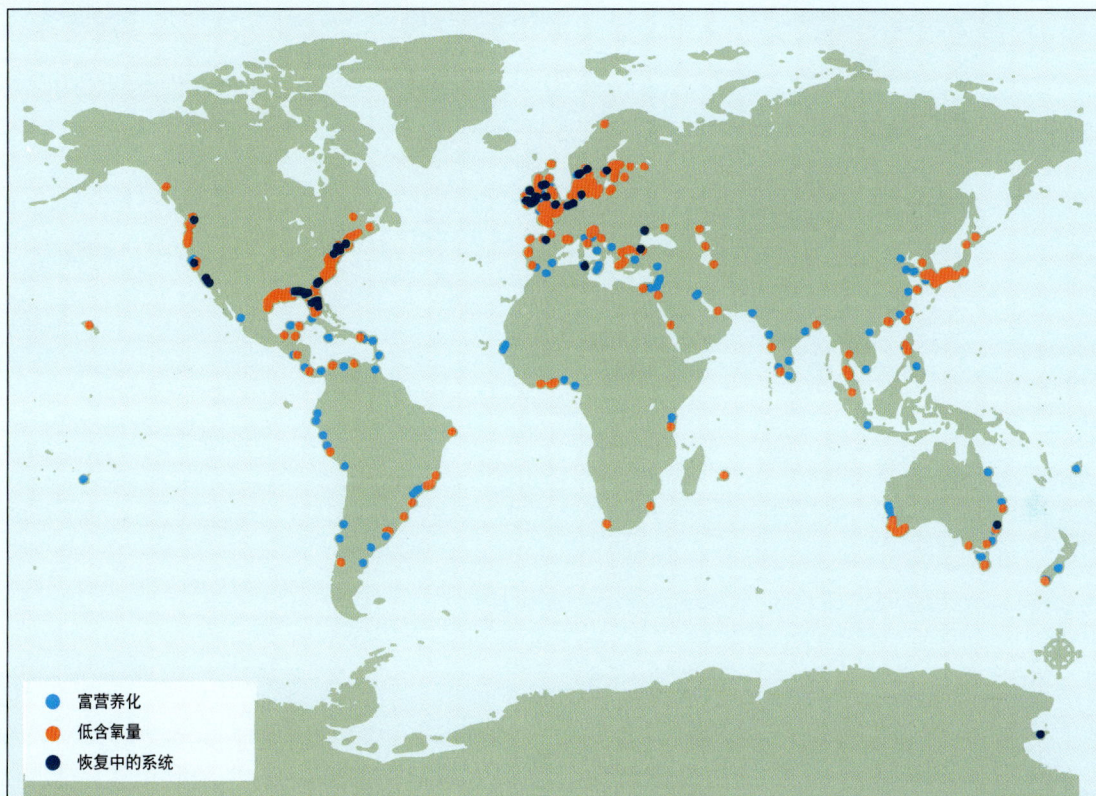

- 富营养化
- 低含氧量
- 恢复中的系统

资料来源：Diaz等（2010）。

解决城市和工业点源污染的措施与前述措施相似。面源污染的防治必须与土地所有者密切合作才能完成，可采用扩展服务以及开发旨在降低污染风险的解决方案。美国的切萨皮克湾项目已经运营20多年，该项目表明，控制面源污染源是一项重大的挑战。项目实施阶段的研究显示，大气输入是造成海湾水质下降的主要原因。因此，除流域外，"气域"也应纳入综合管理中一起考量（全球水伙伴，2011）。

16.5.2 有害化学物引起的生态系统退化

影响人类健康的有毒物质也会影响生态系统。有毒物质污染通常会直接造成鱼类死亡和生物结构改变，进而给当地社区居民的生计也构成威胁（见专栏16.8）。

专栏 16.8

《巴塞尔公约》

签订《巴塞尔公约》旨在解决有毒废物出口引发的人类健康和环境问题。20世纪70年代，发达国家环境法更趋严格，有害废物处置成本大幅度增加。同时，运输的全球化使废弃物的越境转移更加容易，

而有毒废物的交易（尤其是流入发展中国家的交易）也在迅速增多。该公约旨在使废弃物尽可能不远离产地，只有在出口国事先向进口国和中转国做出书面声明之后才可以出口。大部分国家签署了公约，总体而言，公约取得了成功。如今，《巴塞尔公约》秘书处与《鹿特丹和斯德哥尔摩公约》合作密切。《巴塞尔公约》具有法律效力，包括要求各国报告有害废物的运输。

资料来源：经合组织（1989）。

工业和采矿废物中所含的汞、铅和镉等金属元素是典型的生态系统污染物。氨是动物新陈代谢产生的有毒废物，可对鱼类造成致命毒害，进而极大地影响当地渔业。

除了直接对鱼类、海产品和植物产生毒害外，许多物质［如汞、铅和持久性有机污染物（POPs）］还会在器官组织内累积，人类食用后就会发生中毒现象。有毒化学物质在生物体内积累也会引起有毒化学物质的长距离运输，因此，必须通过食品行业的质检程序加以保障。使用镉污染的水进行灌溉可导致作物中镉的累积。

农药对生态系统的危害显而易见。大多数农药可溶于水，因此，使用不当使其流入水体很容易直接威胁生态系统和人类健康。DDT等化学物质除对昆虫有毒害作用以外，对水生生物也有很强的毒性。稻田中的鱼类养殖尤其会受到农药的影响，而这是传统稻田生态系统中的一种重要副产品。

降低有毒物质对生态系统污染风险的措施与保护人类健康的措施有相似之处。因为其驱动因素大致相同，所以应对方案也基本一致。

16.5.3　生态系统

有些水质参数在正常条件下似乎无害，但当其浓度稍微改变时就会产生极大风险。这一点在淡水和海水交汇的沿海地区尤其明显。盐度、温度或浑浊度的微小变化也许会使河口和潟湖地带的生物结构发生重大改变，而河口和潟湖地带又为沿海地区居民提供重要的谋生手段（见专栏16.9）。

专栏 16.9

印度吉尔卡湖：生态环境退化减缓、恢复加快

吉尔卡湖是印度次大陆上最大的迁徙水鸟过冬地。富饶的潟湖生态系统和丰富的渔业资源为当地20余万人提供了生计。自20世纪80年代以来，污染、集约水产养殖、过度捕鱼以及土地管理不当造成湖泊淤积增加，使吉尔卡湖生态系统遭受严重威胁。到1993年，该湖生态系统状况持续恶化，被纳入了蒙特勒档案（《拉姆萨尔湿地公约》名单，将受到人类活动威胁的生态系统记录在案）。1992年，州政府设立了吉尔卡湖发展局（CDA），旨在与利益相关方共同促进适应性综合管理规划的开发。国家投入了大量资金，支持各项活动的开展，如流域保护、知识普及活动、改善社会和经济条件（如改善服务），以及生态环境恢复等。10年后，吉尔卡湖获得了"拉姆萨尔湿地奖"，以表彰所取得的成绩。该项目获取的经验包括：①应提防利益相关方出于利益考虑做出单边决定，②重视科学的作用，③重视协调和多元融资，④需要长期性的政策，⑤利益相关方参与可激励自发的良好实践方法，⑥强化扶贫与生态系统恢复的关联。

盐度也是一项重要的生态因素。淡水物种可能会因盐度的增加而逐渐灭绝，取而代之的是咸水甚至海水物种。同样，许多植物对盐度

也非常敏感，在灌溉取水时特别需要考虑这一点。盐度变化的极端案例发生在沿海地区，因为沿海地区潟湖和河口形态的改变可对盐度带来重大影响。风暴潮也可使淡水水库和低洼农业用地土壤水分中的含盐量升高。

许多物种对温度极其敏感，尤其是在产卵期。因此，水温的变化可能会引发某些物种的消亡。水温升高也会使富营养化造成的后果复杂化。温度变化的主要原因包括发电和其他工业活动排放的冷却水。不过，这种影响可通过立法和执法加以缓解。酸度变化也可改变生态系统的结构。相关记录显示，酸雨和采矿产生的酸性废水已经对水生生态系统产生了负面影响。

气候变化也威胁着生态系统。海平面上升（或干旱期延长）会增加河口和潟湖地带海水入侵的可能性，同时使淡水物种的生物结构发生改变，成为咸水物种。温度变化也可对入侵物种产生类似影响。

为应对生态系统变化，应当对变化背景下的生物过程有深入了解。首要的是，需要建立高效且有针对性的监控系统来监测变化；如果变化趋势得以确认，还应进一步研究其成因。

16.6 水质低劣的经济成本

水质低劣可推高经济成本或造成重大经济损失，如生态系统服务功能退化、医疗保障服务不良、农业和工业生产成本增加、旅游业萧条、水处理成本上升、财产贬值等（联合国环境规划署，2010）。中东和北非等国由于水质差发生的成本估计占其国内生产总值的 0.5%～2.5%（见图 16.6）（世界银行，2007）。由于各地淡水资源日益紧缺，因此，为应对以上问题而支付的经济成本将不断增加。

人民健康水平的提高可降低就医诊疗的开支，减少因求医花费的时间，从而为政府和个人带来经济效益；不仅如此，这也提高了农业和工业部门的生产效率，减少了员工的医疗保健费用（斯德哥尔摩国际水研究所，2005）。

许多有关水质低劣推高健康成本的研究都

图 16.6

水环境退化的年均成本

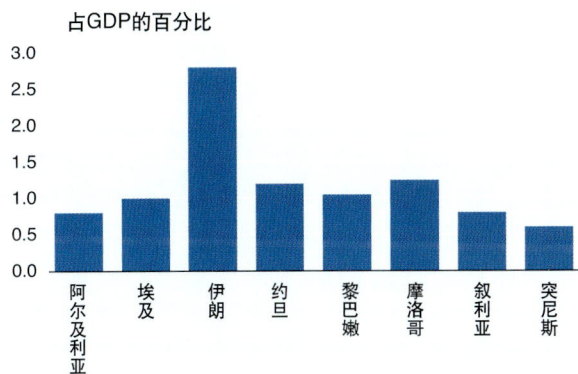

占GDP的百分比

资料来源：世界银行（2007，图4.4，p.109），来自不同数据源。

与千年发展目标中有关水与卫生设施的子目标有关。关于此子目标，国际社会承诺：在 2015 年前将无法获得安全饮用水和卫生设施的人口比例减半。如果该目标得以实现，那么每年将增加 3.22 亿个工作日，相当于创造了 7.5 亿美元的价值（斯德哥尔摩国际水研究院，2005）。实现水与卫生设施千年发展目标，每年也将为卫生部门节省 70 亿美元的花销。整体来说，实现千年发展目标的经济效益估计为 840 亿美元（斯德哥尔摩国际水研究院，2005）。在卫生设施和饮用水领域每投入 1 美元，将获得 3～34 美元的废水处理经济效益（世界卫生组织，2004）。

在农业领域，水源盐度高会降低谷物质量，甚至会毁灭谷物。使用劣质水会对人类健康造成严重后果。2011 年，欧洲有数人因大肠杆菌疫情丧命，疑似病源是与带菌水源接触的蔬菜。由于无法确认病菌来源，消费者对此反应强烈，数千吨蔬菜遭倾倒。欧盟委员会为此花费了 3 亿美元来补偿农民的损失（Flynn，2011）。

虽然一般认为工业生产是影响水质的首要因素，但其也会受到劣质水的不良影响。雀巢、可口可乐等食品和饮料公司逐渐开始参与到有关水挑战的公共讨论中，表现出了对水质和水量问题的关注。虽然尚无劣质水对全球工业产生的额外成本的估算，但据 1992 年估算，中国工业因水污染导致的经济损失约为 17 亿美

元（斯德哥尔摩国际水研究院，2005）。

淡水生态系统最重要的一项作用是废物处理，但是我们需要开展更多研究对此加以量化。根据 Costanza 等人于 1997 年作出的估算，全球仅湖泊和河流提供的服务价值每年就达到 1 330 亿美元。该估算值尚未考虑湿地生物群系的贡献（部分位于沿海地带），这部分服务的价值更加可观。

长久以来，人们依赖淡水生态系统的自身净化过程清理农业、城市和工业废物。然而，这些物质的量级和毒性已经超出了生态系统的承载和恢复能力，从而使各地方和区域的水质逐渐恶化，主要表现在环境舒适价值受损、生物多样性下降以及废水处理和其他生态服务功能退化等方面（Arthington 等，2009）。

16.7 风险、监控和干预措施

表 16.3 总结了全球面临的主要风险及其驱动因素以及应对方案。

表 16.3

全球面临的主要风险及其驱动因素总结

	主要风险			驱动因素		应对方案
人类健康影响	严重性	自然过程	社会方面	经济方面		干预措施
水传播疾病	数百万人丧生 城市化导致的废物排放增多	洪水灾害增多，损坏安全供水设施	城乡迁移 贫困	废水处理投资不足		城市废水处理 低成本社区废水处理
有毒污染物	数百万人受影响 热点地区出现数千起严重影响的案例 缺乏可靠资料	海平面上升和干旱引发海水入侵	废物处理的态度 贫困	工业废物和泄漏 采矿		工业废水处理 清洁技术 预警系统 灾害应急系统
生态系统健康影响	严重性	自然过程	社会方面	经济方面		干预措施
水体缺氧和富营养化	数千平方千米 沿海渔业每况愈下 休闲娱乐价值递减	热浪和洪水侵蚀事件增加		集约农业 生物燃料 城市废水 工业废水		可持续农业实践做法 去除废水中的营养物
中毒	数百平方千米 渔业被摧毁	洪水灾害增多	废水处理的态度 贫困	农业 城市废水 工业废水 采矿活动		工业废水处理 清洁技术 综合的病虫害防治
生态系统改变	入侵物种增多 入侵害虫增多 水体浑浊度增加	海水入侵 气温升高 森林火灾和洪水引发的土壤侵蚀	贫困	农业 林业 城市废水 工业废水 水力发电		可持续农业实践做法 可持续林业 去除废水中的营养物

表 16.3 概括总结了水质风险涉及的主要因素。但是，由于缺乏全球水质数据，因此难以对未来水质变化趋势和重点区域进行可靠准确的估计，这意味着人们对全球水质状况知之甚少。虽然某些地方和区域在获取相关数据方面已取得一定的进展，但全球综合水质数据在最近数十年却不尽如人意，因而难以支撑国际层面的决策制定。有关区域性差异实例可参见图 16.7。虽然该图摘自联合国近期出版物，但大部分是 10 年前的数据。我们仍无法获得全球范围内的最新数据。

可代替定量数据的是定性数据，盖洛普 2008 年水质满意度民意调查就是一个案例。受访者是来自 145 个国家的 1 000 位居民，问题十

图 16.7

废水：一个具有区域性特征的全球问题

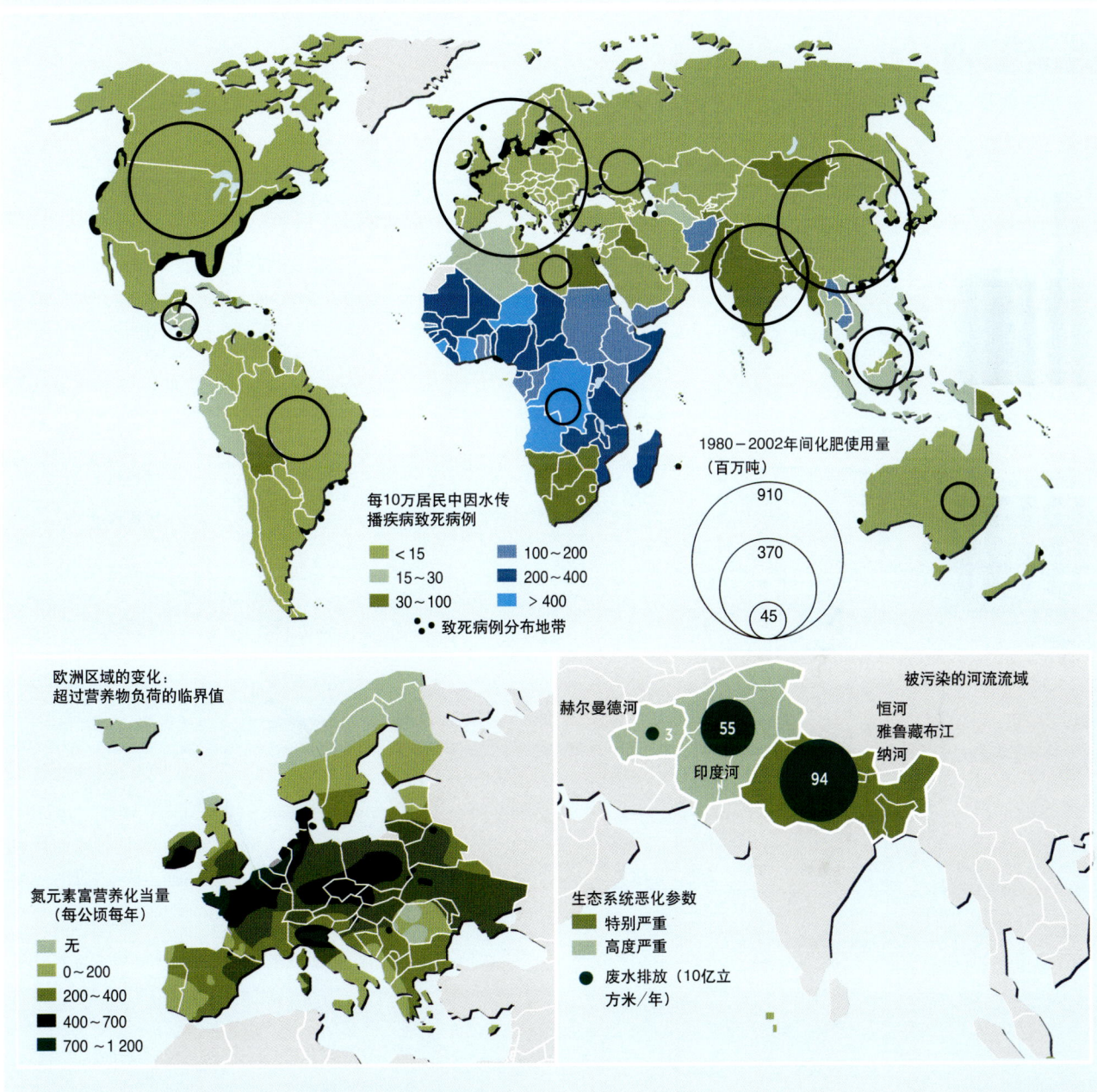

每10万居民中因水传播疾病致死病例

- < 15
- 15~30
- 30~100
- 100~200
- 200~400
- > 400
- 致死病例分布地带

1980－2002年间化肥使用量（百万吨）
910
370
45

欧洲区域的变化：超过营养物负荷的临界值

氮元素富营养化当量（每公顷每年）
- 无
- 0~200
- 200~400
- 400~700
- 700 ~ 1 200

赫尔曼德河
印度河
3
55
94

被污染的河流流域
恒河
雅鲁藏布江
纳河

生态系统恶化参数
- 特别严重
- 高度严重
- 废水排放（10亿立方米/年）

备注：生态系统恶化参数被定义为没有植被（森林区域和湿地）覆盖的土地比例，其用来显示一个生态系统的恶化在多大程度上影响着其水资源的脆弱性。
资料来源：联合国环境规划署／全球资源信息数据库–阿伦达尔中心
http://maps.grida.no/go/graphic/wastewater-a-global-problem-with-difering-regional-issues,
联合国环境规划署／全球资源信息数据库–阿伦达尔中心基于世界卫生组织数据库所绘地图，2002年数据；粮农组织数据库；Babel和Walid，2008；欧洲环境署，2009；Diaz等，2008。

分简单："您对所在城市或地区的水质是否满意?"在撒哈拉以南的非洲,平均满意度仅为48%,这也许并不使人感到意外(非洲南部满意度则达62%);全球水质满意度最低的10个国家还包括俄罗斯和乌克兰(见表16.4)。

虽然有诸多理由可以解释一个国家的排名状况,比如对黎巴嫩的调查刚好发生在2006年巴以冲突之后,而且可能更加偏重强调饮用水水质,但仍帮助我们对水质概况有了简明快速地了解。

水质问题在全球、社区以及家庭等不同层面上各不相同。2011年,联合国环境规划署发布了一份题为《水质政策简报》的报告,将各层面均可采取的措施汇总成表,具体包括教育和能力建设;政策、法规和治理;金融和经济措施;技术和基础设施以及数据和监控等。表16.5是不同层面可采取的措施汇总表,包括提高监测能力。

表 16.4

公众对水质最不满意的国家

风险	
国家	满意度(%)
乍得	21
乌克兰	26
尼日利亚	29
埃塞俄比亚	29
利比里亚	30
俄罗斯	30
坦桑尼亚	35
黎巴嫩	35
塞拉利昂	36
安哥拉*	38

* 受访者仅为城镇居民。

资料来源:Ray(2008)。

表 16.5

可采取的水质措施汇总表(按范围分)

范围	教育和能力构建	政策/法规/治理	金融/经济	技术/基础设施	数据/监控
国际/国家	开展培训和唤醒公众意识工作	制定综合方法 着手污染防治	构建污染者/受益者付费体系	推广最佳实践,支持能力建设	形成监控框架
流域	从战略层面提高对水质影响的认识 培训从业者,制定最佳实践做法	创建基于流域的规划单位 确定水质目标	构建水价体系 构建成本回收体系 制定提高效率的激励机制	为基础设施建设和技术开发投资	区域能力建设,收集和处理水质数据
社区/家庭	将个人/社区行为与水质相联系 推进卫生设施/废水处理领域能力建设	修改法规,创新暴雨的水处理方法 促进信息的获取	鼓励投资	考虑分散式水处理技术	开展家庭/社区调查并对结果加以分析

资料来源:根据联合国环境规划署资料改编(2010,表8,p.73)。

我们急需获得大量的水质数据。目前面临的挑战是建立一个全球水质评估框架。表16.5列举了此框架可以采取的形式及特征。建立该框架的主要原因是：

- 更好地了解水质状况及其成因；
- 把握最新趋势并确定热点问题；
- 测试并验证政策和管理方案；
- 为场景设计奠定基础，以便了解和规划未来行动；
- 提供必要的监测准则（Alcamo，2011）。

水质参数及其不确定性，以及其带来的影响使水资源管理成为复杂且涉及多领域的问题，尤其是在人类活动方面。在这个变化因素和新的不确定性不断涌现的时代，我们应改善脆弱性和风险管理，才能集中应对未知因素，妥善处理意料之外的状况。

参考文献

Adamson, D., Schrobback, P. and Quiggin, J. 2009. *Options for Managing Salinity in the Murray-Darling Basin under Reduced Rainfall.* Second International Salinity Forum. http://www.internationalsalinityforum.org/Final%20 Papers/adamson_C4.pdf

Alcamo, J. 2011. *The Global Water Quality Challenge.* Presentation at UNEP Water Strategy Meeting, 7 June 2011.

Arthington, A. H, Naiman, R. J., McClain, M. E. and Nilsson, C. 2009. Preserving the biodiversity and ecological services of rivers: New challenges and research opportunities. *Freshwater Biology,* Vol. 55, No. 1, pp. 1–16.

Ashley, R. and Cashman, A. 2006. The impacts of change on the long-term future demand for water sector infrastructure. *Infrastructure to 2030: Telecom, Land Transport, Water and Electricity,* pp. 241–349. Paris, OECD.

Ban Ki-moon. 2008. *Remarks on Sanitation and Water Supply: 'One World One Dream: Sanitation and Water for All'.* Speech given on 24 September 2008. UN News Centre. http://www.un.org/apps/news/infocus/sgspeeches/search_ full.asp?statID=330 (Accessed 28 September 2008.)

Bebbington, A. and Williams, M. 2008. Water and mining conflicts in Peru. *Mountain Research and Development,* Vol. 28, No. 3/4, pp. 190–95.

Biswas, A. and Tortajada, C. 2011. Water quality management: An introductory framework. *Water Resources Development,* Vol. 27, No. 1, pp. 5–11.

Black, R. E, Cousens S., Johnson H. L. et al. 2010. *Global Child Mortality: Status in 2008.* Presentation for the Child Health Epidemiology Reference Group of WHO and UNICEF. Global, regional, and national causes of child mortality in 2008: A systematic analysis. *The Lancet,* 5 June 2010, Vol. 375(9730), pp. 1969–87. http://cherg.org/projects/underlying_causes.html

Blacksmith Institute. 2010. *World's Worst Pollution Problems Report.* New York, Blacksmith Institute.

Brunt, R., Vasak, L. and Griffioen, J. 2004. *Arsenic in Groundwater: Probability of Occurrence of Excessive Concentration on Global Scale.* Report SP 2004-1. Utrecht, The Netherlands, International Groundwater Resource Centre (IGRAC).

Carr, G. M. and Neary, J. P. 2008. *Water Quality for Ecosystem and Human Health,* 2nd edn. Ontario, Canada, United Nations Environment Programme (UNEP) Global Environment Monitoring System.

Colborn, T., vom Saal, F. S. and Soto, A. 1993. Developmental effects of endocrine-disrupting chemicals in wildlife and humans. *Environmental Health Perspectives,* Vol. 101, No. 5, pp. 378–84.

Committee of African Finance Ministers and Central Bank Governors. 2009. *Impact of the Crisis on African Economies – Sustaining Growth and Poverty Reduction.* African Perspectives and Recommendations to the G20. A report from the Committee of African Finance Ministers and Central Bank Governors established to monitor the crisis. http://www.afdb.org

Costanza, R., d'Arge, R., de Groot, R. et al. 1997. The value of the world's ecosystem services and natural capital. *Nature,* Vol. 387, pp. 353–60.

Corcoran, E., Nellemann, C., Baker, E., Bos, R., Osborn, D. and Savelli, H. (eds). 2010. *Sick Water? The Central Role of Wastewater Management in Sustainable Development.* A Rapid Response Assessment. United Nations Environment Programme (UNEP), UN-HABITAT, GRID-Arendal. http://www. grida.no/files/publications/sickwater/poster1_SickWater.pdf

Department of Water Affairs and Forestry. 1996. South African Water Quality Guidelines. *Volume 7, Aquatic Ecosystems,* 1st edn, 1996. Republic of South Africa.

Diamanti-Kandarakis, E. et al. 2009. Endocrine-disrupting chemicals: An endocrine society scientific statement. *Endocrine Reviews,* Vol. 30, No. 4, pp. 293–342.

Diaz, R. J., Selman, M. and Chique-Canache, C. 2010. Global eutrophic and hypoxic coastal systems. *Eutrophication and Hypoxia: Nutrient Pollution in Coastal Waters.* Washington DC, World Resources Institute. http://www.wri.org/map/ world-hypoxic-and-eutrophic-coastal-areas (Accessed 1 November 2011.)

The Economist. 2010. Raising a stink. Efforts to improve China's environment are having far too little effect. 5 August. http://www.economist.com/node/16744110 (Accessed 9 September 2011.)

Eleftheriadou, E. and Mylopoulos, Y. 2008. *Conflict Resolution in Transboundary Waters: Incorporating Water Quality in Negotiations.* Thessaloniki, Greece, UNESCO Chair INWEB. http://www.inweb.gr/twm4/abs/ELEFTHEIADOU%20Eleni.pdf

Flynn, D. 2011. Germany's *E. coli* outbreak most costly in history. *Food Safety News,* 16 June. http://www. foodsafetynews.com/2011/06/europes-o104-outbreak--- most-costly-in-history/ (Accessed 8 September 2011.)

Ghosh, A. K. and Pattanaik, A. 2006. *Chilika Lagoon: Experience and Lessons Learned Brief.* Kusatsu-shi, Japan,

Lake Basin Management Initiative, International Lake Environment Committee (ILEC).

Global Water Partnership. 2011. *Cases. USA: Chesapeake Bay (#294).* GWP Toolbox – Integrated Water Resources Management. Stockholm, Global Water Partnership (GWP). http://www.gwptoolbox.org/index.php?option=com_case&id=184&Itemid=42 (Accessed 1 November 2011.)

Hayes, T. B., Stuart, A. A., Mendoza, M., Collins, A., Noriega, N., Vonk, A., Johnston, G., Liu, R. and Kpodzo, D. 2006. Characterization of atrazine-induced gonadal malformations in African Clawed Frogs (*Xenopus laevis*) and comparisons with effects of an androgen antagonist (cyproterone acetate) and exogenous oestrogen (17β-estradiol): Support for the demasculinization/feminization hypothesis. *Environmental Health Perspectives,* Vol. 114 (S-1), pp. 134–41.

Hentschel, T., Hruschka, F. and Priester, M. 2002. *Global Report on Artisanal and Small-Scale Mining.* Mining, Minerals and Sustainable Development project, January 2002. London/Geneva, International Institute for Environment and Development (IIED)/World Business Council for Sustainable Development (WBCSD).

IPCC (Intergovernmental Panel on Climate Change) (R. K. Pachauri and A. Reisinger, eds). 2008. *Climate Change 2007: Synthesis Report. Contribution of Working Groups I, II and III to the Fourth Assessment Report of the Intergovernmental Panel on Climate Change.* IPCC, Geneva.

MA (Millennium Ecosystem Assessment). 2005a. *Ecosystems and Human Well-Being: Wetlands and Water Synthesis.* Washington DC, World Resources Institute.

––––. 2005b. *Ecosystems and Human Well-Being: Synthesis.* Washington DC, Island Press.

OECD (Organization for Economic Co-operation and Development). *Basel Convention.* 1989.

Pokhrel, A. 2007. *How to Promote Measures to Prevent Water-Borne Diseases?* The Hague, IRC International Water and Sanitation Centre. http://www.irc.nl/page/8904

Ray, J. 2008. *Water Quality an Issue Around the World: Satisfaction Lowest in Sub-Saharan Africa.* GALLUP, 19 March. http://www.gallup.com/poll/105211/water-quality-issue-around-world.aspx (Accessed 8 September 2011.)

Royal Geographic Society with IBG. 2008. *Arsenic Pollution: A Global Problem.* London, Royal Geographic Society with IBG. http://www.rgs.org/NR/rdonlyres/00D3AC7F-F6AF-48DE-B575-63ABB2F86AF8/0/ArsenicFINAL.pdf

Shah, T. and Indu, R. 2008. *Fluorosis in Gujarat: A Disaster Ahead.* Bangalore, India Water Portal. http://www.indiawaterportal.org/sites/indiawaterportal.org/files/Fluorosis_Gujarat_Tushaar%20Shah_CAREWATER_2008.pdf

SIWI (Stockholm International Water Institute). 2005. *Making Water a Part of Economic Development: The Economic Benefits of Improved Water Management and Services.* Stockholm, SIWI. http://www.siwi.org/documents/Resources/Reports/CSD_Making_water_part_of_economic_development_2005.pdf

Stellar, D. 2010. *Can We Have Our Water and Drink It, Too? Exploring the Water Quality-Quantity Nexus.* State of the Planet. Blogs from the Earth Institute. New York, Columbia University. http://blogs.ei.columbia.edu/2010/10/28/can-we-have-our-water-and-drink-it-too-exploring-the-water-quality-quantity-nexus/ (Accessed 1 September 2011.)

Sumpter, J. P. 1995. Feminized responses in fish to environmental estrogens. *Toxicology Letters,* Vol. 82–83, pp. 737–42.

UNECA (United Nations Economic Commission for Africa). 2009. *The Global Financial Crisis: Impact, Responses and Way Forward.* Addis Ababa, UNECA.

UNEP (United Nations Environment Programme). 2006. *The State of the Marine Environment: Trends and Processes.* The Hague, Coordination Office of the Global Programme of Action for the Protection of the Marine Environment from Land-based Activities (GPA), UNEP.

––––. 2008. *Water Security and Ecosystem Services: The Critical Connection: Ecosystem Management Case Studies.* Nairobi, UNEP. http://www.unep.org/themes/freshwater/pdf/the_critical_connection.pdf

––––. 2010. *Clearing the Waters: A Focus on Water Quality Solutions.* Nairobi, UNEP.

––––. 2011. *Policy Brief on Water Quality.* Nairobi, UNEP. http://www.unwater.org/downloads/waterquality_policybrief.pdf

USAID (United States Agency for International Development). 2010. *Making Cities Work: Urban Sanitation and Wastewater Treatment.* Washington DC, USAID. http://oldmcw.zaloni.net/urbanThemes/environment/sanitation.html (Accessed 1 November 2011.)

Vörösmarty, C. J., McIntyre, P. B. and Gessner, M. O. 2010. Global threats to human water security and river biodiversity. *Nature,* Vol. 467, pp. 555–61.

WHO (World Health Organization). 2004. *Evaluation of the Costs and Benefits of Water and Sanitation Improvements at the Global Level.* Geneva, WHO.

––––. 2008. *The Global Burden of Disease: 2004 Update.* Geneva, WHO.

WHO (World Health Organization) and UNICEF (United Nations Children's Fund). 2010. *Progress on Sanitation and Drinking-Water: 2010 Update.* Geneva, WHO/UNICEF Joint Monitoring Programme for Water Supply and Sanitation.

Wikipedia. 2011. Lake Tai. http://en.wikipedia.org/wiki/Taihu_Lake#Pollution (Accessed 9 September 2011.)

World Bank. 2007. *Making the Most of Scarcity: Accountability for Better Water Management Results in the Middle East and North Africa.* Washington DC, The World Bank. http://siteresources.worldbank.org/INTMENA/Resources/04-Chap04-Scarcity.pdf

WSSCC (Water Supply and Sanitation Collaborative Council). 2008. *A Guide to Investigating One of the Biggest Scandals of the Last 50 Years.* Geneva, WSSCC.

WWAP (World Water Assessment Programme). 2009. *World Water Development Report 3: Water in a Changing World.* Paris/London, UNESCO/Earthscan.

Zhao, Y., Duan, L., Xing, J., Larssen, T., Nielsen, C.P. and Hao, J. 2009. Soil acidification in China: Is controlling SO_2

emissions enough? *Environmental Science and Technology,* Vol. 43, No. 21, pp. 8021–26.

Zijun, Li. 2006. *Acid Rain Affects One-Third of China: Main Pollutants Are Sulfur Dioxide and Particulate Matter.* Washington DC, Worldwatch Institute.

第十七章

人居环境

本章由联合国人居署（UN-HABITAT）完成

协调： 本章整体协调负责人为安德烈·齐兹库（联合国人居署水、卫生和基础设施处水资源与环境卫生二部负责人）

供稿： 史泰朗（新加坡国立大学李光耀公共政策学院水政策研究所主任）、朴雅卡·阿南德（新加坡国立大学李光耀公共政策学院水政策研究所副研究员）、卡拉·维拉娃慕斯（土建与环境工程教授，南佛罗里达大学帕特尔全球可持续性发展学院执行主任）、米歇尔·托（新加坡公用事业局）、宾德什瓦·帕塔克博士（Sulabh 国际厕所博物馆创始人）、迪巴西·巴塔查亚（联合国人居署水、卫生和基础设施处水资源与环境卫生二部人居环境官员）、肯尼迪·卡贸（联合国人居署水、卫生和基础设施处水资源与环境卫生二部研究员）、普山·图拉达尔（联合国人居署亚洲城市水资源项目区域技术顾问）和库尔万特·辛格（联合国人居署水、卫生和基础设施处水资源与环境卫生二部顾问）

我们面临的挑战不是遏制城市化，而是抓住城市化带来的机遇，并充分关注环境问题。

我们要解决的问题是城市化和气候变化进程加快对城市水和卫生系统带来的影响，并提高快速恢复和适应能力。

我们还应特别关注妇女和女童的需求。

我们要促进可持续和生态友好型环境卫生体系的建设，以减少用水和水污染；同时构建水资源利用、废水产生和废水处理的循环体系。

对城镇一体化这一概念给予关注，并充分认识其对城市中心的系统设计、机构设置和投资需求的影响。

城市规划必须预见到人口迁移和人口增长的趋势，使供水和环境卫生服务与城市化进程保持同步发展。

17.1 城市变化的背景

2008 年，全球城镇人口首次超过了农村人口。而且，城市化的趋势还将持续。2011 年，全球人口数量跃过了 70 亿大关，这距离 1999 年人口突破 60 亿只过了 12 年。图 17.1 分区域显示了城镇人口比例，体现出从 20 世纪 60 年代至 21 世纪中叶城镇人口总体呈上升趋势。

图 17.1

1960—2050年全球城市人口比例

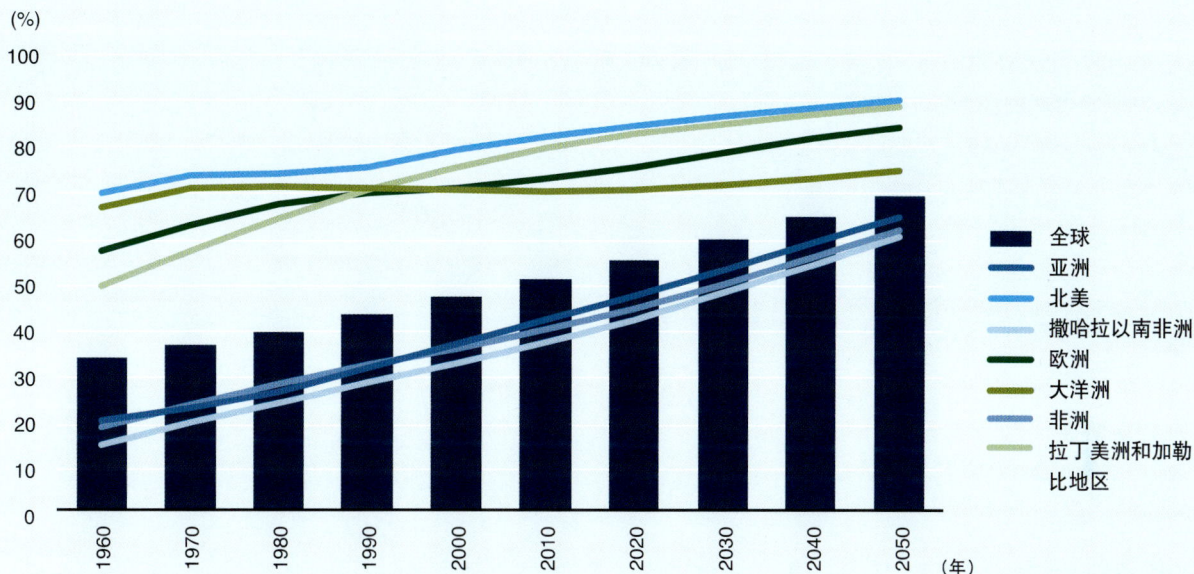

图例：
- 全球
- 亚洲
- 北美
- 撒哈拉以南非洲
- 欧洲
- 大洋洲
- 非洲
- 拉丁美洲和加勒比地区

资料来源：基于联合国经济和社会事务部（2010）数据。

在现有城市不断扩张的同时，新的城市也在不断涌现，特别是亚洲国家以及中低收入国家。例如，20 世纪 60 年代，全球十大都市圈中有 7 个位于高收入发达国家；但是到 2000 年，十大都市圈中仅有 2 个位于发达国家，有 6 个位于亚洲和拉丁美洲。20 世纪 50 年代，仅有 2 个城市，即纽约和东京的人口超过 1 000 万；而到 2015 年，预计全球将有 23 个城市人口超过 1 000 万，其中 19 个位于发展中国家。2000 年，人口在 500 万～1 000 万的城市有 22 个；人口在 100 万～500 万的城市有 402 个；人口在 50 万～100 万的城市有 433 个（联合国经济和社会事务部，2005）。预测显示，这种城市化趋势在中低收入国家中还将持续（见表 17.1）。

2005 年，全球较发达地区容纳了约 29％ 的城镇人口。但在 2000—2030 年间，全球城镇人口将以 1.8％ 的速度递增，发展中国家的城镇人口增速则可高达 2.3％（从 19 亿增至 39 亿）（Cohen，2006）。而在发达国家，城镇人口仅会出现微幅增长，即从 2000 年的 9 亿增至 2030 年的 10 亿（Brockerhoff，2000）。

城市化进程加快对各国特别是发展中国家构成重大挑战的同时，也带来了更多的机遇。城市化可创造财富、促进社会发展、提供就业机会，并可充当全球知识经济不断进行创新和培养创造力的孵化器。城市化带来的挑战很大程度上是城市规划与人口迁移和增长不匹配的结果。这种不匹配对供水和卫生等基本服务产生严重影响，进而导致居住环境的恶化。贫困人口，尤其是贫困妇女，受到的影响最为严重。

17.1.1 贫民区挑战不断升级

迅速扩张的都市圈给资源、基础设施以及城市赖以生存的环境构成巨大压力。城市规划

表 17.1

1960—2025年间10个最大的都市圈

按全球收入分配划分									
收入级别	10个最大的都市圈								
	1960年	1970年	1980年	1990年	2000年	2010年	2015年	2020年	2025年
高收入经济体	7	6	5	5	3	2	2	2	2
中等偏下收入经济体	1		2	2	4	5	5	5	5
低收入经济体						1	1	1	1
中等偏上收入经济体	2	4	3	3	3	2	2	2	2

按地理区域划分									
地区	10个最大的都市圈								
	1960年	1970年	1980年	1990年	2000年	2010年	2015年	2020年	2025年
独联体	1	1							
发达地区	7	6	5	4	3	2	2	2	2
东亚	1		1	1	1	1	1	1	1
拉丁美洲	1	3	3	3	3	2	2	2	2
南亚			2	2	3	5	5	5	5

资料来源：根据联合国经济和社会事务部（2010）数据，"30个最大城市"，见http://esa.un.org/unpd/wup/CD- ROM_2009/WUP2009-F11a-30_Largest_Cities.xls。

与人口迁移和增长的不匹配，导致贫民区的出现以及贫民区内诸多问题的纷纷涌现，包括住房条件简陋、难以获取清洁水源、卫生设施匮乏、过度拥挤以及缺乏稳定的居住权。这些均对城镇安宁产生重大影响（Sclar 等，2005），而妇女受到的影响尤为严重。由于缺乏良好的规划和土地使用政策，贫民区往往位于不适合人类居住的危险和边缘地区，如沟渠堤岸或者铁轨沿线等。阿根廷布宜诺斯艾利斯附近的棚户区就建造在易受洪水影响的地区，当地居民不得不在保障安全和健康与获得安身之处之间作出艰难的抉择（Davis，2006）。

城镇人口中贫民区人口的总体比例较高，相当于全球城镇人口的1/3（见图 17.2 和 Scale 等，2005）。有些城市情况甚至更糟，例如印度孟买，有近50％的人口生活在贫民区和棚户区（Stecko 和 Barber，2007）。

根据联合国人居署 2008 年发布的《2010—2011 年世界城市状况》报告，2000—2010 年这10 年中，发展中国家有 2.27 亿人搬出贫民区。这是一个重大的进步，远超联合国千年发展目标第七项中所设定的 1 亿人口目标。在此期间，发展中国家居住在贫民区的城镇人口比例从39％下降至 33％。不过，也正如该报告指出的那样，这些数字并不能代表整体状况。事实上，贫民区居民的数量在此期间显著增加，而这种趋势预计还将持续（联合国人居署，2008）。图 17.2 显示了 1990—2020 年间全球各地区贫民区的人口数量。

17.1.2 水与城市化

低收入国家的城市中心正面临着诸多挑战，如：基础设施不足、缺乏基本的水与卫生服务，以及污染导致的环境恶化等。城市化进程发展迅猛，为满足日益增长人口的需求，我

图 17.2

1990—2020年全球各地区贫民区人口数量（单位：千人）

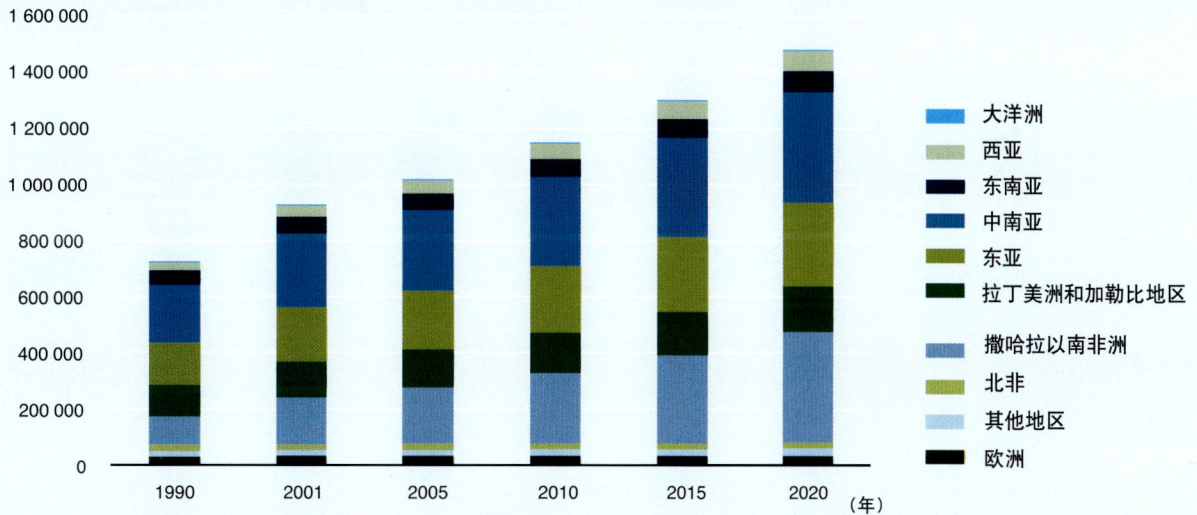

资料来源：联合国人居署根据从http://ww2.unhabitat.org/programmes/guo/documents/Table4.pdf上获得的数据制作（发表于《2001年世界城市状况报告》）。

们大肆掠夺资源，给城市及周边水资源乃至整个生态系统带来巨大压力。同时，地表被屋顶、路面和停车场等覆盖的面积越来越大，严重影响了当地水文状况并减少了水向土壤的自然渗透，推高了暴雨期间的峰值流量。

在发展中国家，虽然向城镇居民提供水资源和卫生服务的状况有所改善，但仍无法跟上快速城市化的脚步。世界卫生组织／联合国儿童基金会开展的供水与卫生联合监测计划（JMP）显示，国际社会正在努力实现改善饮用水的千年发展目标。该预测基于以下统计数据，即：2008年全球87％的人口可获取改善的水资源，而1990年这一比例仅为77％（世界卫生组织／联合国儿童基金会，2010）。

可是问题在于，同一时期城市地区可获得饮用水的人口比例仅增加了1％。从绝对意义上说，获得饮用水的城镇居民数量实际上在减少。卫生服务也呈现类似的情况。1990—2008年间，约有8.13亿城镇居民首次获得改善的卫生设施，但同一期间，城镇总人口增长超过10亿。这意味着无法获得改善的卫生设施的城镇

居民总数实际上在这期间增加了2.76亿（世界卫生组织／联合国儿童基金会，2010）。随着城镇人口的持续增长，非洲和亚洲城镇地区必须更加努力地改善供水和卫生服务，尤其是针对贫困人口。

上述努力应成为综合管理的一部分，包括上游地区和流域管理、水与卫生设施（水处理、蓄水和水分配），以及下游受水区的水环境保护。由于城市化迅速发展给现有基础设施和服务构成巨大压力，气候变化削减了可供水量，水灾害的发生频率升高，我们必须比以往更加审慎地研究和对待未来水和城市化之间的关系。

发展中国家的城市要实现可持续供水并改善环境卫生，不仅需要投入资本、改进管理，还需要提高政治意愿，提倡重视资源和保护生态系统的新理念。图17.3展示了挑战与可管控变量，以及与政府和其他利益相关者采取的应对策略之间的相互关系。虽然有些宏观趋势并不明显，如城市规模、城市化本质与水资源的消耗和水质恶化等，但管理不确定性和风险将变得极其重要。

图 17.3

与水和城市化相关的问题及其解决方案

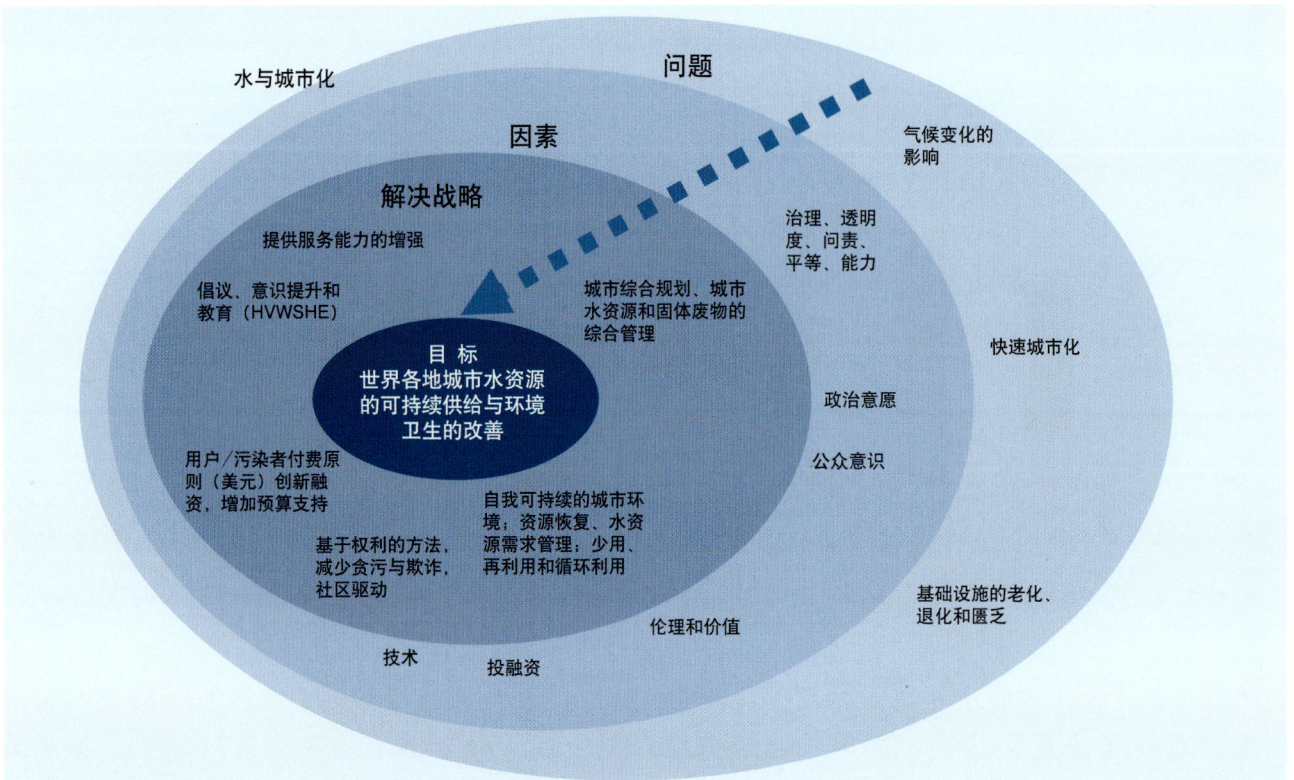

图中文字：
水与城市化
问题
因素
解决战略
提供服务能力的增强
倡议、意识提升和教育（HVWSHE）
城市综合规划、城市水资源和固体废物的综合管理
气候变化的影响
治理、透明度、问责、平等、能力
目标
世界各地城市水资源的可持续供给与环境卫生的改善
快速城市化
用户/污染者付费原则（美元）创新融资，增加预算支持
政治意愿
公众意识
基于权利的方法，减少贪污与欺诈，社区驱动
自我可持续的城市环境；资源恢复、水资源需求管理；少用、再利用和循环利用
基础设施的老化、退化和匮乏
技术
投融资
伦理和价值

资料来源：联合国人居署水、卫生和基础设施处水资源与环境卫生二部。

17.2 取水

城镇的主要水源是上游集水区的地表水、城市内部或周边的地下水及雨水。这些水源地，尤其是流域上游集水区和地下水保护区，必须得到妥善保护和合理利用，以确保其长期可持续性。

在发展中国家，地下水源对于城市中心地区而言极其重要，因为其提供的水资源成本相对较低，而且往往水质优良。不过，对地下水资源的密集开发已导致含水层水位出现大范围明显下降。在曼谷、马尼拉和天津等一些大都市，地下水位已下降了20～50米；而其他一些地方的水位下降在10～20米之间。在上述地区，水位下降或伴随着地表沉陷或水质恶化，而有些地方，上述两种情况都存在。1986—1992年间，墨西哥城地下水位降低了5～10米，而该城

市部分地区在过去60年中地面下沉了8米或更多（Foster等，1998；Hutton等，2008）。在沿海地区，过度开采地下水会导致海水入侵。欧洲126个使用地下水的区域中，有53处存在海水入侵的迹象，这多半发生在为公用和工业供水的地下含水层（Elimelech，2006）。

农业领域抽取的淡水比其他行业（居民生活、制造业等）都多。然而，所有部门的取水量都将增加（见图17.4），发展中国家的城市所受影响最为严重。据估计，发展中国家的取水量到2025年将增长50%，而发达国家将增长18%。除了农业部门需水量高外，城市和工业发展引起的物质变化和生活环境破坏也增加了水资源的压力（联合国环境规划署，2007）。

17.2.1 废水排放

在整个水文循环中，水被广泛应用于农业、

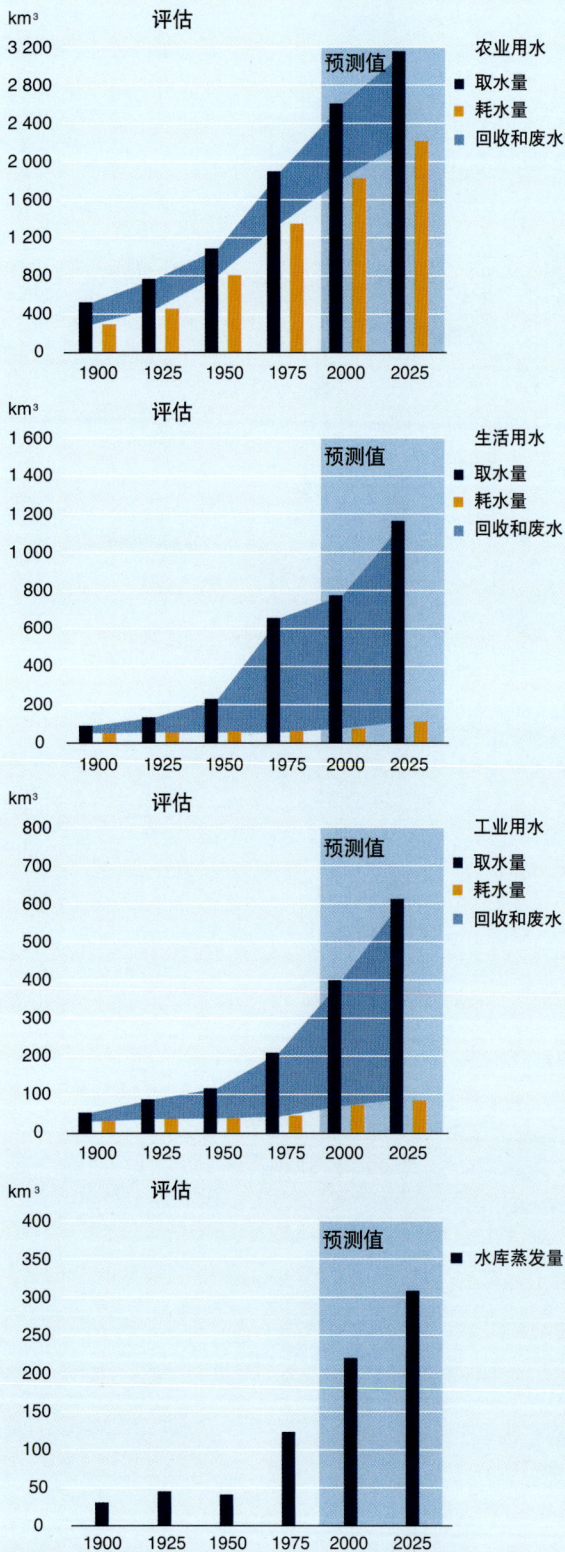

图 17.4

全球水资源利用状况变化（按行业划分）

资料来源：联合国环境规划署／全球资源信息数据库——挪威阿伦达尔中心[http://maps.grida.no/go/graphic/ changes-in-global-water-use-by-sector, 由 Bounford.com 和 UNEP/ GRID-Arendal 根据 UNEP/GRID-Arendal（2002），在 Shiklomanov 和 UNESCO（1999）基础上完成]。

工业和生活，维系着整个流域的社区和经济发展（见图 17.5）。但是，这些用水户在将水返回给自然界时，没有将其恢复到取水前的状态（Corcoran 等，2010）。据统计，全球每年排放到河道中的污水、农业废水和工业废水高达 200 万吨（Corcoran 等，2010）。其中，大部分废水源自城镇地区。

图 17.6 给出了全球 10 个地区排放到水体中的已处理和未处理废水的比例。未处理的工业废物与城镇废水带来的威胁尤其严重。大多数情况下，只有高收入国家的城镇污水能够得以处理，而发展中国家约有 90% 的污水未经处理就随意排放。在印度尼西亚雅加达，900 万居民每天约产生污水 130 万立方米，其中仅有不到 3% 得到处理。相比之下，澳大利亚最大的城市悉尼拥有 400 多万人口，几乎所有的废水都经过了处理，相当于每天处理污水约 120 万立方米（Corcoran 等，2010）。目前，随着对污水排放地等点源污染的控制越来越严格，关注重点已逐渐转移到由暴雨径流形成的面源污染。

市政水处理厂以及城市和农场排放废水中的营养物质对人类健康构成巨大威胁。过去 20 年间，这些营养物质已导致淡水和沿海水系有害藻类大量繁殖（UNEP，2007）。据估计，约有 24.5 万平方千米的海洋生态系统受到未经处理废水的污染而变成了"死亡区"，这对渔业、人类生计和食物链极为不利。因为这种排放模式仅仅是将排污问题从上游转移到了下游。

由于缺乏卫生设施、废水管理不善，发展中国家淡水资源受到污染，导致疾病和死亡，尤其是对于儿童而言。同时，也给经济和环境蒙上了沉重的阴影。例如，世界银行在东南亚开展的研究发现，由于缺乏卫生设施，柬埔寨、印度尼西亚、菲律宾和越南每年遭受的经济损失约 90 亿美元，相当于其国内生产总值的 2%（Hutton 等，2008）。

即使建起了广泛的污水处理服务网络和污水处理厂，也很难使其跟上持续快速发展的城市化进程，并满足大量的资金支出需求。此外，

图 17.5

城市淡水和废水循环：取水与污水排放

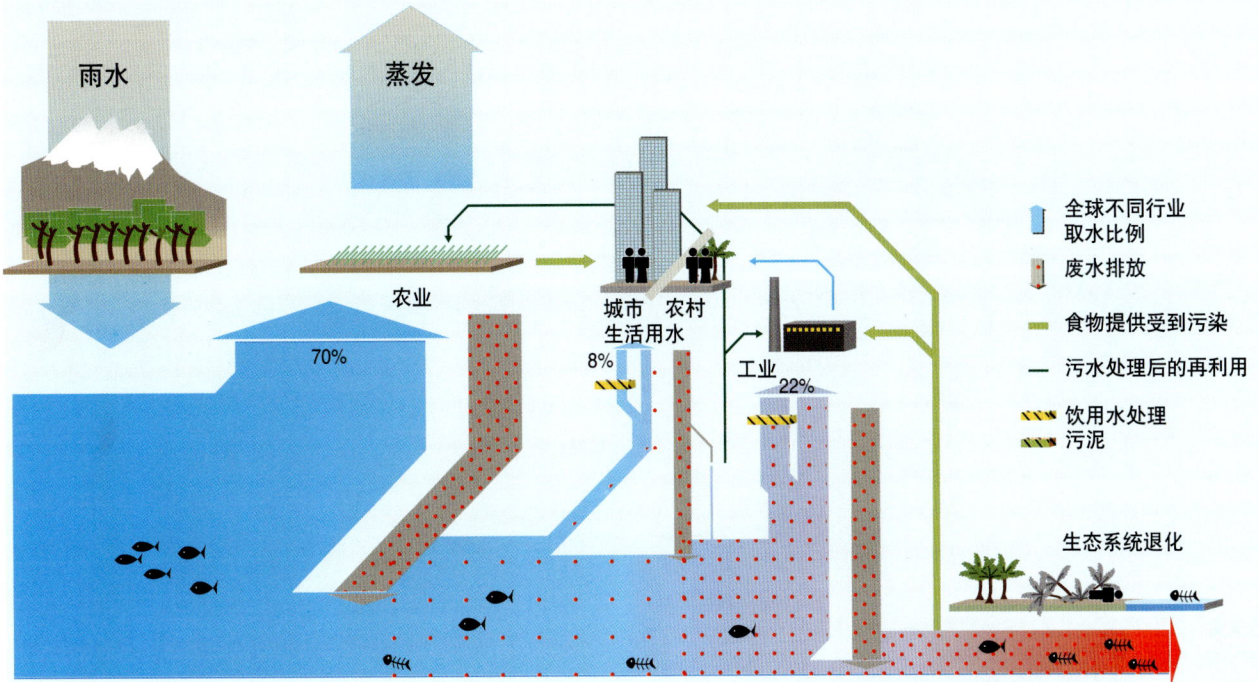

资料来源：联合国环境规划署／全球资源信息数据库－挪威阿伦达尔中心（http://maps.grida.no/go/graphic/freshwater-and-wastewater-cycle-water-withdrawal-and-pollutant-discharge，由联合国环境规划署／全球资源信息数据库－挪威阿伦达尔中心根据世界卫生组织、联合国粮农组织、联合国教科文组织和国际水管理研究所资料制作）。

图 17.6

经过处理和未经处理废水排放比率（2010年3月）

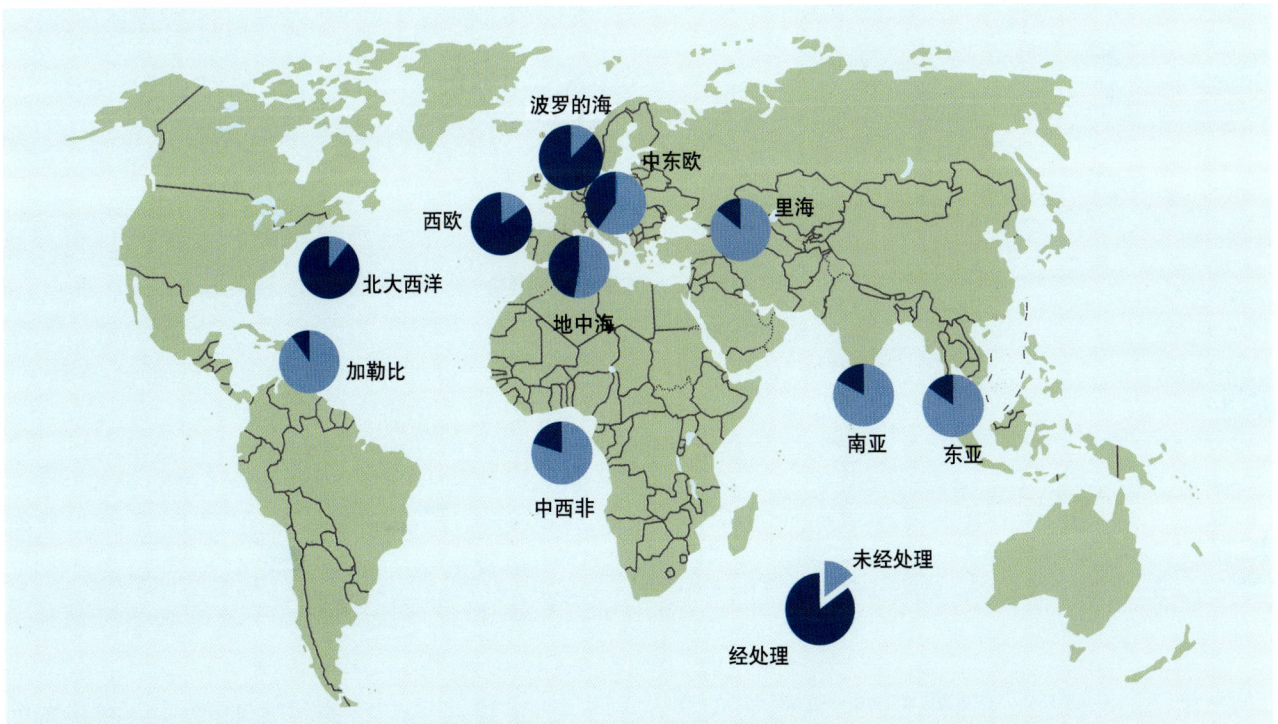

资料来源：联合国环境规划署／全球资源信息数据库－挪威阿伦达尔中心（http://maps.grida.no/go/graphic/ratio-of-wastewater-treatment），地图由H. Ahlenius根据http://maps.grida.no/go/graphic/ratio -of-wastewater-treatment（源自UNEP-GPA，2004）改编绘制。

在规划、设计、运营和维护等方面能力明显不足。由于决策者和规划人员对此缺乏足够的认识，员工能力不足，很少有异地卫生设施和分散式废水处理系统（DEWATS）等替代方案。其结果是，大量污水处理系统最终只能提供质量低劣、损害环境的卫生服务，废水处理形同虚设。

即便水需求日益增长，但水资源的再利用和循环利用仍未被重视。同样遭到忽视的是，从废水回收营养物质和能源并用于粮食和燃料生产的潜力。除了上述两种技术外，我们应特别重视开发减少卫生设备用水量的其他技术，因为这可以减少未经处理就排放到环境中的废水量（见专栏17.1）。

专栏 17.1

节水型卫生设备：替代性方案评估

卫生设备，特别是现代抽水马桶的使用成为城镇地区需水的主要根源。常规的冲水系统每次耗水10～12升，浪费了大量的水并污染了水体。常规厕所的主要替代方案包括苏拉布（Sulabh，印度语，意为"便利"）厕所、粪尿分集干式厕所和无水便器等，所有这些都可减少用水并提高卫生标准。在这些方案之中，最受欢迎的恐怕是由苏拉布国际的宾德什瓦·帕塔克（Bindeshwar Pathak）及其团队在新德里设计的苏拉布厕所。这种厕所在印度和其他发展中国家非常受欢迎。

在开发一项技术时，重要的一点是要充分考虑当地的文化习惯。苏拉布国际设计的厕所满足了人们用水清洗肛门和冲厕这两种需求。为了节水，这种厕所每次冲水仅需1～1.5升，远低于常规厕所的10～12升。

除了显著的节水效果外，苏拉布国际的技术也起到减缓全球变暖的作用，因为它阻止了温室气体向大气排放，通过将公共厕所与沼气池相连接，将沼气用来煮饭、照明和能源生产。

资料来源：苏拉布国际的宾德什瓦·帕塔克（B. Pathak）（个人通信）。

17.2.2 城市用水需求及其对生态系统的影响

人类活动对全球淡水生态系统产生巨大的影响。在耕作系统、干旱地区、湿地和城镇地区，淡水水质恶化尤其严重。然而，我们还没有系统全面地研究城镇用水需求对生态系统的影响。由于城市的差异巨大，各城市用水需求对生态系统的影响也千差万别。

当天然地表变得不可渗透，如修建成街道和停车场或建成屋顶后，雨水和融雪向土壤的渗透就会受到限制。这导致地表径流流速加快，污染物被输送到了受水系统（Chiramba，2010）。内陆和沿海水系的复垦导致许多沿海和洪泛平原生态系统消失，服务功能丧失。湿地消失改变了水流状态，在导致一些地区洪水灾害增多的同时，也致使野生生物栖息地面积锐减（UNEP，2007）。

健康的水生生态系统会给城市生活的方方面面带来益处。湿地具有非常重要的天然废水处理功能。例如，在中国厦门，市政府通过向污染单位征收罚款和向使用海洋资源的设施征收费用来获取收入。改进后的废水处理设施在提高废水处理能力的同时，也增加了市政收入。自20世纪90年代中期以来，市政府投资20亿美元兴建污水处理设施，使工业和生活废水处理比例大幅上升。在20世纪90年代中期，仅有20％的工业废水得到处理；而10年后，该比例已达到100％。在同一时期，生活废水

处理的比例也同样可观，从 10 年前的 28％ 跃升至 85％。如今，厦门已吸引了大量的外来人口、游客和房地产开发商（Chiramba，2010）。

在印度加尔各答，由于缺乏正规的污水处理厂，池塘成为一种低成本且天然的废水再利用和处理系统。该系统还为 17 000 名贫困渔民提供了就业机会，日均鱼产量达 20 吨（Newman 和 Jennings，2008；UNEP，2002）。

全球沿海生态系统每年为我们提供的服务价值约为 250 亿美元，具体形式包括粮食安全、海岸线保护、旅游和碳截留等（Naber 等，2008）。在桑给巴尔，海洋生态系统提供服务的价值占其国内生产总值的 30％，带来 77％ 的投资额以及大量的外汇收入和工作机会（Lange 和 Jiddawi，2009）。在加勒比国家，珊瑚礁是旅游、渔业和海岸线保护的支柱。珊瑚礁退化使每年的净收益减少 3.5 亿～8.7 亿美元。由于传统的城市管理几乎不涉及水资源管理，因此，在人们充分认识到水资源管理的成本和收益之前，其负面影响预计还将持续。

17.3　气候变化和具有适应能力的城市水系统

气候变化是长期影响全球自然和人类系统的第二大主要人为因素，仅次于城市化。它对环境、经济和社会稳定具有深远的影响（联合国人居署，2011）。随着城市化的推进，发展中国家将会比发达国家更深切地感受到气候变化带来的影响。

城市和气候变化之间有着紧密的联系。城市人口约占全球人口的一半，其排放的温室气体占全球的 70％；而且城镇人口更易受到气候变化的影响（联合国人居署，2011）。鉴于如下两方面原因，城市也在最大程度地为应对气候变化提供机会：首先，城市是创新的核心地点；此外，在城市层面上采取的行动可触及更广泛的人群。

虽然人们在气候变化影响面前的脆弱程度因地而异，但是发展中国家的贫困人口，尤其是贫困妇女最为脆弱。许多贫困妇女生活在高风险的贫民区，如河岸地区，而她们的适应能力最弱（IPCC，2007）。

通常，水在气候变化及其对人类和自然系统影响之间发挥关键的纽带作用。温度升高会改变水循环，而这反过来又会改变降雨的时空分布，并引发干旱和洪水等极端气候事件。城市水系统非常容易受到气候变化的影响，发展中国家尤其如此。因为这些国家管理不善，设施也比较落后，难以应对变化的气候条件。因此，设计和管理城市水系统的各个方面，如流域保护计划、供水系统、污水处理厂和排水网络等，都必须充分考虑气候变化这一因素。

气候变化带来的直接影响是毁坏基础设施。这会给日常供水、排水和污水系统以及固体废物管理等带来影响。若要保持系统和管网的可持续利用，就必须具备应对严酷气候事件的应变能力。如必须将排水或合流式下水道的排水量与降雨强度（单位：毫米／小时）直接匹配。

总体而言，气候变化增加了极端水资源事件的不确定性和严峻性。在许多正在经历快速城市化的"热点地区"，洪水和干旱变得越来越难以预测、越来越具破坏性。由于各种因素的复杂叠加，交织作用（如洪水发生时人类粪便扩散，水温升高导致供水中病原体含量增多等），现有的设施无力应对，公众健康因此受到威胁。面对城市化和气候变化的双重挑战，城市供水和卫生设施必须具备抵御气候变化的能力。我们急需构建最佳水资源管理体系，以便能够在面对未来全球变化的重压下具备较强的适应性和可持续性（Bates 等，2008），而这种灵活的体系应具有应对各种变化和不确定性的特征。

借助新技术，我们能够应对这些挑战，其中包括探索性建模技术。它将传统定量决策分析和基于情境的描述性规划两者的最佳特征相结合。风险评估和"真实方案分析"（Zhao 和 Tseng，2003）等技术也为我们提供了方便。

"基于真实方案的决策制定"肯定了在评估替代方案和制定未来决策方面灵活性的重要性，并可在应对不确定性时变通地加以运用。

有些城市制定了脆弱性评估和适应性方案。联合国人居署、国际地方环境行动理事会(ICLEI)和全球气候变化世界市长委员会等机构都对此提供了帮助。2008年以来，联合国人居署的《城市应对气候变化倡议》将提高发展中国家城市的能力作为目标，通过促进城市间的合作、加强国内政策对话、开展风险评估和设计试点项目等方式减缓并适应气候变化的影响。作为该倡议的一部分，联合国人居署正在对18个亚非城市的脆弱性评估和适应方案提供支持（联合国人居署，2011）。方案的制订具有很高的参与性，确保妇女参与，并不断地对实施过程进行监督。这种方式可促进设计的灵活度，以适应各种不断变化的新要求。在不确定的环境条件下，这也有利于我们制定出"遗憾最小化"的解决方案。

17.3.1 基础设施老化、损毁和短缺

发展中国家的大多数城市都急需为快速膨胀的人口提供水与卫生设施和服务。许多旧城，包括发达国家的城市，都面临着供水设施老化和损坏的问题，而维修改造需要很高的成本。为满足日益增长的城镇人口的需求，尤其是贫困人口的需求，这些基础设施的设计必须能够适应和应对全球气候变化带来的挑战。

由于很多供水系统年久失修，全球许多城市面临着基建费用拖欠问题。供水基础设施包含水源地保护设施、输水管线、水处理系统、蓄水设施和配送管网等，其中有很多设施已使用一个多世纪，而这无疑将公众健康置于日益加剧的风险之中。随着设备逐渐老化，渗漏、堵塞和故障等问题极易发生。英国有七十多万千米的排水主管和污水管道，每月需要进行35 000次以上的维护（Khatri 和 Vairavamoorthy，2007）。同样，在尼泊尔首都加德满都，有些水管的使用时间已超过100年。这些城市的规划都没有给数年后供水和污水管网扩建留出余地；由于渗漏，约40%的饮用水未被计量。高渗漏率导致水需求量增加、水污染和水传播疾病的风险提高（Vairavamoorthy 等，2007）。

改造城市水系统成本正在变得日益昂贵。未来15年，德国每年的投入估计将达到120亿欧元（折合160亿美元），其中新设施建设的投入为65亿欧元（90亿美元），运行维护费用为55亿欧元（75亿美元）（Hiessl 等，2001）。北美国家价值数万亿美元的水利设施早已老化，所需维修成本相当之高。据美国环保署预测，未来20年，美国在水利设施投资方面的资金缺口将超过5 000亿美元（USEPA，2002）。

正如预期的那样，发展中国家城市水利设施的退化往往更为严重。其原因包括建设质量低劣、缺少或根本没有维护以及超负荷运营。而档案丢失、供水和废水设施位置和状况数据匮乏以及高效管理的缺失使问题变得更为复杂（Misiunas，2005）。

17.3.2 水资源综合管理和新型城市规划

鉴于水的循环流动特性，任何城市的水系统都不可能孤立存在。没有人能忽略城市与上游集水区和下游地区之间的联系，尤其是几乎所有下游地区的城市都要在某种程度上面对上游城市废弃物的问题。即便在某一特定的城市地区，地下水、供水管网和污水管网等水系统的各组成部分之间也存在相互影响。要想获得切实有效且可持续的水与卫生服务，我们必须了解和考量这些相互影响。

与农村水管理相似，城市水资源综合管理(IUWM)基于系统论方法，将"集水、耗水、水处理"这一水循环视为一个整体。这种视角将系统中不同组成部分之间的关联考虑在内。这种方法照顾到人类和生态系统对水的需求，并致力于短期和长期的环境、经济、技术和社会需求之间达成平衡。在实践中，这意味着城市水系统的规划和管理必须考虑人类健康、环

境保护、经济活动以及城市设计、休闲娱乐对水的需求。因此，这需要借助一种综合且多学科的方法，且在具体实施中，城市规划人员须与水利工程师、景观建筑师、经济学家和社会科学家紧密协作（SWITCH，2006）。

城市水资源综合管理措施在尼泊尔加德满都取得了一些进展。在联合国环境规划署和联合国人居署的支持下，《巴格马蒂行动计划》（Bagmati Action Plan）得以制定。该计划确定了众多利益相关者，敲定了防止作为城市主要水源的巴格马蒂河受到污染所需的相应活动。该计划运用整体研究的办法，为加德满都河谷5个地区分别制定了具体战略和行动计划。该计划覆盖范围广泛，从流域上游集水区保护带一直延伸至下游地区。根据该方案，上游地区的主要目标是流域管理和保护；周边农村地区将推进农业和生态旅游的可持续发展；城郊社区将优先安排分散式废水处理系统的建设（尼泊尔政府/国家自然保护信托基金，2009）。计划实施所需的资金源于加德满都河谷土地交易注册费中留出的一小部分。

新加坡：水资源综合管理模式

新加坡水管理历史涉及政治决定、综合管理、持续创新和社区合作等多个方面。在20世纪60年代获得独立后，因人口快速扩张、工业化迅猛发展，缺水在新加坡非常普遍。在国家水管理机构——新加坡公用事业局（PUB）的带领下，新加坡将水短缺问题转化为发展的机遇。通过采用现代技术，公用事业局采取"国家四大水龙头"战略，创造了多种供水方式，"四大水龙头"包括当地集水、水源进口、再生水和海水淡化。如今，再生水可满足30%的用水需求，而海水淡化仅可满足10%的用水需求。该计划的目标是，到2060年，再生水应能满足新加坡50%的用水需求，同时，海水淡化满足30%的用水需求。

公用事业局立足于社区开展工作，鼓励智慧用水，告诫公众不要污染集水区和河道，并通过休闲和娱乐活动使居民与水建立起更加紧密的联系。

借助长期规划，新加坡已建成滨海堤坝等基础设施，拥有蓄水、防洪和休闲娱乐"三合一"功能。新加城还建造了深层隧道排污系统，以满足未来100年废水收集、处理和清洁方面的需求。在2010年新加坡国际水周（SIWW）上，还正式公布了满足未来50年用水需求规划。

通过与私营部门合作，新加坡已构建了由70个相互支持的企业组成的极具活力的水行业。水甚至被视为该国的一个新的经济增长点。在过去的5年，新加坡已投入相当于2.61亿美元的研发资金用于水行业发展。

为了分享经验、提高水管理能力，并通过研究和教育在水治理方面发挥领导力，新加坡设立了一年一度的"国际水周"，并在李光耀公共政策学院设立了水政策研究所。

资料来源：新加坡公用事业局。

随着城镇人口密度的增加，提供水与卫生服务的人均成本将逐渐降低（规模经济），提供的服务会更加高效（范围经济），还能减少城市的生态足迹。发展中国家的城市应考虑引入一种全新的规划方法，以便为日益增长的人口提供更好的服务，同时审视现有的人口密度管理，包括人口膨胀最为迅速的城郊地区。贫困人口，尤其是贫困妇女对城市规划的参与至关重要。交通网络的布局可对人口增长和密度产生重大影响，因此应加以慎重考虑，并兼顾

其对供水与卫生服务的潜在影响。城市新法案还可推行提供更加持续的服务，如有些国家正在实施促进雨水收集的政策法规。这个简单的技术可以减缓城市的缺水压力。

17.3.3　资源回收和需水管理

迅速发展的城市化给当前的水资源管理模式以及水与卫生服务带来了巨大压力。大量的水用于抽水马桶和污水系统，使本就匮乏的水资源变得更加紧张。这促使我们以批判的眼光看待目前的用水与卫生习惯，并开发出可减少废弃物（不仅是废水，还包括有机物质和营养物质等其他资源）的战略和体系。在常规体系中，从地表或地下水源地取水，然后输送至城市，经处理后再输送到家庭和各行业机构。废水在使用后被收集起来，在可能的情况下经处理再排放到水体。这属于线性系统，其中大量的稀缺资源仅能使用一次，而污水排放对下游环境造成了污染。在此过程中，大量的水被消耗，同时也损失了有机物质和营养物质等其他许多颇有价值的资源。这些营养物质对农业具有很高的价值，可如今农田中使用的却是生产或制造的化肥等替代品。这会导致土壤和水资源的进一步退化。总而言之，该系统是不可持续的，并会导致水体过度利用、水生生态系统污染、土壤退化并最终引发粮食安全问题。

专栏 17.3

全球有关雨水收集的政策法规

• 在印度，很多邦政府已将雨水收集作为建筑物的一项强制性要求。新德里城市开发和扶贫部已修改了建筑物法规，要求所有建造面积大于 100 平方米的新建筑物必须强制安装雨水收集设施。邦政府提供 50％ 或 10 万卢比（约合 2 000 美元）的资金支持，取低值。泰米尔纳德邦也将

雨水收集作为公用或私用建筑物的强制性设施。

• 尼泊尔政府颁布了雨水收集政策和指南，特兰（Dharan）等城市对于安装了雨水收集系统的建筑物可减免最高达 30％ 的房屋建设许可费。

• 澳大利亚的维多利亚、南澳大利亚、悉尼、新南威尔士、黄金海岸和昆士兰等地方政府已采取行动，确保所有新建房屋都采用雨水收集等节能节水措施。

• 德国政府为鼓励雨水收集，对雨水直接流入下水道的无渗透处理房屋表面征收雨水税。如果将无渗透表面改造成可渗透表面或安装屋顶集雨装置，房屋业主可获得减免雨水税的资格。

• 美国的一些州和城市出台了节水激励措施。亚利桑那州的居民可获得一次性税收减免，减免额相当于建造灰水和雨水循环利用等节水系统成本的 25％，最高可达 1 000 美元。该州每年要为这些税收减免政策划拨 25 万美元的资金。同样，得克萨斯州圣安东尼奥的居民可为集雨项目申请最高相当于建造成本 50％ 的税收减免。

资料来源：印度科学与环境中心（CSE）（日期不详）。

根据以往的传统，建设卫生系统的目的是使资源循环利用最大化。亚洲、欧洲、拉丁美洲和中美洲的许多国家过去习惯将粪便收集起来，作为农田的肥料，从而实现资源的循环利用。中国农民早在 2 500 多年前就已意识到人类和动物粪便在粮食生产中的作用，这使中国农民以其生产的粮食供养不断壮大的人口。其他地区也有将粪便作为燃料循环使用的例子。在也门历史悠久的城市，如首都萨那，多层建筑内都建造了粪便分离的收集系统。粪便被收集起来，晒干后当作燃料使用（Lüthi 等，

2011）。

围绕资源循环利用理念构建的卫生体系已存在了数世纪之久，却在工业革命（以及相关的城市扩张）之后开始逐步消失，取而代之的是下水道系统和新开发的化学肥料。到19世纪中叶，工业化国家逐渐转向抽水马桶与下水道相连接的集中式卫生系统。其后，为符合环境标准兴建了大型污水处理厂。然而，这些处理厂却频繁出现故障，导致资金浪费和环境污染。

即使是工业化国家，废水处理也是城市面临的一项重大挑战。2001年，欧盟研究发现，542个欧洲主要城市中，仅有79个城市可进行三级污水处理，223个城市可进行二级污水处理；72个城市没有完备的一级或二级污水处理能力，168个城市根本不具备（或不确定具备）污水处理能力（EU，2001）。2002年2月，欧盟委员会甚至针对法国、希腊、德国、爱尔兰、卢森堡、比利时、西班牙和英国等国未能实施《欧盟城市水指令》采取了行动（SEI，2008）。尽管这些系统存在诸多缺陷，但其可持续性却很少遭到质疑，并仍被卫生界参考借鉴。

废物资源化作为一种创新方法拥有广阔的前景，生态卫生（EcoSan）设施已得到更广泛的应用。家庭废物和废水也可进行分离并循环使用：

• 收集雨水并进行简单处理后可应用于多种用途；

• 灰水或厨房和卫生间洗涤用水经处理后可用作厕所用水或灌溉用水；

• 黑水或粪便可用来制造能源（沼气）或肥料；

• 尿液或黄水可用作液体肥料；

• 有机废物可用来堆肥或制造沼气。

为促进和推广可持续卫生系统，供水和卫生合作理事会在2000年11月举办的第五届全球论坛上，批准了"Bellagio可持续卫生准则"（EAWAG，2005）。这些准则将废弃物视为资源，促进全面、整合、权力分散式的

管理。

基于上述准则，人们提出了很多可持续性方案，包括生态卫生厕所、雨水收集和分散式废水处理系统（DEWATS）。这些分散式系统侧重于减少用水需求，防止水污染。实践证明这些系统在全球许多地区行之有效。可以说，在更广的范围，尤其是发展中国家新兴城镇和郊区，应用这些技术的时机已经成熟。

联合国人居署资助项目多年取得的经验证明，对于公共设施采取水资源需求管理（WDM）切实有效。该方法可节省或减少大量用于设备和管网方面的开支。水需求管理需要对供水系统开展"水审计"，确定水过度消耗或渗漏的区域、基础设施改造以及技术部署和管理措施。当该项措施与提高公众意识和教育项目相结合时，将会发挥更高的效力（McKenzie等，2003）。

为促进可持续卫生和严格水管理制度的实施，我们需要对水循环及人类活动的影响进行全面的认识和了解。为实现这个目标，水与城市管理者可充分利用可持续卫生与水管理工具箱（见专栏17.4）。

专栏 17.4

分散式和基于社区的卫生体系

大型传统废水处理厂通常造价高昂，难于运行。因此，发展中国家的许多城市无力建造并良好运行。下水道排污成为城市废水管理的主要成本。分散式废水处理系统属于简单而有效的技术，可使社区拥有最大程度的所有权，可作为发展中国家废水处理的替代方案。

分散式废水处理系统自20世纪90年代问世以来，在许多社区，尤其是亚洲和

非洲的贫民区和城郊居民区，得到了成功应用。如印度尼西亚的社区卫生项目（2003 年在 6 个地方启动试点项目），目前已在全国范围得到推广和应用，覆盖 420 个居民区。同样，印度班加罗尔和孟买等城市的贫民区也设有社区卫生设施，有些卫生厕所产生的沼气被用来煮饭，粪污用于蔬菜种植。

分散式废水处理系统所遵循的基本原则是责任分散、技术和流程简便以及循环利用废弃物能源和营养物。该系统整合了多种技术，如沉淀器、沼气池、厌氧折流板反应器以及湿地和池塘。所有这些技术都离不开社区居民的积极参与。

资料来源：Gutterer 等（2009）。

17.4　水教育

人们已认识到，改善水资源管理不能单纯依靠技术和法规措施，还需要全社会在用水行为和态度上发生转变。2001 年 5 月，在南非约翰内斯堡举行的国际专家组会议提出建议后，联合国人居署一直在努力倡导以人类价值为基础推动水与卫生和健康措施（HVBWSHE）。期间举办很多相关培训班并出版了《执行人员和培训教员导则》。除了分发有关水、卫生和健康的资料之外，该创新措施鼓舞和激励公众向有利于节约和可持续利用水与卫生的行为模式转变。经验表明，以价值为基础采取的措施具有诸多好处：不会增加学校现有的课程，因为它很容易融入现有的课程，而且一旦被孩子和年轻人所理解、接受和付诸实践，就可产生持久的效应。在联合国人居署和其他机构的大力支持下，该做法目前已被亚洲、非洲和拉丁美洲的多个国家采用。

可持续卫生与水管理工具箱

鉴于人口增长、农业和工业的竞争性需水以及气候不确定性，全球水资源面临的压力日益加剧。为应对这项挑战，人们制定了一系列解决方案，并在世界一些地区取得了一定成效。水管理者必须了解这些解决方案，并能对此加以修改和应用，以满足特定的需求。因此，必须实现有效的信息管理，以备不时之需；同时也要加强能力建设，以树立严格水资源管理的信心。

可持续卫生与水管理（SSWM）工具箱是网上开放来源、易获取和易使用信息的搜集器。在不破坏其整体性的同时，该工具箱允许使用者根据自己的需要进行个性化定制。该方法将水系统视为一个整体，并关注水从源头到大海这个循环过程中，人们与各种组成部分之间的互动。在实践中，建议针对人类对水循环影响产生的不同问题，采用简单的技术和软件工具。该方法的特殊之处在于它将水资源管理与卫生和农业建立了联系。

资料来源：可持续卫生与水管理工具箱（日期不详）。

17.5　水行业融资

在满足人们广泛需求的同时，还要以可持续的方式保护自然环境，这必然产生一定的成本。这常常被政府和个人所忽视或低估，进而导致水系统功能失调，关键服务退化。水资源的整体管理，如提供水与卫生服务、制定政策法规、开展能力建设、科研和良好治理等需要可持续的融资。

实现饮用水和卫生千年发展目标需要庞大的资金，特别是在低收入国家和最不发达国家。可是，水与卫生设施带来的好处，如减少健康支出和增加生产时间等完全可以抵消安全饮用水和卫生设施所付出的成本。研究表明，在饮用水和卫生方面投资 1 美元，每年即可获得 7.40 美元的回报。同样，如果千年发展目标得以实现，可使每年增加 3.2 亿个工作日，健康得以改善，可节省 200 亿个工作日（Prüss-Üstün 等，2008）。

尽管这些好处显而易见，但是与保健和教育等其他社会发展领域相比，饮用水和卫生方面的支出在官方发展援助（ODA）或国内拨款方面的优先级别仍然较低。1997—2008 年间，水相关项目获得的国际援助资金（据经合组织测算）占海外发展援助资金的比例从 8% 下降至 5%。而同一期间，保健项目获得的援助资金比例则从 7% 上升至 12%。而且，外部援助机构在水与卫生方面的投资仅有不到一半流入低收入国家，其中仅有少部分用以提供能对实现千年发展目标有所贡献的基本服务（世界卫生组织和联合国水计划，2010）。因此，援助机构有必要在水与卫生方面贡献更多的资金，尤其是城市贫困人口快速增长的低收入国家。

除了增加资本支出外，水管理部门还需要对现有系统的日常运行和维护进行投资。尼泊尔政府估计，约有 80% 的人口可从改良的水源地获取饮用水，这意味着该国已从理论上实现了千年发展目标，即供水覆盖率达到 73%。不过，政府数据也表明，该国仅有 17.9% 的供水系统运转正常；38.9% 的供水系统需要进行小修，11.8% 需要大修，21% 需要改造，9.1% 需要重建，而 1.6% 处于完全失效状态（尼泊尔供水与污水司国家管理信息项目，2011）。即使在供水系统覆盖率接近 100% 的加德满都河谷，实际服务水平也未能满足半数的水资源需求，供水水质也是一个重要问题。所以，尽管世界各国已有望实现供水方面的千年发展目标，但水系统的运行和维护仍需要融资。

17.5.1　弥补融资缺口

联合国千年项目的初步评估（2005 年）显示，将所有的千年发展目标综合起来考虑，许多低收入国家，尤其是撒哈拉以南非洲国家，面临着巨大的资金缺口，相当于 20%～30% 的国内生产总值。即使充分调动国内资源，缺口仍然存在。因此，这些国家需要庞大的外部资金支持，以实现大到全国、小到城市中心的千年发展目标。弥补这些缺口的措施包括：

- 在最贫困的国家，应给予外部融资和官方发展援助，尤其是为那些无法获得水与卫生服务的人群，以及生活在小城市中心的贫困线以下的人群提供援助；
- 在所有低收入国家，城市中心的大部分运行费用应通过拨款或输出型援助等其他融资工具解决；
- 在中等收入国家，生活在小城市中心的贫困线以下的居民需要多种融资工具，包括"生命线税"（如南非使用过的）、以外部担保为基础的输出型贷款以及内部资金划拨等，以满足新建基础设施的前期费用，并最终将费用控制在贫困人口可以承受的范围内；
- 最大程度地调动国内资源，确保建设和运行费用得到足够的支持，向贫困人口，尤其是贫困妇女提供可持续和可负担得起的服务；
- 要确保支付能力与收取费用的需求相协调，而收取的费用则来自于有能力支付服务的人群；
- 如果可行的话，尽量由公共部门提供重点基础设施的建设资金。

从国家层面上看，必须采取措施实现从外部融资向国内融资（私营部门）转变。从国际层面上看，应逐渐从主权借贷向次主权借贷转变，同时也应出台优化融资和运行管理的措施，以提高可负担性，并收回成本。此外，还应采取措施，提高地方当局和公用事业部门的绩效和信誉。

所有参与方都必须认识到，我们迫切需要可减少运行费用的融资机制，并确保向贫困社区的投入获得预期的效益。这些机制应促使社

区有能力了解所面临的挑战，并确保其积极参与谋求共同的解决方案。这些融资机制也应有助于促进国家和国际社会与适合的融资机构建立合作关系，发挥资本支出的杠杆效应。

参考文献

Bates, B. C., Kundzewicz, Z. W., Wu, S. and Palutikof, J. P. (eds). 2008. *Climate Change and Water.* Technical. Technical Paper VI. Paper of the Intergovernmental Panel on Climate Change. Geneva, IPCC.

Brockerhoff, M. 2000. An urbanising world. *Population Reference Bureau,* Washington DC, PRB. http://www.prb.org/source/acfac3f.pdf

Chiramba, T. 2010. *Ecological Impacts of Urban Water: A Contribution to World Water Day 2011.* Presentation from the 2010 World Water Week in Stockholm. Nairobi, UNEP. http://www.worldwaterweek.org/documents/WWW_PDF/2010/tuesday/T5/Chiramba_Pres_WWW_WWD2011_final.pdf

Cohen, B. 2006. Urbanization in developing countries: Current trends, future projections, and key challenges for sustainability. *Technology in Society,* Vol. 28, pp. 63–80. http://www7.nationalacademies.org/dbasse/cities_transformed_world_technologyinsociety_article.pdf

Corcoran, E., Nellemann, C., Baker, E., Bos, R., Osborn, D. and Savelli, H. (eds). 2010. *Sick Water? The Central Role of Wastewater Management in Sustainable Development.* A Rapid Response Assessment. Nairobi, UNEP/UN-HABITAT.

CSE (Centre for Science and Environment). n.d. CSE WEBNET websites. Rainwater Harvesting and International Water-harvesting and Related Financial Incentives. New Delhi, CSE. http://www.cseindia.org/node/1161 and http://www.rainwaterharvesting.org/policy/Legislation_international.htm#aus (Both accessed 5 December 2011.).

Davis, M. 2006. Slum Ecology: Inequity intensifies Earth's natural forces. *Orion Magazine.* March/April. http://www.orionmagazine.org/indexZ.php/articles/article/167 (Accessed October 2009.)

EAWAG (Swiss Federal Institute for Aquatic Science and Technology). 2005. *Household-Centred Environmental Sanitation: Implementing the Bellagio Principles in Urban Environmental Sanitation.* Provisional Guides for Decision-Makers. Dübendorf, Switzerland, EAWAG. http://www.wsscc.org/sites/default/files/publications/EAWAG_House_Centred_Environmental_Sanitation_2005.pdf

Elimelech, M. 2006. The global challenge for adequate and safe water. *Journal of Water Supply: Research and Technology–AQUA,* Vol. 55, No. 1, pp. 3–10.

EU (European Union). 2001. 2nd Forum on Implementation and Enforcement of Community Environmental Law: Intensifying Our Efforts to Clean Urban Wastewater. Brussels, EU.

Foster, S., Lawrence, A. and Morris, B. 1998. *Groundwater in Urban Development: Assessing Management Needs and Formulating Policy Strategies.* World Bank Technical Paper No. 390. Washington DC, World Bank. http://www-wds.worldbank.org/external/default/WDSContentServer/WDSP/IB/1998/03/01/000009265_3980429110739/Rendered/PDF/multi_page.pdf

GoN/NTNC (Government of Nepal/National Trust for Nature Conservation). 2009. *Bagmati Action Plan (2009–2014).* Kathmandu, NTNC.

Gutterer, B., Sasse, L., Panzerbeiter, T. and Reckerzügel, T. 2009. *Decentralised Wastewater Treatment Systems (DEWATS) and Sanitation in Developing Countries: A Practical Guide.* A. Ulrich, S. Reuter and B. Gutterer (eds). Loughborough, UK/Bremen, Germany, WEDC, Loughborough University/BORDA. http://www2.gtz.de/Dokumente/oe44/ecosan/en-sample-only-borda-dewats-2009.pdf

Hiessl, H., Walz, R. and Toussaint, D. 2001. *Design and Sustainability Assessment of Scenarios of Urban Water Infrastructure Systems.* Karlsruhe, Germany, ISI.

Hutton, G., Rodriguez, U. E., Napaitupulu L., Thang, P. and Kov, P. 2008. *Economic Impacts of Sanitation in Southeast Asia: A four-country study conducted in Cambodia, Indonesia, the Philippines and Vietnam under the Economics of Sanitation Initiative (ESI).* Jakarta and Washington DC, World Bank.

IPCC (Intergovernmental Panel on Climate Change). 2007. Climate Change 2007: Synthesis Report. Geneva, Switzerland, IPCC. http://www.ipcc.ch/pdf/assessment-report/ar4/syr/ar4_syr.pdf

Khatri, K. B. and Vairavamoorthy, K. 2007. *Challenges for Urban Water Supply and Sanitation in the Developing Countries.* Discussion Draft Paper for the session on Urbanization. Delft, the Netherlands, UNESCO-IHE.

Lange, G. M. and Jiddawi, N. 2009. Economic value of marine ecosystem services in Zanzibar: Implications for marine conservation and sustainable development. *Ocean & Coastal Management,* Vol. 52, No. 10, pp. 521–32.

Lüthi, C., Panesar, A., Schütze, T., Norström, A. McConville, J., Parkinson, J., Saywell, D. and Ingle, R. 2011. *Sustainable Sanitation in Cities: A Framework for Action.* Rijswijk, the Netherlands, Papiroz Publishing House. http://www.eawag.ch/forschung/sandec/publikationen/sesp/dl/sustainable_san.pdf

McKenzie, R. S., Wegelin, W. A. and Meyer, N. 2003. Water Demand Management Cookbook. Nairobi/Pretoria/Glenvista, South Africa, UN-HABITAT/WRP/Rand Water. http://www.google.com/url?sa=t&rct=j&q=&esrc=s&frm=1&source=web&cd=1&sqi=2&ved=0CCUQFjAA&url=http%3A%2F%2Fwww.unhabitat.org%2Fpmss%2FgetElectronicVersion.asp%3Fnr%3D1781%26alt%3D1&ei=-RvRTpSlOI6bOvDF-eoE&usg=AFQjCNEVBq__0PZZQB3tv_1Rb8NtNElNtw&sig2=zC_KmVtfz6dtROn7VyPHxg

Misiunas, D. 2005. *Failure Monitoring and Asset Condition Assessment in Water Supply Systems.* Ph.D. Thesis, Lund University, Lund, Sweden. http://www.iea.lth.se/publications/Theses/LTH-IEA-1048.pdf

Naber, H., Lange, G.-M. and Hatziolos, M. 2008. Valuation of Marine Ecosystem Services: A Gap Analysis. Washington DC/New York, World Bank/Columbia University. http://new.cbd.int/marine/voluntary-reports/vr-mc-wb-en.pdf

Newman, P. and, Jennings, I. 2008. *Cities as Sustainable Ecosystems: Principles and Practices.* Washington DC, Island Press.

NMIP-DWSS (Nepal, National Management Information Project, Department of Water Supply and Sewerage). 2011. *Nationwide Coverage and Functionality Status of Water Supply and Sanitation in Nepal.* Kathmandu, Government of Nepal.

Prüss-Üstün, A., Bos, R., Gore, F. and Bartram, J. 2008. *Safe Water, Better Health: Costs Benefits and Sustainability of Investments to Protect and Promote Health.* Geneva, WHO (World Health Organization) . http://whqlibdoc.who.int/publications/2008/9789241596435_eng.pdf

Sclar, E. D., Garau, P. and Carolini, G. 2005. The 21st century health challenge of slums and cities. *The Lancet,* Vol. 365, No. 9462, pp. 901–3.

SEI (Stockholm Environmental Institute). 2008. The sanitation crisis. *EcoSanRes Factsheet 1.* Stockholm, SEI. http://www.ecosanres.org/pdf_files/ESR-factsheet-01.pdf

SSWM Toolbox (Sustainable Sanitation and Water Management Toolbox). n.d. Website. Basel, Switzerland, Seecon. http://www.sswm.info

Stecko, S., and Barber, N. 2007. *Exposing Vulnerabilities: Monsoon Floods in Mumbai, India.* Case study prepared for Global Report on Human Settlements 2007. Nairobi, UN-HABITAT. http://www.unhabitat.org/downloads/docs/GRHS.2007.CaseStudy.Mumbai.pdf

Sulabh International Social Service Organisation. n.d. *Avantages of Sulabh Toilets.* New Delhi, Sulabh. http://www.sulabhinternational.org/st/advantages_sulabh_toilets.php (Accessed 22 November 2011.)

SWITCH. 2006. Managing water for the city of the future. Website. Loughborough, U.K./Delft, the Netherlands, Loughborough University/UNESCO-IHE. http://www.switchurbanwater.eu (Accessed 5 December 2011.)

UN-DESA (United Nations Department of Economic and Social Affairs). 2005. *World Population Prospects: The 2004 Revision* (Analytical Report, Volume III No. ST/ESA/SER.A/246). New York, UN-DESA.

––––. 2010. Website. *World Urbanization Prospects: The 2009 Revision: Percentage of Population Residing in Urban Areas by Major Area, Region and Country, 1950–2050.* New York, UN-DESA. http://esa.un.org/unpd/wup/index.htm

UNEP (United Nations Environment Programme). 2002. *Environmentally Sound Technologies for Wastewater and Stormwater Management: An International Source Book.* Nairobi, UNEP.

––––. 2007. *Global Environment Outlook 4: Environment for Development.* Nairobi, UNEP.

UN-HABITAT (United Nations Agency for Human Settlements). 2001. Slum population projection 1990-2020 (based on slum annual growth rate (1990-2001)). *State of the World's Cities Report 2001.* Nairobi, UN-HABITAT. http://ww2.unhabitat.org/programmes/guo/documents/Table4.pdf

––––. 2008. *State of the World's Cities 2010/2011. Cities for All: Bridging the Urban Divide.* London, Earthscan.

––––. 2011. *Global Report on Human Settlements 2011: Cities and Climate Change.* London/Nairobi, Earthscan/UN-HABITAT.

USEPA (United States Environmental Protection Agency). 2002. Website: U.S. Water Infrastructure Needs & the Funding Gap. Washington DC, USEPA. http://water.epa.gov/infrastructure/sustain/infrastructureneeds.cfm (Accessed, 05 December 2011.)

Vairavamoorthy, K, Gorantiwar, S. D. and Mohan, S. 2007. Intermittent water supply under water scarcity situations. *Water International.* Vol. 32, No. 1., pp. 121–32.

WHO (World Health Organization) and UN-Water. 2010. *GLAAS 2010: UN-Water Global Annual Assessment of Sanitation and Drinking Water: Targeting Resources for Better Results.* Geneva, WHO. http://www.unwater.org/activities_GLAAS2010.html

WHO (World Health Organization) and UNICEF (United Nations Children's Fund). 2010. Progress on Sanitation and Drinking Water 2010 Update. Geneva/New York, WHO/UNICEF. http://whqlibdoc.who.int/publications/2010/9789241563956_eng_full_text.pdf

Zhao, T. and Tseng, C.-L. 2003. A note on activity floats in activity-on-arrow networks. *Journal of the Operational Research Society,* Vol. 54, pp. 1296–99.

第十八章

畜牧价值链上的水管理

联合国粮农组织（FAO）和国际农业发展基金（IFAD）

作者：卡恩·弗兰肯和鲁道夫·克莱维文阿

供稿：梅尔文·凯和玛瑞莎·沃茨球斯卡

致谢：感谢雅各布·伯克（联合国粮农组织）、大卫·科茨（生物多样性公约）、特奥多·弗里德里希（联合国粮农组织）、M. 戈帕拉克里什南（国际灌排委员会）、埃米尔·卡萨姆（英国雷丁大学）、魏莱姆詹·兰（联合利华）、李利锋（世界自然基金会）、詹·朗德韦斯特（斯德哥尔摩国际水研究所）、戴维斯·摩登（国际水资源管理研究所）、丹尼尔·雷诺（联合国粮农组织）、安东尼奥·若达（国际农业发展基金）、帕斯夸里·斯特杜托（联合国粮农组织）、奥尔夫·西蒙（联合国粮农组织）、戴维斯·斯科尔（世界自然基金会）、奥尔贾伊·云韦尔（世界水评估计划）和理查德·康纳（世界水评估计划）对本章内容的审读

© Photoshare/Gaurav Gaur

农业是公认的主要耗水行业。尽管水资源有限，农业却占据了三大行业（即农业、城市和工业）总取水量的 70％，并占据三大行业总耗水量的 90％。因此，有效的农业水管理将对全球未来水安全作出重大贡献。

水对于粮食安全至关重要。从全球角度来看，的确有足够的水可供未来之需，但人们可获得的水量并不均衡。水资源极度缺乏的地区往往居住着全球最贫困的人口。我们必须对政策和管理进行重大变革，以最佳方式利用可获得的水资源。

最不发达国家（LCDs）经历了变化多端的气候，使农民必须面对更大的不确定性。气候变化将使问题更难解决。我们必须加大基础设施和制度建设方面的投入，以应对气候变化。

水在整个农业价值链中，从生产到运输、消耗、废物排放和循环利用等各环节，扮演着重要角色。畜牧产品日益增长的水需求就充分说明了这一点。

我们需要以更加"睿智"的态度管理水资源，以明智、高效且高产的方式对这种短缺的资源加以利用是我们每个人应尽的责任。

18.1 水在农业领域的关键作用

水与粮食之间的关系一目了然。作物和牲畜都离不开水。每生产 1 千克大米约需耗水 3 500 升；生产 1 千克的牛肉约需耗水 15 000 升；而生产一杯咖啡约需耗水 140 升（Hoekstra 和 Chapagain，2008）。欧洲平均每人每天饮食的耗水量大约为 3 500 升，此外还需 2～5 升的饮用水，145 升左右的水用来煮饭、清洗和冲厕所。有些饮食需要耗费更多的水。例如：以肉类制品为主的饮食，每人每天的耗水量超过 5 500 升。这与生活在极度贫困的最不发达国家[1]14 亿人口的用水状况形成鲜明的对比（FAO，2011e；IFAD，2011）（见图 18.1）。尽管很多地区都在经历城市化变革，城镇贫困人口在迅速增多，但贫困依然是农村的一个突出问题。有超过 10 亿的人口依靠农业保证食物供应和维持生计，相当于每人每天的

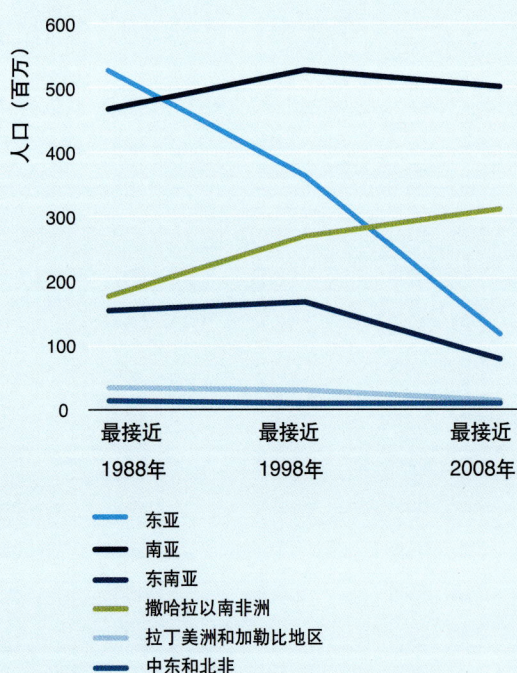

图 18.1

不同地区极端贫困（每天低于1.25美元）农村人口数

图例：
- 东亚
- 南亚
- 东南亚
- 撒哈拉以南非洲
- 拉丁美洲和加勒比地区
- 中东和北非

资料来源：IFAD（2011，图4，p.49）。

水量不足 1 000 升。

18.1.1 水与粮食安全

粮食安全正成为全球日益关注的问题。不过，很少有人认识到灌溉农业的淡水取水量占全球总取水量的近 70%（见图 18.2 和表 18.1，见表 18.2 国家/地区组别情况），而随着粮食需求的增长，将需要更多水。经合组织国家的农业取水量占总取水量的 44%，但是在严重依赖灌溉农业的 8 个经合组织国家中，这一比例升至 60% 以上。在金砖国家中（巴西、俄罗斯、印度和中国），农业占总取水量的 74%，但该比例在各国也有所差别，从俄罗斯的 20% 到印度的 87% 不等。在最不发达国家中，该比例超过 90%（FAO，2011c）。

与其他行业相比，农业领域总体上拥有较大的水足迹，尤其是在生产阶段（见表 18.3）。人们对畜牧产品的大量需求正在使整个畜牧价值链上各阶段（包括生产阶段）的用水需求大幅增加（见 18.5 节）。这对水质产生影响，反过来又减少了可用水量。

尽管农业是用水大户，但必须承认农业也是合法和重要的用水户。在许多国家，不仅仅是最不发达国家，农业可用水量已变得非常有限和不稳定，而且这种情况还将愈发严重。有些地区已面临水资源绝对短缺（每人每年的可再生水资源量不足 500 立方米）、水资源长期短缺（500～1 000 立方米）或水紧张（1 000～1 700立方米）（见图 18.3 和表 18.4）（FAO，2011c）。到 2030 年，食物需求预计将增加 50%（到 2050 年增加 70%）（Bruinsma，2009），而对水电和其他可再生能源的需求将增加 60%（WWAP，2009）。这些问题之间相互关联，例如：农业产出增多将导致水资源和能源消耗显著增加，进而导致不同用水部门加剧对水的竞争。农业部门面临的主要挑战并非是在 40 年内多生产 70% 的粮食，而是使盘中餐增加 70%。对于满足更多的生产需求而言，减少存储和价值链上的浪费或许还远远不够。

图 18.2

不同地区各行业取水量（2005年）

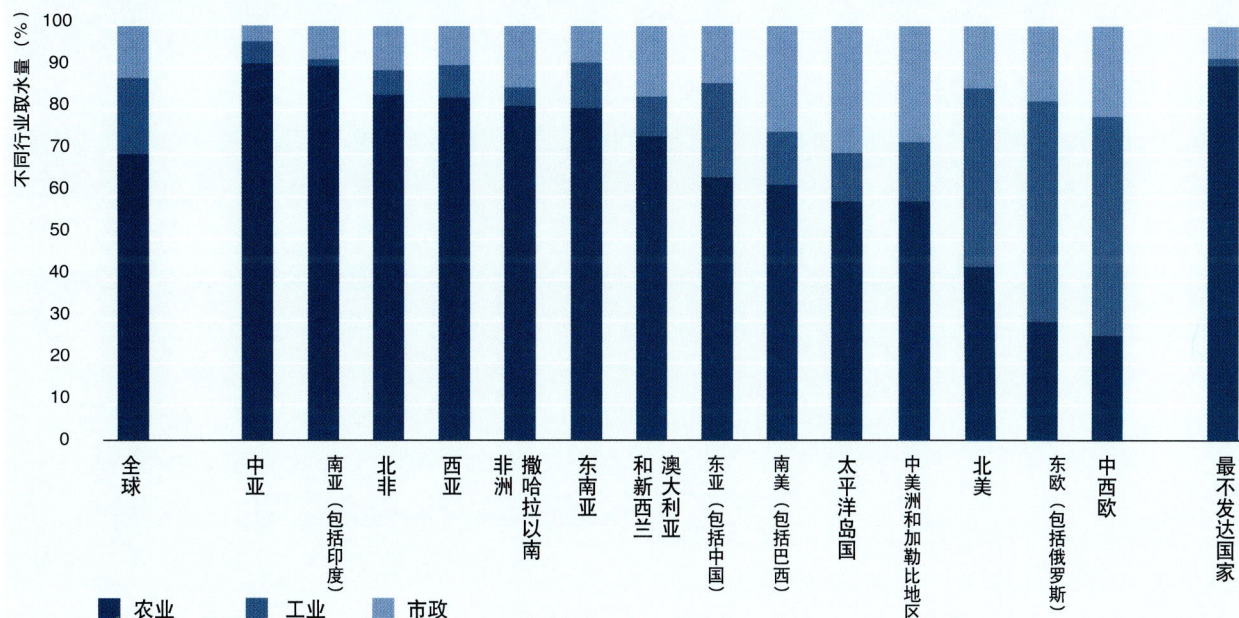

资料来源：FAO（2011c）。

表 18.1

不同地区不同行业的总取水量和淡水取水量（2005年）

大洲	不同行业取水量						总取水量①	淡水取水量	淡水取水量占IRWR的比例%②
	市政		工业		农业				
地区	立方千米/年	%	立方千米/年	%	立方千米/年	%	立方千米/年	立方千米/年	
非洲	28	12.5	11	5.1	184	82.4	224	224	5.7
北非	9	10.0	6	6.0	80	84.0	95	95	202.2
撒哈拉以南非洲	19	1.4	6	4.5	105	81.1	129	129	3.3
美洲	135	16.9	285	35.5	381	47.6	801	801	4.2
北美	86	14.2	260	43.0	259	42.9	604	604	9.9
中美洲和加勒比地区	7	27.6	4	14.1	15	58.3	26	26	3.3
南美（包括巴西）	42	24.8	22	12.6	107	62.6	171	171	1.4
亚洲	227	9.0	242	9.6	2 057	81.4	2 526	2 521	21.5
西亚	25	9.4	20	7.2	227	83.4	272	269	55.5
中亚	6	3.6	8	4.9	150	91.5	164	163	61.8
南亚（包括印度）	70	7.0	20	2.0	913	91.0	1 004	1 004	56.9
东亚（包括中国）	93	13.7	149	22.0	436	64.4	677	677	19.9
东南亚	33	8.1	46	11.2	330	80.8	409	409	7.1

续表 18.1

不同地区不同行业的总取水量和淡水取水量（2005年）

大洲 地区	不同行业取水量						总取水量[1]	淡水取水量	淡水取水量占IRWR的比例%[2]
	市政		工业		农业				
	立方千米/年	%	立方千米/年	%	立方千米/年	%	立方千米/年	立方千米/年	
欧洲	72	19.8	191	52.5	101	27.7	364	364	5.5
中西欧	52	21.0	131	52.5	66	26.6	250	249	11.8
东欧（包括俄罗斯）	20	17.2	60	52.6	35	30.2	115	115	2.6
大洋洲	5	16.7	3	9.5	20	73.8	27	27	3.1
澳大利亚和新西兰	5	16.6	3	9.5	20	73.9	27	27	3.3
太平洋岛国	0.03	29.8	0.01	11.3	0.05	58.9	0.08	0.08	0.1
全球	467	11.8	732	18.6	2 743	69.9	3 942	3 936	9.3
最不发达国家	15	7.3	4	1.8	186	90.9	205	205	4.4

[1] 包括脱盐水的使用。
[2] IRWR (internal renewable water resources)，国内可再生水资源量（见表18.4）。
资料来源：FAO（2001c）。

表 18.2

国家／地区组别

非洲

北非

阿尔及利亚、埃及、利比亚、摩洛哥、突尼斯

撒哈拉以南非洲

安哥拉、贝宁、博茨瓦纳、布基纳法索、布隆迪、喀麦隆、佛得角、中非共和国、乍得、科摩罗、刚果共和国、科特迪瓦、刚果民主共和国、吉布提、赤道几内亚、厄立特里亚、埃塞俄比亚、加蓬、冈比亚、加纳、几内亚、几内亚比绍、肯尼亚、莱索托、利比里亚、马达加斯加、马拉维、马里、毛里塔尼亚、毛里求斯、莫桑比克、纳米比亚、尼日尔、尼日利亚、卢旺达、圣多美和普林西比、塞内加尔、塞舌尔、塞拉利昂、索马里、南非、苏丹、斯威士兰、多哥、乌干达、坦桑尼亚、赞比亚、津巴布韦

美洲

北美

加拿大、墨西哥、美国

中美洲和加勒比地区

安提瓜和巴布达、巴哈马、巴巴多斯、贝里斯、哥斯达黎加、古巴、多米尼克、多米尼加、萨尔瓦多、格林纳达、危地马拉、海地、洪都拉斯、牙买加、尼加拉瓜、巴拿马、波多黎各、圣基茨和尼维斯联邦、圣卢西亚、圣文森特和格林纳丁斯、特立尼达和多巴哥

南美

阿根廷、玻利维亚、巴西、智利、哥伦比亚、厄瓜多尔、法属圭亚那（法国）、圭亚那、巴拉圭、秘鲁、苏里南、乌拉圭、委内瑞拉

亚洲

西亚

亚美尼亚、阿塞拜疆、巴林、格鲁吉亚、伊拉克、伊朗、以色列、约旦、科威特、黎巴嫩、巴勒斯坦、阿曼、卡塔尔、沙特阿拉伯、叙利亚、土耳其、阿联酋、也门

国家／地区组别

中亚
阿富汗、哈萨克斯坦、吉尔吉斯斯坦、塔吉克斯坦、土库曼斯坦、乌兹别克斯坦

南亚
孟加拉国、不丹、印度、马尔代夫、尼泊尔、巴基斯坦、斯里兰卡

东亚
中国、朝鲜、日本、蒙古、韩国

东南亚
文莱、柬埔寨、印度尼西亚、老挝、马来西亚、缅甸、巴布亚新几内亚、菲律宾、新加坡、泰国、东帝汶、越南

欧洲
中西欧
阿尔巴尼亚、安道尔、奥地利、比利时、波斯尼亚和黑塞哥维那、保加利亚、克罗地亚、塞浦路斯、捷克、丹麦、法罗群岛、芬兰、法国、德国、希腊、梵蒂冈、匈牙利、冰岛、爱尔兰、意大利、列支敦士登、卢森堡、马耳他、摩纳哥、黑山、荷兰、挪威、波兰、葡萄牙、罗马尼亚、圣马力诺、塞尔维亚、斯洛伐克、斯洛文尼亚、西班牙、瑞典、瑞士、马其顿、英国
东欧和俄罗斯联邦
白俄罗斯、爱沙尼亚、拉脱维亚、立陶宛、摩尔多瓦、俄罗斯、乌克兰

大洋洲
澳大利亚和新西兰
澳大利亚、新西兰
太平洋岛国
库克群岛、斐济、基里巴斯、密克罗尼西亚、瑙鲁、纽埃、帕劳、萨摩亚、所罗门群岛、汤加、图瓦卢、瓦努阿图

经合组织国家
澳大利亚、奥地利、比利时、加拿大、智利、捷克、丹麦、爱沙尼亚、芬兰、法国、德国、希腊、匈牙利、冰岛、爱尔兰、以色列、意大利、日本、卢森堡、墨西哥、荷兰、新西兰、挪威、波兰、葡萄牙、韩国、斯洛伐克、斯洛文尼亚、西班牙、瑞典、瑞士、土耳其、英国、美国

金砖国家
巴西、俄罗斯联邦、印度、中国

最不发达国家 (LCDs)
阿富汗、安哥拉、孟加拉国、贝宁、不丹、布基纳法索、布隆迪、柬埔寨、中非、乍得、科摩罗、刚果民主共和国、吉布提、赤道几内亚、厄立特里亚、埃塞俄比亚、冈比亚、几内亚、几内亚比绍、海地、基里巴斯、老挝、莱索托、利比里亚、马达加斯加、马拉维、马尔代夫、马里、毛里塔尼亚、莫桑比克、缅甸、尼泊尔、尼日尔、卢旺达、萨摩亚、圣多美和普林西比、塞内加尔、塞拉利昂、所罗门群岛、索马里、苏丹、东帝汶、多哥、图瓦卢、乌干达、坦桑尼亚、瓦努阿图、也门、赞比亚

尽管挑战犹存，但仍有很多乐观的因素。全球人口已说明这其中具有的弹性。19 世纪末 20 世纪初，印度河谷建造的大型灌溉项目使数百万人免遭饥荒。20 世纪后半叶，为满足成倍增长的人口需求，世界粮食生产增长了一倍以上。农业生产力获得稳定提升，灌溉农业在其中扮演了重要角色。20 世纪 60—70 年代，"绿色革命"的兴起将亚洲从即将爆发的饥饿危机中解救出来，尽管从用水、能源耗费和环境退化的角度看代价非常之大。

20 世纪 90 年代，人们更深刻地认识到水生态系统服务功能的重要性，同时也认识到水在粮食、人类、工业和环境之间需达成平衡。因此，基于环境可持续性的原则，"绿色革命"应运而生（Conway，1997）。这场革命支撑了"绿色基础设施"的发展，其中包括提高河流及其集水区的健康程度，以更好地过滤污染物、减少水旱灾害、补给地下水和维持渔业

表 18.3

不同工业部门的相对水足迹

	原材料生产	供应商	直接运营	产品使用/停产
服装	💧💧💧	💧		💧
高科技/电子产品	💧	💧		💧
饮料	💧💧	💧	💧	
粮食	💧💧💧	💧	💧💧	
生物科技/制药			💧	
森林产品	💧		💧💧	
金属/采矿	💧💧		💧💧	
电力/能源	💧💧		💧💧	

注：水滴分别表示拥有相对较高的蓝水、绿水和灰水足迹强度的价值链部门。水足迹是用来描述消费者或生产者直接和间接用水量的用水指标。个人、社区或公司的水足迹是指个人或社区所消费的或由该公司所生产的产品和服务所消耗的淡水总量。

资料来源：Morrison等（2009，p.20）。

等。维持并改善这些服务的技术也起到了支撑生活和农业供水系统的作用。

虽然高昂的粮食价格并不受人欢迎，但仍有益处。对于贫困的农民而言，较高的粮价意味着农业收入的增加（假设他们从涨价中实际得到部分收益）；而对于其他群体而言，他们会更在意粮食损失和浪费。在最不发达国家，有高达一半的粮食在收割后就损失掉了，而在经合组织国家，高达40％的食物在价值链和消费环节中被浪费。减少这些损耗不仅会缩减2050年前对生产更多粮食的需求，还可大幅地缩减粮食生产用水的需求。

许多国家在雨水利用方面仍有巨大的潜能可供挖掘，还须引入更多的农业节水实践，在那些水资源充足的地区，补充灌溉可发挥重要的作用。

18.1.2 农业对水的影响

农业活动所引起的土地利用变化已对水量和水质产生深远的影响（Scanlon等，2007）。湿地受到的影响尤其严重。农业污染造成的水质退化问题在欧洲、拉丁美洲和亚洲的湿地地区最为严峻（见图18.4）。淡水和沿海湿地物种比其他生态系统中的物种退化得更加迅速（MEA，2005a）。

农业采取的水管理模式已导致生态系统发生大规模的改变，并破坏了生态系统提供服务的各项功能。农业水管理改变了淡水和沿海湿地的物理和化学特征，水质和水量以及陆地生态系统也发生了直接和间接的生物变化。这种危害给人类和生态系统产生的外部成本以及农业部门消弭危害的外部成本巨大。例如：美国每年在这方面的支出大约为90亿～200亿美元（引自Galloway等，2007）。

农业面源污染仍是全球许多流域需要格外关注的问题。农业水土流失带来的富营养化是美国、加拿大、亚洲和太平洋地区最为严重的污染源之一。澳大利亚、印度、巴基斯坦和中东许多干旱地区都存在不良灌溉导致的土地盐碱化（MEA，2005b）问题。硝酸盐是全球地下含水层中最为常见的化学污染物；自1990年以来，全球河道中的硝酸盐含量已增加了大约36％。联合国粮农组织（2011d）的数据显示，美国目前是最大的农药消耗国，欧洲国家，尤其是西欧国家紧随其后。从单位耕地面积农药使用量来看，日本是农药使用密度最大的国家。干旱的北非和阿拉伯半岛国家受农业部门的驱动，对可再生地下水资源的过度开采和对化石水的开采，正在给水资源带来不可调和的压力。

2005年，全球每年森林转换（主要是变成农业用地）估计为1 300万公顷，而地表覆盖物

图 18.3

人均可再生水资源（2008年）

（立方米/人）

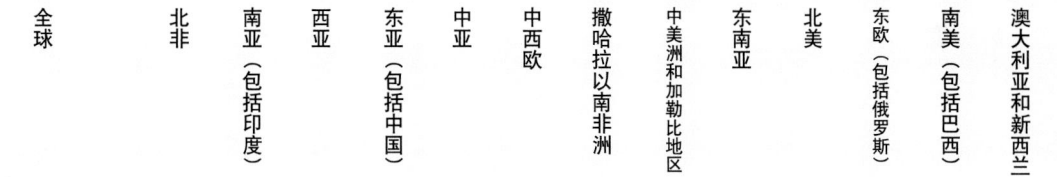

资料来源：FAO（2011c）。

表 18.4

不同地区的降水量和可再生淡水资源量

大洲		降水		国内可再生淡水资源		
	地区	深度（毫米/年）	水量（立方千米/年）	水量（立方千米/年）	占全球淡水资源的百分比（%）	2008年人均资源量（立方米）
非洲		**678**	**20 359**	**3 931**	**9.3**	**4 007**
	北非	96	550	47	0.1	286
	撒哈拉以南非洲	815	19 809	3 884	9.2	4 754
美洲		**1 088**	**43 887**	**19 238**	**45.4**	**20 927**
	北美	637	13 869	6 077	14.4	13 401
	中美洲和加勒比地区	2 012	1 510	781	1.8	9 654
	南美（包括巴西）	1 602	28 507	12 380	29.2	32 165
亚洲		**827**	**26 826**	**11 708**	**27.7**	**2 870**
	西亚	217	1 423	484	1.1	1 632
	中亚	273	1 270	263	0.6	3 020
	南亚（包括印度）	1 062	4 755	1 765	4.2	1 125
	东亚（包括中国）	634	7 453	3 410	8.1	2 204
	东南亚	2 405	11 925	5 786	13.7	9 957

不同地区的降水量和可再生淡水资源量

大洲 地区	降水		国内可再生淡水资源		
	深度（毫米/年）	水量（立方千米/年）	水量（立方千米/年）	占全球淡水资源的百分比（%）	2008年人均资源量（立方米）
欧洲	**544**	**12 507**	**6 569**	**15.5**	**9 102**
中西欧	827	4 045	2 120	5.0	4 123
东欧（包括俄罗斯）	467	8 462	4 449	10.5	21 430
大洋洲	**586**	**4 733**	**892**	**2.1**	**33 469**
澳大利亚和新西兰	574	4 598	819	1.9	32 366
太平洋岛国	2 062	135	73	0.2	54 059
全球	**809**	**108 312**	**42 338**	**100.0**	**6 292**

资料来源：FAO（2011c）。

图 18.4

不同地区湿地水质状况变化

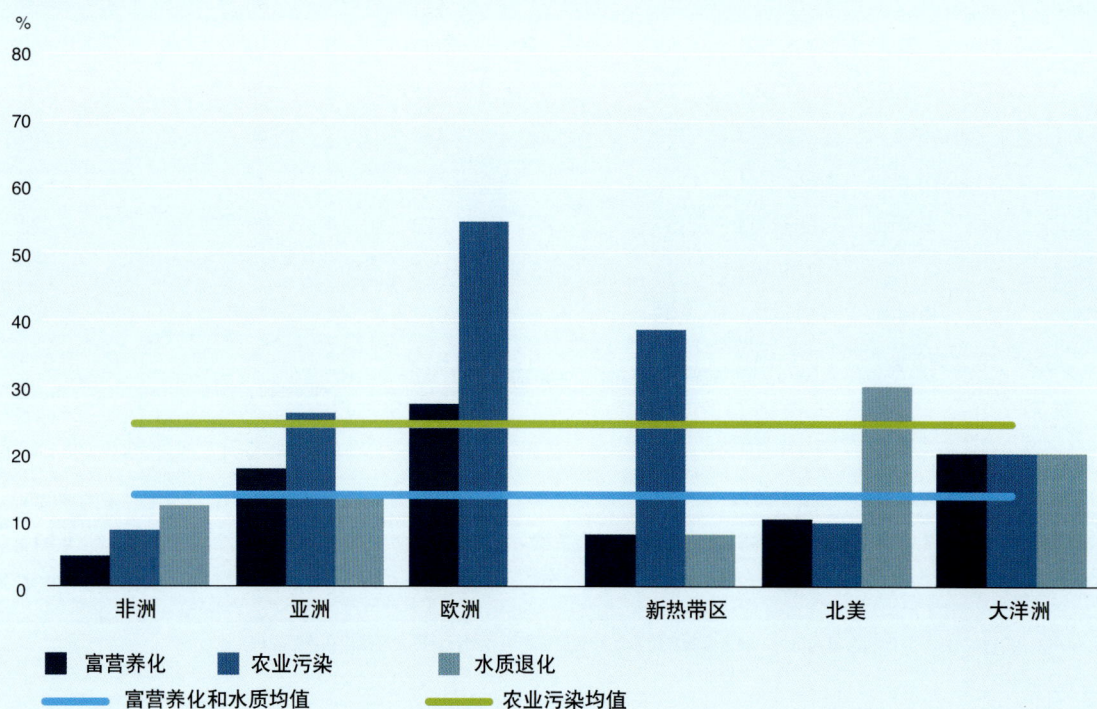

资料来源：FAO（2008b, p.50）。

的变化造成了 20% 的温室气体排放（Bellarby等，2008）。南亚、东南亚以及中南美洲向大气净排碳物质量高（Houghton，2008）。这种地表覆盖物的变化还可增大径流、增加沉积物和营养物流量、诱发洪水、减少地下水补给并降低生物多样性。

目前，全球约有 12% 的土地用于耕作；在印度和孟加拉国等国家，农田覆盖了 50% 以上的地表面积，而在欧洲的大部分地区，农田覆盖面积超过了 30%（见表 18.5）（FAO，2011d）。

1961—2008 年间，耕地面积从 13.68 亿公

表 18.5

不同地区的人口、面积和国内生产总值

大洲 / 地区	人口			面积				国内生产总值	
	总人口（2008年）	密度	参加农业经济活动人口所占的百分比（%）	国家总面积	总面积占全球面积的百分比	耕地（2008年）	参加农业经济活动的人口的人均耕地面积	人均（2008年）	农业增加值
	×10³人	人/平方千米		×10³公顷	%	%	公顷	美元	%
非洲	981 043	33	54	3 004 590	22	8	1.2	1 592	16
北非	163 969	29	24	575 289	4	5	2.0	3 434	11
撒哈拉以南非洲	817 074	34	59	2 429 301	18	9	1.2	1 222	18
美洲	919 269	23	10	4 032 189	30	10	8.8	21 657	2
北美	453 480	21	5	2 178 056	16	12	23.1	36 805	1
中美洲和加勒比地区	80 900	108	24	75 069	1	20	1.9	3 820	7
南美（包括巴西）	384 889	22	14	1 779 064	13	7	4.9	7 574	7
亚洲	4 079 924	126	52	3 242 111	24	17	0.5	3 805	8
西亚	296 556	45	21	656 650	5	10	2.9	8 242	6
中亚	87 214	19	31	465 513	3	8	3.5	2 272	12
南亚（包括印度）	1 568 227	350	53	447 884	3	46	0.6	970	18
东亚（包括中国）	1 546 824	132	56	1 176 232	9	11	0.3	6 413	6
东南亚	581 103	117	48	495 832	4	20	0.7	2 481	12
欧洲	721 700	31	6	2 300 705	17	13	12.8	29 026	2
中西欧	514 081	105	5	488 872	4	26	9.7	36 777	2
东欧（包括俄罗斯）	207 619	11	9	1 811 833	14	9	16.8	9 434	5
大洋洲	26 659	3	7	807 440	6	6	45.8	41 975	4
澳大利亚和新西兰	25 304	3	5	800 893	6	6	71.6	45 286	4
太平洋岛国	1 355	21	41	6 547	0	10	1.7	2 847	16
全球	6 728 595	50	41	13 387 035	100	11	1.2	8 813	4
最不发达国家	816 782	39	66	2 079 489	16	8	0.7	616	24

资料来源：FAO（2011c，数据源自联合国人口司、联合国粮农组织统计数据库和世界银行世界发展指标在线数据库）。

顷增至 15.27 亿公顷，增长率达 12%，而这完全归因于灌溉作物耕种的净增长（见表 18.6）。

但是，通过采取多项措施，农业也会减缓生态污染和土地退化，例如：

• 扩大灌溉面积的同时重视增加产量、提高耕种密度并优化生产系统（如水稻强化栽培系统等）；

• 拓展雨养农业面积，更为重要的是利用

表 18.6

主要土地利用面积的净变化（亿公顷）

	1961年	2008年	净增长
耕地	13.68	15.27	12%
雨养土地	12.29	12.23	-0.5%
灌溉土地	1.39	3.04	119%

资料来源：FAO（2011c，2011d）。

可持续高产的粮食生产技术（如保护性农业、综合病虫害管理和综合植物营养管理等）来提高生产力、优化农耕系统；

• 减少收割后、运输和消费过程中的损耗（见 18.5 节）。

18.2 农业的水资源管理

50 年之后我们能否拥有充足的水（和土地），生产出满足日益增长人口需要的粮食？如果我们现在就采取行动来优化农业水资源利用，那么这个问题的答案将非常简单："是的，水够用"（农业水资源管理综合评估，2007）。

全球仅有很少比例的淡水资源可供我们获取并使用。在地球表面 11 万立方千米的年降水中，有 36% 最终流入了大海；林业、牧场、渔业和生物多样性消耗了 57%；城镇和工业仅消耗了 0.1%（110 立方千米）；而农业，包括雨养和灌溉作物，消耗了 7%（7 130 立方千米）（农业水资源管理综合评估，2007），其中经合组织国家每年消耗的水量仅为 990 立方千米。

全球农业耗水包括食物、纤维和饲料生产（蒸腾）的用水，土壤中的蒸发损耗以及稻田、灌渠和水库等农业领域开放水面的蒸发损耗。7 130 立方千米的农业年耗水量中，仅有约 20% 为"蓝水"，即来自河流、小溪、湖泊和地下的用于灌溉的水。虽然灌溉在农业总耗水中所占的比例不大，但起着至关重要的作用，以占全球不足 20% 的耕地支撑了超过 40% 的人口。

然而，全球水资源评价忽略了世界各地在水获取量方面的巨大差异。一些地区，如北半球较高纬度地区和湿润的热带地区，水过于充足；而干旱半干旱地区，水却极其短缺。与其他资源不同，水无法大规模地横跨大陆进行搬运，除非变成食品的一部分。

对未来农业水需求的预测充满不确定性。农业领域的需水在某种程度上受到食物需求的影响，而这在一定程度上取决于需要供养的人数及消费的食物种类和数量。该问题的复杂性会由于季节性气候变化、农业生产效率、粮食种类和产量等方面的不确定性而进一步加剧。

预计全球人口将从 2010 年的 69 亿增至 2030 年的 83 亿，2050 年将增至 91 亿（DESA，2009）。这些数字隐瞒了一个事实，即有些国家（尤其是撒哈拉以南非洲和南亚）的人口将继续增长，而高收入国家的人口则会下降。到 2050 年，约有 75 亿人将生活在中低收入国家，其中撒哈拉以南非洲 15 亿，南亚 22 亿。

虽然基于不同情境假设和方法的预测结果大相径庭，但据估计，到 2050 年，全球农业耗水（包括雨养和灌溉农业）将增加 19%，达 8 515 立方千米（农业水资源管理综合评估，2007）。联合国粮农组织预测，2008—2050 年间，灌溉用水将增加 11%。相比目前灌溉取水量（2 740 立方千米），大约将增长 5%（见表 18.7）。虽然这一增长趋势似乎比较温和，但其中绝大部分将发生在已面临水短缺的地区（FAO，2011a）。

在半干旱环境下，可用于耕作的降水量相对较少。因此，在这些地区需要更好地利用降水。具体措施为水土综合管理，包括增加土壤肥力、提高降雨渗入和雨水集蓄，以减少水损耗、提高产量并提升雨养生产体系的生产力。这种策略可归纳为一句话："滴水高产"。

从全球范围来看，灌溉作物产量大致为雨养农业产量的 2.7 倍，因此，灌溉将继续在粮食生产中扮演重要角色。灌溉面积从 1970 的 1.7 亿公顷增至 2008 年的 3.04 亿公顷（见表 18.8）。灌溉面积的拓展仍具有潜力，这在撒哈拉以南非洲和南美洲等可获取充分水资源的地区尤其如此。提高生产力并缩小灌区产量差距的方法包括：提高水服务的供水量、供水可靠性和时机；改进灌溉取水的有效使用；提高农艺或经济生产力，以获得更高的单位耗水产量（FAO，2011a）。

表 18.7

灌溉用水压力

大洲	降水（毫米）	可再生水资源（立方千米）	需水比率[①]（%）	灌溉取水量（立方千米）	灌溉用水压力[②]（%）
地区			2008 年	2008 年	2008 年
非洲	**678**	**3 931**	**48**	**184**	**5**
北非	96	47	69	80	170
撒哈拉以南非洲	815	3 884	30	105	3
美洲	**1 088**	**19 238**	**41**	**381**	**2**
北美	637	6 077	46	259	4
中美洲和加勒比地区	2 012	781	30	15	2
南美（包括巴西）	1 602	12 380	28	107	1
亚洲	**827**	**11 708**	**45**	**2 057**	**18**
西亚	217	484	47	227	47
中亚	273	263	48	150	57
南亚（包括印度）	1 062	1 765	55	913	52
东亚（包括中国）	634	3 410	37	436	13
东南亚	2 405	5 786	19	330	6
欧洲	**544**	**6 569**	**48**	**101**	**2**
中西欧	827	2 120	43	56	3
东欧（包括俄罗斯）	467	4 449	67	35	1
大洋洲	**586**	**892**	**41**	**20**	**2**
澳大利亚和新西兰	574	819	41	20	2
太平洋岛国	2 062	73	—	0.05	—
全球	**809**	**42 338**	**44**	**2 743**	**6**

① 需水率是指灌溉需水量和灌溉取水量之间的比率。
② 灌溉用水压力指灌溉取水量和可再生水资源量之间的比率。
资料来源：根据FAO（2011a）和 FAO（2011c）数据改编。

　　大多数最不发达国家需要引入新的管理体制，使政府在行使水资源集中监管责任的同时，分散和下放水管理职责、提高用户所有权和参与度。此外，也要加强水资源规划方面的数据采集和分析、强化对水资源实施交叉管理的政府部门之间的沟通与交流，以实现水资源综合管理。

　　认识到水资源管理的地方特征也很重要，此外还需大幅提高水生产力并调整水分配，以适应不断变化的社会需要（FAO，2009a）。通过减少最不发达国家采后储藏中大量的粮食损耗，以及减少经合组织国家和金砖国家价值链上的食物浪费，也可大幅度提高现有农业耗水的效益。

　　将来，虚拟水贸易或许会扮演重要的角色。这意味着可将丰水地区生产的粮食出口到缺水国家（水在生产过程中成为食物的一部分）。虽然全球仅有15％的含水农产品在全球范围内交易，但这在中东地区已经成为现实（Allan，2011）。然而有人对于虚拟水概念是否可以纳入经济和贸易框架政策提出了质疑（Wichelns，2010）。其中面临的最主要制约因素之一是：在粮食需求增长最快的国家，人们的购买力却很低，这极有可能在不可预知的未

表 18.8

灌溉面积、地下水灌溉面积和耕地比例的变化

大洲 地区 年	灌溉总面积 (×10³公顷)			地下水灌溉面积		总灌溉面积占耕地的比例 (%)		
				面积	所占比例 (%)			
	1970	1990	2008	2008	2008	1970	1990	2008
非洲	8 429	10 990	13 445	2 506	19	4.6	5.4	5.4
北非	4 376	5 131	6 340	2 092	33	18.4	19.2	22.6
撒哈拉以南非洲	4 053	5 859	7 105	414	6	2.6	3.3	3.2
美洲	26 609	38 381	44 002	21 548	49	7.2	9.9	11.1
北美	20 004	27 218	31 826	19 147	60	6.7	9.0	12.6
中美洲和加勒比地区	932	1 669	1 739	683	39	8.0	12.0	11.5
南美（包括巴西）	5 673	9 494	10 437	1 717	16	6.3	8.7	8.2
亚洲	116 031	168 195	222 269	80 582	36	23.3	30.3	41.0
西亚	11 025	19 802	23 347	10 838	46	17.2	30.0	36.3
中亚	7 971	13 366	14 518	1 149	8	15.2	25.9	36.8
南亚（包括印度）	45 048	66 856	93 140	48 293	52	22.8	32.7	45.6
东亚（包括中国）	42 894	53 299	68 491	19 331	28	38.5	37.4	51.6
东南亚	9 093	14 872	22 773	971	4	12.2	18.8	22.4
欧洲	15 259	25 908	21 856	7 350	34	4.6	8.1	7.5
中西欧	10 844	17 635	16 221	6 857	42	7.4	12.7	13.0
东欧（包括俄罗斯）	4 415	8 273	5 635	493	9	2.4	4.6	3.4
大洋洲	1 588	2 113	2 833	950	34	3.5	4.1	6.2
澳大利亚和新西兰	1 587	2 112	2 830	949	34	3.5	4.2	6.3
太平洋岛国	1	1	3	1.00	33	0.2	0.2	0.5
全球	167 916	245 587	304 405	112 936	37	11.8	16.1	19.9

资料来源：FAO（2011c）、FAO（2011d）和Siebert等（2010）。

来持续存在。近期大宗商品价格的攀升表明，一旦国家粮食安全受到威胁，粮食的出口关税会迅速提高。

18.3 不确定性和风险管理

农业未来的可供水量存在着诸多风险和不确定性，在那些国内生产总值依赖农业且易受干旱影响的低收入国家这种情况尤为明显。许多最不发达国家的经济状况与降水紧密相关，除此之外，还有许多其他因素可加剧气候变化导致的风险和不确定性。

18.3.1 最不发达国家的新"农村"建设

多数最不发达国家的政府指望农业地区能生产更多的农产品，但这些地区往往非常贫困，不仅生产力低下，资源利用率也不高。由于农村生活性质发生改变，即所谓的新"农村"建设，使这些地区面临更加沉重的负担（Rauch，2009）。全球化正在改变市场格局，新的贫困格局随着生计的调整正在逐渐形成，农村管理和服务体系的变革正在改变制度的本质。所有这些问题构成新的不确定性和风险，并将对农村贫困人口及其获取和利用有限水资

18.3.2 气候变化

农业的温室气体排放对气候变化构成影响，而这反过来又干扰着地球的水循环并增加粮食生产的不确定性和风险。气候变化的影响主要通过水文状况（比如更加严重和频繁的旱灾和洪灾等）体现出来，而水文状况又会通过降水分布、土壤湿度、冰川和冰／雪融化以及河流和地下水流的变化对水资源的可获取性产生影响。气候变化引发的水文变化不但影响全球的灌溉农业，也影响着雨养农业的发展和生产力，因此，应对策略的重点应放在如何降低总体生产风险（FAO，2011b）。

农业是全球非二氧化碳温室气体排放的最大来源（1990年占59％，2020年预计为57％）（美国环保署，2006）。农业部门通过直接（牲畜肠道发酵和水稻生产等过程中释放的甲烷）和间接（将土地转变成农业用地，农场中化石燃料的使用以及农化产品的生产等）的方式排放温室气体。直接排放的温室气体占全球每年温室气体排放总量的14％，而间接排放的温室气体占4％～8％（将森林变成牧场和耕地）（FAO，2011b）。农业部门排放的温室气体中，最常见的是一氧化二氮（N_2O）和甲烷（CH_4）气体，主要由农业土壤（N_2O）和畜牧过程（CH_4源自肠道发酵，如打嗝）产生（见图18.5和图18.6）。

图 18.5

农业温室气体产生源（不包括土地利用的变化）

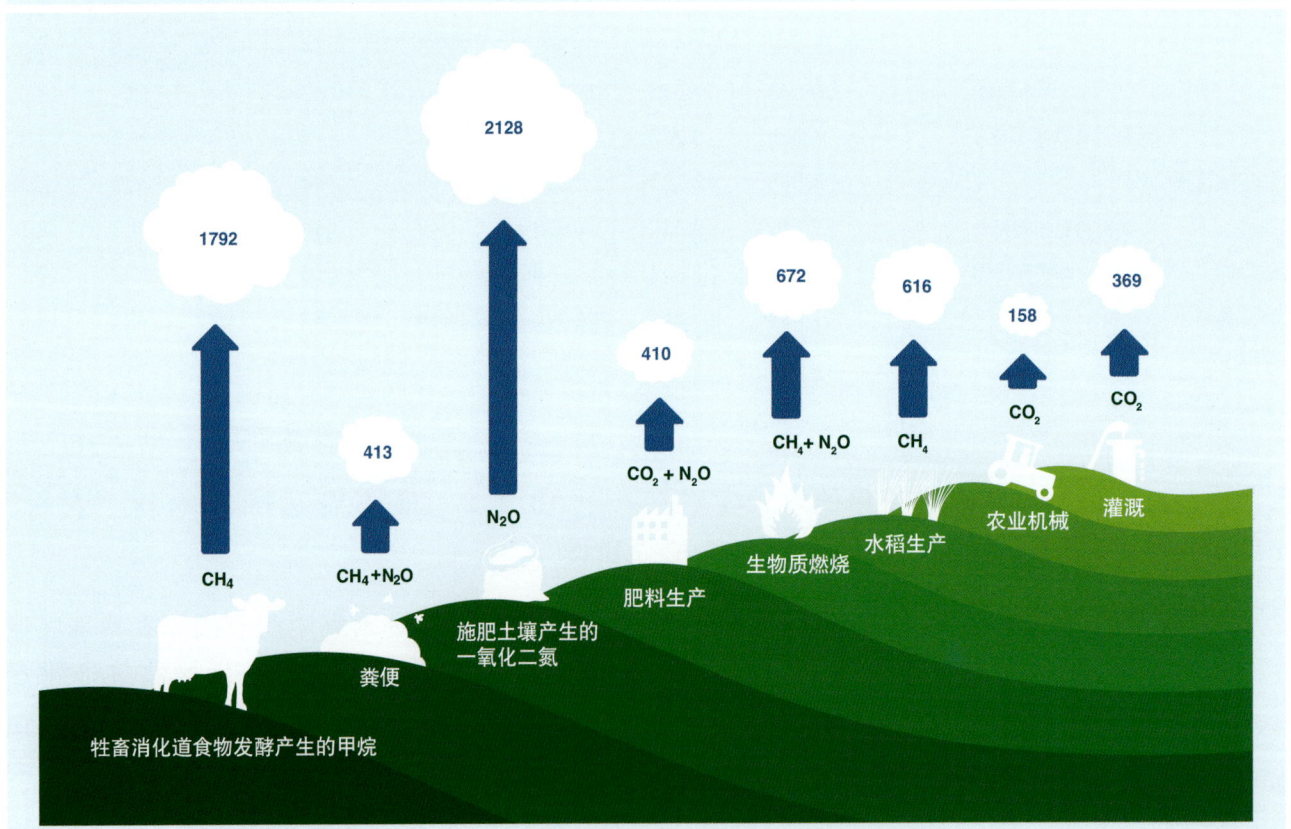

资料来源：Bellarby等（2008，图2，p.7）。

1990年，经合组织国家、中国、苏联解体后独立出的国家、拉丁美洲和非洲占全球农业土壤排放一氧化二氮总量的80％以上。到2020年，经合组织国家中农业土壤的一氧化二氮排放量预计将降低并占全球总排放量的23％（低于1990年的32％）。其他地区的粮食和畜牧生

图 18.6

农业部门排放的温室气体总量变化（按来源划分）

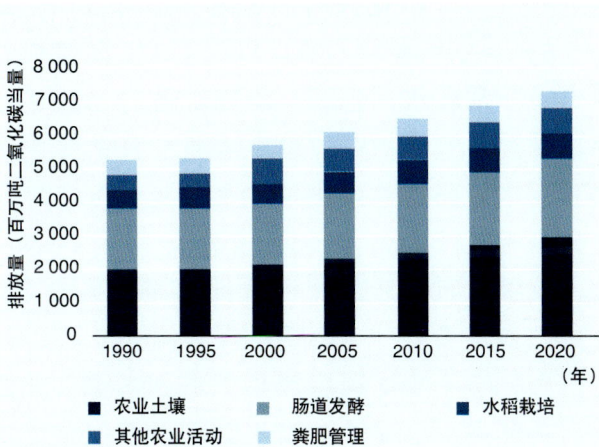

资料来源：美国环保署（2006）。

产预计将增加，这预示着中亚、南亚、东亚以及东欧的农业土壤温室气体排放量将增加50%以上，而非洲、拉丁美洲和中东的农业土壤温室气体排放量将增加100%以上。全球范围来看，牲畜消化过程中排放的甲烷将增多，而在多数经合组织国家中，牲畜肠道发酵产生的甲烷排放量将出现某种程度的降低（-9%）；到2020年，中国、巴西、印度、美国和巴基斯坦预计将成为甲烷排放最多的国家（美国环保署，2006）。

在减少温室气体排放方面，农业具有巨大的潜力，可采取多种针对性措施和实践减少排放以及/或避免（或替代）排放。测算表明，农业每年可减少5 500兆~6 000兆吨二氧化碳排放量，如果这种潜力得以充分发挥，每年将可抵消约20%的二氧化碳排放量（Smith等，2008）。最具潜力的农业措施包括耕作和草场管理、恢复有机栽培土壤中的碳含量以及恢复已退化的土地，其次是改善水和水稻栽培管理、改变土地用途（如退耕还草）、农林以及改进畜牧饲养和粪肥管理等（Smith等，2008）。

就影响而言，洪灾和旱灾发生的频率和严重性都在日益增加，而这种趋势预计在未来还将持续。最新预测显示，地中海盆地以及美洲、澳大利亚和南非的半干旱地区将出现河流径流和地下含水层补给的减少，这将对本来就面临水紧张地区的水量产生影响。在亚洲，河流径流源自融雪和高山冰川的模式发生的变化将引起流量减少、盐度升高以及海平面上升，进而影响下游依赖这些河水的灌溉农田以及亚洲人口稠密的三角洲地区。从全球范围来看，温度的升高将增加作物的需水量（FAO，2011b）。

气候变化也将影响地下水，同时使许多国家的妇女处境变得更加艰难。由于家庭取水的重担往往落到妇女身上，因此，地下水位下降和水资源日益匮乏将导致妇女不得不走更远的路才能取到水，这不但占用她们的务农时间，还使她们面临更多的危险（FAO，2010）。

预测显示，到2030年，南亚和南非将是最容易受到与气候变化相关的粮食短缺影响的地区（Lobell等，2008）。由于这些地区粮食生产高度依赖的生态系统极易受到气候变化和降水变化的影响，因此粮食供给将无法得到保障。

鉴于气候多变性对粮食产量有着直接的影响（主要表现在降雨、温度升高和水资源可获取性等方面），适应性管理实践和体系应具备高度灵活性，使农业部门充分适应这些变化。在多数经合组织国家，有关气候变化的研究主要集中在探讨气候变化对农业生产的影响，比如：区域降水和水资源可获取性的预期变化，并分析在不同气候变化情景下农业生产的效率。

在水领域，适应气候变化措施包括改善供水管理（适应性蓄水能力）和需求管理，目的在于减少地下水的过度开采、促进更加高效综合利用并提高水的生产力（FAO，2011a）。

18.3.3 粮食、经济和能源危机

2009年经济危机爆发后不久出现的粮食价格危机，给全球的饥饿形势蒙上了一层悲剧色彩。当时的粮价远远高出2006年的同期水平。虽说导致粮食价格猛涨的因素属于暂时性的，

如小麦生产地区发生干旱、粮食储存量不高以及推动肥料价格上涨的油价等，到了 2011 年，粮价仍未恢复至 2006 年之前的水平。贫困妇女最容易感受到经济危机带来的诸多负面影响，而且，几乎在世界各地，受教育程度较低的妇女在危机时刻都会增加她们的工作参与程度（FAO，2009b）。

最近几年对生物燃料的需求猛增。用于乙醇和生物燃料生产的作物产量大幅提高，如美国的玉米、欧盟的小麦和菜子、撒哈拉以南非洲以及南亚和东南亚部分地区的棕榈以及巴西的甘蔗等。2007 年，生物燃料的主要生产国是美国和巴西，其次是欧盟。2005 年，生物质和废弃物占全球主要能源需求的 10%，超过了核能（6%）和水能（2%）的需求之和（IEA，2007）。

到 2050 年，如果预测的生物能源供给量能达到 60 亿～120 亿吨石油当量，这将占用全球 1/5 的农业用地[2]（IEA，2006）。生物燃料的生产也非常耗水，会进一步增加水文系统的压力以及温室气体的排放量。灌溉生产的生物燃料其耗水量已占总灌溉取水量的近 2%（约 44 立方千米）（FAO，2008a）（见表 18.9）。据测算，美国内布拉斯加州西南部灌溉地区生产 1 升的乙醇需要耗水 415 升（Varghese，2007）。在巴西，与生物燃料生产相关的水污染、化肥和农药使用、土壤侵蚀以及甘蔗清洗过程等出现的问题已经引起人们的关注。

表 18.9

生物燃料作物的需水量

作物	年产燃料	能源产量	蒸腾当量	作物潜在蒸腾蒸发量	雨养作物蒸腾蒸发量	灌溉作物需水量	
	（升/公顷）	（吉焦/公顷）	（升/升燃料）	（毫米/公顷）	（毫米/公顷）	（毫米/公顷）*	（升/升燃料）
甘蔗	6 000	120	2 000	1 400	1 000	800	1 333
玉米	3 500	70	1 357	550	400	300	857
油棕	5 500	193	2 364	1 500	1 300	0	0
菜籽	1 200	42	3 333	500	400	0	0

*假设的灌溉效率为50%。
资料来源：FAO（2008a）。

18.3.4 征地和土地用途的改变

土地用途正在发生改变，这归因于土地征用的日益国际化，而这反过来也影响水的利用。2007 年以来，经合组织和金砖国家成立的基金和投资公司购买或租赁了非洲、拉丁美洲和亚洲的大片农田，以确保他们的燃料和粮食供给，其诱因是燃料危机的爆发以及对替代石油产品生物燃料的大量需求。

尽管耕种面积仍有扩大的潜力，但土地退化和快速的城市化导致每年有 500 万～700 万公顷（0.6%）的农田消失，由于这些农田无法再生产粮食，家庭农场的数量也因更多的人口迁往城市而减少。日益增长的人口使人均耕地面积大幅降低，从 1961 年的 0.4 公顷降至 2005 年 0.2 公顷。

18.3.5 政策和治理

提高灌溉农业生产力和降低用水量，意味着要求利用更新的技术并使设备和生产过程适应当地的灌溉条件。这不仅对资金提出要求，还对配备完善的政策和治理措施提出了要求，还需充分考虑这些要素之间的关联性。例如，为获得政府和捐赠机构的投资，许多国家已付出相当大的努力，将国家水资源综合管理和水效率计划与国家发展规划统筹考虑（GWP，

2009)。

虽然已经具备妥善管理农田水利设施的工具和措施，但许多似乎不相干的问题还是对水治理构成了挑战，比如国家动荡、腐败以及水和土地占有方面的不平等。社会、经济和环境用水需求之间的竞争日益激烈，导致对农业用水的重新分配，实现国家安全和发展目标成为优先考虑的领域，同时，气候变化引起的水文变化也开始加剧。最近几年，各地区纷纷发出倡议，如非洲部长级水理事会和亚太水论坛，其目的是引起政府高层对水安全问题给予更多的关注（然后进行投资）。由于地方政府才是该项工作的主要执行者，因此，许多地区仍将水利机构管理能力不足和管理职能分散当作主要关心的问题。

18.4　粮食和水管理的新时代

当水变得短缺时，我们仅仅考虑粮食生产所需的水量已远远不够（Lundqvist 等，2008）。我们还必须审视从生产到消费甚至以外的整个价值链中水的使用方式（见图 18.7）。对于工业化程度较高的国家尤其如此，金砖国家的城镇在某种程度上也是如此，因为金砖国家城镇的食品来源日趋多元化，经常是经过长距离运输，有些产品来自多个不同国家。由于农产品在价值链上进行大范围移动，从田间到餐桌需要经过许多环节——农场、运输、销售、食品加工、零售和顾客消费等，可能产生的浪费会危及粮食安全。价值链上的各个环节都可能发生粮食浪费，这意味着用于生产粮食的水也将被浪费。所有这些都与过去的情况形成了鲜明对比，但至今多数最不发达国家仍在沿用过去的模式：多数食物在当地生产和当地消费。

在有些国家，减少用水量已不仅仅是提高农场用水效率的问题。鉴于食品的清洗、准备、分销和消费过程都要耗费水，而所有这些过程都会对水构成污染，因此，在废水排放前就应进行处理或稀释以减少污染。

水资源管理一直以来都是政府的职责，而如今，各大国际食品公司也开始意识到水对其业务发展的重要性，特别是在价值链上处于缺水的国家。尽管他们更多地在意给消费者留下何种印象和利润是否安全，但如果他们更关注水的管理，会给每个人带来好处。这方面的例子包括旨在提高水在价值链中高效利用的倡议"CEO 水之使命"和"水管理联盟"。

我们已经步入一个水资源管理的新时代。人们已经认识到水与其他资源之间的关联以及收割后管理不善（见专栏 18.1）的社会经济成本以及价值链形成的粮食浪费。

图 18.7

价值链各环节（从生产到循环）的用水

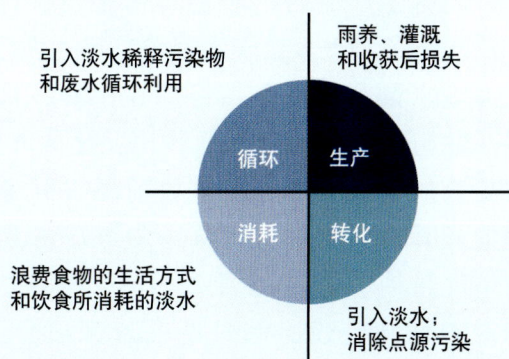

引入淡水稀释污染物和废水循环利用

雨养、灌溉和收获后损失

循环　生产

消耗　转化

浪费食物的生活方式和饮食所消耗的淡水

引入淡水；消除点源污染

专栏 18.1

"我们在粮食种植上花费如此多的时间，投入那么多资金用于灌溉、施肥和作物保护，可生产的粮食仅仅在收割一周后就遭到浪费，这真令人感到遗憾"（FAO，1981）。

18.5 水在畜牧价值链上的使用

畜牧业的迅猛增长对水-农业-供应链纽带构成挑战，即农场饲养的牲畜在被转化成产品进而被消费和当作废弃产品循环利用过程中，水在价值链中如何被使用、消费和污染。畜牧产品也是全球食品贸易的重要组成部分，我们在注重效益增长的同时，还应关注肉类和奶制品从一国运输至另一国的过程中产生的水足迹，以及水和污染的"进出口"。

无论从社会意义还是经济意义上讲，畜牧业都是农业最重要的部门之一。全球从事畜牧业的人口超过 13 亿。该行业为全球大约 10 亿最贫困人口提供了生计。不过，畜牧养殖也造成了严重的环境问题，如土地退化、气候变化、空气污染、水短缺和污染以及丧失生物多样性（FAO，2006b）。

全球食品经济的发展正在受到饮食和食品消费结构中畜牧产品比重增多的影响（FAO，2006a）。2008 年，全球大约 33.5 亿公顷的土地为永久性草地和牧场，这几乎是耕地和永久性农田面积的两倍以上。畜牧业不仅为我们提供肉类，还提供奶制品、蛋类、羊毛和兽皮等。随着全球发展最快国家的人口对肉类的需求迅猛增长，畜牧业将以前所未有的速度发生改变（FAO，2006b）。目前，在人口增长、生活富裕程度提高以及城市化的驱动下，畜牧业已占全球农业产值的 40%，成为农业经济最具活力的产业之一。

在畜牧产品需求增长的同时，人们也越来越关心畜牧业对环境产生的影响。牲畜养殖需要更多的土地，致使有些国家开始砍伐森林（如巴西）；密集型畜牧生产（主要在经合组织国家）已成为主要的污染源。畜牧业对全球国内生产总值的贡献率不到 2%，但产生的温室气体却占到了 18%（FAO，2006b）。因此，持批评态度的人称，畜牧业所造成的破坏已远远超过其带来的好处；但也有人认为，这种看法严重低估了畜牧业在经济和社会方面的重要性，尤其是对于低收入国家的重要性。无论哪

种说法占上风，对畜牧产品需求日益增多的趋势仍将持续。这意味着畜牧业生产中的资源利用效率亟待提高，而这其中也包括水资源管理。

18.5.1 水如何从农田流向餐桌

让我们设想一下全球未来的畜牧生产将会怎样：畜牧业迅速增长，全球畜牧产出从高收入国家转向低收入国家，国际贸易格局发生改变，该行业未来的潜在增长，这些在水消耗和工业污染方面对现在和未来的水资源产生哪些影响？

农场里的畜牧生产

牲畜需要水来饮用、降温和清洗，但所需的水量因品种、饲养方式和位置的不同有所差别。粗放型畜牧养殖可增加水的需求，因为牲畜觅食的付出更多。不过，集约化或产业化养殖需要额外的水用于降温和清洗。从全球来看，牲畜每年所需的饮水量大约为 16 立方千米，另外，饲养牲畜还需要 6.5 立方千米额外的水（FAO，2006b）。

用于生产饲料和草料的水量本身也是一个不小的数目。这部分需水量不仅取决于牲畜的数量、品种以及食量，还取决于草料的生长地点。据粗略估计，牲畜每年大约消耗 2 000～3 000立方千米的水，相当于全球食品嵌入水总量的 45%（农业水资源管理综合评估，2007；Zimmer 和 Renault，2003）。无论该数目是多少，生产畜牧产品的需水量肯定相当大。由于大多数的水是由雨养草场所消耗，因此几乎不具备任何环境价值。有些密集型管理的牧场以及作为饲料生产的谷物和油类作物也可作为农田开发，但它们大多位于水资源充足的地区。

灌溉水量虽然不多，但却在饲料、草料生产以及牲畜放养中起着重要作用，比雨养耕作[3]具有更大的机会成本。虽然目前还没有全球范围内的测算，但作者估计草场灌溉应占到农业蓝水消耗量的 13%（见表 18.10）；随着牲畜产品需求的增加，该比例可能在未来还会上升。这个数目是根据两种重要牲畜群体所需灌溉饲

料、草料作物和牧场的相关信息估算得出，即单胃动物（猪和家禽）和反刍动物（饲养以供肉食的牛和奶牛、水牛）。

猪和家禽的饲养在集约型和工业化的牲畜生产系统中占主导地位，但离不开 4 种主要农作物，即大麦、玉米、小麦和大豆加工的浓缩饲料（BMWS）。多数反刍动物都在粗放型的雨养放牧系统中饲养，尽管有些也依赖于灌溉牧场和草料。在经合组织国家中，已有越来越多的奶牛用工业制造的复合饲料来喂养，不过灌溉和雨养饲料的比例计算非常复杂。该估算根据联合国粮农组织全球水资源和农业信息系统（AQUASTAT）得出，由于信息不全，因此可认为是最低值（FAO，2011c）。美国农业部（2008）的官员估计，全球约有 1 600 万公顷的永久性草场和牧场、1 600 万公顷的一年生草料和饲料进行灌溉，消耗的水量约在 160 立方千米。将这些数据汇总之后，估计全球畜牧生产中灌溉蒸腾蒸发量所占的比例为 13%（见表 18.10 和图 18.8）。

表 18.10

全球每年饲养牲畜所需的草场、草料和饲料生产所消耗的水量（估计值）

	类别	净蒸腾蒸发量（立方千米/年）
1	满足当前粮食需求的全球需水量[a]	7 130
2	雨养农业[a]水量（绿水）及其所占（1）的百分比	5 855（82%）
3	灌溉农业[b]水量（蓝水）及其所占（1）的百分比	1 275（18%）
4	灌溉饲料、草料和牧草[b]及其所占（3）的百分比	160（13%）

资料来源：[a] CA（2007）；[b] FAO（2011c）

图 18.8

全球放牧、草料和饲料生产年均耗水量

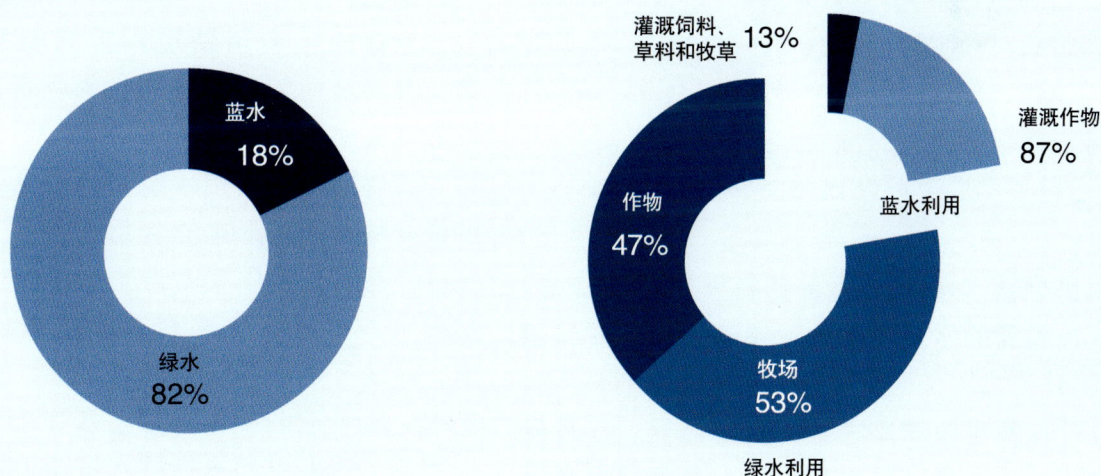

全球净蒸发量 7 130 立方千米

蓝水 18%
绿水 82%

灌溉饲料、草料和牧草 13%
灌溉作物 87%
蓝水利用
作物 47%
牧场 53%
绿水利用

转化

屠宰场是肉类加工价值链中第二大用水产业（在生产阶段之后），也是当地生态系统和居民区中最主要的潜在点源污染。进入奶牛场和屠宰场的水源位置很重要。这方面涉及的最

严重水问题是大量的用水、大量的污水和高浓度有机液体排放以及冷冻和水加热过程中的能源耗费。

根据经合组织国家的卫生标准，屠宰场需要使用大量的淡水来清洗牲畜、设备、工作区

域以及屠体（见图 18.9）。在沙门氏菌、李斯特菌以及牛脑海绵状病（BSE，俗称疯牛病）等事件爆发后，粮食安全和卫生标准在最近几年变得更加严格，因此，需要更多的热水对设施和牲畜进行清洗和消毒，这进一步增加了这些屠宰场的耗水量（欧盟委员会，2005）。例如，意大利的生猪屠宰场，有 46% 的水用于清洗；丹麦一家每年屠宰 2 500 万只家禽的屠宰场中，56% 的水用于清洗屠体和冷却。清洁和屠体清洗两者累加，可占到总耗水量和污水量的 80% 以上（欧盟委员会，2005）。

图 18.10

澳大利亚普通牛奶加工厂的典型耗水量

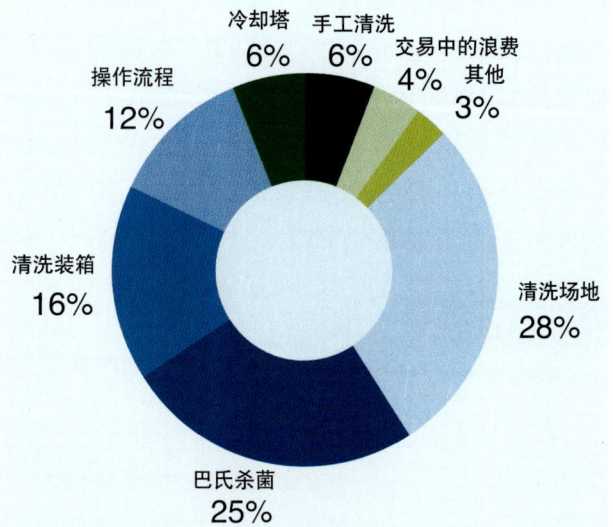

资料来源：UNEP（2004，p.20）。

图 18.9

意大利普通生猪屠宰场的耗水量数据

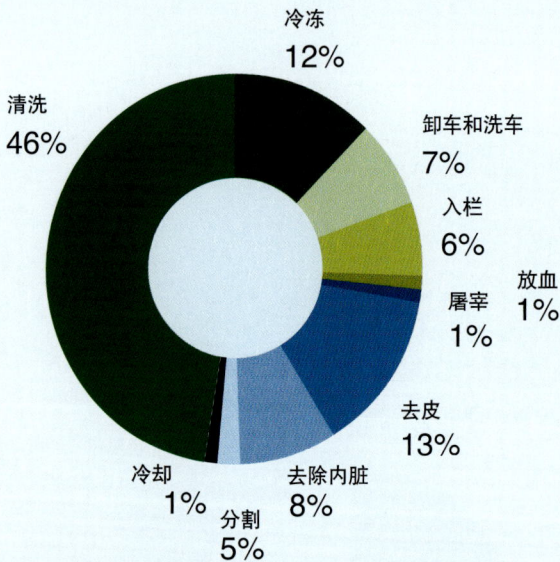

资料来源：欧盟委员会（2005）。

奶牛场有着严格的食品安全和卫生标准，因此，大量的水用于清洗、消毒和杀菌（见图 18.10）。

耗水量也因屠宰牲畜的类型而异。在丹麦和挪威，与屠宰其他牲畜相比，家禽屠宰需要耗费的水量最多，产生的营养物含量也最高（见表 18.11）。

屠宰场的建筑面积也影响着水的使用，同样影响水使用的还包括牲畜/家禽的体积和屠宰方式、屠体处理和冷却以及自动化程度。

肉类加工产生的废水含有污血、脂肪、粪便、未消化的胃容物和清洗剂。因此，需要资金和资源密集型废水处理设施对这些废水进行处理，如果这些废水未经检查就进行排放，将会产生很高的生物需氧量（BOD）、抑制敏感水生物种的生长并产生臭味和其他问题。

消费

食品的整个消费过程都需要水，从零售商、食品公司包装和加工到家中食用，这些清洗和准备过程也加剧了水污染。

食物浪费是与用水有关的食品消费所面临的最严峻问题。严重的食物浪费在工业化国家尤其严重，这些国家生产了太多无法销售掉的易腐食物，这些食物在存储的过程中腐烂变质；即使有些食物被消费者购买，最终还是被扔掉。所有这些不但增加了食物的浪费，同时也增加了用来生产食物的水资源浪费（Lundqvist，2010）。

循环利用

水循环利用在价值链的各个阶段都很必要。在生产阶段，日益增加的牲畜数量成为主要的污染源（灰水）。与人类粪便相比，牲畜粪便在营养负载方面远远超过人类。亚洲每年牲畜氮磷排泄物占全球的35%。在泰国、越南和中国广东，猪粪便比生活废水对水环境产生的污染更为严重（见表18.12）。在美国，畜牧生产导致了大约55%的土壤侵蚀、32%的氮负荷以及淡水中33%的钾负荷。另外，还有37%的农药使用和50%的抗生素使用源自畜牧部门（FAO，2006b），这些都对水体造成污染。

表 18.11

丹麦和挪威屠宰场的用水量和排放数据

每吨肉品的各项值	用水量、废水量（升）	生物需氧量排放（千克）	化学需氧量排放（千克）	氮排放量（克）	磷排放量（克）	悬浮物排放量（克）
牛	1 623~9 000	1.8~28	4~40	172~1 840	24.8~260	11.2~15.9
猪	1 600~8 300	2.14~10	3.22~10	180~2 100	20~233	0.12~5.1
羊	5 556~8 333	8.89		1 556	500	
家禽	5 070~67 400	2.43~43	4~41.0	560~4 652	26.2~700	48~700

注：生物需氧量（BOD）是衡量水质的指标。化学需氧量（COD）是衡量地表水中有机污染物含量的指标。
资料来源：水资源相关数据出自欧盟委员会（2005）。

表 18.12

水系中氮磷排放量

国家/省份	营养物	潜在负荷（吨）	占水系营养物排放量的比例（%）		
			猪粪便	生活废水	面污染源
中国广东	氮	530 434	72	9	19
	磷	219 824	94	1	5
泰国	氮	491 262	14	9	77
	磷	52 795	61	16	23
越南	氮	442 022	38	12	50
	磷	212 120	92	5	3

资料来源：FAO（2004）。

畜牧产品的贸易增长使肉制品生产与环境之间的关系进一步发生改变，主要表现为肉类进口国从生产国土地和水资源利用以及氮排放中获益。日本是全球最大的饲料和肉类进口国之一，其禽肉的进口量相当于全国耕地总面积50%的产量。而且，日本的肉制品消费虽然每年在国内释放大约70 000 吨的氮气，但估计留在肉类生产国中的氮气为220 000 吨（Galloway 等，2007）。图18.11阐释了日本猪禽贸易中的氮流向，由于进口了大量的肉类，发生在出口国（主要是美国）的氮损耗约为日本国内的1.5倍以上。220 000 吨的氮中约有36%的部分以虚拟氮（生产中的氮，但并未真正存在于畜牧产品之中）的形式存在。这意味着进口大量肉制品的国家不仅享受着畜牧产品的好处，而且不必付出环境上的代价，即氮并未排放至当地的地下水体和地表水以及大气。巴西出口大量的饲料和肉类到中国，而将15%的虚拟氮留在了本国（Galloway 等，2007）。

18.5.2 "让每一滴水创造更多的蛋白质"

由于人类对肉类产品需求日益增多并对淡水资源构成越来越大的压力，所以使每一滴水

图 18.11

日本猪肉和鸡肉生产过程中产生的氮

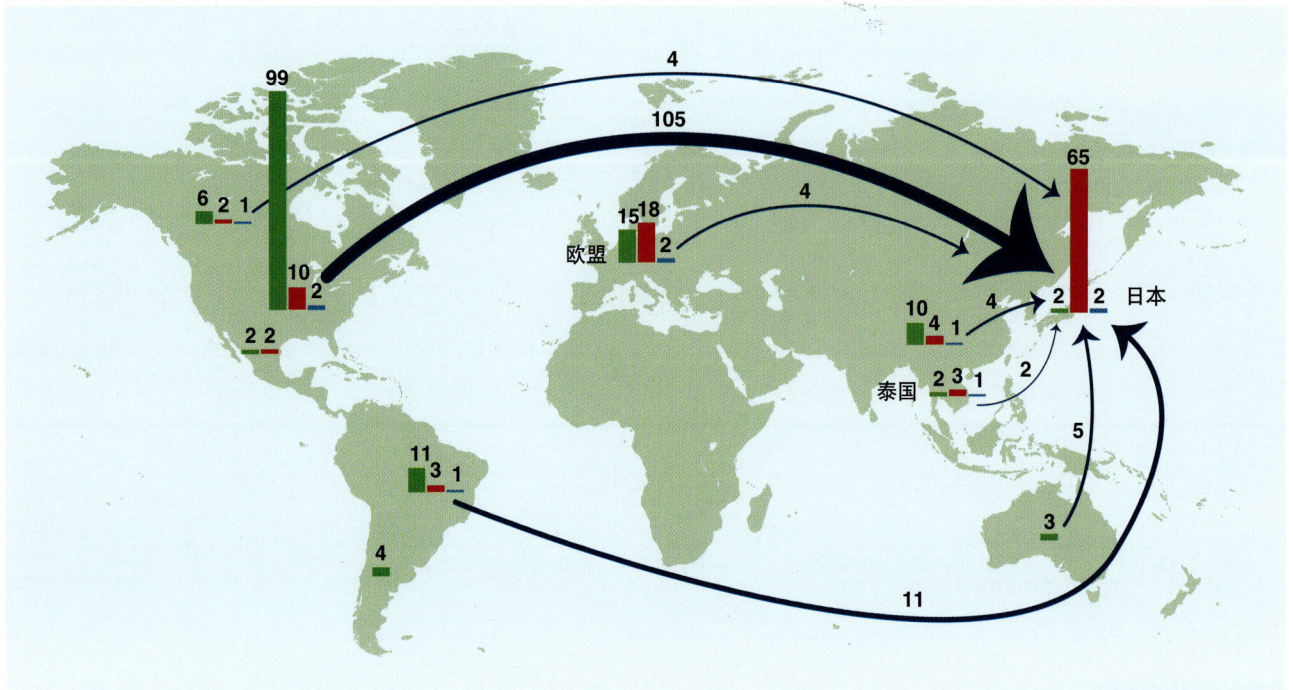

注：柱形表示生产国在生产的不同阶段中产生的氮。绿色表示饲养，红色表示活体动物生产，蓝色表示肉类加工。箭头表示运输产品中含氮量的
转化。数据为2000—2002年间的均值，单位为10³吨。
资料来源：Galloway等（2007，图2，p.625），经瑞典皇家科学院允许翻印。

（尤其是蓝水）都能产生更多的蛋白质已变得至关重要。在畜牧价值链的各个阶段应用以下措施将有助于我们实现上述目标。

• 生产：利用可优化土壤肥力的可持续促进粮食生产技术（通过整合可阻止土壤退化、减少营养物流失的有机和无机植物营养物来提高粮食生产力）来提高水资源生产力，开展雨水搜集和储备。

• 转化：采用更加清洁的、旨在减少耗水量、搜集和处理营养富集的废水处理技术，使用改进的存储设施。

• 消费：开展提高消费者意识活动，减少食物浪费。

• 循环利用：开展水、营养物和废物的循环利用（包括妥善、安全地重复利用处理过的废水的梯级开发系统），以实现价值链的循环。

创新技术手段只有在当地采取适应性政策、体制和机制的前提下方可实现，这些有助于提高土地生产力，落实水资源管理措施、资金投入以及持续开展科学研究与开发。

18.6 节水型粮食生产

有专家称，如果我们都像经合组织国家那样生活的话，将需要 3 个以上的"地球"才能满足人类的资源需求。这虽然有些夸张，但却告诫我们，如果我们希望在现在和将来为了所有人的利益可持续地利用资源，就决不能继续像现在这样消费。

我们需要对水资源进行管理，以促进供需平衡，以及在各部门和地区之间进行公平配置。这意味着需要降低目前的耗水量，建立合理和营养均衡的饮食结构。此外，需要提高粮食生产中的用水效率，以寻求更好的方式管理绿水和蓝水资源。

18.6.1 技术的作用

在高收入国家，科技一直是社会经济繁荣

的重要驱动力，这无疑在未来还将持续。粮食生产需要变得更加"绿色"且具有可持续性，这样才不会使气候变化和生态系统加剧退化。我们需要进行技术创新以提高粮食产量和作物耐旱力、优化用肥和用水技术、通过使用新农药和非化学方法保护农作物、减少收成损失、采取更加可持续的家禽和渔业生产方式。工业化国家已作好使用这些创新型技术的准备，但这些国家有义务使最不发达国家也有获得这些技术的机会。

18.6.2 人员和机构能力建设

最不发达国家的农业生产主要依赖小农户，其中大多数是妇女。与当地需求相适应的水技术将在应对粮食安全挑战中起到至关重要的作用。不过，在许多最不发达国家，妇女获取有形资产的途径有限，也缺乏相应的技能对其加以利用。因此，实施多用途水利项目可为这些妇女创造机会，增加她们在水分配和管理方面的影响力。

目前，大多数工业化国家拥有资金以及相应的基础设施、机构和能力来保证自身的水安全。但是，它们应考虑欠发达国家的利益，寻求更加可持续的用水方式。最不发达国家尽管不能照搬与工业化国家相同的战略，但仍需要寻找增加人均水资源量的途径。应当在两种互相对立的战略之间建立某种平衡。

为了有效利用可获取的水资源，必须在政策和管理方面实施重大变革。有必要采取新的机构设置，将水资源立法和监管职责纳入集中管理的同时，下放日常水资源管理权限，提高用水户的自主权和参与程度。为保障贫困和弱势群体，尤其是妇女有水喝，确保他们的水安全和拥有长期使用土地的权利，必须建立新的体制和机制。

18.6.3 关注价值链

整个农业价值链有很多需要改进的地方。首先应减少最不发达国家中粮食收获后的损失以及较高收入国家中的食物浪费，进而节约食

物中携带的水。从中期来看，可采取"气候适应型"耕作这种创新方式。从长期来看，可采取牲畜饲料和草料的"节能转化"。如果从文化的角度考虑，处理过的水无法用于某些其他用途时，则价值链各阶段使用的水可循环利用以满足环境流量的需要。

在高收入国家，可将关注重点放在导致淡水量减少的水污染治理上，这包括减少生产过程中的面源污染以及运输和消费过程中的点源污染。

18.6.4 创造性地管理风险

为应对干旱，我们需要投资建设"绿色"基础设施，改进水计量和监测，通过修建水库和利用自然蓄水条件（湿地和土壤）增加地表水和地下水储量。通过现有水管理技术和使其适应新的环境可获取最大效益。20世纪80年代兴起的"为管理而设计"运动，旨在确保设计基础设施时能充分考虑管理者的需求以及具体的管理模式，该方法仍适用于今天，而且对未来的水资源管理同样重要。

18.6.5 虚拟水贸易

虚拟水可能将会越来越重要，尤其是当缺水国家难以生产充足的粮食，而不得不从丰水国家进口粮食和嵌入到粮食中的水时。但是，有关粮食进出口与自给自足之间的政治难题将仍无法解决；当粮食安全受到威胁时，生产国或许并不希望出口粮食；为了满足自身的温饱需求，低收入和最不发达国家可能将继续过度开采水资源。

18.6.6 实施"节水型"生产

为了有效地利用可获得的水资源，我们需要采取"双轨"制：首先是通过提高水生产力实现需求管理（"让每一滴水生产更多的粮食"），其次是通过蓄水应对季节性和不可预测的降水变化以增加水资源获取途径实现供给管理。

对于大多数最不发达国家而言，最大的问

题在于如何对此加以实施，该问题至今悬而未决。即便已经具备了针对特定的地点和目标群体的合适方法，政府和水管理机构要想成功解决农业领域复杂且不断变化的水资源问题仍然面临着挑战，因为这涉及技术、环境、社会经济和制度等多种因素。在对水资源和农村贫困问题拥有一定的创新了解基础上，国际农业发展基金专门制定了一项特殊战略，将各种问题纳入综合考虑范畴的同时，强调寻求单一标准的解决方案。

农业水资源管理需要投入大量的资金，但有些国家目前设定的优先领域使我们对此产生了严重担忧。2010 年，全球仅有约 100 亿美元用于灌溉系统建设，鉴于水资源对于农业部门的至关重要性，这一数字的确低得出乎意料（相比之下，同年全球灌装水市场产量为 590 亿美元）（Wild 等，2010）。显然，全世界到了应该觉醒的时候，我们都应该认识到这样的事实，即农业是重要且无法回避的用水大户，必要的投入对于未来全球粮食安全和水安全至关重要。当水变得紧缺时，我们都有责任以更经济、更高效且高产的方式利用水资源。有效的农业水资源管理将对未来的水安全作出重大贡献。农业用水需要变得更加"节约化"，只有正确的指导和激励措施才会使目标得以实现。

注　释

1. 最不发达国家（LCDs）是指脆弱程度尤其低下，收入水平低下，基于营养、健康和教育的人类资产指数低下的国家（UNSD，2006）。最不发达国家的名单见表 18.2。
2. 国际能源署（IEA，2006）提出，考虑到技术进步非常迅猛，更高的数字可能为 262 亿吨而不是 120 亿吨石油当量。不过，国际能源署也表示，鉴于产量提升较慢，更加现实的评估将为 60 亿～120 亿吨。取一个比较中间的评估值 95 亿吨的话，全球 1/5 的农田将用于生物质生产。
3. 机会成本指以未被选择的最佳替代方案的价值来衡量其他活动的成本。
4. 我们在此并未尝试对"消费"一词进行更加严格的定义，因为食物直接被人食用可满足人们的营养需要。消费一词在这里是泛指，指从零售网点购买的食品，既包括吃掉的也包括浪费掉的食物。

参考文献

Allan, T. 2011. The water-food-trade nexus and global water resource security. *UK Irrigation*, No. 37, pp. 21–22.

Bellarby, J., Foereid, B., Hastings, A. and Smith, P. 2008. *Cool Farming: Climate Impacts of Agriculture and Mitigation Potential.* Campaigning for Sustainable Agriculture. Amsterdam, Greenpeace.

Bruinsma, J. 2009. *The Resource Outlook to 2050: By How Much do Land, Water and Crop Yields Need to Increase by 2050?* Prepared for the FAO Expert Meeting on 'How to Feed the World in 2050', 24-26 June 2009, Rome, FAO.

Comprehensive Assessment of Water Management in Agriculture. 2007. *Water for Food, Water for Life: A Comprehensive Assessment of Water Management in Agriculture.* London/Colombo, Earthscan/International Water Management Institute.

Conway, G. 1997. *The Doubly Green Revolution: Food for All in the Twenty-first Century.* New York, Cornell University Press.

DESA (Department of Economic and Social Affairs of the United Nations). 2009. *World Population Prospects: The 2008 Revision, Highlights.* Working Paper No. ESA/P/WP.210, New York, DESA Population Division.

European Commission. 2005. *Integrated Pollution Prevention and Control.* Reference document on best available techniques in the slaughterhouses and animal by-products industries.

FAO (Food and Agriculture Organization of the United Nations). 1981. *Food loss prevention in perishable crops. Agricultural Services Bulletin,* No. 43. Rome, FAO.

----. 2004. *Livestock Waste Management in East Asia.* Project preparation report. Rome, FAO.

----. 2006a. *World Agriculture: Towards 2030/2050 Interim Report.* FAO, Rome.

----. 2006b. *Livestock's Long Shadow: Environmental Issues and Options.* Steinfeld, H., Gerber, P., Wassenaar, T., Castel, V., Rosales, M. and de Haan, C. Rome, FAO and LEAD.

----. 2008a. *The State of Food and Agriculture (SOFA) 2008. Biofuels: Prospects, Risks and Opportunities.* Rome, FAO.

----. 2008b. Scoping agriculture-wetlands interactions: towards a sustainable multi-response strategy. *FAO Water Report,* No. 33. Rome, FAO.

----. 2009a. *The State of Food and Agriculture (SOFA) 2009: Livestock in the Balance.* Rome, FAO.

----. 2009b. *The State of Food Insecurity in the World (SOFI)*

2009: Economic Crises – Impacts and Lessons Learned. FAO, Rome.

----. 2010. *Farmers in a Changing Climate – Does Gender Matter? Food Security in Andhra Pradesh, India.* Y. Lambrou and S. Nelson. Rome, FAO. http://www.fao.org/docrep/013/i1721e/i1721e.pdf

----. 2011a. *The State of the World's Land and Water Resources for Food and Agriculture: Managing Systems at Risk.* Rome/London, Land and Water Division, FAO/Earthscan.

----. 2011b. *Climate Change, Water and Food Security. FAO Water Report,* No. 36. Rome, FAO.

----. 2011c. *AQUASTAT online database.* http://www.fao.org/nr/aquastat (Accessed May 2011.)

----. 2011d. *FAOSTAT online database.* http://faostat.fao.org/ (Accessed May 2011.)

----. 2011e. *The State of Food and Agriculture (SOFA) 2010–11. Women in Agriculture: Closing the Gender Gap for Development.* Rome, FAO.

Galloway, J. N., Burke, M., Bradford, G. E., Naylor, R., Falcon, W., Chapagain, A. K., Gaskell, J. C., McCullough, J., Mooney, H. A., Oleson, K. L. L., Steinfeld, H., Wassenaar, T. and Smil, V. 2007. International trade in meat: The tip of the porkchop. *AMBIO: A Journal of the Human Environment,* Vol. 36, No. 8., pp. 622–29.

GWP (Global Water Partnership). 2009. *GWP in Action 2009: Annual Report.* Stockholm, Sweden, GWP.

Hoekstra, A. Y. and Chapagain, A. K. 2008. *Globalization of Water: Sharing the Planet's Freshwater Resources.* Oxford, UK, Blackwell Publishing Pty Ltd.

Houghton, R. A. 2008. Carbon flux to the atmosphere from land-use changes: 1850–2005. *TRENDS: A Compendium of Data on Global Change.* Oak Ridge, Tenn., Carbon Dioxide Information Analysis Center, Oak Ridge National Laboratory, U.S. Department of Energy.

IEA (International Energy Agency). 2006. *World Energy Outlook 2006.* Paris, IEA.

----. 2007. *World Energy Outlook 2007.* Paris, IEA.

IFAD (International Fund for Agricultural Development). 2011. *Rural Poverty Report. New Realities, New Challenges: New Opportunities for Tomorrow's Generation.* Rome, IFAD.

Lobell, D. B., Burke, M. B., Tebaldi, C., Mastrandrea, M. D., Falcon, W. P., and Naylor R. L. 2008. Prioritizing climate change adaptation needs for food security in 2030. *Science,* Vol. 319, No. 5863, pp. 607–10.

Lundqvist, J. 2010. Producing more or Wasting Less. Bracing the food security challenge of unpredictable rainfall. L. Martínez-Cortina, G. Garrido and L. López-Gunn (eds), *Re-thinking Water and Food Security: Fourth Botín Foundation Water Workshop.* London, CRC Press, pp. 75–92.

Lundqvist, J., Fraiture, C. de, and Molden, D. 2008. *Saving Water: From Field to Fork – Curbing Losses and Wastage in the Food Chain.* SIWI Policy Brief. Stockholm, Stockholm International Water Institute.

MEA (Millennium Ecosystem Assessment). 2005a. *Ecosystems and Human Well-being: Synthesis.* Washington DC, World Resources Institute.

----. 2005b. *Ecosystems and Human Well-being: Wetlands and Water.* Washington DC, World Resources Institute.

Morrison, J., Morikawa, M., Murphy, M. and Shulte, P. 2009. *Water Scarcity and Climate Change: Growing Risks for Businesses and Investors.* Boston, Mass./Oakland, Calif., Ceres/Pacific Institute.

Rauch, T. 2009. *The New Rurality – Its Implications for a New Pro-poor Agricultural Water Strategy.* InnoWat. Rome, IFAD.

Scanlon, B. R., Jolly, I., Sophocleous, M. and Zhang, L. 2007. Global impacts of conversions from natural to agricultural ecosystems on water resources: Quantity versus quality. *Water Resources Research,* Vol. 43, W03437, doi:10.1029/2006WR005486

Siebert, S., Burke, J., Faures, J. M., Frenken, K., Hoogeveen, J., Döll, P., and Portmann, F. T. 2010. Groundwater use for irrigation - a global inventory. *Hydrology and Earth System Sciences,* Vol. 14, pp. 1863–80.

Smith, P., Martino, D., Cai, Z., Gwary, D., Janzen, H., Kumar, P., McCarl, B., Ogle, S., O'Mara, F., Rice, C., Scholes, B., Sirotenko, O., Howden, M., McAllister, T., Pan, G., Romanenkov, V., Schneider, U., Towprayoon, S., Wattenbach, M. and Smith, J. 2008. Greenhouse gas mitigation in agriculture. *Philosophical Transactions of the Royal Society B: Biological Sciences.* Vol. 363, No. 1492, pp. 789–813.

Smith, P., Martino, D., Cai, Z., Gwary, D., Janzen, H., Kumar, P., McCarl, B., Ogle, S., O'Mara, F., Rice, C., Scholes, B. and Sirotenko, O. 2007. Agriculture. B. Metz, O. R. Davidson, P. R. Bosch, R. Dave, L. A. Meyer (eds), *Climate Change 2007: Mitigation. Contribution of Working Group III to the Fourth Assessment Report of the Intergovernmental Panel on Climate Change,* Cambridge, UK, Cambridge University Press, pp. 499–540

UNEP (United Nations Environment Program). 2004. *Eco-efficiency for the Dairy Processing Industry.* Melbourne, Australia, UNEP Working Group for Cleaner Production in the Food Industry/Dairy Australia.

UNSD (United Nations Statistics Division). 2006. *Note on Definition of Regions for Statistical Analysis.* Prepared by UNSD on 30 August 2006 (SA/2006/15) for the eight session of the Committee for the Coordination of Statistical Activities, Montreal, 4–5 September 2006.

USDA (United States Department of Agriculture). 2008. *Farm and Ranch Irrigation Survey (2008).* 2007 Census of Agriculture. National Agricultural Statistics Service. Issued November 2009, Updated February 2010. Washington DC, USDA.

US-EPA (United States Environmental Protection Agency).

2006. *Global Anthropogenic non-CO$_2$ Greenhouse Gas Emissions: 1990–2020.* EPA 430-R-06-003. Washington DC, US-EPA.

Varghese, S. 2007. *Biofuels and Global Water Challenges.* IATP Reports. Minneapolis, Minn., Institute for Agriculture and Trade Policy.

Wichelns, D. 2010. *An Economic Analysis of the Virtual Water Concept in Relation to the Agri-food Sector.* Paris, Organization for Economic Cooperation and Development (OECD). doi:10.1787/9789264083578-8-en

Wild, D., Buffle, M. and Hafner-Cai, J. 2010. *Water: A Market of the Future.* SAM Study 2010. Switzerland, SAM Sustainable Asset Management.

World Bank. 2011. *Online database.* http://data.worldbank.org (Accessed May 2011.)

WWAP (World Water Assessment Programme). 2009. *The United Nations World Water Development Report 3: Water in a Changing World.* World Water Assessment Programme. Paris/London, UNESCO/Earthscan.

Zimmer, D. and Renault, D. 2003. Virtual water in food production and global trade. Review of methodological issues and preliminary results. A. Hoekstra (ed.), *Proceedings of the Expert Meeting on Virtual Water Trade.* Delft, The Netherlands, UNESCO-IHE. http://www.fao.org/nr/water/docs/VirtualWater_article_DZDR.pdf

第十九章

能源与水的全球纽带关系

联合国工业发展组织（UNIDO）

作者：迈克尔·韦伯

致谢：凯里·金、阿什琳·斯蒂尔维尔、凯利·托米为编写本章做出巨大贡献。
本章的协调人为伊戈尔·沃洛丁及卡罗林纳·冈萨雷斯·卡斯特罗。

能源与水相互关联：人们利用水生产能源，又利用能源获取水资源。

能源与水之间的关系面临压力，产生了跨部门影响（即水制约可以转化为能源制约，而能源制约又可转化为水制约）。

发展趋势表明，目前能源与水关系的紧张状态会进一步加剧：

- 受人口增长影响，能源与水的总需求将增长；
- 受经济增长影响，人均能源与水的需求将增长；
- 全球气候变化将对可用水资源量带来颠覆性影响；
- 在政策选择上，人们越来越倾向于高耗水能源和高耗能水资源。

决策者可制定有效的政策以改善能源与水的供应，同时又不对任何一种资源造成损害。

19.1 简介

能源和水既是珍贵的资源，也是现代文明的重要组成部分。它们是农业、工业及建筑行业的重要资源，同时也是满足人类粮食、住所、保健和教育需求的必要条件。

能源和水紧密相连，并且都承受着巨大压力。因此，二者之间的关系一直是科学界、大众媒体及政府机构关注的议题。这种关系以多种方式对社会产生影响。比如，水产生电力，还可用于燃料开采，并在灌溉生产乙醇等生物燃料的能源作物方面发挥日益重要的作用。火电是最大的冷却水使用部门之一。同样，水行业利用电力进行水资源的输送、提取、处理和加热。除了这种关系之外，全球预期人口增长率较高和经济发展较快的国家通常位于水资源短缺地区。将这些趋势与灌溉量增加的预测相结合，可以推断某些地区将通过海水淡化或废水处理来满足快速增长的水需求，而这两种方法都将消耗巨大的能源。

尽管能源和水意义重大，且二者之间关系紧密，但两种资源的资金投入、政策制定和监管仍由政府的不同部门执行。因此，难以开展全面的能源-水政策制定。能源规划中往往假设水资源能够满足其需求，而水资源规划中也常假设能源能够满足其需求。但如果其中一项假设不成立，结果则将是戏剧性的。利用科学和工程专业知识来解决这个未解难题方可避免这种情形的出现。

19.1.1 能源与水相互关联

能源和水相互关联：人们利用水生产能源，又利用能源获取水资源。图 19.1 显示了其中的相关性。比如，水是水力发电的直接资源。2007 年，水电占全球总发电量的 15%（约占总能耗的 2%）（IEA，2009）。水还可通过冷

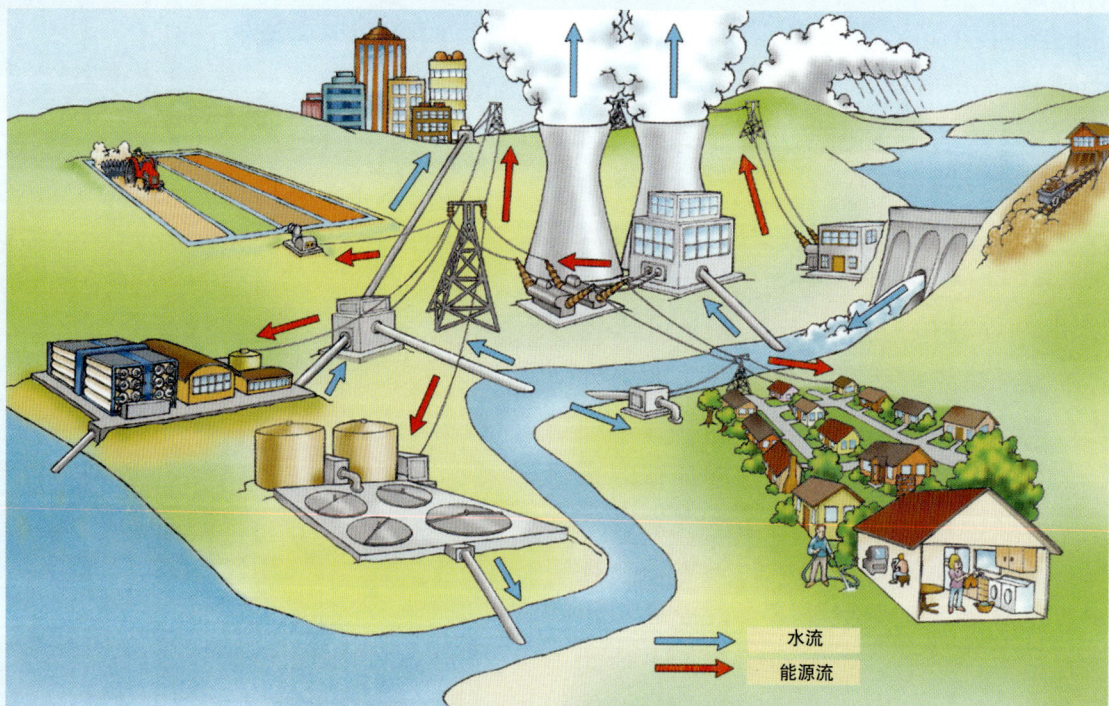

图 19.1

能源与水的关系

注：能源流以红色箭头表示，水流以蓝色箭头表示。如居住区中所示，电力和水资源均有不同用途。
资料来源：美国电力研究院提供（2006年美国电力研究院为美国能源部向国会递交报告而编制）。

却热电厂（利用热能实现发电）来间接参与发电，其提供的电量占全球总发电量的75%（超过16万亿千瓦·时）（IEA，2009）。虽然农业是全球最大的用水行业，但由于发电厂的冷却用水需求巨大，火电成为美国（取水量）最大的用水行业。美国电力部门的取水量占总取水量的一半（包括海水在内，每天约为8 000亿升），甚至超过了农业部门（Hutson等，2004）。中低收入国家发电厂的用水量较少，农业部门的用水量较多；而高收入国家则正好相反（WWAP，2003）。此外，水还广泛用于采掘行业为电力及运输部门生产燃料（煤、天然气、铀等）。

水资源利用的一项重要特征就是取水量与耗水量之间存在一定的差异。不同国家使用的术语并不一致。King等（2011）将取水量定义为从水源地抽取的水量，这些水没有流失，但却无法在排放前分配给其他使用者。耗水量指通过蒸发、输送或其他方式流失，无法以液体形态返回到其初始源头的水量。由于耗水量是取水量的一部分，从定义上看应少于或等于取水量（King等，2011）。

发电厂用过的水大部分可返回到水源地（通常为河流或冷却池），但是温度和质量却与先前大不相同。尽管回水量很大，发电厂仍要为小部分水资源污染承担责任。美国[1]整个国家火电行业平均每生产1千瓦·时电量的取水量超过80升，而耗水量则为2升（Webber，2007）。水电站在发电过程中消耗大量的水资源，主要原因是建成水库后水面比原来的河流有所扩大，使河流水域的蒸发速度加快（Torcellini等，2003）。特别是蒸发量的增加很大程度上取决于地理位置，美国西南部沙漠地区的水电站水库蒸发量损失更严重，而气候凉爽地区的水库蒸发量损失则可忽略不计。此外，由于水库具有蓄水、防洪、航运和娱乐等多项功能，是否所有的蒸发均应归咎于发电尚不明确。

火电厂的取水量和耗水量受发电厂所使用的燃料类型和电力循环方式（如：蒸汽循环中

的化石燃料或核燃料，以及联合循环中的天然气），以及冷却方法的影响。基本冷却方法有3种：开式循环冷却法、闭式循环冷却法及空气冷却法（见图19.2）。发电厂的取水量和耗水量典型值参见表19.1，包括按燃料及冷却类型的分类数据。

图 19.2

发电厂往往采用3种冷却方式：开式循环（上图）、闭式循环（中图）和空气冷却（下图）

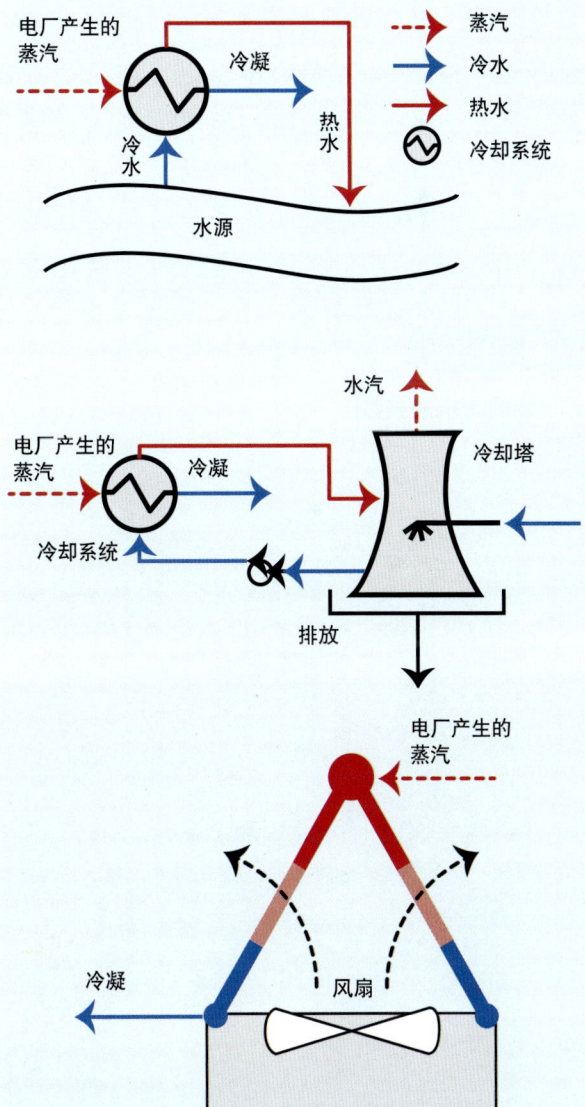

资料来源：Stillwell（2010），源自CEC（2002）。

开式循环或直流冷却过程抽取了大量的地表水（淡水或盐水），一次使用后可将几乎全部

表 19.1

用水量（取水量和／或耗水量）因燃料、动力循环（联合式和开式循环）
和冷却方式（开式循环、闭式循环和空气冷却）的不同存在差异

	闭式循环（冷却塔）		开式循环	
	取水量 [升／（千瓦·时）]	耗水量 [升／（千瓦·时）]	取水量 [升／（千瓦·时）]	耗水量 [升／（千瓦·时）]
核能	3.8	2.6	160.9	1.5
太阳能热发电	3.0	3.0	—	—
煤	1.9	1.9	132.5	1.1
天然气（联合循环）	0.9	0.7	52.2	0.4
天然气（燃气轮机）	可忽略不计	可忽略不计	可忽略不计	可忽略不计
太阳能光伏	可忽略不计	可忽略不计	可忽略不计	可忽略不计
风能	可忽略不计	可忽略不计	可忽略不计	可忽略不计

资料来源：根据Stillwell（2010c）改编。

的水退回，几乎没有因蒸发造成的耗水量（Stillwell 等，2011）。虽然开式循环冷却比较节能，而且设施及运行成本也很低，但排放后的水比周边的水温度高，可引起热污染，会导致鱼类死亡并损害淡水生态系统。因此，环保机构在考虑水体散热能力的基础上，对排放温度进行了规定。闭式循环冷却过程的取水量较少，因为冷却塔或蒸发池可对水进行再循环。但由于冷却主要通过蒸发来实现，闭式冷却会增加耗水量（见表 19.1）。其替代方案——空气冷却法则不需要水，类似于汽车的散热原理，利用风扇散热器进行冷却。然而，发电厂的空气冷却效率较低，前期资金投入较高，而且需要大量的不动产，因此这种方案只有在水资源匮乏的情况下才具备可行性。

尽管返回了大量取水，发电厂仍需要大量的水在适当温度下进行冷却，这使其陷入严重的困境。如果发生严重干旱或出现炎热天气，造成其可用水量减少，或由于热交换受到抑制或限制热污染的规定对冷却效果构成影响，在这种情况下，发电厂消耗很少的水就会变得不重要，它的水需求反而成了首要的事。

煤炭、天然气、原油、铀及生物燃料的生产过程也需要大量的水。煤炭、天然气及铀燃料生产过程的需水量尽管不可忽视，但远远低于发电厂的需水量，相比之下可以忽略不计。但比较而言，煤炭、天然气及石油生产输送过程的需水量就要高得多（由于运输工具无需水量）。后文将重点对此进行讨论。

各种类型的能源均在其生命周期的某些阶段需要水，如生产、转化、分配及利用。各项燃料及技术的需水量略有不同。

原油

原油是全球第一大初级能源，其生产过程需要利用水进行钻探、抽取、精炼和处理。原油的平均用水量约为每吉焦 1.058 立方米（Gerbens-Leenes 等，2008）。到 2035 年，预计北美及中南美的非传统原油生产将会增加，其耗水量是传统原油生产过程的 2.5～4 倍（WEC，2010）。

煤

煤是全球第二大初级能源，预计到 2035 年，其使用量还会增加。联合国教科文组织国际水教育学院（Gerbens-Leenes 等，2008）估算煤的各种生产工序用水量约为每吉焦 0.164

立方米，而且地下开采作业的煤炭用水量要大于露天开采（Gleick，1994）。

天然气

到 2035 年，预计天然气的产量将出现大幅增加。传统气源的钻探、抽取及输送的需水量较低，估计约为每吉焦 0.109 立方米（Gerbens-Leenes 等，2008）。不过，亚洲、澳大利亚及北美的页岩气产量预计将会增加（太平洋能源峰会，2011）。由于页岩气的提取方法为水力压裂法，需要为每个钻井注入几百升水，因此其水使用强度将会有所增加。

铀

到 2035 年，预计铀在全球能耗中所占的比例将从 6% 上升到 9%（WEC，2010）。联合国教科文组织国际水教育学院估计铀矿开采及加工的平均需水量为每吉焦 0.086 立方米（Gerbens-Leenes 等，2008）。

生物质与生物燃料

在许多非经合组织成员国，包括木材、农业燃料、废弃物及城市副产品在内的生物质是重要的取火及加热能源（WEC，2010）。此外，在经合组织成员国，生物燃料也日益取代了商用化石燃料，然而这一趋势却引起了人们对作物需水量问题的担忧。生物燃料的水使用强度取决于在哪里和采取何种方式生产，以及它们是第一代还是第二代作物（Gerbens-Leenes 等，2008；WEF，2009）。由于生产过程形式多样，我们无法根据生物燃料的产量推算水消耗的数值甚至是有代表性的数值范围。

正如大量的水用于能源生产，富裕国家同样需要大量的能源来生产水，如用电来加热、处理和输送水，有时为长距离调水（CEC，2005；Cohen 等，2004；Stillwell 等，2010a）。多数水系统都分为收集、处理、输送、分配、供应准备、再处理及排放等阶段（Twomey 和 Webber，2011）。水的能源使用强度受水源质量、与水处理设施及使用终端的距离、预期使用终端和卫生条件以及废水处理厂输送和处理能力的影响。为达到安全饮用的标准，水处理需要消耗大量的能源，包括提水、处理、向终端用户输送，以及终端用户根据个人的需要对水进行加热、冰镇或加压等。工业化程度较高的国家通常将使用过的水收集起来，在废水处理厂进行处理，水质达到一定的标准后排到水库。一部分水被回收再利用，即对水处理后达到可使用标准，用作非饮用水（如农业和绿地灌溉、地下水回灌、工业冷却/处理、洁厕）。工业设施、发电机及灌溉设施等自供水设施通常不要求达到饮用水标准，但这些设备需要大量的能源进行处理，如加热、冷却及加压等。对于地球上 10 多亿尚未用上清洁饮用水和卫生设施的人来说，拥有充足能源，特别是电力，是他们获得这些服务的重要前提条件。

由于水源的不同，水在生产、处理及输送过程所需的能源会有所不同（表 19.2 为美国的典型数据）。地表水（如湖泊及河流）处理过程中使用的能源最少。但长距离输送 100 万升的水需要消耗 0（重力传输）至 3 600 千瓦·时的电能（CEC，2005；Cohen，2004）。抽取地下水（如含水层）到地表进行处理及输送则需要更多的能源。比如，除了水处理所需的能源，从 40 米的深处抽取 100 万升的水仅抽水就需要消耗 140 千瓦·时的电能，而从 120 米的深处抽取 100 万升的水则要消耗约 500 千瓦·时的电能（EPRI，2002；USDOE，2006；Stillwell 等，2011）。

随着淡水供应逐渐紧张，地下微咸水及海水等曾被认为是不可利用的水源也开始派上用场（Stillwell 等，2010b）。虽然利用这些水资源有助于缓解饮用水供应的压力，但地下微咸水及海水的处理过程需要使用先进的过滤技术（如反渗透膜）、特种材料以及高压脱盐泵。处理 100 万升微咸水或海水总体上需要消耗高达 4 400 千瓦·时的电能（EPRI，2002），是标准的水处理技术消耗能源的 10～12 倍。理论上讲，利用反渗透膜进行脱盐处理的最低能源需求为每 100 万升消耗 680 千瓦·时的电能（Shannon 等，2008）。

废水处理也需要大量的能源（WEF，1997）。

表 19.2

水与废水处理和输送的能源消耗

	来源/处理类型	能源消耗（千瓦·时/百万升）
水	地表水	60
	地下水	160
	微咸地下水	1 000~2 600
	海水	2 600~4 400
废水	滴滤池	250
	活性污泥	340
	无氮化作用的先进处理	400
	借助氮化作用的先进处理	500

注：美国生产水所使用能源的平均数（不包括配送过程中使用的能源）。
资料来源：CEC（2005）；EPRI（2002）；Stillwell等（2010b，2011）；Stillwell（2010c）。

高收入国家的排放规定较为严格，所采用处理技术的能源使用强度也较大。滴滤处理是一种合理的无源系统，使用生物活性基质进行需氧处理，处理100万升的废水平均消耗超过250千瓦·时的电能（EPRI，2002；Stillwell等，2011）。活性污泥处理法中的扩散曝气是一种能源使用强度较大的废水处理形式，其风机及气体转移设备处理100万升的废水需要消耗超过340千瓦·时的电能（EPRI，2002；Stillwell等，2011）。先进的废水处理技术将采用过滤及硝化方案，处理100万升的废水消耗400～500千瓦·时的电能（EPRI，2002；Stillwell等，2011）。事实上，较为先进的污泥处理及加工技术的耗能占废水处理厂能源使用量的30％～80％（密歇根大学可持续体系中心，2008）。通过厌氧消化进行废水污泥处理可通过生成富含甲烷的生物气产生能源。生物气是一种可再生燃料，可满足水处理厂高达50％的电力需求（Stillwell等，2010b；Seiger等，2005）。

由于各地区在抽水要求、水源质量、目前使用的处理技术（可有可无）以及废水收集（可有可无）方面差异较大，因此，很难对全球范围的水体系能源投入作出评价。就拥有这方面数据的美国而言，其水系统的能耗约占全国总量的10％以上（见图19.3）（Twomey和Webber，2011）。这些数字均为高收入国家的典型数据。中低收入国家极少拥有大型水系统，能源需求相对较低。

19.1.2　全球能源与水关系的紧张程度

能源与水相互制约的关系以及两者所面临的压力均致使地方政府很难作出抉择。比如，水库水位较低的情况下，水电站不得不停止发电。尽管水电很受人欢迎，但在发生干旱时，就需要将水用于满足其他需求（如饮用或灌溉）。例如，美国科罗拉多河沿岸的米德湖和鲍威尔湖长期服务于水力发电及市政供水，如果这种用水模式不改变，到2021年，这些湖泊将有50％的可能性变成干涸之地（Spotts，2008）。同样，乌拉圭的城市也必须在将水库的水用于饮用还是发电之间作出抉择（Proteger，2008）。

这个问题不仅存在于水电站。火电厂同样需要大量的水，在遭遇干旱或热浪侵袭的情况下发电量也会减少。2003年，热浪的袭击致使法国发电量减少，因为环境因素对排放温度设置了限制（Poumadère等，2005；Lagadec，2004）。极度高温和干旱造成约15 000人死亡，同时河水温度过高，不能对发电厂进行有效冷却。许多核电站不得不低负荷运行，并且政府开始实施环境豁免措施，取消了之前设定的对发电厂冷却水排放温度的限制（Poumadère等，

图 19.3

美国公共给水系统的能源流

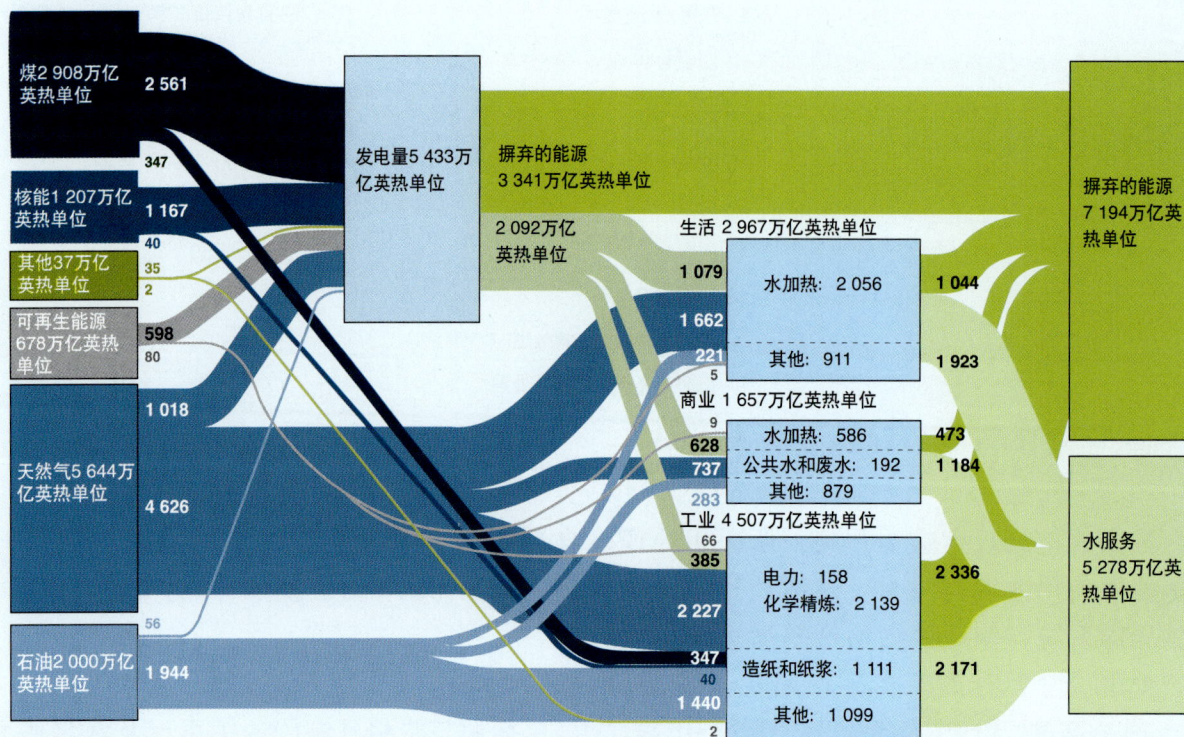

注：为满足多种需求（右），燃料（左）被直接或间接用于发电。能源流的厚度与消耗的能源量成正比。约有60％的能源消耗总量以废热的形式损失掉。这里仅包括了与传输、处理、配送和加热相关的能源消耗（商业和生活领域）以及美国公共给水系统中的公共给水和废水处理。农业和工业等自给部门未纳入在内。

资料来源：美国得克萨斯大学奥斯汀分校K. M. Twomey和 M. E. Webber提供。

2005；Lagadec，2004）。同时，河流水位降低造成水电站发电能力减少 20％（Hightower 和 Pierce，2008）。在高温造成的空调电力需求达到高峰时，电力供应可能会出现消减。遭受干旱的国家也面临同样的境地。核电站需要大量的冷却水，但必须为市政饮用水等其他优先需求作出让步，不少核电站不得不在某些时段停止运行。

水在制约能源的同时，也受到能源短缺的制约。例如，水厂和废水处理厂断电期间（由于暴风雨或有意而为）将导致水系统由于缺电处于中断的危险。对于某些国家而言，协调两者之间的关系已经成为战略性问题。沙特阿拉伯利用大量自身拥有的珍贵资源（原油及天然气）来换取本国没有的资源（如淡水）。于是，沙特阿拉伯面临着一项抉择：是将其能源资源以高价出售，还是换取足够的淡水来保证市政需求（EIA，2007；IEA，2005）？

19.2 能源与水之间日趋紧张的关系

发展趋势表明，下列因素将进一步加剧能源与水关系的紧张程度：

• 受人口增长驱动，能源与水需求将增长；

• 受经济增长驱动，人均能源与水需求将增长；

• 全球气候变化将对可获得水量带来颠覆性影响；

• 在政策选择上，人们越来越倾向于选择高耗水型能源和高耗能型用水。

19.2.1 能源与水的总需求上升

尽管全球的燃料构成多种多样，但化石燃料（石油、煤及天然气）满足了全球80%以上的主要能源需求。2008年，包括木材和粪肥等传统生物质在内的总能耗约为$5×10^{20}$焦耳。大多数预测均显示能源需求将进一步增长，这主要受人口及经济增长的双重驱动。国际能源署根据中间情境（新政策方案）作出的预测显示，全球主要能源需求将在2008—2035年期间增长36%，即平均每年增长1.2%（IEA，2010）。2008年，非经合组织成员国的能耗约占56%（IEA，2010），并有可能占能源需求增长总量的93%，其中中国将占到36%。在2008—2035年间，化石燃料将占到增幅的50%，估计全球电力需求将在2007—2030年期间提高76%（IEA，2009），这说明需水量还会出现大幅增长。

联合国对全球人口作出的几种预测（以低速、中速和高速为变量）均显示，人口增长将持续到2050年，届时才会出现人口下降（UN，2005；UN，2006）。在进行预测时，国际能源署假定全球人口每年将增加1%，从2004年的64亿人增长到2030年的81亿人，并且同期的经济增长速度平均每年将达到3.4%（IEA，2009）。国际能源署认为，这种趋势将促使2004—2030年期间的全球初级能源需求增长70%，尽管各国会给予生物燃料等可再生资源一些优惠政策，但基本燃料结构不会出现重大改变。另外，人口增长也将带动全球需水量的增长（Oki和Kanae，2006）。

19.2.2 人均能源与水需求量增长

随着世界人口增长，为满足人们的生存及生活需要，全球能源与水的需求量也在增长。此外，人均能源与水需求量不断上升。在发达国家努力寻求节约能源和水的同时，发展中国家却在迅速地积累财富，热衷于获得更便捷的运输、更舒适的生活、富含肉类的饮食以及更加富足的经济。考虑到上述因素，我们将发

现：发展中国家的液体燃料、电力和水需求（为工业加工、获得高蛋白饮食和舒适度）将迅速增长。结果是，能源需求及需水量的增长速度正在超越人口增长的速度。对于已经面临资源压力的国家来说，需求的快速增长可能带来难以估量的影响。

尽管估计2004—2030年间人口增长速度为19%～37%（UN，2005；UN，2006），国际能源署预计能源需求量会有极大的增长，增幅约为70%（IEA，2009），这相当于全球每年人均能源使用量从1.7吨增长到2.1吨油当量。据预测，半数的需求增长来自电力（IEA，2009），这表明电力作为一种可负担的能源类型成为人们的首选。由于电力行业使用水的强度较大，对电力的需求会转换成更多的取水需求。国际能源署也作了一个替代性政策情境预测，得出的能源需求低于能源增长的最小参考预测值。即使是这项预测也表明，绝对和人均能源需求量都将在2004—2030年期间出现增长（IEA，2009）。根据预测，在近几十年能源使用强度较高的制造业出现萎缩的情况下，美国的人均能源使用量仍会有所增长。

人均能耗增加的驱动因素之一是随着收入的增加，居民需要更好的居住环境（Dasgupta等，2002）。废水处理就是一个很好的例子。先进的废水处理技术所需要的能源要高于标准的废水处理技术，一个国家在收入不断增长的同时，提高水处理标准会导致废水处理单位能源需求的提高（Applebaum，2000）。如果我们提高能源的使用效率，就可抵消为达到更加严格的水处理标准所增加的能源需求量，这将使水处理厂的用电量增幅得到一定的控制。环境标准越严格，人均废水处理的能耗就越高，这种情境将会在富裕起来的国家里循环往复地出现；换言之，国家越富裕，其能源需求量越大。

19.2.3 全球气候变化加剧跨部门能源与水关系的紧张程度

水行业恐怕是受气候变化影响最严重的部

门，并将成为温度变化的主导性指标。虽然影响仍难以预测，但是高温会导致一系列后果，如降雪转化为降雨、融雪季节提前（因此影响春季径流量）、降水间隔期及强度加大、水质影响及洪水干旱风险增大等（Oki 和 Kanae，2006；Gleick，2000a）。此外，海平面上升导致海水对沿海地区的地下含水层造成污染，从而对全球近半数的人口造成影响（Oki 和 Kanae，2006）。这些问题可以通过加大能耗挖掘更深层的水、向更远的距离调配、对水进行达标处理或延长储存时间解决。根据未来数十年的能源结构特点，这些耗能将释放温室气体、使水文循环加剧，并且，问题将以正叠加的形式不断加剧（见图 19.4）。

图 19.4

能源−气候−水循环构成的挑战

资料来源：图像根据美国劳伦斯·利弗莫尔国家实验室 J. Long 的建议制作。

19.3 高耗能型用水和高耗水型能源的政策选择

除了上述 3 种趋势之外，目前的政策制定越来越倾向于支持高耗水型能源或高耗能型用水。

19.3.1 高耗能型用水增加

由于水源地变得越来越偏僻且水质较差，

许多高收入国家趋向于高耗能型水资源的开发，这就要求使用更多的能源使其满足水质标准并输送到位。

由于环境问题日益受到关注，水处理标准也日趋严格，因此水在变得越来越洁净的同时，人们为每升水投入的能源使用量也在增加。水处理单位耗电量的复合增长率为每年 0.8%，预计将来发生增长停滞的可能性较小（Applebaum，2000）。同时，许多工业化国家的水处理与废水处理设施日趋老化，致使单位用电量增长。尽管陈旧的设备已经被高效率的新设备所替换，并且新建的水处理厂拥有更大的经济规模可使单位能耗减少，但仍无法抵消高标准水处理所增加的能源需求（Applebaum，2000）。

各国越来越倾向于将淡水从源头引到遥远的人口密集的城市地区，开挖的地下蓄水设施越来越深或通过长距离调水（Stillwell 等，2010b）。中国正在实施的南水北调工程，其规模超过了美国加利福尼亚调水工程，将从中国南方由 3 条线路向干旱的北方送水（Stone 和 Jia，2006）。在这 3 条调水线路中，其中有两条超过了 1 000 千米（Stone 和 Jia，2006），政府投入大量资金用于输水所需的能源。同样，得克萨斯州的私人投资者们也提出了一个项目，计划从世界上最大的含水层之一奥加拉拉（Ogallala）含水层抽取地下水，工程将覆盖数百千米，跨越整个得克萨斯州将水输送到达拉斯−沃斯堡都会区（Berfield，2008）。

1961 年 4 月 12 日，时任美国总统肯尼迪说："如果我们能够以低成本的方式从盐水中有效净化出淡水资源，那将为全人类带来长期效益，任何科学成果都无法与之比拟"（Gleick，2000b）。几个月后，他签署了一项法案，使美国开始了在咸水淡化研究领域寻求突破（Kennedy，1961）。自那时起，全球范围内掀起了一股历时几十年的咸水淡化研究热潮（Gleick，2006）。鉴于上述原因，这一趋势似乎不会很快结束。自古以来，中东等能源较充足但水资源短缺的地区一直在从事与咸水淡化

相关的活动，其他地区的城市（如伦敦、圣地亚哥、厄尔巴索）也正在考虑修建海水淡化厂，以便对附近的咸水层或海岸地区的海水进行淡化。海水淡化技术快速的市场占有速度与新型膜技术的产生有很大的关系（NAS，2008）。可尽管反渗透膜技术的能源使用强度要低于热法脱盐，它们的能源需求仍大于传统的地表水生产淡水过程。

19.3.2　高耗水型能源需求增加

由于经济、安全及环境等各种原因，包括高收入国家对于提升国内能源生产比例以及能源系统去碳化的愿望，人们更倾向于优先选择高耗水型能源。比如，核能发电虽然依靠自身反应，但其水密集程度却仍高于其他发电类型。碳捕捉及固存是燃煤脱碳及其他洗涤技术的一种选择，其水资源使用强度同样要高于无洗涤设备的燃煤发电。由于环境控制主要关注碳及其他污染物，发电厂在烟气管理方面的用水量可能会增加。

倾向于采用用水强度较高的能源与非常规化石燃料（油页岩、煤制油、天然气制油、沥青砂）、电力、氢气及生物燃料等运输燃料的关联尤为密切，均需要大量的水来生产汽油，主要取决于其生产方式。我们在推广可再生电力时不要忘记需水较少的太阳能光伏及风能；因此，从水资源的角度来看，未来也许会有更好的选择。

几乎所有非常规化石燃料的用水强度都高于常规化石燃料（见图19.5）。虽然可能需要几升水资源来生产1升汽油（包括生产及炼油过程），但生产非常规化石燃料所需的水资源却要高出2～5倍。插电式混合动力车或电力交通工具有很大的吸引力，因为它们使用的是清洁电力，并且处理烟囱排放远比处理尾气排放容易。可是，由于多数发电厂需使用大量的冷却水，如果电力来自于火电占较大比例的常规电网，则行驶1千米所需电力的用水强度相当于使用汽油用水强度的2倍；而如果电力来自于风能或其他无水能源，则电力的耗水量要低

于汽油的耗水量。尽管非常规化石燃料及电力的水使用强度可能要比传统的汽油高出2～5倍之多，但生物燃料的水使用强度更高。利用不断增长的生物燃料生产1升的燃料大约会消耗1 000升的水（King和Webber，2008）。所需的水有时来自于天然降雨；但由于生物燃料所占的比例不断增长，将来所需的水将要依靠灌溉解决。

考虑到持续增高的能源价格以及对气候变化及能源安全的关注，政府开始重视化石燃料问题。各国都在寻找国内可开发的（用以解决某些国内安全问题）、数量充足的（用以解决资源损耗的问题），以及碳密度较低的（用以解决气候变化问题）能源解决方案。鉴于巨大的石油进口量以及该行业是碳排放的罪魁祸首，现已被各国政府、科研部门及企业列入改造目标的最终名单。

有些能源方案利用了非常规的化石燃料（包括压缩天然气、煤制油、沥青砂及油页岩）、氢气、生物燃料及电力。虽然这些能源都具有使用价值，但其水使用强度比传统的石油类汽油及柴油要大很多（King和Webber，2008），其中生产油页岩及沥青砂的水使用强度相当大。例如，现场油页岩生产需要消耗大量的电力来加热地下沥青，同时，电力也需要水进行冷却。沥青砂的生产过程需要注入蒸汽，以降低沥青的黏度。虽然煤生产过程的水使用强度不大，利用费托合成法从煤中提炼液体燃料的过程却需要水作为原料。如果利用电解作用生产氢气，则水的使用强度也很大（Webber，2007）。

如果利用非灌溉性生物质资源或转化的化石燃料生产氢气，其水使用强度与传统的汽油生产相同，尤其是生物氢气尚未达到一定规模并不经济。

由于生物燃料易于获取，并在光合作用过程中消耗二氧化碳，因此生物燃料的使用变得更普及，且有可能替代化石燃料。生物燃料所面临的真正挑战除了高耗水之外（King和Webber，2008），还包括对水质产生重大影响

图 19.5

运输的耗水强度

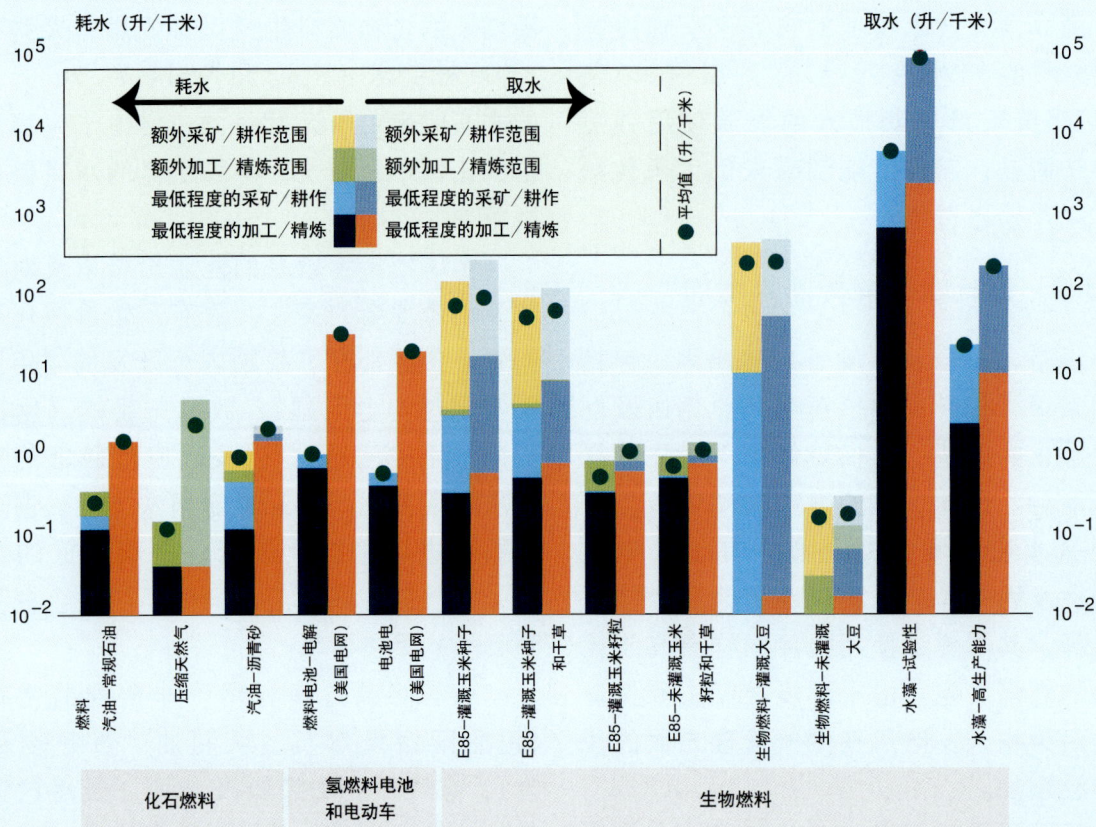

注：使用不同燃料使驶行1千米所折合的用水强度相差迥异，这些燃料包括了从灌溉生物燃料（上端，每千米取水和耗水超过100升）到风电或太阳能发电（下端，每千米大约需0升）的各种形式。耗水量（左侧纵轴读数）和取水量（右侧纵轴读数）（单位为升/千米）表示轻型车辆使用各种燃料的不同数值。采矿和耕作耗水量与加工和精炼耗水量的表示有所差别。如果存在价值范围（比如不同国家的不同灌溉量），那么用"额外范围"来表示最小值。否则，标出的价值被视为平均值。

资料来源：Beal（2011，图5-2，p.273）。

（Twomey 等，2010）。近期的研究表明，利用灌溉生产的生物燃料所驱动的轻型车，每行进1千米需要消耗超过 100 升水（King 和 Webber，2008；NAS，2007），是传统汽油耗水量的 1 000 多倍。如果国家计划加大生物燃料的生产规模，那么水将成为一个关键的制约因素。

结论与建议

水与能源之间的纽带关系对于各国都至关重要，这种关系以各种形式相互制约并相互构成压力，这种压力将随着全球需求增长速度超过人口增长速度和气候变化的影响而加剧。虽然我们面临很多能源与水纽带关系引发的棘手问题，但通过应用新技术、引入水资源再利用等新概念，为水定价的新经济政策以及增强保护水与能源意识等措施，我们仍有机会阻止局面进一步恶化。尽管由于各种原因世界的水状况不容乐观，但我们可利用许多方法和手段解决这些问题，特别是利用必要的政策保障。

由于许多河流、集水区、流域及含水层跨越多个地区和／或国家，因此，各国和国际社会应共同解决能源与水问题。遗憾的是有关政策在能源与水关系的问题上仍存在不足。例如，涉及能源与水的政策往往分别制定。此外，水量数据也很分散、准确性低且缺乏一致性。由于各国发电厂的水量数据库在不同的联邦／州或省之间使用的单位、格式或定义不一致，因此出现过很多错误。例如，用水量、取水量及耗水量的定义就一直很模糊。

尽管政策领域存在诸多缺陷，我们仍有很多机会处理能源与水的关系。例如，使水保护政策与能源保护政策同步进行。换言之，促进水资源保护的政策也有助于保护能源；同时促进能源保护的政策也有助于保护水资源。有关能源与水关系的政策行动如下：

• 收集、维护并有效利用准确、全面、最新的水资源。没有水资源储量、流量及使用量的完整数据，就难以对现状进行分析及评价并在政策制定中作出响应；而这仍是开展有效行动的最主要障碍。

• 加大水相关研究及开发的投资力度，以配合近期较多开展的能源研发活动。研发投资对于国内及国际机构而言都是极好的政策选择，因为地方政府及工业部门通常缺乏科研资金，导致水行业的研发经费远远低于制药、科技或能源等部门。研发的课题可包括低能耗水处理、脱盐和海水淡化技术、水利基础设施的远程检测以及发电厂空气冷却系统等。此外，生物燃料研发应偏重于无需淡水灌溉的纤维素源或藻类等原料。

• 地区水资源开发计划要考虑日益增加的电力需求；同时，地方能源计划也要考虑日益增长的水需求。例如，生物燃料或电力升级成为替代燃料将会带来不同的地区性影响。生物燃料将对农村地区及农业地区的水资源使用情况产生影响，而电动车将对主要人口中心附近的发电厂的水使用情况产生影响。

• 鼓励对燃料进行资源替换，以便在水资源、排放及安全方面获利。天然气、风能及太阳能光伏等燃料源用水需求较少，并能减少污染物及碳排放。

• 鼓励在灌溉及冷却过程使用再生水资源。发电厂、工业部门及农业部门使用再生水可节约大量能源及成本，尽管资金、监管及许可方面的阻力制约了再生水资源的使用。再生水利用还能够降低淡水需求。例如，再生水（如中水等）可用于发电厂冷却、其他工业用途或农业灌溉。这方面早有先例，"目前，日本工业部门约 80％ 的用水均为回收再生水"（Oki 和 Kanae，2006，p.1071）。尽管多数城市不愿意将中水用作饮用水，但这仍将是一个可行的途径且已开始用于实际。例如，在水资源紧缺的新加坡或国际空间站都有使用，而且无不良反映。因此，建议缺水城市应尽快增加再生水的使用。

• 鼓励电厂使用干式或干湿混合式冷却法。并非所有的电厂都需要湿式冷却。应寻找将电厂冷却设备升级和减少用水的替代方案，用节约出来的水补充公共供水或河流内部流量的需求。

• 制定严格的建筑规范标准以提高用水效率：修订低流量装置、水加热效率、为再生水铺设的紫色管道以及雨水存储器等的标准，以减少用水及能耗。

• 加大资源保护的投入。水资源保护是一种经济有效的能源节约手段，反过来，能源保护也是经济有效的水资源节约手段。因此，资源保护的结果是获得双重效益。

资源保护是减少水和能源使用最适宜和最经济的手段之一，节约水就等同于节约能源，反之亦然（Cohen 等，2004；Hardberger，2008）。尽管资源保护并不能解决社会中所有和能源与水相关的问题，但却能为开发新的解决方案争取一定的时间。

注　释

1. 本章中引用的许多数据来自美国，原因是所获取的美国数据相较于其他地区的数据而言准确程度更高也更加全面。虽然这些数字可在一定程度上可反映能源与水的关系，但各地区状况会受经济发展程度、气候现况及技术选择的影响而有所不同。

参考文献

Applebaum, B. 2000. US electricity consumption for water supply and treatment – The next half century. *Water and Sustainability*, Vol. 4. Palo Alto, CA, Electric Power Research Institute (EPRI).

Beal, C. M. 2011. *Constraints on Algal Biofuel Production*. PhD Dissertation, University of Texas, Austin.

Berfield, S. 2008. There will be water. *BusinessWeek*, 12 June.

CEC (California Energy Commission). 2002. *Comparison of Alternate Cooling Technologies for California Power Plants: Economic, Environmental and Other Tradeoffs.* Palo Alto, CA, PIER/EPRI Technical Report.

----. 2005. C*alifornia's Water-Energy Relationship: Final Staff Report.* Prepared in support of the 2005 Integrated Energy Policy Report Proceeding (04-IEPR-01E).

Center for Sustainable Systems, University of Michigan. 2008. *U.S. Wastewater Treatment Factsheet.* Pub. No. CSS04-14. http://css.snre.umich.edu/css_doc/CSS04-14.pdf (Accessed 9 March, 2008).

Cohen, R., Nelson, B. and Wolff, G. 2004. *Energy Down the Drain: The Hidden Costs of California's Water Supply.* Oakland, CA, Natural Resources Defense Council Pacific Institute.

Dasgupta, S., B. Laplante, Wang H. and Wheeler D. 2002. Confronting the environmental Kuznets Curve. *Journal of Economic Perspectives,* Vol. 16, pp. 147–68.

EIA (Energy Information Administration). 2001. *End-Use Consumption of Electricity.* Washington DC, US Department of Energy.

----. 2007. *Country Analysis Briefs: Saudi Arabia.* Washington DC, US Department of Energy.

EPRI (Electric Power Research Institute). 2002. *Water and Sustainability (Volume 4): U.S. Electricity Consumption for Water Supply and Treatment – The Next Half Century.* Technical Report. Palo Alto, CA, EPRI.

Gleick, P. H. 1994. Water and energy. *Annual Review of Energy and Environment,* Vol. 19, pp. 267–99. doi:10.1146/annurev.eg.19.110194.001411

----. 2000a. *Water: The Potential Consequences of Climate Variability and Change for the Water Resources of the United States.* Oakland, CA, United States Geological Survey and Pacific Institute.

----. 2000b. *The World's Water 2000–2001: The Biennial Report on Freshwater Resources.* WA, USA, Island Press.

Hardberger, A. 2008. *From Policy to Reality: Maximizing Urban Water Conservation in Texas.* Austin, TX, Environmental Defense Fund.

Hightower, M. and S. A. Pierce, The energy challenge. *Nature,* 2008, 452.

Hutson, S.S., Barber N. L., Kenny J. F., Linsey K. S., Lumia D. S. and Maupin M. A. 2004. *Estimated Use of Water in the United States in 2000.* USGS Circular 1268, Reston, VA, U.S. Geological Survey. (Released March 2004, revised April 2004, May 2004, February 2005.)

IEA (International Energy Agency). 2005. *World Energy Outlook 2005: Fact Sheet – Saudi Arabia.* Paris, France, IEA.

----. 2009. *World Energy Outlook 2009.* Paris, France, IEA.

----. 2010. *World Energy Outlook 2010.* Paris, France, IEA.

Kennedy, J. F. 1961. Speeches of Senator John F. Kennedy: Presidential Campaign of 1960. Washington DC, US Government Printing Office.

King, C. W., Stillwell A. S., Twomey K. M., and Webber M. E. 2011. *Coherence between Water and Energy Policies.* Paris, Organisation of Economic Co-operation and Development (OECD).

King, C. W. and Webber M. E. 2008. Water intensity of transportation. *Journal of Environmental Science and Technology* , Vol. 42, No. 21, pp. 7866–7872. doi:10.1021/es800367m

Lagadec, P. 2004. Understanding the French 2003 heat wave experience: Beyond the heat, a multi-layered challenge. *Journal of Contingencies and Crisis Management,* Vol. 12, pp. 160–9.

National Academy of Sciences (NAS). 2007. *Water Implications of Biofuels Production in the United States,* 0-309-11360-1, Committee on Water Implications of Biofuels Production in the United States, National Research Council, National Academy of Sciences, Washington DC.

----. 2008. *Desalination: A National Perspective,* 0-309-11924-3, Committee on Advancing Desalination Technology, Water Science and Technology Board, Division on Earth and Life Studies, National Academy of Sciences, Washington DC.

Oki, T. and Kanae S. 2006. Global hydrological cycles and world water resources. *Science,* Vol. 313, pp. 1068–72.

Pacific Energy Summit. 2011. *Unconventional Gas and Implications for the LNG Market, FACTS Global Energy.* Advance Summit paper from the 2011 Pacific Energy Summit, 21–23 February 2011, Jakarta, Indonesia. http://www.nbr.org/downloads/pdfs/eta/PES_2011_Facts_Global_Energy.pdf (Accessed 30 April 2011.)

Poumadère, M., Mays C., Mer S. L. and Blong R. 2005. Heat wave in France: Dangerous climate change here and now. *Risk Analysis,* Vol. 25, 1483–94.

Proteger, F. 2008. The Uruguay, its dams, and its people are running out of water. *International Rivers,* 1 February. http://www.internationalrivers.org/latin-america/paraguay-paraná-basin/uruguay-river-its-dams-and-its-people-are-running-out-water (Accessed 12 November 2011.)

Seiger, R. B. and Whitlock D. 2005. Session for the *CHP and*

Bioenergy for Landfills and Wastewater Treatment Plants workshop, Salt Lake City, UT, 11 August 2005.

Shannon, M. S., Bohn P. W., Elimelech M., Georgiadis J. G., Marinas B. J. and Mayes A. M. 2008. Science and technology for water purification in the coming decades. Nature, Vol. 452, pp. 301–10.

Spotts, P. N. 2008. Lakes Mead and Powell could run dry by 2021. *The Christian Science Monitor,* 13 February.

Stillwell A.S. 2010. *Energy Water Nexus in Texas*, Master's Thesis, University of Texas at Austin.

Stillwell, A. S., Hoppock D. C. and Webber M. E. 2010*a*. Energy recovery from wastewater treatment plants in the United States: A case study of the energy-water nexus. *Sustainability* (special issue Energy Policy and Sustainability), Vol. 2, No. 4, pp. 945–962. doi:10.3390/su2040945

Stillwell, A. S., King C.W. and Webber M. E. 2010*b*. Desalination and long-haul water transfer as a water supply for Dallas, Texas: A case study of the energy-water nexus in Texas. *Texas Water Journal,* Vol. 1, No. 1, pp. 33–41.

Stillwell, A. S., King C. W., Webber M. E., Duncan I. J. and Hardberger A. 2011. The energy-water nexus in Texas. *Ecology and Society,* (Special Feature: The Energy-Water Nexus: Managing the Links between Energy and Water for a Sustainable Future), 16 (1): 2.

Stone, R. and Jia H. 2006. Going against the flow. *Science,* Vol. 313, 1034–37.

Torcellini, P., Long N. and Judkoff R. 2003. *Consumptive Water Use for U.S. Power Production.* NREL/TP-550-33905, Golden CO, USA, National Renewable Energy Laboratory, U.S. Department of Energy.

Twomey, K. M., Stillwell A. S. and Webber M. E. 2010. The unintended energy impacts of increased nitrate contamination from biofuels production. *Journal of Environmental Monitoring.* Issue 1. doi:10.1039/b913137j

Twomey, K. M. and Webber M. W. 2011. *Evaluating the Energy Intensity of the US Public Water System,* Proceedings of the 5th International Conference on Energy Sustainability. Washington DC.

UN (United Nations). 2005. *World Urbanization Prospects: The 2005 Revision.* New York, Population Division of the Department of Economic and Social Affairs of the United Nations Secretariat.

----. 2006. *World Population Prospects: The 2006 Revision.* New York, Population Division of the Department of Economic and Social Affairs of the United Nations Secretariat.

Gerbens-Leenes, P.W., Hoekstra, A.Y., Van der Meer, Th. H. 2008. *Water Footprint of Bio-Energy and Other Primary Energy Carriers.* Research Report Series No. 29. Delft, The Netherlands, UNESCO-IHE. http://www.waterfootprint. org/Reports/Report29-WaterFootprintBioenergy.pdf (Accessed 30 April 2011.)

USDOE (United States Department of Energy). 2006. *Energy Demands on Water Resources:* Report to Congress on the Interdependency of Energy and Water. Washington DC, US Department of Energy.

Webber, M. E. 2007. The water intensity of the transitional hydrogen economy. *Environmental Research Letters,* 2, 034007 (7pp). doi:10.1088/1748-9326/2/3/034007

WEC (World Energy Council). 2010. *Water for Energy.* London, UK, World Energy Council. http://www. worldenergy.org/documents/water_energy_1.pdf.

WEF (Water Environment Federation). 1997. *Energy Conservation in Wastewater Treatment Facilities Manual of Practice.* No. FD-2. Alexandria, VA, WEF.

WEF (World Economic Forum). 2009. *Thirsty Energy: Water and Energy in the 21st Century.* http://www.weforum. org/reports/thirsty-energy-water-and-energy-21st-century?fo=1 (Accessed 30 April 2011.)

Wolff, G., Cooley, H., Palaniappan, M., Samulon, A., Lee, E., Morrison, J., Katz, D., Gleick, P. 2006. *The World's Water 2006-2007: The Biennial Report on Freshwater Resources.* WA, USA, Island Press.

WWAP (World Water Assessment Programme). 2003. *World Water Development Report 1: Water for People, Water for Life.* Paris/New York, UNESCO/Berghahn Books.

第二十章

工业用水

联合国工业发展组织（UNIDO）

作者： 约翰·佩恩（埃森兰万灵公司下属埃森兰万灵环境）及卡罗林纳·冈萨雷斯·卡斯特罗

致谢： 伊戈尔·沃洛丁（协调人）

||||||||||||||||||||||||||||||||||||||||||||||||||||||||||||||||||||||||||||||||||||||||||||||||||||

虽然工业部门的用水需求未发生根本性变化，但面临的形势却更为严峻，在可持续条件下，这是水生产力的一种功效。

经济驱动，包括影响需求方的因素，对工业部门用水量的影响最大。其中，气候变化成为了主要的供给驱动因素。

我们获得廉价丰沛水的时代已经过去。工业用水以及供水水量和水质都存在不确定性。

工业部门所面临的挑战包括如何适应水短缺、改变管理模式及不断将环境影响降到最低。

机会仍然存在，但我们必须积极开展水资源综合管理，执行具有前瞻性和致力于创新和行动的整体水战略。

20.1　主要问题

虽然工业部门的用水需求未发生根本性变化，但近几十年所面临的形势却变得更加严峻。与之相关的问题包括供水量与需水量、用水量与耗水量、废水排放量以及工业部门如何在保持环境可持续性的前提下实现其盈利目的。

20.1.1　水量

在全球范围内，工业部门的用水量要少于农业部门，但是，工业部门必须要有及时可靠的水供应以及良好稳定的水质。数据显示，全球约20％的淡水用于工业部门，但是存在地区差异（UNEP，2008）（见图20.1）。目前掌握的数据一般包含工业部门及能源部门用水量；经测算，工业部门的实际使用量只占到该数据的30％～40％，其余则大多用于各种类型的发电需要（Shiklomanov，1999）。

随着人口增长，工业需水量预计会有所增加，甚至可能会超过人口增长的速度（美国太平洋研究院，2004）。工业部门的水管理主要涉及取水量和耗水量，可用以下公式表示：

取水量＝耗水量＋废水排放量（Grobicki，2007）。

通常情况下，工业部门从地表水及地下水的取水总量要远远大于实际消耗的水量（WWAP，2006，第八章）。水资源管理的改善通常反映在工业部门取水总量或耗水量的降低。这使得提高生产力与降低耗水量及废水排放量之间的联系更为明显。实际上，如果排放量变为零，则水生产力的提高就是只与耗水相关的函数。

20.1.2　水质

一般情况下，工业部门用水的水质会高于其需求，这通常是由于当地供水比较便利，可享用自然水源地（地下水、河流或湖泊）或是市政供水设施的供水服务。工业的许多用水需求可用质量稍差的水来满足，可允许使用来自其他途径的循环水和再生水。但是，包括食品加工在内的一些工业要求的水质甚至比饮用水还要苛刻。此外，制药及高科技产业对水质的要求也非常高，会对初级供水做进一步处理。

对于工业来说，排放废水的水质会影响甚至污染大量的淡水资源。尽管从宏观统计数据上看，工业部门在污染浓度及负荷等方面未必是最大的污染源，但工业污染会产生重大的影响，特别是在地区及地方层面（世界银行，2010，图3.6）。目前，工业污染的趋势是浓度越来越高，毒性越来越大，并且比其他污染物更难处理，这些污染物的降解周期以及在环境和水文循环中的停留时间通常更为漫长。

20.1.3　水生产力和利润

工业部门需要在保证经济产出和利润最大化的同时，有效和明智地使用水资源。水生产力的衡量标准是每立方米用水量能产生相当于多少美元的价值（Grobicki，2007；世界银行，2010，图3.5）。根据图中显示，不同国家每立方米用水量的产值范围从高于100美元到低于10美元不等（WWAP，2009，第七章）。工业用水的生产力随着技术进步在不断增长。生产力较低只能说明水的价值被低估了或者水太多了；而生产力较高则说明水得到重复利用或取水量减少。

工业产品的虚拟水含量是另一个衡量工业部门用水量的方法。虚拟水含量指产品加工生产过程中所消耗的淡水总量。这一数字通常要远远高于产品的实际含水量。全球工业产品虚拟含水量平均为每美元商品生产消耗80升水（Hoekstra和Chapagain，2007）。然而，美国的这一数字为110升，德国及荷兰约为50升，日本、澳大利亚及加拿大则仅为10～15升，中国和印度等主要发展中国家的平均数字为20～25升。

20.1.4　更清洁的生产与可持续性

目前，我们要打破工业增长必然造成环境恶化的局面，降低工业发展对环境退化的影响。

图 20.1

21世纪初全球各行业淡水使用量

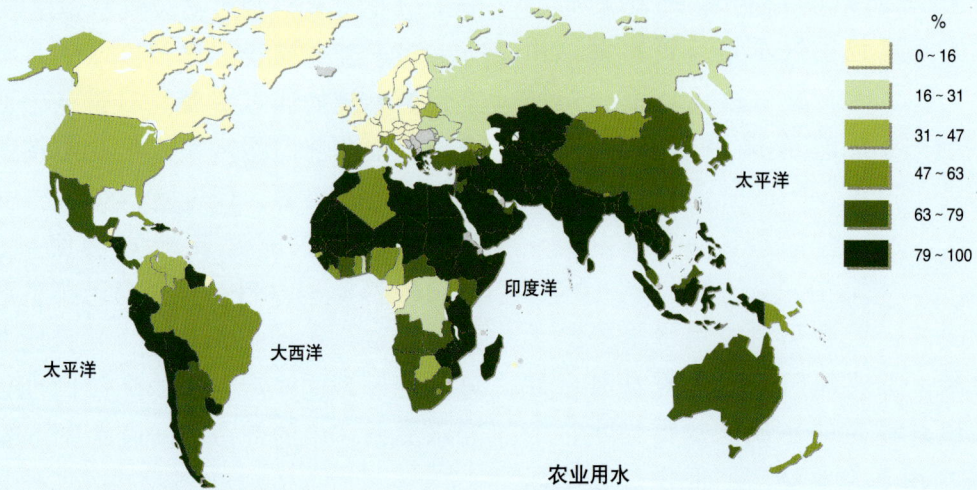

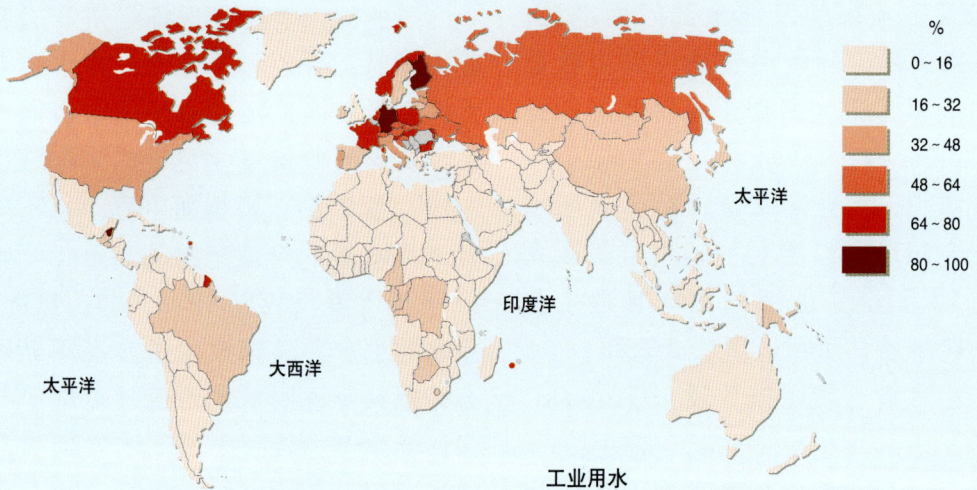

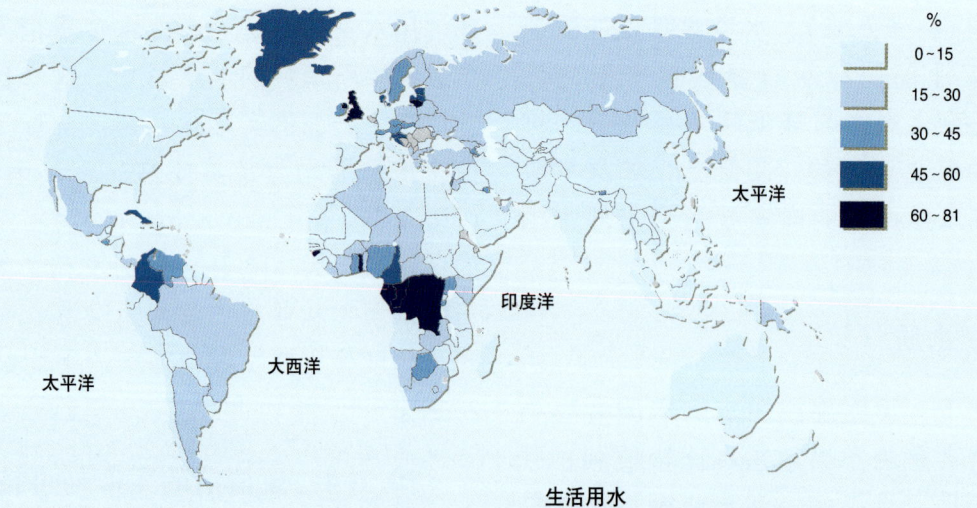

农业用水

工业用水

生活用水

资料来源：联合国环境规划署/全球资源信息数据库－挪威阿伦达尔中心（http://maps.grida.no/go/graphic/freshwater-use-by-sector-at-the-beginning-of-the-2000s，P. Rekacewicz绘制，基于世界资源研究所数据）。

而要从根本上解决问题，需要将重心放在更清洁的生产与可持续性上。清洁生产表现在多个方面，其主要目标之一是实现零排放。零排放改变了水生产力方程式的平衡，是将用水和水质相匹配的一个重要概念（WWAP，2006）。在实现零排放的过程中，我们尝试将废水转化为其他行业或产业集群的可用资源。这种尝试是将所有排放的污水都进行回收再利用，将这些污水循环使用或者将其直接出售给其他用水户。如果某行业实现了该目标，则其总耗水量将与其取水量持平。实践中，这意味着取水量将减少到满足消耗。

水文循环包含许多重大工业干扰，如地表水污水排放、地下水污染物渗透以及大气扩散和污染物沉降至水体（见图20.2）。循环水和再生水是水文循环过程的一部分。如果实现了零排放，则循环水和再生水可能要在很长时间之后或永远不会重新加入到水文循环过程中。对于保障水质而言，污水零排放是其终极目标（WWAP，2006）。

图 20.2

加拿大林产品行业用水状况（百万立方米／年）

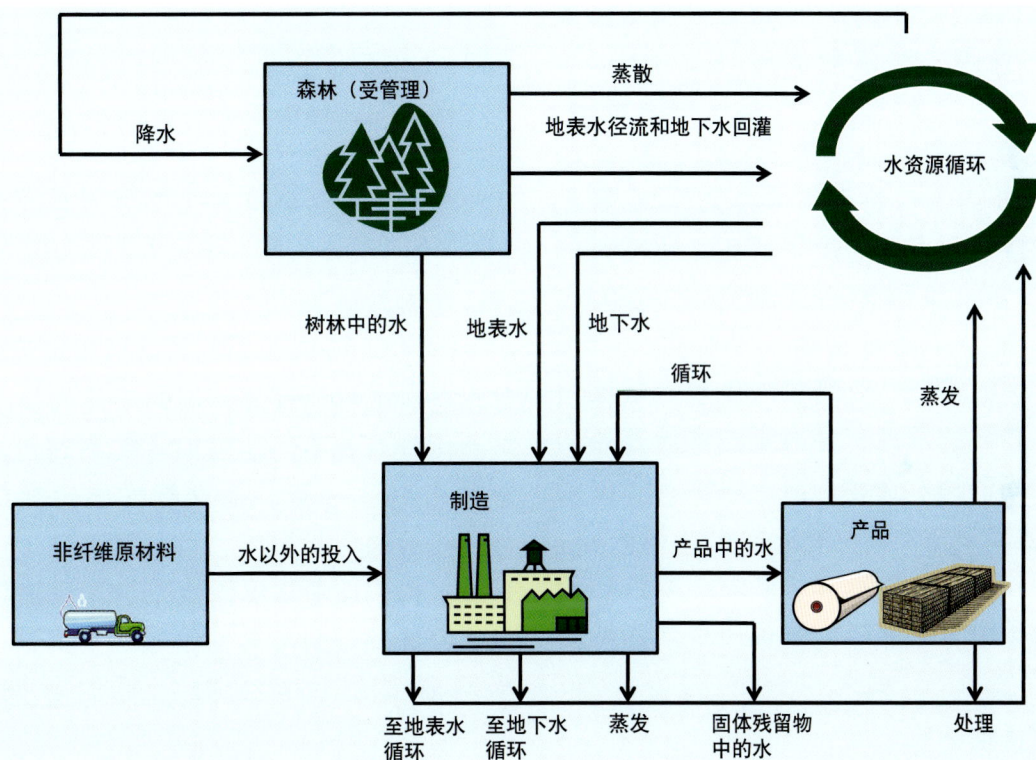

资料来源：美国大气与水域改进委员会（NCASI）（2010，图2.1，p.2）。

20.2 外部驱动因素

工业部门的需水量深受某些外部驱动因素的影响，为企业水管理增添了一层复杂的不确定性。这些外部驱动因素通常通过一系列连锁反应造成间接影响，并带来诸多后果。近期发生的一些现象均归因于这类因素，尽管它们对于水的影响显而易见，但仍无法预知其造成的确切影响。由于很多影响因子会对一个驱动因素构成压力，而影响因子与驱动因素之间的关系是交互的和不断变化的，并且这些关系均难以控制，因此这个问题变得更加严重。下面所论述的外部驱动因素都可能对工业部门产生极大的影响。而其他驱动因素，如生态系统压力、社会价值和安全等虽然重要，但在本质上只在局部产生影响力。

20.2.1 经济力量

经济增长与发展是水资源所面临的主要驱动因素（2030 水资源集团，2009）。经济力量影响着水，但同时水的状况也影响着经济，并且水会对经济增长构成威胁及约束（WWAP，2009）。

2009 年达沃斯世界经济论坛深切关注世界正在步入"水破产"时代，并将其作为全球最迫切需要解决的问题（TSG，2009）。

水资源竞争

随着各领域需水量与耗水量的日益增加，工业部门必然会对有限的水资源进行越来越激烈的争夺。美国太平洋研究院（2007，p.7，参考 FAO，2007）指出，"根据联合国报告，如果继续沿用现有的用水模式，那么到 2025 年，全球 2/3 的人口将面临水紧张"。水紧张已经成为中国、印度及印度尼西亚工业增长的主要制约因素（美国太平洋研究院，2007）。此外，人口压力伴随着全球化进程进一步加剧，"在劳动密集型产业逐步从高收入国家向低收入国家转移的同时，会对那些水源富裕的地区提出更高的用水需求，而一般情况下这些都是农村地区"（WWAP，2003，第九章，p.244）。到目前为止，农业仍是全球最大的用水部门，将来有可能成为工业部门最强大的竞争对手。

水资源价值估算

水竞争引申出一个理念，即水属于"经济商品"，因此，其成本应受到市场因素的制约。图 20.3 给出了加拿大制造业的成本构成。持有与经济商品这个理念相反观点的人认为获得水是人类的权力。因此，存在着全成本水价与更多的习惯性水费补贴或免费用水这种相互矛盾的现象。

供水和水处理私有化

在水价值讨论不断升级的同时，尤其是在高收入国家，供水和水处理私有化逐渐被提上

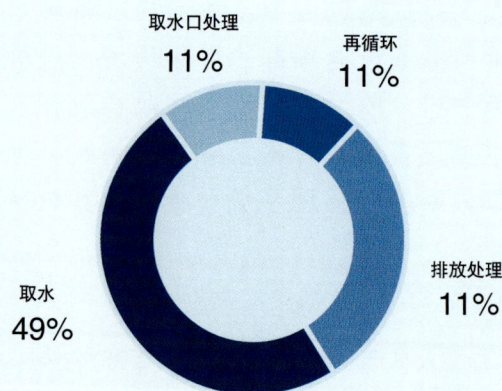

图 20.3

2005年加拿大制造业用水成本构成

取水口处理 11%
再循环 11%
排放处理 11%
取水 49%

资料来源：加拿大统计局（2007）。

了议事日程，主要涉及水系统的管理及所有权（美国太平洋研究院，2004）。

金融危机

专家对 2008 年全球金融危机过后的恢复期作出各种各样的预测，而对于能否实现经济复苏也同样有着不同的预期。在不确定情况下很难作出财政规划，也只能作出短期规划。此外，受金融危机影响，世界经济动荡也进一步加剧。人们逐渐认识到水在全球金融体系中的价值，并感觉到与其他领域的投资相比，投资水行业受到目前金融危机的影响会更小（TSG，2009）。

在金融危机期间，各国政府，主要是发达国家政府，都依赖于赤字开支，将大量的财政资金投入到基础设施建设。这些支出可能有利于工业发展，因为设计与建设高效的水管理与水处理设施有助于当局提升对保证充足的高质量供水的信心。目前，在全世界范围内，对节约成本的追求将促使工业部门寻找更经济的运营方式，其中的一项措施就是通过采取有助于实现零排放的先进技术和实践，实现资源的优化管理。

贸易

在多边环境协议及国际标准的框架下，贸易也成为工业和水行业的一项驱动因素。包括《巴塞尔公约》在内的多边环境协议对国际贸易实行环境保护控制，其初衷均是保护发展中国家不受发达国家活动的影响。然而，目前发展中国家的贸易活动却无法达到发达国家的要求。这些要求包括国际标准化组织认证、环境管理体系以及企业社会责任。这些要求反过来进一步推动制定出产品制造标准，涉及能源效率及气候变化（碳足迹）相关要求等，从而影响工业用水。发展中国家的工业部门正面临着更加严格的要求，其中部分要求的制定者是其供货的跨国公司。在满足更严格要求的过程中，这些国家的工业部门掌握了如何改进水管理的方法。

水交易具有典型的地方性，因为大量的远距离输水不划算。然而，虚拟水概念却将水交易扩大到了全球范围。虚拟水交易是指对消耗相当数量的水的货物及服务进行交易，通常是指在其生产过程中的水消耗，其产品消耗的水相对较少。这个概念是"一个通过国际贸易确定水输送的工具"（WWAP，2009，第二章，p.35）。因此，国际贸易在加剧水紧张的同时，也可以通过虚拟水交易缓解水紧张状况。据估算，虚拟水占据全球耗水量的40%，并且20%的虚拟水用于工业产品（WWAP，2009，专栏2.1）。如果进出口拥有大量水足迹的货物，那么这将主导一个国家水资源状况的好坏。

无论虚拟水交易多么有吸引力，仍有许多重要制约因素（TSG，2009）。虚拟水交易曾经被认为充分反映在农产品贸易中，因为农产品包含了大量水足迹（GWI，2008）。其结果是，无论其自然资源条件如何，发展中国家在没有太多的工业生产和只有一些小农户的情况下出口水，而发达国家则以进口粮食的方式进口水。扭转这种虚拟水交易的趋势并不现实，因为"你无法说服非洲北部、印度或中国东北部地区的农民放弃农田，转行到广告业或银行业，只是因为这些职业的用水量较少"（GWI，

2008）。对于美国等既是工业化国家、同时又是农业出口大国的国家来说，这种情况则变得更加复杂。

20.2.2 气候变化

气候变化是影响可用水量（供给方）的基本驱动因素；反之，它也可对需水方的驱动因素产生压力。工业所面临的最终压力是如何保证并维持充足的供水。由于气候变化影响的地点及时间不可预测，满足这一需求的难度将日渐加大。许多位于中纬度及北半球的工业化国家将有可能面临供水压力。随着现有充足的供水量变得日渐稀缺，某些地区用水户之间的竞争将加剧，导致工业生产发生迁移。

另一方面，一些目前正在遭遇水紧张压力的低收入国家可能会发现，他们的可供水量增加了。许多跨国企业已经迁移到低收入国家，以便利用其廉价的劳动力；由于这些低收入国家水资源量较多，这种产业的迁移有可能会持续下去，甚至规模扩大，尽管因此必须新建水利基础设施。鉴于这些产品的市场主要是高收入国家，他们对环境标准及劳动法律要求较高，因此这种工业扩张所带来的间接好处是制造业质量、劳动条件以及生态保护体系方面的改进。

20.2.3 技术创新

技术创新可广泛应用于提高供水及工业废水处理的质量，并与清洁生产及可持续性有着直接关系。实现优质水处理的制约因素是成本，而不是技术能力。革命性的技术突破似乎不可能迅速改变水处理行业，但可提供许多先进技术的增值效益及不断地降低成本（TSG，2009）。这一理念将有助于采取最经济的系统达到我们需要的质量水平。

20.2.4 政策与管理、法律与财政

各级政府与水相关的政策、战略及法规均与工业有着直接的关系，并经常包含经济措施的支持。工业能在一定程度上对政府产生影响，但是它仅仅是水政策修订过程中的一个利

益相关者，而在此过程中存在诸多相互竞争的利益方和驱动因素。政府行动计划中通常包含多种"软硬兼施"的方法，这些方法既能鼓励又能迫使工业部门采取更加有利于保持环境可持续性的措施。然而，这些意图良好的政府战略可能导致发展进程举步不前，例如，美国废弃物管理规定禁止向产业集群转移废弃物（Das，2005）。

20.2.5　水政策的公共投入

公众已经越来越多地参与到水资源决策和政策制定过程中（美国太平洋研究院，2004，2007），这些决策会对许多人的生活产生影响，因此对其进行投入十分必要。抗议、反对项目实施和全球化，以及水争议事件越来越普遍。随着媒体的介入，有关水的负面宣传会对商业产生不利影响。因此，工业部门将尽量从战略的角度出发思考其用水需求，并制定相关计划，以避免纠纷及对抗。

20.3　主要风险与不确定性

过去一个行业在实现成功和盈利的运行过程中，水不构成不确定因素，它可以任意利用，供水很容易实现，并且保障供水的成本相对低廉。废水排放面临较大的挑战，但只要质量达标，是被允许的。而最近的几个与水有关的外部驱动因素及其管理已使用水成为工业部门一种风险较高的因素（见图20.4）。要实现工业良好运行，水量、水质、取水位置、取水时间以及水价都需要有一定的保证（Payne，2007）。而当前所有这些因素都面临着更大的不确定性。

20.3.1　可靠供应

水短缺已被视为一项不断增加的商业风险，工业供水安全取决于充足的资源（2030水资源集团，2009）（见图20.5）。由于受到气候变化等相关风险的影响，地理及季节等变化性

图 20.4

商业、政府和社会涉水风险关系

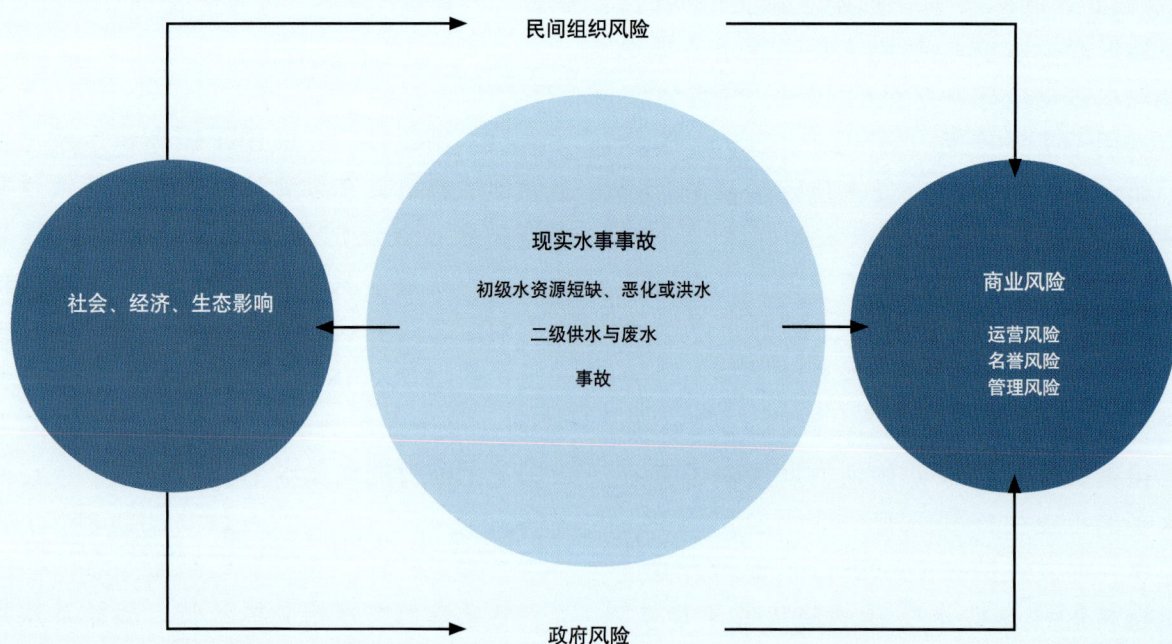

资料来源：SABMiller和WWF-UK（2009，图2，p.5），由SABMiller/WWF提供（请参见www.SABMILLER.com/water）。

图 20.5

假设无效率提升，全球现存可供水量、保障供应量与2030年取水量之间的累计总差额

立方千米，154个流域/地区

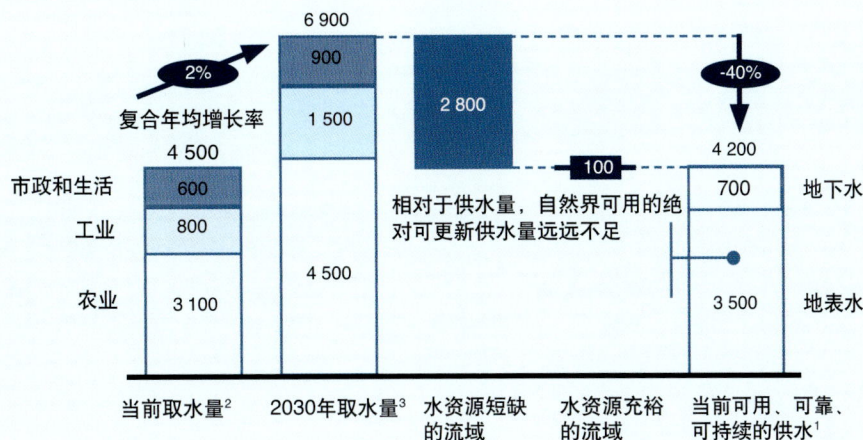

	6 900			
	900			-40%
2%	1 500	2 800		4 200
复合年均增长率			100	700	地下水
4 500		相对于供水量，自然界可用的绝		
市政和生活 600		对可更新供水量远远不足		
工业 800	4 500			3 500	地表水
农业 3 100				
当前取水量[2]	2030年取水量[3]	水资源短缺的流域	水资源充裕的流域	当前可用、可靠、可持续的供水[1]

[1] 按照90%保证率提供的当前供水量，基于历史水文条件和2010年预定的基础设施投资；扣除环境需水量。
[2] 基于国际粮食政策研究所2010年农业生产分析。
[3] 基于全球产品样本数据库，国际粮食政策研究所人口预测和农产品预测；考虑到2005－2030年间未获得水资源生产力收益。
资料来源：2030水资源集团（2009，p.6）[2030全球水资源供给与需求模型，农业生产参照国际粮食政策研究所水影响（IMPACT-WATER）的基本案例]。

因素愈发不确定或被严重低估，使这个问题变得愈发严重。因此，"将过去的经验当作预测未来的风向标，这种做法已经开始面临严峻的挑战"（IPCC，2008，p.5）。

这加剧了地区性水资源配置和用水之间的竞争，也远远超出了工业部门的掌控，特别是在跨界流域地区，因水而发生冲突可能在两国甚至更多的国家发生。

20.3.2 良好的水质

与供水及排水相关的水质风险也影响着工业部门。许多产业均要求较高的水质，有可能需要进行预处理，因为天然水源越来越容易受到污染。据估计，美国约有40%的河流，中国约有75%的河流被严重污染，而美国河流中的水在入海之前可能被重复利用多达20次（TSG，2009）。地下水也面临过度开采和污染程度日益加重的情况。在沿海地区，地下水超采已造成海水入侵。工业部门正面临着这些风险并承担着风险应对相关成本。将来会更加依赖于对回收水与再生水的重复利用，鉴于上述情况，我们应在水质与水用途匹配程度上做进一步改进。

废水排放规定及标准为工业部门带来一定的风险。发达国家要求污水排入市政处理厂或水道之前必须进行预处理。而在发展中国家，据估计，约有70%的工业废水未经任何处理就被排入到可用的供水水源中（WWAP，日期不详）。因此，工业企业在处理污水方面将承受巨大的压力，标准、要求肯定会越来越严格和苛刻，各国实际应用的标准及规定的严格程度也将有所不同。其中伴随的风险就包括对新式水处理技术的投资，因为水处理技术几年内就可能遭淘汰。受经济和其他驱动因素的影响，包括排放失控在内的工业事故可能伴随着未经认证的技术或在敏感地区发生而迅速扩大。因此，水质问题已成为工业发展的制约因素。

20.3.3 供应链中断

人们对水足迹的日益关注凸显了供应链在输送工业部门所必需的原材料及其他物品过程中的重要性（见图20.6）。供应链的各个环节受到外部驱动因素及风险的制约，而这些驱动因素和风险与供应链中各产业能否获得可靠供水密切相关。如果供应链出现严重中断，则会使一个企业面临巨大困难。在多项因素发挥作用的条件下，这些风险将变得难以应对和无法作出应急计划。

图 20.6

棉花生产链

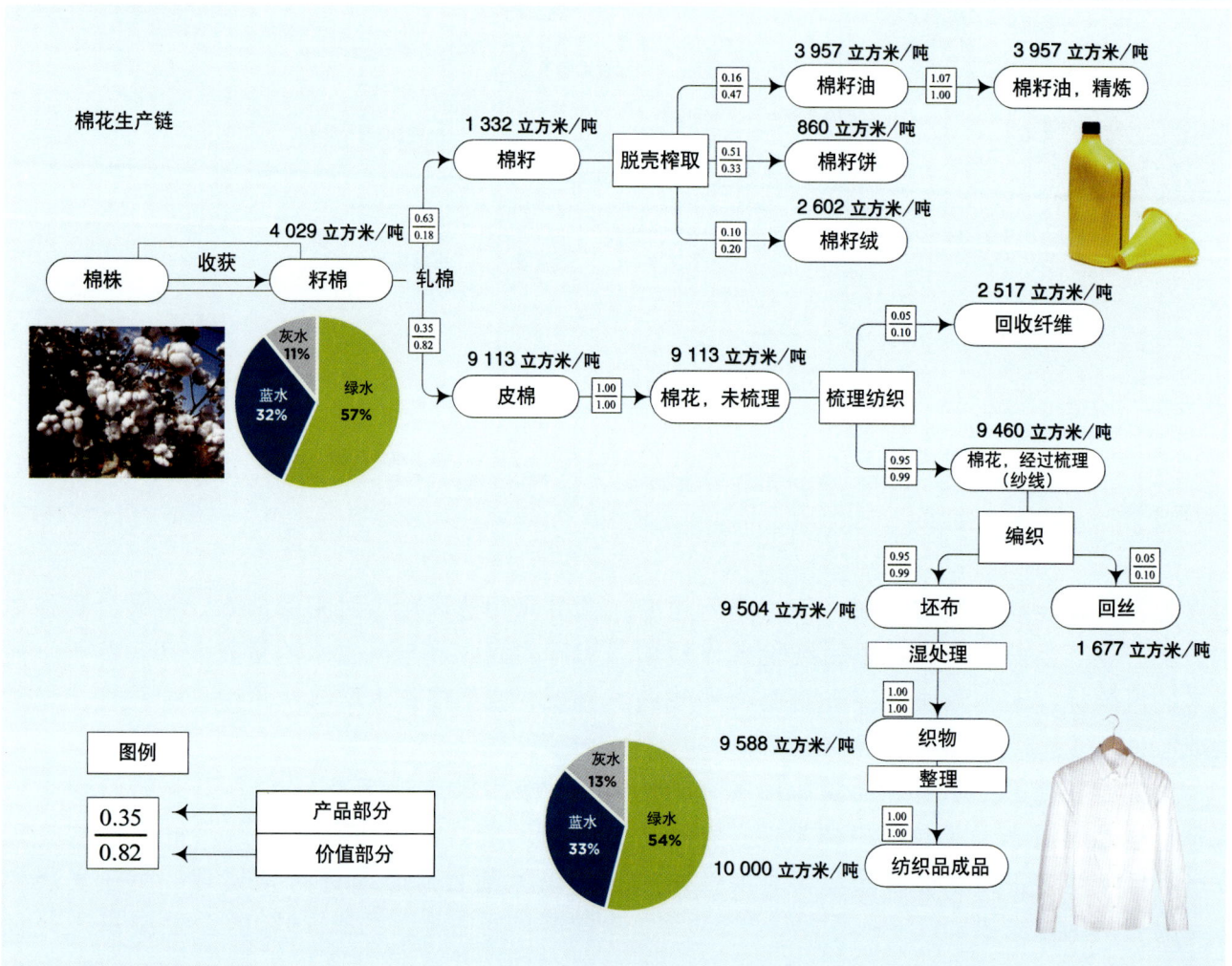

注：印花棉布的平均水足迹（例如1条重1千克的牛仔裤）为11000升/千克。
资料来源：Mekonnen和Hoekstra（2010）。

20.3.4 政府与水资源管理

依照国家和各级地方特别关注的综合议题制定水政策是政府的工作。这些政策的优先顺序可能发生变化，这种政策变化及不可预测性，使得工业企业特别是跨国公司很难在他国取得成功。如果在投入运营之后法规发生了变化，公司将陷入困境。这种情况下，公司必须采取积极行动，预见可能发生的不确定事件，并采取措施提前解决问题。政府对于水风险的认识可能与工业部门相左。政策制定及决策不善可导致某些地区水资源过度开发而其他地区利用不充分。此外，如果某些政府对工业部门持有偏见，特别是受到环境保护行动影响，并且公众开始在这方面担当新的重要角色，则结果将非常不确定。

20.4 挑战领域

工业所面临的主要挑战是如何对异常压力、不确定程度及相关风险加剧等所有新的水资源驱动因素作出适当响应。

20.4.1 适应水短缺

水短缺可能是工业面临的最紧迫的挑战。解决水短缺将是一个重大难题，通过效率提升以满足需求和采取一切照旧的供水模式仅能解决大约 40% 的用水缺口（2030 水资源集团，2009）（见图 20.7）。水短缺不仅是缺水，也包括由于基础设施匮乏或水管理不善所造成的供给不足。这种经济型短缺带来另外一项挑战，即如何确保工业部门在竞争条件下，不与当地居民发生用水冲突并满足其用水需求（美国太平洋研究院，2007）。尤其是对于用水量大或水质要求高的产业而言，水资源配置将面临诸多条件的制约，例如寻找新水源、生产及零售活动等。

图 20.7

"一切照旧"的方法将无法满足对原水的需求

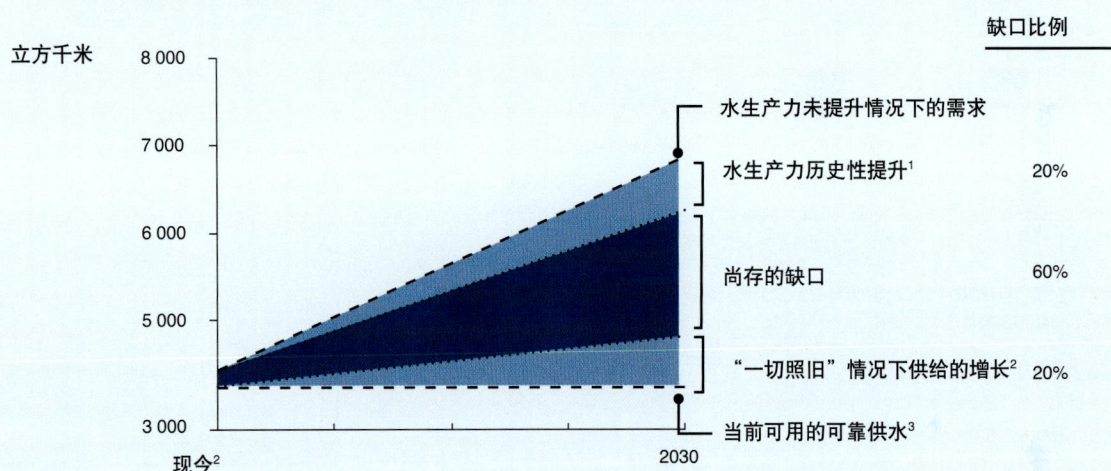

缺口比例

立方千米

水生产力未提升情况下的需求

水生产力历史性提升[1]　20%

尚存的缺口　60%

"一切照旧"情况下供给的增长[2]　20%

当前可用的可靠供水[3]

现今[2]　2030

[1] 基于联合国粮农组织统计数据库1990—2004年间的农业产量历史增长率，以及国际粮食政策研究所的农业和工业效率提升数据。
[2] 通过基础设施扩建而增加的原水获取总量，不包括不可持续的抽取。
[3] 90%保证率下的供给，包括2010年计划和已投入的基础设施投资。当前90%保证率的供给不能满足平均需求。
资料来源：2030水资源集团（2009，p.7）（基于全球水供给与需求模型，国际粮食政策研究所和联合国粮农组织统计数据库）。

满足基本的水需求

发展中国家的某些政府在满足本国人口基本用水需求方面的失败，使工业部门陷入了困境（美国太平洋研究院，2004），而这种基本需求则关乎人权。问题是如何平衡公众与私人的利益。对于企业如何履行责任，是将水用于自身目的还是满足或改善公众的基本用水需求，人们提出了许多质疑。该问题涉及企业的声誉，以及是否能够得到国际组织和机构的融资支持。

确定水预算

水短缺迫使工业部门必须弄清楚到底需要多少水。为提高设施的用水效率，需要了解其自身的水预算，尤其是损耗，这是节水的基础。工业部门必须要了解自身的水平衡，即水投入与水产出之间的比例（见图 20.8）。因此，工业部门所面临的挑战是确定水足迹或建立模型，寻找可以提高用水效率的途径。这还取决于是否拥有完善的数据，以及持续连贯的测量和监测手段。

图 20.8

力拓集团的水平衡（2009）

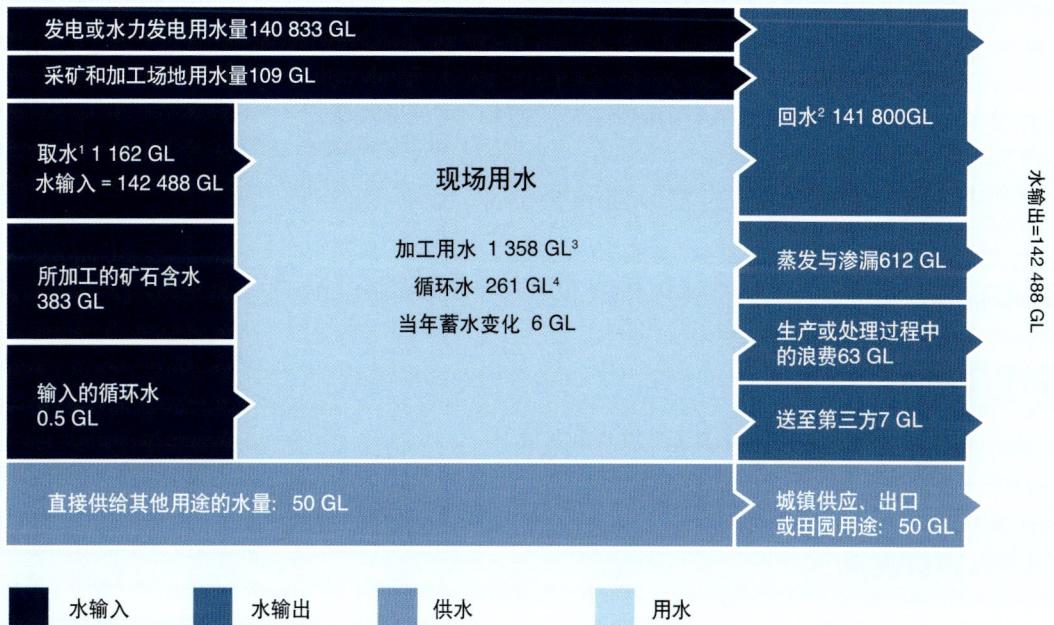

| 水输入 | 水输出 | 供水 | 用水 |

发电或水力发电用水量140 833 GL

采矿和加工场地用水量109 GL

取水[1] 1 162 GL
水输入 = 142 488 GL

所加工的矿石含水
383 GL

输入的循环水
0.5 GL

回水[2] 141 800GL

现场用水

加工用水 1 358 GL[3]
循环水 261 GL[4]
当年蓄水变化 6 GL

蒸发与渗漏612 GL

生产或处理过程中
的浪费63 GL

送至第三方7 GL

直接供给其他用途的水量：50 GL

城镇供应、出口
或田园用途：50 GL

水输出=142 488 GL

[1] 包括就地蓄水/输入的地表水、就地开采/输入的地下水（包括排水）和海水。
[2] 包括处理过程排放的废水、未经使用的排水和非生产用水。
[3] 包括采矿（排水）、研磨、冲洗、发电、抑尘等。
[4] 尾矿、污水或处理过程中受到污染且经过回收处理后再利用的水。
水输入总量和输出总量之间的差额为"存储变化"。
1GL=10亿升
资料来源：力拓集团（日期不详a）。

水短缺及水质问题交互在一起又产生了一项新的挑战：如何提升水生产力并防止污染。水生产力一般随总耗水量的减少而下降，而经济增长通常伴随着消耗量而不是生产力增长（WWAP，2003）。这项挑战的焦点是如何实现零排放。水生产力所带来的挑战是用较少的资源做更多的事；换言之，就是让每一滴水都物有所值。如果工业部门能对防止污染作出积极响应，尤其是在严格的监管体制下，那么清洁生产及零排放就将成为核心目标。同样，封闭循环生产体系可为各产业防止污染提供另一种选择。企业个体在运营过程中应用这种机制可获得经济效益及环境效益；然而，通过工业生态园区建设可获得最佳效果，因为某产业的副产品以往可能被当作废弃物，而在此可用于其他产业并将其投入到生产过程中，从而降低原

材料成本和/或处理及处置成本（见图 20.9）。

水生产力的挑战主要表现在地域层面，即高收入与低收入国家之间存在差异（WWAP，2003，第九章）。高收入用水户的水生产力普遍高于低收入者，尽管有低收入用户可达到与高收入用户相同的水生产力，但其规模很小。由于低收入国家通常位于水短缺地区，并且由于气候变化这种水短缺变得越来越难以预测，因此相应地，水生产力方面的挑战就变得更为严峻。

水成本

工业部门已习惯于为水支付较低的费用，但日益加剧的水短缺将使水费增加，处理及排放费用也会相应增加。有些国家已开始对工业部门实施不同价格体系，即工业用水单价高于生活用水，同时实行超量用水加价。由于用水

图 20.9

闭环生产系统

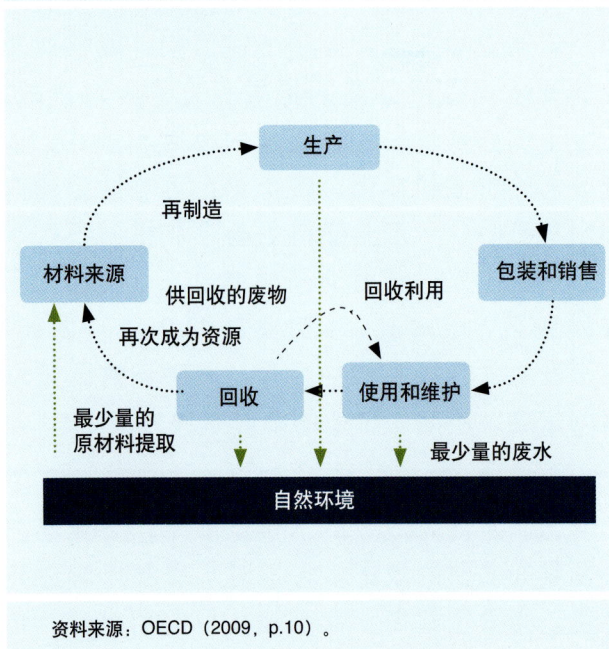

图 20.9

闭环生产系统

生产

再制造

材料来源　供回收的废物　回收利用　包装和销售

再次成为资源

回收　使用和维护

最少量的原材料提取　　最少量的废水

自然环境

资料来源：OECD（2009, p.10）。

成本将提高生产成本已成为经济现实，工业部门本能地作出了响应，即提高用水效率。同时，这种影响还将出现在发展中国家的工业化进程中，这些国家的水资源通常十分紧缺，进而可能影响到新工厂的选址。

低收入国家的中小型企业

众所周知，低收入国家的中小型企业在经济领域发挥着重要作用。然而，中小型企业的地理位置通常会对供水紧张地区带来更大的压力。水生产力和清洁生产的概念在这些国家商品生产和提供就业机会的过程中，或者不为所知，或者不受重视。可是，这些中小型企业的产品市场通常是高收入国家，而这些国家要求向其出口商品的生产商能够实现环境可持续性。结果是，这些中小型企业要想继续生存，就必须以适当、高效、环保的方式用水，这对其发展方式及生产技术提出了极大的挑战。

20.4.2　不断变化的管理模式

尽管面临诸多不确定的水问题，商业机构及工业企业仍然需要盈利和取得投资回报。为实现上述目标，这些企业必须以合作，并本着对社会及环境负责的态度采取行动。他们面临的挑战不是脱离政府、公众及其他利益相关者单独行动，而是如何取得双赢的局面。其他的挑战还包括如何获得融资、投资新技术以及如何提高用以支持众多决策的数据的可靠性及一致性。因此，我们需要运用智慧应对风险，而不是回避风险。

20.4.3　环境影响最小化

工业部门对其主要水源及其生态系统能够造成一定影响，为保障其他用水户以及环境利益，企业有责任减少影响。这些影响可能会涉及到流域或跨界流域。工业形成的热点地区（或污染源）可对含水层及河道产生影响，这些含水层及河道可能跨越多个国家，并穿过沿海地区进入海洋生态系统。相关驱动因素越来越复杂，它们相互关联并且变得不可预测，这些因素对大面积区域产生的影响以及随之带来的挑战也将进一步加剧。

20.5　机遇

有很多途径可以解决关于水生产力的问题、风险及挑战，但是需要得到实施，纸上谈兵没有任何意义。工业部门所面临的最大挑战，是如何在阻止全球范围的淡水资源不可持续开发及污染方面发挥作用（见专栏 20.1）。企业在应对这项挑战的同时也面临着机遇，即以可持续的方式提升其生产力、效率以及竞争力，概括起来就是水资源综合管理，这一管理方式能够将公司的需求以及利益相关者和环境的利益进行统筹考虑。通过水资源综合管理，工业企业可对与水相关的风险和机遇进行识别和管理，无论这些风险和机遇产生的影响是直接的还是间接的，进而使企业能够对不断变化的趋势作出快速响应，并从长远来看取得更好的经营业绩（CBSR，2010）。

20.5.1　管理与战略

从宏观角度来看，围绕工业水生产力产生的问题与全球性水问题之间并非独立存在，而

摩森康胜啤酒公司的水管理

啤酒酿造过程中的耗水量是用单位体积啤酒的用水总量进行衡量的。摩森康胜的耗水比率约为 4.55 百升/百升。在啤酒公司，水的用途主要包括：啤酒酿造（啤酒的质量与酿酒的水质息息相关），酿造锅、发酵罐及陈酿罐清洗，包装线上的冲洗（用于在包装前冲洗啤酒瓶和啤酒罐），以及冷却设备。此外，耗水量还包括工厂中工人的需要。大多数的清洗及冲洗用水在排放前经过处理，能够达到或超过规定的排放标准，另有一小部分直接蒸发掉了。

2006 年 8 月，该行业内部组成了一个名为饮料行业环境圆桌会议的共同体，旨在联合全球各大饮料生产企业制定一项共同管理框架，不断改进行业规范、提高业绩，并在水资源节约与资源保护、能源效率及气候变化缓解等方面，向政府部门提供相关的政策建议。

摩森康胜公司对其啤酒酿造过程中每个阶段的用水量都进行评分，以确定具有战略意义的生产模式，帮助企业减少生产过程中的用水量，从而降低对环境的影响，以及促进实现水资源的可持续利用。摩森康胜设定的全球目标是每年将用水效率提升 4%（2008—2012 年）。该公司水资源以及相关的环保数据在公布前均经过独立的第三方审核。

2009 年，摩森康胜承诺对下属各酿造厂所在的流域进行评估。在英国及加拿大，摩森康胜对其将被纳入国家战略及全球政策的各项设施开展了研究，内容包括水资源、用水及水处理等方面。在加拿大的研究覆盖了整个供应链，包括摩森已经或可能对经营地区产生的影响。

资料来源：全球契约（日期不详）。

是相互关联，因此采取的解决方案应包含管理、战略、规划及行动等，才能发挥更大的作用。针对水及其使用所提出的新概念、新想法以及新愿望都综合考虑了上述因素，能够对整个实施过程提供必要的指导。为了应对挑战，工业部门必须首先考虑管理的重点和模式，以及公司的价值和文化，使企业在可能的范围内作出积极响应。工业部门主动采取措施不仅有助于展望未来，还有助于创造未来（美国太平洋研究院，2007）。对工业部门来说，创新、投资及协作是最关键的因素，同时还需要采取战略措施，不能用普通的临时解决方案。

水足迹

为制定富有成效的水资源战略，工业部门必须收集必要的数据。为了对水资源风险进行评估，必须了解每一家工业企业的用水量。传统的大规模水量平衡测试方法早已不是唯一的测算方法，水足迹或水轮廓已被广泛地应用到工业部门，用以评估真实用水量。通常情况下，水足迹或水轮廓测算会利用一个诊断工具以及水情境规划工具等作为支持（2030 水资源集团，2009，第二章，参考 WBCSD，2006）。

水足迹不仅包含一件产品中全部直接的含水量，还包括在产品生产及消费过程中间接的用水量及耗水量（虚拟水）。全部水足迹可能十分复杂，比如，商业水足迹概念包括生产商供应链的间接用水量，因此，就存在生产过程中的水足迹和供应链水足迹。如果产品（例如肥皂）在使用过程中用到水的话，还需要对供应链进行反复考证，例如农业原材料用水或产品使用过程中的用水。因此，水足迹反映了真实的用水量，尽管可能无法立即从产品表面上看出来。此外，"水足迹的生态或社会影响显然不仅取决于用水量，还取决于用水的地点和时间"（水足迹网络，日期不详 a）。所有这些信息都可为制定用水战略提供指导，并可提升水供给和需求两方面的生产力（每滴水的产出）（见专栏 20.2）。

风险评估

在制定水战略过程中，公司需要对面临的

可口可乐®的水足迹

荷兰特温特大学的研究人员与可口可乐公司及可口可乐公司欧洲分公司开展合作，对可口可乐荷兰东恩瓶装厂生产的 0.5 升 PET 瓶装可乐进行水足迹研究。

对用水量的核算从生产原料及其他部件（如瓶子、标签、包装材料等）的供应链开始，原料包括荷兰产甜菜制成的糖、二氧化碳、焦糖、磷酸及咖啡因。供应链的水足迹还包括一些运营中的用水，即生产车间用的能源、建筑材料、车辆、燃料、办公用纸张及其他与产品生产不直接相关的物品所消耗的水资源。生产过程的用水量是指用于原料生产以及产品生产中的水资源。

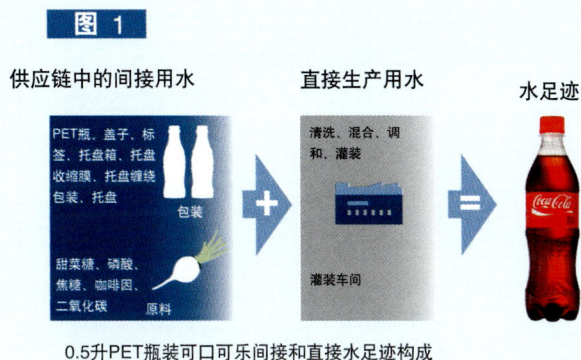

图 1

供应链中的间接用水　　直接生产用水　　水足迹

PET瓶、盖子、标签、托盘箱、托盘收缩膜、托盘缠绕包装、托盘　　包装

甜菜糖、磷酸、焦糖、咖啡因、二氧化碳　　原料

清洗、混合、调和、灌装

灌装车间

0.5升PET瓶装可口可乐间接和直接水足迹构成

第二幅图为核算结果，包括了所有组成部分在内。据估算，0.5 升可口可乐饮料的绿水足迹为 15 升，蓝水足迹为 8 升，而灰水足迹为 12 升。

超过 2/3 的水足迹来自于绿水和蓝水。绿水和蓝水（消耗的）足迹主要来自供应链中的甜菜生产。甜菜主要是一种雨养（绿水）作物，生长于水量丰沛的温带地区，但也需要消耗一定量的水资源（蓝水）用于灌溉。绿水约占消耗性水足迹的 2/3，以及近半数的水足迹总量；蓝水约占水足迹总量的 1/4（随后的研究则显示更少）；灰水约占水足迹总量的 1/3，与供应链紧密相关。此外，甜菜生长中所施的氮肥也会消耗一定的水量，而 PET 瓶生产过程的冷却水会造成热负荷，因此被纳入灰水部分。

生产中的水足迹为 0.4 升，约为水足迹总量的 1%。全部来自于蓝水，是用作原料的水。生产中灰水的水足迹为零（东恩工厂的生活用水），因为根据可口可乐公司的"回收"承诺，所有的废水均经公共废水处理厂处理达到或超过废水处理标准后才排放到环境中。

经过计算，供应链中间接费用的水足迹可忽略不计。在开展研究之前，我们已经认识到间接费用的水足迹也是一项产品全部水足迹的组成部分，但是却无法确定其相关性有多高。

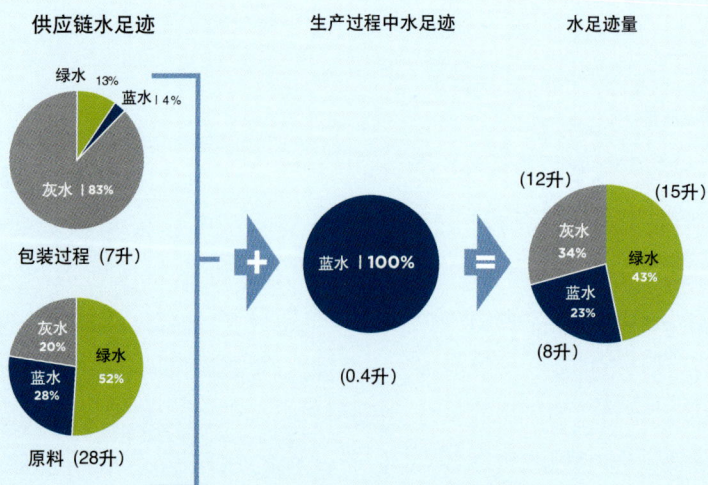

供应链水足迹　　生产过程中水足迹　　水足迹量

绿水 13%　蓝水 4%
灰水 83%
包装过程 (7升)

灰水 20%
蓝水 28%　绿水 52%
原料 (28升)

蓝水 100%
(0.4升)

(12升)　(15升)
灰水 34%　绿水 43%
蓝水 23%
(8升)

可口可乐公司在荷兰东恩生产的 0.5 升 PET 瓶装可口可乐的水足迹。绿水足迹指绿水资源的消耗（以水分的形式存储在土壤中的雨水）；蓝水足迹指蓝水资源的消耗（地表水及地下水）；而灰水足迹指污染物，其定义是根据现行的环境水质标准用于吸收污染物负荷的淡水水量。

资料来源：可口可乐公司和美国大自然保护协会〔2010，pp. 11，12（改编图表及第 11～15 页文字）〕。

水风险进行评估，包括不同地区的水文、经济、社会及政治因素，并在决策中制定出相应的计划。

水资源战略

对问题进行评估后，一个企业应切实采取涵盖多方面战略的水政策，包括从公司价值到沟通交流等各环节。这些战略包括：

• 增加企业社会责任以及提高环境可持续性（见图 20.10）。这些原则包括认识环境的内部关系，如水与能源之间的相互关系，以及它们与气体排放和气候变化之间的关系。

• 倡导企业向"从摇篮到摇篮"的产业化经营模式转变，即向客户提供回收服务，鼓励他们在使用完产品后将其返给制造商进行回收（McDonough 和 Braungart，2002；WWAP，2006，第八章）。这样废弃物就能用作其他生产过程中的原材料，从而发挥其价值。

• 采用预防为主的原则来推进行动，制定备选方案，以及为决策提供支持。

图 20.10

可持续制造业理念和实践的演变

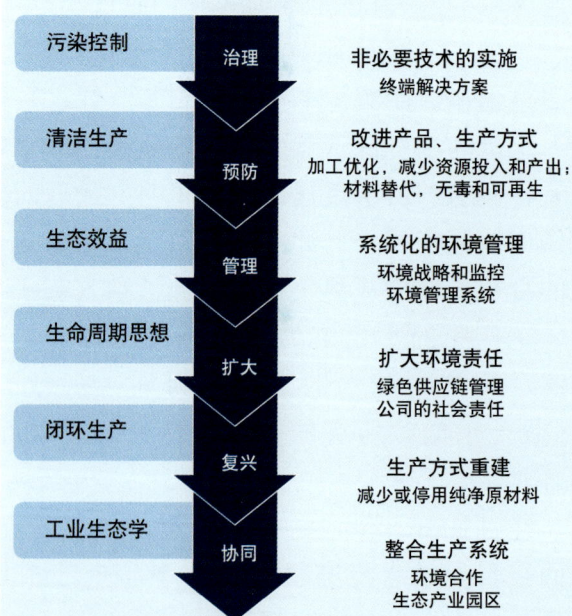

污染控制	治理	非必要技术的实施 终端解决方案
清洁生产	预防	改进产品、生产方式 加工优化，减少资源投入和产出； 材料替代，无毒和可再生
生态效益	管理	系统化的环境管理 环境战略和监控 环境管理系统
生命周期思想	扩大	扩大环境责任 绿色供应链管理 公司的社会责任
闭环生产	复兴	生产方式重建 减少或停用纯净原材料
工业生态学	协同	整合生产系统 环境合作 生态产业园区

资料来源：OECD (2009，p.10)。

- 引进环境管理系统。公司应倡导这样的企业文化：推行 ISO14000 标准，倡导最佳环境实践，以及采用现有最佳技术。内部文件应在实际应用中清晰明确地反映这些内容，并应采用最新技术不断对其进行升级。承诺不断地解决水问题，取得突出成效，并定期开展业绩汇报。

- 针对用水效率、水资源保护及影响设定量化目标。

- 减少材料使用及能耗，并平衡能耗及水需求。

- 就工业政策、战略及措施的经济与环境利益，与公众及地方利益相关者进行经常性的有效沟通，提高意识，树立信心，在解决水问题上取得支持并开展合作（Marsalek 等，2002）。这些政策的成功实施取决于工业部门采取积极的态度而不是被动的态度。利益相关者的介入和直接参与可有效地化解冲突。

- 与政府机构合作。在工业部门改进管理和更加高效利用水资源的过程中，主要障碍不是专业技术，而是能够促进、鼓励并实现水生产力提升的框架。与地方、地区及国家机关之间开展合作将使各方受益（美国太平洋研究院，2007）。如果能够在工业增长及环境保护之间取得平衡，则工业部门可采取各项措施提升业绩，不应墨守成规（WWAP，2003，第九章）。在这种情况下，无论是否有规定，工厂或公司都可采取有益的行动（见专栏 20.3）。

- 与 CEO 水之使命（联合国全球契约，2011）以及可持续发展世界商业理事会（WBCSD，2006）等组织加强联系，并通过联合国工业发展组织在联合国全球契约机构间小组中的作用，在供应链及流域管理中提供协助（联合国全球契约，2011），包括：

- 鼓励并促使供应商改善水资源保护、质量监测、废水处理及回收措施。

- 开展流域风险分析及应对能力建设。

- 鼓励并协助供应商开展用水及影响评价。

- 与供应商分享水资源可持续利用实践，

制定并形成新措施。

- 鼓励重要的供应商定期汇报目标进展情况。

- 与联合国等政府间组织合作，为贫困地区带来实惠和促进技术进步。

专栏 20.3

企业与政府的合作：力拓与西澳大利亚水务公司

力拓 Hlsmelt® 工厂位于澳大利亚西部珀斯市南部。其最新的炼铁技术比传统方法更加高效，但是却需要耗费冷却水。该公司已与国家水利部门达成协议使用中水，不再从为 150 万人口提供饮用水的城市供水系统中取水。

水务公司考虑建造一座污水处理厂的可行性，以及力拓为 Hlsmelt 工厂购买中水用以确保工厂运行需求的提议。最终水务公司认为可以承接这个项目。

支撑 Hlsmelt 工厂运转的是该地区回收的废水，如果不加以利用，这些水最终会蒸发。水务公司得到了一个长期客户，而力拓也可随时获得达标的中水供应。此外，当地的供水得到了保障，并且减少了入海污水排放量。

资料来源：美国太平洋研究院（2007，p.35），力拓（日期不详 b）。

20.5.2 实施与创新

工业部门有许多机会解决其面临的诸多挑战，并可以与主要利益相关者实现共赢，这些利益相关者包括政府、政府间组织、非政府组织、私人投资部门、学术界及公众。下面是一些工业部门已经采取的行动计划，一方面应加强这些行动，另一方面也应采取一些其他行动。

减少用水量与提高水生产力

显而易见，工业部门首先应通过水资源保护、回收利用、减少排放及水质提升来减少用水量。可采取的措施包括：

- 进行用水审计，计算水足迹。
- 利用零排放及水资源优化技术来推进工业进程（Das，2005）。这涉及供需两方面的需要及考虑因素。零排放的目的是通过充分的回收再利用及不产生废弃物来消除水足迹，改变水生产力等式的平衡（水足迹网络，日期不详b）。在实现零排放的过程中，需要将废水资源转化为其他产业及工业集群可用的资源。对于工业部门来说，零排放是一个循序渐进的过程，要通过企业战略规划进行设计和实施。零排放不仅会对地方工业产生影响（清洁生产及利润增加），其累积成果还会影响到流域、跨界流域及更广大的范围。
- 在可能实现零排放的地区实行水资源回收和再生水利用。
- 采用水损耗管理，对于陈旧的地下输水管道经常出现的大量渗漏进行定位、计量及修复，包括开发地面渗漏检测系统、机器人及视频管线监测技术、高精度流量监测和计量技术以及管道修复系统（TSG，2009）。
- 对工业部门中采用的技术，从效率及成本两方面，对其性能进行全面持续的监测和记录。在尽早发现问题及污染方面，全程实时监测有着得天独厚的优势，并且同步数据管理体系也同样重要（TSG，2009）。

引进新技术

现有最佳技术（BAT）会大幅增加成本和耗费时间，因此需要一定的过渡期，而对这些技术依照规定实施也需要深思熟虑。我们的目标是找到最为有效的技术，它不仅在技术上可行，还能以经济的方式实施和合理的方式获取。达到这个目标可能涉及以下各个方面：

- 采用绿色新技术，并与自然处理系统相结合。一些人认为，砂滤和湿地处理优化等简单的方法可能比较为常见的传统处理技术更易于实施以及更为廉价，可在解决全球绝大多数水短缺问题时发挥更重要的作用（TSG，2009）。

专栏 20.4

联合国工业发展组织采取的南地中海区域环境友好型技术转让（MED-TEST）措施

南地中海区域环境友好型技术转让是联合国工业发展组织的一项绿色工业举措，由全球环境基金和意大利政府提供资助，旨在解决地中海战略行动计划（SAP-MED）中所确认的工业污染的优先热点问题。南地中海区域环境友好型技术转让是联合国环境规划署地中海行动计划（MAP）下的地中海大型海洋生态系统（LME）战略合作伙伴的一个组成部分，地中海行动计划旨在支持政府实施减少工业排放的国家战略。南地中海区域环境友好型技术转让项目（2009—2011年）主要针对埃及、摩洛哥和突尼斯，今后有望扩展到地中海地区的其他国家。

南地中海地区的企业目前在诸多领域均面临着大量挑战，包括保持或提升在地方市场中的竞争力，将其优质产品推向国际市场，满足环境标准以及降低运营成本等。南地中海区域环境友好型技术转让项目的目标是协助企业应对这些挑战，并制定出长期可持续的企业战略。

环境友好型技术转让（TEST）的基础是在管理金字塔的各个阶层进行变革管理：运营、管理体系及战略。环境友好型技术转让方法整合并结合了清洁产品评定（CPA）、环境管理系统（EMS）、环境管理会计（EMA）、技术转让及企业社会责任等传统措施的所有基本要素，其应用基础是对企业需求进行全面诊断（初步审核）。

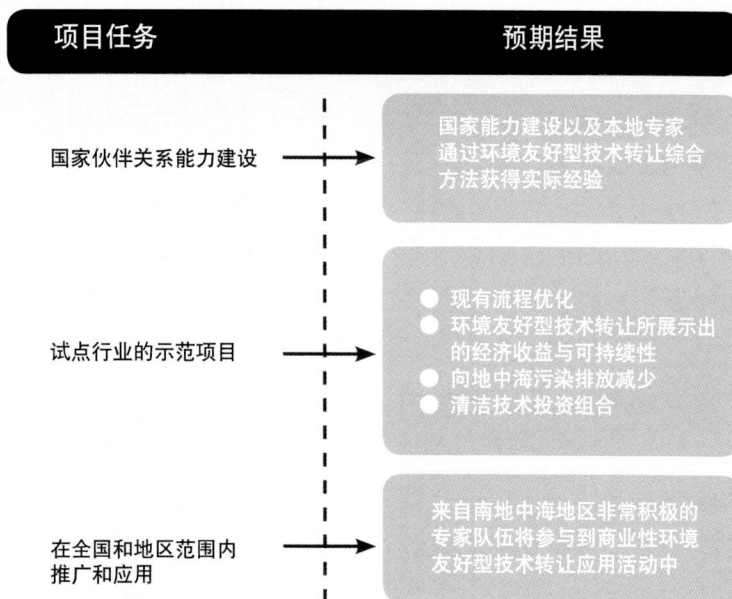

项目任务	预期结果
国家伙伴关系能力建设 →	国家能力建设以及本地专家通过环境友好型技术转让综合方法获得实际经验
试点行业的示范项目 →	● 现有流程优化 ● 环境友好型技术转让所展示出的经济收益与可持续性 ● 向地中海污染排放减少 ● 清洁技术投资组合
在全国和地区范围内推广和应用 →	来自南地中海地区非常积极的专家队伍将参与到商业性环境友好型技术转让应用活动中

南地中海环境友好型技术转让项目概况

企业可按照下列步骤引进环境友好型技术转让综合方法：

- 改善生产过程的现有管理模式，以改善现状。
- 考虑引进新的清洁技术（如若不够，则引进优化的末端解决方案）。
- 企业的商业战略应借鉴每项环境友好型技术转让项目实施过程中的教训。

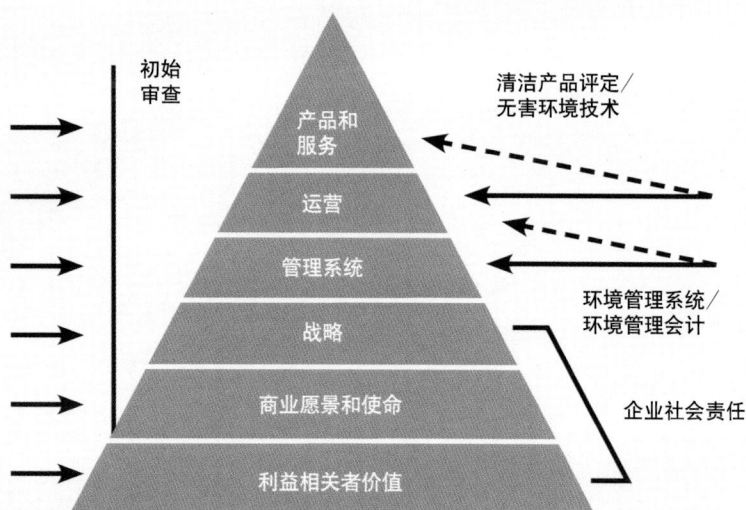

环境友好型技术转让工具和管理金字塔

资料来源：UNIDO（日期不详 b）。

- 持续开展和推广使用环境友好型技术转让方法（UNIDO，日期不详a）以及环境管理会计（见专栏20.4）。
- 与政府及学术界合作，开展联合研究项目以便开发新技术。

运用生态创新

作为可持续发展的一个组成部分，工业生态学是一个相对较新的概念，旨在研究工业企业、经济系统与自然系统之间的相互关系（Das，2005）。在工业调整过程中，工业生态学与零排放相结合，将消除废弃物作为一项末端解决方案（见图20.11）。工业部门所面临的重点问题如下：

- 将工业生态学及环境设计（DFE）纳入工业设计及整体规划（Das，2005）。
- 向生态工业园过渡。各产业分组进行废水再利用有很多明显的优势，但也需克服一定的障碍，例如不相关的产业之间很难开展合作，以及仅依靠单一供水渠道所产生的顾虑（Das，2005）。在未实行分组的旧园区，废水运输可能成为一个大问题。需水量大的新企业如果不要求水质达到饮用水的标准，则可搬到已有的或新建的污水处理厂附近。

- 环境及生态恢复投资。此类项目可能包括上游流域恢复及供应链区域的投资，这项措施有利于企业和居民实现共赢，比技术解决方案获得更高的成本效益（美国太平洋研究院，2007）。

- 采取生命周期法对产品生命周期的各阶段进行评价，包括原材料提取、制造、分销、使用及处置。这可以在封闭系统下完成，例如，正在实施的联合国工业发展组织化学品租赁项目为实现零排放起到了积极的促进作用（化学品租赁，日期不详a）。这些项目还促进化学品的有效使用，并通过在化学品供应商及使用者之间形成回路，以实现经济及环境效益（见图20.12）：即供应商推销化学品的功能，使用者参与原材料生命周期的管理。

图 20.11

可持续制造与生态创新之间的概念关系

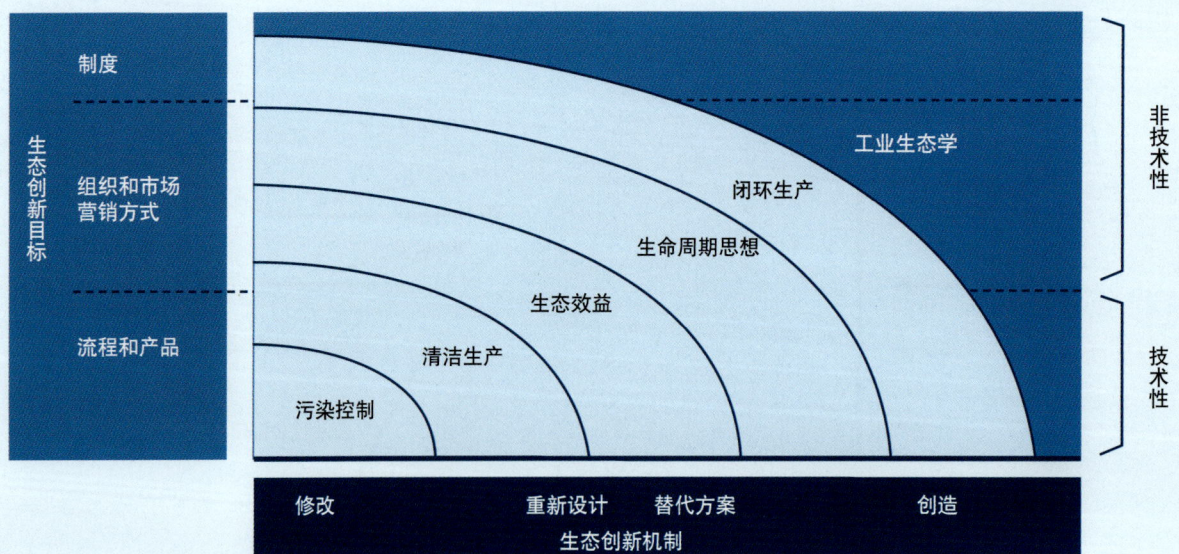

生态创新目标：制度、组织和市场营销方式、流程和产品

工业生态学　闭环生产　生命周期思想　生态效益　清洁生产　污染控制

非技术性　技术性

生态创新机制：修改　重新设计　替代方案　创造

资料来源：OECO（2009，p.15）。

图 20.12

化学制品租赁的概念

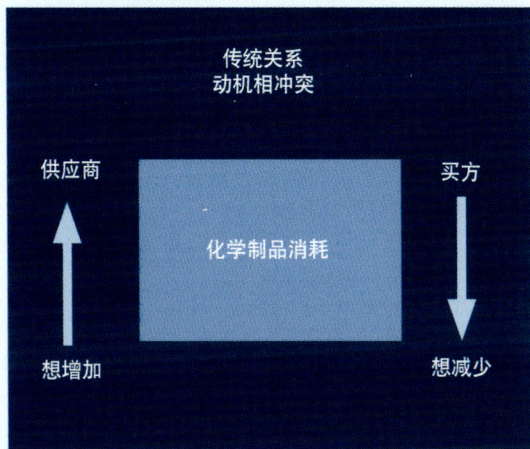

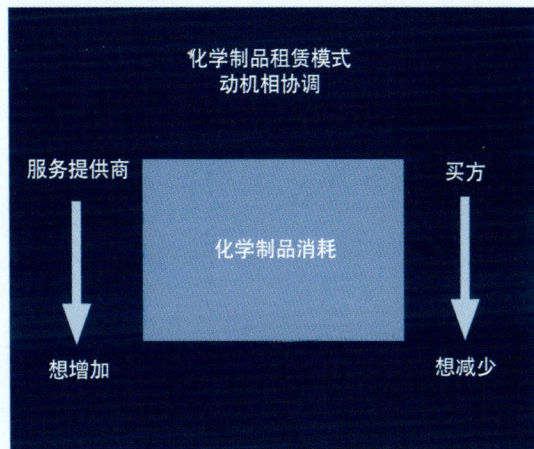

化学制品生产商　　　　　供给、非出售　　　　　化学制品用户

传统关系
动机相冲突

供应商　　　　　　　买方

化学制品消耗

想增加　　　　　　　想减少

化学制品租赁模式
动机相协调

服务提供商　　　　　买方

化学制品消耗

想增加　　　　　　　想减少

环境：排放减少　　　　　　经济：附加值

废物载荷

空气污染

水污染

成本：
其他

成本：
化学制品生产商

成本：用户

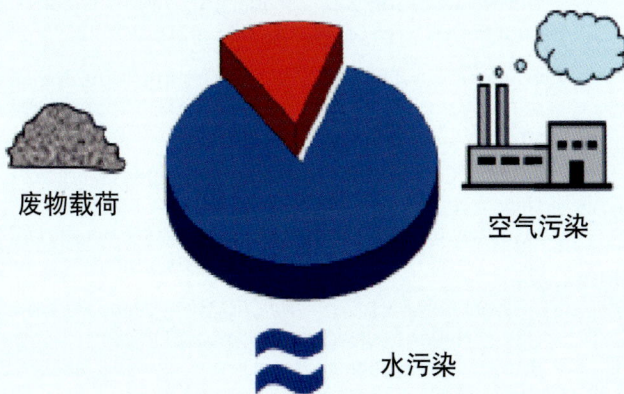

资料来源：化学制品租赁（日期不详b）。

参考文献

2030 Water Resources Group. 2009. *Charting our Water Future: Executive Summary.* 2030 Water Resources Group. http://www.mckinsey.com/App_Media/Reports/Water/Charting_Our_Water_Future_Exec%20Summary_001.pdf

CBSR (Canadian Business for Social Responsibility). 2010. *The Business Case for an Integrated Approach to Water Management.* Vancouver, BC, CBSR. http://www.cbsr.ca/sites/default/files/file/Water%20Guide%20-%20Final%20version-v3.pdf

Chemical Leasing. n.d.*a Concept of Chemical Leasing: Involvement of UNIDO.* http://www.chemicalleasing.com/sub/concept/invunido.htm (Accessed 8 August 2011.)

----. n.d.*b Concept of Chemical Leasing.* http://www.chemicalleasing.com/sub/concept.htm (Accessed 8 August 2011.)

The Coca-Cola Company and The Nature Conservancy. 2010. *Product Water Footprint Assessments: Practical Application in Corporate Water Stewardship.* http://www.thecoca-colacompany.com/presscenter/TCCC_TNC_WaterFootprintAssessments.pdf

Das, T. K. 2005. *Towards Zero Discharge: Innovative Methodology and Technologies for Process Pollution Prevention.* New York, John Wiley & Sons.

FAO (Food and Agriculture Organization of the United Nations). 2007. *Making Every Drop Count.* Press Release, 14 February. Rome, FAO. http://www.fao.org/newsroom/en/news/2007/1000494/index.html

Grobicki, A. 2007. *The Future of Water Use in Industry.* Paper presented at the UNIDO Technology Foresight Summit, Budapest, 27–29 September 2007.

GWI (Global Water Intelligence). 2008. A *New Virtual Reality.* Vol. 9, issue 9. http://www.globalwaterintel.com/archive/9/9/analysis/a-new-virtual-reality.html

Mekonnen, M. M. and Hoekstra, A. Y. 2010. *The Green, Blue and Grey Water Footprint of Crops and Derived Crop Products.* Value of Water Research Report Series No. 47, Paris, UNESCO-IHE.

Hoekstra, A. Y. and Chapagain, A. K. 2007. Water footprints of nations: Water use by people as a function of their consumption pattern. *Water Resources Management,* Vol. 21, pp. 35–48.

IPCC (Intergovernmental Panel on Climate Change). 2008. Technical Paper on Climate Change and Water. Doc. 13. Finalized at the 370th Session of the IPCC Bureau. Geneva, IPCC.

Marsalek, J., Schaefer, K., Excall, K., Brannen, L. and Aidun, B. 2002. *Water Reuse and Recycling.* CCME Linking Water Science to Policy Workshop Series, Report No. 3. Winnipeg, Man., Canadian Council of Ministers of the Environment (CCME). http://www.ccme.ca/assets/pdf/water_reuse_wkshp_rpt_e.pdf

McDonough, W. and Braungart, M. 2002. *Cradle to Cradle: Remaking the Way We Make Things.* New York, North Point Press.

NCASI (National Council for Air and Stream Improvement). 2010. *Water Profile of the Canadian Forest Products Industry.* Technical Bulletin No. 975. Research Triangle Park, NC, NCASI. http://www.ncasi.org//Publications/Detail.aspx?id=3280

OECD (Organisation for Economic Co-operation and Development). 2009. *Sustainable Manufacturing and Eco-Innovation: Framework, Practices and Measurement* (Synthesis Report). Paris, OECD. http://www.oecd.org/dataoecd/15/58/43423689.pdf

Pacific Institute. 2004. *Freshwater Resources: Managing the Risks Facing the Private Sector.* Oakland, Calif., Pacific Institute. http://www.pacinst.org/reports/business_risks_of_water/business_risks_of_water.pdf

----. 2007. *At the Crest of a Wave: A Proactive Approach to Corporate Water Strategy.* Oakland, Calif., Pacific Institute. http://www.pacinst.org/reports/crest_of_a_wave/crest_of_a_wave.pdf

Payne, J. G. 2007. *Matching Water Quality to Use Requirements.* Paper presented at the UNIDO Technology Foresight Summit, Budapest, 27–29 September 2007.

Rio Tinto. n.d.*a Water.* http://www.riotinto.com/ourapproach/17214_water_17309.asp (Accessed 8 August 2011.)

----. n.d.*b Saving Water by Running on Recycled Waste.* http://www.riotinto.com/ourapproach/17194_features_5898.asp (Accessed 8 August 2011.)

SABMiller Plc and WWF-UK. 2009. *Water Footprinting: Identifying and Addressing Water Risks in the Value Chain.* Technical report. Woking/Surrey, UK, SABMiller Plc/World Wide Fund for Nature UK.

Shiklomanov I. A. 1999. *World Water Resources: Modern Assessment and Outlook for the 21st Century* (Summary of *World Water Resources at the Beginning of the 21st Century,* prepared in the framework of the IHP UNESCO). Saint Petersburg, Federal Service of Russia for Hydrometeorology and Environment Monitoring, State Hydrological Institute.

Statistics Canada. 2007. *EnviroStats, Fall 2007,* Vol. 1, No. 2. Ottawa, Ont., Statistics Canada. http://www.statcan.gc.ca/pub/16-002-x/16-002-x2007002-eng.pdf

TSG (TechKNOWLEDGEy Strategic Group). 2009. *The State of the Water Industry.* Boulder, CO, TSG. http://www.tech-strategy.com/index.htm

UN Global Compact. 2010. *Corporate Responsibility 2010.* New York, United Nations. http://www.unglobalcompact.org/Issues/Environment/CEO_Water_Mandate/endorsingCEOs.html

UN Global Compact. 2011. *The CEO Water Mandate.* New York, United Nations (UN) Global Compact Office. http://www.unglobalcompact.org/docs/news_events/8.1/Ceo_water_mandate.pdf

UN Global Compact. n.d. Website. http://www.unglobalcompact.org/Issues/Environment/CEO_Water_Mandate/index.html (Accessed 8 August 2011.)

UNDP (United Nations Development Programme). 2006. *Human Development Report 2006: Beyond Scarcity – Power, Poverty and the Global Water Crisis.* New York, Palgrave Macmillan.

UNEP (United Nations Environment Programme). 2008. *Vital Water Graphics: An Overview of the State of the World's Fresh and Marine Waters,* 2nd edn. Nairobi, UNEP. http://www.unep.org/dewa/vitalwater/article48.html

UNIDO (United Nations Industrial Development Organization). n.d.*a Test Approach.* http://www.unido.org/index.php?id=7677 (Accessed 8 August 2011.)

----. n.d.*b Towards Clean Competitive Industry* (Brochure). http://www.unido.org/fileadmin/user_ media/Services/Environmental_Management/Water_ Management/09-84752_brochure_final.PDF (Accessed 8 August 2011.)

Water Footprint Network. n.d.*a Corporate Water Footprints.* http://www.waterfootprint.org/?page=files/ CorporateWaterFootprintAccountingFramework

----. n.d.*b Glossary.* http://www.waterfootprint. org/?page=files/Glossary (Accessed 8 August 2011.)

WBCSD (World Business Council for Sustainable Development). 2006. *Business in the World of Water: WBCSD Water Scenarios to 2025.* Washington, DC, WBCSD. http://www.wbcsd.org/Plugins/DocSearch/details.asp?Doc TypeId=25&ObjectId=MTk2MzY&URLBack=%2Ftemplates% 2FTemplateWBCSD2%2Flayout.asp%3Ftype%3Dp%26Men uId%3DODU%26doOpen%3D1%26ClickMenu%3DRightMen u%26CurPage%3D11%26SortOrder%3Dpubdate%2520desc

World Bank. 2010. *World Development Indicators 2010.* Washington, DC, The World Bank. http://data.worldbank. org/data-catalog/world-development-indicators/wdi-2010

WWAP (World Water Assessment Programme). 2003. *World Water Development Report 1: Water for People, Water for Life.* Paris/New York, UNESCO/Berghahn Books.

----. 2006. *World Water Development Report 2: Water: A Shared Responsibility.* Paris/New York, UNESCO/Berghahn Books.

----. 2009. *World Water Development Report 3: Water in A Changing World.* Paris/London, UNESCO/Earthscan.

----. n.d. *Facts and Figures: Water and Industry.* http://www. unesco.org/water/wwap/facts_figures/water_industry. shtml (Accessed 8 August 2011.)

第二十一章

生态系统

联合国环境规划署（UNEP）

作者：蒂姆·琼斯（DJ Environmental）、蒂姆·戴维斯（DJ Environmental）、托马斯·希兰巴（联合国环境规划署）和伊丽莎白·卡卡（联合国环境规划署）

供稿：丹尼尔·佩罗特-梅特（联合国环境规划署）、雷纳特·弗莱纳（联合国环境规划署）、彼得·比约恩斯彻纳·比昂松（联合国环境规划署-DHI 水与环境研究中心）、大卫·科茨（生物多样性公约秘书处）、安妮-利奥诺·波菲（可持续发展世界商业理事会）和萨拉·戴维森（大自然保护协会）

管理生态系统是为了维持可供水量和水质，而且，良好的生态系统服务有助于实现水安全。稳定的供水（足够的数量和质量）取决于能够涵养水资源的生态系统能否保持健康，而生态系统能否保持健康也取决于其本身能否获得充足的水。"大自然与水安全互相作用"这句话可充分概括两者之间的关系，决策者需要考虑这一点。

生态系统提供的服务范围很广（例如食物和纤维、养分循环、气候调节、洪水和干旱调节、旅游和娱乐），但水安全是所有这些的基础。所有的用水都取决于生态系统功能，其他维持人类社会发展的自然资源产品和服务也是如此。对于经济社会福祉和可持续发展而言，生态系统能够维持其服务功能至关重要。

管理生态系统服务需要进行权衡，但权衡不仅仅是对收益进行取舍，还包括获得可持续的多重收益，并平衡投资以达到最佳结果。

可持续发展（包括水安全）依赖于维持生态系统服务功能。因此，生态系统管理是关键所在。

生态系统服务可创造很高的经济价值，但在经济规划中常常不被考虑，而往往被视为是自然界免费提供的。在多数情况下，这是错误的，因为生态系统服务功能一旦退化或丧失，人们需要付出昂贵的代价对其进行修复或恢复。因此，生态系统服务是有限的，不可过度利用。

将基于生态系统的理念融入到水治理中是当前的迫切需要。水分配应基于可持续的供水，而这应由生态系统承受力决定而不是由需求来决定。

维持和恢复生态系统是对气候变化造成的不断上升的风险和不确定性做出的根本响应。

保持或恢复天然基础设施可以降低洪水、山体滑坡和干旱等自然灾害所产生的风险和不确定性（包括那些由极端风暴、地震和海啸带来的）。降低灾害影响的频率和严重性，以及建立更加稳定的条件来减轻破坏，能够产生丰厚的经济效益。

由于压力不断升级，生态系统及其服务持续退化或丧失，这增大了上文所提到的风险。淡水生态系统受到的威胁最为严重，生态系统向人类持续提供赖以生存的水资源的能力正在受到严重损害，已经对人类造成了灾难性的影响。

与传统的实现水安全的方法相比，维护或恢复生态系统以确保我们赖以生存的生态系统服务能力得以持续，是一项经济有效且更可持续的解决方案。除了工程措施外，天然基础设施是值得考虑的解决方案之一，评估时应将着眼点放在这些设施能够提供的多重收益上，通常天然基础设施方案在这方面的回报较高。

在改进的和更为全面的政策管理框架下，我们应将生态系统措施作为主流方法，充分发挥其效益，以便获得可持续性更好的解决方案。

21.1 挑战

生态系统是全球水循环的关键。地球上所有的淡水都依赖于生态系统持续良好的运转。人类社会从生态系统所提供的各种服务中受益，包括调节水量、缓减极端洪水和干旱以及保护水质。生态系统支撑水循环的同时也依赖于水循环，它支撑着地球上所有的生态系统服务，如粮食生产、气候调节、碳储存和养分循环等。水循环还对河口和三角洲功能的发挥产生重要的影响，提供包括调节土地形态、保护海岸和提供渔产品等在内的重要服务。

生态系统的丧失或退化通常会导致与水有关的服务功能减少。以往由大自然提供的服务现在往往由工程措施替代（例如防洪建筑或水处理设施），这通常需要耗费大量的投资和运营成本，并且可持续性很低。土地用途的改变会严重影响可供水量，例如森林砍伐会严重影响地表水的水量和水质。同样，地表植被依赖持续的水供应，例如森林的形成离不开地下水。维持生态系统的良性运转是解决水安全问题不可分割的一部分。作为更加经济有效和可持续的解决方案，天然基础设施可用来取代工程措施，或与工程措施同时使用。我们面临的挑战是如何将以生态系统为基础的思维模式和管理方法，以及水和土地利用规划整合到所有部门的管理中。

过去，生态系统曾被一部分人认为是不产生价值的用水户，而另一部分人则单纯地从发展问题的紧迫性考虑，主张关注生态系统以保护系统及其生物多样性。可喜的是，人们的观念正在转变，开始关注人类与生态系统（环境）的相互作用，以实现与水有关的发展目标。

各地区的成功实践为在水政策以及土地和水资源管理中采用基于生态系统的解决方案提供了有利支持。我们面临的挑战是如何使这项经济和环境上可持续的水管理手段成为主流。第五届世界水论坛（伊斯坦布尔，2009 年 3月）曾提出，我们应当转换模式，变"水为自然服务"为"自然为水服务"。这对决策者们提出了如下要求：

- 认识到大量清洁的水资源供给是生态系统提供的一项服务，维持或恢复生态系统基础设施是实现水安全的一种方式；
- 充分意识到必须通过直接或间接的方式依靠尽可能多的社会经济部门，保持生态系统服务的可持续性，并且保持这些服务功能的性质不变；
- 知道威胁生态系统运行的风险因素；
- 评估生态系统服务价值，包括计算用工程措施取代生态系统服务的经济成本；
- 政策制定和管理应透明、公正，认识到生态系统可以有助于提供具有成本效益的解决方案，并且具有为可持续发展提供多重效益的潜力；
- 进行必要的改革，并将解决方案付诸实践。

21.2 生态系统在调节水量和水质中的作用

《世界水发展报告》第一版对水生态系统进行过简要的介绍（世界水评估计划，2003），重点关注了生态系统中的湿地和淡水，例如溪流、河流、湖泊和沼泽。本报告将进一步介绍生态系统的其他组成部分，例如森林、草地和土壤，它们在生态系统中也发挥着显著作用。

地表植被（土地覆盖）控制径流和陆地表面的水土流失。植物的叶子影响雨水的落地方式，植物根部有助于水渗透到土壤中。植物的这些作用能够显著地减少侵蚀，稳固斜坡（减少滑坡），潜在地降低洪水风险，并保持土壤水分和地下水的补给。植物还从土壤中吸取水分并以水蒸气的形式释放到大气中（蒸腾作用），对当地、区域乃至世界的降雨模式都有显著影响。在大片广袤的原始森林所覆盖的地区，蒸腾作用带来的益处最为明显，例如亚马孙盆地和刚果盆地。砍伐植被会减少当地、区

域和全球的降雨量，但是二者之间的关系比较复杂，例如，种植对水分要求较高的非本地树种，特别是在干旱地区，可能会导致地下水的枯竭。建议对植被的大规模变化进行严格的水循环影响评估。

湿地，例如沼泽、泥炭地和浅水湖等，可以永久性或间歇性地蓄水，对水循环的作用可能最为明显。例如，洪泛平原湿地能够储存洪水，减缓其流速，从而降低下游地区的洪水风险。湿地还可以作为一种有效的天然水处理设施调节水中营养物、沉积物和其他潜在的污染物（见专栏 21.1）。

山地生态系统包含雪地、冰川、裸礁石、巨砾场、岩屑堆、溪流、河流、湖泊、草原和森林等，是世界主要河流的源头。仅喜马拉雅地块就构成了亚洲几大河流的发源地，包括雅鲁藏布江、恒河、印度河、湄公河以及长江，全年的供水人口约为 10 亿（Rao 等，2008）。

21.2.1　生态系统作为水利基础设施

"生态基础设施"这一术语的提出，说明生态系统能够起到并且已经起到传统工程水利基础设施类似的功能。目前，生态基础设施常用来解决水质问题（见专栏 21.2）。一个有效的洪泛平原能够通过大范围地吸纳水流，削减洪峰，同时使沉积物得到沉淀；如果洪泛平原丧失，则必须通过洪水和泥沙控制工程代替其发挥作用。对"软"生态基础设施维护的投资应与"硬"工程基础设施的投资同等对待。许多情况下，前者被证明将比后者更加经济有效，同时还可提供额外收益，如支持渔业、旅游业和保护生物多样性。但是，地形、土地覆盖、气候和水循环之间的相互作用具有复杂和地域性，因此，为找到解决方案，必须针对特殊情况开展有针对性的调查（Emerton 和 Bos，2004）。

专栏 21.1

用湿地作为水处理设施：印度加尔各答

加尔各答市每天大约产生 6 亿升污水和废水。东加尔各答人造湿地 2002 年被列入国际重要湿地名录，其 125 平方千米（12 500 公顷）的区域可用于污水处理、鱼类养殖（4 000 公顷）和灌溉农业（6 000 公顷）。废水被泵抽送到东加尔各答湿地内的鱼塘，生物降解作用具有累计效率，平均可以减少 80% 以上的生物需氧量和超过 99.99% 的大肠菌群。此外，该湿地每年出产的鱼类约占当地市场的 1/3（11 000 吨），而经过湿地处理后的水则用于灌溉稻田（每年出产 15 000 吨大米）以及保障蔬菜种植。

资料来源：印度西孟加拉邦环境局（2007）。

专栏 21.2

水质风险的生态系统解决方案

利用天然的基础设施来保障供水，特别是城市的饮用水供给，已经得到普及。例如，巴西国家水务署制定的"水生产计划"将为农民提供补偿，以保障圣保罗市 900 万人口的重要供水水源。该案例的成功推动了该方法在巴西其他地区的普及（大自然保护协会，2010b）。同样，哥伦比亚安第斯清卡扎国家公园（Chingaza National Park）的帕拉莫草原对于哥伦比亚首都波哥大 800 万人口的供水起着至关重要的作用。一家创新的公私合营企业成立了环境信托基金，通过该基金，自来水公司支付的款项被用于可持续地管理帕拉莫草原，每年为自来水公司节省约 400 万美元（Forslund 等，2009，p.31）。

21.2.2 水分配和环境流量

生态系统本身也需要充足的水以维持其功能的正常运行。为维持这项功能而开展水分配涉及的主要因素包括：

- 评估与水相关的生态系统服务的经济价值，以及在不同用户之间进行权衡；
- 掌握本地区和本区域生态系统在保障水安全方面的作用机制，包括生态系统和人类两者需要的水量、水质和供应时间等；
- 适当规模的参与性措施；
- 水治理能力建设；
- 水分配决策的基础应该是管理和保障水的供给，而不是简单地对需求做出回应。

在某一特定区域内，为了维持依赖于水的生态系统的正常运行或与水相关的生态系统服务所需要的全部水量，通常被称为环境流量（Dyson 等，2008）。但是，当前采取的环境流量措施往往仅限于考虑地表水的流量，特别是河流的最小径流量要求（见专栏21.3）。为维持水循环，还应考虑必要的地下水、土壤水分以及蒸发蒸腾。

21.2.3 生态系统服务的经济价值评估

对与水相关的和依赖水的生态系统服务的经济价值进行评估，是直接比较投资和运营成本最为有效的手段之一（见专栏21.4）。它对于不同性别的发展也起到至关重要的作用，因为不同的性别（和经济类别）对于不同生态系统服务的依赖有很大的差别（参见第二十三章"评估水的价值"）。

水支撑着所有生态系统服务，这一事实产生的价值若能被计算，将会是巨大的。但在所有的生态系统服务中，有一些服务与水的关系更为明显和直接（例如防洪减灾和水质）。对生态系统服务进行价值估算有时很难，但有些相对比较简单，例如，洪水影响的成本以及人工修建防洪设施的投资和运营成本通常是众所周知的，而且可以反映出生态系统基础设施提供抗洪减灾服务的价值。同样的，生态系统服

专栏 21.3

维持河流流量：湄公河协议

柬埔寨、老挝、泰国和越南共同签署的《湄公河协议》（1995 年）对维持河流流量提供了一个合作框架。《湄公河协议》提出的具体要求为最小河道流量应"不小于干旱季节每月最低可接受的自然流量"。自 2004 年以来，湄公河委员会秘书处采用了一个流域径流综合管理方案，向河岸周边国家提供有关土地和水资源开发成本和收益的预测信息。它也支持政府间对话，就发展、社会影响和环境影响之间必要的利弊权衡进行交流，达成双方可接受的可持续发展框架，促进实现合理和公平的价值跨界分享。

资料来源：湄公河委员会（2010）和 Sri-netr（2009）。

专栏 21.4

评估美国密西西比河三角洲的生态系统服务

密西西比河三角洲生态系统在飓风和洪水防御、供水、水质改善、娱乐和渔业等方面每年产生的价值达 120 亿～470 亿美元。如果将这一笔自然资本当作经济资产，那么三角洲的资产价值起码为 3 300 亿～1.3 万亿美元（2007 年不变价格）。然而，由于人类活动导致生态系统丧失和退化，这些自然资本正逐渐消失。未来几十年如果不对天然的基础设施进行投资，每年生态系统服务丧失导致的损失将达到

务中自净功能的丧失可通过人工水处理的成本或水质变差的经济影响反映出来。

　　在过去的二十多年里，生态系统服务的经济价值评估取得了很大进展；在目前的实践中，有一系列技术得到了应用。Emerton 和 Bos（2004）、Emerton（2005）和 De Groot 等（2006）对此进行了总结和概括。生态系统与生物多样性经济学（TEEB）（2009a）对该问题进行了全面论述，直接指出了穷人对生态系统服务的依赖。生态系统与生物多样性经济学（2009b）的结论为：对生态基础设施进行公共投资（特别是恢复和保护森林、红树林、河流流域和湿地等）成本效益十分显著，尤其是作为适应气候变化的一种手段，具有巨大的潜力。即使是许多陆地生态系统（如森林），其与水服务相关的价值也远远超出我们的预期（如木材产品和碳吸收）。生态系统与生物多样性经济学（2009b）列举了一个实例：森林提供的与水相关的服务占森林总价值的 44% 以上，并且超过气候调节、食物、原材料、娱乐及旅游服务价值的总和。尽管对与水相关的生态系统服务价值进行估算可以提供良好的比较指标，从而可以确定优先领域，并且在相关问题上已经提高了国家的重视程度，但它还算不上一门严谨的科学，因而尚未得到广泛应用。然而，还有很多报告对生态系统价值持审慎的态度，尤其是与地方收益相关的价值具有一定的特殊性，这意味着一个案例的情况未必适合其他地方。

　　对气候变化的风险和脆弱性关注的加深，进一步激励了人们开展与水有关的生态系统服务价值估算的研究，并且估算出的价值很高。例如，Costanza 等（2008）计算得出，在美国

发生的一次暴雨事件中，一公顷湿地起到的极端气候减灾作用（不包括其他作用）价值达 33 000 美元。在墨西哥，与人类消费目的相关的水和保护区的价值估计达每年 1.58 亿美元，而人类直接消费的水价值约为 1 500 万美元（大自然保护协会，2010a）。在全球范围内，大约 33%～44% 的城市从森林保护区获得水源。这些实例说明了生态系统所涉及的潜在利益，尽管在术语的使用方面还受到诸多限制。

　　维持生态系统服务的商业价值正得到更加广泛的认可，并且这已经超出了企业社会责任的范畴。例如，为了维护企业赖以生存的水资源，产值达数十亿美元的苏格兰威士忌工厂与苏格兰环境保护局密切合作，开发和实施环境管理最佳实践，措施包括保护脆弱的泥炭地生态系统以及积极参与流域管理的规划。

　　可持续发展世界商业理事会（WBCSD）与世界资源研究所共同编制了《企业生态系统服务评估》，帮助企业确定和衡量由于影响和依赖生态系统服务而导致的风险和机遇（可持续发展世界商业理事会，2010a）。可持续发展世界商业理事会还开发了可公开获取的"全球水工具"，帮助企业和组织了解用水情况，对其全球业务和供应链相关的风险进行评估（可持续发展世界商业理事会，2010b）。基于上述两种工具，可持续发展世界商业理事会发起了"生态系统价值倡议"，其目的是开发《企业生态系统评价指南》，使生态系统价值评价成为企业商业规划和决策的基本组成部分（可持续发展世界商业理事会，2010c）。可持续发展世界商业理事会 2050 年愿景：开发潜在的发展模式，到 2050 年全球 90 亿人口能够可持续地生活，重点强调企业在推动变化方面应起到的作用（可持续发展世界商业理事会，2010d）。

21.2.4　生态系统服务付费

　　向土地所有者和使用者付费能够激励其开展土地和水资源管理，从而最大限度地增加生态系统服务（生态系统服务付费），并且使下游用户获得收益，因为上游的管理实践和下游

的利益有着明确的因果联系。某些群体已经因生态服务的丧失而遭受到损失，此时开展成本补贴是最容易被接受的，从而可以将资金从这些群体转移到可以恢复生态服务的人群手中。最明显的例子是水质问题（见专栏21.2和专栏21.5）和防洪减灾（例如，因农田洪水风险的增加向农民提供补偿，从而降低城市居民的洪水风险）。生态系统服务付费计划在下列情况下最有可能成功：

• 生态系统服务的需求是明确的，并且对一个或多个参与者是具有经济价值的；

• 供给受到威胁；

• 特定的资源管理措施有潜力解决供给约束；

• 存在高效的经纪人或中介机构；

• 合同法已经出台且执行有力，并且资源的使用权是明晰的；

• 对合作伙伴公平利益评估制定了明确标准，可能包括独立评估员的参与。

有关生态系统服务付费的其他信息可参见"森林趋势"组织（Forest Trends）、卡图巴组织（Katoomba Group）和联合国环境规划署（2008），Emerton（2005），Emerton 和 Bos（2004）以及 Smith 等（2006）的报告。

21.3 生态系统发展现状与趋势

《世界水发展报告》第二版和第三版（世界水评估计划，2006 和 2009），《全球环境展望》第四版（联合国环境规划署，2007），以及《全球生物多样性展望》第三版（生物多样性公约，2020a）都曾经指出，生态系统在全球范围内呈现出退化趋势，目前，这一趋势仍在继续。这一情况同样也反映在区域评估中（例如联合国环境规划署，2008）。

2000—2005 年开展的"千年生态系统评估"（MA）仍然是迄今为止最全面的综合评估，评估结果包括一份综合报告、关于湿地和水的综合报告（及其他具体领域）以及支持这些综合报告的详细技术报告，这些报告均可以在千年生态系统评估网站（http：//www.millenniumassessment.org/en/index.aspx）上获得。具体到湿地和水，千年生态系统评估发现（千年生态系统评估，2005）：

• 水资源短缺和无法获得足够的水是制约许多国家经济发展的关键因素。然而，许多水资源开发计划仍没有充分权衡湿地提供服务所带来的益处。

• 跨部门、基于生态系统的自然资源管理方法，由于能够对不同生态系统服务进行权衡，因此更有可能实现可持续发展。

• 农业生产与水质和水量，以及用水和生物多样性之间的平衡关系尤为重要。

《全球生物多样性展望》第三版（生物多样性公约，2010a）充分说明，淡水生态系统仍然是所有生物群落中丧失和退化最快的。整体的衰退无法简单地通过划定保护区得以解决，因为这些生态系统是内在联系的，特别是在流域尺度上，土地和水之间是相互作用的。例如，拉姆萨尔湿地公约国家报告数据显示，虽然湿地保护区在不断增加，但大部分湿地仍在退化（生物多样性公约，2010b）。生物多样性公约（CBD）在该问题上的一份回顾（生物多样性公约，2010b）得出结论，生物多样性丧失的驱动因素依然存在且不断升级。这些驱动因素包括：栖息地发生改变、破碎化、用水产生的影响（特别是农业用水）、土地利用和其他因素对水质产生的影响以及外来物种入侵；过度的营养负担已经成为内陆（和沿海）水生态系统变化的一个直接驱动因素，地下水受到污染仍然是重点关注问题；地区、区域以及大陆范围内人类用水的剧烈变化影响着地表水和地下水的水循环；全球可利用水资源量的生态可持续性已经在部分区域达到了极限，影响人数已经超过全球人口的1/3，到2030年将上升到一半左右。

地球生命力指数（LPI）评估了来自世界各地的1 000多种脊椎动物的种群发展趋势，包括鱼类、两栖类、爬行类、鸟类和哺乳动物类，提供了一种评价生态系统健康的实用工具（世界自然基金会，2008）。考虑到不同的生物群，淡水生物群的地球生命力指数下降速度快于海洋和陆地生物群，特别是在热带地区，该指数下降得更为迅速。温带地区（主要为发达国家）的种群发展趋势保持稳定或者有可能上升，而热带地区（主要为发展中国家）则持续下降（见图21.1）。淡水生物群的这一数据呈现出同样趋势，而且下降得更加迅速（见图21.2），这是由于发展中国家生物多样性水平较高，对压力和影响更为敏感。然而，发展中地区和新兴经济体生态退化的主要驱动因素，至少是部分原因，表现为发达国家对生态系统的消耗。目前，发达国家的本地足迹似乎已经趋于稳定（或者得到改善，如图21.1和图21.2所示），但实际上，其大部分环境足迹正在向着发展中国家转移，这着重表现在发展中国家的淡水生态系统正在不断恶化。《地球生命力报告2010》（世界自然基金会，2010）显示，地球生命力指数继续呈下降趋势，全球淡水生态系统呈急剧恶化的状态。

图 21.1

全球所有生物群落的指数（1970—2007年）

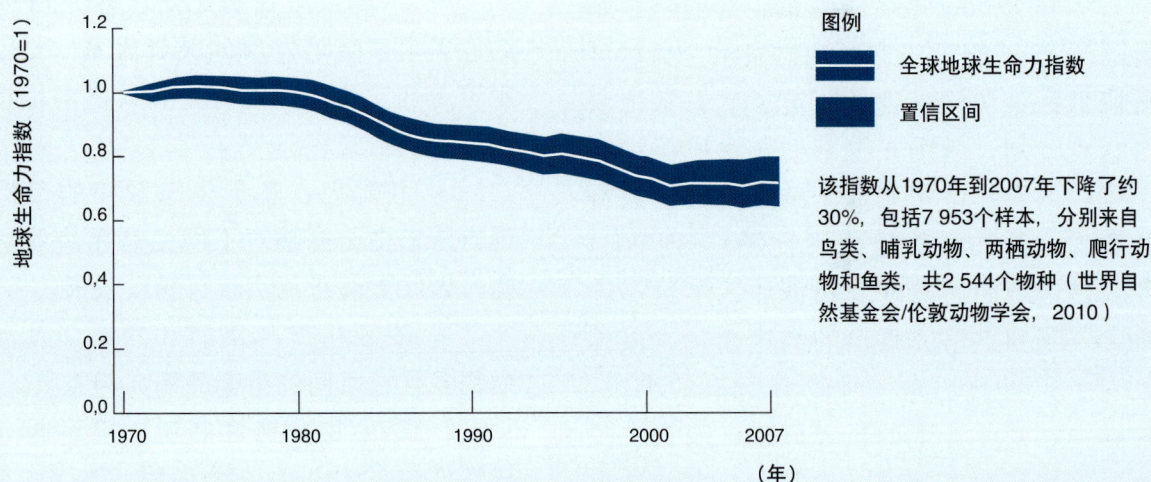

图例
- 全球地球生命力指数
- 置信区间

该指数从1970年到2007年下降了约30%，包括7 953个样本，分别来自鸟类、哺乳动物、两栖动物、爬行动物和鱼类，共2 544个物种（世界自然基金会/伦敦动物学会，2010）

纵轴：地球生命力指数（1970=1）
横轴：（年）

资料来源：世界自然基金会（2010）。

图 21.2

淡水的地球生命力指数（1970－2007年）

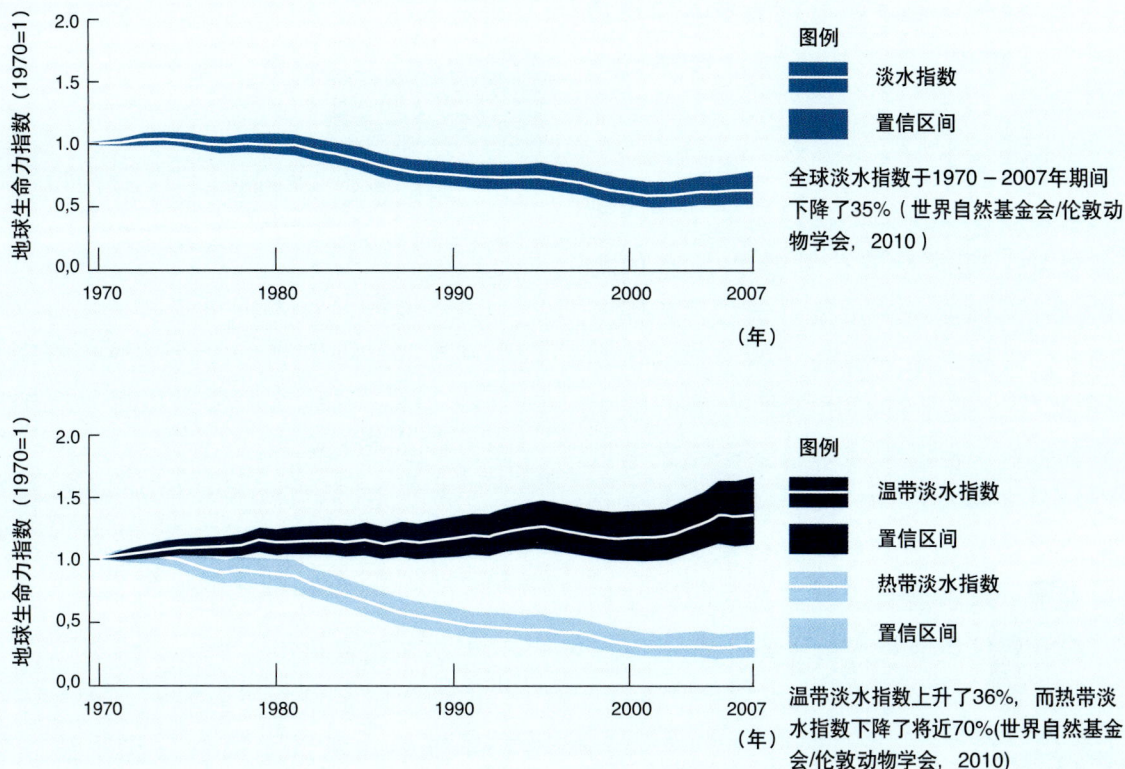

全球淡水指数于1970－2007年期间下降了35%（世界自然基金会/伦敦动物学会，2010）

温带淡水指数上升了36%，而热带淡水指数下降了将近70%（世界自然基金会/伦敦动物学会，2010）

资料来源：世界自然基金会（2010. p.26）。

21.4　风险、脆弱性和不确定性对生态系统和水安全的影响

　　自然变化（如气候变异）和日益增加的人为压力，从流域退化到全球性气候变化，带来诸多风险、脆弱性和不确定性，影响着生态系统及其对水安全的贡献。生态系统已逐渐适应了极端气候的影响，如洪灾、旱灾、飓风、地震、火山爆发和海啸，并且能够在一定程度上应对人为因素导致的生态退化。但是管理不善造成或加剧了许多生态系统衰退和灾难性灾害的影响，从而降低了生态系统持续不断地满足人类利益需求的能力。

21.4.1　生态系统面临的主要压力

　　《世界水发展报告》第二版和第三版（世界水评估计划，2006和2009）评估了生态系统面临的主要压力和影响，大部分针对淡水生态系统，主要内容如下：

　　• 生境变化（例如由湿地的排水和改变造成的）

　　• 破碎化和流量调节（例如由水坝和水库造成的）

　　• 污染

　　• 入侵物种

　　• 气候变化

　　在综合考虑各类生态系统在实现水安全过

程中发挥的作用时（例如森林、草原和滨海湿地），可采用以下稍加改进的方法：（1）关注三种变化（即生态系统改变、生态系统破碎化和生态系统退化）对与水相关的生态系统服务的影响；（2）考察引起这些变化的潜在间接因素，例如人口增长、经济发展和消费模式的改变。

生态系统改变

生态系统改变（例如，将湿地抽干用于种植某种农作物）通常会减少所提供服务的种类，依靠牺牲其他服务的价值（例如营养循环和水量调节）来提高某一种服务的价值（例如食物）。实际上，这是在利用其他方面的收益来换取粮食生产，但通常会导致生态系统净收益的降低（见专栏21.6），也会导致促使生态系统发生改变的其他因素的增加，例如，使用肥料和杀虫剂、取水灌溉以及沉淀过程的中断或增加，能够导致水质和水量显著下降。

专栏 21.6

生态系统改变的净收益

千年生态系统评估（千年生态系统评估，2005）发现，加拿大占用湿地开发的大量农田，所获得的净现值不到原有湿地价值的一半，而泰国虾塘的净现值还不足原始的红树林价值的1/4。

生态系统破碎化

生态系统破碎化的结果是破坏了生态系统之间本来固有的连接。河流就是一个典型的例子，河流生态系统被人工修建的大坝或洪泛区分割成彼此失去连接的河段（见专栏21.7）。同样，成片的树林被砍伐殆尽并作他用，原始森林变得支离破碎。新建交通运输通道和城市化扩张是导致生态系统断裂的其他常见原因。分割后的生态系统面积变小、结构更为简单、

多样性程度降低，因此抵抗外部压力的能力较弱，提供的生态系统服务数量更少，有效性也会降低（例如，降低了调节地表径流的能力和输沙能力）。

专栏 21.7

中欧多瑙河流域被破碎化

多瑙河上80％的重要河道通过大坝进行调节，只有1/5的洪泛平原仍保持着原有的功能，这对流域提供生态系统服务的能力带来重大影响。

资料来源：多瑙河保护国际委员会（2010）。

生态系统退化

即使生态系统的类型和范围保持不变，当生态系统的功能（即提供生态系统服务的能力）降低时，就会出现生态系统退化。面源或点源污染是生态系统退化最严重的形式之一，影响着水安全（见专栏21.8）。

专栏 21.8

英国地下水硝酸盐污染

与欧洲许多地方一样，20世纪，英国农业集约化和硝酸盐化肥的过度使用导致了薄土层区或自流排水区（或同时具备这两种特征的地区）地下水的退化。英国60％以上的硝酸盐污染归咎于农业。按照欧盟和国家法规，英国政府划定了易受硝酸盐污染的区域，在这些区域内禁止使用硝酸盐化肥，目的是确保地下水的硝酸盐含量不超过饮用水规定标准。尽管如此，

仍需要采取其他昂贵的补偿性措施，包括混合不同来源的地下水（确保能够稀释受污染区域地下水中的硝酸盐）和反硝化作用，才能满足饮用水的要求。

资料来源：英国环境、食品和农村事务部（2010），Tompkins（2003）。

21.4.2 非线性生态系统变化：临界点概念

生态系统和生物多样性经济学（生态系统和生物多样性经济学，2009）强调指出，生态系统丧失和退化所出现的影响并非总能立即引起觉察，或者同比例反映在生态系统服务上。相反的，生态系统在经过一段表面的稳定期后会达到一个"临界点"，在这一点会立即出现毁灭性破坏。"生物多样性公约"（2010a，p.6）得出如下结论："如果生态系统超过了一定的临界值或临界点，生物多样性丧失以及随之而来的大范围生态系统服务退化的风险将会显著提高。贫困国家将最早受到这些变化的影响，而且所受影响最为严重，但是最终所有国家都会牵连进来。"有科学证据表明，森林生态系统及其支持水循环的能力将达到临界点（见专栏21.9）。

专栏 21.9

处于危险边缘的生态系统：亚马孙河流域的森林和水资源

亚马孙河流域的森林砍伐使其蒸发蒸腾能力下降，无法形成云层从而造成降雨减少。由于气候变得更加干燥，无法为热带雨林植被提供足够的水源。与此同时，森林植被的丧失也减少了腐烂植物的供给，

而这些腐烂植物又为森林生长提供必要的营养物质。这一系列连锁反应意味着，亚马孙河流域表面尚且温和的森林砍伐情况，占亚马孙河流域地表面积的20%，将使整个亚马孙河流域森林生态系统达到崩溃的"临界点"，从而对水安全和其他生态系统服务产生毁灭性影响。这种影响可能会蔓延到亚马孙河流域以外（例如区域农业和全球碳储存）。令人担忧的是，该地区的森林砍伐已经达到总面积的18%。

资料来源：世界银行（2010）。

21.4.3 气候变化

气候变化引发、加快和／或加强了水循环的变化，对地球上许多地区的水安全造成了威胁。这些变化正在发生，并将持续下去，主要体现在生态系统层次上。之后，这些变化将改变生态系统的可供水（水量和水质），并通过人为压力对生态系统服务功能带来额外的影响。

政府间气候变化专门委员会（IPCC）第四次评估报告（政府间气候变化专门委员会，2007）列出了8大地区（覆盖整个地球）32个气候变化影响的案例，其中有25例与水文变化有关，其他7个例子中，4例与水有关，2例为一般性影响，只有1例（珊瑚白化）影响与水循环没有显著关系（由二氧化碳引起的海洋酸化造成）。值得一提的是，对多数陆地植被（包括动物群）的影响主要是由水文变化导致的（湿度、冻土、冰雪层、降雨模式以及地下水的变化）。

政府间气候变化专门委员会的技术报告《气候变化与水》（政府间气候变化专门委员会，2008）指出，气候变化带来的主要水资源变化包括：

- 降雨模式、强度和极值的变化；
- 积雪覆盖面积的减少和冰层的大规模

融化；

• 墒情和径流的变化。

报告（pp. 7 - 8）明确指出"气候变化与淡水资源之间的关系应当成为重点关注的问题"，但是迄今为止，"气候变化分析和气候政策仍没有充分考虑如何解决水资源问题"。正如许多专家所提出的，"在气候变化的影响之下，可供水量和水质将成为社会和环境面临的主要压力和问题"。

政府间气候变化专门委员会还指出，自20世纪70年代以来，被划分为非常干旱的陆地面积已经增加了一倍以上，而且"许多干旱和半干旱地区（如地中海盆地、美国西部、非洲南部和巴西东北部）特别容易受气候变化的影响，预计这些地区将因气候变化而出现水资源减少现象。"

全球气候变化加剧了所有生态系统的脆弱性，但是对于那些以水为核心要素的生态系统，例如湿地、沙漠和森林，以及已经遭受改变、破碎化和退化等不利影响的生态系统而言，这种影响更为明显或致命。例如，半干旱地区的湿地由于过度抽水已经变得脆弱不堪，如果因气候变化引发区域性降雨量减少，将会导致湿地的完全消失。

确保生态系统完整和健康可最大限度地适应气候变化。例如，保护沿海生态系统可能有助于防止海水在发生暴雨时入侵淡水生态系统，而这一情况预计在世界一些地区将出现得越来越频繁。《千年生态系统评估》（2005）得出结论，气候变化的不利影响，例如海平面上升、珊瑚白化、水文变化和水体温度变化等，将减少湿地可提供的服务。由于湿地对水文具有直接而密切的作用，消除对湿地的现有压力并且提高其适应性，是应对气候变化不利影响最有效的方法之一。

21.5 基于生态系统的水资源管理方法

《世界水发展报告》第二版（2006）介绍了生态系统管理（EBM）的概念，这一理念从本质上要求管理者在进行水资源配置和管理决策时纵观全局，将生态系统当作水管理的一部分。通过利用生态系统（天然的）基础设施，生态系统管理的投资和干预措施有助于维持或改善水循环的生态系统部分。

如上所述，生态系统是所有形式水的最终来源。人类直接用水和气候变化影响都会通过生态系统改变直接或间接地将产生的影响扩散开来。生态系统和水之间的关系意味着它们都受到用水（和气候变化）的影响。这一点可谓众所周知，且存在多种表达形式，如"环境影响"（这仍然是一个重要话题），它界定了二者之间的消极关系，并助长了"发展"与"环境"之间的争论。更重要的是，就政策影响而言，生态系统与水的关系意味着可以采用主动的方式对生态系统进行管理，帮助人类实现与水有关的发展目标。这是将生态系统作为一项解决方案，是生态系统管理的基石。

生态系统管理工具网络（2010）建议生态系统管理应包含以下内容：

• 综合考虑生态、社会和经济目标，将人类当作生态系统的关键组成部分；

• 除政治和行政边界外，还应考虑生态边界；

• 采用适应性管理解决自然过程和社会制度的复杂性以及由此产生的不确定性；

• 协同众多利益相关者共同找出问题和解决问题；

• 对生态系统过程以及生态系统如何适应自然或人为因素导致的环境变化达成共识；

• 关注生态系统的生态完整性，以及人类利用生态系统和生态系统服务的可持续性。

对于水资源问题，生态系统管理可以提供双赢解决方案，同时有利于减少贫困和促进经济发展。他们通常比传统的工程解决方案更符合成本效益，但也并非总是如此。在考虑生态系统管理解决方案的同时，应该同时考虑其他方案（如硬工程），而且在考虑不确定性和风险因素的同时，尽可能地提供最全面和最佳的事实依据。对所有可选方案的评估应涵盖恢复力／持续性（风险降低），以及生态系统管理所能带来的附加效益。

21.5.1　生态系统在促进水安全方面的作用

生态系统管理能够以相对低廉的成本带来具体、直接的与水有关的收益。维持或恢复生态系统通常会增强生态系统抵抗变化的能力，从而降低当前和未来的风险，提高可持续用水安全。生态系统管理方法也适用于不同规模的生态管理，包括地方干预（例如恢复湿地以解决局部水灾）以及流域和更大范围的管理，而且能够解决单一的或多方面的与水相关的需求问题。生态系统管理已经在一些关键领域发挥作用，例如水质（见专栏 21.2）和应对极端水文事件，特别是洪灾（见专栏 21.10）。除最小尺度外，在几乎所有尺度范围内，生态系统管理通常能够发挥多方面功能，并且与流域管理相结合，而不是独立的，共同解决干旱条件下的水紧缺问题（见专栏 21.11）。

专栏 21.10

湿地恢复成为解决不断加剧的洪灾风险的可持续手段：英国沃什湾

由于海平面上升和毗邻沃什湾的人造防洪堤土地沉降等综合因素的影响，英国东部河口不断受到高潮位海浪的威胁。据估计，防洪堤决口导致的洪灾损失可接近 2 000 万英镑。修理以及维护防洪堤的成本 50 年共计 206 万英镑左右，而"管理重组"（即将洪泛堤岸向陆地延伸，同时使潮间带沼泽和泥滩向海延伸）的费用为 198 万英镑，可在相当长的一段时间内起到防洪的作用，并且能够在自然保护和娱乐方面创造显著效益。增加休闲娱乐面积后，湿地恢复的头一年就可为当地增加 15 万英镑的额外收入。

资料来源：Friess 等（2008）。

专栏 21.11

尼日利亚将生态系统管理纳入科马杜古约贝河流域管理

科马杜古约贝河（Komadugu Yobe River）生态系统属于乍得湖的支流域，它是尼日利亚北部天然基础设施的重要组成部分。在半干旱的萨赫勒地区，降雨量变化大，且严重的旱灾频繁发生。流域绝大多数人口生活在贫困中，在过去 30 年里，尼日利亚人口增加了一倍，达到 2 300 多万。而在同一时期，由于 20 世纪 70 年代以来修建了两座大坝，大量取水用于农田灌溉，并且该地区降雨减少，河流流量下降了 35％。

这个饱受社会和经济危机的国家遭受到空前的水资源压力。河流的季节性水旱自然周期已经由常年低流量取而代之，使该国丧失了一直赖以生存的生态系统服务效益。渔业、农耕和畜牧的生计变得难以维系。鱼类生境阻滞；季节性洪水的消失意味着农田长期干旱，水资源匮乏则导致地区冲突不断。随着气候变化的影响日益扩大，科马杜古约贝河生态系统的适应能力和它所养育的各个社区变得更加脆弱，此时应变能力成为当务之急。这种情况并不是非洲和其他地区许多河流流域的特例，其历史原因应归咎于各部门在水资源管理方面各司其政，缺乏对宏观利益（服务）的评估管理和以生态系统的角度思考问题。

　　然而，危机导致变化的产生。恢复流域天然基础设施，已经同现有的基础设施一起得到加强，以便提高应对气候变化的适应和应变能力。自2006年以来，联邦和州政府以及其他利益相关者，包括大坝管理者和农业、渔业及畜牧业群体，共同制定了一套针对流域恢复与管理的协调和投资方案。除了共同议定的《流域管理计划》，他们还起草了一份《水事宪章》，阐明流域可持续发展的原则以及各利益相关者的作用和责任。水治理改革旨在以透明和公开的方式进行水资源开发，包括修复退化的生态系统以及最终修复河流的水文情势。对话减少了矛盾的产生，使每年冲突数量急剧下降，而且政府承诺投资数百万美元用于流域恢复建设。这项进程为创造更加可持续的未来带来了机会。生态系统管理不是一个独立的措施，而是一种综合措施，或者更像是一种框架，在此之下开展全面和多方位的规划和管理。更重要的是，生态系统管理提供了更加可持续的解决水问题的手段，生态系统不再被当作"用户"（与其他用途竞争），而将对它的管理作为一种手段，以将水的整体效益提高到一个新的层面。

　　资料来源：Smith 和 Barchiesi（2009）。

21.5.2　生态系统和水资源综合管理

　　正如《世界水发展报告》第三版所探讨的，水资源综合管理（IWRM）（同理考虑流域综合管理，IRBM）在不同尺度下均可能成为最有效的水资源管理工具之一。从生态系统功能的角度看，水资源综合管理原则上讲是土地和水资源管理相结合的一种方法，所有将二者区别开来的做法都是人为的。实践中，采用水资源综合管理时并没有完全将生态系统管理方法纳入其中。水资源综合管理经常只注重可观察到的（表面）水资源管理，即使包括地下水（实际较为常见），也常常没有考虑到土壤水分。此外，水资源综合管理很少包括蒸腾蒸发管理（如土地覆盖变化的影响）。同样，作为当地和流域范围内水文循环的重要驱动因素，湿地也未能经常被包含其中。水资源综合管理确实比较复杂，其应用仍在边学边做的过程中不断发展。然而，由于生态系统与水之间的关系密不可分，如果不在生态系统的层面加以应用，水资源综合管理就不可能真正实现"综合管理"。

　　水资源综合管理需要严格按照以生态系统为基础的理念行事：

　　• 确定生态系统或其组成部分如何在特定区域保持水质和水量，并确定所提供的所有生态系统服务（应强调的是所有这些都依赖于水）；

　　• 发挥陆地生物系统在保障水安全方面的作用，特别是植被和土壤的功能；

　　• 确定影响生态系统功能和服务的因素，包括风险、脆弱性和不确定性，以及这些因素如何影响水安全；

　　• 采取以下措施：①对生态系统进行管理，使其能够持续提供甚至增加提供所需要的效益；②降低风险、脆弱性和不确定性，从而设法尽可能地保障整个生态系统的完整性和恢复能力（甚至摒弃单纯以"水"为关注点的做法）。

　　实施的工具可包括，废除不恰当的激励措施，如造成生态系统退化的法律、法规和融资机制（例如为湿地排水或改变用途提供政府资助）；为生态系统服务付费；以及投资开展生态系统恢复和重建（必须经过透彻和公正的分析论证）。

　　在实际工作中，很多项目为水资源综合管理提供了进一步指导；如全球水伙伴工具箱（2008）。《拉姆萨尔公约明智利用湿地手册》（《拉姆萨尔公约》第四版，2011）为将湿地纳入水资源综合管理提供了全面指导，特别是《流域管理》（手册9）、《水分配和管理》（手册10）和《地下水管理》（手册11）。

参考文献

Batker, D., de la Torre, I., Costanza, R., Swedeen, P., Day, J., Boumans, R. and Bagstad, K. 2010. *Gaining Ground – Wetlands, Hurricanes and the Economy: The Value of Restoring the Mississippi River Delta.* Tacoma, Wash., Earth Economics. http://www.eartheconomics.org/Page12.aspx

CBD (Secretariat of the Convention on Biological Diversity). 2010a. *Global Biodiversity Outlook 3.* Montreal, Canada, CBD. http://gbo3.cbd.int/

----. 2010b. *In-Depth Review of the Programme of Work on the Biological Diversity of Inland Water Ecosystems.* Paper presented at the fourteenth meeting of the Subsidiary Body on Scientific, Technical and Technological Advice, Nairobi, 10–21 May 2010. http://www.cbd.int/doc/meetings/sbstta/sbstta-14/official/sbstta-14-03-en.doc

Costanza, R., Pérez-Maqueo, O., Martinez, M. L., Sutton, P., Anderson, S. J. and Mulder, K. 2008. The value of wetlands for hurricane protection. *Ambio,* Vol. 37, pp. 241–48.

Defra (Department for Environment, Food and Rural Affairs, UK). 2010. *Nitrate Vulnerable Zones in England.* London, Defra.

De Groot, R. S., Stuip, M. A. M., Finlayson, C. M. and Davidson, N. 2006. *Valuing Wetlands: Guidance for Valuing the Benefits Derived From Wetland Ecosystem Services.* Ramsar Technical Report No. 3/CBD Technical Series No. 27. Gland, Switzerland/Montreal, Canada, Ramsar Secretariat/Secretariat of the Convention on Biological Diversity (CBD).

Department of Environment, Government of West Bengal. 2007. *The Role of East Kolkata Wetlands as a Waste Recycling Region.* Kolkata, India, Government of West Bengal. http://wbenvironment.nic.in/html/wetland_files/wet_therolloff.htm (Accessed 26 January 2011.)

Dyson, M., Bergkamp, G. and Scanlon, J. (eds). 2008. *Flow – The Essentials of Environmental Flows,* 2nd edn. Gland, Switzerland, International Union for Conservation of Nature (IUCN). http://www.iucn.org/dbtw-wpd/edocs/2003-021.pdf

Ecosystem-Based Management Tools Network. 2010. *About Ecosystem-Based Management (EBM).* http://www.ebmtools.org/about_ebm.html (Accessed 26 January 2011.)

Emerton, L. 2005. *Values and Rewards: Counting and Capturing Ecosystem Water Services for Sustainable Development.* IUCN, Water, Nature and Economics Technical Paper No. 1. Gland, Switzerland, International Union for Conservation of Nature (IUCN) Ecosystems and Livelihoods Group Asia. http://iucn.org/about/work/programmes/economics/econ_resources/?347/Values-and-rewards-counting-and-capturing-ecosystem-water-services-for-sustainable-development

Emerton, L. and Bos, E. 2004. *Value: Counting Ecosystems as an Economic Part of Water Infrastructure.* Gland, Switzerland, International Union for Conservation of Nature (IUCN). http://data.iucn.org/dbtw-wpd/edocs/2004-046.pdf

Forest Trends, The Katoomba Group, and UNEP (United Nations Environment Programme). 2008. *Payments for Ecosystem Services – Getting Started: A Primer.* Washington, DC/Nairobi, Forest Trends and The Katoomba Group/UNEP. http://www.katoombagroup.org/documents/publications/GettingStarted.pdf

Forslund, A. et al. 2009. *Securing Water for Ecosystems and Human Well-Being: The Importance of Environmental Flows.* Swedish Water House Report 24. Stockholm, Stockholm International Water Institute (SIWI). http://www.siwi.org/documents/Resources/Reports/Report24_E-Flows-low-res.pdf

Friess, D., Möller, I. and Spencer, T. 2008. *Managed Realignment and the Re-establishment of Saltmarsh Habitat, Freiston Shore, Lincolnshire, United Kingdom.* Cambridge, UK, Cambridge University. http://www.proactnetwork.org/proactwebsite/en/policyresearchtoolsguidance/environmental-management-in-drr-a-cca/98

Global Water Partnership Toolbox. 2008. *IWRM – Integrated Water Resources Management.* http://www.gwptoolbox.org/index.php?option=com_content&view=article&id=8&Itemid=3 (Accessed 26 January 2011.)

ICDPR (International Commission for the Protection of the Danube River). 2010. *Dams & Structures.* http://www.icpdr.org/icpdr-pages/dams_structures.htm (Accessed 26 January 2011.)

IPCC (Intergovernmental Panel on Climate Change). 2007. *Climate Change 2007: Synthesis Report.* Contribution of Working Groups I, II and III to the Fourth Assessment Report of the Intergovernmental Panel on Climate Change. Geneva, IPCC.

----. 2008. *Technical Paper on Climate Change and Water.* IPCCXXVIII/ Doc. 13. Geneva, IPCC. http://www.ipcc.ch/meetings/session28/doc13.pdf

MA (Millennium Ecosystem Assessment). 2005. *Ecosystems and Human Well-Being: Wetlands and Water Synthesis.* Washington, DC, World Resources Institute.

Mekong River Commission. 2010. *MRC Agreement, Procedures and Technical Guidelines.* http://www.mrcmekong.org/agreement_95/Agreement-procedures-guidelines.htm (Accessed 26 January 2011.)

The Nature Conservancy. 2010a. *Protected Areas for Freshwater Conservation.* Arlington, Va., The Nature Conservancy. http://nature.vitamininc.net/water/pdfs/water-management/protected/Freshwater_Conservation.pdf

----. 2010b. *South America: Creating Water Funds for People and Nature.* http://www.nature.org/wherewework/southamerica/misc/art26470.html (Accessed 26 January 2011.)

Perrot-Maître, D. 2006. *The Vittel Payments for Ecosystem Services: A 'Perfect' PES Case?* London, International Institute for Environment and Development (IIED).

Ramsar Convention on Wetlands. 2011. *The Ramsar Handbooks for the Wise Use of Wetlands,* 4th edn. Gland, Switzerland, Ramsar Secretariat. http://www.ramsar.org/cda/en/ramsar-pubs-handbooks/main/ramsar/1-30-33_4000_0

Rao, P., Areendran, G. and Sareen, R. 2008. Potential impacts of climate change in the Uttarakhand Himalayas. *Mountain Forum Bulletin,* January 2008, pp. 28–9.

Revenga, C., Murray, S., Abramovitz, J. and Hammond, A. 1998. *Watersheds of the World: Ecological Value and Vulnerability.* Washington DC, World Resources Institute.

Smith, D. and Barchiesi, S. 2009. *Environment as Infrastructure – Resilience to Climate Change Impacts on Water Through Investments in Nature.* Gland, Switzerland, International Union for Conservation of Nature (IUCN). http://www.iucn.org/about/work/programmes/water/resources/wp_resources_reports/

Smith, M., de Groot, D., Perrot-Maître, D. and Bergkamp, G. 2006. *Pay: Establishing Payments for Watershed Services.* Gland, Switzerland, International Union for Conservation of Nature (IUCN). (Reprinted 2008.) http://www.iucn.org/dbtw-wpd/edocs/2006-054.pdf

Srinetr, V. 2009. Integrated Basin Flow Management for the sustainable development of the Mekong River Basin. *eFlowNews,* Vol. 6, No. 4. http://www.eflownet.org/newsletter/viewarticle.cfm?nwaid=101&nwid=39&linkcategoryid=999&siteid=1&FuseAction=display

TEEB (The Economics of Ecosystems and Biodiversity). 2009*a.* Home page. http://www.teebweb.org (Accessed 26 January 2011.)

----. 2009*b. TEEB Climate Issues Update.* Bonn, Germany, TEEB. http://www.teebweb.org/InformationMaterial/TEEBReports/tabid/1278/language/en-US/Default.aspx.

Tompkins, J. 2003. *OH NO3! Nitrate Levels Are Rising.* London, Water UK. http://www.water.org.uk/home/news/comment/oh-no3-nit-140503-1

UNEP (United Nations Environment Programme). 2007. *Global Environment Outlook 4.* Nairobi, UNEP.

----. 2008. *Africa: Atlas of Our Changing Environment.* Nairobi, UNEP. http://www.unep.org/dewa/Africa/AfricaAtlas

WBCSD (World Business Council for Sustainable Development). 2010a. *The Corporate Ecosystem Services Review – Guidelines for Identifying Business Risks and Opportunities Arising from Ecosystem Change.* Geneva, WBCSD. http://www.wbcsd.org/web/esr.htm

----. 2010*b. The Global Water Tool.* http://www.wbcsd.org/web/watertool.htm (Accessed 26 January 2011.)

----. 2010*c. Corporate Ecosystem Valuation – Building the Business Base.* Geneva, WBCSD. http://www.wbcsd.org/Plugins/DocSearch/details.asp?DocTypeId=25&ObjectId=MzYwMzM

----. 2010*d. Vision 2050 Lays a Pathway to Sustainable Living Within Planet.* Geneva, WBCSD. http://www.wbcsd.org/Plugins/DocSearch/details.asp?DocTypeId=33&ObjectId=MzcOMDE

World Bank. 2010. *Assessment of the Risk of Amazon Dieback.* Main Report, 4 February. Washington DC, The World Bank.

WWAP (World Water Assessment Programme). 2003. *World Water Development Report 1: Water for People, Water for Life.* Paris/New York, UNESCO/Berghahn Books.

----. 2006. *World Water Development Report 2: Water: A Shared Responsibility.* Paris/New York, UNESCO/Berghahn Books.

----. 2009. *World Water Development Report 3: Water in A Changing World.* Paris/London, UNESCO/Earthscan.

WWF (World Wide Fund for Nature). 2008. *Global Living Planet Index (1970–2005).* Gland, Switzerland, WWF International. http://www.twentyten.net/lpi

----. 2010. *Living Planet Report 2010: Biodiversity, Biocapacity and Development.* Gland, Switzerland, WWF International. http://wwf.panda.org/about_our_earth/all_publications/living_planet_report

第二十二章

水分配

本章由联合国教科文组织国际水文计划（UNESCO-IHP）和联合国教科文组织国际水教育学院（UNESCO-IHE）完成

作者：沙赫巴兹·汗和彼德·范德扎克

供稿：阿毛瑞·提曼特（22.3 节主要供稿人）。案例研究素材由露西亚·斯科丹尼比奥、希瑟·麦克凯、沙龙·麦格戴、丽娜·赛拉米、菲利普斯·韦斯特、阿赫塔尔·阿巴斯和弗兰克·沃克提供。

© UN-HABITAT/Julius Mwelu

大多数河流和含水层的水分配已经超过或将很快达到可用水量的极限，因此，必须减少调水量，水资源必须在不同部门间进行重新分配。

水权、水分配、水配置和用水之间存在着不断发展变化的动态联系。在水循环日益多变和社会经济快速发展的背景下，需要建立高适应性分配机制，解决上述问题以及相关不确定性。

在水源地和用水地之间存在较大差异的地区，可能仍将持续修建大型跨流域调水项目，尽管人们已经认识到输送水产品比运送水本身更有优势。降水多变性加剧以及污染物持续累积将带来灾难性的后果。为应对河川径流量加剧变化，我们修建新的水库，通常会对水质和水生态系统带来负面影响，将会引发严重的管理问题。

很多情况下，水的再分配侧重于从农业向城市调水，通过临时或永久调水增加城市居民的可供水量，并由城市用水户向农民提供相应补偿。此类调水以经济利益为出发点。

由于人们对环境持续不断的关注，一些水管理者正在尝试创新做法，通过改变大坝的常规运行方式增加环境用水调度，以适应生态系统用水的季节性，满足其用水量。

水银行的建立提高了水市场的可靠性，公共中介从自愿卖方购水再出售给买方。水交易市场使高价值用途得到更多的可用水量。

在制定水分配决策时，国际社会逐步认识到获得水是基本人权之一。

水管理者可借鉴其他行业分配稀缺资源的经验，了解这些部门如何处理不确定性和开展风险管理。

水分配政策需要认识到并纠正用水过程中的种族与性别不平等问题，以平等透明的方式满足各利益相关方的需要。

在流域层面推动水资源综合管理时，就未来愿景达成共识并建立可信的知识库，对每个独立用水户作出负责任的决定起到至关重要的作用。

22.1 水分配

22.1.1 简介

水分配体系包含 4 个方面，水分配是其中之一：

• 水权，无论正式还是非正式，水权持有人有权从特定水源取水（Le Quesne 等，2007）。这里的关键是，该权力在他人眼中是正当合理的。

• 水分配指从合理申请者申请分享水资源到将水分配给他们的过程（Le Quesne 等，2007）。

• 输水（或水支配）是向水权持有人供水的实际行为，使他们可以用上水。

• 水使用指按照具体用途有目的用水的行为（Perry，2007）。

水权、水分配、输水和用水之间存在动态关联，并受具体时间内可用水量的限制。用水会使人们对未来用水产生类似的预期。如果用水随时间而持续，由此产生的用水权将很难驳回或要求收回，而可用水量却易受到自然及人为波动的影响不断发生变化（见图 22.1）。

可根据以上相互关联的 4 个方面的特点来确定各自运行的时间尺度。水权可以持续多

图 22.1

水权、水分配、输水和用水之间存在动态关联，且均发生于可用水量（变化）设定的范围之内

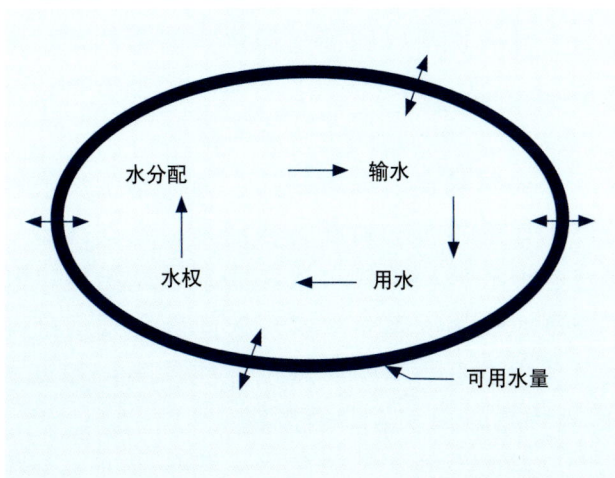

年。而水分配活动通常采用一个水文年度作为时间周期，主要是在同一季节内或不同季节间将水在各部门之间进行再分配，以解决水短缺问题。水配置和水运送通常以周、天或小时为单位，且用水为即时性活动。由于水文循环日益多变，且社会经济发展持续快速地发生变化，因此建立能够有效灵活地应对变化的分配机制显得尤为重要。

本章"机遇"部分对水分配问题进行了回顾，并讨论了全球范围在应对变化与不确定性方面几个引人关注的案例。

本章首先概述了主要问题，随后回顾了依托市场在行业之间进行水再分配的全新水分配范例，并介绍了利用随机信息以应对不确定性和风险的现代计算发展状况。本章还重点强调了将水分配纳入人权内容的最新进展。最后得出结论：用水户之间达成未来愿景的共识及共享知识库对于个人用水户做出正确决策具有至关重要的作用。

22.2 主要问题

如今，世界各地水资源面临的压力与日俱增，导致现有的水资源已无法满足所有人的需求。这促使我们必须就如何分享、分配以及再分配日益短缺的水资源做出抉择。由于水系统是"封闭的"，我们应当如何引水？如何进行水资源跨部门分配？水资源在部门间又将如何转移？决策难度显而易见。这种进退两难的境地引发了争议，即以什么原则指导水分配决策？以及在具体情况下如何处理获取公平性、经济高效性、可持续性以及符合习惯准则和价值等各原则之间的关系？

水分配具有较强的时空分布跨度，决策可能持续几十年、几年、几个季节、几个月、几天、几小时甚至只有几分钟。试想对可能持续存在数十年或几个世纪之久的大型灌区授予用水权或许可；再设想为满足电网调峰需求进行的短期水库泄水调度是以小时为时间段进行配置。通常，水分配具有地方性，但我们必须对

更大范围的水文情况、预期流入量以及相应流出量加以考虑。

许多能够持久存在的水系统显示出应对变化的杰出能力。这些系统通常都没有工程设施可以完全控制水流，也缺乏相应的机构按照特定工程设计准则应对长期供需变化的能力。这些机构由于受习俗和传统的影响很深，崇尚公平与公正，因此在决策执行中拥有充分的合法性。这方面的实例包括 Leach（1961）、Martin 和 Yoder（1988）所引述的两个亚洲案例；Van der Zaag（1993）、Boelens 和 Davila（1998）所引述的多个拉丁美洲案例；Manzungu 等（1999）以及 Mohamed-Katerere 和 Van der Zaag（2003）所引述的一系列非洲案例。Lankford（2004）曾建议，在设计小型灌溉系统时可借鉴上述系统的灵活做法（见图 22.2）。

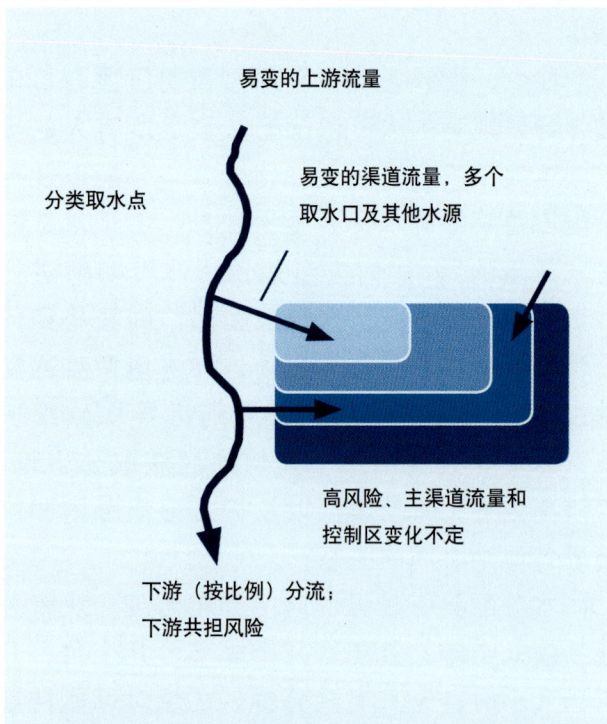

图 22.2

设计基于风险共担、水均衡分配的灵活灌溉系统以及有适应能力的灌区

易变的上游流量

易变的渠道流量，多个取水口及其他水源

分类取水点

高风险、主渠道流量和控制区变化不定

下游（按比例）分流；下游共担风险

资料来源：Lankford（2004，图1，p.39），经Elsevier许可。

由于各地资源压力持续上升，现有及新成立的水机构面临的水分配难题更加频繁，而且这些难题日趋复杂化且非常"棘手"（见专栏 22.1）。因此需要修改现有规则使其适应新情况，可能还须周密制定新规则、权利和义务，并设置相应的机构。

专栏 22.1

水管理的棘手问题

由于流域范围日渐闭缩，利益相关方、水循环、水生态系统和机构设置之间的相关性日益增加。在这种情况下，尤其是在用水竞争非常激烈的地区，水管理随时会出现"棘手"问题（Rittel 和 Webber，1973）。

"棘手问题"是指一系列相互关联的问题，不确定性极高，各方之间存在价值冲突，并就决策制定结果你争我夺。棘手问题无法由某个机构单独解决且令人十分头疼，因为针对一部分人的解决方案通常会给另外一群人带来新的问题。由于棘手问题具有观点冲突的特征，且各方力量对比不均，因此常演变成政治范畴问题（Wester 等，2008）。

由于水源地和用水地之间常常相距遥远，因此兴建大型跨流域调水工程的活动仍将持续，尽管人们已经认识到输送水的产品比调水本身更具有优势（即提出调水方案中的虚拟水概念）。见 Ma 等（2006）有关中国的案例以及 Verma 等（2009）关于印度的案例。

人类对粮食、纤维制品、饲料和生物燃料的需求日益增加。但在许多河系，大型跨领域调水被迫实施，即将水从农业领域调给城市和工业领域使用。农业用水短缺问题必须促使蓝水（使用灌溉和辅助灌溉设施的作物）和绿水（雨养作物）用水效率的提高。

日益加大的水资源压力主要受以下 4 个相

互联系的过程驱动：

- 人口增长和人口流动；
- 经济增长；
- 日益增长的粮食、饲料和生物燃料需求；
- 不断加剧的气候多变性。

上述因素往往导致不可持续的水资源利用，具体表现为湖泊干涸（例如专栏22.7所描述的莱尔马河—查帕拉湖案例）、河口盐碱化加剧、地下水位不断下降（例如专栏22.4所描述的德舒特河案例，以及专栏22.8所描述的安得拉邦案例）。

部分外部驱动因素以难以预料的方式相互影响，如通过补贴生物燃料生产减轻气候变化影响所采取的政策和措施。水量和水质问题经常彼此关联。日益加剧的降水变化伴随着日趋严重的污染会带来灾难性后果，如干旱季节水流减少时，化学品浓缩物和水温波动会达到前所未有的高度。为应对不断加剧的河流流量变化而新建水库通常会对水质和水生态系统带来负面影响。

世界各地普遍存在上述状况导致的后果，负责水配置的机构面临着两难境地。虽然他们小心行事，但仍缺乏足够的认识了解水文—社会系统的动态变化。由此引发了严重的管理问题：水管理机构负责制定决策，可是决策的结果和后果却难以预料。面对不断变化的状况和不确定性，未来水管理机构是否能够适应仍是一个问题（见专栏22.2）。

专栏 22.2

与水分配相关的主要不确定性

不确定性指的是因相关现象或流程知识的不完整性、测量错误、模型错误以及与随机因素相关的不准确性而导致缺少有关现象、流程、系统、数量、估算或未来

结果本质的确定性（联合国国际减灾战略，2009）。

在水分配决策过程应考虑3类不确定性：

- 第一类不确定性与可用水量有关，需要估算出未来不同时期地表水和地下水量。该类不确定性与气候因素及我们缺乏对水文学过程的了解密切相关。它不仅与这些过程的随机性质（实际上我们对这类不确定性的了解已比较充分）有关，而且与这些随机过程的非定常性有关，并与长期的气候和土地利用变化及其相互之间的复杂反馈有所关联。

- 第二类不确定性是由于我们无法预测未来的水需求和使用。我们考虑得越长远，不确定因素就越多。该类不确定性与多方面问题和多个部门未来政策的不确定性密切相关，因此难以预计与估量。

- 第三类不确定性（很可能也是最大的不确定性）是由我们的机构和组织引起的。即，我们的机构有可能并未解决实际问题，或者制定了事后后悔的决策。如果我们在做出决策的过程中使用了不可靠的数据或扭曲事实的模型，抑或是监控系统不够健全，此类不确定性便由此发生。在需要应对的状况比较独特且无历史先例的情况下，此类不确定性将会加大。在不断变化的环境下，这类特殊事件将会更加频繁地发生。

22.2.1　获得水资源是一项人权

水分配应当遵照法律，并促进在国家和跨界层面执行法律公约（例如，参见 Wolf，1999；Van der Zaag 等，2002；Drieschova 等，2008）。国际社会逐渐认识到获得水是一项人

权（见专栏 22.3）。在多个国际和区域性条约及声明中，该项权利均以明示或暗示的方式有所提及，其中包括《世界人权宣言》、《公民权利和政治权利国际公约》、《日内瓦公约》以及《非洲人权和人民权利宪章》等。

通过上述简要回顾，我们概括出水分配方面的 4 大问题：

• 缺水时段应如何进行水分配？某些特定用途（生活、环境、工业、能源和农业）是否应当享有更高的优先度？水短缺是否应当由各方公平分担？既定的用途和用户是否应当免

受新用途和新用户的影响？是否让市场以及市场交易发挥作用？如果是的话，又应如何保护与水相关的社会及环境公益价值？

• 水权、许可和水权益以及水分配体系使我们的用水具备安全性和可预测性，其目的是降低风险。但是用水的可靠性和水量之间存在着此消彼长的关系——供水的安全性越高，流量就越少。水分配体系如何在用水收益最大化的情况下应对不确定的流量？

• 水机构如何转变为具有前瞻性、预测能力和适应能力的学习型机构？

• 用水户及不同用途之间加剧对水的争夺似乎不可避免。这很有可能引发纠纷与冲突，尤其是在地方层面表现会尤为明显。我们如何预测不断加剧的紧张程度，采用何种策略将其转变为更好的合作？

上述水分配重点问题将在随后的章节进行讨论。首先，我们来看几种旨在应对不确定性的新型水分配模式。

22.3 不确定条件下新的水分配模式

全球变化、社会经济发展、新的人口学特征和气候变化都加剧了对水的争夺。整个社会面临在不同用途之间进行水分配的艰难选择。由于水是众多领域（包括环境）的关键资源，其分配实质上是一种政治和社会过程，需要接受不同利益群体的监督。

由于水市场常常缺失或者效率低下，因此在竞争性需求之间分配水需要充分考虑（经常冲突的）经济效率、社会公平和生态完整性等社会目标，进而通过行政方式实现。为调和效率与公平的关系，现已设计了各种类型的分配机制（Dinar 等，1997）。

为应对全球日益增多的能源与水需求，各国通过修建更多发电站、输电线路以及水坝、抽水站等水利设施增加供应。但这种方式在多个地区已接近其作用极限。例如在能源领域，人们对于全球变暖和能源安全性的

担忧不断升级，因此更倾向于节约资源，并制定和实施提高资源利用效率的措施。对水而言，由于流域的"封闭"特性，我们也可以观察到类似的趋势，即可用水量已经全部分配出去（Molle 等，2010）。目前，无论是在同行业或跨行业，人们的注意力更多地投向了通过临时性再分配提升水生产力的策略（这与用水权永久转让形式的持续调水形成对比）。临时性再分配可促使把水投入到市场和进行市场化交易，其中高端用水户可以向低端用水户提供补偿来获得临时用水权。Lund 和 Israel（1995）总结了多种调水形式，如永久调水、枯水年选择权、现货市场、水银行等。

文献记录的大部分有关水分配的研究侧重于将农业用水向城市用途转移，即工业和／或市政对通过临时或永久调水获得额外的可用水量，并对农民进行经济补偿。

通常由农业向城市调水的主要驱动因素是经济利益。城市的用水生产力一般远远高于农业用水生产力。此外，农业相比其他行业更易于适应供水量波动较大的情况。例如，Booker 和 Yong（1994）分析了美国科罗拉多河流域州内和州际调水所获得的效率收益。他们发现，能够获得的收益非常显著，尤其是将再分配过程中消耗性和非消耗性使用价值都加以考虑时更是如此。

Ward 等（2006）对格兰德河流域以及美国在应对持续严重干旱方面采取的依托市场调水的有效性进行了调查。借助流域水文-经济模型，他们发现：如果颁布州际市场计划，则干旱损失可大幅度降低。该市场能将水从高价值用水户向低价值用水户重新分配，从而减少因干旱引起的水量损失。确切地说，当售水收入高于原本利用相同水所获得的农业生产收入时，农民可通过出售水来减少损失。

水市场属于规则之外的一种特殊情况。实际上，水市场更易受到市场失灵的影响，这意味着不可能依靠私人财产和由此形成的"自由"市场进行水的再分配，并以此提高效率或增大供应量。市场失灵的主要原因包括：部分水用途属于"公益"性质、分配决策牵涉很多外部因素以及水的自然垄断特性等。水的交易成本也需要特别加以考虑。如果水市场要服务社会，则对水权的定义和管理必须十分严格，这需要公共部门的长期参与，这样才有可能形成高度规范的水市场。

尽管存在上述问题，促进水交换的激励措施一直存在。水银行的建立（例如加利福尼亚州水银行）是改善水市场可靠性的一种尝试（Jercich，1997）。其中，公共中间人带动形成买卖群体。公共中间人从自愿卖方手中收购水，随后向买方出售。借助这个体系，水管理者相信其能够以预期价格找到所需要的水。这还意味着公益性服务（如环境流量）将得以保护。德舒特河流域案例完美诠释了这一策略的可行性（见专栏 22.4）。

专栏 22.4

德舒特河流域：地表水和地下水的水银行

该案例主要讲述，面对地下水和地表水密切相关的现状，如何协调不同类型用途以及用水户之间的需求。20 世纪 90 年代中期，美国俄勒冈州的部落、环境和灌溉利益群体团结起来，共同改善德舒特河流域的河流流量与水质。其中最大的成效是枯竭的河流流量得以恢复。此外，该行动还帮助市政解决了人口快速增长对地下水的需求，并帮助灌区改善供水系统，在客户群体不断变化的情况下保持财政稳定。

为尊重现有用水权，专门设计的水银行工具可确保，即使在水权暂时转移给水银行以供恢复河流流量的情况下，水权的有效性也不会受到损害。该系统高度灵活，提供了临时和永久选择权，得到用水户和潜在市场参与者的广泛支持。该系统还拥有强大的监管基础，有利于稳定运行和责任制的建立，从而解除监管机构，尤其是负责水权管理机构的担忧。

资料来源：Heather MacKay，个人通信（2010）。

枯水年选择权（Characklis 等，2006）是水市场和水银行的一个替代方案，是买卖双方之间签订的应急合同。枯水年选择权给予买方使用卖方所拥有水的权利，而非义务。通常，合同规定了行使选择权的情形。例如，可以是确定的河流目标流量或者水库水位。枯水年选择权的一个优势是可以解决水储存的问题，当用水户需要可靠性较高的供水时这一点会变得显而易见。

如上所述，大部分水的再分配研究侧重于从农业向城市调水。但随着对环境的担忧逐步增加，一些水管理者也在研究环境调水的可行性（见专栏 22.4 和专栏 22.8）。例如，Hollinshead 和 Lund（2006）针对加利福尼亚州的环境购水计划分析了成本最低的分阶段季节性购水。Suen（2006）利用多目标模型描述了环境流量和人类需求之间此消彼长的关系特征。Tilmant 等（2010 年）为电力公司恢复赞比西河流域洪水确定了水库运行策略以及相应的机会成本（见专栏 22.5）。

22.3.1 风险管理与对冲

所有水资源分配问题的解决都是在没有完全掌握未来水供应状况的前提下进行的。水文不确定性使想要规避风险的水管理者和用户面临水量（供应）风险，因此不得不加以解决。由于社会、环境和经济代价变得越来越高，以

专栏 22.5

模拟计算赞比西河流域水库联合调度对缓解环境影响产生的效益

赞比西河流域是非洲最大的流域之一。河流大部分水资源尚未开发，水主要用于发电。赞比西河拥有 4 座大型水坝。Kariba 水坝（1959 年，赞比亚 / 津巴布韦）和 Cahora Bassa 水坝（1974 年，莫桑比克）均位于主河道上。其装机容量分别为 1 350 兆瓦和 2 075 兆瓦。另外两座位于赞比亚的卡福埃（Kafue）河。卡福埃水坝的装机容量为 900 兆瓦，而 Itezh Itezhi 水坝承担调蓄作用。

目前该流域正在进行新水库规划工作。以往，这些大型蓄水设施的设计与管理主要是为了最大限度提高能源生产带来的收益。这破坏了生态系统以及提供渔业等谋生手段的作用，导致水文状况发生改变。迄今，4 个水库仍处于单独运行的状态。

在赞比西河实施水电-环境调水需要制定全新的水库运行策略，在不对水力发电带来过度不利影响的情况下，使赞比西河下游不断恶化的生态系统得以恢复。实现这个目标的方式之一是协调水库泄洪。对水库运进行统一调度来降低环境影响，并最大限度减少由此产生的效益损失。初步研究发现，根据赞比西河下游的洪水调蓄模式，总能源输出减少幅度为 1.5%～6%。但问题是谁会为了减轻负面环境影响，承担这些成本（或放弃既得利益）？

资料来源：Tilmant 等（2010）。

及当前非工程措施如采取水转让增加供应的出现以往兴建水库和蓄水站增加供水量的传统做法在很多情况下已没有发挥作用的余地。

在灌溉农业占较大比重的地区，灌溉农业领域可以化解部分气候波动的影响，通过使用选择权合同（参见上述内容）将风险从城市用户向农户转移，从而起到缓冲的作用。其中的想法是一方（城市用户）愿意支付转移供应风险的溢价。换言之，一方寻求确保更多的水资源供应，以减少水－气候易变性带来的风险。供应方（农户）在获得补偿之后必须能够且愿意承担进一步的供应风险。依托这种风险转移机制，收益肯定高出双方所承担的成本。有关农业生产风险及其管理，世界银行曾进行过总结（2005）。Gomez Ramos 和 Garrido（2004）为西班牙设计了农户与城市之间的选择权契约。Brown 和 Carriquiry（2007）提出了综合选择权契约－保险系统，以便提高菲律宾马尼拉水资源供应的可靠性。其想法是将易变性从水文领域转移到金融领域，通过保险产品将其消除。

由于水电公司面临水供应风险，因此风险管理在水电行业也十分普遍。为限制公司面临的风险，放水决策与成熟的金融产品，如期货合同与选择权，捆绑在了一起（Mo 等，2001；Kristiansen，2004）。随着电力部门在许多国家摆脱了政府的控制，如今水电公司面临一种新的风险，即价格风险。该风险无法通过双边合同进行对冲，因为电价在枯水期趋于升高，而枯水期恰恰是水电公司无法凭借其自身产品履行其承诺的时段。这为水电部门履约带来困难：如果不签订契约，水电公司将不得不位于低价期，这也许会频繁发生且持续一段时间；如果签订契约，水电公司将面临在枯水期价格非常高但却无法发电来履行合同的情况（Barroso 等，2003）。

水分配要解决的问题是，水资源如何与其他稀缺资源捆绑在一起以获得最高收益。由此可以推断，分配决策取得的结果原则上可以估算。由于水市场通常不存在，即使存在也会出现失灵或失能现象，因此分配决策很少依赖市场价格制定。相反，有必要估算能够反映水价值的会计或影子价格（Young，2005）。为实现这一点，经济学家开发并实施了种类繁多的非市场定价技术，以解决水资源管理出现的问题（Loomis，2000）。

22.4 机遇：如何解决水分配中存在的问题

本报告指出的水分配问题都非常重大且十分复杂。然而，缓解风险与不确定性的可能性依然存在。在本节内容中，我们将讨论 4 种主要水分配问题：缺水、不确定性、预测变化及解决冲突。

22.4.1 解决缺水问题

在缺水时段如何分配水？某些特定用途（生活、环境、工业、能源或农业）是否应当享有更高的优先权，或者公平分担缺水带来的问题？既定用途和用水户是否应不受新用途和新用水户的影响？是否让市场以及市场交易发挥作用？如果是，应如何保护与水相关的社会及环境公益价值？

案例研究中提到的所有水体都曾面临严重的缺水期，他们以不同方式应对缺水带来的问题。澳大利亚墨累－达令流域规定了取水的最高量，并通过短期或长期转移用水权实现最高再分配水量（见专栏 22.6）。墨西哥的莱尔马河—查帕拉湖流域不得不减少灌溉用水量，并被迫放掉水库的蓄水，提高查帕拉湖不断下降的水位。这样做的目的是为了确保瓜达拉哈拉市的供水，以及满足环境与旅游的用水需求（见专栏 22.7）。印度安得拉邦通常在降水较少导致低补给率的情况下减少使用地下水。他们意识到水短缺会反复出现，于是开始改种需水量较少的作物，这些作物市场价值反而更高。因此，农业收入逐渐有所增长（见专栏 22.9）。

从这些案例中我们了解到，水的利用效率仍非常低且存在浪费现象。但使用较少的资源仍可以获得更大的成效。这需要以一种全新态度对待水资源；我们必须更加合理地对其加以利用。水需求管理是解决问题的关键，并可获得较大的收益。在生活和工业用水方面，需求管理措施比供应解决方案更加经济高效。但在灌溉领域往往并非如此，这是因为采用更加高效的灌溉技术通常需要大笔资金。在这种情况下，首选方案是转而种植需水量更少、但仍能够获得较高市场价格的作物。临时从农业向生活及工业部门调水和进行限量调水也许更容易被农户所接受。

专栏 22.6

墨累-达令流域可持续调水限令（SDLs）

墨累-达令河是澳大利亚最重要的水系。该流域覆盖澳大利亚 14% 的陆地面积，流经昆士兰州、新南威尔士州、维多利亚州和南澳大利亚州的大部分地区以及整个澳大利亚首都特区，面积约 100 万平方公里。

根据《2007 年水法》的规定，墨累-达令流域管理局制定了管理水资源的流域规划。该规划确保未来用水建立在可持续性基础上，以便为健康的环境及其他用途留出足够的水。该规划针对地表水和地下水设定了强制性可持续调水限令。限令必须保障取水满足可持续和环境需要，具体规定的取水水位不影响主要环境资产、主要生态功能、重要生产资源和环境功能的发挥。除按照可持续调水限制满足该流域的环境要求外，《2007 年水法》还要求流域规划对社会、经济和环境产出进行优化。

资料来源：Akhtar Abbas 和 Frank Walker，个人通信（2010）。

专栏 22.7

莱尔马河—查帕拉湖流域悬而未决的水分配问题

莱尔马河—查帕拉湖流域跨越墨西哥 5 个州，为近 90 万公顷的灌溉农田提供地表水和地下水，满足了墨西哥两座最大城市墨西哥城和瓜达拉哈拉，以及下游具有旅游价值的查帕拉湖的水资源需求。由于人类活动加大了水资源压力，莱尔马河—查帕拉湖流域目前处于"关闭"状态，这导致蓝水水位急剧下降，流域对气候波动变得非常敏感。由于流域缺乏准确的水账目信息，而且二十世纪六七十年代属于相对湿润期，人们对流域的可用水量估计过高，并对其进行了"过度开发"。这对于封闭的流域属于常态，因为一旦流域闭合，就很难减少水的使用量。

流域闭合后，在体制层面采取的主要步骤是强化地表水分配机制，由此产生了《1991 年地表水分配协议》。由于查帕拉湖水位持续下降，瓜达拉哈拉对于其供水状况担忧渐增，1999—2004 年，《1989 年水分配协议》经历了一次修订。流域各州（瓜纳华托州、哈利斯科州、墨西哥州、米却肯州和克雷塔罗州）举行了最高政治级别谈判，在降水和径流数据方面达成了协议，并通过了新的水分配方案。

协议的成果之一是从上游水库向查帕拉湖调水，但谈判过程忽视了灌溉农户。流域的水挑战依然存在，降水量不足时水危机将不可避免地再次出现。

我们从案例得知，难度较大的"零和"分配决策需要具备科学和政治两方面的合理性。科学合理性要求我们掌握可靠的数据与信息，并进行正确解读；政治合

　　在经历过"经济型水短缺"的国家，供应解决方案还不能放弃。这些国家需要提高利用工程措施控制水的能力。未来在资金容许的情况下，这些国家有机会获得帮助，逐步适应气候变化。拥有这些资金，新建基础设施可以使国家和水系更好地应对不断加剧的气候变化。如果这些设施设计运行得当，可大大缓解农村地区的贫困状况，为实现联合国千年发展目标作出贡献。

　　上述投资类型具有成为"零遗憾"措施的可能性，但面临的首要挑战是制定适合的政策和决策设计。对于采用大型集中控制设施还是小型分散设施存有争议，两者涉及完全不同的体制建设要求、管理需求和环境影响（Van der Zaag 和 Gupta，2008）。显而易见，基础设施开发需要考虑适应能力、稳健性以及地下水和地表水综合利用等相关问题（参见德舒特河和安得拉邦案例）。与此相关内容将在《世界水发展报告》其他章节进行详细讨论。

22.4.2　应对不确定性

　　在不确定的条件下，水权、许可和水权益以及分配体系可确保供水安全性和可预测性。利用这些因素可降低风险。但可靠性和可用水量之间存在此消彼长的关系，即供水安全性越高，流量越少。在最大限度地提高水的有益使用的同时，水分配体系如何更好地配置不确定的入流量？

　　这种基于风险的解决方法需要对水体系有准确的了解，如可用水量、需求量、需水时间和地点。这就需要具备一定的能力构建准确的水账目体系（Molden 和 Sakthivadivel，1999），包括水流量（入流量、出流量、取水量、消耗

量等）和既定流域在既定时间内地下水与地表水存量变化等量化信息[1]。详细的水储存量与流量监控可以将传统数据收集方法与新型数据收集方法结合起来，如通过遥感技术收集降水量、蒸发量、地表水位和地下水存量变化等信息。我们还可以从无资料流域水文预报（PUB）中掌握更多的信息。

22.4.3　预测变化

　　水利机构如何向具有前瞻思维和预测能力的学习型组织进行转变？

　　本章所有的案例研究都重点强调了解水－经济体系及其动态变化的重要性。安得拉邦地下水管理项目案例阐述了知识的力量，颇具说服力（见专栏22.8）。我们从中学习到的最重要经验是，利益相关方自身需要详细了解并重视其所依赖的资源，这会促使他们采取行动，认真关注跟踪系统的运作状况。这会使用水户群体的知识水平普遍获得提高，从而成为机构增强学习能力的先决条件。利益相关方互相学习的管理模式可通过获得科学数据、专门技术与知识的方式使他们正确地选择替代管理方案，并在如何使用珍贵的水资源问题上共同制定决策。

专栏 22.8

安得拉邦农户管理地下水系统

　　印度安得拉邦地区面临严重的地下水过度开采问题。20世纪90年代，该地区开始实施推动小农户参与水文监测的项目。随后启动了安得拉邦农户管理地下水系统（APFAMGS）项目，该项目以社区为依托，重点加强地下水用户的能力建设，使其以可持续的方式管理水资源。

　　APFAMGS项目采取需求管理方式管理地下水，使农户了解地下水系统状况，以

便作出明智的用水决策。可持续性地下水管理只有在用户了解地下水分布、周期和有限性的情况下方可有效实行。此外，他们还必须承认采取地下水保护集体决策最终会保护他们的自身利益。

采取这项措施后，社区中的个体开始承担控制取水的责任，他们了解控制取水的原因及方式，参考正确的信息采取相应的行动，不像以前只是按照规章条文办事。该项目未采取任何现金或补贴形式的激励措施，因为预计农户在获得科学数据和知识基础上完全可以作出正确的决策。

上述努力获得了明显的效果：

• 改种需水量较少的农作物，并采用新型灌溉方法，减少了用水量；

• 农户盈利持续提高，每公顷净产值翻了近一倍。

这种方法之所以能够取得成功，得益于以下因素的综合作用：

• 及时提供地下水信息成为农户风险管理计划的重要内容——如果季节性雨量较少，枯水期一般会减少播种；

• 储量低和反应迅速的硬岩蓄水层每年的自然回补量有限，这自然而然地限制了地下水的过度使用；

• 为旱季种植及时提供可用地下水和需求估算信息；

• 在几年时间里不断重复作物用水规划，为农户决策提供坚实的框架；

• 减少地下水过度开采的行为并非利他的集体行动，而是农户个人作出的知情风险管理决策，因此，无需官方领导层进行强制。

资料来源：Garduño 等（2009）。

22.4.4 解决冲突

用水户之间竞争加剧、产生意见分歧后发生其他紧张情况的趋势似乎不可避免，并可能引发纠纷与冲突。我们如何预测不断升级的紧张状况，又应采取何种策略可以将其转化为强化合作的行动？

尽管水竞争可升级为冲突，但如果人们认为决策过程合理公平，则竞争也可以演化为合作交易。在制定分配决策时，会出现很多难题。以下两点就属于这种情况：

• 谁更加重要？是生活在河边偏远村落渔妇的生计重要？还是离不开互联网和电力的城市中产阶级的生活更重要？

• 假设有两个生活在不同流域的社区。一个位于水资源相对丰富的流域，另一个位于水资源短缺的流域。如何处理第二个社区的开发权与第一个社区继续享有健康和免受干扰环境权利之间的关系？（Gupta 和 Van der Zaag，2008）

这些问题都取决于分配决策的标准与政治层面因素。如果利益相关方参与决策，受到尊重和公正待遇，产生的结果则可能会持续下去并得以贯彻。此外还需制定标准和规范，如规定不管眼下还是未来，因修建大坝而移民的家庭生活不应变差（WCD，2000）。加拿大阿劳艾特河的多方利益者规划（见专栏22.9）就是一个决策具有包容性和影响深远的典范。

需求，省政府决定实施一项用水计划，为未来斯蒂夫瀑布发电厂升级创造条件。因此，一个多方利益相关者程序，也就是后来的阿劳艾特河用水计划（AWUP）于1995年启动，对阿劳艾特河项目的运营计划进行审核。

阿劳艾特河用水计划的制订过程突出科学性和包容性，因此具有解决长期遗留问题的可能性。该计划建立在结构化决策制定的基础上，将目标、科学数据和人们对于不同水资源用途所持有的价值融合在一起。这对计划的被接受程度起到非常重要的作用。

该计划努力建立各方之间的信任，逐步化解了此前卑诗水电公司和其他利益相关方之间的敌意，因此受到一致好评。因此，省政府授权卑诗水电公司在5年内制定出针对其所有设施的用水计划。此后，卑诗水电公司制定了23项用水计划，由此修改了其30座大坝的运营计划。

资料来源：Lucia Scodanibbio，个人通信（2010）。

另一种解决水分配冲突的途径在于推动共享水资源用水户之间的相互依赖性，与此同时挖掘使他们能够从合作中获得的额外收益。这方面的例子包括利益共享项目和环境服务系统奖励，这些例子不仅可在各国不同用水户之间应用，也可在河流沿岸国家间采用。在河流沿岸国家间实施此类方法的情况请参见圣塔鲁斯河流域（见专栏22.10）、赞比西河流域（见专栏22.4）和蓝尼罗河流域（见专栏22.11）的案例。

通过改变大坝的运行模式，可以解决用水户与环境用水之间的冲突（见专栏22.12）。为使大坝可持续运行，需要采取新的方法对大坝进行规划和运行，在各类资源和价值之间优化水资源分配收益。由于大坝只是宏观水资源管理系统的一个组成部分，因此解决方案必须在整个系统的最高层面上加以实施。

专栏 22.10

跨界流域圣塔鲁斯河流域的地下水利用与重复利用

气候变化、水文易变性和城市快速增长是美国—墨西哥边境地区的主要特征，对有限的水资源规划与分配带来重大挑战。在亚利桑那州—索诺拉州边境，圣塔鲁斯河上游只有短暂的地表径流。要满足30万居民的用水需求，就必须大幅度增加地下水的使用。该流域含水层由亚利桑那州诺加莱斯市和索诺拉州诺加莱斯市这两座姐妹城市共有，但根据现行的国家与州法律及制度，地下水由边境两侧独自分配。

污水处理极大地增加了边境两侧的水资源总量。通过两国多年联合治理城市污水，上述结果完全可以实现。有关开展两国地下水管理应重点吸取两个方面的经验：首先，在相互信任基础上建立非正式合作关系必须通过国际协定加以强化；其次，科学数据和联合研究是协议执行的基础保障。

资料来源：Sharon Megdal，个人通信（2010）。

专栏 22.11

实行跨境合作开发基础设施、在蓝尼罗河实现三方共赢

埃塞俄比亚境内的蓝尼罗河上游蕴藏

着巨大的水力发电和灌溉农业潜力。但是，埃塞俄比亚计划的多项基础设施开发项目对处于下游的苏丹和埃及地区所施加的外部影响是正面还是负面的仍存有争议。为研究蓝尼罗河开发水库对埃塞俄比亚、苏丹和埃及所带来的经济收益与成本，Goor 等（2010）开发了全流域综合水-经济模型。

该模型综合了流域水文、经济与机构等核心组成部分，探索有关政策和拟建基础设施项目给水文及经济带来的影响。与文献记载的绝大多数确定性经济-水文模型不同，该模型采用了随机编程，以便：

- 了解水文不确定性对于管理决策的影响；
- 确定能够自然对冲水文风险的分配政策；
- 评估相关风险指标。

研究发现，在蓝尼罗河上游流域建造4座大型水坝将会改变下游阿斯旺高坝的补水周期；如果对水库运行进行联合调度，则纳赛尔水库蒸发损失减少将为埃及每年平均节水 25 亿立方米。

此外，埃塞俄比亚新建的水库（Karadobi、Beko-Abo、Mandaya 和 Border）将对埃塞俄比亚和苏丹的水力发电和灌溉产生重大积极影响：在流域层面，每年发电量将增加 38.5 太瓦·时，其中14.2 太瓦·时来自于蓄水发电。而且，上述水库的调控能力也将使苏丹的灌溉农田面积扩大 5.5%。

泥沙量是开发计划需要考量的另一个重要方面，但此研究未将其列入考虑范畴。

资料来源：Goor 等（2010），部分内容重新编写。

专栏 22.12

为优化水分配收益、改善水坝规划与运营的创新方法

一些国家正在积极推动改变大坝的运行模式，其方式是将消耗性用水通过再分配转为环境用水（Watts 等，2011）。

美国实施的"可持续河流项目"正在努力改变美国陆军工程师兵团的大坝运行模式。目前，此工程已在 8 个河系的 29 座水坝开展了试点，以备全国推广实施。

在中国，长江流域正计划将水力发电水库中的洪水风险单独进行管理，将水力发电增加的部分收入投入到洪泛区的洪水风险管理及生态系统的恢复与保护中。

南非的贝尔格河项目是首座按照国际最佳运行标准设计的大型河道坝，水库泄水流量可大可小，可与自然来水量及自然洪水状况尽可能吻合。

位于澳大利亚墨累-达令流域的达特茅斯大坝在 2001—2008 年间实施了不同流量的放水实验，监测结果显示，通过改变水坝运行模式可降低因调用消费性用水而带来的负面影响。实验结果被用来制定新的达特茅斯坝间歇运行导则。

上述实例表明，以更可持续的方法对大坝进行规划和运行完全可以实现，但要求参与机构和利益相关方开展紧密的协作。为在全球范围内实现可持续河流管理，需要投入大量资金进行试验和示范，从而获得新方法、机会与解决方案。

资料来源：Robyn Watts，个人通信（2010），来自联合国教科文组织于 2010 年 10月 26—28 日在巴黎举办的"为实现最佳收益而规划与运营水坝的挑战及解决方案"研讨会。

为解决历史遗留的歧视性立法所导致的水领域种族和性别不平等问题，南非颁布的《国家水法》(1998 年 36 号) 提出了水分配改革计划 (WAR) (Seetal，2005)。其权力来源于宪法、国家水政策、国家水法及其他相关法律。《南非水分配改革立场文件》为推动种族和性别平等改革制订了水分配规则，同时支持政府实施计划，消除贫困、创造就业、发展经济和推动国家建设。这不仅给历史上处于劣势的大部分南非人带来希望，同时消除了历史上处于优势的少数民族的担忧与不安，主要方法是最大限度地减少对现有合法用户的影响以及保持农村经济的稳定发展。

结论

水分配是水资源管理的核心。当今世界，全球在人口、饮食、土地利用、经济市场和气候等方面正经历着时而缓慢、时而急剧的变化，水分配的重要性日益凸显。

本章介绍的经验表明，面对上述情况，我们需要全面了解可用水量和用水状况，同时具备对基础设施状况进行监测的能力。我们要掌握地下水和地表水之间的相互关系，以及土地利用变化在不同层面对地下水和地表水带来的影响。

其次是各机构要掌控现状并引导决策的制定。这项工作并非无足轻重，因为越来越多的事例表明，分配决策已演变为"零和"博弈。很多情况下，不同部门的利益都要加以考虑，并根据社会、经济、生态、文化和政治标准加以权衡。我们很难将上述标准用一项综合标准加以衡量，因此很难就优先权和优先事项达成一致。因此，指导分配决策的原则应该公开透明和合法公正。

最后需要重点指出的是，不断变化的环境要求我们向学习型机构转变，时刻准备制定与实施适应性管理实践。

本章中的一些案例表明，水账目和综合水-经济模型等工具可起到支撑水分配过程的作用。在充分了解系统相互作用的基础上，可以达成最佳决策，即对那些放弃当前部分水收益的人进行公平的补偿。

某些情况下，市场类机制能帮助我们找出最佳解决方案，例如根据应对能力，可在相关部门和群体之间采取不同程度的不确定性和风险转移。

事实表明，大多数情况下，构建用水户知识库是单个用水户作出正确决策的必备条件。

在决策制定过程中，为实现公开透明的原则，利益相关方之间进行有效的沟通和接触非常必要。水分配决策的环境可持续性、经济可行性和社会可接受性均建立在利益相关方的参与程度，而这来自于他们对于行使水资源管理的民主权利的认识程度。因此，要将"流于形式"的利益相关方磋商与社区真正有权实际掌控水资源管理的发展加以区分。赋予利益相关方真正的权利可产生更加合理、经济高效的解决方案，并提高实施的可能性。

现在，我们需要以加强用水户之间的协同力、提高合作效益为出发点，重新思考如何运行水利基础设施。这种体系必须具有灵活性，而这一点可通过基础设施和人力资源两方面的投资以及创新型管理手段来实现。

在水改革进程中，还需要以平等、透明的方式满足所有利益相关方的期望和要求，以认识和纠正用水方面的种族与性别不平等现象。

注　释

1　这些信息可有助于将水资源状况纳入到国家报告中，即联合国统计处的水环境–经济核算标准 (SEEA-W) 和联合国水统计国际建议 (联合国，2010)；另参见 Brouwer 等 (2005)。

参考文献

Barroso, L. A., Granville, S., Trinkenreich, J., Pereira, M. V. and Lino, P. 2003. Managing hydrological risks in hydro-based portfolios. *Power Engineering Society General Meeting*, 2003, IEEE. doi: 10.1109/PES.2003.1270395

Boelens, R., and Dávila, G. (eds), 1998. *Searching for Equity: Conceptions of Justice and Equity in Peasant Irrigatio*n. Assen, the Netherlands, Van Gorcum Publishers.

Booker, J., and Young, R 1994, Modeling intrastate and interstate markets for Colorado river water resources. *Journal of Environmental Economic. Management,* Vol. 26, pp. 66–87.

Brouwer, R., Schenaub, S. and van der Veer, R. 2005. Integrated river basin accounting in the Netherlands and the European Water Framework Directive. *Statistical Journal of the United NationsEconomic Commission for Europe, ECE*, Vol. 22, No. 2, pp. 111–31.

Brown, C.and Carriquiry, M., 2007. Managing hydroclimatological risk to water supply with option contracts and reservoir index insurance. *Water Resources Research*, Vol. 43. doi:10.1029/2007WR006093

Characklis, G. W., Kirsch, B. R., Ramsey, J., Dillard, K. E. M., Kelley, C. T. 2006. Developing portfolios of water supply transfers. *Water Resources Research,* Vol. 42, No.5. doi: 10.1029/2005WR004424

Committee on Economic, Social and Cultural Rights *General Comment No. 15: The right to water (arts. 11 and 12 of the International Covenant on Economic, Social and Cultural Rights).* 2002. Twenty-ninth session, Geneva, Switzerland, UN OHCHR. http://www.unhchr.ch/tbs/doc.nsf/0/a5458d1d1bbd713fc1256cc400389e94/$FILE/G0340229.pdf

Dinar, A., Rosegrant, M. W. and Meinzen-Dick, R. S. 1997. *Water Allocation Mechanisms: Principles and Examples.* World Bank Policy Research Working Paper No. 1779. Washington DC, World Bank.

Drieschova, A., Giordano, M. and Fischhendler, I. 2008. Governance mechanisms to address flow variability in water treaties. *Global Environmental Change,* Vol. 18, pp. 285–95.

Garduño, H, Foster, S, Raj, P and van Steenbergen, F. 2009. *Addressing Groundwater Depletion Through Community-based Management Actions in the Weathered Granitic Basement Aquifer of Drought-prone Andhra Pradesh – India.* Case Profile Collection Number 19, Washington DC, World Bank. http://siteresources.worldbank.org/INTWAT/Resources/GWMATE_CP_19AndhraPradesh.pdf

Gómez Ramos, A. and Garrido, A. 2004. Formal risk-sharing mechanisms to allocate uncertain water resources: the case of option contracts. *Water Resources Research,* Vol. 40. doi: 10.1029/2004ER003340

Goor, Q., Halleux, C, Mohamed, Y and Tilmant, A. 2010. Optimal operation of a multipurpose multireservoir system in the Eastern Nile River Basin. *Hydrology and Earth System Sciences,* Vol. 14, pp. 1895–908.

Gupta, J., and van der Zaag, P. 2008. Interbasin water transfers and integrated water resources management: Where engineering, science and politics interlock. *Physics and Chemistry of the Earth.* Vol.33, pp. 28–40. doi:10.1016/j.pce.2007.04.003

Hollinshead, S., and Lund, J. 2006, Optimization of environmental water purchases with uncertainty. *Water Resources Research,* Vol. 42. doi:10.1029/2005WR004228

Jercich, S. A., 1997. California's 1995 water bank program: Purchasing water supply options. *Journal of Water Resources Planning and Management,* Vol. 123, No. 1, pp. 59–65.

Kristiansen, T. 2004. Financial risk management in the hydropower industry using stochastic optimization. *Advanced Modeling and Optimization,* Vol. 6, pp. 17–24.

Lankford, B. A., 2004. Resource-centred thinking in river basins; should we revoke the crop water requirement approach to irrigation planning? *Agricultural Water Management,* Vol. 68, pp. 33–46.

Le Quesne, T, Pegram, G. and von der Heyden, C. 2007. *Allocating Scarce Water: A Primer on Water Allocation, Water Rights and Water Markets.* WWF Water Security Series 1. Godalming, UK, WWF-UK.

Leach, E. R. 1961. *Pul Eliya, a village in Ceylon: a study of land tenure and kinship.* New York, Cambridge University Press.

Loomis, J. 2000, Environmental valuation techniques in water resources decision making. *Journal of Water Resources Planning and Management,* Vol. 126, pp. 339–44.

Lund, J. R. and Israel, M., 1995. Water transfers in water resource systems. *Journal of Water Resources Planning and Management,* Vol. 121, No. 2, pp. 193–204.

Ma, J., Hoekstra, A. Y., Wang, H., Chapagain, A. K. and Wang, D. 2006. Virtual versus real water transfers within China. *Philosophical Transactions of the Royal Society, Biological Science,* Vol. 361, pp. 835–842. http://www.waterfootprint.org/Reports/Ma_et_al_2006.pdf

Manzungu, E., Senzanje, A. and van der Zaag, P. (eds.). 1999. *Water for Agriculture in Zimbabwe: Policy and Management Options for the Smallholder Sector.* Harare, University of Zimbabwe Publications.

Martin, E. D., and Yoder, R. 1988. A comparative description of two farmer-managed irrigation systems in Nepal. *Irrigation and Drainage Systems,* Vol. 2, No. 2, pp. 147–172.

Mo, B., Gjelsvik, A. and Grundt, A. 2001. Integrated risk management of hydropower scheduling and contract management. *IEEE Transactions on Power Systems,* Vol. 16, pp. 216–21. doi:10.1109/59.918289

Mohamed-Katerere, J. and van der Zaag, P. 2003. Untying the 'Knot of Silence': Making water policy and law responsive to local normative systems. Hassan, F. A., Reuss, M., Trottier, J., Bernhardt, C., Wolf, A. T., Mohamed-Katerere, J. and van der Zaag, P. (eds), *History and Future of Shared Water Resources. IHP Technical Documents in Hydrology, PCCP series No. 6.* Paris, UNESCO Publishing.

Molden, D. and Sakthivadivel, R. 1999. Water accounting to assess use and productivity of water. *Water Resources Development,* Vol. 15, pp. 55–71.

Molle, F., Wester, P. and Hirsch, P. 2010 River basin closure: Processes, implications and responses. *Agricultural Water Management*, Vol. 97, pp. 569–77.

Perry, C. 2007. Efficient irrigation; inefficient communication; flawed recommendations. *Irrigation and Drainage,* Vol. 56, pp. 367–78.

Rittel, H. J. W. and Webber, M. M. 1973. Dilemmas in a general theory of planning. *Policy Sciences,* Vol. 4, pp. 155–69.

Seetal, A. R. 2005. Progress with water allocation reform in South Africa. *OECD Workshop on Agriculture and Water: Sustainability, Markets and Policies, Session 5.* Adelaide, South Australia 14–18 November.

Suen J.-P. and Eheart, J. W. 2006. Reservoir management to balance ecosystem and human needs: Incorporating the paradigm of the ecological flow regime. *Water Resources Research 42,* Vol. 3. doi:10.1029/2005WR004314

Tilmant, A., Beevers, L. and Muyunda, B. 2010. Restoring a flow regime through the coordinated operation of a multireservoir system: The case of the Zambezi River basin. *Water Resources Research,* Vol. 46.

UN (United Nations) 2010. *International Recommendations for Water Statistics.* New York, UN Department of Economic and Social Affairs, Statistics Division. http://unstats.un.org/unsd/envaccounting/irws/irwswebversion.pdf

UNISDR (United Nations International Strategy for Disaster Reduction), 2009. *UNISDR Terminology for Disaster Risk Reduction.* http://unisdr.org/files/7817_UNISDRTerminologyEnglish.pdf

Van der Zaag, P. 1993. Factors influencing the operational flexibility of three farmer-managed irrigation systems in Mexico. Proceedings of the 15th International Congress on Irrigation and Drainage, The Hague, ICID, pp. 65–661.

Van der Zaag, P., and Gupta, J. 2008. Scale issues in the governance of water storage projects. *Water Resources. Research*, Vol. 44. doi:10.1029/2007WR006364

Van der Zaag, P., Seyam, I. M. and Savenije, H. H. G. 2002. Towards measurable criteria for the equitable sharing of international water resources. *Water Policy,* Vol. 4, pp. 19–32.

Verma, S., Kampman, D. A., van der Zaag, P. and Hoekstra, A. Y. 2009. Going against the flow: A critical analysis of virtual water trade in the context of India's National River Linking Program. *Physics and Chemistry of the Earth,* Vol. 34, pp. 261–69.

Ward, F. A., Booker, J. F., and Michelsen, A. M., 2006. Integrated economic, hydrologic, and institutional analysis of policy responses to mitigate drought impacts in Rio Grande Basin, *Journal of Water Resources Planning and Management,* Vol. 132, pp. 488–502.

Watts, R., Richter, B., Oppermann, J. J. and Bowmer, K. 2011 Dam reoperation in an era of climate change. *Marine and Freshwater Research,* Vol. 62, No. 3, pp. 321–27.

WCD. 2000. Dams and Development: *A New Framework for Decision-making.* The report of the World Commission on Dams. London, Earthscan.

Wester, P., Vargas-Velazquez, S., Mollard, E. and Silva-Ochoa, P.

2008. Negotiating surface water allocations to achieve a soft landing in the closed Lerma–Chapala basin, Mexico. *Water Resources Development,* Vol. 24, No. 2, pp. 275–88.

Wolf, A. T. 1999. Criteria for equitable allocations: The heart of international water conflict. *Natural Resources Forum,* Vol. 23, No. 1, pp. 3–30.

World Bank, 2005. *Managing Agricultural Production Risk: Innovations in Developing Countries.* Washington DC, World Bank, Agricultural and Rural Development Department.

Young, R. A., 2005. *Determining the Economic Value of Water – Concepts and Methods.* Washington DC, Resources for the Future.

第二十三章

评估水的价值

联合国经济和社会事务部（UN DESA）

作者：约瑟芬娜·麦斯图（联合国经济和社会事务部、联合国水计划宣传与交流十年计划）和卡洛斯·马里奥·戈表斯（阿尔卡拉大学和马德里高等研究中心）

致谢：本章内容是在杰克·莫斯（AquaFed）、大卫·科茨（联合国生物多样性公约）、彼得·鲍克和罗伯托·马丁内斯-乌尔塔多（经济合作与发展组织），以及迭戈·罗德里格斯（世界银行）的帮助下完成的。衷心感谢杰克·伯克（联合国粮农组织）、鲁道夫·克莱维文阿（国际农业发展基金）、克劳迪奥·卡波尼（世界气象组织）、蒂·勒胡（联合国亚洲及太平洋经济社会委员会）、尼基尔·钱德凡卡尔（联合国经济和社会事务部）、托马斯·希兰巴（联合国环境规划署）、威廉·科斯格罗夫与理查德·康纳（世界水评估计划）提供的意见与材料，并衷心感谢玛丽亚·梅塞德斯·桑切斯（联合国经济和社会事务部）对本章内容进行校对。

水资源管理不善以及水资源问题在政界遭到忽视的根本原因在于，没有充分认识水的全部价值，包括水的效益和成本。

　　对水的效益进行价值评估将有利于政府、国际组织、慈善机构以及其他利益相关者制定政策。

　　价值评估作为有效的工具可以让公众了解水的益处。同时，可使水的隐形效益进入公众的视野。

　　提供真实可信的水开发和水资源节约效益信息有助于说服政府和利益相关方在制定国家政策时优先考虑水需求；掌握正确的信息有助于找准投资方向，这将使经济社会发生实质性改变，并有助于消除贫困。

　　水的价值评估是公共与私人机构制定有关水政策的核心。它帮助水管理者和利益相关方在水供给和需求替代方案之间作出选择，找出可改善人类福祉并可维持生态系统服务的方案。此外，水价值估算还有助于水管理者制定补贴、公共激励及其他经济政策，以便应对当前的挑战。

　　水的价值评估是一种手段，有助于人们在保护和分享水资源保护所带来的效益方面达成共识。

　　我们需要进一步分析水的成本和效益，并将分析结果纳入决策过程。这对于形成更加综合全面的社会经济手段非常有益。对水进行价值评估从单纯侧重于经济效益转变为更加广泛地关注相关方面，对水的社会、文化和非市场价值同样给予考虑。为更好地应对政策问题以及满足管理的需求，对价值估算方法加以选择和改进非常必要。

23.1 问题的提出

水是人类生命的基础，常用于生产食物、产生能源和制造商品，对于经济发展、维持生态系统的结构与功能及其提供的各种环境服务均具有至关重要的作用（见专栏23.1）。上述效益的重要性使得水服务的提供与发展紧密联系起来，不仅成为社会经济发展战略不可或缺的组成部分，也成为保持人类已取得进步的先决条件。

专栏23.1

经济价值分类

直接使用价值：消耗型的水资源直接利用包括农业、制造业和生活用水。非消耗型水资源直接利用包括水力发电、娱乐休闲、航运和文化活动。

间接使用价值：水提供的间接环境服务包括净化污水以及保护栖息地、生物多样性及水文功能等。

选择价值：选择在未来直接或间接使用水资源所支付的价值。

非使用价值：包括水的遗产价值（将这种自然资源传给子孙后代），以及水和水生态系统的内在价值，包括生物多样性或者仅仅是人们知道某条自然河流还存在这样的价值。

资料来源：UNSD（2007）。

可是，在决定如何使用与管理水资源以及应如何节约这种稀缺资源时，我们只用到了一部分与水的多种效益有关的信息。大部分情况下，水的终端用户在决定使用多少水及其用途时忽略了用水产生的"不太明显的"外部与间接效益和成本。这在制定商业决策时更是如此，如投资和生产什么，农民决定种植何种农

作物，以及政府或机构开展水利投资、水资源管理与配置决策时都会遇到上述问题。

人们对水的多种效益认识不够，导致水资源问题缺乏应有的政治关注度；还导致无法将资源集中起来投入到水利基础设施的建设中，或者投资不足或者投资过度，最终使水资源问题在国家发展规划与扶贫战略中无法得到重视。此外，尽管水已成为许多行业必要的生产要素，但是上述原因使得用水效率无法得到有效提高。

价值评估（或估算）是判断水资源对于人类福祉重要性的方法，指可用来确定、评估、计量和最终估算出每项效益或潜在效益对于人类福祉重要性的各种方法。如果将这些方法应用到政策领域则可极大地改善水资源管理。对水的经济和社会发展效益进行价值评估有助于将水管理问题提升为政治议程的一部分，有助于决策者对于发展机遇与挑战作出明智的判断。价值评估之所以如此重要，还因为在分析各种管理方案作出选择时需要进行权衡取舍。有时，将可用的水用于某一目的意味着放弃另一种用途可能带来的效益。通过价值评估获得的信息可促使我们更加有效和有的放矢地解决经济、政治与社会的重点问题。此外，价值评估还可帮助解决水冲突，明确各方在合作保护其共有水资产（例如跨界河流或地下含水层）中所能共享的潜在效益，使各方共同保护重要的水资产，避免竞争性使用。

23.1.1 估算水收益使其处于政治议程的优先领域

水对于发展至关重要。既然如此，为什么大量的贫困国家仍然缺乏水利基础设施，难以从水的生产用途中受益，无法从不完善的基本卫生设施和供水服务中摆脱出来？

造成上述局面的部分原因在于，水及水管理的大部分投资收益（以及由此产生的成本）与进行投资的机构和公司没有很高的关联度。价值估算的结果显示，国家因拥有水本身而获得的收益超过将水直接用于生产可获得的收

益。为理解这一点，有必要分析各行业的整体生产力如何受到水利设施数量和质量的制约（Kemp，2005）。

更便捷和更广泛的取水途径会增加经济的生产能力，如提高土地或劳动力生产能力，可改善农作物、能源及其他产品的品质。价值估算还表明改进水利基础设施和服务将给生产带来重要效益，因为获得水是降低生产成本的经济有效和较为安全的方式。当农民从靠天吃饭转变到灌溉农业后，其收入会大幅度增加。水电提供了生产所需能源，降低了对昂贵的化石能源的依赖程度。对于这种直接效益重要性的讨论有利于多功能基础设施项目投资的决策制定，这里水作为项目的一种生产投入，可有效提高生产力和降低成本（见专栏 23.2）。

专栏 23.2

估算水的间接效益为投资决策提供支撑

印度北部巴克拉（Bhakra）水利枢纽工程通过两种方式产生间接效益。首先，随着跨行业联系的建立，来自其他行业的投入和需求有所增加。其次，大坝的直接产出提高了收入水平和工资，并普遍提高了经济繁荣程度。在发电、农田灌溉、供水、防洪和抗旱方面，每 1 卢布的直接收益带来 0.9 卢布的额外间接收益。农村务工人员的收益比其他农村和城市居民所获得的收入高。这表明项目的一个效益是让收入分配更加均衡（Bhatia 等，2007）。

"根据劳动力和资本供应的条件假设，巴西索布拉迪纽（Sobradinho）大坝投资回报倍数约为 2.0～2.4。这意味着每投入 1 美元，即会产生 2.0～2.4 美元的总经济回报。"

资料来源：SIWI，WHO 和 NORAD（2005，p.22）。

价值评估还体现了改善基本卫生设施和提供安全饮用水所获得的无形健康收益重要性。健康状况得到改善意味着可以减少工作日损失，进而提高生产力。寿命更长、生命质量更高体现出人们的健康状况更好。好的服务使人们可以对未来进行规划和展望，为促进人类发展作出贡献；还可使人们认识到花费时间接受教育的好处，并认识到拥有好的健康基础可以提高自己在未来获益。

世界卫生组织认为，半数的营养不良是由缺乏水资源、环境卫生和个人卫生设施造成的。在贫穷地区，供应安全的饮用水是节省劳动力的最有效措施。若政府在其财政预算决策过程中仅考虑医疗保健节约的财务价值，就会忽略不太容易被发现的重要方面，而这些在多种情况下具有更加显著的经济价值（见表 23.1）。这在贫穷国家是一个值得关注的问题，特别是在财务收益低于经济收益的情况下，为改善水利服务付出的努力通常会少于为经济发展所付出的努力。

有关贫穷国家的宏观经济表现，如按照国内生产总值（GDP）、就业率和生产力测算的信息，可帮助我们认识到水与经济发展之间有重要关系，而且水利开发能够推动经济增长：缺乏完善水管理及水与卫生设施服务且人均年收入低于 750 美元的国家，每年平均 GDP 增速仅为 0.1%；具有相同的收入水平或处于相同的收入区间，但却拥有更好供水服务的国家，年均 GDP 增长率为 3.7%。如果长期照此速度发展下去，后者肯定会摆脱贫困，进入中等收入国家行列（SIWI，WHO 和 NORAD，2005）。

23.1.2 估算水收益有利于扶贫战略和目标定向

估算水收益表明改善基本卫生设施和安全饮用水条件符合经济利益。更为重要的是，这项措施可有效推动公平，促进男女平等，为贫困人口和后代创造更多机会。分析水的非财务价值也很重要，可使我们充分利用发展机遇、集

表 23.1

实现千年发展目标中水与卫生目标的总体收益

收益类型	细分	收益的货币化
改善水与卫生设施服务可节约的时间	● 每年节约200亿个工作日	630亿美元／年
生产力节约	● 15～59岁年龄组节约3.2亿个生产日 ● 每年节约2.72亿个学校出勤率 ● 5岁以下儿童节约15亿个健康日	99亿美元／年
医疗保健节约		● 卫生机构：70亿美元/年 ● 个人：3.4亿美元
避免死亡的价值，基于贴现未来收益		36亿美元／年
总收益		840亿美元／年

资料来源：OECD（2010），Prüss-Üstün等（2008），Hutton和Haller（2004）。

中精力实施扶贫工作并扭转不可持续的水政策趋势（见专栏 23.3 和图 23.1）。

估算水传播疾病对于生产力产生的作用有助于改进投资定位

在 2008 年进行的一项研究中，世界银行估算了因疟疾、肺炎和急性下呼吸道疾病导致的死亡对于加纳和巴基斯坦所造成的经济影响。同时，还研究了普遍存在的腹泻和营养不良问题。研究应用人力资本法量化环境因素导致的工资损失。加纳和巴基斯坦的长期直接与间接成本分别约占其各自 GDP 的 9.3％ 和 8.8％。至少一半的影响源自与水相关的环境风险。

1991 年秘鲁爆发的霍乱疫情花费了 10 亿美元才得以控制，而原本投入 1 亿美元就可以加以预防。

资料来源：Moss 等（2003）。

对水投资和改善水管理所产生健康收益进行价值评估的结果显示，提供基本的水与卫生设施服务是根除收入和储蓄低下以及人力与实物资本投入低这种周而复始的贫困状况不可缺少的条件。"非洲贫困人口至少将 1/3 的收入用于治疗疟疾与腹泻等与水相关的疾病……因这些疾病以及广泛的人类苦难而产生的生产时间损失成本也必须考虑在内"（SIWI，WHO 和 NORAD，2005，p. 13）。

如果人们无法从安全水源就近取水，就会为获取最低水量支付较高的机会成本以满足其基本需要。虽然该成本不以货币衡量，但实际上却以损失时间、学校出勤率和工作日等为代价。让贫困人口获得水是释放人力资本的一种方法，进而可以创造财富。对这些收益进行估算可以验证集中供水的合理性，这是因为相对于富裕人群，贫困家庭无法承受自我供水方式带来的昂贵费用，妇女和儿童也要因此承担更重的负担。但是，我们要充分了解，基于已知的贫困家庭服务水平和支付能力，何种干预措施可带来最高的收益？

如果为贫困人口增加赚钱机会，可阻止贫困的循环往复。改善生产用水（尤其是粮食生产）的供水状况，将会推动有关工作的开展（见

图 23.1

获得水与性别、公平和儿童教育的潜在收益
左图是收集饮用水的人群分布状况；右图是撒哈拉以南非洲地区使用入户管道饮用水、其他改善的饮用水源或者未改善水源的人口比例，居民按照富裕程度分为人数相等的5组。

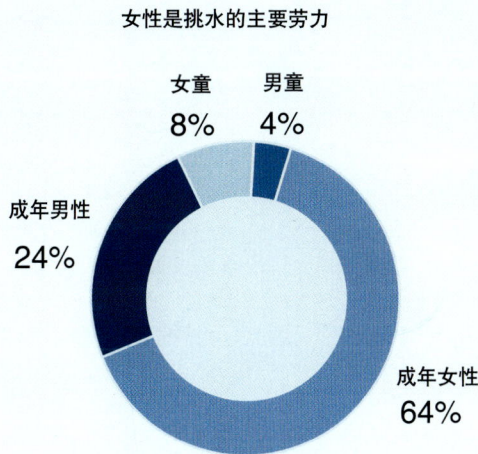

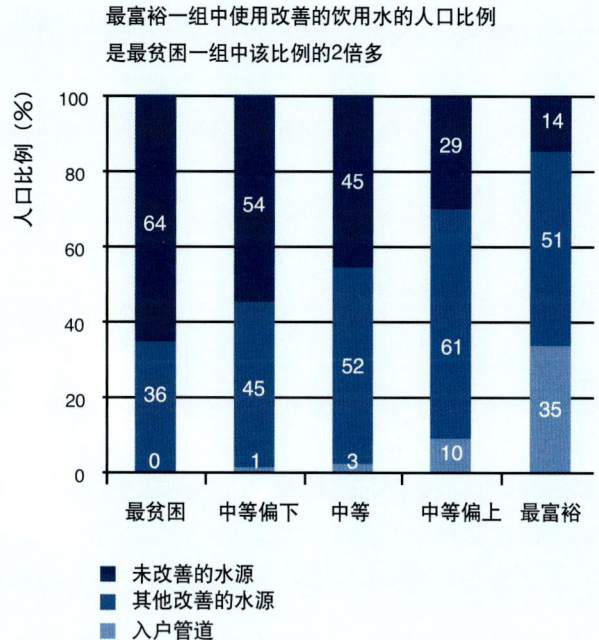

女性是挑水的主要劳力

女童 8%　男童 4%

成年男性 24%

成年女性 64%

最富裕一组中使用改善的饮用水的人口比例是最贫困一组中该比例的2倍多

人口比例（%）

	最贫困	中等偏下	中等	中等偏上	最富裕
未改善的水源	64	54	45	29	14
其他改善的水源	36	45	52	61	51
入户管道	0	1	3	10	35

■ 未改善的水源
■ 其他改善的水源
■ 入户管道

注：对于未拥有入户饮用水源的家庭，女性一般承担从水源处挑水的任务。在45个发展中国家实施的调查显示，几乎2／3的家庭情况如此，只有近25%的家庭中由男性挑水。但另有12%的家庭，儿童主要承担挑水任务，承担此项任务的15岁以下女孩比例是15岁以下男孩的两倍。儿童的实际负担一般更高，这是因为在多数家庭，挑水是共同分担的，虽然儿童不是主要劳力，但通常也需要往返数趟取水。

资料来源：WHO和UNICEF（2010）。

估算水收益可使国际社会确定优先领域和确定扶贫方向

哥本哈根协定在许多行业采用标准化方法计算收益成本比（BCRs）以对比发展措施的成本和效益，确定国际社会优先领域。2008 年，惠廷顿（Whittington）等人实施了一系列低成本水与卫生部门措施。并非所有的水与卫生项目都能满足收益-成本分析的要求，因为项目需要大量的前期资本投资，而且需要经过较长一段时期才能产生收益。鉴于不同成本条件下，不同服务水平能够产生对比性收益，因此，对替代投资方案进行成本和收益价值评估很有必要。

惠廷顿的研究（2008，p.3）总结道："成功实现水与卫生设施投资的关键在于探索服务形式和支付机制，让付费人值得为实现改善付出相关的费用。在多种情况下，传统的供水网络技术不具备实施条件，贫困家庭需要替代性的非网络技术"。

专栏23.5)。全球3/4贫困人口主要生活在农村地区，其主要谋生之道和收入增长引擎就是农业生产。扶贫战略需要关注提高农民收入并构建农业领域的适应力。评估产量的提高和种植更多种类作物的影响，将有助于制定与农业用水相关的高效扶贫战略。了解高收入的价值和低粮价的影响，有助于衡量这些措施的作用并提出相应的目标战略。

专栏 23.5

估算卫生改善收益可激发政府行动和加倍关注该领域

- 2008年是国际环境卫生年。这有助于将被忽略的卫生危机提到政府领导人、慈善团体和民间团体的议事日程中。
- "为所有人提供水和卫生设施"的倡议旨在鼓励捐助国政府和接受国财政部扩大环境卫生领域内的工作。
- 《可持续的环境卫生：2015年前的五年奋斗行动计划》作为一种倡导方式，致力于让环境卫生成为政治议程中被优先考虑的事项，促进国家协作，鼓励在环境卫生和健康领域采取行动。

所有上述工作很大程度上建立在价值估算的分析结果之上，这些价值估算表明环境卫生及健康与经济发展及环境可持续性之间存在相关关系。得益于世界卫生组织（其强调适当环境卫生行动的重要经济收益）的辛勤工作，以及联合国水计划对当前饮用水和环境卫生融资及相关建议所开展的全球卫生系统和饮水分析及评估，我们获得了这项重要信息。他们的第一条建议是："鉴于卫生与饮用水在人类与经济发展过程中发挥重要作用，发展中国家及其外部支持机构应就此承担更多的政治义务。"

23.1.3 估算水收益为水管理方案选择提供信息支撑

水价值评估为水资源管理人员决策作出了实实在在的贡献，例如向其宣传行动的各阶段具有不同收益和成本价值等信息。有些行动与水和卫生计划相互补充，其他行动则相对独立（见表23.2）。

每种选择方案都可以作为独立项目进行价值评估。不过，虽然此类信息具有一定价值，但不足以借此作出决策，还须将机会成本价值与可用的最佳方案进行对比。例如，大坝可以储存水用于饮用、灌溉、水力发电，并且有管理洪水的功能，所有这些用途都给社会带来巨大的收益。但是，由于改变了水生动植物栖息地并影响下游其他宝贵生态系统的服务功能，大坝对河流的水形态条件同时具有负面影响。在评估大坝总体经济收益的过程中，必须要对失去这些服务所造成的损失和因此产生的影响加以考虑。或许，考虑替代性蓄水方案更为重要，就像纽约市在需要规划一个新供水系统时所做的那样（见专栏23.6）。替代方案可包括使用湿地、土壤或地下水等自然基础设施进行蓄水。这种替代方案与其他措施结合起来可提供复合效益，如渔业、水净化和防洪减灾等。海水淡化的生产成本比较高，但供应却更加可靠。不过，供应成本须与使用替代水源的全部成本进行比较。此种比较应包括环境成本，在扼制过度使用资源的情况下，该成本可能不会发生。

决策过程中，采用或放弃每种管理方案所带来的机会成本和收益差异很大，且需视具体情况而定，例如，在确保水安全方面，我们应当考虑新基础设施项目是否比需求管理措施更加有效。需求管理可能是增加可用水量最经济高效的方法，但对于水分配管理者而言，目前的安排使这方面还不具备财务可行性。因为管理者"出售"的服务项目减少，收入也会随之下降。当水服务价格达到上限且无法得到政府支持时，将会影响用于运营、维护和更换基础

表 23.2

水与卫生措施的收益类型

投资选项	收益类型
提供安全用水和卫生设施	
在房屋周围提供安全的水 ● 建设取水点 ● 建设并运营水处理厂 ● 提供现场水处理方法 **提供环境卫生和个人卫生设施** ● 建设卫生设施 ● 推广实施卫生规范 **污水收集和运输** ● 通过污水管网收集污水 ● 收集并将厕所污物运到户外	**健康收益** ● 降低饮用水传播疾病（例如腹泻）和洗水性疾病的发病率 **非健康收益/经济收益** ● 节约生产活动的时间 ● 降低应对成本 **经济收益** ● 提高生产力 ● 将尿液和粪便用作经济投入 ● 因舒适性提升而对旅游产生影响 **其他收益** ● 提高整体清洁度、尊严和自豪感 ● 提高学校出勤率，尤其是女生出勤率
——下游，有关安全处置方面的污水处理	
● 建设并运营污水处理厂 ● 确保安全处置污泥残渣 ● 依靠自然处理流程	**健康收益** ● 降低饮用水传播疾病（例如腹泻）和洗水性疾病的发病率 ● 改善娱乐性水域带来的收益 **环境收益** ● 降低富营养化 **经济收益** ● 降低下游预处理成本（针对饮用水和工业用水） ● 保护商业鱼类资源和水产养殖 ● 推动旅游活动 ● 增加灌溉供水 ● 通过使用污泥而节约肥料 **其他收益** ● 娱乐收益 ● 增加财产价值
——上游，可持续的供需平衡管理	
保护水资源 ● 建立流域保护区 ● 签署自愿协议 ● 制定法规 **增加和确保供水** ● 增加蓄水能力 ● 增加取水能力 ● 开发替代水源，如含水层补给、海水淡化、中水回用 ● 制定干旱管理规划 **需水管理** ● 减少渗漏（供水管网和用户住所） ● 引入激励定价机制 ● 安装节水设备 ● 提高公众意识并开展教育	**环境收益** ● 降低对现有水资源（尤其是地下水）的压力并改善河道水流状况 ● 对于经济活动用水的经济影响（农业、水力发电） **经济收益** ● 降低水预处理成本 ● 生产活动不间断供水 ● 减小设施规模 ● 降低海水淡化需求（节约能源） **其他收益** ● 使用可靠水源，提高生活质量 ● 间接收益（例如与大坝相关的娱乐活动收益）

资料来源：OECD（2011）。

设施的资金投入，服务能力也会受到影响。

评价替代行动方案时，认识到市场价格无法体现水带给人们和经济的全部收益非常重要。例如，水污染和枯竭影响人类福祉的收益和成本，但在个人和公司制定决策时通常没有将其包含在平衡成本和收益的考虑范畴。比如，就农民自身利益而言，使用地下水可能比较经济高效。但这将导致水资源枯竭并同时将成本转移给其他水用户。其短期收益高于实际经济成本，短暂繁荣之后会迎来产出结果受到破坏的局面，可持续发展将受到破坏。水资源枯竭之后，投入大量时间和资金修建的水利基础设施最终变得毫无用处，在这方面存在很多案例。

在危机发生之前，人们通常会忽略水资源过度开发和枯竭产生的延伸成本，这种情形之下基础设施本身会贬值，服务的可持续性也会受到影响。如果管理水资源的机构无法妥善管理水资源利用，将会发生有利于短期财务收益的市场刺激风险，资源基础的完整性及其长期经济价值将为之付出代价。全球范围的地表水和地下水过度开采说明了这个事实。预计2025年，18亿人将生活在绝对水短缺的国家或地区，全球2/3的人口将受到缺水影响（UNESCO-WWAP，2006）。在很多地区，人们倾向于具有明显短期财务收益的投资机会，因为这对用水户而言是可以看得见和摸得着的，而长期可持续性结果却不一定看得见。

23.1.4 评估非市场价值可防止关键生态系统服务遭到忽视

生态系统服务是生态系统带给人类的效益或服务。饮用水、粮食生产用水和水力发电都属于生态系统的服务功能，然而其他服务功能如营养循环、气候调节、文化和休闲娱乐以及减灾效益等却经常受到忽视。我们实施的决策很大程度上都是以牺牲其他服务为代价无限扩大一种收益。因此，有关水的决策几乎总是与平衡取舍相关联，最终目标是优化相互关联的多种生态系统服务功能。有效评估的目的包括

两个方面：首先，辨别并确认折中方案涉及何种服务（即使其无法进行价值评估）；其次，尽可能量化价值，以便对折中价值进行估算。

生态系统提供的部分非市场服务比较容易量化，通常拥有很高的价值，例如湿地可以蓄滞洪水，森林可以维持饮用水质量。由于人们逐步认识到了这些价值，因而对于恢复上述服务功能的意愿也日渐增强。价值估算的结果通常表明，保护生态系统或者扭转其恶化态势，不仅是一种可持续的生态替代方案（通常附带多种效益），而且也产生经济效益。

价值估算证明，政策、管理和投资等导致本可避免的环境恶化出现后，经济效益就会降低。对于直接使用水资源的粮食生产商与服务提供商而言，水价和成本是用水决策的基本标准。但价格通常无法真实反映水的生产成本或经济价值。具体而言，价格通常无法反映支撑所有生态系统服务功能的自然资本库存下降的情况。因此，基础设施投资决策并没有起到将经济与环境统筹考虑，以提高其整体效率和促进可持续发展的作用。

提高公众对水价值估算的意识和更好地分享保护或恢复自然资本产生经济效益的信息，对于达成集体协议和制定将个人行为与公益事业相结合的财政激励措施至关重要。更好地作出集体和个人用水决策的关键，是要进行价值估算以及在成本和效益之间建立必要的联系。

目前，有很多实例证明了环境改善产生的效益及其对水资源规划与决策产生的影响（见专栏 23.7）。

23.1.5　评估量化水分配决策的折中方案

水生态系统持续为经济发展提供服务的能力是有限的，因此，在促进经济增长的同时，合理利用水资源并在各种用途中进行有效配置非常关键。掌握水的多种用途所具有的经济、社会和环境价值等大量准确信息，可有效避免用水竞争，防止用水状况进一步恶化。此外，这还有助于重新配置水资源，以便为经济和社会提供更高的效益。在水被用于某种用途不得不舍弃另一种用途时，还需要衡量取舍，妥善

作出决策。

缺水情况下，估算水在农业方面的生产力很有必要。政府需要掌握相关信息，以便确定缺水地区的水是否被用于低产作物，如果确实存在，则要找出能够为经济带来最大贡献的替代性作物或用途。此类估算可为农民提供相应的数据，使他们掌握信息，作出改善基础设施和作物品种投资的决策，并且可以让政府确立投资目标，制定可以提高用水效率的激励措施。

必须配合相关机构构建法律框架来改进水分配方式。这些工作的开展需要借助各项准则来完成，例如公平和效率的准则。在实际操作时，也可能面临政治上的压力。此外还需要改善向不同利益相关方传递预期目标的机制（见专栏 23.8）。如果制度安排有助于将水向高价值端分配，则达成互惠分配协议的可能性就会增加。设立水资源分散管理的法律框架对于水匮乏国家的机构设置很重要。这有助于经济措施的实施，例如水交易、用水许可与水权分配，水交易已经在澳大利亚、美国、印度、智利和西班牙等国开展（见专栏 23.9）。

数据和成果，使利益相关方参与当地的水资源综合管理。

纳入考量范围的经济、社会和环境价值指标包括不同区域的农作物水生产力、所有水部门的价值、与水相关的生产活动所实现的收入、食品安全性（包括农作物的营养价值）、饮用水获得途径、水争端、环境基流和环境变化等。价值评估过程对于决定改种用水较少的农作物、提高增加水生产力的能力、审核现有水权、用水户协会培训及协调农民自身的农产品营销以增加收入并提高稳定性等方面提供了有力的支持。

资料来源：Hermans 等（2006）。

专栏 23.9

水市场稀缺性价值评估

在存在水交易、水资源完全分配以及灌溉用水遭受市政、工业与环境（部分情况下）需求压力的干旱地区，可以直接通过市场活动观察与水相关的价值。有些流域已经对用水权加以明确和强化且可以交易。根据美国（加利福尼亚州的中央谷地、科罗拉多州的南普拉特流域以及内华达州的特拉基河流域）和澳大利亚（墨累-达令流域）的市场价格反映，由于市场条件和供应的变化，用水价值的变化相当大。

相关数据表明，许多流域发生的水市场流转与农业用水价值保持同步，但是费率低于家庭或工业用户的用水价值。如果城市用水需求较少，则价格反映的是水的农业生产价值，按照灌溉与雨养的价格差额计算。在城市用水需求较大的市场，价格由城市需求推动，并受到将水输送到城市的输水成本影响。

获得永久用水权的市场价值比临时配置用水的价格大约高出一个数量级。鉴于目前的信贷成本，可以推断资本化率与预期量级大约持平。水的市场价值从根本上说是区域性的，也可以说是本地化的，这是因为自然因素限制了有效交易的范围。因此，一种情况下的价格表现与另一种背景下的价格表现几乎没有任何关联。

资料来源：Aylward 等（2010）。

23.1.6 水价值评估有助于预防水冲突和促进水资源保护合作

在利用跨界水资源的背景下，价值评估可使各国政府认识到合作比竞争或冲突更具有优势。努力达成共享水资源价值的共识是实现解决国际水资源纠纷协议的有效途径。

如果各国认识到合作的净收益大于非合作的净收益，则他们更倾向于采取合作的方式，公平分享资源的情况下更是如此。在各方都可以预见收益时，合作和集体行动的优势则更加明显（见专栏 23.10）。

专栏 23.10

评估收益价值有助于开展国际河流合作

相关国家已就多瑙河、尼日尔河、奥卡万戈河等很多国际河流签署了利益共享协议。塞内加尔河开发组织成立于1972年。马里、塞内加尔、几内亚和毛里塔尼亚之间的权利竞争分歧并没有妨碍这4个国家就多个河流项目的利益共享达成协议。对利益的共识是构建组织机构的必要因素："开发多用途水资源基础设施将会增大发展机遇，减少移民与贫困，以及改善人口健康与生活状况，同时还能保护环境。"（世界银行，2009，p.12）。

价值评估信息可促使利益相关方达成合作协议，此外还可以为提供解决方案的所有各方带来收益。例如，评估在有安全、优质、足量供水的情况下流域保护的价值，有助于开发出此前未曾设想的解决方案。这包括减少下游水处理后节约的成本。流域保护还将产生大量的正面环境影响，如改善地表水、地下水和土壤水的水质，增加植被及本地动植物群的可用水量。

23.1.7　评估水的价值为制定补贴政策和融资服务

尽管向家庭、工业和粮食生产提供水服务可获得大量的经济收益，但多数贫困国家人口的基本用水需求仍未得到满足。这是由个人和企业无力支付费用以及缺少投资供水设施的财政激励措施等综合因素所造成。这就是为何要作出决定，向水厂以及社区服务提供商提供更多的贷款渠道及具有针对性的补贴（见专栏23.11）。

专栏 23.11

为制定补贴政策和融资服务评估水的价值

改善基础卫生设施与提供安全饮用水能够带来多种经济收益。世界银行估计，灌溉可以实现平均20%的收益率。但是，许多灌溉系统的退化是由财务问题和管理不善引起的。农产品价格出现下滑，部分投资的财务可行性目前更低。对于收入低于某一具体水平以及遭受定期干旱从而作物得不到保障的贫困农户，其收入需要加以稳定。

通过评估放弃财务方面不可持续的系统对社会和环境的影响，人们发现，应当支持国际捐助者实施财务计划和其他能力建设计划（例如，记录和收费）。对已经到位的捐助资源进行重新设计，有助于吸引其他资源和投资。他们还重点关注提供资金，弥补基础设施投资和收入产出之间的差距。这可以支持本地资本和金融市场的发展，包括小额贷款计划以及本地银行，并与基于成果的援助目标保持一致。

资料来源：Grimm 和 Richter（2006）。

评估水的价值有助于确定何时适合收取低于投资总成本的水费。

评估水的价值还能向社会提供用于找出实际解决方案的关键信息，便于将旨在阻止贫困恶性循环的税费补贴转换到一系列自筹资金的服务，进而让水资源服务在财务方面更加可持续。

在很多贫困国家，仅有一小部分的水服务收益可全部得到公共或私人组织提供的资金支持。单纯从经济回报上讲，供水对于私人企业而言并不具有吸引力，因而导致设施维护不善以及私人运营的水利基础设施和基本服务不断变差。这种情况的结果是投资不足导致服务不佳的恶性循环，会逐渐削弱获取足够收入进行系统运营、维护和投资的能力（见图23.2）。

由自我收集式水供应向集体供水服务模式转变，意味着人们可拥有更多的时间和更高的健康水平。但是人们无力支付获得这种服务所需的费用。在初级阶段，即使价值评估显示预期经济收益很可观，人们（尤其是贫困人口）

图 23.2

资金不足导致的恶性循环

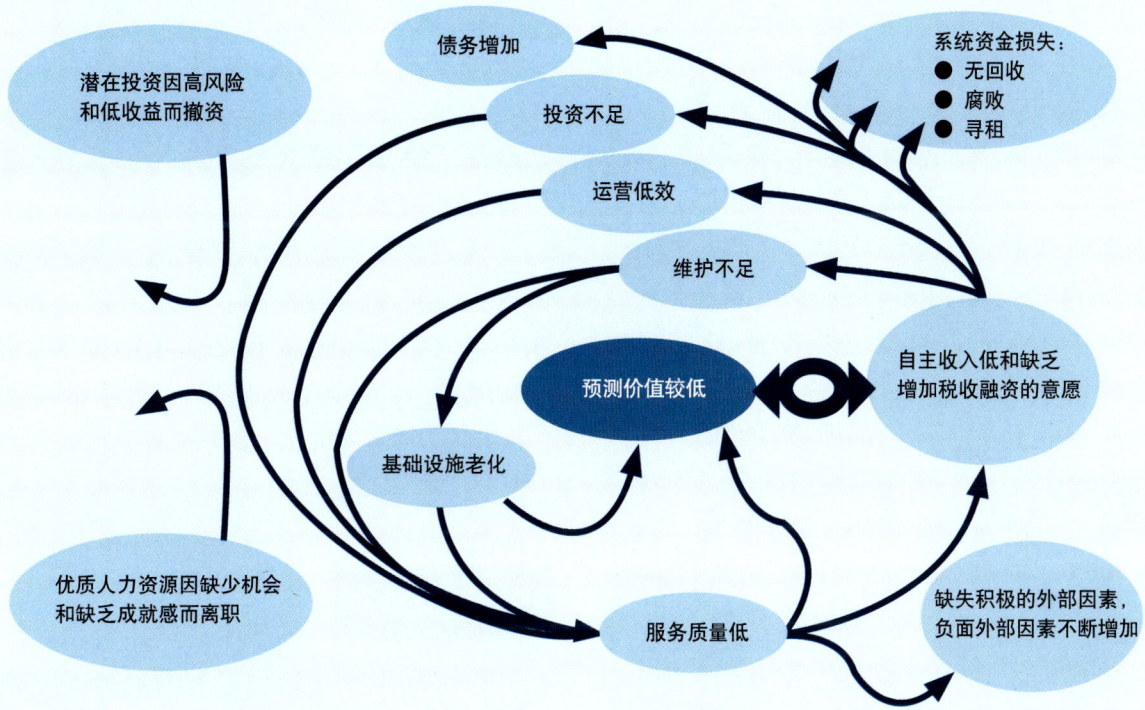

债务增加

投资不足

潜在投资因高风险
和低收益而撤资

系统资金损失：
● 无回收
● 腐败
● 寻租

运营低效

维护不足

预测价值较低

自主收入低和缺乏
增加税收融资的意愿

基础设施老化

优质人力资源因缺少机会
和缺乏成就感而离职

服务质量低

缺失积极的外部因素，
负面外部因素不断增加

资料来源：J. M. Moss改编自Moss等（2003，图4，p.13）。

仍无力为服务支付全部费用。因此，如果不采取集体行动，他们仍将无法得到基本的卫生设施和安全饮用水。

要想在中期实现获得可持续性供水，社会和水管理机构必须设法从初级阶段（其中重点是改善基本服务）向高级阶段转变，只有这样才可能使可持续供水得到相应的财务保障。我们需要采用创新的方式，在改善取水条件的同时，为贫困人口获得教育、实现作物多样化和提高收入创造机会。

价值评估有利于确定经济激励措施，使个人行为作出调整，与集体目标相一致。例如，评估可见性不高的非市场生态系统服务能够更加清晰地突出保护或恢复生态系统价值指标。此类评估通常比设想的更为简单。例如，生态系统无法供应清洁水源的损失可以从人工纠正该问题所需费用的角度（例如人工水处理费用）或者从生活在劣质水源环境下的经济成本角度（例如生产力下降、较高的医疗保健费用

等）加以估算。在多种情况下，生态系统服务的缺失已经演变成经济成本或者普遍存在的直接财务成本。确定收益的来源以及需要支出的费用有助于确定如何将支出费用转化为激励措施，从而获得更加高效的经济结果（见专栏23.12）。

专栏 23.12

中国开展环境服务补偿价值估算

中国的生态补偿机制是面向生态服务提供商采取的传统政府支付方式的现代变体。政府针对产生环境收益的具体行动向土地所有者（或土地使用者）划拨资金，提供补偿。生态补偿方法具有多种应用形式。其中包括水源地或库区附近居民移民

到其他地区的补偿，污水处理厂补贴、上游林业扶持补偿以及向因减少化肥和农药使用而导致产量损失的农民发放的补偿。

在中央政府级别，中国制定并实施了一些全球最大型的系统保护公共支付方案。这些方案包括坡地保护计划（SLCP）、天然林保护工程（NFPP）、森林生态系统补偿基金（FECF）等。坡地保护计划（也称为退耕还林计划）始于1999年，旨在恢复自然生态系统，减轻此前在林地或边际土地上耕种的负面影响。在这些土地上耕种导致洪水泛滥、库区沉积以及沙尘暴等。参加退耕还林的农民收到良种、幼苗和管理费用的补偿。这是世界上规模最大的公共转移计划，广泛覆盖700多万公顷土地上的3 000万农场。每年支出约为80亿美元。森林生态系统补偿基金计划以私人林地管理为目标。其根据土地使用者的土地所提供生态系统服务以及受限于计划参加时间的土地与资源使用限制而补偿土地所有者。该计划目前覆盖11个省的2 600万公顷土地，政府每年为此支出约20亿元人民币（2.53亿美元），其中约70％发放给农民，每公顷土地平均支付9美元，同时鼓励地方政府提供更多资金。2004年12月，森林生态系统补偿基金扩大至全国范围，覆盖主要国有非商业林地以及易受荒漠化和土壤侵蚀影响的地区。

资料来源：Jian（2009）。

23.1.8　价值评估可帮助作出改善水安全的决定

水需求日益增加伴随着降水模式和径流（包括洪水、干旱等极端气候事件发生的频率更高、强度更大）的可预测性不断减弱。因此，保障水安全和更具弹性的管理方式的价值越来越高。评估方法应将效益和提高或降低水安全的风险考虑在内，并提供相关信息。如果这项措施得以高效实施，将有助于揭示更具弹性的管理方案的成本与收益。评估方法得出的结论显示水的价值随着用途的改变而发生变化，这对于实施适应性规划与管理至关重要，还有助于防止不适当的非受控的个体对风险与不确定性的反应。

通过管理实现供水安全对于预测未来发展的收益发挥着关键作用。贫困及缺水群体努力构建供水及基本卫生服务体系的同时，面临着气候变化的潜在不利影响（世界银行，2010；Danilenko 等，2010；见专栏23.13）。

专栏 23.13

评估干旱经济损失和气候变化影响为采取政治行动创造条件

肯尼亚平均每7年就会发生一次干旱，所造成的经济成本（如1999—2000年间的干旱情况）相当于国内生产总值（GDP）的1/6。这一数字表明，如果降水变化带来的影响得到妥善解决，其年均经济增速可提高3.5％（斯德哥尔摩国际水研究所和世界卫生组织，2005）。

尼古拉斯·斯特恩（Nicholas Stern）在《气候变化经济学》中认为，气候变化对经济产值具有重要影响。在假设基线气候变化情境下，到2100年气候变化造成的损失将占印度和东南亚的国内生产总值的2.5％，占非洲和中东同期国内生产总值的1.9％。

资料来源：Stern（2007）。

如果不开展收益和成本价值评估，我们就无法决定采取哪些措施保障水安全及如何寻求财政资源支持工作的开展。水价值评估通过提高信息的准确性，使私人和公共机构在获得全面信息的基础上作出更加明智的决策。蓄水方案和设施、水资源保护计划和效率提升都属于有益的措施，在气候变化情况下显得更加宝贵。如果只考虑不确定性因素，可采取其他措施，如水源多样化（海水淡化和非常规水源）、改进雨水收集系统、放弃海岸开发以降低风险、恢复用于防洪的洪泛区以及恢复用于缓冲安全库容的含水层等。

价值评估可为计算选择方案的资本与维护成本提供宝贵信息，能帮助找出水安全及其他生态系统服务中所涉及的收益与机会成本。

经济刺激措施在改善适应性能力方面有一定的作用。随着时间和地点的变化，水供应与水质可能发生不可预知的变化，利益相关方和用水户在寻找最经济和最合适的解决方案方面或许比公共机构更有效率。例如，价值评估有助于水交易以及天气类保险方案的设计与实施，进而提供节水方面的投资激励，使水分配与再分配决策更加容易接受和具有较高的适应性。这种计划可能取决于供水变化以及收入与经济输出的稳定性的变化。

上述措施的实施范围主要取决于个人和政府对其安全可靠度的价值评估，此外还取决于对不同情况下放弃收益的价值评估。对不确定事件的回避程度越高，意味着风险溢价也越高，也就是说担心极端事件风险的人数越多，则发生这些事件的概率越高，愿意为保险支付费用的人数也越多。评估私人是否愿意为获得更高的安全感支付费用是判断措施财务可行性的重要步骤。

价值评估提供的可靠证据表明，相对于提前采取集体和一体化措施应对水资源和气候变化，个人独自面对风险将会导致人类福利的破坏和丧失。由个人采取风险应对措施来维持其生产活动，会加剧已经存在的脆弱性。农村地区的居民、商业和农民根据可选方案以及个人经济能力，采取的自发应对行动取决于他们对价值和风险的预测。针对日益升高的稀缺性和风险，由于缺乏计划性和协作行动，人们往往独自采取行动，但这并不意味着会获得最佳或可持续的效果。例如，由于降水不稳定使产量下降，人们不得不选择在有限的土地进行不可持续的耕作。所有这些将加剧水短缺与土地退化，并危及野生与驯养物种的生物多样性。此外，它们还会增加脆弱性，损害应对未来气候变化及其他风险的能力。

对不同行动计划的财务及经济成本与收益之间的差异进行计算之所以行之有效，是因为它凸显了应对水资源管理挑战采取有计划、有预见性和协调性行动的重要性。我们需要采取集体行动而非自发性的单独行动，还应实施风险管理，改变以往被动地应对极端事件和应付不利的趋势。价值评估在表现合作取代个人行动的优势以及提高响应与安全性方面发挥着关键作用。

23.2　水价值评估面临的挑战

目前现在的很多评估方法已经通过了不同条件和环境下的政策决定的检验。水价值评估方法根据获得的人们对水的重要性方面的信息会有所不同。

尽管水价值评估与政策具有高度相关性且不断出现成功的案例，但它仍存在争议。其中经常讨论的问题是：各种评估方法是否对任何具体决策问题都适用，价值评估实践所得出的结果是否可靠，当成本与收益取自不同来源、不同地域范围以及使用不同评估方法时是否具有可比性（UNSD，2007；见第八章）。

水价值评估仍面临着挑战，这是因为经常缺乏数据且数据采集费用较高，有时需要进行假设以克服缺乏相关信息所造成的困难。水的效益一般发生在特定地区，无法在不同的状况下轻易加以转换。在方法和假设尚未标准化的前提下，所得数值结果的不确定性非常高。在应对上述局限性的过程中，价值评估方法在不断发展，相关结果也通过广泛的科学研究得到了验证。但是，由于假设、数值结果以及如何使用评估结果评价政策选择仍具有一定的限制性，因此，与利益相关方进行这方面的交流仍存在一定的困难。

如果决策环境有利于价值评估方法的使用，其结果不存在太多争议且不涉及敏感的价值判断，则与利益相关方进行沟通就比较容易（见表23.3）。这些方法基本上都是通过直接观察现有市场行为而获得结果，并非通过实验室测试或对某个市场和人为创建的决策环境进行选择性实验而获得结果。此外，这些方法还能充分利用现有市场价格中包含的信息，从中获

得其他水收益的价值。这些方法在福利措施中的有效应用即是典型实例，如：避免损失（评估因获得清洁安全饮用水而避免损失发生的方法），避免破坏（评估环境提供防洪减灾服务的方法），剩余价值（说明作物产量和农民收入如何随灌溉应用而提高的方法），以及避免处理成本（由自然河道而非人工修建系统提供的水净化服务）。这些方法提供了3种主要水收益类型的实用信息：水可作为生产其他物品的中间投入，水可作为最终消费品，以及水可提供环境服务。

表 23.3

水价值评估技术一览表

评估技术	评论
1. 将水资源作为生产的中间投入： **农业、制造** 剩余价值 净收入变化 生产函数法 数学规划模型 水权的出售与出租 特征价格法 供水公司销售的需求函数	这些技术根据所观察到的市场行为提供水的平均或边际价值
2. 将水资源作为终端消费品 水权出售与出租 供水公司销售的需求函数 数学规划模型 替代成本 条件价值估算法	除条件价值估算法之外，各种技术根据所观察到的市场行为提供水的平均或边际价值。条件价值估算法根据假定购买计算总经济价值
3. 水资源的环境服务： **废物净化处理** 防止破坏的行动成本 因避免破坏而带来的收益	这两种技术提供平均或边际价值信息

资料来源：UNSD（2007，表8.1，p.120）。

上述措施的实施，特别是与适应气候变化相关措施的实施必定会改变现状，重视这些价值以及这些价值的未来变化非常重要。参与式决策管理正变得日益重要。在实践中，价值评估和考虑这些价值的未来变化是达成折中方案的基础所在。在不同利益相关方需要达成妥协时，尤其是在开展水需求管理与分配决策时，这将对决策过程提供有力的支持（Hermans等，2006）。

制定能够用于信息收集和决策的价值评估框架很有必要。生态系统和人类福祉之间的联系非常复杂。"千年生态系统评估"已经制定出基本概念性框架，为生态系统服务功能分析与评估提供了逻辑架构（千年生态系统评估，2005）。将来重要的一步是将水价值信息纳入水账户核算框架。联合国统计司水经济核算系统框架提供的综合信息系统可用于研究环境和经济之间的相互作用（UNSD，2007）。由于其

涵盖了与水相关的存量与流量，因此为进一步研究奠定了基础。此外，价值评估方法还需要更多地改进，以更好地应对政策问题、满足管理方面的需求。

参考文献

Aylward, B., Seely, H., Hartwell, R. and Dengel, J. 2010. *The Economic Value of Water for Agricultural, Domestic and Industrial uses: A Global Compilation of Economic Studies and Market Prices.* Rome, Italy, Food and Agriculture Organization of the United Nations (FAO).

Bhatia, R., Malik, R. P. S. and Bhatia, M. 2007. Direct and indirect economic impacts of the Bhakra multipurpose dam, India. *Irrigation and Drainage*, Vol. 56, Issue 2–3, pp. 195–206. doi:10.1002/ird.315.

Daly, G. and Ellison, K. 2003. *The New Economy of Nature: The Quest to Make Conservation Profitable. Washington DC,* Island Press.

Danilenko, A., Dickson, E. and Jacobsen, M. 2010. Climate Change and Urban Water Utilities: Challenges & Opportunities. *Water Working Notes. Note No. 24.* Washington DC, World Bank.

Grimm, J. and Richter, M. 2006. *Financing Small-Scale Irrigation in Sub-Saharan Africa.* Desk Study commissioned by the World Bank. Eschborn, Germany, ETZ.

Hermans, L., Renault, D., Emerton, L., Perrot-Maître, D., Nguyen-Khoa, S. and Smith, L. 2006. Stakeholder-oriented valuation to support water resources management processes: Confronting concepts with local practice. *FAO Water Reports,* 30. Rome, Italy, Food and Agriculture Organization of the United Nations (FAO).

Hutton, G. and Haller, L. 2004. *Evaluation of the Costs and Benefits of Water and Sanitation Improvements at the Global Level.* Geneva, Switzerland, World Health Organization (WHO).

Jian, X. 2009. *Addressing China's Water Scarcity Recommendations for Selected Water Management Issues.* Water, P-Notes, Issue 37, No.48725. Washington DC, World Bank.

Kemp, R. 2005. America on the Road to Ruin? *Public Works Management & Policy* Vol. 10, Issue 1, pp. 77–82. doi:10.1177/1087724X05280384.

Moss, J., Wolff, G., Gladden, G. and Gutierrez, E. 2003. *Valuing Water for Better Governance, How to Promote Dialogue to Balance Social, Environmental and Economic Values?* Business and Industry CEO Panel for Water.

OECD (Organisation for Economic Co-operation and Development). 2011. *Benefits of Investing in Water and Sanitation: An OECD Perspective.* Paris, France, OECD. doi:10.1787/9789264100817-en.

Prüss-Üstün, A., Bos, R., Gore, F. and Bartram, J. 2008. *Safer Water, Better Health: Costs, Benefits and Sustainability of Interventions to Protect and Promote Health.* Geneva, Switzerland, World Health Organization (WHO).

Sachs, J. D. 2001. *Macroeconomics and Health: Investing in Health for Economic Development.* Report of the Commission on Macroeconomics and Health. Geneva, Switzerland, World Health Organization (WHO).

SIWI (Stockholm International Water Institute), WHO (World Health Organization) and NORAD (The Norwegian Agency for Development Cooperation). 2005. *Making Water a Part of Development: The Economic Benefit of Improved Water Management and Services.* Stockholm, SIWI.

Stern, N. 2007. *The Economics of Climate Change: The Stern Review.* Cambridge, U. K., Cambridge University Press.

UNSD (United Nations Statistics Division). 2007. *System of Environmental-Economic Accounting for Water.* Background Document. New York, UNSD.

Whittington, D., Hanemann, W. M., Sadoff, C. and Jeuland, M. 2008. The challenge of improving water and sanitation services in less developed countries. *Foundations and Trends in Microeconomics.* Vol. 4, Issue 6–7. Hanover, Germany, Now Publishers Inc. DOA:10.1561/0700000030.

WHO (World Health Organization) and UNICEF (United Nations Children's Fund). 2010. *Progress on Sanitation and Drinking-Water: 2010 Update.* Geneva, WHO/UNICEF Joint Monitoring Programme for Water Supply and Sanitation.

World Bank. 2008. *Environmental Health and Child Survival: Epidemiology, Economics, Experiences.* Washington DC, World Bank.

----. 2009. *IDA at Work: Water Resources – Improving Services for the Poor.* Washington, D. C., World Bank.

----. 2010. *World Development Report 2010: Development and Climate Change.* Washington DC, World Bank.

WWAP (World Water Assessment Programme). 2006. *World Water Development Report 2: Water: A Shared Responsibility.* Paris/New York, UNESCO/Berghahn Books

第二十四章

水利设施及运营维护投资

世界银行

作者：迪亚哥·罗德里格斯、卡洛琳·范登伯格和阿曼达·麦克马洪

致谢：奥卢索拉·卢库瑞吉为研究提供协助。本报告是世界银行工作人员与外部供稿方共同努力的成果，其研究发现、阐述和结论并不一定反映世界银行及其执行董事会的意见，或其所代表政府的意见。

在恢复、运行、维护老化的水利基础设施方面，发展中国家面临着越来越大的资金缺口。为了应对不断增长的人口需要、日益增长的用水需求、消费模式变化和气候变化，必须修建新的水利设施。

超过 80%的水利投资来自公共资金。虽然国际私营部门的效率大幅提升，但对发展中国家的风险投资兴趣依然不高，并且目前正在降低。公共或私营部门水利基础设施可用的资源也越来越无法确定。

该缺口只能由最佳的资金组合来填补，但在各个国家又不尽相同。无论采用何种准则，各国都应努力提高水利行业的资金利用率，并且所有的行业都应各尽所能。

当服务获得的收益增加时，服务变差导致的恶性循环将会停止，服务提供方可更好地抵御气候变化和金融市场波动带来的风险。

政府可以改善资金划拨、转让和使用方式，更好地利用稀缺资源，达到一定的治理水平，以便从私营部门创新和长期财政可持续发展中获益。

与此同时，开发机构可以提供过渡性援助，推广环保基础设施战略。为降低贫穷国家的财政负担，在国家层面进行利弊分析评价有助于形成以需求为导向的干预手段，这比采用庞大的系统工程更加经济实用。

24.1 水、风险和不确定性

24.1.1 背景介绍

如果没有足够的资金投入用于支撑水服务和水资源基础设施建设，经济增长将会停滞，扶贫将难以实现。水质低劣和无法获得足够的用水对穷困人口的影响最严重。水质不安全、不洁净可引起各种各样的问题，小到人类健康问题，大到生产力降低（Fay 等，2005）。因此，足够且得到妥善管理的水利基础设施将有效促进社会经济发展。

联合国千年发展目标（MDG）第 10 项提出，将全球无法获得改善饮用水和卫生设施的人口减少一半。这是实现减贫等其他千年发展目标的必要条件。世界卫生组织（WHO）的数据显示，发展中国家 80% 的疾病是由于水不安全、卫生设施差和缺乏卫生教育而引起的。发展中国家的女性是享有持续供水和卫生服务的主要受益者。由于公共厕所的修建，发展中国家女童的入学率显著上升，而提供安全水源将彻底将女性从每天数小时的取水和运水繁重劳动中解脱出来［水援助组织（WaterAid），2005］。

2011 年的千年发展目标报告显示，1990—2008 年，超过 18 亿人的饮用水源获得了改善，可获得安全水源的总人口比例因而从 77% 上升到 87%。但呈现出不均衡的发展状况，饮用水条件没有改善的农村人口与城镇居民的比例是 5:1。事实上，卫生目标的实现非常艰巨。虽然卫生设施获得改善的人口比例从 1990 年的 43% 升至 2008 年的 52%，但全球超过一半的发展中国家仍缺乏足够的卫生设施（UN，2011）。而粮食、能源和金融危机又使这一状况雪上加霜。

24.1.2 全球危机

水是生产和服务的一项重要投入，这意味着它直接受全球金融、能源和粮食危机的影响（Winpenny 等，2009）。为确保水安全，我们必须了解这些危机对水资源存在哪些影响。

《2010 年全球监测报告：危机之后的千年发展目标》称，2009 年，金融危机使超过 5 000 万人陷入极度贫困，截至 2010 年底，还有 6 400 多万人可能加入到这一行列。该报告预测，到 2015 年，额外将有 1 亿人口也可能会失去饮用水（见专栏 24.1）。

水行业极易受到变化莫测的经济环境影响。在金融危机之前，大多数发展中国家的水利投资就已经很低，而现在则是一跌再跌，私营部门的参与水平也在急剧下降。世界银行的私营部门参与基础设施建设（Private Participation in Infrastructure，PPI）项目数据库的分析显示，金融危机结束几个月后，项目的数量与 2007 年同期相比减少了 45%，相关投资下降了 29%（世界银行和公私合作基础设施咨询基金、私营部门参与基础设施建设项目数据库）。

Winpenny 等（2009）强调金融危机对水行业的资金流还存在其他影响。金融危机期间，公共资金锐减、税收下降、贫困加剧。这反过来会降低服务供应商获得私人投资的能力（即贷款、债券和股票）。为此，国际援助机构和多边发展银行作出新的承诺，加大对水行业的援助，以弥补这些不足。

人口增长和能源价格飞涨将引发粮食危机。这也会导致粮食价格上涨，使更多人跌至贫困线以下。到 2050 年，全球人口预计将达到 90 亿，Hanjra 和 Qureshi（2010）估计，粮食生产每年的用水缺口为 3 300 立方千米。由于农业生产约占全球水资源消耗量的 70% 以上，只有提高农业生产力才能满足这些需求。

粮食安全取决于可持续和有效的水资源管理体系。Rosegrant 等（2002）预测，除非未来水资源利用的政策发生根本改变，否则，到 2025 年，地球将发生严重的粮食危机。新增农田水利基础设施和水生产力投资可部分满足粮食生产的用水需求，并最大限度地减少水资源短缺的影响（Falkenmark 和 Molden，2008）。

气候变化将提高实现和保持水安全的成

本。政府间气候变化专门委员会（IPCC）分析了气候变化可能对水资源造成的影响。分析预测半干旱地区将出现严重缺水，促使干旱发生的频率上升（Bates 等，2008）。

金融危机影响获得改善供水水源的 3 种情境

为分析金融危机对发展中国家国内生产总值增长的影响，《2010 年全球监测报告》假设了 3 种可能发生的情境，即危机后趋势、危机前（高增长）趋势和低增长情境，据此预测发展中国家无法获得改善水源的人口比例。

- 危机后的情境显示出危机对国内生产总值的影响，它假设经济复苏的速度自 2010 年开始加快。这是报告的基准情境预测。
- 危机前（高增长）情境显示发展中国家继续保持 2000—2007 年的惊人增长模式对国内生产总值的影响。因此，可以通过比较危机后趋势和危机前趋势两种情境，衡量经济危机对千年发展目标的影响。
- 低增长情境假设，在中期内金融危机对国内生产总值的不利影响依然存在，情况将进一步恶化，导致约 5 年内无增长或增长非常低，之后将是一个缓慢的恢复期。

未改善水源的人口比例				2015年		
地区	2015年目标	1990年	2006年	危机后	危机前／高增长	低增长
东亚和亚太	16	32	13	3.3	0.6	4.1
欧洲和中亚	5	10	5	0	0	1.8
拉丁美洲和加勒比地区	8	16	9	5.4	4.5	7.1
中东和北非	6	11	12	8.3	7.4	10.0
南亚	13	27	13	9.3	5.1	10.2
撒哈拉以南非洲地区	26	51	42	39.1	38.8	39.8
所有发展中国家	12	24	14	10.1	9.6	11

资料来源：世界银行（2010a，表 4.2，p.105）。

极端水事件对每个人都产生影响，但穷困人群受害最深，因为他们的居住环境较差、收入低、基础设施不足以及严重依赖气候敏感性行业，如农业。例如，在 3 年的时间里，肯尼亚遭受极端洪水的损失相当于国内生产总值的16%，而极端干旱的损失相当于国内生产总值的11%。水管理不善只会进一步恶化这些问题（世界银行，2004）。赞比亚的经济也易受水文变化的影响，国内生产总值 10 年内损失 43 亿美元，农业增长每年减少 1 个百分点（世界银行，2008a）。由于这些地区主要的谋生之道是雨养农业，干旱和水灾显著影响着当地的粮食安全。

为帮助发展中国家的水资源部门适应气候变化，每年需要 130 亿～170 亿美元（世界银行，

2010b），而这仅仅是修建硬件基础设施的费用。

24.2 水行业的投资需求

24.2.1 全球估计

各国水利基础设施建设都离不开庞大的资金投入，其中供水服务普遍无法收回基本的运行和维护成本。在发展中国家，由于资金匮乏，设施承受着巨大的压力，资金投入通常意味着巨大的财政负担。由于实际需求很难估计，且存在各种不确定因素，因此，水利投资方面的数据不足而且并不完整。其根源在于缺乏有关基础设施公共开支的可靠数据、不了解当前设施的基本情况、对支出缺乏系统监测的手段以及难以追踪投资的流向。Fay 等（2010）指出，投资需求的深入分析需要 4 个不同步骤：

- 了解具体支出及其与基础设施的数量和质量之间的关系。
- 设定一个目标，确定实现该目标的成本。基础设施的费用缺口是目前支出与目标之间的差距。
- 确定通过提高效率可弥补多少费用差距。
- 计算提高效率所需的一次性额外支出（资金缺口）。

每一环节都存在各自的困难。国家和金融机构通常不会在国民核算中明确说明基础设施建设投资，而且设施不足的状况也难以估量。

Yepes（2008）估计，2008—2015 年，中低收入国家的水、卫生设施和废水处理投资需求为 1 030 亿美元[1]。这与世界卫生组织所估计的实现供水和卫生千年发展目标需要 720 亿美元相符（OECD，2010a）。

在地区层面，"非洲基础设施国家诊断报告"（Africa Infrastructure Country Diagnostic，AICD）估算了水、卫生和灌溉所需的投资（Foster 和 Briceno-Garmendia，2010）。为弥补供水和卫生基础设施不足，在 10 年内实现千年发展目标和撒哈拉以南非洲地区设定的国家目标，每年的投资将约为 220 亿美元。要使非洲的灌溉面积翻倍则需要 34 亿美元。

24.2.2 水利公共资金

当前流入水利行业的公共资金概况

由于缺乏集中和可靠的信息，估算目前水利行业的公共开支相当困难。如果说公共部门提供的资金约占所有供水和卫生基础设施投入的 80%，那么这么大的缺口实在令人难以想象[Winpenny，2003；来自 Prynn 和 Sunman（2000）][2]。

有限的公共开支信息大部分源自经合组织发展援助委员会。官方发展援助的援助资金流已成为统计数据的主要来源，但它仅包括来自政府的援助。私人来源的援助，包括非政府组织的援助的信息尚未获得。

供水和卫生设施领域的官方发展援助数量急剧上升。经合组织发展援助委员会的数据显示，平均每年的承诺资金已从 2002—2003 年的 33 亿美元升至 2008—2009 美元的 82 亿美元。

24.2.3 投资与风险

私营部门投资

私人参与基础设施（PPI）数据库是基础设施私人投资可靠信息的主要来源。该数据库可提供 1984—2010 年 4 800 多个基础设施项目的信息，这些项目由私营的能源、电信、交通、水务公司拥有或管理。

在最近一期（2011 年 7 月）私营部门参与基础设施的报告显示，2010 年，7 个中低收入国家实施了 25 个涉水项目，其中私人投资额达 23 亿美元（见图 24.1）[3]。2010 年，私营部门参与的新项目数量较 2009 年下降了 34%，创 1995 年以来的新低。尽管开工的新项目减少，但 2010 年的年投资承诺额较 2009 年增长了 17%。

2010 年私营部门新参与的项目有 25 个，其中最大的 3 个项目占投资总额的 76%。20 个项目来自两个国家（中国和巴西），占投资总额的 36％。其中 15 个项目位于中国，14 个项目为中小型污水处理厂。总体而言，2010 年的私营活动以水和污水处理厂为主，共 17 个项目，投资额为 14 亿美元（见图 24.2）。

图 24.1

私营部门参与涉水项目投资（1990—2010年）

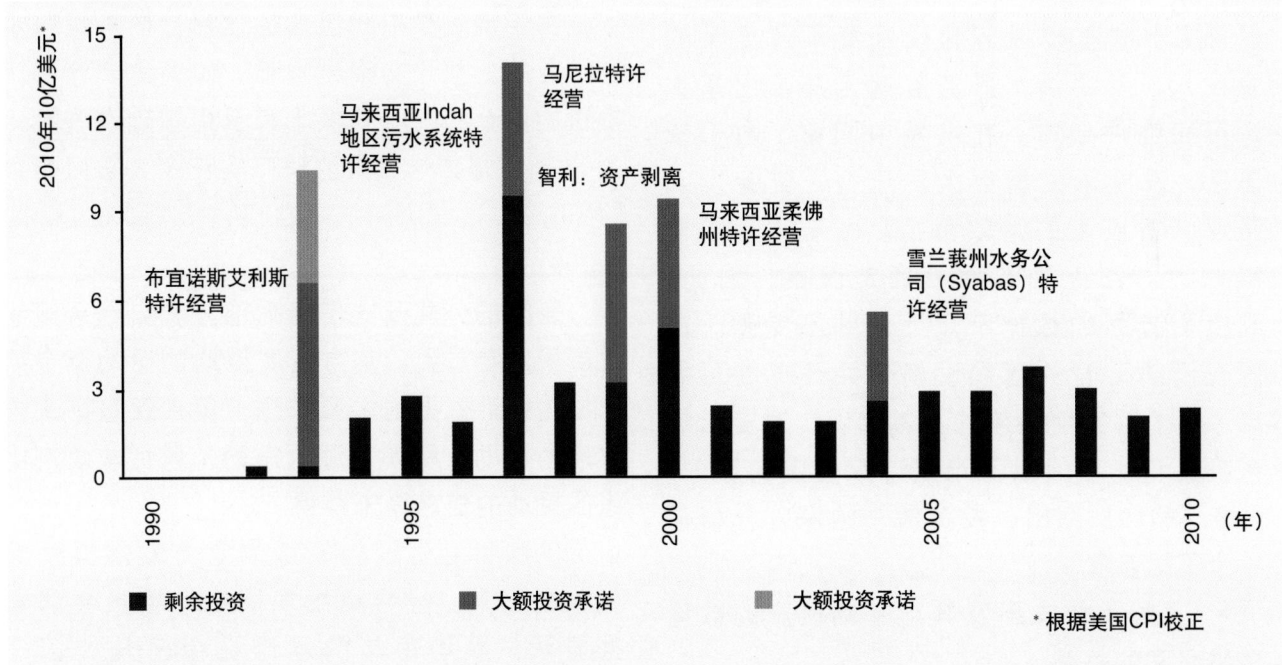

图 24.2

私营部门参与投资的水务项目（按下属行业划分）（1990—2010年）

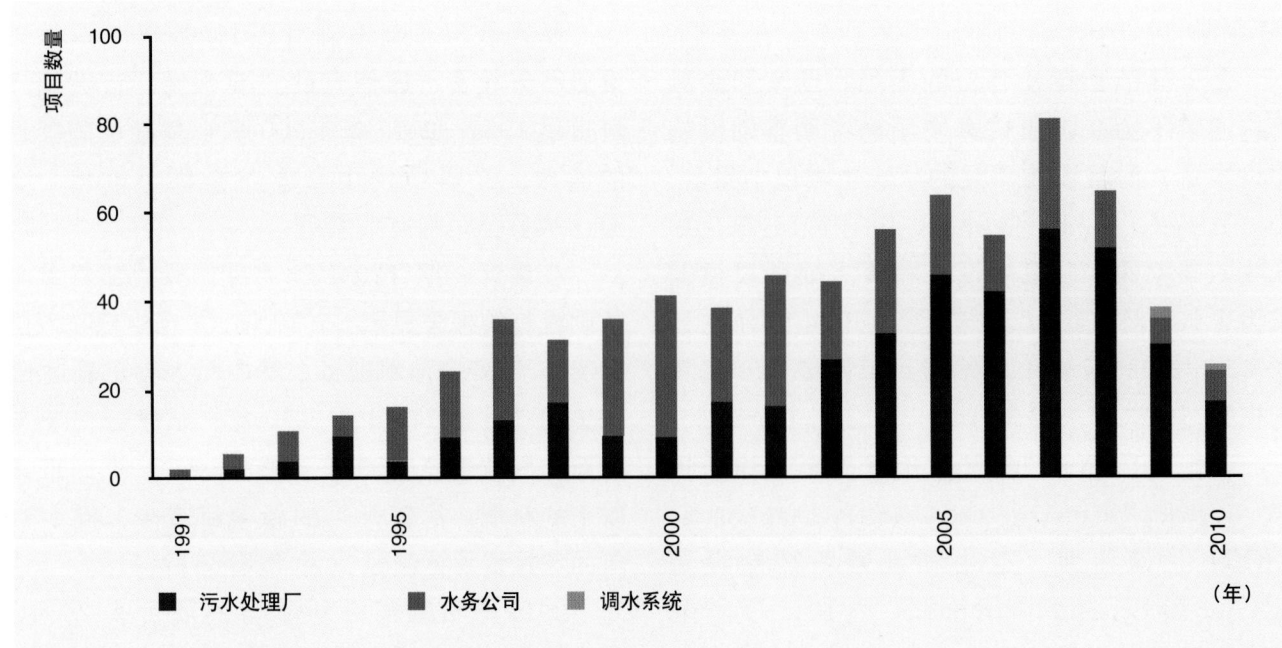

通过分析发展中国家对所有行业（能源、电信、交通、水利）的投资发现，水利占私营部门投资总额的 1%（世界银行，2011）。金融危机为融资带来了新的挑战。公共资源比以往任何时候都更加稀缺，私营部门不愿参与涉及额外风险的新项目。国际投资的汇率波动风险上升，但国内贷款人并不愿承担这一风险。1995—2005 年，投入供水和卫生设施的私人国际资金流下降了 6%，而本地私人资金流增长了 10%（Jimenez 和 Perez Foguet，2009）。

不确定性下的投资风险

面对气候变化诱发的风险，如干旱、国际间水纠纷和政策改变，再稳固的公用设施也难以应付，即便发达国家也是如此。2010 年，总部位于纽约的全球股票投资人、水资产管理公司和非盈利性组织瑟雷斯（Ceres）进行了一项研究，考察了美国的 6 个水务公司，评估这些公司到 2030 年抵御可用水量变化的能力（Leurig，2010）。这项研究向购买公共事业公司债券的投资者说明了与水文变化相关的潜在风险，而这些风险因素并未在全球三大评级机构目前发布的债券评级中显示出来。瑟雷斯的报告称，评级机构认可了水务公司因提高销量而过度用水的行为，尽管从中期角度上看，水供应实际上是受到限制的。

亚利桑那州和内华达州的城市用水来自米德湖（Lake Mead），但长达 10 年之久的干旱减少了可用水量。在美国另一边的亚特兰大市，由于新法令规定将更多的水用于环境服务，不得不减少 40% 的供水。虽然每个水务公司各尽所能管理此类风险，但由于这些问题没有报道出来，他们在吸引资金方面没有多少改变。水资产管理公司和瑟雷斯的分析揭示：除了制订良好的适应计划之外，还应在长期规划、筹资和水费调整中考虑气候风险和不确定性因素。对于发展中国家，今天如果不能妥善地解决供水不确定性问题，只会使风险性加大，对制定长期有效的财政战略规划起到抑制作用。

24.2.4 绿色增长机会和绿色经济议程

面临人口增长、粮食和能源安全、城市化、复杂多变的国际金融流动及气候变化等一系列挑战，我们需要找出降低对自然资源依赖度的可持续发展解决方案。在转变经营方式方面，发达国家和发展中国家都在倡导绿色经济议程，在新基础设施规划和设计上加以运用。Fay 等（2010）认为，可持续发展规划必须考虑扩大基础设施造成的重大环境影响，评估基础设施政策和环境政策之间的相互作用。

绿色经济向政策制定者提出了挑战，改进水利基础设施设计，同时也为扭转过度消费趋势提供了机会。但是，绿色基础设施也是有成本的。在韩国，《绿色增长国家战略》和《2009—2013 年五年计划》所需的花费预计占国内生产总值的 2%（经合组织，2011b）。对于发展中国家来说，如此大的代价更是难以承受。这些国家倡导的绿色投资需要实实在在的激励，如扩大投入、提高政治意愿、建立完善的制度框架，更重要的是实施政策改革以减少有害的补贴形式和创建一个有利的投资环境。除了制订可以在不破坏环境前提下提高经济生产力的政策之外，还必须在全球范围内加强环境技术研究，使清洁技术自由转让。

24.3 填补资金缺口

24.3.1 循序渐进的改革议程

发展中国家每年需要投资 720 亿美元来满足水行业的需求。除此之外，气候变化适应措施所需资金预计为 150 亿美元。在投资需求正在成指数增长的同时，经历了金融危机的发展中国家未来的可用资源却在减少。在水务公司回收成本能力不足的情况下，我们需要的是更有效的整体措施，弥补供求之间的差距。

"四步改革议程"有助于填补资金缺口。首先，服务供应商必须减少效率低下的情况以便增加收入和降低成本。其次，供应商应当充分利用现有的公共资金（包括“官方发展援助”和补贴），而政府则提高资金的使用效率和效益。再次，提高服务的盈利水平和质量，水务公司可通过提高水价反映服务的实际成本。最后，在政治意愿和机构能力都已具备的情况下，供应商应建立公私合营伙伴关系并申请商业贷款。

24.3.2　提供更可持续的服务

隐性补贴导致效率低下

供水效率低存在多种形式。水生产力低、饮用水消费量大、需要收集和处理废水多都是效率低的结果。

仅在非洲，由于缺乏养护、人员冗余、高配送损失和水费征收率低导致的经营效率低，水务公司每年损失近 10 亿美元（Foster 和 Briceño-Garmendia，2010）。非洲基础设施国家诊断报告提出，如果效率低下的问题得到解决，非洲的水资源供给将会大幅提高，这相当于每年投入 27 亿美元。效率低等问题，包括错误定价（水费低于服务的成本）、水费征收不足和水量损失，占非洲的 17 个国家国内生产总值的 0.6%。提高效率无法完全弥补现有的资金缺口，但可以大幅缩小缺口，确保系统良性运行。这样做还能延缓一些投资需求，从而改善水务公司的财务状况，提高他们的信誉，为吸引私人资金奠定基础。

观察隐性成本可发现，目前作出的政策决定并不是最经济的。涉水机构承担损失的主要原因是水费体制无法保障成本回收，政府对欠费、低收缴率和偷盗行为持容忍态度。这样做的最终结果是，政府没有足够的资金维修已有的或投资新的基础设施，这意味着需要从未来的纳税人或未来的用水户手里借钱办事。

提高效率

各国政府应考虑解决供水服务的技术和管理效率低的问题。还需要集中精力创造一个吸引投资的政策和监管环境，而这应在寻求公共和私人资金之前完成（Beato 和 Vives，2008）。

“无收益水”（NRW）是造成水务公司效率低的主要原因（见专栏 24.2）。Kingdom 等（2006）表示，未计量用水量每年导致的损失为 140 亿美元。这包括市政供水系统每天漏水约 4 500 万立方米，以及用户偷窃、私用和没有水表计费的损失 3 000 万立方米。据估计，这些损失约 70% 发生在发展中国家。这些国家的水务公司迫切需要增加收入进行扩建的同时，还面临着连接水网的用户只能得到间歇性供水和低劣水质的问题。减少“无收益水”的好处很明显，但为此制订的方案应具备有力的制度能力和雄厚的财力。减少“无收益水”不单纯是一个技术问题，如果水费过低，则减少“无收益水”的成本可能会超过节省下来的资金。

专栏 24.2

减少“无收益水”量

水表不准、非授权消费和漏水都会形成“无收益水”。水务公司实施改革应将“无收益水”纳入考量的范畴，确保资金和资源合理分配。通过基线评估，分析“无收益水”的成因，对问题进行全面解析。

私营部门在这方面将大有作为。私人公司签订的绩效服务合同，其报酬是根据履约成果来确定。水务公司圣保罗基本卫生设施公司（Companhia de Saneamento Básico do Estado de Sao Paulo）曾采用这种战略，该公司的服务范围是巴西圣保罗市区。根据一项为期 3 年的合同，一家私营承包商通过例如改造微型水表之类的工作，协助这家水务公司改善水的生产和输送。此举不但增加了收入，还降低了市政的负债。最终，水表计量的用水量增加了 4 500 万立方米，收入增加了 7 200 万美元。

资料来源：Kingdom 等（2006）。

计费和征收

经验表明，改进计费效果不仅仅是寄送发票和账单。如果将管理权交给一个财务自治的机构，会让用户确信他们支付的水费提交给了服务供应商。自主经营组织的用户参与度很高，水费定价方式透明，更容易实现高收缴率。用水户协会可在这一方面发挥重要作用（见专栏 24.3）。鼓励及时收取费用的激励制度也有助于改进费用的收回。

技术选择的作用

选择正确的技术对于降低服务成本非常重要。这会影响初始投资成本以及运行和维护成本。资本成本降低并不一定意味着运行成本低（见专栏 24.4）。

技术选择的设想可显著改变总投资要求。供水和卫生设施服务的成本因提供的服务水平不同而差异很大，尤其是在农村地区，因为农村地区的人口密度低、运输成本高。由于如此大的成本差异，加上成本高这个因素，只有富裕的消费者才会使用昂贵的高品质服务，这也是为消费者提供最低标准服务的一个理由。这样，一些用户可自行选择质量高的服务，并自己负担相关成本。

同样重要的是规范国内使用的技术。采用不同技术的结果是很难找到合适的配件（因此成本更高），并非所有地区都具备应用多种技术的能力。一项在坦桑尼亚 17 个区进行的水援助研究表明，这些地区使用不同技术的数量与农村饮水点功效之间的关系呈负相关性。

在解决绿色经济中水资源不足的问题时，也可以采用技术转换的方式。尽管新建水处理系统和大坝可增加供水，但也可以选择成本更低和更环保的需水管理方案。例如，印度利用滴灌技术节省了大量水资源，因此不必开发新的水源地。在中国，工业回用水系统可实现节水目的，降低建造高成本输水系统的需求。发展中国家已拥有并在使用很多能够引发变革的技术。只有获得制度上的支持以及行业领导者的推动，技术才能得到更广泛的应用。

24.3.3 水的真实成本

水是经济商品

几十年来，怎样给水定价才能回收投资、运行和维护成本，一直是一个颇有争议的问题。《都柏林准则》强调：水是一种稀缺资源，是一种经济商品，因此，应采用经济原则和激励措施完善水分配和提高水质。然而，事实证明，给水定价时应用多种经济激励措施并非易

农业用水成本

《描绘水的未来：指导决策的经济框架》2009 年度报告是 2030 水资源集团的一项研究成果，研究由国际金融公司和麦肯锡公司牵头。研究评估了水资源挑战的规模，预计到2030 年，全球用水需求可能会增长 40％以上，从 4.5 万亿立方米升至 6.9 万亿立方米。

目前占用水 71％的农业用水对最贫穷的地区极为重要，这些地区包括：印度（1.195 万亿立方米），撒哈拉以南非洲地区（8 200 亿立方米）和中国（4 200 亿立方米）。在印度，填补 2030 年缺口的成本为 0.10 美元/立方米至 0.50 美元/立方米之间。建造大型基础设施满足新需求（曲线右侧）的成本很高。然而，通过注重资源节约而非增加开发，许多需求的干预措施（曲线左侧）不仅更符合成本效益，而且支持绿色经济。经过评估新基础设施和需求之间的平衡点，各国可以确定适当的干预措施组合缩小未来用水供求之间差距。

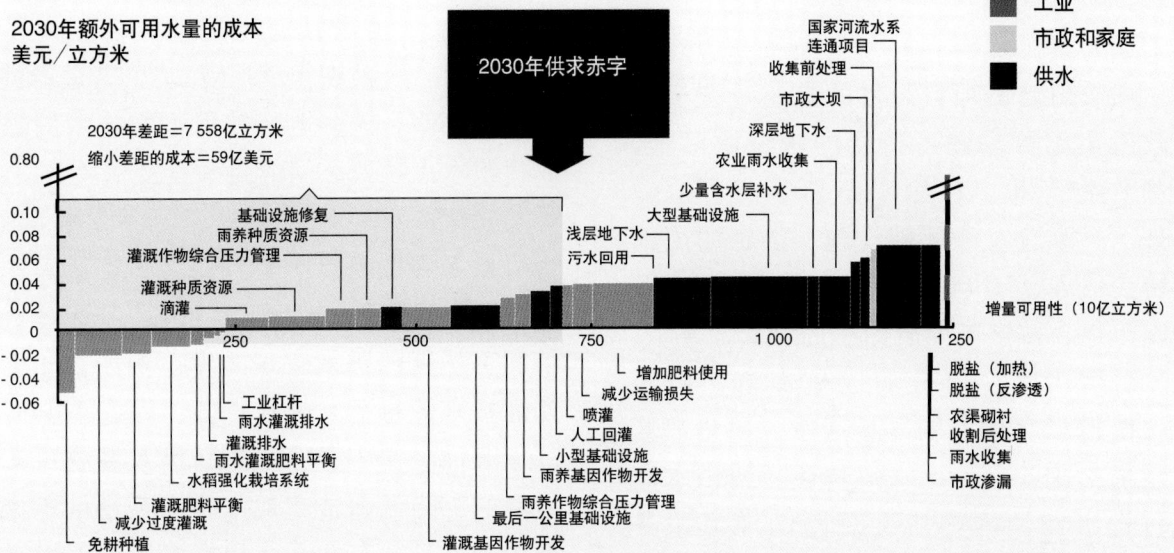

印度 —— 可用水量的成本曲线

该报告提议利用现有技术及符合成本效益的措施满足未来的水需求。

资料来源：2030 水资源集团（2009，p.12）。

事。长久以来，供水与卫生系统和灌溉收费一直很低。因此，如果仅通过向用户收取水费来实现收回全部成本，就需要上调水价。但这在政府管理方面存在难度，会造成用户无法负担水服务的现象。事实证明，即使在很多发达国家，通过水费全部收回成本也很难实现。

成本回收的含义

向用户收取水费主要有两个目的：收回成本和鼓励高效用水（见专栏 24.5）。第一个目的是收回直接财务成本以保证服务的可持续发展。这些直接成本包括设施运行和维护费用、更新现有基础设施以及扩大对水服务的资本投入。在许多国家，水务公司和灌溉机构将一小部分直接成本转嫁给用户。发展中国家的水务公司仅仅能负担基本的运行维护成本，2008年经营收入覆盖运行维护成本的105%（IBNET，2010）。在不同的水务公司，成本回收的结果存在很大的差异（见表24.1）。

专栏 24.5

《欧盟水框架指令》对水费定价的规定

《欧盟水框架指令》（WFD）第9条要求各成员国在2010年以前实行水定价政策，该政策的目的是激励水资源的高效利用。

根据"污染者付费"原则，无论是工业用户，还是农业用户或居民用户，供水服务都必须包含环境成本。"污染者付费"原则的提出是要通过提高经济效益解决环境问题。

欧盟水框架成本回收的概念基于两个层面，即经济回收和环境与资源回收。

· 供水的财务成本或全部成本：包括提供和管理水服务的成本。它包括所有的运行维护成本及基建成本（包括初始费用和利息费用）和权益回报。

· 资源成本：因资源枯竭的速度超过恢复和自然回补的速度，失去用作其他方面的机会所造成的损失（例如，与过度抽取地下水有关的成本）。

· 环境成本：指用水时环境和生态系统造成的破坏（例如，水生态系统的生态质量遭受破坏，土壤盐碱化和退化）。

资料来源：Garrido和Calatrava（2010），Francois等（2010），欧洲共同体委员会（2000）。

表 24.1

水务公司运行成本覆盖率中间值

年份	2000	2001	2002	2003	2004	2005	2006	2007	2008
运行成本覆盖率（营业收入与运营维护成本之比）	1.11	1.13	1.10	1.11	1.08	1.07	1.07	1.08	1.05
标准差	0.55	0.56	0.58	0.61	0.57	0.56	0.55	0.54	0.50
统计的水务公司数量	579	615	723	999	1 151	1 173	1 379	1 229	930

注：2008年数据收集周期未完。

资料来源：Van den Berg和Danilenko（2011，表3.6，p.23）。

2000—2008年，无法负担基本运行维护费用的公司比例从35%上升到43%。这是能源危机重创该行业以来最大的增幅，导致运营成本大幅上升。中低收入国家的影响尤其明显，因为这些国家无法负担基本运行维护成本的水务公司数量急剧上升。在灌溉方面，总体成本收回率甚至更低。Easter和Liu（2005）的数据显示，美国联邦灌溉项目从农民那里收回的成本一般不超过20%；在发展中国家，成本收回情况更不理想。

征收水费的第二个目标涉及定价，为更有效的用水提供激励机制。不收水费通常不利于可持续发展，将使水资源提前枯竭，最终增加生产成本。

提高水的利用效率需要提高单位用水的价值。这已经是政治上的难题，但随着缺水问题日趋严峻，它将变得愈发重要。为了保证经济的可持续发展，用户应支付全部供水成本，加上外部效应产生的成本[5]。外部成本包括生产者与消费者（经济外部效应）的成本和公众健康与生态系统（环境外部效应）的成本。将外部效应包括在内似乎极大地提高了服务总成本，这也说明了为什么各国定价系统中很少将其包括在内。

成本收回不足，除了因为水费低之外，还归咎于收缴率低，无法负担水和其他运营效率的改善。2009年，世界银行独立评估小组对水行业项目评估得出的结论是：对于水和卫生项目，实现成本回收目标最重要的任务是提高收缴率（IEG，2009）。提高机构从受益方收取水费的能力和意愿很有必要。提高水价也会显著影响项目的整体成效（世界银行，2010c）。

24.3.4 改善公共资金的用途

重新考虑补贴

当消费者不支付服务的全部费用时，其他人就必须弥补这个资金缺口。他们要么是未来的消费者、现在或未来的纳税人，要么就是这些人共同负担。

大部分的资金缺口由政府补贴（税收）填补。补贴的形式多种多样，如基建投资和运行维护成本等。这些补贴通过各式各样的途径提供，包括资本和运营补贴、社会保障体系、消费补贴和交叉补贴。

在发达国家，资金补贴相对比较普遍。美国的基建投资通常来自免税的市政债券。这意味着水务公司可获得隐性补贴。同样，欧盟为了使成员国能够符合严格的废水处理标准，向水务公司提供了大量的投资补助。发展中国家的补贴以资本补助金的形式提供，还经常以运营补贴的形式提供，这造成服务生产和消费严重扭曲。运营补贴存在不少缺陷，妨碍了刺激有效利用水资源措施的实施。获得运营补贴后设施运行效率不高对改善服务不会起到任何促进作用。

在供水和污水处理系统尚未普及的地区，补贴的受益人往往是已经使用管网系统的用户，而这些用户通常是较富裕的家庭。2007年，针对2/3的水补贴方案进行的一项评估显示，最常见的补贴类型如基于数量的补贴，并没有使目标客户群中的贫穷人口受益（Komives等，2007）。贫穷人口得到的管道接入补贴以及需要调查经济条件或有地区针对性的消费补贴比获得的基于数量的补贴更多。

非洲基础设施国家诊断报告的数据也显示，非洲大约90%的自来水使用受益人是富裕程度居前60%的人。在这种情况下，自来水补贴主要流向较富裕的家庭。在灌溉方面，从比例上看，富裕的农民比贫穷的农民更容易从补贴中受益。

世界水利基础设施融资委员会要求提前制定资源补贴预算以便提高保障率，并将其作为更可持续性成本回收发展趋势的一部分（Winpenny，2003）。当政府不能直接和定期提供大量补贴时，设施的维护往往会被推迟，这将缩短基础设施的寿命，意味着设施必须经常更换。非定期和不充足的补贴也将使投资无法得到保证，导致未经处理的污水排放到水体、地下水过度开发以及污染程度加大。

在供水和卫生项目中，交叉补贴相当常见，工业用户通过支付较多水费来补贴居民用户的用水支出，但其直接财政作用不大。很大程度上，这种补贴的成效取决于收费结构。无限使用交叉补贴也会产生问题。如果成本过高，非居民用水户可能会选择退出供水管网系统，影响水务公司的基本收入。水与卫生设施国际基准化网络（IBNET）[4]数据库的资料显示，2008年，水务公司平均从非居民用户收取的每立方米水费最高相当于居民用户的1.35倍。低收入国家的高额交叉补贴通常比中等收入国家更普遍。

由于补贴对于激励机制的实施构成障碍，

应当为此制定一些基本原则。各种补贴应当：

- 具有可预见性，以确保长期规划和预算编制的实施；
- 公开、透明并接受持续审查，确保为业绩改善提供激励措施；
- 随着时间的推移而逐渐减少，向完全由水费负担成本过渡；
- 考虑负担能力。

政府转移支付管理

尽管，在短期至中期内，收回全部成本还有很大的操作空间，但政府转移支付是确保部门长期可持续发展的一个重要因素。虽然，没有全球性数据说明本行业政府转移支付的规模，但有证据表明，其规模相当大。资本和运营补贴的普及率很高。这些隐性成本很大部分用于支持现有系统的运行和维护。隐性补贴往往是递减的，受益的是少部分富裕的消费群体。在非洲，政府转移支付的40％用于运行维护，将基建投资排除在外，制约了国家的投资能力（Foster 和 Briceño-Garmendia，2010）。

但是，庞大的政府转移支付不一定会有助于人们获得可持续的水服务。当水行业的大量资源由政府管理时，效率和效益管理成为服务可持续发展的关键。各国除了考虑财政资源的管理方式外，还必须考虑财政和公共财政政策中的激励措施和潜在的瓶颈。

一种新的手段，即"公共开支审查"（PER）可用于了解水行业的公共资金流动。公共开支审查关注的是反映公共政策和公众参与经济情况的公共（并非总是政府的）收入和支出（世界银行，2009）。这种审查可对公共财政的根本驱动因素进行仔细全面的研究和分析。所提出的建议为各国政府实施关键性改革指明了方向，可使公共资金投入一个行业或多个行业后使用效率、功效和透明度得到保障。

2003 年以来，世界银行出资举行了 40 次公共开支审查，其中水行业占了相当一部分。通过快速评估水行业的一些公共开支审查发现，各国政府在分配、划拨和使用资源方面的效率和效益仍有待提高。很多采用这种做法的

国家都普遍开展了全面预算立法，减少公共开支浪费，赋予地方政府更大的预算自主权，尝试公开预算和接受公众的监督（Deolalikar，2008）。

支出的效率（钱是否花在正确的地方?）和效益（资金的使用是否按照分配决策进行?）受多种因素影响。世界银行正在根据撒哈拉以南非洲 15 项公共开支审查的结果编写报告（世界银行，2012）。报告记录了地区发展趋势，为更有效地使用公共资金提供机会。例如，该地区虽然已制订相关法规和制度，但缺乏执行能力。相关的部委参与预算编制，投资就更有保障，可按照需求更加妥善执行和更好地满足需要。各国政府还应更加严格地执行采购计划，完善规章制度，推动改革，将人员安排到基层，以施行权力下放。

公共开支审查提示我们，某个部门的特殊问题对说明资金转化为实际成果的效果有着重要作用。提高效率有 3 种途径：①改进部门计划和投资规划；②提高采购、分配、审计和监控资源的能力；③持续地注重资金分配的激励措施。

首先，尽管最近几年成本效益分析的使用有所下降，但必须将其用于改善投资规划和优化资金使用的优先次序。水的多变性应当成为发达国家和发展中国家制定长期规划时需要考虑的关键问题。敏感性分析和风险分析可有助于确定各类投资在情况发生变化时的稳健程度。行业规划应结合多年预算确保妥善进行短期、中期和长期投资。

其次，政府必须改进支付职能，通常这是效率低下的重要原因，从而造成采购成本上升。例如，资金无法及时到位，预算无法充分执行，可能会影响未来获得资金。许多发展中国家机制效率低下，无法及时将资源从中央分配到各地区，然后再输送至地方当局。年度预算周期通常意味着，基建项目必须在计划周期内签订承包合同并完工。采购能力不足将限制和延迟部门投资。

第三，通过实行以成果为基础的激励措

施，只要取得的成果真实可见，涉水机构可根据业绩获得资金。基于成果的融资（Results-based financing，RBF）包含一系列机制，主要目的是通过绩效评价、奖励和补贴，加强基础设施建设和提高社会服务水平。提供资金的实体（通常是一个政府或政府机构）提出财政刺激政策，条件是接受者必须按照预先设定的方案实施或取得既定的成果。资源分配不是按照传统意义上的做法，如根据投入方的个人支出或合同，而是主要依靠资金接受方在资金使用范围内证明取得的成果或独立验证取得的成果。

基于成果的融资根据政府确定的目标和定位可划分为几种方式。基于成果的融资主要有以下几种机制类型：碳融资策略、有条件的现金转移、基于产出的支付和预先市场承诺。基于成果的融资在水行业的应用具有一定的局限性，但近年来，有些项目资金通过"基于产出的全球伙伴援助项目"（GPOBA）获得，它属于世界银行管理的一个捐助者信托基金。基于产出的援助在水行业通常是用于补贴穷人用水。提供的服务通常外包给承包商（私营或公共水务公司或非政府组织），费用支付与具体业绩或取得的成果挂钩。基于产出的援助补贴可降低资金成本，或用作消费补贴，填补用户可负担的费用与用户成本回收费用之间的差额。

基于产出的全球伙伴援助项目批准的赠款近 40 亿美元。其中，1.37 亿美元用于供水与卫生项目。目前世界银行参与的项目有 22 个，获得的补贴约为 1.4 亿美元：15 个供水计划，3 个环境卫生计划，4 个供水和卫生设施项目（Kumar 和 Mugabi，2010）。很多项目已经取得了良好的效果。在不到一年的时间，喀麦隆完成了 6 700 个连接点（项目目标是 4 万）；印度安得拉邦农村地区完成了 7.7 万个连接点。然而，也有人对基于产出的援助提出了批评，如资金的成本太高和缺乏商业资金的杠杆作用。Kumar 和 Mugabi 则认为，拥有完善的规章制度、良好的项目执行能力和与私营部门打交道的经验，这样的国家比其他国家取得成功

的可能性更大。

行业内部和外部管理的作用

有效管理是成功实现财政改革不可缺少的一部分。有效管理有几个方面，从政治稳定、法治法律、政府效能、监管质量到话语权、责任制和腐败控制。改善管理结构需要确定主要负责人和明确他们的具体任务和主要职能：①制定政策；②资产管理和基础设施建设；③提供服务；④水利部门和水利基础设施建设融资；⑤服务调控。以合同的方式将职能加以明确，有利于责任人之间展开互动，对责任人履行职责时采取的措施是否得当进行评价，这些是了解管理框架的关键步骤。管理体制不健全的国家无法全面贯彻执行国家的政策。我们的关注点应放在机构的实际运作，而不是纸上谈兵的政策框架（Locussol 和 van Ginneken，2010）。

供水公司通过改进部门管理、更好地管理公共资金和提高效率可改善对最终用户的供水服务。供应商接下来可考虑提高水价以便获得更高的回报率甚至收回全部成本。在此阶段，供应商如果能证明提高水价是合理的，则可节省未来的投资并获得长期拥有国内和国际商业融资的信誉度。

24.3.5 将改革转化为收入

提高水价

当用户负担大部分水服务的实际成本时，他们会更合理地使用水资源。然而，当服务质量不高时，提高水价是一项艰巨的任务。在许多国家，水价的上涨幅度低于通胀，长期看来，水价实际在下跌。与通货膨胀同步并非是无关紧要的因素。确定价格不仅为了防止供水收入被不断吞噬，还将确保有害的奖励措施不会实施，以防消耗更多的水。

自 2000 年以来，参与水与卫生设施国际基准化网络的水务公司每立方米水的平均收入提高了一倍以上，达 0.71 美元（见表 24.2）。水务机构之间每立方米水产生的销售收入差幅缩

表 24.2

每立方米水的平均售价（美元）——中间值

	2000	2001	2002	2003	2004	2005	2006	2007	2008
平均收入	0.37	0.34	0.28	0.32	0.37	0.43	0.50	0.63	0.71
标准差	0.34	0.34	0.37	0.42	0.47	0.50	0.53	0.59	0.51
所统计的水务公司数量	567	632	725	982	1 137	1 154	1 188	1 203	878

注：2008年数据收集周期未完。
资料来源：Van den Berg和Danilenko（2011，表3.8，p.26）。

小，这表明很多水务公司正朝着同一个方向发展。

这种改革有助于减少消费。2000—2008 年间，低收入国家耗水量从人均每天 138 升大幅降至 75 升（Van den Berg 和 Danilenko，2011）。

尽管鼓励节约用水，但许多国家仍面临着提高水价的重大挑战。即使是经合组织的成员国，维持实际而非名义的水价也相当棘手（OECD，2010）。过去 10 年，调整通胀之后，一些国家的水价水平年平均变动率持续下降。

公私部门合作的作用

在大多数发展中国家，公私部门合作旨在弥补资金、技术和管理的缺口，提高水务公司的业绩。根据各种合同计划，私人经营者与签订协议政府之间互相合作可实现这些目标。

Marin（2009）分析了 15 年间发展中国家城市水务部门 65 个公私合作水务项目。结果表明，虽然项目表现有好有坏，但水务公私合作的整体效果令人满意。发展中国家由私人提供服务的城镇人口正在稳步上升，从 2000 年的 9 400 万至 2007 年年底的 1.6 亿（Marin，2009）。自 1990 年，公私合作项目为发展中国家超过 24 亿人口提供了自来水。研究得出以下主要结论：

• 私营运营商作出的最大贡献是提高了服务质量和运营效率。业务效率和优质服务取决于如何分担责任和风险，这取决于多种因素，如激励的总体布局和安排。

• 高效的私营运营商的财政贡献是积极的，尽管大多数属于非直接的。这些贡献通过提高水务公司的信誉，使公司更容易获得投资，且条件更优惠。更好的服务可提升客户的支付意愿，使提高收缴率和水价变得容易。科特迪瓦和加蓬的经验表明，十多年的时间里高效的运营可以通过现金流来确保投资资金，而不需要背负新的债务。

• 成功的水行业公私部门合作离不开精心策划和大范围的行业改革。哥伦比亚、科特迪瓦、摩洛哥等国的成功经验表明，引入公私部门合作可以扩大改革范围，建立一个支持财务可行性和业绩责任制的部门架构。这些国家制定明确合理的政策，以可持续发展和社会可接受的方式制定可收回成本的水价。

• 需花费一定的时间来建立良好的合作伙伴关系。塞内加尔花了 10 年的时间才收到预期的成效。在很大程度上，公私合作的结果取决于密切的合作，政府官员应摆脱干预水务公司运营的旧习惯。

• 将公私合作项目分为管理合同、租赁租佃和特许授权的传统分类方式已经过时了。这些传统的分类不适合研究中考察的任何可持续发展项目。

该项研究是迄今为止最全面的水行业分析，特别是在越来越多的本地私营运营商进入市场的情况下，报告给出的建议有助于保证对未来公私合作进行合理设计。

结论和建议：展望未来

全球金融动荡和水紧张压力给发展中国

家提出了新的挑战。在风险不断增长，洪水和干旱更频繁发生，可用资本及饮用水、卫生和生产的供水不确定的情况下，各国应权衡利弊，为如何投资关键水服务作出艰难的抉择。

填补水行业资金缺口需要采取一系列手段，包括提高收缴率，提供成本更低的高效服务、更具针对性的补贴和提高用户收费。这可能是一个长期的过程，而且这些措施的构成将随时发生变化。即使无法达到全成本回收，但这些措施仍将提高水务公司未来适应风险的能力，降低公司对外部资金的依赖。

政治倾向和当地水市场的结构决定了如何分配供水服务成本。通过达成协议明确谁负担未收回的成本很重要。如果不采取这样的行动，供水服务的真实成本问题将会拖延到将来解决，这将严重妨碍短期和中期的可持续发展。由利益相关方进行的成本分配应考虑社会公平和经济可承受能力。补贴在平等分配方面具有重要的社会职能。

由于水行业的大部分资金属于公共资金，所以应注重公共转移支付和补贴的效率与效益。考虑到较富裕的用水户是主要受益者，因此取消补贴的政治代价很高。可体现通胀成本的水价有助于将人均用水量维持在较低的态势，可以进一步考虑环境因素，解决水资源短缺问题和支持绿色经济。

在各级政府的议事日程中，财政可持续性是唯一可以起到改善水部门业绩的目标之一，通过权衡利弊和取舍可达到问责和提高透明度的目的，激发必要的改革，例如倡导绿色经济和改善环境保护战略。

对于受资源制约和效率低下的行业，公共支出审查和基于成果的融资是行之有效的措施。同样，水务部门的公私合作已取得一些成效，在当今不确定的环境中，它为风险分担创造了机会。我们的重点是加强机构能力建设，使其有能力实施新的方法和手段。

注　释

1　包括低收入和中低收入国家。分析依据自上而下的方法，使用基础设施服务数据和模型投资所需运营和维护成本参数（Yepes，2008）。

2　水行业的资金来源为估值，20世纪90年代中期的情况是：国内公共部门占65%～70%、国内私营部门占5%、国际捐助者占10%～15%、国际私人公司占10%～15%。

3　包括中国一家水务公司的部分资产二次剥离。重庆市水务控股（集团）有限公司在上海证券交易所首次公募出售了6%的股本金（5.16亿美元）。

4　水与卫生设施国际基准化网络（IBNET）是全球最大的水与卫生设施业绩数据库。

5　外部效应可以是正面（利益）或负面（成本）效应。当外部效应表现为正面效应时，水服务的经济成本低于财务成本，当外部效应为负面效应时则相反。

参考文献

2030 Water Resources Group. 2009. *Charting Our Water Future: Economic Frameworks to Inform Decision-making.* The Barilla Group, The Coca-Cola Company, The International Finance Corporation, McKinsey & Company, Nestlé S.A., New Holland Agriculture, SABMiller plc, Standard Chartered Bank, and Syngenta AG. http://www.mckinsey.com/App_Media/Reports/Water/Charting_Our_Water_Future_Full_Report_001.pdf

Agrawal, P. C. 2009. *Enhancing Water Services through Performance Agreements.* World Bank Water and Sanitation Program (WSP). New Delhi, WSP. http://www.wsp.org/wsp/sites/wsp.org/files/publications/PIP5_Press.pdf

Bates, B. C. et al. 2008. *Climate Change and Water.* IPCC (Intergovernmental Panel on Climate Change) Technical Paper. Geneva, IPCC.

Beato, P. and Vives, A. 2008. *A Primer for Water Economics and Financing for Developing Countries.* Paper prepared for EXPO 2008 in Zaragoza. Washington DC, World Bank.

Commission of the European Communities. 2000. Pricing policies for enhancing the sustainability of water resources. A Communication from the Commission to the Council, the European Parliament and the Economic and Social Committee. COM (2000) 477, Brussels, EC.

Deolalikar, A. B. 2008. Lessons from the World Bank's Public Expenditure Reviews, 2000–2007, for improving the effectiveness of public spending. Transparency and Accountability Project. Washington, DC, The Brookings Institute.

Easter, K. W and Liu, Y. 2005. Cost recovery and water pricing for irrigation and drainage projects Agriculture and Rural Development Discussion Paper 26. Washington DC, World Bank. http://siteresources.worldbank.org/INTARD/Resources/Cost_Recovery_final.pdf

Falkenmark, M. and Molden, D. 2008. Wake up to realities of river basin closure. Water Resources Development Vol. 24, No. 2, pp. 201–15.

Fay, M. et al. 2005. Achieving child-health-related Millennium Development Goals: The role of infrastructure. *World Development*, Vol. 33, pp. 1267–284.

Fay, M. et al. 2010. *Infrastructure and Sustainable Development in Post Crisis Growth and Development.* Washington DC, World Bank.

Foster, V. and Briceño-Garmendia, C., (eds). 2010. *Africa's Infrastructure: A Time for Transformation.* Washington DC, World Bank.

François, D. et al. 2010. Cost recovery in the water supply and sanitation sector: A case of competing policy objectives? *Utilities Policy,* Vol. 3, pp. 135–41.

Garrido, A. and Calatrava, J. 2010. *Agricultural Water Pricing: EU and Mexico.* Background report for OECD study, Sustainable Management of Water Resources in Agriculture. Paris, Organisation for Economic Co-operation and Development (OECD).

Hanjra, M. A and Qureshi, M. E. 2010. Global Water Crisis and Future Food Security in an era of Climate Change. *Food Policy*, Vol.35, pp. 365–77

IBNET (International Benchmarking Network for Water and Sanitation Utilities). http://www.ib-net.org

IEG (Independent Evaluation Group). 2009. *Water and Development: An Evaluation of World Bank Support 1997–2007 (Vol.1).* Washington DC, World Bank.

Izaguirre, A. K. and Perard, E. 2010. Private activity in water and sewerage declines for second consecutive year. PPI data update brief. Washington DC, World Bank.

Jimenez A., and Perez-Foguet, A. 2009. International Investments in the Water Sector. *International Journal of Water Resources Development,* Vol. 25, pp. 1–14.

Kingdom, W. et al. 2006. *The Challenge of Reducing Non-Revenue Water (NRW) in Developing Countries. How the Private Sector can Help – A Look at Performance Based Contracting.* Washington DC, World Bank.

Komives, K. et al. 2007. Subsidies as social transfers: an empirical evaluation of targeting performances *Development Policy Review,* Vol. 25, pp. 659–79.

Kumar, G. and Mugabi, J. 2010. Output-based aid in water and sanitation: the experience so far *OBA Approaches,* Note Number 36. Washington DC, World Bank.

Leurig, S. 2010. *The Ripple Effect: Water Risk in the Municipal Bond Market.* Boston, Mass. and New York, Ceres and Water Asset Management.

Locussol, A. and Van Ginneken, M. 2010. *Template for Assessing the Governance of Public Water Supply and Sanitation Service Providers.* Water Working Notes No. 23. Washington DC, World Bank.

Marin, P. 2009. *Public-Private Partnerships for Urban Water Utilities: A Review of Experiences in Developing Countries.* Washington, DC, PPIAF, World Bank.

OECD (Organisation for Economic Co-operation and Development). 2010. *Pricing Water Resources and Water and Sanitation Services.* Paris, OECD.

––––. 2011a. *Financing Water and Sanitation in Developing Countries: The Contribution of External Aid.* Paris, OECD Publishing. http://webnet.oecd.org/dcdgraphs/water/

––––. 2011b. *Towards Green Growth: A Summary for Policy Makers.* Paris, OECD. http://www.oecd.org/dataoecd/32/49/48012345.pdf

Perard, E. 2011. Private activity in water and sewerage remains subdued. Private Participation in Infrastructure Database (PPI), Data Update Note 49. Washington, DC,

PPIAF–World Bank. http://ppi.worldbank.org/features/July2011/2010-Water-note-final.pdf

Prynn, P. and Sunman, H. 2000. Getting the water to where it is needed and getting the tariff right. Paper prepared for the FT Energy Conference, Dublin, November 2000.

Rosegrant, M. W., Cai, X. and Cline, S. A. 2002. *World Water and Food to 2025: Dealing with Scarcity.* Washington DC, International Food Policy Research Institute (IFPRI).

UN (United Nations). 2011. *The Millennium Development Goals Report.* New York, UN.

Van den Berg, C. and Danilenko, A. 2011. *The IBNET Water Supply and Sanitation Performance Blue Book: The International Benchmarking Network for Water and Sanitation Utilities Databook.* Washington DC. World Bank and Water and Sanitation Program.

WaterAid. 2005. Problems for women. http://www.wateraid.org/uk/what_we_do/the_need/206.asp

Winpenny, J. 2003. *Financing Water for All.* Report of the World Panel on Financing Water Infrastructure. World Water Council and Global Water Partnership. http://www.worldwatercouncil.org/fileadmin/wwc/Library/Publications_and_reports/CamdessusSummary.pdf

Winpenny, J et al. 2009. *The Global Financial and Economic Crisis and the Water Sector.* Report for the Stockholm International Water Institute. Stockholm, SIWI.

World Bank. 2004. *Towards a Water-Secure Kenya: Water Resources Sector Memorandum.* Washington DC, The World Bank.

––––. 2008a. *Zambia – Managing Water for Sustainable Growth and Poverty Reduction: A Country Water Resources Assistance Strategy for Zambia.* Washington DC, World Bank.

––––. 2008b. *Kyrgyz Republic: On-Farm Irrigation Project.* Implementation Completion and Results Report. Washington DC, World Bank.

––––. 2009. *Preparing PERs for Human Development: Core Guidance.* Washington DC, World Bank.

----. 2010a. *Global Monitoring Report 2010: The MDGs after the Crisis.* A Joint Report of the Staffs of the World Bank and the International Monetary Fund. Washington DC, World Bank.

----. 2010b. *The Cost to Developing Countries of Adapting to Climate Change.* The Global Report of the Economics of Adaptation to Climate Change Study. Consultation Draft. Washington DC, World Bank.

----. 2010c. Cost recovery in the water sector. Project Concept Note. Unpublished.

----. 2011. Private activity in infrastructure remained at peak levels and highly selective in 2010. Private Participation in Infrastructure Database (PPI) data update note 55. Washington DC, PPIAG-World Bank. http://ppi/features/September-2011/2010-Global-update-note-final-08-31-2011.pdf

----. 2012, Forthcoming. *Trends in Public Expenditure on Water and Sanitation in Sub-Saharan Africa.* Washington DC, World Bank.

Yepes, T. 2008. Investment needs in infrastructure in developing countries: 2008–2015. Unpublished. Commissioned by World Bank, Washington DC.

第二十五章

水和机构变革：应对当前和未来的不确定性

联合国开发计划署斯德哥尔摩国际水研究所（SIWI）水治理设施

作者：哈坎·特若普和约翰·乔伊斯
供稿：罗斯·奥斯登和玛雅·施吕特

© Shutterstock/Markus Gebauer

如何管理当前和未来降水、蒸发、用水以及水需求变化带来的不确定性是我们面临的重要挑战。世界各地的政策制定者和水管理者都在忙于应对可用水量、供水和水需求的不确定性，而气候变化、经济增长、人口增长和流动等因素将导致不确定性不断加剧。这些因素影响水资源的时空分布。此外，技术、社会和自然生态系统都存在不确定性（Brugnach 等，2009）。例如，自然系统包含着气候变化的影响。

技术体系包括影响供水的人为干预，如修建大坝和灌渠。社会系统包含文化、政治、经济、法律、人口、行政和组织机构等范畴，这些加剧了水资源管理的复杂性。持续增长的人口和城市化以及不断变化的消费倾向导致水需求的不确定性。我们必须在政治意愿层次多样、财政资源紧缺、机构和管理方式缺乏效率的情况下满足不同的、甚至是相互矛盾的水需求。

一个有关澳大利亚农民的案例充分说明了涉水决策的复杂性和不确定性带来的影响。2007年，在经历了多年干旱后，澳大利亚的农民受到乐观的降雨预报影响，纷纷申请贷款或在期货市场出售预期种植的农作物。不幸的是，实际的降雨量远远低于预期，因此，许多农民无力偿还贷款，或被迫高价买入、低价卖出农作物以履行合同（Brugnach 等，2009）。

管理不确定性的一个重要方面是制度体系。制度确定"游戏规则"，为社会预期如何适应不确定性提供奖励和惩罚（North，1990）。为应对供水和需求日益增长的挑战，世界各地的水管理体制正在经历着深刻的变化。除了重新定义角色和职责之外，机构设置和框架调整为建设和加强人力、技术、信息、知识和执行能力等创造了条件。

不确定性可理解为各决策阶层（如农民个体或国际水与环境）谈判时应考虑的一系列可合理预见的未来条件（Brugnach 等，2009）。比如，评价 50 年一遇洪水发生概率的不确定性需要妥善设计足够的安全余量和恰当的敏感性分析。安全余量的大小取决于投资管理和减灾措施可用的财政资源、决策者的风险倾向和涉及的人口。尽管面临着类似的风险，但各国的处理能力差别很大。例如，荷兰和孟加拉国都面临着频繁出现的洪水风险，但荷兰的经济实力较强，可以在基础设施建设和人才能力方面大量投资，以降低水管理中的不确定性。本章旨在说明加强与水相关的制度建设尤其重要，特别是在气候变化、经济增长和人口增长等压力越来越大，供应和需求的不确定性持续增长的条件下。本章将讨论何种体系有利于水资源可持续发展以及体制的重要性。对水体制改革目前面临的挑战进行审视。最后重点讨论面对不断增长的不确定性应作出的体制回应和如何提高适应力，并举例说明了实施有效的制度变革必须具备的要素。

25.1 体制：组建与职能

25.1.1 体制的定义

Ostrom（2005）提出，体制广义上指人类用来组织各种形式的具有重复性和结构性的相互交往的规则，包括不同规模的家庭、邻里、市场、企业、体育联盟、宗教组织、私人协会和政府之间的相互交往。在规则框架环境中互动的个人和团体均面临着他们选择的策略和行动将影响自己与他人的后果。更重要的是，这些体制是由人类构建的，属于规范、惯例、规则和行为特征的复杂组合（North，2000）；是"游戏规则"与"游戏参与者"形成的组合。体制包括规定人的角色和程序规则，具有一定程度的永久性和相对稳定性，确定什么是适当、合法和正确的，具有认知和规范结构来明确观念、解释和裁决。

正式和非正式水体制共同构成综合体制框架，由于两者的结构存在差异，因此以不同的方式影响社会、经济和政治活动[1]。通常，正式体制的设立由政府制定的政策、法律法规加以明确，因此具有一定的资源和权力对数量庞大的用户和地区开展协调工作，可以参与水的获取、分配和使用。该体制属于政治制度管辖和责任范围（例如：议会、政府、法院、区、直辖市），有专门成立的机构履行水资源管理、水服务分配、监管监测和水质保护等职能。除了具有的监督功能外，非政府组织，如用水户协会和私营供水商也属于正式体制的一部分。

非正式体制属于管理用水和水分配的传统且现代的社会规则范畴。"游戏参与者"，也就是制定"游戏规则"的人，可以是社区组织、私营部门、宗教团体等。通常，非正式涉水体制就等同于规定水资源分配、输送和使用的规范和传统。但非正式涉水体制并不是所谓依照"陈旧习俗"的制度，相反，它是动态的且包含各种原则和不同组织形式的组合体（Boelens，2008）。它结合了本地、国家和全球层面的规则，并常常混合本土、殖民和当代的权利。本地权利体系往往通过国家法律、宗教法律（官方或本土）、古代法律、市场法则以及针对水项目干预措施制定和产生的权利框架体系加以规范，这些法律自成体系。因此，当地水权呈现出法律的多元化，在这种环境下，同一水域里起源不同但合法的规则及原则相互共存并相互作用。

对于世界各地的用水户而言，拥有的合法水权与权力不单纯体现在立法条文上（Boelens，2008）。一个能说明这种水权体系的例子是许多中东国家普遍采用的阿夫拉贾灌溉系统（Aflaj）。阿夫拉贾灌溉系统是传统和公认的（有时通过立法）水分配输送体系。多年来，阿夫拉贾灌溉系统奠定了水资源分配的传统惯例，以所有权或租赁的形式确定用户的权利。

非正式体制可滋生庇护主义和腐败现象。这种任意的做法会歪曲合法的体系，使部门和团体之间开展水资源和服务分配的后果不可预测且无法进行有效地决策（参见 Stålgren，2006 和 Plummer，2007）。例如，中亚的塔吉克斯坦、吉尔吉斯斯坦和乌兹别克斯坦，将新建立的当地水管理机构（用水户协会）规定与苏维埃和苏联时期形成的制度混为一谈（Sehring，2009；Schlüter 和 Herrfahrdt-Pähle，2011）。这种将不同体系进行任意组合的做法将改变制度本身的含义，不利于改革的正确执行。由于非正式体制可强化、扰乱或取代正式体制，因此，将非正式体制纳入风险和不确定性分析非常必要。例如，在巴拉圭，非正式的私人供水系统已获得认可，当地政府机构和小规模的私人供水商已达成协议。最终，价格和服务质量更易于控制和监测（Phumpiu 和 Gustafsson，2009）。

25.1.2 制度问题

Kaufmann（2005）的一项调查显示，目前的体制系统及其运行方式对系统运作构成了相当大的限制。图 25.1 说明了商业运作的限制因素以及良好运作的体制对于有效的监管、腐败控制等的重要性。传统观念认为，基础设施不足是市场准入的主要限制。因此，在该调查中，最受重视的是体制和管理问题，如官僚主义和预防控制腐败，在撒哈拉以南非洲、南亚、拉丁美洲和转轨经济体，其重要性高于基础设施[2]。有趣的是，结果表明"软"和"硬"措施相结合非常重要，但与以往相比，制度化（软）措施应给予更多的重视。

社会、政治和经济大环境也对体制构成影响，因此，各国的体制设计呈现出不同的特点。例如，在中东、北非地区一些国家以及中国，水管理体制的特点是政府起主导作用，采取自上而下的管理和控制。与此相反，其他许多国家和地区其制度的发展方向是将权力向政府各部门、民间组织和市场下放，强调制度程序的透明度、多方利益相关者参与和问责制。

有效履行机构职能可减少自然、技术和社会的不确定性。例如，在一个特定的制度框架内，如果能成功地协商解决共享水带来的紧张局势和冲突，利益相关者行为的不确定性将会降低，因而推动更多可预见的水分配和使用成果。在履行职能中，重要的是任何体制必须做到以下几点。

图 25.1

部分地区和部分经济体从事商业活动的主要限制因素

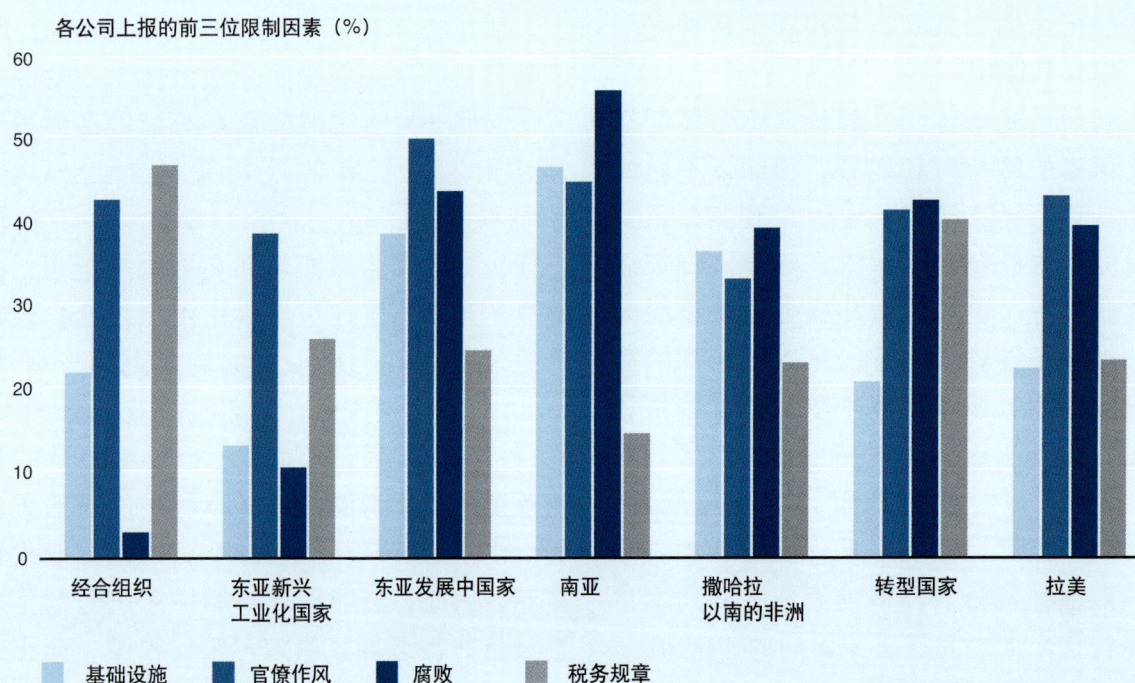

各公司上报的前三位限制因素（%）

图例：基础设施　官僚作风　腐败　税务规章

（横轴类别：经合组织　东亚新兴工业化国家　东亚发展中国家　南亚　撒哈拉以南的非洲　转型国家　拉美）

注：要求各公司作答的题目是"请在以上14种限制因素中选出在贵国从事商业活动最令人困扰的5种因素"。
资料来源：Kaufmann（2005，图2，p.85）。

确定各级利益相关者的角色、权利和责任

制度确定谁控制资源和如何使用资源。从这个意义上说，制度对于确立权利与义务的运行规则、明确两个或更多用户之间及其与特定自然资源之间的关系至关重要。例如，产权可确定一种资源的权利与限制。用水效率和生产力也可以决定权利。在肯尼亚，水行业改革明确界定了制度安排，从服务交付水平和流域管理层面强调了分部门的作用和责任。这些改革的成果是促进以下体制的设立，如采取部门范畴规划方法（sector-wide approach to planning，SWAP），形成的体制机制倡导合作原则、行为规范和投资计划，并采取协调、监测和决策机制，所有这些都旨在完善部门的服务交付和问责制。肯尼亚实行的改革包括水资源管理与供水服务的分离，将政策制定从日常管理中分离，向下级政府机构分散职能，提高非政府实体参与水资源管理和提供水服务的水平。肯尼亚的水资源改革虽然取得了进展，但依然面临着资金和能力不足带来的挑战，因此目前还无法完全落实所有的制度改革（MWI，2005，2009）。

确定使用限制和冲突调解机制

体制对个人和集体的用水限制作出了规定，即规定了谁可以使用哪种水、用多少、什么时候用、用途是什么。水供求缺口的扩大加剧了用水户、地区和经济部门之间的竞争和冲突，这对现有的资源分配和管理制度构成制约，但体制机制可解决这类利益冲突，这一点非常重要。跨界河流地区，历史上与水有关的紧张局势虽然已得到控制，但鉴于目前的环境和发展变化造成的水短缺情况，这些紧张局势有可能会升级。缺水导致的冲突通常会带动水体制改革，进而产生具有明确界定监管和分配机制的司法管辖权的体制。但是，水制度改革和管理跨界水的法律文书太复杂，为此进行的辩论和制度推行往往需要很长的时间；在此期间，紧张局势可能会升级。然而，在某些情况下，水紧张局势会加速制度的改革。澳大利亚墨累-达令流域的环保主义者与农民用水户之间的关系长期处于紧张状况，为此当地为管理流域水资源推出了土地环保（Landcare）运动，建立了多方利益相关者论坛。各州相互竞争的水需求促进了墨累-达令流域水管理框架制度的建立。流域管理中的观点冲突，如利益相关者参与程度，对新南威尔士州的体制建设起到了决定性作用。避免冲突本身也是水治理创新的一个重要推动因素。在东南亚地区，湄公河流域各国为了解决共享水资源引发的冲突，通过湄公河流域可持续发展委员会展开合作，这

也成为官方向该委员会提供援助的主要理由（Boesen 和 Munk Ranvborg，2004）。

降低交易成本和刺激投资

体制建设及其有效执行有助于降低组织和投资者的交易成本。简单地说，交易成本是经济交换过程中发生的成本，也就是参与市场的成本，如以收费为基础的供水和服务系统。涉及的成本包括信息搜集、商定水价、制定水价政策与执行等。从经济角度看，当交易成本低于相应的机会成本时，可产生有效的制度变化。很多人认为交易成本分析是制度经济学分析的核心，但在建立新的水管理体系时却很少使用。例如，在肯尼亚，一些利益相关者认为制度变化，如采用部门范畴规划方法，可加剧官僚主义和机构的复杂程度，并进一步剥夺了基层的决策权。一些人怀疑，采用部门范畴规划方法可能会提高成本，一些非政府组织担心这种方法会减少他们获得的资金。因此，一些利益相关者认为这种体制改革需要政府监管系统具备透明度和执行能力，如果这些部门在这方面能力较弱，将极有可能导致体制改革的失败。

25.2　不确定性的体制响应

传统的水资源规划往往比较僵化，面对水资源的不确定和不断变化的未来，如何建立合适的管理框架和体制依然是一项挑战。有人呼吁应采用弹性和自适应的制度与方法（GWP，2009）。《世界水发展报告》第二版（WWAP，2006）指出，缺水并不一定是造成人们无法获得充足水资源和服务的必然因素，这个后果可能是"体制改革阻力"造成的，它表现为"缺乏有效的体制机制"来管理和确保人才培养、管理方法的实施以及技术和工程设施的提供。

如果机制不具备解决供水不确定性和为最需要水的地区提供水资源的能力，气候变化和其他因素将显著影响用水户和靠水生存的社区。我们仍需做很多工作以便有效地整合气候相关政策和水政策。这相当棘手，因为许多应对气

候变化的措施都与水相关（Björklund 等，2009）。

只有配合立法执行，确保各级决策的完整性和问责制，制度调整或政策改革才能发挥效力。管理不善、腐败、官僚惰性和"形式官僚主义"都会对水管理产生不利影响。这将导致交易成本上升，使投资受阻，对水改革的实施构成重要障碍并加大用水户的风险和不确定性。它们是治理危机的核心症状。最近的研究表明，供应商和用户之间的腐败行为是水项目和计划必须考虑的一个重要风险因素（Butterworth 和 de la Harpe，2009）。这需要监管机构更有效地执行监管制度，监督服务供应商的业绩和支出。

本节着重介绍和分析了决策中应对不确定性的实例，大致展现了机构的适应能力；即机构随着社会、政治和生态环境变化而灵活和快速变化的程度。适应能力是指机构通过改变其特性或行为进行调整，以便更好地应对现有的和未来压力的潜力和能力。更具体地说，适应能力是指"一个社会生态系统应对新鲜事物，但不失去未来选择的能力"（Folke 等，2002），这个过程可"反映系统学习、尝试和采用新型解决方案的灵活性，开发出应对各项挑战措施的能力"（Walker 等，2002）。在有些情况下，需要建立新的体系应对具体的水挑战，如最近出现的应对面源污染和富营养化的水质交易（van Bochove 等，2011；Joyce 等，2011）。

专栏 25.1 详细讨论了供水和卫生服务体制变迁和适应过程。

25.2.1　体制演变

过去几十年，许多发展中国家面临的水污染挑战日益严重，这些问题在西欧和北美也很普遍。这促使各国纷纷成立环境部，但充分开发和执行污染监测、立法和监管还需要做很多工作。不过，政治和财力薄弱的环境部面临与负责水资源开发项目的涉水机构关系日益紧张的问题。政府如何解决这些分歧是一个难题；此外，用于调解与水有关的城市、农村和环境利益纠纷的现有制度非常有限。

专栏 25.1

供水和卫生服务机构演变

传统上，城市供水服务一直由国家所拥有和管理的水务公司提供。过去几十年里，全球许多地区改革的一个共同特点是政府试图将国有水务公司改造为高效和自负盈亏的组织，但成败参半。世界银行研究了 11 个运行良好的水务公司的案例（来自欧洲、非洲、拉丁美洲和北美、亚洲），并提出这样的问题：为什么一些水务公司成为高效的服务供应商，而其他公司一直无法打破业绩差和成本回收率低的恶性循环？研究提出了一个框架，介绍了运行良好的水务公司的特点，展示了这些公司如何采用重要的制度措施。

该报告的结论是，水务公司是总体制度格局的一部分，其变化发展趋势能创造机遇。过去几十年里，大部分水务公司的重大转变并非从公共经营转型为私人经营，而是从中央集权变为权力下放的国有公司。财政紧缩严重冲击水务公司：20 世纪 90 年代，随着公共预算的减少，政府几乎没有自由支配的开支类别，基础设施投资不成比例地下降。在预算压力下，许多公共机构采用了新的管理工具，这些工具往往借鉴私营部门，用于补充传统的官僚工具。许多民主国家及新兴的民间社会，包括消费者运动，都给水务公司提供更好的服务带来了压力。

机构特点

对于公共水务公司而言，没有十全十美的模式可以保证其业绩良好。但运作良好的水务公司都具有相同的特点：

• 自主经营：专业且独立管理，他人不得随意干预。然而，自主经营需要透明的程序，为此监管机构、消费者和其他

人可更容易地执行问责制和以消费者为导向。

· 问责制：回应其他参与者的政策决定，对资源使用和业绩负责。问责制也适用于很多其他团体，如监管机构和公众（消费者）。

· 消费者导向：报告业绩，倾听客户意见，有利于更好地满足客户需求。

水务公司与其所在环境以及水务公司内部职能之间的关系也具有这些特征。

很多水务公司在自主经营方面面临着重重障碍。例如，如果成本收回率上升，政界人士可能认为水务公司是一个"摇钱树"。很多时候，员工不承担任何责任，腐败和管理不善问题并未妥善解决。许多部门正在进行改革，但往往忽视具有重要意义的消费者参与。在这方面，独立的监管机构有一定的帮助作用。例如，英国水服务管理局（Ofwat）及其水之声委员会（WaterVoice Committees），赞比亚国家供水和卫生委员会（National Water Supply and Sanitation Council，NWASCO）和水观察组织（Water Watch Group），坦桑尼亚的水电监管机构将成立消费者咨询委员会（Consumer Consultative Council）。

机构措施

实现上述特征的工具因具体情况而不同，但形成管理实践的特定模式更加关键。机构措施有助于提高公共水务公司的效率，包括公司化、绩效协议、透明度和消费者问责制以及能力建设。

资料来源：Baietti 等（2006）。

一些有趣的例子可以证实流域市场上的纠纷可通过制度管理加以解决。简单地说，上游用水户向下游受益者提供流域服务，受益者向上游用户支付款项或其他补偿。众所周知的1998 年纽约市流域协议（WWAP，2009）明确规定：为了解决与上游用户就新的土地使用限制产生的冲突，保护纽约市的供水，纽约市与农民通过谈判建立新的模式，对农民进行经济补偿，保证纽约市以合理市价从有出售意愿的农民手中收购土地。美国其他地方也有类似的协议，例如，俄亥俄州凯霍加河（Cuyahoga River）流域建立了河流、湿地和栖息地补偿银行的交易系统，及水质和碳交易系统。下一步是量化流域服务，确定具体服务提供者和服务价格。凯霍加河流域系统，以及美国许多其他地区的成功是由于设立了保护区。这些保护区沿流域边界划定，拥有课税和控制土地使用的权力（Flows，2006）。

25.2.2 各种规模的机构之间的沟通、协调与整合

从地方到全球，各种规模的机构都需要应对不确定性。对于个体经营的农场，干旱和洪水是威胁其直接收入和未来生活的灾难性事件。现在，管理风险的方式越来越多，发展中国家小农户雨养农业使用保险和其他金融风险转移工具管理风险。

保险赔率以客观计量的与损失相关的指标（例如降雨量、模拟水压力、区域平均产量）而非以实际损失为依据，可规避道德风险（鼓励农民让庄稼歉收）、逆向选择（技术水平低的农民优先购买保险）和高交易成本等问题，这些问题使传统保险无法在发展中国家的小农户中推行（Brown 和 Hansen，2008）。正如专栏25.2 讨论的内容，肯尼亚农民正在利用金融风险转移工具降低与降雨量变化有关的作物产量风险。还有一个例子是世界银行的商品风险管理部，该部门与非洲和拉美地区的一些国家合作推出捆绑的指数型保险、信贷和产量计划，将针对贷款人的风险规避需求克服采用高利润集约化生产技术的障碍（Brown 和 Hansen，2008）。

为了获得多种水源并用于多种用途，地方的传统体系会采取整体分析来降低不确定性（Sullivan 等，2008）。国际山地综合开发中心（International Center for Integrated Mountain

Development，ICIMOD）通过五个案例研究了整个大喜马拉雅地区水过多（洪水和渍涝）或过少（干旱和水紧张）时人们是如何应对的，涉及巴基斯坦吉德拉尔（Chitral）山谷干旱山区、尼泊尔中部丘陵、印度比哈尔邦科西（Koshi）流域洪泛平原、印度阿萨姆邦布拉马普特拉河洪泛平原和中国云南省的山区。他们采取的关键适应性战略是生计多元化、利用和加强地方机构和社会网络。文化习俗和准则影响着人们的适应行为，但重要的是这些行为和准则是动态的，可以为满足需求而变化。不可否认，国家体制和政策对当地百姓的适应能力表现出深远的影响意义，可国家层面的体制和政策对适应问题和优先顺序缺少了解（ICI-MOD，2009）。

专栏 25.2

地方层面的机构适应性：通过农民小额保险计划应对气候不确定性

由于多种因素，如不安全的土地使用权和难以进入传统信贷市场，许多农民并不敢贸然投资增加农业产量。而其最主要的原因就是洪水和干旱带来的风险与不确定性。如经历一年的干旱，农民将面临无法偿还投资贷款的风险，甚至会失去农场。一个较稳妥的解决办法就是制定保险计划，利用新的信息和通信技术保护农民投资不受天气变化的影响。

例如，由全国性保险公司、移动手机网络运营商和农业综合企业支持的小额保险计划正在肯尼亚蓬勃发展。农民为种子、肥料或除草剂额外支付 5% 的费用投保，即可防范作物歉收。参与的农业综合企业希望因作物的销售额提高而获利，使农民的投资达到保险费成本的 10%。管理成本保持在最低，系统应该自负盈亏。本

地代理商用可照相的手机将售出保单包装袋上的条形码拍下，登记保险公司保单。然后，农民的手机将收到一条文本信息确认保单。农民在最近的（太阳能供电）气象站登记，气象站通过移动电话网络发送数据。如果天气条件恶化，一个专家小组将使用指标体系决定农作物是否能继续生长。如果无法生长，保险赔偿将通过手机钱包移动支付服务直接支付到农民的手机上。由于取消了实地调查、大部分的文书工作和中间人等环节，该系统的交易成本非常低。

在试行阶段，刚好有一个地区遭受严重的干旱。农民可获得的赔偿金相当于投资的 80%。如果没有这种保险，农民势必面临严重的资金困难，无力负担下一季种植所需的种子、化肥等。由于面向 200 名农民的试行取得成功，该项措施现已向肯尼亚西部和中部的 5 000 名农民进行推广。

资料来源：《经济学人》（2010）。

体制可以在更高的层面规范流域上游和下游的用水和配置。流域管理并不是一个新的概念，早在 20 世纪 70 年代，尼日尔就有采用。20 世纪 70 年代，萨赫勒地区干旱促使政府成立了流域开发管理局，其服务范围很快延伸到了全国的统一水管理。除了一般水资源管理职责外，该部门的宗旨是确保系统地利用地下水和地表水、开发水资源的多种用途、提供灌溉用水、治理洪水和控制侵蚀。西班牙和葡萄牙等国的流域机构（Delli Priscoli，2008）已有 100 多年的历史。近期，国际水资源综合管理能力建设网络（Cap-Net）针对流域组织的一项研究表明：这些组织在协调政府机构和水利益相关者方面发挥了一些积极作用。同时，该研究也承认，在很多情况下，流域组织要公平、可持续和高效地管理水资源还任重而道远（国际水资源综合管理能力建设网络，2008）。

上升到地区范围，欧盟制定了一项多边共同实施战略（Common Implementation Strategy）支持《欧盟水框架指令》的实施（降低执行过程中的相关风险，减少纠纷）（见专栏25.3）。在一个特定的国家或流域，与水务相关的应对措施应是综合的并且互相支持的。欧盟的共同实施战略就是一个超国家机构指导国家程序的例子。水资源综合管理的概念为横向和纵向协调、整合决策提供了指导。在数据和信息开放流通的基础上建立有意义的沟通是推行潜在综合方法的关键。

专栏 25.3

有时间限制的多边制度：欧盟的共同实施水战略

2001年5月，欧盟制定了共同实施战略（CIS）以支持其成员国解决实施《欧盟水框架指令》期间面临的科学、技术和操作上的挑战。实施过程中遇到的大多数挑战和困难通常会出现在所有成员国。很多国家共享河流流域，即跨越了行政和领土边界，因此，统一的共识和方法是成功和有效实施《欧盟水框架指令》的关键。统一的战略可以降低《欧盟水框架指令》执行不力和后续产生争议的风险。

共同实施战略的重点是，明确和发展有助于《欧盟水框架指令》切实执行的合适的科学和技术信息。这样的文件具有非官方、不具法律约束力的特点，成员国可以在自愿的基础上处理。共同实施战略就是多边制度的一个例子，它具有特定主题和时间限制，旨在以合作和协调的方式解决成员国遇到的困难，通常由一个成员国作为牵头国，管理工作组的成员国共同出资。

资料来源：2001年欧盟水框架指令（2000/60/EC）共同实施战略。

25.3 实施可接受和可行的体制

本章前面几节介绍了水资源获取、使用和配置以及水服务业绩与分配等方面机构建设的案例。但是，为什么有些机构更有效？机构的发展取决于途径。如在市场和监管职能面临着严峻制约的环境下，水私有化不可能奏效；在资源和能力有限的地区，将水资源进行委托管理不可能发挥效用。只有具备经济合理性、高度的政治意愿和敏感度，重视社会因素和利益相关者，机构改革成功的几率才可能提高。

Robertson和Nielsen-Pincus（2009）提出的提高机构改革成功几率的准则包括：领导和政治意愿，社会资本和人与人之间相互信任，拥有敬业和乐于合作的参与者，充足和可持续的融资，参与和包容，充足的时间，明确规定的程序准则，有效的执法机制，高效的沟通，充足的科学技术信息，适当的监控，中低水平的矛盾，有限（可管理的）的活动时间和地域范围，协作能力培训，以及相适应的人员能力。重要的是，设计蓝图存在不适用的情况：在某种环境下有效的方法在另一种环境下可能变得无效。加拿大在分散水管理职能方面之所以取得成功，是由于其政治、经济和社会机制对进行有效的机构改革发挥了作用（见专栏25.4）。

专栏 25.4

水治理改革：加拿大职能下放取得成功

在过去的十年中，加拿大的水管理发生了剧变，主要呈现3种发展趋势：

1. 许多省份引入以流域为单元的分散式管理模式；

2. 通过立法和政策改革，许多地区提高了饮用水供水标准；

3. 公民在环境决策制定和环境管理方面的参与程度显著增加。

这些发展趋势出现的原因有以下几个：有关政府作用和职能的观念发生转变；新的法律要求（特别是关于土著民族以及新一代环保法律的规定）；尤其是在政府资源减少的特殊情况下，政府以外对专业知识认识的提高；公民参与的新方法的出现；更加重视环境问题的综合管理和以流域为基础的管理；关注气候变化对水资源及供水的影响。

加拿大实施水改革过程中，水管理职能下放取得成功的因素主要有以下几个：

- 有效领导：过程结构清晰、可持续的融资、必要的人力资源支持和落实建议的能力。
- 人际互信：透明和遵守法律条文。
- 充分的参与：开放或封闭式参与，以及适当范围的参与。
- 充足的科学信息：合理决策所需，参与者应能够获得这些信息。
- 充足且可持续的融资：支持协作机构所需。
- 可管理的举措范围：对于限制范围和设定目标非常重要。
- 政策反馈：处理被授权的水治理机构提出的建议的官方机制。

在某些情况下，从国家或集中式管理向社区管理转型，提高被边缘化群体的参与度，创造了新的机遇与效益。在一些情况下，这种转变会增加社会资源和妇女劳动的负担，延长妇女劳动时间。

资料来源：Nowlan 和 Bakker（2007）。

25.3.1 降低交易成本、避免搭便车

水资源机构决定着谁可以使用哪种水、用多少、什么时候用及用来干什么，还规定了管理责任、费用和收费流程等。在农村地区，依托社区修建的供水工程经常面临运行困难，很

多社区无法筹集足够的资金满足工程运营和维护成本。社区用水的主要成本组成包括支付电费或购买水泵用的柴油、采购零件和维护、计账文具、工作人员交通费和电话费，以及记账人员和委员会成员的薪酬和补贴。为了保持系统正常运行，成员需要支付各自的费用。

当合法用户的用水量超过分配的用量时，"搭便车"会激化上下游就水分配产生的矛盾。非法用户，也就是非体系内的用户取用水就属于搭便车。总之，搭便车是那些没有遵守共同商定规则的用户行为。如果一个体制内有太多的人搭便车，该体制最终会崩溃。因为监督和监管用户的交易成本太高，超过了收益，特别是在农村地区，地广人稀，用水户分散，而且可能缺乏公平分配水资源和共享成本的社区目标。在许多地方，社会制裁是一种尽量减少搭便车用水者数量的有效方法。社会规范可规定违反规定的高额罚款，违规者将承担被社会排斥或看不起的风险。解决搭便车的其他方法是社区动员、社会中介机构参与和制度建设（Breier 和 Visser，2006；Ostrom，2000）。

搭便车属于无功受禄，无需作出任何实际贡献，但会导致收入或其他资源的分配不均衡。搭便车现象随处可见，不仅仅发生在农村，在很多地区都有不同程度的存在，引发的社会、政治和经济问题非常普遍。以世界各地城市饮用水供应为例，客户常常与官员勾结，用操控水表或其他手段逃避付费。我们已注意到，水资源短缺、宏观经济发展和自然灾害等驱动因素的变化，与机构改革机会成本的提高和相应交易成本的降低互相影响，这将为机构改革营造一个有利的环境。

25.3.2 打破惯性和政治意愿阻力

2008 年 3 月 22 日"世界水日"之际，联合国秘书长潘基文指出缺乏政治意愿将是体制改革面临的最大问题："人口增长，贫穷人口增加，缺乏解决该问题的投资阻碍了改革进程；而最大元凶就是缺乏政治意愿"（Ban Ki-moon，2008）。水体制改革应获得利益相关者

及其领导层的支持。如果人们不认可其体制的形式及其产生的结果，该体制将不会得到支持，利益相关者更有可能保持现状，或甚至制定自己的非官方规则，而不遵守现有的规则。

改革将打破现状，谁也无法预料受影响的群体是否支持制度改革。在某些情况下，政府推出改革时，执行机构可能还没有具体的改革议程。例如，对参与洪都拉斯首都特古西加尔巴水费改革提案的各方的分析发现，主管供水机构是制度改革的主要反对者。在外部国际发展机构支持制度改革的情况下，这种支持不足以推行改革，推进改革必须获得国家权力中心的支持。例如，在巴基斯坦，一些政府部委和机构反对改革，部分原因这是改革将权力和财政资源从灌溉部及其各区域办公室转移给区域委员会，他们认为这会给自身带来不利的影响（WWAP，2006）。

研究也发现，官僚行为会阻碍为迎接新挑战而开展的体制改革的成效。例如，在下放决策权和水管理权时，官僚行为会导致对职责产生偏见、形成等级观念和既定程序，使受到影响的部门对体制改革产生阻力。就个人而言，工作人员关注的是就业保障和岗位位置。显然，由于机构形成的惯性，再加上员工的担忧，除非政治高层或管理层施压和 / 或提出激励政策，否则改革很难实现（Holmes，2003）。

政治意愿的重要性可通过一些国家的水改革来说明。在加拿大，有效的领导被视为体制改革中水治理权力下放必备条件之一（见专栏25.4）。在苏格兰的新旧管理模式过渡过程中，也出现过紧张和分歧，特别是司法和运营层面。苏格兰由水产生的争论主要是与重新设计国家行政职能和议会将权力下放重建有关。人们对以《欧盟水框架指令》为基础建立的新监管体制的有效性并不完全了解，压力由此产生。例如，新增水费收入预期可负担苏格兰环境保护署（Scottish Environment Protection Agency，SEPA）营运成本的50%，另外50%来自政府的一般税收。有人认为，尽管提出了可持续发展和利益相关者参与以及大量的建设项目，新体制在长期改善水资源利用和保护方面仍未见成效。司法条文改变为体制改革创造了有利的空间，但政治惰性和寻求权力平衡制约了水政策和流域管理的有效改善。苏格兰农业部门通过全国农民联盟（National Farmers Union，NFUS）发出声明，对农场取水实行新费率已经引发苏格兰环境保护署与苏格兰行政院产生激烈的争论（Loris，2009；NFUS，2006）。

25.3.3 建立互信、诚信和问责制

有关机构的研究提出：组织内部互信、人与人之间互信以及建立人际网络对于有效的体制开发和实施至关重要。在大喜马拉雅地区，当地人要适应气候变化，社会网络对于提高适应能力非常重要。同样，人与人之间互信是加拿大水治理权力下放的关键（见专栏25.4）。最近的个案研究（Ross，2009）显示，风险越高，不确定因素越多，社区内部互信及社区与公共部门之间互信也就越重要。作为案例研究区域的澳大利亚昆士兰州图文巴，当地提出的饮用水再利用计划被认为风险很高。对风险的看法直接严重影响计划的接受度，此时的信任度、风险与接受度之间的关系比其他研究地区的情况更加重要。此外，程序公正性导致的关系变化、社区的自我认知度、水主管部门内部组成关系以及与水主管部门共有价值观都会直接或间接地影响信任度。研究发现，主管机关的信誉度通过其技术能力和既得利益的缺失等评估，可对信任度构成显著影响。总之，研究结果说明：水主管部门和政策制定者需要在利益相关者之间建立信任，保证程序公平、将自身当作社区一分子，证明自身的技术能力和重视公众利益（Ross，2009）。

许多水管理机构存在难以攻克的问题——腐败（透明国际，2008；WWAP，2009）。有很多案例均可说明腐败行为已成为常态。具有讽刺意味的是，腐败本身已成为机构的一种特权。腐败不仅会阻碍发展，还会加大可供水量与水分配之间关系的风险和不确定性，并动摇

机构的信任度、法规、公平性和效率等重要基础。机构良好运行的基础是问责制度的建立。由于腐败频繁发生，正规的问责制系统往往被架空，而由任意决策方式取代，出现排他性和缺乏透明度。在倾向于保护既得利益的现实状况下，这会导致涉水机构办事效率低下和无法适应新的挑战。

随着人们对于问责制和诚信措施的了解逐渐深入，腐败会有所减少。要想减少腐败现象，还需在简化程序、增加透明度和参与度方面做很多工作：世界银行资助的印度尼西亚可卡马坦发展项目充分说明了这一点。该项目涉及印度尼西亚的 3.4 万多个村庄，为印度尼西亚水行业建造 7 178 个清洁供水装置、2 904 个卫生设施和 7 326 个灌溉系统。起初，腐败盛行：公司行贿官员才能中标项目、上级政府削减经费、非法向用户收费、供应商提供的材料和服务滞后等。为此，项目制定了反腐败措施，在整个项目周期内强调程序简化、透明度和信息共享（WIN，2009）。

25.4 完善水体系的机遇

由于自然、技术和社会体系的不确定性与制度本身的反应有关联，因此它严重影响着决策过程。在不确定性条件下作出的决定可能会低估或高估需要应对的挑战，造成成本太高或采取不必要的措施；或者产生相反的后果，如措施不利威胁到已经做出的投资和进度。制度响应完全由社会体系设计和实施，就像气候变化及其影响一样难以预测。如果对公平的观念存在分歧以及社会体系内用水户之间存在不同的目标和利益，以自然生态系统的短期确定性水平为依据的制度响应不可能长期有效。将气候变化的风险和不确定性与水体系面临的其他风险联系起来很有必要。对于一些国家，水需求变化可能会比实际供应量变化更重要。

拥有完整的数据、信息和知识可以在一定程度上克服不确定性（见第二十六章，"知识和能力建设"），但即便如此，未来始终是不可预测的，因此需要具备灵活性，建立能应对哪怕是少数不确定因素的响应机制必不可少。自然、技术或社会的高不确定性可能成为合作和利益相关者参与的障碍。如果对破坏游戏规则的人缺乏制裁措施，那么制度失效的概率将会上升，因此必须提高处理不确定情况的能力。例如，处于腐败环境的新管理制度可能无法激发更公平和更有效的水资源再分配，也无法改进问责制。更好地了解机构如何应对当前和未来的风险和不确定性是最基本的要求。此外，还应对制度措施的实际应用进行更多的研究，确定哪些有效和在什么条件下才可奏效，特别是在监督管理机构表现方面的投资严重不足的情况下更是如此。

本章介绍了成功体制需要具备的一些要素，并强调指出这些要素会随着环境的变化发生很大的变化。有效的体制改革及其能否应对不确定性，与特定的路径依赖及特定条件密切相关。有必要敦促水决策者为实施有意义的体制改革提供动力，以更好地应对不确定性。在采取行动的过程中，以下因素值得关注。

在体制改革过程中，执行困难依然是有效开展水改革和管理的主要障碍，应采取一致行动共同解决。作为水体制改革的一部分，既得政治利益和问责制等构成的挑战应得到仔细分析和妥善处理。许多国家受到执行中出现问题的困扰，包括能力和资金有限、当权者的政策掌控、体制缺失和各行其政。为克服这些挑战，下列措施非常重要：

• 在正式和非正式体制内寻求水资源、能源、生态系统和土地政策的不断融合和实施，对这些领域采取的行动提供有效指导。目前的体制呈现出割据和重叠的局面，有时甚至是互相矛盾。因此，坚持建立统一的体制应成为加强适应性管理的一项战略，在这方面我们还需做很多工作。这意味着需要在水、粮食、能源和生态系统政策之间建立更高的协同效应。

• 解决管理中面临的重要挑战，如：缺乏透明度、问责制和利益相关者参与度，这些挑战是改革实施过程中的障碍。在管理体制充满庇护主义、腐败和既得政治利益等因素条件下，水管理机构不太可能发挥其应有的功能（如公平和有效地分配水资源和提供水服务）。在这种情况下，决策变得更加无法预测，不确定性上升，形成缺乏政治和经济影响力的社会制度。

• 将目标放在能力建设、数据和信息资料，促进学习型制度建设。经验表明制度改革是一个不断学习的过程，由不同的团体进行磋商完成。世界上不存在完美的解决方案，只有在一个特定范围内有效的解决办法。有人曾说过，"寻找最合适的，而不是最好的"（Baietti 等，2006）。

• 摆脱正式管理模式的束缚，将非正式机构纳入风险和不确定性分析。在世界很多地方，水资源分配由当地非官方机构进行，官方的监管制度在这里的影响有限。为充分认识体制的发展动力和推行有效改革，深入了解官方和非官方机构之间的动态关系至关重要。为满足贫困和被边缘化社会群体的需要，须加强非官方水分配和服务体系，这依赖于水决策者提供政策激励，加强地方非官方体系建设，制定相应的支持政策和法规。

• 强调融资仍然是应对社会、自然和技术体系当前和未来不确定性的一个重要挑战。可行的制度需要获得更多和更有效的水开发投资支持。体制管理不善会放大投资风险，影响国家在全球市场的竞争力，影响国外直接投资的吸引力以及全国和当地市场的影响力。尽管我们已经认识到对水行业进行更多投资的必要性，但还应注重将现有资金有效地用于更明智的投资决策中，以降低风险和应对不确定因素。因此，对于公共和私人部门，如何更好地利用资金、能力和知识对各种投资方案进行更好的成本效益分析非常必要。

注　释

1. 社会学研究表明，当地的非官方体制可被视为官方体制的一部分。有时，可通过法律和传统体系加以区别。
2. 大家公认在一个区域内，各国的差异很大。调查结果是相对的，不适于区域间的比较。

参考文献

Baietti, A., Kingdom, W. and Van Ginneken, M. 2006. *Characteristics of Well-Performing Public Water Utilities.* Water Supply and Sanitation Working Notes No. 9, May. Washington DC, World Bank.

Ban Ki-moon. 2008. Secretary-General, in message for World Water Day, calls lack of political will biggest culprit in failure to achieve basic sanitation goal. Press Release. New York, United Nations. http://www.un.org/News/Press/docs/2008/sgsm11451.doc.htm

Björklund, G., Tropp, H., Harlin, J., Morrison, A. and Hudson, A. 2009. *Water Adaptation in National Adaptation Programmes for Action: Freshwater in Climate Adaptation Planning and Climate Adaptation in Freshwater Planning.* Dialogue Paper for the United Nations World Water Assessment Programme (WWAP). Paris, UNESCO.

van Bochove, E., Vanrolleghem, P. A., Chambers, P. A., Thériault, G., Novotná, B. and Burkart, M. R. (eds). 2011. *Issues and Solutions to Diffuse Pollution:* Selected Papers from the 14th International Conference of the IWA Diffuse Pollution Specialist Group, DIPCON 2010, Québec, Canada.

Boelens, R. A. 2008. The rules of the game and the game of the rules. Dissertation, Wageningen University, the Netherlands.

Boesen, J. and Munk Ranvborg, H. (eds). 2004. *From Water Wars to Water Riots? Lessons from Transboundary Water Management.* Danish Institute for International Studies (DIIS) Working Paper No. 2004/6. Copenhagen, DIIS.

Breier, M. and Visser, M. 2006. *The Free Rider Problem in Community-based Rural Water Supply: A Game Theoretic Analysis.* SALDRU Working Paper No. 06/05. Cape Town, Southern Africa Labour and Development Research Unit (SALDRU), University of Cape Town.

Brown, C. and Hansen, J. W. 2008. *Agricultural Water Management and Climate Risk.* Report to the Bill and Melinda Gates Foundation. IRI Technical Report No. 08-01. Palisades. New York, The International Research Institute for Climate and Society (IRI).

Brugnach, M., van der Keur, P., Henriksen, H. J. and Myšiak, J. (eds). 2009. *Uncertainty and Adaptive Water Management Concepts and Guidelines.* Osnabrück, Germany, Institute of Environmental Systems Research, University of Osnabrück.

Butterworth, J. and de la Harpe, J. 2009. *Not So Petty:*

Corruption Risks in Payment and Licensing Systems of Water. Brief No. 26. Bergen, Norway, U4 Anti-Corruption Resource Centre.

Cap-Net. 2008. *Performance and Capacity of River Basin Organizations: Cross-Case Comparison of Four RBOs.* Pretoria, South Africa, Cap-Net.

Common Implementation Strategy for the Water Framework Directive (2000/60/EC) 2001. Strategic document. As agreed by the Water Directors under the Swedish EU Presidency. May 2001. http://ec.europa.eu/environment/ water/water-framework/objectives/pdf/strategy.pdf

Delli Priscoli, J. 2008. *Case Study of River Basin Organizations.* Corvallis, Oreg., Institute for Water and Watersheds, Oregon State University. http://www. transboundarywaters.orst.edu/research/case_studies/ River_Basin_Organization_New.htm

The Economist. 2010. Security for shillings: Insuring crops with a mobile phone, 11 March, pp. 13–19.

Flows. 2006. Review: Creating 21st century institutions for watershed markets. *Flows Bulletin,* No. 23.

Folke, C., Carpenter, S., Elmqvist, T., Gunderson, L., Holling, C. S. and Walker, B. 2002. Resilience and sustainable development: Building adaptive capacity in a world of transformations. *Ambio,* Vol. 31, No. 5, 437–40.

GWP (Global Water Partnership). 2009. *Institutional Arrangements for IWRM in Eastern Africa.* Policy Brief 1. Stockholm, GWP.

Holmes, P. R. 2003. On Risky Ground: The Water Professional in Politics. Paper presented at the Stockholm Water Symposium, Stockholm, 11–14 August 2003.

ICIMOD (International Centre for Integrated Mountain Development). 2009. *Local Responses to Too Much and Too Little Water in the Greater Himalayan Region.* Kathmandu, ICIMOD.

Joyce, J., Collentine, D. and Blacklocke, S. 2011. Conducting cost-effectiveness analysis to identify potential buyers and sellers of water pollution control credits to initiate water quality trades. E. van Bochove, P. A. Vanrolleghem, P. A. Chambers, G. Thériault, B. Novotná and M. R. Burkart (eds), *Issues and Solutions to Diffuse Pollution:* Selected Papers from the 14th International Conference of the IWA Diffuse Pollution Specialist Group, DIPCON 2010, Québec, Canada.

Kaufmann, D. 2005. Myths and realities of governance and corruption. *Global Competitiveness Report 2005– 20 06.* pp. 81–98. Cologney/Geneva, World Economic Forum.

Loris, A. 2009. Water institutional reforms in Scotland: Contested objectives and hidden disputes. *Water Alternatives,* Vol. 1, No. 2, pp. 253–70.

MWI (Ministry of Water and Irrigation). 2005. *Human Resource Management Strategy and Capacity Building for the Ministry of Water and Irrigation.* Final Draft, November. Nairobi, MWI, Government of Kenya.

·. 2009. *Annual Water Sector Review 2009: Water Sector Financial Turnout.* Nairobi, MWI, Government of Kenya.

NFUS (National Farmers Union, Scotland). 2006. *Annual Report.* Newbridge, Scotland, NFUS.

North, D. C. 1990. *Institutions, Institutional Change and Economic Performance.* Cambridge, UK, Cambridge University Press.

----. 2000. Understanding institutions. C. Menard (ed.), *Institutions, Contracts and Organizations: Perspectives from New Institutional Economics.* Cheltenham, UK, Edward Elgar, pp. 7–11.

Nowlan, L. and Bakker, K. 2007. *Delegating Water Governance: Issues and Challenges in the British Columbia (BC) Context.* Report for the BC Water Governance Project. Vancouver, BC, Program on Water Governance, University of British Columbia. http://www.watergovernance.ca/ Institute2/PDF/FBCwatergovernancefinal2.pdf

Ostrom, E. 2000. Collective action and the evolution of social norms. *Journal of Economic Perspectives,* Vol. 14, No. 3, pp. 137–58.

----. 2005. *Understanding Institutional Diversity.* Princeton, NJ, Princeton University Press.

Phumpiu, P. and Gustafsson, J. E. 2009. When are partnerships a viable tool for development? Institutions and partnerships for water and sanitation service in Latin America. *Water Resources Management,* Vol. 23, No. 1, pp. 19–38.

Plummer, J. 2007. *Making Anti-corruption Approaches Work for the Poor: Issues for Consideration in the Development of Pro-poor Anti-corruption Strategies in Water Services and Irrigation.* WIN/Swedish Water House Report No. 22. Stockholm, Stockholm International Water Institute (SIWI).

Robertson, S. and Nielsen-Pincus, M. 2009. *Keys to Success for Watershed Management Organizations.* EWP Working Paper No. 21. Corvallis, Oreg., Ecosystem Workforce Program (EWP), University of Oregon.

Ross, V. 2009. The role of trust in community acceptance of urban water management schemes: A social-psychological model of the characteristics and determinants of trust and acceptance. Dissertation, School of Psychology, The University of Queensland.

Schlüter, M. and Herrfahrdt-Pähle, E. 2011. Exploring resilience and transformability of a river basin in the face of socio-economic and ecological crisis: An example from the Amudarya river basin, Central Asia. *Ecology and Society,* Vol. 16, No. 1, p. 32.

Sehring, J. 2009. Path dependence and institutional bricolage in post-Soviet water governance. *Water Alternatives,* Vol. 2, pp. 61–81.

Stålgren, P. 2006. *Corruption in the Water Sector: Causes, Consequences and Potential Reform.* Swedish Water House Policy Brief No. 4. Stockholm, Stockholm International Water Institute (SIWI).

Sullivan, C. A., Bonjean, M., Anton, B., Cox, D., Smits, S., Chonguica, E., Monggae, F., Nyagwambo, L., Pule, R. and Berraondo, M. 2008. *Making Water Work for Local Governments and Helping Local Governments Work for Water: Ten Top Tips for Integration in Water Management.* Cape Town, South Africa, ICLEI Africa.

Transparency International. 2008. *Global Corruption Report 2008: Corruption in the Water Sector.* Cambridge, UK,

Cambridge University Press.

Walker, B., Carpenter, S., Anderies, J., Abel, N., Cummings, G., Janssen, M., Lebel, L., Norberg, J., Peterson, G.D. and Pritchard, R. 2002. Resilience management in social-ecological systems: A working hypothesis for a participatory approach. *Conservation Ecology,* Vol. 6, No. 1, p. 14.

WIN (Water Integrity Network). 2009. *Advocacy Guide: A Toolbox for Water Integrity Action.* Berlin, WIN. http://www.waterintegritynetwork.net/home/learn/library/all_documents

WWAP (World Water Assessment Programme). 2006. *World Water Development Report 2: Water: A Shared Responsibility.* Paris/New York, UNESCO/Berghahn Books.

----. 2009. *World Water Development Report 3: Water in A Changing World.* Paris/London, UNESCO/Earthscan.

第二十六章

知识和能力建设

联合国水能力建设十年计划（UNW-DPC）和联合国教科文组织国际水教育学院
(UNESCO-IHE)

作者：哈尼·赛维廉（联合国水能力建设十年计划）和盖伊·艾勒特斯（联合
国教科文组织国际水教育学院/代尔夫特理工大学）

水行业受外部环境变化的影响越来越大，与此同时，社会又期待着更可靠的供水服务和承担更低的风险。我们对自然现象和社会现象的理解尚不全面，因此，知识和能力建设成为国际议程中的头等大事。

　　为迎接层出不穷的新挑战，必须提高个人、国家和体制的适应能力。

　　知识共享和协作的作用日益凸显。信息和通信技术成为信息传播和利益相关者参与决策的关键。我们现有的知识尚不完备，特别是有关全球变化如何影响我们，以及人类和社会如何不断地调整水利行业以适应不断变化的外部条件和内部需求方面，这使得掌握知识和能力建设成为国际议程的首要任务。

　　面对全球变化引发的新型和不断变化的挑战，我们应提高个人、社会和制度的适应能力。

　　我们必须更多地利用知识共享和协作手段，借助信息和通信技术的力量加快信息传播，在涉水机构中推行社会学习的理念。

26.1 不断变化的工作议程

可持续水管理是当前和未来人类面对的最重要挑战之一。水文循环快速变化、极端天气事件等灾害发生率上升致使风险和不确定性升高，使利益相关者和水资源管理者的决策过程更加复杂。例如，水资源管理的不确定性与水文、水力、结构和经济等不同领域密切相关。水系统的各个层面都存在风险，包括自然灾害风险、水基础设施和干旱涉及的风险、水利工程投资相关风险。由此产生的不利影响在时间、空间和部门间存在差异，对所有群体的影响程度也不相同。专栏26.1阐述了自然灾害对女性的影响，虽然女性大量参与水管理活动，但她们的适应能力却比较弱。

应对其中一些挑战的知识的确存在，但我们所掌握的并不多。例如，我们尚不了解全球变化如何影响我们和我们应如何作出响应。我们在如何开展供水服务和如何更有效和可持续地管理水资源等方面的认识仍存在空白。这构成第一个重要挑战。与其同样重要的是，即使我们掌握了知识，但这些知识并不一定会被传播和分享，进而转化为正式的规划和有效的行动。

研究成果与广泛开展的区域行动之间仍然存在很长的时间差。不仅如此，一些发展中国家机构能力相对薄弱，特别是地方政府和社区层面。这些制约因素对所有国家都构成挑战，特别是那些正在发展现代经济的国家，因为他们必须不断调整水行业以适应新的外部条件和不断变化的内在要求。因此，不同于20世纪70年代和80年代存在的缺乏资金支持的问题，当前构成水利行业提升业绩的主要障碍是能力不足。

国际开发银行的报告指出，目前的问题是难以找到可行的和准备充分的投资项目。比如，在过去10年中，亚洲开发银行和世界银行曾尝试在亚洲加大水行业的投资，但都受到了限制。欧盟也报告了类似的情况，2002—2010年间，中欧和南欧的欧盟新成员国用于水基础设施的结构性资金只有部分被有效利用。欧盟委员会评估发现，导致这种情况出现的原因是业内机构能力不足，这里所指的能力为公务员和专家的数量、所具备的技术水平和经验，以及公共部门的现行管理和政策环境。

专栏 26.1

性别挑战

在发展中国家，女性普遍承担粮食生产的任务。她们首先要面对干旱和降雨不确定性带来的风险。气候变化往往意味着妇女和少女要走更远的路去取水。例如，在撒哈拉以南的非洲，妇女每年花400亿小时取水，相当于法国一整年的工时。下列事例说明，妇女在遭受气候变化风险和不确定性影响时往往首当其冲：

• 妇女和儿童死于灾难的人数约比男性多14倍（Peterson，2007）。

• 在1991年飓风灾难期间，孟加拉国死亡14万人，其中90%是妇女（Zeitlin，2007）。

• 在美国卡特里娜飓风造成的紧急事件中，被困在新奥尔良的受灾者大多数是贫穷的非洲裔妇女及其孩子（Gault等，2005；Williams等，2006）。

• 在斯里兰卡海啸期间，由于男孩一般都会游泳或爬树而女孩却不会，因此男性生存的可能性更大（乐施会，2005）。

资料来源：UNDP（2009）。

26.2 能力建设

26.2.1 基本认知

能力是个人、组织和其他类型机构的一种属性。它并非存在于个人和团体的外部。2005年，经合组织对能力的定义是"人、组织和社会作为一个整体成功管理自己的事务的才能"。能力建设提供制度建设所需的框架、方法和工具。就其性质而言，能力建设仅与变化情形相关，它是变化管理的重要组成部分（Alaerts，1999；欧洲援助计划，2005）。

能力建设和知识管理被定义为一个事物的两个方面。该定义为能力提供了可衡量和可操作性的解释。它还强调能力与能力建设介入后发生的确凿和实在影响之间的联系。以这种方式看待能力建设与知识管理可为开发必要的"额外"能力和更新知识事先作好准备。知识管理已成为私营企业保持竞争力和提高利润水平的主流战略，但大多数政府部门和机构以及有关非政府组织仍缺乏适合激发学习过程的组织条件。

能力建设的应用领域相当广泛，但该措施通常在以下几种情况下比较有效。

- 提高技术竞争力。目标是提高员工的个人技术竞争力和组织的综合技能，一般很容易被认可和接受。这类计划一般不会导致体制结构发生变化和实行改革。

- 提高整体表现和产出。使员工以及所在机构提高和发挥能力，提出改进的激励政策，如更好的职业发展机会、更高的薪酬和教育机会。通常假设提高组织的技术资质就能提高能力。但是，能力建设可能涉及法律法规框架的变革。这方面的例子有乌干达给水排水理事会（Mugisha，2009；WWAP，2009，p.263）及荷兰交通、公共工程和水管理部（现为基础设施与环境部）（见专栏26.2）。

- 强化责任制和倾听地方的意见。有时强化地方议会和地方团体的能力，帮助他们提升技能和快速恢复的能力很有必要（见专栏26.3）。

- 完善决策。决策者的目标是帮助各部门和整个社会更好地应对未来的不确定性。在讨论地缘政治，如国际流域冲突、传染病、气候变化时，这具有特殊意义。项目发起人和政府可搭建交流和信息平台，调整自己的计划并达成更广泛的政治共识[1]。

- 在传统的教育、研究和创新领域，能力建设将重点放在一个国家的教育、研究和创

新体系。这样的计划可以在有限和具体层面应用，也可在广泛和普遍的层面应用。

在改革大潮中荷兰交通、公共工程和水管理部实行的变革管理

所有国家都在寻找更好和更有效的公共管理体系。荷兰交通、公共工程和水管理部实行的改革恰好说明了这点。2010年，该部改名为基础设施与环境部。机构改革分为多个阶段，着重开展能力建设和知识管理。

第1阶段：为改革作准备。20世纪70年代，公众压力迫使该部向水资源综合管理转变并吸收生态领域的专业人才。20世纪90年代末，以地区管理局和工程服务为主导的分散管理结构已无力应付新涌现的国家级项目以及严格预算控制政策的要求。

第2阶段：新型能力建设。新的机构框架于2004—2007年间形成。开展的能力建设活动包括：

- 研讨会、头脑风暴会议、领导层培训和其他互动活动。
- 新技能组合。很多专家被解雇，转而聘请合同管理、预算控制和公关领域等具有新技能的人才。
- 实施公关战略。使公众和政治家了解工作进程。

第3阶段：吸取教训。改革后，普遍认为新成立的部和行政机构可较好地适应未来。通过阶段性能力建设使他们验证了新想法并找出了解决问题的答案，为今后在实践中学习铺平了道路。然而，让经验丰富的资深专家提前退休或对其解雇严重削弱了该部的专家力量以及在培养新员工方面的实力。

资料来源：Metze（2009）等多份报告。

女性参与适应管理和减灾过程

几个世纪以来，许多国家的女性通过积极参与水管理活动，具备了适应气候变化的独特技能、经验和能力。能力建设活动有助于提升知识的价值，帮助确定适应性和减灾技术。以下为 3 个真实的案例：

• 1998 年，洪都拉斯的拉马西卡作为性别敏感社区接受了早期预警和风险系统培训。几个月后飓风"米奇"来袭时，由于市政府及时疏散人口，拉马西卡没有造成人员死亡（Sánchez del Valle，2000）。

• 在密克罗尼西亚联邦，妇女继承了祖先流传下来的该岛的水文知识，使她们能准确找到挖饮水井的位置（Anderson，2002）。

• 2004 年发生在孟加拉国的洪水导致 280 人死亡，400 万人被疏散，还有成千上万人没有食物或无家可归。近日，在戈伊班达（Gaibandha）区，一个名叫萨赫纳（Sahena）的妇女组织了一个旨在帮助女性作好应对洪水准备的委员会。该委员会培训妇女制作便携式黏土烤箱、建造房屋、使用收音机收听洪水警告和气候变化消息。萨赫纳的上述工作挽救了许多生命，同时也提高了女性的生存能力（乐施会，2008）。

资料来源：UNDP（2009）。

26.2.2 培养适应能力

正如 26.2.1 节的论述，忽略不确定性会增加水管理决策不当的风险。适应性水管理（AWM）旨在解决有增无减的不确定性和风险，使之成为管理方法的基本组成部分。适应性水管理充分利用从管理策略结果中汲取的教训，以更加积极的态度考虑外部因素变化，并为改善管理政策和实践开发系统性流程。其核心目标是改善日常管理中，特别是管理参与方的适应性能力（Pahl-Wostl 等，2010）。正如 Bormann 等（1993）提出的，"适应性管理是在管理中学习如何管理"。

尽管传统的技术知识和水资源管理能力（如 26.2.1 节所述）在适应性水管理中依然重要，但水相关制度和管理者吸收、采纳和应用新管理形式的能力依赖于额外的知识和能力。在适应性水管理中，能力建设指管理人员和专业机构通过开发知识、提高技能和改变态度，来提升适应能力，建立可以灵活和及时应对风险和不确定性的机构（Van Scheltinga 等，2010）。

人类对气候变化等原因造成的风险和不确定性的适应能力需要分析和量化。非洲气候变化适应联盟（ACCRA）确定了适应能力的五大特性，可用来分析人类在面临风险与压力时的适应能力。这些特性也有助于分析不同的方案如何支持或妨碍适应能力。五大特性概括如下（ACCRA，2010）：

• 资本基础：使系统充分具备应对气候变化所需的财政、工程、自然、社会、政治和人力资本。

• 制度和权利：系统可确保平等获得关键资源和资本的权利是适应能力的基本特征。

• 知识和信息：成功适应需要对未来变化充分了解、具备有关适应方案的知识和评估各种方案的能力，以及实施最可行的干预措施的能力。

• 创新：适应能力的最重要特征与系统支持创新和冒险的能力有关。

• 灵活的前瞻性决策与管理：知情决策、透明度和优化都是适应能力的关键要素。

提高个人和制度适应能力的方法多种多样。例如，英国发展研究所（IDS）提出一种培养适应能力的方法，作为"气候灾难风险智能管理"新方法的三大主体之一（Mitchell 等，2010）。此方法的开发涉及 10 个灾害频发国家的 500 多名科研人员、社区负责人、非政府组织工作人员和政府官员。以下是该方法的要点：

- 加强人员、组织和网络的试验和创新能力；
- 推行定期的学习和反思，完善政策和常规工作的实施；
- 确保政策和行动的灵活性，以解决不断变化的灾害风险，综合考虑各个行业和规模的风险，并具备定期获得反馈意见的途径；
- 利用工具和方法为不确定性和突发事件制订计划。

2009年，国际关怀组织（CARE International）提出了4项相关战略，将传统知识与创新战略组合在一起形成一种综合方法。

该战略的目标是提高适应能力，应对气候变化带来的新的动态挑战（见表26.1）：

- 结合收入多元化和能力建设的适应气候变化生存战略，规划和改善风险管理；
- 降低灾害风险的战略，减少对弱势家庭和个人的影响或危害；
- 地方民间团体和政府机构的能力建设战略，以确保这些机构更好地帮助社区、家庭和个人提高适应能力；
- 找出薄弱环节的根本原因，发挥宣传和社会动员战略的作用，这些根本原因包括治理不善、缺乏对资源的控制和缺乏获得基本服务的途径。

专栏26.4

提高湄公河流域的适应能力

2000年，湄公河三角洲地区遭遇40年来最严重的水灾。超过800人死亡，900万人受灾，损失超过4.55亿美元。此后，“洪水防治与管理计划”（FMMP）推出了一系列措施，包括洪水预报能力、洪水风险综合管理最佳实践指南、洪水综合应急计划导则、洪水概率分布图和土地使用分区以及每年一次的湄公河洪水论坛。

“洪水防治与管理计划”2009年的报告重点介绍了气候变化对洪水风险的具体影响。气候变化也是“洪水防治与管理计划”2010年湄公河洪水论坛的一个重要议题。该论坛促进湄公河流域各国之间的相互学习。它为各国政府和其他机构提供了一个参与该计划、收集数据、分享经验和探讨影响与应对措施的机会。如亚洲灾害预防中心（ADPC）就在为面临类似挑战国家的区和省传授洪水风险综合管理方面的知识。

资料来源：Mitchell等（2010）。

26.3 制定能力建设战略

26.3.1 合理的综合分析框架

图26.1介绍了能力建设所需的要素，并提供了一个综合分析框架，用来指导能力建设需求评估、为具体项目定制能力建设计划（Alaerts和Kaspersma，2009）。该图确定了4个关注层面：个人、组织、有利环境和公民社会。广义而言，它提出能力和知识代表什么、能力建设如何进行、可能得到哪些结果、采取干预措施之后如何进行能力建设评价。

通过可适应各种情况和目的的实例和清单，可评价是否具备能力或缺少能力（Lusthaus等，2002；Alaerts和Kaspersma，2009）。

水行业及其所有子部门的业绩是组织内具备相关知识和能力的个人有效行动的结果。这些人主要在部委、政府、用水户协会和公民社会组织等大型组织中发挥作用。有效性取决于个人有效性和塑造组织能力的特征，包括技能组合、内部运作和管理步骤以及激励政策等。一个组织除了要具备能力和程序外，还需要有落实措施的适宜环境。

适宜的环境包括健全的法律和监管框架、激发采取行动的财政政策、获得广泛拥护的议

表 **26.1**

国际关怀组织提出的社区适用能力框架

	适应气候变化的生产生活方式	灾害风险降低	能力建设	挖掘导致脆弱性的潜在原因
国家层面	—— 政府监测、分析和传播当前和未来与生活相关的气候信息 —— 气候变化纳入有关部门政策 —— 气候变化纳入扶贫战略和/或其他发展政策	—— 政府监测、分析和传播灾害风险信息 —— 政府从事灾难风险管理规划和实施（预防、备灾、救灾和恢复） —— 功能性预警系统 —— 政府具有应对灾害的能力	—— 政府有能力监测、分析和传播关于当前和未来气候风险的信息 —— 政府有责任将气候变化纳入政策考虑 —— 不断在区域和地方层面落实国家政策 —— 为实施相关适应性政策配置资源	—— 政府承认妇女和被边缘化的群体面对气候变化的脆弱性 —— 政策和执行的焦点是减少这些安全的薄弱点 —— 公民社会参与规划和实施适应性活动
地方政府和社区层面	—— 地方机构有权使用气候信息 —— 地方计划和政策支持适应气候变化的生产生活方式 —— 地方政府与非政府组织推广人员了解气候风险，推广适应性战略	—— 地方机构有权使用减灾信息 —— 正在实施地方灾害风险管理计划 —— 功能性预警系统已到位 —— 地方政府有能力应对灾害	—— 地方政府有能力监测、分析和传播关于现在和未来气候风险的信息 —— 地方机构有能力、有资源规划和实施适应性活动	—— 地方规划程序具有可参与性 —— 女性和边缘化人群参与地方规划程序 —— 地方政策为所有人提供和支配关键生产生活资源
家庭和个人层面	—— 人们生产并使用用于规划的气候信息 —— 家庭采取适用气候变化的农业生产方式 —— 家庭拥有多元化的生计，包括非农业战略	—— 家庭拥有有保障的粮食和农业投入储备 —— 家庭拥有庇护所 —— 主要资产受到保护 —— 人们可获得有关气候危险的早期预警信息 —— 人们具有躲避气候灾害的机动性	—— 家庭可获得社会和经济安全网 —— 家庭可获得金融服务 —— 人们具有利用适应性战略的知识和技能 —— 人们有权获得季节性预测和其他气候信息	—— 男性和女性合作应对挑战 —— 家庭可支配关键生活资源 —— 女性和边缘化群体可平等地获得信息、技能和服务 —— 女性和边缘化群体拥有平等的权利获得生产生活资源

资料来源：国际关怀组织（2009），经援国际关怀组织国际贫困、环境和气候变化网络（PECCN）许可复制。

会以及选民和消费者的支持。理想的能力建设过程其范围和深度取决于上述分析得出的结论和政界对于改革的支持程度。该框架分析非常详尽，可帮助确定机构的需求、准备程度和影响可能达到的最高水平等各种情形。

通过培训和教育等知识传播手段可促进知识、理解力和技能的拓展。然而，想要获得的知识和能力是显性的还是隐性的决定了采用哪

图 26.1

显示投入产出和测定方法的不同层面能力建设图解

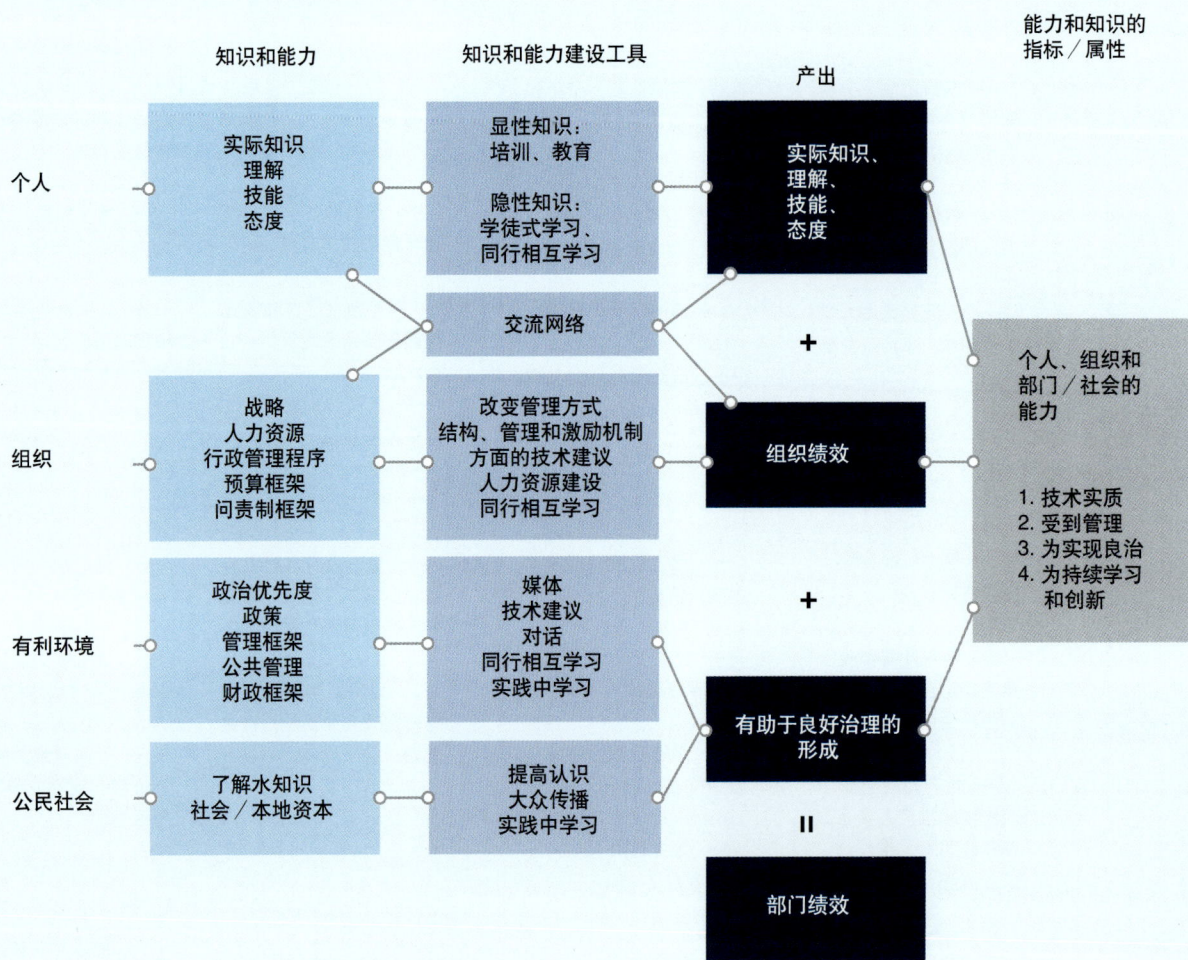

| | 知识和能力 | 知识和能力建设工具 | 产出 | 能力和知识的指标／属性 |

资料来源：Alaerts等（2010），经泰勒－弗朗西斯出版集团许可复制。

种手段。分析结果发现隐性知识更为重要，因为它影响着技能的形成和对学习的认识。这些知识可通过新旧员工以及师徒之间以一对一的方式进行互动学习。开展员工培训、帮助机构分析经验得失可使机构的能力得到提高。技术援助、管理咨询、经验学习以及与同行评议都是重要的措施。网络和信息通信系统对提高知识和能力水平以及开辟新的知识传播途径所起的作用越来越重要。

在适宜的环境下，政府等机构也可通过提高学习能力，使环境变得更加有利。政策制定者、政府部门和政治人物还可学习其他国家"最佳实践"的经验教训。最后，社会的作用

也是极为重要的，通过推举政治家和赋予政府职责可使国家各界对未来达成共识。

"有能力"的个人或组织最终将具备采取行动的综合竞争力，综合竞争力包括以下4种类型（Baser，2009；Alaerts 和 Kaspersma，2009）：

• 技术和实际竞争力是分析和解决从施工到财务会计多个领域的技术问题所必备的。

• 一个组织的高层管理人员应具备一定的领导和管理能力。在许多发展中国家，技术和工程技术人员的技能比较突出，但人员管理和行政管理效率不高。管理竞争力是确保"工

作圆满完成"的必备条件。

- 一个有效和可持续发展的水行业需要相关机构推动"良治"原则，即与利益相关者对话和沟通、以公平和扶贫为准则在政策允许的范围内进行资源配置、体恤弱势群体、提高透明度和履行问责制。

- 胜任的个人和机构应当具备不断学习和创新的能力。学习和创新并非先天而成，需要获得财政以及人事和管理程序的支持。

26.3.2　能力和需求评估

决策者应首先评估水行业或其子部门的表现，应将参与其中的所有机构囊括进来。联合国机构和其他一些组织可提供开展评估的指南和检查表。专栏 26.5 提供了一些这方面的信息，详细的指南请参见《世界水发展报告》第二版（WWAP，2006，p.454 - 8）。

2007 年，联合国开发计划署（UNDP）编制了能力建设评估经验汇编，为能力评估提供了框架。它提出的核心问题是制度建设、领导能力、知识和共同分担责任。汇编提到的关键能力包括促使多方利益相关者开展对话、情境分析、愿景制定、政策与战略制定、制定预算以及监测评价的能力。

能力建设评估完成后，战略与行动计划的编制工作就可以进行。但是，战略的制定应根据环境通过与利益相关者对话最终形成，不存在"一成不变"的战略。解决制度不健全等环境问题不应采取简单或直接的方法。采用切实可行和逐步改革的"战略渐进"方式，即使不能完全解决所有的表现不佳问题，通常也会取得较好的成效（Nelson 和 Tejasvi，2009）。

2008 年，通过衡量实际影响和取得的业绩，世界银行制定了自己的能力评估开发成果框架。世界银行和联合国开发计划署的框架借鉴了 Lopes 和 Theison（2003）的成果，二人提出了评估中应考虑的主要问题清单（参见WWAP，2006，p.456）。

专栏 26.5

能力建设信息源

- 联合国开发计划署能力建设网站（www.capacity.undp.org）包括如何执行能力评估的主要信息。其中包括计划、网络、资源和工具，提供了实现千年发展目标"2015 年能力建设"（2015 Capacity）计划的有关信息。

- 南部非洲能力建设计划（South African Capacity Initiative）网站（www.undp-saci.co.za）为南部非洲国家制定了"能力运用工具包"（Capacity Mobilization Toolkit），其考虑了包括艾滋病毒/艾滋病、贫困与频发灾难的因素，对人员能力构成了尤其复杂的挑战。

- 世界银行建立了一个在线能力建设资源中心（www.worldbank.org/capacity），包括能力建设案例研究和经验总结回顾，以及能力建设的"引导性"做法和最佳实践。

- 加拿大国际发展署（CIDA）开发了一个能力建设工具包（www.acdi-cida.gc.ca），其中包括能力建设的参考文件。

- 欧洲发展政策管理中心的能力建设网站（www.capacity.org），旨在通过开展国际发展合作，谋求政策和实践能力建设，提供各行各业与能力建设有关的通讯报道和综合性资料。

- 国际发展研究中心（IDRC）、国际乡村建设研究所（IIRR）和国家农业研究国际服务中心（ISNAR）为更好地了解如何进行能力建设和如何评估其结果所实施的项目。

- 德国技术合作局（GTZ）的一个团队为印尼政府准备了一份如何组织和管理需求评估程序的指南，使地区能力建设中期行动计划得以实施。

亚洲开发银行（ADB，2008）针对行业能力建设制定了一份应用指南。指南提出，成功的能力建设过程必须满足3个前提条件：对当前的情形不满意、必须提出切实可行的改变步骤、利益相关者对未来愿景达成共识（见专栏26.2）。另外，关键的利益相关者特别是政府应制定自身的改革步骤。

在行业层面，许多水管理机构都面临着人员能力欠缺等制约因素，欲寻求提高人员竞争力的方式。目前，正在提出的两个计划主要是针对水行业的人力资源需求。联合国教科文组织国际水文计划（UNESCO-IHP）和联合国教科文组织国际水教育学院（UNESCO-IHE）一直在几个地区评估水教育需求。国际水协会（IAW）和英国国际开发署（DFID）联合联合国教科文组织国际水教育学院正在评估供水和卫生千年发展目标的人力资源建设需求。根据5个国家的试点研究，正在开发标准的方法体系。

26.3.3　适应能力的评估

能力建设活动主要是为了提高应对不确定性和风险的能力。以下实例介绍了每个能力建设层面应具备的能力和功能，以确保获得适应能力：

• 个人应获得有关当前问题、风险来源和预期变化的信息，且应主动学习，学习方式灵活多样（Fazey等，2007）。

• 组织应具备学习能力，敢于挑战固有的思维和行动模式，积极应对不可预知的内部和外部变化，推动社会变革，获得一定的影响力。

• 适宜的环境需要自主调整政策应对气候变化新情况和其他不确定性和风险来源。制定稳定的长期政策应对极端天气事件、洪水和干旱已不再现实；面对内在的不稳定和不断变化的基本背景，政策制定应能反映这一新情况（UNDP，2007）。

表 26.2

评估适应能力的指标

层面	指标
个人	● 人们是否生成并将气候信息用于制定规划？ ● 人们是否通过对未来进行规划和投资以管理风险？ ● 人们是否拥有采用适应性战略的知识和技能？ ● 男性和女性是否共同迎接挑战？ ● 女性与其他边缘化群体是否拥有获得信息、技能和服务的相同权限？
组织	● 是否意识到哪个领域和群体存在风险？ ● 是否能够确定并评估提供服务的风险？ ● 是否在解决地方社区战略或社区计划中的这些风险？ ● 由于反思和在实践中摸索，灾害风险管理政策和常规工作是否有所变化？ ● 从社区到组织，从组织到社区，是否存在信息学习流程？
适宜环境	● 制度框架是否适应新的风险现实？ ● 是否使用全球变化"透镜"考察政策？ ● 环境是否支持地方灾害风险管理计划的实施？ ● 地方参与规划程序的水平如何？ ● 是否存在气候信息沟通机制？ ● 女性和其他边缘化群体的诉求是否在地方规划程序中得到支持？
公民社会	● 公民社会实体是否能够运用意识和资源管理程序？ ● 社会是否能从变化中吸取经验？ ● 社会需要多久才能对变化作出反应？ ● 社会中是否存在强有力的沟通渠道？

资料来源：国际关怀组织（2009），Maguire和Cartwright（2008），Urban和Mitchell（2011）。

- 公民社会的组织和网络应成为动员和提高公众意识的实体。它们应该拥有充足的资源来管理流程，发挥有效的沟通作用，将组织与个人联系起来，利用现有的资源和技术创新以及创建适应性解决方案。

表26.2从国际关怀组织手册（国际关怀组织，2009）中选取了部分指标，用于评估行动的4个层面应对气候变化引起的风险和危害的适应能力。

26.4 能力建设战略和步骤

26.4.1 教育和培训

通常，能力建设指通过正规、非正规和非正式教育和培训获得和传播知识。能力建设计划的目标、过程的选择及使用的工具取决于关注特定经济、社会和文化因素的背景环境。

随着风险和不确定性条件下的水管理已逐渐成为全球的必然需求，我们发现满足条件的合格人员的数量明显低于需求，发展中国家尤其明显。水行业的个人能力建设只能通过水和教育专家密切合作才能充分解决。不应低估中小学教育的重要性，因为水行业的大部分工作人员也仅仅是接受过这样的正规教育，而且作出对水资源构成影响决策的人获得的水资源正规教育非常有限。为弥补发达国家和发展中国家不断扩大的知识和技能差距，应制定以水为中心的教育培训计划和方法。在"可持续水发展教育：世纪目标终将实现"研讨会[2]上，与会的50位专家提出了以下几个重要行动建议。

学校教育

- 学生们应了解水有多么珍贵，认知与水有关的全球挑战。
- 培养积极的态度和行为，教师应通过跨学科发展和价值观教育推广社会、经济和环境价值观。
- 各国政府，应与其他利益相关者一起，开发已有教学和学习材料的数据库，指导教师

使用这些材料。政府与公共企业共同为教师提供奖励措施。

职业教育和培训

- 在联合国教科文组织的支持下，将职业教育和培训纳入供水和卫生设施行业的示范项目。提高水利从业人员供水和卫生方面的专业竞争力（尤其是在发展中国家）。
- 通过培训技术人员和政策制定者不断完善基础设施投资，并对投资进行运作和管理。
- 应在教育机构人员的帮助下开展培训，缩小理论与实践的差距。

高等教育

- 大学应成为提供行动研究、基于问题学习和体验式学习的窗口。他们应该与社会合作，参与社区的教学和研究活动。
- 大学应制订相应的机制，确保有关水的基本知识和最先进的管理教材对所有从业者免费提供。
- 高等教育领域应为评审教材是否具有先进性和创新性制定学术界同行认可的程序。
- 学制变化应反映出采取大学干预措施在成功改善社区最佳实践方面的效力。我们应将重点放在有效的行动方案上。

专栏 26.6

巴勒斯坦的节水方略

纳布卢斯的塔拉勒国王中学（King Talal Secondary School）是"联合国教科文组织联系学校项目网络"（UNESCO ASPnet）成员。在专家的指导下，该项目举行了一系列短途旅行，使学生对于水这种珍贵物品有更加深入的了解。然后，学生向当地媒体介绍自己的体验和想法，与其他社会大众分享自己的体验。该学校还

推出了创造性的新教学方法，学生获邀以画画、唱歌和演出的方式传达自己的想法和观点。

项目的主要作用是强化学生对巴勒斯坦水资源短缺重要性的了解，使他们思考潜在的解决方案。学生意识到用水是一项基本人权，也是个人和集体的责任。因此，项目提高了学生对和平对话的功效以及师生之间展开对话的认识，有助于他们尊重他人的意见。

资料来源：UNESCO（2009）。

专栏 26.7

适应性水管理（AWM）培训帮助不同群体应对不确定性和风险

案例 1：培训教师如何讲授适应性水管理

2008 年，联合国水能力建设十年计划和欧盟综合项目以"不确定条件下的适应性水管理新方法"为题，在新德里举办了一个讨论会，培训教师如何讲授适应性水管理，宣传不确定条件下的适应性水管理新方法——全球水体系项目（NeWAER-GWSP）的成果。该课程旨在激励未来水管理者和政策制定者采取适应性水管理措施，应对日益增加的气候不确定性，执行不受气候影响的供水和卫生设施策略。研讨会结束时，与会者为适应性水与环境管理学课程提供了设计草案。

有关适应性水管理所需技能、知识和观念教学培训等方面，联合国水能力建设十年计划、德国奥斯纳布吕克（Osnabrück）大学、荷兰阿尔特拉瓦赫宁根大学及研究中心对拉美、非洲和亚洲发展中国家的授课人员和讲师们提供了培训。

案例 2：水资源综合管理作为适应气候变化的工具

联合国教科文组织国际水教育学院为积极从事水和气候部门专业服务人员提供了网络授课。这些专业人员包括本地、区域和国家政策制定者，相关的非政府组织成员和私营部门代表，以及大学的年轻教师和科研人员。课程设置的目的是：

- 了解与气候变化有关的水资源综合管理概念；
- 了解气候系统和水循环；
- 提高气候变化对社会影响方面的认识；
- 了解如何应对风险与不确定性；
- 了解如何适应水变化和气候变化。

资料来源：UNESCO（http://www.unesco-ihe.org/Education/Shortcourses/On-line-courses/IWRM-as-a-Tool-for-Adaptation-to-Climate-Change）。

单纯依赖某个方面的知识，我们无法找出解决水管理问题的答案。教育机构必须采取措施，使公众可以接触到现有的各种示范性措施。

26.4.2 知识网络与共享

知识共享是一个看不见、摸不到的过程，因为这需要个人不受任何身心阻碍地与他人分享自己的信仰，在同行之间辩解、说明、说服和沟通（Schenk 等，2006）。水行业知识传播网络的应用性指标是行业的专家与同行之间开展正式和非正式的交往。当政府与行业内其他部门进行知识交流时，网络的重要意义更加明显（Luijendijk 和 Lincklaen-Arriëns，2009）。

网络的形式有很多种，例如：

- 拥有具体技术背景或专业知识的正规专业协会，如水利专家、社会科学家或经济学家协会，像国际水协会和国际水资源协会。

- 专家个人组成的松散组织网络，这些专家通常通过出版物或时事通讯联系起来，例如互联网中继聊天（IRC）的水在线（Waterlines）。

- 为某个特定任务组织的实践社区（CoPs）。通常在既定的时间范围内运行，设定内部工作议程和共同认可的成果，如出版物或政策要点。世界银行-联合国开发计划署的水和卫生设施计划管理的实践社区项目包括从倡导勤洗手到低成本污水处理的各项内容。

- 针对某个主题开展合作，由政府、半政府和非政府机构组成合作网络，以会议、研究、出版物、研讨会的形式获得资金。例如可持续水管理能力建设网（Cap-Net），它是联合国开发计划署联合了约25个教育和能力建设机构发起的项目；水教育与研究伙伴（PoWER），作为联合国教科文组织国际水教育学院的水教育和研究合作项目，建成的网络覆盖全球大约30个研究和教育机构；网络将文化和社会因素作为推动非官方文化或社会交流的纽带，把愿意共享隐性和显性知识的人们凝聚到一起。

26.4.3　所有权是取得成效的关键

如果水管理机构不能为妇女和原住民等相对弱势的群体提供话语权，也就丧失了有效开展水资源综合管理的机会。我们通常缺乏保护当地利益相关者所有权的措施。通过系统分析，我们发现缺乏共同的努力是投资计划失败的主要原因。例如，20世纪80年代发展中国家实施的许多供水和卫生设施计划，在90年代都被证明没有起到应有的效果，因为受益者无法或不想使用或维护新的供水设施和公共厕所。很多项目安排了专家协助项目进行准备工作，但这些专家通常没有与工程单位形成合力。

专栏 26.8

适应性流域管理：应对水管理不确定性新方法的网上教学课程

制定适应性流域管理课程，成为"应对水管理不确定性新方法"（NeWater）培训和教育活动的一部分。该新方法目标明确，是为水行业利益相关者，包括大学讲师、水管理从业人员和政策制定者，提供有效推广科学成果和方法的机制。德国奥斯纳布吕克大学的环境系统研究所、荷兰阿尔特拉瓦赫宁根大学、荷兰研究中心都开设了这项课程，是全球水中心系统项目的一部分。课程的详细信息可见 www. newatereducation. nl。

资料来源：NeWater（日期不详）。

事实证明，开展国际援助通常缺乏成效，因为这些计划并没有很好地融入当地条件。自2005年《巴黎宣言》和2008年举行"第三次援助成效高级论坛"后，确保政策和方案具有更加广泛的所有权，已成为援助接受国家制定本国发展战略的准则（OECD，2005，2008）。水资源综合管理强调有效和可持续的管理需要利益相关者切实参与规划和决策（见 www. gwptoolbox. org 的全球水伙伴关系工具箱）。《欧盟水框架指令》规定，应为所有河流制定流域管理规划，并在规划中明确利益相关者的知情权和提高他们的权限。有针对性的能力建设计划可帮助这些群体作好相应的准备（见专栏26.9）。

在快速变化的世界里，我们的经济和福祉越来越依赖对未来事件和发展趋势的准确预测，更加需要在技术上最能体现行动目标和代表社会大众偏好的政策。挑战所具有的广泛社会意义，如应对气候变化和对公众健康造成的威胁，要求我们社会大众变得更有见识和"受

过良好训练"。与更有见识的社会大众协商可使政策得到充分认可，并通过社会中每个人的努力加以实施。

26.4.4　信息和通信技术（ICT）

信息的生成、处理和交流是水资源管理决策过程的主要组成部分。信息和通信技术已成为制定解决缺水等问题创新解决方案的战略要素。信息和通信技术还有助于环境数据的分析，以便研究人员和气候学家能够建立更精确的天气预报模型（ITU，2010）。图26.2介绍了信息和通信技术在水管理中发挥重要作用的重点领域。

专栏 26.9

强化地方权属：维多利亚湖区水与卫生项目

联合国人居署（UN-HABITAT）实施的维多利亚湖区水与卫生项目（LVWA TSAIN）包含27项能力建设措施。该项目帮助肯尼亚、坦桑尼亚和乌干达实现千年发展目标，是现代综合管理方法的典型案例。

维多利亚湖流域为3个国家总人口的1/3（3 000万人口）提供生活水源。在大部分地区，快速增长的城市中心正处于增长无序、基础设施薄弱、生态系统脆弱的环境中。水管渗漏和水价偏低已成为常态，卫生条件差和缺乏固体废物收集设施普遍存在。

截至目前，项目已完成前期投资的工程：恢复或扩建了主要水利基础设施，建成了公共厕所，已为家庭厕所提供了小额贷款，已提供固体废物处理设备。这些工程提升了项目所在乡镇供水公司的业绩。能力建设设计对基本问题作出了回应。多学科团队与利益相关者进行深度探讨，量身定制了27项能力建设措施。这些措施包括环境服务、重视贫穷治理、公平公正和促进当地经济发展等，并将所有内容集中反映在个人行动计划中，要求每个参与者或团体确定其权限和能力范围内的项目内容，以便改善水环境服务。

图 26.2

水管理信息和通信技术的主要领域

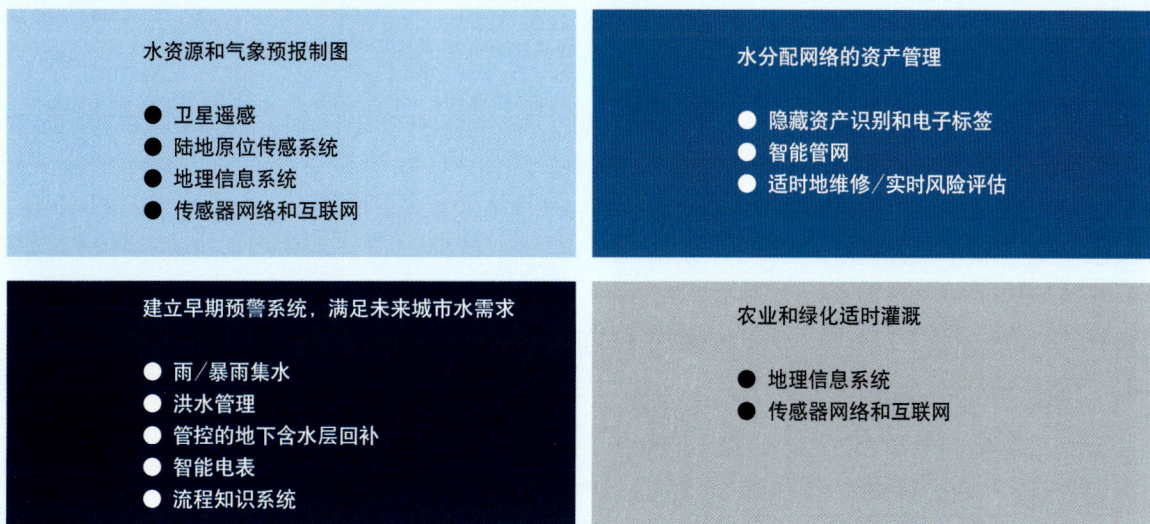

水资源和气象预报制图	水分配网络的资产管理
● 卫星遥感 ● 陆地原位传感系统 ● 地理信息系统 ● 传感器网络和互联网	● 隐藏资产识别和电子标签 ● 智能管网 ● 适时地维修/实时风险评估
建立早期预警系统，满足未来城市水需求	**农业和绿化适时灌溉**
● 雨/暴雨集水 ● 洪水管理 ● 管控的地下含水层回补 ● 智能电表 ● 流程知识系统	● 地理信息系统 ● 传感器网络和互联网

资料来源：ITU（2010）。

由于传统的面对面培训课程具有高成本和更费时的特点，因此给能力建设计划带来很大的局限。而快速发展的信息和通信技术使人们通过更便捷和更经济的电子化学习，如通过在线学习或更可取的混合式学习[3]方式获取知识，这有助于提高水管理利益相关者的能力。采取的方式可以是网上培训、网上大学课程授课和多媒体材料展示。联合国水能力建设十年计划开发的联合国水活动信息系统（UNWAIS＋）就包含了一个网上培训系统(www. ais. unwater. org)。

手机和无线技术为用户提供了比网上学习更具吸引力的移动学习的机会。将移动技术应用到能力建设方面为成本-效益计算提供了学习的机会。在价格显著降低的情况下，目前具有更大储存能力的移动设备也已出现（联合国经社部，2007）。

德国亚琛工业大学（RWTH Aachen University）工程水文系推出了水资源管理相关专业的在线课程（见专栏 26.10）、练习课程以及手机应用程序测验。

26.4.5　社会学习："共同学习与共同管理"

社会学习已经成为专家教学的一种替代方式。它是一种基于社区开展活动的学习形式（Capra，2007），主要发生在受内在管理结构主导的网络或实践社区。社会学习需要相对稳定和灵活的机构设置。通过持续的社会学习过程这些条件逐渐成熟，在这个过程中，不同层面的利益相关者由网络联系在一起，使他们能够在官方与非官方层面建立合作关系，拓展能力和建立信任（Pahl-Wostl，2007）。

社会学习可提高管理者的能力，有效地应对不确定性和风险。成功的社会学习（社会团体内通过互动学习）可形成新的知识、共同理解、信任，最终形成集体行动。学习可涉及不同层面，从逐步完善（单循环）到认知改变（双循环）再进一步到价值观和世界观的转变（三重循环）（Pahl-Wostl，2007）。专栏 26.11介绍了有关加强适应性水管理社会学习的最佳实践。

专栏 26.10

水专家在线培训系统（TOTWAT）

水专家在线培训系统是坦普斯计划（TEMPUS）框架下受欧盟资助的项目。该项目是与德国亚琛工业大学合作，为埃及的水利专业人士开发的一个电子学习系统。目前已开发了包含十多种模型、水管理、社会经济、环境工程和跨学科管理等方面的培训课程。课程的电子内容同样适合其他中东和北非地区的涉水机构使用。用户反馈意见显示，这种网上培训课程对水利工程技术人员有重大影响，超过 90% 的用户表示课程有助于他们分享知识和相互学习。

资料来源：水专家在线培训系统项目（2011）。

专栏 26.11

印度南部下波瓦尼河项目的社会学习和适应性水管理

下波瓦尼河项目（LBP）控制区位于印度南部泰米尔纳德邦，流域占地面积8.4 万公顷。降雨量变化是当地最显著的不确定性因素之一。农民必须经常应对供水和无降雨季节带来的不确定性问题。该地区大规模开挖的水井是农民成功应对短缺期间供水需要和延长供水期的主要手段。他们从中也学到了经验，即根据渠系季节性供水的不确定性迅速调整种植结构，甚至种植可在雨养条件下存活的作物。

整个系统发生的改变表明，社会学习正在下波瓦尼河项目区兴起。这些人学会了根据有限的技术条件，以及在库容、渠道流量和降水不稳定导致供水不确定的情况下如何优化系统。农民通过相互学习和受到启发的方式成为了参与者之间社会学习的典范。从长远的角度来看，所有参与下波瓦尼河项目的人都从环境的反馈以及与其他人的互动中学到了经验。由于摆脱了原有技术条件和设施的束缚，管理结构得以调整，形成了新的实践模式。但是，尽管所有的人都在发生改变，但很少有人关注引起改变的原因和为什么要改变。适应性水管理分析表明，下波瓦尼河项目已经满足了不断尝试复杂的适应性体系的标准。这里已经发生改变，并且逐步解决了先前的错误和找出了失败的原因。目前，复杂的人类-环境-技术相结合的体系已经形成。社会学习不仅在整个项目区运作，也关乎每个农户。不确定性因素不但在体系变化周期内给予充分考虑，并被纳入到系统设计之中。

资料来源：Lannerstad 和 Molden（2009）。

26.5　未来之路

- 各层面仍缺乏分析和评估适应能力风险的最佳实践。有必要进行定期能力评估，包括评估从业人员的能力、体制和主要机构、政策和监管框架以及主要利益相关者。有必要确定在可行的时间范围内实施能力建设的重点领域，并侧重于所有权方面的能力建设。

- 有必要评估教育系统的能力，培养足够数量的具备各种相关技能的专业技术人才。这对管理技能的提高至关重要，只有这样才能确保有能力准备和开展投资。这个过程中，促使水利与教育行业的专家之间开展协作与合作非常必要。

- 水行业应与社会组织和团体就相关投资措施和重大政策展开对话。这将确保决策反映实际的期望和培养责任感。应向媒体告知有关水的问题，使媒体报道这些问题的能力有所提升。

- 应提倡社会学习，培养参加水资源管理决策的所有利益相关者的适应能力。这有助于提高处理风险和不确定性因素的灵活性和反应能力。

- 应扩大信息和通信技术的使用范围，以降低成本和提供更加灵活的学习条件。为获得高质量的适应性水管理学习资料进行投资，使各行各业的专业人士和学生都可以使用。

注　释

1. 例如，Thorkilsen 和 Dynesen（2001）介绍了互联网互动设施如何成知识共享和交流工作的核心，为欧洲最大的和最具争议的基础设施项目——连接丹麦和瑞典横跨厄勒海峡铁路公路大桥和隧道项目赢得了政治家和社会各界支持，并且成功融资。
2. 2009 年，在德国波恩举行的联合国教科文组织世界可持续发展教育大会期间，由联合国教科文组织国际水文计划，德国联邦环境、自然保护和核安全部及联合国水能力建设十年计划共同举办该研讨会。其目的是促进水和教育利益相关者之间的交流，将两个联合国十年计划，即联合国教育可持续发展十年计划和联合国"生命之水"国际行动十年计划联系在一起。
3. 混合式学习是在不同环境下各种学习方式的组合，例如：上网学习与面授学习。

参考文献

ADB (Asian Development Bank). 2008. *Practical Guide to Capacity Development in a Sector Context.* Manila, ADB.

Alaerts, G. J. 1999. Capacity Building as knowledge management: purpose, definition and instruments. G. J. Alaerts, F. J. A. Hartvelt and F.-M. Patorni (eds), *Water Sector Capacity Building: Concepts and Instruments.* Rotterdam, the Netherlands, A. A. Balkema Publishers.

----. 2009. Knowledge and capacity development (KCD) as tool for institutional strengthening and change, Alaerts, G. J. and Dickinson N. (eds), *Water for a Changing World: Developing Local Knowledge and Capacity. Boca Raton/ London, CRC Press/Taylor & Francis.*

Alaerts, G. J. and Kaspersma, J. 2009. Progress and challenges in knowledge and capacity development, M. W. Blokland, G. J. Alaerts, J. M. Kaspersma and M. Hare (eds), *Capacity Development for Improved Water Management.* Boca Raton and London, CRC Press and Taylor & Francis.

Anderson, C. L. 2002. Gender matters: implications for climate variability and climate change and disaster management in the Pacific Islands. *InterCoast Newsletter,* Winter 2002, No. 41. Narragansett, RI, Coastal Resources Center, University of Rhode Island.

Baser, H. 2009. Capacity and capacity development: Breaking down the concepts and analysing the processes. Alaerts, G. J., and Dickinson, N. (eds), *Water for a Changing World: Developing Local Knowledge and Capacity. Boca Raton/London, CRC Press/Taylor & Francis.*

Bates, B. C., Kundzewicz, Z. W., Wu, S. and Palutikof, J. 2010. Consultation document, The ACCRA (Africa Climate Change Resilience Alliance) Local Adaptive Capacity framework (LAC).

Bormann, B. T., Cunningham, P. G., Brookes, M. H., Manning, V. W. and Collopy, M. W. 1993. *Adaptive Ecosystem Management in the Pacific Northwest: A Case Study from Coastal Oregon.* General Technical Report PNW-GTR-341. U.S. Portland, Oreg., Forest Service Pacific Northwest Research Station.

Capra, F. 2007. Foreword. Wals, A. (ed.), *Social Learning: Towards a Sustainable World.* Wageningen, the Netherlands, Wageningen Academic Publishers.

CARE. 2009. *Climate Vulnerability and Capacity Analysis.* A handbook prepared by Angie Dazé, Kaia Ambrose and Charles Ehrhart. Atlanta, Ga., CARE.

EuropeAid. 2005. *Institutional Assessment and Capacity Development: Why, What and How?* Tools and Methods Series. Luxemburg, Office for Official Publications of the European Communities.

Fazey, I., Fazey, J. A. Fischer, J., Sherren, K., Warren, J., Noss, R. F. and Dovers, S. R. 2007. Adaptive capacity and learning to learn as leverage for social–ecological resilience. *Frontiers in Ecology and the Environment,* Vol. 5, pp. 375–80. DOI:10.1890/1540-9295(2007)5[375:ACALTL]2.0.CO;2.

Gault, B. et al. 2005. The women of New Orleans and the Gulf Coast: multiple disadvantages and key assets for recovery. Part I: Poverty, Race, Gender, and Class. Washington DC, *The Gender and Disaster Sourcebook.* Institute for Women's Policy Research.

ITU (International Telecommunication Union). 2010. *ICT as an Enabler for Smart Water Management.* Technology Watch Report, ITU.

Lannerstad, M. and Molden, D. 2009. *Adaptive Water Resource Management in the South Indian Lower Bhavani Project Command Area.* Colombo, Sri Lanka, International Water Management Institute. (IWMI Research Report 129). http://www.iwmi.cgiar.org/assessment/files_new/research_ projects/RR129.pdf

Lopes, C. and Theisohn, T. 2003. *Ownership, Leadership and Transformation: Can We Do Better for Capacity Development?* London and Sterling, Va., Earthscan publications.

Luijendijk J. and Lincklaen-Arriëns, W. F. 2009. Bridging the knowledge gap: the value of knowledge networks. Blokland, M. W., Alaerts, G. J., Kaspersma, J. M., & Hare, M. (eds), *Capacity Development for Improved Water Management.* Boca Raton/London, CRC Press/Taylor & Francis.

Lusthaus, C., Adrien, M.-H., Anderson, G., Carden, F. and Montalvan, G. P. 2002. *Organizational Assessment: A Framework for Improving Performance.* Washington DC/ Ottawa, IDB/IDRC.

Maguire, B. and Cartwright, S. 2008. *Assessing a Community's Capacity to Manage Change: A Resilience Approach to Social Assessment.* Canberra, Commonwealth of Australia.

Metze, M. 2009. *Changing Tides: The Ministry of Transport and Water Management in Crisis.* (In Dutch.) Amsterdam, Uitgeverij Balans.

Mitchell, T., Ibrahim, M., Harris K., Hedger, M., Polack, E., Ahmed, A., Hall, N., Hawrylyshyn, K., Nightingale, K., Onyango, M., Adow, M. and Sajjad Mohammed, S. 2010. *Climate Smart Disaster Risk Management, Strengthening Climate Resilience.* Brighton, UK, Institute of Development Studies. http:// community.eldis.org/.59e0d267/SCR%20DRM.pdf

Mugisha, S. 2009 Capacity building and optimization of Infrastructure operations: a case of national water and sewerage corporation. Uganda, Blokland, M. W., Alaerts, G. J., Kaspersma, J. M., and Hare, M. (eds), *Capacity Development for Improved Water Management.* Boca Raton/London, CRC Press/Taylor & Francis.

Nelson, M. and Tejasvi, A. 2009. Capacity development in Africa: lessons of the past decade. Blokland, M. W., Alaerts, G. J., Kaspersma, J. M. and Hare, M. (eds), *Capacity Development for Improved Water Management.* Boca Raton/London, CRC Press/Taylor & Francis.

NeWater. n.d. NeWater *New Approaches to Adaptive Water Management Under Uncertainty.* Integrated Project in the 6th EU Framework Programme. Brussels, EC. http://www. newater.info/index.php?pid=1021

OECD (Organisation for Economic Co-operation and Development). 2005. *The Paris Declaration.* Paris, OECD-DAC.

----. 2006. *The Challenge of Capacity Development: Working Towards Good Practice.* Paris, OECD–DAC.

----. 2008. *The Accra Agenda for Action.* Paris, OECD–DAC.

Oxfam (The Oxford Committee for Famine Relief). 2005. *The Tsunami's Impact on Women.* Oxfam International Briefing Note. http://www.oxfam.org.uk/applications/blogs/campaigners/2008/03/sahena_the_voice_of_climate_ch.html

Pahl-Wostl, C. 2007. Requirements for Adaptive Water Management. Pahl-Wostl, C., Kabat, P. and Möltgen, J. (eds), *Adaptive and Integrated Water Management Coping with Complexity and Uncertainty,* pp. 1–22. Berlin, Springer Verlag.

Pahl-Wostl, C., Holtz, G., Kastens, B. and Knieper, C. 2010. Analysing complex water governance regimes: the management and transition framework. *Environmental Science & Policy,* Special issue: Water governance in times of change, Vol. 13, No. 7, pp. 571–81.

Peterson, K. 2007. *Reaching Out to Women When Disaster Strikes.* Soroptimist White Paper. http://www.soroptimist.org/whitepapers/wp_disaster.html

Sánchez del Valle, R. 2000. Local risk management in Central America: lessons learnt from the FEMID project. http://www.crid.or.cr/digitalizacion/pdf/spa/doc12912/doc12912-9.pdf

Schenk, M., Callahan, S. and Rixon, S. 2006. Our take on how to talk about knowledge management. http://www.anecdote.com.au/whitepapers.php?wpid=6

Sveiby, K. E. 1997. *The New Organizational Wealth. Managing and Measuring Knowledge-based Assets.* San Francisco, Berrett-Koehler.

TERI (The Energy and Resources Institute). 2010. *Water and climate change adaptation in South Asia.* New Delhi, Regional Knowledge Hub for Water and Climate Change adaptation in South Asia. www.waterknowledgehub.org

Thorkilsen, M, and Dynesen, C. 2001. An owner's view of hydroinformatics: its role in realising the bridge and tunnel connection between Denmark and Sweden. *Journal of Hydroinformatics,* Vol.3, pp. 105–35.

TOTWAT Project. 2011. Training-of-Trainers Program in Interdisciplinary Water Management. Aachen, Germany, RWTH Aachen University. http://totwat.lfi.rwth-aachen.de

UN DESA (United Nations Department of Economic and Social Affairs). 2007. *Compendium of ICT Applications on Electronic Government: Volume I, Mobile Applications on Health and Learning.* New York, UNDESA. http://unpan1.un.org/intradoc/groups/public/documents/un/unpan030003.pdf

UNDP (United Nations Development Programme) 1997. *Capacity Development: Technical Advisory Paper 2.* New York, UNDP.

----. 2007. Capacity assessment methodology: user's guide. Capacity Development Group. New York, Bureau for Development Policy, UNDP.

----. 2009. *Resources Guide on Gender and Climate Change.* New York, UNDP. http://www.uneca.org/acpc/about_acpc/docs/UNDP-GENDER-CLIMATE-CHANGE-RESOURCE-GUIDE.pdf

UNEP (The United Nations Environment Programme). 2009. *Resources Guide on Gender and Climate Change.* UNEP.

UNESCO. 2009. *Second Collection of Good Practices Education for Sustainable Development.* Paris, UNESCO.

Urban, F. and Mitchell, T. 2011. *Climate Change, Disasters and Electricity Generation: Strengthening Climate Resilience.* Discussion Paper 8. Brighton, UK, Institute of Development Studies. http://community.eldis.org/.59d5ba58/LatestClimate%20change%20disasters%20and%20electricity%20generation.pdf

Van Scheltinga, T. C., Van Bers, C. and Hare, M. 2009. Learning systems for adaptive water management: experiences with the development of opencourseware and training of trainers. Blokland, M. W, Alaerts, M. G., Kaspersma, J. M. and Hare, M. (eds). *Capacity Development for Improved Water Management. Boca Raton/London, CRC Press/Taylor & Francis*, pp. 45–60.

Williams, E. et al. 2006. *The Women of New Orleans and the Gulf Coast: Multiple Disadvantages and Key Assets for Recovery.* Part II: Poverty, Race, Gender, and Class in the Labor Market. Institute for Women's Policy Research.

WWAP (World Water Assessment Programme). 2006. *World Water Development Report 2: Water: A Shared Responsibility.* Paris/New York, UNESCO/Berghahn Books.

----. 2009. *World Water Development Report 3: Water in A Changing World.* Paris/London, UNESCO/Earthscan.

Zeitlin, J. 2007. Statement at the Informal Thematic Debate: Climate Change as a Global Challenge. http://www.wedo.org/learn/library/media-type/pdf/june-zeitlins-statement-on-climate-change-as-a-global-challenge

第二十七章

涉水灾害

联合国国际减灾战略

作者和供稿：比娜·德赛（项目官员）、约翰·哈丁（政策主管）和贾斯汀·吉尼特（项目助理官员）

世界各国都在努力提高应对重大天气灾害（如洪水）导致致命风险的能力。尽管越来越多的人生活在洪泛区，但人口规模相对致命风险正呈下降趋势。在东亚和太平洋地区，目前的致命风险相当于 1980 年 1/3 的水平（UNISDR，2011）。

然而，这些国家要成功应对其他风险还面临着很多困难。热带风暴和洪水造成的经济损失正呈上升趋势，这是由于经济资产面临的风险快速增加，远远超过了脆弱性削减的幅度。

积极将水管理纳入国家级议程，支撑国家和区域可持续发展目标的总体规划过程，可降低自然灾害风险，并有助于适应气候变化。

降低灾害风险应成为水资源综合管理（IWRM）的有机组成部分，以便有效增加水利投资和降低风险。降低洪水和干旱风险，特别是积极开展降低洪水和干旱风险的实践，将有助于政府致力于适应气候变化的努力。决策者当前面临的主要挑战之一是需要加深理解哪种投资形式可有效降低水资源管理及其他开发领域中的洪水和干旱风险。

27.1 简介

本章讨论了涉水灾害风险，特别是洪水和干旱，并探讨了有关风险和不确定性所涉及的议题。本章也关注气候变化问题，探讨气候变化对极端事件趋势的影响，尤其是对自然灾害（洪水和干旱）的影响，还讨论了降低涉水灾害风险的适应办法。本章重点介绍了政策响应和行动及其有效性、解决方案及其适用性和相关风险。本章中洪水和干旱风险趋势的监测还将在未来的报告中进行系统的补充和完善。

27.1.1 灾害影响

与水相关的最重要灾害包括洪水，如山洪暴发、热带气旋、其他风暴和海洋风暴潮（见专栏27.1）。其他涉水灾害还包括由地震引发的灾害，表现为海啸、拦河大坝山体滑坡、河堤和堤坝损坏、冰湖溃决、与海平面异常或海平面上升有关的沿海洪灾、缺水或洪水引起的流行病和病虫害等。

专栏 27.1

2010 年极端水灾害

涉水灾害占所有自然灾害的 90%，发生频率和强度正在普遍上升。2010 年，373 次自然灾害造成 296 800 多人死亡，受灾人口近 2.08 亿人，损失近 1 100 亿美元。

2010 年，西欧遭遇极端风暴"辛加"（Xynthia）（2 月），法国接连发生严重的洪涝灾害（6 月）。同年，与往常不同的是，亚洲因灾难死亡的人数低于美洲和欧洲，仅占总死亡人数的 4.7%。然而，流行病学研究中心（CRED）的数据显示，亚洲依然是受灾最严重的大陆：2010 年，亚洲占全球受灾人口的 89%。

在造成死亡人数最多的 10 种灾害中亚洲占 5 项。5—8 月间，印度尼西亚的洪水造成 1 691 人死亡；8 月份有 1 765 人死于暴雨和洪水引发的泥石流、山体滑坡和岩崩。在巴基斯坦，7—8 月西北地区暴雨引发的洪水淹没了全国 1/5 的土地，造成近 2 000 人死亡。

在中国，夏季的洪水和山体滑坡造成的损失估计达 180 亿美元，巴基斯坦的洪灾造成 95 亿美元的损失。然而，2010 年的经济损失还没有超过 2005 年，2005 年飓风"卡特里娜"、"丽塔"和"威尔玛"造成的损失高达 1 390 亿美元。

1980—2008年洪灾汇总表	
洪灾次数	2 887
死亡人数	195 843
年均死亡人数	6 753
受灾人数	2 809 481 489
年均受灾人数	96 878 672
经济损失（千美元）	397 333 885
年均经济损失（千美元）	13 701 168

资料来源：EM-DAT（2010）。

资料来源：CRED（2011）。

另一种很少纳入影响的统计范畴但与水相关的灾害是干旱。1900年以来，因干旱死亡的人数达1 100万人，受灾人口超过20亿，其危害程度超过任何其他自然灾害（UNISDR，2011）。而且，这些数字可能低于真实的总数，因为很少有国家系统地报告和记录旱灾的损失和影响（见专栏27.2），虽然美国等国家有这方面的数据，但也只是报告了投保户的损失（见图27.1）。

（见专栏27.2）

专栏 27.2

莫桑比克系统记录的灾难数据

莫桑比克是拥有灾难数据库并记录旱灾损失的少数国家之一（INGC，2010）。莫桑比克发生过大规模的干旱：自1990年以来，干旱造成800万公顷农作物受灾（有一半绝收），1 040人死亡，1 150万人口受灾。

资料来源：UNISDR（2011）。

27.1.2 涉水灾害对发展的影响

涉水灾害可作为地球系统的自然组成部分，但由此引发的灾难有时与人类自身的脆弱性紧密相关。导致灾害强度与脆弱性上升的主要原因包括环境退化，聚居地处于易发生灾害的区域，建筑和水管理系统不完善，缺乏风险意识和信息，贫困和缺乏防灾、应急和早期预警能力，政府缺乏降低风险的主动性和配套机制。

涉水灾害具备几乎所有的风险特性，如灾难性后果、发生频率越来越高和损失幅度相对较低。这些灾害导致的损失风险已构成社会和经济发展的重要因素（WWAP，2009）。

这些影响已构成实现千年发展目标的障

图 27.1

1990 — 2009年因旱灾死亡人数

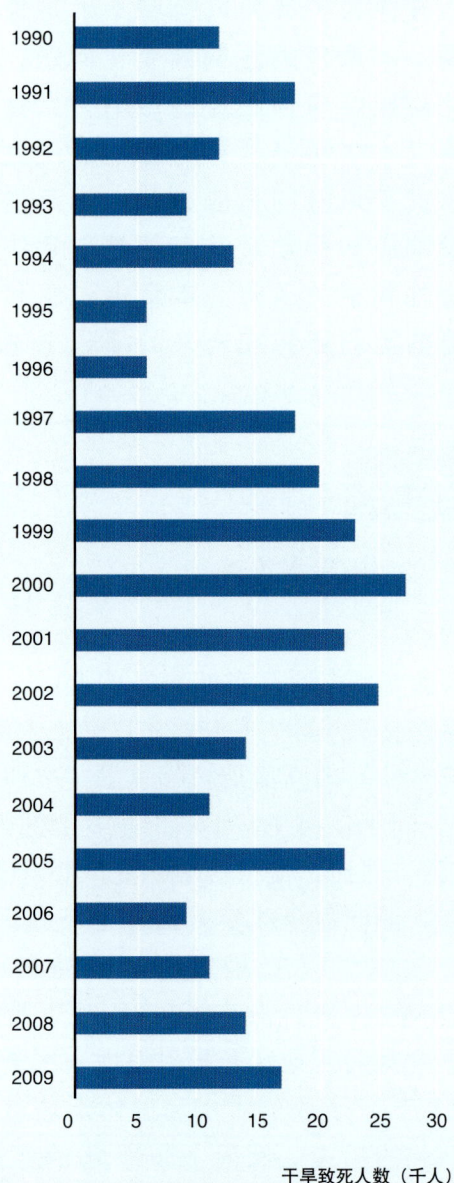

干旱致死人数（千人）

碍，灾害的定期发生摧毁了多年累积的发展成果，破坏了基础设施和其他财产并导致损失。在发展中国家，这些资产通常没有投保，开发预算中的资源不断用于救灾和重建，对人们的生计不断构成损害，使已经变得脆弱的国家更加不堪一击。

例如，墨西哥年平均灾害损失，仅环境重建一项，每年估计为29亿美元（ERN-AL，2010）。目前千年发展目标监测分析表明，2010—2015年，每年需增加约350亿美元的国际援助，才能满足人均收入低于 1.25 美元的 10 亿人口提高生活水平的需要，和实现其他的千年发展目标（UNDP，2010）。为无法获得安全饮用水的人口供水需要近 80 亿美元的资金。可是，由于目前发生的金融危机制约了提高援助资金的能力，每年不得不将数十亿美元发展资金用于恢复灾害带来的损坏或资产毁坏。

农业生产的损失尤其显著（见专栏 27.3）。联合国拉丁美洲和加勒比经济委员会（ECLAC）估计，1975 年以来，中美洲每年 13 亿美元的损失与干旱和其他气候相关风险有关（ECLAC，2002）。这相当于该区域平均年国内生产总值 10% 还多，几乎是资本形成总额的 30%（Zapata 和 Madrigal，2009）。

专栏 27.3

旱灾影响的实例

干旱影响的全球数据仍不完善。然而，一些地方和区域的例子有助于我们更好地了解干旱的影响：

- 加勒比地区 2009—2010 年干旱期间，2010 年多米尼克的香蕉产量较 2009 年下降 43%，圣文森特和格林纳丁斯的农业产品产量较历史平均水平下降了 20%，而在安提瓜和巴布达，洋葱和番茄产量分别下降了 25% 和 30%（UNISDR，2011）。

- 澳大利亚在 2002—2003 年的干旱期间损失 23.4 亿美元，国内生产总值下降 1.6%；其中 2/3 的损失来自农业；而其余的 1/3 来自于其他经济行业的连锁反应（Horridge 等，2005）。

- 2002 年干旱期间，印度的粮食产量减少 2 900 万吨，从 2001 年的 2.12 亿吨降至 2002 年的 1.83 亿吨（Shaw 等，2010）。

- 在 2007—2008 年的生长季节，叙利亚 75% 的农产品歉收（Erian 等，2010）；干旱结束一年多以后，其牲畜产量仍较干旱前水平低 50%（Erian 等，2010）。

- 在巴西赛额拉（Ceará），农业干旱风险集中在没有水权或无法使用赛额拉灌溉和蓄水基础设施的小农户中间，这些小农户完全依赖雨养和旱作农业。因此，农村社区人均国内生产总值仅为沿海地区城市的 1/3，农村地区人类发展指数低于 0.65，而巴西全国平均值为 0.699（Sávio Martins，2010；UNDP，2010）。

资料来源：UNISDR（2011）。

27.1.3 降低灾害风险是开发实践的根本

全球评估报告（GARs）（UNISDR，2009，2011）揭示，历史和当前基础设施投资及城市建设与经济发展在很大程度上决定了人们及其财产应对洪水和干旱的程度。尽管这可能只是冰山一角，但经常会使整个地区都暴露在风险之下。

社会意义上的灾害风险水平由各个决策层以及个人、家庭、社区、民营企业和政府进行的投资所决定，一般都发生在较长时期内。自然风险存在被转变的可能。例如，排干湿地的决定可能会增加下游城市的洪水风险。同样，灾害多发地区的经济和城市发展决策可能会面临增加人员和资金的风险。然而，对于贫困人群而言，选择生活在灾害多发区只能是两害相权取其轻。老年人和女性更容易受到这些因素的影响。

鉴于公共投资通常只占国家总投资的一小部分，平均为 14%，很少有国家超过 20%（UNISDR，2009），政府必须通过有效的规划和协调，加大基础设施和公共服务投资，在主导风险形成过程中发挥关键作用。

《全球评估报告》（UNISDR，2009）进一步证明，穷人面临的自然灾害风险更大，抵御风险的能力更弱。在一些国家，灾害最严重的地区通常是经济和城市发展最有活力或农村经济繁荣的地区。然而，上述报告的研究表明，在贫困地区资产损失的比例更高，证明这些地区的脆弱性更加明显（见表27.1）。

表 27.1

案例研究发现的灾害损失社会分布情况一览表

国家／地区	结论
布基纳法索	1984—1985年干旱期间，参加抽样调查的农村家庭中，最贫困的1/3比最富裕的1/3家庭的受灾程度高出10%；前者的农作物收入损失69%，而后者的是58%
马达加斯加	热带气旋灾情导致最贫穷的20%家庭农产品产量减少11%，而最富有的20%家庭只减产了6%
墨西哥	全国人口委员会编制的城市边缘化指数显示，在损失最高的城市，处于高边缘化或极高边缘化水平的人口比例也很高，例如，阿卡普尔科（54.4%），夸察夸尔科斯（54.1%），华雷斯（45%），塔帕丘拉（54.1%），蒂华纳（31.3%）或韦拉克鲁斯（31%）。在边缘化水平高或极高的城市，房屋损坏或损毁的比例很高。1/3的城市中，10%~25%的住房被损坏或损毁，而另外1/3的城市中被损坏房屋占25%以上。约20%的城市50%以上的住房受灾。相比之下，边缘化水平低或非常低的城市仅8%的住房受灾
尼泊尔	洪灾地区往往贫困率较低而人均支出较高。洪水发生频率较高和受影响较重的地区都集中在尼泊尔东南部特莱带(the Terai belt)农业产量高的低地平原。由于洪水有利于地区的土壤肥力增加，因此也有助于该地区的财富积累。受山体滑坡影响地区的贫困率和死亡率较高。山体滑坡影响较大的区域主要集中在尼泊尔西部山区边缘旱作农业地区，当地的农村贫困人口比较集中
印度奥里萨邦	居住在土墙茅草屋（典型的穷人住房）中的家庭与受热带气旋、水灾、火灾、雷击影响最严重的受灾家庭存在显著的统计相关性。中东部沿海发达地区报告的大范围风险损失发生率较高，该地区冲积平原和三角洲上的城市化水平较高，农业区也相对富裕。大范围风险灾害导致的死亡集中在奥里萨邦南部的博朗吉尔、卡拉罕和科拉普特区，这些地区的特点是经常发生干旱、洪水、粮食不安全，收入性贫困长期存在和局部处于饥荒状态
秘鲁	2002年上报的受灾农村居民家庭获得公共服务的平均水平较低，融入市场的水平也较低，而农业收入占家庭收入的比例较高
斯里兰卡	生活在贫困线以下的人口比例与因洪灾受损的房屋数量具有非常强的相关性，这部分人与因山体滑坡损坏的房屋之间存在不太强但很明显的相关性。这进一步增加了人类居住区的风险，易损坏的住房增加了因自然灾害而遭受更大损失的可能性，进而导致贫困
印度泰米尔纳德邦	房屋质量差的地区受大范围洪水风险影响的死亡率更高。同样，热带气旋造成的房屋毁损与识字率之间存在着负相关性。如果将识字率与贫困挂钩，这表明穷人的住房更容易发生损毁，主要由于其住房不牢固或位于风险较高的地方。社会和经济上受到排斥的社会阶层死亡率更高，其拥有易损坏住房的比例更高

资料来源：UNISDR（2009，表3.5，p.80）。

27.2 灾害的剖析：洪水和干旱风险趋势

全球范围内进行洪水和干旱风险格局和趋势的监测，有助于了解风险的主要集中区域。这也有助于确定各国的灾害风险地域分布、长期发展趋势和决定这些分布趋势和格局的主要因素。

本章提供的分析结果由联合国环境规划署/风险评估脆弱性信息和预警项目完成，来自世界各地的跨学科研究人员提供了协助。

图 27.2 显示了 3 种气象灾害所造成的致命风险的最新全球分布：热带气旋、洪水和降雨引发的山体滑坡（UNEP，2010）。风险最高地区的表现为经常面临严重且频繁发生的灾害，属于人群聚集和风险抵御能力弱的地区。洪水致命风险在管理能力薄弱国家的高人口密度和人口增长迅速的农村地区最高。

图 27.2

灾害（洪水、热带气旋和降水引发的山体滑坡）导致的死亡风险

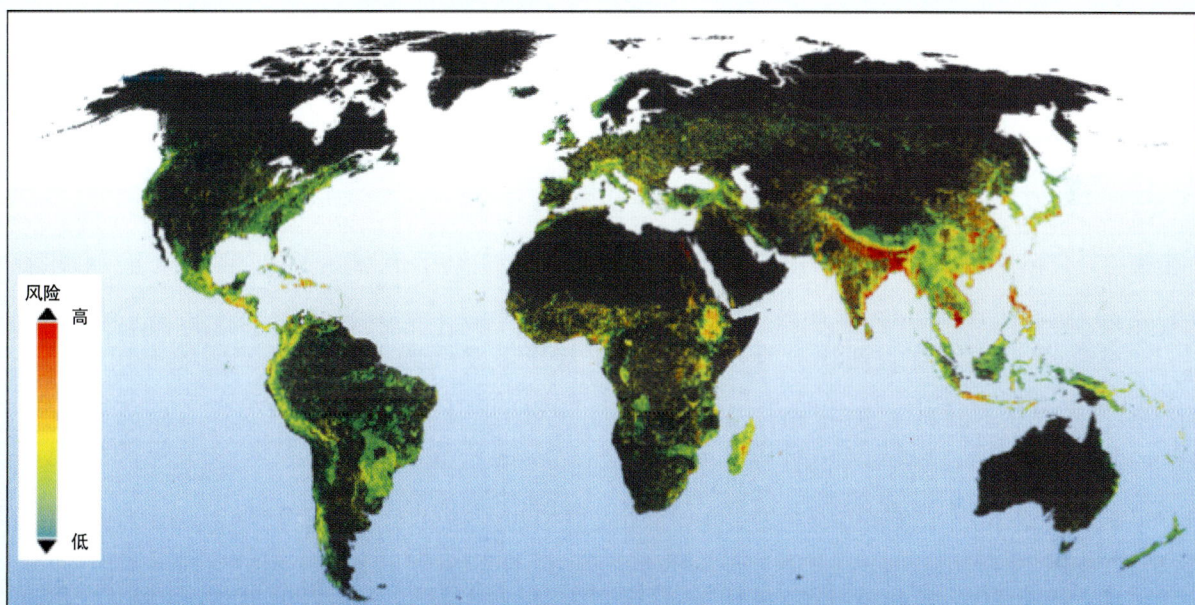

资料来源：联合国国际减灾战略《全球评估报告》小组编制。

在面对各种气象灾害时，国内生产总值低和政府监管薄弱的国家，其灾害死亡风险大大高于治理完善的富裕国家。

27.2.1 洪水风险趋势

尽管有人计算了农村重大洪水事件的灾害风险，但风险计算没有包括山洪暴发或城市排洪不足的内涝。洪水致命风险的地理分布图显示了哪些地区（资产）易受到灾害。风险主要集中在亚洲，尤其是孟加拉国、中国和印度。这些国家占了模拟年度全球死亡人数的 75%。越南的绝对和相对洪水风险也很高。洪水风险

（死亡人数）最高的 10 个国家分别是印度、孟加拉国、中国、越南、柬埔寨、缅甸、苏丹、朝鲜、阿富汗和巴基斯坦（UNEP，2010）。

1970—2010 年，世界人口增长了 87%（从 37 亿增至 69 亿）。同期，每年面临洪水灾害的平均人数增长了 112%（从 3 330 万增至 7 040 万）（联合国人居署，2010）。洪泛区人口的持续上升意味着人们对密集农业在洪水多发区经济优势的认知肯定超过了对风险的认知。从收入来看，在中等偏下收入国家和地区，人口大多集中在的洪水易发地区，而从地理位置来看，洪水易发地区分布主要集中在东亚和太平洋地区（见图 27.3）。

图 27.3

受洪水影响的人口

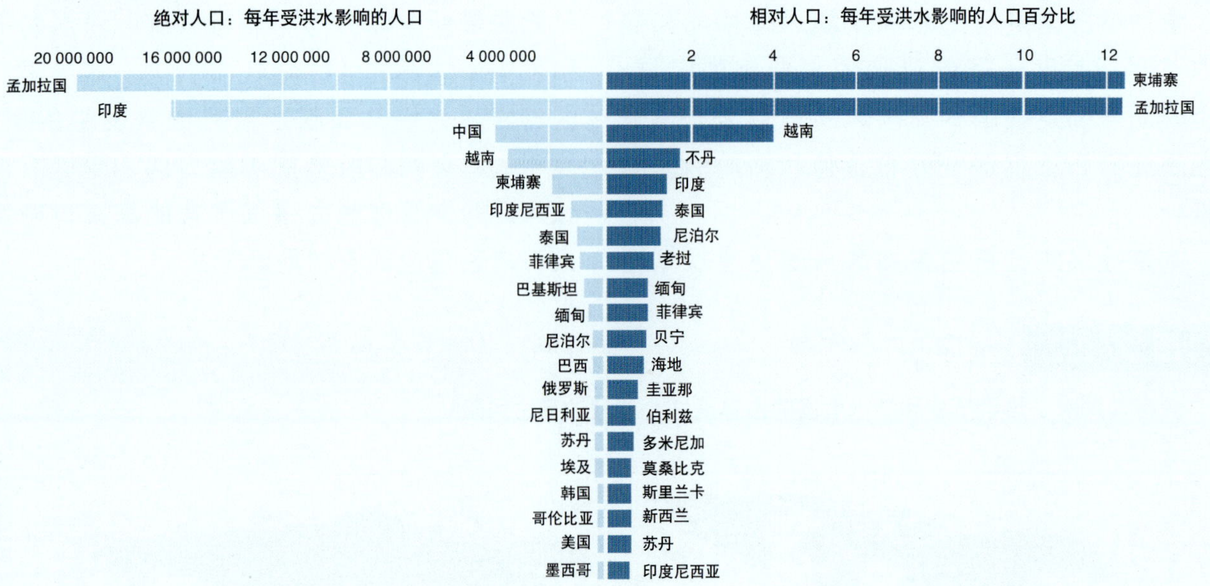

资料来源：UNISDR (2009, 图2.14, p.36)。

如表 27.2 所示，全球超过 90％ 面临洪水风险的人口生活在南亚、东亚和太平洋地区。中东、北非和撒哈拉以南非洲部分地区的风险增长速度最快。相比之下，经合组织国家面临风险的人口比较稳定，但东欧和东南欧及中亚面临风险的人口开始呈下降趋势，反映了普遍存在的人口下降趋势。

20 世纪 90 年代，洪水灾害的全球脆弱性比较稳定，但随后有所下降（UNISDR，2011）。除了欧洲、中亚和经合组织国家的脆弱性保持一定的稳定性以外，各地的脆弱性均有所下降。以上仅反映了区域平均概况，有些国家的脆弱性也可能出现上升。但这些统计数据普遍反映出，发展条件改善可降低脆弱性并提高灾害管理能力。

1990 年以来，除了南亚，所有地区的洪水致命风险（见专栏 27.4）均有所下降。东亚和太平洋地区的风险甚至降低了约 2/3（UNISDR，2011）。

表 27.2

各地区面临的洪水风险（百万人口／年）

地区	1970 年	1980 年	1990 年	2000 年	2010 年
东亚和太平洋	9.4	11.4	13.9	16.2	18.0
欧洲和中亚	1.0	1.1	1.2	1.2	1.2
拉美和加勒比地区	0.6	0.8	1.0	1.2	1.3
中东和北非	0.2	0.3	0.4	0.5	0.5
经合组织国家	1.4	1.5	1.6	1.8	1.9
南亚	19.3	24.8	31.4	38.2	44.7
撒哈拉以南非洲地区	0.5	0.7	1.0	1.4	1.8
全球	32.5	40.6	50.5	60.3	69.4

资料来源：数据源自预览泛滥全球的模型：Landscan 2008（1970—2010年使用联合国世界人口数据推算）。

图 27.4

专栏 27.4

从灾害风险指数到死亡风险指数

《世界水发展报告》第二版使用灾害风险指数（DRI）作为监测洪水和干旱风险的主要指标。有关机构耗时两年，开发出一种新的全球危害建模方法：死亡风险指数（MRI）。

由于模型分辨率的提高以及地理和自然灾害事件数据，特别是洪水、热带气旋和地震有关特性的数据趋于完整，我们可进一步完善全球灾害风险估算。这还得益于人口和经济资产风险数据分辨率的提高（地方的国内生产总值数据）。取得的重大改进主要表现在"具体事件分析"。过去的全球研究，如灾害风险指数以 21 年为周期计算平均值。这无法计算特定事件的强度。经过分析个别事件，将灾害事件结果（即亏损）与事件的地理、物理、社会经济特征联系起来，使该模型可充分体现每个灾难发生的背景条件。

资料来源：Peduzzi 等（2009），UNISDR（2011）。

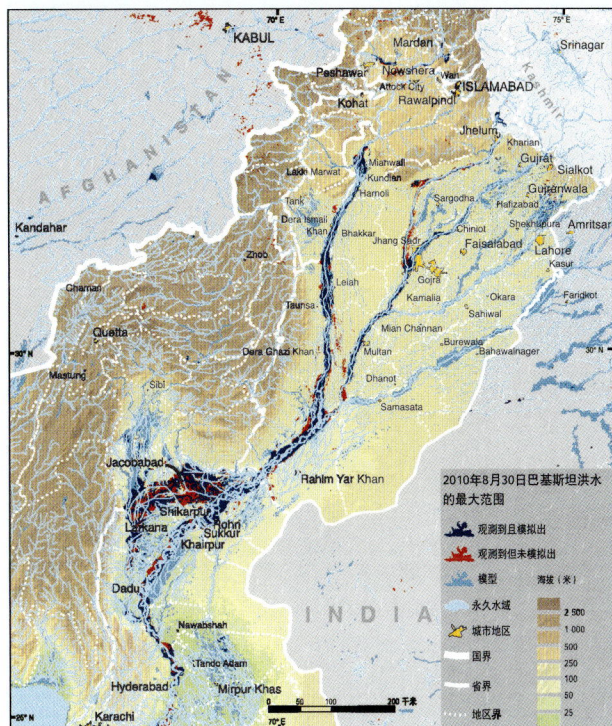

资料来源：UNISDR（2011，图2.13，p.30）。

2010 年 8 月巴基斯坦发生的洪水反映出，南亚面临着不断加剧脆弱性带来的日益严峻的挑战。此次洪水造成约 1 700 人死亡，基础设施、农场和房屋损毁，直接和间接损失达 97 亿美元（亚洲开发银行／世界银行，2010）。图 27.4 对比分析了巴基斯坦模拟洪水危害与监测洪水淹没地区的情况。在发生洪水的情况下，一些在 2010 年 8 月没有发生洪水的地区也处于洪水风险的威胁之下，模型没有标出其他实际发生洪水的地区。

27.2.2　干旱风险趋势

干旱风险仅在一定程度上与降雨偏少或不稳定有关。实际上，很多因素都可引发旱灾，包括贫困和农村脆弱性，城市化、工业化和农业企业增长导致对水需求的持续上升，水土管理不善，管理薄弱或低效，气候变化。与热带气旋和洪水风险不同，人们对干旱风险的认知不多。旱灾损失和影响尚未被系统地掌握，计量干旱灾害的标准最近才出现，数据采集的诸多限制使得精确模拟地区干旱风险变得难上加难。

气象干旱通常被定义为几个月至数年内降雨偏少。长期干旱通常会随着时间推移而发生强度和分布范围的变化，从而对不同地区产生影响。目前全球仍没有统一的标准来识别和衡量气象干旱。国家气象服务采用不同的标准，难以准确判断干旱发生的时间和地点。另外，干旱也经常与其他气候条件，如干燥或荒漠化，相混淆。

世界气象组织最近采用了标准化降水指数（SPI）作为衡量气象干旱的一个全球性标准，国家气象和水文局（NMHSs）鼓励各地区结合各自使用的其他指数对其加以应用。

标准化降水指数（McKee 等，1993，1995）是根据降雨数据确定湿润期/周期和干旱期/周期的一种方法。标准化降水指数对一定时期内，通常为 1～24 个月，特定地点的降水与同一地点的长期平均降水量进行比较（Edwards 和 McKee，1997）。标准化降水指数为正数表示选定时期的降雨量高于正常值，负数表示降雨量低于正常值（见图 27.5）。

图 27.5

空间插值的6个月尺度全球标准化降水指数（SPI）（2010年4—9月）

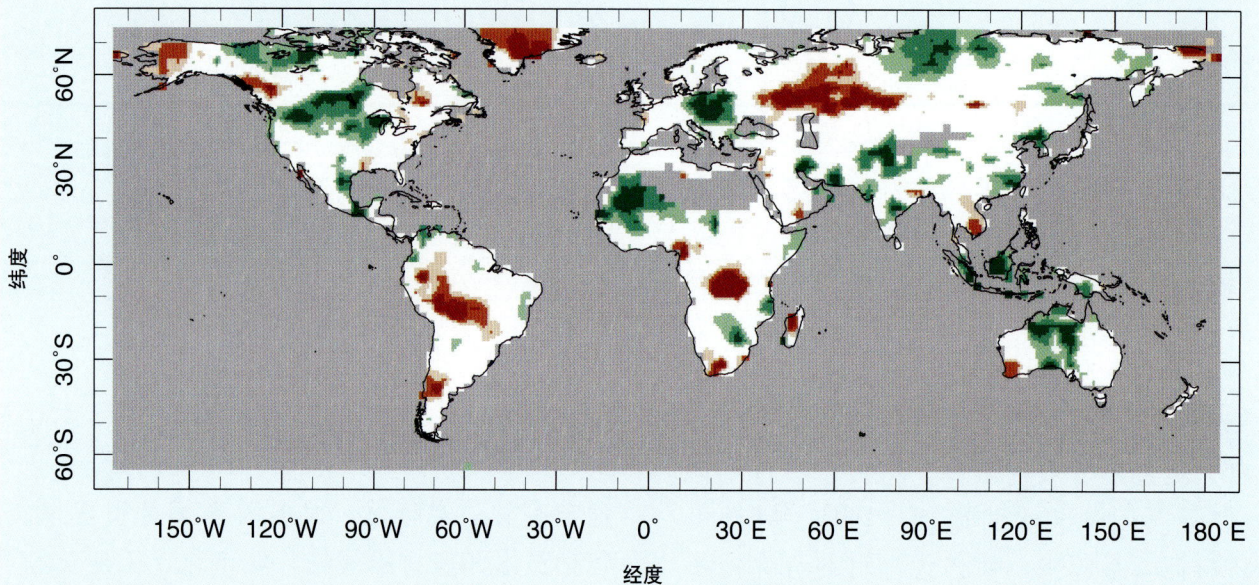

注：该图使用6个月尺度的标准化降水指数显示了2010年9月底的气象干旱全球分布情况。它显示了俄罗斯由野火引发的相关干旱，以及通常为潮湿气候的巴西西部出现的干旱和南部非洲的干旱。从浅绿色到深绿色的绿色阴影表示标准化降水指数值从1.0升至3.0（中度潮湿至极度潮湿）。从淡红色至暗红的红色阴影表示标准化降水指数值从 -1.0到 -3.0（偏干至极干）。

资料来源：美国国际气候研究所和哥伦比亚大学社会数据图书馆（见http://iridl.ldeo.columbia.edu/maproom/.Precipitation/SPI.html）。

计算标准化降水指数至少需要 20～30 年（最好50～60 年）的月降雨量数据（Guttman，1994）。由于许多地方缺乏完整的数据序列，以及很多干旱多发地区没有足够的雨量站，许多用户不得不采用插值的方法填补数据在时间和空间尺度上的空缺。

应用标准化降水指数可提高国家监测和评估气象旱灾的能力。尽管该方法很简单，但仍有许多国家由于政府预算没有把灾害监测放在首要位置，使部分地区雨量站分布密度不足甚至数量下降。例如，20 世纪 70 年代中期以来，西班牙国家气象局维护运行的雨量站从 4 800个减少到约 2 600 个（Mestre，2010）。

全球干旱风险模型主要是为了灾害风险早期评估而开发（Dilley 等，2005；UNDP，2004）。但联合国开发计划署提出的干旱死亡风险指数并未取得应有的功效，这是因为大部分干旱并不会造成人员死亡，而绝大多数死亡记录源自国家冲突或政治危机，以撒哈拉以南非洲地区为例，面临气象干旱风险的人口与由此导致的死亡人口之间的关联性并不明显（UNDP，2004）。在衡量人类风险方面，考虑干旱对人类发展的影响比考虑死亡率更能获得满意的效果。虽然这些影响在某些地区的特定微观研究中有所体现（de la Fuente 和 Dercon，2008），但还没有可用于全球性风险模型校准的系统数据。

27.3 涉水灾害风险的驱动因素

了解洪水和干旱风险的潜在成因是降低风险及减少对未来影响的根本。以下介绍的项目案例表明，气候变化、贫困加剧和不平等、城市规划和管理不善都会增加自然灾害的风险。

27.3.1 气候变化

政府间气候变化专门委员会（IPCC）的报告明确指出，气候变化导致平均气温、海平面、降水的时间分布和降雨量等各种变量逐渐变化。气候变化也会引起更频繁、更严重和更不可预知的危害，如飓风、洪水和热浪等极端天气事件（IPCC，2007）。其他气候现象，如拉尼娜，被认为与 2010 年 4—12 月哥伦比亚发生的洪水和山体滑坡有关；而 2010 年 12 月开始的降雨引发了澳大利亚昆士兰州的洪水。

国家经济如果主要依赖于资源和气候敏感性行业如农业，则更容易受到气候变率及平均降水和温度变化的影响（OECD，2010）。例如，气温升高 2℃，非洲和南亚地区人均年收入可能会永久性下降 4%～5%，发达国家和发展中国家中的大国损失最低（约 1%）（世界银行，2010）。这些经济体对由此引发的收入减少还没有作好准备。

27.3.2 风险管理能力薄弱

尽管全球灾害风险和气候变化意识有所上升，政治承诺有所提高［如非洲区域部长级会议声明（2010 年 4 月 14—16 日在内罗毕举行的第二次非洲部长级会议宣言）和亚洲（2008年 12 月 2—4 日在吉隆坡举行的第三届降低灾害风险亚洲部长会议）］，但降低和管理灾害风险一直没有被及时地纳入到发展规划中，而且将其整合到管理体制的机制仍处于初期阶段

（UNISDR，2009）。此外，面临已知的风险，许多双边和多边国家援助战略并没有采用风险敏感性规划。由此带来的结果是，人员和资产面临的气候相关灾害风险快速上升，甚至比许多无法提高防御风险能力的低收入国家还高。因此，这些国家很难应对潜在的风险驱动因素，如生态系统退化、贫困、城市化发展规划和管理不善。由此产生的后果是受灾资产数量和损失快速增长。

27.3.3 城市发展规划和管理不善

贫困的主要表现为非正规居住区、缺少住房、缺乏服务和健康状况不佳。同时它们也反映出城市增长方式规划和管理的弱点。最能说明贫困、规划不善和灾害影响之间关系的例子是秘鲁利马的一个名叫"十月九日"的非正规居住区。这片居住区位于山坡上，没有正规的城市规划，而是由附近的农民工从底部向上修建。多层混凝土和砖结构的房屋很快就取代了早期的竹编建筑。到了 20 世纪 90 年代，

"十月九日"的人口超过 1 300 人，拥有生活用电、供水、电话线以及产权。由于土壤中的盐分高，地基和围墙被侵蚀，两三层楼高的房屋地基变得不牢固，其承载能力也变差；恶化的水质和卫生设施管网漏水造成地下侵蚀。因此，地方发展计划在 1999 年将该区域划为环境风险和社会脆弱性地区。2003 年 6 月，部分山坡下沉和塌陷，280 间房屋受损，其中 70 间被完全摧毁。（UNISDR，2009，p.100）

迅猛发展的中小型城市中心可能是灾害风险增长最快的区域，甚至超过农村和大城市。大型和超大型城市风险管理和投资能力通常比中小城市强。支持这一观点的事实为：大多数拉丁美洲国家上报的灾害数量的增长速度超过大城市和超大城市（Mansilla，2010）。80%以上的上报灾害损失发生在拉丁美洲的城市地区。虽然每个国家的城市结构不同，但各国报告的灾害中，40%～70%发生在居民人口数低

于10万的城市中心区，14%～36%发生在小城市中心区。后者所占比例还在不断增长。例如，在墨西哥，中小城市占20世纪80年代报告城市灾难总损失的45.5%，2000年以来达到54%。

27.3.4　贫困和农村脆弱性

各国较贫困地区往往具有更高的灾害风险，这也反映了全球的总体状况，并说明贫困与灾难风险之间复杂的相互作用，这一点在2009年《全球评估报告》中有详细描述，在之前的对灾难损失社会分配案例研究结果总结中也有介绍。哥伦比亚的情况表明，在未能满足大部分基本需求和人均国内生产总值较低的城市，洪水受灾人口更多，洪水中损毁房屋也更多（OSSO，2011）。

在肯尼亚文基（Mwingi）区，农村贫困既是干旱风险的主要原因，也是其主要问题所在。文基区70%～80%人口的粮食和收入依赖于旱作农业和畜牧业，60%的人口每天的生活费只有1美元或更少（Galu等，2010）。因此，当干旱发生时，农民会失去收入、投资血本无归，而且当地减少损失的手段有限。例如，在2008—2009年的干旱期，70%的人口依靠粮食援助（Galu等，2010）。虽然大规模救援可以成功避免一场粮食危机，但这也说明了农村、农业和农牧地区的生存能力极端脆弱。

贫困农村家庭依赖自给自足的雨养农业为生，他们最易受干旱的影响，承担的干旱风险几乎总是最高。在许多国家，由于历史的原因，他们被迫居住在易于遭受干旱的地区，往往缺乏资源来提高应对能力，如获得灌溉技术或抗旱型种子。例如，撒哈拉以南非洲地区的蓄水设施非常落后，人均年存储量为200立方米（相比之下，泰国为1 277立方米，北美5 961立方米）（Foster和Briceno-Garmendia，2010；Grey和Sadoff，2006）。

经济规模小和脆弱的国家，如小岛屿发展中国家、内陆发展中国家和最不发达国家，很难承受灾害带来的影响并很难从灾害中复苏（Corrales和Miquelena，2008；Noy，2009）。例如，由于小岛屿发展中国家的全部人口和资产几乎都暴露在热带气旋等灾害风险之下，因此，他们面临的相对灾害风险会高于大国（Kelman，2010；UNISDR，2009）；而且，这些国家的经济往往集中在某个单一脆弱的行业，如旅游业。

密集型市场化农业以及城市化的发展可促使水权的出售，这将导致在贫瘠土地上耕作的农村贫困人口每况愈下，他们面临的干旱风险将进一步增加（Fitzhugh和Richter，2004）。例如，墨西哥水管理和土地使用权政策可以追溯到1910年革命时期，这些政策以埃西多（ejido）为基础，即小农户们对土地和水拥有集体所有权的合作农场，然而其中25%的小农户生活在赤贫状态下。如今，埃西多已无法与大农场主和农业综合企业竞争。在索诺拉州，近75%的灌溉用水分配给了后者，这导致埃西多的农业干旱风险不断加剧（Neri和Briones，2010）。

27.3.5　生态系统退化

为强化某些特定的服务领域，生态系统已经有意或无意发生了改变，管理这些服务的机构也应运而生。然而，由于生态系统同时拥有多种服务功能，强化一种服务功能，如粮食生产，可导致其他服务如防洪功能的下降。千年生态系统评估认为，生态系统的改变无意中导致调节生态系统服务的功能减弱，如使人员应对火灾和水灾等灾害风险能力下降。

水管理也以改变灾难风险级别的方式影响生态系统服务。例如，河流灌溉的需求日益增加，以及工业和居民用水使到达海岸的泥沙淤积减少。这会影响下游农业产量和渔业生产率、损害沿海湿地的健康、加剧沿海洪水灾害程度。过度抽取地下水将造成地下含水层发生潜在和不可逆转的退化，同时给农村地区生计带来严重影响。在维持当地生计和调节洪水与干旱方面，沿海和内陆湿地起着至关重要的作用（见专栏27.5）。

密西西比河湿地

美国卡特里娜飓风引发了规模巨大的洪水，其背后隐藏的原因是，密西西比三角洲约 4 800 平方千米的湿地被排干。卡特里娜飓风发生时，湿地排干导致以前高于海平面的地区处于海平面之下，湿地蓄纳风暴潮和洪水的能力减弱。人类定居前，与密西西比河相临的森林河岸湿地可存储约 60 日河流泄洪量。如今，剩余不多的湿地蓄水能力已下降到可储存不足 12 日的流量，这意味着蓄洪能力减少了 80%。这也是导致 1993 年密西西比河流域发生特大洪水并遭受严重损失的原因所在。

27.4 降低涉水灾害风险的方法和工具

可有效降低涉水灾害风险的方法和工具视具体环境而定，也取决于有关专家和机构的态度。

本章所作的分析说明，目前人们在确定最恰当和有效的方法和工具时，很少是基于对深层问题的理解。对于气象界而言，应对洪水的最有效办法是更精确地预测洪水并发出预警；对于基础设施部门，最佳的方法自然是修建工程，如大坝和堤防等。经验表明，不同方式的组合最有效。灾后融资与预防性投资之间的成本效益分析尚没有被统筹考虑。灾后恢复措施包括重大灾害风险融资和其他保险机制以及拨付应急款项。

2005 年，各国在日本神户举行的世界减灾大会上签订了一项具有突破性的协议，明确阐述各国应采取行动降低灾害风险，即《2005—2015 年兵库行动框架：加强国家和社区抵御灾害能力》。《兵库行动框架》将要取得的重要预期成果是"大幅减少社区和国家因灾害造成的生命以及社会、经济和环境资产损失"。

《兵库行动框架》强调：降低灾害风险是发展政策的核心问题，也是各学科、人道主义和环境领域的共同关注点；框架重点说明：如果不能同心协力解决灾害带来的损失，灾害将逐渐成为实现千年发展目标的障碍。

虽然《兵库行动框架》提出了各国加强风险管理能力等系列行动，但没有提供可行的工具和方法帮助各国和地方管理当局采取社会、环境和经济手段以降低风险。

为降低已有风险水平，需要采取一些方法和手段，如加固建筑物、移民和生态系统修复。然而，这些做法的成本高于早期风险规避。鉴于经常性灾害的损失更高，因此，降低与频发灾害有关的风险更加经济有效；但是降低高强度但不频繁灾害的风险，在潜在效益实现之前需要投入较高的成本和花费更多的时间，因此，成本效益并不明显。然而，从经济和政治角度考虑，对学校和卫生设施等关键措施给予保护性投资以抵御极端风险仍很必要。例如，如果市政府投资搬迁居住在经常遭遇台风引发洪水的沿海棚户区的居民，搬迁计划不仅能降低短期内发生的非重大型水灾带来的损失，也会减少季节性热带气旋带来的损失。相反，如果一个地区可抵御 100 年一遇的洪水，就会吸引来更多的投资，如果该地区遭遇 500 年一遇的洪水，会导致受灾损失的增加。因此，为降低风险进行的所有投资都需要在社会和经济目标之间进行权衡。

对于无法有效降低的特定风险，可采用保险和巨灾风险债券等风险转移措施减轻灾害对实物资产的影响，以提高政府的救灾能力。加勒比巨灾风险保险基金（CCRIF）就属于这方面的成功范例。加勒比地区各国政府在该地区经营该风险共担基金。该基金是当保单生效时，迅速提供短期流动资金，控制灾难性飓风和地震对各国政府的财务影响。2007 年以来，加勒比地区 16 国政府参加了加勒比巨灾风险保险基金的飓风和地震保险，成为这些国家灾害风险管理的一部分。此基金赔付的一个案例是，2008 年 9 月飓风艾克之后，直接向特克斯和凯科斯群岛赔偿 630 万美元（世界银行，2010）。然而，各国政府越来越关注的问题是，风险越来越高，但赔偿的金额却很有限。2010 年 1 月 12 日海地地震之后，赔偿金额仅为 775 万美元。

传统的风险管理措施，如有效的早期预警、防御和应急响应，是抵御各种形式风险因素和灾后恢复的关键。很多发展中国家在这方面取得了重大进展，挽救了许多生命。古巴几乎所有的家庭（98％）都有收音机和电视，它们构成了国家气象局（得到政府授权）发布热带气旋和洪水预警的主要渠道。在孟加拉国，很少有家庭拥有电视和收音机，所以孟加拉国气象局通过多种渠道（传真、互联网、广播和电视）发布热带气旋和风暴潮警报。不过，孟加拉国热带旋风应急计划下的中央预警中心可确保将预警信息传达至沿海的居民区。中心通过建立 HF/VHF 无线电广播网络向志愿者发出警报，志愿者再向居民区传递消息，直至向所有人发出警报（WMO，2009）。

当采取的措施可以同时满足众多利益相关者的需求和相同竞争的优先领域的需要时，会极大地降低涉水灾害的风险。例如，更好的水管理不仅可应对干旱风险，还能增加水力发电量，提高农业用水的蓄水能力以及生活用水的可利用水资源量。一般情况下，当涉水风险的降低可明显促进经济和社会福祉改善，并且这些措施能成为每个公民的选择时，相关措施将产生更加积极的影响。

许多国家正在寻求创新型方法降低涉水灾害风险，并将其融入现有的发展措施中，如公共投资规划、生态系统管理、城市发展和社会保障等（见专栏 27.6）。虽然许多创新依然处于早期阶段，但这些创新具有降低涉水灾害风险影响的巨大潜能。更重要的是，这些创新有助于实现其他社会和经济发展目标，进而降低风险。对效率低下和老化的供水和排水设施进行更新改造时，如果在规划中考虑降低风险等因素，可在提高水和卫生设施质量的同时，提高抵御干旱和洪涝灾害的能力。

专栏 27.6

小额贷款促进印度马哈拉施特拉邦流域的修复与发展

在印度马哈拉施特拉邦半干旱地区，流域组织信托基金帮助农村贫困社区实施流域修复项目，提高生活保障。该区域反复发生干旱并承受着的人口压力使得流域退化。土壤肥力降低和供水减少导致干旱频繁发生的社区更容易受到气候变化的影响。

当地开展了以小流域为单元的灵活的流域修复措施，包括土壤、土地和水管理（如修建用于控制侵蚀的拦截槽、改善土壤肥力、增加地下水回补）；作物管理，植树造林和农村能源管理（如禁止森林砍伐，种植灌木和草场来满足家庭燃料需求），牲畜管理和牧场/饲料开发（如禁止放牧促进草和灌木的自然再生）。这些项目还采取了其他多种措施，包括小额贷款、新技术培训和组建自救小组等来拓展谋生方式。

参与项目的村落取得了很多成果，包括土壤覆盖增加、墒情改善、井水水位上升、生态系统再生、可供饲料数量显著增加、牛奶产量和蔬菜种植面积显著提高。随着小型企业发展和参与小组数量的增加，这些成果已经为当地人提供更安全的生活，使他们的资产更加多元化，减缓了气候风险带来的冲击。

资料来源：国际可持续发展研究所等（2003）。

本节介绍了解决与涉水灾害风险的各种方法和手段，并将在未来进行不断和系统地补充。

27.5 降低洪水和干旱灾害风险的新方法

27.5.1 土地利用规划和建设

无论一个国家的累计风险是增加还是减少，城市中的土地使用方式、建筑、基础设施和网络的设计和建造方式都对风险具有决定性的影响。土地利用总体规划是降低涉水灾害风险的主要手段。如果制定土地利用决策时考虑到现有和潜在的灾害，新的风险就可以避免，而且随着时间的推移现有风险也将消失。土地利用决策的制定是造成风险的主要来源，如果决定在危险区域投资建设基础设施、房屋或其他设施，这种风险可能会持续几十年甚至更长。

在哥伦比亚的一些城市，降低灾害风险已成为改善城市和地方治理的重要组成部分。在马尼萨莱斯，市政支持的创新交叉补贴保险计划"普瑞迪塞古罗"（Predio Seguro）帮助贫困家庭获得特大灾害保险。市政府与非正规居住区的妇女组织合作，还为滑坡易发的非正规居住区提供加固边坡的资金（Cardona，2009）。

27.5.2 生态系统管理

保护生态系统可降低洪水和干旱等自然灾害风险，但这要求各级机构采取行动，利益相关者广泛参与以及掌握科学、技术、本地和传统等方面的知识。

除非出现土壤已经完全饱和这种极端情况，否则流域上游覆盖的茂密植被会增加降雨下渗并减少地表径流的形成，降低峰值流速。植被还能防止侵蚀、减少土壤流失和泥石流，显著降低洪水的破坏力。茂密的植被还能保护河岸及与其相邻的土地结构避免被洪水侵蚀。湿地和洪泛区土壤可以储存水分并降低下游的洪峰流量（世界银行，2010）。

马达加斯加曼塔迪亚国家公园的研究表明，将原始森林变成"swidden"这样的临时性农田（修剪和焚烧植被为临时种植清理出来土地），可使下游暴雨流量增加高达 4.5 倍（Stolton 等，2008）。

生态系统恢复的案例表明，生态修复所降低的灾害损失远大于进行修复所需的费用（见专栏 27.7）。例如国际红十字会与红新月会联合会在越南种植和保护了 12 000 公顷红树林，该行动耗资约 100 万美元，但每年节省的海堤维修费用为 730 万美元。此外，协同效益也大大超过机会成本。例如，"千年生态系统评估"预计每公顷红树林作为种植及饲养场地、污染过滤器和沿海防御设施的价值为 1 000 美元至 36 000 美元，相比而言，虾养殖带来的价值为 200 美元/公顷（MA，2005）。"如果将实现相同保护作用的工程设施造价考虑在内，马来西亚红树林作为沿海防御工程的经济价值估计为每千米 30 万美元"（UNISDR，2009）。在瑞士的露天区域，每年森林防止雪崩的经济价值为每公顷 100 美元；在拥有高价值资产的地区，其价值可达到 17 万美元（世界银行，2010）。

专栏 27.7

生态系统服务降低灾害风险价值的案例

- 与工程替代方案相比，马来西亚红树林作为海岸防御的经济价值估计为 30 万美元/千米（ProAct，2008）。

- 自 1994 年以来，越南北部地区一直在种植和保护红树林，形成了抵御风暴的缓冲区。前期投入 110 万美元可节省的海堤维修费用估计为每年 730 万美元，与其他地区相比，有效地降低了 2000 年台风悟空造成的生命财产损失（WWF，2008）。

- 卢日尼采洪泛平原是捷克最后几个仍处于原始水文状态的洪泛平原之一，其470公顷面积所提供的防洪减灾效益的货币价值为每公顷11 788美元（ProAct，2008），生物多样性价值为每公顷15 000美元、碳汇效益144美元、干草生产价值78美元、渔业生产价值37美元、木材生产价值21美元（ProAct，2008）。
- 在瑞士阿尔卑斯山露天区域，森林预防雪崩的经济价值估计为每年100美元/公顷，在拥有资产值高的地区，其价值超过每年17万美元/公顷（ProAct，2008）。
- 美国近期关于湿地减少飓风导致的洪灾的效益研究表明，湿地的年平均价值为8 240美元/公顷，沿海湿地的风暴防护作用估计价值为232亿美元/年（Costanza等，2008）。

资料来源：世界银行（2010）。

生态系统如果管理得当往往会产生重要的协同效益。地球上最富饶的农田依赖洪水定期补充养分丰富的土壤。洪水还可以回补半干旱地区的含水层或输移至关重要的沉积物和营养物，以维持其他地区的沿海渔业。

27.5.3 社会保障：提高抗灾能力

社会保障成为水危害管理战略机制的原因主要有两个。首先，社会保障措施（社区凝聚力、卫生保健设施、食宿保障等）可加强个人和家庭的抗灾能力，在减少贫困和人力资本开发等方面具有重大效益。其次，这些措施已大规模实施，使之成为减少洪水和旱灾相关风险的有效手段。因此，目前采用的社会保障机制通常覆盖大量易受灾害影响的家庭和社区，对设定的标准和时间表很少作调整，而且附加成本也相对较低。

发展有效社会保障以降低家庭和个人风险

的国家必然拥有大量法律条文以及必要的社会政策作为支持（ERD，2010）。这些法律包括劳务市场法（包括失业救济金管理法规）、工作场所中的健康和安全法规、基本权利和福利支付及弱势群体帮扶行动规定等。一个国家拥有健全发达的社会立法、规章和与时俱进的档案管理机构，会更易于设置有针对性和覆盖面广的社会保障体系，为减少涉水灾害风险提供手段。

27.5.4 适应气候变化

适应气候变化从两个方面理解：①适应平均温度、海平面和降水的渐变；②减少和管理更频繁发生、更严重和更难以预测的极端天气事件带来的相关风险。

有证据表明，制定国家层面的适应能力计划相比社会需求而言，为建立气候变化融资机制机会创造了更好的条件。鉴于实践中的大多数适应措施针对灾害风险，因此适应措施为降低涉水灾害风险提供了额外的手段和机制。

在降低灾害风险方面，适应措施只有与主流发展规划和公共投资决策结合起来考虑才可产生适当规模的效益（气候适应经济，2009）。遗憾的是，很多气候变化适应举措仍被当做独立的项目进行设计或实施。各国政府在将减少与涉水灾害风险和适应气候变化纳入国家和部门发展规划和投资领域方面没有付出足够的努力，错误地认为适应气候变化主要是环境问题，而非发展的核心问题，因此降低涉水灾害风险的工作仅仅局限于早期预警预报和灾害应急响应方面（Mercer，2010）。

对适应能力、降低灾害风险和发展进程之间的联系缺乏足够的认识，致使我们无法准确了解与气候相关的风险。由此产生一种趋势，即强调使用风险转移措施管理极端事件，而不是采用综合管理方法，尽管这些综合管理方法可以降低在短期内受气候变化影响最严重的风险。

27.6 结论和需要采取的行动

27.6.1 灾害趋势

在许多中低收入国家，灾害损失随着当地突发性洪水和城市洪水、山体滑坡、火灾、风暴和暴雨带来的破坏而快速增加，为我们提供了一个风险累积的实时指标（见专栏 27.1）。大多数灾害损失都严重影响着低收入家庭和社区，且基本都没有记录在案。换句话说，灾害损失有其社会分布特点。

与 1990 年相比较，世界上绝大多数国家由于热带气旋或主要河流洪水导致的死亡人数都有所下降。这些国家在加强早期预警、备灾和灾害响应方面取得了很大成就。然而，干旱的影响在很大程度上仍未记录在案，而且受灾的主要是贫穷的农村家庭。因此，缺乏政治或经济激励或动因来解决这个问题。

在大多数国家，干旱风险管理基本上是抗旱措施外加早期预警、救灾和保险，并没有在政策制定中强调风险产生的根本原因。在制度上，我们很少把降低和管理旱灾风险整合到国家层面的降低灾害风险或水资源管理（即水资源综合管理）等其他政策框架中。考虑到影响将不断增加以及到本世纪末的气候预测所展示的迹象，我们必须妥善解决干旱风险及其内在动因，这将是未来几十年许多国家和地区可持续发展的根本保障。

27.6.2 综合性措施

将降低洪水和干旱风险措施与投资完美结合有利于促进社会和经济发展。这些措施包括：发展规划和土地利用规划；有针对性的投资，如加强学校和医院等关键设施建设；为防止最致命风险而采取风险转移计划；加强社会保障和灾害管理投资。降低灾害风险方案在促进发展的同时，还要将降低灾难风险融入发展规划，并将其包括在投资计划中。最具战略意义的措施是将其纳入国家规划和公共投资体系（见 27.1.3 节）。

将降低灾害风险纳入国家规划和公共投资体系的决定具有相当高的战略影响力，特别是考虑到中等收入国家的公共投资、基础设施和公共资产规模和数量。这包括将降低与水有关灾害风险纳入水资源综合管理体系、采用监管和法律措施、制度改革、改进解决问题方面的分析和方法论、适宜的技术手段、能力建设、金融规划、公共教育、社区参与和提高认识。该方法亦具有成本效益，可成为抵御气候变化影响的首道屏障。

参考文献

ADB (Asian Development Bank)/World Bank. 2010. *Preliminary Floods Damage and Needs Assessment.* Islamabad, Pakistan, ADB/World Bank.

Cardona, O. D. 2009. *La gestión financiera del riesgo de desastres: Instrumentos financieros de retención y transferencia para la comunidad andina.* Lima, PREDECAN, Comunidad Andina.

Corrales, W. and Miquelena, T. 2008. *Disasters in Developing Countries' Sustainable Development: A Conceptual Framework for Strategic Action.* Background paper for the 2009 Global Assessment Report on Disaster Risk Reduction. Geneva, UNISDR.

Costanza, R., Perez-Maqueo, O., Martinez, M. L., Sutton, P., Anderson, S. J. and Mulder, K. 2008. The value of coastal wetlands for hurricane protection. *AMBIO: A Journal of the Human Environment*, Vol. 37, No. 4, pp. 241–8.

CRED (Centre for Research on the Epidemiology for Disasters). 2011. *Annual Disaster Statistical Review 2010: The Numbers and Trends.* Brussels, Université Catholique de Louvain. http://www.cred.be/sites/default/files/ADSR_2010.pdf

de la Fuente, A. and Dercon, S. 2008. *Disasters, Growth and Poverty in Africa: Revisiting the Microeconomic Evidence.* Background for the 2009 Global Assessment Report on Disaster Risk Reduction. Geneva, UNISDR.

Dilley, M., Chen, R., Deichmann, W., Lerner-Lam, A. L. and Arnold, M. 2005. *Natural Disaster Hotspots.* Washington DC, The World Bank.

ECA (Economics of Climate Adaptation). 2009. *Shaping Climate Adaptation: A Framework for Decision-making.* New York, McKinsey & Company.

ECLAC (United Nations Economic Commission for Latin America and the Caribbean). 2002. *Handbook for Estimating the Socio-economic and Environmental Effects of Disasters.* Report LC/MEX/L.519. Mexico City, ECLAC.

Edwards, D. and McKee, T. 1997. *Characteristics of 20th Century Drought in the United States at Multiple Time Scales.* Climatology Report No. 97-2. Fort Collins, Colo., Colorado State University.

EM-DAT (OFDA/CRED International Disaster Database). 2010. *Global 'Number Killed' and 'Number Affected' by Drought Between 1900–2009.* Brussels, Université Catholique de Louvain.

Erian, W., Katlan, B. and Babah, O. 2010. *Drought Vulnerability in the Arab Region: Special Case Study: Syria.* Background paper for the 2011 Global Assessment Report on Disaster Risk Reduction. Geneva, UNISDR.

ERD (European Report on Development). 2010. *Social Protection for Inclusive Development – A New Perspective on EU Cooperation with Africa.* The 2010 European report on development. Draft. Florence, Italy, Robert Schuman Centre for Advanced Studies, European University Institute.

ERN-AL (Evaluacion de Riescos Naturales-America Latina). 2010. *Probabilistic Modelling of Natural Risks at the Global Level.* Background paper for the 2011 United Nations Global Assessment Report on Disaster Risk Reduction. Geneva, UNISDR.

Fitzhugh, T. and Richter, B. 2004. Quenching urban thirst: Growing cities and their impacts on freshwater ecosystems. *BioScience,* Vol. 54, No. 8, pp. 741–54.

Foster, V. and Briceno-Garmendia, C. 2010. *Africa's Infrastructure. A Time for Transformation.* Washington DC, International Bank for Reconstruction and Development (IBRD)/The World Bank.

Galu, G., Kere, J., Funk, C. and Husak, G. 2010. *Case Study on Understanding Food Security Trends and Development of Decision-support Tools and their Impact on Vulnerable Livelihoods in East Africa.* Background paper for the 2011 Global Assessment Report on Disaster Risk Reduction. Geneva, UNISDR.

Grey, D. and Sadoff, C. 2006. *Water for Growth and Development.* Thematic documents of the 4th World Water Forum. Mexico City, Comision Nacional del Agua.

Guttman, N. 1994. On the sensitivity of sample L moments to sample size. *Journal of Climatology,* Vol. 7, pp. 1026–9.

Horridge, M., Madden, J. and Wittwer, G. 2005. The impacts of the 2002–2003 drought on Australia. *Journal of Policy Modeling,* Vol. 27, No. 3, pp. 285–308.

IISD (International Institute for Sustainable Development). 2003. *Livelihoods and Climate Change: Combining Disaster Risk Reduction, Natural Resource Management and Climate Change Adaptation in a New Approach to the Reduction of Vulnerability and Poverty.* Winnipeg, Canada, IISD.

IPCC (Intergovernmental Panel on Climate Change). 2007. Summary for policymakers. M. L. Parry, O. F. Canziani, J. P. Palutikof, P. J. van der Linden and C. E. Hanson (eds) *Climate Change 2007: Impacts, Adaptation and Vulnerability.* Contribution of Working Group II to the Fourth Assessment Report of the IPCC. Cambridge, UK, Cambridge University Press, pp. 7–22.

Kelman, I. 2010. Policy arena: Introduction to climate, disasters and international development. *Journal of International Development,* Vol. 22, pp. 208–17.

MA (Millennium Ecosystem Assessment). 2005. *Ecosystems and Human Well-Being: Synthesis.* Washington DC, World Resources Institute.

Mansilla, E. 2010. *Riesgo urbano y políticas públicas en America Latina: La irregularidad y el acceso al suelo.* Background paper for the 2011 Global Assessment Report on Disaster Risk Reduction. Geneva, UNISDR.

McKee, T. B., Doesken, N. J. and Kleist, J., 1993. The relationship of drought frequency and duration to time scales. Proceedings of the Eighth Conference on Applied Climatology, Anaheim, Calif., 17–22 January, pp. 179–84.

----. 1995. *Drought Monitoring with Multiple Time Scales.* Proceedings of the Ninth Conference on Applied Climatology. Boston, USA, American Meteorological Society.

Mercer, J. 2010. Disaster risk reduction or climate change adaptation: Are we reinventing the wheel? *Journal of International Development* Vol. 22, No. 2, 247–64.

Mestre, A. 2010. *Drought Monitoring and Drought Management in Spain.* Background paper for the 2011 Global Assessment Report on Disaster Risk Reduction. Geneva, UNISDR.

Ministerial Declaration. 2008. *Third Asian Ministerial Conference on Disaster Risk Reduction.* Kuala Lumpur, 2–4 December 2008.

----. 2010. *Declaration of the Second African Ministerial Conference on Disaster Risk Reduction.* Nairobi, 14–16 April 2010.

Neri, C. and Briones, F. 2010. *Assessing Drought Risk and Identifying Policy Alternatives for Drought Risk Management. Risks, Impacts and Social Meaning of Drought: Characterization of the Vulnerability in Sonora, Mexico.* Background paper for the 2011 Global Assessment Report on Disaster Risk Reduction. Geneva, UNISDR.

Noy, I. 2009. The macroeconomic consequences of disasters. *Journal of Development Economics,* Vol. 88, No. 2, pp. 221–31.

OECD (Organisation for Economic Co operation and Development). 2010. *Development Co-operation Report 2010.* Paris, OECD Publishing.

OSSO (Observatorio Sismológico del Sur-Occidente). 2011. *Extensive risk analysis for the 2011 Global Assessment Report on Disaster Risk Reduction: Análisis de manifestaciones de riesgo en America Latina: Patrones y tendencias de las manifestaciones intensivas y extensivas de riesgo.* Background paper for the 2011 Global Assessment Report on Disaster Risk Reduction. Geneva, UNISDR.

Peduzzi, P., Chatenoux, B., Dao, H., De Bono, A., Deichmann, U., Giuliani, G., Herold, C., Kalsnesm, B., Kluser, S., Løvholt, F., Lyon, B., Maskrey, A., Mouton, F., Nadim, F. and Smebye, H. 2009. Global Risk Analysis. 2009 *Global Assessment Report on Disaster Risk Reduction: Risk and Poverty in a Changing Climate.* Geneva, UNISDR.

ProAct. 2008. *The Role of Environmental Management and Eco-Engineering in Disaster Risk Reduction and Climate Change Adaptation.* http://proactnetwork.org/proactwebsite/media/download/CCA_DRR_reports/em_ecoeng_in_drr_cca.pdf

Sávio Martins, E. 2010. *Assessing Drought Risk and Identifying Policy Alternatives for Drought Risk Management: Ceará, Brazil.* Background paper for the 2011 Global Assessment Report on Disaster Risk Reduction. Geneva, UNISDR.

Shaw, R., Nguyen, H., Habiba, U. and Takeuchi, Y. 2010. *Drought in Asian Monsoon Region.* Background Paper for the 2011 Global Assessment Report on Disaster Risk Reduction. Geneva, UNISDR.

Stolton, S., Dudley, N. and Randall, J. 2008. *Arguments for Protection: Natural Security: Protected Areas and Hazard Mitigation.* A research report by WWF and Equilibrium. Gland, Switzerland, World Wide Fund for Nature (WFF). http://www.wwf.de/fileadmin/fm-wwf/pdf_neu/natural_security___protected_areas___hazard_mitigation.pdf

UNDP (United Nations Development Programme). 2004. *Reducing Disaster Risk: A Challenge for Development.* Geneva, UNDP, Bureau for Crisis Prevention and Recovery.

----. 2010. *Human Development Report 2010. The Real Wealth of Nations: Pathways to Human Development.* New York, UNDP.

UNEP (United Nations Environment Programme). 2010. *Linking Ecosystems to Risk and Vulnerability Reduction: The Case of Jamaica. Risk and Vulnerability Assessment Methodology Development Project (RIVAMP). Results of the Pilot Assessment.* Geneva, UNEP/GRID-Europe.

UN-Habitat. 2010. *The State of the World's Cities 2010/2011: Cities for All: Bridging the Urban Divide.* Nairobi, UN-Habitat.

UNISDR (United Nations International Strategy for Disaster Reduction Secretariat). 2009. *Global Assessment Report on Disaster Risk Reduction: Risk and Poverty in a Changing Climate.* Geneva, UNISDR.

----. 2011. *Global Assessment Report on Disaster Risk Reduction.* Geneva, UNISDR.

WMO (World Meteorological Organization). 2009. *Thematic Progress Review Sub-component on Early Warning Systems.* Background paper for the 2009 Global Assessment Report on Disaster Risk Reduction. Geneva, UNISDR.

World Bank. 2010. *Natural Hazards, Unnatural Disasters: The Economics of Effective Prevention.* Washington DC, The World Bank/International Bank for Reconstruction and Development (IBRD).

WWAP (World Water Assessment Programme). 2009. *World Water Development Report 3: Water in a Changing World.* Paris/London, UNESCO/Earthscan.

WWF (World Wide Fund for Nature). 2008. *Natural Security: Protected Areas and Hazard Mitigation.* Gland, Switzerland, WWF. http://assets.panda.org/downloads/natural_security_final.pdf

Zapata, R. and Madrigal, B. 2009. *Economic Impact of Disasters: Evidence from DALA assessments by ECLAC in Latin America and the Caribbean.* Mexico City, ECLAC. http://www.eclac.cl/publicaciones/xml/1/38101/2009-S117EyP-MEX-L941.PDF_parte_1.pdf

第二十八章

荒漠化、土地退化及干旱及其对旱地水资源的影响

联合国防治荒漠化公约和联合国大学

作者：朱莉安·泽德勒和埃塞拉·大卫（国际活动协调员网络）

供稿：塞尔吉奥·塞拉亚·博尼利亚和以马利·钦雅马克布（联合国防治荒漠化公约）

致谢：联合国大学扎法尔·阿迪勒和法布里斯·雷诺的同行评议。

旱地水资源退化将对该地区国家的人民和经济带来不利影响。

虽然从字面意义上看，干旱意味着水短缺，但人类因素和气候变化严重威胁着该地区的水资源。

荒漠化、土地退化及干旱（DLDD）对水资源的负面影响制约了旱地的发展潜力。

为了支持旱地国家的可持续发展，必须采取紧急和有针对性的措施对包括水在内的旱地资源加以保护。

28.1　简介

主要挑战：荒漠化、土地退化及干旱（DLDD）具有各自的特点，并不一定与旱地有关。旱地，从定义上是指水有限的环境。水作为一种关键性资源，承受着需求持续增长和质量持续下降的巨大压力。可用水量和水质决定着旱地的生产力。这个不可或缺的资源如果进一步恶化，将对旱地国家的人民和经济带来不利影响。

驱动因素：引起和加剧荒漠化、土地退化及干旱的因素包括：①自然因素，通常与地理位置及相关环境和当地的气候条件有关；②人为因素，不可持续的人类发展预期目标，这些目标本质上是经济方面的，与环境的框架条件不可调和；③气候变化，一个由自然与人类共同作用新产生的决定性因素。

风险和不确定性：荒漠化、土地退化及干旱对水产生各种影响，包括地下水回补和径流减少；水质下降，如污染物增多，浊度、泥沙淤积和盐度发生变化；盐碱化。荒漠化、土地退化及干旱的所有这些影响都严重制约了干旱地区的发展。对农业生产、生态系统健康、工业和能源项目与基础设施的可持续发展产生负面影响。旱地可持续发展面临的一个主要问题是不断加剧的缺水威胁（见图28.1）。可用水量和水质是目前影响干旱地区发展的主要挑战，气候变化可进一步加剧这些因素的影响程度。

热点区域：由于采取干预措施的费用相当高，全球旱地荒漠化、土地退化及干旱加剧的热点区域为国内生产总值和人类发展指数相对较低的国家。人口密度高或与"下游地区"紧密相连的干旱地区易出现土地退化和对水的负面影响。

应急对策：应对挑战的一系列具体战略对策实例，已通过试点检验并实施。然而，这些

图 28.1

荒漠化、土地退化及干旱对印度皮阿里（Piali）村的影响

© 2005年联合国防治荒漠化公约（UNCCD）获奖照片/Kushal Gangopadhyay

成功案例还需要在干旱地区进一步推广，并需要行动（如政策、资金和工程措施）和物质方面的支持。

在解决水资源短缺方面实行水管理和技术创新应借鉴如下概念：对水进行计价和付费，对可持续的生态系统服务投资，对适宜的工艺、技术和基础设施投资，开发新的水资源，并对涉水科研、管理和决策能力投资。

提高水使用效率，减少水浪费并给予旱地优先用水权。

旱地国家需要改变相应的配套政策，如实行需水管理和粮食自给与粮食安全的政策，在缺水的干旱地区实行长期粮食安全的全球投资战略。

针对旱地水资源短缺及荒漠化、土地退化及干旱有关的水土问题，有必要尽快制定专项国际框架加以应对。成立"旱地水协议"应成为国际社会的首要任务。联合国已采取的措施，包括联合国关于在发生严重干旱和／或沙漠化的国家特别是在非洲防治荒漠化的公约（UNCCD）、联合国水计划和联合国土地项目以及联合国可持续发展委员会第十七届会议，这些都在支持和推动这项工作的开展。

28.2 挑战：面临压力的水是旱地的关键性资源

水资源使用量增长远远超过人口的增长。例如：世界人口在20世纪增长了4倍，而淡水使用量增长超过了9倍（Lean，2009）。除了用水量增加，荒漠化、土地退化及干旱还使自然补水量减少、土壤持水能力减弱（欧盟委员会环境总司，2007）。干旱发生期间，降雨量也会减少。因此，很多旱地国家面临的缺水风险越来越高。

水短缺是指当水资源无法满足长期平均需求时，可利用水资源量与需求之间产生的不平衡（UNCCD，2010）。这种长期不平衡由于可利用水资源量低和需水超过天然补给水平共同造成。水短缺不仅在降雨量少的地区经常出

现，更容易出现在受荒漠化、土地退化及干旱影响、人口密度高、密集型农业和／或工业集中的地区，尤其是干旱地区。旱地可利用水资源量时空分布严重不均。旱地的荒漠化、土地退化及干旱问题与缺水问题都对水资源管理构成了巨大的压力。

无论是自然还是人为因素引起的水短缺都会通过对土地和土壤结构、有机质含量高的直接长期影响，最终影响土壤水分含量，导致荒漠化的产生和加剧。土地退化带来的直接自然影响包括淡水资源枯竭、干旱和沙尘暴发生频率上升、排水不足或灌溉管理不善导致洪水的发生频率上升。如果这种趋势持续下去，土壤养分将急剧下降，也将加速植被覆盖的降低。这反过来又将进一步造成水土资源退化，如地表水和地下水污染、泥沙淤积和土壤盐碱化。

28.2.1 世界干旱地区简介

荒漠化是由各种因素包括气候变化和人类活动等引起的土地退化。荒漠化、土地退化及干旱（DLDD）的概念主要与（但不限于）全球的旱地地区有关。60多个国家具备旱地生态系统的特点（见表28.1），包括极干旱、干旱和半湿润干旱气候等。这种划分干旱等级的依据是干旱指数（AI），该指数是一个地区年平均降水量与其年平均潜在蒸散量比值的长时间平均值。这些国家中的17个国家，其旱地面积超过90%。总体而言，2000年全球41.3%陆地区域被划为旱地，全球34.7%的人口居住在干旱地区（见图28.2）（千年生态系统评估，2005）。

在干旱地区，水通常是生态系统以及人类与经济发展最重要的限制性资源。旱地生态系统管理不善会造成荒漠化和土地退化，影响生产率提高并带来长期损失（UNCCD，1994）。由于受到天然水资源限制，不合理的水管理活动会产生连环性的负面影响，以及土地退化和水资源之间的内在联系，往往会加剧水的不可持续利用。

图 28.2

全球旱地范围和程度分布图

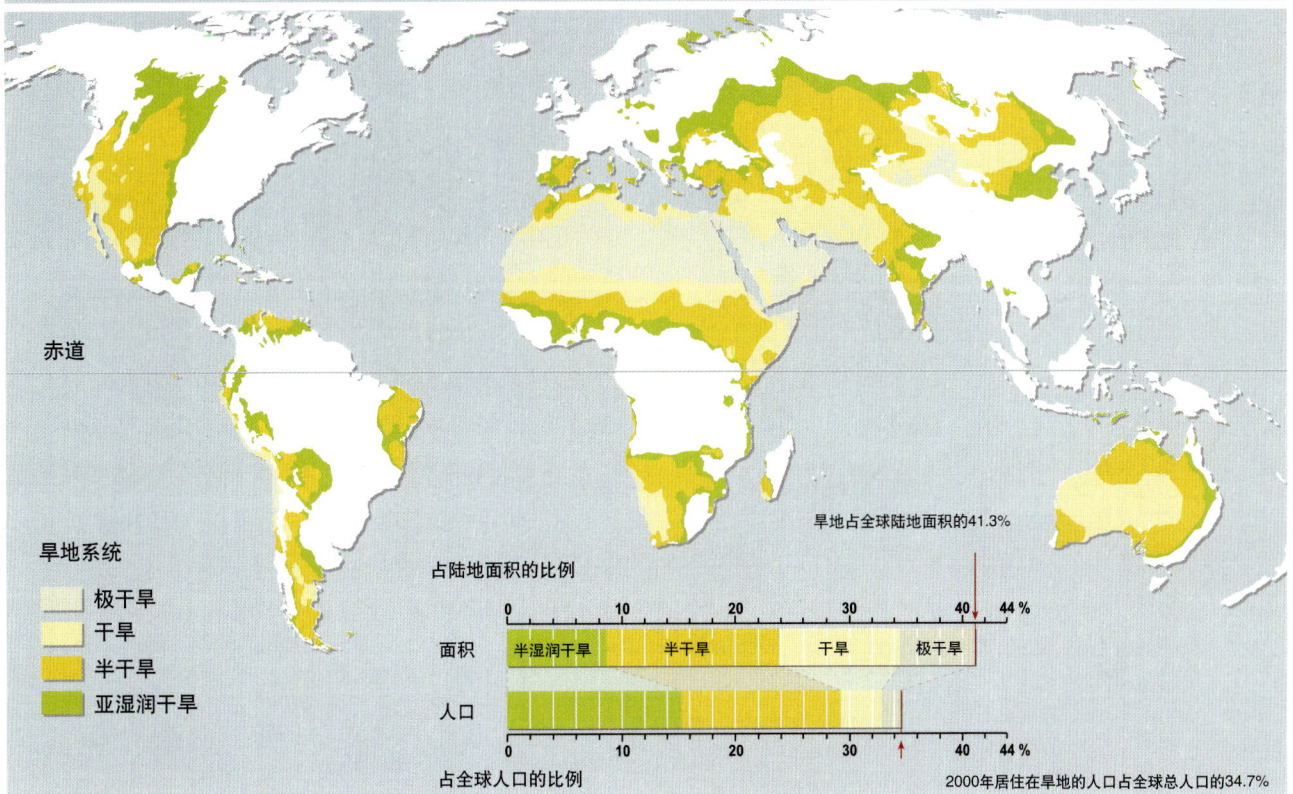

旱地系统

	极干旱
	干旱
	半干旱
	亚湿润干旱

占陆地面积的比例

旱地占全球陆地面积的41.3%

面积　半湿润干旱　半干旱　干旱　极干旱

人口

占全球人口的比例　　2000年居住在旱地的人口占全球总人口的34.7%

注： 2000年，全球陆地总面积的41.3%被列为干旱地区，34.7%的全球人口生活在干旱地区。干旱指数指一个地区年平均降水量与该地区年平均潜在蒸散量比值的长时间平均值。

资料来源： 千年生态系统评估（2005，附录A，p.23，来自其中引用数据）。

尽管一些干旱国家拥有不可再生自然资源，如石油、钻石和铀，成为全球最富有的国家，但大部分干旱国家的国内生产总值很低，人类发展指数的排名也很靠后（见表28.1）。干旱地区居民高度依赖自然资源作为支撑，这意味着土地退化将严重影响这些地区的居民。

28.2.2　旱地的水源和可持续性

旱地的水源一般包括地表水、地下水（包括化石地下水）和降雨。半湿润干旱地区的年平均降雨量相对较低，但其他类型的旱地降雨量更低。在炎热干旱的气候条件下，大量降水由于极端高温通过蒸腾蒸发损失掉了。例如，在南部非洲，监测表明仅有不足3%的降水通过径流真正补充给地表水，其中不足1%的降水补充到地下含水层和地下水，约2%形成地表水（常年河流和季节性河流、湿地和水库）。

因此，只有一小部分（约17%）降水用于生态系统维持和支撑雨养生产系统（Heyns 等，1998；Schlesinger，1997）。

由于旱地的需水量经常超过可用水资源量，因此尽管存在一些小规模的雨水储集措施，但当地居民在很大程度上依赖于地下水。在大型居民区和城市（及相关产业），需水量经常超过可用水资源量。在这种情况下，可用地下水量决定了当地供水的可能性及可持续性。过度开采水资源的情况已大量存在，而且现有水源被过度开发后并没有得到补充。有些国家正在尝试通过管道引水或通过海水淡化寻找本地区的替代水源。

水资源过度使用已经成为旱地流域的主要问题。2025年供水预估数据分析表明，到2025年全球旱地流域的情景不容乐观。根据该项分析，干旱地区中有7个主要流域到2025年将出

表 28.1

旱地国家的人均国内生产总值和人类发展指数

编号	旱地国家	陆地总面积（平方千米）	旱地面积所占比例（超过90%）[a]	人均国内生产总值（PPP）（美元）	人类发展指数	人口
1	阿富汗	647 500	94.0	800	0.352	28 395 716
2	阿尔巴尼亚	27 398		6 300	0.818	3 639 453
3	阿尔及利亚	2 381 740		7 000	0.754	34 178 188
4	安哥拉	1 220 000		8 900	0.564	12 799 293
5	阿根廷	2 736 690		13 800	0.866	40 913 584
6	亚美尼亚	28 454	98.1	5 900	0.798	2 967 004
7	澳大利亚	7 617 930		38 911	0.970	21 262 641
8	阿塞拜疆	86 100		10 400	0.787	8 238 672
9	博茨瓦纳	585 370	100.0	13 100	0.694	1 990 876
10	保加利亚	110 550		12 600	0.840	7 204 687
11	布基纳法索	273 800	100.0	1 200	0.389	15 746 232
12	乍得	1 259 200		1 600	0.392	10 329 208
13	中国	9 600 576		6 600	0.772	1 338 612 968
14	埃及	995 450		6 000	0.703	78 866 635
15	萨尔瓦多	20 720		7 100	0.747	7 185 218
16	厄立特里亚	121 320		700	0.472	5 647 168
17	埃塞俄比亚	1 119 683		900	0.414	85 237 338
18	冈比亚	100 000	97.2	1 400	0.456	1 778 081
19	希腊	130 800		32 100	0.942	10 737 428
20	印度	2 973 190		3 100	0.612	1 156 897 766
21	伊朗	1 636 000	90.2	12 900	0.782	66 429 284
22	伊拉克	432 162	99.9	3 600	0.583	28 945 569
23	以色列	20 330		28 400	0.935	7 233 701
24	约旦	91 971		5 300	0.770	6 269 285
25	哈萨克斯坦	2 669 800	99.1	11 800	0.804	15 399 437
26	肯尼亚	569 250		1 600	0.541	39 002 772
27	科威特	17 820	92.9	54 100	0.916	2 692 526
28	吉尔吉斯斯坦	191 300		2 100	0.710	5 431 747
29	黎巴嫩	10 230		13 100	0.803	4 017 095
30	利比亚	1 759 540		15 200	0.847	6 324 357
31	马其顿	24 856		9 000	0.817	2 066 718
32	马达加斯加	581 540		1 000	0.543	20 653 556
33	马拉维	94 080		900	0.493	15 028 757
34	马里	1 220 000		1 200	0.371	13 443 225

旱地国家的人均国内生产总值和人类发展指数

编号	旱地国家	陆地总面积（平方千米）	旱地面积所占比例（超过90%）[a]	人均国内生产总值（PPP）（美元）	人类发展指数	人口
35	毛里塔尼亚	1 030 400		2 100	0.520	3 129 486
36	墨西哥	1 923 040		13 500	0.854	111 211 789
37	摩尔多瓦	33 371	99.9	2 300	0.720	4 320 748
38	蒙古	1 554 731		3 200	0.727	3 041 142
39	摩洛哥	446 300	92.2	4 600	0.654	31 285 174
40	莫桑比克	784 090		900	0.402	21 669 278
41	纳米比亚	825 418	90.8	6 400	0.686	2 108 665
42	尼日尔	1 266 700		700	0.340	15 306 252
43	尼日利亚	910 768		2 400	0.511	149 229 090
44	阿曼	212 460		23 900	0.846	3 418 085
45	巴基斯坦	778 720		2 600	0.572	174 578 558
46	罗马尼亚	230 340		11 500	0.837	22 215 421
47	俄罗斯	16 995 800		15 100	0.817	140 041 247
48	沙特阿拉伯	2 149 690		20 400	0.843	28 686 633
49	塞内加尔	192 000	94.1	1 600	0.464	13 711 597
50	索马里	627 337		600	0.284	9 832 017
51	南非	1 219 912		10 100	0.683	49 052 489
52	西班牙	499 542		33 700	0.955	40 525 002
53	苏丹	2 376 000		2 300	0.531	41 087 825
54	叙利亚	184 050	98.0	4 600	0.742	21 762 978
55	塔吉克斯坦	142 700		1 800	0.688	7 349 145
56	突尼斯	155 360	93.7	8 000	0.769	10 486 339
57	土耳其	770 760		11 200	0.806	76 805 524
58	土库曼斯坦	488 100	100.0	6 900	0.739	4 884 887
59	乌克兰	603 700		6 400	0.796	45 700 395
60	乌兹别克斯坦	425 400	99.2	2 800	0.710	27 606 007
61	委内瑞拉	882 050		13 100	0.844	26 814 843
62	也门	527 970		2 500	0.575	22 858 238
63	津巴布韦	386 670		100	0.513	11 392 629

注：相比原始列表增加了3个国家：塞内加尔、冈比亚和突尼斯。

a 未列出旱地面积比例低于90%的国家的数据。

资料来源：根据Harrison 和 Pearce（2000）以及White 和 Nackoney（2003）成果更新和修订。更新和新增信息：联合国开发计划署提供的人类发展指数（2007年）（维基百科提供的人类发展指数），CIA（日期不详）提供的人均国内生产总值（2009年估算值），CIA（日期不详）提供的人口（2009年估计值）。

图 28.3

2025年干旱地区主要流域供水情况预估：全球许多主要干旱地区的水资源短缺将加剧

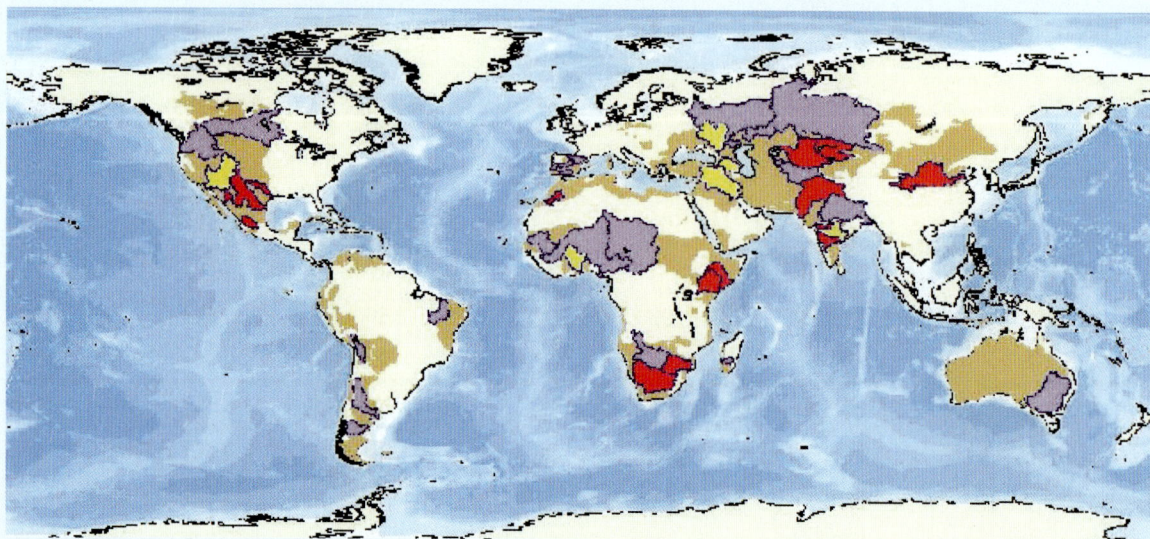

年可再生水资源量［立方米／（人·年）］

- <1000（水短缺）
- 1000～1700（水紧张）
- >1700（数量充足）
- 旱地

资料来源：White 和 Nackoney（2003）。

现水短缺状况（见图 28.3），这些流域多数位于亚洲，一个在非洲，另一个在北美；14 个主要流域预计到 2025 年将出现水紧张。总之，近一半重要干旱流域在未来几年预计将出现不同形式的缺水（White 和 Nackoney，2003），而气候变化将加速世界各地干旱地区的缺水状况。

28.2.3 人类需水重点领域和旱地制约性因素

第 64 届联合国大会决议（UN，2010）确认了获得安全饮用水的重要性，明确宣布享有安全和清洁饮水及卫生设施是人类必不可少的一项人权。人类需水重点领域集中在获得饮用水、农业（粮食生产）、工业和生活用水。当水成为有限的资源时，应在相互竞争的用水分配中确定重点和满足基本需求。下列属于明确的需水重点领域。

饮用水

人类、家畜和野生动植物（不包括作物和农业生产）都离不开水。畜牧生产在旱地很常见，如果有足够的饮用水，旱地的放牧场可供养大群牲畜或食草动物。

生活用水需求

人的基本需求包括洗涤和卫生所需的清洁和安全的水。人类健康与洁净和安全的供水直接相关。干旱地区水资源短缺是人类生存的一个主要限制因素，缺水将直接导致死亡。

农业用水需求

在大部分干旱地区，家庭消费或用于交易的粮食生产主要依赖于雨养农业或基于雨水蓄集技术的小规模灌溉。大规模灌溉系统对多数干旱地区并不可持续，因其严重依赖于水源和水管理。雨养农业经常歉收，其产量随着降雨格局的频繁变化而充满变数。

工业需求

一般情况下，旱地不适宜发展高耗水产业，这可对国家经济造成严重的负面影响。鉴于旱地普遍缺水，发展高耗水产业将非常困难，除非能获得可持续的替代水源并在不损害生活

图 28.4

世界主要流域

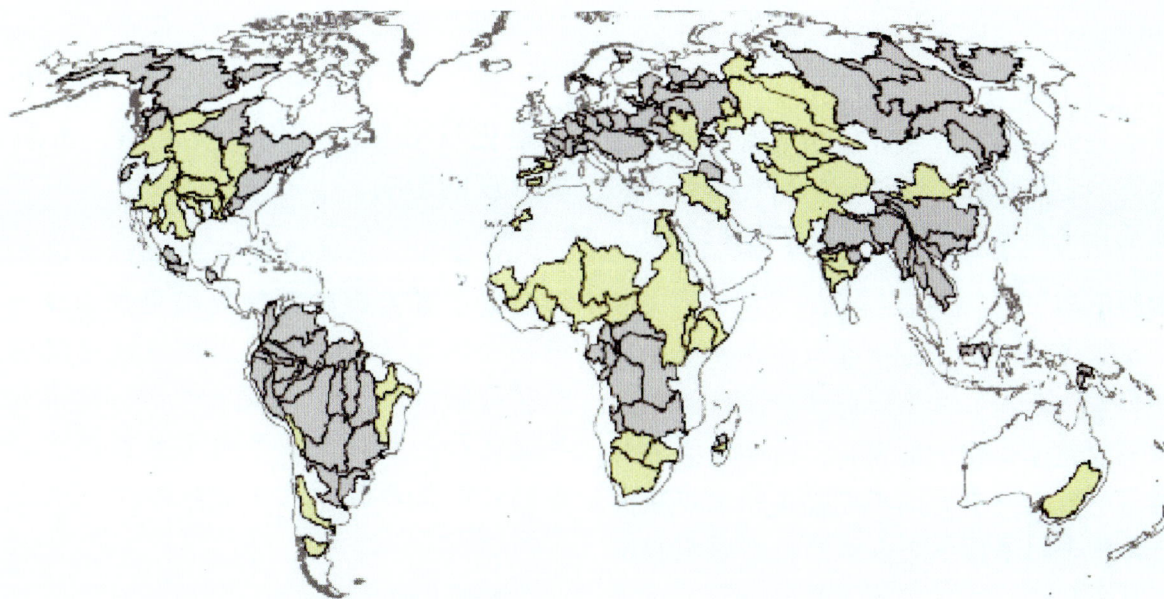

注：位于关键干旱地区的流域以黄色显示。大部分流域是跨界流域。

资料来源：世界资源研究所（http://earthtrends.wri.org/images/maps/P1_22_LG.GIF）。

和农业用水需求的基础上对其实行有效的管理。

28.2.4 全球和区域的旱地水资源管理政策

水资源管理是旱地发展的一个重要方面。由于地方和区域水循环处于极其敏感的状态，水供需平衡经常遭到破坏，甚至耗竭水资源。用水与土地利用之间经常会发生冲突。跨界分歧产生时，有必要提高协调管理稀缺水资源的能力，避免这些分歧上升为重大的政治危机。

与荒漠化、土地退化及干旱和水相关的问题已经开始呈现蔓延的趋势，这种趋势在未来可能会进一步加速。水管理必须从当地着手。在干旱地区，优先开展的工作是大力投资适宜当地的技术和解决方案，并辅以国家和国际层面的决策，确保提高水的利用效率。水资源政策必须以可用资源量为基础，并对其进行适当和经济的价值估算（请参阅详细的政策措施和响应示例概述，这些措施有助于降低本章后面所讨论的荒漠化、土地退化及干旱影响及水资源短缺）。

目前，全球已出台了许多区域性和全球性的水资源管理政策。如果流域跨越国界，这些政策通常涉及跨界协议（见图28.4）。此外，有些项目如"一方水土养育一方人"（KCS，日期不详）与当地社区合作成立了流域管理委员会，促进河流沿岸可持续土地管理实践，遏制了荒漠化、土地退化及干旱以及驱动因素的影响（详情见28.2节）。

28.3 荒漠化、土地退化及干旱：成因、风险和不确定性及热点问题

28.3.1 荒漠化、土地退化及干旱的成因及与水的关联性

导致荒漠化、土地退化及干旱并使其加剧的原因多种多样，与自然现象、人类活动和气候变化都有关。荒漠化、土地退化及干旱的综合效应导致水资源可利用量减少和可获得性降低。地下水和地表水系统均会受到影响。

自然现象

认识到某些特定地理区域属于自然干旱地区是非常重要的。这些地区处于变化莫测和极端的气候条件下，并且由于缺水导致的干旱已成为一种普遍现象。干旱地区生产潜力有限，在长期的气候条件、地貌环境和地球历史中形成了特有的适应特性，通过千年期观测可得知旱地演变和地理位置发生的剧烈变化和转变。

人类活动

许多旱地形成了人类活动与自然和谐相处的文化特征。然而，人类对自然资源构成的压力逐步导致荒漠化和土地退化，这些往往不可逆转并可导致生产潜力的长期损失和水短缺加剧。土地管理对旱地生态系统的自然限制和生态过程并不敏感，土地管理不善和不足，加之频繁的严重干旱，经常会引起严重的荒漠化和土地退化，土地蓄水能力下降，造成水短缺。非干旱地区的情况也是如此。人们不断要求提高旱地的生产力，这与当地居民和政府的发展愿望及依赖有限自然资源不断增长的人口有关，效率低下的土地管理实践已导致旱地变得越来越不适合人类居住。

气候变化

预计气候变化会给全球干旱地区带来不同的风险和机遇。从广义的分类来看，气候变化将导致气温和降水增加和／或减少、影响蒸腾蒸发率、水资源可利用量、某些牲畜和作物及其他自然生态系统要素的耐受度。更加极端的天气事件，如普通干旱地区发生更长时间和更严重的干旱、前所未有的极端洪水事件以及气候条件发生季节性转变（例如雨季时限发生变化和生长季缩短），都对生态系统提出了巨大挑战。基本生态系统服务受气候变化影响，造成荒漠化、土地退化及干旱。应对和适应气候变化的困难通常会加剧荒漠化和土地退化，对管理构成巨大挑战。气候变化影响水资源，即流域地下水补给和径流发生改变，将导致含水层枯竭和／或突发性洪水及其他地区洪水泛滥。非洲河流预测将发生动态性改变（见图28.5），一些地区发生特大洪水灾难的频率将出现上升趋势，而其他地区的河道会出现干涸。

28.3.2 风险和不确定性：荒漠化、土地退化及干旱对可用水资源量、水质和获取程度的影响

荒漠化、土地退化及干旱对重要的水资源造成了直接影响并使局势更加恶化，特别是在干旱地区。有限的水资源被过度使用和耗尽已经成为一个问题，同时，荒漠化、土地退化及干旱对资源产生了更加直接的负面影响，伴随这些而产生的风险和不确定性如下文所述。

地下水回补量减少、径流改变

土壤板结和土壤变化、植被和土壤动物区系的参数直接影响地下水的回补率和生态系统的水动态模式（FAO，2002）。众所周知，流域森林砍伐会改变径流模式，扰乱生态系统的自然水分回补和存储。小范围内，不可持续的土地使用方式改变了土壤动物群落和土壤有机质（SOM）形成的平衡，对土壤蓄水能力产生负面影响（见专栏28.1），进而影响到水分渗透率。

土壤物理压实可导致土地退化，如牲畜践踏、建筑物或工业活动硬化地面或拖拉机行车等，这种压实将对水分渗透到地下产生负面影响。土壤压实形成更多的不透水面，致使水分无法渗透到地下含水层。一旦土壤渗透力降低或大面积移除植被，将会增大洪峰流量或增加洪水（Calder，1998）。

降低土壤渗透能力可增加地表径流。地表径流导致地表土壤侵蚀，包括溅蚀、沟蚀、片蚀或河床侵蚀。随着径流越来越多，水流将被迫直接进入小溪或排水沟，暴雨径流将被强排掉，使地下水回补量减少从而降低地下水位，进一步加剧了干旱程度，对于农民和依赖水井为生的人口尤其如此。

图 28.5

气候变化对常年河网密度的影响

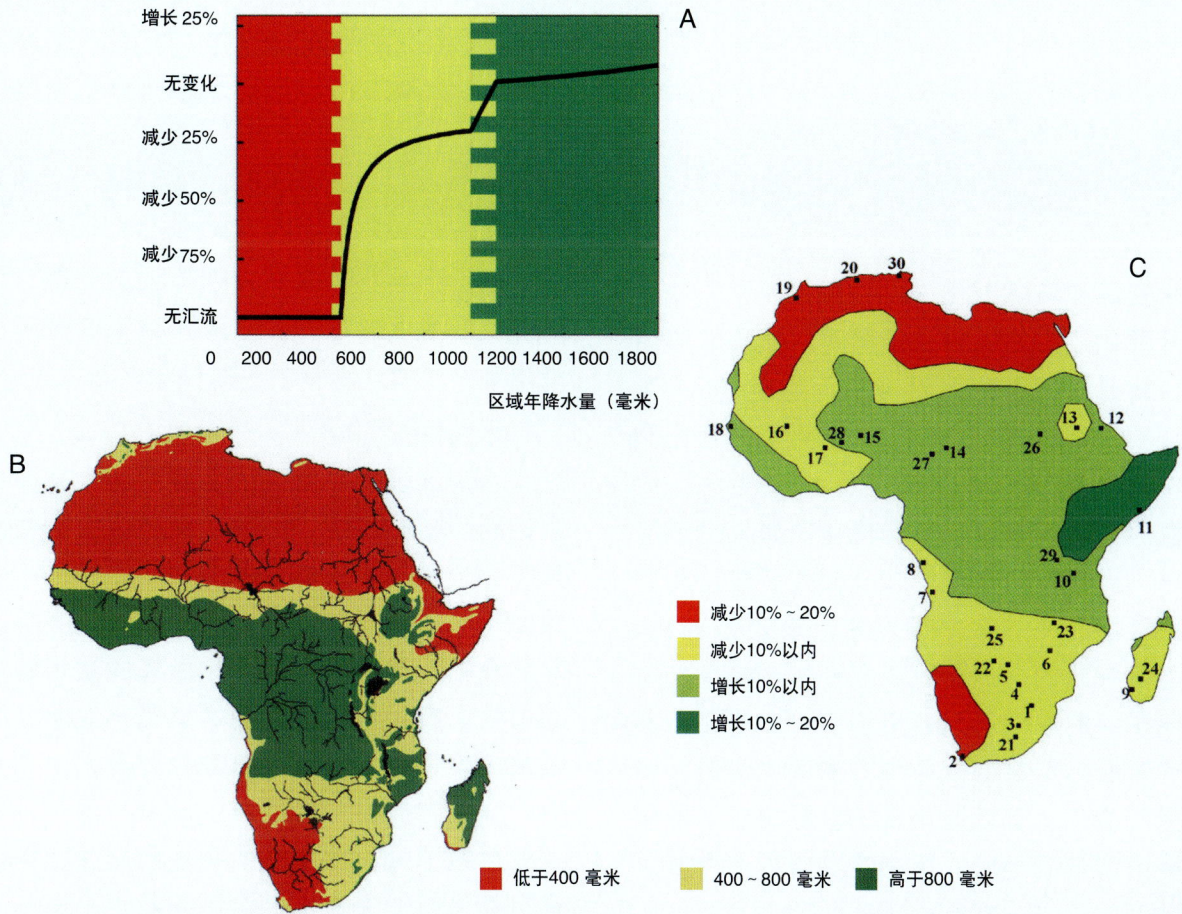

注：2070—2099年降雨量减少10%对常年河网密度的影响。（A）20世纪末的降雨分布，（B）非洲降水变化预测图，（C）数字表示计算影响常年河网密度时选取的位置数量。
资料来源：de Wit 和Stankiewicz（2006），获得美国科学促进会许可转载。

专栏 28.1

土壤动物群在保持土壤持水能力方面的作用

荒漠化、土地退化及干旱通常会破坏土壤生物学特性的健康，进而对土壤蓄水能力产生负面影响。土壤对水的渗透性和蓄水能力对雨水下渗并回补地下水至关重要。荒漠化和土地退化的发生使得土壤动物群丧失了生物多样性，干扰了关键生物地球化学和自然土壤过程如土壤水分渗入和蓄水能力。土壤动物群可改善土壤自然特性，如放大孔隙从而提高土壤水下渗能力（Leonard 和 Rajot，2001；Mando 等，1999）。例如，旱地土壤中处于优势地位的大型无脊椎动物白蚁和蚂蚁将草秆、树叶和木材等有机材料转化为土壤，这些有机材料被分解后，可使各种土壤有机物转化为土壤有机质（SOM）。土壤有机质对提高土壤蓄水能力至关重要。土壤动物群在改善土壤结构和分解垃圾等方面发挥着重要作用，可在不同时间和空间尺度进行土壤有机质转换和养分的动态转化，从而影响土壤的物理特性、营养循环、保水能力和植物生长（Bhadauria 和 Saxena，2010）。如果土壤动物群落因荒漠化、土地退化及干旱等相关影响受到干扰（如压实和不恰当地使用农药），土壤的物理和化学属性将受到负面影响，从而对水平衡产生不利影响。

水资源和环境退化

荒漠化、土地退化及干旱对水质造成重要影响，同时对下游用水造成负面影响（FAO，1993，2002）。这些影响包括泥沙沉积变化和营养物质、盐分、金属和农药的浓度发生改变，病原体涌入和气温状况变化。如果土地管理措施不当，氮磷含量增加及相关硝酸盐和磷酸盐浓度增高将导致水源发生严重富营养化。牲畜养殖导致的河岸放牧或家畜排泄物增加将使地表水中的致病细菌数量增加。农药和不断排放的有机污染物会以各种方式进入河道，特别在受荒漠化、土地退化及干旱影响如土壤侵蚀和径流增加的地区，这种情况会更加严重。

浑浊、泥沙和淤积

土壤侵蚀是土地荒漠化和土地退化的主要表现。土壤通过径流或风被输送至水源，如河流和大海，造成珍贵的表层土损失并增加沉积物使地表水浑浊。这种土壤流失和泥沙淤积及混浊度影响如限制阳光渗透，破坏了河流中动植物的自然栖息地（FAO，2002），改变了生物多样性格局，导致淡水渔业产量下降。在极端气候变化的情况下，再加上水资源管理不善和荒漠化、土地退化及干旱，可导致整个流域和河流系统被泥沙淤积甚至河流断流。

盐碱化

土壤和水资源盐碱化是伴随荒漠化和土地退化产生的重要问题。地表水和地下水含盐量上升会对下游用水，如灌溉或生活用水，产生不利影响。灌溉和排水活动会导致土壤中水分蒸发、盐分析出，引发地表水和地下水盐度上

升。这是干旱地区需要特别关注的问题，因为干旱地区地下排水的盐浓度和钠吸收率高于灌溉用水。因而，灌溉可导致地表含盐浓度上升。

水短缺

水短缺是干旱地区的主要威胁。旱地是受水控制的生态系统，维持水资源供求平衡非常具有挑战性。当人类取水为己所用时，给生态预留足够的水量，以保持生态系统的服务功能非常重要。如果发生缺水且后续的缺水管理计划失败，农业作为最大的水消费行业所受的影响最严重，收入损失可达数百万美元，尤其是对于农业生产占主导地位的国家。同时，如果农业产量下降，粮食安全将受到威胁，干旱国家将有可能发生贫困、饥饿和营养不良。

28.3.3 荒漠化、土地退化及干旱热点区域和水资源退化

荒漠化、土地退化及干旱的热点区域遍布全球干旱地区（见图 28.2）。考虑到采取干预措施通常代价高昂，国内生产总值和人类发展指数（见表 28.1）低的国家更容易受到影响。人口密集大的旱地或与下游人口密度大的地区相连接的旱地容易出现土地退化并对水产生负面影响。图 28.4 显示了位于干旱地区的主要流域。根据 White 和 Nackoney（2003）的研究成果，其中几个主要流域已经面临缺水（亚洲中部和东部、非洲南部和东部、北美洲中部），预计未来气候变化将对其中一些流域进一步产生负面影响。例如，图 28.5 显示的是气候变化预计可能对非洲河网系统的影响，至少 65% 的大陆会受到负面影响。这类预估覆

盖整个非洲荒漠化、土地退化及干旱地区，可以预见当地的生态系统和生态系统服务与人口和经济具有高度的相关性影响。

需要强调的是，多数干旱地区除了缺水外，其可利用的天然水资源通常面临管理不善的问题。这些地区过高的发展预期目标导致现有水资源开发不可持续。不当的土地利用导致荒漠化、土地退化及干旱和包括水资源在内的自然资源退化。提高水的利用效率是一个严峻的挑战。寻求替代水源（如大型海水淡化、通过渠道和管道远距离调水）可导致荒漠化、土地退化及干旱问题更加恶化，加剧土地利用竞争，如牲畜数量激增导致植被覆盖变化和土壤退化。

28.4 保护旱地及其人口的应急措施

干旱地区目前面临的主要挑战包括①贫困，②粮食危机（粮食不安全和饥荒），③干旱和缺水，④气候变化，⑤生物多样性丧失，⑥森林砍伐，⑦能源挑战，⑧环境恶化被迫移民。面对这些挑战，人们必须意识到解决旱地荒漠化和土地退化势在必行。事实上，经济、社会、政治和地理资产的虚拟程度、移动性和动态性越来越高，很容易忽视社会经济资产如土地和水资源与人类的内在联系。干旱地区缺水最终将会对可持续发展产生无法回避的不利影响，妨碍当地的治理并加剧社会矛盾。

旱地水资源的匮乏和进一步减少对旱地未来生产力和发展方案有着显著影响，而荒漠化、土地退化及干旱影响会使缺水和水质问题进一步恶化。从干旱地区的环境、社会系统和经济可以看出这些影响。虽然气候变化影响可能会改善一些地区的水平衡，但很多地区必将面临日益恶化的缺水问题，因此，每个地区都必须制定大量应对水资源挑战的战略方案，并具备管理变化的能力。下文将对有关措施进行概括介绍。

28.4.1 战略措施

旱地水资源保护需要采取综合措施来管理自然环境和相关资源，并考虑影响地方、国家和区域层次土地和水资源利用决策的各种因素。这需要政府各部门与社会各界、国际机构、科学界、非政府组织、双边机构及其他机构建立合作伙伴关系，妥善应对水资源安全方面的复杂性。同时，应利用大量政策和技术措施及创新来缓解旱地水资源短缺。

水资源管理创新和应对水短缺的技术
水的成本和付费

牲畜、灌溉和居民传统上可获得免费用水或高额补贴，这使人们认为水资源是充足的且价值不高。因此，提高有效的用水实践和适宜的资源利用规划及管理，限制性资源合理的成本核算和价值估算，减少过度需求和改善水利用效率非常必要。支付水费已被越来越多的人所接受，甚至在农村地区（参见第二十三章"评估水的价值"）。成本通常包括输水和供水两方面。外部成本，如与资源可持续发展相关的费用，通常没有被完全纳入现有的定价体系。第三类成本，即机会成本，是指用水矛盾的事实造成有限的水资源被用于其他用途而造成某些人或行业丧失用水机会。

新水源的开发

在新水源的开发和谈判中提倡创新，对于旱地国家非常重要。虽然投资海水淡化和改进跨地区调水（例如修建管道）是一种选择，但其他方式，如改善水循环利用和改善现有资源的跨界管理，也具有可行性。中东的一些技术解决方案令人印象深刻，其他地区如德国和欧盟其他国家的合作模式和新技术亦有可借鉴之处。

荒漠化、土地退化及干旱：向可持续生态系统服务投资

尽管生态系统服务的价值还没有在多数供水者和用水者中得到充分体现，但其已成为合理化的概念（见专栏28.2；另请参阅第二十一章"生态系统"）。生态系统服务的价值/价

格评估是确保水资源等有限的资源长期可持续利用和管理的关键（Emerton 和 Bos，2004；Smith 等，2006）。在荒漠化、土地退化及干旱背景下，我们必须确保关键的生态系统服务功能，如流域和植被及土壤相互作用等功能，得以延续。应进行相关投资，遏制荒漠化、土地退化及干旱对水资源带来的负面影响，并将其全部纳入价值估算中。在此基础上，生态系统的价值应转换为水管理决策。例如，（生态系统服务的）经济价值估算更适于在推行改革和政策制定的条件下进行，如在治理荒漠化、土地退化及干旱的背景下。到目前为止，这些是我们获得的可以对方法和实际值进行解释的主要案例研究材料。大多数国家需要对政策研究进行投资以便为决策提供信息。

础研究已经开始，将对该流域决策和生态系统服务付费机制构建和提供指导（Vågen，2007）。借鉴哥斯达黎加和哥伦比亚等国经验也很关键，这些国家已经构建了较先进的生态系统服务付费机制（Porras 等，2008）。

一种已经试行的生态系统服务付费机制是"绿水信贷"（GWC）。"绿水信贷"为肯尼亚提供了一种确保粮食、水和电力安全的试行方法。"绿水信贷"是对提供水和土地管理服务农民的付费或给予奖励，以使下游用户受益，获得质量更高和更可靠的供水。

专栏 28.2

为生态系统服务付费——以肯尼亚为例

Engel 等（2007）指出，生态系统服务付费（PES）是一种基于市场的创新机制。它基于两个原则，生态系统服务受益者应为获得的服务付费，而生态系统服务的提供者应得到相应的补偿。由世界银行（www.worldbank.org）与国际农林研究中心（ICRAF）支持的非洲环境服务扶贫奖（PRESA）项目，正在与社区和政府合作，推广生态系统服务付费措施，包括对流域的管理和保护。目前已有很多项目处于起步阶段。肯尼亚的内罗毕跟非洲其他主要城市一样，依靠偏远的森林集水区供水。萨苏姆阿（Sasumua）流域是其中之一，它满足内罗毕 15% 的需水量。但是萨苏姆阿流域上游地区的土地利用变化导致淤积严重和水污染加剧（Porras 等，2008）。确保该流域正常的水文功能对内罗毕未来的供水尤其重要。目前，基

向创新、技术和基础设施投资

提高环境流量并遏制荒漠化、土地退化及干旱对可用水资源量的负面影响是开发新技术和基础设施的重要方面。例如，南非推出的"水工作计划"（http：//www.dwaf.gov.za/wfw/），科学家和野外工作人员采取一系列手段控制外来入侵水生植物。这项计划是技术干预的一个案例。另一个案例是建设以蓄水或发电为目的的大坝。由于改进了设计，今天我们拥有很多创新措施，用于降低用水量和/或用水损失并改善土壤水分平衡。经历过缺水的干旱地区国家应投资可减少用水的工艺、技术和基础设施。这也包括卫生洁具等家用设施，应对其进行研究、开发和市场推广。对能够促进创新开发和使用的激励措施应给予大力支持。

除了向节水技术投资之外，还应向遏制干旱地区荒漠化、土地退化及干旱的创新活动进行投资，以减少其对水基础行业的负面影响。比较常见的例子是农业灌溉系统的改进以及从农场一级改善水和土壤管理技术等措施。另一个重要问题是废水处理和卫生设施的管理，通过先进的中水回用技术实现高效用水。

格评估是确保水资源等有限的资源长期可持续利用和管理的关键（Emerton 和 Bos，2004；Smith 等，2006）。在荒漠化、土地退化及干旱背景下，我们必须确保关键的生态系统服务功能，如流域和植被及土壤相互作用等功能，得以延续。应进行相关投资，遏制荒漠化、土地退化及干旱对水资源带来的负面影响，并将其全部纳入价值估算中。在此基础上，生态系统的价值应转换为水管理决策。例如，（生态系统服务的）经济价值估算更适于在推行改革和政策制定的条件下进行，如在治理荒漠化、土地退化及干旱的背景下。到目前为止，这些是我们获得的可以对方法和实际值进行解释的主要案例研究材料。大多数国家需要对政策研究进行投资以便为决策提供信息。

础研究已经开始，将对该流域决策和生态系统服务付费机制构建和提供指导（Vågen，2007）。借鉴哥斯达黎加和哥伦比亚等国经验也很关键，这些国家已经构建了较先进的生态系统服务付费机制（Porras 等，2008）。

一种已经试行的生态系统服务付费机制是"绿水信贷"（GWC）。"绿水信贷"为肯尼亚提供了一种确保粮食、水和电力安全的试行方法。"绿水信贷"是对提供水和土地管理服务农民的付费或给予奖励，以使下游用户受益，获得质量更高和更可靠的供水。

专栏 28.2

为生态系统服务付费——以肯尼亚为例

Engel 等（2007）指出，生态系统服务付费（PES）是一种基于市场的创新机制。它基于两个原则，生态系统服务受益者应为获得的服务付费，而生态系统服务的提供者应得到相应的补偿。由世界银行（www.worldbank.org）与国际农林研究中心（ICRAF）支持的非洲环境服务扶贫奖（PRESA）项目，正在与社区和政府合作，推广生态系统服务付费措施，包括对流域的管理和保护。目前已有很多项目处于起步阶段。肯尼亚的内罗毕跟非洲其他主要城市一样，依靠偏远的森林集水区供水。萨苏姆阿（Sasumua）流域是其中之一，它满足内罗毕 15% 的需水量。但是萨苏姆阿流域上游地区的土地利用变化导致淤积严重和水污染加剧（Porras 等，2008）。确保该流域正常的水文功能对内罗毕未来的供水尤其重要。目前，基

向创新、技术和基础设施投资

提高环境流量并遏制荒漠化、土地退化及干旱对可用水资源量的负面影响是开发新技术和基础设施的重要方面。例如，南非推出的"水工作计划"（http：//www.dwaf.gov.za/wfw/），科学家和野外工作人员采取一系列手段控制外来入侵水生植物。这项计划是技术干预的一个案例。另一个案例是建设以蓄水或发电为目的的大坝。由于改进了设计，今天我们拥有很多创新措施，用于降低用水量和／或用水损失并改善土壤水分平衡。经历过缺水的干旱地区国家应投资可减少用水的工艺、技术和基础设施。这也包括卫生洁具等家用设施，应对其进行研究、开发和市场推广。对能够促进创新开发和使用的激励措施应给予大力支持。

除了向节水技术投资之外，还应向遏制干旱地区荒漠化、土地退化及干旱的创新活动进行投资，以减少其对水基础行业的负面影响。比较常见的例子是农业灌溉系统的改进以及从农场一级改善水和土壤管理技术等措施。另一个重要问题是废水处理和卫生设施的管理，通过先进的中水回用技术实现高效用水。

盖整个非洲荒漠化、土地退化及干旱地区，可以预见当地的生态系统和生态系统服务与人口和经济具有高度的相关性影响。

需要强调的是，多数干旱地区除了缺水外，其可利用的天然水资源通常面临管理不善的问题。这些地区过高的发展预期目标导致现有水资源开发不可持续。不当的土地利用导致荒漠化、土地退化及干旱和包括水资源在内的自然资源退化。提高水的利用效率是一个严峻的挑战。寻求替代水源（如大型海水淡化、通过渠道和管道远距离调水）可导致荒漠化、土地退化及干旱问题更加恶化，加剧土地利用竞争，如牲畜数量激增导致植被覆盖变化和土壤退化。

28.4 保护旱地及其人口的应急措施

干旱地区目前面临的主要挑战包括①贫困，②粮食危机（粮食不安全和饥荒），③干旱和缺水，④气候变化，⑤生物多样性丧失，⑥森林砍伐，⑦能源挑战，⑧环境恶化被迫移民。面对这些挑战，人们必须意识到解决旱地荒漠化和土地退化势在必行。事实上，经济、社会、政治和地理资产的虚拟程度、移动性和动态性越来越高，很容易忽视社会经济资产如土地和水资源与人类的内在联系。干旱地区缺水最终将会对可持续发展产生无法回避的不利影响，妨碍当地的治理并加剧社会矛盾。

旱地水资源的匮乏和进一步减少对旱地未来生产力和发展方案有着显著影响，而荒漠化、土地退化及干旱影响会使缺水和水质问题进一步恶化。从干旱地区的环境、社会系统和经济可以看出这些影响。虽然气候变化影响可能会改善一些地区的水平衡，但很多地区必将面临日益恶化的缺水问题，因此，每个地区都必须制定大量应对水资源挑战的战略方案，并具备管理变化的能力。下文将对有关措施进行概括介绍。

28.4.1 战略措施

旱地水资源保护需要采取综合措施来管理自然环境和相关资源，并考虑影响地方、国家和区域层次土地和水资源利用决策的各种因素。这需要政府各部门与社会各界、国际机构、科学界、非政府组织、双边机构及其他机构建立合作伙伴关系，妥善应对水资源安全方面的复杂性。同时，应利用大量政策和技术措施及创新来缓解旱地水资源短缺。

水资源管理创新和应对水短缺的技术
水的成本和付费

牲畜、灌溉和居民传统上可获得免费用水或高额补贴，这使人们认为水资源是充足的且价值不高。因此，提高有效的用水实践和适宜的资源利用规划及管理，限制性资源合理的成本核算和价值估算，减少过度需求和改善水利用效率非常必要。支付水费已被越来越多的人所接受，甚至在农村地区（参见第二十三章"评估水的价值"）。成本通常包括输水和供水两方面。外部成本，如与资源可持续发展相关的费用，通常没有被完全纳入现有的定价体系。第三类成本，即机会成本，是指用水矛盾的事实造成有限的水资源被用于其他用途而造成某些人或行业丧失用水机会。

新水源的开发

在新水源的开发和谈判中提倡创新，对于旱地国家非常重要。虽然投资海水淡化和改进跨地区调水（例如修建管道）是一种选择，但其他方式，如改善水循环利用和改善现有资源的跨界管理，也具有可行性。中东的一些技术解决方案令人印象深刻，其他地区如德国和欧盟其他国家的合作模式和新技术亦有可借鉴之处。

荒漠化、土地退化及干旱：向可持续生态系统服务投资

尽管生态系统服务的价值还没有在多数供水者和用水者中得到充分体现，但其已成为合理化的概念（见专栏28.2；另请参阅第二十一章"生态系统"）。生态系统服务的价值/价

面开发这些资源需要参与资源分享的所有临河国家加强协作。（UNECA，2006，pp.202）

南部非洲开发共同体的例子

南非就是一个鲜明的例子。在南部非洲开发共同体（SADC）的支持下，南非被纳入《南部非洲开发共同体共享水资源修订协议》之后，与沿岸相关国家进行区域间整合，达成数项合作项目协议（Turton 等，2006）：

• 莱索托高地水利项目，包括大坝、隧道及输水网，项目贯穿南非瓦尔河流域分水岭，目的是从河流调水到莱索托。

• 科马提河开发项目，目前已修建了马古加大坝和德里古皮斯大坝，目的是为斯威士兰及南非的灌溉开发进行蓄水。

• 诺德-欧威尔灌溉项目，利用南非的基础设施推动纳米比亚的发展。

• 巴伯顿供水项目，是从斯威士兰洛马蒂河调水到南非。

• 弗恩古罗波尔特大坝，斯威士兰已同意将水库蓄水供南非使用。

• 哈博罗内供水项目，将水从南非输送到博茨瓦纳首都。

这些项目所面临的一个紧迫挑战就是缺乏全面、可靠且相互一致的跨境水资源数据，特别是地下水资源数据；其次是组织机构较为薄弱。因此，这些水资源的利用存在发生冲突的隐患。除此之外，还有 90 项国际水资源协议帮助管理非洲大陆的跨界河流（UNEP，2010）。

跨流域调水计划

莱索托高地水利项目是跨流域调水项目的典范。刚果跨境输水管线项目是又一个案例，项目计划从刚果河南部一条支流调水，穿过安哥拉高地输送到卡凡古河支流以增加其径流量。刚果跨境输水管线项目有望成为撒哈拉以南非洲地区最大的水利工程。该项目估计耗资 60 亿美元，并将为安哥拉、博茨瓦纳、中非、刚果民主共和国、纳米比亚和苏丹创造几千个就业机会，它还将产生巨大的商机，如：沿管线铺设光纤将会带来对供电和通信的需求。

纳米比亚参照撒哈拉沙漠国家开展的其他类似项目，计划从刚果取水在纳米布沙漠发展灌溉项目。为实施该项目，纳米比亚需从卡凡古河（250 千米以外）将水引到首都温得和克。另一方面，博茨瓦纳拟从卡凡古河三角洲（300 千米以外）调水到最近农业区，或进一步输水到 700 千米远的首都哈博罗内。（Ngurare，2001；Tennyson，日期不详）

29.4 区域热点

29.4.1 萨赫勒地区

萨赫勒地区是非洲热点地区之一，既是一个生态气候区，又是一个地缘政治实体。生态气候区指位于撒哈拉沙漠与非洲赤道附近的潮湿地区之间的半干旱过渡区，从大西洋延伸至印度洋，以干旱、酷热、不规律的稀少降雨、周期性洪水，以及常常伴随的普遍饥荒、大范围死亡及人口与牲畜迁移为主要特征。

降雨记录、考古等证据表明，萨赫勒地区在我们这个时代所遭受的具有代表性的旱灾、洪灾、饥荒以及其他灾害不属于新发生的现象，自古以来这些现象就在该地区重复上演，并且它们似乎有愈演愈烈之势。

2010 年 6—8 月，萨赫勒地区暴发了一次严重旱灾。类似严重的旱灾早在 20 世纪 70 年代就曾出现过，当时人们没有防范措施，但在遭受巨大损失的同时也获得了巨额国际援助。这也引发了一些问题，即如何最大程度地处理好捐赠方与接受方之间的协作关系，并对如何优化平衡救济、恢复以及发展提出了新命题。

针对上述问题，1973 年，萨赫勒地区的非洲西部各国领导人设立了一个新组织。这个组织被称为萨赫勒抗旱委员会（CILSS），萨赫勒生态气候区就位于非洲西部具有地缘政治意义的萨赫勒地区。

萨赫勒抗旱委员会共有 9 个成员国，其中 4 个成员国为沿海国家（分别为冈比亚、几内亚比绍、毛里塔尼亚及塞内加尔），4 个成员国

图 29.5），而全球人口增长率却在日渐下降，1990—1995 年间，全球人口增长率为 2.8%，预计这一数值在 2010—2015 年间将下降到 2.3%（见图 29.6）。加上经济不断增长，非洲的人口趋势将有助于促进社会经济发展。

29.3 主要风险、不确定因素及机遇

29.3.1 主要风险

非洲地区面临的主要风险包括水短缺、极端水文事件、水质下降和水生态系统破坏。

水短缺

尽管非洲具有丰沛的水资源，但仍是仅次于澳大利亚的全球第二大干旱大陆。在撒哈拉以南非洲地区，估计约有 2 亿人面临严重水资源短缺问题。到 2025 年，将有近 2.3 亿人面临水短缺（UNEP，2008）。这会导致旱灾的发生，约 16% 人口生活在半干旱区域。2005 年，尼日尔发生的严重干旱造成饥荒，导致 250 万人食物缺乏（WFP，2005）。根据 Sharma 等（1996）的资料，1990 年，8 个撒哈拉以南非洲国家遭受了严重旱灾。世界银行估计，到 2025 年，受水紧张影响的国家数量将上升到 18 个，波及 6 亿人口。

造成水短缺有多个因素，气候变化是主要的因素之一。20 世纪 60 年代到 90 年代，一场长期干旱席卷了非洲萨赫勒地区，造成大面积灾害，并导致海表温度的变化。其他可能的影响因素包括水库等基础设施投入不足、管理效率低下、人口迅速增长、城市化进程不断扩大以及经济和工业不断发展。附加因素还包括生活方式的改变、过度放牧、过度耕作及森林砍伐等不可持续的土地管理模式。

除了干旱，水短缺带来的风险还包括各行业之间以及各国之间的冲突、土地和水质退化、富营养化、淤积、盐渍化、土壤碱化、河流流量减少以及对商业的负面影响。

29.3.2 不确定性

非洲水资源管理不确定性的两大根源是自然现象存在的变异以及知识匮乏。

降雨分布就属于自然不确定性之一，表现在时空分布上极不均衡（见 29.2.1 节）。知识匮乏主要表现为以下两个方面，即水文气象历史数据不足，同时对自然现象本质缺乏科学认知。过去对水文气象数据采集和分析方面投资不足也导致水文、水电及水利工程方面的不确定性。加上对水资源系统本质缺乏科学认识，就造成对被管理的资源的现状和过去状况的认知匮乏，还缺少关于水资源系统随时间推移发生何种变化的了解。事实上，很难做到根据当前的状况构建一个尽善尽美的模型来预测未来状况，或者确定适当的概率了解弱势群体所面临灾害性质，以便制定出合适的风险应对战略。自然现象复杂多变，未来这两种不确定性还将继续存在。因此，这更加显现出采取水资源管理（如：水资源综合管理）等措施来应对这些不确定性的必要性。

29.3.3 机遇

非洲地区在开展跨界河流互惠互利合作方面有广阔的发展空间，如实施跨界联合水力发电、大型灌溉项目、航运、渔业开发、联合供水、环境保护、野生动物保护、休闲及生态旅游等。仅刚果河流域就约占非洲地表淡水资源总量的 30%，并且是世界上水电储量最大的一个流域（可发电量估计约为 100 000 兆瓦）⋯⋯

跨界流域管理的主要动因是寻求将潜在冲突转化为建设性合作的方式，并将通常所说的零和困境局面（即你输我赢的局面）转化为双赢局面。（UNECA，2006，pp.201-204）

由水资源分享转为利益分享模式是一项挑战。

跨界自然资源综合开发不仅有利于临河国家在社会经济发展过程中分享河流与湖泊资源，还将促进并提高非洲在经济一体化过程中的区域和地区间合作。但是，基于双赢原则全

29.1 地区问题与近期发展情况

非洲现有 54 个国家，跨界河流多是该地区的主要特征，其流域面积占土地面积的 62%。该地区还拥有丰富的矿产资源，但是，大部分资源尚待开发，仍属于全球最贫困落后地区之一。事实上，从 20 世纪 70 年代中期到 20 世纪90 年代初期，非洲的经济十分萧条，这一时期被称为"失去的 10 年"。

然而，近几年情况有所好转。《经济学人》(2011) 杂志的分析显示，在新世纪第一个 10 年即 2010 年之前，非洲是全球经济增长最快的10 大经济体之一。许多指标也显示出该地区已广泛实行了经济改革，并在许多国家取得了积极成效。于是，本地区内国内生产总值出现负增长的情况消失了，取而代之的是全面的经济可持续增长，基本达到发展中国家的平均水平（见图 29.1）。然而，从人均 GDP 增长来看，非洲仍远远落后于其他地区（见图 29.2）。

2011 年，世界银行在一份题为《非洲的脉搏》的报告中谈到了非洲发展前景，在当今世界经济危机之前的几十年里，非洲国家经济的稳定增长加上债务减免，帮助其实现了财政收支平衡。到 2008 年，72% 的非洲国家已经基本实现了财政收支平衡，而在 20 世纪 90 年代初期，只有 28% 的非洲国家实现财政收支平衡。图 29.3 显示出该地区的经济增长动态，图29.4 显示出在 15 个全球增长最快的经济体中，12 个位于非洲。这些数据表明，尽管全球经济出现动荡，非洲东部地区又遭遇干旱，但非洲未来经济发展仍然具有较大的后劲。

非洲水资源丰富，拥有 17 条河流，流域面积超过 100 000 平方千米，还有 160 个面积超过 27 平方千米的湖泊。还拥有广阔的湿地资源以及虽然有限但分布广泛的地下水资源。此外，有着巨大的水力发电潜力……但是，来自自然和人类的双重挑战，限制了人们从非洲水资源中获益，限制了水资源潜力的充分发挥，也削弱了水资源对非洲可持续发展的支撑作用。(SARPN，2002，p.13)

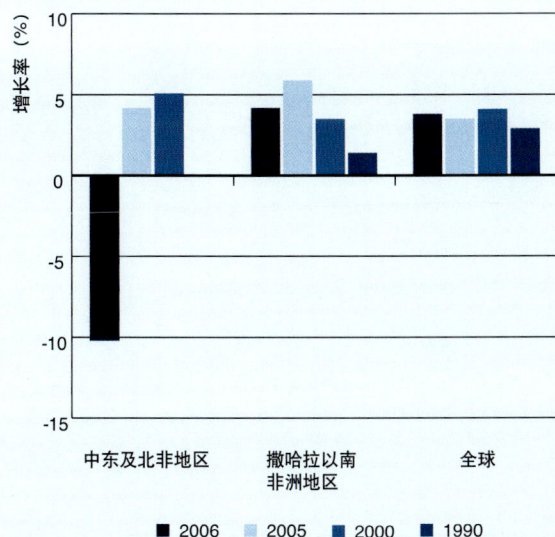

图 29.1

GDP年增长率

资料来源：K. Andah根据世界银行（2008）以及世界资源研究所地球趋势数据库（已关闭）的数据编制。

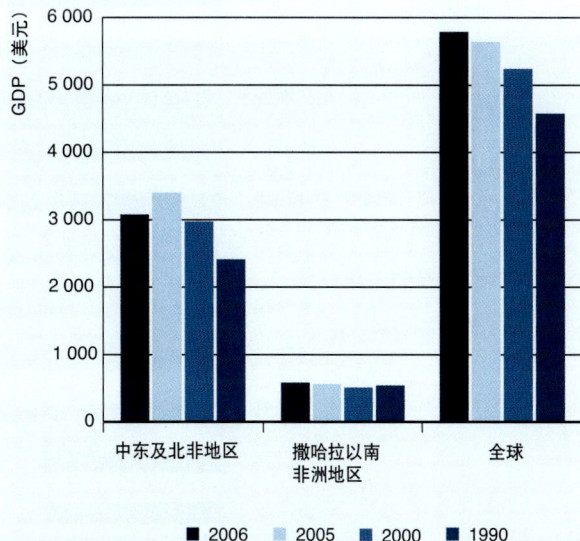

图 29.2

人均GDP（美元，不变价格）

资料来源：K. Andah根据世界银行（2008）以及世界资源研究所地球趋势数据库（已关闭）的数据编制。

图 29.3

撒哈拉以南非洲地区经济增长动态

GDP增长百分比

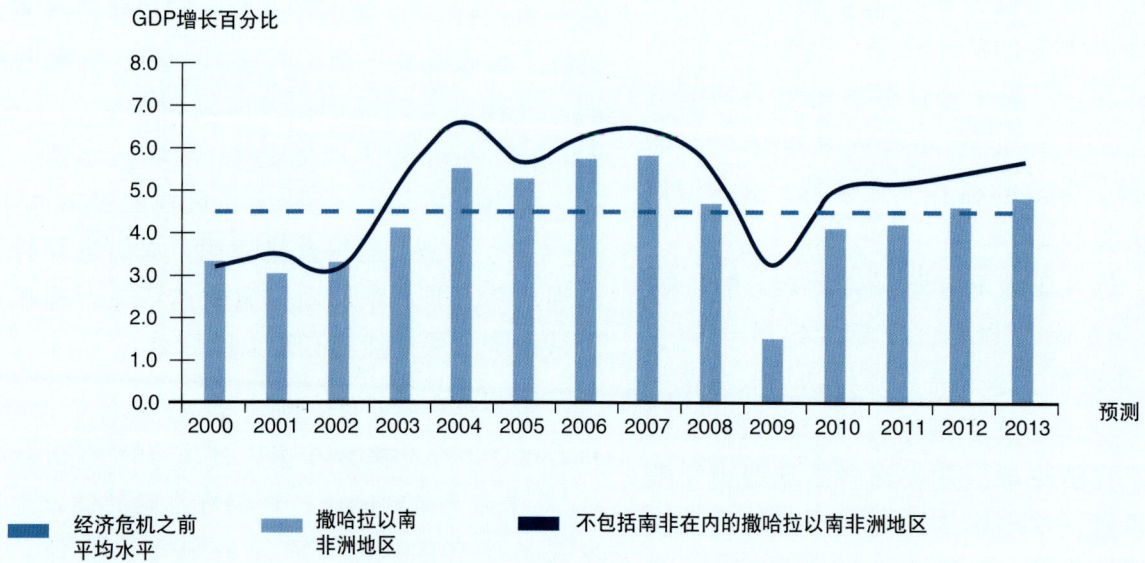

资料来源：世界银行（2011，图2，p.3）。

图 29.4

撒哈拉以南非洲地区增长速度最快的经济体与金砖四国的对比

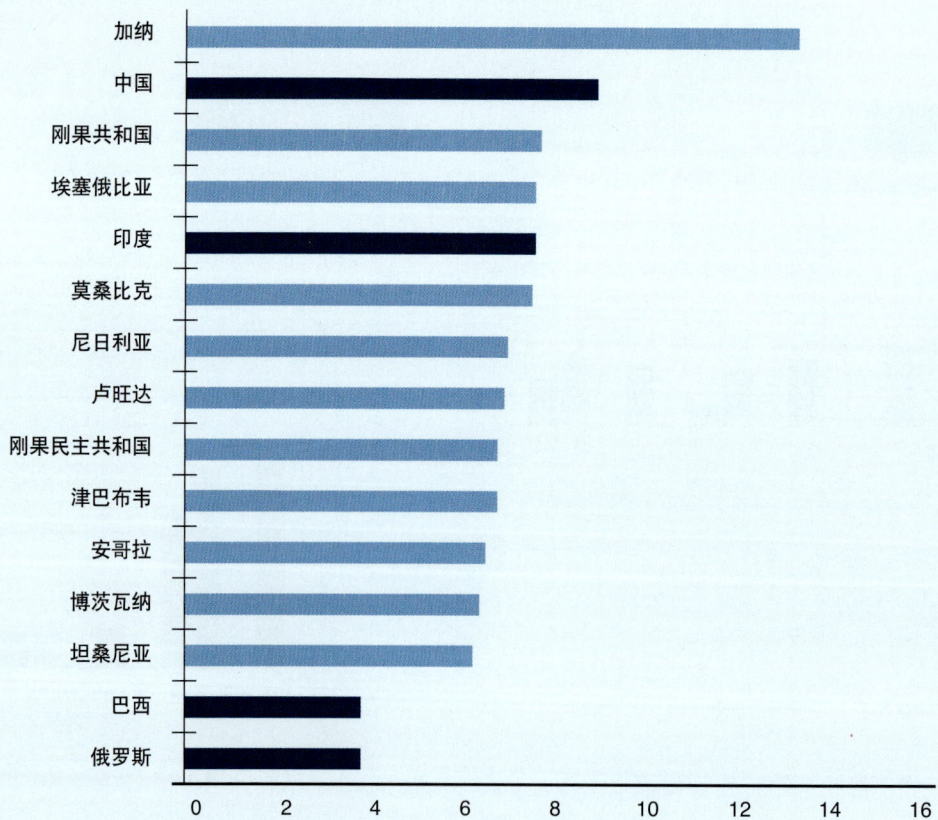

资料来源：世界银行（2011，图3，p.3）。

与非洲地区其他自然资源一样，非洲丰富的水资源仍处于未充分开发状态。目前，水资源在该地区发展中的重要作用已得到充分认识。人们已意识到水资源可促进可持续发展，同时也会构成制约因素，如："在 2000 年莫桑比克洪灾期间，大水卷走了长期积累的发展成果"（SARPN，2002，p.2）。管理不善可能造成土壤退化，在萨赫勒地区就曾经发生过类似的情况，或造成重大生态系统破坏，目前乍得湖流域正经历着类似的困境。此外，如果不采取适当的措施，经济与社会发展可能会对水量和水质产生负面影响，进而限制其未来开发价值。因此，为应对这些挑战，必须要齐心协力为该地区水资源合理利用和可持续发展扫清障碍。这些努力在《2025 年非洲水资源前景》中得到了充分体现。非洲联盟于 2004 通过了该报告，并将此作为非洲水利部长理事会、非洲开发银行及联合国系统组织的联合国水计划非洲分部进行水资源开发与管理的依据。

本章论述了非洲水资源管理的驱动因素以及遇到的挑战。同时，论述了面临的风险及不确定因素，并提出了应对措施。

29.2　外部驱动因素

29.2.1　气候变化

非洲的气候特点是极端多样，从湿润的赤道及热带区域到半干旱地带和北方的干旱地带，大致可划分为 7 个气候地带，降雨量时空分布极不均衡。（UNECA，2001，p.1）

非洲大陆降雨量较为丰沛。年均降水总量达 20 359 立方千米或年降水量 678 毫米。（FAO，2005）。降水量变化取决于气候条件，而气候变化又受到赤道辐合带（ITCZ）影响。在非洲大陆，降水量从赤道向南北方向逐渐减少。赤道辐合带运动所固有的特性带来一定风险和不确定性，主要表现在降雨量明显的季节性特征、降雨季节开始及持续时间具有不确定性以及频繁的洪水及干旱等极端气象灾害。

非洲大陆降雨异常，既具有正面影响，也具有负面影响。大多数淡水均来自于季节性降雨，并且随着气候带的变化而有所不同。最强降雨常出现在赤道附近，尤其是在尼日尔三角洲到刚果河流域之间的区域。撒哈拉沙漠降水非常稀少……而南部非部地区的降雨量占非洲总降雨量的 12%（FAO，1995）。非洲西部及中部地区，降雨量的变化很大，且难以预测。（UNECA，2001，p.3）

影响该地区气候变化的因素有很多。厄尔尼诺南方涛动现象是最主要因素，它导致非洲东部及南部地区年际气候变异。1997—1998 年的厄尔尼诺现象导致非洲东部地区出现了极端天气，1999—2000 年的拉尼娜现象则被认为是莫桑比克遭受毁灭性洪灾的罪魁祸首。在萨赫勒地区，厄尔尼诺现象对年际变化产生影响，并导致降雨减少，该地区降水变率也受到海面温度及大气动力等影响。在整个非洲西部地区，大西洋对季节性气候变异起到关键作用。

该地区气候还表现出年代际变异特征。迹象表明，空中悬浮微粒和灰尘可调节该地区气候变化，具体表现在每年 11 月到次年 4 月哈麦丹风或沙尘季节，萨赫勒/苏丹地区会出现极度稠密深厚的尘土层（厚度达数千米）。

29.2.2　跨界流域

非洲跨界流域占土地总面积的 2/3，3/4 的人口居住在跨界流域，并且大陆 93% 的地表水资源都集中于此（Turton 等，2006，p.23）。有些跨界河流甚至流经 10 多个国家。

非洲大陆有 80 多个重要的河流和湖泊流域，有些堪称世界之最。全世界 200 条主要国际河流中，非洲占了 55 条，比其他任何大陆都多……14 个非洲国家政治疆界几乎都在一条或数条跨界河流流域内。　（UNECA，2006，p.201）

由 4 个以上国家共享的 10 条主要流域：

尼罗河流经 10 个国家（其中 9 个在撒哈拉以南非洲地区），刚果河流经 9 个国家，尼日尔河流经 11 个国家，赞比西河流经 9 个国家，沃尔特河流经 6 个国家，乍得河流经 8 个国家。有些国家会有数条国际河流。几内亚就是一个最具代表性的例子，有 12 条国际河流流经该国。

许多下游国家的水资源大多来自于境外其他国家，这突显了各国间水资源相互依存的状况。比如，在毛里塔尼亚和博茨瓦纳，相应的比例分别为 95％和 94％；冈比亚为 86％，而苏丹为 77％。（Mwanza，2005，p.99）

努比亚砂岩含水层位于撒哈拉沙漠东北部地区，覆盖面积超过 220 万平方千米。该含水层由 4 个国家共享：乍得、埃及、利比亚和苏丹，蕴含着世界最多的化石水，总储量估计约为 150 000～457 550 立方千米；其最主要的子流域为西部的库夫拉（Kufra）河流域和东部的达克拉（Dahkla）河流域。位于该含水层的国家的实际取水量预计为（Bakhbakhi，2004）：

- 埃及：每年 1.029 立方千米
- 利比亚：每年 0.857 立方千米
- 苏丹：每年 0.407 立方千米

- 乍得：取水量非常低

29.2.3　人口数量压力

非洲国家人口的流动，特别是农村人口迅速涌入城郊地区，为供水和卫生服务带来严峻挑战，城市中心区也在快速发展。该地区大约 61％的人口生活在农村地区，高于 50％的世界平均水平。该地区的平均人口密度为每平方千米 29 人，各国和各次区域之间差异较大。2005—2010 年间，城市人口增长率为 3.4％，比农村高出 1.1％（UNEP，2010）。2005 年非洲城市贫困人口为 2 亿，如果各国不立刻采取根本性措施，到 2020 年，城市贫困人口预计将翻一番。（联合国人居署，2005）。然而，城市贫困人口流动性很大，总数很难统计。我们都清楚工作改进的速度远远赶不上贫困人口城市化的速度（联合国人居署，2010）。这些地区城市发展迅速，但管理不善，尤其是城郊贫困地区，占用了绝大多数的市政水服务设施，对供水与卫生服务构成严峻挑战。

2004 年，非洲人口约为 8.68 亿，占世界总人口的 14％。非洲人口增长率趋于稳定（见

图 29.5

非洲的人口分布

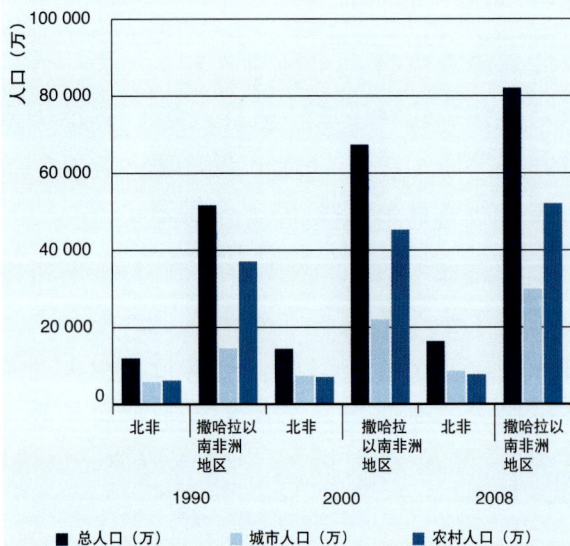

资料来源：K. Andah 根据 WHO / UNICEF（2010）、UNDESA（2007）以及世界资源研究所地球趋势数据库（已关闭）的数据编制。

图 29.6

人口增长率比较

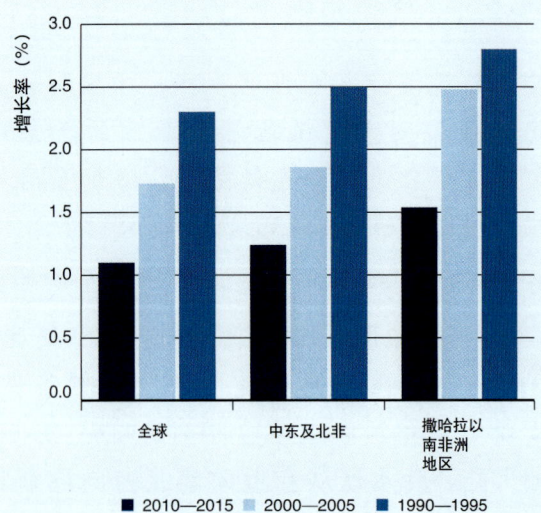

资料来源：K. Andah 根据 UNDESA（2007）以及世界资源研究所地球趋势数据库（已关闭）的数据编制。

向水和生产系统研究、管理和决策能力投资并强调与荒漠化、土地退化及干旱之间的联系

许多旱地国家是发展中国家，其能力建设是关键问题，这在联合国防治荒漠化公约十年战略中得到了充分体现。除了需要提高技术能力以促进技术进步和技术发展之外，还应在各个层面开展能力建设以加强解决荒漠化、土地退化及干旱和水相关问题的能力。建立或加强全国性涉水机构和其他相关机构非常必要，应对此提供必要的支持和权力下放。地方机构应根据水资源管理的迫切要求切实采取行动（Iza 和 Stein，2009）。许多国家正改革水管理结构并下放管理职能，包括管理水需求、维护基础设施和协调付费安排（见第二十五章"水和体制变迁：应对当前和未来的不确定性"，第二十六章"知识和能力建设"）。这种结构设置也应着眼于土地管理和荒漠化、土地退化及干旱相关的涉水问题。例如，印度成立的村委会（village society）通常会处理各类综合事务，最近又把应对气候变化风险和可采取的适应措施包括在内（见专栏28.3）。其他相关行业和生产体系，如农业和林业，也应采取类似的措施加强能力建设。例如，作物研究从传统农业向采用生态农业或农业生态系统等方式的更加节约高效的农业类型转变。

不论采用何种措施，必须认识到当地农民和自然资源管理者的投入和参与是相关措施取得成功的必要条件（见专栏28.3）。最终用户是技术采用以及政策实施的关键，应努力将用户纳入解决方案的设计和开发中。很显然这项工作需要大量的资源投入；然而，如果不付出额外努力，就不可能取得任何进展。

用水效率

旱地用水效率应考虑土地退化修复和水资源或集水区保护，包括通过衬砌输水渠减少损失、避免直接蒸发以及避免过度灌溉引起的径流和渗漏损失。应采取适当措施减少裸地蒸发量，如采取护根和杂草控制措施。实施可持续土地管理实践对促进作物生长很

重要，如选择适销对路的作物、确定种植和收获最佳时机、应用最佳耕作和绿肥方式及完善的排水系统。

专栏 28.3

印度参与式流域管理案例

流域可被定义为所有水都排入一个公共区域的集水区，是采取技术手段进行水土资源管理的合适目标（Shiferaw 等，2008）。一个流域根据其在集水区的具体位置，与共享水资源的不同社区联系在一起。从长远来看，这将使流域资源与用户社区产生相互依存的关系。

20 世纪 70 年代，过度放牧导致的缺水和土地退化成为印度苏库玛（Sukho-majri）村面临的主要问题。当地村民在相关机构的支持下组建了村委会，负责规划和实施农村及其周边区域的保护活动，以修复农田并提高农田的有效利用。措施取得成功的要点在于参与式管理决策并在村一级及后来更大的流域范围成立正式的管理机构。提出了基于事实和信息的决策流程，并促使村民直接参与适应性管理。该村实行的可持续土地管理（SLM）实践从一开始就与水管理措施相统一。

资料来源：科学与环境中心（1998），Porras 和 Neves（2006），Porras 等（2008）。

减少水浪费

妥善管理水资源的一个重要部分是减少水损失。在各个管理层面，减少或防止渗漏很重要。这包括为当地社区提供支持和专业知识，以便实施综合战略，高效用水和维护水井、水龙头及水源地的良好工作状态。从更高层面上看，对全国性水运营系统以及大坝和其他基础设施进行良好的维护很有必要，建立不明水量

损失监控系统也很有必要。还应为大型工业特别设计和实施具有创新性的循环用水和综合多目标利用系统。

旱地可持续土地管理实践

低效和不可持续的土地管理技术会加剧水土资源的退化。近期研究结果表明，全球近20亿公顷土地已严重退化，这几乎相当于中国国土面积的两倍，其中有些退化是不可逆的（FAO，2008）。过度开垦、放牧和滥砍滥伐导致肥沃表土和植被的丧失，对水资源构成了巨大压力，加剧了对灌溉作物的依赖程度。现已观察到的影响包括泥沙淤积和大型湖泊如咸海和乍得湖的入流量减少，导致中亚和非洲北部的天然水库岸线都在以惊人的速度快速萎缩。

因此，我们必须要推行土壤、水和植被保护措施，进一步促进自然生态环境修复、保存和保护。可持续土地管理是少数几种不会破坏作为生产基础条件的水土质量，又能维持生计和带来收入的手段之一（见图28.6）。

可持续土地管理方法的重点是协调土地、

图 28.6

可持续土地管理形成良性循环始于土地条件改善

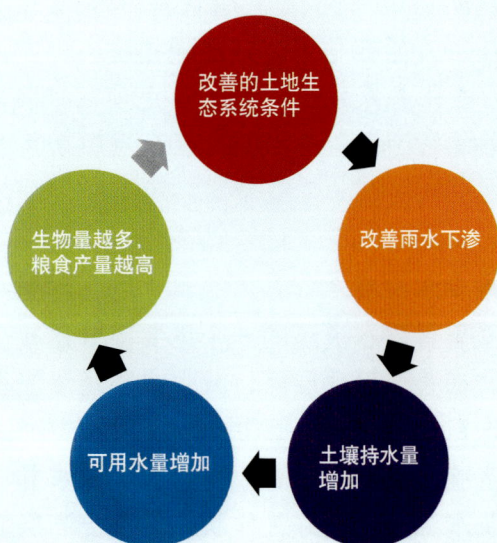

资料来源：UNCCD（2010）。

土地使用和水资源有关各方面的部门规划和管理活动（UNEP，2007）。可持续土地管理举措对于旱地生态系统尤其重要，生活在旱地的绝大多数人仍从事初级农业、畜牧生产、林业和渔业，他们的生活和经济发展模式与水土资源数量和质量有着直接的联系。

可持续土地管理缓解和适应干旱和水资源短缺的案例请参见专栏28.4。

专栏 28.4

通过可持续土地管理实践适应和减轻干旱和缺水的影响

在气候变化条件下，预计干旱和缺水将严重影响撒哈拉以南的非洲地区。现已存在的环境问题，如荒漠化、土地退化、洪水和干旱，将随着气候变化而恶化。这将是农民和社区系统调整生产系统面临的一个挑战。可持续土地管理战略和实践有助于农民和社区更好地抵御干旱和缺水、提高粮食产量、保持水土、提高粮食安全和恢复生产性天然资源。综合性土地和水资源管理可预防土地退化、恢复退化土地、减少将自然森林和草原进一步转化为农业生产的需求（Woodfine，2009），此外还可以提高土壤蓄水能力。

其他与减轻干旱和缺水问题有关的可持续土地管理实践包括：作物多样化/间作作物；保护性耕作和保护性农业；有机农业；综合植物营养管理；统筹规划和病虫害管理，免耕耕作、轮作、地膜覆盖、作物残茬利用和休耕制。

可持续土地管理可最大限度地减少冲突，并取得最有效的权衡，使社会和经济发展与环境保护和改善相结合，从而促进可持续发展目标的实现。

旱地用水的优先领域

对于旱地而言，确定用水重点领域比其他生态系统更为重要。土地用途不同，对水和其他自然资源及生态系统服务的需求也不同。根据这些资源的价值估算，可制定国家水资源配置、供应和定价政策。例如，以色列和纳米比亚利用每立方米水的经济产出计算水利用效率。灌溉农业消耗了两国的大部分供水（纳米比亚占 44%，以色列占 70%），但是，以对国民生产总值或创收的贡献计算得出的经济回报却非常低（Heyns 等，1998）。值得关注的是以色列被视为全世界灌溉系统效率最高的国家之一，但其水相关投资的经济回报并不显著。

干旱国家需采取的政策改革

各国已制定各种解决方案和策略缓解水资源短缺的影响。这包括授权现有机构与有关权力机关开展跨界流域合作、公开磋商、汇集知识和发起联合行动，以解决水资源短缺带来的影响。多年来，人们一直在推行"土地和水资源综合管理"（ILWRM）理念，以加强水资源可持续管理。通过将地下水和地表水与土地管理联系起来实现水循环全过程管理，并已取得一定的成效，但还需要强化权力下放和水利部门利益相关者的充分参与。

政策的主要目标是为所有社区提供足够的水。因此，需要成套的政策工具帮助决策者为缺水问题量身定制计划。例如，如果一个国家的需水量主要受人口增长导致的农业用水增长等驱动因素影响，则最具有成本效益的政策措施应集中在农业领域，无论是灌溉还是雨养作物生产。然而，在农业需水比例较低的国家，其家庭和工业需水比例较高，则最经济有效的政策方案不但应包括农业政策措施，还要有一系列提高工业效率和针对普通家庭的措施。

需水管理

需水管理是可持续水资源开发和利用综合措施的一部分。这包括规划和制定有效用水、经济效率和环境可持续发展政策。管理水需求可以降低水消耗、延迟额外供水设施的建设和保护稀缺的水资源。

干旱地区特有的争论：粮食自给与粮食安全

随着人们对食物和水的需求不断上升，为农民提供更多的水变得越来越困难。在本地和全球尺度，容易获取的淡水资源非常有限。在干旱和半干旱地区，人口密集的国家和大多数工业化国家，水资源竞争日趋激烈。在主要粮食生产地区，气候变化和气候变异上升导致缺水状况持续蔓延。根据人口和经济预测，尚未投入使用的淡水资源是一项战略资产，关系到发展、粮食安全、水生环境健康，在某些情况下，甚至涉及国家安全（Koohafkan 和 Stewart，2008）。

很多干旱国家仍然采用粮食自给的国家政策。发展中旱地国家保证粮食安全有很高的难度，特别是面临频繁干旱和荒漠化、土地退化及干旱影响的农村地区。虽然这些农村的生活方式基本上都非常传统，通常很适应目前的气候条件（包括游牧/迁徙的生活方式），但对现代化的渴望和一些有争议的国家政策（例如强迫移民政策）也会导致这些地区变得极端脆弱。因此，需要有替代方案和手段的规划以协助确定和选择最合理和可持续的水和资源分配优先领域。针对世界各地干旱地区面临的中长期气候变化风险，粮食自给自足或粮食安全的讨论重新得到重视，我们应对此进行认真分析，避免整个国家遭受更加严重的荒漠化、土地退化及干旱，避免饥荒的发生、发展潜力丧失和贫困加剧。

干旱缺水地区长期粮食安全的全球性投资

如何解决缺水旱地的粮食安全是一个复杂的问题，各国面临着艰难的政策和发展抉择。由于可用水量、水质和可获取程度是当地粮食生产潜力的核心，在面临荒漠化、土地退化及干旱威胁的当口，探索和支持有前景的替代方案已经成为必然。许多国家获得的建议是推广和发展第二和第三产业，该过程对于已处于贫困边缘和贫穷的国家非常艰巨。在能力欠佳的发展中国家建立替代生产行业相当困难，同时，确保可靠和公平的国际粮食和商品贸易条件有利于发展中国家的需求也并非易事。在国内和国际应急救灾措施中，应提倡协助干旱国家制定长期粮食安全战略，同时遏制荒漠化、土地退化及干旱的威胁和日益恶化的水资源短缺。

干旱地区实现粮食安全目标需要实施可持续农业政策，从中受益最大的是当地居民。在大多数国家，灌溉种植系统是目前需水份额最大的行业，未来 30 年需水量预计将增长 14%（UNCCD，2010），当务之急是灵活而多元化地适应这一需水增长。改变土地用途和种植模式是一种适应措施。需水量少的耐旱作物也是一种替代方案。免耕是保留上个耕种季节的秸秆等残余物，可以增加水分渗透、减少蒸发、控制风蚀和水蚀。采用生物炭等其他土壤肥料和技术可同时提高土壤蓄水能力和固碳能力，具有广阔的发展前景。

从种植一年生植物改为永久或半永久作物将是另一种选择。这种农作方式的优势包括减少耕作的能源需求、表土干扰有限和防止土壤侵蚀。多年生作物还能轻松获取深层土壤水分和土壤养分。如果现有农业模式的耗水不可持续，应考虑改变土地用途。将退化的农业用地进行恢复和转换，转变为其他替代用途，如森林或草地，这将有助于防止土地进一步退化、提高土壤蓄水能力以及恢复土地的长期种植潜力。

28.4.2　土地和水的国际框架

解决旱地水资源问题刻不容缓。荒漠化、土地退化及干旱对水资源的影响是一个重大问题，旱地缺水是个普遍性问题，尤其是存在气候条件变化预期的情况下。虽然联合国的很多专业机构正在针对逐个问题提出解决方案（水、土地、粮食安全等），但解决水资源短缺问题，特别是旱地缺水问题，迫切需要国际社会的合作与协议。在解决和协调具体需求时，切实可行的办法是达成干旱地区水协议和进行多方利益相关者对话。

联合国有关机构已充分认识到多方利益相关者合作的重要性，这有助于确定有效的议程和协调有效地管理水土资源促进可持续发展等这些相互关联的问题。

多年来，包括 2003 年成立的联合国水计划（www. unwater. org）等在内的若干个合作机制已经建立。联合国水计划致力于加强联合国机构间开展合作与协作，处理淡水和卫生设施各方面的有关问题。与联合国水计划类似的措施是，成员国政府呼吁联合国系统采用一致行动应对土地带来的挑战（联合国土地计划）。2009 年 9 月，为期两年的联合国土地问题管理小组（IMG）成立。联合国土地问题管理小组建议联合国采取一致行动为解决土地问题作出贡献，包括实施"联合国防治荒漠化公约"10 年战略计划。该小组还起草了一份联合国系统解决旱地问题的快速响应报告，突出了全球议程中新问题的重要性，包括气候变化、粮食安全和人类居所等。此外，该管理小组为所有问题提出了后续行动方案，并将其作为联合国可持续发展委员会第 17 次会议成果的优先领域。

结论和建议

旱地缺水问题逐渐成为国际议程中有待重视和解决的问题。荒漠化、土地退化及干旱的不利影响进一步削弱了可用水资源量、水量和水质。荒漠化、土地退化及干旱势必会造成危害，对于跨界水地区，预计水危机和水短缺将不断加剧民族之间和政治紧张局势。在一些国家，荒漠化、土地退化及干旱及缺水已造成无法避免的内部迁徙，迫使整个村庄从农场搬至人满为患的城市。如果荒漠化没有得到应有的重视，未来 10 年可能有 5 000 万人口被迫搬迁。实施可持续的水土管理政策将有助于克服这些越来越严峻的挑战。

水短缺的影响因不同的地区和国家而各异。与相对较为贫穷的国家相比，有技术和财力处理水短缺效应的国家受到的影响程度较轻。不同的水短缺形式，其影响也会有所不同，这取决于缺水是否持续和长期存在，是否具有周期性和不可预测性，具有区域属性还是地方属性。旱地国家特别是经济脆弱和面临发展挑战的国家，需要明确设置支撑体系和制定可缓解未来水资源短缺的措施并提供财力支持。气候变化影响将对干旱地区的人类发展前景构成日益严峻的挑战。应确定和重视受日益恶化气候条件影响和本已十分脆弱的热点地区，必须在这些地区落实应急方案以应对水危机。

　　荒漠化、土地退化及干旱对水资源的影响显而易见，必须通过可持续土地综合管理措施对其统一加以解决。水土资源综合管理是实现更持久发展和进步的关键。联合国系统在组织和协调多边行动解决旱地水危机中可发挥重要作用。"联合国防治荒漠化公约"提出建立"旱地水协议"，可作为解决水短缺这一优先问题提高必要帮助的最适宜手段。

参考文献

Bhadauria, T. and Saxena, G. K. 2010. Role of earthworms in soil fertility maintenance through the production of biogenic structures. *Applied and Environmental Soil Science.* doi:10.1155/2010/816073.

Calder, I. R. 1998. *Water Resource and Land Use Issues.* SWIM Paper 3. Colombo, Sri Lanka, International Water Management Institute.

Centre for Science and Environment. 1998. Sukhomajri at the crossroads. *Down to Earth,* Vol. 7, No. 19981215. http://www.indiaenvironmentportal.org.in/node/302 (Accessed April 2010.)

CIA (Central Intelligence Agency). n.d. *The World Fact Book.* https://www.cia.gov/library/publications/the-world-factbook (Accessed April 2010)

Emerton, L. and Bos, E. 2004. *Value: Counting Ecosystems as an Economic Part of Water Infrastructures.* Gland, Switzerland/Cambridge, UK, International Union for Conservation of Nature and Natural Resources (IUCN).

Engel, S., Pagiola, S., and Wander, S. 2008. Designing payments for environmental services in theory and practice: an overview of the issues. *Ecological Economics,* Vol. 65, No. 4, pp. 663-74.

DG Environment – European Commission. 2007. *Water Scarcity and Droughts Second Interim Report June 2007.* DG Environment – European Commission. http://ec.europa.eu/environment/water/quantity/pdf/comm_droughts/2nd_int_report.pdf

FAO (Food and Agriculture Organization). 1993. Prevention of water pollution by agriculture and related activities. Proceedings of FAO Expert Consultation, Santiago, Chile, 20–23 October 1992. *FAO Water Reports,* No. 1. Rome, FAO.

----. 2002. *Land Water Linkages in Rural Watersheds.* Proceedings of the electronic workshop organized by the FAO Land and Water Development Division 18 September–27 October 2000. *FAO Land and Water Bulletin,* No. 9. Rome, FAO.

----. 2008. *Sustainable Land Management.* NR factsheet, produced by Natural Resources Management and Environment Department. ftp://ftp.fao.org/docrep/fao/010/ai559e/ai559e00.pdf

Harrison, P. and Pearce, F. 2000. *AAAS Atlas of Population and Environment.* Berkeley, CA, University of California Press.

Heyns, P., Montgomery, S., Pallett, J. and Seely, M. 1998. *Namibia's Water: A Decision Makers' Guide.* Windhoek, Namibia, Water and Rural Development, Department of Water Affairs, Ministry of Agriculture.

Iza, A. and Stein, R. (eds). 2009. *Rule – Reforming Water Governance.* Gland, Switzerland, International Union for Conservation of Nature and Natural Resources (IUCN).

KCS (Kalahari Conservation Society). n.d. *Every River has its People.* http://www.kcs.org.bw/Page.aspx?PID=58 (Accessed April 2010.)

Koohafkan, P. and Steward, B. 2008. *Water and Cereals in Drylands.* Rome/London, FAO/Earthscan.

Lean, G. 2009. Water scarcity 'now bigger threat than financial crisis'. *The Independent,* 16 March 2009. http://www.independent.co.uk/environment/climate-change/water-scarcity-now-bigger-threat-than-financial-crisis-1645358.html (Accessed April 2010.)

Leonard, J. and Rajot, J. L. 2001. Influence of termites on runoff and infiltration: Quantification and analysis. *Geoderma,* Vol. 104, No. 1, pp. 17–40.

Mando, A., Brussaard, L. and Stroosnijder, L. 1999. Termite and mulch-mediated rehabilitation of vegetation on crusted soil in West Africa. *Restoration Ecology,* Vol. 7, No. 1, pp. 33–41.

Millennium Ecosystem Assessment. 2005. *Ecosystems and Human Well-being: Desertification Synthesis.* World Resources Institute, Washington, DC.

Porras, I., Grieg-Gran, M. and Neves, N. 2008. All that glitters: A review of payments for watershed services in developing countries. *Natural Resource Issues* No. 11. London, International Institute for Environment and Development (IIED).

Porras, I. and Neves, N. 2006. Markets for watershed services – country profile. *Watershed Markets.* London, UK, International Institute for Environment and Development (IIED).

Schlesinger, W. 1997. *Biogeochemistry an Analysis of Global Change.* London, Academic Press.

Shiferaw, B. et al. 2008. *Community Watershed Management in Semi-arid India – The State of Collective Action and its Effects on Natural Resources and Rural Livelihoods.* CAPRI Working Paper No. 85. Washington, DC, CGIAR Systemwide Program on Collective Action and Property Rights (CAPRi), International Food Policy Research Institute.

Smith, M., de Groot, D., Perrot-Maître, D. and Bergkamp, G. (eds.). 2006. *Pay: Establishing Payments for Watershed Services.* Gland, Switzerland, International Union for Conservation of Nature and Natural Resources (IUCN).

UN (United Nations). 1948. *The Universal Declaration of Human Rights.* New York, General Assembly of the United Nations. http://www.un.org/Overview/rights.html

----. 2010. *Resolution Recognizing Access to Clean Water, Sanitation as Human Right.* Sixty-fourth General Assembly Plenary, 108th Meeting, New York. http://www.un.org/News/Press/docs/2010/ga10967.doc.htm

UNCCD (United Nations Convention to Combat Desertification). 1994. *United Nations Convention to Combat Desertification in Countries Experiencing Serious Drought and/or Desertification, Particularly in Africa.* Bonn, Germany, UNCCD. http://www.unccd.int/convention/text/pdf/conv-eng.pdf (Accessed 12 September 2011.)

----. 2010. *Water Scarcity and Desertification.* Thematic Fact Sheet Series No. 2. http://www.unccd.int/documents/Desertificationandwater.pdf (Accessed on 16 August 2011.)

UNEP (United Nations Environment Programme). 2007. Chapter 10: Integrated approach to the planning and management of land resources. *Agenda 21.* http://www.unep.org/Documents.Multilingual/Default.asp?DocumentID=52&ArticleID=58&l=en (Accessed April 2010.)

Vågen, Tor-G. 2007. *Assessment of Land Degradation in the Sasumua Watershed: Baseline Report.* Technical report conducted by KAPSLM and Sasumua Local Farmers Association. Nairobi, World Agroforestry Centre.

de Wit, M. and Stankiewicz, J. 2006. Changes in surface water supply across Africa with predicted climate change. *Science,* Vol. 311, No. 5769, pp. 1917–1921.

Woodfine, A. 2009. *Using Sustainable Land Management Practices to Adapt to and Mitigate Climate Change in Sub-Saharan Africa.* TERRAFRICA Regional Sustainable Land Management. www.terrafrica.org

White, R. P and Nackoney, J. 2003. *Drylands, People, and Ecosystem Goods and Services: A Web-based Geospatial Analysis.* Washington, DC, World Resources Institute. http://www.wri.org/publication/drylands-people-and-ecosystem-goods-and-services

Wikipedia. n.d. List of countries by Human Development Index. http://en.wikipedia.org/wiki/List_of_countries_by_Human_Development_Index (Accessed April 2010)

第二十九章

非洲

世界水评估计划——经与联合国水计划非洲分部、非洲水利部长理事会及联合国非洲经济委员会磋商后确定。

作者：阿尔伯·赖特、库德伍·安达和迈克尔·穆塔勒
致谢：感谢丹尼尔·阿东姆、罗伯托·奇诺尼、克莉丝汀·扬·阿德杰和斯蒂芬·马克斯·东库尔对本文的审校

© FAO/Giulio Napolitano

非洲经济在经历了数十年缓慢增长之后，如今显示出强劲的增长力。但如果缺少创新与协作，可持续经济就不可能实现。

在自然与人类活动双重挑战的作用下，非洲水资源仍处于尚未充分开发的阶段。

撒哈拉以南非洲地区可再生淡水年利用率仅为5%，城市及农村地区供水量仍处于全球最低水平。在非洲，缺乏卫生设施是水资源管理所面临的最严峻挑战。如果饮用水与卫生领域的千年发展目标得以实现，这将使受益人口数量从2000年的3.5亿增长至2015年的7.2亿。

如果政府不能采取及时有效措施，那么到2020年，撒哈拉以南非洲国家中的城市贫困人口预计将比2005年的2亿人口再增加一倍。

缺乏充足和安全的饮用水以及粮食安全存在问题未必仅仅是由于可供水量本身造成的，缺乏适应能力和有效的开发战略、未建立有效的地区与次区域组织架构以及经济和财政限制等都是重要的影响因素。

在跨界流域管理方面，需要积极寻求化解冲突的合作方法和手段，并将"零和困境"转化为双赢局面。

为内陆国家（分别为布基纳法索、乍得、马里及尼日尔），还有 1 个岛国（即佛得角）。

萨赫勒抗旱委员会的成员国大约有 5 800 万人口，覆盖面积 570 万平方千米。此外，它们的气候条件极为相似，均为萨赫勒气候。这些国家的人口特征为：

在农业、畜牧业、渔业、短期与长期贸易以及各种城市职业等文化与生活方式方面有很多共同点。当地人以小米、高粱及豇豆等旱地作物为主食，花生和棉花是主要的经济作物。农业几乎全部依靠夏季 4 个月的降雨。此外，有些地区靠近河流、湖泊或其他季节性水道，有条件开展一些灌溉活动。畜牧业是该地区生活方式的一个非常重要的组成部分，并且是某些区域的主要收入来源。（UNEP，2006，p.2）

萨赫勒抗旱委员会的主要任务是投资研究粮食安全以及干旱与沙漠化影响的应对措施等问题。由于认识到水资源的至关重要作用，萨赫勒抗旱委员会的成员国决定组成一个附属的全球水资源联盟，以便解决当地的特殊问题。

29.4.2　乍得湖

乍得湖是非洲第四大湖泊，前三大湖泊分别为维多利亚湖、坦干伊克湖和尼亚萨湖。乍得湖是一个浅水淡水湖，常年平均水深仅为 1.5 米，周边分布着 4 个国家，分别为喀麦隆、乍得、尼日尔和尼日利亚，它们共同组建了乍得湖流域委员会（LCBC）。中非于 1994 年加入乍得湖流域委员会，利比亚于 2008 年加入，苏丹和刚果共和国被吸收为观察员。乍得湖流域面积为 2 397 423 平方千米，覆盖 8 个国家：乍得（占流域面积的 46.3%）、尼日尔（28%）、中非（9.1%）、尼日利亚（7.5%）、阿尔及利亚（3.7%）、苏丹（3.4%）、喀麦隆（1.9%）和利比亚（0.1%）。

1823 年，首次对乍得湖进行了实地测量，结果表明在 13 000 年前，该湖曾经是一个内陆海，随着气候变化不断演变而收缩为湖泊。1964 年，乍得湖流域委员会成立时，乍得湖面积为 25 000 平方千米，而目前每年水位最低期间，面积仅不足 1 000 平方千米。

乍得湖面积萎缩是多种因素造成的，比如湖泊周边区域过度放牧加剧了沙漠化进程并使植被减少。有人认为人类灌溉等活动也应为此承担责任，还有人强调气候变化是主要因素。

据报道，乍得湖面积的缩减曾使国家间因水资源所有权而发生冲突。农民与牧民之间因水发生的暴力冲突不断升级。

乍得湖周边区域多沼泽植被，如芦苇（芦苇属）、纸莎草（莎草属）和香蒲（香蒲属）……在乍得湖东北岸，移动沙丘侵入湖区，形成了许多小岛；有些小岛有人居住或修建成捕捞基地。除农业、畜牧业及渔业产品之外，乍得湖流域还以盛产天然碱而闻名于世，正因为有这种活性物质，乍得湖才成为了淡水湖。（ILEC，日期不详）

乍得湖是各种植物群落和动物群落的家园，其中藻类超过 44 种，还有大面积沼泽和芦苇床，上面覆盖着金字塔稗、野生香根草、长药野生稻和红苞茅等各种草类。其漂浮岛屿栖息着各种野生动物和大量迁徙鸟类及当地鸟类。不断缩小的湖泊面积正在威胁着黑冕鹤的筑巢区，情况令人担忧。此外，乍得湖还拥有丰富的鱼类资源。

环境问题

1989 年和 2007 年，乍得湖流域委员会开展了两次跨境调查，确定了以下 7 大地区性环境问题（LCBC，2008）：

- 水文与可用淡水量发生变化；
- 水污染；
- 生物资源多样性不足；
- 生物多样性丧失；
- 生态系统破坏与改变；
- 河水与水道泥沙沉积；
- 物种入侵。

以上问题均与全球气候变化、流域人口不断增长以及过度利用资源等因素有关。

拯救乍得湖及乍得湖流域

乍得湖流域委员会已经发起一项拯救乍得湖的项目，主要内容是实施跨流域调水工程，从刚果河／乌班吉河调水到乍得湖。乍得湖流域委员会的成员国已为该项目可行性研究投入了 607 万美元。其他支持性工作包括：

- 2008 年，乍得湖流域委员会在全球环境基金（GEF）项目框架下建立了战略行动计划部长理事会。该行动计划旨在挽救该区域出现的普遍生态系统退化问题。

- 制定国家行动计划，以便在国家层面优先考虑乍得湖需求。

计划采取的跨流域调水工程将有助于解决非洲西部及中部地区粮食不足及贫困等问题。

29.4.3 非洲之角：干旱对宏观经济的影响

除了受到全球经济动荡影响外，非洲部分地区还面临着特殊挑战。最严峻的挑战是非洲之角所遭遇的 50 年来最严重的旱灾。索马里受影响最严重，埃塞俄比亚、厄立特里亚、肯尼亚和坦桑尼亚也正在经历着少雨及干燥的天气。在非洲之角地区，约有 1 330 万人口急需人道主义援助。多数非洲国家农业占国内生产总值 20%～40%，约有 93% 作物依赖降雨。因此，少雨对于撒哈拉以南非洲经济体国内生产总值增长率来说是一个巨大挑战。

根据初步估算，撒哈拉以南非洲经济体的农业部门增长率平均每降低 1%，其国内生产总值增长率将减少 0.26%。但是，每个国家国内生产总值下降幅度均不相同，这取决于农业部门在该国总体经济中所占比例及其农业部门与其他经济部门的关联程度。2011 年第一季度，肯尼亚农业部门的国内生产总值增长率从 2010 年同期的 5.7% 下降到 2.2%。同时，肯尼亚咖啡输出量减少约 28%。2011 年上半年，茶叶生长区受非季节性炎热和干燥气候条件以及降雨分布不均影响，茶叶产量同比下降 16%。

埃塞俄比亚游牧地区受干旱影响最为严重，作物和牲畜产量下降约 10%。在 2010—2011 年期间，农业增长率下降 0.6%，工业和服务业下降约 0.2%。旱灾使国内生产总值增长率下降 0.4%。对家庭生产所造成的直接影响体现在收入和民生方面的损失。如果以价格来反映地方及全国所受到的影响，农村地区和城市地区粮食净消费者均出现减少。持续旱灾或干旱程度恶化可能产生更多负面影响。比如，2012—2013 年期间，3 年旱灾所造成的影响造成国内生产总值增长率下降了 0.3%。少雨可能会减少供电不足地区的水力发电量，已经成为影响经济活动制约因素。2011 年，坦桑尼亚开始实行全面限电，大约 90% 的大型企业均配备了发电机，但成本高昂，因此大大削减了企业利润率。受少雨、断电和较高通货膨胀率影响，坦桑尼亚增长率预计下降约 0.3%。

肯尼亚部分地区也实行了限电。据肯尼亚制造商协会估计，仅发电成本一项就占到总成本约 40%。干旱、粮食及燃油价格居高不下，加上降雨低于正常水平，使肯尼亚国内生产总值增长率下降了一个百分点。干旱对国内生产总值造成的影响无法反映家庭所遭受的全部影响。一般来讲，干旱对于贫困家庭影响更大。比如，肯尼亚有大约 380 万受灾人口，旱灾影响地区的贫困人口比例平均为 70%，而肯尼亚全国贫困率为 47%。同样，在埃塞俄比亚，480 万受灾人口均生活在贫困线以下。在以上两个国家中，谷物价格大幅上涨，而贫困家庭购买力则大幅下降，这些家庭不得不花费其 60%～70% 的收入来购买粮食（世界银行，2011）。

29.5 应对策略

《2025 年非洲水资源前景规划》已被采纳为地区政策框架。自 2000 年，针对地区性挑战已实施了数项行动计划，包括地方层面行动计划（由非洲联盟、联合国非洲经济委员会、非洲开发银行、联合国水计划非洲分部、非洲水利部长理事会、非洲水事工作组、非洲发展新伙伴计划及非洲水设施融资计划等机构实施），流域层面行动计划（由各流域管理机构发起）以及国家层面行动。其他相应措施还包括全球水伙伴（GWP）/非洲水利部长理事会项目等地区组织与国际水资源机构之间的协作，为非洲地区适应气候变化提供支持。此外，还召开了数次有关水资源的特别会议及例会，包括：一年一度的非洲水周、非洲卫生部长会议以及非洲联盟沙姆沙伊赫与苏尔特峰会，均是专门讨论水资源和农业发展问题的会议。

29.5.1 非洲对地区及国际承诺的协同响应

在面对气候变异、变化及其他不确定因素时，非洲各国政府和相关机构已逐渐认识到区域和次区域共同努力将有助于应对挑战，并确保水资源可持续发展。为此，有必要在地方、国家、次区域及大洲范围内整合人员和机构资源，通过改善以下各个方面来应对挑战：

- 了解各种不确定因素的来源和数量；
- 水资源管理者与利益相关者之间的沟通方式；
- 将不确定因素纳入水资源管理决策过程（Hughes，2008）。

需要应对的挑战还包括建立相应预警系统以便预测下列情况：

- 雨季开始时间和持续时间；
- 季节之间干旱期；
- 降雨异常现象；
- 基于半球间遥相关的降雨异常现象；
- 厄尔尼诺现象和拉尼娜现象影响的提前期。

在水资源开发与管理过程中，非洲联盟行动计划、非洲水利部长理事会、非洲水设施融资计划和非洲开发银行所发挥的作用日益重要，对农村水资源与卫生部门给予了特别关注，表明人们在水资源开发与管理方面正付出更多的努力。特别是2004年在利比亚苏尔特召开的第二届非洲联盟国家元首农业特别会议，以及2008年在埃及沙姆沙伊赫召开的非洲联盟

国家元首水资源与卫生峰会，均体现出政府最高级别给予的高度关注和支持。由非洲水利部长理事会主办并于2007年发起的一年一度的非洲水周，进一步搭建了水资源开发和管理的信息共享平台。目前急需广泛开展国际合作，强化区域间和次区域之间的协作。这一点可以通过欧盟-非洲战略行动计划及与其他协作项目来实现，例如正在与日本等亚洲伙伴建立的合作关系。

这些大陆及次区域机构框架对于"提高专业体制能力，提供有用且可靠的数据、信息、知识和服务，以支持非洲大陆开展更有效的开发政策、经济计划、社会经济活动和投资活动"必不可少（UNECA，2010，p.2），同时也将气候变化不确定因素考虑在内。例如：

非洲气象学应用促进发展中心（AC-MAD）、政府间发展组织气候预测与应用中心（ICPAC）以及南部非洲开发共同体干旱监测中心（SADC-DMC）等非洲气象组织已经开始实施气候风险管理项目，与国际气候与社会研究所共同努力，提高其在农业生产、粮食安全、水资源管理、健康保护和灾害风险管理等部门决策过程中的整合能力。（UNECA，2010，p.3）

利益共享模式，有助于在地区层面上促进法律体制协调一致，保护共同享有的水资源并实现可持续利用。为了拯救乍得湖等濒临枯竭的水资源生态系统，可灵活安排从丰水流域向萨赫勒等较干旱地带的调水项目。目前非洲大陆正在研究开发类似的项目（联合国水机制非洲分部，2007）。

29.5.2 实施《非洲水资源前景规划》与联合国千年发展目标

1999—2000年期间，非洲统一组织（现称非洲联盟），与联合国非洲经济委员会、全球水伙伴非洲分部以及非洲开发银行动员人力、物力，共同起草并实施《2025年非洲水资源前景规划》及其行动框架，旨在为非洲所有国家

参加 2000 年在海牙召开的第二届世界水论坛提供支持。在第二届世界水论坛秘书处的资助下，联合国非洲经济委员会出版了该文件的终稿。该规划计划实施的项目包括：2002 年召开阿克拉可持续发展大会、2003 年第一届泛非洲水资源大会（见专栏 29.1）、2004 年发起非洲水基金计划以及 2006 年出版《非洲水发展报告》第一版（见专栏 29.2）。

（见专栏 29.1）

专栏 29.1

泛非洲水资源大会

非洲水利部长理事会、联合国水计划非洲分部以及非洲开发银行于 2003 年 12 月 8—13 日在位于亚的斯亚贝巴的联合国会议中心召开了第一届泛非洲水资源工作实施和伙伴关系会议。第二届会议于 2009 年 11 月在亚的斯亚贝巴召开。

"第一届会议有超 1 400 多名代表及 45 名负责水资源、环境及住房的部长参加。与会者包括国家代表、利益相关者、政府间组织、合作开发伙伴以及非政府组织"（UNECA，2006，p. 293）。会议确认了非洲国家决心"在国家和次区域层面上，借助国际伙伴关系，将水资源和卫生事宜置于各国社会经济发展的战略核心地位，应对水资源综合管理问题及实现联合国千年发展目标……本次会议为非洲国家、国际社会以及联合国机构提供了一个平台，以重申解决非洲水资源危机承诺，为实现《2025 年非洲水资源前景规划》、非洲发展新伙伴计划、世界可持续发展峰会目标以及联合国千年发展目标中的涉水目标采取共同行动……专题会议重点关注了具有挑战性的领域，包括水资源、卫生及人居环境，水资源及粮食安全，生态系统及民生

保护。水资源及气候，水利基础设施融资，水资源综合管理，水资源配置，水资源知识以及水资源治理。每次专题会议都提出建议，供部长级和利益相关者全会讨论。一项主要成果是在部长级会议上提出并通过了次区域项目投资组合，这些项目通过国家和次区域磋商和会议得以筹备制定，以实现世界可持续发展峰会对区域水资源行动计划所制定的目标，并为实施《非洲水资源前景规划》及实现联合国千年发展目标制定具体议程，特别是水资源供应、卫生以及水资源综合管理的战略性应用。"（UNECA，2006，pp. 293 – 294）

专栏 29.2

《非洲水发展报告》（AWDR）

由于非洲水资源开发与管理具有一定特殊性，2001 年 4 月，非洲跨部门水小组（现称为联合国水计划非洲分部）在尼亚美决定发布《非洲水发展报告》。在《世界水发展报告》的框架下，《非洲水发展报告》被纳入《世界水发展报告》，成为后者的组成部分。《非洲水发展报告》第一版于 2006 年出版，在非洲水利部长理事会支持下于在墨西哥召开的第四届世界水论坛上发布。《非洲水发展报告》的目标是为非洲国家及其他利益相关方提供必要的工具和技术，以监测《非洲水资源前景规划》目标的实施。2011 年，在世界水评估计划（WWAP）、联合国水计划非洲分部及非洲水利部长理事会的共同努力下，该报告吸收了更广泛的监测与评价工作内容。

阿克拉可持续发展大会

《非洲水资源前景规划》列出的第一项也是最重要的一项活动是 2002 年 4 月召开的阿克拉水资源与可持续发展大会。大会由非洲水事工作组（AWTF）筹备，荷兰政府提供资金支持。大会圆满结束后，非洲水事工作组在随后于约翰内斯堡召开的世界可持续发展大会期间组织了"水屋"活动，即在大会的同一个场馆内举行所有水资源相关活动。

非洲水基金

非洲水基金（AWF）是非洲水事工作组在非洲水利部长理事会及非洲开发银行领导下实施的行动。该行动由非洲开发银行牵头，非洲水利部长理事会为其提供支持，目的在于为非洲水资源开发寻求财政支持，以提高非洲开发、管理和实施水资源项目的能力。在该计划框架下，估计"每年大约需要花费 200 亿美元实现《2025 年非洲水资源前景规划》"（NEPAD，2006）。除此以外，预计需要约 100 亿美元满足当下急迫的用水需求。因此，非洲水基金重点为以下主要战略目标提供支持：

- 加强水治理；
- 调配并利用资源以满足迫切的水与卫生需求；
- 强化财政基础；
- 增加水相关知识。

自 2006 年实施以来，非洲水基金已为 66 个项目投入总计 7 900 万欧元。

非洲水信息交流中心（AWICH）

受联合国水计划非洲分部的委托，联合国非洲经济委员会在非洲组建了水信息交流中心，并设立了一个技术小组来详细讨论信息交流中心的组建形式和技术性问题。2005 年，非洲水信息交流中心正式成立，成为联合国非洲经济委员会的一个下属部门。它涉及的水与环境工作内容如下：

- 降雨及气候数据；
- 环境；
- 河流；

专栏 29.3

非洲开发银行在水利融资方面的作用

考虑到水行业对于完成联合国千年发展目标中贫困、健康、教育及性别平等目标将发挥无法替代的作用，非洲开发银行将水行业作为优先领域，协助地区成员国实现扶贫及经济增长。非洲开发银行针对水与卫生部门采取的措施涉及饮用水供应、水资源管理、卫生、能力建设与政策改革等多个方面。目前，非洲开发银行正为 29 个国家的 50 多个项目提供资助，融资金额约为 20 亿美元。

非洲开发银行的目标是大力提升其在农村水资源供应与卫生方面的参与力度，同时继续为城市和城郊地区的水资源供应与卫生提供支持，并促进水资源综合管理。总体来说，该战略目标包括：

- 增加水供应与卫生方面的融资；
- 主要关注农村地区 65% 最贫困人口；
- 为城郊地区、中小型城镇提供部分支持；在城市卫生方面提供特别支持；
- 提供有利环境吸引更多资源投入。

此外，非洲开发银行正在承担多项配套性行动计划，在提升银行工作效率同时，为推广、促进创新及知识管理活动提供资金支持。非洲开发银行行动战略中涉水 4 大计划具体如下：

- 农村供水和卫生项目（RWSSI）；
- 非洲水基金；
- 非洲发展新伙伴计划水与卫生项目；
- 多方捐助水伙伴项目（MDWPP）。

资料来源：根据非洲开发银行（2011）重新编写。

- 湖泊；
- 地下水；
- 海洋；
- 水质。

联合国水计划非洲分部

1992年，联合国下属的非洲水与环境部门机构决定整合资源，设立跨部门水小组（IG-WA），旨在将非洲列为国际水问题关注的重点地区。其秘书处设在埃塞俄比亚首都亚的斯亚贝巴，由联合国非洲经济委员会提供。其他战略伙伴也参加非洲水与环境系统组织的会议，并参与部分行动计划。这些战略伙伴包括：非洲水利部长理事会，非洲发展新伙伴计划秘书处、西非国家经济共同体、政府间发展组织、南部非洲开发共同体等政府间机构及次区域经济体以及知名的研究机构、中心及网络组织。

联合国水计划非洲分部的主要目标是推动联合国系统响应联合国千年发展目标相关的挑战与机遇，并通过为非洲联盟提供技术支持，参与世界可持续发展峰会及其他主要政府间会议及峰会。具体来讲，联合国水计划非洲分部旨在促进以下几个方面的工作：

（1）在水资源综合管理的原则下，采取有效的国家和地区政策以及制度框架；

（2）建立合作框架，根据各项协议促进跨界水资源的管理与开发；

（3）能力建设，满足提高水相关知识的需要。（NEPAD，2006，p. 4）

结论

非洲在充分开发水资源潜力方面取得了显著进步。目前，这些资源受到自然和人类外部驱动因素影响，既复杂又存在不确定性，自然变异及知识匮乏是造成这些不确定性的主要原因。非洲在解决不确定性方面取得了良好进展。要取得新的进展，要求制定灵活、适用的应对战略，并根据适应性战略对措施进行调整。目前各方正积极采取行动，解决有关水资源管理问题，满足《2025年非洲水资源前景规划》中提出的迫切需求。为使应对战略取得应有成效，必须强调弥补知识缺口的重要性，同时，更加重要是保证可持续的资金投入，实现《2025年非洲水资源前景规划》确立的目标。

参考文献

AfDB (African Development Bank Group). 2011. *Water Supply and Sanitation*. (Webpage). Tunis, AfDB http://www.afdb.org/en/topics-and-sectors/sectors/water-supply-sanitation/angola/

Bakhbakhi, M. 2004. Hydrogeological framework of the Nubian Sandstone Aquifer System. B. Appelgren (ed.) *Managing Shared Aquifer Resources in Africa.* IHP-VI, Series on Groundwater No. 8, UNESCO. http://unesdoc.unesco.org/images/0013/001385/138581m.pdf (Accessed 16 December 2011.)

The Economist. 2011. Africa's impressive growth. *The Economist online,* January 2011. http://www.economist.com/blogs/dailychart/2011/01/daily_chart.

FAO (Food and Agriculture Organization of the United Nations). 1995. *Irrigation in Africa in Figures: Water Reports.* Rome, FAO.

----. 2005. *Irrigation in Africa in Figures: AQUASTAT Survey.* Rome, FAO.

----. 2007. *The State of Food and Agriculture.* Rome, FAO.

Hughes, D. 2008. *Water Resource Assessment Uncertainty Analysis: Project Inception Report.* Water Research Commission Project (K5/1838). Grahamstown, South Africa, Rhodes University.

ILEC (International Lake Environment Committee). n.d. *Lake Chad.* (Web Page). Shiga, Japan, ILEC.

LCBC (Lake Chad Basin Commission). 2008. *Roundtable to Save Lake Chad. Background Paper.* Prepared for the 'High-level Conference on Water for Agriculture and Energy in Africa: The Challenges of Climate', Sirte, Libyan Arab Jamahiriya, 15–17 December 2008. Chad, LCBC.

Mwanza, D. 2005. Water for Sustainable Development in Africa. L Hens and B. Nath (eds) *The World Summit on Sustainable Development: The Johannesburg Conference.* Dordrecht, Netherlands, Springer, pp. 91–111.

NEPAD (New Partnership for Africa's Development). 2006. *Water in Africa: Management Options to Enhance Survival and Growth.* Johannesburg, NEPAD. http://www.uneca.org/awich/nepadwater.pdf.

Ngurare, T. E. 2001. *Legal and Institutional Implications of Cross-Border Water Pipelines in International Law: The Congo Cross-Border Water Pipeline Project (CWPP) Case Study.* Centre for Energy, Petroleum and Mineral Law and Policy (CEPMLP) Annual Review 2001, Article 10. Dundee, CEPMLP. http://www.dundee.ac.uk/cepmlp/car/html/

car5arti10.htm

SARPN (South African Regional Poverty Network). 2002. *Water and Sustainable Development in Africa: An African Position Paper.* World Summit on Sustainable Development in Johannesburg, South Africa, 26 August – 4 September 2002. Pretoria, SARPN. http://www.sarpn.org/wssd/may2002/water/position_paper.pdf

Sharma, N. P., Dambaug, T., Gilgan-Hunt, E., Grey, D. and Rothberg, D. 1996. *African Water Resources: Challenges and Opportunities for Sustainable Development.* World Bank Technical Paper No. 331. Washington DC, The World Bank.

Tennyson, R. n.d, *Trans Africa Pipeline: Sustainable Water for Sub-Saharan Africa.* Trans-Africa Pipeline Inc. http://transafricapipeline.org/PDFs/SustainableWaterAcademyPaper.pdf

Turton, A. R., W.R., Patrick, M. J. and Julien, F. 2006. Transboundary water resources in Southern Africa: conflict or cooperation? *Development,* Vol. 49, No. 3, pp. 22–31.

UNDESA (United Nations Department of Economic and Social Affairs, Population Division). 2007. *World Population Prospects.* New York, UN.

UNECA (United Nations Economic Commission for Africa). 2000. *African Water Vision 2025.* Addis Ababa, UN Water/Africa and UNECA.

----. 2001. *Freshwater Resources in Africa.* Addis Ababa, UNECA.

----. 2006. *African Water Development Report* (AWDR). Addis Ababa, UN Water/Africa and UNECA.

----. 2010. *Climate Risk Management: Monitoring, Assessment, Early Warning and Response;* Issues Paper 4. Seventh African Development Forum: Acting on Climate Change for Sustainable Development in Africa. ADF VII, 10–15 October 2010, United Nations Conference Centre, Addis Ababa.

UNEP. 2006. *Climate Change and Variability in the Sahel Region: Impacts and Adaptation Strategies in the Agricultural Sector.* Nairobi, UNEP.

----. 2008. *Vital Water Graphics: An Overview of the State of the World's Fresh Water and Marine Water* (2nd edn). Nairobi, UNEP.

----. 2010. *Africa Water Atlas.* Nairobi, UNEP. http://na.unep.net/atlas/africaWater/book.php.

UN-Habitat. 2005. *Habitat Debate,* Vol. 11, No. 3.

----. 2010. *The State of African Cities 2010: Governance, Inequality and Urban Land Markets.* Nairobi, UN-Habitat.

UN Water/Africa. 2007. *Guidelines On Inter-Basin Water Transfers (IBWTs) In Africa.* Report of the Regional Workshop on 'Developing Guidelines for Inter-Basin Water Transfers for Policy Makers In Africa', held in Accra, Ghana, 25-29 September 2006. UNECA, Addis Ababa

WHO/UNICEF. 2010. *Joint Monitoring Programme (JMP) for Water and Sanitation.* Geneva, WHO.

World Bank. 2008. The 2008 World Development Indicators Online. Washington DC, Development Data Group, The World Bank. http://go.worldbank.org/U0FSM7AQ40.

World Bank. 2011. *Africa's Pulse: An Analysis of Issues Shaping Africa's Economic Future.* Washington DC, The World Bank. http://www.worldbank.org/africaspulse

WFP (United Nations World Food Programme). 2005. *WPF's Niger Appeal Triples to Help 2.5 million People Facing Extreme Hunger.* Rome, WFP. http://reliefweb.int/sites/reliefweb.int/files/reliefweb_pdf/node-180661.pdf

第三十章

欧洲与北美

联合国欧洲经济委员会（UNECE）

作者：弗朗西斯卡·贝纳尔迪尼、雷恩尔·恩德尔林、索尼娅·科佩尔和阿奴卡·利波宁，经与欧洲环境署（EEA）及全球水伙伴中亚及高加索地区分部（GWP/CACENA）共同商议完成

© Shutterstock/Andy Z

农业、制造业、污水及废水带给水资源的压力，是影响水质与水量等问题的主要因素。气候变化及经济发展加剧了这些压力。各地区特有的水资源问题（如中亚、西欧及北美地区）迫切需要制定具有针对性的解决方案。尽管许多问题尚未得到解决，但在过去的 20 年间，地方、国家及跨界水资源综合管理计划已经出现，水资源状况已经有所改善。

欧洲与北美地区的地表水及地下水存在富营养化、金属、农药、微生物、工业化学制剂及药剂等污染物，这些物质均会对淡水生态系统产生负面影响。因此，水污染防治成为该地区的首要任务。各流域污染源种类复杂多样，存在很大差异。农业及城市污染源（如工业、城市废水）构成主要的淡水污染源。

在欧美许多地区，气候变化预计会增加洪涝与干旱风险。耗资巨大的水利基础设施，在气候条件不变的情况下，服务年限最多也就数十年，极易受到气候变化的影响。水短缺所带来的困扰日益增加，气候变化导致可用水量下降，城市和经济部门正面临无法满足用水需求的挑战，特别是在干旱及半干旱地区，灌溉农业直接受到取水需求压力的影响。

恢复自然河道也是一项挑战。以往的工程措施（如以水力发电及灌溉供水为目的修建的大坝和水库、堤防建设、河道取直和河岸加固）已对欧洲和北美地区的河流流域带来严重水形态改变。

行动计划中优先考虑重点还包括废水处理能力不足及其对饮用水和娱乐用水源造成的负面影响。洪水和热浪以及水传播疾病所带来的烦恼都对人类健康构成威胁。

由于该地区拥有大量的跨界河流、湖泊及地下含水层，这些国家已经达成共识，必须在管理过程中实行跨界合作。因此，促进了在双边及多边协议框架下共享水资源的合作，联合国欧洲经济委员会（UNECE）水公约中对此有很多的规定。

已经获得通过的国家和国际应对措施包括欧盟（EU）环境法律、联合国欧洲经济委员会公约及协议，并配有行动计划建议及指南作为补充。为加强水资源管理，针对东欧、高加索及中亚国家的欧盟援助项目及双边援助项目，对落实这些法律和其他应对措施，显得非常重要。

30.1 简介

联合国欧洲经济委员会所属的 56 个成员国人口总数超过 12 亿（见表 30.1）[1]。西欧和中欧地区是全世界人口最稠密的地区之一，平均每平方千米将近 110 人。而在人口相对较少地区，每平方千米平均不到 20 人。1960—2000 年期间，中亚地区（人口增长率超过 120％）及高加索地区（人口增长率为 60％）的人口增长率远远超过其他国家。而多数欧洲、中欧及北美国家人口增长率相对稳定，甚至出现了负增长趋势。

20 世纪 90 年代以来，人口迁移呈上升趋势，主要是随着政治稳定性或经济状况呈现出的迁移现象，国家内部由农村向城市迁移以及工人和退休人员的周期性迁移。为满足西方重要城市的水资源需求，很多原因造成了水资源取水压力不断增加。基于经济前景变化产生的人口迁移对统计国内耗水量数据和卫生数字造成一定影响。有些国家的水统计数据是依据住宅登记的人口数量，而不是实际居住人口数量。比如，在亚美尼亚、格鲁吉亚、吉尔吉斯斯坦及摩尔多瓦，许多居民多数时间都在国外工作。

该地区的经济发展呈现出高度多样性。有些国家非常富有，而有些国家，特别是自 20 世纪 90 年代进入经济转型期的国家，仍处于努力缩小差距的状态。国家间的人均国内生产总值

表 30.1

联合国欧洲经济委员会56个成员国的分组情况

组别	分组	国家
欧盟国家		奥地利、比利时、丹麦、芬兰、法国、德国、希腊、爱尔兰、意大利、卢森堡、荷兰、葡萄牙、西班牙、瑞典、英国、保加利亚、塞浦路斯、捷克、爱沙尼亚、匈牙利、拉脱维亚、立陶宛、马耳他、波兰、罗马尼亚、斯洛伐克、斯洛文尼亚
西欧		安道尔、奥地利、比利时、丹麦、芬兰、法国、德国、希腊、冰岛、爱尔兰、意大利、列支敦士登、卢森堡、摩纳哥、荷兰、挪威、葡萄牙、圣马力诺、西班牙、瑞典、瑞士、英国
	欧盟15个成员国	奥地利、比利时、丹麦、芬兰、法国、德国、希腊、爱尔兰、意大利、卢森堡、荷兰、葡萄牙、西班牙、瑞典、英国
中欧及东欧		阿尔巴尼亚、波斯尼亚和黑塞哥维那、保加利亚、捷克、克罗地亚、塞浦路斯、爱沙尼亚、匈牙利、拉脱维亚、立陶宛、马耳他、黑山、波兰、罗马尼亚、塞尔维亚、斯洛伐克、斯洛文尼亚、马其顿、土耳其
	欧盟扩大过程中加入欧盟的成员国	保加利亚、塞浦路斯、捷克、爱沙尼亚、匈牙利、拉脱维亚、立陶宛、马耳他、波兰、罗马尼亚、斯洛伐克、斯洛文尼亚
东欧、高加索地区及中亚		亚美尼亚、阿塞拜疆、白俄罗斯、格鲁吉亚、哈萨克斯坦、吉尔吉斯斯坦、摩尔多瓦、俄罗斯、塔吉克斯坦、土库曼斯坦、乌克兰、乌兹别克斯坦
	高加索地区	亚美尼亚、阿塞拜疆、格鲁吉亚
	中亚	哈萨克斯坦、吉尔吉斯斯坦、塔吉克斯坦、土库曼斯坦、乌兹别克斯坦
泛欧洲地区		联合国欧洲经济委员会国家，加拿大、以色列和美国除外
北美		加拿大、美国

差距极大，欧盟 15 个成员国、美国、加拿大、挪威、瑞士等国人均国内生产总值超过 20 000 美元，而高加索及中亚次区域还不到这个数字的 1/8。2009 年，即进入经济转型期 20 年后，一些东欧、高加索地区及中亚国家人均收入与 1989 年的水平相比增长了约 50%；而少数经济体（格鲁吉亚、摩尔多瓦、塞尔维亚、塔吉克斯坦和乌克兰）的增长水平只有不到 30%（UNECE，2010）。

对于联合国欧洲经济委员会成员国而言，人口分布结构与迁移、经济发展以及下面将作进一步分析的气候变化均为水资源管理面临的主要外部因素（EEA，2007；EEA，2010a；EEA，2010b；UNECE，2011b）。国家法律（如《美国清洁水法》）、欧盟法律和联合国欧洲经济委员会环境公约及协议的宗旨均为消除外部驱动因素的负面影响、防止水污染及生态系统退化、减缓气候变化。许多国家都受欧盟法律及联合国欧洲经济委员会环境公约及协议的约束，并且半数成员国有义务遵守欧盟法律。在国家及欧盟援助项目框架下提供国际援助是实现应对措施的决定性因素，并有助于加强水资源治理。

为数众多的跨界水资源也是水资源管理面临的新挑战。针对这些问题，联合国欧洲经济委员联合政府及国际组织定期对其进行综合评价（UNECE，2007a；UNECE，2011b）。该地区拥有 100 多条流域面积超过 1 000 平方千米的重要跨界河流，许多支流流经两国或多国。多瑙河就是其一，其穿越 19 个国家。大约有 40 个大型湖泊处于两国边境（如日内瓦湖、佩普西湖和五大湖）或甚至 3 国边境（如康斯坦茨湖），并且已发现有 100 多个跨界地下含水层，这极大促进了欧洲及北美各国在双边及多边协议框架下开展合作。

30.2 水管理与应对措施

该地区的主要外部驱动因素对水资源构成了压力，对水体状况产生了多重影响，并影响到人类健康，因此急需制定应对措施。表 30.2 和表 30.3 概括了特定区域水资源承受的主要压力，并针对各外部驱动因素提出了应对措施（UNECE，2007a；UNECE，2011b）。随着东欧、高加索及中亚地区的经济复苏，部分压力的相对重要性也会发生变化。

表 30.2

水资源的主要压力（由高到低排列）

东欧、高加索地区及中亚国家	欧盟15个成员国及北美
水质压力	
市政污水处理、无排放设施造成的污染，工业设施陈旧、非法废水排放、流域中生活垃圾及工业废弃物非法排放、尾矿坝及有害垃圾填埋	农业及城市污染源
取水压力	
农业用水	农业用水（特别是在欧洲南部地区）、主要城市中心
水形态变化	
水力发电建坝、灌渠、河道变化	水力发电建坝、河道变化
其他压力	
农业（趋于严重）、矿业及采矿业	排放有害物质的行业、采矿业及采石业

表 30.3

部分水管理问题与应对措施

主要问题	可行的水管理应对措施[a]
由于经济发展成为主要的驱动因素，农业化肥及农药使用带来的压力	整合目标、措施与农业污染控制方法（如农业生产规范化、生态系统服务付费）
由于经济发展成为主要的驱动因素，制造业产生的特定物质带来的压力	建立现有及潜在污染源清单，整合目标、措施与工业安装过程中污染控制方法（如处理有害物质的最佳技术、通过封闭水系统装置减少污染）
由于经济发展、人口组成及人口迁移成为主要的驱动因素，有机物质及细菌污染带来的压力	建立现有及潜在污染源清单，整合目标、措施与市政废水处理厂的污染控制方法（生物处理技术或等效过程）
由于气候变化及经济发展成为主要的驱动因素，导致的洪水灾害	适应气候变化、全面洪水管理方法（将工程措施和非工程措施相结合）
由于经济发展成为主要的驱动因素，水形态变化带来的压力	恢复中小型河流的自然状况、生态系统服务付费
由于经济发展、人口组成、人口迁移及气候变化成为主要的驱动因素，出现的水短缺及／或取水压力	适应气候变化、地表水及地下水联合管理、颁发地下水使用许可
由于政治转型及安全问题、经济发展、人口组成、人口迁移及气候变化成为主要的驱动因素，要求在跨界条件下进行水管理	实行双边及多边协议中规定的跨界合作、实施联合国欧洲经济委员会水公约（UNECE, 1992）及其相关议定书

[a] 根据《欧盟水框架指令》（欧盟委员会，2000）及UNECE（2007a，2007b，2009a）确定的术语。

30.2.1　水与农业

在过去 40 年间，该地区的农业生产发生了巨大变化。机械化、不断增加的肥料及农药使用量、农场专业化、农场规模扩大、地面排水及畜牧业发展已经对特定区域水生态环境带来不利影响，主要表现在特定区域用水差异化和水污染。比如，在中亚、希腊、意大利、葡萄牙及西班牙，作物生产和动物饲养的用水量占全部用水的 50%～60%。在其他国家，农业用水仅约占用水总量的 20%，而大部分水资源则用于制造业或冷却。

许多河流经常可检测出由于化肥及农药导致的氮磷超标，这对水环境（如富营养化）和人体健康均造成不利影响（UNECE，2011b）。在水道附近放养家畜，其排泄物带来的弯曲杆菌和隐孢子虫污染了饮用水水源，使水不再适于饮用。随着农业生产日益扩大，某些农村特有的地貌，如小池塘、小溪和湿地等正逐渐消失，因而无法发挥稀释污染物的作用。部分流域，尤其是中亚地区，大量耗水（用于灌溉等）还造成土壤盐碱化和水体矿物盐含量过高等问题。

20 世纪 90 年代出台了众多减少农业污染的法律框架（如：《欧盟硝酸盐指令》和欧盟国家、挪威、瑞士、加拿大及美国的国家法律），同时控制肥料和农药造成水污染的指南和导则也相继制定和实施。但是，在过去30年中，由于许多国家对减少工业企业造成的污染比较重视，因此，农业污染已经超过工业污染成为首要问题。在地中海、东大西洋、波罗的海及黑海流域附近的欧盟国家，农业对水质的影响十分显著，这主要是由于上述法律法规的实际执行需要时间，以及水体的恢复期比预期的长（UNECE，2011b）。此外，经验表明，法律所规定的"命令和控制措施"还需要相应措施作为补充，如生态系统付费服务等举措和创新融资方案（UNECE，2007b）。

随着欧洲东部、高加索及中亚地区国家的经济复苏，将来农药和化肥使用增加将构成巨大压力，它们的用量将远远大于过去的10年，这将对这些国家和跨界水资源及人类健康带来更大的负面影响。

除实施法律、法规、制度及管理措施之外，提高对农业生产方式和增加对各国现有法律的了解和认知，开展教育、培训并给出建议十分重要。西欧地区就有好的案例，他们在农用化肥硝酸盐含量过度集中的淡水地区设立了保护区并采取相应行动。联合国粮农组织（FAO）支持和倡导的保护性农业生产概念也是一个很好的建议，应在中亚和其他国家的农业实践中得到应用和推广。

30.2.2 工业与城市废水处理

该地区的水污染问题大多是由区域内大量的中小工业企业以及小型城市废水处理厂引起的，因为大型设施一般都配备了现代化的污染治理技术。

东欧、中亚及高加索地区是关注的重点区域。20世纪90年代经济衰退造成多项重大基础设施停滞。当前，即便西欧国家提供了多项援助，其影响仍显而易见。除了一些主要企业之外，废水通常会排放至公共卫生系统中，并流入城市废水处理厂。虽然不符合标准，但由于基础设施出现了故障，因此不

得不采取这种方式。除了重金属、磷和氮所造成的污染外，少数河道还检测出油制品污染日益加剧，尤其是来自于炼油厂排放物以及对炼油厂附近区域的地表径流所造成的污染。因工业设备所造成的突发性污染以及危险物质的非法排放（多数发生于夜晚或假日期间）仍是关注的重点。在许多跨界流域，在河边进行非法废水处理，并对老旧废水处理区域监管不当也可产生污染。

在西欧及北美地区，除了工业对流域构成的压力之外（见专栏30.1），控制和减少新型化学工业物质造成的污染对该地区构成重要挑战，需要采取特别的应对措施，如在废水处理过程中难以消除的新型药剂，以及对《欧盟水框架指令》、欧盟其他适用指令（EEA，2010b）规定的物质所造成的污染进行重点控制。

对于新加入欧盟的多数成员国（如保加利亚、波兰、罗马尼亚、斯洛伐克）以及对于流入东大西洋的河流来说，未经处理或处理不充分的工业废水仍是个大问题；城市废水处理系统故障是导致污水大量排放的重要原因（UNECE，2007a；UNECE，2011b）。

30.2.3 取水压力、水短缺和干旱

过度取水、水短缺和干旱对城市居民和经济部门构成直接影响，并影响着联合国欧洲经济委员会所属的大部分地区。该地区有3个重点关注的问题：为满足城市需求带来的取水压力（见专栏30.2），欧洲南部许多国家、乌克兰、俄罗斯、中亚次区域、加拿大部分地区和美国的灌溉农业造成日益严重的取水压力，以及气候变化带来的可用水量减少及水资源压力增加。灌溉农业的水利用效率则是东欧及中亚地区所面临的特殊挑战（见专栏30.3）。在过去的30年中，该地区的工业取水已大大减少，部分原因是西欧及北美地区耗水大的重工业普遍减少，另一个原因是水资源利用效率有所提高。

美国河流及湖泊的水质

在美国，向国会提交的全国水质状况报告（USEPA，2009a；下次报告应于 2011 年提交）涵盖了全部河流的 16％ 和湖泊总面积的 39％（北美五大湖除外）。总体上看，该报告显示出水质状况出现改善，普遍适用于灌溉、饮用、生活及娱乐等用途。然而，报告还显示，约一半接受评估的河流和总面积 64％ 的湖泊（见第一个表格）仍未达到可用于捕鱼和游泳的清洁标准，因此，应依据现有法律法规改进管理措施、提高认识和开展培训。

评价河道受损的主要原因	
河流	湖泊及水库
病原体	汞
栖息地的改变	多氯联苯类
有机质富集	富营养化

水质变差的主要原因包括病原体、汞、养分、有机质富集/低溶解氧。主要压力因素为农业与水形态改变。在主要农业和城市发展区，农药（城市地区的杀虫剂、农业地区的除草剂）、营养物、金属及汽油化合物等污染物导致地表水和地下水水质下降。但井水水样中的污染物浓度基本低于美国环境保护署现行的饮用水标准。

水体	接受评估的比例	类型（占评估水体面积的比例，%）		
		良好	良好但面临威胁	变差
河流	16%	53	3	44
湖泊	39%	35	1	64

满足主要城市水需求的取水压力

过去，随着人口增长及用水需求的不断增加，欧洲大城市主要依赖周边地区的水资源。雅典、巴黎及伊斯坦布尔都修建了分布广泛的输水管网，其长度超过 100～200 千米。城市人口不断增长、生活不断改善、气候变化造成可用水量减少以及饮用水水质标准提高（由于受到污染，大城市周边的水通常不适合饮用），缓解大城市水资源短缺，这些因素必须加以考虑。

干旱年份，为伊斯坦布尔的 1 200 万人口和安卡拉的 400 万人口供应足够的水成为了一大难题，为此当局曾实行过限水措施。2008 年旱灾期间，巴塞罗那关闭了城市喷泉和海滨浴场、实行水禁令并禁止向游泳池注水。同年，塞浦路斯采取了减少 30％ 供水等紧急措施；家庭用水每次供应约 12 小时，每周 3 次（EEA，2007；EEA，2010b）。

越来越多的案例表明，紧急情况下的严格限制已成为利益相关方协商过程的一部分；同时，也深受《奥尔胡斯公约》（Aarhus Convention）条款的影响（UNECE，1998）。

中亚地区的农业

中亚地区，农业是半数人口赖以为生的手段。农业消耗了 90% 以上的地表水和 43% 的地下水。农业每年产生的国内生产总值为 135.4 亿美元。农业收益在国内生产总值（585 亿美元）中占据较高比例（Stulina，2009）。

尽管咸海生态灾难已向人们发出了警告，但水资源仍优先满足农业和水力发电的需求，而无视其他行业和大自然的需要。结果，饮用水水质和当地人口的健康状况日益下降，土地生产率和作物产量持续减少，而贫困、失业、迁移和冲突风险却在不断增长（全球水伙伴中亚及高加索地区分部，2006）。

为解决上述问题，各国采取了很多措施减少水的损失，如重新设计灌溉系统、改良灌溉技术并采取排水再利用技术。然而，缺乏财政资金常常使这些措施难以实施。因此，除了采取技术手段还要使利益相关方及相关部门参与到磋商中（协调水资源配置），并制定出各方接受的水分配规则。中亚跨国水资源协调委员会（ICWC）就是负责国家间水分配的地区性机构。

随着冷却技术不断进步，冷却水取水量也在减少。

通过对比 1976—1990 年与 1991—2006 年期间欧盟地区干旱影响发现，受灾面积及受灾人数均翻了一番。比如，伊比利亚半岛在 2004—2005 年水文年间遭受了严重的旱灾，造成谷物产量平均下降 40%，并且水力发电量也受到极大影响。2006 年夏季，立陶宛降雨量仅是往年平均水平的一半，其农业减产 30%，大约损失 2 亿欧元。日益严重的水短缺限制了卫生领域供水量，会对健康造成日渐严重的负面影响，水短缺也正在影响着水体本身自洁能力（EEA，2010b）。

干旱管理已经成为水资源政策及战略中的一个重要组成部分。西班牙、葡萄牙、英格兰及威尔士、芬兰、美国等已经起草了干旱管理计划（欧盟委员会，2009）或者正在筹备过程中，目的是缓解干旱和水资源短缺带来的影响。为解决干旱及水资源短缺给人类健康造成的影响，联合国欧洲经济委员会与世界卫生组织欧洲区域办事处已经详细提出了关于干旱、污水及废水处理适应性措施等的指导原则和具体建议（WHO，2010）。

30.2.4　水形态变化

工程措施（如为水力发电和灌溉农业修建大坝和水库、建造堤防、河道取直和河岸加固）已对联合国欧洲经济委员会所属地区造成巨大的水形态改变。这些改变包括河流水文状况变化、河流和栖息地持续性被中断、与湿地和洪泛平原连接的河流发生分离以及侵蚀过程和泥沙输移发生改变等。对许多河流来说，维持原有的洪泛平原和湿地不但可降低洪水风险，还可改善生态状况（见专栏 30.4）。然而，许多欧洲国家仍在制订计划和研究新建大坝、水库及小型水电开发项目。

专栏 30.4

多瑙河流域水形态改变

与欧洲其他河流一样，多瑙河也饱受人类活动的影响，如大量水上航运及水利工程建设。有些河段的自然状态已发生改变，包括深度、宽度、流态、自然沉积物输送及鱼类洄游路线等。多瑙河流域山区和部分低洼地区已修建了大坝，中下游地区广泛分布着航道、堤防和灌溉系统：

• 超过 4/5 多瑙河河段配有防洪措施，约 30% 河段用于蓄水发电。

• 约半数多瑙河支流用于水力发电，发电量约为 30 000 兆瓦。

• 多瑙河主要支流修建了 700 多座大坝和堰。

《多瑙河流域管理计划》关注的是水形态变化问题。2015 年流域综合目标是修建有助于鱼类洄游的设施以及改善多瑙河及其支流连续性，并确保鲟类及其他洄游物种的繁衍生息，重建、保护并改善鲟类和其他洄游物种在多瑙河及其支流的栖息地（ICPDR，2007）。

西欧国家根据《欧盟水框架指令》和国家相关法律法律（如瑞士的《可持续水管理指导原则》）发起一系列行动计划以提升自然环境、改善生态系统服务能力（如荷兰的"给河流空间"计划、西班牙的"恢复河流国家战略"等）。联合国欧洲经济委员会所属地区采用的"生态系统服务付费"创新方法，已经广泛用于拉丁美洲（Wunder，2005），并在联合国欧洲经济委员会所属地区开展探索（UNECE，2005）。联合国欧洲经济委员会所属地区的典型案例（UNECE，2007b）包括纽约市水资源供应（卡茨基尔/特拉华州流域管理项目）、瑞士的硝酸盐战略、纳入欧盟共同农业政策的农业环境措施以及法国的天然矿泉水管理（雀巢/维泰勒）。根据联合国欧洲经济委员会水公约，生态系统服务付费试点项目已经在吉尔吉斯斯坦（伊塞克湖流域）和亚美尼亚开始实施。

30.2.5　洪水

自本世纪以来，联合国欧洲经济委员会所属地区已有超过 300 万人受到洪水的影响，仅东欧地区就有近 200 万人，人们遭受着各种健康危害、死亡威胁、游离失所和巨大经济损失。典型的重大洪灾有 2006 年春季的多瑙河洪水，2009 年夏季发生于罗马尼亚与乌克兰两国以及摩尔多瓦与乌克兰之间跨界河流的大洪水，2010 年发生于法国南部奥得河和普鲁特河（罗马尼亚与摩尔多瓦交界）的洪水。美国也详细记载了发生于 20 世纪的重大洪水事件（Perry，2000）。最近的洪水事件包括 2008 年发生于内布拉斯加州、印第安纳州及伊利诺伊州的洪水，以及 2010 年 6 月发生于阿肯色州的洪水。

洪水造成的损失已迅速增加。洪水造成危害的主要原因大多要归咎于人口增长、易受洪水影响地区城市化等社会经济因素，森林砍伐和侵占湿地等土地开发导致的不利影响。

洪水作为一种自然现象同样会带来益处：洪泛平原的季节性淹没对于保持河流健康、新辟栖息地、泥沙及肥沃有机物沉淀以及维系湿地运转起到至关重要的作用。正因如此，奥地利、捷克、德国、法国、荷兰、斯洛伐克和瑞士等国家正在积极开展洪水综合管理，充分发挥洪泛平原为社会经济活动创造的机会和风险管理的作用。联合国欧洲经济委员会与世界气象组织近期已经开始总结这方面的经验教训，特别是跨界管理方面的经验教训（UNECE，2009e），目前，乌克兰和摩尔多瓦边境的德涅斯特河流域正在实施试点项目。

30.2.6　对人类健康的影响

该地区有些地方，由于缺乏卫生设施，废水处理不达标，化学品、化肥及农药处置方法不当，导致污染物排入供应的水源，严重威胁着人类健康。人造化学品污染是造成饮用水水源污染及娱乐用水污染的主要原因。某些情况下，自然环境污染会造成极大的影响，如在匈牙利自然出现的砷以及在高加索地区由于岩石风化所造成的某些金属浓度过高等。

欧洲有 1.2 亿人口[2] 无法获得安全的饮用水。此外，卫生设施不足还会造成腹泻、伤寒、甲肝等水传播疾病（2006 年上报的保守数据为 170 000 例）。在欧洲东部及东南部、高加索及中亚农村地区，人们很难获得处理过的饮用水和改善的卫生条件。即便是在水净化和废水处理技术十分发达的西欧及北美地区也有水传播疾病暴发的情况。比如美国报告显示：导致疾病暴发的原因有化学品（16%）、病毒（6%）、细菌（18%）及寄生虫（21%），还有 39% 的病例尚没找到确切的病因（Greer 等，2008；美国疾病控制与预防中心，2011）。

洪水暴发期间，人们的健康会遭受威胁，主要是淡水污染（特别是病原体及垃圾造成的饮用水源污染）、家庭卫生及粮食安全无法保障。在热浪及寒流侵袭期间，供水和公共卫生设施同样是决定健康的关键因素。

保障供水及卫生部门的安全很大程度上要依赖部门间紧密合作。然而，直到 20 世纪末，政府才意识到需要采取国际行动预防、控制和减少与水相关的疾病，建立防止意外事件及水传播疾病暴发所造成健康损害的应急体系。这些国际行动中最有代表性的是联合国欧洲经济委员会水公约框架下的水与健康协议。它是首个将水管理与健康问题联系在一起的国际协议，目的在确保每个人获得安全的饮用水和卫生设施。它是联合国欧洲经济委员会水公约的补充性文件，进一步强化了在国家层面提供公共健康保护，特别是在国家和/或地方建立和维护监管和预警系统，以预防与水相关的疾病并积极开展应对。该协议自 2005 年颁布以来，已经产生了积极效果：协议各方不仅强化了实现水与健康千年发展目标的具体步骤，还采取措施确保 2015 年后每个人都可享有供水和卫生设施（UNECE，2010；UNECE，2011a）。此外，在该协议框架下，还为摩尔多瓦和乌克兰提供了国际援助，特别是为基础设施项目提供资金来源。

30.3 不确定因素与风险

水管理需要不断适应各种不确定因素，并对政治、经济与技术反应等外部驱动因素所带来的各种风险作出响应。这要求国家和地方政府等利益相关方以及协议各方为跨境水资源采取新行动。

30.3.1 非气候性驱动因素

鉴于该地区拥有众多跨界水域，这意味着各国必须共同分担风险面对挑战，共同寻求解决方案。20 世纪 70 年代到 20 世纪 80 年代初期，各国实施的多边协议越来越多，目的是加强跨界水资源使用与保护管理。20 世纪 90 年代苏联解体后分裂出的各国为开展跨界水资源合作采取了多项措施。许多国家已加入国际公约及协议或签署新的多双边协议，并组建了联合机构（如河流或湖泊委员会、全权代表会议），以便开展跨界水资源合作项目。因此，该地区的许多河道均得到显著改善，关于跨界水资源的争议比 20 世纪 90 年代初期大幅减少（UNECE，2009b；2011b）。《联合国欧洲经济委员会跨界水道和国际湖泊保护和利用公约》（《联合国欧洲经济委员会水公约》）于 1992 年正式通过，并于 1996 年开始生效（UNECE，1992），此公约在此过程中发挥了重要作用。

然而，东欧、高加索和中亚地区以及欧洲东南部地区的少数一级和二级跨界河流以及许多跨界含水层（UNECE，2011b）尚未纳入到这些协议框架之下。在某些情况下，现有协议和联合机构无法有效解决当前经济发展等诸多挑战。该地区范围内或处于该地区边界的部分国家拒绝参与跨界河道协议，无论是框架协议还是具体河道协议，这为尚无正式联合行动的跨界水资源管理带来不确定因素及风险。

虽然政治因素是有效合作的先决条件，联合机构也必须从设立伊始就组建权力机构及机制，以便高效地完成任务。为应对跨界合作过程中的不确定性和风险，许多国家通过加强现有过渡联合机构的能力，促进相关活动的开展。这要求联合机构更好地表达国家权力机构的意愿、在国家层面上加强协作、提高沿岸各国的资金投入，确保联合项目的实施和组织机构运行费用的落实。

缺乏跨界水质、水量数据和信息，特别是驱动因素及其对水管理影响信息以及繁琐信息交换程序也构成不确定性和风险因素。在某些情况下，尽管环境部或国家水委员会等机构有权开展跨界数据交流，但官方沟通还必须经过外交部。近年来，东欧及中亚国家设立的联合机构已采取措施推进信息获取并促使利益相关方参与。在北美和西欧地区非政府组织及其他利益相关方均积极参与了联合机构的活动［如国际联合委员会（北美五大湖）及莱茵河、默兹河、斯海尔德河委员会］。2007 年末，摩尔多瓦和乌克兰的全权代表批准了《利益相关方参与条例》。这是东欧、高加索及中亚地区联合机构首个推动信息传播与公众参与活动的举措。同时，缺乏资金是信息获取和公众参与的主要阻碍。

满足经济部门日益增长的水需求，并应对很多不确定因素是一项特殊挑战。沿岸国家水量分配就是一个实例。由于上游与下游用水户属于不同国家，他们在用水定额问题上经常存在分歧，比如：里海某些河流就存在类似的问题。同样的问题还体现在不同部门之间的水量分配方面，如水电发电量（冬季大量泄洪用以发电常与下游区域的人工溢流相关）与灌溉农业（生长期的水资源需求量大，同时上游水库正在蓄水）之间存在的"典型冲突"，这种冲突在中亚地区（阿姆河及锡尔河流域）尤其明显。在拯救咸海国际基金的资助下，现有联合机构（见专栏 30.3）正在着手处理这个问题，因为其他部门的水需求量将在未来20 年逐渐增加（包括联合国欧洲经济委员会覆盖范围外的上游国家阿富汗的预期水需求增长量），根据预测，咸海流域的年人均水需求量将从约 2 500m³ 下降到 1 800m³ 甚至 1 300m³。

其他不确定因素和风险还包括经济用水与生态用水之间的冲突。位于哈萨克斯坦的巴尔喀什湖主要靠发源于中国的伊犁河供水，如果哈萨克斯坦和中国无法就可持续水资源利用和污染控制达成一致，那么巴尔喀什湖可能遭受与咸海一样的命运。中哈联合委员会已经意识到这个问题，并开始着手实施解决方案。由于解决巴尔喀什湖水生态系统问题涉及诸多（科学方面的）不确定因素，该项解决方案仍须谨慎对待。

从地下含水层取水造成的压力也是跨界合作中值得关注的问题。许多联合机构尚未针对跨界地下水问题展开工作。这种情况在西欧和北美以外的地区比较普遍。联合机构员工大多接受过地表水资源管理方面的培训，但未接受过有关地下水资源的培训，因此没有对地下水资源供应情况进行监管并发放地下水取水许可。

某些国家由于受到 20 世纪 90 年代的政治变化以及 2008—2009 年全球经济危机影响，其稳定性与安全性均受到影响。时至今日，其余波仍对水资源、环境以及跨界水资源国际合作产生不利影响（见专栏 30.5）。

专栏 30.5

2008—2009 年全球经济危机的影响

2008 年中期爆发的全球金融与经济危机对新兴的欧洲和中亚地区国家[3] 影响最大，造成该地区 2009 年经济产量平均下降 6%。经济衰退也带来了一些重大社会经济影响。比如，2009 年上半年，俄罗斯和土耳其的失业人数相比 2008 年同期约增长了一半。由于多数国家对于未来预期增长率不乐观，这次危机阻碍千年发展目标的实现以及该地区的人类发展。特别是，预期经济复苏缓慢以及国家债务不断增加，使得改善社会保障前景堪忧（UNECE，2010）。这次金融危机为进一步开发水资源带来了风险；但它也为加强水资源服务和基础设施投入，实施财政刺激计划带来了机会。欧盟和联合国欧洲经济委员会的成员国在这些政策领域发挥着重要作用，利用公共支出和资助建设并维护必要的基础设施，促进技术创新，支持行为改变，为转型国家提供进一步援助（OECD，2009）。

在武装冲突地区，基础设施遭到毁坏、污染肆虐、人民流离失所，大量难民缺少供水和卫生服务设施。比如，发生在巴尔干半岛地区(20世纪90年代)和高加索地区（20世纪90年代于亚美尼亚和阿塞拜疆，2009年于格鲁吉亚和俄罗斯）的武装冲突。2010年夏季发生在吉尔吉斯斯坦的内部政治冲突及民族紧张事件造成国民死亡和大量难民，由此带来不确定因素和风险：该国农村水供应和卫生系统面临同样问题，这不仅对费尔干纳河谷地区（咸海流域）的跨界水资源管理带来负面影响，更对解决整个流域的跨界问题产生不利影响。

30.3.2 气候变化

由于联合国欧洲经济委员会所属地区各国温室气体的排放量占全球排放总量的一半，解决气候变化问题已成为关注重点。气候变化对不同地区和流域影响各不相同，包括加剧内陆地区山洪暴发风险、增加洪水泛滥发生频率、加剧土壤侵蚀以及大量的物种消失（EEA，2008；UNECE，2009a；UNECE，2011b）。气候变化问题还对水力发电、海运、旅游与娱乐、海岸线构造及人类健康产生影响（Greer等，2008；USEPA，2007）。

欧洲各国政府（EEA，2010a）的国家适应性战略正处于筹备、发展及实施等不同阶段。美国环境保护署于2008年发布了国家水资源项目战略及具体行动计划（USEPA，2009b），针对气候变化提出了特定适应性行动计划。适应性战略的效果取决于所观察到的和预测的影响的程度和性质、当前及未来脆弱性评价以及各国适应能力。此外，越来越多的行动和措施在地方和当地层面展开。但是，这些战略都属于长期项目，近期的效果如何还很难评价。

为实施适应性措施，增加资金投入是成功的重要先决条件。一些国家在开展水资源管理以适应气候变化方面仍存在许多不确定因素。比如，东欧、高加索及中亚地区，仍面临诸多不确定因素，缺少适应性能力（包括人力资源）。这些国家普遍贫困，限制了其适应能力的提高。此外，政策制定者在制定水资源管理、水资源供应和卫生设施相关决策时，未充分考虑不确定性和风险因素。

水管理人员还面临着另一个挑战（UN-ECE，2009a）：即气候变化减缓措施可能对水管理带来的负面影响。"粮食生产与生物能源作物用水之间的矛盾"就是一个例子。大规模生物燃料生产可增加用水量，农药及养分增加可能造成淡水污染，这会与粮食生产产生冲突。水力发电厂也会对现有的河流生态系统及渔业带来不利影响，其对水流动态、水温状况及氧气浓度等造成影响；不过，它们也能调节流量，有助于发展灌溉。

中欧地区的内陆水运在货物运输方面发挥着重要作用，通常被视为比公路运输更加环保的运输方式。然而，水运设施的运行却导致水形态变化，对生态造成负面影响。因此，尽管气候变化减缓措施有益于社会发展和减少温室气体排放，我们仍须努力在水体和邻近陆地生态系统及湿地生态效益与影响之间取得平衡。

许多受到非气候驱动因素影响的流域也有可能受到气候变化更大影响。耗资巨大的水利基础设施（如防洪建筑、供水及卫生基础设施等）是造成气候变化脆弱性的重要关联因素，这些设施使用周期一般为数十年，在设计时是以平稳气候条件为假设条件的。此外，土地规划等政策工具也是根据原有稳定的气候条件而制定的，并未考虑气候变异和变化。缺乏足够的知识也属于应对气候变化的不确定因素。

流域内气候和降水不确定性为预测情境的开发带来很大困难，特别是对小流域而言（UNECE，2011b）。西欧国家近期在楚河-塔拉斯河流域（哈萨克斯坦/吉尔吉斯斯坦）及萨瓦河流域（波黑、克罗地亚、塞尔维亚、斯洛文尼亚）启动的试点项目，资金由捐助机构提供。莱茵河、默兹河、斯凯尔特河、多瑙河委员会及其他联合机构，要求流域各国设计出协同性更高的方式，解决高风险及不确定因素，减轻其对人类健康和水管理带来的影响，并要求随着新风险出现制定应对措施。

30.4 水治理

联合国欧洲经济委员会成员国将水治理视为在地方、国家及跨界层面上最有效的管理方式。以"政治驱动"实现水治理的同时，从战略、政策、法律及援助行动计划等方面采取措施。

这方面问题在东欧、高加索及中亚地区依然存在，由于许多国家处于转型初期，机构能力因体制崩溃和经济混乱而日趋衰弱。尽管许多国家已经在公共管理改革和社会发展方面取得长足进步，但新制度仍不稳定，并且尚未彻底摆脱陈旧运作模式。此外，资助环境保护的意愿很薄弱；相关预算不时削减也说明对环境保护关注较少，有时调拨的资金甚至不能保证国家机关正常运行。此外，由于工资较低，并且公共机构受重视程度不高，很难雇用到高素质的员工（UNECE，2007c；Mott MacDonald，2010）。

欧盟新成员国已经在建设新制度方面取得较大进展，它们在多个领域都得到了全面援助。欧盟成员国所推出的欧洲模式有力促进了共同行动，并获得巨大的财政和技术支持（UNECE，2010）。联合国欧洲经济委员会及欧盟委员会格外关注转型期国家水治理状况，但其他国家也面临着水治理带来的挑战，特别是管理权分散、各自为政的联邦制国家（如德国和美国）（Rogers 和 Hall，2003；Moss，2004；Norman 和 Bakker，2009；Cohen，2010）。

30.4.1 法律与援助行动计划

欧盟立法是针对外部驱动因素的一项重要应对措施，有助于解决欧盟及其他地区诸多水资源问题。为此，各种法律也在不断完善中，包括城市废水处理指令（1991 年）、硝酸盐污染控制与限制指令（1991 年）、饮用水质调整指令（1998 年）以及有关水资源和健康问题的其他指令。最重要的法律是 2000 年颁布的《欧盟水框架指令》（WFD）（欧盟委员会，2000）。该指令将水资源保护的范围扩大到所有水域，并要求到 2015 年欧盟国家的所有水域达到良好状态。《欧盟水框架指令》是欧洲共同体及其成员国履行《联合国欧洲经济委员会水公约》等水资源保护与管理国际公约义务的直接回应（UNECE，1992）。《欧盟水框架指令》对资金有着强行规定，即要求欧盟成员国承担所有环境和水资源服务相关的费用；并制定能够为有效水资源使用提供充分行动计划的水资源定价政策。近期还制定了《欧盟水框架指令》多部"子"指令，如环境质量标准以及洪水和地下水指令等，作为《欧盟水框架指令》的补充。

《欧盟水框架指令》除了对欧盟国家改进水资源管理方面产生作用，其主要条款的应用还对欧盟东部边界地区国家（白俄罗斯、摩尔多瓦、乌克兰、亚美尼亚、阿塞拜疆和格鲁吉亚）在改进水管理及减少污染方面具有至关重要的意义。这也是欧盟（欧盟委员会，2007）在《欧洲睦邻与伙伴关系工具》（ENPI）框架下为这些国家提供支持的原因。

联合国欧洲经济委员会环境公约和协议是应对外部驱动因素的另一个重要措施，旨在解决水管理、空气污染、工业事故、影响评价及公众参与等涉及国家和跨界的问题。针对水资源管理问题，1992 年实施的《联合国欧洲经济委员会水公约》的中心目标是强化地方、国家及地区措施，以保护及确保跨界水资源量、水质及可持续利用。《联合国欧洲经济委员会水公约》规定要以合理、公正的方式管理跨界水资源，并提倡在预防原则指导下，基于污染者付费原则开展行动。《水公约》要求各方要达成具体的双边或多边协议，并设立河流、湖泊委员会等联合机构来履行职责。

在该地区，包括部长级会议在内的欧洲环境进程也被认为是应对外部驱动因素的一项重要措施。联合国欧洲经济委员会成员国、联合国系统机构及代表该地区的政府间组织、地方环境组织、非政府机构、私营部门及其他重要团体应共同协作，帮助处于转型期的国家提升环境标准，使之达到地区正常水准，提供融资渠道并分享经验和好的做法。

30.4.2　国家政策对话

为加强水治理提供国际支持涉及为两个不同层面提供决策支持，即有关技术和管理问题的决策以及政策决策。由此引发的"国家政策对话"主要是探讨被纳入《欧盟水计划》的水资源综合管理、供水与卫生设施问题，其在 2002 年约翰内斯堡可持续发展世界首脑会议通过，涵盖东欧、高加索地区和中亚地区 12 国中的 9 个国家。

一方面，欧盟及西欧国家通过开展技术援助项目，提高政府中水与环境主管部门工作人员的专业知识和改进法律、制度和管理实践；另一方面，由环境部长牵头的国家政策对话促使经济、财政、司法、应急、外交等主要政府部门为水资源管理提供政治支持，并强化与其他利益相关方（如：学术界、非政府组织、负责环境的议会团体、国际组织及金融机构）的联系。通过地区内的国家政策对话，各国在政策方面取得了丰硕成果，比如根据《联合国欧

洲经济委员会水公约》、《水与健康协议》、《欧盟水框架指令》及其他联合国欧洲经济委员会和欧盟指导原则下新拟订了法律文件（见专栏30.6）。本区域国家政策对话的优势不仅体现在法律法规的建设，还体现在与其他国际组织的合作，这已成为加强水治理的有效工具。

专栏 30.6

摩尔多瓦共和国污水处理设施

2010 年，摩尔多瓦共和国主要城市及其他定居地建成的 623 个市政污水处理厂中仅有 24% 可运行。这造成排入河流中未处理废水量日益增加；根据现有的法律要求，仅 4% 的污水处理厂投入运营。另外，农村地区的卫生状况也不令人满意，有 70% 的房屋没有与污水系统连接。

在欧盟及其他西欧国家的资助下，援助项目正在该国积极展开，主要是改善市政基础设施和农村地区卫生状况。根据国家政策对话的要求，该国以欧盟立法为基础起草了新的污水处理法，并于 2008 年 10 月起实施。这项新法律为改造现有污水处理厂以及建设新项目打下了良好基础，可以不必再使用过时的苏维埃式法律。这使得西方新型水处理技术不再与之前的苏联式摩尔多瓦标准相冲突，环境部长也不必被迫向政府申请获得法律允许以安装这些技术设施（UNECE，2011a）。

注　释

1. 全欧洲地区有 8.7 亿人口，不包括北美及以色列。美国居民总数为 3.1 亿人，加拿大为 3 400 万人，以色列为 700 万人（见联合国欧洲经济委员会统计处数据库网址 http://www.unece.org 和 UNECE，2010）。
2. 这些数据由世界卫生组织欧洲区域办事处编制，不包括北美地区。
3. 东欧、高加索、中亚及欧洲东南部区域国家，包括土耳其，以及欧盟新成员国（见表30.1）。

参考文献

Centres for Disease Control and Prevention. 2011. Water-related data and statistics. http://www.waterandhealth.org/newsletter/new/spring_2003/waterborne.html (Accessed 12 October 2011.)

Cohen, K. and Bakker, K. 2010. Groundwater governance: explaining regulatory non-compliance. *International Journal of Water.* Vol. 5, No. 3, pp. 246–66.

EEA (European Environment Agency). 2007. *Europe's Environment – The Fourth Assessment. State of the Environment Report No. 1/2007.* Copenhagen, EEA.

––––. 2010*a*. *National Adaptation Strategies.* http://www.eea.europa.eu/themes/climate/national-adaptation-strategies (Accessed 12 October 2011.)

––––. 2010*b*. *The European Environment – State and Outlook 2010: synthesis.* Copenhagen, EEA.

EEA (European Environment Agency), JRC (Joint Research Centre of the European Union) and WHO (World Health Organization). 2008. *Impacts of Europe's Changing Climate – 2008 Indicator-based Assessment.* EEA Report No. 4/2008, JRC Reference Report No. JRC47756. EEA (European Environment Agency), Copenhagen, Denmark. http://www.eea.europa.eu/publications/eea_report_2008_4

European Commission. 2000. Directive 2000/60/EC of the European Parliament and of the Council of 23 October 2000 Establishing a Framework for the Community Action in the Field Of Water. policy. *Official Journal of the European Communities.* http://eurlex.europa.eu/LexUriServ/LexUriServ.do?uri=OJ:L:2000:327:0001:0072:EN:PDF

––––. 2007. *Development and Cooperation – EuropeAid.* http://ec.europa.eu/europeaid/where/neighbourhood/index_en.htm (Accessed 12 October 2011.)

––––. 2009. *The 1st River Basin Management Plans for 2009–2015.* http://ec.europa.eu/environment/water/index_en.htm (Accessed 12 October 2011.)

Greer, A., Ng, V. and Fisman, D. 2008. Climate change and infectious diseases in North America: the road ahead. *Canadian Medical Association Journal,* Vol. 178, No. 6, pp. 715–22. http://www.cmaj.ca/content/178/6/715.full

GWP/CACENA (Global Water Partnership in Caucasus and Central Asia). 2006. *Implementing the UN Millennium Development Goals in Central Asia and the South.* Tashkent, Uzbekistan, GWP-CACENA.

ICPDR (International Commission for the Protection of the Danube River). 2007. *Issue Paper on Hydromorphological Alterations in the Danube River Basin.* ICPDR, Vienna, Austria. (http://www.icpdr.org/icpdr-pages/dams_structures.htm). (Accessed 12 October 2011.)

Moss, T. 2004. The governance of land use in river basins: prospects for overcoming problems of institutional interplay with the EU Water Framework Directive. *Land Use Policy,* Vol. 21, No. 1, pp. 85–94.

Mott MacDonald. 2010. *Project Completion Report: Water Governance in the Western EECCA Countries.* TACIS/2008/137-153 (EC), Brussels, European Commission.

Norman, E. S. and Bakker, K. 2009. Governing water across the Canada–U.S. borderland. Gattinger, M. and Hale, G. (eds), *Borders and Bridges: Navigating Canada's International Policy Relations in a North American Context.* Oxford, UK, Oxford University Press, Oxford, pp. 194–212. http://www.oup.com/us/catalog/general/subject/Politics/AmericanPolitics/ForeignDefensePolicy/~~/dmlldz11c2EmY2k9OTc4MDE5NTQzMjAwOA==?view=usa&sf=toc&ci=9780195432008

OECD (Organisation for Economic Co-operation and Development). 2009. *Managing Water for All: An OECD Perspective on Pricing and Financing – Key Messages for Policy Makers.* Paris, France, OECD. http://www.oecd.org/dataoecd/53/34/42350563.pdf

Perry, C. A. 2000. *Significant Floods in the United States During the 20th Century – USGS Measures a Century of Floods.* USGS Fact Sheet 024-00, March 2000. http://ks.water.usgs.gov/pubs/fact-sheets/fs.024-00.html (Accessed 12 October 2011.)

Rogers, P. and Hall, A. W. 2003. *Effective Water Governance.* TEC Background Papers No. 7. Sweden, Global Water Partnership, Sweden. http://eagri.cz/public/web/file/30598/Effective_Water_Governance_1_.pdf

Stulina, G. 2009: *Climate change and adaptation to it in the water and land management of Central Asia.* G Tashkent, Uzbekistan, Global Water Partnership in Caucasus and Central Asia.

UNECE (United Nations Economic Commission for Europe). 1992. *UNECE Convention on the Protection and Use of Transboundary Watercourses and International Lakes, 17th March 1992, Helsinki.* New York and Geneva, United Nations.. http://live.unece.org/fileadmin/DAM/env/water/pdf/watercon.pdf

––––. 1998. *UNECE Convention on Access to Information, Public Participation in Decision-Making and Access to Justice in Environmental Matters, 25th June 1998, Aarhus.* New York and Geneva. http://www.unece.org/env/pp/welcome.html

––––. 2005. *Seminar on Environmental Services and Financing for the Protection and Sustainable Use of Ecosystems, 10–11 October 2005.* http://www.unece.org/env/water/meetings/payment_ecosystems/seminar.htm (Accessed 12 October 2011.)

––––. 2007*a*: *First Assessment of Transboundary Rivers, Lakes and Groundwaters.* United Nations, New York and Geneva. http://www.unece.org/env/water/publications/pub76.htm (Accessed 12 October 2011.)

––––. 2007*b*: *Recommendations on Payments for Ecosystem Services in Integrated Water Resources Management.* United Nations, New York and Geneva. http://unece.org/env/water/publications/documents/PES_Recommendations_web.pdf (Accessed 12 October 2011.)

––––. 2007*c*. *From Intentions to Actions: Overcoming Bottlenecks – Critical Issues in Implementation of Environmental Policies Highlighted by the UNECE Environmental Performance Review Programme.* United Nations, New York and Geneva. http://unece.org/env/epr/

publications/Critical%20issues%20implementation%20 EPR.pdf

----. 2009a. *Guidance on Water and Adaptation to Climate Change.* United Nations, Geneva, Switzerland. http://www. unece.org/env/water/publications/documents/Guidance_ water_climate.pdf

----. 2009b. *River Basin Commissions and other Institutions for Transboundary Water Cooperation: Capacity for Water Cooperation in Eastern Europe, Caucasus and Central Asia.* United Nations, New York and Geneva. http://unece.org/ env/water/documents/CWC_publication_joint_bodies.pdf

----. 2009c. *Progress Report on National Policy Dialogues in Countries in Eastern Europe, Caucasus and Central Asia. New York and Geneva, United Nations.* ECE/ MP.WAT/2009/6, Geneva, Switzerland. http://unece. org/env/documents/2009/Wat/mp_wat/ECE_ MP.WAT_2009_6_e.pdf

----. 2009d. *Transboundary Flood Risk Management: Experiences from the UNECE Region. New York and Geneva, United Nations.* http://www.unece.org/env/water/mop5/ Transboundary_Flood_Risk_Managment.pdf

----. 2010. *The MDGs in Europe and Central Asia: Achievements, Challenges and the Way Forward.* Prepared by UNECE in collaboration with UNDP, ILO, FAO, WFP, UNESCO, UNIFEM, WHO/Euro, UNICEF, UNPFA, UNAIDS, UNEP, UNIDO, UNCTAD, and the International Trade Centre. UNew York and Geneva, United Nations, 126 pp.

----. 2011a. *Setting Targets and Target Dates under the Protocol on Water and Health in the Republic of Moldova.* In collaboration with the Swiss Agency for Development and Cooperation and the Government of the Republic of Moldova. Chisinau, Moldavia, Eco-TIRAS, Elan INC SRL. http://www.eco-tiras.org/books/W&H-book-MD-En-2011. pdf

----. 2011b. *Second Assessment of Transboundary Rivers, Lakes and Groundwaters.* New York and Geneva, United Nations. ECE/MP.WAT/33. http://www.unece.org/env/ water/publications/pub/second_assessment.html (Accessed 12 October 2011.)

----. UNECE Statistical Division Database. New York and Geneva, United Nations. n.d. http://www.unece.org (select Statistical Database) or http://w3.unece.org/pxweb/ (Accessed 12 October 2011.)

USEPA (US Environmental Protection Agency). 2007. *Possible Water Resource Impacts in North America* http://www.epa.gov/climatechange/effects/water/ northamerica.html (Accessed 12 October 2011.)

----. 2009a: *National Water Quality Inventory Report to Congress.* USEPA Office of Water, EPA 841-F-08-003, January 2009. http://water.epa.gov/lawsregs/guidance/ cwa/305b/upload/2009_01_22_305b_2004report_ factsheet2004305b.pdf (Accessed 12 October 2011.)

----. 2009b: *National Water Program Strategy: Response to Climate Change. National Water Program Climate Change Strategy: Key Action Update for 2010–2011.* Washington DC, USEPA. http://www.epa.gov/ow/climatechange/strategy. html

WHO (World Health Organization). 2010. *Guidance on Water*

Supply and Sanitation in Extreme Weather Events. Geneva, UNECE and WHO/EURO.

Wunder, S. 2005. *Payments for Environmental Services: Some Nuts and Bolts.* Occasional Paper No. 42. Jakarta, Indonesia, Center for International Forestry Research. http://www.cifor.cgiar.org/publications/pdf_files/ OccPapers/OP-42.pdf

第三十一章

亚洲及太平洋地区

联合国亚洲及太平洋经济社会委员会（UNESCAP）（环境与发展司能源安全与水资源处）

作者：蒂·勒胡和厄尔米那·瑟科[1]
供稿：菲力克斯·塞巴赫、莎玛·扎卡里亚和玛丽娜·库尔茨尼威卡
致谢：感谢菲力克斯·塞巴赫在废水管理章节，莎玛·扎卡里亚在气候变化适应性章节，玛丽娜·库尔茨尼威卡在各国政策章节中的辛勤付出。

趋势与主要挑战

目前，亚太地区国家仍有数以百万计的人缺乏完善的水利设施来满足个人和生产的需要，这使他们处于不安全状态。2008 年，缺少改善的水资源的人口约 4.8 亿，缺乏改善的卫生设施的人口约 19 亿。

人口增加、快速的城市化和工业化进程以及经济发展为淡水资源带来了巨大压力。该地区的水资源日益脆弱，极易受到自然灾害和污染的威胁。

与水相关的洪水及干旱等自然灾害阻碍着经济发展。沿海及易受洪水影响的地区在经济高度增长的同时，经常遭受台风和暴风雨的袭击。

在所有产生的废水中，只有 15％～20％ 在排放前经过不同程度的处理。目前，城市地区产生的大量生活废水已经成为一个值得特别关注的问题，其日排放总量估计约为 1.5 亿～2.5 亿立方米。这些废水直接排放至开放的水体中或渗入地下。

富裕家庭及城市家庭在获得安全用水和卫生设施方面处于优势地位。亚洲富裕家庭与贫困家庭的可用水量明显不平等，而在卫生设施方面所表现出的不均衡程度更为突出。

新兴需求

提供水与卫生服务需要巨额资金：实现联合国千年发展目标中的用水目标需要 590 亿美元，而实现卫生目标则需要 710 亿美元。如果加上所有水服务所需的投资，则每年为水利基础设施投入的费用总额可高达 1 800 亿美元，其中发展中国家需要 1 000 亿美元。

极端洪水和干旱的严重程度及发生频率还将受气候变化的影响而加剧。

政策与解决方案

为解决资金短缺的问题，投资评估的时间段应拉长。环境保护费用也应纳入水与卫生服务的收费价格体系。政府需要为开发可持续的高效节能基础设施创造市场条件。

在洪水暴发期间，雨洪资源综合管理的价值无法估量，因为清洁的水体可最大程度地减少水体污染和疾病传播。科技进步也使综合集雨成为水循环管理中的重要组成部分。

集中式污水处理厂占用的空间较大，而且成本较高且难以维护。紧凑的小型污水处理厂经过改良后优势明显。

卫生设施供应不足和水质下降等涉水问题带来的挑战以及气候风险在亚太地区国家十分常见。因此，为了打破许多国家共同面临的由水资源管理不善导致的僵局，必须开展有针对性的紧急行动。地区合作应优先考虑推动家庭用水安全，意识到应对气候变化威胁的必要性并发起"废水处理革命"。

31.1 简介

"亚洲和太平洋"以及"亚洲及太平洋经济社会委员会（ESCAP）地区"是指亚洲及太平洋经济社会委员会成员及准成员所处的区域。本章对该地区的地理描述为亚洲及太平洋地区经济社会委员会的55个成员所分布的五个次区域，即：中亚、东北亚、太平洋、南亚及东南亚次区域，见表31.1。

表 31.1

联合国亚洲及太平洋经济社会委员会（ESCAP）成员所分布的5个次区域

次区域	联合国亚洲及太平洋经济社会委员会成员
东北亚地区	中国、朝鲜、日本、蒙古、韩国、俄罗斯
中亚和高加索地区	亚美尼亚、阿塞拜疆、格鲁吉亚、哈萨克斯坦、吉尔吉斯斯坦、塔吉克斯坦、土库曼斯坦、乌兹别克斯坦
东南亚地区	文莱、柬埔寨、印度尼西亚、老挝、马来西亚、缅甸、菲律宾、新加坡、泰国、东帝汶、越南
南亚和西南亚地区	阿富汗、孟加拉国、不丹、印度、伊朗、马尔代夫、尼泊尔、巴基斯坦
次区域	联合国亚洲及太平洋经济社会委员会成员
	斯里兰卡、土耳其
太平洋地区	美属萨摩亚、澳大利亚、库克群岛、斐济、法属波利尼西亚、关岛、基里巴斯、马绍尔群岛、密克罗尼西亚（密克罗尼西亚联邦）、瑙鲁、新喀里多尼亚、新西兰、纽埃、北马里亚纳群岛、帕劳、巴布亚新几内亚、萨摩亚、所罗门群岛、汤加、图瓦卢、瓦努阿图

资料来源：CARE（2009）。

31.1.1 亚太地区的总体趋势

亚太地区拥有世界上最多的可再生淡水资源，约为211 350亿立方米。良好的水资源条件与水资源的高利用率共存。该地区可再生资源的平均利用率为11％，仅次于缺水的中东地区，并与欧洲的利用率相同（ESCAP，2009a）。

尽管取得了一定进展，亚太地区数以百万计的人口仍无法获得改善的水利基础设施满足个人和生产的需要，这使他们处于不安全状态。2008年，约有4.8亿人缺乏改善的水源，同时约有19亿人缺乏改善的卫生设施（世界卫生组织和联合国儿童基金会，2010b）。

未来充满着不确定性。人口增长、快速的城市化和工业化进程及经济发展给淡水资源带来了巨大压力。该地区的水资源日益减少，并遭受自然灾害及污染的威胁。亚太地区是全球受自然灾害侵袭最严重的地区。此外，工业、农业和家庭产生的污染将使未来的可用水量进一步减少。

31.2 若干问题

31.2.1 联合国千年发展目标水与卫生目标能否实现

1990—2008年，被列入联合国千年发展目标的"获得安全洁净饮用水"目标取得了重大进展。总体上看，亚太地区是最早将无法获得安全饮用水人口比例减半的地区之一，但在提供完善的卫生设施方面却进展缓慢（ESCAP、ADB 和 UNEP，2010）。1990—2008 年，该地区可获得改善的饮用水人口比例从 73% 提高到 88%，增加了 12 亿（人口增长因素考虑在内）。除中亚和太平洋地区持平以外，所有亚太次区域可获得改善的饮用水的人口比例都有所增长。

与供水相比，卫生设施的普及率进展很慢。在该地区，仅有约 53% 的人口拥有改善的卫生设施。各次区域的卫生设施状况呈现出巨大的差异。东南亚次区域进展最快，已提高了 22%；东北亚次区域在 1990—2008 年期间则提高了 12%；南亚和西南亚次区域的进展更为缓慢。尽管可以获得卫生服务的人口数量与 1990 年相比增长了一倍，但 2008 年的平均覆盖率也仅有 38%，无卫生设施的人口数量甚至比 2005 年还高。

饮用水水质差和缺乏卫生设施严重威胁着人类健康和生产力发展。根据世界卫生组织公布的数据，88% 的腹泻病例可归因于卫生设施和水不达标（世界卫生组织和联合国儿童基金会，2010a）。在南亚和东南亚次区域，腹泻造成的死亡率高达 8.5%，是全球最高的；其次是非洲，腹泻死亡率为 7.7%（WHO，2010c）。这些数字揭示了一个残酷的现实，由于缺乏基本的基础设施，贫困和不健康状况长期存在，并且抑制了该地区巨大的发展潜力。

31.2.2 拓展承载力

可用水量

在亚洲及太平洋经济社会委员会所属地区，各国较高的可再生资源量总量与其较低的人均占有量形成了鲜明对比。由于该地区的人口数量庞大，其人均占有量位于全球的倒数第二，仅为 5 224 立方米，远远低于 8 349 立方米的世界平均水平（见图 31.1）。

自然性缺水仅是其中的一部分原因，而该地区的水资源配置是另一个更加严重的问题。亚太地区是全球人口最集中的地区，其生活用水的取水量占取水总量的比例却最低，仅为 7.7%；非洲为 10%。农业是主要的耗水行业，约占取水总量的 70%。作为该地区主食的稻米，其生长过程要比其他谷类作物多消耗 2～3 倍的水。在许多国家，免费取水、灌溉方案管理不善、技术性基础设施陈旧或损坏以及在干旱地区种植耗水作物构成了农业生产的主要特

图 31.1

全球各地区（2007年）人均可再生水资源量

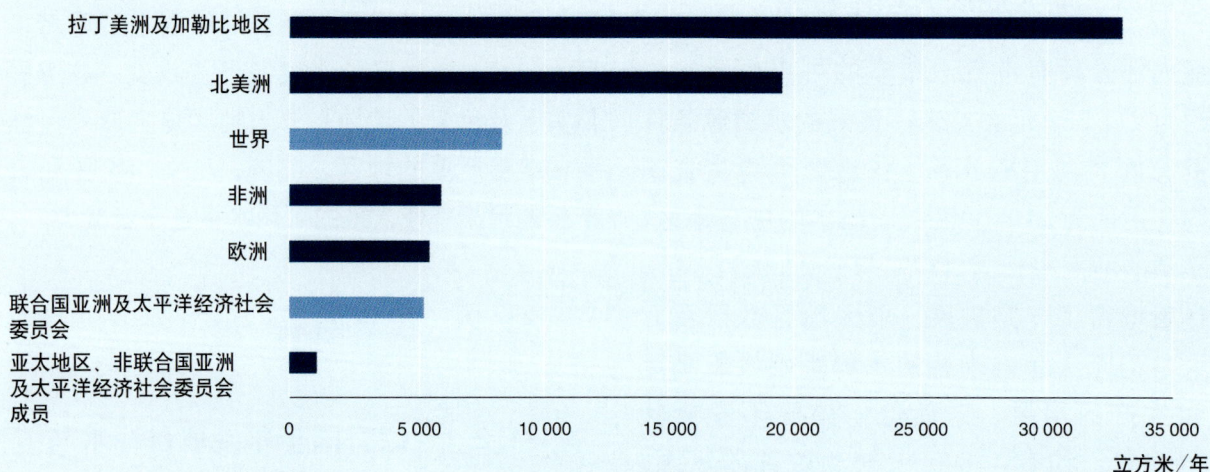

资料来源：ESCAP（2009，图28.4，p.206）。

征。许多案例表明地表水及地下水已被超采。咸海濒临消失的主要原因是上游高强度的取水灌溉，这说明即使是世界上最大的湖泊也无法避免这些因素带来的严重后果（ESCAP，2008）。

该地区可供开采的水资源总量呈现大幅下降的趋势。乌兹别克斯坦、塔吉克斯坦等国家的取水量已经接近甚至超过其地表水及地下水量的总合（分别为其可再生水资源总量的116％和99.6％）（ESCAP，2009a）。尽管许多国家可用淡水资源的危险情况只是反映了本地的情况，但是，以新的发展视角分析现有数据可发现，这种危险情况波及的范围更广。

水质

水体水质下降是影响该地区生态承载力的因素之一。该地区产生的污水只有15％～20％在排放之前经过不同程度的处理，其余的则与其携带的污染物及有毒化合物一起排放（UNEP，2002）。

生活污水问题也需要格外注意，因为这会对临近的人口稠密地区的生态系统产生影响。城市地区每天产生的废水总量估计约为1.5亿～2.5亿立方米（UNEP，2002）。这些废水均直接排放到开放的水域或渗入底土。此外，由于相关规定的执行相对滞后，该地区的很多工业企业仍在继续制造水污染。

目前，即便是在水资源相对充足的马来西亚、印度尼西亚、不丹和巴布亚新几内亚等国，其主要城市也因人口增长、耗水量增加、环境破坏、农业活动破坏、集水区管理不善、工业化及地下水过度使用等原因面临供水不足和水质问题。

在中亚、南亚和西南亚次区域，水资源条件相对较差的国家会遭受水质退化带来的更为严峻的影响。人均水资源占有量最少的国家，其水质也较差。水质压力较大的国家包括哈萨克斯坦、乌兹别克斯坦、吉尔吉斯斯坦、格鲁吉亚、缅甸、伊朗、马尔代夫、尼泊尔、塔吉克斯坦、阿塞拜疆、土库曼斯坦、朝鲜、不丹、巴布亚新几内亚和蒙古。

31.2.3 自然灾害

亚太地区拥有几乎所有气候类型地区，从热带雨林到温带气候区，从喜马拉雅山脉的内陆山地到太平洋及印度洋岛国的广阔地域。该地区很多国家的降水都深受季风气候的影响[2]。东南亚及其他附近的次区域在每年的不同时节经常遭遇洪水及干旱的侵袭。

洪水和干旱等自然灾害妨碍了当地的经济发展。沿海及易受洪水影响的地区经济发展较快，但时常遭受台风及暴风雨的袭击。考虑到未来水文状况的不确定因素，要想使亚洲的发展中国家（特别是深受人口增长、粮食及能源安全问题影响的国家）的发展需求与利用易受洪水影响土地所产生的风险之间保持长久和理想的平衡状态仍是一项挑战。

2000—2009年期间，该地区平均每年有20 451人死于水灾，这还不包括海啸灾害的影响。全球同期平均死亡人数为23 651人（灾难流行病学研究中心，2009）。2010年，巴基斯坦发生了史无前例的洪灾，造成1 974人死亡，165万间房屋损毁，受灾耕地面积达224万公顷（ESCAP，2010b）。

极端天气条件也会损害水与卫生工作所取得的进展。干旱会减少饮用水可用量，洪水及风暴会破坏水利基础设施并导致疾病传播。

31.3 新兴驱动因素

亚太地区充满活力。快速的城市化、经济增长、工业化、粗放和集约式的农业发展，以及气候变化均导致需水加速增长。这些趋势催生了以下驱动因素，也促使该地区提高解决水需求的能力。

31.3.1 经济与社会驱动因素

饮用水与卫生设施供应不足

尽管国内生产总值呈现显著增长态势，并且在饮用水与卫生设施供应方面取得了实质性进展，但该地区仍然存在收入差距较大及性别不平等的现象。亚洲及太平洋地区经济社会委员会开展的一项基本类型学分析表明，富裕家庭及城市家庭尚能获得安全的供水和完善的卫生设施。在亚洲地区，富裕家庭与贫困家庭在水资源利用方面存在的不平等现象很明显，而在卫生设施方面的不平等程度则更为突出。富裕与贫困人口所处的城市环境差异最大，尤其是在小城市［获得和使用人口与健康调查结果评估项目（MEASURE DHS），2004—2008；联合国儿童基金会，2004—2008］。

目前，国际上尚无水与卫生设施方面不同性别的分类数据。然而，《联合国消除对妇女一切形式歧视公约》（CEDAW）委员会强调农村妇女的健康状况通常取决于水资源供应是否充足以及是否存在待遇上的差别（联合国妇女署，2010）。学校男女厕所分开的规定对于提高女孩入学率十分必要，因为水与卫生设施方面的性别歧视对女性会产生不同程度的影响（Burrows 等，2004）。

女性潜力未得到充分发掘将阻碍社会的进步。亚洲及太平洋经济社会委员会的研究显示，女性比男性在水与卫生等家庭健康方面投入了更多的资金。这也说明，女性比男性更看重水资源的供给程度。据亚美尼亚、印度、印度尼西亚、老挝、哈萨克斯坦、蒙古、塔吉克斯坦和越南等多个国家的调查显示，户主为女性的家庭使用处理过的水及改良的卫生设施要多于户主为男性的家庭（见表31.2）（MEASURE DHS，2004—2008；联合国儿童基金会，2004—2008）。但是，在男权主宰的环境下，女性在家庭用水与卫生设施方面几乎没有任何决策权力。

基础设施开发及投资

为所有人提供水与卫生服务需要巨额资金。实现联合国千年发展目标中的饮用水目标需要590亿美元，而实现卫生设施目标则需要710亿美元（ESCAP，2010a）。如果加上所有水服务相关费用，则每年为水利基础设施投入的费用总额可高达1 800亿美元，其中发展中国家就需要1 000亿美元（ESCAP，2006b）。较差的水质需要巨大的投资来改善，并会增加水处理和输送的费用。

过去几年中，政府、民间团体及捐助者为实现千年发展目标共同努力，在某些方面取得了显著业绩。为积极响应国际社会增加水资源投资的要求，亚洲开发银行（ADB）启动了水融资项目（WFP），使2006年至2009年期间水行业的投资翻倍，并设立了水融资伙伴联盟（WFPF），促使开发伙伴共同开展投融资，截至2008年12月投资达到6 500万美元（亚洲开发银行，2011）。

东南亚7个国家（柬埔寨、印度尼西亚、老挝、菲律宾、泰国、东帝汶、越南）、中亚1个国家（哈萨克斯坦）、东北亚1个国家（蒙古）及南亚2个国家（孟加拉国、尼泊尔）的数据表明，相关机构不同程度地参与了水与卫生领域的规划制定。柬埔寨、老挝、尼泊尔和泰国等国都制定了相关政策和制度，但柬埔寨和老挝缺乏相应的人力资源和财政实施计划[3]。菲律宾、柬埔寨、东帝汶和越南也在财政规划与资源方面比较滞后，但越南在扩大资源配置用以满足水与卫生设施目标方面显示出较大潜力（联合国水计划，2010）。

然而，即便建立了充足的水与卫生设施，确保这些系统具有财政可持续性、有效性、可靠性、可负担性、需求响应度、男性与女性团体均可接受以及对儿童与成人均具备适用性仍十分必要。卫生设施往往无法满足女性的需求，此外普通卫生设施的尺寸也不适于儿童使用，甚至对于儿童有一定的危险性。

该地区还普遍缺乏废水处理设施。城市中的许多小型排水道都被封闭和覆盖，以便为道路或商业区留出更多的空间。这些排水道底部由混凝土浇筑，多用于排放暴雨径流，或仅用作露天下水道。该地区的灌溉设施通常较为陈旧且状况不佳，部分原因是用水价格极低，加上设施管理不善。政府在提供燃料及电力供应的同时，为弥补灌溉系统建设的资金不足提供补助。这导致价格无法体现真实价值，农民随意过度抽取河流中的水资源及地下水，并浪费淡水资源（ESCAP，2008）。

表 31.2

男性及女性户主家庭可获得安全饮用水的百分比

国家	年份	男性户主家庭 (%)	女性户主家庭 (%)	女性户主家庭获得安全用水 高出的百分点 (%)
亚美尼亚	2000	93.8	95.4	2
	2005	95.8	96.4	1
孟加拉国	2007	97.0	97.6	1
印度	1999	80.4	78.8	−2
	2006	87.7	89.2	2
印度尼西亚	1997	73.9	77.5	4
	2003	71.8	72.1	0
哈萨克斯坦	1999	92.5	96.2	4
	2006	94.0	95.9	2
吉尔吉斯斯坦	2006	88.9	93.3	4
老挝	2005	58.6	70.4	12
蒙古	2005	65.3	76.3	11
尼泊尔	1996	76.9	78.5	2
	2006	82.3	80.3	−2
菲律宾	1998	85.4	87.4	2
	2003	83.2	85.4	2
塔吉克斯坦	2000	56.1	65.8	10
	2005	70.0	78.3	8
泰国	2005	96.0	96.1	0
乌兹别克斯坦	2006	89.5	95.9	6
越南	1997	71.5	78.6	7
	2000	76.1	83.1	7
	2002	77.1	84.4	7
	2006	87.7	92.2	4

资料来源：联合国亚洲及太平洋经济社会委员会基于1999—2008年的人口与健康调查（DHS）以及多项指标组群调查（MICS）所进行的分析。

粮食生产用水

不断变化的经济、人口及气候条件为粮食生产带来更多困难。生产 1 卡路里的粮食需要大约 1 升的水。到 2050 年，为了能够为每位消费者提供每天 1 800 卡路里的热量，亚太地区每天需要增加 24 亿立方米的用水量。无论小型还是大型粮食生产者，粮食安全问题都将使基本供水不足问题雪上加霜。

31.3.2 政策、法律与融资驱动因素

水资源管理能力

如果一个国家的取水量已接近国内可再生水资源量，那么支撑长期发展将面临困难。过度开采将不利于水资源配置并使有些地区发生水危机。该地区的许多国家已开始采取水资源综合管理措施，并在不同层面获得了成功。表

表 31.3

不同地区水资源综合管理行动计划

地区	水资源综合管理行动计划
中亚	咸海流域：次区域对话框架（2008年10月） 咸海流域：拯救咸海国际基金执行委员会(EC-IFAS) 全球水伙伴中亚及高加索地区分部(GWP CACENA)：为水资源综合管理提供支持
南亚及西南亚地区	南亚区域合作联盟(SAARC)：灾害管理中心 南亚区域合作联盟：灾害管理综合框架 全球水伙伴南亚分部：为水资源综合管理提供支持 南亚水论坛(SAWAF)：跨界水资源管理的方向 各国的国家适应性行动计划(NAPA) 南亚地区卫生会议（SACOSAN）：卫生领域的政治承诺 南亚水设施网络(SAWUN)
东南亚	湄公河委员会成立（1995年） 湄公河委员会：基于水资源综合管理的流域开发战略 东南亚国家联盟：水资源管理与水资源综合管理工作小组 全球水伙伴南亚分部：为水资源综合管理提供支持
太平洋岛国	太平洋废水政策声明 太平洋废水行动框架（2001年） 太平洋地区可持续水资源管理行动计划（2002年） 饮用水质与健康行动框架（2005年） 太平洋岛屿应用地球科学委员会(SOPAC)

资料来源：联合国亚洲及太平洋经济社会委员会环境与发展司能源安全与水资源处的Jin Lee、Ti Le Huu、Salmah Zakaria与全球水伙伴的Torkil Clausen合作编写的《亚太地区水资源综合管理状况》（未发表的报告），2009年12月。

31.3 和表 31.4 提供了该地区的一些实例和国家层面的行动计划。

水纠纷及冲突

尽管人们对水资源综合管理的认识不断增强并开始着手实施，但随着该地区发展中国家经济快速增长导致的巨大自然资源使用量，特别是水资源使用量，使得涉水冲突迅速增加，并对稳定及发展构成威胁。

过去 20 年，所报通的涉水事件数量不断增加。尤其是 1990 年以来，国内冲突占据主导地位（见表 31.5）。据官方消息，20 世纪 90 年代，仅中国的涉水事件就超过 120 000 起[4]。印度的水管理投入通常集中在处理邦之间的涉水冲突。分配日益减少的水资源已经成为涉水冲突的主要原因。考虑欠周的大坝建设、模糊的用水权或恶化的水质等问题都可能导致地方层面的直接冲突。在经济发展的大背景下，平衡水资源使用量以及妥善管理水资源对经济、社会和环境的影响成为当前最严峻的问题。

31.3.3 技术驱动因素

技术进步也在改变着该地区的水资源管理方式，目的是满足供水、废水处理覆盖率及社会经济发展方面的需求。

供水和废水模块结构

采用现代的先进技术为水处理进行有效模块设计，例如膜技术，有助于实现有效的分散式供水及废水管理。集中式小型废水处理厂（或装置）技术得到大幅改进，使设备所需的空

表 31.4

各国水资源综合管理行动计划

国家	水资源综合管理行动计划
亚美尼亚	以水资源综合管理为准则制定新水法
孟加拉国	水资源综合管理和节水计划及水法规
柬埔寨	水资源管理法（2007年）
	国家水资源战略（2004年）
中国	以水资源综合管理为主导实行地区管理
	由全球水伙伴与其省级水伙伴合作开展水资源综合管理
	将流域综合管理纳入水法
印度尼西亚	地下水法规（2008年）
	水资源供应系统开发法规（2006年）
	国家水资源理事会（2008年）
	水利灌溉法规修正案（2006年）
	水资源管理法规修正案（2000年）
日本	修改环境基本计划（2000年）
	水管理将环境可持续性包括进来
哈萨克斯坦	在水资源综合管理原则下设立新的水资源法规
吉尔吉斯斯坦	在水资源综合管理原则下设立新的水资源法规
老挝	水资源与环境管理署
马来西亚	国家水服务委员会（2007年）
	水服务行业法（2006年）
蒙古	水资源管理局通过流域理事会为水资源综合管理提供支持
缅甸	水资源保护与河流法（2006年）
	国家环境事务委员会（2008年）：工厂污水排放标准
尼泊尔	水资源综合管理与水资源利用效率计划及水法规
巴基斯坦	水资源综合管理与水资源利用效率计划及水法规
菲律宾	水资源委员会作为经济监管机构
韩国	使12条河流恢复活力的流域综合计划
斯里兰卡	水资源综合管理与水资源利用效率计划及水法规
塔吉克斯坦	在水资源综合管理原则下制定新水法
越南	由自然资源与环境部进行流域管理（2007年）
	水行业改革（2006—2008年），将水资源与用水管理进行分离

资料来源：联合国亚洲及太平洋经济社会委员会环境与发展司能源安全与水资源处的Jin Lee、Ti Le Huu、Salmah Zakaria与全球水伙伴的Torkil Clausen合作编写的《亚太地区水资源综合管理状况》（未发表的报告），2009年12月。

间减少，机组在拥挤的城市地区也可以使用。

水敏感城市设计

水敏感城市设计是一个渐进的过程，旨在设计出可兼顾人类和环境用水需求的城市环境，同时考虑到自然水循环并为其提供支持。该设计融合了基本的供水需求与安全；公共健康保护（如通过下水道）、通过排水系统防洪、为保护环境对水道进行更新、通过水循环实现自然资源保护、关注代际公平及气候变化应对等内容（Brown 等，2008）。

表 31.5

亚洲近期发生的主要水冲突大事记（2000—2008年）

年份	涉及的国家及地区	冲突或潜在冲突描述
2000年	中亚：吉尔吉斯斯坦、哈萨克斯坦、乌兹别克斯坦	吉尔吉斯斯坦切断了向哈萨克斯坦的供水，直到恢复煤炭供应。乌兹别克斯坦切断了向哈萨克斯坦的供水，因后者未偿还债务（Pannier, 2000）。
2000年	阿富汗：哈扎拉贾德	在干旱耗尽了当地的资源后，伯尔纳勒干村和泰纳勒干村以及该地区的其他区域爆发了水暴力冲突（阿富汗合作中心，2000年）。
2000年	印度：古吉拉特邦	古吉拉特邦的部分地区出现了水暴动，以抗议地方当局无力供应充足的饮用水。警方在占姆纳格附近的法拉村向一群反对从堪卡瓦提大坝向占姆纳格村调水的民众开枪，造成3人死亡，20人受伤（《金融时报全球水资源报告》，2000）。
2002年	印控克什米尔	由于灌溉用水导致分歧，加伦德村民之间发生争执，警方开枪，造成2人死亡和25人受伤（《日本时报》，2002）。
2002年	印度：卡纳塔克邦、泰米尔纳德邦	卡纳塔克邦与泰米尔纳德邦就高韦里河水分配持续发生暴力冲突。9月至10月期间发生的暴力造成财产损失和30多人受伤，多人被拘留（《印度教徒报》，2002a, 2002b；《印度时代报》，2002a）。
2007年	印度	数千名农民冲过保安设施，对希拉库德大坝发起攻击，以抗议向工业配置水。此次冲突事件造成少数农民及警察受伤（新闻服务公司，2007）。

资料来源：Gleick（2008）。

雨洪资源管理

极端洪水和干旱的严重程度及频率还将受气候变化的影响而加剧。如调控得当，自然水体在干旱期间也能成为水源。该地区的较发达国家已经实施了雨洪资源综合管理。在洪水暴发期间，雨洪资源综合管理显得十分宝贵，因为清洁的水体可最大程度地减少污水和疾病传播。

雨水集蓄

随着雨水集蓄利用技术的发展，雨水集蓄日渐成为水循环管理的一个组成部分，可在城市广泛应用。在新加坡，雨水几乎没有浪费，无论在大街上、池塘里，甚至是在高层建筑物和桥梁上，都有排水渠随时随地收集雨水，水送到水库后通过水处理厂净化达到饮用水标准。此外，修建的两座水库进一步扩大了集水区域，其中第一座水库将降雨集水面积扩大到新加坡国土面积的 2/3（《经济学人》，2010）。

家庭雨水集蓄系统易于安装和运行。其分散的特性可使业主从供需直接管理中获得效益。有了现代化和本土化的技术支持，雨水集蓄可节约成本，并可在灾害发生时缓解资金的压力（斯德哥尔摩环境研究所和联合国环境规划署，2009）。

31.4 主要风险与不确定因素

31.4.1 气候变化

亚太地区以及全球范围的极端水文事件愈演愈烈。该地区有可能遭受气候变化的严重影响。比如，湄公河流域的最大流量预计会增长

35%～42%，而湄公河三角洲的最大流量预计增长 16%～19%。相比之下，该流域的最小流量预计将减少 17%～24%，而湄公河三角洲的最小流量预计将减少 26%～29%，这说明在干旱季节可能出现水资源短缺。在西南亚、东亚和东南亚地区，人口稠密的大三角洲地区可能面临不断增加的河流和海岸洪水风险。气候变化影响与快速发展之间的相互作用将会影响增长，对千年发展目标的实现产生影响（政府间气候变化专门委员会，2007）。

除了洪水及干旱以外，河口海水入侵预计也将进一步向内陆推进。在南亚和中亚地区，融雪、冰川及雪线日益升高也将对下游农业产生不利影响。中国西北部的冰川区预计将缩小 27%。径流变化将影响塔吉克斯坦等依赖水力发电国家的发电量，并增加亚洲干旱及半干旱地区的农业需水量。

31.4.2 热点领域

水资源承受的压力使态势变得尤为复杂。为突出和优化重点区域行动，亚洲及太平洋经济社会委员会确定了多个面临挑战的热点领域。这些热点领域指国家、区域或生态系统，它们均面临水与卫生设施不足、水质下降、可用水量有限、气候变化和涉水灾害风险增加等多种挑战，并且所有这些挑战都值得关注（见表 31.6）。

如图 31.2 所示，东南亚地区国家正处于发展的十字路口。较快的发展速度为水资源管理的改善提供了资金，但是发展重点却忽略了灾害、气候变化以及贫困家庭水与卫生设施供应等带来的风险。乌兹别克斯坦和印度也正面临着这种特殊情况，因为印度尚未作好应对自然灾害及气候变化的准备，而

表 31.6

确定涉水热点领域的基本框架

挑战	采取的措施*	面临风险的国家／地区
可用水量	水资源利用率（威胁*1） 水资源开发利用指数（**）（威胁2） 水质（威胁3和4）	阿富汗、阿塞拜疆、不丹、朝鲜、格鲁吉亚、印度、印度尼西亚、哈萨克斯坦、吉尔吉斯斯坦、马来西亚、马尔代夫†、蒙古、缅甸、尼泊尔、巴基斯坦‡、巴布亚新几内亚、菲律宾、塔吉克斯坦、泰国、土库曼斯坦、乌兹别克斯坦‡
脆弱性 与风险	洪水频率（威胁5） 旋风频率（威胁6） 干旱频率（威胁7） 气候变化模式（威胁8）	澳大利亚、孟加拉国‡、柬埔寨‡、中国‡、朝鲜、印度‡、印尼、伊朗、哈萨克斯坦、吉尔吉斯斯坦、老挝‡、缅甸、‡马来西亚‡、马尔代夫†、尼泊尔、太平洋岛国‡、巴基斯坦、巴布亚新几内亚、菲律宾‡、韩国、斯里兰卡、泰国‡、东帝汶‡、土库曼斯坦、乌兹别克斯坦‡、越南‡
家庭用水 充足性	获得水资源（威胁9） 获得卫生设施（威胁10） 腹泻造成的失能调整生命年	阿富汗‡、孟加拉国、柬埔寨†、中国、印度、印度尼西亚、老挝†、蒙古、尼泊尔、太平洋岛国、巴布亚新几内亚†、东帝汶
人类发展	出生时预期寿命 供应不均等 贫困人口	柬埔寨、朝鲜、印度尼西亚、老挝、缅甸、太平洋岛国、巴布亚新几内亚、菲律宾

*：“威胁”后面的数字是指图31.2中的相应栏和测量指标，用于表示水资源热点区域。

**：水资源开发利用指数表示目前与可再生淡水资源有限性相关的快速增长的取水量趋势。

†：列出的测量指标中，有两项存在挑战。水资源开发利用指数是一项表示特定年份的内部可再生水资源量与取水总量之间平衡状态的测量指标，其基线是1980年的平衡状态。

‡：两项以上的测量指标存在挑战。

注：此数据不用于热点地区认定。

资料来源：根据Dilley等（2005）汇编，亚洲及太平洋经济社会委员会（2009a）。

图 31.2

亚太地区涉水热点区域

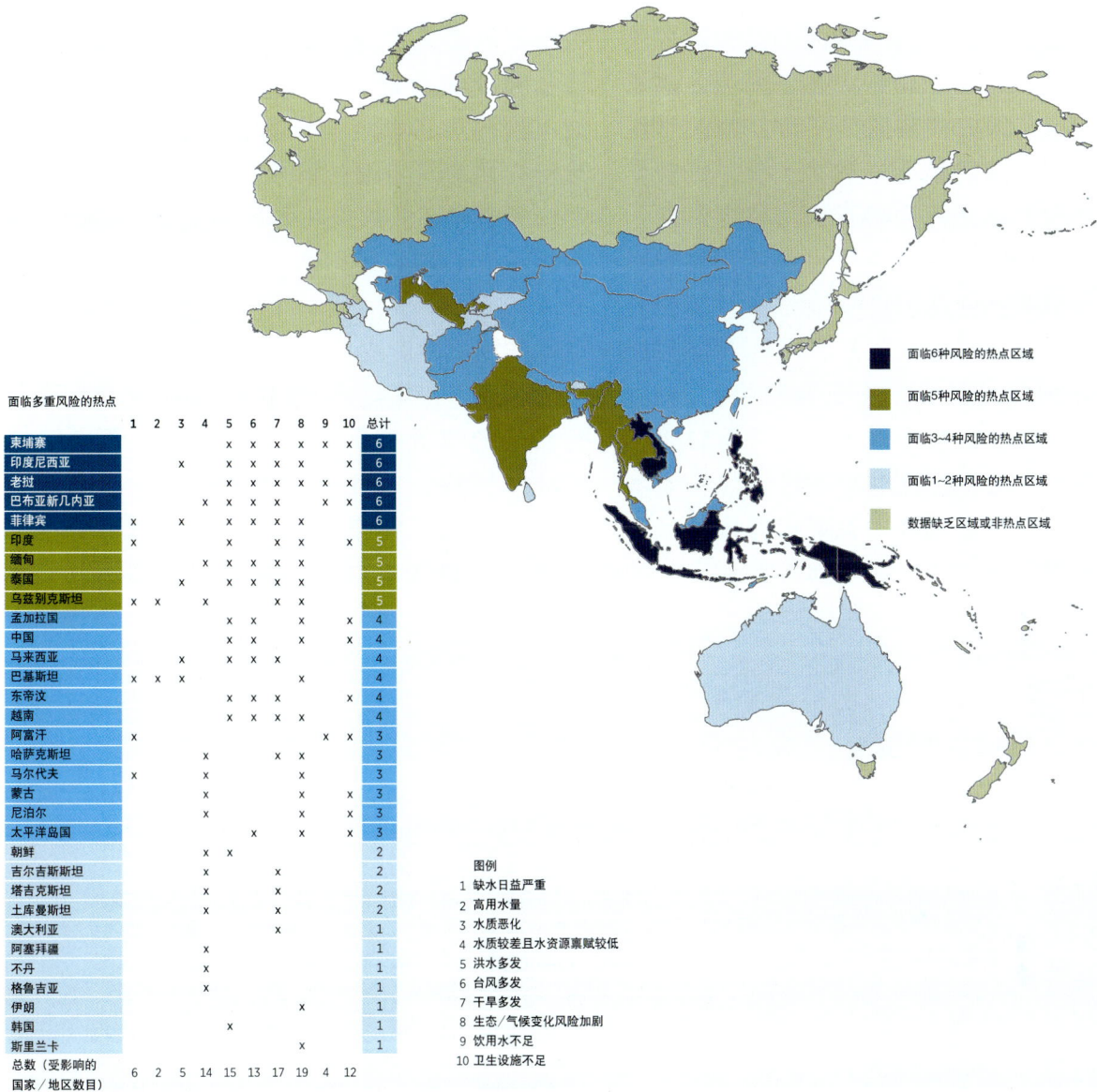

面临多重风险的热点

面临多重风险的热点	1	2	3	4	5	6	7	8	9	10	总计
柬埔寨					x	x	x	x	x	x	6
印度尼西亚		x			x	x	x	x		x	6
老挝					x	x	x	x	x	x	6
巴布亚新几内亚				x	x	x	x	x		x	6
菲律宾	x		x		x		x	x		x	6
印度	x				x	x	x			x	5
缅甸					x	x	x	x		x	5
泰国			x		x	x	x	x			5
乌兹别克斯坦	x	x	x				x	x			5
孟加拉国					x	x	x			x	4
中国					x	x	x	x			4
马来西亚			x		x	x	x				4
巴基斯坦	x	x	x					x			4
东帝汶					x	x	x			x	4
越南					x	x	x			x	4
阿富汗	x								x	x	3
哈萨克斯坦			x				x	x			3
马尔代夫	x		x					x			3
蒙古			x				x	x			3
尼泊尔			x				x	x			3
太平洋岛国						x		x		x	3
朝鲜			x	x							2
吉尔吉斯斯坦			x				x				2
塔吉克斯坦			x				x				2
土库曼斯坦			x				x				2
澳大利亚							x				1
阿塞拜疆			x								1
不丹			x								1
格鲁吉亚			x								1
伊朗									x		1
韩国					x						1
斯里兰卡									x		1
总数（受影响的国家/地区数目）	6	2	5	14	15	13	17	19	4	12	

图例
1 缺水日益严重
2 高用水量
3 水质恶化
4 水质较差且水资源禀赋较低
5 洪水多发
6 台风多发
7 干旱多发
8 生态/气候变化风险加剧
9 饮用水不足
10 卫生设施不足

面临6种风险的热点区域
面临5种风险的热点区域
面临3~4种风险的热点区域
面临1~2种风险的热点区域
数据缺乏区域或非热点区域

资料来源：根据Dilley等（2005）汇编，FAO AQUASTAT 数据库（2010）。

乌兹别克斯坦尚未实现水资源可持续利用。获得基本卫生设施服务仍是孟加拉国重点关注的问题。

31.5 政策制定取得的成效

在经济高速增长数十年后，该地区目前正面临着严峻的环境风险。水资源不安全就是环境遭到破坏的主要表现之一。制定明智的政策是提高恢复力并保持增长的唯一途径。

31.5.1 政策方案

为环境成本定价

亚太地区的发展模式主要依靠廉价的自然资源及人力资源。然而，这也导致其经济发展陷入两个极端：一方面表现为经济发展迅速，而另一方面则表现为持续贫困和环境退化。为促进均衡发展，生产要素的价格要反映出真实的成本，包括环境与生态系统服务成本。这一转变对于水资源管理来说具有重要的含义，这

包括延长投资评价的回报期，以便充分确定水与卫生设施供应及废水处理的效益，并将环境成本纳入水与卫生设施服务收费。生态系统服务付费是确定价值并为这些服务支付费用的途径（见专栏 31.1）。

亚太地区生态系统服务付费状况

该地区的某些国家，如越南、印度尼西亚、菲律宾和斯里兰卡等，已经制定了保障生态系统服务付费的创新政策或正在酝酿之中。

利用创新政策保障生态系统服务付费的一个案例是印度尼西亚龙目岛，该地区供水机构根据地方政府法规，向用水户征收生态系统服务费。同样，亚齐省省会所在流域的供水机构同意向两个地方社区支付流域保护费用。这些费用直接支付给可能对水质及水资源供应产生影响的社区，他们有义务履行合同，以可持续的方式管理土地。每年支付的费用为 500 万印尼盾，连续支付 3 年，并通过社区论坛进行管理。如果双方均履行了承诺，并在水质及水量方面取得进展，协议则继续执行下去。结果是用水户可享受到更清洁的水资源以及更可持续性的供应。生态系统服务付费机制似乎成为解决不断恶化的用水冲突的途径。

亚齐省环境影响管理局（BAPEDAL）的行动得到了亚洲及太平洋经济社会委员会和世界自然基金会（WWF）以及其他合作伙伴的支持，该局将率先开展生态系统服务付费，以推动"自然亚齐"项目的开展。通过这个项目，克隆亚齐河流域达成了生态系统服务付费协议，协议正在实施。为了制定和实施协议，供水公司已与

3 个社区共同成立了社区论坛（FORSAKA）。根据社区论坛，供水公司将为加强制止非法砍伐提供资金。随着双方建立互信以及对实施方案进行细化，项目后续阶段将开展可持续管理。此外，世界自然基金会还正在克隆珀桑甘流域实施一个试点项目（ESCAP，2009b）。

生态效益型水利基础设施开发

生态效益型水利基础设施主要是为了促使水利基础设施与环境和谐相处，可在城市和农村地区推进。生态效益型城市解决方案包括河流修复、雨水资源管理、分散式废水处理以及水资源回收再利用，而适用于农村的方案则包括先进的节水灌溉技术、分散式水与卫生系统、水资源回收再利用以及雨水集蓄等。

柬埔寨、中国、马来西亚和韩国等许多国家均已着手开发生态效益型水利基础设施。尽管找出大型生态效益型水利基础设施的具体案例比较困难，但有些国家政府正在开展这方面讨论并将其纳入国家规划。印度尼西亚将生态效益概念纳入国家五年发展计划（2010—2014年），菲律宾也将生态效益范围列入国家中期发展计划。

为进一步推动相关进程，亚洲及太平洋经济社会委员会已经为多个发展中国家制定了生态效益型水利基础设施发展纲要，以及完备的能力建设行动计划，包括支持马来西亚为实现所有公共部门建筑物的水利基础设施生态效益制定行动指南，在菲律宾实施水资源综合管理试点项目，以及在印度尼西亚布兰塔斯河支流开展生态恢复项目。

可持续消费与生产

水资源管理正由供应管理向需求管理转变，该地区正逐渐认识到这一点。在亚洲城

市，无收益水量占生产总量的平均比例为30％，其比例范围为 4％～65％（McIntosh，2003）。约有一半的损失归因于输水管网的渗漏。该地区存在许多实施需求方管理措施的案例，并且对于水资源使用效率的关注不断增强。曼谷与马尼拉水渗漏检测项目已大大降低了未计量用水，也因此延缓了新基础设施的开发（Molle 等，2009）。2008 年，澳大利亚悉尼水务公司在霍克顿公园地区开始为住房提供两套供水系统：中水和饮用水（双网）（悉尼水务公司，2011）。

在新加坡，城市生活需水量从1994年的人均每天 176 升减少到 2007 年的 157 升，这主要归功于基于"自愿、定价、强制"三项原则的综合政策（Kiang，2008）。为了实施这些原则，采取了以下行动：调整水价及节水税、设定允许的最低流量、开展公共教育和倡导提高意识，以及将用水大户审计作为市场计划的一部分，以唤起工业部门的重视。目前，新加坡已经成为全球水资源浪费率最低的国家（低于5％）（Kiang，2008）。

由乡村发展部和农业部共同发起的印度哈默坡地区水土保持项目旨在减少径流、实现"拯救生命的高效灌溉"，并促进地下水再利用。喜马偕尔邦喜马拉雅流域中期发展项目的目标是将自然资源保护与农村家庭收入增长相结合。该项目还依照最佳实践的原则，促进流域开发项目与政策的和谐发展（亚洲开发银行，2010b）。

31.5.2 国家响应

综合规划措施

按照传统，在政府政策制定过程中，根据水的不同用途，如农业用水、工业用水、生活供水与卫生设施以及环境用水，水资源管理的职责划归到不同的政府部门或机构。在过去的几十年里，该地区开始普遍引进和实施水资源综合管理政策。

2009 年 3 月，第五届世界水论坛提出了一项针对水资源综合管理现状的概述报告，并拟定了在国家层面上促进水资源综合管理实施与监测的框架（Lee，2009）。

各国均有案例说明水资源综合管理的重要性。为解决水资源管理不善及农业取水量较高等问题，哈萨克斯坦于 2008 年启动了一个水资源管理项目，旨在加强水资源管理组织和机构的水资源综合管理举措，还邀请专家及公众参加利益相关者论坛，以便从主要用水户及供水方获得反馈。结果是哈萨克斯坦的 8 个流域均设立了流域委员会，以便实施国家水资源政策（GWP，2010）。

分散性及包容性

对水资源综合管理规划及决策过程进行权力下放以及提高公众参与程度是实行可持续解决方案的必要条件。

开放式决策是确定水资源相关政策和进行投资决策的先决条件。比如，澳大利亚维多利亚州的可持续发展与环境局与农村及城市水务公司、流域管理局、主要地区利益相关者、利益集团和团体共同携手，在"我们的水、我们的未来"行动计划中制定了长期可持续水资源战略。这些战略都旨在确保水利促进当地增长、规范管理水利系统并保护河流及其他水源地；为此，当地开展了水资源相关风险的评价和分析，并采取了相应行动（澳大利亚可持续发展与环境部，2010）。

31.6 行业重点和地区行动

通过确定热点领域我们发现亚太地区国家面临着共同的涉水挑战。最突出的挑战是缺乏卫生设施及稳定的饮用水供应、水质下降及气候相关的风险。这些行业重点领域要求采取有针对性的紧急行动，以打破很多国家正面临的由于水资源管理不善所造成的发展僵局。

31.6.1 家庭用水安全

实现联合国千年发展目标是本地区的优先重点，然而水与卫生设施改善得到的效益往往超出满足基本生活需求的预期。良好的水与卫

生设施与很多期望的开发结果息息相关，如健康的生态系统和产值高的谋生手段，以及通过增加旅游、吸引国外直接投资、提高劳动生产率及农业产量等提高国内生产总值。通过对4个东南亚国家的研究发现，普及卫生设施的总体经济收益为54亿~270亿美元（Hutton等，2008）。获得饮用水与卫生设施的狭窄定义也因此得到扩展，发展成与社会经济发展融合在一起的家庭用水安全这个宽泛的概念。

更好地监测和评价这些成果要求建立知情政策制定体系。当前的问题是我们无法确定亚太地区所取得的进展，特别是在水资源方面，仅仅是一次性的行动还是向成功迈出的第一步。

近期，孟加拉国政府为改进孟加拉国第二大城市吉大港的水与卫生服务，在国际开发协会的援助下启动了吉大港改善供水与卫生设施项目。该项目通过提升吉大港供水与污水处理管理局的服务质量，为机构发展提供支持，并致力于为吉大港制定污水及排水总体规划。该项目特别面向管网尚未覆盖到的贫困人口，尤其是生活在城市贫民区的人口（《水世界》，2010）。

柬埔寨金边供水局（PPWSA）与亚洲典型的供水机构不同。金边供水局拥有高效的服务系统和日益扩大的客户群。在国外融资机构的支持下，特别是亚洲开发银行的援助下，金边供水局实施了内部改革，在金边这个遭受多年战乱的城市环境下，发展成为一家高效的自治机构，并拥有了自筹资金的能力。如今，金边供水局已经成为公共供水部门的典范，为金边地区24小时提供饮用水。金边供水局成功的背后存在诸多有利因素：精简机构人员（如为所有接入的用户安装水表、实现电子计费系统、更新客户信息、确定未付费重点人群并在拒绝付费的情况下切断供水）；更新改造输水网络以及水处理厂；最大程度减少非法盗用水资源以及浪费（如成立检查小组制止非法盗用、对非法行为进行处罚、对揭发非法盗用行为的公民予以奖励）；并计划在7年中分三次提高水价用于支付维护及运行费用，尽管实际情况是第三次提价没有实施之前收入就足以支付成本（亚洲开发银行，2007）。

卫生设施的重要性正逐渐为公众所了解，并且不仅限于厕所。目前，需要作出行为改变并开展制度改革才能在更广泛的意义上解决卫生设施问题，这包括人类粪便的卫生处理以及灰水管理。比如，2008年国际环境卫生年之际，各地区领导层纷纷采取措施加强卫生设施维护，这不仅提升了人类健康，还促进了环境健康，因为该地区的生活污水是造成地下水和河流受到细菌污染的主要元凶（亚洲开发银行，2010c）。

通过对污水处理系统和雨水排放系统进行更新改造，并采取环境及社会保护措施，孟加拉国达卡供水和污水处理管理局已经在孟加拉国实行达卡供水与卫生设施项目。达卡供水和污水处理管理局还计划通过加强能力建设和扩展主流业务为地方社区提供服务（世界银行，2011a）。

政府和国际组织需要携手为这些服务创造需求并促使人们最终愿意为服务付费。对于贫困程度最高的国家来说，政府必须介入和提供资助，建立可持续、完善的生态型基础设施体系。在开发需求潜力项目方面，柬埔寨就是一个范例。柬埔寨农村发展部及柬埔寨政府认识到市场在改善卫生设施方面可以发挥重要作用。在2009年实施的新卫生设施市场化项目中，市场推动作用和创造需求活动得到了广泛应用，为农村家庭修建了10 000个厕所。与以往项目不同的是，该项目更关注社区范围内的行为改变，以满足开发卫生设施的需求。以市场为依托采取措施，设计了价格低廉的简易厕所，并通过当地生产商引入市场。这种新型冲水厕所的售价不超过25美元，生产商正在接受环境卫生与个人卫生教育、厕所生产以及基本的商务与销售管理方面的培训（水与卫生设施项目，2011）。另一个以市场为依托的水与卫生项目案例是水、卫生、健康企业发展项目（见专栏31.2）。

水、卫生、健康企业发展项目：通过市场为亚洲贫困人口提供水与卫生设施及个人卫生服务

水、卫生、健康企业发展项目是由美国国际开发署（USAID）资助，并由美国北卡罗来纳大学教堂山分校牵头，在柬埔寨、老挝及越南开展的公私联合项目。该项目旨在为亚洲贫困和弱势群体提供有效且可负担得起的水与卫生服务。提供可负担得起且良好的水与卫生服务有助于提高贫困人口的消费需求和满足他们的使用量。基于市场化原则，水、卫生、健康企业发展项目有效调动了私营企业为贫困人口提供水、健康和财富的积极性。

企业发展项目为市场开发行动计划提供了支持。该项目重点关注家庭用水处理和存储产品的制造、营销和分配，并提供诸如厕所等个人卫生和公共卫生设施。这种"企业孵化器"式措施旨在打造盈利性私营企业，并开发出一套完善的供应链，以确保该项目在开发资金耗尽后仍能够长期持续下去。

这些项目的成功背后蕴藏着两个主要商业原则：（1）以全部成本价格提供消费者所需的产品，以及（2）以全部成本价格出售给地方零售商及消费者，而不是提供免费或补贴性产品，以免损害正常的商业环境秩序。

第二个成功因素是为现有项目设立非政府组织，开发转型技术、提供培训及教育，并促进开发清洁水源的解决方案。盈利性商业模式需要可持续性及有效性等驱动因素，而非仅仅依赖于捐赠者的长期资助。通过微型加盟等形式为清洁水产品打通新的分销渠道，强化了整个供应链，同时地方企业家们也可自主确定各社区的需求。推行地方微型加盟体制也十分重要，因为它们为消费者提供金融期权，使信誉良好但现金流不足以支持一次性支出的借款人能够按月付费（超过 12～24 个月）。

通过这项计划，水、卫生、健康企业发展项目已经为超过 100 000 人提供了水过滤器，并为超过 25 000 个家庭新建了厕所。此外，设计创新还包括雄心勃勃的低成本水过滤器以及成本不足 100 美元的自建厕所。

资料来源：根据 USAID（2010）改编。

31.6.2 亚太地区的绿色增长和废水革命

随着越来越多的废水持续排入自然环境中，该地区的水质正处于危险边缘。联合国秘书长水与卫生顾问委员会（UNSGAB）已经启动了一项废水革命计划，即 2010 年 1 月末发起的"桥本龙太郎行动计划 II"，关注了亚太地区急速恶化的水环境，以及对当前废水处理方式进行革命性改革的必要。

认识到水污染正带来严峻的挑战后，亚洲及太平洋经济社会委员会于 2010 年 6 月 15—16 日在吉隆坡召开了区域废水管理对话会，主题是为实现地区绿色增长开发生态型水资源基础设施。这场区域对话涉及有关废水管理的地区经验和问题、有关行动计划及近期发展状况，包括权力下放和技术进步。

马来西亚政府制定了新的废水处理条例。考虑到 1979 年条例的不足之处，马来西亚政府已启动了全面审查，并在 2009 年 12 月 10 日颁布了三项新条例，即 2009 年工业废水、污水与固体废物转运站及垃圾填埋场污染物防治等环境质量条例（Lee，2010）。

印度恒河流域国家管理局在世界银行的财政资金支持下，于 2009 年启动了恒河清理项

目，其目标是到 2020 年不再有未经处理的市政污水或工业废水排入恒河。以往的行动计划并未改善恒河的卫生状况，其中 95％ 的污染物均来自于下水道和露天排水管（世界银行，2011b）。此次的政府行动已从以城镇为中心发展到更广泛的着眼于流域，旨在加强新设立的国家恒河流域管理局的职能，并预计到 2020 年为阻止未经处理的污水和废水排入恒河提供 40 亿美元的财政支持（世界银行，2009）。

此次区域对话会提议为联合国秘书长水与卫生顾问委员会倡导的亚洲废水革命提供支持，与亚洲及太平洋经济社会委员会实行的绿色增长行动计划联合起来共同实施。在 2010 年召开的第六届环境与发展部长级会议（MCED-6）上，这些地区行动计划被逐一介绍，并被纳入第六届环境与发展部长级会议地方实施计划，成为哈萨克斯坦阿斯塔纳绿桥行动计划的一部分。

31.6.3 对气候变化的适应

亚太地区集中了全球 2/3 的贫困人口，而贫困人口的适应性普遍较差，应对气候变化影响的能力也较弱。因此，该地区在实现千年发展目标方面必须应对挑战，否则以往为实现千年发展目标所付出的努力将尽付东流。尽管亚洲发展中国家已经在了解气候变化影响程度、如何采取有效的适应性措施及提高适应能力方面作出了种种努力，但仍将继续受到生态、社会与经济、技术、制度及政治等各种制约因素的影响。

为解决诸多问题，各国近期在亚太水论坛（APWF）的框架下设立了一个气候变化知识中心，旨在促进地区有效合作，包括开展具有针对性的研究，以明确各薄弱环节、适合的政策、战略和适应性行动计划。该知识中心有望推动相关各国将这些政策和战略纳入国家发展议程的中心任务并进一步提高能力建设。

不丹一直致力于开发减缓与适应性政策，同时将这些政策纳入经济增长战略及国家计划。多年来，水力发电始终是缓解气候变化的主要方式。水力发电占国内生产总值的 25％ 和国家收入的 40％ 以上，因此它也是不丹最主要的扶贫式经济增长的驱动因素。不丹的适应性战略已被纳入政府的第 10 个五年计划（2008—2013 年），并格外关注影响发电厂及灌溉水文流量的潜在负面影响，因为这会影响到国家能源、粮食安全以及导致洪水灾害，如冰湖突发洪水（GLOF）。灾害风险管理框架也提出了气候变化风险解决方案（亚洲开发银行，2010a）。根据水资源综合管理的原则制定水法是这些战略的核心所在。尽管不丹已为解决气候变化风险付出了努力，却仍未制定出全面的气候变化应对策略（不丹皇家政府国家环境委员会，联合国环境规划署，2009）。

近来，不丹通过全球赞助启动了几个适应性项目。冰湖突发洪水风险降低项目主要是为喜马拉雅地区开发冰湖突发洪水数据库以及风险管理战略，降低并缓解气候和气象风险（UNDP，2010）。不丹的国际伙伴正在协助其降低由于普纳卡-旺迪山谷和贾卡尔山谷的气候变化所造成的冰湖突发洪水风险，包括普纳卡-旺迪山谷预警计划（UNDP，2011）。2010年中期评估显示，目前采取的行动主要侧重于降低图托麦措冰川湖水位，以便降低该山谷的冰川湖突发洪水风险，并将水位降低 67 厘米，而目标是将水位降低 5 米（Meenawat 和 Sovacool，2010）。同时，早期预警系统也得到了改善。最初只有一个人工警报站投入运营，并只有两名员工。到 2010 年，21 家社区的代表均可在洪水暴发的情况下使用移动电话与国家管理部门取得联系。用仪表及传感器来取代人工系统进行冰川湖深度监测及河流监测也被纳入计划之中。

2009 年，印度启动了国家水使命，并将其纳入国家气候变化行动计划（2008 年），为解决气候变化并实现水资源相关目标制定了多项战略。其主要目标是创建综合水数据库，并举办提高公众意识的教育活动，将重点放在资源过度开发区域，将用水效率提高 20％，并在流域层面上促进水资源综合管理。主要战略包括

建立各种水权和定价监管机制，推动环境友好型解决方案和行为上的改变，提升现有设施的

效率并实施地下水再利用项目（印度水资源部，2011）。

注 释

1. 本章表达的观点仅代表作者本人的观点，并非联合国的观点。
2. 夏季海洋气流的影响及冬季大陆气流的调节造成冬季干燥、夏季潮湿的现象。
3. 哈萨克斯坦在所有类别中均表现较差，可能是由于调查中数据分散和有限所致。
4. 为便于分析，本文所指冲突不仅包括武装冲突，还包括所有提交仲裁的涉水纠纷。无论是否发生暴力，这些纠纷均已经威胁到社会经济的稳定发展。

参考文献

Asian Development Bank. 2007. *Phnom Penh Water Supply Authority: An Exemplary Water Utility in Asia.* http://www.adb.org/water/actions/CAM/PPWSA.asp (Accessed 10 October 2011.)

----. 2010a. *Capacity Building of the National Environment Commission in Climate Change: Bhutan.* http://pid.adb.org/pid/TaView.htm?projNo=43021&seqNo=01&typeCd=2 (Accessed 10 October 2011.)

----. 2010b. *Climate Change Adaptation in Himachal Pradesh: Sustainable Strategies for Water Resource.* Asian Development Bank, India. (Accessed 10 October 2011.) http://www.adb.org/documents/books/cca-himachal-pradesh/cca-himachal-pradesh-3.pdf#page=12

----. 2010c. *Follow-up Conference of the International Year for Sanitation, Tokyo, January 2010.* http://beta.adb.org/news/events/follow-conference-international-year-sanitation (Accessed 10 October 2011.)

----. 2011. *Water Financing Programme 2006–2010.* http://www.adb.org/water/wfp/default.asp (Accessed 10 October 2011.)

Brown, R., Keith, N., and Wong, T. (2008). *Transitioning to Water Sensitive Cities: Historical, Current and Future Transition States*, 11th International Conference on Urban Drainage, Edinburgh, Scotland, UK, p. 5.

Burrows, G., Acton, J., and Maunder, T. 2004. *Water and Sanitation: The Education Drain.* Education Media Report 3. WaterAid, London, UK. http://www.wateraid.org/documents/education20report.pdf (Accessed 10 October 2011.)

Center for Research on the Epidemiology of Disasters. 2009. *EM-DAT: The OFDA/CRED International Disaster Database.* Université Catholique de Louvain, Belgium. http://www.em-dat.net (Accessed 10 October 2011.)

Dilley, M., Chen., R. S., Deichmann, U., Lerner-Lam, A. L., Arnold, M. and Agwe J. et al. 2005. *Natural Disaster Hotspots: Global Risk Analysis. Synthesis Report.* The World Bank and Columbia University.

The Economist. 2010. Every drop counts: and in Singapore every drop is counted. Special report: Water. (20 May 2010). Bangkok, ESCAP. http://www.economist.com/node/16136324

ESCAP (Economic and Social Commission for Asia and the Pacific). 2006a. *State of Environment in Asia and the Pacific 2005 Synthesis.* Bangkok, ESCAP. http://www.unescap.org/esd/environment/soe/2005/download/SOE%202005%20Synthesis.pdf (Accessed 10 October 2011.)

----. 2006b. *Enhancing Regional Cooperation in Infrastructure Development Including That Related to Disaster Management.* Bangkok, ESCAP. http://www.unescap.org/pdd/publications/themestudy2006/themestudy_2006_full.pdf (Accessed 10 October 2011.)

----. 2008. *Sustainable Agriculture and Food Security in Asia and the Pacific.* Bangkok, ESCAP. http://www.unescap.org/65/documents/Theme-Study/st-escap-2535.pdf (Accessed 10 October 2011.)

----. 2009a. *Statistical Yearbook for Asia and the Pacific 2009.* Bangkok, ESCAP. http://www.unescap.org/stat/data/syb2009/index.asp (Accessed 10 October 2011.)

----. 2009b. *Turning Crisis into Opportunity: Greening Economic Recovery Strategies.* Bangkok, ESCAP. http://www.unescap.org/EDC/English/Commissions/E65/E65_6E.pdf (Accessed 10 October 2011.)

ESCAP, ADB and UNDP (Economic and Social Commission for Asia and the Pacific; Asian Development Bank; and United Nations Development Programme) 2010. *Achieving the Millennium Development Goals in an Era of Global Uncertainty, Asia-Pacific Regional Report 2009/10.* Bangkok, ESCAP. Available at http://content.undp.org/go/cms-service/stream/asset/?asset_id=2269033 (Accessed 10 October 2011).

----. 2010a. *Financing an Inclusive and Green Future.* Bangkok, ESCAP.

----. 2010b. *UN and Government of Pakistan Working Together to Protect Against Future Flood Damage*, UN Press Release No: G/58/2010. Bangkok, ESCAP.

FAO (Food and Agriculture Organization). 2010. Global Information System on Water and Agriculture (AQUASTAT) database. http://www.fao.org/nr/water/aquastat/main/index.stm (Accessed 10 October 2010). Rome, FAO.

Gleick, P. H. 2008. *Water Conflict Chronology,* database updated on 11/10/08. Oakland, USA, Pacific Institute for Studies in Development, Environment, and Security. http://

www.worldwater.org/conflictchronology.pdf

Government of Australia, Department of Sustainability and Environment. Our Water: Government programs: *Sustainable Water Strategies.* http://www.ourwater.vic.gov.au/programs/sws (Accessed 11 November 2010).

Government of India. Ministry of Water Resources. 2009. *National Water Mission under National Action Plan on Climate Change.* Comprehensive Mission Document. Vol. I. New Delhi, India. http://www.india.gov.in/allimpfrms/alldocs/15658.pdf

Global Water Partnership. 2010. *Kazakhstan: Institutional Reform in Water Sector to Implement IWRM Plan.* http://www.gwptoolbox.org/index.php?option=com_case&id=238&Itemid=44 (Accessed 10 November 2010).

Hutton G, Rodriguez UE, Napitupulu L, Thang P, Kov P. 2008. *Economic Impacts of Sanitation in Southeast Asia.* Water and Sanitation Program (WSP). Jakarta, Indonesia.

IPCC (Intergovernmental Panel on Climate Change). 2007. *Climate Change 2007: Impacts, Adaptation and Vulnerability.*

Kiang, Tay Teck. 2008. *Singapore's Experience in Water Demand Management.* Paper presented at the 13th International Water Resources Association World Water Congress, 1–4 September 2008, Montpellier, France.

Lee, Heng Keng. 2010. New wastewater regulations. *MyWP,* Malaysian Water Partnership Newsletter, Department of Environment Management, Government of Malaysia. Issue No.7, September 2010.

Lee J., LeHuu T. and Zakaria S . 2009. *Status of IWRM Implementation in the Asia Pacific Region.* ESCAP, unpublished report.

MEASURE DHS (Monitoring and Evaluation to Assess and Use Results Demographic and Health Surveys). 2004–2008. http://www.measuredhs.com (Accessed 10 October 2009).

McIntosh, Arthur C. 2003. *Asian Water Supplies: Reaching the Urban Poor.* Manila, Asian Development Bank and International Water Association. http://www.adb.org/documents/books/asian_water_supplies/asian_water_supplies.pdf (Accessed 10 October 2011.)

Meenawat H., Sovacool B. 2010. Improving adaptive capacity and resilience in Bhutan. *Mitigation and Adaptation Strategies for Global Change.* Vol. 16, No. 5. pp. 515–533. Climate Adaptation to Protect Human Health. Bhutan. http://www.adaptationlearning.net/sites/default/files/Bhutan%20Country%20Profile%20_10.2.11.pdf (Accessed 10 October 2011.)

Molle, F. and Valle D. 2009. Managing competition for water and the pressure on ecosystems. WWAP (World Water Assessment Programme), *World Water Development Report 3: Water in a Changing World.* Paris/London, UNESCO/Earthscan.

National Environment Commission Royal Government of Bhutan and UNEP (United Nations Environment Programme). 2009. *Strategizing Climate Change for Bhutan.* http://www.rrcap.unep.org/nsds/uploadedfiles/file/bhutan.pdf

Stockholm Environment Institute and UNEP (United Nations Environment Programme). 2009. *Rainwater Harvesting: A Lifeline for Human Well-being.* Nairobi, Kenya , UNEP.. http://www.unep.org/Themes/Freshwater/PDF/Rainwater_Harvesting_090310b.pdf

Sydney Water. 2011. *Hoxton Park Recycled Water Scheme.* www.sydneywater.com.au/Majorprojects/SouthWest/HoxtonPark/(Accessed 10 October 2011.)

UNDP (United Nations Development Programme). 2010. *Project Facts – Himalayas: Glacial Outburst Flood (GLOF) Risk Reduction in the Himalayas.* Disaster Risk Reduction and Recovery. http://www.undp.org/cpr/documents/disaster/asia_pacific/Regional_Glacial%20Lake%20Outburst%20Flood%20(GLOF)%20Risk%20Reduction%20Himalayas.pdf (Accessed 10 October 2011.)

----. 2011. *Project Database – Bhutan: Reducing Climate Change-induced Risks and Vulnerabilities from Glacial Lake Outburst Floods in the Punakha-Wangdi and Chamkhar Valleys.* http://www.undp.org.bt/150.htm (Accessed 10 October 2011.)

UNEP (United Nations Environment Programme). 2002. *Environmentally Sound Technologies in Wastewater Treatment for the Implementation of the UNEP Global Programme of Action (GPA).* Guidance on Municipal Wastewater.

----. 2010. Environmentally Sound Technologies in Wastewater Treatment for the Implementation of the UNEP Global Programme of Action (GPA). *Guidance on Municipal Wastewater.* http://www.unep.or.jp/ietc/Publications/Freshwater/SB_summary/index.asp (Accessed 10 October 2011.)

UNICEF. 2004-2008. Multiple Indicator Cluster Survey (MICS). http://www.unicef.org/statistics/index_24302.html (Accessed 15 November 2009.)

UN-Water and WHO (World Health Organization). 2010. UN-Water *Global Annual Assessment of Sanitation and Drinking-Water (GLAAS): Targeting Resources for Better Results.* WHO, Geneva, Switzerland.

UN Women. 2010. *At a Glance – Women and Water.* UNIFEM Fact Sheet. http://www.unifem.org/materials/fact_sheets.php?StoryID=289 (Accessed 10 October 2011.)

USAID (United States Agency for International Development). 2010. WaterSHED programme. hhtp://www.watershedasia.org (Accessed 10 October 2011.)

Water and Sanitation Program. 2011. *Sanitation Marketing Takes Off in Cambodia.* http://www.wsp.org/wsp/node/230 (Accessed 10 October 2011.)

WaterWorld. 2010. *Water, Sanitation Improvements in Bangladesh get World Bank Funding.* http://www.waterworld.com/index/display/article-display/5090805031/articles/waterworld/world-regions/india-central_asia/2010/07/Water-sanitation-improvements-in-Bangladesh.html (Accessed 10 October 2011.)

World Bank. 2009. *World Bank Support to Ganga River Basin Authority.* Washington DC, World Bank. http://www.worldbank.org.in/WBSITE/EXTERNAL/COUNTRIES/SOUTHASIAEXT/INDIAEXTN/0,,contentMDK:22405084-

pagePK:1497618~piPK:217854~theSitePK:295584,00.html
(Accessed 10 October 2011.)

----. 2011a. *Dhaka Water Supply and Sanitation Project.*
http://web.worldbank.org/external/projects/main?pagePK
=64312881&piPK=64302848&theSitePK=40941&Projectid
=P093988 (Accessed 10 October 2011.)

----. 2011b. World Bank Press Release No: 2011/518/SAR:
US$1 Billion Support from World Bank for Ganga Clean-up.
http://web.worldbank.org/WBSITE/EXTERNAL/NEWS/0,,
contentMDK:22928173~pagePK:34370~piPK:34424~theSite
PK:4607,00.html (Accessed 10 October 2011.)

WHO (World Health Organization). 2010. *Water-related
Diseases.* www.who.int/water_sanitation_health/diseases/
diarrhoea/en/ (Accessed 15 June 2010).

WHO and UNICEF (World Health Organization and United
Nations Children's Fund. 2010a. *Diarrhoea: Why Children
Are Still Dying and What Can Be Done.* New York/Geneva,
WHO/UNICEF. http://www.who.int/child_adolescent_
health/documents/9789241598415/en/index.html

----. 2010b. *Progress on Sanitation and Drinking Water 2010
Update.* New York/Geneva, WHO/UNICEF. http://www.
wssinfo.org/data-estimates/introduction/

第三十二章

拉丁美洲和加勒比地区

联合国拉丁美洲和加勒比经济委员会（UNECLAC）

作者：特伦斯·李

供稿：安德烈·奇奥拉夫勒夫（协调员）、卡瑞德·卡纳莱斯、琼·阿奎特拉、安德里安·卡什曼、科林·赫伦、恩瑞克·阿吉拉尔、约格·杜斯、迈克尔·汉克特-杜马斯、费尔南多·米拉莱斯-威尔海姆和汉贝托·裴娜

© UN Photo/Gill Fickling

不经干渴，怎知水的弥足珍贵？

——拜伦《唐璜》

水资源管理在拉丁美洲和加勒比地区历史悠久，且经历了多次变革。20 世纪 60 年代和 70 年代，该地区修建了许多水利工程，如为水力发电和灌溉修建的大坝，水资源开发成为优先发展的重点领域[1]。但水利项目的开发进程随着 80 年代严重的经济危机对大多数国家造成影响而有所放缓。近年来，由于政府的工作重点发生改变，水资源管理的关注点也随之发生了变化。该地区国家目前的工作重点是实现千年发展目标的减贫任务，水资源管理方面，则主要体现为改善饮用水供应与卫生设施的重大项目建设上，如：秘鲁实施的"人人享有水资源"项目。不过供水和卫生设施不再是唯一的关注点：政府开始越来越多关注改善水治理以及加强水资源管理在环境保护中的作用。重视水治理主要是由于各国政府认为水管理仍存在分治和效率低下等问题，这会影响减贫及可持续发展目标的实现。

与经济活动和社会环境以及所有其他领域一样，该地区国家的水行业既存在显著差异也有诸多共性。这些共性可以从这些国家在水资源管理方面取得的进展中看出，而事实上这些进展尚未转化为用水效率普遍提高、水质发生总体变化或整个地区水资源对社会和经济发展贡献率持续增长等方面。从局部看，水资源管理在许多方面取得了进展。一些国家对水资源管理制度进行了大规模改革，特别是墨西哥和巴西，但迄今为止这些努力仅获得部分成功[2]。

过去 20 年，该地区在水资源管理方面所面临的主要问题并未发生根本变化。各国普遍缺乏能力去建立相应的体制和机制来实行在水短缺和冲突条件下的水资源配置。水行业内部仍存在水资源管理不善的现象，并且普遍缺乏自筹资金，不得不依赖缺乏稳定性的政治支持。总体而言，该地区应对危机的能力不足。尽管有所改进，但经常缺少可靠的信息，包括与资源本身有关的信息、与基础设施和机构责任有关的信息，特别是与用水和用户以及未来需求有关的信息。

同时，该地区存在的差异比比皆是，不仅是气候和水文地理方面或水资源管理规模上存在差异（譬如，巴西的面积是多米尼克的 1 万倍）。共性或差异很多是由于各国在制度体系的性质、稳定性和效力、人口分布和人口结构以及收入水平等方面存在的巨大差别而造成。水资源管理活动取得的不同成就，如智利在城市供水、污水和废水处理方面实现了全国性的可持续发展，也是造成各国之间差异的主要原因。

拉丁美洲和加勒比地区所面临的水资源管理问题并非全都来自水资源管理领域内部，强大的外部驱动因素或外部力量自始至终都在影响着当地的水资源管理。最重要的外部驱动因素来自社会的总体变革，但同时也包括宏观经济政策，通常是由国内政策突变以及外部因素（如 2008—2009 年全球金融危机）产生的负面影响，不过这些政策和因素有时也会产生积极作用：最近实行的扩大全球市场参与度和反周期宏观经济政策使得国内和全球宏观经济管理大为改善。政局不稳（如 2009 年洪都拉斯发生的政治动荡）会阻碍水资源管理政策的可持续发展。渐进式经济和社会变革也会给水行业带来巨大压力，这给水资源管理者提出了难以解决的问题。极端气候事件，尤其是加勒比地区飓风，将给水资源管理带来长期的负面影响，特别是对基础设施造成的破坏。近期，与气候变化有关及由此产生的复杂性和不确定性已成为亟须解决的挑战。

本章将重点研究目前最重要的外部驱动因素所带来的风险、不确定性和机遇，并侧重于水资源管理本身固有的需格外关注的领域，将通过引用该地区正反两方面的经验予以阐述。

32.1　外部驱动因素及其影响

本章将探讨对水资源管理产生最显著影响的外部影响或驱动因素。毋庸置疑，还存在其他对水资源管理产生影响的因素，特别是很多国家因地方性政治动荡会引发一系列重大事件。公共部门普遍存在的低效和缺陷是另一个长期存在的消极驱动因素，它会严重阻碍精心规划和管理良好的水资源管理政策和项目。本报告将引用创新政策和项目实例说明公共部门受到影响的状况。

32.1.1　不断变化的经济和社会环境

显然，水资源管理所处的经济和社会环境变化会对水资源利用以及需求产生影响。经济和社会变革产生的影响要大于全球性金融危机（如2008—2009年爆发的全球金融危机）以及全国性金融危机（如1994年的墨西哥比索危机或2001年的阿根廷经济崩溃）带来的短期效应（Klein和Coutiño，1996）。危机可能会导致正在执行的项目中断，但很少会造成长期后果。对该地区产生更深远影响的因素是历史上经济增长率一直处于剧烈的波动状态（见图32.1）。

幸运的是，近期这种波动已明显减弱，增长率也呈积极的发展态势。更加稳定的总体经济确保了更加可持续的水资源管理，但增长给拉丁美洲和加勒比地区经济与社会结构带来了显著变化，也引发了对水资源服务的新需求。该地区各国经济的增长和稳定促使供水服务需求出现迥然不同的变化，如加勒比海旅游业的供水需求和几乎无处不在的能源供水需求，两者往往与本国乃至世界其他地区的人均收入密切相关。

贫困及相关收入分配不均仍然是拉丁美洲地区所有国家和加勒比地区大多数英语国家悬而未决的问题。尽管估计有1/3的人口仍然生活在贫困之中（大约1.8亿人口），平均贫困率在过去20年里一直呈稳步下降趋势（ECCAC，2009c）。但在降低收入不均方面所取得的进展相对较少。水资源部门通过提供饮用水和卫生服务在减贫计划中发挥着重要作用，这一点已日益得到各国政府的认可。由于该地区各国正在努力实现联合国千年发展目标中的减贫目标，因此，从现在至2015年间，人们对于获得改善供水服务的需求会持续提高。

随着贫困水平的下降，该地区收入水平以及收入分配极其不均的现象得到了改善，中产阶级的人口比例大幅增长[3]。由于中产阶级人数日益扩大，越来越多的人要求关注环境问题的解决，这点从在乌拉圭河上建坝或建设纸浆厂

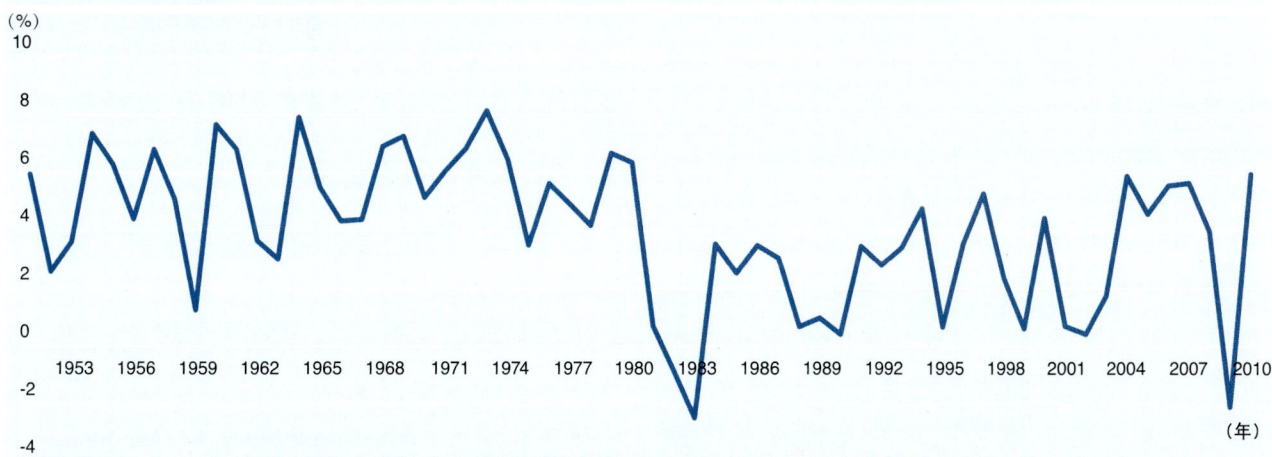

图 32.1

拉丁美洲和加勒比地区1951—2010年间国内生产总值增长率（2005年不变价格）

资料来源：联合国拉丁美洲和加勒比经济委员会CEPALSTAT 数据库（ECLAC CEPALSTAT）(http://eclac.cl/estadisticas，2011年访问）。

所引发的争议可见一斑。该地区有关用水项目引发人们对社会和环境影响日益关注的实例很多，特别是大型水力发电站的建设，如：围绕巴西政府批准在亚马孙河支流辛古（Xingu）河上修建贝罗蒙特大坝（Belo Monte Dam）以及计划在智利的贝克（Río）河流域修建水力发电站引发的争议[4]。总体上看，人们倾向于修建径流式水电站，放弃修建水库进行发电。

以下这个例子更能说明新兴中产阶级日渐强烈的诉求所产生的影响：在智利，人们普遍愿意大幅提高供水及污水处理费率。随着政府决定解决卫生和环境问题，并通过实施生活污水处理等宏伟计划来保护农产品的出口，供水和污水处理费用均大幅提高。到2010年，几乎90%的城市污水都得到了妥善处理（SISS，2011）。

32.1.2　自然资源的外部需求

除了墨西哥和中美洲的一些小国，拉丁美洲各国经济主要依赖自然资源出口。近年来针对这些产品（矿产品、粮食作物或其他农产品、木材、鱼类或旅游）的全球需求显著增长。此外，大部分商品的生产和服务都得到外资援助，且许多厂房设施均为外商独资。因此，促进该地区经济增长的主要引擎（对水资源具有巨大需求）受该地区各国政府直接控制之外因素的影响颇深。即便是本国生产企业也是如此，因为决定需求的是全球市场。

就水资源管理而言，由于许多获取资源的生产活动所处位置的特殊性，他们对自然资源的依赖程度很复杂。例如，在智利和秘鲁，规模不断扩大的铜矿和金矿主要位于干旱地区，由于水资源稀缺，采矿与灌溉农业和土著居民的用水需求形成激烈争夺。许多加勒比群岛由于旅游用水需求导致供水压力增加，因为游客消耗的水量要远远多于当地居民的耗水量。咖啡生产也需要大量的水，且会严重影响水质。将来生物燃料生产也可能对灌溉构成潜在需求。但是，目前巴西唯一的重要作物[5]——甘蔗靠雨水灌溉，仅3.5%的灌溉用水用于生物燃料的生产（de Fraiture等，2008）。

由于当地经济规模随着全球经济的需求变化呈现扩大或缩减的态势，全球市场水需求的不确定性以及需求不断变化使得该地区的水资源管理决策变得日益错综复杂。

32.1.3　宏观经济政策

"宏观经济政策对整个水行业的激励和绩效构成具有广泛的影响"（Donoso和Melo，2004，p.4）：这一点在拉丁美洲和加勒比地区国家非常明显。例如，高通胀率可使开发有效供水收费系统或保护水质的所有尝试均化为泡影。

成功的宏观经济政策会带来高增长率，如20世纪90年代的智利以及最近的阿根廷和秘鲁。同时，新需求的出现会比水资源管理政策的采用更加迅速，这会给水资源管理带来诸多挑战。

但快速的经济增长也会创造很多机遇。强大的水管理制度不仅可以吸引、扩大和改善对水利基础设施的投资，也可以吸引对水资源管理本身的投资。巴西、墨西哥和智利在这方面就有一些典型实例，随着其经济的增长，各国分别采取了相关政策来加强水资源管理制度建设。

然而，我们最需要的不仅仅是长期经济增长，还有长期的政策稳定。许多水资源管理计划需要几十年的时间才能趋于成熟。如目前智利使用的城市饮用水供应和卫生系统是20世纪70年代中期的政策产物，而哥伦比亚的地区环境管理局（CARs）创建的时间是1961年。

32.1.4　社会政策

近年来，拉丁美洲和加勒比地区国家政府特别关注改善本国人民的社会环境。根据相关政策所开展的项目和工程趋于多样化，但大部分与水资源管理以及水行业内所制定的决策直接相关。这一点随着近期饮用水供应和卫生服务政策的不断加强而愈加明显。然而，社会政策的影响并非显而易见。譬如，扩大饮用水供

应和卫生服务覆盖范围会触发输水管道两端的水质问题。这将促使对所有水源地实施保护，无论是溪流、湖泊还是地下水，同时还须保护饮用水源免遭未经处理的污水的污染。这或许是实施水资源管理最突出的外部驱动因素。生活水平提高则是另一个相对突出的驱动因素。人口密集的主要度假胜地会使废水量增加，需要更有力的污染控制措施。为了保护知名度假海滩免遭污染，人们决定开展污水处理，如墨西哥的《清洁海滩计划》（墨西哥水委员会，2009）。在乌拉圭，保护拉普拉塔（La Plata）河口海滩是决定在蒙得维的亚（Montevideo）建立污水处理厂的一个主要驱动因素（IDB，2010）。

住房政策同样可以对水行业起到不同形式的推动作用。改善住房条件不仅意味着提供饮用水和卫生设施，还意味着采取措施控制新居民区的城市洪涝。城市洪涝是拉丁美洲地区所有大型城市长期存在的问题，人们在洪水泛滥地区（有时在专门用于行洪的地区）修建非正规住宅，常常使得情况更加恶化。

32.1.5 极端事件和气候变化

拉丁美洲和加勒比地区水资源充沛，因此气候变化对水资源的影响会根据这种情况发生改变。世界上大约 35% 的陆地水（淡水）位于该地区，但水资源的分布在各国内部以及各国之间存在很大差异。许多地区（墨西哥北部、巴西东北部、秘鲁沿海地区、智利北部）的用水需求难以得到满足。此外，阿根廷的大部分地区、玻利维亚、智利、秘鲁、巴西东北部、厄瓜多尔、哥伦比亚以及墨西哥中部和北部地区属于半干旱地区，受到降雨量变化的影响。大部分人口和经济活动（如在秘鲁）通常集中在水资源短缺的地区。就该地区整体而言，估计 30% 的人口居住在干旱或半干旱区域。

长期以来，拉丁美洲和加勒比地区的水资源管理面临来自日益频繁的气候变异和变化以及相关极端气候事件的挑战，如海地反复出现的极端气候事件以及每年加勒比、中美洲和墨西哥的飓风造成的巨大破坏。

具体实例包括：秘鲁厄尔尼诺／拉尼娜-南方涛动（ENSO）现象引发的问题，以及与巴西东北部干旱图显示的干湿年份周期有关的问题，即出现大面积的半干旱地区"sertão"，覆盖面积大约 90 万平方千米。在半干旱地区"sertão"，干旱会反复出现，但随之而来的往往是洪涝灾害。这种情况在一定时间内可能不会对整个半干旱地区造成影响，但随着发生的频率、强度和幅度增加，我们不仅要采取应急措施，还必须制定长期保护性政策和规划。

32.1.6 人口结构变化

拉丁美洲和加勒比国家正经历一个新的人口结构快速变化的时期。在 20 世纪 60 年代和 70 年代发生人口向城市地区大迁移之后（最近一次较大的人口结构变化事件），当前该地区人口结构的主要特点是出生率迅速下降，导致人口增长率急剧放缓；20 世纪 80 年代人口出生率为 1.3%，预计到 2050 年整个拉丁美洲地区的人口出生率会下降至不到 0.5%（见图 32.2）。该地区偏重于使用相对清洁的能源，这要归因于高比例的水力发电（占初级能源供应总量的 11%，几乎是世界平均水平的 2 倍）。在生物燃料燃烧产生的人均二氧化碳排放量方面，拉丁美洲和加勒比地区仍远远低于经合组织国家，是其排放量的 1/4，不到中国排放量的一半，但略高于印度的排放量。该地区人口出生率下降幅度如此之大，如果这种态势继续保持，一些国家的人口总数将开始出现绝对下降，尤其是古巴和乌拉圭（CELADE，2007）。

出生率下降还意味着，即使国家总人口保持稳定，许多地区仍将出现人口减少，尤其是农村地区和偏远地区。为较少的人口提供服务将带来新的问题。就供水和污水处理而言，这也意味着可能最终出现设施设计过剩，影响设施的运行性能，从而无法保障收入的稳定性。

近期出现的出生率下降与日益延长的人口寿命基本上同步。据估计，在拉丁美洲和加勒比地区，年龄在 65 岁以上的人口数量到 2050

图 32.2

拉丁美洲地区及特定国家年平均人口增长率（1950—2050年）

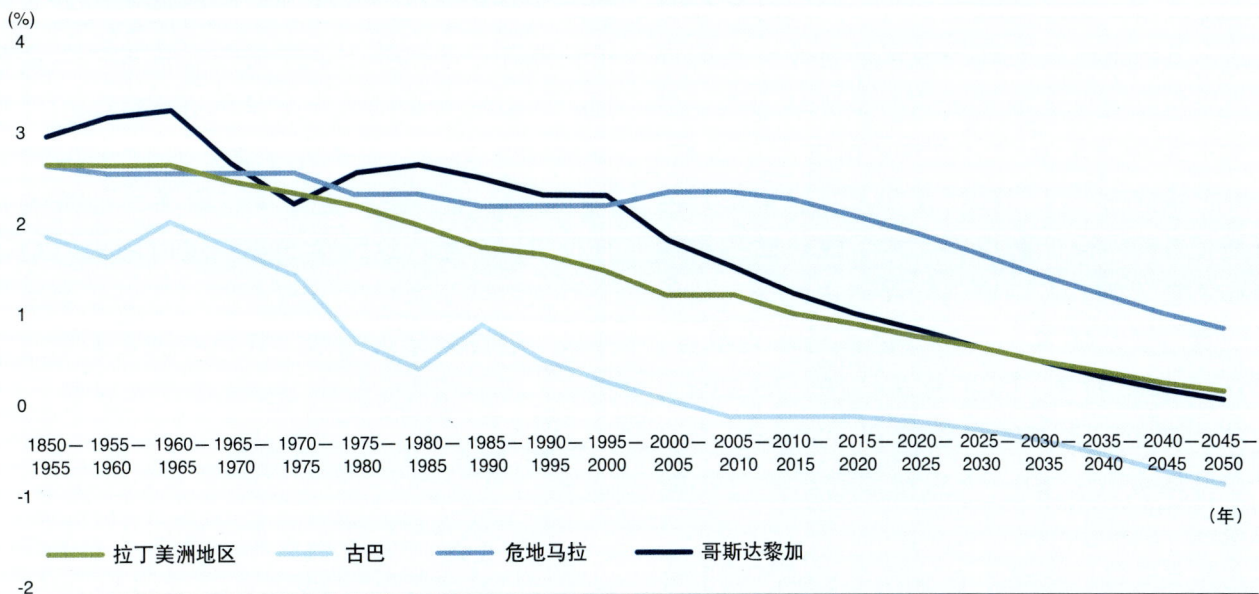

资料来源：CELADE（2009）。

年会增加两倍（CELADE，2007）；同样，这可能会改变许多水资源服务的需求性质，比如，由于较高比例的人口居住在公寓大楼，休闲方面的需求会出现增长，而供水需求将下降。

　　拉丁美洲现已成为世界上城市化速度最快的地区之一，超过80％的人口居住在城镇和城市（ECLAC，2010）。人口从农村向城市大量转移以及日益增加的城际迁徙流现象一直存在，从而形成了一个以大型城市（居民人数超过100万的城市）为主和（在一些国家）人口高度集中在最大（或第二大）城市的体系。然而，城市化并不是人口空间分布中唯一重要的变化特征。人们逐步地、有时甚至是强行地定居在该地区的中心地带，而这里原本人烟稀少，尤其是在亚马孙河和奥利诺科（Orinoco）河流域。这些变化成为该地区各国政府亟待解决的新问题。重视城市水资源问题的原因主要在于城市人口在政治进程中得到更多的关注，或者通俗地讲，他们在政治领域担任更加积极的角色。在巴西的亚马孙河流域，移民的经济重要性提升正对流域开发各项政策的制定起着至关重要的作用，而且这种作用将持续存在。

事实上，随着流域人口数量的急速增长，在发展和保护之间的抉择已无法避免地偏向了前者。

32.2　风险、不确定性和机遇

　　拉丁美洲和加勒比地区所面临的最重大风险和不确定性更多地源自全球经济危机、气候变化和国内持续改善供水服务的需求，这3个因素加在一起将在更广泛的范围内对水资源管理者和决策者构成重大挑战。此外，其中还存在一个复杂的相互关系。一个明显的例子是：全球经济事件将在很大程度上对该地区各国的发展及国内繁荣（或衰退）起着导向的作用，反过来这又将通过收入水平的变化影响对水资源商品和服务的需求，从而影响水资源管理。另一个例子是：气候变化将带来一系列无法预计的因素，对水资源产生直接影响，或间接影响经济的诸多方面。

32.2.1　全球经济事件

　　近期发生的全球金融危机给该地区各国的经济造成了显著影响，但与过去类似事件相比，各国相对较好地应对了此次危机带来的各

种问题（见专栏 32.1）。此外，各经济体正在迅速恢复，因此有望再续被此次危机中断的快速增长期。这将为该地区提供一个积极的投资环境。鉴于拉丁美洲和加勒比地区各国的经济结构，这类投资将会增加用水需求。然而，在拉丁美洲大陆地区，对水资源的总体需求仍然很低，且在空间分布上非常集中。据估计，该地区的取水量仅为水资源可用量的 1％ 左右；相比之下，在加勒比地区，取水量已达到14％，而世界平均水平大约为 9％（联合国，2010）。即便如此，可获取的水资源量仍十分有限，因为该地区的人口与经济活动并非位于水资源丰富的地区，大约 1/3 的人口生活在干旱和半干旱地区。

专栏 32.1

拉丁美洲和加勒比地区以及全球金融危机

由于此次全球金融危机涉及的范围较广，拉丁美洲和加勒比地区也未能幸免于难。然而这次危机不同于该地区以往经历的危机，不仅是因为其始于发达国家（尽管这对当前的经济趋势有着不小的影响），还因为危机在该地区爆发的时间点以及该地区受到的影响程度。有利的外部环境，配合审慎的宏观经济政策，使得该地区减少了大量外债，以有利的条款重新进行谈判，同时建立了国际储备。拉丁美洲经济体以前所未有的流动性和偿付能力度过了此次危机。各国金融体系没有发生恶化，也没有出现货币外流现象，这有助于维持该地区货币市场的稳定。但仍有许多加勒比国家为此担负了巨额外债，并面临更加复杂的汇率状况。另外一个不同于以往的状况是，该地区许多国家放宽了宏观经济政策，使他们能够作出抵御金融危机的政策决定。

尽管该地区的贫困程度依然很高，而且危机对社会产生的影响呈负面性，但其恶化程度并不如最初估计的那么高。在过去几年里，社会支出的增长以及社会项目数量和有效性的提高，对于控制此次危机的社会成本发挥了重要作用。基于我们从以往危机中吸取的经验教训，即便是在财政逐渐紧缩的情况下，该地区各国仍将寻求维持和扩大这些规划项目的覆盖面。

资料来源：联合国拉丁美洲和加勒比经济委员会（2009b）。

智利北部科皮亚波河谷（Copiapo valley）提供了一个典型案例，说明在缺水地区进行大规模投资开拓国际市场可导致潜在的冲突。该地区生产大量的出口作物，尤其是提子（鲜食葡萄），但同时该河谷也是铜矿及其他矿业所在地。河谷的地表水长期以来被过度使用，人们越来越多地依赖于地下水源。其结果是果农钻的水井越来越深，地下水的开采量已经超过补给能力（《水星报》，2010）。尽管智利的总体管理能力很高并且拥有水市场，但这个问题仍不可避免。用水权界定不清以及水资源管理制度上的薄弱环节都是导致该地区水资源过度开采的诱因。

32.2.2 气候变化

该地区的温室气体排放（GHG）量占全球总排放量的比例不大。2008 年，拉丁美洲和加勒比地区人口占世界总人口的 8.6％，国内生产总值（GDP）占全球国内生产总值的 8.2％，温室气体排放（GHG）占全球温室气体排放总量的 7.6％，不包括因改变土地用途产生的气体排放（见图 32.3）。但如果按人均计算并将改变土地用途所产生的气体排放考虑在内，该地区的温室气体排放量比所有其他发展中国家的排放量都要多，包括中国和印度。主要排放源来自森林砍伐，接近排放总量的一半

（WRI，2009）。由于农业种植范围的不断扩张，自2000年以来该地区广袤的森林正以每年400万公顷的速度消失，尽管政府正采取措施控制森林砍伐，许多森林地区仍然面临威胁（FAO，2010）。目前，该地区的一个首要任务是大力解决改变土地用途的问题，以及减少森林砍伐产生的气体排放，以响应减少温室气体排放的全球号召。

图 32.3

拉丁美洲和加勒比地区以及全球的温室气体排放量（1990—2005年）

百万吨二氧化碳当量

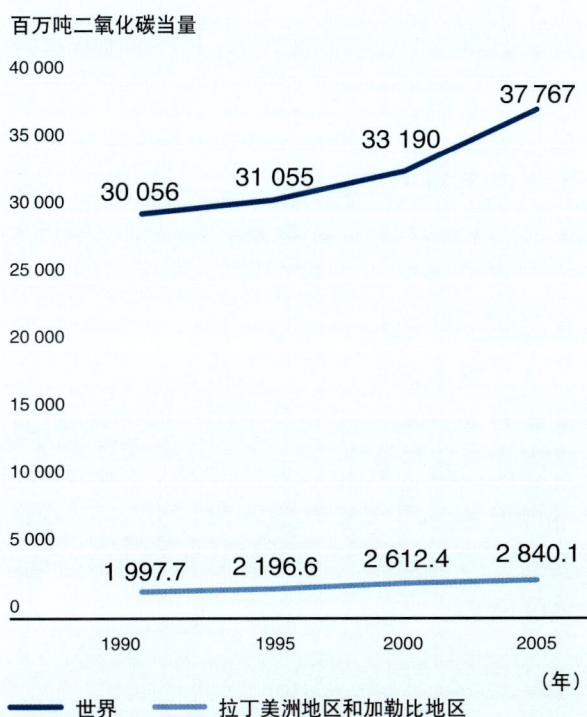

注：排放物包括二氧化碳、甲烷、六氟化硫、一氧化二氮、全氟化合物和氢氟碳化物，但不包括改变土地用途产生的气体排放。
资料来源：世界资源研究所（WRI）（2009）。

与此同时，该地区许多地方极易受到气候变化的不利影响。近10年来气候变化威胁着该地区在实现千年发展目标中所取得的成果。

该地区最贫困的国家往往处于全球气候变化不利影响的高风险或极高风险区，如位于中美洲、加勒比海和安第斯山脉的国家。这些水资源管理能力相对薄弱的国家面临的挑战最大。

气候变化给拉丁美洲和加勒比地区的水资源管理带来的最严峻的挑战包括：

• 许多区域用水的质量、数量和可获得性将出现严重的恶化趋势；

• 海平面可能上升，将给沿海地区带来破坏，同时也将影响河流水情；

• 海平面和温度上升将引起更大强度和更高频率的飓风和热带风暴，并增加经济损失（ECLAC／IDB，2010）。

然而，气候变化也带来了重要机遇，使极富想象力的创新举措在水资源管理的诸多方面得以广泛应用，尤其是水文气象领域，目前已经出现成功的案例，如智利开发的可专门用于当地农业气象预测的国家气象系统，以及秘鲁利用天气预报来减轻厄尔尼诺现象带来的不利影响（见专栏32.2）。然而，面对气候变化的影响，拉丁美洲地区在水资源管理政策上几乎没有作出任何重大改变的迹象，这已经对加勒比群岛以及安第斯山麓等国政府构成潜在负面影响，尤其是与城市供水有关的负面影响，在玻利维亚和秘鲁也是如此。

专栏 32.2

秘鲁对天气预报的有效利用

自1983年起，每年的11月份，根据对太平洋热带地区风和水的温度观测以及数值预测模型，秘鲁发布即将到来的雨季预报。

预报发布后，农民代表和政府官员会召开会议，决定如何对播种的作物进行适当调配，以实现总体产量的最大化。水稻和棉花是秘鲁北部地区种植的两种主要作物，对降雨量和降雨时机高度敏感。潮湿

的环境可确保水稻在生长季节苗壮成长，而作物在收割阶段更偏好干燥的环境。棉花的根系发达，可忍受较干燥的气候环境。因此，对厄尔尼诺现象的预测可引导农民从种植水稻转向种植棉花或从种植棉花转向种植水稻。

资料来源：NOAA（2010）。

32.2.3 需要更好的水资源管理

鉴于该地区国家所处的经济和社会环境，在社会优先领域以及可用水量和使用模式不断变化的情况下，水资源管理的改进必然会得到推动。这也导致新的需求和优先领域的出现，如保护城市基础设施免于洪水淹没所增加的投资，提高灌溉农业用水效率，解决娱乐设施增加带来的用水需求，提供更加环保的能源和应对大坝建设引发的环境问题和冲突，以及加强水污染控制。目前，许多国家正在讨论对水法进行改革，部分国家已经实行改革或颁布新水法（例如巴西、智利、洪都拉斯、墨西哥、尼加拉瓜、秘鲁和巴拉圭），几乎所有国家均对饮用水供应和卫生部门立法进行了改革，部分国家进行了修订。但改革为实践带来创新的案例并不多见（Solanes 和 Jouravelev，2006）。

期待更好的水资源管理，在带来风险和挑战的同时也提供更多机遇。很多灌区已开始采用先进的灌溉技术（例如滴灌）和种植需水量更少的新作物，这导致灌区扩大进程趋缓，灌溉效率也明显提高；但超过95％的耕地仍然采用地面灌溉（FAO，2009）。因此，在提高灌溉效率方面还有很大的提升空间，特别是有些国家已经宣布将在满足全球粮食和生物燃料需求方面发挥重大作用时更是如此。

水资源问题尚未得到公众的充分认识。典型案例是20世纪六七十年代的大坝建设以及智利圣地亚哥近期对马波乔（Mapocho）河的治理工程，这些改进措施并没有吸引公众对水管理的长期重要性给予足够的认识。

以往的水资源管理更多地受到政治干预，这甚至会影响技术层面的决策。而令人鼓舞的是，当前各国政府正努力使水机构免于政治干预，巴西国家水务署（ANA）的管理体制就具有很强的说服力。

32.3 特别关注领域

在拉丁美洲和加勒比地区，未来会有很多因素对该地区的国家构成影响，水行业将不得不面对这些问题，但一些拥有独特地理特性的地区，必须采取如下特定的水资源管理策略。

- 拉丁美洲和加勒比地区大约80％的人口居住在城市，而将近一半的人口居住在具有百万居民规模的大型城市。许多大型城市聚集区缺乏稳定的饮用水供应和污水处理管网，而且几乎所有这类城市都缺乏足够的污水处理设施和能力，对工业污水排放的监管或控制不足，许多城市时常受到洪涝灾害的影响。

- 中美洲较贫困国家、加勒比许多小型岛屿以及玻利维亚和巴拉圭正面临严峻的水资源管理问题，属于最易遭受气候变化不利影响的地区。由于管理体制薄弱以及缺乏资金支持和训练有素的管理人员，他们应对挑战的能力非常有限。

- 拉丁美洲和加勒比地区是世界上最潮湿的地区，但如前文所述，在墨西哥北部、秘鲁、智利、阿根廷和巴西北部存在大面积的干旱和半干旱区域，这些区域最易受到气候变化的不利影响。

- 冰川融化和可用水资源量的减少是安第斯国家最担心的一个问题。这会对该地区的水源、水力发电和农业以及自然生态系统（尤其是亚马孙河）的保护造成相当大的影响。

32.3.1 水治理的改进

联合国拉丁美洲和加勒比经济委员会

（ECLAC）长期以来一直坚持这样的观点：“我们将地区水资源短缺完全归咎于自然条件并不十分恰当……不可否认，水管理体系或多或少通常处于管理不善状态”（ECLAC，1997，p.1），因此，拉丁美洲和加勒比地区的“水危机”更多是一种制度危机而非水短缺问题（ECLAC，2001）。该地区所有国家在水资源管理方面将继续面临持续挑战，需要在立法和制度上寻求能够帮助预防和解决日益增多的用水冲突，以及缓解极端自然气候现象的对策。地区组织与积极主动、了解情况的专业机构之间开展互动，在改善部门治理和确保改革建议的技术可行性方面可起到决定性作用。更重要的一点是要扩大宣传和与公众就决策开展讨论。巴西1997年《国家水法》就是社会各界公开讨论的成果。水利专业机构和专家在立法讨论中发挥了关键作用（Porto 等，1999）。例如，巴西水资源协会在获得会员批准后发表正式声明，将新理念引入立法讨论中。巴西的案例表明，要想在治理方面取得切实的进展必须要达成基本共识。

有时，即便改革获得了广泛政治支持并具有法律强制性也将难以实施。例如，巴西1997年水法的一个核心任务就是建立水费征收体制，但水费征收并未步入正常轨道（Benjamin 等，2005）；在哥伦比亚，地区环境管理局向污染方收取费用的努力由于市政机构不愿意支付而受阻；在墨西哥，根据2004年《国家水法》创建的新流域管理机构仅有少数在正常运行。

在拉丁美洲和加勒比地区的许多国家，整个水行业自上而下均存在治理不善的问题。这一问题不仅限于水资源管理，而且普遍存在于水资源服务的管理上（Solanes 和 Jouravlev，2006）。

改善水管理的一个主要制约因素是大学或技术院校普遍缺乏正规的水管理课程。大多数以技术为主的行业拥有大量受过良好教育的水专业人士，几乎所有国家均为他们提供众多相关课程。但却很少为专业人士提供视角更广泛的有关水资源综合管理方面的培训。向专业人士提供的这类技能培训在很大程度上仍然停留在经验学习的阶段。一些国际机构（包括联合国拉丁美洲和加勒比经济委员会）多次尝试建立水资源管理培训项目，但往往很快夭折。有些机构，如哥斯达黎加的热带农业研究和高等教育中心（CATIE），定期提供短期培训课程，促使水管理专业人士相互交流工作经验，但这些课程本身仅是对现有知识进行一般性的介绍。一些大学提供相关专业课程，例如墨西哥的克雷塔罗（Querétaro）大学提供流域综合管理专业的硕士学位、阿根廷的拉普拉塔大学（Universidad de la Plata）提供类似的学位课程。拉丁美洲地区越来越多的专业人士到该地区之外学习有关流域综合管理的理念与方法，但在拉丁美洲地区仍缺乏获得常规培训和必要知识的途径。

32.3.2 供水与卫生

过去20年中，拉丁美洲和加勒比地区大多数国家在饮用水提供及卫生设施服务改善方面一直处于缓慢稳定的增长态势。到2008年，超过90%的城市人口以及将近60%的农村人口用上了自来水，在区域层面上已远远超出了千年发展目标设定的目标（世界卫生组织／联合国儿童基金会，2010）。但这些统计数据并没有显示服务质量上存在的差异。在许多国家，供水及卫生服务正饱受所谓“低质量恶性循环”的困扰。政治干预、管理不善和费率偏低，所有这些因素相互交织导致水与卫生服务覆盖率和服务质量偏低以及管理不善，供水经常中断或者水压偏低造成饮用水供应系统的污染。大量的污水处理厂被废弃或运行不稳定。结果是消费者对供水服务极度不满（Corrales，2004）。

国家统计数据整体上并未表明各国内部在获得供水服务方面存在的巨大区域性差异。例如，在墨西哥中部和南部、洪都拉斯和尼加拉瓜，许多城市仅不到10%的人口能够获得饮用水。就供水和卫生服务而言，在收集国际统计

数据的过程中，对改善供水可获得性的定义非常概括和宽泛，所以发布的统计数据并没有对该地区许多国家的实际状况起到指导作用（联合国拉丁美洲和加勒比经济委员会，1999；Jouravlev，2009；联合国，2010）。

不可否认，大多数国家已经扩大了供水和污水处理管网的覆盖率，但这反过来又带来前面提到的其他问题[6]。据估计，整个地区最多只有28%的污水在排放之前经过处理，虽然这与10年前或20年前的情况相比是一个非常显著的进步，污水排放口及城市地区的工业废水排放造成水道的严重污染，其中还包括对海水的污染（Lentini，2008）。在政治与技术层面诸多复杂性面前，采取污染控制措施常常会产生好坏参半的结果。譬如哥伦比亚对污水排放实行收费后，目前还不太清楚这是否已经成为减少水污染的唯一或主要决定性因素（见专栏32.3）。

专栏 32.3

哥伦比亚征收排污费经验介绍

哥伦比亚地方当局实施排污费征收制度已超过30年，但直至1993年，国家排污费征收体系才根据第99号法令得以建立。该法令要求33个地区环境管理局（CARs）全面清查所有有机废物的排放量，并估算基准值。各地区环境管理局绘制主要流域图并制定减少污水排放的五年计划，然后针对每个单位的排放量向污染方收取相应费用。

尽管环保部门采取了一定措施，但项目的具体实施仍遭遇了重重阻碍，具体包括：

- 到2003年，仅有9个地区环境管理局全面完成了项目的实施，其中11个地区环境管理局甚至还未开始征收费用；

- 平均而言，仅一半的污水排放单位缴纳了排污费；

- 收费率较低：平均收费率仅为27%；

- 市政污水机构往往不遵守相关收费制度，导致许多流域无法完成污水减排目标。

即使存在诸多问题，1997—2003年期间，许多流域的排污量仍显著下降。这似乎得益于现有的强制性污染控制措施、对排污对象的分类、计划具有更高的透明度和问责制。地区环境管理局可保留征收的排污费，这给他们以动力，从而确保项目的有效运行。

资料来源：Blackman（2006）。

在供水和卫生设施方面仍有许多问题有待解决，包括反复出现的问题，例如无法确保对供水设施给予充分和可持续的资金支持，这导致设施缺乏适当的维护以及运行效率低下，提供服务应获得的收益被抵消掉或有所减少。缺乏维护会导致自来水系统的巨大损失；例如，古巴在自来水输送中损失的水量估计至少占输送总量的一半（美洲商业信息网，2010）。即使是在智利，很少有供水系统的损失率低于30%（SISS，2011）。

32.3.3 气候变化和自然灾害

联合国拉丁美洲和加勒比经济委员会最近的一项调查研究显示，1970—2008年之间，由于气候变化的影响，极端水文气象事件（风暴、洪水、干旱、泥石流、极端气温和森林火灾）似乎有所加剧，造成该地区的经济损失达800多亿美元（Samaniego，2009）。如果该地区不采取适当措施缓解极端气候事件带来的影响（许多此类事件与水有关），所遭受的经济损失在2100年可能会高达2 500亿美元，或占该地区国内生产总值的1%（联合国拉丁美洲和加勒比经济委员会/泛美开发

银行，2010）。

关于气候变化对经济活动产生影响的预测存在着很大的差异，这在很大程度上取决于在未来成本估算中采用的贴现率、考虑的行业部门以及在制定气候方案中所采用的方法和假设等因素。政府间气候变化专门委员会（IPCC）估计，拉丁美洲和加勒比地区的淡水系统可能对气候变化非常敏感，且极易受年际气候波动的影响，如与厄尔尼诺和南方涛动现象有关的气候事件。

降雨过多已成为该地区的一个常见问题，尤其是在中美洲和加勒比地区，这主要是受到热带风暴和飓风的影响。除了历史悠久的中部区域的城市外，由于缺乏良好的排水设施而导致洪水泛滥，已成为困扰大多数都市的一个特殊问题。在巴西里约热内卢，2010 年 3 月超过200 人在降雨引发的滑坡中丧生。即使在地势相对平坦的城市，如阿根廷的布宜诺斯艾利斯，洪水泛滥也是一个严重问题。如果气候变化导致更大的降雨或更加密集的风暴，那么城市洪水泛滥只会变得越来越普遍，所付出的经济代价也会越来越高。

应对气候变化挑战需要提高水管理能力，但在拉丁美洲和加勒比地区大多数国家，这将受到缺乏水文与气象观测网络的限制。大面积人口稀疏或无人居住的地区没有地面气象观测系统，而现有网络的密度和运作（受 20 世纪80 年代经济危机的严重不利影响）又常常达不到国际和地区标准的要求。

32.3.4　水污染和水质

该地区严重缺乏控制水污染的相关措施，解决这些问题需要成功的制度规划，拥有制定标准、建立控制和检查机制的制度安排，以及调动大量用于其他社会或经济用途的财力。当只有一小部分污水得到处理，且众多人口未纳入排污系统和缺乏对污水处理的关注时，城市污水排放导致污染失控肯定将无法避免。同样，事实证明对工业污染的控制也同样面临困难，对于技术发展水平较低的小型或中型工业企业尤其如此。其他困难包括针对水污染控制建立

有效的管理机制，如对水道进行监测、对私自违法污水排放实施监控（尤其是向地下含水层排放污水）以及非点源污染控制等行政手段。

实施水污染控制和水质政策需要大量的资金，不仅涉及对水污染的直接控制和监管，如果要让水质得到改善，还必须解决资金问题（见专栏 32.4）。

专栏 32.4

智利在卫生基础设施上的投资

除了对控制工业污染和分离暴雨排水系统的巨额投资之外，1999—2008 年期间，智利仅供水和卫生部门在卫生基础设施方面的投资总额就已超过 28 亿美元。投资额相当于人均 2 000 多美元。然而即使是在 1999 年之前，智利卫生基础设施的数量就已超过该地区的平均水平。

资料来源：Yarur（2009）。

32.4　未来的挑战

拉丁美洲和加勒比地区在水资源管理面临的最大挑战无疑是如何持续提高整体治理水平。这需要做很多工作，如将政策和监管活动与日常管理分离、为提高效率采取激励机制、将水管理制度正规化、加强机构运行能力、强化水资源管理培训、提高决策透明度、通过清晰的协商框架更好地解决冲突，同时促进利益相关者参与管理决策。

面临对水管理构成挑战的主要驱动因素或外在因素，水利部门只能将希望寄托在直接对国家发展战略的制定和执行施加影响。其他领域则不受水管理机构的直接影响。水利部门在制定水资源管理战略时必须不断调整，以便将这些主要外在因素纳入考虑范畴，努力制定更

加合理的经济政策，改进制度设置，提高管理水平和透明度，同时抑制腐败的产生。

挑战并不仅限于应对最重要的外在驱动因素，还要付出大量的努力改进水资源领域内部的管理和治理，但要实现这一点还没有简单易行的方法。妨碍管理体系发挥作用的主要制约因素是严重缺乏执行力，这由多种原因造成，包括有限的财力、法律和人力资源以及缺乏对水资源政策监管和管理的重视等众所周知的因素。例如，最近有关拉丁美洲地区灌溉管理的一篇文章总结道："大量供给农民的水毫无效率可言，因为灌溉管理人员缺乏适当的方法有效地安排供水时间，并以有效的方式满足作物的用水需求"（de Oliveira 等，2009，p. 13）。

对跨界水资源进行管理是最近出现的新问题。只有极少数流域签订了共享水资源的正式协议，以规范其使用方式或要求现有机构关注水资源共享所引发的一系列问题。对于地下水资源，共享巨大的瓜拉尼含水层的相关国家（包括阿根廷、巴西、巴拉圭和乌拉圭）最近签订了一份具有约束力的协议，用来规范水资源管理和保护，这在全球范围内开创了先河。

然而，未来严峻的挑战不应成为水资源管理者采取措施积极进行应对的羁绊，而是要促使其更加努力地强化业内管理。在过去的几十年里，该地区有过许多在行业政府部门之外建立水管理机构的实例。例如，在墨西哥，水资源由国家水委员会（CONAGUA）负责管理；巴西于 2000 年成立了国家水务署（ANA），以克服水资源由职能部门监管而带来的传统约束和局限，以实现水资源的可持续利用。其他未将水管理作为单独部门的实例包括：哥伦比亚成立的环境、住房和领土发展部（Ministry of Environment，Housing and Territorial Devel-opment）、牙买加的水资源管理局（Water Resources Authority）、委内瑞拉的环境和自然资源部（Ministry of Environment and Natural Resources），以及智利公共工程部水管理总局（General Water Directorate）。

这些举措为水资源管理改革尝试提供了典范。但如果仅仅认为通过创建新的机构开展自上而下的行动，或者仅仅通过加强协调和能力建设就可以取得有效的立法和组织建设方面的经验，进而解决种种复杂的问题，那就大错特错了。这其中最有力的措施之一是对水资源利用或废水处理进行收费。实行收费已成为许多国家实施改革的一部分，如巴西国家水务署（ANA）、哥伦比亚地区环境管理局以及墨西哥国家水委员会实施的收费。其中一个引人关注的新提议是厄瓜多尔基多市建立了节水和水资源保护基金（FONAG），其目的是建立一个为环境服务付费的体系，由一家水资源保护基金负责管理（联合国拉丁美洲和加勒比经济委员会，2009a）。

如果改革被提上政治议程，相关提议仅获得专家的支持还远远不够，确保这些举措获得最广泛的公众支持至关重要。这意味着必须开放决策过程并得到利益相关者的广泛参与，而且必须是认真落实和取得实效，以免失去作出决策的机会。在水利行业内部应建立由最新立法提出的管理机制，并就今后的改革方向达成共识。如果没有建立起共识，就无法对改革以及任何拟提出的改革树立真正的信心，甚至即使已经采用的立法也无法取得成效。真正的挑战在于面向全社会开展水资源管理。通过这些举措，水利部门可以在以往成就的基础上，继续对拉丁美洲和加勒比地区所有国家的社会进步和发展作出可持续性贡献。

注 释

1. 21 世纪的头十年，世界银行没有为拉丁美洲和加勒比地区的大坝建设提供贷款（独立评估小组，2010）。

2. 巴西改革的目的是建立流域自治管理机构，既代表广大的利益相关者又可以使机构本身从水资源费征收中获得收入。但流域管理机构法律性质的局限性阻碍了收费制度在大多数州的应用（Porto 和 Kelman，2000）。

3. 联合国拉丁美洲和加勒比经济委员会估计，在乌拉圭、智利和哥斯达黎加，60%或以上的人口不受贫困的影响（他们的收入是贫困阶层的1.8倍），其他国家有超过一半的人口达到该收入水平（联合国拉丁美洲和加勒比经济委员会，2009c，p.35）。

4. 在智利，有关人士强烈反对在贝克河及其位于智利巴塔哥尼亚（Patagonia，一个极受欢迎的探险旅游区）的支流上修建水电站，获得广泛的国际支持（"智利巴塔哥尼亚不需要大坝！"，网址 http://www.patagoniasinrepresas.cl/final/）。

5. 2007年，拉丁美洲和加勒比地区98.6%的生物燃料产自巴西（OLADE，2008）。

参考文献

Benjamin, A. H., Marques, C. L. and Tinker, C. 2005. The water giant awakes: an overview of. water law in Brazil. *Texas Law Review,* Vol. 83, October, 2005, pp. 2186-90.

Blackman, A. 2006. Economic incentives to control water pollution in developing countries. *Resources Magazine,* Issue 161 (Spring).

Business News Americas. 2010. INRH to repair water network over 10–15 years, Cuba, Business News Americas.. 12 January www.bnamericas.com.

CELADE (Latin American & Caribbean Demographic Centre). 2007. *Proyección de Población.* Observatorio Demográfico No. 3, LC7G.2348-P. Santiago, CELADE.

----. 2009. *Population Projection.* Demographic Observatory. No. 7, LC/G.2414-P. Santiago, CELADE.

CONAGUA (National Water Commission, Mexico). 2009. *Playas Limpias.* Mexico City, CONAGUA. www.cna.gob.mx/ Espaniol/TmpContenido.aspx?id=b78c2fbd-d1ee-47ec-87d7-0a5ff08ed386|%20%20%20%20%20Playas%20 Limpias|0|25|0|0|0

Corrales, M. E. 2004. Gobernabilidad de los servicios de agua potable y saneamiento en América Latina. *Rega,* Vol. 1, No. 1, pp. 47–58.

Donoso, G. and Melo, O. 2004. *Water Institutional Reform: Its Relationship with the Institutional and Macroeconomic Environment.* Santiago, Pontificia Universidad Católica de Chile.

ECLAC (Economic Commission for Latin America and the Caribbean). 1997. Editorial remarks. *Circular of the Network for Cooperation in Integrated Water Resource Management for Sustainable Development in Latin America and the Caribbean,* No. 6, p. 1.

----. 1999. *Tendencias actuales de la gestión del agua en América Latina y el Caribe (avances en la implementación de las recomendaciones contenidas en el capítulo 18 del Programa 21).* LC/L.1180. Santiago, ECLAC. http://www. cepal.org/publicaciones/xml/1/19751/lcl1180s.pdf

----. 2001. Editorial remarks. *Circular of the Network for Cooperation in Integrated Water Resource Management for Sustainable Development in Latin America and the Caribbean,* No. 12, January, pp.1.

----. 2009a. Water Protection Fund (FONAG). *Circular of the Network for Cooperation in Integrated Water Resource Management for Sustainable Development in Latin America and the Caribbean,* No. 29, pp. 5–6.

----. 2009b. *Preliminary Overview of the Economies of Latin America and the Caribbean.* Santiago, ECLAC.

----. 2009c. *Social Panorama of Latin America.* Santiago, ECLAC.

----. 2010. *Statistical Yearbook for Latin America and the Caribbean, 2009.* Santiago, ECLAC.

ECLAC (Economic Commission for Latin America and the Caribbean)/IDB (Inter-American Development Bank). 2010. *Climate Change: A Regional Perspective.* Document prepared for the Unity Summit of Latin America and the Caribbean, Riviera Maya, Mexico, 22–23 February 2010.

El Mercurio. 2010. Opciones para mejorar el accesso al agua: Revista del campo. *El Mercurio,* No. 1759, 29 March.

FAO (Food and Agriculture Organization of the United Nations). 2009. CLIMPAG: Climate Impact on Agriculture. Rome, FAO. http://www.fao.org/nr/climpag/index_en.asp

----. 2010. *The Global Forest Resources Assessment 2010.* Rome, FAO.

de Fraiture, C., Giordano, M. and Liao, Y. 2008. Biofuels and implications for agricultural water use: Blue impacts of green energy. *Water Policy,* Vol. 10, Supplement 1, pp. 67–81.

IDB (Inter-American Development Bank). 2010. *Montevideo: Etudio de caso.* Washington, DC, IDB. http://idbdocs.iadb. org/wsdocs/getdocument.aspx?docnum=35143635

Independent Evaluation Group. 2010. An Evaluation of World Bank Support, 1997–2007, *Water and Development.* Washington, DC, World Bank.

Jouravlev, A. 2009. Introducción. D. Fernández, A. Jouravlev, E. Lentini and A. Yurquina (eds), *Contabilidad regulatoria, sustentabilidad financiera y gestión mancomunada: temas relevantes en servicios de agua y saneamiento.* LC/L.3098-P. Santiago, Economic Commission for Latin America and the Caribbean (ECLAC). http://www.eclac.cl/ publicaciones/xml/7/37447/lcl3098e.pdf

Klein, L. R. and Coutiño, A. 1996. The Mexican Financial Crisis of December 1994 and lessons to be learned. *Open Economics Review,* Vol. 7, pp. 501–10.

Lentini, E. 2008. *Servicios de agua potable y saneamiento: lecciones de experiencias relevantes.* Document presented at the regional conference on Políticas para servicios de agua potable y alcantarillado económicamente eficientes, ambientalmente sustentables y socialmente equitativos, Economic Commission for Latin America and the Caribbean (ECLAC), Santiago, Chile, 23–24 September 2008.

NOAA (National Oceanic and Atmospheric Administration, USA). 2010. *El Niño Theme Page.* Washington, DC, NOAA. www.pmel.noaa.gov/tao/elnino/impacts.html

OLADE (Latin American Energy Organization). 2008. *Informe de Estadísticas Energéticas,* 2007 [Energy Statistics Report, 2007]. Quito, OLADE.

de Oliveira, A. S., Trezza, R., Holzapfel, E. A. Lorite, I. and Paz, V. P. S Eds). 2009. Irrigation water management in Latin America. *Chilean Journal of Agricultural Research,* Vol. 69 (Suppl. 1) (special issue).

Porto, M., La Laina Porto, R. and Azevedo, L. G. T. 1999. A participatory approach to watershed management. *Journal of the American Water Resources Association,* Volume 35, Issue 3, pp. 675–83.

Porto, M. and Kelman, J. 2000. *Water Resources Policy in Brazil.* www.kelman.com.br/pdf/Water_Resources_Policy_In_Brazil

Samaniego, J. (coordinator). 2009. *Cambio climático y desarrollo en América Latina y el Caribe: una reseña.* LC/W.232. Santiago, Economic Commission for Latin America and the Caribbean (ECLAC). http://www.eclac.cl/publicaciones/xml/5/35435/28-W-232-Cambio_Climatico-WEB.pdf

SISS (Superintendencia de Servicios Sanitarios). 2011. *Informe de Gestión del Sector Sanitario 2010.* Santiago, SISS. http://www.siss.gob.cl/577/articles-8333_recurso_1.pdf

Solanes, M. and Jouravlev, A. 2006. *Water Governance for Development and Sustainability.* Santiago, ECLAC.

United Nations (under the coordination of A. Bárcena, A. Prado and A. León). 2010. *Achieving the Millennium Development Goals with Equality in Latin America and the Caribbean: Progress and Challenges.* LC/G.2460. Santiago, United Nations Publications. http://www.eclac.cl/publicaciones/xml/5/39995/portada-indice-intro-en.pdf

WHO (World Health Organization) and UNICEF (United Nations Children's Fund). 2010. *Progress on Sanitation and Drinking-Water: 2010 Update.* Geneva, WHO/UNICEF Joint Monitoring Programme for Water Supply and Sanitation.

WRI (World Resources Institute). 2009. *Climate Analysis Indicators Tool (CAIT) Version 6.0.* Washington, DC, WRI. http://www.cait.wri.org.

Yarur, I. 2009. *The Financial Crisis and its Implication for Infrastructure in Water Production and Sanitation: The Case of Chile.* Presentation to the PECC General Assembly, Washington, DC, May 13 2009.

第三十三章

阿拉伯地区和西亚

联合国西亚经济社会委员会（UNESCWA）

作者：卡萝尔·舒珊妮·舍尔芬和金成恩
供稿：朱莉·阿伯拉和汉娜·阿塔拉

©Shutterstock/Aleksandar Todorovic

阿拉伯地区正面临着因人口增长、粮食安全、水资源过度消费、气候变化、极端气候事件、地区冲突对水利设施造成破坏以及分享水资源可能带来冲突及风险等各种挑战。

    阿拉伯国家已采取措施应对这些挑战，这些措施包括改善水资源管理、改善供水与卫生服务、提高应变能力和应急能力以及加大非常规水资源的利用。然而，这些措施还不足以克服该地区大多数国家面临的水短缺等制约因素。

33.1 地区发展

阿拉伯地区[1]有 22 个国家（包括联合国西亚经济社会委员会[2]的 14 个成员国在内），都是世界上水资源最为紧缺的国家。至少有 12 个阿拉伯国家遭受着严重的水短缺，这些国家人均每年获得的可再生水少于 500 立方米（FAO，2011）。水资源状态相对较好的阿拉伯国家要么属于最不发达国家，要么属于处于危机中的国家。

在阿拉伯地区长期遭受水资源短缺的同时，众多动因和挑战也导致淡水资源在近几十年里日益紧张，其中包括人口增长、迁徙、消费模式的改变、地区冲突、气候变化和治理等。这些压力不仅增加了水量和水质的风险和不确定性，而且影响农村发展和粮食安全目标的实现。

认识到这些挑战需要通过协调和区域协作的方式加以解决后，阿拉伯各国政府在阿拉伯国家联盟的支持下，成立了阿拉伯部长级水理事会（AMWC）。在 2009 年 6 月的首届会议上，阿拉伯部长级水理事会对在科威特于 2009 年召开的阿拉伯经济和社会首脑峰会提出的要求作出了回应，着手制定阿拉伯战略，帮助该地区应对当前和未来水安全和可持续发展所面临的挑战。

2011 年 6 月通过的《阿拉伯水安全战略》（2010—2030 年）提出了一系列措施以应对这些挑战，并配备了一整套执行项目，重点关注水资源的有效利用、非传统水资源、气候变化、水资源综合管理和用水安全问题。阿拉伯国家也正在寻求通过制定水资源战略、将水资源问题纳入国家发展计划、进行体制和法律改革、解决共享水资源管理的不确定性，从而从国家层面来降低风险。

为了明确水资源管理中的风险和不确定性，本章审视了《阿拉伯水安全战略》中提出的驱动因素和挑战，并且详细论述了战胜阿拉伯地区所面临的挑战需要采取的应对措施和方法。

33.2 驱动因素

33.2.1 人口特征、移民和城市化

2009 年，阿拉伯地区的总人口为 3.52 亿；到 2025 年，预计人口总数可达 4.61 亿（UNESCWA，2009a）。过去几十年的人口快速增长加大了对淡水的需求，同时也加剧了城市和农村地区的供水压力。阿拉伯地区 55％以上的人口居住在城市，埃及、黎巴嫩、摩洛哥、叙利亚以及突尼斯的农村人口向城市转移的趋势（UNDESA，2007）主要由于农村地区收入较低和就业机会降低以及一大批青年劳动力的涌现。为阻止这种发展趋势，阿拉伯政府已经制定了将农业生产与农村发展密切相关的农村民生政策，即使大部分地区的水资源分配仍更倾向于农业部门。

经济发展导致的向城市中心迁移人口的增加以及因地区冲突引起的难民的出现，均导致对供水服务的需求不断增长；与此同时，在只能获得间断供水的国家，足量的供水服务已无法得到满足（见专栏 33.1）。大批伊拉克难民的涌入使约旦和叙利亚的新房建设需求出人意料地激增，并且使已经紧张的供水管网和淡水资源的压力加大。区域内和区域间劳动力迁移到了人口稀疏的海湾国家合作委员会（GCC）国家，正在影响那里的供水和卫生设施决策，特别是推动各国作出积极的投资政策以刺激经济增长。

此外，阿拉伯地区的城市化主要集中在沿海地区，而这些地区容易受到洪水、海平面上升以及海水入侵到滨海含水层的侵害。城市化推动了沙漠的开垦计划、增强了海岸线和城市边缘的建设，使开罗、阿布扎比和红海沿岸周围出现了新的卫星城市。这增加了公共和私营部门对非常规水资源的投资，特别是海水淡化的投资，从而确保获取足够的水源。

阿拉伯地区的供水与卫生系统

根据世界卫生组织（WHO）和联合国儿童基金会（UNICEF）供水与卫生联合监测计划（JMP）报告，除了一些最不发达国家和正处于冲突中的国家以外，阿拉伯国家都在致力于实现千年发展目标中有关供水和卫生的目标。

然而，实地评估显示，这些数字没有充分反映该地区的供水服务现状。例如，尽管世界卫生组织和联合国儿童基金会供水与卫生联合监测计划报告（2010 年）指出约旦和黎巴嫩获得改善水源的人口比例分别为 100％和 96％，但许多消费者每周只能获得一次或两次供水，并且很大程度上依赖于瓶装水和卡车送水来满足基本用水需求。持续不断的冲突和以色列的安全限制（世界银行，2009），巴勒斯坦的水利基础设施受到破坏，以致无法安装或维护，因而延缓了千年发展目标的实现。

阿拉伯部长级水理事会（AMWC）授权联合国西亚经济社会委员会（ESC-WA）建立了区域机制，以确定和报告千年发展目标 7 下的两个目标以及额外一套供水与卫生指标，从而确定阿拉伯地区的实际供水量和水质。在瑞典国际发展署（SIDA）的支持下，联合国西亚经济社会委员会正在与阿拉伯国家水资源公用事业协会（ACWUA）、阿拉伯水委员（AWC）、阿拉伯地区环境与发展中心（CEDARE）、阿拉伯环境与发展网络（RAED）和世界卫生组织共同实施千年发展目标提出的倡议。

33.2.2　水消费趋势

联合国西亚经济社会委员会国家的耗水量与国内生产总值之间关系密切，正如图 33.1 所示，这可能是由于对海水淡化的严重依赖所致。而在阿拉伯地区的其他区域，水消耗主要集中在农业部门，与国内生产总值关联不大。

海湾合作委员会国家的用水需求很大并且在不断增长，主要是由于经济高速增长、房地产开发项目的兴起以及开发海水淡化潜力带来的生活方式改变。同时，旅游的增长也使海湾和阿拉伯地中海国家的用水需求出现季节性高峰。阿布扎比环境局的报告声称，阿联酋的用水量是其全年可用再生水资源的 24 倍（Al Bowardi，2010）。2011 年，迪拜曾表示水价和电费在未来几年都不会发生改变，但约旦和突尼斯已经制定了阶梯水价，埃及和黎巴嫩也正在进行水价调整，从而抑制过多的水消耗并增加收入来改善供水服务。

农业用水的特点是生产率低，而近几年干旱一直困扰着农业主产区。灌溉农业导致更深层地下含水层的开采，这些都是以牺牲可持续性和收入为代价的。黎巴嫩南部的小规模农户抽取 350 米以下的地下水来灌溉农田，结果使土地出现了季节性的干裂和降水减少；4％～6.5％的总收入用于支付使用柴油泵的费用，从而降低了未接入灌溉网络的农村地区的纯收入（UNESCWA，2010a）。不断开采不可再生含水层系统不仅涉及约旦和沙特阿拉伯共享的迪西（Disi）含水层，而且涉及阿尔及利亚、利比亚和突尼斯共用的西北撒哈拉含水层系统，在那里 80％开采的水都用于农业（撒哈拉和萨赫勒瞭望，2011）。这些都加深了人们对于化石含水层枯竭、粮食安全与粮食自给自足、区域合作以及农村发展重点的担忧。

33.2.3　区域冲突与"阿拉伯之春"

阿拉伯地区数十年来一直存在周期性的动荡和冲突，表现为局势的不稳定、内乱、战争和入侵。这导致在国家和地区层面出现一大批

图 33.1

生活耗水量与人均国内生产总值的对比

人均国内生产总值（美元购买力平价）

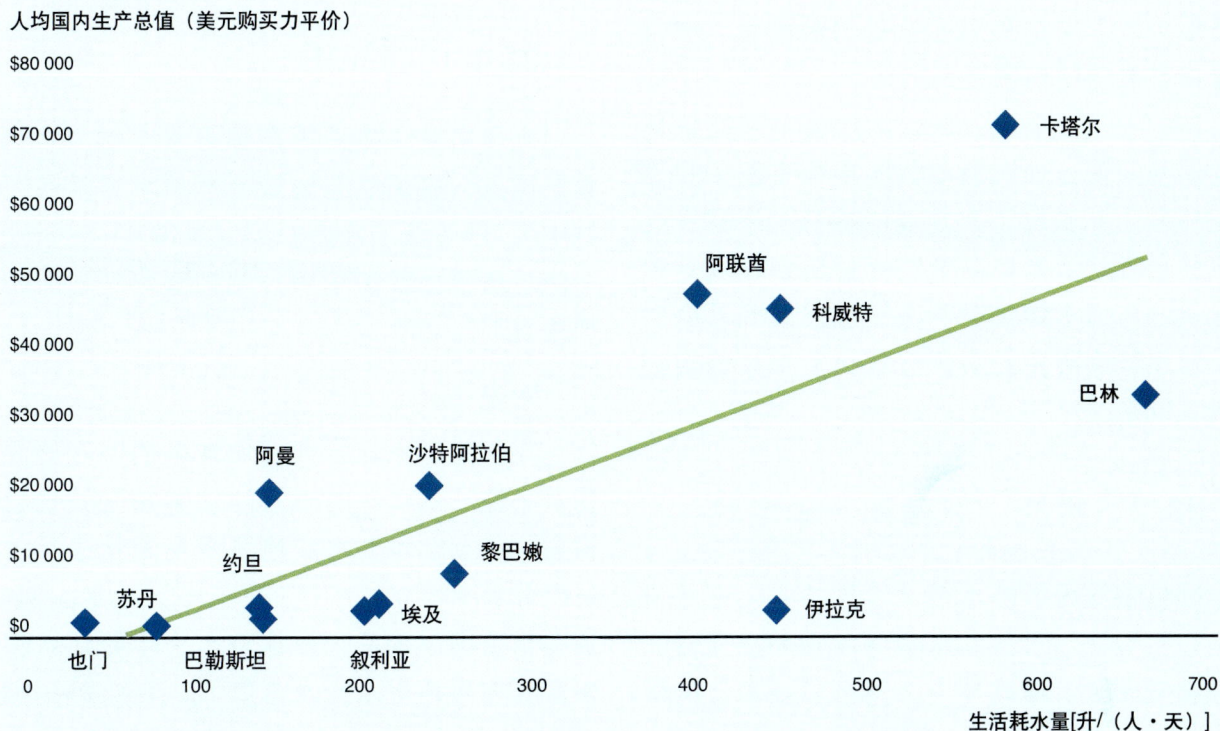

资料来源：UNESCWA（2009b, p. 7），基于联合国粮农组织的生活耗水量数据和联合国人口司的人均国内生产总值数据。

流离失所的难民和迁移人口的增加。其结果是，联合国西亚经济社会委员会地区汇集了世界上 36％ 流离失所的人口（UNESCWA，2009c），因而对供水网络和业已紧张的淡水资源需求日益增高。例如，伊拉克的两百多万难民在约旦和叙利亚寻找避风港，而安曼和大马士革早已承受着间歇性断水问题。索马里的严重干旱导致大批难民犹如潮水般涌入邻近国家，包括吉布提和也门，尽管也门也存在着内乱，而且预计萨那会成为世界上第一个断水的首都。虽然苏丹及其南部邻国的淡水资源很丰富，但妇女和儿童是苏丹国内流离失所人群中最脆弱的群体，他们仍无法获得清洁的水资源。

持续不断的冲突和局势不稳还造成供水与卫生目标取得的进展出现倒退的现象。例如，尽管伊拉克曾经是该地区石油资源最丰富的国家，但城市中心和周边地区的难民营仍然遭受缺水和供水间断等问题（IRIN，2007）。流入

底格里斯河、幼发拉底河、卡伦河和卡可河的地表水正在减少，而且伊拉克、伊朗、叙利亚和土耳其等国从河流上游调水，加剧了阿拉伯河的海水入侵问题，并减少了海湾地区的淡水流量（联合国西亚经济社会委员会-德国联邦地球科学和自然资源研究所，2012）。这种现象已对巴士拉的供水造成了影响，致使该城市水的含盐量即使在过滤后仍然超出饮用水标准。海湾地区含盐量上升同样影响到了脱盐作业和渔业生产，还可能造成伊拉克、科威特及其邻近国家的关系再度紧张。

暴力冲突事件会破坏或毁坏水利基础设施。在 1982 年的围攻中，以色列切断了贝鲁特的水源供应；而伊拉克于 1991 年从科威特撤军时，毁坏了科威特大多数的海水淡化设备。2006 年以色列攻打黎巴嫩造成的破坏给水行业带来的损失预计达 8 000 万美元（黎巴嫩发展和重建理事会，2006）。对加沙地带的持续封锁致使该地区无法获得水泵和相关设备运行所

需的物资和专业技术，而且还影响了捐赠人投资新建海水淡化厂，该项目被视为与地中海联盟合作的战略项目。与此同时，巴勒斯坦难民被遣散到缺乏供水和卫生设备的难民营，而且情况得到改善的前景极为渺茫。

自 2010 年 12 月以来，席卷整个阿拉伯地区的动乱促使当地政府在社区层面重新审视水管理体制，并引发了大规模的探讨。近期发生的事件也推动了区域变革，突尼斯和埃及的政府官员已与用水者协会和当地选民展开新的对话，旨在鼓励更多民众参与水行业相关的规划和决策制定。

33.3 挑战、风险和不确定性

阿拉伯地区影响水资源管理的 4 大主要挑战是：水短缺、对共享水资源的依赖、气候变化和粮食安全。与此同时，资金和技术上的限制，以及难以获得和掌握有关水质和水量的可靠数据和信息等交叉因素加剧了管理这些挑战的风险和不确定性。

33.3.1 水短缺

几乎所有阿拉伯国家都可被定性为水资源匮乏国家，各国的人均年可再生水资源在过去的 40 年里下降了接近一半（见图 33.2）。这种下降趋势突出反映了阿拉伯地区水行业面临的严峻挑战。

水量

相对人口而言，阿拉伯地区的淡水资源越来越稀缺，水资源的有效利用和综合管理就变得愈加重要。地表水和地下水资源管理相关的风险和不确定性必须视当地情况而定。例如，拥有常流河的国家，即地表水为主要淡水常规来源且占可再生水资源总量 70% 以上的国家包

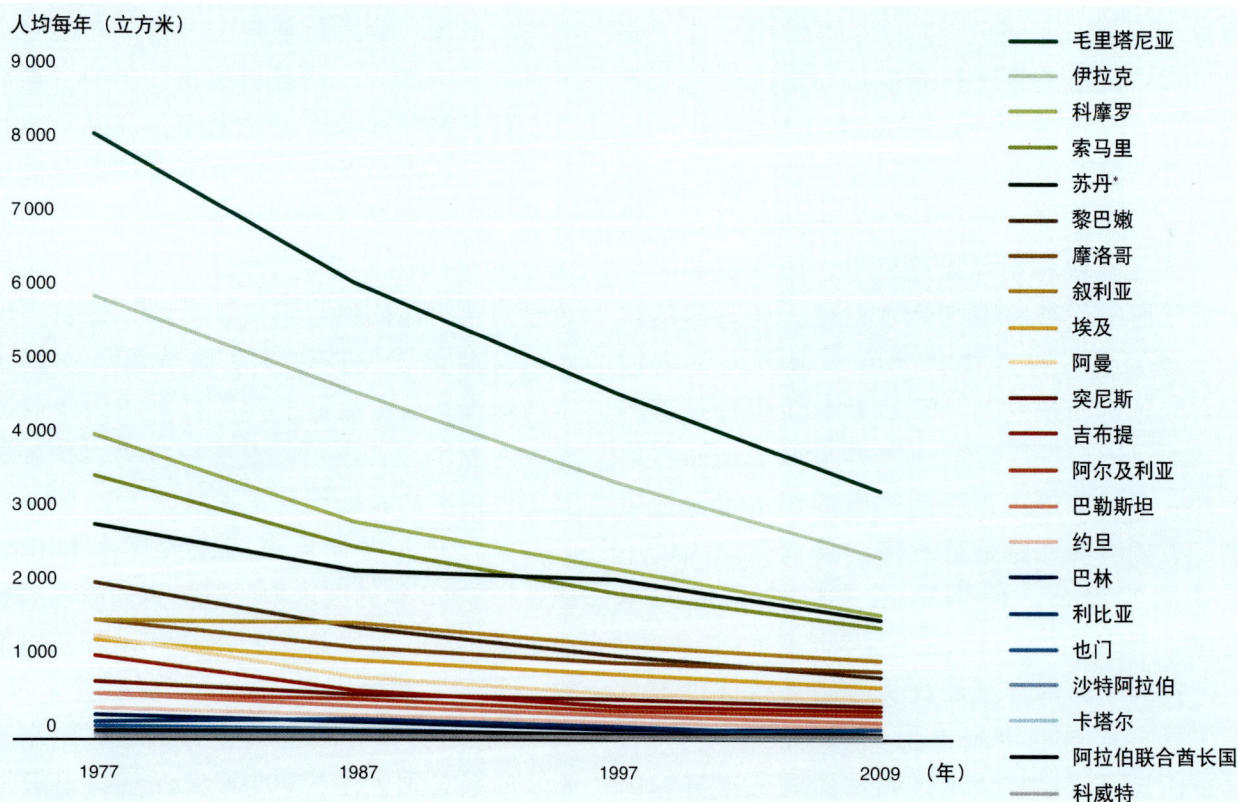

图 33.2

阿拉伯地区人均可再生水资源量

人均每年（立方米）

图例：毛里塔尼亚、伊拉克、科摩罗、索马里、苏丹*、黎巴嫩、摩洛哥、叙利亚、埃及、阿曼、突尼斯、吉布提、阿尔及利亚、巴勒斯坦、约旦、巴林、利比亚、也门、沙特阿拉伯、卡塔尔、阿拉伯联合酋长国、科威特

注：带*地区包括南苏丹和苏丹。
资料来源：根据FAO AQUASTAT数据（2011）。

括埃及、伊拉克、黎巴嫩和苏丹（FAO AQUASTAT，2011）。在其他阿拉伯国家，尽管地下水至少占总供水量的1/3，但地表水仍是这些国家的主要淡水来源，如阿曼、沙特阿拉伯、阿联酋和也门；而这4个缺水国家也具有间歇性河流，河流的水来自季节性洪水。因此，有些国家正在考虑利用洪水回补地下含水层从而增加干旱期的供水量。

由于地表水已无法满足阿拉伯一些地区的用水需求，地下水的抽取开始增加，而且正在威胁多国共享地下含水层的可持续性，并且加大了冲突风险（UNESCWA，2007a）。由于一些地下水资源属于不可再生资源，其过度利用对于寻求可持续管理框架提出了挑战。利用常规和非常规措施解决该地区面临的水短缺必须制定综合管理框架。含有化石水的不可再生共享地下含水层包括：乍得、埃及和利比亚共用的努比亚砂岩含水层，阿尔及利亚、利比亚和突尼斯共用的西北撒哈拉地下含水层系统，以及约旦和沙特阿拉伯的玄武岩含水层。其他拥有深层不可再生共享地下含水层的国家包括科威特、伊拉克和沙特阿拉伯，伊拉克和约旦，伊拉克和叙利亚（UNESCWA，2009d）。

水质

淡水资源管理存在的差异对政府采取的应对缺水条件的模式构成影响，并关乎该国是否将水质列入优先考虑的重点。为满足生活用水或农业用水的需要，很多阿拉伯国家过度抽取地下水并造成海水入侵，沿海含水层问题对他们构成了重大挑战。该问题对于埃及的北部海岸、黎巴嫩沿海、加沙地带以及海湾东部的几个沿海城市构成的挑战尤为明显。海平面上升预计会加剧海岸含水层和河流入海口的压力，如尼罗河三角洲和阿拉伯河地区的淡水含盐度将增加。

农药和化肥随径流进入水体造成农村和城市周围的地表水和地下水污染，甚至演变成争夺一些共用地表水系统的根源，如土耳其和叙利亚之间的争夺。收割后的处理过程以及相关的农用工业、制衣工业（皮革和纺织品）以及

生活污水污染了整个地区的地表水和地下水。例如，橄榄残渣（黎巴嫩）、甜菜渣（摩洛哥和叙利亚）以及甘蔗的废弃物（埃及、苏丹）排入河流，增加了生化需氧量水平，加剧了一些内陆水体的富营养化，引起鱼类死亡。污水的营养物污染已经减少了北突尼斯地区突尼斯河中的鱼类数量（Harbridge等，2007）。流入开罗未经处理的废水已经影响了尼罗河三角洲的水产养殖和农业。石油开采已对区域内的淡水资源造成了污染，石油泄漏对海洋生态系统的影响也更加频繁。

缺乏管控的城市开发、恶劣的卫生条件和污水基础设施不足加剧了流域保护和管理方面的挑战，使城市加速扩张。由于多部门水治理结构以及中央政府和地方政府在颁发许可和检测等方面职责不清，导致城市规划不当和执行力度不够，这加剧了该地区水资源保护的难度。

33.3.2 对共享水资源的依赖

阿拉伯地区水资源管理面临的一项重大挑战是主要国际河流均由两个或两个以上的国家共享。在水短缺的情况下，如果没有相应制度来减少水资源管理和分配的相关风险和不确定性，则各国面临的挑战将加倍。阿拉伯地区的主要共享地表水系包括①底格里斯河和幼发拉底河流域，由伊朗、伊拉克、叙利亚和土耳其共享；②奥伦特河（又称Ali-Assi河），由黎巴嫩、叙利亚和土耳其共享；③约旦（包括雅尔穆克）河，由约旦、黎巴嫩、巴勒斯坦、叙利亚和以色列共享；④尼罗河流域，流经11个国家，包括埃及和苏丹两个阿拉伯国家；⑤塞内加尔河流经4个国家，包括几内亚、马里、毛里塔尼亚和塞内加尔；⑥乍得湖，沿岸8个国家，包括阿尔及利亚、喀麦隆、中非、乍得、利比亚、尼日尔、尼日利亚和苏丹。

阿拉伯水安全战略估计，阿拉伯地区66%的地表水资源起源于阿拉伯国家以外地区，并且流入幼发拉底河、尼罗河、塞内加尔河和底格里斯河。这不时引发下游国家与上游国家之

间的政治冲突。另外，还有许多较小的地表水资源（河流、溪流、季节性洪水）定期或不定期流经本地区和阿拉伯国家之间，各国的水资源问题引发了局部冲突并加剧了边境的紧张局势。例如，源于伊朗的间歇性河流，其流量的减少影响了伊拉克东部地区的边境社区和农业生产。许多阿拉伯国家因而转向使用地下水来弥补生活用水供给的不足，并以此满足灌溉和发展更多的用水。但是，随着浅层含水层开发面临严重威胁，许多国家正在探索开发深层地下含水层的可能性，而这些含水层多数情况下属于该区域大面积跨境含水层的一部分。

此外，水冲突还可能存在于不同行政管理区、社区和部落之间。在水短缺环境下，利益相关者的相互竞争造成局势紧张，主要表现为地方冲突，也门的水冲突就是其中的一个实例（见专栏 33.2）。

随着萨那阿和塔伊兹出现了严重的水资源短缺，获取水源已成了一个生死攸关的问题。

对供水服务构成压力的原因包括水资源短缺、供水和能源供给之间的依赖关系，城乡水资源分配的内部冲突以及争夺短缺资源导致的局势紧张。在可持续水资源分配与优先实现社会经济发展之间难以取得平衡，这是最不发达国家农业部门制定决策中无法回避的挑战。

资料来源：UNESCWA（2010b）。

在认识到减少冲突重要性的基础上，阿拉伯各个国家都在尝试制定国际协定并建立共享水资源机制。然而，尽管为达成正式协议付出了种种努力，特别是在缺乏政治意愿和承诺的

情况下，制定的协议需要更强大的执行能力和更完善的制度和法律框架，以便支撑共享水资源的综合管理。紧张的政治局势和持续不断的冲突也阻碍了各国在技术层面的通力合作。例如，尽管各国多年来致力于加强在尼罗河流域管理的合作，但至今仍未达成一致的解决方案。随着 2011 年 7 月南苏丹共和国的建立，需要就共享资源达成一致协议的国家已有 11 个。

尽管水短缺和持续不断的冲突是影响共享水资源管理的主要因素，合作的可能性仍然存在。例如，塞内加尔河流域沿岸各国利益群体曾共同达成建设性妥协，推进互惠互利和预防潜在的利益冲突，并于 1972 年建立了塞内加尔河开发机构，2002 年通过了《塞内加尔河宪章》以及相关金融机制，目的是确保在 4 个流域国家获取收入和效益，并增强合作的信心和获得发展所需的收入和能源。

33.3.3 气候变化和气候变率

尽管气候变化是一种全球现象，但对世界各国产生的影响各不相同。由于阿拉伯地区已经存在水短缺问题，因而对气候变化和变率尤为敏感；气候的微小变化也能对地面带来剧烈影响。气候情境预测该地区的气温上升将会加剧干旱情况、降低土壤湿度、加快蒸腾速度，并且带来季节性降雨的变化。预计阿特拉斯山脉和黎巴嫩山脉的降雪量和融雪会减少。地表水径流减少和海平面上升预计将减少地下水补给率并增加沿海含水层的盐度。

一些气候情境预测出更大的气候变率和更加频繁的极端天气事件，如洪水和干旱。作为过渡性气候区，摩洛哥和突尼斯的降水将向西部倾斜，黎巴嫩和叙利亚则向东部偏移。表明气候变化正在影响淡水数量和质量的证据愈加明显，尽管这些变化的预期强度仍不甚明朗。

干旱和土地退化

阿拉伯地区干旱频率的持续增大对该地区构成了严峻挑战。阿尔及利亚、摩洛哥、索马里、叙利亚和突尼斯在过去 20 年中一直经历着

严重的干旱，而且干旱的频率和强度也在逐年加剧。在摩洛哥，干旱频率从 1990 年之前的五年一次缩短成两年一次（Karrou，2002）。非洲之角也正在经受着数十年来最严重的干旱。

阿拉伯国家尽管屡次经历干旱，但其应对能力依然薄弱。受人口和经济增长、水资源短缺加剧、非持续性耗水模式和土地使用方式等因素的影响，联合国西亚经济社会委员会国家因干旱导致的社会经济脆弱性不断加剧（UNESCWA，2005）。阿拉伯国家容易受到干旱影响的原因是其对农业存在严重的依赖，特别是以雨养农业为主的国家，农业是这些国家创造国内生产总值和就业的主要动力。2006—2009 年，叙利亚发生的持续干旱使大约 100 万人口背井离乡，逃往其他大城市避难。叙利亚前副总理将这次大规模迁移视为 2011 年叙利亚二级城市暴动的导火索（A. Dardari 个人通信，2011 年 11 月）。在索马里，多数人在经济上依赖于牧场或以务农为生。在过去十多年中，该国每年都要遭受不同程度的干旱。长期干旱已经摧毁了无数家庭，并导致这个冲突不断的国家发生大范围饥荒。

干旱也会加速土地退化和沙漠化，这一点在毛里塔尼亚得到了充分证实，该地区于 20 世纪 60 年代、70 年代和 80 年代遭受了持续的旱灾。塞内加尔河周边修建的大坝帮助减轻了干旱带来的不利影响，并使水资源可用量得以提高。尽管如此，2009 年和 2010 年萨赫勒地区的旱情已使农业水资源可用量减少，并且加剧了毛里塔尼亚的粮食短缺问题（CILSS 等，2010）。

洪水和极端天气事件

阿拉伯地区的极端天气事件正在不断增加，如洪水频率更高，强度更大。2010 年 1 月，埃及的暴雨造成红海周边西奈半岛、古尔代盖和阿斯旺山洪暴发，导致 12 人死亡、3 500 人疏散，毁坏了电线杆、电话线和道路交通（救灾应急基金行动，2010）。暴雨还导致加沙地带洪水暴发，洪水切断了道路和连接加沙市与加沙地带南部地区的桥梁。

该地区的旋风也在不断加强。阿拉伯海自

2001 年以来已发生 3 次强烈的热带气旋（海湾新闻，2010）。超级气旋风暴古努是迄今为止最强烈的气旋，于 2007 年 8 月席卷了阿曼、也门和索马里。风暴潮摧毁了海岸和河床，降水造成的季节性洪水达 610 毫米；水位在阿曼的东部地带的哈德角（Ras al Hadd）达到最高点，超过 5 米，而这里通常为干旱地区。气旋造成约 40 亿美元的损失和 49 人死亡，被视为阿曼有史以来最严重的自然灾害。沙特阿拉伯的吉达地区在 2009 年 11 月遭受了毁灭性的洪水灾害，导致该地区 100 人丧生，并造成拉伯格和麦加人员死亡（英国广播公司新闻，2009）。也门也因山谷地带季节性山洪暴发而经历了泥石流和岩石崩塌灾害。

这些带来严重后果的洪水事件不仅要归因于不断增加的降雨强度，还由于对高洪水风险地区实施快速或灾害性的人为开发，如对"wadis"这种可自然行洪的季节性干涸河道的开发。缺乏严格的建筑法律和基础设施标准以及薄弱的执法体系，导致建筑物和基础设施无法抵御大型洪水，例如 2009 年发生在吉达的洪水（Assaf，2010）。这些极端天气事件迫使这些国家为减轻未来的风险，加大防洪体系和预防规划方面的公共投资。

33.3.4 粮食安全

农耕不仅消耗了阿拉伯地区绝大多数水资源，而且是造成水紧张的主要原因。虽然该地区人均可耕地和永久耕地只占联合国西亚经济社会委员会多数成员国很小的土地份额，而农业却占据了 70% 以上用水需求；在索马里和也门，农业用水比例达到了 90% 以上（联合国粮农组织全球水和农业信息系统，2011）。

尽管阿拉伯地区水资源利用率很高，但仍无法生产足够多的粮食来满足人们的基本需求。因此，尽管各国的农业规模很大，联合国西亚经济社会委员会成员国仍需要进口 40%～50% 的谷物，伊拉克和也门的粮食进口比例已上升到 70%（UNESCWA，2010b）。这一情况很可能因气候变化而进一步恶化。

有的国家通过农业出口限制政策来应对近期发生的粮食危机，从而增加国内粮食安全、防止国际市场囤货并减少粮食价格的波动，如埃及实施的稻米出口禁令。由于国际谷物市场在过去几年出现波动以及供应不稳定，俄罗斯于2010年8月禁止谷物出口，这对埃及和叙利亚造成极大影响，因为他们在2008年和2009年有一半的小麦从俄罗斯进口。尽管如此，该地区必须进口小麦和大麦，因为他们没有充足的水源来满足不断增加的粮食需求。全球化、贸易依赖和全球粮食危机已经对阿拉伯地区的粮食安全提出了新的挑战。

同时，阿拉伯地区的社会结构比较脆弱。在某些国家，财富集中在少数人手中，而绝大多数人口的生活水平接近贫困线，科摩罗、吉布提、毛里塔尼亚、索马里和也门还有很多人生活在贫困线以下。干旱加剧、对粮食进口的依赖和人口增长使阿拉伯地区极易受到粮食不安全的威胁。

为应对这一挑战，阿拉伯国家已开始尝试增加国内谷物产量，并通过补贴和价格担保等政策（如埃及、约旦、沙特阿拉伯）鼓励战略物资储备，同时投资灌渠系统和增加水库库容（如黎巴嫩、叙利亚），以及抽取地下水用于生产谷物（如摩洛哥、沙特阿拉伯）。通过制定《大阿拉伯自由贸易协定》鼓励区域内农产品贸易。然而，有限的农业生产力、土地持续退化和水资源短缺，造成国家乃至整个地区难以实现粮食的自给自足。因此，阿拉伯国家将粮食自给政策转化为一个更广泛的概念，即粮食安全。拥有财力的国家可在全球市场寻找替代方案确保目标得以实现，而另一些国家正在重新审视自身的发展和贸易政策。还有一些国家则寻求紧急援助来解决粮食危机，如非洲之角和萨赫勒地区国家在干旱期间即是如此。

生物燃料

全球研发成果表明，生物燃料通过为某些农产品创造稳定的市场，可提高能源安全和农村发展的机会。受新兴生物燃料市场的鼓舞，投资人正在埃及和苏丹种植一种抗旱的非粮食作物——麻风树，这种树可以在盐碱土壤中生长。然而，有些利益相关方对此表示担忧。鉴于该地区的水资源短缺和粮食不安全问题日益严重，这里的农民可能会种植更加有利可图的商业生物燃料作物而不是粮食作物。

阿拉伯各国政府鼓励开发下一代生物燃料来替代粮食。《阿拉伯部长气候变化宣言》（CAMRE，2007，p.4）对于"发达国家鼓励发展中国家种植生物燃料作物替代粮食作物所带来的后果"提出了警告，因为这意味着鼓励生产生物废料。与此同时，阿拉伯农业发展组织通过的《未来20年阿拉伯农业可持续发展战略（2005—2025年）》，认为农民利用农业废物生产生物燃料可带来附加值，这将对环境和确保燃料供应产生积极影响。评估还发现，在埃及、黎巴嫩、摩洛哥、叙利亚和苏丹等国，利用甘蔗、甜菜、橄榄以及牲畜和乳制品等产生的废料对扩大下一代生物燃料生产具有很大的潜力（UNESCWA，2009e）。

33.3.5　数据和信息

阿拉伯地区在获得连续和可靠的水资源数据和信息方面存在困难，这妨碍了准确分析和充分知情条件下的决策制定，同时不利于为共享水资源管理建立协调和合作的政策框架，不利于观察变化和评估所取得的进展。

为此，阿拉伯政府推出了若干举措以增加该地区的水资源知识储备，包括推动全球层面的政府间统计报告，以及区域和国家层面的报告机制或学术活动。

然而，由于知识获取方面的差距和不确定性取决于政治敏感度和国家安全方面的考虑，这些往往与信息直接挂钩，因此问题很难解决。这导致供研究和专业机构使用的信息来源不同，官方公布数据也很难获得，而且通常仅供某些政府机构使用。

33.4　应对措施

面对这些驱动因素和挑战，阿拉伯国家正

致力于提高水资源管理能力、加强应变能力、确保未来水质的安全、扩大非传统水资源的使用。

33.4.1 改善水资源管理

区域层面

阿拉伯国家已清楚地认识到必须采取通行的水资源管理方法，从而实现该地区的可持续发展。正因如此，2011年阿拉伯部长级水理事会（AMWC）通过了《阿拉伯水安全战略》。该战略提出了阿拉伯地区所面临的关键问题，并确定了采取行动的重点领域。

- 社会经济发展优先领域：供水和卫生、农业用水、金融和投资、技术、非常规水资源和水资源综合管理（IWRM）；
- 政治优先领域：共享水资源管理和阿拉伯国家水权保护，特别是那些被占用的水权；
- 机构优先领域：能力建设、提高认识、研究和将公民社会纳入进来的参与式管理。

最近几年，在上述优先领域，各国加强了区域体制建设并提出了相关措施。例如，阿拉伯国家供排水设施协会（ACWUA）于2009年设立了秘书处，为公共部门和私营部门的运营商之间开展漏水率、费率和标准等方面的对话以及供水和卫生服务搭建了平台。隶属于阿拉伯国家联盟的阿拉伯水研究和水安全中心召开了政府间会议，就共享水资源和阿拉伯水权达成一致并形成了决议。这包括多次商议在阿拉伯地区建立水资源共享的法律框架，该框架是应阿拉伯部长级水理事会（2010年）要求，广泛征求各国政府的意见后，由阿拉伯水研究和水安全中心与联合国西亚经济社会委员会共同起草的，并获得德国联邦地球科学和自然资源研究所的支持。该法律框架旨在核心原则方面达成共识，支持阿拉伯国家达成双边和流域内水资源共享协议（UNESCWA，2011）。该框架的目的是促进合作、参与、公平、合理和可持续利用的愿景，并且通过和平手段预防和解决冲突（联合国西亚经济社会委员会和德国联邦地球科学和自然资源研究所，2010）。为了

回应该战略，阿拉伯国家还实施了地区能力建设项目，如阿拉伯水科学院组织的协商培训，以及阿拉伯水委员会（AWC）、阿拉伯地区和欧洲环境与发展中心（CEDARE）举办的水治理研讨班。

国家层面

在国家层面上，阿拉伯地区的水资源管理和供水服务由多个不同的政府部门和机构负责；仅有几个联合委员会或机构涉及水资源共享领域的工作。但水行业已经或正在制定法律，努力改善制度和法律体系，将以往仅限于水资源综合管理规划的问题纳入综合考虑的范畴。

例如，摩洛哥第10-95号法律提出设置管理水资源的机构框架，以便开展环境保护和监测及应对极端天气事件（如：干旱）（Makboul，2009）。埃及拟定了《2005年国家水资源计划》，针对职能下放、公私合作关系以及用水户参与水系统管理等作出了相应的机构安排。埃及新起草的水法授权埃及水监管署（EWRA）实行生活用水和经济用水的差别定价，建立了一套供水公司绩效考核指标。也门也为水行业制定了国家战略和投资方案（2005—2009年），致力于水资源管理、城市和农村地区的供水和卫生设施、灌溉管理以及环境保护。巴勒斯坦正致力于把水资源管理纳入国家发展规划，并评价气候变化对地下水资源的影响。约旦制定了国家战略，涵盖地下水管理、灌溉、基础设施、卫生设施、水资源管理和投资的相关政策（UNESCWA，2007b）。黎巴嫩编制了新的国家战略，通过水务部门的协调小组，重点支持供水和卫生设施。该小组主要对未来进行社会影响分析、健康评估和气候变化影响情境分析。尽管如此，为推动整个地区的发展，各国仍需进一步加强水资源综合管理的法律和体制建设以及跨部门协作。

33.4.2 强化应变能力

提高粮食安全

和世界上其他国家一样，阿拉伯国家通过

贸易、投资以及与其他国家建立合约的方式来确保粮食安全。长期租赁农业用地已经成为克服国内在水源、土地、能源或技术限制上的缺点和不足的一种方式。这些投资旨在确保获得稳定的大宗商品供应，并缓解粮食危机时全球粮食价格波动和出口禁令的影响。通过这些合约，投资者可降低租赁土地的风险，在拥有适当土地资源和水资源的国家种植所需的初级产品，而东道国在合约期限内保证投资的安全性，从而可在目标区域发展运输、供水和能源基础设施。由于这些投资往往是大规模投资，通过初级和二级农用工业（化肥、包装和运输）还可以促进就业和创收。虽然这些合约提供了互惠互利的机会，但中央政府以合资方式或租赁方式将当地社区和牧民世代使用的土地出让给了合资企业或投资者的这种做法一直饱受争议。

一些阿拉伯国家正与周边邻国或毗邻地区共同开展农业投资和土地交易，随着水资源短缺和土地退化日益严重，近年来从事土地交易的人数越来越多。约旦与苏丹已就牲畜和作物栽培展开了土地交易谈判（Hazaimeh，2008），阿布扎比发展基金则向苏丹投资耕种 28 000 公顷农田（Rice，2008）。由于水资源有限，为维持本国的粮食安全，沙特阿拉伯政府决定减少对国内小麦和其他商品生产的价格补助。并且，阿卜杜拉国王倡议实施沙特海外农业投资项目，鼓励私营部门投资海外农业，并在 2009 年进口了第一批大米。投资项目主要针对大宗商品，特别是小麦、大麦、玉米、高粱、大豆、稻米、糖、油料种子、青饲料、牲畜和渔业产品，这些都属于高耗水产品（Al-Obaid，2010）。埃及、苏丹、土耳其、埃塞俄比亚、菲律宾和巴西等国均成为了投资目标。一项研究报告指出，5 个非洲国家（埃塞俄比亚、加纳、马达加斯加、马里和苏丹）自 2004 年以来，批准外商投资的土地为 2 492 684 公顷，还不包括 1 000 公顷以下的土地投资和待批准的土地申请，阿拉伯国家在这些土地投资中占了相当大的比例（Cotula 等，2009）。

这类投资项目一般由主权财富基金，如卡塔尔投资局和科威特投资局直接参与，或者通过阿拉伯和东南亚国家的国有企业进行投资（路透社，2008a）。此外，私营部门也参与其中。沙特阿拉伯农业公司财团珍妮特（Jenat），在埃及主营小麦、大麦和牲畜饲料生产，并宣称对苏丹和埃塞俄比亚实施投资计划（路透社，2008b；2009）。某些私人投资基金，如：总部设在阿布扎比的 Al Quadra 控股公司也在积极参与该领域的投资（Blas，2008）。市场对这种做法的认可表明，在国内因自然资源的限制而缺乏投资机会的情况下，进行海外投资将有助于满足不断增长的粮食需求。

然而，在全球粮食危机的背景下，外国对发展中国家和最不发达国家迅速扩大的征地运动已引起了广泛的担忧，因为这会进一步降低这些国家的粮食安全，特别是享受最少特权和被边缘化的国家。正因如此，一些阿拉伯国家，如卡塔尔，正在向粮食富裕的发达国家进行农业投资（路透社，2010），而另一些国家也迫于压力支持粮食计划的实施，如沙特阿拉伯以捐赠的方式向索马里、苏丹和毛里塔尼亚提供支持。

适应气候变化和灾难预防

《阿拉伯部长气候变化宣言》（2007 年）承诺，阿拉伯国家将为气候变化适应和缓解行动付出努力，并将制定阿拉伯 2010—2020 年气候变化行动方案框架。阿拉伯国家正致力于共同评估气候变化对国家水资源的影响，为国家适应计划提供相关信息，并与政府间气候变化专门委员会（IPCC）保持沟通。为了对气候变化适应性区域政策进行统一评估，专门发起了一项有关阿拉伯地区水资源和社会经济脆弱性气候变化影响评估的地区倡议，在阿拉伯部长级水理事会和联合国区域协调机制支持下，促进联合国与阿拉伯国家联盟共同合作。

与气候变化和极端天气事件相关的风险和不确定性对国家和地区层面努力降低灾害风险开展规划和准备方面起到了极大的推动作用。2010 年通过的《阿拉伯 2020 年灾害风险减缓战略》得到了联合国国际减灾战略（UNISDR）

和合作伙伴的支持，其中涉及编制国家灾害详细目录、区域平台、旨在改善土地规划的能力建设项目、监管架构、融资以及获得用户友好信息和通信工具。

阿拉伯国家在国家范围内也在积极应对气候变化。例如，基于摩洛哥降雨量的旱灾保险计划是一项重要的气候变化适应措施，可降低干旱风险并有助于确保谷物产量（Medany，2008）。"零遗憾"计划的实施可提高水利用效率并强化非常规水资源管理措施。

为了应对洪水风险和蓄水以备将来使用，该地区越来越重视使用建设大坝和含水层补给等管理战略。2010 年 1 月埃及暴发山洪期间，据政府报道，西奈和阿斯旺建造的大坝对保护纳玛（Na'ama）海湾、努威巴港和达哈布起到了积极作用，同时实现了在地下含水层储存雨水，这有助于提高地下水位、防止海水入侵和改善这些地区的水质（埃及政府，2010）。而吉达周边建造的大坝有效降低了 2009 年发生洪水和滑坡造成的危害。

尽管大坝对自然和城市生态系统影响有利有弊，一些阿拉伯国家仍在增加大坝的总库容。自 2003 年以来，埃及的水库库容一直处于领先水平，蓄水能力至少为 169 立方千米。伊拉克的水库库容从 1990 年的 50.2 立方千米提高到 139.7 立方千米，增长了将近 2 倍。叙利亚的水库库容从 1994 年的 15.85 立方千米增加到 2007 年的 19.65 立方千米，阿西（Al-Assi）河正在修建新的大坝以调节河流流量和降低洪水风险。黎巴嫩则在国家水行业战略中提出了一系列新建大坝项目。

目前，地下含水层回补成为了迫切之举，原因有两个：①避免过度开采和海平面上升，从而延缓海水侵入滨海含水层，因为这会影响地中海和阿拉伯海湾的海岸线；②将生产过剩的淡化水储存起来作为风险缓冲，以备日后出现需求高峰或防止海湾合作委员会成员国的海水淡化装置出现故障。

33.4.3　扩大非常规水资源的使用

非常规水资源的使用已经成为解决阿拉伯地区水荒问题的主要对策。海水淡化系统已成为海湾合作委员会成员国的主要水源，约旦和阿联酋通常采用废水再利用的方式。尽管如此，这仍有待阿拉伯各国政府采取进一步行动确保措施的可持续性，正如他们正在实施的非常规水资源研发和投资。

海水淡化系统

不断增长的用水需求迫使整个阿拉伯地区增加了对海水淡化方面的投资。沙特阿拉伯具有全世界最大的海水淡化能力，每天的生产能力超过 1 000 万立方米，而阿联酋是世界上第二大海水淡化生产国，这两国海水淡化的总产量约占全球淡水产量的 30% 以上（UNESCWA，2009b）。在海湾合作委员会以外的地区，海水淡化系统已经在阿尔及利亚、埃及、伊拉克和约旦的供水系统中发挥越来越重要的作用，而巴勒斯坦正努力提高海水淡化能力。埃及海岸线周边旅游业的增长与海水淡化紧密相关，因为利用管道将尼罗河的水输送到红海已不能满足其用水需求。

海湾地区也在不断扩大热电联产，联合生产电力和淡化水。例如，2011 年，沙特阿拉伯的朱拜勒和延布水电公司（Marafiq 火电厂）开始建设延布 2 号工程，目的是生产 850 兆瓦的电力和每天生产 60 000 立方米的淡化水（Zawya，2011）。但是，海水淡化和热电联产对于能源匮乏的国家并非最经济有效的解决方案，由于其耗能较大，有加剧气候变化问题的可能性。该地区的大学和研究中心正在基于太阳能和风能，率先研究利用可再生能源的海水淡化设施（UNESCWA，2009b），并获得了来自阿尔及利亚、摩洛哥、突尼斯、沙特阿拉伯和阿联酋的投资。而约旦、摩洛哥、沙特阿拉伯和阿联酋正在推进核能海水淡化项目。

由于当地仅能获得有限的水源且地下水的含盐量越来越高，海水淡化已成为巴勒斯坦的主要应对之策和社区恢复项目的重要内容。在私营部门的推动下，加沙地带大概有 10 万户家庭安装了小型反渗透脱盐装置，作为市政饮用水不足时的一种补充水源（世界银行，2009）。

然而，由于系统长期使用缺乏维护，使得小型家庭脱盐装置的过滤器难以及时更换，这不仅将构成健康风险，而且由此带来的安全感假象对人们也提出了新的挑战。

废水再利用

几十年来，阿拉伯国家一直在实施城市绿化和绿色地带生活污水的再利用，从而防治土地退化和荒漠化。一些阿拉伯国家采用质量标准来调节污水再利用（世界卫生组织地中海东部环境健康行动区域中心，2006）。日益严重的水短缺和开发压力让人们越来越重视对处理过的污水进行再利用。如今，经过处理的污水已广泛应用于城市、农业、工业和环保部门。

约旦、科威特、沙特阿拉伯和阿联酋目前处理的废水量比较大，2006 年直接利用的处理后废水分别约占沙特阿拉伯和阿曼总取水量的 1% 和 3%，2005 年约占约旦和卡塔尔总取水量的 9% 和 10%（FAO，2011）。约旦和阿联酋已经建立了分类系统，对废水处理后在不同方面的再利用加以管理，其中包括种植粮食和非粮食类产品的使用。巴林机场将处理过的灰水用于冷却和景观美化。阿布扎比签约威立雅水务有限公司，在沙漠地带建设三级污水处理再利用设施，用于绿化沙漠和支持新社区及生物多样性保护区。处理过的污水再利用还将被视为海湾国家地下含水层回补方案的组成部分。但是，为了让废水利用创造更多的效益，就必须加大对卫生设施的投资，保证三级处理设施的能源供给充足，并采用统一的质量标准和分类系统。

集雨和雾收集

阿拉伯地区依照传统方式搜集水的规模日益扩大。家庭集雨和农场集雨在巴勒斯坦、突尼斯和也门已非常普及。通常的作法是将雨水储存在储存罐和蓄水池中，用于浇灌花园或满足生活用水需求。阿曼正在实施通过森林产生冷凝集水回补地下含水层的试点项目，而埃及北部沿海地区也正在采取其他方式来回补地下含水层。也门于 2004 年修建了 25 个大型雾收集器，每个收集器的面积为 40 平方米，估计在干旱的冬季，这些收集器每天可供应 4 500 升饮用水（Schemenauer 等，2004）。2006 年，沙特阿拉伯西南地区安装了 3 个覆盖面积为 1 平方米的标准雾收集器。在冬季，平均每日最佳产水量为 11.5 升 / 平方米，大大推动了这一技术在该地区的开发和应用（Al-Hassan，2009）。然而，这些雾收集设施只能在特定气候条件下才能发挥作用，因此，必须在全面开展可行性研究基础上加以利用。

新非常规水源试点项目与前景

北京在 2008 年举办奥运会前夕成功实施了人工降雨，这使此项技术开始流行，一些阿拉伯国家，包括阿尔及利亚、利比亚、摩洛哥、约旦、伊拉克、沙特阿拉伯、叙利亚以及阿联酋已开始引进这项技术并实施人工降雨试点项目（Al-Fenadi，日期不详）。2001—2002 年期间，阿联酋开展了人工降雨试验项目，观察云朵随着季节变化表现出来的特点；2008 年，阿联酋气象局成功开展了若干新的人工降雨试验（《海湾新闻》，2008）。然而，人工降雨也使阿拉伯地区特别是邻国之间对云的拥有权产生了争议（Majzoub 等，2009）。

由于先进遥感技术的应用，有些地区可以通过探测新的地下泉水来获取淡水资源，这已成为克服水短缺的另一种方法（Shaban，2009）。但是，对于共享海洋和海底资源的国家而言，这可能会带来新的领土冲突，还可能影响到沿海海洋生态系统的盐分水平。

结论

尽管本章讨论了诸多风险与不确定性，水资源依然是阿拉伯文化和意识形态的核心。自从 20 世纪 50 年代建造了阿斯旺大坝之后，虽然当地的季节性洪水已经停止，但埃及每年春季仍通过全国性假日专门纪念尼罗河洪水。大多数阿拉伯人居住在海岸线或河床附近。成千上万的阿拉伯伊斯兰教徒在祈祷前都会盛水沐浴。与此同时，对阿拉伯地区水权的威胁仍然是考验阿拉伯地区人民是否团结的一块试金石。

然而，水资源短缺、人口增长、粮食安全、气候变化、极端天气事件、地区冲突和潜在的共享资源冲突影响着阿拉伯地区地表水和地下水资源的管理能力。尽管情况仍不甚明朗，但未来可以看到，开展风险评估和鼓励利益相关者积极参与，将会激励该地区和各国为克服这些挑战积极开展行动。

注　释

1. 阿拉伯地区的 22 个国家为阿拉伯国家联盟成员国，即：阿尔及利亚、巴林、科摩罗、吉布提、埃及、伊拉克、约旦、科威特、黎巴嫩、利比亚、毛里塔尼亚、摩洛哥、阿曼、巴勒斯坦、卡塔尔、沙特阿拉伯、索马里、苏丹、叙利亚、突尼斯、阿联酋和也门。
2. 联合国西亚经济社会委员会 14 个成员国，包括：巴林、埃及、伊拉克、约旦、科威特、黎巴嫩、阿曼、巴勒斯坦、卡塔尔、沙特阿拉伯、苏丹、叙利亚、阿联酋和也门。

参考文献

Al Bowardi. 2010. *Statement of H.E. Mohammed Al Bowardi, Secretary General, Abu Dhabi Executive Council and Managing Director, Environment Agency Abu Dhabi to the Arab Water Academy Water Leaders Forum.* Abu Dhabi, UAE, 11 July 2010.

Al-Fenadi, Y. n.d. *Cloud Seeding Experiments in Arab countries: History and Results.* Tripoli , Libya, Libyan National Meteorological Centre (LNMC). http://www.wmo.int/pages/prog/arep/wmp/documents/Cloud%20seeding%20experiments%20in%20Arab%20countries.pdf (Accessed 6 September 2011.)

Al-Hassan, G. 2009. Fog Water collection evaluation in Asir Region – Saudi Arabia, *Water Resources Management,* 23(13), pp. 2805–13.

Al-Obaid, A.A. 2010. *King Abdullah's Initiative for Saudi Agricultural Investment Abroad: A Way of Enhancing Saudi Food Security,* delivered by Mr Al-Obaid, Deputy Minister for Agricultural Research and Development Affairs, to Expert Group Meeting on Achieving Food Security in Member Countries in Post-crisis World, Islamic Development Bank, Jeddah, Saudi Arabia, 2–3 May 2010. http://www.isdb.org/irj/go/km/docs/documents/IDBDevelopments/Internet/English/IDB/CM/Publications/IDB_AnnualSymposium/20thSymposium/8-AbdullaAlobaid.pdf (Accessed 3 October 2011).

AMWC (Arab Ministerial Water Council). 2010. Session 2, Resolution 4, Item 3. Cairo, Egypt, League of Arab States, 01 July 2010.

Assaf, H. 2010. Water resources and climate change (Ch. 2), M. , El-Ashry, N. Saab, and B. Zeitoon (eds.), Arab Forum for Environment and Development (AFED), *Water: Sustainable Management of a Scarce Resource.* Beirut, Lebanon, pp. 25–38.

BBC News. 2009. Flood deaths in Saudi Arabia rise to around 100. 28 November 2009. http://news.bbc.co.uk/2/hi/8384832.stm (Accessed 6 September 2011.)

Blas, J. 2008. Land leased to secure crops for South Korea, *Financial Times,* 18 November, http://www.ft.com/cms/s/0/98a81b9c-b59f-11dd-ab71-0000779fd18c.html (Accessed 6 September 2011.)

CAMRE (Council of Arab Ministers Responsible for the Environment). 2007. *Arab Ministerial Declaration on Climate Change.* Adopted at 19th Session of CAMRE. LAS, Cairo, Egypt, 5–6 December 2007.

CILSS (Comité Permanent Inter-Etats de Lutte contre la Sécheresse dans le Sahel), FAO, Famine Early Warning Systems Network, World Food Program. 2010. *Commerce Transfrontalier et Sécurité Alimentaire en Afrique de l'Ouest: Cas du Bassin Ouest: Gambie, Guinée-Bissau, Guinée, Mali, Mauritanie, Sénégal.* Report funded by USAID. http://documents.wfp.org/stellent/groups/public/documents/ena/wfp219290.pdf (Accessed 3 October 2011.)

Cotula, L., Vermeulen, S., Leonard, R., and Keeley, J. 2009. *Land Grab or Development Opportunity? Agricultural Investment and International Land Deals in Africa.* London/Rome, IIED/FAO/IFAD.

Council for Development and Reconstruction. 2006. *Impact of the July Offensive on the Public Finances in 2006: Brief Preliminary Report.* Government of Lebanon, Ministry of Finance, p. 22.

DREF Operation, 2010. *Egypt: Flash Floods,* 21 January. International Federation of Red Cross and Red Crescent Societies. http://www.ifrc.org/docs/appeals/10/MDREG009do.pdf

FAO (Food and Agriculture Organization). 2011. AQUASTAT Online Database. http://www.fao.org/nr/water/aquastat/dbase/index.stm (Accessed 9 November 2011.)

Government of Egypt. 2010. Mubarak receives report on facing floods in future. Press Release. 13 February 2010. http://reliefweb.int/node/345133 (Accessed 6 September 2011.)

Gulfnews. 2008. Cloud seeding experiment has thundering success. 8 May, http://gulfnews.com/news/gulf/uae/environment/cloud-seeding-experiment-has-thundering-success-1.104086 (Accessed 6 September 2011.)

----. 2010. Facts about Tropical Cyclone Phet. 6 June. http://gulfnews.com/news/gulf/oman/facts-about-tropicalcyclone-phet-1.636372 (Accessed 6 September 2011.)

Harbridge, W., Pilkey, O.H., Whaling, P. and Swetland, P. 2007. Sedimentation in the Lake of Tunis: A lagoon strongly influenced by man. *Environmental Geology,* 1(4), pp. 215–225. http://www.springerlink.com/content/452745427631420p/

Hazaimeh, H. 2008. Private company to run Sudan venture, *Jordan Times,* 13 July, http://www.zawya.com/printstory.cfm?storyid=ZAWYA20080713031509&l=031500080713 (Accessed 6 September 2011.)

IRIN. 2007. *IRAQ: Water Shortage Leads People to Drink from Rivers,* 18 February. http://www.irinnews.org/report.aspx?reportid=70243 (Accessed 6 September 2011.)

Karrou, M. 2002. *Climatic Change and Drought Mitigation: Case of Morocco. INRA, Rabat, Morocco.* Presented to the First CLIMAGRImed Workshop, Session 3, FAO, Rome, 25–27 September 2002. http://www.fao.org/sd/climagrimed/c_1_01_01.html

Majzoub T., Quilleré-Majzoub, F., Abdel Raouf, M., El-Majzoub, M., 2009. 'Cloud busters': Reflections on the right to water in clouds and a search for international law rules." Vol. 20, No. 3, *Colorado Journal of International Environmental Law and Policy,* p. 321-54..

Makboul, M. 2009. Loi 10-95 sur l'eau: acquis et perspectives. UNESCO Country Office in Rabat/Cluster Office for the Maghreb, *L'Etat des Resources en Eau au Maghreb en 2009,* Morocco, pp. 47–59.

Medany, M. 2008. Impact of climate change on Arab countries, Chapter 9. M.K. Tolba and N.W. Saab (eds). *2008 Report of the Arab Forum for Environment and Development: Arab Environment Future Challenges.* http://www.afedonline.org/afedreport (Accessed 6 September 2011.)

Reuters. 2008*a*. Kuwait signed $27bln of deals in asian tour, 17 August, http://uk.reuters.com/article/2008/08/17/kuwait-asia-idUKLH49515120080817 (Accessed 6 September 2011.)

----. 2008*b*. GEM BioFuels Plc – Offtake agreement signed. Press Release. 14 February, http://www.reuters.com/article/pressRelease/idUS80349+14-Feb-2008+RNS20080214 (Accessed 6 September 2011.)

----. 2009. Saudi firm in $400 million farm investment in Africa. 15 April, http://af.reuters.com/article/investingNews/idAFJOE53E02F20090415 [Accessed 6 September 2011]

----. 2010. Interview – Qatar in talks to buy Argentina, Ukraine farmland. 1 October, http://af.reuters.com/article/sudanNews/idAFLDE69C1P420101013 (Accessed 6 September 2011.)

Rice, X. 2008. Abu Dhabi Develops Food Farms in Sudan. *The Guardian,* 2 July, http://www.guardian.co.uk/environment/2008/jul/02/food.sudan (Accessed 6 September 2011.)

Sahara and Sahel Observatory. 2011. *The North-Western Sahara Aquifer System,* Tunis, Tunisia. http://www.oss-online.org/index.php?option=com_content&task=view&id=33&Itemid=443&lang=en. (Accessed 13 September 2011.)

Saud, M.A. 2010. *Use of Space Techniques and GIS for Mapping Transported Sediments: The Case of Jeddah Flood 2009,* King Abdel Aziz City for Science and Technology, Saudi Arabia, Posters for Workshop 6.

Schemenauer, R., Osses, P., and Leibbrand, M. 2004. *Fog Collection Evaluation and Operational Projects in the Hajja Governorate, Yemen.* http://www.geo.puc.cl/observatorio/cereceda/C38.pdf (Accessed 6 September 2011.)

Shaban, A. 2009. *Monitoring Groundwater Discharge in the Coastal Zone of Lebanon Using Remotely Sensed Data.* Remote Sensing Center, National Council for Scientific Research, Beirut, Lebanon, Poster 4 presented to Stockholm World Water Week 2009.

UNDESA (United Nations Department of Economic and Social Affairs). 2007. *World Population Prospects: The 2006 Revision – Highlights.* ESA/P/WP.202. New York, United Nations.

UNESCWA (United Nations Economic and Social Commission for Western Asia). 2005. *ESCWA Water Development Report 1: Vulnerability of the Region to Socio-Economic Drought.* E/ESCWA/SDPD/2005/9. New York, United Nations.

----. 2007*a*. *ESCWA Water Development Report 2: State of Water Resources in the ESCWA Region.* E/ESCWA/SDPD/2007/6. New York, United Nations.

----. 2007*b*. *Guidelines with Regard to Developing Legislative and Institutional Frameworks Needed to Implement IWRM at the National Level in the ESCWA Region.* (Arabic). E/ESCWA/SDPD/2007/1 New York, United Nations, 9 June 2007.

----. 2009*a*. *The Demographic Profile of the Arab Countries.* E/ESCWA/SDD/2009/Technical Paper.9. New York, United Nations, 26 November 2009. http://www.escwa.un.org/information/publications/edit/upload/sdd-09-TP9.pdf

----. 2009*b*. *ESCWA Water Development Report 3: Role of Desalination in Addressing Water Scarcity.* E/ESCWA/SDPD/2009/4. New York, United Nations.

----. 2009*c*. *Trends and Impacts in Conflict Settings: The Socio-Economic Impact of Conflict-Driven Displacement in the ESCWA Region.* Issue No. 1, E/ESCWA/ECRI/2009/2. New York, United Nations.

----. 2009*d*. *Knowledge Mapping and Analysis of ESCWA Member Countries Capacities in Managing Shared Water Resources.* E/ESCWA/SDPD/2009/7. New York, United Nations.

----. 2009*e*. *Increasing the Competitiveness of Small and Medium-sized Enterprises through the Use of Environmentally Sound Technologies: Assessing the Potential for the Development of Second-generation Biofuels in the ESCWA Region,* E/ESCWA/SDPD/2009/5, New York, United Nations.

----. 2010*a*. *Best Practices and Tools for Increasing Productivity and Competitiveness in the Production Sectors: Assessment of Zaatar Productivity and Competitiveness in Lebanon.* E/ESCWA/SDPD/2010/Technical Paper 3. New York, United Nations.

----. 2010*b*. *Food Security and Conflict in the ESCWA Region.* E/ESCWA/ECRI/2010/1, 13 September 2010. New York, United Nations.

----. 2011. *ESCWA Water Development Report 4: National Capacities for the Management of Shared Water Resources in ESCWA Member Countries.* E/ESCWA/SDPD/2011/4.

New York, United Nations.

UNESCWA and BGR (United Nations Economic and Social Commission for Western Asia and the Federal Institute for Geosciences and Natural Resources, Germany). 2010. *Report of the Expert Group Meeting on Applying IWRM Principles in Managing Shared Water Resources: Towards A Regional Vision,* Beirut, Lebanon 1-3 December 2009; E/ESCWA/SDPD/2009/WG.5/1/Report issued 11 June 2010 (English).

----. 2012. *Inventory of Shared Water Resources in Western Asia.* Beirut, Lebanon, UNESCWA-BGR Cooperation, 2012 (*forthcoming*).

WHO/EMRO/CEHA (World Health Organization Regional Office for the Eastern Mediterranean Regional Center for Environmental Health Activities). 2006. *A Compendium of Standards for Wastewater Reuse in the Eastern Mediterranean Region.* Document. WHO-EM/CEH/142/E.

WHO/UNICEF JMP (World Health Organization/United Nations Children's Fund Joint Monitoring Programme) for Water Supply and Sanitation. 2010. *Progress on Sanitation and Drinking-water: 2010 Update.* New York, UNICEF.

World Bank. 2009. *West Bank and Gaza: Assessment of Restrictions on Palestinian Water Sector Development.* Sector Note, April 2009. Report No. 47657-GZ, Washington, World Bank.

Zawya, 2011. MARAFIQ - Yanbu Power and Desalination Plant - Phase 2. *Projects Monitor,* 29 April 2011. http://www.zawya.com/projects/project.cfm/pid150710103455/MARAFIQ--Yanbu-Power-and-Desalination-Plant--Phase-2?cc (Accessed 9 November 2011.)

第三十四章

水与健康

世界卫生组织（WHO）和联合国儿童基金会（UNICEF）

作者：珍妮弗·简德利-希尔兹和杰米·巴特拉姆

供稿：世界卫生组织罗伯特·博斯、克莱尔-里斯·沙纳特、布鲁斯·艾伦·戈登、多米尼克·梅森、伊夫·查特、周志强和玛格丽特·蒙哥马利以及联合国儿童基金会彼得·哈维

© Taco Anema

对水环境导致的疾病的发病率影响最大的全球驱动因素，是人口增长和城市化、农业、基础设施以及全球气候变化。这些驱动因素的发展态势对于疾病在全球扩散产生直接和间接的影响，而且大部分为负面影响，这增加了未来人类健康的总体不确定性。

另外，还存在着大量的与水无关、对健康有决定作用的环境因素以及非环境因素，这使得识别水与健康的关系及热点问题变得尤为困难。

本章通过概述主要水生疾病的环境-健康纽带关系，得出五个关键解决方案：提供安全饮用水、改善卫生设施、改进个人卫生习惯、实施环境管理以及进行健康影响评价。这些措施的实施有助于减少疾病并提高大家的生活质量。

为此需要开展深入的研究，更加准确地识别与水和健康有关的风险和机遇，如"2030 年愿景研究"，重点确定气候变化条件下与供水和卫生服务有关的主要风险、不确定性和机遇。

保护人类健康需要多个部门开展合作，这当中还包括非水利行业和非卫生行业机构的协作。

34.1 简介

改善水资源管理、饮用水供应、卫生设施以及个人卫生习惯可以使全球疾病发生率降低9.1％或降低6.3％的死亡率（Prüss－Üstün等，2008）。了解与水有关疾病的性质和规模可为有效预防提供依据。

本报告分析了全球疾病的主要类型［通过失能调整生命年（DALYs）进行测算，作为死亡和残疾的加权测量值；见图34.1］以及现实中可通过技术、政策和公共卫生措施加以预防的疾病。

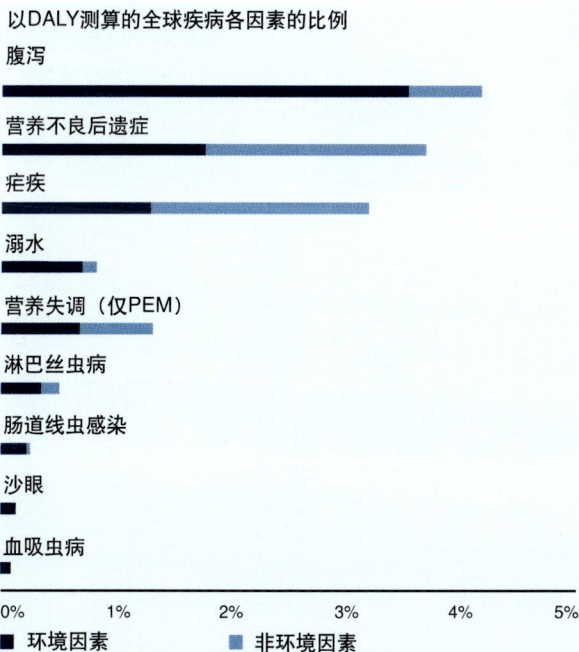

图 34.1

2000年与水、环境卫生和个人卫生关系最密切的疾病

以DALY测算的全球疾病各因素的比例

注：DALY—失能调整生命年（衡量过早死亡所致的寿命损失年和疾病所致失能引起的健康寿命损失年），PEM，蛋白质—能量营养不良症（成人和儿童摄入的蛋白质和能量不足以满足身体的营养需要引起的营养不良）。

资料来源：Prüss-Üstün等（2008）。

绘制环境-健康因果路径为有效实施公共卫生防御措施提供依据。由世界卫生组织（WHO）开发的动力-压力-状态-暴露-影响-行动模型（DPSEEA），简要阐明了环境影响健康的方式以及环境状态如何受到高发病因影响（Kjellström 和 Corvalán，1995）。该模型使我们对导致疾病的各种因素有了更加清晰的了解，并对有效预防策略的制定提供了帮助。由于每种疾病均与各种经济、社会和自然驱动因素密切相关，因此，该过程变得尤其复杂。我们采用了 DPSEEA 模型来确定发病组的关联性，根据 Bradley（2008）的定义，将疾病分为饮用水传播疾病、洗水性疾病、水依赖性疾病和水生昆虫传播疾病等。

34.2 水相关疾病与环境-健康路径及其有效预防措施

34.2.1 饮用水传播疾病

饮用水传播疾病是饮用了受污染的水造成的。最主要的水生疾病是腹泻，每年有超过200万人死于该疾病（世界卫生组织和联合国儿童基金会，2010），以及砷和氟中毒（该疾病对全球健康的影响还未知）。这些疾病的驱动因素包括极端天气事件（如洪水泛滥）、气候变化、森林砍伐、人口增长以及农业，图34.2概括介绍了水传播疾病的环境-健康路径。针对水传播疾病的有效预防措施包括提供安全饮用水（见专栏34.1）、改善卫生条件（见专栏34.2）和进行健康影响评价（见专栏34.2）。

获得安全饮用水可以预防由于饮用不安全的水而导致的水传播疾病。获得安全饮用水的措施可参见专栏34.1。

通过铺设管道设施提供饮用水可使腹泻疾病以及砷、氟中毒引起的死亡率大幅下降。来自美国（Cutler 和 Miller，2005；Watson，2006）和印度（Jalan 和 Ravallion，2003）的研究表明，综合改进饮用水供应和提高饮用水质量可获得巨大的健康效益。随着全球范围内依赖改善的饮用水源（包括自来水输水管道）的人口比例逐渐增加，这些水源的饮用水质量对于健康将变得越来越重要。自来水并非绝对安全，如果饮用水处理不充分或者饮用水处理中断均会导致摄入不安全的饮用水（Hunter 等，2005）。供

图 34.2

有关饮用水传播疾病的动因-压力-状态-暴露-影响-行动的关系模型（DPSEEA）

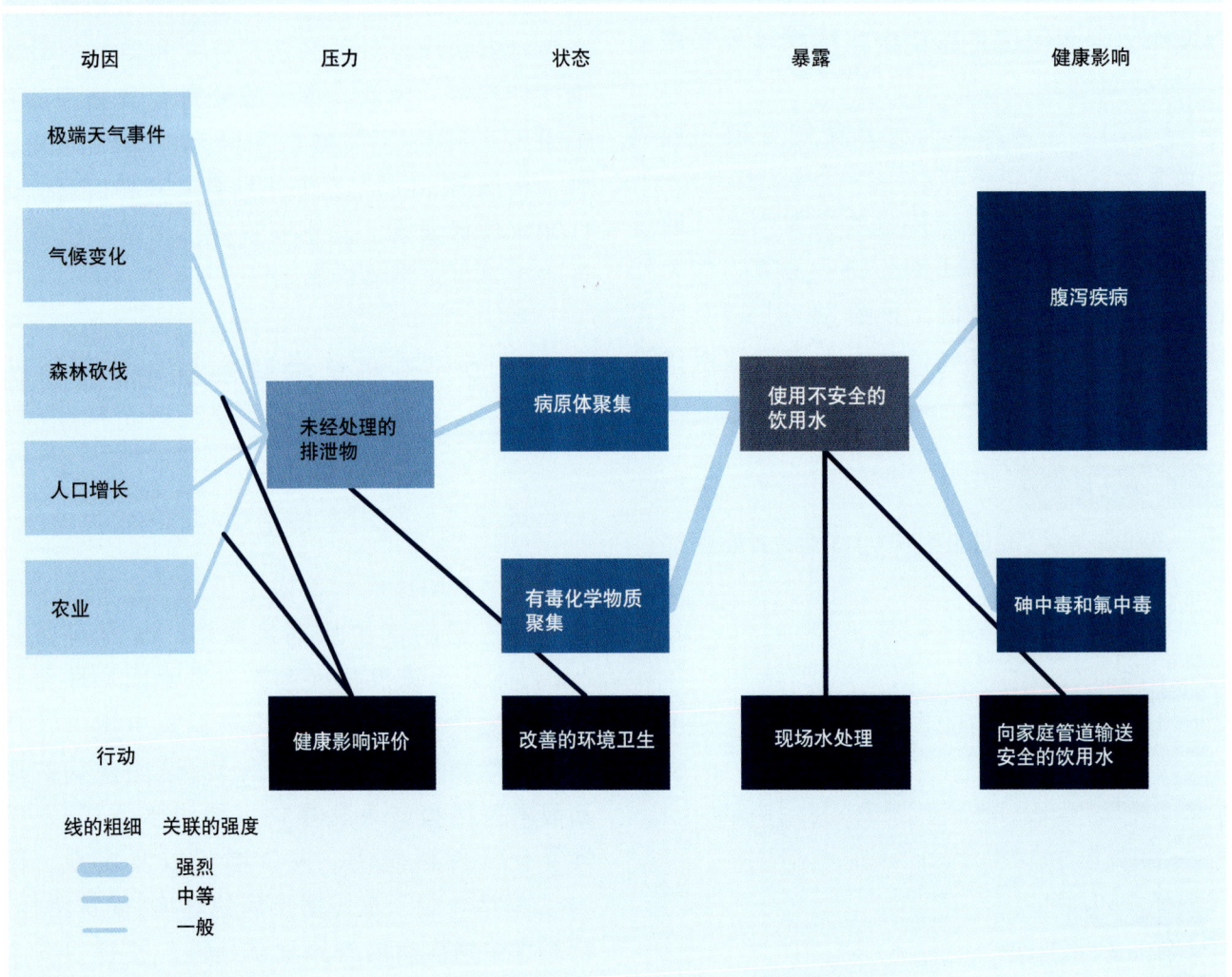

注：健康影响程度随着失能调整生命年测算的相应全球疾病负担的变化而变化。腹泻疾病：5 246万（包括水传播腹泻疾病和洗水性腹泻疾病）；砷中毒和氟中毒：未知（Prüss-Üstün等，2008）。

水系统老化导致的事故将可能成为涉水和卫生方面的主要风险（美国环境保护署，2007）（参见第二十四章提出的基础设施手段和方案）。

　　研究并没有提供证据表明农村供水设施带来哪些重大健康影响（Esrey，1996；Fewtrell等，2005）。小型供水设施（特别是在农村地区）经常受到污染且维护不当。通常在入户之前，饮用水在运输和储存过程中就已经被污染（Wang 和 Hunter，2010）。相当多的佐证表明，农村地区的供水设施粗制滥造并维护不当，最终不得不废弃掉。

　　现场（PoU）水处理是一种很有发展前景的方法，它能解决在运输和储存过程中饮用水被污染的问题。对该方法的评估发现，它使家庭腹泻疾病的发病率减少了 20%～30%（Quick 等，1999；Reller 等，2003）。现场水处理方法还可根除砷和氟中毒现象。尽管如此，现场水处理方法对健康产生有益效应还取决于个人是否决定采取这项措施并始终坚持下去。如果不考虑社区的社会文化因素以及在社区开展行为模式改变、调动积极性、教育和参与式管理等活动，那么这种技术的应用就不太可能取得成功或实现可持续发展（见 Sobsey，2006）。应用该项技术时，应首先确定有效的推广策略以及行为模式上的改变。

减少水传播疾病的安全饮用水战略

根据《世界卫生组织饮用水水质导则》第三版中的定义，安全饮用水指"在整个生命阶段的使用过程中不会给健康带来任何重大风险的饮用水，包括在生命各个阶段可能出现的不同敏感度"（WHO，2008b）。提供安全饮用水的解决方案包括管道供水设施（通过储水塔和住户连接）、水井和现场（PoU）水处理。管道供水已经被证明可大幅度降低儿童死亡率（Cutler 和 Miller，2005；Watson，2006）。然而，管道供水服务对于部分（尤其是分散居住的农村地区）人口目前可能还无法实现。全球无法获得改善的饮用水源的绝大多数人口（84%）居住在农村地区（世界卫生组织和联合国儿童基金会，2010），尽管农村地区改善的饮用水源的覆盖率已从 1990 年的 64% 增至 2008 年的 78%。在农村地区，饮用水通常从居住房屋外获得，如公用水龙头、水井和被保护的泉眼。虽然这类被保护的水源地缩短了家庭取水的距离，但可运送的水量有限，而且水容易或经常被污染。采用现场水处理方法及改进储水设施可减少病原体的污染。很多现场水处理技术可以采用，如加氯消毒、使用絮凝剂、吸附、过滤、煮沸或太阳能消毒。

除了提供安全饮用水之外，应对水传播腹泻疾病的行动还包括改善卫生设施（消除饮用水病原体污染源，见专栏 34.2），良好的卫生习惯（见 34.2.2 节），以及进行健康影响评价（HIAs）（在项目或政策建立或实施之前对其潜在健康影响进行评估和提出建议，目的在于将负面健康影响降至最低，见专栏 34.4）。

疾病预防的卫生战略

卫生是指安全处理人类排泄物（世界卫生组织和联合国儿童基金会，2010），其中"安全处理"指排泄物被包含在容器内并予以处理以避免对个人健康或他人健康造成不利影响（Mara 等，2010）。完善的卫生设施可消除污染源、防止病原体通过苍蝇传播，并防止接触到被污染区域的病原体，从而达到预防疾病的目的。发达国家中大多数人口（99%）拥有完善的卫生设施，而在发展中国家中仅 53% 的人口拥有完善的卫生设施（世界卫生组织和联合国儿童基金会，2010）。大约 26 亿缺乏完善卫生设施的人口中，有 2/3 生活在亚洲和撒哈拉以南非洲地区，大约 12 亿人口（其中超过一半生活在印度）在露天环境中排便（世界卫生组织和联合国儿童基金会，2010）。在发展中国家中，大多数缺乏完善卫生设施的人口位于农村地区；发展中国家城市卫生设施的覆盖率为 71%，而农村地区的覆盖率仅为 39%（世界卫生组织和联合国儿童基金会，2010）。如果维护和使用得当，排污系统、配备排水槽的化粪池、冲水式厕所和坑式厕所可有效预防疾病的发生（世界卫生组织和联合国儿童基金会，2000）。

34.2.2 洗水性疾病

与饮用水传播疾病相比，洗水性疾病的传播是由于可用水量不足，无法满足清洗或个人卫生的需要。缺乏卫生用水引发的疾病主要包括腹泻疾病（同时也属于水传播疾病，见 34.2.1 节）、肠道线虫病和沙眼。肠道线虫（蛔虫、鞭虫和钩虫）造成大约 20 亿例感染并影响全球 1 / 3 人口的健康（de Silva 等，2003）。大约有 4 000 万人口感染沙眼衣原体，即沙眼病原体，820 万人处于致盲阶段，患有沙眼性倒睫症（Mariotti 等，2009）。图 34.3 对洗水性疾病的环境－健康路径进行了概述。最主要的驱动因素是人口增长和农业。完善的卫生设施（见专栏 34.2）和良好的卫生习惯（见专栏 34.3）将有助于显著减少疾病的发生。

采取预防措施有助于减少儿童营养不良，因为儿童营养不良与腹泻疾病和肠道线虫感染密切相关（见图 34.3）。体重不足或营养不良的儿童大约有一半是由反复的腹泻感染及肠道线虫感染导致的。每年大约有 7 万名 5 岁以下的儿童死于营养不良，另外 79 万名死于营养不良导致的其他传染性疾病。反复的腹泻疾病或肠道线虫感染共计造成每年 86 万名 5 岁以下儿童由于营养不良而死亡（Prüss-Üstün 等，2008）。

如果将卫生设施与水生疾病和洗水性疾病联系在一起，我们发现它是有效预防疾病的必要措施，尤其是针对腹泻疾病。经证实，完善的卫生设施可减少腹泻疾病的发病率（Few-trell 等，2005；Moraes 等，2003）、肠道线虫的传播（Moraes 等，2004）以及沙眼的患病率（Emerson 等，2004）。

图 34.3

有关洗水性疾病的动因－压力－状态－暴露－影响－行动的关系模型（DPSEEA）

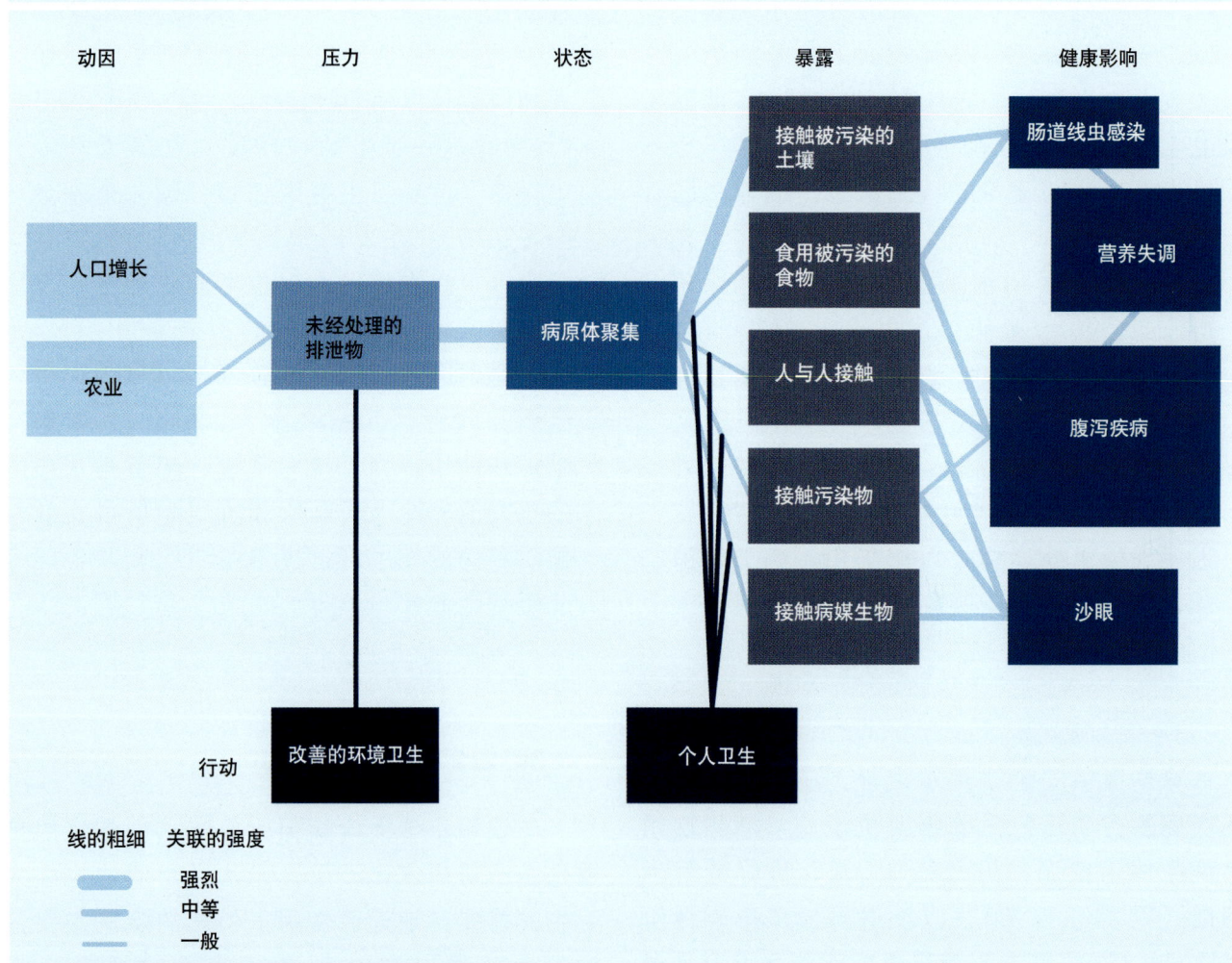

| 动因 | 压力 | 状态 | 暴露 | 健康影响 |

动因：人口增长、农业
压力：未经处理的排泄物
状态：病原体聚集
暴露：接触被污染的土壤、食用被污染的食物、人与人接触、接触污染物、接触病媒生物
健康影响：肠道线虫感染、营养失调、腹泻疾病、沙眼
行动：改善的环境卫生、个人卫生

线的粗细　关联的强度
强烈
中等
一般

注：健康影响程度随着失能调整生命年测算的疾病负担变化而变化。腹泻疾病：5 246万（包括饮用水传播腹泻疾病和洗水性腹泻疾病）；肠道线虫感染：294.8万；营养失调：3 584.9万；沙眼：232万（Prüss-Üstün等，2008）。

改进个人卫生习惯

个人卫生习惯是指防止致病微生物传播的做法。良好的个人卫生习惯包括清洁,如洗手。洗手除了去除污垢和泥土之外,还可以去除传染性微生物。结合完善的卫生设施以及储存和使用安全饮用水,在适当的时间以正确的方式洗手是减少病原体传播的关键行为(EHP,2004)。

促进良好的个人卫生习惯是"通过广泛采取安全卫生的习惯做法……预防疾病的有计划行为。改变个人卫生习惯取决于本地人的认知、所做和所想"(联合国儿童基金会,1999,p.10)。

健康影响评价可提高不同部门的健康水平

健康影响评价(HIA)是"判断一项政策、计划或项目对人口健康的潜在影响以及这些影响在人口中如何分布的过程、方法和工具"(世界卫生组织,1999,p.4)。

健康影响评价能够在一个项目或政策确立或实施之前,对其潜在健康影响进行客观评估,找出促进积极健康影响的要素并可尽量降低负面影响。健康影响评价框架使传统上不属于公共卫生领域的行业,如交通、农业、土地利用和建筑等领域的潜在公共健康影响和考虑因素纳入到计划、项目和政策的决策过程中。这些行业的活动可极大地影响疾病的传播,而活动的计划通常不考虑所带来的公共健康影响或后果。因此,卫生、农业与发展部门之间的合作可以减少病原体的传播。

进行健康影响评价的主要步骤包括:

1. 筛查:确认需要进行健康影响评价的项目或政策。

2. 范围:确认需考虑的各种健康影响。

3. 评估风险和好处:确定可能受到影响的人群以及如何受到影响。

4. 提出建议:对修改政策或项目提出建议以促进积极的健康影响或缓解不利的健康影响。

5. 报告:向决策者提交评估结果。

6. 评估:确定健康影响评估的效果。

注意个人卫生习惯可减少腹泻疾病（Luby等，2004）和沙眼的发病（West等，1995），亦可作为一项改进公共卫生的措施加以推广（见专栏34.3）。

34.2.3 水依赖性疾病

水依赖性疾病指由生活在水中或其部分生命周期依赖水生活的宿主媒介传播引发的疾病。血吸虫病是这类疾病中的首要疾病；在某个时间段，大约有2亿人感染了裂体吸虫属血吸虫，这种血吸虫会引起血吸虫病。血吸虫病的主要驱动因素是人口增长、农业、气候变化、森林砍伐和基础设施建设，如修建大坝和灌溉工程（见图34.4）。

对水依赖性疾病的有效预防措施包括改善卫生设施（见专栏34.2）、环境治理（见专栏34.5）以及进行健康影响评价（见专栏34.4）。改善卫生设施可减少57%～87%的血吸虫病患病率（Esrey等，1991）。环境治理可根除传播媒介主体钉螺（例如，清除沼泽和池塘、灌区排水、将渠道中的植物清除、引入天敌和病原体或使用灭螺剂）以及防止人体与血吸虫大量滋生的水域接触以减少传播途径。在灌溉设施或大坝工程设计和规划中，采用环境影响评估可将预防性保护措施融合进来，从而避免了事后采取补救措施。

34.2.4 水生昆虫传播疾病

水生昆虫传播疾病是由在水体附近进行繁殖或进食的昆虫传播引发的疾病。水生昆虫传

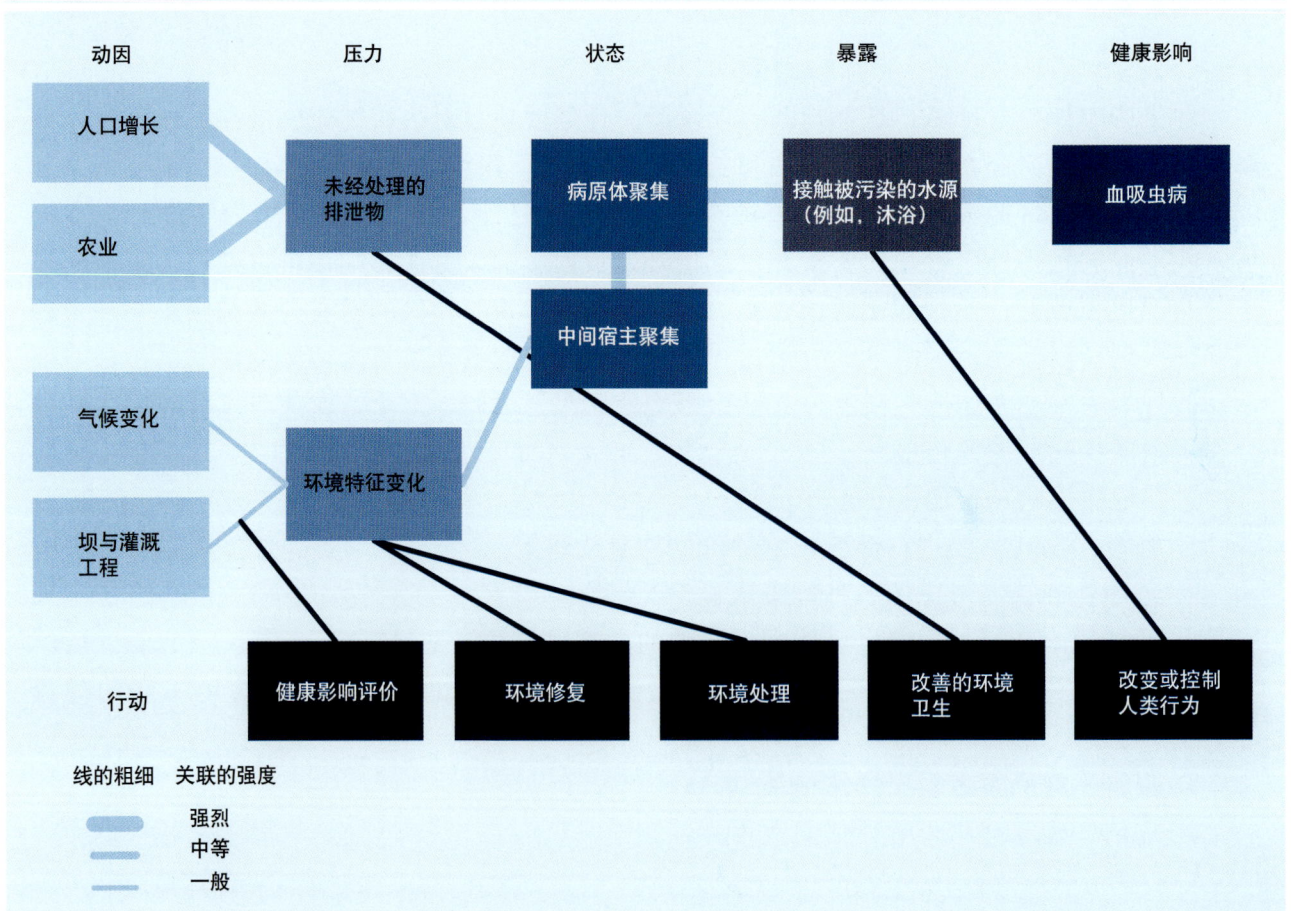

图 34.4

有关水依赖性疾病的动因–压力–状态–暴露–影响–行动的关系模型（DPSEEA）

注：健康影响的程度随着失能调整生命年测算的相应全球疾病负担的变化而变化；血吸虫病：169.8万（Prüss-Üstün等，2008）。

播疾病（疟疾、盘尾丝虫病、乙型脑炎、淋巴丝虫病和登革热）每年造成的死亡人数超过150万。这些疾病的驱动因素包括农业、气候变化、森林砍伐、内陆洪水、基础设施建设如大坝和灌溉工程，以及人口增长（见图34.5和图34.6）。

从历史的角度看，针对水生虫媒传染病最为有效的公共卫生措施是从病媒着手（中断传播途径），特别是对于缺乏疫苗的疾病，如疟疾和登革热（Gubler，1998）。此类项目由于使用化学杀虫剂以及抗虫剂引起的环境问题而重新获得重视。世界卫生组织主张对水生虫媒传染病采取环境治理（见专栏34.5）。

环境治理已经被成功地应用在了控制疟疾（Baer等，1999；Dua等，1997；Heierli和Lengeler，2008）、盘尾丝虫病（Walsh，1970）、乙型脑炎（Keiser等，2005）、登革热和淋巴丝虫病等疾病的传播。改善卫生设施和安全饮用水也有助于控制与水有关的昆虫媒介传播疾病。在南亚和东南亚以及美洲的城市地区，传染淋巴丝虫病的蚊子在被有机物污染的水中滋生繁殖，包括露天污水下水道和污水处理池（Erlanger等，2005；Meyrowitsch等，1998）。管道供水可避免使用容易滋生蚊子的储水容器，从而有助于控制登革热的传播。

图 34.5

非洲有关疟疾、盘尾丝虫病、乙型脑炎和淋巴丝虫病等水生昆虫传播疾病的动因-压力-状态-暴露-影响-行动的关系模型（DPSEEA）

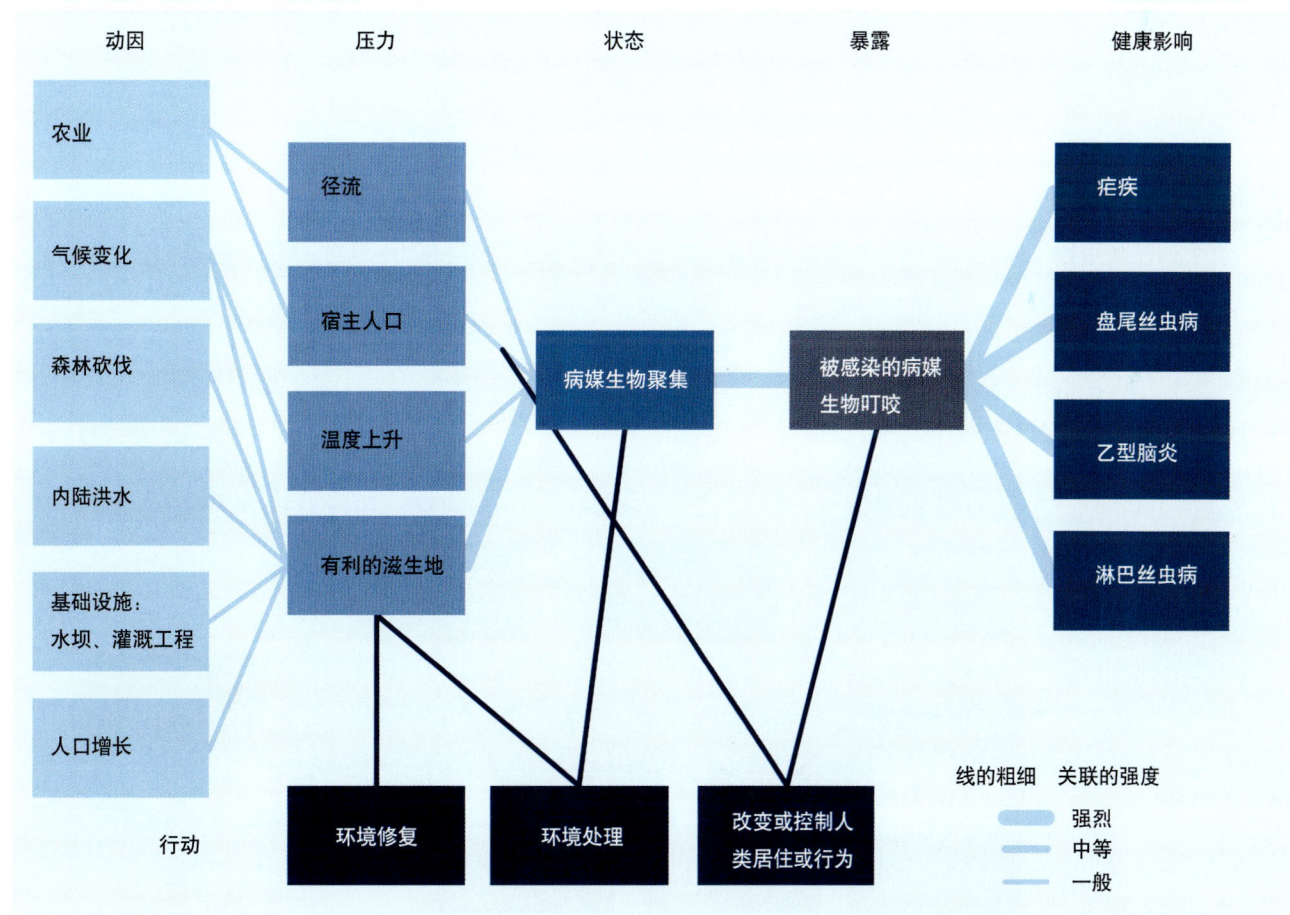

注：健康影响的程度随着失能调整生命年测算的相应全球疾病负担的变化而变化。疟疾：1 924.1万；盘尾丝虫病：5.1万；乙型脑炎：67.1万；淋巴丝虫病：378.4万（Prüss-Üstün等，2008）。

减少和预防虫媒传染病的环境治理策略

针对病媒控制的环境治理是指"为了预防或尽可能降低病媒的传播并减少人-病媒-病原体接触，人们在改变和/或控制环境或避免这些因素与人交互作用所开展的计划、组织、实施和监测等活动"（世界卫生组织，1980，p.9）。治理策略主要有 3 项：

1. 改变环境：永久性改变土地、水或植被状态以减少病媒栖息地，通常是通过修建基础设施来实现。这包括将水体排干或填满或疏导。改变河界，渠道衬砌，设计梯级小型水坝，为高架水槽或其他储水设施配备遮盖物（Fewtrell 等，2007）。

2. 控制环境：开展重复性教育活动，通常由社区参与，以便创造一个暂时不利病媒的传播环境。这包括将孑孓喜欢作为庇护所的水生植物从水体中去除（除草）；对灌溉农田保持干湿交替（间歇灌溉）；定期冲刷排水沟（蚊子容易在静水中繁殖）；对家用储水容器或配备装置进行过滤以阻挡蚊子进入；引入天敌，如以幼虫为食的鱼类（Fewtrell 等，2007）。

3. 改变人类居住地或控制行为：减少人与病媒之间的接触。这包括接种疫苗，实施动物病预防，病媒捕捉和收集，消灭臭虫，使用门帘和窗帘，以及更合理的住房建设。

图 34.6

有关淋巴丝虫病（亚洲和美洲）和登革热等水生昆虫传播疾病的动因-压力-状态-暴露-影响-行动的关系模型（DPSEEA ）

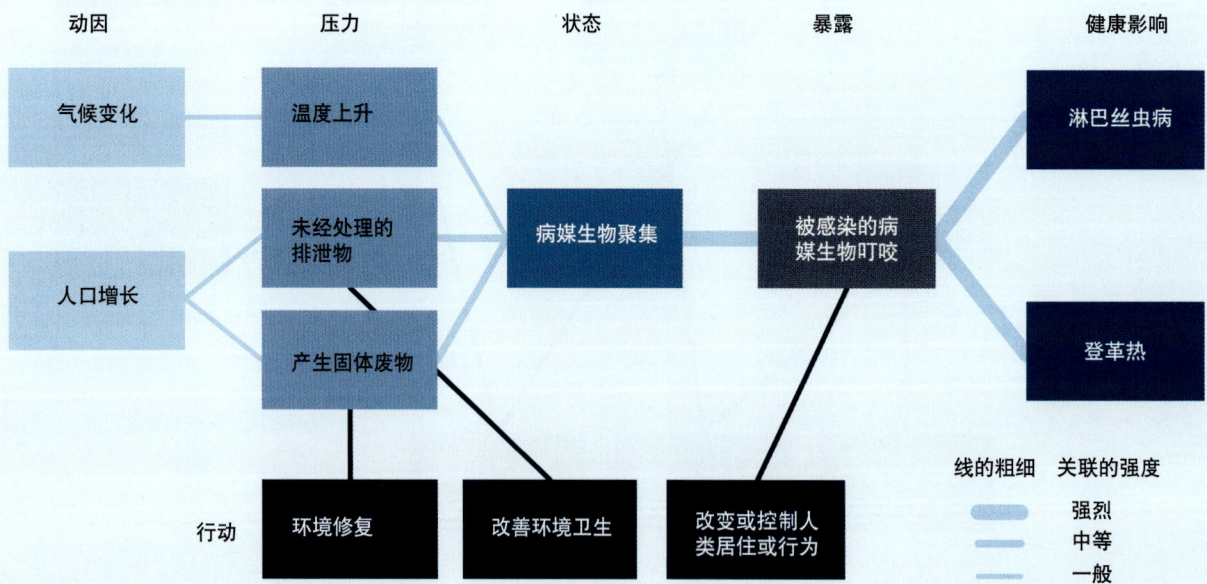

注：健康影响的程度随着失能调整生命年测算的相应全球疾病负担的变化而变化。淋巴丝虫病：378.4万；登革热：58.6万（Prüss-Üstün等，2008）。

34.3 趋势和热点

明确水与卫生领域的发展趋势和热点是一项具有挑战性的工作。在缺乏决定性因素信息以及对环境与其他决定因素之间的相互作用没有充分了解的情况下，进行监测和报告会非常困难。由于目前在监测及报告上的局限性，大多数国家无法对与水有关的疾病负担进行量化。报告局限性包括缺乏可靠的发病率和死亡率数据，各国国内以及各国之间在病例报告的覆盖范围和质量方面的差异，以及卫生医疗服务的获得与疾病监测的彻底性方面的差异。社会、经济和自然环境中还存在其他同时影响人类健康的多个环境决定因素，包括卫生医疗的获得及质量、营养、教育、治理、社会经济地位和资源可用性。非环境健康决定因素（一个人的个人特征和行为）同样决定着疾病趋势。部分特性（包括年龄和性别）可能容易获取，但其他特性（如健康状况和基因构成）的获得则并非容易。

无法确定趋势和热点会影响我们作出明智的政策及资源管理决策。尽管如此，已有的信息仍可为我们采取行动提供依据。部分疾病风险正在增加（见图34.7），而这些疾病增加的原因可以找到。下面提供了3个例子来说明疾病风险的复杂性以及重点说明如何研究和实施预防、控制及缓解措施。

34.3.1 霍乱

霍乱是由摄入被霍乱弧菌污染的食物或水引起的一种急性腹泻疾病。据估计，每年有300万～500万霍乱病例，由于霍乱导致的死亡人数达10万～12万（世界卫生组织估计，报告的病例仅占实际病例总数的5%～10%）。与2009年相比，向世界卫生组织报告的病例数在2010年增加了43%，而这一数字在过去10年里增长了130%（见图34.7）（世界卫生组织，2010a）。霍乱一般发生在社会经济条件以及基本卫生条件较差的地区，这些地方缺乏公共卫生设施和安全饮用水（Huq等，1996）。

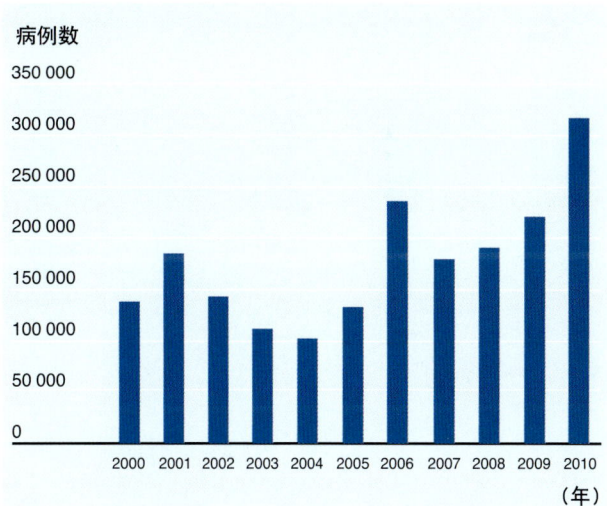

图 34.7

2000—2010年期间向世界卫生组织报告的霍乱病例

资料来源：根据WHO (2011a) 改编。

该疾病主要在非洲、亚洲和美洲的部分地区传播。疾病流行地存在的风险因素包括临近地表水、人口密度高以及受教育水平低（Ali等，2001），而温度、盐度、日光、pH值、铁以及浮游植物和浮游生物生长等因素对霍乱弧菌本身造成影响（Lipp等，2002）。图34.8描述了霍乱的传播环境（Lipp等，2002）。当冲突和洪水等人类危机发生时，或者发生大量人口流离失所的情况，霍乱暴发的风险将增加。2010年患病人数增加的主要原因很大程度上是由于10月份始于海地的霍乱大暴发。该疾病的高危地区包括城市周边没有基本的饮水和卫生基础设施的贫民窟，以及无法达到安全饮用水和卫生设施最低要求的难民营。霍乱重新出现的情况与居住在不良卫生条件下的人口增加相一致（Barrett等，1998）。

超过80%的霍乱病例可以通过口服补液盐予以有效治疗。然而，预防的有效性取决于是否获得安全饮用水、完善的卫生设施及个人卫生的提高。预防策略对于避免或减缓霍乱疫情至关重要。海地暴发疫情的案例中，该国在公共卫生与人口部的领导以及世界卫生组织和其他合作伙伴的支持下，采取的卫生预防措施综

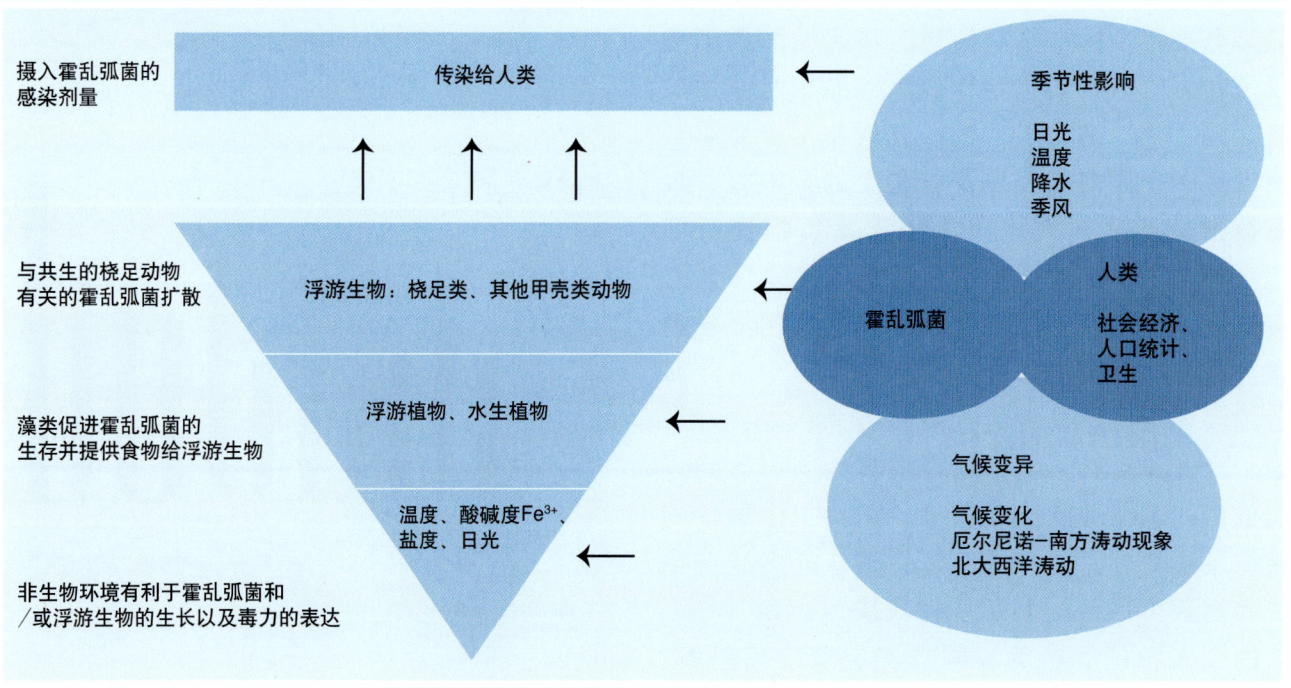

图 34.8

霍乱传播环境的梯级模型

摄入霍乱弧菌的感染剂量	传染给人类
与共生的桡足动物有关的霍乱弧菌扩散	浮游生物：桡足类、其他甲壳类动物
藻类促进霍乱弧菌的生存并提供食物给浮游生物	浮游植物、水生植物
	温度、酸碱度Fe³⁺、盐度、日光
非生物环境有利于霍乱弧菌和／或浮游生物的生长以及毒力的表达	

季节性影响

日光
温度
降水
季风

人类

社会经济、人口统计、卫生

霍乱弧菌

气候变异

气候变化
厄尔尼诺−南方涛动现象
北大西洋涛动

资料来源：Lipp等（2002年，p.763，图1，经美国微生物学会同意翻印）。

合了多项公共卫生手段：提供洗手用肥皂，为家庭用水处理提供氯及其他产品或设备，修建厕所，改善公共场所卫生（市场、学校、卫生机构和监狱），以及通过各种媒介进行健康教育（包括社区动员）（世界卫生组织，2010b）。事实证明，获得安全饮用水在应对霍乱方面可能比抗生素或疫苗更加重要。最近的一项研究表明，在 2011 年 3—11 月之间海地提供安全饮用水可避免 10.5 万霍乱病例（95％置信区间88 000～116 000）以及 1 500 人死亡（95％置信区间 1 100 ～ 2 300），这个数字超过了通过抗生素或疫苗防疫的人数（Andrews 和 Basu，2011）。

居住在城市周边贫民窟及难民营的人口日益增多，而且越来越多的人受到人道主义危机的影响，世界范围内的霍乱风险可能会随之增加，在这种条件下更加需要确保安全饮用水、获得完善的卫生设施以及改进个人卫生习惯。

34.3.2 有害藻类水华

有害藻类水华（HABs）指对人、植物或动物有害的藻类（大多数藻类包含海洋和淡水生态系统的无毒自然成分）。虽然有害藻类水华不是主要的全球疾病负担，但由于水华的出现日益增多，疾病的发生率很有可能会随之增加。监测到的水华暴发现象增多是因为自然和人为的物种扩张、营养物污染、气候变化以及监管力度的加强（Granéli 和 Turner，2006）。每年发生的水华大约有 6 万例，还有大量人体中毒事件（Van Dolah 等，2001）。虽然我们还无法了解有害藻类水华是如何影响人类健康的，但有关当局对有害藻类水华进行了监测，并制定了缓解其所带来的影响的指导性规范。例如，美国环境保护署将特定的有害藻类列入"饮用水污染物候选名单"，以便于对重点微生物和有毒物质进行调查。直接控制有害藻类水华（生物、化学、基因和环境控制）比采取缓解措施更困难而且更容易引发争议，由于缺乏对有害藻类水华形成原因的充分了解以及无法改变或控制其形成的决定因素，由此阻碍了对其的预防。例如，营养物（来自农业、家庭和工业）是有害藻类生长的主要诱因，大部分营

养物来自于面源污染，而这些污染很难控制（Anderson 等，2002）。有效的控制措施包括土地使用管理、维护景观完整性以及减少面源污染（Piehler，2008）。

34.3.3 登革热

2004 年，大约有 900 万人感染发热性疾病登革热（世界卫生组织，2008a），该病的全球发病率正在上升。目前大约 25 亿人处于被传染的高危环境中。由于没有针对该病毒的药物或疫苗，因此预防便成为关键。登革热通过埃及伊蚊和白纹伊蚊传播，它们通常在临时储水容器中滋生繁殖。因此安全储存家庭供水对于预防登革热来说至关重要，特别是有集雨习俗和使用大型家庭储水容器的地区（Mariappan，2008）。家庭储水容器可以装上网罩或盖子以驱除蚊子，但这需要不断保持和连贯使用，很难做到。盖子上涂抹杀虫剂可以降低病媒的传播密度，从而影响登革热的传播几率（Kroeger 等，2006；Seng 等，2008）。储水容器还可由管道供水取代；然而，将管道供水扩展至村庄会扩大登革热传播的范围，管道供水不稳定迫使人们不得不在家里储水以确保家庭用水不受到影响，这导致储水时间比取井水时间更长（Nguyen 等，2011）。因此，为了减少腹泻疾病以及其他与水相关疾病（如登革热和疟疾）的发病率，我们需要采取将家庭水处理与安全储水相结合的综合措施。

34.4 备选方案

对与水和卫生有关的各主要疾病的环境-健康路径进行建模（见 34.2 节），有助于确定对抗与水相关疾病的公共卫生解决方案的有效性。并且，进一步确定处于这些疾病威胁之下的高危人口可使资源配置更有针对性。本节选择了五个易受上述疾病影响的地区，说明政府、社区和组织机构应采取何种公共卫生解决方案来应对这些挑战。

34.4.1 印度的腹泻疾病

腹泻疾病属于全球性问题，在低收入国家尤其普遍。腹泻疾病在低收入国家中是第三大疾病主因，腹泻疾病占 5 岁以下的儿童死亡病因的 17％（Mathers 等，2008）。尽管在印度获得改善水源的人口比例已从 1990 年的 72％上升至 2008 年的 88％（世界卫生组织和联合国儿童基金会，2010），但是每年因腹泻疾病导致的死亡病例仍高达 45.4 万（印度国家宏观经济与卫生委员会，2005）。城市居民更容易获得改善的水源（世界卫生组织和联合国儿童基金会，2010），管道供水系统为大型城市 69％的家庭提供用水（McKenzie 和 Ray，2009）。尽管如此，在大多数印度城市，每天供水仅持续几个小时，且水质无法保证（McKenzie 和 Ray，2009）。供水以及水质问题主要归因于管理不善和监管不力（计划委员会，2002）。虽然供水属于各邦政府的职责范围，但却由中央和邦的不同部门共同分担。各城市的供水机构都不相同：邦级机构负责计划和投资，邦级以下地方政府负责运营和维护。地方政府越来越多地将运营和维护责任转嫁给私营企业。这种职能分割局面导致职责重叠或职责不清；供水项目与卫生和教育项目之间无法调和；修建供水系统的目的不是减少疾病和贫困，也非为了改善卫生条件与教育（计划委员会，2002）。

34.4.2 巴西的肠道线虫感染

低收入国家常常发生肠道线虫感染病情，15 岁以下的儿童尤其如此，在非洲、东南亚和西太平洋地区经常发生高密度感染（世界卫生组织，2008a）。萨尔瓦多市是巴西东北海岸最大的城市，也是东北部巴伊亚州的首府。1997 年，26％的家庭拥有改善的卫生设施服务，其中大多数家庭位于上层和中产阶级集中的地区（Barreto 等，2007）。而其他地区则使用化粪池或将污水直接排到大街上（Barreto 等，2007）。肠道线虫感染病情 43％归因于毛首鞭形线虫，

33％归因于人蛔虫，10％归因于钩虫（Mascarini-Serra 等，2010）。由泛美开发银行贷款支持的大型卫生项目（巴伊亚阿祖尔或蓝色海湾）旨在将可获得完善排污系统的家庭比例从26％提升到80％，从而控制海洋水域不受生活污水的污染。从 1996 年到 2004 年，总预算4.4 亿美元的大约一半被用于建设 2 000 千米长的下水管道、86 个抽水站和连接 30 多万个家庭的供水系统（Barreto 等，2010）。小学生中人蛔虫、毛首鞭形线虫和钩虫患病率分别下降了 25％、33％和82％（Barreto 等，2010）。

34.4.3　摩洛哥的沙眼和倒睫症

非洲是沙眼和倒睫症的高发区，主要集中在非洲东部和中部的热带草原地区以及非洲西部的荒漠草原地区（Polack 等，2005）。摩洛哥是在"2020 年全球消除致盲性沙眼联盟"（GET 2020）活动中第一个消除沙眼的国家。在 20 世纪 70 年代和 80 年代，通过提高生活水平和对小学生进行抗生素治疗，沙眼在很大程度上从城市地区根除，但该疾病在较贫穷的农村地区依然存在。将 SAFE（手术、抗生素、面部清洁和环境改善）战略纳入"国家失明控制计划"，有利于摩纳哥从根本上消除沙眼疾病（Montgomery 和 Bartram，2010）。面部清洁不当与沙眼始终密切相关（Taylor 等，1989；West 等，1991；West 等，1996），这构成了最主要的风险因素（Wright 等，2008）。摩纳哥实施的计划之所以获得成功是因为采取了向易感人群提供安全饮用水和改善的卫生条件的积极行动（Kumaresan 和 Mecaskey，2003）。

34.4.4　非洲的疟疾

疟疾在热带和亚热带地区非常普遍，包括撒哈拉以南的非洲、亚洲和美洲大部分地区。大约 33 亿人处于感染疟疾的高危环境中。在非洲，患病死亡的 5 岁以下儿童中，27％是由疟疾造成的（Black 等，2010）。通过预防和病例管理措施，"遏制疟疾"行动将重点放在控制撒哈拉以南非洲地区的疟疾传播。其主要干预措施是"长期使用驱虫蚊帐"（LLINs）以及"室内喷洒杀虫剂"（IRS）（世界卫生组织，2010c），而环境治理措施却较少被应用。然而，环境治理不仅有效，而且成本低廉。Utzinger 等（2001）对 1929—1949 年间在北罗得西亚（现为赞比亚，一个疟疾高发区）铜矿区实施的疟疾控制计划进行了评估。该计划实施了多项控制措施，其中许多为环境治理措施，包括植被清除、改变河界、沼泽排水、对露天水体泼油、房屋遮蔽以及使用奎宁和提供蚊帐（Watson，1953）。与现有的疟疾控制方法相比，Utzinger 等人认为这些方法不但有效且成本低廉。在计划实施的头 3～5 年期间，据观察，与疟疾有关的死亡率和发病率降低了 70％～95％；在 1929—1949 年期间，该计划使4 173人免于因感染疟疾而死亡，161 205 人免于疟疾感染（Utzinger 等，2001）。避免每例死亡的成本（858 美元）与冈比亚、加纳、肯尼亚和南非采用驱虫蚊帐的成本类似（219～2 958美元）（Goodman 和 Mills，1999；Goodman 等，2001），避免每例疟疾感染的成本（22.20 美元）略高于冈比亚采用驱虫蚊帐的成本（15.75 美元）（Graves，1998）。目前，在少数特定环境下，如蚊子滋生地点较少，而且比较固定，并且容易予以确认、制订计划和进行处理时，环境治理被作为其他疟疾控制方法的补充手段（世界卫生组织，2010c）；但如果进一步将环境治理与药理学、杀虫剂和蚊帐干预措施相结合，减少化学物喷洒带来的负面生态影响以及增加疟疾消灭计划的可持续性，效果将会更好。

34.4.5　老挝的血吸虫病

血吸虫病主要发生在热带和亚热带地区，尤其是无法获得安全饮用水和良好卫生设施的贫困地区。非洲地区的发病率最高（占所有血吸虫病例的 88％）（世界卫生组织，2008a）。感染血吸虫病的主要潜在危险因素是靠近水利灌溉系统或大坝。估计易感染血吸虫病的7.79

亿人当中，有 13.6% 生活在水利灌溉系统范围内或靠近大型水坝水库（Steinmann 等，2006）。此类开发项目产生的健康影响很少得到关注，因为健康被认为是卫生部门的责任。血吸虫病和疟疾等疾病的传播和加剧是水力发电和灌溉工程本未预料到的后果（Jobin，1999；Scudder，2005；Southgate，1997；Steinmann 等，2006）。将健康影响评价纳入非卫生部门的政策制定可促进公共卫生设施的改善（Fewtrell 等，2008）。对开发项目进行健康影响评价的做法日益增多，但它们对决策的影响受到各种因素的局限。其中一个因素就是量化健康影响评价的数据的可获得性，尤其是针对发展中国家实施的项目、计划和政策（Fewtrell 等，2008）。尽管如此，老挝仍在南屯 2 号（Nam Theun 2）水力发电项目的公共卫生管理计划中纳入了健康影响评价（Krieger 等，2008）。通过实地考察、与利益相关者进行讨论、收集和分析（主要是定性分析）健康和经济数据，确认最易受特定不良健康影响的群体并提出解决措施（Krieger 等，2008）。血吸虫病并没有被当作是健康的重大风险因素，目前大坝已开始运行，可以对健康影响评价预测和避免该疾病（以及其他疾病）的能力开展评估。为有效避免不良健康影响，健康影响评价应作为开发项目的规划、实施和运行的组成部分。

保护公共健康需要从业人员在实践中打破"卫生部门"狭隘的界限（Rehfuess 等，2009）。为了改善人口健康与环境健康，公共卫生行业的专家必须广泛开展合作，改变能源生产、土地管理、粮食生产和运输管理的方式（Bartram 和 Platt，2010）。不同行业的政策制定者和项目管理者必须将健康问题纳入决策之中。如果不同机构在进行决策时能更好地开展协作，那么开发项目的利弊将得到更加全面的评估。

结论

本报告研究了与水相关的重大全球性疾病：腹泻疾病、砷和氟中毒、肠道线虫感染、沙眼、血吸虫病、疟疾、盘尾丝虫病、乙型脑炎、淋巴丝虫病和登革热，以及在实践中如何采取措施对此加以控制。通过采用环境-健康路径和 DPSEEA 框架进行分析预测得知，对与水环境相关的疾病影响最大的驱动因素为：人口增长、农业、基础设施建设和气候变化。这些因素对发病率造成直接和间接影响，并增加了人类健康的不确定性。

还有许多对健康有着决定性影响的其他环境和非环境因素。这些因素与本报告中分析的各种因素相互作用，可显著改变预测的发病率及死亡率。这些决定因素在地理区域之间或在不同人群之间并不成比例，因此几乎不可能确定水与卫生的发展趋势和热点领域。

尽管有关方面的知识匮乏削弱了我们制定明智合理政策以及资源管理的决策力，但却不能成为我们推辞的理由。通过概述每种主要涉水疾病组的环境-健康路径，确定的五项关键公共卫生预防措施包括：获得安全饮用水、改善卫生条件、改善个人卫生习惯、实施环境管理和进行健康影响评价。这些措施的实施将有助于减少各种疾病并提高亿万人民的生活质量。

2011 年 5 月，在第 64 届世界卫生大会上该议题得到了重申，关于"饮用水、卫生和健康"以及"霍乱：预防与控制机制"的决议获得一致通过（世界卫生组织，2011c）。这些决议为世界卫生组织及其联合国姊妹机构（特别是联合国儿童基金会）以及世界卫生组织 193 个成员的卫生主管部门，采取果断措施以促进安全和清洁饮用水的提供，以及改善基本卫生设施和卫生习惯确立了政策框架。决议敦促各成员在其各自的公共卫生政策中重申饮用水、卫生设施及个人卫生习惯的重要性。

应对主要涉水疾病负担的行动措施可在不同层面加以实施：

- 制定政策和创建体制机制从而营造一个有利的政策环境（如健康影响评价）；

- 创建可以将专业人士聚集在一起的网络：由世界卫生组织主持的国际网络（饮用水监管机构网络、小社区供水管理网络）、世界卫生组织/联合国儿童基金会的家庭水处理和安全储水网络，以及世界卫生组织/国际水协会的运行和维护网络予以推广；

- 加强规范标准的制定：如《世界卫生组织饮用水水质指导标准》第四版（世界卫生组织，2011b）以及水安全规划方法作为实施这些措施的规范标准（Bartram 等，2009）；

- 监控和监测：由"世界卫生组织/联合国儿童基金会供水与卫生联合监测计划"和"联合国水计划/世界卫生组织全球卫生和饮用水分析和评估"开展全球监控，旨在指导政策制定、资源配置和行动计划，从而实现千年发展目标，并为与人权、水和卫生标准相关联的2015 年后的监测指标和目标的制定提供一个平台（世界卫生组织和联合国儿童基金会，2011）。

除了加强公共卫生措施外，对每种疾病的环境-健康路径进行归纳有助于识别主要风险、不确定性和机会，包括供水基础设施老化导致故障增加的风险，以及通过改进管理来增强水资源、供水和卫生基础设施整体效益的机会。措施的实施可提高有限财政资源的利用效率，从而强化水和卫生设施的改善以及服务质量的提高，并可间接提高营养不良等广义健康指标。然而，需要开展更深入的研究以便更加精确地识别与水和卫生有关的风险和机遇。受英国国际开发署（DFID）和世界卫生组织（WHO）委托开展的"2030 年愿景研究"，对气候变化条件下供水和卫生面临的主要风险、不确定性和机遇进行了分析（世界卫生组织和英国国际开发署，2009）。该研究收集了气候变化预测的证据、技术应用发展趋势以及加强饮用水和卫生适应能力的方法，提出如何通过制定适应气候变化关键政策、规划和实施改变增强适应性，尤其是针对那些很难获得供水及良好卫生设施的中低收入国家。研究得出了五个关键性结论：

1. 气候变化被公认为是一种威胁而非机遇。适应气候变化可能会给健康和发展带来显著的整体效益。

2. 如果要使正在进行的以及未来的投资不被浪费，需要在政策和规划上作出重大改变。

3. 各国虽然具有较高的潜在适应力，但很少发挥出来。因此，需要将适应能力与饮用水和卫生管理紧密结合以应对目前的气候变化。这对于控制未来气候变化的负面影响至关重要。

4. 尽管部分地区的气候趋势仍不确定，但大多数地区，拥有足够的知识为政策和规划制定提供应急信息并作出审慎改变。

5. 我们在信息和知识方面存在严重缺口，这已经或很快将对采取有效行动构成阻碍。因此迫切需要开展有针对性的研究以填补技术和基本信息方面的空缺，并且需要开发简单的工具和提供区域性气候变化信息。

涉水疾病的驱动因素和人类健康之间的关系错综复杂。如果没有跨行业和部门间的协作，确保人类健康的目标就无法实现。非水利部门或非卫生部门在制定政策和实施项目时必须将健康影响纳入决策过程之中，以避免产生无法预料的公共卫生后果，同时也是为了增强总体效益。对于饮用水水质而言，解决产生水污染的根本原因要比应对之后出现的问题更有效和更具可持续性。《饮用水水质指导标准》（世界卫生组织，2011b）强调利益相关者之间的协作，如可能排放工业、农业或生活污水的土地用户或业主，不同部门负责监督环境法规的实施和执行的决策者，提供供水服务的相关从业者以及相应的消费者。这种针对水安全计划的预防和协作策略可极大地节约成本并推动可持续发展。以往的经验，尤其是近期南亚和东亚取得的经验表明，虽然人们已取得一定的进展，但实施如此缜密的"无捷径"方案，每项风险管理解决方案均需针对供水问题专门制定，这要求关键利益相关者积极参与并致力于共同目标的实现，这仍将是一个重大挑战。

参考文献

Ali, M., Emch, M., Donnay, J. P., Yunus, M. and Sack, R. B. 2001. Identifying environmental risk factors for endemic cholera: a raster GIS approach. *Health & Place,* Vol. 8, pp. 201–10.

Anderson, D. M., Gilbert, P. M. and Burkholder, J. M. 2002. Harmful Algal blooms and eutrophication: nutrient sources, composition, and consequences. *Estuaries*, Vol. 25, pp. 704–26.

Andrews, J. R. and Basu, S. 2011. Transmission dynamics and control of cholera in Haiti: an epidemic model. *Lancet,* Vol. 377, pp. 1248–55.

Baer, F., McGahey, C and Wijeyaratne, P. 1999. *Summary of EHP Activities in Kitwe, Zambia 1997–1999.* Arlington, Va., USAID Environmental Health Project.

Barreto, M. L, Genser, B., Strina, A., Teixeira, M. G., Assis, A. M. O., Rego, R. F., Teles, C.A., Prado, M. S., Matos, S. M. A., Alcântara-Neves, N. M. and Cairncross, S. 2010. Impact of a citywide sanitation program in northeast Brazil on intestinal parasites infection in young children. *Environmental Health Perspectives,* Vol. 118, No. 11, pp. 1637–42.

Barreto, M. L, Genser, B., Strina, A., Teixeira, M. G., Assis, A. M. O., Rego, R. F., Teles, C.A., Prado, M. S., Matos, S. M. A., Santos, D. N., dos Santos L. A. and Cairncross, S. 2007. Effect of city-wide sanitation programme on reduction in rate of childhood diarrhoea in northeast Brazil: assessment by two cohort studies. *Lancet,* Vol. 370, No. 9599, pp. 1622–28.

Barrett, R., Kuzawa, C. W., McDade, T. and Armelagos, G. J. 1998. Emerging and re-emerging infectious diseases: the third epidemiologic transition. *Annual Review of Anthropology,* Vol. 27, pp. 247–71.

Bartram, J., Corrales, L., Davison, A., Deere, D., Drury, D., Gordon, B., Howard, G., Rinehold, A., Stevens, M. 2009. *Water Safety Plan Manual: Step-By-Step Risk Management for Drinking-Water Suppliers.* Geneva, World Health Organization. http://whqlibdoc.who.int/publications/2009/9789241562638_eng.pdf

Bartram, J. K. and Platt, J. L. How health professionals can leverage health gains from improved water, sanitation and hygiene practices. 2010. *Perspectives in Public Health,* Vol. 130, No. 5, pp. 215–21.

Black, R. E., Cousens, S., Johnson, H. L, Lawn, J. E., Rudan, I., Bassani, D. G., Jha, P., Campbell, H., Walker, C. F., Cibulskis, R., Eisele, T., Liu, L., Mathers, C. and the Child Health Epidemiology Reference Group of WMO and UNICEF. 2010. Global, regional, and national causes of child mortality in 2008: a systematic analysis. *Lancet,* Vol. 375, No. 9730, pp. 1969–87.

Bradley, D. J. 2008. Water supplies: the consequences of change. C. Elliott and J. Knight (eds), *Ciba Foundation Symposium 23 – Human Rights in Health.* Chichester, UK, John Wiley & Sons, pp. 81–98.

Cutler, D. M. and Miller, G. 2005. The Role of public health improvements in health advances: the 20th century United States. *Demography,* Vol. 42, No. 1, pp. 1–22.

Dua, V. K., Sharma, S. K., Srivastava, A. and Sharma, V. P. 1997. Bioenvironmental control of industrial malaria at Bharat Heavy Electricals Ltd., Hardwar, India – results of a nine-year study (1987–95). *Journal of the American Mosquito Control Association,* Vol. 13, No. 3, pp. 278–85.

EHP (Environmental Health Project). 2004. *The Hygiene Improvement Framework – A Comprehensive Approach for Preventing Childhood Diarrhea.* Joint Publication 8. Prepared by EHP, UNICEF/WES, USAID, World Bank/WSP, WSSCC. Washington, DC, EHP.

Emerson, P. M., Lindsay, S.W., Alexander, N., Bah, M., Dibba, S. M., Faal, H. B., Lowe, K. O., McAdam, K. P., Ratcliffe, A. A., Walraven, G. E. and Bailey, R. L. 2004. Role of flies and provision of latrines in trachoma control: cluster-randomised controlled trial. *Lancet,* Vol. 363, No. 9415, pp. 1093–98.

Erlanger, T. E., Keiser, J., Caldas de Castro, M., Bos, R., Singer, B. H., Tanner, M. and Utzinger J. 2005. Effect of water resource development and management on lymphatic filariasis, and estimates of populations at risk. *American Journal of Tropical Medicine and Hygiene,* Vol. 73, No. 3, pp. 523–33.

Esrey, S. A. 1996. Waster, water, and well-being: a multicountry study. *American Journal of Epidemiology,* Vol. 143, No. 6, pp. 608–23.

Esrey, S. A., Potash, J. B., Roberts, L. and Shiff, C. 1991. Effects of improved water supply and sanitation on ascariasis, diarrhea, dracunculiasis, hookworm infection, schistosomiasis, and trachoma. *Bulletin of the World Health Organization,* Vol. 69, No. 5, pp. 609–21.

Fewtrell, L, Kay, D., Matthews, I., Utzinger, J., Singer, B. H. and Bos, R. 2008. Health impact assessment for sustainable water management: the lay of the land. L. Fewtrell and D. Kay (eds), *Health Impact Assessment.* London, IWA Publishing, pp. 1–28.

Fewtrell, L., Kaufmann, R. B., Kay, D., Enanoria, W., Haller, L. and Colford, J. M. Jr. 2005. Water, sanitation, and hygiene interventions to reduce diarrhoea in less developed countries: a systematic review and meta-analysis. *Lancet Infectious Diseases,* Vol. 5, pp. 42–52.

Fewtrell, L., Prüss-Üstün, A., Bos, R., Gore, F. and Bartram, J. 2007. *Water, Sanitation and Hygiene: Quantifying the Health Impact at National and Local Levels in Countries with Incomplete Water Supply and Sanitation Coverage.* Geneva, World Health Organization. (WMO Environmental Burden of Disease Series, No. 15.)

Goodman, C. A. and Mills, A. J. 1999. The evidence base on the cost-effectiveness of malaria control measures in Africa. *Health Policy and Planning,* Vol. 14, pp. 301–12.

Goodman, C. A., Mnzava, A. E. P., Dlamini, S. S., Sharp, B. L., Mthembu, D. J. and Gumede, J. K. 2001. Comparison of the cost and cost-effectiveness of insecticide-treated bednets and residual house-spraying in KwaZulu-Natal, South Africa. *Tropical Medicine & International Health,* Vol. 6, pp. 280–95.

Granéli, E. and Turner, J. T. (eds). 2006. *Ecology of Harmful Algae.* Berlin, Springer. (Ecological Studies, Vol. 189.)

Graves, P. M. 1998. Comparison of the cost-effectiveness of vaccines and insecticide impregnation of mosquito nets for the prevention of malaria. *Annals of Tropical Medicine and Parasitology,* Vol. 92 pp. 399–410.

Gubler, D. J. 1998. Resurgent vector-borne diseases as a

global health problem. *Emerging Infectious Diseases,* Vol. 4, No. 3, pp. 442–50.

Heierli, U. and Lengeler, C. 2008. *Should Bednets Be Sold, or Given Free? The Role of the Private Sector in Malaria Control.* Berne, Switzerland, Swiss Agency for Development and Cooperation.

Hunter, P. R, Chalmers, R. M., Hughes, S. and Syed, Q. 2005. Self-reported diarrhea in a control group: a strong association with reporting of low-pressure events in tap water. *Clinical Infectious Diseases,* Vol. 40, No. 4, pp. e32–e34.

Huq, A., Xu, B., Chowdhury, A. R., Islam, M. S., Montilla, R. and Colwell, R.R. 1996. A simple filtration method to remove plankton-associated Vibrio cholerae in raw water supplies in developing countries. *Applied and Environmental Microbiology,* Vol. 62, No. 7, pp. 2508–12.

Jalan, J. and Ravallion , M. 2003. Does piped water reduce diarrhea for children in rural India? *Journal of Econometrics,* Vol. 112, No. 1, pp. 153–73.

Jobin, W R. 1999. *Dams and Disease: Ecological Design and Health Impacts of Large Dams, Canals and Irrigation Systems.* London, E & F N Spon.

Keiser, J., Maltese, M. F., Erlanger, T. E., Bos, R., Tanner, M., Singer, B. H. and Utzinger, J. 2005. Effect of irrigated rice agriculture on Japanese encephalitis, including challenges and opportunities for integrated vector management. *Acta Tropica,* Vol. 95, pp. 40–57.

Kjellström, T. and Corvalán, C. 1995. Framework for the development of environmental health indicators. *World Health Statistics Quarterly,* Vol. 48, No. 2, pp. 144–54.

Krieger, G. R., Balge, M. Z., Chanthaphone, S., Tanner, M., Singer, B. H., Fewtrell, L. Kaul, S., Sananikhom, P., Odermatt, P. and Utzinger, J. 2008. Nam Theun 2 Hydroelectric Project, Lao PDR. L. Fewtrell and D. Kay (eds). *Health Impact Assessment for Sustainable Water Management.* London, IWA Publishing, pp. 199–232.

Kroeger, A., Lenhart, A., Ochoa, M., Villegas, E., Levy, M., Alexander, N. and McCall, P. J. 2006. Effective control of dengue vectors with curtains and water container covers treated with insecticide in Mexico and Venezuela: cluster randomised trials. *British Medical Journal,* Vol. 332, pp. 1247–52.

Kumaresan, J. and Mecaskey, J. 2003. The global elimination of blinding trachoma: progress and promise. *American Journal of Tropical Medicine and Hygiene,* Vol. 69, Suppl. 5, pp. 24–8.

Lipp, E. K., Huq, A. and Colwell, R. R. 2002. Effects of Global climate on infectious disease: the cholera model. *Clinical Microbiology Reviews,* doi: 10.1128/CMR.15.4.757-770.2002.

Luby, S., Agboatwalla, M., Painter, J., Altaf, A., Billhimer, W. and Hoekstra, R. 2004. Effect of intensive hand washing promotion on childhood diarrhea in high-risk communities in Pakistan: a randomized controlled trial. *Journal of the American Medical Association,* Vol. 291, No. 21, pp. 2547–54.

Mara, D., Lane, J., Scott, B. and Trouba, D. 2010. Sanitation and health. *PLoS Medicine,* Vol. 7, No. 11, e1000363.

Mariappan, T. A. 2008. *Comprehensive Plan for Controlling Dengue Vectors in Jeddah, Kingdom of Saudi Arabia.*

Pondicherry, India: Vector Control Research Centre.

Mariotti, S. P., Pascolini, D., and Rose-Nussbaumer, J. 2009. Trachoma: global magnitude of a preventable cause of blindness. *British Journal of Ophthalmology,* Vol. 93, pp. 563–68

Mascarini-Serra, L. M., Telles, C.A., Prado, M.S., Mattos, S.A., Strina, A., Alcantara-Neves, N. M. and Barreto, M. L. 2010. Reductions in the prevalence and incidence of geohelminth infections following a city-wide sanitation program in a Brazilian urban centre. *PLoS Neglected Tropical Diseases,* Vol. 4, No. 2, e588.

Mathers, C. D., Boerma. T. and Fat, D. M. 2008. *The Global Burden of Disease: 2004 Update.* Geneva, World Health Organization.

McKenzie, D. and Ray, I. 2009. Urban Water supply in India: status, reform options and possible lessons. *Water Policy,* Vol. 11, No. 4, pp. 442–60.

Meyrowitsch, D. W., Nguyen, D. T., Hoang, T. H., Nguyen, T. D. and Michael, E. 1998. A review of the present status of lymphatic filariasis in Vietnam. *Acta Tropica,* Vol. 70, No. 3, pp. 335–47.

Montgomery, M. A. and Bartram, J. 2010. Short-sightedness in sight-saving: half a strategy will not eliminate blinding trachoma. *Bulletin of the World Health Organization,* Vol. 88, No. 2, pp. 82.

Moraes, L. R. S., Cancio, J. A. and Cairncross, S. 2004. Impact of drainage and sewerage on intestinal nematodes infections in poor urban areas in Salvador, Brazil. *Transactions of the Royal Society of Tropical Medicine and Hygiene,* Vol. 98, pp. 197–204.

Moraes, L. R. S., Cancio, J. A., Cairncross, S. and Huttly, S. 2003. Impact of drainage and sewerage on diarrhoea in poor urban areas in Salvador, Brazil. *Transactions of the Royal Society of Tropical Medicine and Hygiene,* Vol. 97, pp. 153–58.

NCMH (National Commission on Macroeconomics and Health). 2005. *National Commission on Macroeconomics and Health Background Papers: Burden of Disease in India.* New Delhi, NCMH, Ministry of Health & Family Welfare, Government of India.

Nguyen, L. A. P., Clements, A. C. A., Jeffrey, J. A. L., Yen, N. T., Nam, V. S., Vaughan, G. V., Shinkfield, R., Kutcher, S. C., Gatton, M. L., Kay, B. H. and Ryan, P.A. 2011. Abundance and prevalence of *Aedes aegypti* immatures and relationships with household water storage in rural areas of southern Viet Nam. *International Health,* Vol. 3, No. 2, pp. 115–25.

Piehler, M. F. 2008. Watershed management strategies to prevent and control cyanobacterial harmful algal blooms. H. K. Hudnell (ed.), *Cyanobacterial Harmful Algal Blooms: State of the Science and Research Needs.* New York, Springer, pp. 259–73. (Advances in Experimental Medicine and Biology, Vol. 619.)

Planning Commission. 2002. *India Assessment 2002: Water Supply and Sanitation.* New Delhi, Planning Commission, Government of India.

Polack, S., Brooker, S., Kuper, H., Mariotti, S., Mabey, D. and Foster, A. 2005. Mapping the global distribution of

trachoma. *Bulletin of the World Health Organization,* Vol. 83, pp. 913–19.

Prüss-Üstün, A., Bos, R., Gore, F. and Bartram, J. 2008. *Safer Water, Better Health: Costs, Benefits and Sustainability of Interventions to Protect and Promote Health.* Geneva, World Health Organization.

Quick, R. E., Venczel, L., Mintz, E., Soleto, L., Aparicio, J., Gironaz, M., Hutwagner, L., Greene, K., Bopp, C., Maloney, K., Chavez, D., Sobsey, M. and Tauxe, R.V. 1999. Diarrhea prevention in Bolivia through point-of-use disinfection and safe storage: a promising new strategy. *Epidemiology and Infection,* Vol. 122, No. 1, pp. 83–90.

Rehfuess, E. A., Bruce, N. and Bartram, J. K. 2009. More health for your buck: health sector functions to secure environmental health. *Bulletin of the World Health Organization,* Vol. 87, pp. 880–82.

Reller, E., Mendoza, C., Lopez, M., Alvarez, M., Hoekstra, R., Olson, C., Baier, K., Keswick, B. and Luby, S. 2003. A randomized controlled trial of household-based flocculant-disinfectant drinking water treatment for diarrhea prevention in rural Guatemala. *American Journal of Tropical Medicine and Hygiene,* Vol. 69, No. 4, pp. 411–19.

de Silva, N., Brooker, S., Hotez, P., Montresor, A., Engels, D. and Savioli, L. 2003. Soil-transmitted helminthic infections: updating the global picture. Disease Control Priorities Project. *Trends in Parasitology,* Vol. 19, No. 12, pp. 547–51.

Scudder, T. 2005. *The Future of Large Dams.* London, Earthscan.

Seng, C. M., Setha, T., Nealon, J., Chantha, N., Socheat, D. and Nathan, M. B. 2008. The effect of long-lasting insecticidal water container covers on field populations of *Aedes aegypti* (L.) mosquitoes in Cambodia. *Journal of Vector Ecology,* Vol. 33, No. 2, pp. 333–41.

Sobsey, M. D. 2006. Drinking water and health research: a look to the future in the United States and globally. *Journal of Water and Health,* Suppl. 4, pp. 17–21.

Southgate, V. R. 1997. Schistosomiasis in the Senegal River Basin: before and after the construction of the dams at Diama, Senegal and Manantali, Mali and future prospects. *Journal of Helminthology,* Vol. 71, pp. 125–32.

Steinmann, P., Keiser, J., Bos, R., Tanner, M. and Utzinger, J. 2006. Schistosomiasis and water resources development: systematic review, meta-analysis, and estimates of people at risk. *Lancet Infectious Diseases,* Vol. 6, pp. 411–25.

Taylor, H. R, West, S. K., Mmbaga, B. B., Katala, S. J., Turner, V., Lynch, M., Muñoz, B. and Rapoza, P. A. 1989. Hygiene factors and increased risk of trachoma in central Tanzania. *Archives of Ophthalmology,* Vol. 107, pp. 1821–25.

UNICEF (United Nations Children's Fund). 1999. *Towards Better Programming: A Manual on Hygiene Promotion.* New York, UNICEF. (Water, Environment and Sanitation Technical Guidelines Series, No. 6.)

USEPA (National Service Center for Environmental Publications). 2007. *Addressing the Challenge Through Innovation.* Aging Water Infrastructure Research Program. Cincinnati, Ohio, Office of Research and Development, National Risk Management Research Laboratory.

Utzinger, J., Tozan, Y. and Singer, B. H. 2001. Efficacy and cost-effectiveness of environmental management for malaria control. *Tropical Medicine & International Health,* Vol. 6, No. 9, pp. 677–87.

Van Dolah, F. M., Roelke, D. L. and Greene, R. M. 2001. Health and ecological impacts of harmful algal blooms: risk assessment needs. *Human and Ecological Risk Assessment,* Vol. 7, pp. 1329–45.

Walsh, J. F. 1970. Evidence of reduced susceptibility to DDT in controlling Simulium damnosum (Diptera: Simuliidae) on the River Niger. *Bulletin of the World Health Organization,* Vol. 43, No. 2, pp. 316–18.

Wang, X., and Hunter, P. R. 2010. A systematic review and meta-analysis of the association between self-reported diarrheal disease and distance from home to water source. *American Journal of Tropical Medicine and Hygiene,* Vol. 83, No. 3, pp. 582–4.

Watson, M. 1953. *African Highway: The Battle for Health in Central Africa.* London, J. Murray.

Watson, T. 2006. Public health investments and the infant mortality gap: evidence from federal sanitation interventions and hospitals on U.S. Indian Reservations. *Journal of Public Economics,* Vol. 90, No. 8–9, pp. 1537–60.

West, S., Muñoz, B., Lynch, M., Kayongoya, A., Chilangwa, Z., Mmbaga, B. B. O. and Taylor, H. R. 1995. Impact of face-washing on trachoma in Kongwa, Tanzania. *Lancet,* Vol. 345, No. 8943, pp. 155–58.

West, S. K., Congdon, N., Katala, S. and Mele, L. 1991. Facial cleanliness and risk of trachoma in families. *Archives of Ophthalmology,* Vol. 190, pp. 855–57.

West, S. K., Munoz, B., Lynch, M., Kayongoya, A., Mmbaga, B. B. and Taylor, H.R. 1996. Risk factors for constant, severe trachoma among preschool children in Kongwa, Tanzania. *American Journal of Epidemiology,* Vol. 143, pp. 73–8.

WHO (World Health Organization). 1980. *Environmental Management for Vector Control. Fourth Report of the WHO Expert Committee on Vector Biology and Control.* Geneva, World Health Organization (WHO) Technical Report Series, No. 649. http://whqlibdoc.who.int/trs/WHO_TRS_649.pdf

––––. 1999. *Health Impact Assessment: Main Concepts and Suggested Approach.* Gothenburg consensus paper, December 1999. (ed.). Copenhagen/Brussels, WHO Regional Office for Europe/European Centre for Health Policy. http://www.apho.org.uk/resource/view.aspx?RID=44163

––––. 2008a. *The Global Burden of Disease: 2004 Update.* Geneva, WHO. http://www.who.int/healthinfo/global_burden_disease/GBD_report_2004update_full.pdf

––––. 2008b. *Guidelines for Drinking-Water Quality,* 3rd edn, incorporating first and second addenda. Geneva, WHO. http://www.who.int/water_sanitation_health/dwq/GDWPRecomdrev1and2.pdf

––––. 2010a. Cholera, 2009. *Weekly Epidemiological Record,* Vol. 85, pp. 293–308.

––––. 2010b. *Haiti: Cholera Response Update. 13 December 2010.* Geneva, WHO. http://www.who.int/hac/donorinfo/

haiti_donor_alert_cholera_response_13dec10.pdf

----. 2010c. *World Malaria Report: 2010.* WHO Global Malaria Programme. Geneva, WHO. http://www.who.int/malaria/world_malaria_report_2010/worldmalariareport2010.pdf

----. 2011a. Cholera, 2010. *Weekly Epidemiological Record,* Vol. 86, pp. 325–40.

----. 2011b. *Guidelines for Drinking-Water Quality,* 4th edn. Geneva, WHO. http://www.who.int/water_sanitation_health/publications/2011/9789241548151_toc.pdf

----. 2011c. *Drinking-Water, Sanitation and Health.* Resolution WHA64.2. Sixty-fourth World Health Assembly, 24 May 2011, Geneva. http://apps.who.int/gb/ebwha/pdf_files/WHA64/A64_R24-en.pdf

WHO and DFID (World Health Organization/UK Department for International Development). 2009. *Vision 2030: The Resilience of Water Supply and Sanitation in the Face of Climate Change.* Geneva, WHO. http://www.who.int/water_sanitation_health/vision_2030_9789241598422.pdf

WHO and UNICEF (World Health Organization/United Nations Children's Fund). 2000. *Global Water Supply and Sanitation Assessment 2000 Report.* WHO/UNICEF Joint Monitoring Programme for Water Supply and Sanitation. Geneva, WHO/UNICEF. http://www.who.int/water_sanitation_health/monitoring/jmp2000.pdf

----. 2010. *Progress on Sanitation and Drinking-Water: 2010 Update.* Geneva, WHO/UNICEF Joint Monitoring Programme for Water Supply and Sanitation.

----. 2011. *Post-2015 Monitoring of Water and Sanitation: Report of a First WHO/UNICEF Consultation.* Geneva/New York, WHO/UNICEF.

Wright, H. R., Turner, V. and Taylor, H. R. 2008. Seminar: trachoma. *Lancet,* Vol. 371, No. 9628, pp. 1945–54.

第三十五章

水与性别

本章由世界水评估计划（WWAP）完成，特别感谢世界水评估计划性别平等顾问小组

作者：瓦苏达·潘盖尔

致谢：世界水评估计划顾问小组对性别平等调查的反馈信息对于本章最终成文大有助益。作者在此特别感谢古尔瑟·克罗特、库苏姆·阿杜柯拉拉和玛西娅·布鲁斯特。

女性在生产和消费方面更多地获得安全用水，不仅有益于提高全球粮食生产，还将提高社会和家庭的粮食安全、健康和生活保障水平。

35.1 简介

与水有关的性别差异起因于社会对于性别的不同分工。社会把与水有关的诸多责任强加给妇女，却把更多与水相关的权力和权利赋予男性。为了改善责任、权力、权利之间的不平衡状况，必须改变水资源政策、规划和管理。只有当男女均有能力质疑水领域性别角色的不平等以及水量在男女之间分配不均的状况，并在不同层面参与决策制定时，性别差异的鸿沟才有可能缩小。

在全球水资源领域的诸多挑战中，如水短缺、水质不断恶化、水与粮食安全之间关系的处理以及管理水平有待提高等，性别差异问题在获取和掌控水资源这两个方面显得尤为突出。据预测，随着全球对淡水资源需求的不断增加、气候变化和自然灾害引发的水量和水质不确定性和风险日益升高，挑战将更加严峻。

人类将水用于各种社会和经济活动，涉及公共健康、农业、能源和工业等行业。水因用途和目的不同而被赋予不同的价值，并且来自于相同水源的水既可用于社会目的也可用于经济目的。地方层面开展社会和环境评估更为普遍，这是因为根据其质量，水被指定用于饮用等不同用途或者沐浴和清洗等共同用途，或者由于宗教信仰的原因将水视为神圣之物。事实上，水通常被视为商品。水在根据人们的灌溉计划被作为灌溉用水的同时，对当地社区而言还具有社会价值，尤其是对于那些依赖相同灌溉水源生活和耕作的女性。通过性别差异分析水的价值，可为改善女性获取水资源、提高水安全创造机会。

如果水资源政策只涉及宽泛和一般性内容，则会对有关地方、社会和性别等所涉及的范畴有所忽视。认识到男女不同群体在利用当地水资源过程中的不同目的，不仅有助于将性别因素融入水资源管理领域，还将有助于将其融入以水资源为依托的城市供水、农业、工业和能源等行业，而上述行业时常围绕水资源配置和淡水资源展开争夺。通过与这些行业建立

伙伴关系，政府机构、私营部门和公民社会的决策人员可共同协作，了解地方不同男女群体在获取水资源方面存在的不平等问题，并可妥善加以解决。这有助于预测相关风险和不确定性并制订规划、采取防范措施，保护社区最弱势群体免受风险影响。

35.2 挑战和机遇

35.2.1 水短缺与性别的关系

全球大约1/3的人正承受自然或经济类型的水短缺（IFAD，2007）。在导致水短缺的众多原因中，给贫困人口带来严重危机的因素包括工业、农业、发电、生活以及环境在内的各部门之间日益激烈的用水竞争，以致他们很难获得水资源用于消费、生产和社会用途。在地方层面，水短缺引发的危机加剧了当地社区获取和掌控水资源的不平等状况，尤以贫困人口和贫困妇女受到的影响最为严重。由于气候变化、干旱和人口压力等原因，在干旱和半干旱地区，自然发生的水短缺日益加剧。有大量的记载表明，生活在这些地区的妇女，尤其是贫困女性所承受的辛苦劳作、身体健康受到的影响以及为获取生活消费用水所承受的工作负担都在加重。

由于"社会和性别组成"或社会和经济差异的存在，以及传统上对女性和社会弱势群体的歧视，水短缺极有可能变为现实。当部分人口无权获取当地水资源时，这部分人就会遭受水荒。获取水的权力被剥夺其原因可能是等级制度或阶级划分（例如在印度），或是少数民族之间发生冲突。当社区供水系统位于村落首领或地方官员的住宅处时，女性获取水的权力就有可能被剥夺。

水短缺也可归咎于淡水水质的持续恶化。如果水源受到污染，本地区清洁水或安全饮用水量就会减少。虽然国际社会对水质的最低标准有所规定，但某些因素和文化信仰会限定和影响饮用、烹饪和清洗等用水，因此在水资源

开发利用时应充分考虑文化信仰等因素，特别是对于女性来说，文化信仰更为重要。如果女性需要行进很长距离才能获取安全、清洁的水，那么取水所耗费的时间和精力很可能削弱女性对疾病防治的重视程度，导致家庭卫生水平下降。

缺水对社区人们生活造成不同程度的影响，但对于不同年龄段和不同社会经济状况的男性和女性影响不尽相同。水短缺加剧了妇女的缺水程度，特别是那些经常缺课帮助妈妈取水的少女。研究表明，15岁以下的儿童中，担负取水责任的女孩数量是男孩的两倍（世界卫生组织和联合国儿童基金会，2010）（见专栏35.1）。与贫困家庭和社会弱势群体中的女性相比，那些经济状况良好或"上层社会"家庭的妇女对缺水的体会和感受并没有那么强烈。

专栏 35.1

女性承受的取水重负

世界上有8.84亿人口仍无法获得改善的供水，他们当中绝大多数生活在发展中国家和地区。对于住宅内没有可饮用水源的家庭而言，通常由女性前往水源地获取饮用水。一项对45个发展中国家的调查表明，几乎2/3的家庭都存在上述情况，只有不到1/4的家庭多数情况下由男性取水。在12%的家庭中，儿童承担了取水的重任，在15岁以下的儿童当中，担此重任的女孩数量是男孩的两倍。

资料来源：世界卫生组织和联合国儿童基金会（2010）。

35.2.2 水治理与性别的关系

"水治理包含政治、经济、社会进程和体制，在此基础上，政府、公民社会和私营部门可针对如何最佳利用、开发和管理水资源作出决策"（UNDP，2004，p.10）。水治理不仅仅是国家层面的立法、规章和制度，还指促进利益相关方的参与过程和决策机制。

能否获取安全且充足的水通常依赖于水治理，而水治理受社会结构和两种性别之间关系的影响。水治理、性别和社会权力划分之间存在着密切的联系。由谁、在何种层面作出决策以及决策类型均在很大程度上受社会关系文化的影响。两种性别之间的关系和社会结构将决定女性在什么层面以及哪些女性能够参与决策、能参与什么类型的决策机制。为了提高水治理效率，我们需要挑战现行的正式及非正式决策机制，包括社会内部由各阶层、性别和种族组成的权力结构。当传统地位受到挑战时，权力关系可能会发生改变，因此减少性别差异更像是给女性赋予权力的过程[1]。

围绕水治理展开的性别差异争论更倾向于把性别因素纳入基层社区讨论的范畴。把讨论焦点放在女性为获取家庭用水所承受的身体重负，其目的只是为了满足某些政治需要，并不会对增加女性取水负担以外的更广泛权利和权益问题构成挑战。与挑战男女分工中将生活取水的责任由妇女承担相比，把饮水管道引入社区则更加容易。尽管性别问题更贴近于基层社区，且在此层面人与水和自然资源的互动更加直接，国家和国际政策对地方水资源使用和管理的影响仍不可忽视。

绝大部分有关不同用途和不同地区的水资源共享、配置和分布的决策均在较高层面制定；在这个层面，经济和政治因素比社会因素发挥更加重要的作用。这些决策对地方社区获取水源产生影响，在此种影响下，生活在地方社区的人们可能会失去支撑其生活和满足其需求的水资源的使用权。农村地区的女性通常依靠诸如小水域、池塘和溪流等共用水资源来满足其用水需求，但是很多地区的水源已经遭到破坏，或由于土地用途发生改变已经消失，或者已为国家或工业开发所用。

如果水资源政策只涉及宽泛和一般性内容，则会对有关地方、社会和性别等所涉及的范畴有所忽视。在最基层开展社会和性别分析，充分发掘地方层面的问题，如社区水源以及子流域或小流域等存在的问题，将有助于了解政策给不同群体中女性带来的问题和影响。社区水源，无论是天然或人工湖泊、池塘还是灌溉工程，可满足多目标用水需求，如渔业用水、农业用水、菜园灌溉、清洗和沐浴。女性的用水目的相当广泛，包括生活、农业、健康和卫生用水，而男性则只关注农业和畜牧用水。深入了解不同群体中男女的用水目的，有助于综合考虑水资源管理中的性别问题。

我们所开展的上述分析不但为国家、地区和国际水管理政策的制定提供信息，还可应用到其他领域，如农业、能源和工业。一项关于联合国粮农组织（FAO）在水领域的工作和作用的评估表明，如果国家制定的灌溉和农业政策充分体现了当地农户的需要及他们面临的挑战，则制定的应对策略更容易成功（FAO，2010a）。为了解决赞比亚、马拉维和斯威士兰以及莫桑比克、肯尼亚、坦桑尼亚等国男性和女性农户所关心的问题，应在政策制定中首先确定不同的农户团体，然后拟定行动计划（FAO，2010a）（见专栏35.2）。

将来，气候变化和人口增加给水资源带来的压力以及不同用水目的之间竞争的加剧，将进一步推高女性的水短缺程度。女性依靠并使用水资源来维持粮食安全、健康和家庭及社会的经济稳定性。为减轻女性的水贫困程度，应在不同层面进行改革。应开放决策制定及政策进程，包括在既定背景下与女性团体进行磋商或促使她们积极参与，同时支持女性获得水权。近来，水资源管理更加强调多元化治理以增加决策的参与性和透明度，这种趋势为女性提供了表达看法与见解的机会，也促使人们在决策和实施过程中以不同的视角看待问题。

专栏 35.2

有效的政策制定将性别纳入主流议题

对联合国粮农组织 2010 年在水资源领域的工作和作用的评估强调，有效的政策制定首要的一点是要明确政策所针对的目标人群。一项在 7 个国家展开的、从性别和社会视角分析灌溉和农业政策的调查表明：如果国家制定的灌溉和农业政策充分体现了当地农户的需要及他们面临的挑战、更关注和解决小农户和社会弱势群体所关心的问题，则制定的应对策略更容易成功。赞比亚、马拉维和斯威士兰在制定农业和灌溉政策时，充分认识到农户存在的性别差异，并制定相应的应对策略；莫桑比克、肯尼亚和坦桑尼亚虽然也认识到了这种差异，但相关策略仍处于拟定阶段。

资料来源：联合国粮农组织（2010a）。

为了最大限度地发挥项目效益，有必要在水资源项目的设计和实施中向基层女性群体征求意见。例如：与贫困妇女相比，富裕农户的女主人可能对灌溉或饮用水项目缺乏兴趣，但出于政治原因仍有可能参与决策过程。因此，找出那些直接受将要开展的项目或将要采用的行动影响的女性并使她们参与决策过程十分必要；如果不能做到这一点，项目可能会对那些最需要参与决策的女性产生负面影响。女性通常不被视作决策者，她们为家庭经济作出的贡献也不被承认；她们在很多方面仍被视为家庭劳力或免费劳动力，尤其是农村家庭妇女。一方面，这些妇女文化有限，阻碍了她们参与水资源管理的组织和决策；另一方面，女性必须从事家务劳动，这使她们无法积极加入地方水资源管理机构。

重视男女的性别差异以及促进女性能力建设可提高女性的参与程度。女性自助团体也可

参与决策过程并共同提出建议。其他措施还包括：提高水管理者的认识，让女性专业人士参与水利项目，为女性提供技术培训、使她们能够参与技术讨论，并在水资源管理和治理中推广性别问题应对措施。

35.2.3 农业、粮食安全与性别的关系

根据联合国粮农组织的最新预测，全球有9.25亿人营养不良，其中62%居住在世界人口最稠密的亚太地区，26%居住在撒哈拉以南非洲地区。全球营养不良人口的增多归咎于农业投资下降、生产成本增加和粮食价格上涨，尤其是主要谷物和油料作物价格持续上涨等综合因素（联合国粮农组织，2010b）。

到2050年，粮食生产必须增加70%方可养活90亿人口。在全球15亿公顷的可耕地中，仅2.77亿公顷（或18%的可耕地）配备有灌溉设施，剩余的82%为雨养农田。近期的研究表明，为满足粮食需求，有必要提高灌溉农田和雨养农田地区的水生产力（联合国粮农组织，2010b）。这是由于投资成本过高以及围绕水资源的竞争日趋激烈，很多国家无法进一步扩大灌溉面积。

女性在灌溉农业和非灌溉农业领域均发挥着重要的作用，并且与男性相比，更多的女性从事雨养农业生产，"大多数发展中国家里，女性生产的粮食占总产量的2/3"（世界银行，2006）。值得一提的是，"世界上绝大部分农田面积相对较小：85%的农田不足2公顷，97%的农田不足10公顷。在非洲，80%的耕地由小农户耕作，其中大多数为女性"（联合国，2009，p.8）。根据《2008年世界发展报告》（世界银行，2007，p.7），"大多数小农户为女性，如果妇女的潜能无法得到充分的发挥，将会导致低增长和粮食不安全"。

在发展中国家，平均43%的农业劳动力为女性（FAO，2011）。在撒哈拉以南非洲地区，80%的主要粮食生产都是由女性完成的（FAO，2006）。在非洲、欧洲、中亚和一些东亚国家，男女都从事自营农业（世界银行，2007）。"在莫桑比克、卢旺达、乌干达和埃及，女性可能更多地参与自营农业生产，而在拉丁美洲和南亚地区，女性较少参与自营农业生产"（世界银行，2007，p.79）。在所有这些地区以及非洲，女性在最近几十年里扩展并深化了她们在农业生产方面的参与程度（世界银行，2007）。尽管如此，农业和水资源政策仍只是将农户视为男性，这加剧了女性在农业生产领域所面临的诸多限制。

性别不平等在农业生产的各个方面均有体现，如获取土地、水资源、能源、信贷、知识和劳动力等资产的所有权和对生活资源的控制等。与男性相比，女性获取生产性资源的机会一般较少。

在上述地区，只有不足5%至约15%的女性拥有农田（FAO，2011）。在世界几乎所有地区，水权和获取水资源的机会都与土地所有权挂钩。土地所有权也与农民身份的认可有关。当女性不具有土地所有权时，她们将无法获取其他对粮食生产至关重要的服务，例如推广服务、信贷和补贴，并且在决策制定方面，她们也会被拒之门外。在正式和非正式灌溉计划中，用水户协会（WUAs）的会员仅限于土地所有者，因此，大多数女性不享有灌溉权。

在发展中国家，男性倾向于投身以市场为导向的大宗粮食或经济作物生产，而女性则多从事辅助作物、小作物和蔬菜生产，并且种植多种多样的作物（世界银行等，2009）。因此，对于男性和女性农民而言，灌溉水资源的使用和管理是有区别的（世界银行等，2009）。以基于性别的耕作制为例，在撒哈拉以南非洲地区，男女常常耕作不同的田地（Van Koppen，2002），在灌溉项目中，这一点常被忽略。因此，当男性灌溉他们的经济作物时，女性却无权参与灌溉系统来浇灌她们的菜园和辅助作物。

对男女不同的需要认识不足常常导致灌溉项目无法取得应有的功效。由于涉水投资项目的选址、受益方、土地（再）分配和水权等关

键决策的制定是在计划阶段完成的，如果在计划阶段对女性的灌溉需求缺乏了解，会导致在项目执行中将她们排斥在外（Van Koppen，2002）。当更多男性在外务工，留下女性负责管理农田时，让女性参与管理灌溉就变得更加重要。同样重要的是承认这一现实并作出相应的安排，使女性可以将灌溉水资源用于生产和生活目的。因此，多目标利用体系为女性提供了参与灌溉管理和决策的更佳机会，从而强化了该体系的可持续性（见专栏35.3）。

专栏35.3

坦桑尼亚开展的参与式灌溉开发项目使女性受益

在坦桑尼亚，国际农业发展基金（IF-AD）资助的参与式灌溉开发项目（1997—2007年）鼓励农民负责灌溉项目的开发，使项目能充分反映农民而不是规划人员的需求。

除了灌溉外，多目标供水项目解除了女性对家庭可用水量不足的担忧。机井为园艺作物、育秧苗圃和家庭用水等提供了水源。这主要是为了通过缩短女性为家庭取水的时间来降低她们的工作量。

目前，女性参与用水户协会的积极性更高，其数量有时甚至会超过男性会员。用水户协会委员会由男性和女性会员共同组成。虽然大多数地块拥有者为男性，但是用水户协会中拥有土地的女性会员比例已超过30%。女性管理机井并有权灌溉蔬菜以获取食物和收入。通过开展培训和提高对性别问题的认识，女性在用水户协会和地区议会还担任起领导的角色，并参与储蓄和信贷协会。

资料来源：国际农业发展基金（2005）。

改进雨养农业的技术手段，包括雨水收集，可作为气候变化适应措施，加上使用小型灌溉技术和提高农村女性农户节约水资源和保护土壤水分的能力，可为妇女在增加粮食生产、确保生计和提高粮食安全等方面发挥重要作用创造条件。妇女的农业产量得到提高可使营养不良的人口数量减少1亿～1.5亿（FAO，2011）。

提高女性的农业生产力不仅会为家庭成员生产更多的食物，也可为确保家庭健康、教育和粮食安全带来急需的现金收入。由于家庭成员在粮食获取权方面存在差异，粮食和营养安全在家庭成员内部也千差万别。在许多文化中，妇女和女孩排在最后用餐，因此在贫穷的家庭里，女性会被剥夺获取足够食物和摄取足够营养的权力。提高收入和赋予妇女经济权可帮助她们及其子女改善食物和营养安全状况。

35.2.4　生物燃料生产与性别的关系

由于水权与土地权紧密相关，且土地和水资源都是农作物生产所必需的资源，因此，在生产生物燃料以产生所需能源的过程中，我们必须考虑土地和水资源从粮食生产转移到生物燃料生产所带来的影响，以及粮食安全与性别之间的关系。

"联合国粮农组织预测，在撒哈拉以南非洲和加勒比地区，女性生产主要粮食作物的比例高达80%，而在南亚和东南亚次区域，女性担负60%的耕种或其他粮食生产任务"（联合国粮农组织，2006，p.2）。"此外，虽然联合国粮农组织预测，2010年全球女性参与农业生产的比例会持续下降，但是在最不发达国家的农业领域，从事经济活动的女性比例预计仍将保持在70%以上。"（联合国粮农组织，2006，p.5）

与生物燃料生产相关的潜在自然资源损耗（或退化），如土地和水污染增加、土壤侵蚀和径流加大，以及随之而来的生物多样性降低和粮食作物减产，都有可能影响女性的农业和农

村生计。除了不断下降的粮食安全水平，粮食和能源作物生产对土地和水资源构成的竞争会将农民与传统农田耕作分离，为提供燃料生产用地减少了生产农村家庭及其牲畜所用的燃料和草料的共用土地。这同样意味着女性将不得不花费更长的时间来获取草料和木材，因为这在传统意义上是女性的职责。此外，"种植能源作物而非本地作物也会导致农户丢失本地作物管理方面的知识和传统技能，也会使他们丧失种子和作物筛选与存储的相关知识，这些活动传统上主要由妇女来完成"（FAO，1999）。

生物燃料生产造成的影响和引发的担忧与日俱增，这促使人们渴望了解到如何让生物燃料起到扶贫和保护女性的作用，不仅可以保障妇女的生计还能减轻她们的工作负担。国际粮食政策研究所的研究表明（Arndt 等，2009），种植生物燃料可产生积极的技术传导作用，尤其有益于主要农作物种植区辅助作物和小农户的生产。为解决减贫目标和农业产业生产之间的矛盾[2]，一些国家在生物燃料生产方面采取将辅助作物生产与能源作物生产相结合的策略，以"避免单一作物种植系统完全垄断的现象，实行更多元化的农业种植，获取更大的扶贫效益"（Arndt 等，2009）。

由性别与可持续能源国际网络（ENERGIA）[3]进行的一项针对非洲和亚洲地方燃料项目的研究表明："村级项目在可持续性燃料生产方面有着巨大潜力，并且增加了发展中国家农村地区获取能源的机会，而采用参与式项目开发和执行的效果更加突出。具体来说，地方生产的植物油和生物柴油可为乡村地区提供柴油和发电机燃料，用于农产品加工、企业生产和创造收入"（见专栏35.4），并且有助于减轻女性的工作负担。妇女可从事收入水平更高的生产活动，使她们有能力"送孩子到学校读书，为家庭成员提供有营养的食物、更好的卫生保健和生活条件，并且在家庭和社区中有权参与决策制定"（Karlsson 和 Banda，2009，pp.4~5）。

加纳的农村妇女小组提取并使用麻疯果油用于加工牛油果

在加纳一个名叫吉米斯（Gbimsi）的小镇，有一个农村妇女小组正在生产生物燃料作为牛油果加工设备的燃料，并把生物燃料用作点灯照明用的煤油的替代物。她们种植麻疯树，从果实中提取麻疯果油并把它与柴油混合起来（70％的植物油/30％的柴油）生产燃料。此项目已成为将提高女性地位与村级生物燃料生产相结合的典范。进而，人们正在尝试资助其他村庄开展类似的项目。

对于农村妇女小组成员来说，生产生物燃料使她们从加工牛油果这项单调乏味的工作中解放出来，不仅提高了产量，也使她们获得了从地方银行借贷的机会。由于加工时间缩减了6个小时，她们可把更多的时间留给家庭，有益于身心健康、获得更多的享乐、使社区更加和谐，并可将注意力集中到其他创收活动。

"定期进行群体互动、参加会议和讨论拓宽了妇女的视野。总体来说，她们自主作出选择的能力有所提高，自尊心和沟通技巧得以加强和锻炼，从而赢得了更多从事志愿活动的时间，并为家庭创造更多的收入。"

注：该项目由联合国妇女发展基金（UNIFEM）、加纳的区域适宜技术工业服务（GRATIS）基金会和联合国开发计划署全球环境基金小额赠款计划提供支持，在距离加纳北部西马姆浦路斯（Mamprusi）区约2千米的吉米斯（Gbimsi）小镇，由一个农村妇女小组负责具体实施。

资料来源：Karlsson 和 Banda（2009，p.15）。

通过上述事例我们还发现，采用乡村生产模式开发生物燃料可避免大型种植农业商业模式带来的弊端，在不损害粮食安全和水资源安全的情况下，可保护小型土地所有者的利益，使其成为生物燃料的生产者和加工者，成为高价值生产和供应链的一部分。通过有效利用土地和水资源，在地方进行生物燃料的生产和利用也可改善妇女的生计。

35.2.5　城市水安全与性别的关系

预计截止到 2020 年，非洲、亚洲和拉丁美洲发展中国家将是城市居住人口数量最多的国家。全球 75%（FAO，2008）的城市居民将居住在这些地区，而拉丁美洲 85% 的贫困人口和非洲、亚洲约 40%～45% 的贫困人口将聚居在城镇或城市（FAO，2008）。为快速增长的城市人口提供安全放心的水是目前和未来面临的最大挑战。一项更大的挑战是为城市群中的贫困社区提供安全、放心和价格合理的水。

据估计，在人口超百万的亚洲城市中，有 40% 的人口（其中大部分为贫困人口）无法获得自来水（Das 等，2010）。在最富裕的 20% 人口中，约 85% 的家庭可获得自来水；而在最贫穷的 20% 人口中，仅有 25% 家庭可获得自来水（UNDP，2006）。在大多数发展中国家，最贫穷的人口不仅获得的水量少，还使用不到清洁水，而且还要为此支付世界上最高昂的水价。与居住在同一城市的富人相比，居住在贫民区的穷人为了获取一升水常常要多付 5～10 倍的价钱（UNDP，2006）。举例来说，"居住在印度尼西亚雅加达、菲律宾马尼拉和肯尼亚内罗毕等地贫民区的人口，与居住在这些城市高收入地区的人口相比，需要为每单位用水量多支付 5～10 倍的价钱，比伦敦或纽约消费者支付的价钱还要高；居住在牙买加萨尔瓦多和尼加拉瓜最贫困的 20% 家庭在用水方面的平均花费超过其家庭收入的 10%。在英国，这个数值达到 3% 即被视为处境艰难"（UNDP，2006，p.7）。

能否享有管道供水取决于家庭的财力。管道接通费用通常十分昂贵，即使在贫困国家也会超过 100 美元（UNDP，2006），这导致穷人很难获得使用管道供水的机会。举例来说，在马尼拉，公用供水设施连通费用约为最贫困的 20% 家庭 3 个月的收入，约为肯尼亚城市最贫困家庭 6 个月的收入（UNDP，2006，p.10）。此外，许多城市的供水公司拒绝将供水设施与没有正式产权证的家庭连通，而这些家庭往往是最贫困的（UNDP，2006）。居住位置是无法与公用供水设施连接的又一个障碍。就位置和地形而言，贫民区或非正式定居点通常位于连通困难的地区（Pangare 和 Pangare，2008）。

如果把流通环节发生的运输费用和市场费用加入到水费中后，水费就会提高。大部分供水公司实行阶梯水价体系，目的是通过提高水费把公平与效率结合起来。虽然供水公司常常希望抬高价格，但在实际情况中，许多最贫困的家庭往往承受不起较高的水费，这是因为服务贫困家庭的中间机构购买和批发水的价格很高。在达喀尔，和与公共供水设施连通的家庭相比，使用蓄水池的贫困家庭支付的水费要高出 3 倍以上（UNDP，2006）。

在改善贫困家庭和妇女获取水资源状况方面，通过私营部门参与来改进城市供水状况并非期望的那样成功。科恰班巴市（位于玻利维亚）的经验表明，如果所采取的措施不是以扶贫为目的，则社会差异、不平等和脆弱性都会加剧（Ledo，2004）。然而，柬埔寨金边供水局（PPWSA）改革所获得的巨大成功表明，如果改善公共供水设施的效率和效能，贫困人口也能获得使用公共管道供水的机会（见专栏 35.5）。改革使金边的供水得到改善，并且政府为贫困人口提供的分级补贴成功地实现了成本回收（Das 等，2010）。

当居住在贫民区或非正式定居点的贫困家庭或社区无法使用管道供水管网时，他们常常通过各种不同水源和方式来满足其用水需求。他们（最可能是妇女和儿童）根据可用水的数量和质量，从公共或私人保护性或非保护性水源免费取水，或者向正规或不正规的水贩买水

（Pangare 和 Pangare，2008）。结果，最贫穷的人口，尤其是女性，往往支付的水费最多，特别是考虑到她们能够买到的水相对较少（例如：按桶付费），以及在水传播疾病和卫生保健方面由于水质差而付出的额外间接花费。

柬埔寨金边供水局改进向贫困人口的供水

2005 年，索伊·纳吉（Soy Najy）的 7 口之家享受到了金边供水局的供水服务。过去她每天从水贩那里购买 3 桶水（每桶 20 升），每桶需支付 2 000 瑞尔，每月共花费 250 000 瑞尔（37.5 美元）。索伊·纳吉经营着一家裁缝店，所以与普通家庭相比用水量偏多。2005 年，她所居住的棚户区居民要求金边供水局把供水管网扩展到他们所居住的地点。如今索伊·纳吉已经用上了公共供水设施提供的水，每月仅需支付 15 000 瑞尔（4 美元）的水费，也就是过去每月支付水费的 1/10。这在很大程度上减少了她的开支。

因贫民区位于海拔较高的地方，在与金边供水局的供水设施连通之前，棚户区所在地只在夜间有水可用。现在这里的居民只需支付较低的水费便可享受 24 小时供水服务。

资料来源：Das 等（2010）。

近期，乌干达开展的一项城市水销售研究发现，水贩向那些无法在自己家中或庭院内安装自来水的贫困家庭转售自来水的做法实际上填补了国家给排水公司（NWSC）为城市贫困地区人口供水的空缺（Pangare 和 Pangare，2008）。在乌干达，大多数水贩雇用儿童或妇女来管理取水龙头或售水点，因为只需支付很低的薪水他们就会为水贩工作。

35.2.6　健康和卫生与性别的关系

获取生活用水是人类的一项基本需求和基本权利。然而全球仍有 8.84 亿人无法获取清洁水，有 26 亿人缺乏足够的卫生设施（世界卫生组织和联合国儿童基金会，2010）。每天有近 5 000 名儿童（每年约 180 万儿童）死于腹泻和其他由于水源不洁净和缺乏卫生设施导致的疾病。缺水已成为导致儿童死亡的第二大原因。拥有洁净的水和足够的卫生设施可改变人们的卫生行为，并可使儿童死亡率最高降低 50%（UNDP，2006）。

"每天，数以百万的妇女和少女为家庭取水，这一传统旧习加剧了就业和教育方面的性别不平等状况"（UNDP，2006）。女性每天通常花费 6 个小时取水，这 6 个小时包括步行到水源地、排队等待取水、把装满水的容器搬回家的时间（UNDP，2006）。此外，对于妇女和少女而言，用头部托顶着装满水的容器步行数个小时，会造成背痛、头痛等健康隐患，以及焦虑、压力、头晕目眩、呕吐和眩晕等其他健康问题（UN-HABITAT/GWA，2006）。

随着地表水和地下水源污染日趋严重，作为取水的主要劳动力会更易感染水生疾病。这不仅影响妇女自身的健康以及生殖健康，而且导致婴儿出生有缺陷和高死亡率。另外，妇女对身患尿路血吸虫病等水生疾病的心理耻辱感会使女性羞于求医，并妨碍她们获得医疗保健的机会。

缺乏足够的卫生设施给男性和女性同样带来屈辱和病痛。然而，男性、女性和儿童对卫生设施有不同的需求，在设计卫生设施时应考虑这一点。对于儿童和女性而言，保证公共卫生设施的隐私和安全性十分重要。

缺乏水和足够的卫生设施会产生不同程度的性别不平等并影响妇女获得应有的权利。尤其在缺水地区，数以百万的少女因为必须为家人取水而无法上学。此外，学校由于缺乏卫生

设施，把少女尤其是青春期的少女拒之门外，限制了她们继续接受教育，最终对她们的生活和生计选择带来影响。为了给家庭取水和搜集水、照顾受水传播疾病感染的儿童和家庭成员花费了妇女大量的时间，减少了女性参与生产性工作的机会。

总之，无法获取清洁水和良好卫生设施是导致贫困和营养不良的一个主要原因；这导致处于健康困境的弱势家庭陷入贫困，进一步削弱了贫困人口的生产力并加剧了经济不平等。

35.2.7　涉水灾害与性别的关系

每年全球有数以万计的人死于与水有关的灾害。随着极端气候事件发生的频率和强度逐渐增强，气候变化将进一步推高死于热浪、洪水、暴雨和干旱等灾害的人数。尽管目前还没有资料显示这些灾害如何影响男性和女性，也缺乏按性别分列的数据，但有迹象表明，各国死亡率可能根据性别和危害类型的不同而发生变化。

有关2004年12月海啸造成影响的最新信息表明：由于缺少获取信息的途径和生存技能，以及传统文化对女性走出家门和向外发展的限制，妇女和少女更易受到自然灾害的伤害。在一些受海啸袭击的地区，女性的死亡人数多于男性，而且很大一部分死亡女性的年龄都在19～29岁之间。这说明在海平面上升时，在家中的妇女和儿童更易受到侵害，而男性则由于远离海岸线或在海中捕鱼、外出务农侥幸逃过劫难（乐施会，2005）。

我们在制定减少涉水灾害影响的战略和对策时，通常将受灾害影响地区的所有人口当作一个整体，并利用现行社会结构进行决策和信息沟通。如果在制定减少涉水灾害影响的战略和对策时，将地方社区不同群体中男性和女性的不同需求、弱势和优势加以区别对待，这些对策将更加有效。

泛美卫生组织（PAHO）基于以往的经验发现：自然灾害往往为女性挑战其社会地位提供了机会。女性不仅承担了家务以外男性的传统工作，而且经常在社区中做一些违背男性意愿的工作，这对社会赋予男性的角色构成了挑战。女性在"鼓励社区积极应对灾害方面的作用最为明显"，并且鉴于她们在应对灾害方面所作出的努力，女性正在掌握自然资源和农业管理等新技能，在条件容许的情况下可为增加收入创造条件（PAHO，2001）。

35.3　未来的方向

过去的几十年，联合国在促进男女平等方面取得了重大进展，通过的标志性协议包括《北京宣言》和《行动纲要》、《联合国消除对妇女一切形式歧视公约》（CEDAW）等，并成立了联合国妇女署，加速了实现男女平等和提高妇女权益的进程。水与性别被列为联合国水计划2010—2011年工作方案的优先领域，促进男女平等和提高全球妇女权益则被列为2008—2013年联合国教科文组织的两个全球优先项目之一（UNESCO，2009）。

有充足的证据表明，把性别敏感型方案与发展整合在一起，可对涉水措施的有效性和可持续性以及水资源保护产生积极影响。在方案设计和执行中，把男性和女性因素都考虑在内，会产生新的解决水问题的方法，帮助政府避免错误投资和付出更高的代价，确保基础设施建设产生最大的社会和经济收益，并可为减少饥饿和儿童死亡率等发展目标及男女平等的实现起到促进作用（乐施会，2005，2007）。

促进男性和女性都参与决策和水资源管理仍需要克服很多制度障碍，不过强化女性水资源管理的能力可为女性提供发挥领导作用和改善其经济状况创造机会，这将有助于对传统性别角色成功地发起挑战。然而，当地背景条件往往成为阻碍成功的主要因素，如为女性赋予水权会受到外界因素的影响，不仅涉及无法掌控的外部条件，而且还涉及在短期内难以改变的传统、文化和政治现实，这要求决策者、政府、政治家和保护组织为此付出长期的努力。

为了应对用水方面的未来挑战，我们必须

缩小水资源领域的性别差异。这需要广大妇女的广泛参与，同时需要新的水治理方法的出现，采取行动改善女性获取生产性资源的机会，提高她们的能力，促进改变的发生，并使其行之有效。因此，建议在以下3个方面采取行动。

35.3.1　将性别纳入水治理的重点领域

- 认识到女性是水治理领域的重要决策者。
- 认识到女性的多重角色和社会中存在的性别差异。在条件允许的情况下成立专门的妇女组织作为利益相关方，使她们能够参与到决策过程中。这些特殊群体包括但不限于贫困妇女、农村妇女、城市周边地区的妇女、女性农户以及其他由于社区阶级、种族地位和文化限制等社会结构原因无法获取水源的女性。
- 通过把水权与土地权分离、降低会费、扩大灌溉计划的覆盖面以承认和包含多目标的水使用等方式使女性加入到用水户协会等水管理机构。
- 通过组织会议和论坛，为女性的参与创造时间和空间，使她们能够参与决策制定。
- 使男性和女性都能参与不同层次的联席会议并听取彼此的观点。
- 使女性有能力在多利益相关方会议上表达她们的观点。
- 建立问责体制和相关指标，以确保鼓励和促进女性的参与。
- 建立性别指标并实行性别审计，强化女性对治理过程的参与程度；对以性别分列的数据开展强制性收集和分析，以便开发出有效的性别指标并进行性别审计。
- 提供预算支持，以保障将性别问题纳入重点领域。

35.3.2　改善女性获取水和其他生产性资源的状况

- 承认女性为独立的水用户。
- 确保女性享有水权，无论土地所有权情况如何。
- 承认女性的农民身份和灌溉者地位。
- 确保女性享有可改善生计的推广服务、信贷和其他资源。
- 明确阻碍不同女性群体获取水资源的限制，如社会和性别构成、社区权利关系，并力争打破这些限制。
- 为女性提供有关水管理、灌溉、雨水集蓄、小型土地所有者需要的灌溉技术和雨养农业方面的技术培训。
- 通过实施改革，使城市和城市周边贫困家庭有能力支付水费（例如针对供水管道连通费和补贴的分期付款计划），来改善供水服务，把贫困地区人口的需求纳入考量范畴。
- 将提供性别敏感型卫生设施纳入新的目标：把实现水与卫生设施领域的男女平等作为国家减贫战略的核心。

35.3.3　提升男性和女性的能力、解决水资源管理中的性别不平等及有关问题

- 在政府、项目和社会服务人员等不同层面对性别问题给予重视。
- 使社会团体中的男性和女性对性别问题更加重视。
- 为将性别问题纳入水资源管理的重点领域，应对现有措施进行改进、利用和提高其适应性，并开展相关培训，以便措施的有效实施。

注　释

1. 最近几十年，女性获取教育和就业的机会已得到明显改善，但男性和女性在资源分配方面一直存在的不平等现象，使得变革蕴藏的潜力没有得到充分的发挥。有这样的假设：如果家庭对女性在分工方面存在的不平等作出调整，采取使女性能在男女平等的基础上应对不断变化市场的激励举措，将会极大提高女性增加收入的机会。如今，经验已经证明了这个假设。在女性更多地参与到付酬工作当中的同时，并没有出现男性在家庭中分担更

多无报酬工作的现象。无报酬家庭事务的性别分工已明显反映出阻力的存在，并将继续对女性从事付酬工作产生影响。这限制了家庭和社会分工中可能出现的转变（UNDESA，2009）。

2. 农业产业指致力于粮食、纤维产品和副产品（与家庭农场正相反）的生产、加工和分配等现代经济活动。在高度工业化的国家，很多对农业来说必不可少的活动已不再在农场中进行。很多农场已普遍采用机械化和计算机技术来提高产量（《大英百科全书》，2011）。

3. 性别与可持续能源国际网络（ENERGIA）建议，对拟建生物燃料项目或计划进行环境和社会影响评估，包括性别差异影响评估，即通过协商过程确保女性开展实质性的参与，并且在开展评估时将男女平等作为考虑的原则之一。

参考文献

Arndt, C., Benfica, R., Tarp, F., Thurlow, J., Uaiene, R. 2009. Biofuels, poverty, and growth: a computable general equilibrium analysis of Mozambique. IOP Conference Series: *Earth and Environmental Science,* Vol. 6 (2009) 102008. doi:10.1088/1755-1307/6/0/102008

Das, B., Chan E. K., Visoth C., Pangare G., Simpson, R. 2010. *Sharing the Reform Process: Learning from the Phnom Penh Water Supply Authority.* Gland, Switzerland/Bangkok/Phnom Penh, IUCN/PPWSA.

Encyclopaedia Britannica. 2011. http://www.britannica.com/EBchecked/topic/9513/agribusiness (Accessed 14 November 2011.)

FAO (Food and Agricultural Organization). 1999. *Women – Users, Preservers and Managers of Agrobiodiversity.* Rome, FAO.

----. 2006. *Agriculture, Trade Negotiations and Gender.* Prepared by Zoraida García with contributions from Jennifer Nyberg and Shayma Owaise Saadat, FAO Gender and Population Division, Food and Agriculture Organization of the United Nations, Rome.

----. 2008. *Urban Agriculture for Sustainable Poverty Alleviation and Food Security.* Rome, FAO. http://www.fao.org/fileadmin/templates/FCIT/PDF/UPA_-WBpaper-Final_Draft-3_October_2008-FG-WOB.pdf (Accessed 14 November 2011.)

----. 2010a. *Evaluation of FAO's Role and Work Related to Water,* Final Report. Rome, FAO Office of Evaluation. http://typo3.fao.org/fileadmin/user_upload/oed/docs/FAO_Role_Related_to_Water_2010_ER_.zip

----. 2010b. *FAO at Work 2009–2010: Growing Food for Nine Billion.* Rome, FAO.

----. 2011. *The State of Food and Agriculture: Women in Agriculture, Closing the Gender Gap for Development.* Rome, FAO.

IFAD (International Fund for Agricultural Development). 2005. *Participatory Irrigation Development Programme (PIDP) in the United Republic of Tanzania: Supervision Report.* Rome, IFAD.

----. 2007. *Gender and Water: Securing Water for Improved Rural Livelihoods: The Multiple-uses Systems Approach.* Rome, IFAD, p. 2.

Karlsson, G., and Banda, K. (eds.). 2009. *Biofuels for Sustainable Rural Development and Empowerment of Women: Case Studies from Africa and Asia.* The Netherlands, ENERGIA Secretariat.

Lambrou, Y., and Laub, R. 2006. *Gender, Local Knowledge, and Lessons Learnt in Documenting and Conserving Agrobiodiversity.* Research Paper 2006/69. United Nations University, Helsinki, UNU-WIDER (World Institute for Development Economics Research).

Ledo, C. 2004. *Inequality and Access to Water in the Cities of Cochabamba and La Paz-El Alto.* Case Study prepared for the research project on Commercialization, Privatization and Universal Access to Water. United Nations Research Institute for Sustainable Development. http://www.unrisd.org/unrisd/website/projects.nsf/(httpAuxPages)/3810D5F1B5474815C1256F41003D49D1?OpenDocument&category=Case+Studies (Accessed 14 November 2011.)

Oxfam International. 2005. *The Tsunami's Impact on Women.* Oxfam Briefing Note. UK, Oxfam. http://www.oxfam.org.uk/what_we_do/issues/conflict_disasters/downloads/bn_tsunami_women.pdf (Accessed 14 November 2011.)

Oxfam International. 2007. *Climate Alarm – Disasters Increase as Climate Change Bites.* Oxfam Briefing Paper 108. UK, Oxfam. http://www.oxfam.org.uk/resources/policy/climate_change/downloads/bp108_weather_alert.pdf. (Accessed 14 November 2011.)

PAHO (Pan-American Health Organization). 2001. Gender and Natural Disasters. Fact Sheet of the Program on Women, Health and Development. Washington DC, PAHO.

Pangare G., and Pangare, V. 2008. *Informal Water Vendors and Service Providers in Uganda: The Ground Reality.* Research Paper for The Water Dialogues, UK. http://www.waterdialogues.org/documents/InformalWaterVendorsandServiceProvidersinUganda.pdf

World Bank. 2006. *Reengaging in Agricultural Water Management: Challenges and Options.* Washington DC, World Bank.

----. 2007. *World Development Report 2008: Agriculture for Development.* Washington DC, World Bank.

----. 2010. *Rainfed Agriculture.* http://water.worldbank.org/water/topics/agricultural-water-management/rainfed-agriculture (Accessed 14 November 2011.)

World Bank, FAO and IFAD (World Bank; Food and Agriculture Organization; International Fund for Agricultural Development). 2009. *Gender and Agriculture Sourcebook.* Washington DC, World Bank.

UN (United Nations). 2009. *Agriculture Development and Food Security.* Report of the Secretary-General, 64th Session, Item 62 of the provisional agenda, 3 August 2009. http://daccess-dds-ny.un.org/doc/UNDOC/GEN/N09/439/03/PDF/N0943903.pdf?OpenElement (Accessed 14 November 2011.)

UNDESA (United Nations Department of Economic and Social Affairs). 2009. *World Survey on the Role of Women in Development.* Report of the Secretary General, Women's Control over Economic Resources and Access to Financial Resources, Including Microfinance. New York, UN, Chapter III.

UNDP (United Nations Development Programme). 2004. *Water Governance for Poverty Reduction: Key Issues and the UNDP Response to the Millennium Development Goals.* New York, UNDP, p. 10.

----. 2006. *Beyond Scarcity: Power, Poverty and the Global Water Crisis. Human Development Report 2006.* New York, UNDP. http://hdr.undp.org/en/media/HDR06-complete.pdf

UNESCO (United Nations Educational, Scientific and Cultural Organization). 2009. *Priority Gender Equality Action Plan 2008–2013.* Paris, France, UNESCO Division for Gender Equality, Bureau of Strategic Planning. http://www.unesco.org/genderequality

UN-HABITAT/GWA (United Nations Settlement Programme/ Gender Water Alliance). 2006. *Navigating Gender in African Cities: Synthesis Report on Rapid Gender and Pro-Poor Assessment in 17 African Cities.* Nairobi, UN-HABITAT.

Van Koppen, B. 2002. *A Gender Performance Indicator for Irrigation: Concepts, Tools, and Applications.* International Water Management Institute (IWMI) Research Report 59. Colombo, Sri Lanka, IWMI.

Van Koppen, B., Moriarty, P. and Boelee, E. 2006. *Multiple-Use Water Services to Advance the Millennium Development Goals.* International Water Management Institute (IWMI) Research Report 98. Colombo, Sri Lanka, IWMI.

WHO and UNICEF (World Health Organization and United Nations Children's Fund). 2010. *Progress on Sanitation and Drinking-Water: 2010 Update.* Geneva, WHO/UNICEF Joint Monitoring Programme for Water Supply and Sanitation.

第三十六章

地下水

本章由世界水评估计划与联合国教科文组织国际水文计划合作完成

作者：贾克·范德古恩
供稿：弗兰克·范维特（联合国教科文组织国际地下水资源评估中心）和谢丽尔·范肯彭（联合国教科文组织国际地下水资源评估中心）
致谢：衷心感谢以下人员对本章内容所提的宝贵意见（按照对历次修改稿提供意见排序）：迈克尔·米莱托（世界水评估计划）、爱丽丝·奥瑞里（联合国教科文组织国际水文计划）、奥尔贾伊·云韦尔（世界水评估计划）、理查德·康纳（世界水评估计划）、霍尔格·特莱德（联合国教科文组织国际水文计划）、亚历山大·玛卡瑞格克斯（联合国教科文组织国际水文计划）和露西拉·明尼利（联合国教科文组织国际水文计划）

随着我们对全球地下水资源及其作用和利用方面的了解迅速增加，人们对地下水资源及其与其他系统的相互关系的认识也在发生改变。

地下水作为全球性资源正处于变化当中：20 世纪，地下水的开发利用开始呈现蓬勃发展的态势（无声的革命），导致人们从地下水中得到的收益比以往任何时候都多，同时也给地下水带来了前所未有的改变。

为确保地下水资源的可持续发展，我们急需解决地下水储量耗竭（水位下降）和水质污染的问题。

虽然气候变化也会对地下水产生影响，然而因其特有的缓冲容量，地下水比地表水的恢复能力更强。因此，在那些因气候变化导致水资源进一步稀缺的地区，地下水的作用相比之下可能更加突出。

地下水治理不但复杂，还具有地方特性。跨界地下含水层的国际性进一步增加了问题的复杂性。

36.1 地下水——相互依存关系中的一环

《世界水发展报告》第四版（WWDR4）专门设置了一个章节来阐述地下水问题，这说明地下水对于我们应对存在于变化的万千世界中的风险和不确定性具有重要性。但这并不意味着我们仅依据水文地质信息，或者将其与地表水分离，就可以搞清楚和管理好地下水问题。恰恰相反，地下水是水文循环的组成部分，在不同的时间和空间与水文循环的其他环节构成密切的关系。地下水也参与其他各种循环，如化学循环（溶质传递）和生物化学循环（生物圈），并受由碳循环变化导致的气候变化的影响。除此之外，与地下水相互作用、相互依赖的领域不仅仅局限于地表水、土壤、生态系统、海洋、岩石圈和大气层等自然体系，还包括社会经济、法律、机制及政治体系。因此，地下水处于错综复杂的相互依存关系中。正因如此，地下水系统的状态正在发生改变，并且有一条因果链把这些改变和相关的驱动因素联系在一起。

在地下水系统中，不同类型的驱动因素都隐藏在改变的过程背后。人口驱动因素和社会经济学驱动因素主要诠释需水、污染承载能力及人类有关地下水方面的行为。科学及技术创新深刻改变了人类对全世界很多地下水系统的利用方式和其存在的状态（例如通过对含水层进行系统勘探和钻井及抽水技术的改良）。政策、法律和金融成为促进有计划变革的重要驱动因素。气候多变性及变化对干旱和半干旱地区（地下水补给、水需求和替代性淡水来源的可利用性）及沿海地带（海平面上升）的地下含水层的影响尤其严重。不仅如此，自然和人为灾害可引起地下水系统状态的突变而不是渐变。

36.2 纵览改变

36.2.1 逐渐积累的全球地下水知识

近年来，全球在获取地下水相关知识方面取得了重大进展。尽管上述进展在所有层面都有所体现，但《世界水发展报告》关注的重点集中在全球和地区层面。所取得的重大进展包括统一版的《全球地下水资源地图》（WHY-MAP，2008；见图 36.1）；全球范围的水文模型，如采用 WaterGAP 全球水文模型（Döll 和 Fiedler，2008）获得的全球地下水回补模型和采用 PCR-GLOBWB 水文模型（Wada 等，2010）获得的地下水量耗减模型；目前全球使用地下水灌溉的状况评估（Siebert 等，2010）和有关世界地下水地理学的综合性专著（Margat，2008）。跨界地下含水层得到了特别关注，因此，该领域的文献和方法积累的速度很快（见 36.4 节）。

全球地下淡水总量约为 800 万～1 000 万立方千米（Margat，2008），超过目前地表水和地下水的年取水量总和的 2 000 倍。这的确是极为丰富的资源，但这些淡水缓冲带分布在何处？其中又有多少可用于消耗？图 36.1 展示了全球主要地下水流域（蓝色部分，覆盖 36％的大陆面积）的地理分布并回答了第一个问题。该图呈现了主要地下水缓冲区所在的位置。除此之外，一些分布较为零散、面积较小的地下水缓冲区分布在地质水文构造较为复杂的地区（绿色部分，覆盖 18％的大陆面积），甚至在剩余的 46％面积的大陆上也分布着一些地下水缓冲带。地下水缓冲带可顺利渡过周期性、季节性或多年干旱期，不存在突发和始料未及的水量不足的风险。在全球大部分地区，通过在干旱期消耗水资源储存和在湿润期进行回补，可持续的地下水开发有望实现。地下水库对干旱期的长短变化不敏感，因此对于气候变异及气候变化有较强的适应能力。理论上讲，我们可以忽略可持续性原则对大部分的地下水进行开采，但实际上，由于地下水的消耗是有代价的，这种做法并非可取且难度颇大。36.3 节会进行详细论述。

近期，我们在重力场恢复及气候试验（GRACE）取得的成果标志着，在全球主要含水层地下水储量变化评估方面迈出了重要一步

图 36.1

全球地下水资源

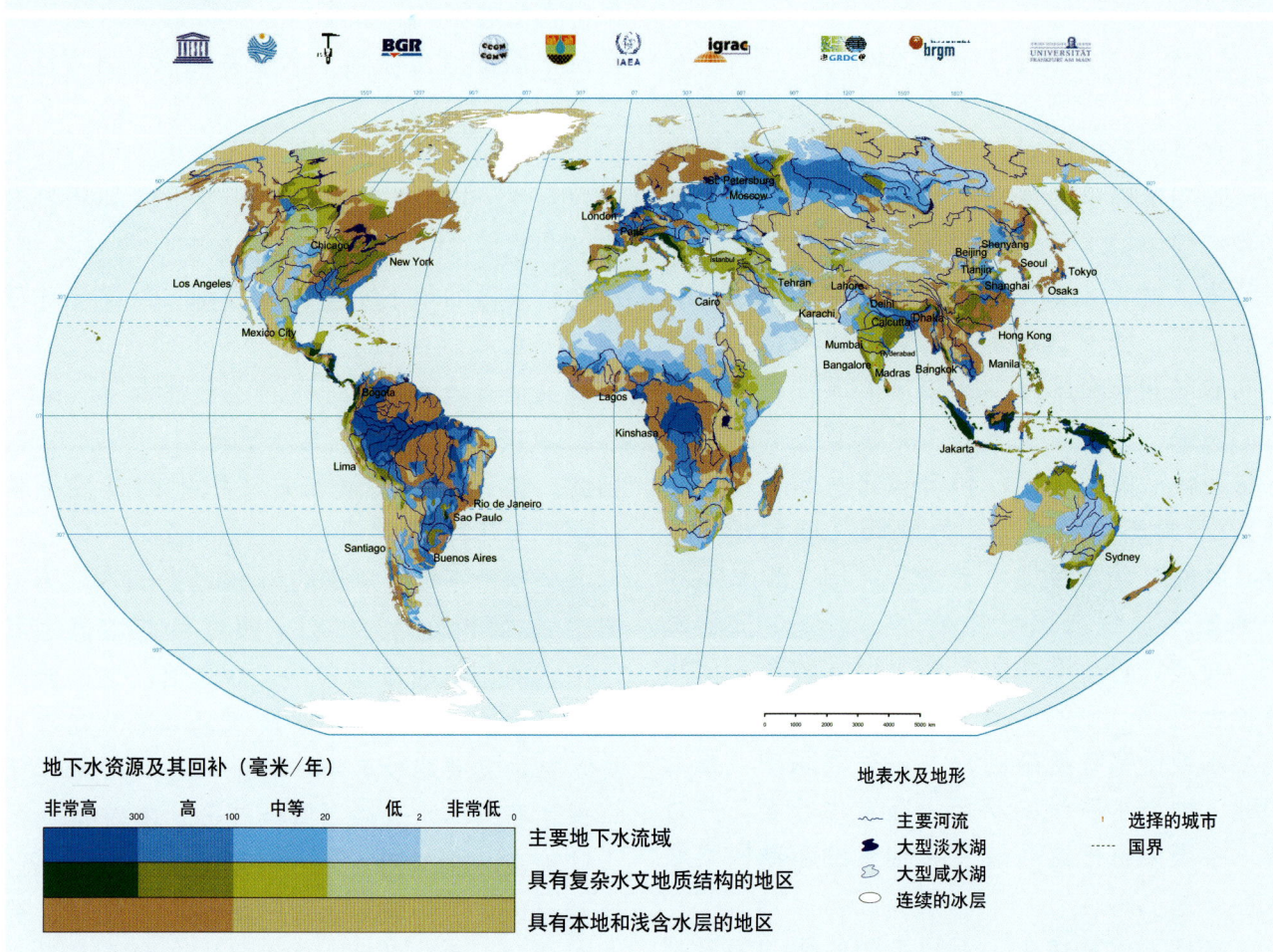

地下水资源及其回补（毫米/年）

非常高	高	中等	低	非常低
300		100	20	2

主要地下水流域
具有复杂水文地质结构的地区
具有本地和浅含水层的地区

地表水及地形

~ 主要河流
🦪 大型淡水湖
🐚 大型咸水湖
⬭ 连续的冰层

选择的城市
⋯⋯ 国界

资料来源：德国联邦地球科学和自然资源研究所（BGR）和联合国教科文组织，出自全球地下水资源地图（WHYMAP）（2008）。

（Famiglietti 等，2009；Rodell 等，2009；Tiwari 等，2009；Muskett 和 Romanovsky，2009；Moiwo 等，2009；Bonsor 等，2010；Chen 等，2009）。试验结果表明，在不远的未来[1]，地球重力场卫星重力测量将成为颇具前景的水文地质调查创新技术，可用于检测长期发展趋势、季节变化和干旱期变化。另一个重要工具，即把水文循环的陆地和大气成分联系起来的全球模拟模型，可提高我们对地下水的动态认知，特别是探索地下水如何应对气候变化（Döll，2009）。

36.2.2　无声的革命

在人口增长、科技进步、经济发展以及粮食和收入需求的推动下，全球地下水取水量在20世纪呈现爆炸式增长。迄今为止，绝大部分新增取水量都来自农业灌溉。地下水灌溉发展的浪潮在20世纪初始于意大利、墨西哥、西班牙和美国（Shah 等，2007）。第二波浪潮在20世纪70年代始于南亚、中国华北平原、中东和北非部分地区，时至今日仍在继续。作者在非洲很多地区和南亚及斯里兰卡和越南等一些东南亚国家已发现了第三波浪潮的迹象。遍及全球的地下水开采浪潮在很大程度上是由农民的个人决定引发的，缺少总体规划或协调，被称为"无声的革命"（Llamas 和 Martínez-Santos，2005）。

根据近期在国家层面展开的预测（IGRAC，2010；Margat，2008；Siebert 等，2010；AQUASTAT，2011；欧洲统计局，

2011），截至 2010 年，全球地下水总取水量预计约 1 000 立方千米/每年，其中约 67% 用于灌溉，22% 用于家庭生活，剩余 11% 用于工业生产（IGRAC，2010）[2]。总取水量中最多的地区（2/3）是亚洲，包括印度、中国、巴基斯坦、伊朗和孟加拉国等（见表 36.1 和图 36.2）。目前，全球地下水取水率至少是过去 50 年取水率的 3 倍，并且每年正在以 1%～2% 的速度增长。尽管如此，在地下水大规模开发起步较早的国家，取水量曾达到最高值，但目前已趋于稳定或出现下降的趋势（Shah 等，2007），参见图 36.2。尽管这些全球预测数据并不十分准确，但仍表明目前全球地下水取水量约占地球淡水取水总量的 26%（见表 36.2），相当于全球地下水平均回补总量的 8%。地下水提供了全球近一半的饮用水（WWAP，2009）和 43% 的灌溉用水[3]（Siebert 等，2010）。

图 36.2

选定国家的地下水开采趋势

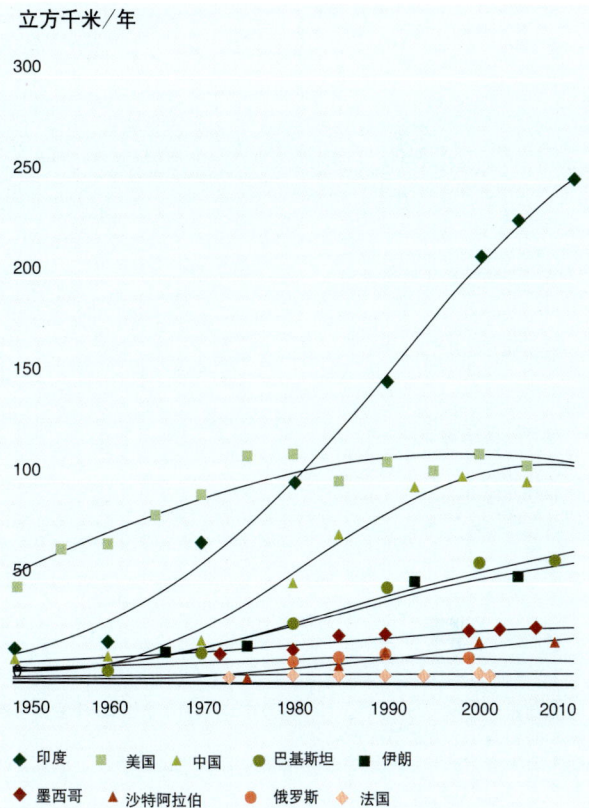

资料来源：改编自 Margat（2008，图4.6，p.107）。

表 36.1

地下水取水量占全球前10名的国家（截至2010年）

	国家	取水量（立方千米/年）
1	印度	251
2	中国	112
3	美国	112
4	巴基斯坦	64
5	伊朗	60
6	孟加拉国	35
7	墨西哥	29
8	沙特阿拉伯	23
9	印度尼西亚	14
10	意大利	14

注：上述10个国家的地下水取水量之和约占世界地下水取水总量的72%。

"无声的革命"对世界上很多国家，尤其是农村地区的经济发展和社会福祉作出了重大贡献，但也给一些地区带来了难以控制的、前所未有的问题（见 36.3 节）。

36.2.3 有关地下水观点的转变

地下水已经成为一门跨领域学科，不再是水文地质学家和工程师的专属领域，而是需要由经济学家、社会学家、生态学家、气候学家、律师、机构专家和通信专家共同解决的问题。从不同角度对地下水问题进行分析的做法将地下水置于更为广阔的背景之下进行考虑，人们对这种自然资源的看法也由此发生了改变。

人们对地下水价值和功能的看法正在发生变化，以往采取的通过比较地下水与地表水的补给率、取水或存储量来衡量地下水重要性的方式，现在已逐渐被侧重地下水产生的附加值的经济型方法所取代。与地表水相比，用于灌溉的每单位地下水通常产生更高的经济效益（Llamas 和 Garrido，2007；Shah，2007），因

表 36.2

全球地下水开采量估算（2010年）

大洲	地下水取水量[1]					与总取水量相比	
	灌溉（立方千米/年）	生活用水（立方千米/年）	工业用水（立方千米/年）	合计（立方千米/年）	%	总取水量[2]（立方千米/年）	地下水所占比例（%）
北美洲	99	26	18	143	15	524	27
中美洲和加勒比地区	5	7	2	14	1	149	9
南美洲	12	8	6	26	3	182	14
欧洲（包括俄罗斯）	23	37	16	76	8	497	15
非洲	27	15	2	44	4	196	23
亚洲	497	116	63	676	68	2 257	30
大洋洲	4	2	1	7	1	26	25
世界	666	212	108	986	100	3 831	26

[1]根据国际地下水资源评估中心（IGRAC）（2010）、全球水和农业信息系统（AQUASTAT）（2011）、欧洲统计局（EUROSTAT）（2011）、Margat（2008）和 Siebert 等（2010)的数据预估。
[2]由Alcamo等（2003）提出的1995年数值和"一切照旧的情境"下2025年的预估值的平均值。

为地下水存储量降低了风险。人们对地下水的作用和服务功能的认识日益增强，因为除了开采利用地下水之外，地下水还可提供所谓的"原位"服务，如支撑生态系统、湿生植物农业、泉水流量和基流量，防止地面沉降和海水入侵，以及地热能或贮热的开发利用。

观点发生改变的第二个方面指人类的作用。不久前，对地下水资源的诊断分析和管理几乎完全依赖于对地下水的自然成分分析（地下水系统及有关生态系统）。目前，人们已普遍认识到，社会经济学也同样值得关注，只有在利益相关方充分参与并具备健全的地下水管理机构、立法及相关监管框架的基础上，地下水管理才有可能取得成功。

另外，由于气候变化引发的争议使我们清楚地认识到，水文地质学家和水文学家必须放弃他们对自然水文变化的随机性或稳定性所作出的传统假设，他们利用过去作出的地下水补给率假设对未来情景进行预测的做法已不再适用。

36.2.4 联合管理、水资源综合管理及其他

地下水已不再作为孤立的资源单独进行开发和利用。人们意识到地下水及地表水联合利用的优势由来已久，自那时起，联合管理的理念就已被人们广泛接受（Todd，1959）。根据上述原则，人们不仅利用水资源，而且管理水资源，并把地表水和地下水视为同一个系统进行共同管理。这包括管控下的地下含水层回补（MAR），即有目的地存储地下水以恢复其环境效益，可在全球各种大小计划中应用（Dillon，2009）。根据荷兰广泛采用的方法，管控下的地下含水层回补可通过控制地表水水位来完成对平坦地区地下水水位的控制。

下一个步骤是实现水资源综合管理（IWRM）所提倡的跨行业用水整合：协调水、土地及相关资源的开发与管理，在不损害生态系统和环境可持续性的前提下使经济和社会福利最大化

(GWP，2011）。在很多国家，这种跨行业水管理方法已经取代了以往忽视不同用水与服务之间相互关系的传统、割裂的管理方式。为使政策具备较好的一致性，在水资源管理、土地使用规划、自然保护、环境管理和经济发展等领域，有必要在特定战略规划方面达到高度一致性。

36.2.5 国际社会对地下水的关注度与日俱增

地下水作为地方性自然资源主要在本地范围内产生效益，但地下水也已成为国际性行动的主要议题，如全球地下水资源地图（WHY-MAP）、国际地下水资源评估中心（IGRAC）、地下水管理顾问团队（GWMATE）、国际水资源学习交流和资源网（IW：LEARN）、国际共享含水层资源管理计划（ISARM）和全球水文模型等。这些行动的出发点都是交流、共享、收集和分析特定区域的地下水信息，通过在更高层次对水问题达成共识，促进知识传播和附加值的产生。有些国际行动正在推动和引导很多地下水评价、监测或管理活动的开展，比如

并非直接针对地下水的千年发展目标和欧洲《水框架指令》（WFD）。近期针对地下水的特别行动包括：全球环境基金（GEF）国际水（IW）投资实施的跨界含水层项目、新出版的《欧盟地下水指令》（《欧盟水框架指令》的子指令）、《跨界含水层法律条款草案》和成立"非洲地下水委员会"。近期的国际宣言，如《阿利坎特宣言》（Alicante Declaration）（IG-ME，2006）和《非洲地下水宣言》，都表明人们逐渐意识到地下水的重要性，也表达了人们解决问题的意愿。

36.3 有关地下水的关键问题

36.3.1 地下水水位逐渐下降及储量减少

"无声的革命"导致全球地下水取水量快速增长。这在为世界带来巨大社会经济利益的同时，也大幅改变了含水层的水文地理条件，尤其是回补条件比较差的含水层。当取水量和平均回补量的比值增大时，地下水开采给地下水系统带来的压力就会逐渐变高。图36.3显示

图 36.3

各国地下水开发压力指标（依据2010年地下水开采量估算）

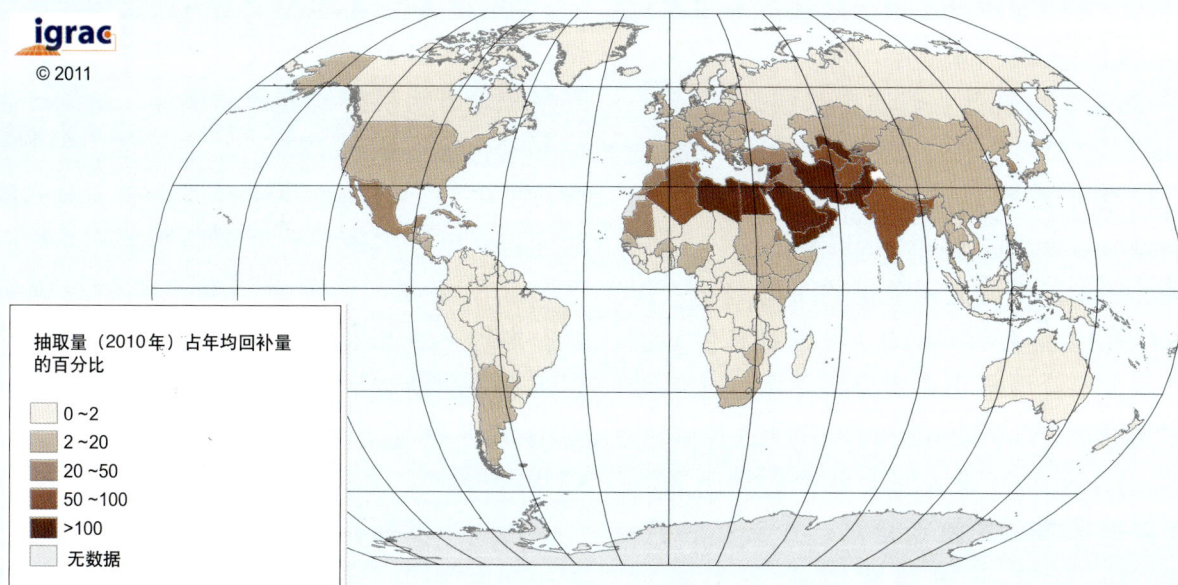

抽取量（2010年）占年均回补量的百分比

- 0~2
- 2~20
- 20~50
- 50~100
- >100
- 无数据

资料来源：由IGRAC为本章提供。

了不同地区地下水开发压力指标情况。较为干旱的地区承受的开发压力最大。最高压力发生在世界更加干旱的地区。由于地下水开发压力指标显示的是全国平均水平，面积较小的含水层所面临的压力无法得到反映。由于地下水的大量开发，在干旱和半干旱地区，伴随着持续性地下水水位下降，地下水存储量也在持续减少。这引发了一系列问题（Van der Gun 和 Lipponen，2010），由于缺乏管控措施，很多地区面临着完全丧失地下水作为负担得起的灌溉和生活供水的局面。在影响更为严重的地下含水层地区，多年地下水水位下降幅度通常为每年一米至若干米（Margat，2008）。

地下水水位呈现长期下降趋势的主要含水层几乎都位于全球干旱和半干旱区域。在北美洲，主要包括美国加利福尼亚州的中央谷地（Famiglietti，2009）和高原含水层（McGuire，2009；Sophocleous，2010）以及分布在墨西哥的含水层，包括墨西哥湾盆地含水层（Carrera-Hernández 和 Gaskin，2007）。在欧洲，主要为瓜迪亚纳河上游流域和塞古拉（Segura）河流域含水层，以及大加那利岛和特内里费岛火山岩，上述地区均位于西班牙（Custodio，2002；Llamas 和 Custodio，2003；Molinero 等，2008）。受地下水水位显著下降影响的地区还包括广大的撒哈拉沙漠西北部的不可再生地下含水层系统（Mamou 等，2006；OSS，2008），和北非的努比亚砂岩含水层系统（Bakhbakhi，2006）。在阿拉伯半岛，阿拉伯台地的第三纪含水层系统（主要在沙特；Brown，2011）和也门高原盆地的含水层系统（Van der Gun 等，1995）出现史无前例的下降趋势。以此向东的瓦拉名（Varamin）、扎兰德和伊朗的很多其他山间盆地也正在遭受地下水水位持续下降的影响（Vali-Khodjeini，1995；Motagh 等，2008）；印度河流域部分地区的地下含水层，尤其是印度的拉贾斯坦邦、古吉拉特邦、旁遮普邦、哈里亚纳邦和首都德里地区（Rodell 等，2009；水资源政策中心，2005）也是一样。中国华北平原地下含水层水位严重下降已是众所周知（Jia 和 You，2010；Kendy 等，2004；Sakura 等，2003；Liu 等，2001；Endersbee，2006）。在澳大利亚，数目庞大的自流井不断抽取地下水，导致大自流盆地部分地区的地下水水位下降超过 100 米（Habermehl，2006）。全球地下水水位已经下降或仍在下降的地下含水层不胜枚举，对社会和环境造成了多重影响。

近年来，有关地下水储量减少的数据更新和更实用。Konikow 和 Kendy（2005）估算得出，20 世纪美国地下含水层消耗量约为 700～800 立方千米。通过重力场恢复及气候试验（GRACE）对加利福尼亚州中央谷地和印度西北部地区大面积地下水储量减少的最新观测显示，多处地下水系统的储量正在减少（Rodell 等，2009；Famiglietti 等，2009；Tiwari 等，2009）。上述预测和世界其他大型含水层的预测损耗率如表 36.3 所示。Wada 等（2010）的模型研究揭示了全球的总体状况。此模型预测，截止到 2000 年，全球地下水以每年 283 立方千米的速率消耗，与作者估测的 39% 的全球地下水取水率相一致[4]。通过此模型得出的全球地下水消耗态势与已知的大型和持续性地下水水位下降地区的相关信息相匹配，如美国西北部、中东、南亚和中亚以及中国的华北地区。

地下水储量持续减少是有代价的。不仅会造成地下水的单位取水成本持续提高，还会对环境和地下水系统的其他"原位"功能产生负面影响，包括水质下降，长此以往甚至会导致含水层枯竭。然而，我们有理由在一段有限的时间内对地下水进行有计划地开发，并接受因此带来的后果。在突发灾害来袭时就需要如此；当地下水开采量激增或气候变化打破了地下水系统的动态平衡，我们需要为平稳过渡到地下水可持续开发阶段而争取时间时更是如此。

地下水水位下降带来的风险和问题因含水层不同而不同，采取的控制手段和实际做法亦是如此。美国的高地平原是世界上数量众多、大小各异的含水层遭受过度开采的典型代表。

表 36.3

大型地下含水层的地下水消耗率

含水层或地区	覆盖面积（平方千米）	消耗率（近年）		时期或年份	参考文献
		立方千米／年	毫米／年[1]		
可再生地下水					
美国高地平原	483 844	12.4	26	2000—2007年	McGuire (2003, 2009)
美国加利福尼亚州中央谷地区	58 000	3.7	64	2003—2009年	Famiglietti 等 (2009)
印度西北部	438 000	17.7	40	2003—2009年	Rodell 等 (2009)
印度北部及周边地区	2 700 000	54	20	2003—2009年	Tiwari 等 (2009)
中国华北平原	131 000	6.12	47	2004年	Jia 和 You (2010)
不可再生地下水					
撒哈拉沙漠西北部地下含水层系统	1 019 000	1.5	1.5	2000年	Margat (2008)
澳大利亚大自流盆地	1 700 000	0.311	0.2	1965—2000年	Welsh (2006)

[1]表示相当于地下含水层系统竖直方向的相应深度的水层（标度无关性消耗指标）。

人们一方面已逐渐意识到终止资源损耗的必要性；另一方面，许多利益相关方认为，把地下水抽取量降至可持续水平会对地方经济产生灾难性的打击，因此不能接受因地下水开采量减少而导致收入下降的风险（Peck，2007；McGuire，2009；Sophocleous，2010）。在也门，面积相对较小的萨那盆地也出现了类似的情况，而在用水户之间建立高效的伙伴关系似乎是防范未来灾难性水资源短缺的唯一途径（Hydrosult 等，2010）。在俄勒冈州尤马迪拉（Umatilla）河流域，一种以社区为主导的方法被应用于管理由含水层枯竭引发的用水冲突（Jarvis，2010）。澳大利亚大自流盆地的情况与上述情况完全不同，技术措施是阻止自流井大量的水毫无阻碍流出造成浪费的关键。虽然这些措施执行起来耗资巨大，但是很少引发争议，这是因为没有明显的利益冲突（Habermehl，2006；Herczeg 和 Love，2007；SKM，2008；GABCC，2009）。

干旱和半干旱地区较浅的冲积含水层属于一种特殊的类型。由于储水能力有限，冲积含水层易受季节性损耗而不是长期损耗的影响。不断升高的取水率缩短了补给季与自流井季节性干枯期之间的时间间隔。认识到这种现象有助于激励人们节约用水，在泉渠和坎儿井[5]也与地下水系统连接的情况下更是如此。虽然地下水减少的风险对于湿润气候条件下的地下水系统并不重要，但是控制地下水水位仍十分必要，尤其是对于防范诸如海水侵蚀、地面下沉和湿地退化等不良环境影响。

控制地下水水位和储量下降的最基本选择是增加地下水资源并限制取水量。资源增加措施具有技术内涵，如管控下的地下含水层回补（人工回补地下水）和土地使用管理。一旦决定采取这些措施，其执行相对简单。可采取不同类型的措施限制地下水取水量（需求管理）。第一类措施是依据地下水立法执行各项规章制度（例如：钻井和抽取许可）。第二类措施是通过选用财政抑制、限制能源供应或增强对可持续性问题的认识等措施来减少地下水取水量。第三类阻止地下水外流的措施是减少在井口和运输过程中（比如在大自流盆地）或使用地的水损耗（例如：通过提高灌溉效率或循环使用水资源）。世界各地的经验告诉我们：成功执行上述措施非常困难，特别是要在还没有找到替代水源的情况下减少目前的取水量。因此，利益相关方必须对问题有清醒的认识，并对解决方案给予大力支持。

36.3.2 地下水水质及污染

虽然常规钻井深度下地下水水质普遍良好，但人们关注的焦点是如何防止地下水水质变差和避免质量差的地下水流入淡水循环系统。

微咸水和含盐地下水的出现虽然只是局部问题但却非常重要，因为这会妨碍地下水利用。大部分深层地下水都含盐。根据最新的全球储量调查（Van Weert 等，2009），在浅层和中间层深度（大约最深为地面以下 500 米）区域，各大洲的微咸水和含盐地下水水体所占的比例均低于 13%。已认定为微咸水和含盐地下水的水体中只有 8% 是由人类活动造成的，灌溉回流是造成水体富含矿物质的主要原因。在沿海地区，淡水地下水水域、灌溉农田和液体废物排放区，"新型"微咸水和含盐水出现的风险（海水侵蚀）很大。由于大部分微咸水和含盐地下水水体都不具有流动性，因此最好的方法是让它们继续保持原有的状态。对于某些物质成分浓度过高的地下水水体，如氟化物或砷含量高，最好也采取同样的处理方法（Appelo，2008）。

过去的几十年，人类活动造成的地下水污染及其控制已成为主要问题。除了保护和控制计划的设计和有效执行经常遇到困境和出现问题外，由于涉及多种污染源、各种类型的污染物、地下含水层承受能力差异较大、缺乏监测数据及高浓度污染物产生的影响无法确定等，问题变得更加复杂（Morris 等，2003；Schmoll 等，2006）。考虑到地下水通常流速缓慢，且污染几乎不可消除或至少存续时间很长，因此，防范和监测污染物进入水体应是污染控制战略的重要内容。欧洲在此方面已迈出了重要一步，于 2006 年颁布了新的《欧盟地下水指令》（GWD），作为《欧盟水框架指令》的组成部分。《欧盟地下水指令》强制欧盟成员国采取措施，在 2015 年底之前使地下水符合良好化学状态标准的规定。截至 2010 年的报告显示，30% 的地下水水体到 2015 年不可能达到设想的"良好质量状态"。然而，《欧盟地下水指令》颇具灵活性并且为欧盟成员国提供了两种选择：将目标调整为更加可行的数值或将达到标准的时间点延长至 2021 年或 2027 年（欧盟委员会，2006，2008；欧洲环境署，2010）。

地下水质量在管理含水层回补方面也构成重要的一环。在很多情况下，人们甚至有目的性地使用这项管理措施来改善或控制水质，如利用含水层稀释和分解物质的能力或者通过向含盐地下水注水来防止上层淡水层过度萎缩。然而，我们应认识到含水层回补管理也可能带来风险，包括地下水污染的风险。Page 等（2010）提出了一种评估此类风险的方法。

近年来，人们愈加关注微污染物，尤其是药品和个人护理用品（PPCPs）以及内分泌干扰化合物（EDCs）（Schmoll 等，2006；Musolff，2009；SIWI，2010）。通过污水、垃圾填埋和粪便传播的污染物在天然水体中的浓度极低（范围从皮克每升至纳克每升），并且无法利用传统的废水处理设备加以去除。人们对其可能产生的影响仍无法确定。药品具有生物活性，虽然药物在地下水中过度稀释后在短期内不会达到对人类和动物产生影响的浓度，但长期接触此类药品对人类和动物产生的影响还属未知。内分泌干扰化合物存在于类固醇类食物添加剂、药物、杀菌剂、除草剂和一系列家庭和工业用品中，可干扰人类和动物体内控制生长和繁殖的荷尔蒙分泌。个人护理用品和内分泌干扰化合物在地表水和浅层地下水中无处不在。在不久的将来，如果检验方法取得进展，我们对它们的存在会有更好的了解。

36.3.3 气候变化、气候多变性和海平面上升

气候变化促使地下水回补发生改变。全球水文模型最近已做出对全球地下水年平均回补量的预测，范围从每年 12 700 立方千米（Döll 和 Fiedler，2008）到 15 200 立方千米（Wada

等，2010），与预估的地下水总储量低了至少三个数量级。然而，上述预测及其相应空间分布产生的依据是 20 世纪下半叶常见的平均气候条件。今后一段时期还会做出新的预测，把气候变化可能产生的影响也纳入考量的范畴。气候变化影响已成为 Döll（2009）模型研究的主题，采用政府间气候变化专门委员会提供的 4 种气候变化情境，把模型得出的结果与基准期（1961—1990 年）进行对比。结论是，到 2050 年，北半球的地下水回补量很可能会增加，而在目前一些半干旱区域则会大幅度降低（下降 30% ～ 70% 或更多），包括地中海沿岸地区、巴西东北部和非洲西南部地区（见图 36.4）。

除地中海沿岸地区和北部高纬度地区外，对其他 10 种气候情境的模拟试验也得出了一些地区的不同趋势。图 36.4 的 4 种模拟情境显示，全球地下水长期平均回补量减少超过 10%。气候变化很难预测，并且在数十年范围内，很难区分由厄尔尼诺-南方涛动现象（ENSO）、太平洋年代际振荡（PDO）、大西洋多年代际振荡（AMO）和其他年代际和多年代际气候振荡引起的气候多变性与气候变化（Gurdak 等，2009）。

气候变化不仅会改变地下水年平均回补量和地表水流量，估计也会对地下水和地表水的分布产生影响。在很多地区，湿润期可能变得

图 36.4

估测的1961—1990年地下水平均补给量全球模型和从1961—1990年到2041—2070年期间联合国政府间气候变化专门委员会提出的4种气候变化情境下地下水平均补给量变化

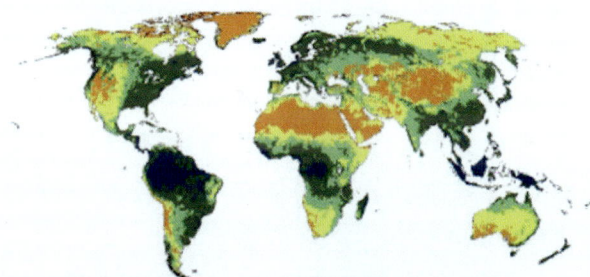
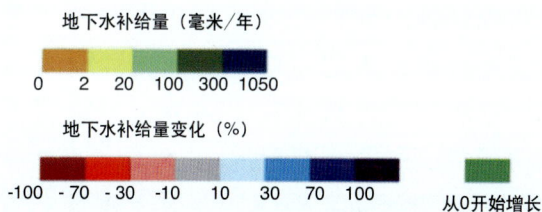
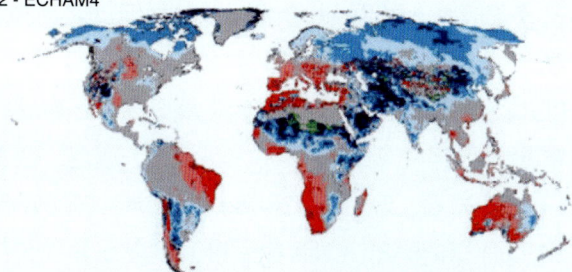

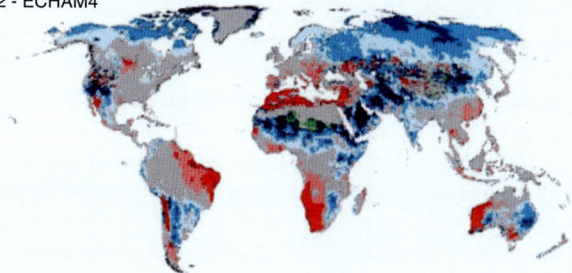
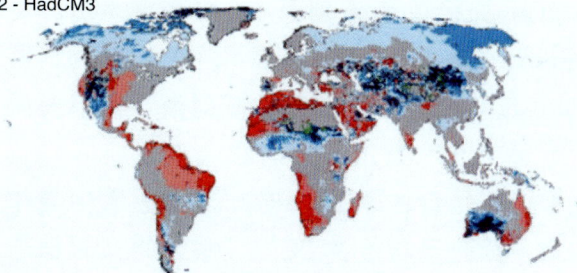

注：气候变化情境采用气候变化模型ECHAM4（Röckner等，1996）和HadCM3（Gordon等，2000）分别依据联合国政府间气候变化专门委员会温室气体排放模型A2（1990－2025年间，年排放量从11吉吨碳增加至25吉吨碳）和B2（年排放量从11吉吨碳增加至16吉吨碳）估算得出。

资料来源：Döll（2009，图1，p.6）。

越来越集中，而干燥期则可能会延长。然而，由于地下水系统具有缓冲能力，气候变化不会对大部分地下水系统的供水能力产生显著影响。如果气候变化使平均补给率降低，缓冲量也无法防止地下水长期可利用量降低情况的发生，但缓冲量会帮助地下水系统逐渐适应新的情况。

气候变化也将改变用水需求和水资源的利用情况。图 36.4 所示的地下水平均补给量变化模式，表明与联合国政府间气候变化专门委员会预测的平均降水量和平均径流的变化模式具有正相关性（Bates 等，2008），由此可以得知，较高用水需求将对地下水平均补给量可能降低的地区产生特殊的影响。在干旱和半干旱地区，该问题的严重性对于数目庞大的小型浅层干涸河道地下含水层而言将比其他任何地方都更为严峻（Van der Gun，2009）。尽管如此，预计在世界上很多水资源日益缺乏的地区，由于储量缓冲会帮助地下水比地表水源更快地适应新情况，人们对地下水的依赖程度将会提高。这也是为什么要在上述地区慎重管理地下水资源的又一个重要原因。

持续和可预测的海平面上升很大程度上由气候变化导致，地下水不断耗减也是原因之一。Konikow 和 Kendy（2005）认为含水层损耗转移出来的地下水最终汇集到海洋中。根据他们的推算，在 20 世纪，美国高地平原地区含水层的地下水总耗减量对于海平面升高的贡献量为 0.75 毫米，占 20 世纪观测到的海平面上升总幅度的 0.5%。对于美国的全部含水层来说，相对应预测值分别是 2.03 毫米和 1.3%（Konikow，2009）。Wada 等（2010）预测，截至 2000 年全球地下水储量耗减对海平面上升的年贡献量为 0.8 毫米，根据联合国政府间气候变化专门委员会的最新数据，这一数值相当于目前海平面上升程度的 25%。假设此预测值合理可信，那么观测到的海平面上升有很大部分可能是由气候变化以外的原因造成的。关于地下水，海平面上升对其的主要影响是沿海地区含水层的海水入侵问题。在世界范围内，海水入侵对于沿海地区地下含水层都构成严重威胁，并且造成巨大的不利影响，因为世界上大部分人口居住在沿海地区。《水文地质学杂志》（*Hydrogeology Journal*）最近几期刊登的一系列文章介绍了沿海地区地下含水层咸水与淡水相互作用的区域概况（Barlow，2010；Bocanegra 等，2010；Custodio，2010；Steyl 和 Dennis，2010；White 和 Falkland，2010）。近期一项关于海平面上升对荷兰沿海地下水造成的影响的研究表明，海平面升高将影响荷兰沿海地下水系统并引发海水侵蚀，但范围仅限于海岸线和主要内陆河 10 千米范围之内。

36.3.4 跨界地下水资源

跨界地下含水层的物理形态和功能与其他含水层并无差别，但是国家之间的行政界线穿越含水层，使地下水资源的协调开发和管控变得更加复杂。国界的存在使获取整个含水层的有关资料数据难度增加，地下水跨越国界，在这种压力条件下，将水分配给不同的国家很容易发生矛盾。只有采取跨界地下含水层管理措施，才能使边界地区避免由于数据空缺、利益冲突和缺少合作出现问题。

自 20 世纪末跨国界含水层问题被提上国际议事日程，国际社会在此方面已取得重大进展。在联合国欧洲经济委员会的支持下，欧洲（UNECE，1999）、高加索地区以及中亚和东南欧地区（UNECE，2007），以及在美洲（UNESCO，2007，2008）、非洲（UNESCO，2010a）和亚洲（UNESCO，2010b）开展的国际共享含水层资源管理计划的推动下，跨界地下含水层区域储量探查及特征描述等工作已经展开。给出全球 318 个已确认跨界含水层位置和目标属性的《世界跨国界含水层地图》（IGRAC，2009）和国际共享含水层资源管理计划的《跨国界含水层地图集》（Puri 和 Aureli，2009）很大程度上都是以上述地区活动为基础制作完成的。

在全球环境基金（GEF）国际水（IW）重点地区框架下，以单个含水层为基础的重点项目已开始实施并仍在进行中。如瓜拉尼含水层项目制定了共同接受的跨界含水层管理措施，并且，项目涉及的 4 个国家（阿根廷、巴西、巴拉圭和乌拉圭）于 2010 年 8 月还针对含水层签署了一份协议。

机构设置和法律法规是跨界含水层资源管理的重要组成部分。在国际法领域，Burchi 和 Mechlem（2005）针对地下水所作的研究表明，国际法将地下水纳入范畴是近期才开始的，且专门针对地下水的立法少之又少，仅涉及日内瓦含水层、努比亚砂岩含水层和撒哈拉沙漠西北部含水层。《跨界含水层法条款草案》有望成为促成此类立法的契机，该草案在 2002—2008 年间由联合国国际法委员会（UNILC）和联合国教科文组织国际水文计划共同制定，并于 2008 年 12 月由联合国大会 A／RES／63／124 号决议通过（Stephan，2009）。该草案包含的重要原则是：合作和信息交流的义务、不损害原则和以保护、保持和管理地下含水层为出发点。

2011 年 12 月 9 日召开的第 66 届联合国大会重申了跨界含水层及相关条款草案的重要性。此次联合国大会通过了一项决议：鼓励成员国妥善管理跨界含水层并鼓励联合国教科文组织国际水文计划继续对成员国提供相关的科技支持。此外，联合国大会决定把《跨界含水层法》提上第 68 届大会的临时议程，以便对条款草案的最终文件进行审核。目前开展的跨界含水层行动为使跨界含水层从潜在问题转化成国际合作创造了契机。

结论

作为目前为止地球上数量最多的不冻淡水，地下水是非常重要的自然资源，但是普通民众往往对地下水难得一见或不甚了解。过去几十年里，水文地质学家和其他科学家在以下方面取得了重大进展：收集全球地下水方面的信息、了解地下水系统的作用和功能、观测地下水系统随时间推移发生的变化、确定提高地

下水收益的解决方案以及保护资源可持续性需要面对的挑战。人们逐渐认识到地下水的开发和状况与其他系统及外部驱动因素密切相关。人们还认识到地下水的价值不仅局限于其多种用途，还包括有价值的"原位"服务，如支撑湿地、泉水和基流以及地表稳定性。因此，地下水资源管理已成为涉及多目标的行动，既要重视工程和技术措施，又要重视人口、社会经济和治理等因素。现代地下水资源管理方法实现了联合管理原则和水资源综合管理原则的相互统一。

对于地下水，尽管我们较为关心的是地下水总量及其在全球水资源中的比例等指标，然而我们应当认识到，地下水的价值并不仅限于满足我们的用水需求。如果没有地下水储存水的缓冲能力，地球上很多干旱地区会由于季节性缺水或长期缺乏淡水而无法居住，并且对于那些离有稳定流量河流较远的农村地区，供水会变得非常昂贵。由于地下水可靠性更高，其单位灌溉用水的经济收益和其他用水产业的经济收益会超过其他的水源。

地下水在全球范围内都处于变化状态。"无声的革命"和现代人类的生活方式导致污染日益严重，给世界各地的地下水系统带来压力。这些压力与日俱增，催生出巨大的风险和不确定性。未来是否有足够的地下水？地下水的质量是否能满足预期用途的要求？在利用和保护地下水之间进行权衡后，人类将如何开发和利用这种常被视为共有财产、却又常遭任意取用的资源？如何减少人为污染物流入含水层？这些问题对地下水组织、水管理者和地方利益相关方提出了巨大挑战，需要我们因地制宜采取解决方案。这些解决方案若要取得成功，需充分认识到平衡地下水开采和含水层其他功能之间关系的重要性，并在选择解决方案时考虑社会和政治因素。尽管原则上风险是可控的，但管控风险并非易事，需要在管理方面付出相当大的努力。

另一方面，无论是现在还是将来，地下水系统的缓冲能力都为降低可用水量的风险和不

确定性提供了绝无仅有的机会。地下水可用水量和水质随时间推移发生的变化十分缓慢，而水分在水循环其他环节中的平均停留时间则短得多，并且，地下水的这些变化相对较容易预测。因此，对于那些用水强度过大或受气候变化影响造成可持续水量降低的地区，地下水可帮助他们度过漫长的旱季，并使其有足够的时间调整总用水量。

注　释

1. 2010 年 6 月，美国国家航空航天局（NASA）与德国航空航天中心（DLR）签署协议，继续实施重力场恢复及气候实验（GRACE），直至 2015 年。

2. 本段提到的大部分数值均为全球总值或平均值，因此不能作为区域或地方得出结论的依据。

3. Siebert 等（2010）预测，全球消耗性灌溉用水为每年 1 277 立方千米，占全球农业水取水量的 48%，其中对地下水用水量的估值（每年 545 立方千米）与全球灌溉用地下水取水量基本一致（考虑了灌溉用水损失）。

4. 通过建模得出的全球用水数值的准确性明显低于表 36.3 中的大部分预测值。表 36.3 中的数值是基于观察得出的，而全球用水数值受到准确度参差不齐的地下水取水数据、高度简化的模型估值和多地平均后数值结果的影响。

5. 坎儿井是带有坡度的渠道系统，专为开发地下水而设计，以自流的方式输送地下水，通常经过长距离输送进入敞开式渠断面后用于多种用途。

参考文献

Alcamo, J., Döll, P., Henrichs, T., Kaspar, F., Lehner, B., Rösch, T. and Siebert, S. 2003. Global estimates of water withdrawals and availability under current and future 'business-as-usual' conditions. *Hydrological Sciences Journal*, Vol. 48, No. 3, pp 339–48.

Appelo, T. (ed), 2008. *Arsenic in Groundwater: A World Problem.* Proceeding Seminar Utrecht, 29 November 2006. Netherlands National Committee of the IAH (NNC-IAH), Utrecht, The Netherlands.

AQUASTAT. On-line database of FAO. http://www.fao.org/nr/water/aquastat/data/query/index.html (Accessed 28 August 2011.)

Bakhbahki, M. 2006. Nubian Sandstone Aquifer System. In: Foster, S., and Loucks, D. P. 2006. *Non-Renewable Groundwater Resources. A Guidebook on Socially-sustainable Management for Water-policy Makers.* UNESCO-IHP, IHPVI, Series on Groundwater No. 10. UNESCO, Paris, France, pp 75–81.

Barlow, P. M. and Reichard, E. G. 2010. Saltwater intrusion in coastal regions of North America. *Hydrogeology Journal,* Vol. 18, No. 1, pp 247–60.

Bates, B., Kundzewicz, Z., Wu, S. and Palutikof, J. (ed.) 2008. *Climate Change and Water.* IPCC Technical Paper VI, IPCC Secretariat, Geneva.

Bocanegra, E., Cardoso da Silva, G., Custodio, E., Manzano, M. and Montenegro, S. 2010. State of knowledge of coastal aquifer management in South America. *Hydrogeology Journal,* Vol. 18, No. 1, pp. 261–68.

Bonsor, H. C., Mansour, M. M., MacDonald, A. M., Hughes, A. G., Hipkin, R. G. and Bedada, T. 2010. Interpretation of GRACE data of the Nile Basin using a groundwater recharge model. *Hydrology and Earth System Sciences,* 7, pp. 4501–33.

Brown, L. R. 2011. Falling water tables and shrinking harvests. *World on the Edge: How to Prevent Environmental and Economic Collapse,* Earth Policy Institute, Washington DC, USA, pp. 21–33.

Burchi, S. and Mechlem, K. 2005. *Groundwater in International Law. Compilation of Treaties and Other Legal Instruments.* FAO Legislative Study 86. FAO, Rome, Italy, and UNESCO, Paris, France.

Carrera-Hernández, J. J. and Gaskin, S.J. 2007. The Basin of Mexico aquifer system: regional groundwater level dynamics and database development. *Hydrogeology Journal,* Vol. 15, No.8, pp. 1577–90.

Centre for Water Policy. 2005. *Some Critical Issues on Groundwater in India.* CWP, Delhi, India.

Chen, J. L., Wilson, C. R., Tapley, B. D., Yang, Z. L. and Niu, G. Y. 2009. 2005 drought event in the Amazon River basin as measured by GRACE and estimated by climate models. *Journal of Geophysical Research,* Vol. 114, B05404, pp 9.

Custodio, E. 2002. Aquifer overexploitation: what does it mean? *Hydrogeology Journal,* Vol. 10, No. 2, pp. 254–77.

----. 2010. Coastal aquifers of Europe: an overview. *Hydrogeology Journal,* Vol. 18, No. 1, pp. 269–80.

Dillon, P., Pavelic, P., Page, D., Beringen, H, and Ward, J. 2009. *Managed Aquifer Recharge: An Introduction.* Waterlines Report Series No. 13, Australian Government, National Water Commission, Canberra, Australia.

Döll, P. 2009. Vulnerability to the impact of climate change on renewable groundwater resources: a global-scale assessment. *Environmental Research Letters doi:10.1088/1748-9326/4/3/035006.*

Döll, P. and Fiedler, K. 2008. Global-scale modelling of groundwater recharge. *Hydrology and Earth System Sciences,* 12, pp 863–885.

Endersbee, L. 2006. World's water wells are drying up! EIR, Vol. 33, No. 10, 10 March 2006, pp. 22–29. http://www.larouchepub.com/other/2006/3310endersbee_water.html

European Commission. 2006. Directive 2006/118/EC of the European Parliament of the Council of 12 December 2006 on the protection of groundwater against pollution and deterioration. *Official Journal of the European Union,* 27 December 2006.

----. 2008. *Groundwater Protection in Europe. The new Groundwater Directive – Consolidating the EU Regulatory Framework.* European Commission, Brussels, Belgium.

European Environmental Agency. 2010. *The European Environment, State and Outlook 2010 – Freshwater quality.* EEA, Copenhagen, Denmark.

EUROSTAT. On-line database of the European Commission. http://epp.eurostat.ec.europa.eu/portal/page/portal/eurostat/home/ (Accessed 28 August 2011.)

Famiglietti, J., Swenson, S. and Rodell, M. 2009. *Water Storage Changes in California's Sacramento and San Joaquin River Basins, Including Groundwater Depletion in the Central Valley.* PowerPoint presentation, American Geophysical Union Press Conference, 14 December 2009, CSR, GFZ, DLR and JPL.

GABCC (Great Artesian Basin Coordinating Committee). 2008. *Great Artesian Basin Strategic Management Plan: Progress and Achievements to 2008.* GABCC Secretariat, Manuka, Australia.

Gordon, C., Cooper, C., Senior, C. A., Banks, H., Gregory, J. M., Johns, T. C., Mitchel, J. F. B. and Wood, R. A. 2000. The simulation of SST, sea ice extents and ocean heat transports in a version of the Hadley Centre coupled model without flux adjustments. *Climate Dynamics* Vol. 16, No. 2–3, pp. 147–168.

Gurdak, J. J., Hanson, R. T. and Green, T. R. 2009. *Effects of Climate Variability and Change on Groundwater Resources in the United States.* U. S. Geological Survey Factsheet 2009–3074. USGS, Office of Global Change, Idaho Falls, Idaho, USA.

GWP (Global Water Partnership). 2011. *What is IWRM?* http://www.gwp.org/en/The-Challenge/What-is-IWRM/ (Accessed 28 February 2011.)

Habermehl, M., 2006. The Great Artesian Basin, Australia. In: Foster, S. and D. Loucks, 2006. Non-renewable Groundwater Resources. *A Guidebook on Socially Sustainable Management for Water-policy Makers.* UNESCO-IHP, IHPVI, Series on Groundwater No. 10, pp. 82–88(103). UNESCO, Paris, France.

Herczeg, A. L. and Love, A. J. 2007. *Review of Recharge Mechanisms for the Great Artesian Basin.* Report to the Great Artesian Basin Coordinating Committee, CSIRO, Australia.

Hydrosult, TNO and WEC. 2010. *Hydro-geological and Water Resources Monitoring and Investigations.* Project report, Sana'a, Republic of Yemen.

IGME (Instituto Geológico y Minero de España). 2006. *The Alicante Declaration.* International Symposium on Groundwater Sustainability. Alicante, Spain, 23–27 January 2006. http://aguas.igme.es/igme/isgwas/ing/The%20Alicante%20Declaration%20-%20Final%20Document.pdf

IGRAC (International Groundwater Resources Assessment Centre). 2009. *Transboundary Aquifers of the World.* Map at scale 1: 50 M. Special edition for the 5th World Water Forum, Istanbul, March 2009.

IGRAC (International Groundwater Resources Assessment Centre). 2010. Global *Groundwater Information System (GGIS).* http://www.igrac.net (Accessed 23 November 2010.)

Jarvis, T. 2010. Community-based approaches to conflict management: Umatilla County critical groundwater areas, Umatilla County, Oregon, USA: NEGOTIATE Toolkit: case studies. In *NEGOTIATE – Reaching Fairer and More Effective Water Agreements.* International Union for Conservation of Nature (IUCN), Gland, Switzerland. http://cmsdata.iucn.org/downloads/northwestern.pdf

Jia, Y., and J. You. 2010. *Sustainable Groundwater Management in the North China Plain: Main Issues, Practices and Foresights.* Extended abstracts XXXVIIIrd IAH Congress, Krakow, Poland, 12–17 Sept 2010, no 517, pp 855–862.

Kendy, L., Zhang, Y., Liu, C., Wang, J. and Steenhuis, T. 2004. Groundwater recharge from irrigated cropland in the North China Plain: case study of Luancheng County, Hebei Province, 1949–2000. *Hydrological Processes* 18, pp. 2289–302.

Konikow, L., 2009. *Groundwater Depletion: A National Assessment and Global Perspective.* The Californian Colloquium on Water, 5 May 2009. http://youtube.com/watch?v=Q5sOUit8V6s

Konikow L. and Kendy, E. 2005. Groundwater depletion: a global problem. *Hydrogeology Journal,* Vol. 13, pp. 317–20.

Liu, Ch., Yu, J. and Kendy, E. 2001. Groundwater exploitation and its impact on the environment in the North China Plain. International Water Resource Association. *Water International,* Vol. 26, No. 2, pp. 265–72.

Llamas, M. R. and Custodio, E. 2003. Intensive use of groundwater: a new situation which demands proactive action. Llamas, M.R. and Custodio, E. (eds) *Intensive Use of Groundwater: Challenges and Opportunities.* Balkema Publishers, Dordrecht.

Llamas, M. R. and Garrido, A. 2007. Lessons from intensive groundwater use in Spain: Economic and social benefits and conflicts. Giordano, M. and Vilholth, K. G. (eds). 2007. *The Agricultural Groundwater Revolution: Comprehensive Assessment of Water Management in Agriculture.* CABI, Wallingford, UK, pp. 266–95.

Llamas, M. and Martínez-Santos, P. 2005. Intensive groundwater use: a silent revolution that cannot be ignored. *Water Science and Technology Series,* Vol. 51, No. 8, pp. 167–74.

Mamou, A., Besbes, M., Abdous, B., Latrech, D. and Fezzani, C. 2006. North Western Sahara Aquifer System. Foster, S. and D. Loucks. 2006. *Non-renewable Groundwater Resources. A Guidebook on Socially Sustainable Management for Water-policy Makers.* UNESCO-IHP, IHPVI, Series on Groundwater No. 10, UNESCO, Paris, France, pp. 68–74.

Margat, J. 2008. *Les eaux souterraines dans le monde.* Paris, BGRM Editions/UNESCO.

McGuire, V. L. 2003. *Water-level Changes in the High Plains Aquifer, Predevelopment to 2001, 1999 to 2000, and 2000 to 2001.* USGS Fact Sheet FS-078-03, 4p, USGS, Reston, Virginia, USA.

––––. 2009. *Water-level Changes in the High Plains Aquifer, Predevelopment to 2007, 2005–06 and 2006-07.* Scientific Investigations Report 2009-5019, USGS, Reston, Virginia.

Moiwo, J. P., Yang, Y., Li, H., Han, S. and Hu, Y. 2009. Comparison if GRACE with in siu hydrological measurement data shows storage depletion in Hai River basin, Northern China. *Water SA,* Vo. 35, No. 5, pp. 663–70.

Molinero, J., Custodio, E., Sahuquillo, A. and Llamas, M. R. 2008. *Groundwater in Spain: Overview and Management Practices.* IAHR International Groundwater Symposium, Istanbul, June 18-20, 2008. CD of proceedings.

Morris, B. L., Lawrence, A. R., Chilton, J., Adams, B., Calow, R. and Klinck, B. A. 2003. *Groundwater and its Susceptibility to Degradation: A Global Assessment of the Problem and Options for Management.* Early Warning and Assessment Report Series, RS 03-03, UNEP, Nairobi, Kenya.

Motagh, M., Walter, T. R., Sahrifi, M., Fielding, E., Schenk, A., Anderssohn, J. and Zschau, J. 2008. Land subsidence in Iran caused by widespread water reservoir overexploitation. *Geophysical Research Letters,* Vol. 35, L16403.

Muskett, R. D. and Romanovsky, V. E. 2009. Groundwater storage changes in arctic permafrost watersheds from GRACE and in situ measurements. *Environmenal Research Letters,* 4 (2009) 045009, pp. 1–8.

Musolff, A. 2009. Micropollutants: challenges in hydrogeology. *Hydrogeology Journal,* Vol. 17, No. 4, pp 763–66.

NASA (National Aeronautics and Space Administration). 2010. *NASA and DLR Sign Agreement to Continue Grace Mission Through 2015.* News and Features. Jet Propulsion Laboratory, California Institute of Technology, NASA. 10 June 2010. http://www.jpl.nasa.gov/news/news.cfm?release=2010-195

Oude Essink, G.H.P., van Baaren, E. S. and de Louw, P.G.B. 2010. Effects of climate change on coastal groundwater systems: A modelling study in the Netherlands. *Water Resources Research,* Vol. 46, W00F04, pp. 1–16.

Page, D., Dillon, P., Vanderzalm, J., Toze, S., Sidhu, J., Barry, K., Levett, K., Kremer, S., and Regel, R. 2010. Risk Assessment of aquifer storage transfer and recovery with urban stormwater for producing water of a potable quality. *Journal of Environmental Quality,* Vol. 39 (6), pp. 2029–39.

Peck, J. 2007. Groundwater management in the High Plains aquifer in the USA: Legal Problems and Innovations. *The Agricultural Groundwater Revolution: Opportunities and Threats to Development.* M. Giordano and K.G. Villholth, IWMI, (eds), Colombo, Sri Lanka. CABI, Wallingford, UK, 2007, pp 296–319.

Puri, S. and Aureli, A. 2010. *Atlas of Transboundary Aquifers,* UNESCO-IHP ISARM Programme, Paris, France.

Röckner, E., Arpe, K., Bengtsson, L., Chistoph, M., Claussen, M., Dümenil, L., Esch, M., Giogetta, M., Schlese, U. and Schulzweida, U. 1996. *The Atmospheric General Circulation Model ECHAM-4: Model Description and Simulation of Present Day Climate.* MPI-Report No 218. MPI für Meteorologie, Hamburg, Germany.

Rodell, M., Velicogna, I. and Famiglietti, J. S. 2009. Satellite-based estimates of groundwater depletion in India. *Nature,* Vol. 460, pp. 999–1002.

Sahara and Sahel Observatory (OSS). 2008. *The North-Western Sahara Aquifer System: Concerted Management of a Transboundary Water Basin.* Synthesis Collection, No. 1. OSS, Tunis, Tunisia.

Sakura, Y., Tang, C., Yokishioka, R., Ishibashi, H. 2003. Intensive use of groundwater in some areas of China and Japan. Llamas, M.R. and Custodio, E. (eds) *Intensive Use of Groundwater: Challenges and Opportunities.* Balkema Publishers. Dordrecht, pp. 337–53.

Schmoll, O., Howard, G., Chilton, J. and Chorus, I. 2006. *Protecting Groundwater for Health – Managing the Quality of Drinking-water Sources.* WHO Drinking-water Quality Series. WHO, Geneva, Switzerland, and IWA, London, UK.

Siebert, S., Burke, J., Faures, J., Frenken, K., Hoogeveen, J., Döll, P. and Portmann, T. 2010. Groundwater use for irrigation – a global inventory. *Hydrology and Earth System Sciences,* 14, pp. 1863–80

Sinclair Knight Merz (SKM). 2008. *Great Artesian Basin Sustainability Initiative. Mid-term Review of Phase 2.* Report prepared for Australian Government, Department of the Environment and Water Resources. SKM, Brisbane, Australia.

Shah, T. 2007. The Groundwater Economy of South Asia: An Assessment of Size, Significance and Socio-ecological Impacts. *The agricultural groundwater revolution: opportunities and threats to development.* M. Giordano and K.G. Villholth (eds). IWMI, Colombo, Sri Lanka. CABI, Wallingford, UK, 2007, pp 7–36.

Shah, T., Burke, J. and Villholth, K. 2007. Groundwater: A global assessment of scale and significance. Comprehensive Assessment of Water Management in Agriculture, *Water for Food, Water for Life: A Comprehensive Assessment of Water Management in Agriculture.* London/Colombo, Earthscan/International Water Management Institute, pp. 395–423.

SIWI (Stockholm International Water Institute). 2010. *The Malin Falkenmark Seminar: Emerging Pollutants in Water Resources – A New Challenge to Water Quality. World Water Week 2010.* http://www.worldwaterweek.org/sa/node.asp?node=750&sa_content_url=%2Fplugins%2FEventFinder%2Fevent%2Easp&id=3&event=239 (Accessed 4 March 2011)

Sophocleous, M. 2010. Review: groundwater management practices, challenges and innovations in the High Plains aquifer, USA – lessons and recommended actions. *Hydrogeology Journal,* Vol. 18, No. 3, pp. 559–75.

Stephan, R. M. 2009. Transboundary aquifers: Managing a vital resource. *The UNILC Draft Articles on the Law of Transboundary Aquifers.* UNESCO-IHP, Paris, France.

Steyl, G., and Dennis, I. 2010. Review of coastal-area aquifers in Africa. *Hydrogeology Journal,* Vol. 18, No. 1, pp 217–26.

Tiwari, V., Wahr, J. and Swenson, S. 2009. Dwindling groundwater resources in northern India, from satellite gravity observations. *Geophysical Research Letters,* Vol. 36, L18401.

Todd, D.K. 1959. *Ground Water Hydrology.* New York and London. John Wiley & Sons.

UNECE (United Nations Economic Commission for Europe). 1999. *Inventory of Transboundary Groundwater.* UN-ECE Task Force on Monitoring and Assessment, Vol. 1, RIZA, Lelystad, The Netherlands, ISBN: 9036953154.

----. 2007. *Our Waters: Joining Hands Across Borders. First Assessment of Transboundary Rivers, Lakes and groundwaters.* United Nations, New York and Geneva.

UNESCO (United Nations Educational, Scientific and Cultural Organization). 2007. *Sistemas acuíferos transfronterizos en las Américas.* UNESCO-PHI and OEA, Series ISARM Americas no.1, Montevideo/Washington.

----. 2008. *Marco legal e institucional en la gestión de los sistemas acuíferos transfronterizos en las Américas.* UNESCO-PHI and OEA, Series ISARM Americas no.2, Montevideo/Washington.

----. 2010a. *Managing Shared Aquifer Resources in Africa.* Proceedings of theThird International ISARM Conference, Tripoli, 25–27 May 2008. IHP-VII Series on Groundwater No. 1, UNESCO, Paris, France.

----. 2010b. *Transboundary Aquifer in Asia.* IHP-VII Technical Document in Hydrology, UNESCO, Beijing and Jakarta.

Vali-Khodjeini, A. 1995. Human impacts on groundwater resources in Iran. *Man's Influence on Freshwater Ecosystems and Water Use.* Proceedings of a Boulder Symposium. IAHS Publ. No. 230.

Van der Gun, J. A.M. 2009. Climate change and alluvial aquifers in arid regions: Examples from Yemen. *Climate Change and Adaptation in the Water Sector.* CPWC, Earthscan, London, UK, pp 143–58.

Van der Gun, J.A.M. and Abdul Aziz Ahmed. 1995. *The Water Resources of Yemen. A Summary and Digest of Available Information.* WRAY project, Delft and Sana'a.

Van der Gun, J. and Lipponen, A. 2010. Reconciling storage depletion due to groundwater pumping with sustainability. *Sustainability, Special Issue Sustainability of Groundwater,* 2(11).

Van Weert, F., van der Gun, J. and Reckman, J. 2009. *Global Overview of Saline Groundwater Occurrence and Genesis.* IGRAC, Report nr GP-2009-1, Utrecht, The Netherlands.

Wada, Y., Van Beek, L. P. H., Van Kempen, C. M., Reckman, G. W., Vasak, S. and Bierkens, M. F. P. 2010. Global depletion of groundwater resources. *Geophysical Research Letters,* Vol. 37, L20402.

Welsh, W. D. 2006. *Great Artesian Basin Transient Groundwater Model.* Australian Government, Bureau of Rural Sciences, Canberra, Australia.

White, I. and Falkland, T. 2010. Management of fresh-water lenses on small Pacific Islands. *Hydrogeology Journal,* Vol. 18, No. 1, pp. 227–46.

WHYMAP (World-wide Hydrogeological Mapping and Assessment Programme). 2008. *Groundwater Resources of the World,* Map 1: 25 M. UNESCO, IAH, BGR, CGMW, IAEA. http://www.whymap.org/whymap/EN/Downloads/Global_maps/gwrm_2008_pdf.pdf?__blob=publicationFile&v=2

WWAP (World Water Assessment Programme). 2009. *World Water Development Report 3: Water in a Changing World.* Paris/London, UNESCO/Earthscan.

《联合国世界水发展报告》第四版

不确定性和风险条件下的水管理

第三卷　面对挑战

联合国教科文组织　编著

水利部发展研究中心　编译

UNESCO
Publishing

United Nations
Educational, Scientific and
Cultural Organization

中国水利水电出版社
www.waterpub.com.cn

北京市版权局著作权合同登记号：图字 01－2013－0721

本出版物所使用的名称和引用的资料，并不代表联合国教科文组织对这些国家、领土、城市、地区或其当局的法律地位以及对边界或国界的划分表达任何观点和看法。

本出版物所表述的想法和观点均属于作者本人，并非联合国教科文组织所持观点，并不代表联合国组织机构的意见或决定。

Original title：The United Nations World Water Development Report 4：Managing Water under Uncertainty and Risk

First published in English by the United Nations Educational，Scientific and Cultural Organization (UNESCO)，7，place de Fontenoy，75732 Paris 07 SP，France under the ISBN：978－92－3－104235－5.

© UNESCO 2012

© UNESCO/China Water & Power Press 2012，for the Chinese translation

图书在版编目（ＣＩＰ）数据

不确定性和风险条件下的水管理 / 联合国教科文组织编著；水利部发展研究中心编译. -- 北京 : 中国水利水电出版社，2013.12
书名原文: The united nations world water Development report 4:managing water under uncertainty and risk
ISBN 978-7-5170-1623-6

Ⅰ. ①不… Ⅱ. ①联… ②水… Ⅲ. ①水资源管理—研究 Ⅳ. ①TV213.4

中国版本图书馆CIP数据核字(2013)第318407号

审图号：GS（2013）2733号

出版发行	中国水利水电出版社 （北京市海淀区玉渊潭南路 1 号 D 座　100038） 网址：www.waterpub.com.cn E-mail：sales@waterpub.com.cn 电话：（010）68367658（发行部）
经　　售	北京科水图书销售中心（零售） 电话：（010）88383994、63202643、68545874 全国各地新华书店和相关出版物销售网点
排　　版	中国水利水电出版社微机排版中心
印　　刷	北京鑫丰华彩印有限公司
规　　格	210mm×297mm　16 开本
版　　次	2013 年 12 月第 1 版　2013 年 12 月第 1 次印刷
印　　数	0001—1000 册
总 定 价	**368.00 元**（共三卷）

编委会人员名单

"我们不能照搬已造成问题的思维方式来解决问题。"

阿尔伯特·爱因斯坦

前 言

联合国《世界水发展报告》（WWDR）自 2003 年第一版问世以来，就人类生活与工作中各方面决策对水资源产生何种影响进行了阐述。全球环境和条件正在经历快速变化，对水资源构成新的压力，其利用与管理也面临新的不确定性与风险。由于各国体制机制、法律框架、财力和人力资源状况不尽相同，在应对上述挑战的能力上存在巨大差异。

案例研究是《世界水发展报告》各版本的重要组成部分。这些案例共同诠释了全球政策制定者与水管理者所面临的挑战以及他们的应对措施。第三卷《迎接挑战》简要总结了 3 年里搜集的 15 个案例，将引领大家快速浏览当今世界不同地域的水资源管理与利用现状。经过编排设计，这些案例成为 2012 年第四版《世界水发展报告》第一卷和第二卷的完美补充，前两卷探讨的影响水资源管理的诸多因素也在本卷中以各种方式呈现。

自 2000 年联合国世界水评估计划（WWAP）实施以来，案例研究的数量持续上升。通过与世界各国有关机构合作，目前已在不同地区完成了 58 个流域级或国家级案例研究。在开发案例研究项目过程中，调动关键利益相关方的积极性十分重要。未来，联合国世界水评估计划将继续与各国合作者及利益相关方合作，进一步研究不同国家和流域水资源管理与利用的案例，尽量扩大研究覆盖的地域范围。

本卷内容是对国际社会的宝贵贡献，其中所叙述的经验与政策为所有致力于可持续发展事业的人们提供了不同的视角，不仅包括水行业专业人士，也包括各级管理者和决策者，以及"水箱"❶内外的研究者，以协助他们利用更全面的知识做出知情决策。

联合国世界水评估计划协调员　**奥尔贾伊·云韦尔**

---

❶ "水箱"这一概念出现在《世界水发展报告》第三版中，用于描述水资源管理相关问题中通常被圈定和限制的特定范畴（即"水行业"）。

目　录

概述

案例研究实施过程
及主要发现

联合国《世界水发展报告》第四版收集了全球不同地区的15个案例，并首次收录了北美（美国佛罗里达州圣约翰斯河流域）和中东（约旦）的案例。同前几版《世界水发展报告》一样，本报告关注的重点依然是各国、各地区面临的共同挑战：淡水资源的管理与分配、体制和法制框架的弊端、环境破坏的加剧、水质恶化以及气候易变性和气候变化带来的风险。

本卷收录案例的地区分布如下图所示。试点项目中的8个案例（见下图和案例2、5、6、10、11、12、13、15）为流域层面研究，其余为国家层面研究。尽管参加此次案例研究的国家多为《世界水发展报告》新的合作伙伴，但中国、法国、意大利、墨西哥和韩国5国也曾为《世界水发展报告》前几版提供过案例。在此，我们向所有为此付出努力的国家深表谢意。

在最初约上千页文稿的基础上，本卷报告对15个案例研究进行了概括总结。在撰写案例研究报告及概要总结过程中，编写人员的工作量可谓巨大，为保证最终报告的质量，平均每个案例报告都经过了两次修订。

太平洋
大西洋
太平洋
印度洋

■ 非洲	■ 阿拉伯国家	■ 亚太地区		■ 欧洲和北美	■ 拉丁美洲和加勒比地区
1. 加纳	3. 约旦	5. 澳大利亚（墨累－达令流域）		9. 捷克共和国	14. 哥斯达黎加
2. 肯尼亚和坦桑尼亚（马拉河流域）	4. 摩洛哥	6. 中国（黄河流域）		10. 法国（马赛－普罗旺斯大都市圈）	15. 墨西哥（莱尔马河－查帕拉湖流域）
		7. 韩国（济州岛）		11. 意大利（台伯河流域）	
		8. 巴基斯坦（印度河流域）		12. 葡萄牙（塔古斯河流域）	
				13. 美国（佛罗里达圣约翰斯河流域）	■ 包括联合国教科文组织非洲和阿拉伯地区成员
					■ 包括联合国教科文组织欧洲/北美和亚洲/太平洋地区

研究案例的地区分布图

案例研究涉及的地域特点迥异。在本报告的案例中，韩国济州岛面积最小（约 1 850 平方千米），而中国的黄河流域（约 79.5 万平方千米）和澳大利亚的墨累-达令流域（超过 100 万平方千米）是面积最大的两个流域。

这些高度概括的案例直观地展示了现实的状况，介绍了各地区水资源现状和利用情况，而这两者都受到资源状况、水资源利用情况、行业间竞争、法律及行政管理框架、生态系统现状、气候变化及气候易变性以及与涉水灾害等诸多共性问题的影响。专栏则重点介绍了近期发生的重大事件（如巴基斯坦洪灾、墨累-达令流域干旱）、重要涉水项目（如约旦的生态系统保护项目、黄河流域减轻泥沙沉积项目、马拉河流域引入生态系统服务付费项目）以及流域组织结构与功能（墨西哥莱尔马河-查帕拉湖流域委员会，葡萄牙流域管理局）。

无论一个国家发展程度如何，水资源管理与保护永远是需要不断改进的领域。澳大利亚在 2004 年国家水计划中提出了水改革蓝图。在韩国济州岛，人们已清晰地认识到水资源综合管理对有效规划的重要性。中国黄河流域在区域层面对水资源分配实行严格控制，确保整条河的河道流量，尤其是下游不断流。巴基斯坦政府正着手改革印度河流域的灌溉水管理。在美国佛罗里达州圣约翰斯河流域，《流域恢复法》的实施有效控制了污染问题。欧盟各成员国正在实施 2000 年《欧盟水框架指令》，各国正处于完成任务要求的不同阶段。

气候变化及气候易变性可构成不同程度的挑战。尽管模型预测显示各国未来的气候和水文情况具有相似性，有些国家已经感受到了气候变化带来的影响，涉水自然灾害发生的频率更高，强度也更大（如洪水、干旱、泥石流、龙卷风等）。上述灾害发生频率的易变性在几乎所有开展案例研究的国家都有所上升。各国虽然无一例外具备减灾的机制与法律保障，但当灾害发生时，各国应对灾害的体制能力与财力却与其经济发展水平存在紧密关系。

在气候变化与气候易变性加剧的时代，河流沿岸各国在国际水资源领域的合作对于分享与保护稀缺的水资源至关重要。约旦与以色列在 1994 年"和平协议"中就约旦河流域的水权达成了一致。在西班牙与葡萄牙，《阿尔布费拉公约》（Albufeira Convention）适用于多条跨界河流，并涉及信息交换、污染控制与预防、用水跨界影响评估、解决冲突及权利分配等问题。该公约为未来修订留有余地，以确保实现流域层面的环境目标，整合应对气候变化的各项措施。各国国内针对共享的水资源开展合作也十分重要。中国黄河流域虽跨越多达 9 个省及自治区，但是 1987 年制定的《黄河水量分配方案》和 2006 年颁布的《黄河水量调度条例》为水资源调配奠定了基础，不但满足了所有省份的用水需求，也改善了特别是黄河下游地区的环境。

水与粮食安全不仅是约旦和摩洛哥等干旱地区的主要问题，也是水资源相对充裕的国家面临的问题。例如，由于缺乏农产品储存和加工设施，加纳的易腐农作物损失惨重。总体而言，人口增长及气候变迁，如影响农作物收成的洪水与干旱，构成影响粮食安全的其他因素。

案例研究表明，实现水资源可持续利用的措施正朝着水资源综合管理（IWRM）的方向发展。各级监管部门正逐步认识到实行流域内地表水与地下水统一管理，平衡各部门对利益的角逐和生态需求之间关系的必要性。但是，我们仍需努力才能将水资源综合管理提升为全球层面的主要目标。千年发展目标同样如此，因为各地区在该目标实现上仍存在明显差异。

这些案例研究凸显了各地区现状、所面临的挑战与优先任务的多重特征。因此，联合国《世界水发展报告》今后的版本将继续扩大所收录案例的地域覆盖范围，目前也正在努力寻找更多的案例合作伙伴。

第三十七章

加纳

致谢：柯德沃·安达、本·安博曼、克里斯丁·杨·阿杰、温斯顿·艾克·安达

地理位置和概况

加纳共和国（以下简称"加纳"）位于非洲西部，北接布基纳法索、东毗多哥、西邻科特迪瓦、南濒几内亚湾和大西洋（见地图37.1）。国土面积 238 540 平方千米，人口2 430万（2010 年）。加纳首都为阿克拉，人口200 万（2009 年）。

加纳地形主要为波伏平原、悬崖绝壁和低矮的山脉。加纳最高峰是位于阿夸平多哥山脉的阿法乔托山，海拔 880 米。加纳属于温暖潮湿的热带气候。沿海地区年平均气温26℃，北部地区年平均气温 29℃。加纳西南部最高年降水量为 2 150 毫米，东南部 800毫米，东北部则为 1 000 毫米。由于降雨时空分布不均，加纳各地均面临水资源短缺的压力。例如，即使在降水量丰沛的南部和西部，旱季的缺水时段也会持续 3～5 个月；在降水量最低的北部和东南部，旱季会持续8～9 个月。

加纳自然资源较为丰富，主要有黄金、钻石、锰矿石、矾等。黄金和可可是加纳最重要的出口商品。加纳自 2010 年开始出口原油。

地图 37.1

加纳

图例：
- – – 流域界线
- ◇ 列入拉姆萨尔公约名录的湿地
- ● 水电站
- ■ 国家公园
- ◉ 城市
- — 国界

水资源现状及其使用和管理

加纳有三大水系：沃尔特水系、西南水系和沿海水系，分别占国土面积的 70％、22％ 和 8％。沃尔特水系包括奥蒂-达卡（Oti-Daka）河、黑白沃尔特（White and Black Volta）河、普鲁（Pru）河、赛内（Sene）河和阿夫拉姆（Afram）河；西南水系由比亚（Bia）河、塔诺（Tano）河、安科布拉（Ankobra）河、普拉（Pra）河构成；沿海水系包括欧卡-纳夸（Ochi-Nakwa）河、欧卡-阿米撒（Ochi-Amissah）河、阿叶恩苏（Ayensu）河、登苏（Densu）河和托则（Tordzie）河。河流总年径流量为 565 亿立方米，其中 400 亿立方米来自沃尔特河。加纳水资源总量的 40％ 源于境外河流。

博苏姆推（Bosumtwi）湖是加纳唯一的重要天然淡水湖，其面积为 50 平方千米，水深 78 米。沃尔特（Volta）湖面积为 8 500 平方千米，是世界上最大的人工湖之一，也是阿科松博大坝（Akosombo Dam）的蓄水水库。

2000 年，加纳的总取水量约 9.82 亿立方米。其中约 6.52 亿立方米（66％）用于灌溉和牲畜饲养，2.35 亿立方米（24％）用于供水和卫生，0.95 亿立方米（10％）用于工业。用于水力发电的非消耗用水（仅阿科松博大坝）每年约 380 亿立方米（联合国粮农组织全球水和农业信息系统，日期不详）。到 2020 年，消耗性用水需求预计将达到 50 亿立方米。

农业作为经济发展的最重要组成部分（见专栏 37.1），约占国内生产总值（GDP）的 30％，约 55％ 的就业岗位由农业相关部门提供。工业包括采矿业、制造业、建筑业和发电业，约占国内生产总值的 20％。服务业增长速度很快，目前（2010 年）占国内生产总值的一半。该国的贫穷状况有区域性差异。

虽然加纳有超过 50 000 眼机井和人工水井，但对地下水资源状况的研究并不到位。加纳的年可再生水资源量约 260 亿立方米（2005 年）。沃尔特河流域每年地下水使用量约为 9 000 万立方米。在其他流域开展的测算同样显示，地下水实际使用量远远低于补给量。预计到 2020 年，为满足用水需求，地下水提取量将增长约 70％。

自 20 世纪 80 年代以来，加纳政府推出了几项政策改革，主要旨在提高农村、城市以及灌溉的用水效率，同时保护环境。但该国的关键问题是缺乏一个将水资源管理各个方面统筹考虑的总体水政策。为应对上述挑战，1996 年成立的水资源委员会（主要负责规范和管理淡水资源的使用，并协调相关措施）于 2002 年颁布了水政策草案。2004 年，加纳开展了更大范围的讨论磋商，试图将供水和卫生也纳入草案之中。该政策草案融合了环境评估原则，以促进自然资源的可持续性，由此得到进一步完善。2007 年，将水资源综合管理方法作为核心原则之一的国家水政策获得批准。该政策阐述了与水资源利用相关的各类跨行业问题，以及水资源与卫生、农业、交通、能源等行业政策之间的联系（加纳水资源、工程与住房部，2007）。该一体化措施使水政策较好地补充了国家减贫战略以及非洲发展新伙伴计划（NEPAD）提出的"非洲水展望"项目。

在体制框架方面，水行业改革自 20 世纪 90 年代以来就已经开展，加纳环保署和水资源委员会分别于 1994 年和 1996 年应运而生。加纳公共事业监管委员会于 1997 年成立，负责规范和监督公共供水服务。1998 年，加纳供水有限公司成立，负责向城市地区供水。同年，社区水与卫生管理局成立，负责管理农村地区供水。

气候变化、涉水灾害以及风险管理

加纳经常遭受洪水和干旱的侵害，尤其是在北部的热带草原气候带地区。该国在 1962 年和 1963 年经历过两次大范围洪水。之后，在 1991—2008 年间共发生了 6 次较严重的洪水。1991 年洪水影响了近 200 万人的生产和生活。2007 年发生在北部地区的灾难性洪水使超过 32.5 万名加纳居民受灾，近 10 万人需要援助

来重建家园（联合国国际减灾战略／世界银行，2009）。2011年，加纳全国又遭受了多次洪灾，特别是在东部和北部地区。科学研究显示，5.6年为一个显著的洪水发生周期，而加纳在1977年、1983年和1992年遭遇了特大干旱。事实上，2007年洪水之后旱情紧随而至，严重影响了玉米初期收成。这些涉水灾害对国家和地区经济带来影响的相关记载仍不完备。

专栏 37.1

农业与粮食安全

随着经济发展和农业生产的持续增长，加纳贫困人口的迅速减少也为当地农民创造了一个充满活力的市场，收入增加在减贫的同时提高了人们对粮食的需求。在1983年开展的经济改革的推动下，加纳对农业进行了重大改革。稳定的经济、自由化的市场和基础设施的改善使农业耕种恢复了活力，不仅使小农户受益，还吸引了大量的投资，扩大了菠萝和棕榈油等经济作物的生产。1983年之后，农业生产的年平均增长率达到5.1%。粮食供应的增长速度超过了人口增长速度，加纳基本实现了粮食自给自足。与此同时，食品价格出现了下降趋势。更多的人买得起食品，营养不良的人口比例从1991年的34%下降到2003年的8%。儿童营养不良比例下降，婴幼儿体重偏轻的比例也从1988年的30%下降到2008年的17%。贫困人口比例从1991年的52%下降到2006年的28.5%，同期农村贫困人口比例从64%下降到40%。最近估算表明，只有10%的城市人口生活在贫困线以下（国际农业发展基金，日期不详）。总之，加纳正朝着将贫困和饥饿人口减半的千年发展目标（MDG1）迈进。

尽管如此，粮食安全在加纳并未完全实现。1.9万平方千米可灌溉土地上只有338平方千米得到了灌溉（2007年）。此外，许多灌溉工程长期得不到整修。加纳面临的另一挑战是缺乏足够的农产品储存和加工设备，易腐农作物损失严重。气候变化事件，如洪水和干旱，影响作物产量；人口快速增长也对粮食安全产生负面影响。

资料来源：联合国粮农组织全球水和农业信息系统（日期不详）。

在各国的帮助下，加纳开展了水资源和沿海地区国家气候变化情境和脆弱性评估研究。研究发现，1961—1990年的30年间，年平均气温上升约1℃，降水量减少20%，河流径流量削减30%。气候变化情境模拟预测2020年径流量将减少15%～20%，2050年则可能减少30%～40%。模拟预测显示，到2020年，地下水补给量将减少5%～22%，到2050年则将减少30%～40%。预计玉米产量到2020年将下降7%，但小米属于抗高温作物，其产量可能不会受到明显的影响。

研究同时发现，灌溉用水需求也会受到气候变化的影响。模拟预测表明，在加纳气候湿润地区，灌溉用水需求量较基准期需求量可能会增加40%（2020年）到150%（2050年）。在干旱的热带地区，灌溉用水需求量到2020年和2050年将分别增长150%和1 200%。水力发电也会明显受到气候变化的影响。到2020年，发电量将减少60%。在沿海地区，海平面上升（有可能上升1米）将淹没超过1 000平方千米的土地。生活在东海岸的13万居民生活将面临危机。重要湿地会因土地侵蚀和洪水泛滥而消失，尤其是像沃尔特三角洲这样的地区。海平面上升导致水深度和潟湖的咸化增加，由此可能会对候鸟和本地鸟类的生存产生负面影响。

面对涉水灾害和其他自然灾害，加纳政府在援助机构的帮助下正在制定相关战略，强化灾害风险管理机构的能力建设。降低灾害风险是内政部所属的国家灾害管理组织（NADMO）的主要职责。国家灾害管理组织在国家秘书处的管理下行使职能，下设10个区域秘书处、168个区/市秘书处和900个地方办公室。自1996年根据517号法令成立以来，国家灾害管理组织在全国灾害管理领域取得了很大成绩。但由于缺乏足够的资金，其实际行动和应对能力受到了一定限制（国家灾害管理组织，2011）。2009年，议会通过了第517号法令修正案，并修订了1997年国家灾害管理计划。为实现既定目标，国家灾害管理组织成立了数个技术委员会，将所有类型的灾害，包括地质和水文气象事件、病虫害、林区大火和雷电、疾病暴发和流行病等纳入其工作范畴。

水与健康

尽管90%的城市居民都能获得安全的饮用水，但2008年只有32%的居民能在自家住宅中直接用到安全饮用水，而在2000年该数据为40%。该比例降低的主要原因是饮用水设施建设的速度未能跟上人口增长和城镇化的速度。2008年，农村居民能在自家住宅中直接用到安全饮用水的比例为60%。

在加纳，拥有改善的卫生设施的人口比例非常低。2008年，城市地区使用改善的卫生设施的人口比例只有18%，农村地区只有7%（联合国儿童基金会，日期不详）。近40%的公立学校学生无法获得安全饮用水，约50%的公立学校没有配备厕所（2011年）。这导致疟疾、血吸虫病、麦地那龙线虫病和淋巴丝虫病等与水相关的疾病时有发生。根据《世界疟疾报告》（世界卫生组织，2009）的数据，2008年加纳通报了320万起疟疾病例，其中近100万为5岁以下儿童。疟疾已在加纳全国范围扩散，每年将近2万儿童因此死亡。疟疾每年造成的

经济负担约占国内生产总值的1%～2%（联合国儿童基金会）。霍乱和黄热病等其他传染病在加纳也广泛存在，流行病不时暴发。上述因素导致加纳的人均寿命仅为58岁左右。

据估计，51.5%的加纳人口生活在城市；2007年，约500万人居住在没有供水或仅有有限供水服务的贫民窟（联合国人居署，2008）。因此，向这些地区提供用水服务的小贩应运而生，现在他们划归私人水罐拥有者协会管理。但是，依靠水贩服务的人们需要支付比官方自来水贵10倍以上的水费，因此他们将10%以上的收入用于支付饮用水服务。为了改善这种情况，1992年加纳启动了水行业改造项目。此外，加纳还实施了水行业重组计划（2003—2009年），通过建设新的生产和输水设施、改造城区现有设施来改善供水。结果是加纳水资源有限公司的水生产量稳步增长，从2003年的2.052亿立方米提高到2009年的2.3177亿立方米。自2006年以来，加纳水资源有限公司对全国数个城市供水系统进行了扩建和改造。值得注意的是，供水管网中的未计量用水（即未产生收入的水）仍约占50%（加纳水资源、工程与住房部，2009）。

环境与生态系统

加纳生物多样性的相关统计数据还很缺乏。到目前为止，大约有2 974种当地植物、504种鱼类、728种鸟类、225种不同类型的哺乳动物和221种两栖类及爬行类动物记录在案。加纳约16%的面积被划定为森林保护区、国家公园或野生动物保护区。加纳的5个湿地，即登苏（Densu）三角洲、宋格尔（Songor）、凯塔（Keta）潟湖湖区、穆尼-包玛德兹（Muni-Pomadze）沿海湿地和萨库莫（Sakumo）潟湖，被列为拉姆萨尔国际重要湿地。位于莫莱国家公园（Mole National Park）、黑沃尔特（Black Volta）、赛内（Sene）、比亚（Bia）和欧瓦毕（Owabi）野生动物保护区内的森林和野生动物保护区的其他湿地也受到了严格保护

（联合国粮农组织全球水和农业信息系统，日期不详）。尽管如此，来自农业扩张、采矿、木材采伐及其他社会经济因素所带来的重重压力都对环境和生态系统带来了负面影响。据估计，加纳每年森林退化面积大约为 220 平方千米。从经济方面估算，由于森林和土地退化而引起的生物多样性丧失每年会造成约 12 亿美元的损失（Agyemang，2011），区域社会经济发展政策实施的不协调是导致上述问题的原因之一。为此，亟须采取行动避免环境的进一步退化（加纳环境与科学部，2002）。

尽管工业用水需求只占年用水总量的 10％，但工业活动是主要污染源。这加剧了水紧张并对公众健康构成危害。采矿业是工业生产中产生污染最多的行业。加纳人权和行政司法委员会在 2008 年的报告中强调：采矿公司已造成 5 个采矿区的 82 条河流遭受污染、破坏，或改道、干涸。加纳环境保护署 2010 年评估报告得出的结论是，矿业公司未能遵守环境标准。问题的重点不在于大型采矿公司，因为监督他们的生产活动比较容易；重点在于那些非法小矿主，他们既没有经过注册，其生产活动也未得到应有的监督。

水与能源

加纳是非洲电气化率最高的国家之一，近 70％的城区和近 30％的农村家庭可获得电力供应。平均下来，60％左右的加纳人口可获得电力供应（国际能源署，2009）。加纳主要有阿科松博大坝（高 134 米）和庞大坝（Kpong）（高 29 米）两座正在运行的大坝，两者发电容量合计 1 072 兆瓦。这两座电站将加纳约 58％的水电储能（加纳年水电潜在发电量约10 600兆千瓦·时）加以利用。拥有 400 兆瓦发电能力的布伊（Bui）水电站位于黑沃尔特河，于 2005 年开始修建，预计在 2012 年底投入发电。另外 17 座水电站的选址和可行性研究工作已经开始。一旦这些项目逐步进入实施阶段，干旱造成的电力供应不稳定问题将得以化解。

结论

加纳拥有丰富的淡水资源。然而，水资源分布不均导致水资源紧张，在气候变化、气候变异、人口快速增长、环境恶化和污染等不确定因素的作用下，这种状况进一步加剧。随着经济的持续增长，加纳正在逐步实现千年发展目标中消除极端贫困和饥饿的目标。然而，40％左右的农村居民依然十分贫困。该国所面临的最严峻挑战之一是严重缺乏经改善的卫生设施。加上缺乏完善的供水管网，疟疾、霍乱和黄热病等疾病到处扩散，导致大量人员死亡。粮食安全是该国另一个未解决的难题，因此加纳只能任凭气候变异的摆布，并依赖粮食进口满足不断增长人口的需求。增加耕地面积（旱作和灌溉土地）、改良灌溉设施、发展农产品加工业等既需要国家投资，也需要国际捐助的支持。采矿业在创造大量收入的同时也成为水质恶化的主要原因。因此，亟须采取行动来强化环境保护法规的制定和执行。缺乏水资源及其使用情况的可靠数据也成为该国可持续发展的主要障碍。

参考文献

除另外注明，本章内容均改编自柯德沃·安达于 2011 年起草的《加纳案例研究报告》（未出版）。

Agyemang, I. 2011. Analysis of the socio-economic and cultural implications of environmental degradation in Northern Ghana using qualitative approach. *African Journal of History and Culture*, Vol. 3, No. 7, pp. 113–22. www.academicjournals.org/ajhc/PDF/pdf2011/Aug/Agyemang.pdf

FAO-Aquastat. n.d. *Ghana Country Profile*. Rome, FAO. http://www.fao.org/nr/water/aquastat/countries_regions/ghana/index.stm. (Accessed 14 December 2011.)

IEA (International Energy Agency) 2010. 2009. *The Electricity Access Debate*. Paris, IEA. http://www.worldenergyoutlook.org/database_electricity10/electricity_database_web_2010.htm.

IFAD (International Fund for Agricultural Development). n.d. *Rural Poverty Portal, Rural poverty in Ghana*. Rome, IFAD. http://www.ruralpovertyportal.org/web/guest/country/home/tags/ghana. (Accessed 15 December 2011).

Ministry of Environment and Science, Ghana. 2002. *National Biodiversity Strategy for Ghana*. Accra, Ministry of Environment and Science. http://www.cbd.int/doc/world/gh/gh-nbsap-01-en.pdf

MWRWH (Ministry of Water Resources, Works and Housing, Ghana). 2007. *National Water Policy.* Accra, Ministry of Water Resources, Works and Housing. www.water-mwrwh. com/WaterPolicy.pdf

----. 2009. *Ghana Water and Sanitation Sector Performance Report.* Accra, MWRWH. wsmp.org/ downloads/4d8ca15ec1a12.pdf

NADMO (National Disaster Management Organization). 2011. *Ghana National Progress Report on the Implementation of the Hyogo Framework for Action (2009–2011).* Geneva, PreventionWeb. http://www.preventionweb.net/ files/15600_gha_NationalHFAprogress_2009-11.pdf

UN-HABITAT (United Nations Agency for Human Settlement). 2008. *State of the World's Cities 2010/2011: Bridging the Urban Divide.* London/Nairobi, Earthscan/UN-HABITAT. http://www.unhabitat.org/pmss/listItemDetails. aspx?publicationID=2917

UNICEF (United Nations Children's Fund). n.d.*a. At a Glance: Ghana,* Statistics. New York, UNICEF. http://www.unicef. org/infobycountry/ghana_statistics.html (Accessed 14 December 2011.)

----. n.d.*b. Ghana Fact Sheet,* July 2007. Accra, UNICEF http://www.unicef.org/wcaro/WCARO_Ghana_Factsheet_ malaria.pdf

UN-ISDR/WB (International Strategy for Disaster Reduction/ World Bank). 2009. *Disaster Risk Management Programs for Priority Countries: Summary, 2009.* Geneva/ Washington DC, UNISDR/World Bank. www.unisdr.org/files /14757_6thCGCountryProgramSummaries1.pdf

WHO (World Health Organization). 2009. *World Malaria Report 2009: 31 High-Burden Countries.* Geneva, WHO. http://www.who.int/entity/malaria/world_malaria_ report_2009/all_mal2009_profiles.pdf.

第三十八章

肯尼亚和坦桑尼亚马拉河流域

致谢：纳桑·佳里斯、伊曼·亚兹达尼、玛利亚·多诺索、
迈克尔·麦克兰

© Shutterstock/Eric Isselée

地理位置和概况

阿姆拉（Amla）河和恩雅格瑞斯（Nyangores）河发源于肯尼亚的马乌（Mau）森林，汇合后形成马拉（Mara）河（见地图38.1），恩加雷（Engare）河、塔乐可（Talek）河、森德（Sand）河等支流也汇入马拉河，形成了跨界的马拉河流域。

马拉河长约400千米，最终流入坦桑尼亚境内的维多利亚湖，因此该河流属于尼罗河流域的一部分。马拉河流域面积约13 750平方千米，其中65%位于肯尼亚，35%位于坦桑尼亚。流域内各地的全年降水量各不相同，马乌森林山区为1 400毫米，坦桑尼亚西北的干旱平原则为500～700毫米。

马拉河流域人口约84万（2010年），其中大部分生活在农村地区。55.8万人生活在肯尼亚境内，其余28.2万人生活在坦桑尼亚境内。据预测，到2030年马拉河流域的总人口将增加近1倍，达到135万。

贫困是该流域的一个大问题。在肯尼亚境内的马拉河流域，近一半的人口生活在贫困线以下[1]。坦桑尼亚境内马拉河流域的贫困人口比例约为40%。总体而言，马拉河流域的居民以种植粮食作物（36.1%）和经济作物（9.6%），从事畜牧业（5.9%）、渔业（9.5%）以及经商（11.4%）为生。

地图 38.1

马拉河流域

- ‒ ‒ 流域界线
- ■ 湿地
- ■ 国家公园
- ◉ 城市
- — 国界

水资源及其使用

由于缺乏足够数据，现阶段对马拉河水资源量只有粗略的估算。在只将阿姆拉河和恩雅格瑞斯河两条主要支流流量计算在内的情况下，马拉河的保守水资源量约为每年4.75亿立方米；若将更多支流流量计算在内，并经过测量站测算，得出的较高估计值约为每年9.5亿立方米，该数据可能更准确。马拉河流域每年总需水量约为2 380万立方米（2006年）。农业灌溉是该流域的主要用水行业，其次是生活用水和牲畜饲养用水（见表38.1）。

表 38.1

马拉河流域水资源使用情况（2006年）

用途	水需求量（立方米/年）
大型灌溉	12 323 400
生活用水	4 820 336
牲畜用水	4 054 566
野生动植物用水	1 836 711
矿业	624 807
旅游业	152 634
总计	**23 812 454**

尽管用水量远低于流域水资源总量，但由于水供给年际变化较大以及农耕手段粗放落后，用水需求难以得到满足。此外，随着流域内灌溉面积的增加，水资源短缺发生的频率和严重程度会进一步加剧。目前，51%的用水流向肯尼亚的几个大农场，这些农场主要生产玉米、豆类、桉树和小麦。

生物多样性、旅游业和气候变化的潜在影响

流域内有几处重要的生物栖息地，支撑着该地区的生物多样性，其中包括马乌森林、马拉沼泽和被列为联合国教科文组织世界遗产的马拉-塞伦盖蒂（Mara-Serengeti）生态区。仅马拉-塞伦盖蒂就栖息着90多种哺乳动物和450多种鸟类。肯尼亚和坦桑尼亚政府以及地区和国际机构已在流域内实施了生物多样性保护计划。尽管如此，栖息地的生物状况仍在持续恶化。例如，在过去几十年中，由于砍伐树木开垦茶园、农耕和伐木，马乌森林面积缩小了23%。即使存在对生物缓冲地带进行保护的法律保障，但由于肯尼亚和坦桑尼亚过度种植和放牧，马拉河流域沿岸的森林走廊已遭到严重破坏。

社会经济需求，如不断增长的旅游业也加剧了问题的严重性。肯尼亚马赛马拉国家保护区和坦桑尼亚塞伦盖蒂国家公园接待游客的数量从20世纪90年代的约19万人次，上升到21世纪初的60余万人次。马赛马拉国家保护区管理规划中明确强调了对此种状况的担忧。具体表述如下：

保护区面临着前所未有的挑战。保护区内，旅游业发展和游客数量剧增……使压力不断升级……导致自然栖息地环境恶化，而旅游业产品的生产又依赖于栖息地……保护区外，由于自然环境的草场和水资源供给短缺，且当地社区生计每况愈下，社区人们利用保护区的草场和水源饲养牲畜，给保护区生态环境带来了重重压力……

以上表明，有必要以综合跨界战略规划的方式保护流域内生物多样性和管理水资源。

保护自然环境和生态系统是两国实现可持续发展的基础。因此，根据全球可持续水（GLOWS）项目框架，美国佛罗里达州国际大学对流域内三个试点进行了环境流量评估。研究结论认为，在降雨量正常的年份（与长期年均降雨量相比），水量可满足人类和自然的需求。而干旱时期，尤其是河流的中上游，自然流量则远远无法满足生态保护区的需要。这意味着没有多余水可用于其他用途（生活、工业、旅游业和农业等），必须建造水库来满足这些需求。尽管研究范围有限，但已清楚地表明了流域内人类和野生动物生存状况的脆弱性。

气候变化会使情况更加复杂。情境预测表明，由于环境温度升高和降水减少，马拉河上游水量可能会大幅减少，这将严重影响人类生计和生态系统。事实上，马拉河的重要性在于它是马拉-塞伦盖蒂生态区域迁徙动物的主要水源，尤其是在旱季。降水量数据分析显示，流域每7年可能发生一次干旱。依照状况的严重程度，20%～80%的迁徙牛羚会死亡。如果死亡率是50%，恢复动物数量将需要近20年的时间；但如果死亡率为80%，动物数量可能再也无法恢复。生态环境恶化会严重波及马拉河流域的旅游业，进而影响肯尼亚和坦桑尼亚的经济。气候变化情境预测还显示，周期性强降雨有可能增多，这会加剧土壤侵蚀，推高河流含沙量，从而使水质下降。生态系统服务付费（PES）项目（见专栏38.1）提出了若干最佳管理做法，包括保护河岸生态缓冲区、种植树木、减少放牧以保护河岸等，作为减轻土壤侵蚀问题的潜在补救措施。

水与健康

在马拉河流域，很多人无法获得安全的饮用水或齐备的卫生设施（见表38.2和表38.3）。肯尼亚裂谷省的跨马拉河地区和博美

特地区所做的调查显示，这些地区污水处理设施极其缺乏，人们处理粪便的唯一方法就是坑式厕所。总体上，大部分人对基本公共卫生和个人卫生知识一无所知。

在博美特地区，近56％的家庭在旱季时从马拉河获取饮用水，46％的家庭被迫从1～5千米以外的水源取水。据报道，只有36％的家庭在用水之前对水进行过处理（无论以何种方式）。由于过度依赖不清洁的水源，个人卫生习惯不佳，导致腹泻和肠道蠕虫病的患病率极高。不幸的是，坦桑尼亚境内马拉河流域也同样遭受此种状况的困扰。

表 38.2
不同供水方式在马拉河流域所占比例

地区	管道供水 (%)	泉眼/井 (%)	雨水集蓄 (%)	河/溪 (%)	塘/坝/湖 (%)	其他 (%)
肯尼亚裂谷省*	22.8	36.3	1.2	29.3	4.7	5.5
坦桑尼亚马拉地区	14.2	63.2	–	6.6	15.6	–

*马拉河流域包括裂谷省南部地区

表 38.3
不同类型卫生设施在马拉河流域所占比例

地区	传统污水处理方式 (%)	坑式厕所 (%)	化粪池 (%)	无厕所 （露天便溺） (%)	其他 (%)
肯尼亚裂谷省*	3.3	73.3	2.2	20.7	0.4
坦桑尼亚马拉地区	1.9	77.6	–	20.3	–

*马拉河流域包括裂谷省南部地区

水资源管理与法规

于2010年8月通过的肯尼亚最新宪法，为实现自然资源的可持续利用和有效管理奠定了基础，规定了个人和国家所承担的环境责任。此外，宪法推动成立了全国土地委员会，其职责之一就是监督肯尼亚全国的土地利用规划。新宪法规定政府应权力下放，这为地区和流域层面开展有效治理创造了条件。

《肯尼亚2030年远景规划》（2007年制定）和《水法》（2002年）是肯尼亚国家水政策的重要组成部分。《肯尼亚2030年远景规划》确定了2007—2030年国家目标和战略，尤其注重生态服务补偿和制定改善环境、达到既定要求的激励措施。《水法》规定成立水资源管理局，负责流域管理与保护。同时也鼓励社区积极参与流域水资源管理，目的是确保有足量、优质的水满足人类基本需求并保护生态系统。《肯尼亚1999年环境管理和合作法》和《2009年国家土地政策》也在保护水资源和生物多样性中发挥了各自的作用。

与肯尼亚不同的是，坦桑尼亚宪法未包含土地和环境的有关规定。但是坦桑尼亚颁布了其他重要的国家法律法规，如《坦桑尼亚2025年远景发展规划》（2000年启动）、《国家水政策》（2002年）、《水资源管理法》（2009年）以及《国家环境政策》(1997 年)。这些法律法规为坦桑尼亚生物多样性保护和水资源管理奠定了基础。

《坦桑尼亚 2025 年远景发展规划》为坦桑尼亚发展绘制了蓝图。在促进坦桑尼亚快速发展的同时有效扭转了目前环境资源退化的趋势，如森林、渔业、生物多样性及淡水和土地资源等方面。普遍获得安全水源也是 2025 远景规划的一部分。《国家水政策》通过采取水资源综合管理的方式下放水资源管理权，使用水户协会和私营部门参与到决策制定中，并通过经济激励措施（如合理的定价机制，成立国家水理事会、流域水理事会以及流域和次流域水委员会等机构）确保水资源可持续利用。

《国家环境政策》强调自然资源的可持续性和保护，允许采取经济手段（如生态系统服务付费）保护自然资源。《水资源管理法》使 2002 年《国家水政策》得以生效，并包含了跨界水资源管理的相关法律法规。根据该法案，坦桑尼亚批准成立了维多利亚湖水资源办公室，负责管理马拉河。

提供了经济支持。

生态系统服务付费机制在 2006 年迈出了实施的第一步，成为马拉河流域生物多样性和人类健康跨界水项目的一部分。通过可行性研究，确定了市场资金支持生态系统服务付费机制是促进环境保护工作最为恰当的经济激励方式。

通过调查、分析以及召开利益相关方会议，项目在制定和最终实施生态系统服务付费机制方面取得了长足进展。最终文件预计在 2012 年完成，届时报告将呈现各方达成的最终共识。然而，尽管肯尼亚和坦桑尼亚目前的政策总体上有利于生态系统服务付费机制，但仍缺乏生态系统服务付费机制方面的具体法律法规。这也向如何将停留在理论层面的生态系统服务付费机制转型为可运转的市场机制提出了挑战。虽然两国现有的法律及合约机制可促成生态系统服务付费机制框架的形成，但制定必要的补充规定似乎也很必要。

专栏 38.1

生态系统服务付费

马拉河流域生态系统对该地区经济的贡献十分显著，人们无需直接投入任何人力和资金便可获得宝贵的自然资源。生态（或环境）系统服务付费（PES）成为将这笔自然赋予的财富或生产力与经济体系相结合的有效途径。

原则上，在生态系统服务付费机制下，无需借助外部资金便可实现流域内土地的可持续利用。马拉河流域是实施该机制的理想场所，因为生活在流域上游的农民和下游野生动植物旅游业存在利益冲突。这种"利益竞争"为生态效益向上游农民转移创造了机会，并为改进农业活动

结论

由于农业生产扩张、灌溉强度加大、人口增长以及旅游业发展所带来的影响，马拉河流域面临的水资源短缺、污染加剧和环境恶化挑战愈发严峻。流域内对水资源的竞争方主要存在于农业灌溉和马赛马拉以及塞伦盖蒂野生动物区之间。

安全饮用水普及率低、缺乏卫生设施导致人们为罹患疾病所累，并加剧了贫困的蔓延。在肯尼亚和坦桑尼亚两国，旨在解决水和其他自然资源相关问题的法律正在逐步制定并付诸实施。这些法律的实施可促进生态系统服务付费等机制的运行，为节约和保护自然资源提供可持续的资金支持。若不能采取适当的行动，那么问题将越积越多，这将直接影响当地居民的生计和两国的经济发展。

注　释

1　肯尼亚贫困线的设定标准约为农村居民每天 1.5 美元，城市居民每天 3.5 美元。

参考文献

除另外注明，本章内容均改编自佛罗里达国际大学全球水可持续计划于 2011 年编写的《肯尼亚和坦桑尼亚马拉河流域案例研究报告》（即将出版），此项目得到了美国国际开发署的支持。

第三十九章

约旦

致谢：梅孙·阿尔-祖比

约旦：瓦迪拉姆沙漠中部兴建的公园 (29°33' N, 35°39' E)

的地表水源，是与邻国共享的河流；约旦河的第二条主要支流扎尔卡（Zarqa）河则全部在约旦境内。耶尔穆克河是全国近50%的地表水来源，因此尤其重要。跨界水资源分配一直是本地区最棘手的问题之一。1994年，约旦和以色列签署了和平协议，就约旦河流域水权问题达成了一致。两国还成立了联合水委员会，作为执行该协议的常设机构。

约旦境内可再生地下水资源总量约4.5亿立方米/年，安全开采量为2.755亿立方米（联合国粮农组织，日期不详）。目前，地下含水层的开采速度是补给速度的两倍。特别是用于农业的取水量超过了地下含水层的承受极限，导致每年地下水超采1.51亿立方米（2007年）。数以百计的非法水井使问题进一步恶化。鉴于地下水提供了该国约54%的用水，因此保护地下含水层尤为重要。

该国超过3%的领土面积用于农业生产（2005年），而该国可耕种面积大约占国土面积的10%或8800平方千米（联合国粮农组织，日期不详）。水量和土壤质量是进一步扩大农业生产的主要障碍。由于水资源短缺，只有约800平方千米的土地（主要位于约旦裂谷内）得到了灌溉（2006年）。为尽可能提高用水效率，该国引进了改良的灌溉系统。事实上，约旦大裂谷60%的灌溉面积和高原地带约85%的灌溉面积采用的是微灌。即使如此，农业用水量仍然保持在约5.74亿立方米，相当于约旦全国60%的年用水量（2009年）。尽管农业耗水量巨大，但只贡献了3%的国内生产总值。城市用水约占总用水量的33%（约3.15亿立方米），主要来自地下水。工业和畜牧业的用水量相对较少，分别为3900万立方米和750万立方米。旅游业用水约占总用水量的1%，但该行业2009年对国内生产总值的贡献达10.6%（Kreishan，2010）。

除了地表水和地下水，约旦还利用其他水源，如化石水、经过处理的废水（2009年为1.1亿立方米）和苦咸水。总体而言，约旦的水费征收体系薄弱，超过42%的城市用水未经计量。此外，水费很低，无法覆盖运行和维护成本。

约旦人口增速很快，导致人均水资源量显著减少，从1946年的3600立方米下降到2008年的145立方米。预计到2022年，该国人口可能超过780万，总需水量可能达16.73亿立方米。如果目前正在实施和列入计划的项目，如迪西输水方案、红海—死海运河项目以及提高处理后废水用量等全部实施，那么约旦用水赤字可从目前（2009年）的6.59亿立方米下降到2022年的4.57亿立方米。

为应对水短缺，1950—2008年，约旦共修建了28座大坝，总库容为3.68亿立方米。同时，几座水库的选址已经确定，这可为约旦增加4.44亿立方米的蓄水能力。

气候变化及其可能带来的影响

在约旦，水是稀缺资源。每年约2.3%的高人口增长率使农业和城市用水需求持续增长。

气候变化情境分析表明，由于全年温度持续走高，到21世纪末，约旦冬季温度可能会升高3℃（±0.5℃），夏季则会升高4.5℃（±1℃）。21世纪，约旦将更加频繁地经历干旱。该分析同时表明，降水量变化微乎其微，或几乎没有变化，因此无法抵消气温大幅上升带来的负面影响。不仅如此，除了死海南部地区，该国大部分河流的径流量预计都会减少（约旦皇家自然保护学会，2010）。这将严重影响水和粮食安全。事实上，一项脆弱性分析结果表明，气候变化将对农业产生重大影响，特别是依赖降雨的小麦和大麦产量。干旱牧场扩张，植被减少也将影响放牧。这将影响畜牧业生产，进而影响贫困农户的饮食和收入。

水和居民区以及水资源再利用

在过去60年里，约旦已经变得高度城市化。生活在城市的人口比例从1952年的39.6%增加到2009年的78%（联合国儿童基夏季的记录显示，该国超过 2/3 地区的气温上升了 1℃ 甚至更高；冬季气温也出现了类似的变暖趋势。气候观测还显示，在过去几十年间，半干旱地区的面积逐步向北部扩展。令人担忧的是，可用水资源量自 1981 年以来减少了 16%（见图 40.1）。针对气候变化对水资源影响的估计显示，到 2050 年，水资源量平均减少约 10%～15%。

洪水和干旱事件也愈发明显。在过去 35 年里，摩洛哥经历了近期历史上最严重的 20 多次干旱，部分干旱持续时间长达 5 年，甚至更久。洪水对社会经济造成的影响也达到了前所未有的程度。这不仅是由于单次洪水的强度有所增加，还在于易受灾地区的人口增长，城市发展，农业、工业和旅游业扩张等原因。发生在乌特卡山（Jbel Outka）地区的 2 685 毫米降水和沃尔加（Ouergha）河流域特大洪水（最大泄洪流量高达 7 000 立方米/秒）仅是 2008—2011 年间极端气候灾害的少数几个实例。此外，频发的洪水和干旱还加剧了土壤侵蚀。

作为《联合国气候变化框架公约》（UNFCCC）的缔约国，摩洛哥于 2001 年编制了首份《国家通报》，2009 年编制了第二份。这些通报提供了有关温室气体排放国家目录，以及包括行动计划在内的减排措施等详细信息。据估计，到 2030 年，这些措施将等同于 5 290 万吨的年均总二氧化碳减排能力。

2009 年，摩洛哥出台了《应对全球变暖国家计划》。该计划列出了减排与适应气候变化的措施，确定了一系列优先行动领域，包括水资源、农业、林业、荒漠化、渔业、沿海土地利用、健康与旅游等。

国家水战略中包含一项"降低涉水自然灾害的脆弱性，增强适应气候变化能力"的行动计划。该计划提出的措施包括提高天气预报准确率，在主要流域和易受洪水侵袭的地点开发预警系统，针对土地利用、城市规划和流域管理开展洪水风险一体化规划，以及建立金融机制，例如保险与自然灾害基金等。

图 40.1

1945—2010年可用水资源量变化情况

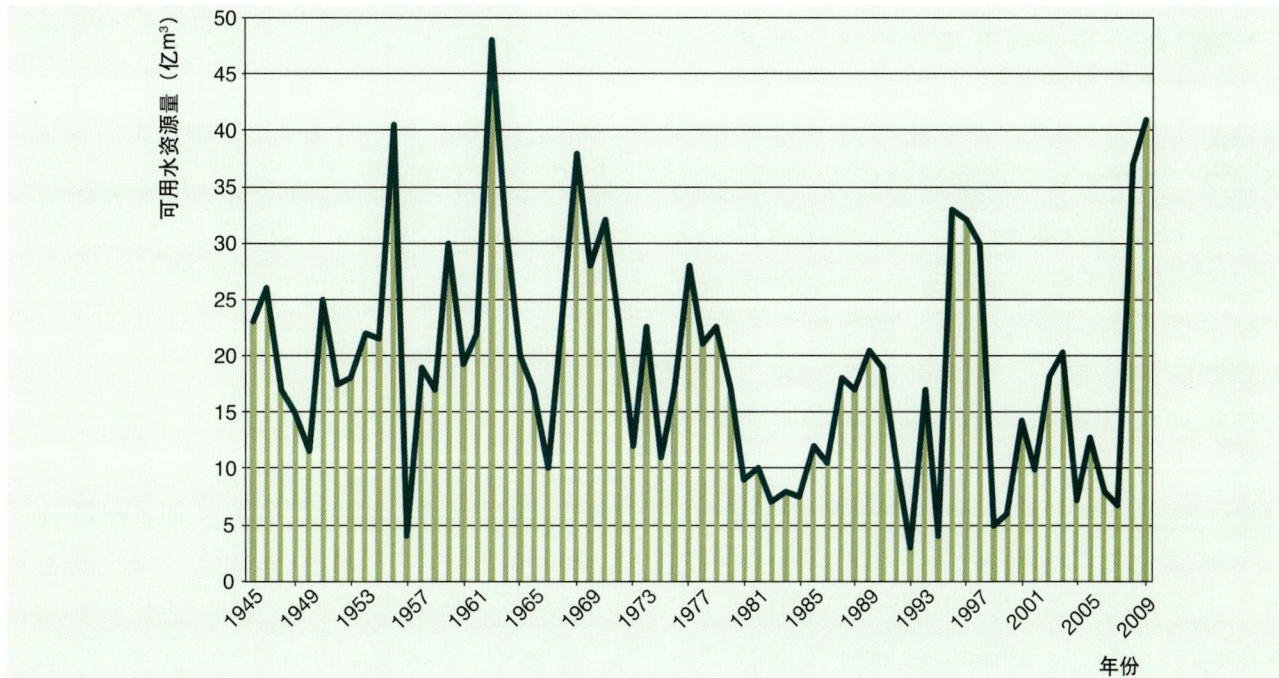

地理位置和概况

摩洛哥王国（以下简称"摩洛哥"）位于非洲大陆西北端。国土面积为 710 850 平方千米，人口 3 150 万（2009 年）。摩洛哥北邻地中海，西濒大西洋，东部与阿尔及利亚接壤，南面与毛里塔尼亚比邻。

摩洛哥境内多山，平均海拔为 800 米。北非的最高点（海拔 4 167 米）就坐落在摩洛哥中部的高阿特拉斯山脉。悠长的海岸线、冲积式低地、绵延起伏的高山、高原和广袤的撒哈拉沙漠造就了摩洛哥特征迥异的地貌和景观。

摩洛哥北部和中部的大部分地区属于地中海气候，冬季寒冷，夏季炎热干燥。该国南部属于半干旱或沙漠气候。因此，该国降水量时空变化相当大。年降水量从北部的 2 000 毫米到东南部沿撒哈拉沙漠地区的 100 毫米甚至更少。德拉（Draa）河发源于阿特拉斯山，是全国最长的河流，流淌近 1 100 千米后，于坦坦（Tan-Tan）汇入大西洋。其他主要河流还有塞布（Sebou）河和穆卢耶（Moulouya）河。

水资源及其利用

摩洛哥河流主要靠降水补给，河流较为湍急。除了北部的穆卢耶河流入地中海之外，几乎所有的大河都汇入大西洋或消失在撒哈拉沙漠。摩洛哥年水资源总量约为 220 亿立方米，其中 82% 为地表水、18% 为地下水。人均水资源量仅 700 立方米左右，因此该国被划入缺水国行列。全国地表水资源的特点是年内和年际差异很大，旱季和雨季交替，间或出现极端多雨和干旱期。因此需要修建水库来调节河道径流，为旱季蓄水。目前，摩洛哥有 130 座大坝，蓄水能力为 170 亿立方米。

摩洛哥地表水资源空间分布不均十分明显。该国北部少数流域，如塞布（Sebou）河、卢库斯（Loukkos）河和汤格罗斯（Tangérois）河，仅占国土面积的 7.3%，却集中了全国一半左右的地表水资源。摩洛哥拥有许多水质良好的地下含水层。然而，在经检测的 103 个地下含水层中，有 66 个被认定为部分或全部是苦咸水。整体而言，年苦咸水总量约为 5.7 亿立方米。

农业是摩洛哥的主要经济支柱之一。农业部门约占全国国内生产总值的 20%，为 40% 的人口创造了就业岗位（80% 位于农村地区）。主要农产品包括谷物（小麦、大麦和玉米）、甜菜、甘蔗、柑橘类水果、葡萄和牲畜等。耕地面积约 9.5 万平方千米，其中灌溉面积 1.5 万平方千米。地下水对农业至关重要，75% 的灌溉用水都来自于井水。据估计，地下水可再生量为 36 亿立方米/年，但每年的实际消耗量已超过可持续利用的极限，达到约 50 亿立方米。

该国其他创收产业包括旅游业和渔业。2009 年，摩洛哥共接待 800 万来访游客，创收约 60 亿美元。旅游业在国民经济中的重要性日益凸显，旅游相关活动的耗水量也在不断增加。

整体上看，目前摩洛哥耗水量已超过了开发的可再生水资源量。2008 年需水量为 135 亿立方米。其中 20 亿立方米来自不可再生地下水资源。过度开采加之气候变化导致多个地下含水层水位下降了 20～60 米。迄今为止农业部门是最大的用水户，占总需水量的 90%；其次是城市用水，仅占 8%。到 2030 年，水资源供需缺口（即不可再生水资源用量）预计将达到 50 亿立方米。

气候变化与灾害

水文气象资料统计分析显示，降水在 10 月至 11 月增加，到春季开始减少。尽管冬季降水量似乎有所下降，但从统计学的角度来看并不明显。一项针对 1960—2000 年间温度变化的分析显示，摩洛哥东南部和中部米德勒特（Midelt）地区的温度上升了 1.4℃，而北部气候变暖趋势则不太明显。

第四十章

摩洛哥

致谢：阿戴尔哈米德·班纳德法德、尤瑟夫·费拉里-美可纳斯

摩洛哥：达代斯峡谷 (31°26' N, 6°01' W)

参考文献

　　除另外注明，本章内容均改编自联合国教科文组织约旦办事处于 2011 年准备的《约旦案例研究报告》（未出版）。

Azis, H. and Szivas, E. 2011. *Tourism. Arab Environment: Green Economy.* Fourth annual report of the Arab Forum for Environment and Development. Beirut, AFED. http://afedonline.org/Report2011/PDF/En/chapter%208%20 tourismC&C.pdf

Budieri, A. 1995. Introduction. *A Directory of Wetlands in The Middle East.* Scott, D. A. Gland, Switzerland/Slimbridge, UK, IUCN/IWRB. http://ramsar.wetlands.org/Portals/15/JORDAN.pdf

FAO (Food and Agriculture Organization of the United Nations). n.d. *Irrigation in the Middle East Region in Figures: AQUASTAT Survey 2008.* Rome, FAO. www.fao.org/nr/water/aquastat/countries_regions/jordan/jordan_cp.pdf

HKJ (The Hashemite Kingdom of Jordan). n.d. *Jordan's Water Shortage.* Amman, The Hashemite Kingdom of Jordan. http://www.kinghussein.gov.jo/geo_env4.html (Accessed 21 October 2011.)

Kreishan, F. M. M. 2010. Tourism and economic growth: the case of Jordan. *European Journal of Social Sciences*, Vol. 15, No. 2, pp. 229–34. http://www.eurojournals.com/ejss_15_2_08.pdf

MEDAWARE (European Commission Euro-Mediterranean Partnership). 2005. Development of tools and guidelines for the promotion of sustainable urban wastewater treatment and reuse in agricultural production in the Mediterranean countries: Task 5: technical guidelines on wastewater utilisation Brussels, European Commission. http://www.uest.gr/medaware/reports/Task5_revised.doc

RSCN (Royal Society for the Conservation of Nature). 2010. *Climate Change Effects on Jordan's Vegetation Cover, Fire Risk and Runoff Changes.* http://rscn.org.jo/orgsite/Portals/0/Impacts_of_Future_Climate_Change_on_Vegetation,fire_and_runoff.pdf (Accessed 21 October 2011.)

UNICEF (United Nations Children's Fund). n.d. Country information website, Jordan. http://www.unicef.org/infobycountry/jordan_statistics.html (Accessed 20 October 2011.)

USAID (The United States Agency for International Development). n.d. *Wastewater Reuse in Jordan: A USAID Initiative.* http://jordan.usaid.gov/upload/features/Jordan%20Wastewater%20Reuse%20Case%20Study.doc (Accessed 23 October 2011.)

WHO/UNICEF (World Health Organization/ United Nations Children's Fund). 2010. *Progress on Sanitation and Drinking Water: 2010 Update.* Geneva, WHO/UNICEF

然而，1992 年里约峰会召开和《生物多样性公约》签署后，一切都发生了改变。作为公约缔约国，约旦是第一个获得全球环境基金（GEF）资助的中东国家，获得了数百万美元资金用以开展试点项目。项目旨在为保护和开发相结合的地区建立示范样板，主要集中在约旦南部的达纳（Dana）自然保护区。该保护区设立于 1994 年，与当地社区的社会经济发展关系密切。该举措为保护自然开创了新的思路。如今，皇家自然保护协会仍在继续牵头开展这项工作。

2010 年，前往皇家自然保护协会保护区的游客突破了 13.7 万人，收入约 170 万美元。同年，1.6 万多农村贫困社区人口得到了这项以保护自然为目的的旅游业计划的资助。同时，这笔收入承担了 2010 年 50％以上用于自然保护的费用。

资料来源：Aziz 和 Szivas（2011）。

水资源管理和国家战略

约旦国家水战略确立了一系列指导方针，为该国到 2022 年的发展远景指明了方向。该战略通过改善水资源管理实现水供需平衡，从而确保水资源可持续利用。国家水战略的核心重点是"实现国家水安全，服务全局发展目标"（约旦，日期不详）。该战略强调要进一步开发约旦大裂谷的水土资源，而该地区是约旦的粮食生产基地。该战略认识到了地下水过度开采问题，强调要限制地下水开采，以实现地下水长期可持续利用。该战略的中心问题之一是控制甚至减少所有行业的用水量。

在以上背景条件下，农民用水户协会在保护水资源免受污染、提高灌溉设施效率以及最大限度降低运营和维护成本等方面发挥了重要作用，这些都是国家水战略的组成部分。为应对地下水过度消耗问题，约旦于 2010 年创立了

高地水论坛，目的是实现约旦高地地区地下含水层的可持续管理。此外，论坛的核心目标是促使利益相关方就约旦可持续地下水管理展开对话。

由于约旦与河流沿岸国家共享地表水资源，因此与周边国家开展双边和多边合作，倡导区域合作成为国家水战略的重要内容。

在国家水战略框架下，约旦起草了四份政策文件，明确了水资源管理的主线。四份政策文件分别为《水公用事业政策》、《灌溉水政策》、《地下水管理政策》以及《废水管理政策》。国家水战略和四份政策文件，加上综合投资计划，共同为约旦的可持续发展绘制了路线图。

1987 年之前，约旦水资源由两个独立的机构进行管理，分别为约旦水务局（负责供水和排水）和约旦大裂谷管理局（负责约旦大裂谷地区的灌溉和发展）。1987 年，两个机构合并，并归水和灌溉部管理。国家水战略明确了该部的职责和重点领域。

结论

约旦是世界上水资源最为短缺的国家之一。因此，当务之急是进行工程投资，进一步开发水资源。但是，需水量不断增加和人口持续增长使水资源的消耗超过了可持续利用的极限，并导致地下水超采。气候变化预测显示，该国未来水资源量将会减少。就目前看来，全面应对水量日益减少的挑战需要在供需两方面分别采取行动，如改善水资源管理、提高用水效率、提高人们转变用水模式的意识、重新确定水分配优先次序（如限制或减少农业用水）以及开发非常规水资源利用所需的技术（例如废水循环利用）。扭转水质恶化的趋势对保护公共健康、确保生态系统的可持续性和保护稀缺的水资源十分重要。作为重要的政策文件，国家水战略所确定的优先领域无疑是正确的。然而，要实现国家水战略设定的目标则要求持续的制度变革，采用综合方式解决水资源管理问题。

金会，日期不详）。该比例的增长主要是由于国内人口迁移以及难民和移民大量涌入（主要来自巴勒斯坦和伊拉克）。约旦的 12 个省中，65％的人口居住在安曼、扎尔卡和伊尔比德。就地区而言，91％的人口生活在约旦北方（伊尔比德、杰拉什、阿杰隆和马弗拉克）或中部（安曼、扎尔卡、拜勒加和马代巴）。

在国际饮水供应和环境卫生十年（1981—1990 年）期间，约旦政府实施了一系列重大废水管理项目，主要与改进卫生设施有关。通过项目实施，提高了卫生设施服务水平，改善了公共卫生；在安装有废水处理设施的地区提高了地表水和地下水污染控制能力。据世界卫生组织/联合国儿童基金会的联合监测报告（世界卫生组织/联合国儿童基金会，2010）显示，已有 96％的人可获得安全供水，98％在 2008 年可获得改善的卫生设施。大约 64％的人可享用废水收集处理和再利用的排水管网。2008 年，经污水处理厂处理的废水大约为 1 亿立方米。由于可用水资源量较低，经过处理的废水在该国不同地区占据了河流径流相当大的一部分。

随着人口增长和用水量增加，排水系统及其收集的废水量也在扩大。据估计，到 2022 年，该国将产生约 2.5 亿立方米废水。经过处理后，这可以成为重要的水源并用于除饮用外的其他用途。

水质、环境和生态系统

由于污染，地表水和地下水水质已严重下降。造成这种结果的主要原因是过度使用农药、地下水超采、垃圾填埋场和化粪池渗漏、危险化学品处置不当以及人口增长。由于人均供水量减少和水质下降，废水再利用已成为弥补水资源缺口的有效措施。自 1980 年年初以来，约旦通常的做法是处理污水后，或将其排放至自然河道，使其与河道淡水混合，下游进行间接再利用；或用其灌溉少数价值相对较低的作物（美国国际开发署，日期不详）。然而，随着环境中废水比重的增加以及污水处理厂超

负荷运转，人们对废水再利用所带来的健康风险和环境公害产生了担忧。为减少风险和潜在的影响，1995 年约旦制定了污水质量标准，2003 年进行了修订（欧盟委员会欧洲-地中海合作伙伴关系，2005），并对大多数污水处理厂进行了升级改造，以达到污水质量标准的要求。然而，对污水处理厂的生产活动应进行持续监测，其产能也需不断提高。

由于气候干旱，约旦只有少数几个大型天然湿地，最著名的是位于东部沙漠的阿兹拉克绿洲（Azraq Oasis）。这个巨大的沙漠绿洲曾覆盖 120 平方千米的面积，但由于地下水超采和在主要河谷上建坝，其面积已明显缩小。同样，由于农业活动的影响，阿尔-杰夫尔地区（Al-Jafr）的季节性沼泽也正在缩小。因此，约旦许多水生物种濒临灭绝（Budieri，1995）。砍伐森林和土地荒漠化等环境问题也需要引起重视。为提高人们对水资源利用和环境恶化的意识，学校课程正在引入这方面的文献（约旦，日期不详）。在立法方面，第 52 号法案《环境保护法》（2006 年）和《国家环保战略》（1992 年）是约旦环境保护的重要法律依据。此外，约旦还引入了生态旅游这一新举措，旨在说明地区发展和环境保护两者之间完全可以做到并驾齐驱（见专栏 39.1）。

专栏 39.1

自然保护理念的新时代

在成立已久的非政府组织皇家自然保护协会（RSCN）的带领下，生态旅游业正在步入快速发展阶段。皇家自然保护协会受约旦政府委托，承担保护和管理约旦特定生态系统的职责。几十年来，皇家自然保护协会将保护区作为隔离的动物栖息地来管理，防止保护区受到大众的侵扰，当地社区也未参与其中。

的地表水源，是与邻国共享的河流；约旦河的第二条主要支流扎尔卡（Zarqa）河则全部在约旦境内。耶尔穆克河是全国近 50% 的地表水来源，因此尤其重要。跨界水资源分配一直是本地区最棘手的问题之一。1994 年，约旦和以色列签署了和平协议，就约旦河流域水权问题达成了一致。两国还成立了联合水委员会，作为执行该协议的常设机构。

约旦境内可再生地下水资源总量约 4.5 亿立方米/年，安全开采量为 2.755 亿立方米（联合国粮农组织，日期不详）。目前，地下含水层的开采速度是补给速度的两倍。特别是用于农业的取水量超过了地下含水层的承受极限，导致每年地下水超采 1.51 亿立方米（2007 年）。数以百计的非法水井使问题进一步恶化。鉴于地下水提供了该国约 54% 的用水，因此保护地下含水层尤为重要。

该国超过 3% 的领土面积用于农业生产（2005 年），而该国可耕种面积大约占国土面积的 10% 或 8 800 平方千米（联合国粮农组织，日期不详）。水量和土壤质量是进一步扩大农业生产的主要障碍。由于水资源短缺，只有约 800 平方千米的土地（主要位于约旦裂谷内）得到了灌溉（2006 年）。为尽可能提高用水效率，该国引进了改良的灌溉系统。事实上，约旦大裂谷 60% 的灌溉面积和高原地带约 85% 的灌溉面积采用的是微灌。即使如此，农业用水量仍然保持在约 5.74 亿立方米，相当于约旦全国 60% 的年用水量（2009 年）。尽管农业耗水量巨大，但只贡献了 3% 的国内生产总值。城市用水约占总用水量的 33%（约 3.15 亿立方米），主要来自地下水。工业和畜牧业的用水量相对较少，分别为 3 900 万立方米和 750 万立方米。旅游业用水约占总用水量的 1%，但该行业 2009 年对国内生产总值的贡献达10.6%（Kreishan，2010）。

除了地表水和地下水，约旦还利用其他水源，如化石水、经过处理的废水（2009 年为 1.1 亿立方米）和苦咸水。总体而言，约旦的水费征收体系薄弱，超过 42% 的城市用水未经计量。此外，水费很低，无法覆盖运行和维护成本。

约旦人口增速很快，导致人均水资源量显著减少，从 1946 年的 3 600 立方米下降到 2008 年的 145 立方米。预计到 2022 年，该国人口可能超过 780 万，总需水量可能达 16.73 亿立方米。如果目前正在实施和列入计划的项目，如迪西输水方案、红海—死海运河项目以及提高处理后废水用量等全部实施，那么约旦用水赤字可从目前（2009 年）的 6.59 亿立方米下降到 2022 年的 4.57 亿立方米。

为应对水短缺，1950—2008 年，约旦共修建了 28 座大坝，总库容为 3.68 亿立方米。同时，几座水库的选址已经确定，这可为约旦增加 4.44 亿立方米的蓄水能力。

气候变化及其可能带来的影响

在约旦，水是稀缺资源。每年约 2.3% 的高人口增长率使农业和城市用水需求持续增长。

气候变化情境分析表明，由于全年温度持续走高，到 21 世纪末，约旦冬季温度可能会升高 3℃（±0.5℃），夏季则会升高 4.5℃（±1℃）。21 世纪，约旦将更加频繁地经历干旱。该分析同时表明，降水量变化微乎其微，或几乎没有变化，因此无法抵消气温大幅上升带来的负面影响。不仅如此，除了死海南部地区，该国大部分河流的径流量预计都会减少（约旦皇家自然保护学会，2010）。这将严重影响水和粮食安全。事实上，一项脆弱性分析结果表明，气候变化将对农业产生重大影响，特别是依赖降雨的小麦和大麦产量。干旱牧场扩张，植被减少也将影响放牧。这将影响畜牧业生产，进而影响贫困农户的饮食和收入。

水和居民区以及水资源再利用

在过去 60 年里，约旦已经变得高度城市化。生活在城市的人口比例从 1952 年的 39.6% 增加到 2009 年的 78%（联合国儿童基

地理位置和概况

约旦哈希姆王国（以下简称"约旦"）位于地中海东部，北接叙利亚，东北部与伊拉克毗邻，东部和南部与沙特阿拉伯接壤，西部为约旦河西岸和以色列（见地图 39.1）。约旦人口约 630 万，国土面积约 9 万平方千米。该国最独特的地貌为约旦大裂谷（一连串狭长的高地，最高处海拔约 1 600 米）、大草原、沙漠地带和死海（2010 年深度为海平面以下 426 米）。

约旦各地气候迥异。约旦西部为地中海气候，夏季炎热干燥、冬季温和湿润，降水量年内和年际差异明显。高原地带的气候特点为夏季温和，冬季寒冷。约旦的亚喀巴省和裂谷地区属于亚热带气候，夏季炎热而冬季温暖。大草原和草原沙漠地区属于大陆性气候，温差较大。

该国降水量较少，年降水从 30 毫米到 600 毫米不等。大约 93.5% 的国土面积年降水量少于 200 毫米，只有 0.7% 的地区年降水量超过 500 毫米。大多数降水出现在 11 月至来年 4 月，降水量由西向东、从北向南逐渐减少。总体来看，约旦 83% 的国土面积为沙漠和荒漠草原。

地图 39.1

约旦河流域

图例：
-- 流域界线
◇ 列入拉姆萨尔公约名录的湿地
▬ 大坝
■ 国家公园
◉ 城市
— 国界

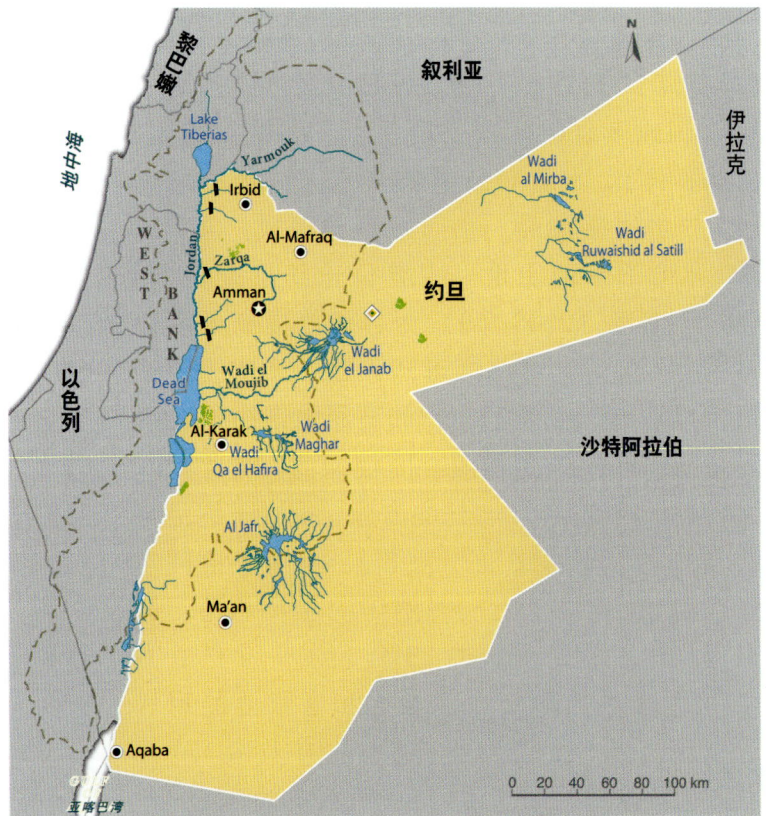

可用水资源量及其利用

约旦是世界上最为干旱的国家之一。尽管平均年降水量约达 82 亿立方米，但其中的 92% 都因蒸发损失掉了。国内可再生水资源总量非常有限，约为 6.82 亿立方米/年，远在贫水线以下。2007 年已开发地表水量约为 2.95 亿立方米，到 2022 年预计将达到 3.65 亿立方米。

平均而言，河流提供了全国 37% 的用水。约旦河及其主要支流耶尔穆克河是约旦最重要

第三十九章

约旦

致谢：梅孙·阿尔-祖比

© Yann Arthus-Bertrand/Altitude-Paris
约旦：瓦迪拉姆沙漠中部兴建的公园 (29°33' N, 35°39' E)

水资源管理与体制

自20世纪60年代以来,摩洛哥国家水政策一直侧重于水资源开发。主要通过修建大型水利工程,如大型水库和调水工程,确保国家赖以生存的持续供水。需水量的不断增加迫使摩洛哥改进水资源管理方式。《水法10－95》(1995年颁布)为制定前瞻性水政策提供了法律依据,充分考虑了供需双方涉及的问题。《水法》明确规定了水资源的公共属性,并呼吁通过设立九大流域机构,实施一体化、参与式、非集权式的水资源管理体制。《水法》要求制定国家水资源管理规划和流域水资源管理规划。《水法》规定通过缴纳取水费(用户付费)回收成本,并出台水污染税(谁污染谁付费)政策。

由于地下水资源至关重要,保护地下含水层是《水法》的重要内容。为此,多项措施得以制定,包括引入定价机制;设立保护区,禁止或限制地下水开采;制定严格的钻井许可证发放程序;提高人员素质、资金保障与机构能力,以更好地强化法规和监管机制;加强地下水可用量与使用情况的监督。此外,摩洛哥还在考虑推动科研和人工回补地下含水层。

为做好中长期规划,摩洛哥制定了国家水规划,对各地区规划进行整合,建立水资源综合管理远景目标。该国家水规划确立了两个总体目标:根据1995年《水法》制定国家战略;制定和出台具体行动计划和投资计划。

摩洛哥能源、矿业、水利与环境部(SEEE)水资源司是负责规划和实施国家水资源开发、管理与保护政策的主要政府部门,同时承担环保以及监管九大流域机构的工作。国家电力局和国家饮用水办公室也是能源、矿业、水利与环境部下属的两个部门。水与气候最高理事会负责制定国家水与气候政策通则。

《水法》实施已经取得显著进展。但法律和制度框架仍需进一步改进,包括修订《水法》的部分规定(例如向海洋排放污水、海水淡化、污水再利用和湿地保护等)。建立使取水费征收体系和水政策执行更加合理的法律体系同等重要,尤其是在控制水分配与限制水资源利用这两个方面。

为应对当前和即将面临的挑战,摩洛哥于2009年出台了新的国家水战略,以强化现有政策。其主要原则包括:实行需水管理,完善水资源评估;进一步开发水资源,改善其管理方式;节约水资源,保护环境;降低涉水灾害风险,增强对涉水灾害的抵御能力;改革监管与制度体系;推进信息系统现代化和能力建设。

环境与生态系统保护

摩洛哥有很多湿地,主要分布在山区与沿海地带。摩洛哥在地方和国家层面开展了生态和生物多样性案例研究,确定了160个生态和生物多样性重要湿地,包括24个经国际认证的拉姆萨尔公约湿地。这些湿地是众多两栖动物、爬行动物和哺乳动物的栖息地,也是候鸟的迁徙通道,因此对全球生态具有重要意义。但不幸的是,受生活、农业与工业污染影响,水质持续恶化,干旱时段变长且反复出现,生态系统日益受到威胁。为控制与减轻这些威胁,摩洛哥制定了一系列战略规划,包括国家可持续发展战略、国家生物多样性保护与可持续利用战略、国家环境行动计划、国家水战略、水资源综合管理总体规划以及山区开发战略等。

摩洛哥最突出的污染源是生活与农业污染,其次是工业与固体废物,这构成了该国关注的主要问题。2011年,未经处理即排放到自然环境中的生活污水达到近7亿立方米。农业污染导致水体中硝酸盐浓度升高,特别是地下含水层。因此,保护水质成为具有战略意义的优先领域,通过实施各种项目,如国家卫生设施与污水处理项目、国家农村卫生设施项目、国家防治工业污染项目等,这项工作得到了加强。

水与健康

摩洛哥约 57％的人口居住在城市地区，其中 98％可获得安全水（世界卫生组织/联合国儿童基金会，2010）。农村地区安全用水的普及率同样得到了大幅提升，从 1994 年的 14％上升至 2010 年的 83％以上。但是，仅 25％的农村居民可在自宅中使用自来水。全国排水系统管网覆盖率达 70％以上，但仅有 52％的农村居民可获得改善的卫生设施。因此，腹泻及其他肠胃疾病仍是导致发病和死亡的主要因素，尤其是低收入群体中的农村儿童，且夏季的发病率和死亡率相对更高（摩洛哥卫生部，2005）。

结论

摩洛哥的气候与水文条件复杂，凸显了水资源高效管理的重要性。为满足该国社会经济发展的需求，许多重要水资源开发项目已经实施，包括兴建大坝和调水工程。20 世纪 80 年代开始的全国长期规划活动，以及侧重于一体化、参与式及分散式水资源管理等法律和制度上的改进（如《水法 10－95》），对水资源开发项目起到了推进作用。但是，气候变化与地下水过度开采加剧了水资源短缺问题。水价过低（尤其是农业用水）及水质恶化问题亟待解决。为强化水政策执行的各项工作，2009 年，新的水资源战略得以启动，旨在解决当前和即将面临的挑战。

参考文献

除另外注明，本章内容均改编自负责水与环境的能源、矿业、水利与环境部国务秘书和水资源处处长阿戴尔哈米德·班纳德法德于 2011 年起草的《摩洛哥案例研究报告》（未出版）。

Ministère de la Sante, Morocco. 2005. Politique de santé de l'enfant au Maroc : Analyse de la situation. Rabat, Ministry of Health. http://www.emro.who.int/cah/pdf/chp_mor_05.pdf

WHO/UNICEF (World Health Organization/United Nations Children's Fund) Joint Monitoring Programme for Water and Sanitation. 2010. *Progress on Sanitation and Drinking Water, 2010 Update.* Geneva/New York, WHO/UNICEF. http://www.wssinfo.org/fileadmin/user_upload/resources/1278061137-JMP_report_2010_en.pdf

第四十一章

澳大利亚墨累-达令流域

致谢：马可·乐伯朗克、阿尔伯特·范迪基克、萨拉·特维德、伯川德·提姆鲍

地理位置和概况

墨累-达令（Murray-Darling）流域位于澳大利亚东南部，由墨累河（2 530 千米）及其三条主要支流组成：达令（2 750 千米）河、拉克伦（Lachlan）河（1 450 千米）及马兰比吉（Murrumbidgee）河（1 700 千米）（见地图41.1）。墨累-达令流域面积为 100 多万平方千米，约占大洋洲陆地面积的 14%。墨累-达令流域横跨新南威尔士州和维多利亚州的大部分地区、昆士兰州和南澳大利亚州的部分地区，以及澳大利亚首都圈堪培拉。流域人口近 200 万。

流域主要地貌为广阔的平原，东面和南面与澳大利亚最著名的山脉——大分水岭相连，最高处海拔为 2 228 米。

流域气候条件多变，地形特点多样。北部为亚热带气候，东部是凉爽湿润的高地；东南部气候温暖；西部是炎热的干旱及半干旱平原，占整个流域面积的 2/3 以上。北部降水主要在夏季，南部降水则主要在冬季。

水资源可用量

目前流域内近 86% 的用水为地表水，其余为地下水。流域内不同地区可用水量差异很大，近 80% 的集水区向河流输送的水量很少或几乎为零。主要径流来源于流域的东部与南部边界地区。流域年平均耗水量约 110 亿立方米，相当于流域 48% 的年地表水量。目前，84% 的用水为农业，3% 用于墨累-达令流域的城镇地区，其余则损失在灌溉用水的蓄水与输水过程中（见表 41.1）。

为满足 20 世纪后半叶用水需求的增长，流域内建造了许多工程设施。水库总库容由 20 世纪 30 年代的 2 立方千米增长到 2007 年的大约 35 立方千米。这一最新数据约相当于流域年平均可用水量的 150%。随着公共和私有蓄水库容的扩大，流域地表水使用量到 20 世纪 90 年代中期呈现持续增长的态势，墨累-达令流域理事会在此时期对地表水调用规定了上限（见图 41.1）。

地图 41.1

墨累-达令流域

图例：
- 流域界线
- 洪泛平原
- 水电站
- 城市
- 州界

表 41.1

墨累-达令流域地表水的使用*

地表水的使用	立方千米/年	占总量的百分比（%）
净灌溉调水	9.51	84
农村牲畜和生活用水	0.08	<1
城市	0.32	3
渠道与管线损失	1.24	11
抽取地下水引起的流量损失	0.18	<2

*根据2006—2007年水资源共享、水权与灌溉综合信息

图 41.1

墨累-达令流域水系总入流量、地表水使用量和大坝蓄水量

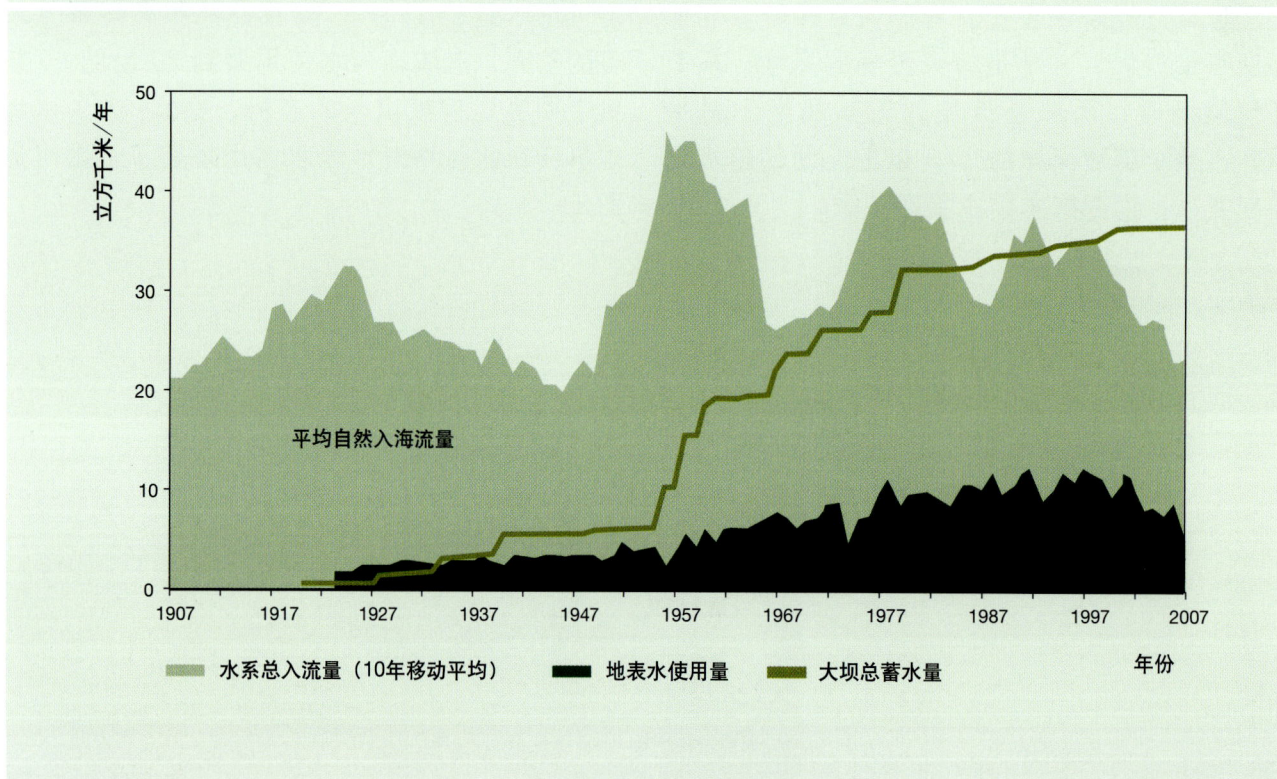

水系总入流量（10年移动平均）　　地表水使用量　　大坝总蓄水量　　年份

水与农业

墨累-达令流域是澳大利亚的粮仓，流域约80％的土地用于农业生产，流域农业产量占全国总量的40％左右。主要种植棉花、水稻、小麦、玉米、葡萄、柑橘类水果及其他果树。牛、羊生产及灌溉乳品业是其主要收入来源。维持畜牧业生产的用水量相当于澳大利亚总用水量的一半，约占农业用水总量的60％。

国家及流域层面的水资源管理

流域调水量的增加引发了人们对流域健康及其环境流量的担忧。但由于流域内水分配由共享流域的5个州根据自身的立法与政策各自

决定，因此实现必要的环境目标已构成一项重要挑战。

自 20 世纪 90 年代以来，该流域水资源管理已经开始向综合管理的方向转变。1993 年，墨累-达令流域委员会正式成立，以促进和协调流域内水资源的公平与可持续利用。2008 年，该机构被墨累-达令流域管理局取代，成为政府的法定机构。墨累-达令流域管理局与流域内各州和地区共同管理流域水资源，其主要职责是对流域水资源进行测量与监控；编制、实施和执行水资源管理计划；制定地表水与地下水的取水上限；提供水权信息服务，为水交易提供便利。

由于澳大利亚政府属于联邦制，有必要形成国家层面的协议，以保障各州或地区政府在水资源测量、规划、定价和交易时能够协调一致。为此，2004 年澳大利亚政府理事会签署了一项"国家水计划"。该计划作为一项政府间协议，由澳大利亚所有州政府与和地区政府共同签署，是国家水改革的蓝图。在国家水计划下成立了独立的执法机构国家水委员会，负责推进国家水改革，并就水领域问题向政府提出建议。委员会在墨累-达令流域行使的职能包括监督流域南部区域州与州之间水权交易的情况，向国家水计划各签约方提出建议，并对墨累-达令流域水管理计划的有效实施进行财务审计。

气候变化与气候变异

1997 年发生的干旱持续了 12 年之久，殃及澳大利亚东南部大部分地区（包括墨累-达令流域南部），给这些地区造成了巨大的经济损失（见专栏 41.1）。虽然导致此次干旱的年均雨量短缺与 1935—1945 年发生的干旱相似，但是 1997 年干旱使径流量及地下水回补量大幅度减少。原因在于本次干旱期间，降雨模式发生了变化：如降雨量年际变化不大，但秋冬季降雨量减少。此次干旱以 2010—2011 年降雨给澳大利亚带来了有史以来最严重的洪水而终结。

该地区干旱与半干旱气候意味着自然水文气候变异性非常高，加上气候变化的影响，该地区面临着更大的挑战。由联邦政府和州政府共同实施的综合项目表明，在中等预测情境条件下，到 2030 年气候变化将导致整个墨累-达令流域地表水可用水量降低 11％。可用水量的降低将削减 4％ 的地表水使用量。然而，用水量在最干旱年份受到的影响最大，在维多利亚州境内的墨累-达令流域，用水量将减少 50％。

受气候变化影响最为明显的地方是墨累河口附近，包括乔伊拉（Chowilla）洪泛平原、库龙（Coorong）国家公园、潟湖生态系统及低地湖泊。墨累河的出流量已经受到目前调水的影响，年平均自然出流量降低了 40％。预计到 2030 年将再降低 30％。从生态角度看，调水对流域的影响通常大于气候变化带来的影响。然而，调水与气候变化的共同影响将把有益洪水发生的平均间隔拉长至两倍以上。这将对湿地及相关生态系统产生显著影响。到 21 世纪末，根据排放情况，气候变化的影响有可能更加明显。更加令人担忧的是，目前温室气体排放的趋势已远远超过了气候变化预测中考虑到的情境，达到了惊人的程度。

水与环境

墨累-达令流域有大约三万多个湿地，这些湿地对当地鱼类及水鸟的生息、繁衍与迁徙至关重要。沿流域分布的主要湿地包括麦夸里沼泽地（the Macquarie marshes）、坎邦大沼泽（the Great Cumbung Swamp）、帕鲁河（Paroo River）的溢流湖、纳兰湖（the Narran lakes）及圭迪尔湿地（the Gwydir wetlands）。墨累-达令流域最大的湿地是巴马-密勒瓦（Barmah-Millewa）森林湿地、甘波-昆德鲁克-佩里库特（Gunbower-Koondrook-Pericoota）森林湿地、乔伊拉（Chowilla）洪泛平原、低湖（Lower Lakes）以及与南大洋交汇的库龙湖（Coorong Lakes）（见地图 41.1）。

墨累-达令流域有 16 个湿地被列入拉姆萨尔国际湿地公约名录。在《澳大利亚重要湿地目录》中，墨累-达令流域有大约 200 多个湿地列入其中。流域拥有大量国家和世界级重要植物和动物物种。但是，由于污染和大规模水资源开发导致河流流量发生变化，95 个物种处于濒危状态，超过一半以上的本地鱼类物种需要保护，鱼类数量仅仅是水资源开发前的 10% 左右。

干旱对澳大利亚造成重创

1997—2009 年发生的干旱使地表水蓄水量下降到蓄水容量的 10% 以下，地下水减少了 100 立方千米。这严重限制了城市和农业灌溉用水。目前，此次干旱造成的经济损失还没有具体数字，但有些研究已对其影响的诸多方面进行了估算。

农产品出口占澳大利亚总出口量的 1/5。2002 年的估算显示，干旱使国内生产总值下降了 1.6%（超过 100 亿美元），其中约 1% 归咎于农产品出口的减少。干旱也使全国就业率与薪资水平降低了 1%。

干旱对地区的影响更大，在墨累-达令流域受灾最严重的地区，地区生产总值下降了 15% 以上，就业率降低了 3% 以上。根据澳大利亚储备银行的估算，2006—2007 年两个干旱年份使澳大利亚国内生产总值下降了近 1%，同时，农业生产总值下降了 20% 左右。最近估算显示，2000—2007 年，灌溉农业总产值每年降低约 1.4 亿美元。2005—2006 年和 2007—2008 年间，总灌溉面积缩减了 42%。

墨累-达令流域棉花与水稻产量（100＝1990—2000年平均年产量）

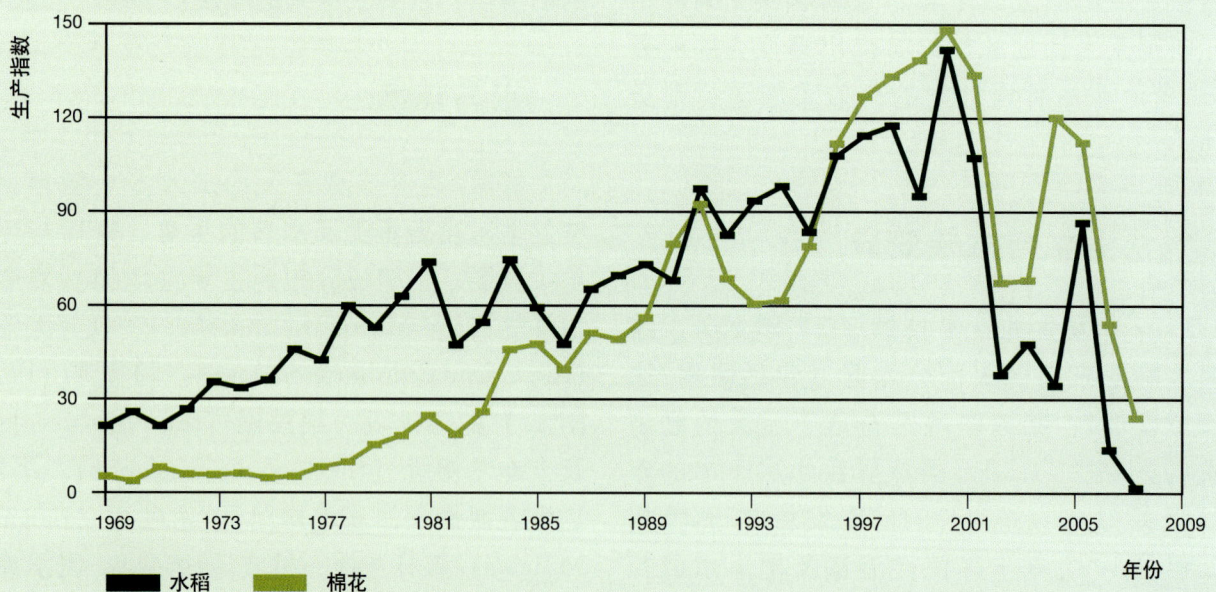

水稻　　棉花

年份

1997—2009 年的干旱加剧了上述问题的严重性。例如，墨累-达令河入海口流量创下了历史最低纪录，水域面积急剧下降。水体含盐量增加导致水质进一步恶化，造成了严重的生态与社会经济损失。干旱期间，位于低湖水系中的最大水体亚历山德里娜湖（Lake Alexandrina）（见地图 41.1）水位下降了约 1.2 米，含盐量则增加了 5 倍。由于富含天然铁硫化物，裸露的湖床产生硫酸，危及湖泊生态系统和丰富的动植物。

土地盐碱化和水质咸化也是该流域面临的环境问题。由于几千年来的蒸散作用，盐分得以周期性积累，导致流域内土壤水、地下水中的盐浓度相当高。19 世纪开始，为了增加农业用地进行了大规模的土地开垦，使该地区的自然条件进一步恶化。种植农作物和经营牧场对地下水的需求比自然植被要多，因而造成地下水含盐量的进一步增加，污染了土壤和地表水。1997 年，墨累-达令流域各州受旱地盐碱化影响的土地面积（包括流域以外地区）估计达 6 400 平方千米。

结论

墨累-达令流域地域辽阔，相当于法国与德国面积之和。集约型农业耕作使该流域成为澳大利亚的粮仓和收入的重要来源。然而，该流域水利用模式已经对水资源构成了巨大压力，超出了可持续利用的临界线。土地与水资源开发改变了水文条件、造成环境恶化，并且严重影响生态系统健康。

最近几十年，水管理目标已从用于灌溉的大规模水资源开发转向更加关注环境。同时，流域水治理正逐渐朝着州或地区政府间协调和统一管理方向转变。1997—2009 年持续十几年的干旱造成了严重经济和环境损失，凸显了妥善处理农业与环境目标之间关系的紧迫性。国家水计划及最近成立的墨累-达令流域管理局为重新审视用水模式带来了希望，改善水文条件，从而使赖以生存的社会、生态及经济可持续发展。

参考文献

除另外注明，本章内容均改编自《墨累-达令流域：处于危机的粮仓——以往的教训和未来的挑战》案例研究报告。该报告由乐伯朗克等人于 2011 年整理（即将出版）。

第四十二章

中国黄河流域

致谢：尚宏琦、孙凤、孙扬波、庞慧、董舞、宋瑞鹏、龚真、金海、郝钊、徐静、拉马萨米·贾古玛、刘可、刘好（音）、王冰

《世界水发展报告》（WWAP，2009）第三版的案例研究卷曾对中国黄河流域进行了详细介绍。在与黄河流域委员会协商达成一致后，开展了后续研究，尽可能地提供有关黄河流域的最新信息，并进一步探讨气候变化、水土流失、泥沙输送和水污染等严峻挑战。

地理位置和概况

黄河是中华人民共和国（以下简称"中国"）的第二大河流，发源于海拔 4 700 米的中国西部地区。黄河流域横贯中国西北和华北地区，隶属温带大陆性季风气候。黄河流域东南部气候湿润，西北部则比较干燥。黄河流经 9 个省、自治区：青海省、四川省、甘肃省、宁夏回族自治区、内蒙古自治区、陕西省、山西省、河南省和山东省（见地图 42.1），最终流入渤海。从地理上看，黄河跨越了青藏高原（上游）、黄土高原（中游）和华北平原（下游）。

黄河流域面积 795 000 平方千米，2000 年数据显示，黄河流域居住了近 1.1 亿居民，相当于全国人口的 8.7%。然而，这里的人口分布极不均衡，约 70% 的人居住在黄河下游的 3 个省。作为中国北方文明的摇篮和现代中国政治、经济和社会发展中心，黄河被誉为"中国的母亲河"。

黄河流域水土资源

黄河流域平均可用地表水资源为 570 亿立方米，平均可用地下水资源约为 385 亿立方米。2009 年，黄河流域的用水量为 393 亿立方米，其中超过 78% 来自于地表水，近 22% 为地下水。自 1980 年以来，地下水开采量迅速上升，已逼近不可持续利用水平。实际上，分布在近 6 000 平方千米的 65 个地区都出现了地下水水位显著下降的现象。

黄河流域的可利用耕地面积为 163 000 平方千米，其中已开发耕地面积 120 000 平方千米（或 15% 的流域面积），包括灌溉面积 75 000 平方千米。自 20 世纪 50 年代起，农业对于经济的重要性开始下降，而其他行业对黄河流域国内生产总值贡献率逐渐提高。流域内出现了许多新兴工业城市，如西宁、兰州、银川、包头、呼和浩特、太原、西安、洛阳、郑州和济南。但农业用水量仍占据水需求的 75%。

地图 42.1

黄河流域

图例：
- 流域界线
- 列入拉姆萨尔公约名录的湿地
- 大坝
- 国家公园
- 城市

气候变化

1961—2005年，黄河流域年平均降水量略有下降，平均每10年下降12毫米。然而，在51个站点中仅有9个出现明显的下降趋势。从长期趋势来看，到2100年1月降水量会增加7毫米左右。通过情境分析显示，黄河流域中下游降水量可能高于上游。同一时期整个流域的年平均气温每10年升高0.3℃。同时，90％以上监测站（58个监测站中有53个）监测的结果显示年平均气温明显升高。例如，位于黄河流域上游的门源（Menyuan）监测站和合作（Hezuo）监测站监测到，2004年的年平均气温比1960年高1.14℃。根据模型分析，到2100年1月平均气温可能会增高5.0℃。温度的上升可能会导致水资源可用量减少（Zhang等，2008）。因此，为了防止本世纪以及未来黄河流域出现严重水资源短缺，必须考虑改进水管理措施和采用新技术来提高用水效率。

生态环境及水灾害

水污染是黄河流域面临的严重问题。1997年，黄河仅有17％的河段达到饮用水标准。这给人类健康和流域生态环境带来了直接影响。1982年，在黄河流域的96种藻类中，超过80％遭到严重或中度污染。此外，自20世纪80年代以来的历史数据分析表明，黄河中鱼类物种数量和总量处于下降趋势（Ru等，2010）。

黄河水利委员会（YRCC）是中国水利部七大流域机构之一，成立的目的是保护黄河流域的水资源，解决好黄河水量和水质的问题(见专栏42.1)。黄河水利委员会现已采取的管理措施如下：

• 根据黄河径流变化情况实行各省纳污能力总量控制；

• 强化省界断面的水质监测；

• 加强水污染防治和保护的执法力度。

由于采取了上述三项措施，黄河干流的水质已有很大改善。2006年，黄河河道约60％的水量达到了"水质良好"标准。2002—2006年，黄河地区被确定为水质差的河段比例从21.1％下降到3.1％。

专栏 42.1

黄河流域泥沙管理战略

黄河水利委员会是水利部直属流域机构，负责管理黄河流域的水土资源，保护黄河流域生态环境。黄河水利委员会按照已有法律法规体系，制定和执行水土保持计划，并确保计划的实施。

自20世纪50年代以来，黄河水利委员会在黄河流域，特别是黄土高原地区，实施了大规模的水土保持项目，包括修建淤地坝、植树造林、坡改梯、退耕还林等措施。概括起来，治理黄河泥沙问题的主要目标如下：

• 水土保持工作：植树造林、修建梯田和淤地坝；

• 改进土地利用方式：管理坡耕地、改进耕作方式等；

• 修建水利工程，调节黄河流域的水沙平衡。

上述努力以及防洪措施成功地减少了黄河的泥沙淤积。然而，黄土高原水土保持项目预计到2030年将使黄河径流量减少20亿立方米。考虑到用水需求不断增长，可用水量的减少将加剧各行业用水的紧张。

资料来源：改编自联合国教科文组织（UNESCO）国际泥沙研究培训中心（IRTCES）（2011年）。

黄河流域水土流失主要发生在黄土高原一带，这已成为黄河流域的难点问题。黄土高原

面积为 640 000 平方千米，黄土的平均厚度从 50 米到 300 米不等。每年从黄土高原流入黄河的泥沙量约为 12 亿吨，占中国水土流失总量的 60％或者世界水土流失总量的 10％。实际上，黄河正是由于泥沙的黄色而得名。尽管黄土侵蚀属于自然现象，但水土流失面积大幅增加主要是由于人类砍伐森林、过度放牧和过度种植等引发的环境恶化所致（见专栏 42.1）。

尽管一部分黄河泥沙流入了大海，但是大部分都沉积在河床或河岸上。因此，黄河是在高于地面的河床上流淌。例如，黄河河床比新乡市高 20 米、比开封市高 13 米、比济南市高 5 米。地面高度低于河床的地区总面积为 120 000 平方千米，其中居住着约 9 000 万人口。考虑到堤坝决口会造成洪水灾害，黄河大堤会定期维护和重建。但所有这些努力都可能无法应对会导致重大社会经济损失的百年一遇特大洪水。1938 年黄河决口曾造成受灾人口 1 250 万，其中 890 000 人因此丧生。目前生活在黄河下游滩区以内的 190 万人口仍然面临着洪水的威胁。

水资源管理

由于黄河流域中上游需水量大幅提高，1972—1999 年，黄河下游河道出现了 21 次断流。1987 年，为实现供求平衡，国务院制定了《黄河水量分配方案》，2006 年颁布了《黄河水量调度条例》，对黄河水量进行调节和控制。该条例将黄河取水管理纳入国家的管制范畴，通过河道不断流（特别是黄河流域下游），满足用水需求并改善环境（Zhao，2006）。条例的目的还包括促进黄河流域的社会经济发展。

《黄河水量调度条例》要求该流域实施水量统一分配方案。黄河水利委员会负责与 11 个省及自治区协商并提出年度用水方案。根据对黄河来水量的预测，此计划为各省及自治区设定了用水配额。配额将根据黄河实际可用水量按月调整。省政府负责根据配额规定的上限在其管辖范围内进行水资源分配。为确保水资源合理分配，还需要技术措施行政措施和法律措施的支持。例如，在汛期，所有水库都要统一运行调度，以调节河道流量和用水量。此外，在线河流信息系统可帮助准确观察黄河河道的可用水量，也使水量分配方案得以实施，保障了黄河流域下游各省的用水权。

自 1999 年起，黄河流域下游地区没有再出现过断流，枯水季节的环境流量增加了 10 亿立方米。总体上说，可用于调水调沙和环境需求储备的总水量[1] 已近 200 亿立方米。而且，河口湿地面积增加了 253 平方千米，生物多样性也有所改善。

结论

上几版《世界水发展报告》提到的挑战在过去 3 年中并未发生变化。水质恶化、环境退化、水资源过度利用（尤其是地下水）及泥沙问题仍是黄河水利委员会面临的重要问题。从乐观的角度看，黄河水利委员会采取的限制排污量和加强执法等措施已使黄河水质得到较大的改善。得益于水量分配方案的实施，黄河下游地区径流量已达到冲沙和维持基本生态系统需求所需的最低水量。但由于黄土高原的自然特征所限，黄河流域将继续面临泥沙问题。管理措施的实施尤其是植树造林和水土保持等已减少了黄河及其支流的输沙量。虽然各领域都取得了进展，但日益加剧的供求失衡要求人们做出艰难选择，以满足不同的用水需求，降低农业用水消耗，同时帮助其他行业更有效地利用水资源。

注　释

1　联合国《世界水发展报告》第三版（WWAP，2009）指出：调水调沙所需的最小径流量为 140 亿立方米，另外还需 50 亿立方米用于其他环境方面的需求。

参考文献

除另外注明，本章内容均改编自中华人民共和国水利部黄河水利委员会于 2011 年起草的《黄河流域案例研究报告》（未出版）。

Ru, H., Wang, H., Zhao, W., Shen, Y., Wang, Y. and Zhang, X. 2010. Fishes in the mainstream of the Yellow River: assemblage characteristics and historical changes. *Biodiversity Science*, Vol. 18, pp. 169–74

UNESCO and IRTCES (International Research and Training Center on Erosion and Sedimentation). 2011. *Sediment Issues in the Yellow River Basin, China*. International Sediment Initiative. Paris/Beijing, UNESCO/IRTCES. http://www.irtces.org/isi/isi_document/2011/ISI_Fact_Sheets.pdf

WWAP (United Nations World Water Assessment Programme). 2009. China: The Yellow River basin. *United Nations World Water Development Report 3, Case Studies Volume: Facing the Challenges*. Paris, UNESCO. http://www.unesco.org/new/en/natural-sciences/environment/

water/wwap/case-studies/asia-the-pacific/china-2009/

Zhang, Q., Xu, C.-Y., Zhang, Z., Ren, G. and Chen, Y. D. 2008. Climate change or variability? The case of Yellow river as indicated by extreme maximum and minimum air temperature during 1960–2004. *Theoretical and Applied Climatology*, vol. 93, Nos 1–2.

Zhao, H. 2006. Yellow River water use to be regulated. *China Daily*, 2 August. http://www.chinadaily.com.cn/china/2006-08/02/content_654981.htm

第四十三章

韩国济州岛

致谢：Yongje Kim，Gi-Won Koh，Sung Kim，Jae Heyon Park

地理位置和概况

济州特别自治道是大韩民国（以下简称"韩国"）第一大岛屿，位于朝鲜半岛西南海岸，南方面向朝鲜海峡，居住人口近 567 000，面积 1 848 平方千米。矗立于岛屿正中心的汉拿山火山是济州道的地标（见地图 43.1），最高点海拔 1 950 米。济州道有两大主要城市：北部的济州和南部的西归浦。岛上共有 7 个城镇和 5 个区。济州道的国内生产总值略低于韩国内陆，人口增长率较低（2005 年为 0.45%），居民迁移较少。

济州道虽然面积较小，但由于属亚热带海洋和温带气候，年平均降水量为 1 975 毫米。约 60% 的年降水量发生在 6—9 月的夏季季风期。由于蒸散率较低，地质条件渗透性较好，地下水能得到常年补给，近半数的年降雨量（15.8 亿立方米）渗入到地下。

水资源及其利用

该地区地表水可用量为 2.6 亿立方米，具有多变的特征。因此，地下水是济州岛主要的水源，使用量较大。2010 年地下水抽取量达到估测安全出水量的 20%（见表 43.1）。

表 43.1

济州岛地下水开发与利用

用途	耗水量 （立方米/天）	占比 （%）
生活	202 000	57.1
农业	144 000	40.7
工业及其他*	8 000	2.2
合计**	354 000	100.0

*食品加工等。
**估测安全出水量：1 768 000 立方米/天。

济州岛 31% 的土地用于农业生产。最重要的农产品包括橘子和柑橘类作物，其次是豆类、萝卜、大蒜和土豆。水稻种植面积很小。1970—2002 年，农业用地面积每年以 0.5% 的速度递增。然而，2002 年之后农业用地面积开始出现下滑，预计这一趋势还将持续。

岛上灌溉面积约为 380 平方千米，占 2003 年耕地总面积的 71%。虽然更多的农业用地可供灌溉，但可用水量成为了制约因素。虽然目前正在采用滴灌和喷灌技术，用水效率仍有提高的可能。总体来说，98.8% 的灌溉用水取自地下水。农业活动导致的地下水污染在济州岛沿海地区十分明显。观测结果显示，由于化肥的使用，18% 的地下水中，硝酸盐、钠、镁、钙和硫酸盐等化学成分含量增高。畜牧养殖也对环境造成污染。

气候变化、气候变异与涉水自然灾害

对过去 8 年降雨量的分析表明，年降水量和降雨强度都略有提高。20 世纪 30—90 年代，年降水量从 1 369 毫米增加到 1 500 毫米以上。1951—2008 年，日降水量极值增加了 95 毫米。2007 年 9 月台风"百合"期间记录的日降水量为 542 毫米，相当于千年一遇的降水强度。

自 20 世纪 30 年代起，该地冬季平均温度升高了 1.6℃。因此，高海拔地区（例如汉拿山）的积雪深度和降雪总天数都趋于下降。自 20 世纪 60 年代起，济州岛周围的海平面年平均上升速度已接近 6 毫米，是全球平均海平面上升速度的 3 倍。由于海平面上升和随之而来的海水侵蚀，地下水水质正在恶化，尤其在人口密度最高的沿海地区。

在涉水自然灾害方面，1991—2000 年，济州岛遭遇过 23 次台风袭击。降水量季节性变化导致夏季发生洪灾，而其他季节发生旱灾。4—10 月，大雨伴随着台风给当地带来的降水量为全年的 70%。过去 30 年间，洪灾和旱灾的频率和强度都有所增加（见图 43.1）。由于土地利用模式发生改变，尤其是对山区的开发，使自然灾害造成的社会和经济影响日趋严重。例如，2007 年 9 月，台风"百合"带来的

济州岛

图例：
- – – 流域界线
- ◇ 列入拉姆萨尔公约名录的湿地
- ■ 国家公园
- ◉ 城市

朝鲜
韩国
济州岛
日本

南海
北

济州
Oedo
Dogeun
Han
Hwabuk
Samsu
Hallim
Geumseong
汉拿山国家公园
Anjaw
Cheonmi
Saegdei
Dosan
Hoodon Sanghyo
Seojung
Song
Gasi
Changgo
Yerae
Jungmun
Gangjeong
Sillye
西归浦

0   5   10 km

强降雨导致洪水泛滥，14 000 多名居民被迫撤离，13 人死亡，造成的财产损失约 1.2 亿美元。这促使当地政府修改现行的总体规划，以更好地保护生命和财产免受极端事件的危害（见专栏 43.1）。

专栏 43.1

极端事件的管理措施

随着人口密度日益增大、土地利用面积扩张以及极端天气更加频繁，济州岛极易受到涉水灾害的侵袭。因此，当地政府于 2006 年制定了一套全面的防洪总体规划，把重点从管理极端事件转向与流域自然环境和谐共处的思路。该规划包括编制因地制宜的防洪方案，将工程措施（如河床疏浚、建设堤坝等）和非工程措施（如洪水预报与预警系统）相结合，并改进住宅用地规划、引入将气候变化影响考虑在内的洪水保险体系。

由于台风"百合"造成了严重的社会经济损失，促使规划涵盖的范围进一步扩大，2008 年所有的单独河流都被纳入进来。规划一期主要针对位于受台风影响严重的首府济州市老城区的四条河流（Han、Byeongmun、Sanji 和 Doksa）建立总体防灾规划。根据该规划，共设计了 11 座防洪水库，总库容 1 577 000 立方米，部分水库已经投入建设。靠近汉（Han）溪有两座防洪水库与人工地下水回补系统相连，以补充地下水资源。此外还修建了拦沙坝和拦沙栅，防止河槽堵塞。

尽管济州岛年均降水量较高，但仍由于降水量变化较大而时常发生旱灾。为了更好地管理地下水资源和进行旱灾影响评估，该地建立了综合性实时监测网络，以收集关键变量信息，尤其是地下水水位信息。这些信息有助于当局采取适当的行动，如限制地下水利用，以减轻因海水侵蚀和污染导致含水层退化等风险。

水资源管理

从资源开发到政策制定和执行等所有水资源管理领域，都是由当地政府的水资源和污水管理局直接负责。由于人们对如何保护地下水资源免遭过度开采和海水入侵影响的关注与日俱增，1991 年，一项特别法案出台，为地下水管理搭建了框架，并对钻井行为进行了规范。其他管理措施包括定期检查济州岛水质和提高地下水使用税率。1996 年，在《济州水资源开发计划》框架下建立了多地区供水系统。该系统的一期工程于 2000 年竣工，确保济州岛东部 14 个地下水取水点每天供应 145 000 立方米地下水。二期工程于 2002 年开始实施。考虑到地下水的重要性，2004 年当地政府实施了一项特别管理计划，改善水井养护、提高农业用水效率、使水资源开发更加多样化。继 2006 年机构改革后，以往极度分散的市级和县级水资源管理模式被叫停，所有职责合并归到济州供排水管理总指挥部。这一转变加上改进供水管理，并采用 ISO 14001 标准，使环境实践更加规范化。基于上述情况，2008 年，此前由城市管理的污水相关业务被整合到地区管理体系中，以确保将环境纳入整体措施当中。

图 43.1

1970—2010年济州岛发生的涉水灾害*

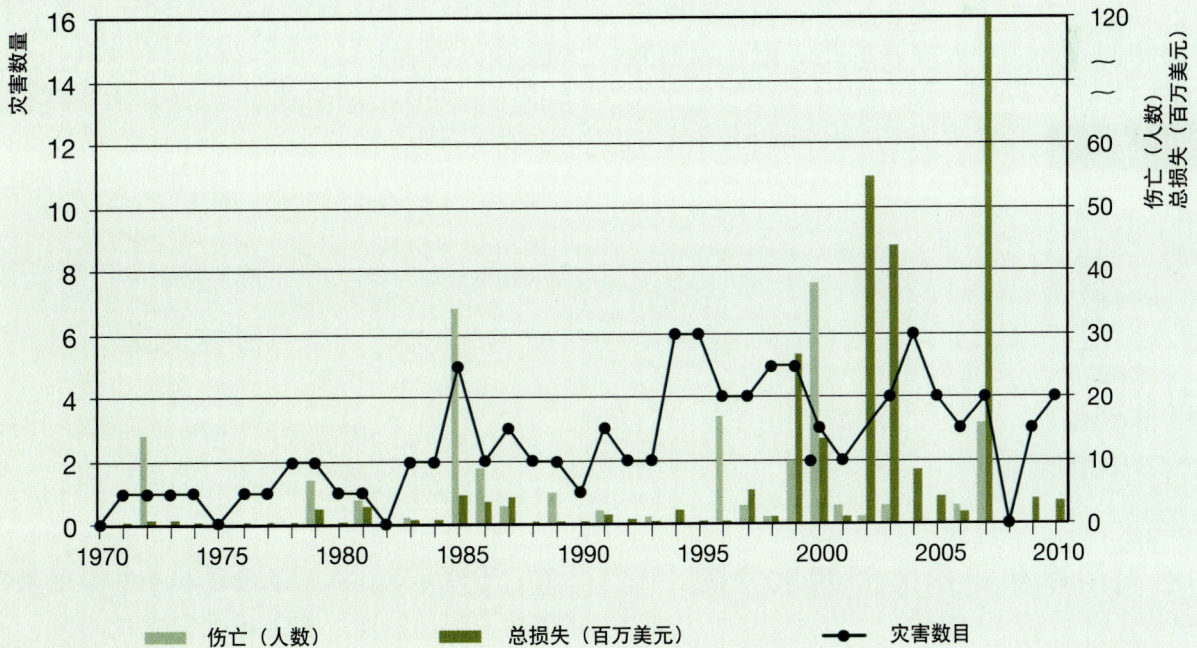

*包括台风、洪水和大雪，伤亡包括受害、死亡和失踪人口

水定价也更加注重防止浪费稀缺的水资源。根据韩国中央政府确定的指导方针，水费正在逐渐提高，最终目标是回收全部成本。截至2006年，单价相当于估算成本的62.5%。

当地政府已计划在20年内（2004—2025年）投入超过7.8亿美元改善供水和基础设施，其中小部分资金将由私营部门提供。实际上，采用公私合作和特定服务私有化，如污水处理厂的运行模式，正变得越来越普遍。目前，当地正在制定一系列促使私营部门更多参与的策略。

水与生态系统

济州道拥有丰富的动植物资源。例如，葛札瓦（Gotjawal）森林（位于汉拿山中部的坡地）占济州岛约12%的土地面积，已经被拉姆萨湿地公约列为国际重要湿地。济州岛沿海地区为627种已知无脊椎动物物种提供了生存环境，远远超过韩国其他地区的无脊椎物种数量。暖气流和沿南部海岸形成的珊瑚礁为约300种不同鱼类提供了理想的栖息场所。济州岛同时也是众多鸟类、哺乳动物、爬行动物和两栖动物的家园。令人惋惜的是，由于以前对打猎未加控制，加上过度使用农药及城镇化快速发展，已对当地生态系统造成一定程度和不可逆转的损害。在生态园建设方面，随着1999年新湿地保护法的颁布，位于西归浦市区的Mulyeongari-oreum湿地成为了韩国首个保护区。

水与人居

自20世纪90年代起，济州岛农村居民数量基本保持不变，而城市人口则稳步增长。2005年，岛上近70%的人口居住在城市。在安全饮用水方面，几乎所有城市和农村人口都可获得饮用水（见表43.2）。每天人均耗水量为340升（2005年）。减少供水设施漏损是当地政府的首要任务之一。

2005年，岛上72.3%的人口与废水集中处理设施相连。废水集中处理设施在城市地区的人口覆盖率达到了96.1%，远高于农村地区的18.5%。当地管理部门须全力提高农村地区污水处理服务质量，同时使城市污水处理能力跟上城市发展的步伐。污水处理设施的日处理能力共计178 479立方米（2005年），为其设计能力的70%左右。

表 43.2

济州道改善的供水普及情况

	人口（人）	供水能力（立方米/天）	供水率（%）	人均日耗水量（升）
济州道	559 747	316 548	100.0	340
城市地区	387 885	207 600	100.0	357
农村地区	171 862	108 948	99.9	302

不同用途和用户之间的水分配

除了夏季季风期，济州道大部分河溪径流都具有季节性特征。然而，在海岸附近和汉拿山中部坡地，从基岩断裂处涌出的地下水形成了众多泉眼。从历史上看，村庄都建在泉水丰富的地区。因此，千百年来，人们学会了和平共享地表水和地下水资源。然而，随着用水需求的增加，用水竞争已开始增多。虽然韩国宪法、济州道当地法律为地下水、泉水和河流开发做了基本的司法和行政规定，但是针对水资源合理使用和分配的立法缺失仍是急需解决的问题。

结论

在投资的刺激下，济州道经济社会得到了长足的发展，是韩国最长寿的地区。地下含水层为该地发展提供了长期可靠的淡水。然而，考虑到现阶段的水资源利用水平，加上污染、海水入侵和与日俱增的水需求等挑战，该地区必须通过实施水资源综合管理制定更加有效的规划。同时，有必要完善立法和强化执法体制建设，更好地在各部门之间分配有限的水资源。济州岛是韩国降水量最多的地区之一，而水文气象资料显示，未来该地降水强度有增加的趋势。加强防洪总体规划和基础设施建设可为未来的减灾工作打下坚实基础。总体来看，济州岛具备必要的资金和人力，有能力应对所面临的涉水挑战。

[译者注：济州特别自治道位于韩国南部的济州岛，因此，济州即是地理概念——济州岛，也是行政区划——济州（特别自治）道。本文中"岛"和"道"的使用是按原文翻译而来，并无特意区分之意。]

参考文献

除另外注明，本章内容均改编自大韩民国国土交通部为联合国《世界水发展报告》第四版起草的世界水评估计划研究课题报告《寻求解决方案：韩国济州水开发评估》（即将出版）。

第四十四章

巴基斯坦境内印度河流域

致谢：昆祖·坎·纳加塔、阿斯兰·辛德

地理位置和概况

巴基斯坦北部与阿富汗交界，南濒阿拉伯海，东北与中国毗邻，东接印度，西南邻伊朗（见地图44.1）。该国主要有三种地域类型：北部高原、印度河平原和俾路支高原。北部高原包括喜马拉雅山脉的部分地区；印度河平原由印度河及其支流冲积而成，最后流入阿拉伯海；俾路支高原由干旱的山区和沙漠组成，这一地带从东北部一直延伸到西南。

巴基斯坦国土面积80万平方千米，人口约1.85亿（2010年）。全国分为4个省（旁遮普省、信德省、开伯尔-普什图省和俾路支省），以及几个具有特殊行政地位的地区。

地图 44.1

印度河流域

流域界线
◇ 列入拉姆萨尔公约名录的湿地
● 水电站
■ 国家公园
◉ 城市

总体来看，巴基斯坦气候干旱，印度河下游平原部分地区年平均降水量小于100毫米，印度河上游平原年平均降水量则超过750毫米。季风和地中海温带风暴西风是降雨的主要来源，2/3的降水通常发生在7—9月。在印度河平原，大部分雨量集中在7月初的季风时段。

印度河发源于海拔超过5 000米的西藏高原，是巴基斯坦最重要的淡水来源。流域面积约110万平方千米，覆盖巴基斯坦约65%的国土面积（联合国粮农组织全球水与农业信息系统，2011a），并延伸到印度、中国和阿富汗等邻国。

水资源及其气候变化的潜在影响

印度河及其支流〔（杰赫勒姆（Jhelum）河、杰纳布（Chenab）河、拉维（Ravi）河、萨特莱杰（Sutlej）河、比亚斯（Beas）河和喀布尔（Kabul）河〕的平均综合蓄水能力为1 900亿立方米。根据1960年签署的《印度河河水条约》，巴基斯坦拥有独家使用西部三条河流（印度河、杰赫萨姆河和杰纳布河）的权利，而东部三条河流（拉维河、萨特莱杰河和比亚斯河）分配给了印度（见地图 44.1）。由各国代表组成的印度河常务委员会负责定期沟通，并处理与执行该条约有关的事宜，特别是数据和信息的交换。印度河流域以外的大部分河流属于间歇性河流，只在雨季才有水流，对于可用地表水所起的作用不大。

印度河流域地下是一个面积达 16 万平方千米的含水层。虽然该地下含水层的安全出水量估计约 680 亿立方米，但不同部门的地下水开采量加上居民用水已接近 620 亿立方米（联合国粮农组织水与农业信息系统，2011b）。在过去的 20 年里，地下水在支撑巴基斯坦灌溉农业方面发挥了重要作用，超过 50% 的灌溉用水由私人拥有的 100 多万口水井供应。然而，目前的地下水使用并不可持续，很多地区的地下水水位正在下降。

喜马拉雅冰川是印度河及其支流的主要淡水来源。在气候变化情境下，冰川加速融化在初期阶段会使流量增加，但在未来的 20 年里，流入印度河的水量预计会减少多达 30%～40%。此外，气候变化影响和泥沙淤积可能会导致流域内本已很低的蓄水能力降低 30%。可供水量的总体减少会给灌溉带来严重影响，这反过来会影响到该国的粮食安全。到 2050 年，气温升高可能会使亚洲粮食产量减少 15%～20%，这一预测已引起人们的关注（国际食品政策研究所，2011）。

气候变化预计还将影响到南亚季风。根据政府间气候变化专门委员会（IPCC）的调查，如果降雨量增加 24% 就会加剧洪水发生的频率和幅度。2010 年发生的洪水（见专栏 44.1）就足以说明这些灾害对全国范围社会经济产生毁灭性的影响。最近的实例为 2011 年信德省发生的洪水，截至今日受洪水影响的人口达 540 万，死亡人数达到 223 名，超过 60 万家庭住宅受损或被毁。近 30 万人，多数人是妇女和儿童，目前仍生活在难民营（联合国人道事务协调厅，2011）。这些极端事件清楚地表明，如果该国要应对气候变化和气候变异，必须采取规划和减缓措施。

水与农业

巴基斯坦耕地面积为 22 万平方千米（约占领土面积的 27%）。全国 80% 的农田有灌溉设施，这些灌溉农田主要集中在印度河流域。印度河灌溉系统是世界上最大的系统之一，渠道总长度为 59 000 千米。总体而言，农业生产的 90% 都依赖于灌溉。畜牧业生产也很普遍，特别是在俾路支省，畜牧业占农业收入的近 40%。

尽管农业产量在过去 10 年里以年均 4.5% 的速度增长，但农业对国内生产总值的贡献率却逐年下降。2010 年，其份额下降至 19.6%，而服务业已达到 53.7%，工业增长至 26.8%。然而，农业的重要性主要体现在解决了该国大约 44% 的就业问题，支撑了约 75% 人口的生活需要，并创造了 60% 以上的出口收益。

灌溉对该流域土壤肥力造成了负面影响，内涝（地下水位上升使土壤水分过度饱和）和土壤盐碱化已经影响到 2 万多平方千米的土地。这些问题是由几个因素综合造成的，包括未衬砌渠道渗漏、排水系统不完善、水资源管理不善以及使用劣质地下水灌溉等。

与灌溉紧密相关的社会问题是水资源配置的不平等。流域内灌溉系统的运作以持续供水为前提，而不与作物的实际需水量挂钩。灌区出水口送水通常以 7 天为一个周期（当地人将其称之为"warabandi"，即"轮灌登记表"）。在 7 天内，农民只允许根据其拥有的土地面积从取水口取水一次。然而，这项制度对"末端用户"有失公允，因为他们往往只能取到"先头用户"水量的 40% 或者更少。这不仅导致不公平，而且对作物产量也有一定的影响。

由于年久失修和不被重视，流域内大部分灌溉系统都处于不良运行状态，在给灌溉系统带来大量损失的同时，也导致水向下游灌区输送困难。庞大的液压系统的许多零部件已达到了设计使用年限，更新和替换的费用估计为 600 亿美元左右。不幸的是，2010 年洪水使已经处境艰难的维修和维护状况变得更加恶化

（见专栏44.1）。

农业是水资源的主要用户。事实上，2008年农业用水量占96％，为1 835亿立方米，其次是居民用水和工业用水（联合国粮农组织全球水与农业信息系统，2011b）。预测表明，印度河流域将逐步开始出现供不应求的状况，到2025年灌溉用水需求预计将上升到2 500亿立方米，突破1 900亿立方米可供用水量这个关卡。迫在眉捷的挑战使得提高农业用水效率的呼声日益高涨，必须采取节水措施和提高蓄水能力以防止日益增长的人口所带来的新问题。

水与健康

如何获取安全饮用水和改善卫生条件是巴基斯坦面临的重大问题，这需要更多的社会关注和政府投资。2008年，大约95％的城市人口可获得供水服务（世界卫生组织/联合国儿童基金会，2010），但只有55％的家庭拥有自来水。在农村地区，几乎有一半人从河流、运河、村庄池塘和泉眼等不太适合人类使用的水源地取水。估计有62％的城市人口和84％的农村人口在用水之前没有对水进行处理。从整个国家来看，享用良好卫生条件的人口占45％（世界卫生组织/联合国儿童基金会，2010）。鉴于这一比率很低，因此很难在2015年实现全国覆盖率达到90％的目标。缺乏安全饮用水和良好卫生设施产生的疾病所造成的经济支出相当于巴基斯坦国内生产总值的2％左右。

导致安全用水和卫生设施获取率较低的原因是水费偏低和收缴不足。这些问题导致投资偏低和设施缺乏定期维护，这使得供水和卫生设施进一步退化。与水有关的公共投资仅占国内生产总值的0.25％（亚洲开发银行-亚太水论坛，2007）。因此，要想解决挑战带来的问题，调整水费使其更好地反映水的价值并覆盖提供服务相应的成本至关重要。

贫困是巴基斯坦最为严重的问题。大约

60％的人口每日生活费不足两美元，另外还有22％的人口每日生活费不足1美元。五岁以下儿童超过38％营养不良，13％体重严重不足。儿童健康状况不佳直接导致女性缺乏教育。由于存在性别不平等，与男性识字率59％相比较，女性的识字率仅为35％。尽管减贫方面总体来看取得了一定成效，但2010年特大洪水（见专栏44.1）造成的毁坏对该国的减贫工作带来了相当不利的影响。

专栏44.1

巴基斯坦2010年洪水

2010年7月中旬至9月期间，巴基斯坦发生强降雨引发了自1929年以来最严重的洪灾，整个国家都受到了影响，灾害造成的社会经济影响无法估量。据国家灾害管理局（NDMA）提供的数据，死亡人数为1 700，超过2 000万人流离失所。许多丧失家园的人染上了疾病，至少70万人患上了急性腹泻，80万人患上了急性呼吸道感染，有近100万例皮肤疾病患者和近18.3万疑似疟疾病例。大雨引发的山洪和滑坡对基础设施、城市居住区和农业生产造成了严重损害。

根据世界银行和亚洲开发银行对洪水灾害所带来的损害和恢复重建总体费用需求的评估，相关费用估计在87.4亿～108.5亿美元之间，这包括救灾及早期恢复和中长期重建等费用。

资料来源：摘自亚洲开发银行救灾网页（2010）和美国有线电视新闻网（CNN）（2010）。

水与能源

印度河的水力发电潜能约为35 700兆瓦，

而整个印度河流域的水力发电潜能估计在55 000兆瓦以上。目前印度河只有15%的水电潜能得到开发，如果将目前在建及规划的项目累计起来，可使巴基斯坦的总体发电能力提高到25 000兆瓦。

自1975年以来，巴基斯坦未进行任何水电开发，而电力需求年增长达到10%，能源结构趋向于碳源。这导致电费增加和电量短缺，给经济部门尤其是工业部门带来了影响。煤炭储备依然是热力发电的潜在来源。

环境与生态系统

尽管巴基斯坦总体上气候干燥，但仍有超过225个重要湿地，其中19个被纳入《拉姆萨尔国际湿地公约》名录。印度河及其冲积平原构成了湿地的主要形态，有自然形成还有人造湿地，总覆盖面积约7 800平方千米。此外，塔尔（Thar）沙漠、特尔（Thal）沙漠、焦利斯坦（Cholistan）沙漠[1]、哈兰（Kharan）沙漠和印度河谷沙漠孕养着很多动植物。共计有18种濒临灭绝的湿地哺乳动物，包括印度河豚。目前，受到严重威胁的鸟类有20种、爬行动物12种、两栖动物2种和淡水鱼190多种。这些物种的生存都依赖着巴基斯坦的这些湿地。

印度河流域湿地不仅为生物多样性提供了保障，同时通过原材料生产减少贫困并维持当地居民的生计。

巴基斯坦的森林覆盖率只有6%左右，而与林业有关的雇员达到近50万人。薪材生产可满足巴基斯坦1/3的能源需求，这也是造成该国森林面积减少的主要原因之一。持续丧失的森林生境和动植物物种已对该地区生态系统造成了严重影响，也不利于摆脱贫困。

污染致使印度河及其主要支流中下游的水质恶化，主要污染源是城市和工业废水和灌溉回水。但所有河流溶解氧水平仍高于5毫克/升的阈值。

水资源管理

在国家层面，水电部负责水与能源相关事务。水电开发局成立于1959年，属于政府所属的公共机构，负责灌排项目和电力项目的规划、设计和实施。

截至1997年，省灌溉厅负责向农民分配灌溉用水、征收水费、维修和维护灌溉设施。在政府改革之后和世界银行的资助下，为解决灌溉农业和水资源管理问题，省灌溉厅进行了重组，新成立了自主管理的省灌溉排水局。作为改革的一部分，在干渠和支渠级别成立了商业经营导向的地区水委员会。同时，水资源配置和斗渠的运行管理移交给了独立选举的农民组织。共成立了340个农民组织，其中257个接管了灌溉系统的管理。这些机构负责收取水费、解决水事纠纷和向用水户平等高效地提供灌溉用水。最初水费征收有所增加，但逐渐又出现了回落（在某些地区达到50%）。政府机构对农民组织缺乏足够的技术支持，而且缺乏足够的资金维持其有效地运转。在这种情况下，人们对巴基斯坦农民组织能否长期维持下去已产生质疑。

总结

印度河是巴基斯坦的生命之河。它提供了滋润该国干旱环境的重要淡水源泉。农业灌溉已成为供养持续增长的人口和确保粮食安全的唯一途径。然而，该国正面临着严重的问题，如基础设施老化导致的灌溉用水输送过程中损失严重、农业生产率低下以及水资源管理体系无法应对现实存在的挑战。用水预测清楚地表明，在"一切照旧"情境下，需水量将在2050年超过供水量。气候变化和气候变异加上蓄水能力不足将进一步加剧这种状况。因此，在制定新的战略和政策时，对气候变化的潜在影响加以考虑，并提倡在各行业开展可持续用水至关重要。这将有助于确保粮食安全、消除贫困以及改善环境。

注　释

1　焦利斯坦（Cholistan）沙漠作为案例研究被纳入联合国《世界水发展报告》第三版（WWAP，2009）http：//webworld. unesco. org/ water/ wwap/ wwdr/ wwdr3/ case _ Studies _ AsiaPacific. pdf ♯ page＝13

参考文献

　　除特殊注明，本章内容均改编自联合国教科文组织伊斯兰堡办公室2011年编写的《巴基斯坦水发展报告》（未出版）。

ADB–APWF (Asian Development Bank–Asia-Pacific Water Forum). 2007. *Asian Water Development Outlook 2007*. Manila, ADB. www.adb.org/documents/books/awdo/2007/cr08.pdf (Accessed 16 June, 2011.)

ADB ReliefWeb. 2010. *Pakistan Floods 2010: Preliminary Damage and Needs Assessment*. Manila, ADB. http://reliefweb.int/node/374745 (Accessed 13 June, 2011.)

CNN. 2010 Pakistan flood damage estimated at $9.7 billion. *CNN World*, 14 October, 2010. http://articles.cnn.com/2010-10-14/world/pakistan.flood.cost_1_southern-sindh-province-malaria-cases-world-bank?_s=PM:WORLD (Accessed 13 June, 2011.)

FAO–Aquastat. 2011*a*. *Country Profile: Pakistan*. Rome, FAO. http://www.fao.org/nr/water/aquastat/countries_regions/pakistan/index.stm (Accessed 16 June, 2011.)

----. 2011*b*. *Country Fact Sheet: Pakistan*. Rome, FAO. http://www.fao.org/nr/water/aquastat/countries_regions/index.stm (Accessed 23 July, 2011.)

IFPRI (International Food Policy Research Institute). 2011. Threats to security related to food, agriculture, and natural resources: what to do? Washington DC, IFPRI. http://www.ifpri.org/publication/threats-security-related-food-agriculture-and-natural-resources-what-do (Accessed 23 July, 2011.)

OCHA (United Nations Office for the Coordination of Humanitarian Affairs). 2011. *Pakistan Floods: Rapid Response Plan*. September 2011. Geneva, OCHA. http://pakresponse.info/LinkClick.aspx?fileticket=1ltqe86Ja9M%3D&tabid=41&mid=597 (Accessed 12 November, 2011.)

WHO/UNICEF (World Health Organization and United Nations Children's Fund.) 2010*a*. *Estimates for the Use of Improved Drinking Water*. Joint Monitoring Programme for Water Supply and Sanitation. Geneva, Switzerland and New York, WHO and UNICEF. http://www.wssinfo.org/fileadmin/user_upload/resources/PAK_wat.pdf (Accessed 23 July, 2011.)

----. 2010*b*.*Data and Estimates Table*. Joint Monitoring Programme for Water Supply and Sanitation. Geneva, Switzerland and New York, WHO and UNICEF. http://www.wssinfo.org/data-estimates/table/ (Accessed 23 July, 2011.)

第四十五章

捷克共和国

致谢：雅罗斯拉夫·布兰尼、米歇尔·乌拉贝克、约瑟夫·赫拉德内

地理位置和概况

捷克共和国（以下简称捷克）是位于欧洲中部的内陆国家，东北部与波兰为邻，西部邻国为德国，南边是奥地利，东南部是斯洛伐克（见地图 45.1）。捷克国土面积约 7.9 万平方千米。2008 年，人口总数约 1 050 万。位于北部山区的斯涅日卡山（Snězka）为最高点，海拔 1 604 米，最低点位于拉贝河山谷，海拔约 115 米。年平均气温 7.5℃。

水资源及其利用与管理

由于海拔相对较高和特殊的气候条件，捷克年平均降水量为 674 毫米。流域面积超过 5 平方千米的河流有 3 600 多条，其中包括欧洲一些主要河流的源头，如易北（Elbe）河 [捷克将其称作拉贝（Labe）河]、奥得（Oder）河（捷克称作奥德拉（Odra）河] 和摩拉瓦（Morava）河（多瑙河的支流）。易北河是捷克流域面积最大的河流，其次是摩拉瓦河和奥得河（见表 45.1）。这些河分别流入北海、黑海和波罗的海。

捷克地下水资源呈非承压或微承压的特点，通常离地表很近。最大的可用地下含水层位于低地。地下水占可用水量的 6% 左右，因此对于供水总量来说所占的比率相对较低。但由于地下水质优良，因此通常被作为饮用水水源。

表 45.1

捷克共和国主要流域基本特征

	易北河流域	摩拉瓦河流域	奥得河流域
流域面积（平方千米）	51 410	24 109	4 715
年平均流量（立方米/秒）	309	59.6	48.1

地表水需求最大的部门是能源行业，主要是火力发电站和核电站。工业用水、饮用水和卫生设施（包括定居点和动物饲养）对水资源的需求总体上相当。由于作物生产主要依赖降雨，因此农业用水需求比较低。自 1990 年以来，除了能源生产之外，其他所有部门的用水量都

出现了下降趋势（见图45.1）。水价上涨和大量使用先进技术都是促成这种下降趋势的主要原因。例如，2004年的取水量比1991年下降了近35%；同时，饮用水和卫生用水的单价从1991年的0.25美元上升至2009年的3.0美元。废水排放在1991—2004年间也相应下降了26%。

捷克水资源管理涉及地方、区域和国家三个层面。在国家层面，管理职责主要分布在农业、环境、内务、卫生和运输等部门。对重要河道的管理，如伏尔塔瓦（Vltava）河、易北河、奥赫热（Ohre）河、摩拉瓦河和奥得河委托给政府成立的流域委员会。这些部门的主要任务是运行和维护大坝、水库、围堰和闸门。所涉及的主要法律包括《水法》（第254/2001号）和《满足公共需要给排水系统法》（第274/2001号）。2010年，水法修改法案150号正式生效。这些法律和《欧盟水框架指令》共同为水政策领域开展行动构建了框架体系。

图 45.1

1980—2009年间捷克共和国地表水取水量

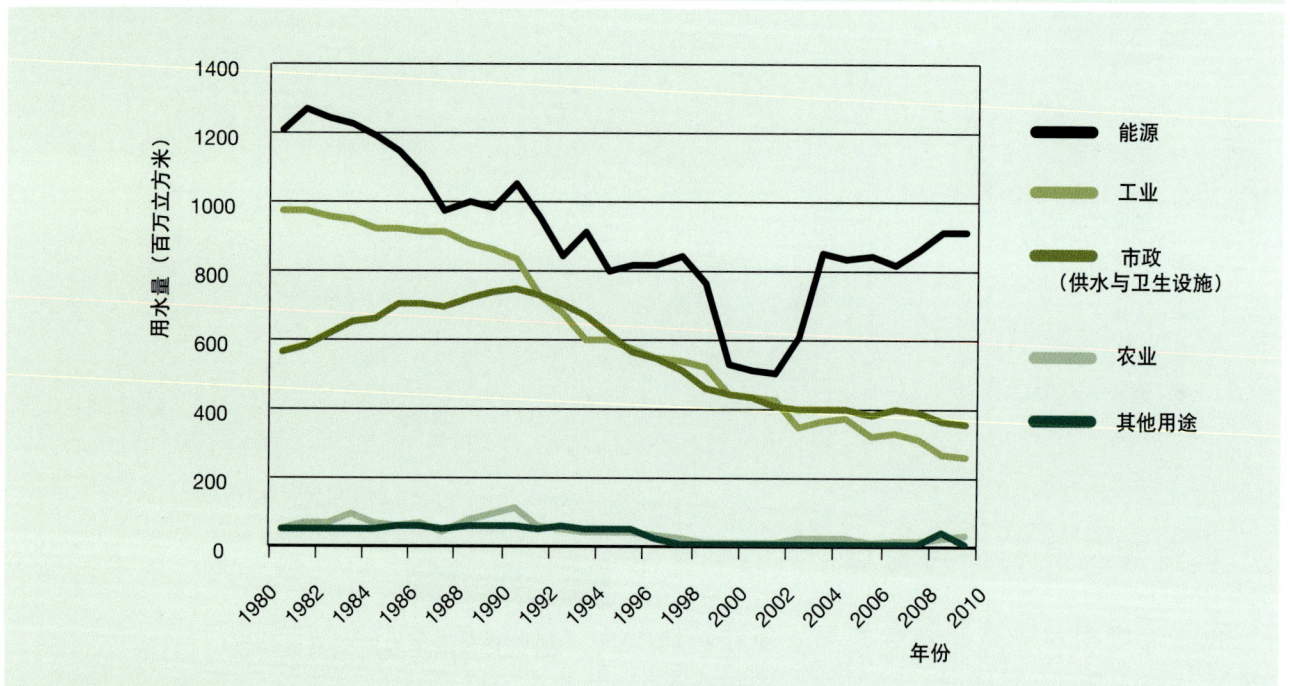

气候变化和水文极端事件

尽管欧洲中部地区已经开展了气候变化情境分析，但这些还不能转化成预测降雨和水文条件变化的可靠模型。事实上，捷克自1961年起就没有按月或者按年统计的主要降水量趋势数据（欧洲环境署，2011）。

捷克经常发生洪水，但没有规律性。1990年到2010年，洪水发生的频率有所增加，1997年和2002年洪水是历史上最严重的两次。该国已经在地方、区域和国家层面建立了防洪、应急响应和预防保护综合机制。中央防汛委员会是由政府任命的最高层管理机构。根据《欧盟洪水指令》（2007/60/欧盟），捷克开展了洪水风险评估。在评估过程中，该国主要吸收了以往的经验和关于自然灾害风险管理方面的知识。

干旱在捷克也时有发生，短期干旱主要发生在植物生长季节的后半期。20世纪最严重的干旱发生在1947年，在波西米亚植物生长时期记录的降雨量比多年平均降雨量少45%。在过去的135年里，已经有5个种植季节遭遇过同样的旱情。

水与环境

几乎所有的工业和发电用水都会返回到河

第四十六章

法国马赛–普罗旺斯大都市圈

致谢：马塞–普罗旺斯大都市圈水与卫生署

流中。然而，这种排水属于一种"热污染"（水温比正常水体的温度高）。水温变高可导致溶解氧水平产生变化，对生态系统造成不利影响。由于过去缺乏污水处理系统，化工厂、造纸厂和钢铁厂等其他工业企业给水质带来了严重影响。自20世纪70年代以来，捷克对工业废水排放实施了限制，同时引进了先进的水处理技术，水质开始逐渐好转。1971年，工业生产导致的水污染比例为57％，达79 400吨[1]；到1990年，这一比例已下降到30％，也就是49 000吨。

自20世纪50年代以来，农业生产扩张以及大量使用化肥、农药和除草剂导致土壤和水污染。1989年随着政策发生改变，作为原社会主义计划经济一部分的农业政策被放弃。农业现代化、农地私有化和土地归还等措施促使农业部门对水的需求量逐渐减少。农业生产总体下降了约30％。捷克成为欧盟成员国后，农业的进一步发展受到了影响。上述变化总体上使化肥的使用量正在持续减少。

随着1989年的社会和政治变革，环境保护政策得以制定和严格实施。《自然和景观法》（第114号）于1992年生效，同年，制定了河流系统恢复计划。捷克自2004年正式加入欧盟后，开始实施《欧盟水框架指令》的有关规定，这也有助于环境条件得到全面改善。

总结

除了部分地区水资源短缺外，捷克可用水量仍然比较充裕。20世纪60—70年代，由于用水需求增加，以及工业、农业和生活产生大量废水，水质迅速恶化。然而，20世纪90年代开始的改革在减少用水需求的同时也降低了污染程度。这种积极的态势在捷克加入欧盟后得到进一步加强。全国水资源管理政策集中反映了捷克确定的优先领域，即水资源可持续管理和生态系统保护。目前，捷克正努力实现《欧盟水框架指令》确定的目标。

注　释

1　该测量表示相应的BOD₅值，BOD₅是用来评价淡水有机污染的指标，并常被用作监测环境的有机物承载量和工业的过程控制。

参考文献

除特殊注明，本章内容均改编自联合国教科文组织国际水文计划捷克国家委员会2010年编写的捷克共和国案例研究报告《捷克共和国水和水资源》（即将出版）。

EEA (European Environment Agency). 2011. *Czech Republic: Climate Change Mitigation.* http://www.eea.europa.eu/soer/countries/cz/soertopic_view?topic=climate%20change (Accessed, 25 November 2011.)

地理位置和概况

马赛-普罗旺斯大都市圈（MPM）城市社区成立于 2000 年，社区居住人口大约 100 万。马赛-普罗旺斯大都市圈位于法国地中海沿岸的普罗旺斯-阿尔卑斯-蓝色海岸大区，面积 607 平方千米，包括马赛市和其他 18 个城市，其中 2％ 土地上生活着大区总人口的 23％（见地图 46.1）。马赛作为仅次于巴黎的法国第二大城市，其面积超过 240 平方千米。

马赛-普罗旺斯大都市圈位于温带地区，属地中海气候。年平均降雨量约 550 毫米，这些降水主要集中在 80 天时间里，春季和秋季雨量比较集中，夏季干旱少雨。

地图 46.1

马赛-普罗旺斯大都市圈

- - - - 马赛-普罗旺斯大都市圈
- 国家公园
- 保护区
- 城市

水资源、水资源管理及卫生

该地区有一句谚语："在这里，水就是金子"。这句话充分说明了该地区水资源稀缺状况。实际上，水资源短缺已经直接影响到人们的健康水平，过去曾是流行病暴发的主要原因，如 1347 年和 1720 年暴发的黑死病，以及 1834 年和 1884 年暴发的霍乱，这些疾病导致了大量的人员死亡。

为了缓解水资源短缺，1838 年当地开始修建一条名叫马赛运河的引水渠，主要将迪朗斯（Durance）河的水引到马赛。目前，运河的主干渠长 97 千米，支渠延伸的长度超过 195 千米。引水渠系统包括两座大坝、几条地下运河和 20 个渡槽。尽管流量变化取决于季节条件以及马赛市与法国国家电力公司的分水协议，但自 19 世纪中期以来，渠系引水能力仍提高了近 3 倍，从 5.75 立方米/秒到 15 立方米/秒。

运河平均每年为 36 个城市的 120 万居民提供 1.93 亿立方米的水。目前，马赛市所需用水的 2/3 都来自这条运河，其余通过普罗旺斯运河引韦尔东（Verdon）河水。马赛-普罗旺斯大都市圈还利用地下水来提高马赛市的可供水量，以及为欧巴涅（Aubagne）镇和热姆诺（Gemenos）镇提供饮用水。由此还设立了保护区以降低地表水和地下资源受污染的风险，以及对马赛运河水网进行保护。

马赛-普罗旺斯大都市圈年年耗水量在 1 亿立方米左右，其中 95％ 是经污水处理厂处理后再排放到环境中的水。自 1942 年以来，马赛市供水由马赛水协会负责管理。其职责包括马赛运河的运营和饮用水生产和配置。马赛水协会属于私人公司，还管理马赛－普罗旺斯大都市圈15个城市的供水。马赛第一个大型下水道系统于1896年完工，总长度共计346千米。在过去一百多年里，下水道系统被逐步扩建、更新和改造。

第一个物化处理厂于1987年投入使用。2008年，马赛－普罗旺斯大都市圈城市社区建设完成了地下生物处理设施，为世界最大的设施之一，总投资为2.7亿美元。自1981年以来，马赛城市卫生系统（污水和雨水）的管理职责委托给一家私人公司。在马赛－普罗旺斯大都市圈其他17个市，卫生服务也基本上由私人公司提供。

为确保供水安全，该地区对潜在风险开展持续评估，以防止水污染突发事件发生以及净水厂和输水网络失灵。上述研究为制定五年水计划奠定了基础。该计划被提交给马赛－普罗旺斯大都市圈选举出的代表，由其最终选定将要实施的项目。第一个计划于2006年获得批准，该计划投资1.65亿美元。计划目标是界定大区饮用水供水系统的薄弱环节并加以改进。这项计划分析部分约85％的工作和项目实施部分65％的工作已于2010年底完成。马赛－普罗旺斯大都市圈城市社区目前正在准备第二个五年计划，该计划旨在确保所有所属城市的用水安全。但新计划的预算尚未制定。

气候变化与风险管理

尽管水资源短缺，但该地区在秋季和冬季会偶发强降雨，从而造成洪水。迪朗斯河就曾频繁暴发大洪水。同样，强降水导致马赛市发生洪灾。为解决洪水问题，马赛－普罗旺斯大都市圈代表马赛市制定了将监管制措施和危机管理相结合的战略。其他采取的措施也将有利于减轻气候变化所带来的影响，包括以传感器实时传输数据的水文网络、河道治理以及修建防洪水库。目前，马赛的水库蓄洪能力为13万立

方米，马赛－普罗旺斯大都市圈正在研究建设27个或更多水库的可行性，将蓄水能力再提高20万立方米。

在风险管理领域，提高公众意识和保护当地居民应是优先考虑的问题。例如，圣卢（Saint Loup）地区在2009年发生一场泥石流后，建立了一个应急系统短信平台。这是为了在最短时间内通知居民有关危险情况，使他们融入公民安全保障行动。

在分析马赛－普罗旺斯大都市圈搜集的水文气象数据时，没有发现任何特定的趋势指向可能发生气候变化以及气候变化可能带来的严重后果，如海平面上升和冰雪加速融化使马赛－普罗旺斯大都市圈的河流水量增加。湍急的河流会使水库库容无法调节高速的水流而引发洪水；海平面上升会导致海水入侵沿海地区的地下含水层和下水道系统的围堰。最近的研究表明，该地区有必要确定洪水易发区并修建水利工程，以减轻雨情潜在变化带来的影响。另一方面，由于马赛的地形，沿海地区发生洪水的可能性不大。

环境保护和现代科技的应用

保护环境和优化用水是马赛－普罗旺斯大都市圈永久的首要任务，以下是应采取的措施：

· 将目前尚未使用的马赛运河水返还到环境中；

· 定期检查设备防止漏水；

· 更换过期的引线连接；

· 定期维修下水道管网；

· 专门设计节水型街道清洁车辆。

通过以上措施，马赛－普罗旺斯大都市圈的年平均用水在过去几年里保持相对稳定（见图46.1）。马赛－普罗旺斯大都市圈还通过2 525千米的污水管网和10个废水处理厂的运行开展污水管理。此外还负责监测污水排放对海洋环境的影响。

在马赛－普罗旺斯大都市圈，要定期升级改造饮用水生产厂和废水处理厂以符合规定的

要求和技术的进步（见专栏 46.1）。例如，圣马德（Saint Marthe）水厂始建于 1934 年，但仍可以符合现在的标准。此外，位于艾斯卡勒莱多（Ensues-la-Redonne）的污水处理厂自2009 年以来一直采用先进的生物反应技术。尽管采用了先进技术，但考虑到潜在的环境和卫生风险，马赛-普罗旺斯大都市圈并不重复使用处理过的废水。

图 46.1

1995—2009年马赛-普罗旺斯大都市圈用水趋势图

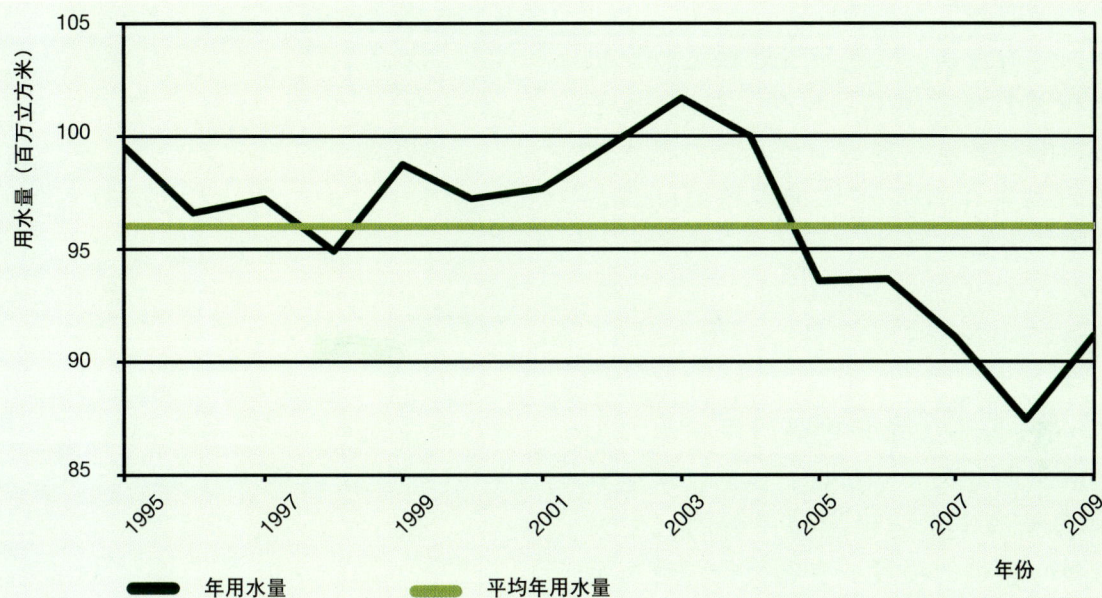

专栏 46.1

马赛-普罗旺斯大都市圈的可再生能源利用

作为环保理念的重要组成部分，利用可再生能源是为了减少马赛-普罗旺斯大都市圈的污水排放。如圣马德水厂安装了一台水轮机，其发电足以满足自身电用[1]。瓦隆多尔（Vallon Dol）水库下游的巴特莱特（Batarelle）[2]输水总渠也安装了一台水轮机。马赛废水处理厂将嗜热厌氧消化生成的甲烷用于工厂热力系统，或在经济可行情况下用于发电[3]。

马赛-普罗旺斯大都市圈还研究了通过安装热交换器从废水中获取能量的可行性。在兴建新基础设施或改造目前的下水管道系统时优先采纳这些创新方法。这些地区根据当地的人口当量（PE）潜力[4]进行选择。

[1] 圣马德平均年发电量为 300 万 kW·h 或 266TOE。
[2] 巴特莱特的平均年发电量为 82 万 kW·h 或 70 TOE。
[3] 2010 年淤泥处理厂生产的沼气为 1 000 万 Nm^3 或 6 300 TOE。
[4] 人口当量是对将要进入到废水处理厂的有机生物降解负荷的一种估算。因此，它是污水处理设施利用度的估算而不是人口的衡量值。

所有重要现代化项目以及运行维护都须征得公众的意见。方案要提交给地区环境委员会批准，并且地区和国家委员会对项目地点的自然、生态或文化价值要予以认可。这可能会导致对所提议的项目进行修改。例如，马赛污水处理厂污泥设施改造项目由于位于法国著名景区小海湾（Calanques），就必须考虑如何适应当地动植物种群的生物学特性。

为确保环境流量，根据与当地相关政府机构和利益相关方代表协商的结果，马赛-普罗旺斯大都市圈同意从马赛运河调水补给低水位河流，如阿尔克（Arc）河和图卢布尔（Touloubre）河。

总结

马赛-普罗旺斯大都市圈是极度缺水大型城市社区的乐园。在一个多世纪以前，这里就开始努力确保淡水资源供应和完善的卫生设施。这个雄心勃勃的项目一直在执行，使当地居民提高了生活水平并免于流行性疾病的侵害。马赛运河和普罗旺斯运河配以地下水，提供了充足的水资源，满足了不断增长的用水需求。如今面临的挑战是如何减少这个已有约百万人口的巨大城市群的环境足迹。利用现代技术、引进创新方法和放手让私营部门承担这些基础设施的运行和维护，会极大地提升该地区克服困难的信心和能力。

参考文献

除另外注明，本章内容均改编自马赛-普罗旺斯大都市圈水与卫生署 2011 年编写的马赛-普罗旺斯大都市圈（MPM）案例研究报告《从山区到海洋，水及其风险管理》（即将出版）。

第四十七章

意大利台伯河流域

致谢：乔治·凯萨、莱蒙·佩里罗、乔治·宾斯基、吉塞普·波顿、卡提亚·拉法利、蔓佐·邦顿、法兰西亚·卡普里尼、恩左·迪·卡罗、塞吉亚·帕得里、罗尼奥·德·菲拉皮斯、卢卡·菲格特里、马洛·拉萨那、安吉罗·维特波、尼卡罗·波尔尼、马里奥·马吉索、艾米迪奥·普马威拉、撒布里娜·迪·吉塞普、狄加纳·迪·罗伦兹

© Shutterstock/Dmitry Agafontsev

地理位置和概况

台伯（Tiber）河发源于意大利亚平宁山脉北部，流经 400 千米后注入第勒尼安（Tyrrhenian）海（见地图 47.1），贯穿意大利首都罗马。台伯河流域面积约 17 500 平方千米，覆盖 6 个行政区。流域大约 90％位于翁布里亚（Umbria）和拉齐奥（Lazio）大区，其余部分分布在艾米利亚-罗马涅（Emilia - Romagna）、托斯卡纳（Tuscany）、马尔凯（Marche）和阿布鲁佐（Abruzzo）等大区。该流域完全处于中部亚平宁山区，流经的所有大区以及意大利最新的大区莫利塞（Molise）都位于该区域内（见表 47.1）。

台伯河流域的居民约有 470 万（2009 年），60％居住在罗马。总人口的 83％属于城市居民。该流域地形多样，从低地到高原各种地形均在流域内可见，夏季炎热干燥，冬季凉爽湿润，主要呈温带气候特征。台伯河流域和中部亚平宁山区最大降水一般发生在春秋季节，初冬季节雨量最大，夏季属于干旱季节。

地图 47.1

台伯河流域和中部亚平宁山区

意大利

- -- 流域界线
- — 中部亚平宁山区
- ◇ 列入拉姆萨尔公约名录的湿地
- ● 水电站
- ■ 国家公园
- ◉ 城市

表 47.1

台伯河流域区域面积与分布

大区	占国土面积比例（%）	占中部亚平宁山区面积比例（%）	占台伯河流域面积比例（%）
艾米利亚-罗马涅	7.45	0.08	0.1
托斯卡纳	7.63	3.46	6.7
翁布里亚	2.81	22.37	46.8
马尔凯	3.11	12.17	1.2
阿布鲁佐	3.57	25.31	3.7
拉齐奥	5.72	36.26	41.5
莫利塞	1.47	0.36	—

可用水资源及其利用

台伯河流入第勒尼安海的年均流量为225立方米/秒或大约每年70亿立方米（按照长期平均流量计算）（Cesari，2010）。根据不同水文条件，最大流量可超过1 500立方米/秒，也可低至60立方米/秒。流域内地下水储藏量约35亿立方米。

除了艾米利亚-罗马涅大区，台伯河流域及其周边地区主要由小农场组成（见表47.2）。灌溉方式主要包括喷灌、滴灌系统和渠灌，覆盖面积共计2 100平方千米，大约相当于5个大区农业土地面积的8%。最常见的作物为水果和蔬菜（如谷物和土豆）以及烟草。

该地区工业化程度并不高。然而，特尔尼拥有重要的钢铁厂，流域内还有饮料、烟草、农产品加工和造纸厂。自20世纪90年代以来，工业逐渐走下坡路，而服务业成为该地区国内生产总值的主要贡献大户（见表47.3）。

在艾米利亚-罗马涅大区，农业是需水量最大的行业，其次是城市和工业用水。事实上，灌溉占到用水总量的66%。在其他地区，农业需水量相对较少。总体而言，所有大区都在实施推进需水管理和减少季节性缺水的项目。翁布里亚和托斯卡纳大区开发了在线门户网站的用水数据库，以促进信息的获取。同时，艾米利亚-罗马涅大区采用了名为"Irri-net"的服务，以减少农业耗水并取得了成效（见专栏47.1）。2002—2006年，该地区城市用水量也成功地下降了7%。翁布里亚正在致力于提高公众意识，减少用水量和改善基础设施，最大限度地减少水资源的浪费。

2005年，罗马市政用水需求大约为4.5亿立方米，而台伯河流域内其他地区的需水大约为8 000万立方米。同年，中部亚平宁山区及周边地区的饮用水和卫生用水大约为12亿立方米，其中90%来自于泉水和地下含水层。总之，该地区预计不会有明显的用水增长，而且该地区计划到2015年会减少8%的耗水。

表 47.2
农业用地基础数据统计（2007年）

大区	平均占用土地面积（平方千米）	灌溉面积（平方千米）	耕地面积（平方千米）	灌溉面积占耕地面积的比例（%）
艾米利亚-罗马涅	1.28	2 966	10 525	28.20
托斯卡纳	0.10	472	8 064	5.90
翁布里亚	0.09	244	3 394	7.20
马尔凯	0.10	245	4 964	4.90
拉齐奥	0.07	861	6 740	12.80
阿布鲁佐	0.07	345	4 340	8.00

表 47.3
全国、中部亚平宁山区和台伯河流域各行业GDP的占比

行业/地区	意大利（%）	中部亚平宁山区（%）	台伯河流域（%）
农业、林业、渔业	2.5	2.0	1.7
工业	27.2	22.0	19.8
服务业	70.3	76.0	78.5

知识开发和能力建设：Irrinet 和 Irrinet 升级版

Irrinet（远程自动灌溉控制系统）是艾米利亚-罗马涅大区发起的项目，被列为 2007—2013 年农村发展项目的一部分，目的是减少灌溉用水。Irrinet 服务在互联网上是免费的，利用地区环保署（ARPA）的数据提供灌溉咨询建议，数据还来源于该地区地质、地震和土壤方面的服务以及艾米利亚-罗马涅运河联合体开展的实验活动等。

根据其地理位置，可以测算出农民灌溉时间和水量，以获得最大产值。据估计，2006—2007 年这项服务带来的灌溉节水近 5 000 万立方米。自 2009 年以来，Irrinet 已发展成 Irrinet 升级版，利用直观咨询系统的特定灌溉程序，为农民提供更多经济效益的信息。该项目为有关机构管理灌溉需水提供了切实可行的工具，并帮助农民适量用水以防止过度用水的风险。同时，相关部门可监控灌溉用水的使用情况，从而使水资源配置更加合理，特别是在干旱期。

中部亚平宁山区建坝约 40 座，其中 30 多座建有水力发电厂，装机容量超过 1 400 兆瓦。这些水电站主要集中在台伯河和尼拉（Nera）河上；其发电量约占全国总量的 8%，而且主要用于本地。水力发电属非消耗性用水，每年水力发电的用水量约为 400 亿立方米，这加剧了与其他部门的用水竞争。虽然减少水力发电可增加其他部门用水量，但对于该国实现可再生能源发电量占发电总量的 20% 这一目标会产生负面影响（Cesari 等，2010）。

气候变异、气候变化与风险管理

政府间气候变化专门委员会（IPCC）预测，地中海地区将出现可用水资源减少的状况。此外，意大利中心地区将发生最严重的气候变化，预计到 2080 年气温将升高 6～8℃，全年降雨将呈现减少趋势，尤其是在 10 月至 4 月，降雨减少幅度将高达 50%。

这些预测很大一部分都被测量数据所证实。1952—2007 年收集的数据显示，随着表面温度上升，年降水量呈逐渐减少的趋势（主要是在冬季，下降 30%）。在同期，整个台伯河流域降水量减少 20 亿立方米。台伯河流域在经历了 2007 年大旱和 2008 年大涝的同时，一直处于相当长的干旱期。实际上，发生在 1955 年、1971 年、1987 年、1990 年、1993 年、2003 年和 2007 年的干旱给整个流域都带来了影响。进入 21 世纪，干旱并没有从缺水的角度得到应有的关注。相反，水库运行缺乏灵活性以及缺乏综合管理等供水体系的薄弱环节得到了更多的关注。

洪水在台伯河时有发生。在本世纪头十年里发生洪水的频率比较高，但幸运的是都没有造成重大影响，并且经济损失也不太严重。

由于气候变化将加剧干旱和洪水发生的频率，意大利制定了相关政策并采取工程措施应对和预防台伯河流域的洪水灾害，例如，在国家层面，《当地行动计划》利用气象和农业气象指标强调与干旱及荒漠化相关的风险。而这些风险对农业、环境和整个社会都会产生影响。在艾米利亚-罗马涅大区，该计划表明供水能力无法满足夏季干旱期的用水需求，为此又建了 460 个小水库。国家公民保护服务模拟预测不同气候情境下的用水需求，并且发出干旱预警。大区之间也共同携手应对季节性水资源短缺。例如，托斯卡纳大区和翁布里亚大区在大量开展水资源共享研究基础上，就两个大区联合使用位于台伯河上游的马奇朗其洛（Montedoglio）水库达成了一致意见。

国家指令将早期预警系统以及大区办公室

应采取的必要措施纳入其中，确保洪水管理得以实施。2010 年正式生效的第 49 号法令将《欧盟洪水指令》（2007/60）转化为国家法律。其实台伯河流域管理局已经预料到《欧盟洪水指令》的内容，开发了制定规划的工具（根据 183/89 号法律有关土壤保护的条款），明确了易受洪水侵害的地区和风险的程度。尽管如此，中部亚平宁山区仍在执行《欧盟洪水指令》提出的两个重点要求：公众参与规划过程和经济分析以及制定公民保护计划。在公众参与方面，台伯河流域管理局参加了欧盟实施的"采取综合风险管理措施提高公众风险意识和参与意识（IMRA）"项目，以便开发在洪水高发地区开展风险沟通和参与当地社区活动的方法。

政策框架与决策

在国家层面上，1933 年意大利皇家法令已经将水资源认定为公共物品。1989 年，第 183 号法律规定设立重点流域管理局，并明确以流域为基本单元开展水资源管理、水污染控制和土壤保护工作。1994 年，第 36 号法律发起了一项改革，将市政供水公司整合到被称作"最佳管辖地区（OTA）"的机构，由该机构负责管理供水服务，如废水处理、卫生和提供饮用水。

1999 年颁布的第 152 号法令提出，通过预防和减少污染、改善水质来保护水资源。该法令将部分职能赋予地区一级组织。因此，每个大区都有权制定法律，并在省一级行使和分担一部分职责。2006 年，第 152 号法令采用《欧盟水框架指令》内容替换了 1999 年第 152 法令的相关内容。新法令着手创建中部亚平宁山区管理局，一些部委（环境、基础设施与交通、经济发展、文化遗产、农业、公民作用和公民保护）和大区（艾米利亚-罗马涅、托斯卡纳、翁布里亚、马尔凯、拉齐奥、阿布鲁佐和莫利塞）作为机构成员单位。尽管中部亚平宁山区管理局正在建立之中，它的一些功能（如协调

和实施地区流域管理计划）暂时交由台伯河流域管理局等流域机构执行。在一段时间内，随着《欧盟水框架指令》和《欧盟洪水指令》实施过程的不断加快，中部亚平宁山区管理局将接管并最终取代台伯河流域管理局。

大区政府已采取策略来扭转当前环境恶化的趋势并将可持续发展整合到其工作计划中。这些策略作为中部亚平宁山区管理计划的一部分，由区域水资源保护规划确定，明确将水量和水质措施作为一个有机的整体。该地区还制定了其他策略，不仅解决水资源保护计划中阐述的问题，还包括自然灾害风险管理、农业开发、环境保护和可再生能源生产等问题。

为了防止污染和保护水资源，该地区采取了大区间紧密合作等综合措施。地方管理当局的职责是实现水资源供需平衡。要做到这一点，必须确定合适的目标和优先领域。由大区确定实现这一目标必须采取的行动，包括回收供水和卫生服务的成本。由地方管理当局审查上述行动以确保与目标和优先领域一致。一旦行动得到批准，该大区便实施大区水资源保护计划。

在水资源管理方面，大区政府负责计划和管理等相关服务。在农业灌溉方面，每个大区的农村发展计划都是改善灌溉系统、建造污水处理厂和渡槽的重要依据。在发电方面，由地方政府制定开发可再生能源计划，并确定最适宜建设水电站的区域。

水与环境

大肆开发地表水和地下水已经给流域水质带来了严重的负面影响。农用化肥使用加上工业污染使环境进一步恶化。2010 年，对台伯河流域的水质评估表明，61% 的河段和 69% 的湖泊水质达标。但在雨量小的夏季和用水需求高峰时，有些河段基本上是靠废水回用来维持。为了确定应当采取的措施，该地区通过开展公开讨论让更多利益相关方参与进来的方式，对大区水资源保护计划进行讨论，以解决水质和

环境保护问题。此外，中部亚平宁山区管理计划将欧盟第 42/2001 号指令战略环境评价作为重点，特别关注与用水和污染有关的驱动因素，如农业、工业、水电和饮用水等。

中央和大区政府当局在寻求应对环境问题的对策时都表现出很高的积极性，这是因为他们在确保水资源质量的总体目标上完全一致均为中央亚平宁山区山区管理计划和水资源保护区域计划的一部分。例如，阿布鲁佐和翁布里亚大区正在实施行动计划应对意大利普遍存在的严重硝酸盐污染。上述计划的重点是纠正化肥的使用方式和促进最佳实践的应用，如根据不同的作物确定化肥合适的用量、最合适的时间以及对化肥进行恰当贮存和运送提出建议。同时行动计划的实施主要通过直接与农民和农场主进行沟通。在解决硝酸盐污染问题上，中部亚平宁山区把重点放在公众参与上。利用网站、信息工作表和会议等通讯工具促使地方政府与利益相关方之间进行更好的沟通和交流。采取这种方法的目的是向利益相关方提供信息，并帮助他们解决硝酸盐污染问题。

马尔凯大区与意大利主要的能源配送公司——意大利国家电力公司合作实施的项目旨在确定提高大坝下泄水量对地表水水质和含水层补给率的影响程度，尤其是在旱季。该项目的研究成果将为更好地了解如何调整最小环境流量提供依据，尤其是在实验研究缺乏的一个区域。

总结

中部亚平宁山区和台伯河流域的水资源对于意大利中部和首都罗马的社会经济发展至关重要。遍及整个流域的农业是需水量最大的行业，占年用水总量的 60% 以上。但是，该行业对地区国内生产总值贡献甚微，并且是持续造成硝酸盐污染问题的源头之一。因此，大区当局已经开始实施项目降低农业对环境的影响，并努力减少农业用水量。由于气候变异和气候变化会导致可用水量下降，因此人们必须重新审视当前的水资源配置和供水政策。执行至今的《欧盟水框架指令》，可帮助解决季节性缺水和环境污染等上述挑战，对提高公众参与决策同样起到了应有的作用。

参考文献

除另外注明，本章内容均改编自由台伯河流域管理局和地区服务 2011 年编写的《台伯河流域案例研究报告》（即将出版）。

Cesari, G. 2010. Il bacino del Tevere, il suo ambiente idrico e l'impatto antropico. *Primo rapporto annuale del Consorzio Tiberina.* Rome, Consorzio Tiberina, 29 October 2010. http://www.abtevere.it/sites/default/files/datisito/pubblicazioni/articolo_giorgio_cesari.pdf

Cesari, G. and Pelillo, R. 2010. *Central Apennines District: River Basin Management Plan of District (PGDAC) – Problems and Expectations.* Paper presented at the European Water Association 6th Brussels Conference, Implementing the River Basin Management Plans, 5th November 2010. Brussels/Rome, EWA/Tiber River Basin Authority.

第四十八章

葡萄牙塔古斯河流域

致谢：马努尔·拉塞达，西蒙·皮奥，桑塔克拉拉·高姆斯，葡萄牙农业、海洋、环境与土地管理部国际关系办公室，DHV 公司水电项目部，Gestao 公司能源部，葡萄牙国家土木工程研究院（LNEC），海岸生态水文学国际中心（ICCE），葡萄牙国家农业和渔业研究所（IPIMAR）；ARH 生态设计小组

© Rui Cunha

地理位置和概况

塔古斯（Tagus）河发源于西班牙，在葡萄牙的里斯本附近流入大西洋。塔古斯河养育了 950 万人口，流域面积 80 550 平方千米，相当于葡萄牙 1/3 领土面积。塔古斯河长约 1 100 千米，是伊比利亚半岛最长的河流。它是西班牙和葡萄牙最重要的水源。两国的首都马德里和里斯本都依赖塔古斯河供水，这更加彰显了其重要性。

案例研究重点放在了位于葡萄牙境内的塔古斯河下游（见地图 48.1）。2008 年，近 350 万居民生活在这一地区。塔古斯河流域被分成 23 个支流域，其中的上特茹（Tejo Superior）、额尔吉斯（Erges）和塞韦尔（Sever）属于跨界流域。

水资源及其利用和气候变化的潜在影响

葡萄牙属于温和的地中海气候，秋冬季节是明显的雨季。该流域年降水量从东北山区的 2 700 毫米到最西部的 520 毫米不等。一般情况下，大部分小河会在夏季干涸，而秋冬季节的强降水往往会引发洪水。由于不同年份和季节降水量会发生变化，因此塔古斯河及其支流的流量没有任何规律。

地图 48.1

塔古斯河流域

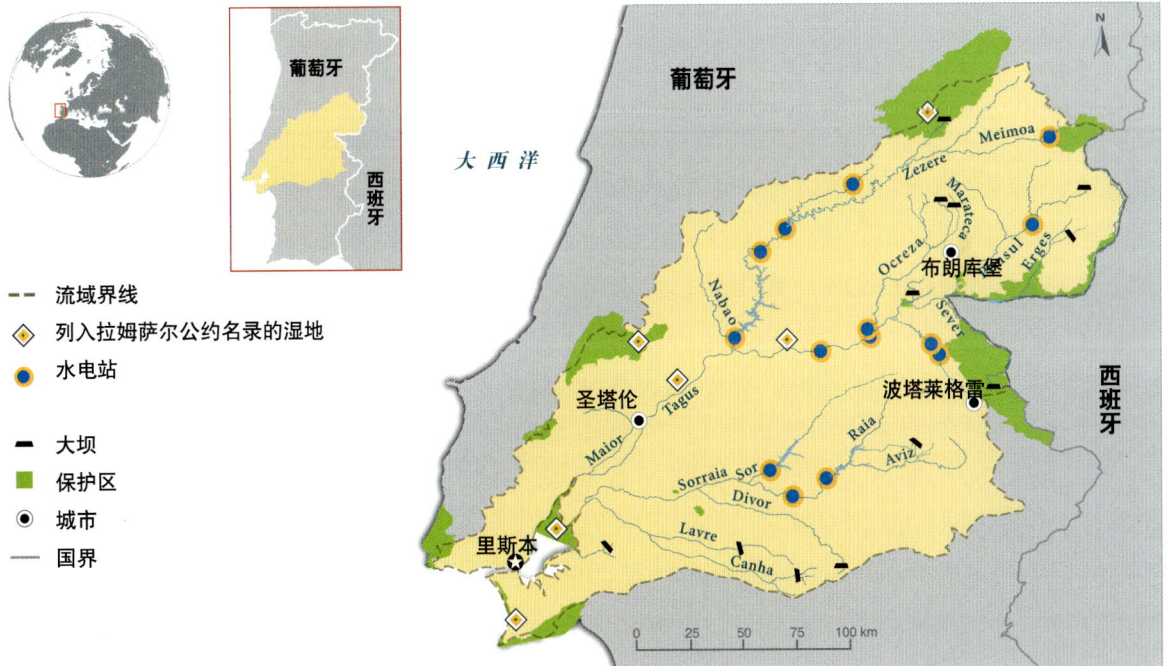

图例：
-- 流域界线
◇ 列入拉姆萨尔公约名录的湿地
● 水电站
— 大坝
■ 保护区
◉ 城市
— 国界

在开展研究的地区发现，地表水平均可用量（63 亿立方米）要高于地下水潜在的可用量（30 亿立方米）（ECOSOC, 2011）。然而，在大多数支流域地下水利用占主导地位。

虽然农业和林业只占用了 2.7% 的劳动力，但大约 45% 流域面积被用于耕作和林业。这些行业的需水量占流域总需求量的 65%（约 9.44 亿立方米）。其余主要用于城市（27%），一小部分用于工业（6%）。

总体而言，比起可用水量，人们更担心季节性和其他临时性缺水导致的当地用水压力。为解决这一问题，流域内总共修建了 30 多座大坝，总蓄水量约 23 亿立方米。

气候变化情境分析表明，降雨量将以每年 100 毫米的速度逐年减少，特别是在葡萄牙中部以及南部。区域模型还显示该地区冬季降水可能会增加 20%～50%。这种变化模式可能会极大地增加洪水风险。到 2100 年的预测表明，塔古斯河流域年平均径流将减少 10%～30%。这种减退预示着在更长时间里流量会很低，会对农业和旅游业产生负面影响。与此同时，可供水量减少也将对生态系统、能源生产和水质产生影响，这些对人类健康、生态系统服务和其他用水都极其重要。

为分析长期发展趋势，葡萄牙国家水务部门（国家水务局，INAG）对 1931—2000 年开展了气候评估。研究表明，葡萄牙年平均气温自 20 世纪 70 年代开始升高。而同期数据显示，自 1976 年之后，降水量微减的趋势变得更加明显。数据分析表明，强降雨和极度干旱发生的频率均有所增加，尤其是 1990—2000 年在南部地区。

国家水务局的评估报告还指出，海平面上升的威胁已迫在眉睫。约 75% 的葡萄牙人生活在海边，而且，85% 的国内生产总值出自该地区（Santos 等，2002）。根据 2004 年全国气候变化项目及其适应性战略，葡萄牙已经采取了一系列协同行动，包括制定新的《水法》（2005 年）、修订《2007—2013 供水和卫生设施战略计划》（MAOTDR 2006）、2007 年修改原《国家气候变化规划》、《情境、影响和适应性措施》（SIAM1 和 SIAM2）以及研究项目（Santos 等，2002；Santos 和 Miranda，2006；da Cunha，2007）。

跨界合作

西班牙和葡萄牙共享许多条河流。《阿尔布费拉公约》（Albufeira Convention）主要适用于米尼奥（Minho）河、利马（Lima）河、杜罗（Douro）河、塔古斯河和瓜迪亚纳（Guadiana）河，包含的内容有信息交换、污染控制和预防、跨界用水影响评估以及赋予相关权利和解决水事纠纷。《阿尔布费拉公约》由应用和发展管理委员会负责管理。这是一个由两个沿岸国家外交部负责协调的技术委员会，并由环境部提供技术支持。该公约已于 2000 年生效，2008 年重新修订。西班牙保证向葡萄牙泄水 27 亿立方米，在塞笛罗（Cedillo）大坝下游断面测量，这大约相当于河流年平均流量的 37%（修正水文模型）。公约目前的版本将来还可以修改，以确保流域内确定的环境目标得以实现，并将气候变化问题和适应性措施统一起来。

环境状况和法律框架

塔古斯河最终流入西欧最大河口之一的塔古斯河口。由于该地区具有丰富的生物多样性，同时是不同种类生物的栖息地，根据《欧盟野生鸟类保护指令》，河口得到了保护，并且将其作为"自然 2000 网络"的一部分。根据葡萄牙国家法律，这里也被确定为自然保护区。

水质在该流域仍是一个需要关注的问题。作为流域管理计划准备工作的一部分，与利益相关者展开了一系列的磋商。通过磋商确定了流域水质退化的主要原因：营养物富集、污染（包括有机物、微生物、重金属、危险物质引起的污染）和富营养化。初步水质状况评估显示，54% 的地表水和 66.7% 的地下水水体达到了良好或者优秀的水质标准（塔古斯河流域地区管理局，2011）。

富营养化主要是使用农用化肥和其他行业（包括城市用水）污水排放造成的，特别是最具代表性的氮和磷。为了减少水体中的硝酸盐浓度，葡萄牙起草了《良好农业实践标准》，并通过全国性培训计划提高农民意识。该标准确定了总体原则，主要是帮助农民合理地使用化肥。同时，还提出了一系列防止地表水和地下水污染的技术和手段（EEA，2010）。2007年，农业和农用工业废水处理国家战略获得批准，明确提出了环境可持续措施，确保减少或消除工农业活动排放导致的污染。

在减少城市污染方面，实施了《供水和污水处理战略计划》第二阶段（2007—2013年），有效推动了欧盟指令确定目标的实现（MAO-TOR，2006）。《供水和污水处理战略计划》第二阶段（2007—2013年）旨在优化供水以及卫生设施的管理和提升环境保护效果，并降低成本和提高效率。2009年，该流域污水处理设施的连接率为79%，而国家确定的目标为90%（塔古斯河流域地区管理局，2011）。

水资源管理和相关机构

在《欧盟水框架指令》共同决策程序实施（1997—2000年）期间，第一部水资源规划开始制定。由此导致葡萄牙国家计划、15个分流域计划以及两个大区水计划的编制。目前，国家水计划的修订和流域管理计划的制定工作正在进行中。

作为《欧盟水框架指令》实施过程的一部分（见专栏48.1），《水法》于2005年正式生效。该法律在一定程度上比欧盟指令所包含的内容更加宽泛，其中包括定量和定性两个方面的水资源综合管理措施，以及减轻极端事件造成的影响。为完善水资源管理法律框架，还制定了一些其他规定，特别是提出建立用水许可制度的第226-A号法令（2007），建立农民用水户协会的第348号法令（2007），建立水资源经济和金融体制的第97号法令（2008），实施"污染者付费"和"用水户付费"原则的第97号法令，在水资源管理中将水的社会经济价值以及环境方面效益进行了统一整合。

专栏 48.1

《水法》与流域地区管理

《水法》在2005年生效后为葡萄牙建立了一套新的机构体系。水资源管理主要由5个流域的地区管理局和葡萄牙国家水务局（INAG）负责，其中葡萄牙国家水务局负责全国范围的水资源规划和协调。地区管理局负责流域层面的水资源管理，包括规划、许可、基础设施管理、监测以及信息和交流活动。

在新的机构设置下，成立了流域地区委员会和国家水委员会为咨询机构。地区委员会由中央政府、市政当局、私营部门和社会公民的代表组成，负责对地区的管理工作提出建议。国家水委员会负责在政府层面提出建议，特别针对农业、海洋、环境与空间规划部。所有流域地区管理局都要根据利益相关方参与、透明公开、协调一致、积极响应和问责制的原则行事。

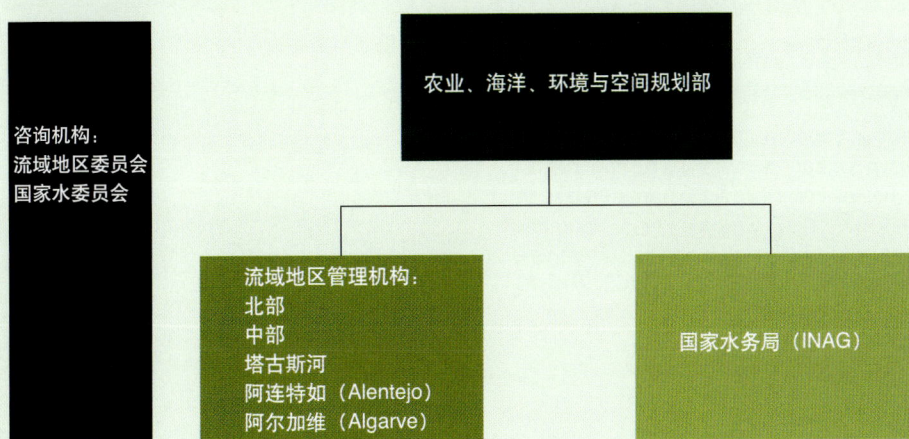

咨询机构：
流域地区委员会
国家水委员会

农业、海洋、环境与空间规划部

流域地区管理机构：
北部
中部
塔古斯河
阿连特如（Alentejo）
阿尔加维（Algarve）

国家水务局（INAG）

结论

塔古斯河流域由于降水分布因年份、季节和地理位置不同差异较大，所涉及地区承受着水紧缺带来的压力。然而，流域当前面临的最大问题是如何改善水质。由于农业（如大规模灌溉）和农用工业在利益驱动下，经常与《欧盟水框架指令》确定的环境标准发生冲突，使管理者和决策者不得不面对一系列复杂问题。虽然修建大坝提高了水资源可用量，但大坝会使水流形态发生重大改变，这将影响到生态系统。

气候变化和气候变异是流域跨界国共同关注的问题。因此，西班牙和葡萄牙在气候变化研究的基础上，开展水资源配置协议评估以及实现《欧盟水框架指令》确定的环境目标至关重要，葡萄牙一直在努力应对当前面临的迫在眉睫的挑战，制定国家战略并且实施比《欧盟水框架指令》更全面和更广泛的规划。鉴于塔古斯河位于葡萄牙和西班牙最中心地带，保持这种势头非常重要。

参考文献

除另外注明，本章内容均改编自特茹❶（Tejo）河流域管理局和葡萄牙环境与土地管理部 2011 年编写的《塔古斯河案例研究报告》（即将出版）。

ARH (Administração da Região Hidrográfica) do Tejo. 2011. *Tagus River Basin Management Plan.* Draft version for public review. (In Portuguese). www.arhtejo.pt

da Cunha, L. V., 2007. Adaptation strategies related to water management and water services – an example of the situation in southern Europe, a case study of Portugal. Presentation at the conference, 'Time to Adapt: Climate Change and the European Water Dimension – Vulnerability, Impacts, Adaptation'. Lisbon, MAOTDR, INAG and Nova University. http://www.climate-water-adaptation-berlin2007.org/documents/veiga.pdf

ECOSOC (United Nations Economic and Social Council). 2011. Assessment of transboundary waters discharging into the North Sea and eastern Atlantic. Note prepared by the Secretariat for the ECE Working Group on Monitoring and Assessment. http://www.unece.org/fileadmin/DAM/env/documents/2011/wat/WG2/ECE_MP_WAT_WG2_2011_15_North_Sea_Eastern_Atlantic.pdf

EEA (European Environment Agency). 2010. *Freshwater (Portugal): Why Should We Care about this Issue?* Country Profile series. Copenhagen, EEA. http://www.eea.europa.eu/soer/countries/pt/soertopic_view?topic=freshwater

MAOTDR (Ministério do Ambiente do Ordenamento do Território e do Desenvolvimento Regional), Portugal. 2006. PEAASAR II (Plano Estratégico de Abastecimento de Água e de Saneamento de Águas Residuais 2007–2013). Lisbon, MAOTDR. http://www.maotdr.gov.pt/Admin/Files/Documents/PEAASAR.pdf

Santos, F. D. Forbes, K. and Moita, R. (eds) 2002. *Climate Change in Portugal. Scenarios, Impacts and Adaptation Measures – SIAM 1.* Lisbon, Gradiva. Executive summary and conclusions. http://www.siam.fc.ul.pt/SIAMExecutiveSummary.pdf

Santos, F. D and Miranda, P. (eds). 2006. *Alterações Climáticas em Portugal: Cenários, Impactos e Medidas de Adaptação – SIAM 2. (Climate Change in Portugal. Scenarios, Impacts and Adaptation Measures – SIAM 1.*[In Portuguese]), Lisbon, Gradiva.

---

❶ 译者注：塔古斯河流经西班牙和葡萄牙，西班牙称塔霍（Tajo）河，葡萄牙称特茹（Tejo）河。

第四十九章

美国佛罗里达州圣约翰斯河流域

致谢：兰德·帕提、希瑟·麦卡锡、格拉琴·边姆耶、斯图尔特·查克、丹尼尔·麦卡锡、格里·平托、卢西达·索南伯格、帕特里克·威尔斯

地理位置和概况

圣约翰斯（St Johns）河流域位于美利坚合众国最东南面的佛罗里达州中部和北部。该河发源于佛罗里达州中部的印第安河县，流域由上游、中游和下游的子流域组成，在杰克逊维尔市的梅波特注入大西洋（见地图49.1）。圣约翰斯河是美国少数几条由南向北流淌的河流之一，主要支流包括奥克拉瓦哈（Ocklawaha）河、杜恩斯（Dunns）溪、黑溪（Black Creek）、威克瓦（Wekiva）河和艾克拉克海奇（Econlockhatchee）河。河流全长500千米，从源头到入海口落差仅10米，因此沿途流速相当缓慢。杰克逊维尔是流域内最大的城市，人口大约80万（2009年）。此外，奥兰多市部分地区也位于该流域。流域覆盖面积约32 000平方千米，占佛罗里达州总面积的25％。圣约翰斯河流域是大约470万居民赖以生存的家园（圣约翰斯河水管理区2011a）。

地图 49.1

圣约翰斯河流域

图例：
- ---- 流域界线
- 湿地
- 国家森林
- ● 城市
- —— 国界

地图中标注：佛罗里达、杰克逊维尔、梅波特、Doctor's Lake、帕拉特卡、Newman's Lake、Lochloosa Lake、Orange Lake、Crescent Lake、邦乃尔、Lake George、St. Johns、迪兰、Lake Weir、Lake Griffin、Lake Monroe、Lake Harney、Lake Eustis、Lake Jesup、Lake Harris、Lake Apopka、奥兰多、MERRITT ISLAND、Blue Cyprus Lake、弗隆滩、Ocklawaha、大西洋、0 10 20 30 40 km

---

水资源及其利用

圣约翰斯河位于气候潮湿的亚热带地区，降水通常发生在夏末和秋初。流域内年平均降水量大约132厘米，河口的年平均流量大约为75亿立方米。佛罗里达地下含水层为重要的地下水水源，覆盖面积超过259 000平方千米，覆盖区域包括整个佛罗里达州以及佐治亚州、亚拉巴马州、密西西比州和南卡罗来纳州的部分地区。在佛罗里达州中部和北部，几乎所有的饮用水都取自地下水含水层（Marella 和 Berndt，2005）。该流域人口增长很快，1950—2000 年间佛罗里达州居民人数增长了 6 倍，从地下含水层取水的数量也在持续增加，在 2000 年达到大约每年 55 亿立方米。其中 78％从佛罗里达提取。美国地质调查局正在开展研究，以确定目前的取水可持续多久；而圣约翰斯河水管理区的估算显示，圣约翰斯河取水量已达到地下水可持续利用的极限（圣约翰斯河水管理区，2005）。海水入侵以及地下含水层污染产生水质问题，这进一步加剧了水量不足问题的复杂性。

表 49.1 将不同类型的用水情况做了统计。根据预测，到 2030 年，农业用水将减少 12％，而城市用水（即公共供水需求）会增加 10％（圣约翰斯河水管理区，2005）。

表 49.1

2010年圣约翰斯河流域各行业年度用水情况

用水种类	淡水（百万立方米）	咸水（百万立方米）	回用水（百万立方米）	用水总量（百万立方米）	%
公共供水	742.29	0.00	0.00	742.29	40.26
居民自供／小型公共供水系统	93.62	0.00	0.00	93.62	5.08
工业／商业／机构自供	134.52	3.84	31.32	169.68	9.20
农业灌溉自供	570.95	0.00	10.57	581.52	31.54
休闲娱乐自供	88.03	0.00	157.48	245.51	13.32
火力发电自供	11.18	0.00	0.00	11.18	0.61
总计	1 640.59	3.84	199.37	1 843.80	100.00

注：家庭自供水源假设取自地下水，家庭自供水数据为估算值。估算数量根据数据发布时的最新资料。
资料来源：圣约翰斯河水管理区（2011a）。

按行业重要性排序，当地农业生产仅次于旅游业，排在第二位。重要的农业活动包括种植橙子和柑橘类作物，以及生产乳制品和牛肉。佛罗里达占据美国橙子市场 68.1％的份额。这在圣约翰斯河流域非常典型。

气候变化和气候变异

佛罗里达州的降水模式主要取决于厄尔尼诺和大西洋多年代际振荡等的大规模气候异常。气候变化可能放大了这些异常的影响并导致降水模式更加不可预测。在该州南部地区，这种现象将导致旱季和雨季的降水量减少、丧失旱季避难所[1] 和发生海水入侵。由于该地区地势低洼，随着全球变暖极地冰盖融化导致海平面上升，这将对圣约翰斯河流域构成严重威胁。根据相关预测，到 2080 年佛罗里达州海平面可能会上升 35 厘米。所导致的总体后果是地势低洼地区会被淹没，海水将入侵地下含水层和河口地区。圣约翰斯河口附近地区建模研究的初步结果显示，开阔水域和河口渠道已被抬高，而且河口附近的沼泽很可能会被频繁淹没，但只有一小部分沼泽地区将从"定期被淹没"变成"完全被淹没"。

干旱、洪水和飓风等自然灾害都给佛罗里达州带来了社会经济损失。以 2004 年和 2005 年的飓风最为突出，飓风发生频率最高且破坏程度最大。2004 年飓风季节出现了 4 次强暴雨，成为佛罗里达州历史上单个年份累计损失最高的一年（Malmstad 等，2009）[2]。

干旱和洪水对圣约翰斯河流域也产生重大影响。2008 年，热带风暴费伊（Fay）给布里瓦德（Brevard）县带来连续 5 天超过 40 厘米的降水。在塞米诺尔（Seminole）县，连续 4 天的降水使得水位上升了大约两米，创下新的纪录。总之，暴风雨导致流域中心地区发生大洪水，导致佛罗里达、佐治亚和亚拉巴马 3 个相邻的州损失了近 5 亿美元（Stewart 和 Beven，2009）。尽管在预测气候变化对气候反常极端事件的影响方面仍存在不确定性，但是这种现象可能会变得更加频繁和愈发严重。

环境和生态系统

圣约翰斯河是条黑水河。沼泽里的植物腐烂后产生有机物，这些物质溶解于水中降低了光照渗透深度，导致河水变成黑色。其他影响流域水质和环境的因素包括流速缓慢、盐度波动、沼泽地被破坏和人类活动导致的环境污染（圣约翰斯河水管理区，2011b）。

水流梯度较缓且流动速度极其缓慢，导致排水滞流，使河里的污染物累积，并加剧沿岸洪水和水流汇集。这使得整个圣约翰斯流域形成了很多湖泊和湿地。水面（以及携带的溶解物和悬浮物质）滞留的时间大概为 3～4 个月。这种污染物的长期停留严重影响了水质。

一些咸泉水流入该河，导致局部地区盐度升高（＞5ppt）。在天气条件和海洋潮汐的作用下，产生的回流使河水向上游流动，这也会导致河水盐度发生变化。这种上溯水流已经在上游 257 千米处出现；而盐度变化在水文和生态上都会产生显著影响。

湿地对于佛罗里达州东北部生态系统至关重要。但在圣约翰斯河流域上游地区，沼泽被排干用来种植柑橘和饲养牲畜。由于信息不及时和缺乏准确性，无法准确获得湿地的覆盖率。此外，自 1988 年以来，圣约翰斯河水管理区和美国陆军工程师兵团在印第安河及布里瓦

德县重新恢复和改造了 600 多平方千米的湿地（圣约翰斯河水管理区，2011b）。然而，由于动物栖息地丧失、船舶交通增加和干旱的加剧，一些珍稀物种，如佛罗里达海牛、林鹳、短吻鳄、北美啄木鸟、丛鸦和靛青蛇等仍处于濒危和灭绝的境地。

每年，超过 14 000 吨的氮和磷排入圣约翰斯河，主要来自部分经过处理的污水排放（圣约翰斯河水管理区，2011c）。其他污染源主要来自弗拉格勒县、普特南县和圣约翰斯县的一些农场。农业种植区排出的径流中包含动物粪便、化肥和农药，这些物质被排放到河里。城市地区的雨洪也会携带一些污染物，如草坪肥料、泥沙、农药和垃圾等一起流入河中。结果是河流干流的富营养化程度以及支流的大肠菌群浓度超过了水质标准规定的界限。此外，由于河流流速缓慢，圣约翰斯河下游面临严重的污染问题。这包括藻类生长使阳光无法照射到水下植物、产生毒素、降低含氧量并危及鱼类和其他野生动物的生存。目前正在设法通过制定流域管理行动计划，以及加强政府、工业和公众教育机构的合作，确定最大日排放总量（TMDL）来降低营养物水平。

水资源管理

水资源管理方面的联邦法律包括《清洁水法》（CWA）和《安全饮用水法》（SDWA）。《清洁水法》于 1972 年颁布，并于 1977 年和 1978 年修订。其关注点从单纯的污染控制转向改善水质，以寻求点源控制排污的解决方案。《清洁水法》颁布后，1974 年通过了《安全饮用水法》，并于 1986 年重新修订。美国通过该法建立了公共供水系统水质检测标准。在佛罗里达州，佛罗里达州环境保护局和其他相关部门负责承担这项任务。

1972 年，佛罗里达州议会通过了《佛罗里达州水资源法》。据此成立了隶属于佛罗里达环境保护局的 5 个水管理区。每个区负责管理该流域内的水资源、颁发用水许可、开发并实

施防汛抗旱规划项目、对流域内的水资源进行技术和科学评定、为保护水资源和动植物栖息进行征地。圣约翰河水管理区就是5个管理区之一。

然而，《佛罗里达水资源法》自通过以来并没有起到有效保证水质和水量的作用。这是由于法律条文中规定了很多特殊情况，主要是为了促进佛罗里达州的人口增长和土地开发，这极大削弱了该法律应有的效力。1972年《清洁水法》对水质问题所起的作用更加直接，但美国环保署（EPA）对有些条款执行不力，特别是最大日排放总量。直到20世纪90年代后期，通过公民诉讼才迫使该机构开始收集水资源不符合质量标准情况的信息资料。

1999年以来，由于《流域恢复法》获得通过，佛罗里达州开始加大对最大日排放总量的实施力度。在此法案之后，佛罗里达州所有的涉水机构都被并入流域并进行重组。以5年为一个周期，对流域最大日排放总量执行情况进行评价。最大日排放总量明确了几种污染物的总量（包括点源和非点源污染），这一总量是特定水体可以吸收污染物的最大限量，而且不违反为保护人类健康和水生生物设立的水质标准。一旦最大日排放总量确定并获得批准（包括一个公众评论和讨论的时间段），就会被纳入流域管理行动计划加以实施，并且规划中将

制定相关的战略措施，如改善废水处理，排污的再使用，最佳管理实践在农业、城市与农村中的应用和加强环境保护教育。流域上中下游营养物的最大日排放总量也得以成功确定。此外，流域管理行动计划针对大量水体和污染物进行制定，包括河流的干流及其支流。然而，只有圣约翰斯河下游地区制定了流域养分管理行动计划，并于2008年开始实施。

结论

尽管降水量较高，但供水仍是佛罗里达州颇具争议的问题。日益增长的人口和无止境的用水需求正在不断给水资源构成压力，特别是为5个州提供饮用水的佛罗里达地下含水层系统。河流流动速度缓慢和部分处理的废水连续不断地排放，使圣约翰斯河干流和支流磷和氮的含量普遍超过美国环保署规定的标准。几条支流的溶解氧浓度也低于特定地点的最低标准。因此，无论地表水还是地下水，水质都已成为重点关注的问题。虽然州政府和联邦政府都已设立相关机构，但由于在20世纪90年代之前对法律的执行不力，整个流域出现了明显的退化。在圣约翰斯河流域，州政府和联邦政府正在开展修复和预防行动，但同时需要其他政府机构、组织和公众共同努力。

注　释

1　避难所为滞洪区，在旱季被难民使用。
2　飓风查莱（Charley）、富朗希斯（Frances）、伊万（Ivan）、简尼（Jeanne）给佛罗里达造成的总体损失为490亿美元。

参考文献

除另外注明，本章内容均改编自帕提等人2011年编写的《佛罗里达州圣约翰斯河案例研究报告》（即将出版）。

Malmstad, J., Scheiffin, K. and Elsner, J. 2009. Florida hurricanes and damage costs. *Southeastern Geographer*, Vol. 49, No. 2, pp. 108-31. http://www.stormrisk.org/admin/downloads/MalmstadtEtAl2009.pdf

Marella, R. L. and Berndt, M. P. 2005. *Water Withdrawals and Trends from the Floridan Aquifer System in the Southeastern United States, 1950-2000*. Reston, Va., US. Geological Survey Scientific circular 1278. p.http://pubs.usgs.gov/circ/2005/1278/pdf/cir1278.pdf

St Johns River Water Management District. 2005. *Water Supply*. SJR-WMD website. http://www.sjrwmd.com/watersupply/waterusedatamanagement.html

----. 2011a. *St. Johns River Water Management District 2009 Annual Water Use Survey*. Palatka, Fla., SJR-WMD. http://www.sjrwmd.com/technicalreports/pdfs/FS/SJ2011-FS1.

pdf

----. 2011*b*. n.d. *Water Bodies, Watersheds and Storm Water: The St Johns River*. SJR–WMD website. http://www.sjrwmd.com/stjohnsriver/index.html (Accessed 17 October, 2011.)

----. 2011*c*. *Water Bodies, Watersheds and Storm Water: Lower St Johns River Basin*. SJR–WMD website. http://www.sjrwmd.com/lowerstjohnsriver/index.html (Accessed 17 October, 2011.)

Stewart, S. R. and Beven, J. L. 2009. *Tropical Cyclone Report: Tropical Storm Fay, 15–26 August, 2008*. Miami, Fla., National Hurricane Center. http://www.nhc.noaa.gov/pdf/TCR-AL062008_Fay.pdf

第五十章

哥斯达黎加

致谢： 何塞·马吉尔·泽莱顿、胡安·卡洛斯·法拉斯、卡洛斯·罗美偌、卡洛斯·瓦格斯、撒迪·拉普特、玛利亚·艾拉娜·罗杰基斯、法比奥·埃莱拉、安德里亚·布拉特、费德里克·戈梅兹·德尔加多

地理位置和概况

哥斯达黎加位于中美洲的最狭窄处，北邻尼加拉瓜、南接巴拿马、东临加勒比海、西靠太平洋（见地图 50.1），领土面积约 5 万平方千米。

2010 年，哥斯达黎加人口略高于 460 万，其中约 59％ 居住在城市。首都圣何塞是全国最大的城市，人口 160 万。哥斯达黎加有 7 个省，分别是阿拉胡埃拉省、卡塔戈省、瓜纳卡斯特省、埃雷迪亚省、利蒙省、彭塔雷纳斯省、圣何塞省（联合国粮农组织全球水和农业信息系统，日期不详）。出于规划目的，上述省份分为六大地区：乔罗特加（Chorotega）地区、乌艾塔大西洋（Huetar Atlantic）地区、乌艾塔北部（Huetar North）地区、中部太平洋（Central Pacific）地区、中部（Central）地区和布兰卡（Brunca）地区。

地图 50.1

哥斯达黎加

图例：
- −− 流域界线
- ◇ 列入拉姆萨尔公约名录的湿地
- ● 水电站
- ■ 国家公园
- ▲ 火山
- ◉ 城市

哥斯达黎加国内分布着众多火山，部分仍处于活跃期。位于中部高原地区的波阿斯（Poás）（海拔 2 708 米）是哥斯达黎加最大、最活跃的火山之一（Arenal.net，日期不详）。

哥斯达黎加位于湿润的热带地区，各流域降水量有所不同，年平均降水量为 3 300 毫米（联合国教科文组织国际水文计划，2007）。总体来看，靠近太平洋一侧的北部地区比常年潮湿的加勒比海地区干燥。靠近太平洋地区的雨季从 5 月持续至 11 月，而加勒比海附近地区的雨季则从 5 月一直持续到次年 2 月。哥斯达黎加森林面积约为 2.5 万平方千米，约占该国陆地面积的一半。

可用水资源及其利用

哥斯达黎加境内共分布着 34 个流域，面积从 200 平方千米到 5 000 平方千米不等（联合国粮农组织全球水和农业信息系统，日期不详）。但只有 15 个流域具备完整可靠的信息。该国可再生水资源总量略高于 1 100 亿立方米（MINAET，2008a），其中地表水量为 730 亿立方米。

该国于 20 世纪 60 年代开展了一项科学研究，由此确定了 58 个地下含水层，其中 34 个分布在沿岸地区。由于地表水短缺呈现季节性特征，污染也有所加重，地下水开发日益普遍。据估算，年需水量约为 235 亿立方米（2010 年），而近 88% 为使用地下水。因此，地下水资源的可持续利用极为重要。

哥斯达黎加一半以上的人口居住在中部地区，且该区域工业和经济活动较为密集，因此，中部地区的需水量最大（Mora Valverde，日期不详）。从全国来看，水力发电用水占总需水量的 80%，其次是农业用水，占 16%，剩余的 4% 为饮用水、工业和旅游业用水。由于水力发电用水最终会回流到河中并无损耗，因此就实际耗水量而言，农业是最大的用水部门（32 亿立方米）。2008 年，农业用地面积约为 4 190 平方千米（占国土面积的 8%），其中 920 平方千米为灌溉农田。约 70% 的灌溉农田由私营部门开发，最重要的农产品包括咖啡、大米、非洲棕榈、甘蔗、香蕉和菠萝（SEPSA，2009）。

对经济增长贡献最大的部门为工业（32.5%）和农业（14%）（MINAET / IMN，2009），而正是这两个部门造成了 80% 的水污染。此外，居民生活用水也是水源遭受污染的原因之一，因为只有约 3% 的污水在排放前进行过处理（联合国粮农组织全球水和农业信息系统，日期不详）。

根据各种情境预测，2030 年需水量将大幅增至 1 090 亿立方米，即哥斯达黎加淡水可用量的上限。能源部门仍将是非消耗用水的大户，水力发电将耗水 1 000 亿立方米，因此，该国面临的主要挑战并非水资源短缺，而是统筹规划水资源利用，以满足各行业用水需求。

自然灾害、国家战略与气候变化

中美洲和加勒比地区极易受到极端气候事件的影响。1930—2008 年发生的 248 起水文气象灾害中，约 85% 为洪水、热带风暴、滑坡和泥石流，干旱仅占 9%。

哥斯达黎加中部地区山多坡陡，河流流速很快，容易引发猛烈的洪水。城市开发、森林砍伐和河流改道（尤其是在加勒比海附近陡坡地区和南太平洋地区），使上述状况进一步恶化，导致受洪水影响的居民区、农业用地、基础设施和自然保护区面积不断扩大。这导致 1994—2003 年间，约 12 万人和 1.7 万处房屋受到洪水、滑坡和风暴影响。2010 年，暴雨和泥石流使全国 2 000 多千米道路受损，经济损失高达 2.42 亿美元。同年，3 000 多处房屋破毁，损失约 5 000 万美元。农业损失约合 4 000 万美元。此外，哥斯达黎加在一定程度上还易受干旱的侵扰。1997 年、1998 年及 2001 年发生的干旱共造成 1 800 万美元的经济损失。

哥斯达黎加的风险管理经历了制度化的过程。1969 年，随着《紧急状态法》的颁布，成立了全国风险管理与应急响应委员会，并设立了国家应急基金。随后对该法律进行修订，要求将风险管理纳入全国所有机构的规划制定和国家开发政策中。

不难理解哥斯达黎加对气候变化可能带来的影响的担忧。当前的气候模型表明，到 2100 年气温可能会升高 3.8℃，降水量可能减少 60%，海平面可能会上升 1 米（世界银行，2009）。按照"一切照旧"（即碳排放量未减少）进行情境预测，到 2100 年，气候变化给中美洲国家带来的累积代价预计将接近 520 亿美元左右（按照 2002 年美元汇率计算）。仅哥斯达黎加就需额外投入 34 亿美元用于改善依赖于水资源和生物多样性的行业。鉴于哥斯达黎加财政负担沉重，极端气候事件会给其带来严重影响，该国已编制了《气候变化国家战略》，由环境、能源和通信部（MINAET）监督实施。该战略旨在提高各行业整体效率，减少温室气体排放。该战略报告还测算出，为减轻气候变化带来的影响（见专栏50.1），能源行业所需的投资额最大（71％），农业部门次之（21％）。以往，这两大部门一直由外部资金提供资助。提高气候变化适应能力方面最主要的内部资金来源是国家林业融资基金，该基金根据《森林法》成立，与生态系统服务付费挂钩。按照总统奥斯卡·阿里亚斯·桑切斯（Oscar Arias Sánchez）提出的"与自然和谐相处"倡议，哥斯达黎加承诺到2021年将成为碳平衡国家。

专栏 50.1

气候变化对农业的潜在影响

2008年，哥斯达黎加约20％的耕地为灌溉农田。按照气温升高1～2℃，靠近太平洋一侧地区降水量变化±15％、大西洋一侧降水量变化±10％进行情境预测，针对三个最重要流域，即雷文塔松（Reventazón）河、特拉瓦河（Grande de Terraba）、塔尔科莱斯河（Grande de Táarcoles）流域开展了脆弱性研究。预测结果显示，上述流域的径流将发生显著变化，从而将对农业产生影响，尤其是在旱季和雨季的过渡期。

此外，洪水发生的概率也将增大，直接影响灌溉系统，加剧水土流失。同时，哥斯达黎加部分地区干旱发生的频率也会增大，导致可用于灌溉的水量减少。

气候变化对水资源影响的分析结果显示，哥斯达黎加最易受到影响的区域是农业用地面积较大的地区，或者土地用途相互冲突的区域。2009年，哥斯达黎加在向《联合国气候变化框架公约》提交的第二份《国家通报》中列出了增强水资源对气候变化适应能力的措施，包括建设蓄水设施、保护地下含水层、实施水资源监控、限额配水以及实施旨在提高灌溉用水效率的项目等。

资料来源：改编自世界银行（2009）。

水资源管理：国家战略与水政策

哥斯达黎加国家战略的总体目标是在与自然的和谐相处中促进经济发展、提高人民福祉（MINAET，2008b）。水资源综合管理（IWRM）是该战略的核心。因此，哥斯达黎加制定了一系列水政策指导原则，确立了水资源的公共性质，获得饮用水是宪法赋予的人权。该战略还确立了如下事项：平等使用水资源、改善水基础设施、利用技术手段提高水资源利用效率和控制水污染。该文件还强调了水资源的经济价值，实行统一、分权的和参与式的流域管理计划，提倡为实现人类福祉而保护水资源，以及保护生态系统的理念。

《国家水政策》致力于通过开展水资源综合管理，协调经济增长、减贫和保护自然之间的关系，目的是确保水量和水质能够满足国家可持续发展的需求（MINAET，2009）。在国家水安全方面，该政策确定了六大战略重点：提升国内产业竞争力、推行综合的水资源管理、促进水资源可持续利用、创建水文化、降低气候变化的影响、鼓励公众参与决策过程。

数家机构负责实施与监督《国家水政策》。环境、能源和通信部（MINAET）作为牵头单位，负责实施1942年颁布的《水法》。水委员会和国家特许权注册办通过推行水资源合理利用和集中受理公众针对取水的有关询问，为环境、能源和通信部提供支撑。国家地下水、灌排服务委员会作为公共机构，通过开展地表水与地下水高效管理与利用，促进可持续农业发展。哥斯达黎加水资源与污水研究所为城市与农村居民提供饮用水与卫生服务。该研究所还致力于流域保护，以减少水污染。哥斯达黎加电力研究所是提供电力与电信服务的主要运营商。

在法律框架方面，《水法》作为管理所有领域水资源利用的依据已经过时。现实情况是，在需水量不断增加、各行业对水资源的竞争日益加剧的今天，该法律已经无法满足管理与保护水资源的要求。因此，环境、能源和通信部正在编制水法草案，改进现行的水管理政策。

贫困、获得供水与卫生设施服务

2010 年开展的全国家庭调查（国家调查统计局，2010）结果显示，哥斯达黎加贫困人口约占总人口的 21%，其中 6% 属于极度贫困。农村地区贫困率相对较高，达 26.3%，城市地区则为 18.3%。该国性别差异也十分显著，从业的男性人数明显高于女性（分别为 71.4% 和 39.4%）。这表明女性在劳动力市场和就业方面面临的困难相对较大。

总体上，99% 的人口可获得安全饮用水（2009 年），几乎全部的饮用水都是通过管道输送到户。在农村地区，供水率为 92%。在农村和城市地区，改善的卫生设施普及率均高达 95%。但只有 40% 的城市人口和 4% 的农村居民可以使用卫生基础设施（世界卫生组织／联合国儿童基金会，2010）。

保护环境与生物多样性

尽管哥斯达黎加国土面积较小，但其生物多样性占全球 6% 左右。这得益于其地理位置和多样的地貌（岛屿、海滩、雨林等）（哥斯达黎加大使馆，日期不详）。自 20 世纪中期，哥斯达黎加建立了为数众多的保护区，共占其国土面积的 26% 左右。例如，科科岛国家公园和拉阿米斯塔德（La Amistad）国家公园是两座著名的国家公园，被列入联合国教科文组织世界遗产名录。

哥斯达黎加不但签署了 45 个国际环境公约，还颁布了一系列法规，例如环境和能源部制定的《组织法》（1993 年）、《环境法》（1995 年）以及《森林法》（1996 年）。《生物多样性法》（1998 年）特别针对生物多样性与濒危物种保护。环境、能源和通信部实施的"国家保护区体系"主要负责促进生物多样性保护，森林、红树林、湿地和人工林的可持续利用（哥斯达黎加大使馆，日期不详）。此外，监测和研究工作由 1989 年成立的私人非营利性组织"国家生物多样性研究所"负责。其主要目标是建立生物多样性名录、开展保护活动、为生物多样性保护及可持续利用知情决策提供数据。

哥斯达黎加已开始尝试采用"环境服务有偿付费"制度，在全国设立了相应机制，称为 Pago de Servicios Ambientales（环境服务付费），对环境服务用户收取一定费用。尽管初期接受服务的用户对缴纳资源保护费用有所抵触，给制度推行带来一定困难，但目前该计划已在哥斯达黎加顺利开展（Pagiola，2006）。

根据"与自然和谐相处"的倡议，哥斯达黎加力争到 2021 年成为碳平衡国家，采用可再生能源，尤其是水力发电的比例达到 93.6%。同时，由哥斯达黎加电力研究所制定的 2007—2021 年战略规划指出，未来水电开发应在降低环境影响的前提下建坝，并利用潮汐、风能和地热能等替代能源。实施该规划需投资 14 亿美元（参照 2005 年美元汇率）。

另一方面，人口增长、城市居住区扩张、工业开发、包括畜牧业生产在内的农业活动密集程度不断加剧，导致污染更加严重。工业、农业、固体废弃物、农用化肥和污水等都排到水体。哥斯达黎加仅有 3.6% 的污水得到处理。因此，许多小溪、河流和地下含水层受到了不同程度的污染。

塔尔科莱斯（Tárcoles）河流域足以说明该问题的复杂性。该流域居住着哥斯达黎加51% 的人口，拥有该国 85% 的工业。塔尔科莱斯河流域内主要河流及比里亚（Virilla）河的一些支流，包括玛利亚阿圭拉（María Aguilar）河、托雷斯（Torres）河和蒂里维（Tiribí）河都遭受了严重污染，致使该国经济最发达地区可用水资源量非常有限，不但阻碍了可持续发展，同时也带来了严重的健康与环境问题（全球水伙伴，2011）。

结论

哥斯达黎加年人均水资源量较为丰富，为2.4万立方米。尽管降水充沛，但地表水季节性短缺导致开采地下含水层的现象比较普遍。而社会各行业部门对水资源使用量都有所增大，加之人口密度不断增加，使得河流和部分地下含水层受到污染，如中央河谷地区，该地区居住着哥斯达黎加一半以上的人口。

从积极的角度来看，哥斯达黎加是全球首个承诺到2021年达到碳平衡的国家。这一目标与该国生物多样性与环境保护工作相辅相成。该国可再生能源发电比例已接近94％。除水电外，政府正在进一步促进可再生能源形式的多样化，如使用潮汐能、风能和太阳能。

此外，哥斯达黎加还率先在拉丁美洲实施生态系统有偿服务，为提高气候变化适应能力提供资金支持。目前该国面临的主要挑战是修订过时的《水法》、完善应对极端气候事件和减贫的立法体系和机制。国家层面上需要进一步关注的问题包括：通过开展覆盖所有流域的研究和监测活动夯实水文气象信息收集能力，实现地下水可持续利用、扩大卫生设施普及率和治理污染。

参考文献

除另外注明，本章内容均改编自哥斯达黎加水文计划国家委员会、国家统计研究所和哥斯达黎加电力研究所2011年编写的《哥斯达黎加案例研究报告》（即将出版）。

Arenal.net. n.d. *Volcanoes of Costa Rica*. http://www.arenal.net/costa-rica-volcanoes.htm (Accessed 13 August 2011.)

Embassy of Costa Rica, United States. n.d. *Environment.* Washington DC, Embassy of Costa Rica. http://www.costarica-embassy.org/?q=node/12

FAO–Aquastat. 2011. *Sistema de Información sobre el Uso del Agua en la Agricultura y el Medio Rural de la FAO.* FAO Country Profile. http://www.fao.org/nr/water/aquastat/countries_regions/costa_rica/indexesp.stm (Accessed 13 August 2011.)

GWP (Global Water Partnership). 2011. *Situación de los recursos hídricos en Centroamérica: hacia una gestión integrada.* Tegucigalpa, Honduras, GWP.

INEC (Instituto Nacional de Estadística y Censos). 2010. *Encuesta Nacional de Hogares : Cifras básicas sobre fuerza de trabajo, pobreza e ingresos de los hogares, julio 2010.* San José, Costa Rica, INEC.

MINAET (Ministerio de Ambiente, Energía y Telecomunicaciones Costa Rica). 2008a. *Elaboración de Balances Hídricos por cuencas hidrográficas y propuesta de modernización de las redes de medición en Costa Rica.* San José, Costa Rica, MINAET.

----. 2008b. *Plan Nacional de Gestión Integrada de los Recursos Hídricos.* San José, Costa Rica, MINAET. http://www.gwpcentroamerica.org/uploaded/content/event/1814341097.pdf (Accessed 26 November 2011.)

----. 2009. *Política Hídrica Nacional.* San José, Costa Rica, MINAET. http://www.drh.go.cr/textos/balance/politicahidrica_30nov09.pdf

MINAET/IMN (Instituto Meteorologico Nacional). 2009. *Segunda Comunicación Nacional, a la convención marco de las naciones unidas sobre cambio climático.* San José, Costa Rica, MINAET and IMN. http://unfccc.int/resource/docs/natc/cornc2.pdf (Accessed 14 August 2011.)

Mora Valverde, M. n.d. *Estructura socio-productiva y su relación con el Ordenamiento urbano.* San José, Costa Rica, URBANO and Universidad de Costa Rica Observatorio del Desarrollo. http://www.odd.ucr.ac.cr/phocadownload/estructura-socioproductiva-y-su-relacion-con-el-orde-urbano.pdf (Accessed 14 August 2011.)

Pagiola, S. 2006. *Payments for Environmental Services in Costa Rica.* Washington DC, World Bank. http://www.oired.vt.edu/sanremcrsp/documents/research-themes/pes/PESCostaRica.pdf.

SEPSA (Secretaría Ejecutiva de Planificación Sectorial Agropecuaria). 2009. *Boletín Estadístico Agropecuario 19.* San José, Costa Rica, SEPSA.

UNESCO IHP (United Nations Educational, Scientific and Cultural Organization, International Hydrological Programme). 2007. *Balance hídrico superficial de Costa Rica. Período: 1970–2002.* Documentos Técnicos del PHI-LAC, No. 10. Montevideo, Uruguay, UNESCO IHP.

WHO/UNICEF (World Health Organization/United Nations Children's Fund). 2010. Costa Rica country profile. *Estimates for the Use of Improved Sanitation Facilities.*

Joint Monitoring Programme for Water Supply and Sanitation (JMP). http://www.wssinfo.org/fileadmin/user_upload/resources/CRI_san.pdf (Accessed 3 October 2011.)

World Bank. 2009. *Costa Rica Country Note on Climate Change Aspects in Agriculture, 2009*. Washington DC, World Bank. http://tiny.cc/gqr2f (Accessed 14 August 2011.)

第五十一章

墨西哥莱尔马河–查帕拉湖流域

致谢：墨西哥技术监督局通用技术科、国家水资源委员会马里奥·洛佩斯·佩雷斯、科林·赫伦、罗德里格斯·梅斯特

地理位置和概况

莱尔马（Lerma）河是墨西哥合众国（以下简称"墨西哥"）最长的内陆河。它发源于墨西哥中西部海拔约 3 800 米的地方，经过 750 千米的长途跋涉，最终流入墨西哥最大的天然湖泊查帕拉（Chapala）湖（海拔高度 1 510 米）。整个莱尔马河-查帕拉湖流域位于群山环抱和山谷绵延的高海拔地区，流域总面积 54 451 平方千米，流经墨西哥州、克雷塔罗州、米却肯州、瓜纳华托州和哈利斯科州等 5 个州（见地图 51.1）。

总体而言，该流域气候温和；从中部和南部潮湿副热带地区一直延伸至北部干燥的温带。冬季相对寒冷，夏季为半湿润气候。流域内不同地区的年均降水量不同，从大约 270 毫米至 1 000 毫米以上不等，平均降水量为 825 毫米。其中高原地区降雨最多，4 月至 10 月初为降雨高峰期，一般高峰期的后半段（6 月中旬至 10 月中旬）会发生强降雨。

莱尔马河-查帕拉湖流域养育着大约 1 000 万人。2005 年，该流域人口密度相当于全国平均值的 4 倍。在生产力方面，该流域 2009 年创造的国内生产总值（GDP）占墨西哥当年 GDP 总量的 11.5%。该流域工业对全国经济的贡献率近 25%。汽车工业尤其发达，墨西哥 50% 的汽车产自该地区。经济活动主要集中在以下城市：莱昂（Leon）、锡劳（Silao）、托卢卡（Toluca）、克雷塔罗（Queretaro）、莫雷利亚（Morelia）、伊拉普阿托（Irapuato）、萨拉曼卡（Salamanca）和塞拉亚（Celaya）。该流域共有 127 个市，但流域内 50% 以上生产附加总值集中在其中的 7 个市。

地图 51.1

莱尔马河-查帕拉湖流域

流域界线
列入拉姆萨尔公约名录的湿地
水电站
大坝
国家公园
城市
州界

水资源可用量及其利用

相对墨西哥其他流域，莱尔马河-查帕拉湖流域水资源并不丰富。莱尔马河年平均可用水量为 49 亿立方米。在 11 月初至次年 5 月中旬的旱季，河水水位下降、水流减少。查帕拉湖本身是一座水位较浅的热带湖，平均水深 7.2 米，在其 1 150 平方千米的区域范围内，水深从未超过 18 米。该湖是瓜达拉哈拉大都市区最重要的水源，占其总用水量的 75%。在用水过量的情况下，该湖水位迅速下降，但在雨季可得到迅速补充。

该流域内有 40 个地下含水层，每年可再生水资源总量为 41 亿立方米。地下水是流域的关键水源，并且开采非常严重。例如，2004 年莱尔马河-查帕拉湖流域颁发的水权中，79.3% 都是利用地下水资源。由于对地下含水层的大量开采，超采已成为 20 世纪 70 年代以来关注的主要问题。目前，该流域 70% 左右的地下含水层（大部分位于瓜纳华托州）已经接近可持续开采的极限。实际上，自 20 世纪 80 年代以来，需水量几乎每年都超过可用水量。整体而言，每年总取水量超过补给量 13 亿立方米左右（2011 年）。加上水质下降与移民迁入，目前人均可用水量（2010 年为 932 立方米）将会进一步下降。

由于土壤肥沃和气候条件适宜，该流域农地利用率在墨西哥最高。2000 年，农业用地大约为 3 万平方千米（占流域总面积的 56%）。旱作农业最为常见，占流域总面积的 41%，剩余耕地（15%）为灌溉农业。主要作物为玉米和高粱，其种植面积占农业用地总面积的 65%。农业部门的需水量约占全部取水量的 80%，但该部门对 GDP 的贡献率仅为 5% 左右。与之相比，工业部门的需水量不到全部用水量的 4%，但其对该流域 GDP 的贡献率却高达 23% 左右（2009 年）。

为提高各部门的用水效率，该地区提高了水价，以便更加准确地反映供水服务与维护的真实成本。1989—1994 年，灌溉用水价格提高了 10 倍。此外，政府向农场投资提供补贴，以实现更加高效的水资源利用。但遗憾的是，由于资金入不敷出，公众逐渐丧失了兴趣；而且在有些地区，水价仍远远低于实际成本。此外，由于水收入直接上缴墨西哥联邦财政部（Mexican Federal Treasury），该流域地区无法直接受益，人们的支付意愿很有限。因此，亟须建立完善的水收入分配体系。

气候变化与涉水灾害

自 20 世纪 20 年代初，夏季平均气温和冬季平均气温之间的温差逐渐加大，换言之，夏季更热而冬季更冷。这种趋势在 1985—2010 年表现得非常明显，春季和夏季平均气温几乎升高了 2℃，冬季气温则下降了 2℃ 左右。

降水也呈现出极端的态势：旱季降水量减少，且暴风雨次数增多；而雨季地表径流更大。总之，截止到 2010 年的 40 年间，年降水量和地表径流减少了 3.6% 左右。自 20 世纪以来，长期降雨数据的分析结果显示，丰水期和干旱期不断交替，各持续数年时间。该流域几乎每 10 年都会发生干旱，且可能持续 5 年以上。最近一次干旱即是一个明显的例子，从 1993—2003 年共持续了 10 年之久。2002 年，查帕拉湖水位下降至其水容量的 14%，是自 1934 年有数据记录以来第二严重的水位下降。最严重的干旱一般发生于气候更加干燥的北方子流域地区。

更加严重的气候变异导致干旱的对立面，即洪水更加频繁。一般每隔 3 至 6 年，都会发生一次强度足以引发洪涝灾害的大暴雨（超过月或年平均降水量 20% 以上）。该流域南部发生洪水的概率较高；同时，洪水事件也影响该流域中西部地区，给城市人居、工业和耕地带来相当大的破坏。

该流域有 500 多座大坝和水库，为抵御涉水自然灾害提供了工程保障。但是，不断加剧的脆弱性，尤其是遭遇洪水时所面临的脆弱性，要求当局必须将法律和工程措施相结合，制定流域综合战略规划。

水与人居：健康问题与贫困

莱尔马河-查帕拉湖流域城市化程度较高，约 77% 的人口居住在城市。此外，该流域水资源不仅供流域内 1 000 万居民使用，同时还供应给流域外的墨西哥市和瓜达拉哈拉大都市区 550 万人使用。这里的年均需水总量约为 11 亿立方米。其中，73%取自地下水。该流域水价为0.04～0.12美元，平均为0.09美元。价格体系的设定主要是为了使贫困人口和边缘群体从中受益，因此，对低耗水用户的收费相对较低。总体而言，收取的费用仅占运营成本的50%左右。

自20世纪30年代初，涉水灾害数量一直呈下降趋势。同时，1991年颁布的《清洁水法》要求当地自来水公司必须达到国家水质标准。因此，由涉水疾病引发的发病率和死亡率几乎可以忽略不计。但是，在偏远的农村地区，仍存在这些问题，这些地区通常收入较低、受教育程度不高、基础设施不完善、水资源匮乏。流域内约有150万人收入低于国家贫困线（2008年），而全球经济危机加剧了问题的严重性。然而，该流域内不存在极端贫困和饥饿问题。

环境、生态系统与水质

墨西哥拥有丰富的植物、动物和微生物物种。由于地形地貌多变，加上山脉、湖泊、托卢卡（Toluca）峡谷、广袤的湿地和莱尔马河自身，莱尔马河–查帕拉湖流域所在地区呈现出丰富的动植物多样性。这里的动植物物种超过7 000种，包括800多种哺乳动物、鸟类、爬行动物、两栖动物和鱼类。该流域拥有的淡水鱼类极其独特，这里发现的42种鱼类中有30种是独一无二的。此外，根据墨西哥国家生态研究所的研究结果，该流域内发现的988个植物物种中，有些极具经济价值，而另一些则极具生态价值。

流域内有12个保护区，包括位于米却肯州的帝王蝶保护区、位于墨西哥州的托卢卡火山国家公园以及位于克雷塔罗州的谢拉格达（Sierra Gorda）生物保护区，这些都是人类的共同遗产。但不幸的是，由于城市化导致的土地利用模式变化以及农业与工业开发，这些保护区的环境和生态环境承受着越来越大的压力。例如，未经处理的污水导致该流域内发生严重的局部和地区性污染。截止到1989年，流域内大部分河流都遭受了污染，查帕拉湖90%的蓄

水不适宜饮用或者鱼类养殖。地下水水质也发生了显著变化，多个地下含水层因城市生活和工业污染而受到影响。鉴于这种紧急情况，联邦政府和位于流域的5个州政府于1989年签署协议，致力于实现以下四大目标：制定新的水资源配置政策，处理市政与工业污水和提高水质，提高用水效率，保护与节约流域内水资源。按照该协议，《区域水处理规划》一期开始生效，新建了48座市政污水处理厂。1993年，莱尔马河–查帕拉湖流域委员会通过了规划二期项目，计划扩建上述污水处理厂，使污水处理能力达到10 835升/秒。通过两期规划项目的实施，实现了市政污水约80%得到处理的目标。

规划的一期项目于20世纪90年代开始实施，并在21世纪前十年得以延续。可是，大部分规划项目尚未实施。规划的二期项目也面临着财政困难。总体而言，该流域拥有本区域内最大规模的水处理能力，且自20世纪90年代以来，引进了新处理设施并进行了技术改进。虽然取得了一定的进展，流域水质整体有所改善，但1989年签署的协议中的四大目标仍未实现。进展之所以缓慢是因为法律执行效果不佳、缺少政治支持、资金不足、缺乏以"污染者付费"原则形成的水文化以及社会对水资源重要性的认识不够。

另一个环境问题是土壤退化，所造成的影响占总体影响的36%，主要表现为土壤肥力下降低和土壤侵蚀。其中，土壤肥力下降更加关键，造成的影响高达26%，可对农业生产带来严重后果。但遗憾的是，目前仍无大规模土壤保持项目或能力建设计划以帮助农民解决上述问题。

水资源管理与立法

在墨西哥，水是国家财产，联邦政府负责水资源管理。《宪法》第27条对水资源管理与土地资源管理的重要指导原则进行了规定。根据该法律条款，制定了联邦水法，并于20世

60 年代开始实施。在之后的 1975 年，墨西哥制定了《国家水资源规划》。1989 年，成立了国家水资源委员会，作为联邦水资源管理机构，负责国家水资源的总体规划、管理与开发。委员会的职责包括在用水户之间进行水资源配置，征收水费以及规划、建设和运行水利工程。

1992 年，为改进水资源管理，墨西哥颁布了《国家水法》。其中最值得关注的是构建了水权体系，并设立了公共登记制度，用水户可以进行水权交易（Arreguín‑Cortés 等，2007）。此外，《国家水法》还通过制定法律条款，组建了流域委员会（RBC）作为协调机构。截至 2010 年，成立了 26 个流域委员会。作为国家水资源开发最重要的议事日程，莱尔马河‑查帕拉湖流域早在 1993 年就成立了首个流域委员会，将不同的用水户凝聚在一起。目前，流域委员会的构成范围扩大了许多，涵盖了来自联邦、州和市政府、用水户协会以及社会组织等各方代表（见专栏 51.1）。

专栏 51.1

莱尔马河‑查帕拉湖流域委员会

墨西哥的流域委员会依据《国家水法》而成立。其宗旨是实施水资源可持续综合管理与保护。莱尔马河‑查帕拉湖流域委员会是墨西哥 26 个流域委员会之一，负责协调政府机构与利益相关者之间的行动。为实现这一目标，通过成立委员会将政府官员、用水户和非营利组织代表汇聚到一起。顾名思义，该委员会属于协调机构，可以针对实施工作和具体行动提出建议方案，以便解决相关挑战，并调查其执行情况。此外，其还有权介入用水户间的问题调解，尽管其无权做出决策，但可向国家水资源委员会提出具体行动建议。

莱尔马河‑查帕拉湖流域委员会既不是监管机构，也不是服务提供商。它为利益相关者提供了一个平台，使他们可以相互接触、与政府官员会面、研究和调查投诉、寻求解决方案、提出问题以及推动各类项目的开展。总之，该委员会已成为发现问题并妥善解决争端和冲突的机制。

莱尔马河‑查帕拉湖流域委员会组织框架图（2008 年）

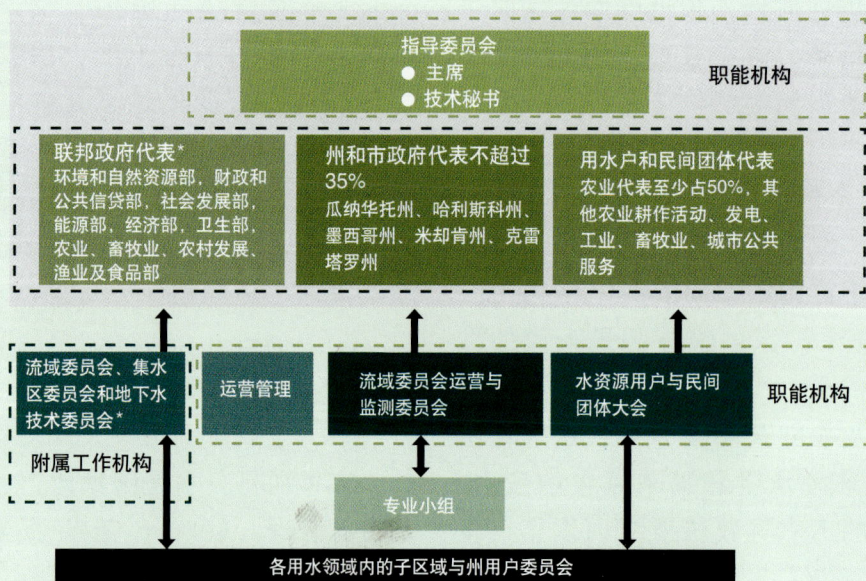